Wolfgang Künne
Die Philosophische Logik Gottlob Freges

Wolfgang Künne

Die Philosophische Logik Gottlob Freges

Ein Kommentar

mit den Texten des
Vorworts zu
Grundgesetze der Arithmetik
und der
Logischen Untersuchungen I–IV

KlostermannRoteReihe

Bibliographische Information der Deutschen Nationalbibliothek

Die Deutsche Nationalbibliothek verzeichnet diese Publikation in der
Deutschen Nationalbibliographie; detaillierte bibliographische Daten sind
im Internet über *http://dnb.d-nb.de* abrufbar.

© Vittorio Klostermann GmbH · Frankfurt am Main · 2010
Alle Rechte vorbehalten, insbesondere die des Nachdrucks und der Übersetzung. Ohne Genehmigung des Verlages ist es nicht gestattet, dieses Werk
oder Teile in einem photomechanischen oder sonstigen Reproduktionsverfahren oder unter Verwendung elektronischer Systeme zu verarbeiten,
zu vervielfältigen und zu verbreiten.
Satz: LAS-Verlag, Regensburg
Druck und Bindung: Hubert & Co., Göttingen
Gedruckt auf Alster Werkdruck der Firma Geese, Hamburg,
alterungsbeständig ⊚ ISO 9706 und PEFC-zertifiziert.
Printed in Germany
ISSN 1865-7095
ISBN 978-3-465-04062-0

Vorwort

Dieses Buch enthält in einer historisch-kritischen Edition die Texte, die es in seinem Hauptteil kommentiert: das *Vorwort* (1893) zu Freges *Grundgesetzen der Arithmetik*, in dem er seine fulminante Psychologismus-Kritik vorträgt; die drei von Frege selber veröffentlichten *Logischen Untersuchungen* (1918–1923), in denen er „die Ernte [s]eines Lebens heimbringen" wollte; und schließlich ein Fragment aus seinem Nachlass, das der Entwurf des Anfangs einer vierten *Logischen Untersuchung* ist.

Die Einleitung lokalisiert das Projekt der *LU* in Freges Leben und Werk. Sie berichtet auch vom Verlauf der Diskussionen, die er zwischen 1911 und 1920 mit dem 41 Jahre jüngeren Wittgenstein führte; denn sie sind für die Würdigung der Texte in diesem Buch wichtig. Überhaupt habe ich mich in dieser Einleitung bemüht, viele biographische Informationen leicht zugänglich zu machen; denn die umfangreiche Frege-Biographie (zit. als *Biogr*), der ich die meisten dieser Informationen verdanke, stellt die Geduld des Lesers nicht nur durch ihren Umfang auf eine sehr harte Probe.[1]

Mein Kommentar zum *Vorwort* hat eine andere Gestalt als der zu den *LU*: in diesem Kapitel bemühe ich mich vor allem darum,

---

[1] Über den „eben getauften Gottlob Frege" erfährt man dort, er „mach[e] zunächst nur durch seine Existenz auf sich aufmerksam". Freges Frau macht erst durch ihren Tod auf sich aufmerksam; denn das ist der Anlass, aus dem sie auf S. 262 zum ersten Mal erwähnt wird – an einer im Personenregister gar nicht vermerkten Stelle. Hier ist wohl einer der vielen Aphorismen zur Lebensweisheit einschlägig, mit denen der Biograph sein Werk schmückt: „So geht es oft im Leben: Mancher bemerkt erst an der Lücke, die jemand hinterläßt, dessen Wert" (420). In einem Kapitel mit der schwungvoll missglückten Überschrift „Sonnen- und Schattenseiten der Genialität" erfährt man sowohl durch ein Diagramm als auch durch eine Tabelle, was man als Frege-Leser immer schon wissen wollte, aber sich nie zu fragen traute: wie der Preis für 1 kg Hammelfleisch zwischen 1883 und 1915 in Thüringen schwankte... *Difficile est saturam non scribere.*

diejenigen Begriffsexplikationen und Argumente in früheren Arbeiten Freges und im Haupttext der *Grundgesetze* vorzustellen und zu erörtern, die man sowohl benötigt, um das *Vorwort* ohne das Buch, dem es vorangestellt ist, zu verstehen, als auch, um die *LU* in Freges Gesamtwerk richtig einordnen zu können. Der Kommentar zu den *LU* geht dann deren Text Seite für Seite durch. Hier ist die Gliederung des Kapitels jeweils zugleich ein Vorschlag zur Gliederung des Frege'schen Textes. Im Kommentar zur ersten *LU* wird Freges Philosophie des Geistes und seiner Ontologie mehr Aufmerksamkeit gewidmet als in der Literatur üblich. Da die vierte *LU* Fragment geblieben ist, ziehe ich hier noch extensiver als zuvor andere Texte Freges heran.

Ich habe versucht, die letzten *LU* so zu erläutern, dass sie mit Gewinn auch schon von denen studiert werden können, die gerade einen Grundkurs in Formaler Logik absolvieren und neugierig auf die *Philosophie* der Logik und ihre *Geschichte* sind. Die zweidimensionale Schreibweise, die Frege in seiner „Formelsprache des reinen Denkens" verwendet, hat sich bekanntlich nicht durchgesetzt. Um der leichteren Lesbarkeit willen verzichte ich in diesem Kommentar darauf, Junktoren und Quantoren im Stil Freges zu notieren.[2] Da der Gebrauch logischer Symbole in der Logik-Literatur des letzten Jahrhunderts ziemlich uneinheitlich ist, war hier eine Entscheidung nötig: Als „formelsprachliche" Junktoren verwende ich '¬', '&', '∨', '→' und '↔',[3] als „formelsprachliche" Quantoren '∀' und '∃'.[4] Alle diese Symbole und ihre nicht-Frege'schen Bezeichnungen werden in den Kapiteln 3 bis 5 jeweils „an Ort und Stelle" erläutert, und dort werden auch ihre Konkurrenten vorgestellt.

Um das besondere Profil Frege'scher Stellungnahmen zu Sachfragen herauszuarbeiten, ziehe ich gelegentlich Aristoteles, Leibniz und Kant, Bolzano, Mill und Russell, Sigwart, Brentano, Husserl und Heidegger zum Vergleich heran. (Solche Vergleiche sind mindestens ebenso erhellend, denke ich, wie die mit den *B-Picture*-Philosophen

---

[2] Freges logische Notation wird in Beaney 1996, App. 3 u. 1997b, App. 2 sorgfältig erklärt. Transkribiert in moderne Notation findet man die Beweise von Teil II der 'Begriffsschrift', in Mendelsohn 2005, App. A u. B, die von Teil III in Boolos 1985.
[3] Mit Ausnahme des Negationshakens allesamt von Hilbert-Ackermann 1928 übernommen.
[4] Im Anschluss an Gentzen 1934, Church 1955 und Hilbert†-Ackermann 1958.

Vorwort 7

in Freges Umgebung, denen in der Sekundärliteratur oft nachgesagt wird, sie hätten ihn beeinflusst.) Primär geht es in diesem Kommentar natürlich um die Analyse und die Beurteilung von Freges Argumenten. Aber die Klärung historisch-philologischer Fragen zum Frege-Text war mir ebenfalls sehr wichtig; denn es ist an der Zeit, den Werken des Pioniers der modernen Logik und Sprachphilosophie endlich auch in dieser Hinsicht so viel Sorgfalt angedeihen zu lassen wie z. B. Aristoteles' *De Interpretatione*. Schon deshalb, weil sie heutzutage in der Ausbildung der Studierenden des Fachs Philosophie in vielen Ländern eine mindestens ebenso große Rolle spielen. Ich habe zum ersten Mal 1969 als Student am King's College in London von Fräigie gehört. Inzwischen gilt dieser Prophet sogar in seinem Vaterlande sehr viel, und zu dieser Widerlegung von Mt 13,57 hat niemand mehr beigetragen als der Göttinger Philosoph, dem ich dieses Buch widme.

Jeweils am Anfang eines Kommentar-Abschnitts sind in einer Fußnote unter 'VERGLEICHE:' Hinweise auf andere Passagen in Freges Werk (in der mutmaßlichen Reihenfolge ihrer Entstehung) zusammengestellt, die heranzuziehen für das Verständnis des kommentierten Abschnitts förderlich ist. Auch die Hinweise zur Frege-Sekundärliteratur habe ich jeweils am Anfang eines Kommentar-Abschnitts unter 'LITERATUR:' *en bloc* präsentiert. Der Nachteil, dass im Text dann nicht ausdrücklich gesagt wird, welcher Frege-Forscherin oder welchem Frege-Forscher ich worin zustimme bzw. widerspreche, scheint mir durch den Vorteil der Entlastung des allemal sehr umfangreichen Fußnoten-Apparats mehr als wett gemacht zu werden. Im Allgemeinen sind unter jener Rubrik nur Arbeiten registriert, von denen ich auch dann etwas gelernt zu haben glaube, wenn ich mich zu einer ganz anderen Auffassung durchgerungen habe. Die Literatur-Hinweise sind übrigens keineswegs allesamt Hinweise auf Arbeiten *über Frege*. Manche sollen auf wichtige Erörterungen der *Probleme* aufmerksam machen, mit denen Frege ringt. Das Buch endet mit einer schon deshalb sehr langen Frege-Bibliographie. Ich hoffe, dass meine Leserinnen und Leser sie trotzdem nützlich finden werden.

Die Liste derer, die mir geholfen haben, diverse Lücken zu schließen und wenigstens einige Fehler zu vermeiden, ist sehr lang. Für hilfreiche Hinweise danke ich Michael Beaney, Ali Behboud, David Bell, Herbert Breger, Stefania Centrone, Michael Dummett, Thorsten Fellberg, Lisa Grunenberg, Peter Hacker, Nick Haverkamp,

Miguel Hoeltje, Andreas Kemmerling, Wolfgang Kienzler, Jonas Koch, Stephan Kraemer, Edgar Morscher, Christian Nimtz, Günther Patzig, Carlo Penco, Eva Picardi, Ian Rumfitt, Marietje van der Schaar, Sven Schlotter, Martin Schneider, Benjamin Schnieder, Mark Siebel, Peter Simons, Tatjana von Solodkoff, Alexander Steinberg und Göran Sundholm. Dankbar bin ich auch für viele kluge Fragen und Einwände, mit denen ich in Frege-Seminaren und nach Frege-Vorlesungen und -Vorträgen konfrontiert wurde. Für die Organisation dieser Veranstaltungen danke ich Arianna Betti (Amsterdam), Daniel Cohnitz (Tartu/Estland), Sean Crawford (Manchester), Manuel García-Carpintero (Barcelona), Luis Fernández Moreno (Madrid), Edgar Morscher (Salzburg), Massimo Mugnai (Pisa) und Felix Mühlhölzer (Göttingen). Sergey Brin, Larry Page und Jimmy Wales haben mich oft blitzschnell mit nützlichen Informationen versorgt, – dass ich ihnen dafür dankbar bin, werden sie nie erfahren. Für das unermüdliche Herbeischaffen richtiger Bücher aus richtigen Bibliotheken und für große Sorgfalt beim Aufspüren von Corrigenda bedanke ich mich sehr herzlich bei Maria Kuper und Christian Folde, den besten Studentischen Hilfskräften, die ich je hatte. Besonders dankbar bin ich den drei Kollegen, die sich der Mühe unterzogen haben, verschiedene Versionen des ganzen Manuskripts zu kommentieren: die konstruktive Kritik, die Georg Dorn in Salzburg an der schlanken Erstfassung und die Markus Stepanians in Aachen und Mark Textor in London an großen Teilen der nicht mehr gar so schlanken vorletzten Version geübt haben, war eine große Hilfe.

Ich hätte nicht die Muße gehabt, die für das Schreiben dieses Buches und für die parallele Arbeit an einem Buch über Bernard Bolzano nötig war, wenn ich nicht in den Genuss eines zweijährigen *Opus magnum*-Stipendiums der Fritz Thyssen- und der Volkswagen-Stiftung gekommen wäre. Dafür bekunde ich beiden Institutionen meinen Dank. Den größten Dank aber schulde ich meiner Frau Malakeh, weil sie wieder einmal die sozial unerfreulichen Aspekte meiner Besessenheit mit einem Buch geduldig ertragen hat.

Für Günther Patzig

Inhalt

Vorwort   5

I. Einleitung   15

**Das Projekt einer Philosophischen Logik
in Freges Leben und Werk**   15
§1. „Die Ernte meines Lebens"   15
§2. Frege in Jena   24
§3. Gespräche mit Wittgenstein   45

II. Texte   55

Vorbemerkung zur Textfassung   55
Das Vorwort zu Band 1 der *Grundgesetze der Arithmetik*   57
Logische Untersuchungen   87
   Der Gedanke   87
   Die Verneinung   113
   Gedankengefüge   133
   Logische Allgemeinheit (Frgmt.)   157

III. Kommentar   163

Kapitel 1   Frege 1889–1903: Das *Vorwort* im Kontext   165
Gliederung des *Vorworts*   165
§1. Was ist eine Begriffsschrift?   166
§2. Grundbegriffe – 1889 ff   180
   §2.1. Funktion und Gegenstand   180
   §2.2. Bedeutung und Sinn   198
   §2.3. Begriffsmerkmale und
       Begriffe verschiedener Stufen   219
   §2.4. Begriffsumfang und Wertverlauf   225
   §2.5. Eine echte Aporie?   227
§3. Singuläre Terme mit und ohne Bedeutung   235

§4. Prädikate mit und ohne Bedeutung 249
§5. Identität, Austauschbarkeit und
Bedeutungsverschiebung 270
§6. Wahrheitswerte 307
§7. Das Präfix eines Begriffsschriftsatzes 331
§8. Logischer 'Antipsychologismus'
(XIV$_b$–XVIII$_a$; *Ged* 58–59a) 342
§9. Objektiv, aber nicht wirklich (XVIII$_b$-XXV$_b$) 369

Kapitel 2   Frege über *Gedanken* 377
I. Wahrheit, Gedanke und Satz 377
   §1. Logische Gesetze als Gesetze des Wahrseins
       (*Ged* 58–59a) 377
   §2. Quaestiones de veritate 391
       §2.1 Abgrenzungen (59b) 391
       §2.2. Was ist wahr? Was ist Wahrheit?
           (59c–61a) 393
       §2.3. Ist Wahrheit eine Eigenschaft? (61b–62a) 410
   §3. Form und behauptende Kraft (62b–63a) . . . 423
   §4. Gedanklich irrelevante Inhaltsdifferenzen
       (63b–64a) 444
   §5. Unvollständiger Sinn und
       schwankender Sinn 455
       §5.1. Die Ergänzungsbedürftigkeit
           indexikalischer Sätze (64b) 455
       §5.2. Sätze mit 'ich' oder mit eigentlichen
           Eigennamen (65–66b) 467
II. Sind Gedanken psychische Phänomene? 486
   §6. Außenwelt und Innenwelten (66c–68b) . . . 486
   §7. Die Welt 3 (68c–69d) 502
   §8. Gibt es womöglich nur psychische Phänomene? 507
       §8.1. Ein seltsamer Einwurf (69e–72a) . . . 507
       §8.2. Zurückweisung des Einwurfs (72b–74a) 511
   §9. Gedanken fassen 514
       §9.1. Die Selbständigkeit der Gedanken
           (74b–75b) 514
       §9.2. Ein sensualistisches Vorurteil (75c) . 526
III. Sind Gedanken ganz unwirklich? 532
   §10. Zeitlosigkeit (76a) 532
   §11. Wirklichkeit (76b–77) 536

Inhalt 13

Kapitel 3 Frege über *Verneinung* 543
I. Einleitung (*Vern* 143–144a) 543
II. Eine Verteidigung der Objektivität
falscher Gedanken 544
   §1. Das erste Argument des Opponenten
und seine Zurückweisung (144b–146b) . . . 544
   §2. Das zweite Argument des Opponenten
und seine Zurückweisung (146c–147d) . . . 552
III. Kritik an einer inadäquaten Konzeption
des Verneinens 554
   §3. Ist Verneinen Trennen? (147e–149d) 554
   §4. Eine dubiose Einteilung der Gedanken
(149e–150c) 561
   §5. Quelle der Fehlkonzeption (150d–153a) . . . 568
IV. §6. Gibt es zwei Weisen des Behauptens
und des Urteilens? (153b–154d) 572
V. Die Struktur der Verneinung eines Gedankens . . . 578
   §7. Die Reichweite des Verneinungszeichens
(154e–155b) 578
   §8. Ergänzungsbedürftige Gedanken- und
Satzteile (155c–156a) 580
   §9. Multiple Zerlegbarkeit und
doppelte Verneinung (156b–157c) 583

Kapitel 4 Frege über *Gedankengefüge* 589
I. Einleitung 589
   §1. Satz- und Gedankenaufbau (Ggf 36a) 589
   §2. Ergänzungsbedürftige Gedankenteile
(36b–37a) 596
   §3. Verbindung zweier Gedanken zu Einem
(37b–c) 599
II. Aufbau von sechs Gedankengefügen mit
UND und NICHT 601
   §4. Konjunktive Gedankengefüge (37d–39e) . . 601
   §5. Exklusive Gedankengefüge (40a–41b) 618
   §6. Rejektive Gedankengefüge (41c–41e) 619
   §7. Adjunktive Gedankengefüge (41f–43c) . . . 620
   §8. Subtraktive Gedankengefüge (43d–44a) . . . 627
   §9. Hypothetische Gedankengefüge (44b–48a) 629

III. Abschließende Betrachtungen 642
 §10. Funktionale Vollständigkeit einer
   Junktoren-Menge (48b–49b) 642
 §11. Gedanken-Identität (49c–50a) 646
 §12. Inhaltslosigkeit und Evidenz (50b–c) 665
 §13. Wahrheitswertfunktionalität (50d–51c) . . . 676

Kapitel 5   **Frege über *Allgemeinheit*** 685
 §1. Einleitung: Gesetz und Einzeltatsache
   (*Allg* 278a–b) 685
 §2. Allgemeinheit und Gesetz (278c–279c) 688
 §3. Umgangssprachliche Darstellungen
   der Allgemeinheit (279d) 698
 §4. Eine begriffsschriftliche Darstellung
   der Allgemeinheit (280) 717
 §5. Die Unterscheidung von Hilfs- und
   Darlegungssprache (280–281) 725
 §6. Eine weitere begriffsschriftliche Darstellung
   der Allgemeinheit 738

Anhang   **Frege über metalogische Fragen**
   (und seine Nähe zu Bolzano) 759

Bibliographie 771

Personenregister 821

Sachregister 827

I. Einleitung

Das Projekt einer Philosophischen Logik in Freges Leben und Werk

§1. „Die Ernte meines Lebens"

Im November 1918 schrieb der siebzigjährige Gottlob Frege in einem Brief:[1]

> In dieser schweren Zeit suche ich Trost in wissenschaftlicher Arbeit. Ich suche die Ernte meines Lebens heimzubringen, damit sie nicht verloren gehe. Für die Beiträge zur Philosophie des deutschen Idealismus habe ich einen Aufsatz geschrieben, der demnächst, denke ich, erscheinen wird, und eine Ergänzung dazu, die vielleicht über's Jahr gedruckt werden wird.[2]

---

[1] Frege wohnte damals mit seinem Adoptivsohn und seiner Haushälterin nur wenige Kilometer von seinem Geburtsort, dem Ostseehafen Wismar entfernt, in Bad Kleinen. In dieser Kleinstadt am Nordufer des Schweriner See (von der die meisten von uns 1993 zum ersten Mal gehört haben, als es dort im Bahnhofsgelände zu einem Schusswechsel zwischen RAF-Mitgliedern und GSG-9-Beamten kam) verbrachte Frege seine letzten Lebensjahre. Seine Frau Margarete war schon 1904 gestorben. Die Ehe war kinderlos geblieben. Das gegenteilige Gerücht in der Literatur geht auf einen Irrtum Wittgensteins zurück (vgl. Geach 1967, 129). 1908 hatte Frege den fünfjährigen Alfred Fuchs in sein Haus aufgenommen. (Dessen Mutter lebte damals in einem Pflegeheim, und sein Vater war in eine Irrenanstalt eingewiesen worden.) Freges Mündel und späterer Adoptivsohn Alfred lebte bis zu seinem Schulabschluss 1923 bei ihm (*Biogr* 499–508). Ihm hinterließ Frege eine Vielzahl von unveröffentlichten wissenschaftlichen Manuskripten und Briefen seiner wissenschaftlichen Gesprächspartner – mit den goldenen Worten: „Wenn auch nicht alles Gold ist, so ist doch Gold darin. Ich glaube, dass manches darin noch einmal weit höher geschätzt wird, als jetzt" (NS, XXXIV).

[2] WB 45. Die Zitationsweise für die Schriften Freges (ggf. kursive Jahreszahl, kursive Sigle, Seite) wird im I. Teil der Bibliographie am Ende dieses Buches aufgeschlüsselt; in ihrem II. Teil werden die bei der Anführung der Werke einiger anderer Autoren verwendeten Siglen erklärt. – Eingerückte Zitate stammen genau dann von Frege, wenn sie *nicht* in Anführungszeichen eingeschlossen sind.

Der erste dieser Aufsätze erschien noch 1918 unter dem Titel 'Der Gedanke. Eine logische Untersuchung' [fortan: *Ged*], der zweite 1919 unter dem Titel 'Die Verneinung. Eine logische Untersuchung' [*Vern*]. 1923, zwei Jahre vor Freges Tod, wurde der Aufsatz 'Logische Untersuchungen. Dritter Teil: Gedankengefüge' [*Ggf*] in derselben Zeitschrift gedruckt. Es war seine letzte Publikation. Ein erst 1969 aus Freges Nachlass veröffentlichtes Fragment mit dem Titel 'Logische Allgemeinheit' [*Allg*] sollte offenkundig der vierte (und wohl nicht der letzte) Teil der *Logischen Untersuchungen* [*LU*] werden, die zu vollenden Frege nicht vergönnt war.[3]

„Logic is an old subject, and since 1879 it has been a great one", schrieb Quine 1950.[4] Freges 1879 erschienene *Begriffsschrift* [*BS*] hatte das Paradigma der 'Ersten Analytiken' des Aristoteles endgültig abgelöst. Die *BS* enthält in ihrem II. Teil ein deduktiv vollständiges und konsistentes axiomatisches System der Junktorenlogik (Aussagenlogik) und der Quantorenlogik (Prädikatenlogik) erster Stufe mit Identität, und sie enthält in ihrem III. Teil auch ein konsistentes System der Quantorenlogik zweiter Stufe. Dieses Buch, von Frege „mein Werkchen" genannt,[5] hatte eine neue Epoche in der Geschichte der Logik eröffnet, aber es sollte noch sehr lange dauern, bis das jemand bemerkte – besonders in Deutschland. 1935 schreibt Jan Łukasiewicz im Journal des Wiener und Berliner Kreises:

„Ich lege Wert darauf festzustellen, was selbst in Deutschland nicht allgemein bekannt zu sein scheint, dass der Begründer der modernen Aussagenlogik Gottlob Frege ist … Ganz unvermittelt, ohne dass es möglich wäre, eine historische Erklärung anzugeben, entspringt die moderne Aussagenlogik in einer beinahe höchsten Vollkommenheit dem genialen Kopfe Gottlob Freges, dieses größten Logikers unserer Zeiten. Im Jahre 1879 gibt Frege eine kleine, aber inhaltlich schwerwiegende Abhandlung

---

[3] Dass der Titel, den Frege für seine Logik vorsah, schon von Autoren, die er kannte, verwendet worden war, scheint ihm gleichgültig gewesen zu sein: Fr. Adolf Trendelenburgs 2-bändige 'Logische Untersuchungen' hatten zwischen 1840 und 1870 drei Auflagen erlebt, und 1900/01 war die erste, 1913 die zweite Auflage von Edmund Husserls ungleich bedeutenderem gleichnamigen Werk erschienen.
[4] Quine 1950, VII; cp. 1960, 163.
[5] *GG I*, § 14.

Freges Leben und Werk

heraus ... In dieser Abhandlung ist die ganze Aussagenlogik zum erstenmal in streng axiomatischer Form als deduktives System aufgestellt."[6]

Die Entstehung der *BS* in der Zeit zwischen der Habilitation Freges 1874 und dem 18. Dezember 1878, auf den er das Vorwort datiert, ist in der Tat fast so rätselhaft wie die Geburt der Pallas Athene, die in voller Rüstung dem Haupt des Zeus entspringt.[7] (In meinem Kommentar zu *Vern* und *Ggf* wird es um (sprach)philosophische Aspekte der Frege'schen *Junktoren*logik gehen.) Höchste Vollkommenheit hätte Łukasiewicz dem Axiomensystem der Frege'schen Quantorenlogik erster Stufe bescheinigen können, und primär um dieses Teils seines Logik-Systems willen pflegt man in Frege heute den Begründer der modernen Logik zu sehen: sie beginnt, wie Quine sagt,[8] erst mit der „emergence of general quantification theory at the hands of Frege and Peirce", und „Frege got there first".[9] Erst diese Theorie erlaubte es, Argumente mit multiplen Quantifikationen wie '*Mindestens eine* Frau wird von *allen* Katholiken verehrt' logisch

---

[6] Łukasiewicz 1935, 112, 125. Frege und Łukasiewicz wussten nicht, dass der Schotte Hugh MacColl schon 1877 in einem Boole'schen Rahmen ein System der Junktorenlogik vorgelegt hatte, das er als „Calculus of Equivalent Statements" bezeichnete. Schröder erwähnt diesen Aufsatz 1880 in seiner *BS*-Rezension (s. u.), ohne großen Enthusiasmus und ohne auf diesen Punkt aufmerksam zu machen, und Frege erwähnt MacColl daraufhin beiläufig in *BrL* 16 und *1882a*, 4 als Gewährsmann Schröders. Ende 1900 scheint er Louis Couturat Fragen zu MacColl gestellt zu haben, die wiederum nicht diesen Punkt betrafen (vgl. Couturats Antworten in WB 20–23).

[7] Warum Łukasiewicz von „*beinahe* höchster Vollkommenheit" spricht, werde ich im ANHANG erklären. Dort findet der Leser auch Hinweise darauf, wie Frege selber zu der Idee stand, die deduktive Vollständigkeit, Konsistenz und Unabhängigkeit (Nicht-Abundanz) eines logischen Axiomensystems zu *beweisen*.

[8] Quine 1985, 254.

[9] Nämlich vier Jahre früher als Peirces Schüler und Mitarbeiter Oscar Mitchell in seinem Aufsatz 'On a New Algebra of Logic', in Peirce 1883a, S. 72–106. (Auf S. 71 dieses Bandes erscheint übrigens Freges *BS* in einer Literaturliste.) Vgl. Peirce 1883b, §§ 351–357. In der dritten Auflage seines Logik-Lehrbuchs hat Quine seine eingangs zitierte Bemerkung über das Jahr 1879 nicht wiederholt. Wollte er die Gedenkjahre 1837 (Bernard Bolzano, 'Wissenschaftslehre') und 1854 (George Boole, 'An Investigation of the Laws of Thought') nicht diskriminieren? Quine reagiert damit wohl auf den Einspruch zugunsten der algebraischen Boole/Peirce/Schröder-Tradition in Putnam 1982, der von Bolzano nichts zu wissen scheint.

transparent zu machen. (In meinem Kommentar zu *Allg* wird es um (sprach)philosophische Aspekte der Frege'schen *Quantoren*logik gehen.) Freges erste Versuche, erläuternde Aufsätze zur *BS* zu publizieren, scheiterten. So seufzte er in seiner langen Antwort auf eine kurze Postkarte des Brentano-Schülers Carl Stumpf:

> Es wird mir schwer in philosophischen Zeitschriften Eingang zu finden. Entschuldigen Sie mein Schreiben mit dem unbefriedigten Bedürfnisse mich mitzuteilen. Ich befinde mich in einem unglücklichen Cirkel: bevor man der Begriffsschrift Beachtung schenkt, verlangt man deren Leistungen zu sehen und diese kann ich wieder nicht zeigen, ohne die Bekanntschaft mit ihr vorauszusetzen. So scheint mein ... Buch kaum auf Leser rechnen zu dürfen.[10]

In den folgenden Jahrzehnten machte Frege immer wieder Anläufe zu einem Buch, das seine „grundlegenden logischen Einsichten" so darstellen sollte, dass unter Symbolophobie leidende Leser nicht abgeschreckt würden.[11] Wohl im Zusammenhang mit seiner Arbeit an den *Grundlagen der Arithmetik* (1884) [*GL*] schrieb er zum ersten Mal einen Text mit der Überschrift 'Logik'.[12] „Ich würde nicht im-

---

[10] *1882d*, WB 163. Hinter dem ersten Satz steht Freges deprimierende Erfahrung mit den beiden erstmals in NS abgedruckten Aufsätzen, der langen Abhandlung *BrL* (1881) und deren Kurzfassung *1882c*.

[11] Wer in Abschnitt III der *BS* blättert (oder in Abschn. II und III.2 der *GG*), dem ergeht es leicht wie Thomas Manns Königlicher Hoheit beim Blick in Immas Kollegheft: „Was er sah, war ... ein Hexensabbat ver schränkter Runen. Griechische Buchstaben waren mit lateinischen und mit Ziffern in verschiedener Höhe verkoppelt, durch ... Linien ... zu großen Formelmassen vereinigt ... Kabbalistische Male, vollständig unverständlich dem Laiensinn." Im Antrag der Jenaer Philosophischen Fakultät auf Ernennung Freges zum ordentlichen Honorarprofessor hieß es 1896: „Sich in neue, durch ihren Anblick erschreckende Zeichen einzuarbeiten, ist nur Weniger Sache. Dies ist der Grund, daß die bezüglichen Schriften [Freges] bisher nur selten gelesen und bis vor kurzem kaum anerkannt worden sind. Doch ..." (*Jena* 64–65; *Biogr* 380, 386). (In einer späteren Fußnote werde ich Anlass haben, auch die nächsten Sätze des Fakultätsantrags zu zitieren.)

[12] In Freges Inhaltsverzeichnis zu *Log₁* (NS 1) erinnern unter „C.-D.-E." gleich mehrere (im Ms. dann nicht ausgeführte) Ankündigungen an die *GL*: „Unterordnung der Begriffe" an §47, „Merkmale" an §53, „Definition der Gegenstände" an §74 Anm. und „Wiedererkennungsurteil" an §62. Außer-

Freges Leben und Werk

stande sein, diese Logik zu schreiben," so merkte er an, „wenn nicht die Bemühung um eine Begriffsschrift vorausgegangen wäre."[13] In der Einleitung (über die er in diesem Manuskript kaum hinauskam) behandelte er etliche der Themen, die 1918 die ersten beiden Hauptteile von *Ged* beherrschen sollten, und aus dem Inhaltsverzeichnis geht hervor, dass er auch auf die Themen der anderen drei *LU* eingehen wollte.

Von Anfang an versteht Frege in seinen Entwürfen unter einer 'Logik' nicht seine Junktoren- und Quantorenlogik, sondern einen philosophischen Traktat über die Konzepte, die für ein angemessenes Verständnis dieser Junktoren- und Quantorenlogik unentbehrlich sind. Manche Teile eines solchen Traktats sind sprachphilosophischen, manche sind erkenntnistheoretischen, manche sind ontologischen Fragen gewidmet. (*Darin* unterscheidet sich ein solcher Traktat nicht von den zahlreichen Büchern, die im 19. Jh. unter dem Titel 'Logik' erschienen und von denen Frege im Allgemeinen sehr wenig hielt.) Für unsere Ohren wäre vielleicht der Titel 'Philosophische Logik' weniger irreführend. Russell verwendete ihn 1903 für seine Erörterung vieler der Probleme, um die es auch Frege in seinen 'Logik'-Entwürfen geht,[14] und in der Aufsatzsammlung, die Peter Strawson 1967 unter dem Titel 'Philosophical Logic' zusammenstellte, war der erste Aufsatz (die erste englische Übersetzung von) 'Der Gedanke'.[15] Ist Freges Junktoren- und Quantorenlogik das Paradigma einer Logik im heute üblichen Gebrauch dieses Wortes – ein Gebrauch, der sich auch bei Frege findet und dem sich der Verfasser dieses Buches anschließt –, dann ist eine Philosophische

---

dem ist „Zerfallen eines Urteils. Begriff, Gegenstand" eines der Stichworte, die auch an den Brief an Stumpf erinnern, in dem Frege von den *GL* als einem „nahezu vollendeten Buch" spricht (*1882d*). Darum plädiere ich für die Datierung auf circa 1883.

13 *Log₁* 6 Anm.; vgl. *BS*, VII.
14 Russell 1903, XV.
15 Gefolgt von Grice, 'Meaning' und Dummett, 'Truth'. Davidsons 'Truth and Meaning' ist der erste Aufsatz in J. W. B. Davis u. a. (Hg.), 'Philosophical Logic' (Dordrecht 1969). Man vergleiche auch die Themen, die im 1972 gegründeten 'Journal of Philosophical Logic', in Mark Sainsburys Buch 'Logical Forms: An Introduction to Philosophical Logic' (London 1991, ²2000), in seinem Überblicksartikel 'Philosophical Logic' (in: A. C. Grayling [Hg.], 'Philosophy', London 1995) oder in Timothy Smiley (Hg.), 'Philosophical Logic', (Oxford 1998) erörtert werden.

Logik genausowenig eine Logik wie ein Stellvertretender Direktor ein Direktor ist. In der Terminologie Brentanos und seiner Schüler kann man sagen, dass das Beiwort in beiden Fällen nicht determinierend, sondern modifizierend gebraucht wird: ein Stellvertretender Direktor ist der Stellvertreter eines Direktors oder einer Direktorin, und eine Philosophische Logik (in dem Sinne, der im Titel dieses Buchs intendiert ist) ist eine Philosophie der Logik.

In der Philosophie der Mathematik war Frege gewissermaßen ein Halbkantianer.[16] An der im ersten Satz seiner Göttinger Dissertation formulierten Hypothese, „dass die ganze Geometrie zuletzt auf Axiomen beruht, welche ihre Gültigkeit aus der Natur unseres Anschauungsvermögens herleiten", hat er sein Leben lang festgehalten.[17] Kants Theorie der Arithmetik hat er hingegen stets abgelehnt: sein 'Logizismus' impliziert, dass die Arithmetik nicht darauf angewiesen ist, „eine reine Anschauung als letzten Erkenntnissgrund anzurufen" (*GL* § 12), und auch in den Skizzen zu einer nicht-logizistischen Grundlegung der Arithmetik aus den beiden letzten Jahren seines Lebens (*1924/25a–c*) hält er noch daran fest, dass die Arithmetik nicht darauf angewiesen ist, so etwas wie eine reine Anschauung der *Zeit* als letzten Erkenntnisgrund anzurufen.

Schon in Teil III der *BS*[18] hatte Frege die These, „dass es keine eigenthümlich arithmetische Schlussweisen giebt, welche sich nicht auf die allgemeinen der Logik [sic] zurückführen lassen" (*1885b*, 95–96), dadurch gestützt, dass er „die rein logische Natur" der Regel der vollständigen Induktion nachwies.[19] Dass alle scheinbar rein

---

[16] Dieses Epitheton (das der Philosophie-Historiker Heinrich Ritter 1827 eingeführt hat) wird in J. E. Erdmann 1866 u. a. auf Jäsche, Fries, Hermes und Bolzano angewendet – mit der im Falle Bolzanos ganz abwegigen Begründung, sie hätten „den Kantianismus mit anderen Elementen versetzt". Meine auf den Bereich der Philosophie der Mathematik eingeschränkte Anwendung des Epitethons dürfte verständlicher sein.

[17] KS 1; vgl. etwa KS 50, *GL* §§ 14, 89 und *1924/25c*, NS 298. Vgl. dazu Dummett, FOP, Kap. 7.

[18] Resümiert in Beaney 1997, 75–78.

[19] Diese Regel, die Frege und seine Zeitgenossen als „Bernoullische Induction" bezeichneten (*BS* § 27, S. 64; *BrL* 35; *1914b*, NS 219), erlaubt, von einer Wahrheit der Form 'Die Eigenschaft E kommt der Zahl 1 zu, und wenn E irgendeiner positiven ganzen Zahl n zukommt, dann kommt sie auch der Zahl $n+1$ zu' überzugehen zu 'E kommt jeder positiven ganzen Zahl zu'.

arithmetischen *Schlussregeln* auf logische reduzierbar sind, ist die *erste* der 'logizistischen' Thesen Freges. Um diese Reduzierbarkeit im Fall der vollständigen Induktion zu beweisen, war es nötig, für den Begriff des Folgens in einer Reihe eine Definition vorzulegen, deren Definiens ausschließlich im Vokabular der „Formelsprache des reinen Denkens"[20] formuliert ist.[21] Unter vorläufigem Verzicht auf den Gebrauch begriffschriftlicher Zeichen[22] versuchte Frege dann in den *GL*, auch durch Definitionen der Begriffe der Anzahl, der Null und der Eins die *zweite* seiner 'logizistischen' Thesen plausibel zu machen: Die „Urba[u]steine" der Arithmetik sind allesamt „rein logischer Natur" (*1885b*, 96), d. h. Begriffe, die in der „Formelsprache des reinen Denkens" ausdrückbar sind, genügen, um alle arithmetischen *Begriffe* explizit zu definieren.

Zwischen 1885 und 1891 veröffentlichte Frege nichts, und er scheint in dieser Zeit auch keine wissenschaftlichen Briefe geschrieben oder empfangen zu haben. Dann erschienen in dichter Folge drei Aufsätze, in denen er Mängel in der philosophischen Basis seiner ersten beiden Bücher beseitigte und die konzeptuellen Neuerungen motivierte, die in seinem dritten Buch zur Anwendung kommen sollten: 'Function und Begriff' [*FuB*], 'Über Sinn und Bedeutung' [*SuB*][23] und 'Ueber Begriff und Gegenstand' [*BuG*]. Wichtige Ergän-

---

[20] Untertitel der *BS*: vgl. dazu Kommentar zum 'Vorwort' der 'Grundgesetze', Kap. 1, §1. *Verweise auf Kapitel und Paragraphen des vorliegenden Buches und seine Einleitung werden fortan so abgekürzt:* 1-§1 u. EINL-§1.
[21] *GL*, IV, §§ 80, 108; vgl. *1914b*, NS 219–220.
[22] Wie ihm Carl Stumpf empfohlen hatte (WB 257), in einem Brief, der offensichtlich eine Antwort auf *1882d* ist. Wir wissen nicht, wie es zu diesem Briefwechsel kam. Als Frege in Göttingen studierte (SS 1871–SS 1873), war Stumpf dort Privatdozent für Philosophie. Er war in Göttingen im Oktober 1870 mit einer Arbeit über mathematische Axiome habilitiert worden (die erst 2008 veröffentlicht wurde [s. u. BIBL.]), und er hielt dort Vorlesungen und Seminare über antike Philosophie und über den psychologischen Ursprung der Raumvorstellung (bis er im Herbst 1873 Brentanos Nachfolger in Würzburg wurde). Frege hat keine dieser Veranstaltungen belegt. Gleichwohl könnte er Stumpf damals natürlich persönlich kennengelernt haben. Der Anfang des Briefs, den Frege 1882 nach Prag sandte, wo Stumpf seit 1879 Professor war, zeigt, dass es vorher einen Autausch zwischen ihnen gegeben hat (WB 163).
[23] Diesen Aufsatz scheint Frege in einem Brief an den Hg. einer Zeitschrift als „Logische Abhandlung" bezeichnet zu haben (WB 48, s. u. 198), und wenn er es getan hat, dann hätte er dieses Epitheton den beiden anderen

zungen finden sich in *1892c*. (Diese Aufsätze werden in Kap. 1 des Kommentars eine prominente Rolle spielen, und wir werden Anlass haben, sie auch in den Kap. 2–5 immer wieder heranzuziehen.) In den unvollendet gebliebenen *Grundgesetzen der Arithmetik* (1893, 1903) [*GG I, II*] wollte er die Richtigkeit der *dritten* seiner 'logizistischen' Thesen nachweisen: In seiner „Formelsprache" ausdrückbare logische Axiome genügen, um alle arithmetischen *Wahrheiten* deduktiv zu beweisen.[24] „Die Anzahlen antworten auf die Frage: 'wieviele Gegenstände einer gewissen Art giebt es?'[,] während die reellen Zahlen als Maaszahlen betrachtet werden können, die angeben, wie gross eine Grösse verglichen mit einer Einheitsgrösse ist" (*II*, S. 155). Unter der Überschrift „Beweise der Grundgesetze der Anzahlen"[25] legt Frege zunächst eine Theorie der natürlichen Zahlen vor, die deren Rolle beim *Zählen* nie aus dem Auge verliert, und im II. Bd. präsentiert er unter der Überschrift „Die Grössenlehre"[26] einen wesentlichen Teil seiner Theorie der reellen Zahlen, in der das *Messen* nicht wie in anderen Theorien „ohne innern, im Wesen der Zahl selbst begründeten Zusammenhang rein äusserlich angeflickt wird" (*II*, S. 157).

Frege hatte wenig Hoffnung, dass er durch die Publikation der *GG*, die er auf eigene Kosten drucken lassen musste,[27] seinen Ideen nun endlich zum Durchbruch verhelfen werde. Im Vorwort zum ersten Band schrieb er: „Es kommt mir so vor, als müsste der von mir gepflanzte Baum eine ungeheure Steinlast heben, um sich Raum und Licht zu schaffen."[28] 1897 oder später schrieb er einen umfang-

---

Aufsätzen sicher auch gegönnt. *SuB* ist heute wohl einer der meistgelesenen philosophischen Aufsätze der letzten 120 Jahre. Rudolf Carnap berichtete 1947 (118–119): „Except for Russell [1903b, 1905] …, Frege's paper seems to have been neglected for about half a century, until Alonzo Church began, several years ago [in 1940], to point out repeatedly [its] importance".

[24] Hilfreiche Gesamtdarstellungen der begriffsschriftlichen Junktoren- und Quantorenlogik in den verschiedenen Fassungen der *BS* und der *GG* findet man in Kneale 1962 und von Kutschera 1989, Kap. 3 u. 7.

[25] *GG I*, S. 70–251 u. *II*, S. 1–68.

[26] *GG II*, S. 163–252.

[27] „Die Bequemlichkeit des Setzers", da hat Frege sicher recht, „ist denn doch der Güter höchstes nicht" (*1896a*, 364). Aber Deduktionen in seiner zweidimensionalen Notation typographisch zu gestalten, ist auch heute noch so aufwendig, dass seit der Erstausgabe der *GG* nur reprographische Nachdrucke erschienen sind.

[28] *Vorw* (hier abgedruckt) XXV$_b$.

Freges Leben und Werk 23

reichen Text mit dem Titel 'Logik' [*Log₂*], auf den er offenkundig zurückgriff, als er die erste *LU* verfasste.[29] Das immens lehrreiche Manuskript schließt mit Ausführungen über „Die Verneinung" und „Verbindung von Gedanken". Zwei Skizzen eines Logik-Buches aus dem Jahre 1906 folgen bereits demselben Plan wie die (vier) *Untersuchungen*.[30] Aber – und das ist wichtig für ihre Interpretation – das Themenspektrum ist diesmal breiter: Auf die Behandlung der Allgemeinheit folgt hier eine Erörterung des Unterschieds zwischen Sinn und Bedeutung.[31] In seinen Aufzeichnungen für Ludwig Darmstaedter schildert Frege ein Jahr nach der Publikation von *Ged* „das Eigenartige [seiner] Auffassung der Logik", und auf die Skizze seiner Überlegungen zu den Themen Gedanke, Verneinung, Gedankengefüge und Allgemeinheit folgen auch hier Ausführungen über Sinn und Bedeutung.[32] Das legt die Vermutung nahe, dass diese Distinkti-

---

[29] *Log₂*. Die von den Hg. angeführten Indizien für die Datierung auf 1897 (NS 136, Anm.) sind auch mit einer Entstehungszeit verträglich, die viel dichter an der von *Ged* liegt. Klar ist eigentlich nur, dass der Text nicht vor Februar 1897 geschrieben wurde: NS 158. Dieses Indiz, ein Zitat, scheint identisch zu sein mit demjenigem, das Scholz von dem in *Katalog* Nr. 2 beschriebene Logik-Ms. sagen lässt: „Nicht vor 1897 (Zitat S. 66)". Das andere Indiz, ein für ihn Beispiel gewähltes Datum, fand sich vielleicht auch in diesem Ms. (Jedenfalls kommt sein Kontext in der Inhaltsangabe von Nr. 2 ebenfalls vor.) Nun ist dieses Ms. ganz offenkundig eine Vorstufe von *Log₂*. Es könnte sein, dass Frege es erst viel später zu *Log₂* ausgearbeitet hat, ohne dabei die beiden 1897er Spuren zu verwischen. Aber vielleicht haben die Hg. von NS recht. Warum hat Frege diesen sorgfältig formulierten Text, dessen langer erster Teil die Problematik von *Ged* fast vollständig abdeckt und für diesen Teil auch mit einer detaillierten, fast vollständigen Inhaltsangabe versehen ist, dann mehr als 20 Jahre lang ungenutzt in einer Schublade liegen lassen? Vielleicht deshalb, weil ihn erst die Arbeit an *GG II* an weiterer Beschäfigung mit diesem Entwurf gehindert hat und dann die Lähmung durch den Russell-Schock (s. u. §2).– Eine Kurzbeschreibung von (weiteren) „Vorstudien zu: Der Gedanke" findet man in *Katalog* Nr. 10.
[30] *1906d; n.1906*.
[31] *1906d*, NS 208–212.
[32] *1919c*, NS 275. Darmstaedter, Chemiker, Vf des 'Handbuchs zur Geschichte der Naturwissenschaften und der Technik' (Berlin ²1908) und erfolgreicher Industrieller, schenkte seine umfangreiche Sammlung von Autographen der Königlichen, später Preußischen Staatsbibliothek und wurde zur ihrem Direktor ehrenhalber ernannt (vgl. H. Wefing, 'Was Deutschland seinen jüdischen Sammlern verdankt', FAZ, 13.12.2006). Freges Originalmanuskript ist im Besitz der Staatsbibliothek (NS 273 Anm.; WB 27).

on in der vollendeten Fassung der *LU* nicht weniger Gewicht gehabt hätte als in den Aufsätzen der frühen neunziger Jahre.

§2. Frege in Jena

Als Frege 1918 in Jena emeritiert wurde, hatte er vierundvierzig Jahre lang an der Universität dieser Stadt gelehrt. 1874 hatte er sich mit seiner Arbeit über „Rechnungsmethoden, die sich auf eine Erweiterung des Größenbegriffes gründen"[33] unter dem Dekanat des nachmals berühmten Zoologen Ernst Haeckel habilitiert und die *Venia docendi* für Mathematik erhalten.[34] Der beigefügte Lebenslauf ist der einzige autobiographische Text aus Freges Feder, den wir kennen:

> Ich, Friedrich Ludwig Gottlob Frege, wurde am 8. Nov. 1848 zu Wismar geboren. Mein Vater, Alexander, welcher dort Vorsteher einer höheren Töchterschule war, wurde mir im Jahre 1866 durch den Tod entrissen. Meine Mutter, Auguste, geb. Bialloblotzki, ist noch am Leben.[35] Ich wurde im lutherischen Glauben erzogen. Nachdem ich fünfzehn Jahre das Gymnasium meiner Vaterstadt besucht hatte, ward ich um Ostern 1869 mit dem Zeugnisse der Reife entlassen [36] und lag zwei Jahre in Jena, dann

---

[33] KS 50–84.

[34] „Die erforderlichen Subsistenzmittel", heißt es im Gutachten der Fakultät, „sind durch eine Erklärung der Mutter des Herrn Dr. Frege gewährleistet" (*Biogr* 129–130).

[35] Alexander F., Sohn eines Hamburger Kaufmanns und Konsuls, hat Theologie studiert. (In der Literatur hält sich hartnäckig das Gerücht, er sei Pfarrer gewesen.) In Wismar erschien 1862 in 3. Aufl. sein 'Hülfsbuch zum Unterrichte in der deutschen Sprache für Kinder von 9 bis 13 Jahren' und 1866 'Die Entwicklung des Gottesbewusstseins in der Menschheit in allgemeinen Umrissen dargestellt' (*Biogr* 5–9, 176–182; Gabriel & Kienzler 1994, 1061–1062). Die Pfarrerstochter Auguste F., deren Vorfahren im 17. Jh. aus Polen eingewandert waren, war Lehrerin. Sie übernahm nach dem Tode ihres Mannes für 10 Jahre die Leitung der Privatschule und zog 1879 zu G., dem älteren ihrer beiden Söhne, nach Jena. Sie starb dort 1898 (*Biogr* 10–11, 378, 508–509).

[36] Er erhielt die Abschlussbewertung 'Erster Grad', die bei sehr guten Kenntnissen in allen Lehrfächern ausgesprochen wurde, – in der Maturitätsprüfung hatte er u. a. diverse deutsche Texte ins Lateinische, Griechische und Französische zu übersetzen (*Biogr* 38, 48). [Dass der Abiturient Frege, wie der Vf von *Biogr* unter Berufung auf „Fachberatung" behauptet, auch

fünf Semester in Göttingen mathematischen, physikalischen und philosophischen Studien ob.[37] In Göttingen erwarb ich den philosophischen Doktorgrad.[38] (KS 84.)

Gefördert wurde Frege vor allem durch den Physiker Ernst Abbe, der durch seine Beiträge zur Theorie und Technologie des Mikroskops und durch seine Führungsposition in der von Carl Zeiss in Jena gegründeten Optischen Werkstätte berühmt wurde.[39] 1879 wurde er zum außerordentlichen Professor für Mathematik ernannt und 1891 schließlich zum ordentlichen Honorarprofessor berufen, als welcher er ein jährliches Gehalt von der Carl-Zeiss-Stiftung erhielt. 1903 wurde ihm der Titel eines Großherzoglichen Hofrats verliehen.[40] Ein Ordinariat hat er nie erlangt. Ordinarius für Mathematik in Jena war Johannes Thomae, der sich von Frege in einer Fachzeitschrift sagen lassen musste: „Es gibt Menschen, so scheint es, von denen logische Gründe abgleiten wie Wassertropfen von einer Öljacke."[41]

Horaz-Verse „aus dem Griechischen" übersetzt hat, mag man nicht so recht glauben.]

[37] In Jena hatte er auch 3 Semester Chemie studiert und ein chemisches Praktikum gemacht (*Biogr* 60–64). Was seine philosophischen Studien angeht, so wissen wir nur, dass er in Jena im WS 1870/71 Kuno Fischers Vorlesung 'Das System der Kantischen oder kritischen Philosophie' belegt hat und in Göttingen im SS 1871 Hermann Lotzes Vorlesung 'Religionsphilosophie' (*Biogr* 64, 87). Seminare oder Vorlesungen zur Logik hat er in seinem Studium nicht besucht.

[38] Mit einer geometrischen Arbeit: KS 1–49.

[39] Vgl. Freges Würdigung seines „hochverehrten Lehrers" Abbe in *1905*, 333 (≈ *Biogr* 521) und in Gabriel & Kienzler 1994, 1067–1068. Noch einen seiner Jenenser Professoren hat Frege stets in Ehren gehalten: Carl Snell. Er nannte ihn noch viele Jahre nach Snells Tod seinen „verehrten Lehrer" (*1891c*, 150; *1924/25c*, NS 300). Die Lehrveranstaltungen, die er u. a. bei Abbe und Snell besuchte, werden in *Biogr* 60–64 aufgezählt.

[40] Wovon er zumindest dann profitierte, wenn er auf seinen alljährlichen Wanderungen von Thüringen nach Mecklenburg in einem guten Hotel Quartier machen wollte (*Biogr* 465 f, 485, 487 f). Zu seiner gut bezeugten Wanderlust passt, dass der alte Frege zu den fördernden Mitgliedern der Jenaer Ortsgruppe des 'Wandervogels' gehörte, des 1896 entstandenen 'Bundes für deutsches Jugendwandern' (Schlotter & Wehmeier 2007, 174).

[41] *1906g*, 590. Thomae und andere Anhänger der Formalen Arithmetik „verfahren nach der Methode des Dr. Eisenbart. Da der Sinn zuweilen Schwierigkeiten macht, treibt man ihn kurz entschlossen ganz aus und behält dann natürlich die entseelten Zeichen zurück" (*1906a*, II: 396). [Frege spielt

Als sich 1908 Freges 60. Geburtstag näherte, teilte der Kurator der Universität Jena den „durchlauchtigsten Erhaltern" der Universität mit, er könne „Herrn Frege zu keiner Auszeichnung vorschlagen, da seine Lehrtätigkeit untergeordneter Art und für die Universität ohne besonderen Vorteil" sei.[42] Was der Verfasser dieser denkwürdigen Mitteilung vor Augen hat, sind natürlich Statistiken: Während etwa der heute gründlich vergessene Neuidealist Rudolf Eucken, der 1908 (als erster von bislang fünf Philosophen) den Literaturnobelpreis erhielt, stets Scharen von Studenten anzog, war Frege nicht gerade ein Publikumsmagnet.[43] Zusätzlich zu seinen wenig frequentierten mathematischen Lehrveranstaltungen las er zwischen 1878 und 1915 fast vierzigmal „Analytische Mechanik", zweimal über die „Theorie der nach dem Newtonschen Gesetze wirkenden Kräfte" (*Biogr* 280–284). Außerdem kündigte er seit 1883/84 in jedem Wintersemester eine einstündige Vorlesung „Über Begriffsschrift" an, zu der durchschnittlich 3,5 Studenten erschienen.[44] In den Jahren vor dem Ausbruch des Ersten Weltkriegs hat Rudolf Carnap zwei dieser Vorlesungen besucht:

hier auf eine Volksballade zum Thema 'Operation gelungen, Patient tot' an: „Ich bin der Dr. Eisenbart / Kurier die Leut nach meiner Art, …".]

[42] Zit. nach Patzig 1966a, 19; vgl. *Jena* 66 (≈ *Biogr* 466). Die „durchlauchtigsten Erhalter" [i. e. staatlichen Finanzierer] der Universität Jena waren der Großherzog in Weimar (der den „Kurator" ernannte) und die Herzöge in Altenburg, Gotha und Meiningen.

[43] Was man daran ablesen kann, dass Eucken in einem Semester manchmal das 35-fache von Freges Kolleghonoraren einnahm (*Biogr* 422, 440–442). Eucken, der 1874 den Lehrstuhl Kuno Fischers übernommen hatte, lehrte bis 1920 an der Universität Jena. Frege hatte gute persönliche Beziehungen zu seinem prominenten Kollegen, der viele Jahre lang sein Nachbar war (vgl. Dathe 1995; *Biogr* 509; Gabriel 2006). Auf Eucken ging die Anregung zurück, Freges Ernennung zum außerordentlichen Professor vorzuschlagen (Dathe 1995, 245–6 ≈ *Biogr* 357). Dass er sich spätestens 1882 Freges Kritik an der Subjekt-Prädikat-Konzeption der traditionellen Logik zueigen gemacht hat, geht aus einer Randnotiz zu seiner Logik-Vorlesung klar hervor (*Biogr* 291). Und in seiner *GL*-Rezension (1886) riet er den Philosophen, Freges Buch zu studieren (wieder abgedruckt in *GL*, Centenar-Ausg., Anhang, 122–123).

[44] Für die Jahre 1879–1906 kann man das der Tabelle in *Biogr* 280–284 entnehmen. 1892 führte Frege sogar in einem Ferienkurs, den die Universität Jena für Gymnasiallehrer aus verschiedenen Teilen Deutschlands veranstaltete, einen Kurs mit dem Titel „Begriffsschrift" durch. Wieviele Lehrer teilnahmen, ist nicht bekannt (*Biogr* 349).

„[T]he most fruitful inspiration I received from university lectures did not come from those in the field of philosophy proper or mathematics proper, but rather from the lectures of Frege on the borderlands between those fields ... In the fall of 1910, I attended Frege's course 'Begriffsschrift', out of curiosity, not knowing anything either of the man or the subject except for a friend's remark that somebody had found it interesting. We found a very small number of other students there. Frege looked old beyond his years. He was of small stature, rather shy, extremely introverted. He seldom looked at the audience. Ordinarily we saw only his back, while he drew the strange diagrams of his symbolism on the blackboard and explained them. Never did a student ask a question or make a remark, whether during the lecture or afterwards. The possibility of discussion seemed to be out of the question. Toward the end of the semester Frege indicated that the new logic to which he had introduced us, could serve for the construction of the whole of mathematics. This remark aroused our curiosity. In the summer semester of 1913, my friend [Kurt Frankenberger] and I decided to attend Frege's course 'Begriffsschrift II'. This time the entire class consisted of the two of us and a retired major of the army [Richard Seebohm] ... In this small group Frege felt more at ease and thawed out a bit more. There were still no questions or discussions. But Frege occasionally made critical remarks about other conceptions, sometimes with irony and even sarcasm ... Although Frege gave quite a number of examples of interesting applications of his symbolism in mathematics, he usually did not discuss general philosophical problems. Thus, although I was intensely interested in his system of logic, I was not aware at that time of its great philosophical significance. Only much later, after the first world war, when I read Frege's and Russell's books with greater attention, did I recognize the value of Frege's work not only for the foundations of mathematics, but for philosophy in general. In the summer semester of 1914 I attended Frege's course, *Logik in der Mathematik*.[45] Here he examined critically some of the customary conceptions and formulations

---

45   *1914b*, die längste der nachgelassenen Schriften Freges, ist sein Vorlesungsmanuskript. Auf Grund von Carnaps Mitteilung ist *Biogr* 284 zu korrigieren. An Carnaps *Mitschrift* dieser Vorlesung (in englischer Übersetzung veröffentlicht in Reck & Awodey 2004) sind jetzt nur noch drei Randbemerkungen interessant: zu *1914b*, NS 233 („... von Berlin her angesaust."): „*Heiterkeit im Zentrum*"; zu NS 233 („... in einer schwachen Stunde ..."): „*Heiterkeit links*"; und zu NS 234 („... wie die Tiere im Paradiese ..."): „*Der Alte wird poetisch*".

in mathematics ... Unfortunately, his admonitions go mostly unheeded even today."[46]

Als Frege im WS 1916/17 zum letzten Mal über Begriffsschrift las, war Gershom Scholem, der damals Mathematik im Hauptfach studierte (und später als Erforscher der Jüdischen Mystik berühmt wurde), einer seiner Hörer:[47]

„Mein Interesse für die (philosophischen und mathematischen) Grundlagen [der höheren Mathematik] fand in der Stunde bei Gottlob Frege und der Lektüre seiner Schrift 'Die Grundlagen der Arithmetik' reichliche Anregung. Er war dabei, sich von der Lehre zurückzuziehen, und las einmal wöchentlich [am Samstagmorgen um 8 Uhr] bei sich zu Hause vor einer sehr kleinen Hörerschar eine Stunde 'Begriffsschrift'." [a]
„Die Philosophie in Jena ärgerte mich ziemlich. Ich verachtete Eucken, der unwirklich-feierlich ausssah und auch so sprach. Nach einer Stunde einer Vorlesung von ihm bin ich nicht wieder hingegangen.[[48]] [Der Neu-

---

[46] Carnap 1963, 5–6. (Namen ergänzt nach Gabriels Einleitung zu *Vorl*, xi.) Der Major a. D., ein begeisterter Anhänger von Rudolf Steiners Anthroposophie, „hauste in einem halbfertigen kastellartigen Gebäude in der Nähe Jenas"; Carnaps Freund, ein Student der Mathematik und Physik, hielt im Dezember 1911 in der 'Jenaer Philosophischen Gesellschaft' einen Vortrag 'Über Begriffsschrift' [Schlotter & Wehmeier 2007, 173–174].) Von Freges Vorlesungen berichtet auch Carnaps Studienfreund Wilhelm Flitner, der später als Pädagogik-Professor berühmt wurde: 1986, 126–127 (≈ *Biogr* 276–277). Carnap hat die drei erwähnten Vorlesungen Freges mitgeschrieben; *Vorl* enthält die Mitschriften der beiden BS-Vorlesungen. Carnap promovierte 1921 mit der Abhandlung 'Der Raum. Ein Beitrag zur Wissenschaftslehre' in Jena bei Bruno Bauch, bei dem er ein zweimestriges Seminar über die 'Kritik der reinen Vernunft' besucht hatte. „Ich wohnte in Jena nur bis Juli 1919; von August ab in Buchenbach bei Freiburg. Dort schrieb ich 'Der Raum'. Ich kam nur gelegentlich kurz nach Jena. Warum suchte ich Frege nicht auf? Ich war zu scheu; er war ja sehr verschlossen. Als ich später im Wiener Kreis auftaute, war es zu spät" (Notiz in Carnaps Nachlass, zit. nach Gabriel, aaO.). Vgl. auch Carnaps Brief an Patzig, zitiert in *Biogr* 277.
[47] Scholem [a] 1994, 110, [b] 1975, 65 f (≈ *Biogr* 467–469). Vgl. auch Scholem 1999, 14, 177, 404 f.
[48] Scholems Aversion wurde nicht von vielen geteilt. 1916 wurde Eucken zum Ehrenbürger der Stadt Jena ernannt. Die Zahl seiner Bewunderer in ganz Deutschland war so groß, dass es 1920 zur Gründung des 'Eucken-Bundes' kam. Dieser Bund, weniger eine Schule als eine Sekte, war ein neuidealistisches Gegenstück zum materialistischen Deutschen Monistenbund, den der kaum weniger prominente Ernst Haeckel 1906 in Jena gegründet hatte.

kantianer] Bruno Bauch dagegen war Pflicht und, soweit es Kant betraf, auch von Interesse für mich ... In Bauchs Hauptseminar [49] lasen wir die Logik von [Hermann] Lotze, die mich kalt lie[ß]. Ich verfaßte mein Seminarreferat zur Verteidigung der mathematischen Logik gegen Lotze und Bauch, von diesem mit Schweigen quittiert.[50] ... An Frege, der fast so alt war wie Eucken und wie er einen weißen Bart trug, gefiel mir das völlig unpompöse Auftreten, das sich so vorteilhaft von dem Euckens abhob." [b]

Um die Rezeption von Freges Hauptwerken war es nicht sonderlich gut bestellt, aber Bertrand Russell übertreibt doch etwas, wenn er über die *BS* und die *GL* schreibt: „in spite of the epoch-making nature of his discoveries, [Frege] remained wholly without recognition until I drew attention to him in 1903."[51] Wenn man nach „without recognition" einfügt „in the English-speaking world", so hat er freilich recht. Russell irrt auch, wenn er sagt: „In spite of the great value of this work [sc. *BS*], I was, I believe, the first person who ever read it – more than twenty years after its publication".[52] Aber wenn man vor dem Gedankenstrich einfügt „with full appreciation of its significance", so dürfte er wiederum recht haben.

Die '*Begriffsschrift*' wurde 1880 von dem Karlsruher Mathematiker und Logiker Ernst Schröder (1841–1902) ausführlich rezensiert. Er las das Buch sorgfältig genug, um einen (systematisch folgenlosen) Flüchtigkeitsfehler zu identifizieren.[53] Schröder hatte aber in seinem zwei Jahre vor der *BS* erschienenen Büchlein 'Der Operationskreis des Logikkalkuls' [sic] die Auffassung vertreten, „das von Leibniz aufgestellte Ideal eines Logikkalkuls" habe durch George

---

49 „Übungen zur Logik im Anschluss an Lotze's Logik" (WS 1917/18).
50 Unter Berufung auf Frege und Russell kritisierte der Student in seinem Referat die „Anmerkung über logischen Calcül" in Lotze 1880 (Nachdruck 1912, 256–269). Vgl. Scholem 2000, 65–99, 109–111. In der nächsten Seminarsitzung ließ sich der Professor dann doch noch zu einer Stellungnahme herab: „Heute sagte Bauch im Seminar: Wir haben die vorige Stunde mit Kritik vertrödelt, die steril ist. Wir wollen jetzt positiv weitergehen.– So macht man es. Damit war ich nämlich gemeint. Es ist empörend" (op. cit. 71).
51 Russell 1946, 784.
52 Russell, 1919, 25, Anm.
53 Schröder 1880, 88, zu *BS* § 5, letzter Absatz. Vgl. Freges Selbstkorrektur in *BrL* 20, Anm. und WB 213. Aus einer Notiz in Russells Exemplar der *BS* geht hervor, dass auch er das Versehen bemerkt hat.

Boole (1815–1864) bereits „eine Verwirklichung gefunden".[54] Dementsprechend rügt er Frege, weil er die Arbeiten Booles nicht berücksichtige (S. 83). Im Übrigen findet er, die *BS* sei „ihrem Hauptinhalte nach" bloß „eine Umschreibung der Boole'schen Formelsprache" (S. 84), die „der Form nach" perverser Weise „der japanischen Sitte einer Verticalschrift" huldige (S. 90). Schröder verkennt völlig den Unterschied zwischen dem Ziel einer „mathematischen Reform der Logik" (S. 94), das er im Anschluss an die britischen Logiker Boole und Jevons verfolgt, und Freges Ziel einer logischen Reform der Mathematik. In einer Reihe von Aufsätzen und Vorträgen versuchte Frege klarzustellen, dass es ihm, anders als Schröder (S. 82) in einer Anspielung auf Leibniz'sche Projekte angenommen hatte, um einen *calculus ratiocinator* (einen Ableitungskalkül) nur als unentbehrliche Komponente einer *Characteristica universalis* (eines Zeichensystems für alle strengen Wissenschaften) gehe und dass sein Kalkül allemal dem von Schröder favorisierten überlegen sei.[55] Er setzte sich später seinerseits kritisch mit dem 1890 erschienenen ersten Band von Schröders Hauptwerk auseinander: 'Kritische Beleuchtung einiger Punkte in E. Schröders Vorlesungen über die Algebra der Logik' *(1895a)*.[56] Außer Schröders wenig ermutigender Rezension fand die

---

[54] Schröder 1877, III. Peirce verwendete dieses Buch in seinen Vorlesungen zu Anfang der 80er Jahre an der Johns Hopkins University in Baltimore. Schröder systematisierte später Peirces Ideen zur Logik der Relationen. (Genau wie Frege im Vorwort zur *BS* beruft sich auch Schröder bei seinem Hinweis auf Leibniz in der begleitenden Fußnote auf Trendelenburg 1867: vgl. unten 1-§1.) Über die Leistungen der Boole/Peirce/Schröder-Tradition in der formalen Logik informieren Kneale 1962, 404–434, von Kutschera 1989, 14–18, u. Peckhaus 1997, Kap. 5–6.

[55] Vgl. die lange und außerordentlich instruktive Abhandlung *BrL*, die er vergebens bei drei Zeitschriften einreichte, sowie *1882a, 1882b, 1882c* und *1919c*, NS 273. Die Idee einer BS ist das Thema von 1-§1; die Überlegenheit der Frege'schen Quantorenlogik gegenüber Booles Klassenalgebra ist eines der Themen in 5-§6.

[56] Schröder 1890. (Peirce hat den dritten Band [1895] von Schröders *Opus magnum* rezensiert: Peirce 1896 u. 1897.) Zu Frege *1895a* vgl. Patzigs Kommentar in LU(P), §I, 3. In Schröder 1898, 60–61 (zit. in LU(P) 16–17) und in einem Brief an Husserl lässt sich Schröder sehr herablassend zu Frege vernehmen (Husserl 1994, Bd. 7, 245–246). Wenn Frege (lange nach Schröders Tod) gewisse „Leute" kritisiert, „die sich einbildeten Logiker zu sein", so hat er – wie aus dem Zusammenhang eindeutig hervorgeht – Schröder im Sinn *(1914b*, NS 230 u. Hg.-Anm.).

BS kein nennenswertes Echo, wenn man davon absieht, dass Frege 1884 von Anton Marty, einem Schüler Franz Brentanos, zumindest bescheinigt wurde, er sei in der *BS* und dem Aufsatz *1882a* „der richtigen Auffassung vom Wesen des Urteils sehr nahe gekommen".[57]

Die '*Grundlagen*' wurden immerhin von Georg Cantor besprochen. Freilich nur in anderthalb Spalten und so, dass Frege sich wünschen musste, dass der Rezensent das Buch „nicht nur recensirt, sondern auch mit Nachdenken gelesen hätte",[58] und der Herausgeber von Cantors 'Gesammelten Abhandlungen', Ernst Zermelo, sich genötigt sah, fatale Missverständnisse zu beklagen.[59] Mit nicht unerheblicher Verspätung würdigte dann aber ein anderer großer Mathematiker die *GL*. Im Vorwort zur 2. Auflage von 'Was sind und was sollen die Zahlen?' betonte Richard Dedekind 1893 „sehr nahe Berührungspunkte" mit Freges Werk, das er erst ein Jahr nach der Publikation seiner eigenen Schrift (^{1}1888) kennengelernt habe.[60] Auch die Schüler Brentanos haben sich mit den *GL* auseinandergesetzt, vor allem Benno Kerry in einer zwischen 1885 und 1891 erschienenen Serie von Artikeln und Edmund Husserl in seinem ersten Buch, der 'Philosophie der Arithmetik' (1891). Freges Antwort auf Kerrys Einwände ist sein Aufsatz 'Über Begriff und Gegenstand' (*1892b*). Als der 11 Jahre jüngere Husserl, damals Privatdozent in Halle, ihm ein Konvolut von Schriften zugesandt hatte, schrieb Frege ihm: „Besonders danke ich Ihnen für Ihre Philosophie der Arithmetik, in der Sie auf meine eignen gleichartigen Bestrebungen so eingehend Rücksicht nehmen, wie es bisher wohl kaum geschehen ist" (*1891b*, WB 96). In seiner Rezension des Buchs zieht er Husserl dann aber psychologistischer Umtriebe (*1894a*). Jahre später verweist Husserl in seiner eigenen Kritik am Psychologismus in den 'Prolegomena

---

[57] Marty 1884, 56–58; vgl. Linke 1946.
[58] *1892d*, 270.
[59] Cantors Rezension, Freges Erwiderung und Zermelos Anmerkung sind im Anhang der Centenarausgabe der *GL* wiederabgedruckt.
[60] Im Antrag der Philosophischen Fakultät auf Ernennung Freges zum ordentlichen Honorarprofessor wurde 1896 denn auch eigens darauf hingewiesen, dass die Grundgedanken der mathematischen Arbeit Freges „von Dedekind, dessen Schrift über die Zahlen die gelesenste ist,... ausdrücklich bestätigt" worden seien (*Jena* 65; *Biogr* 380, 386). Im Vorwort (VII–VIII) und der Einleitung zu *GG I* vergleicht Frege sein Programm mit dem Dedekinds (s. a. *Log$_2$* 147–148). Über Frege und Dedekind vgl. *Biogr* 295, 306; Dummett 1991a, Kap. 5; Ferreirós 2007.

zur reinen Logik', dem ersten Band seiner fast 1000 Seiten umfassenden 'Logischen Untersuchungen' nur in einer Anmerkung auf „G. Freges anregende Schrift: *Die Grundlagen der Arithmetik* (1884), S. VI f", und er fügt hinzu:[61]

> „Daß ich die prinzipielle Kritik nicht mehr billige, die ich an Freges antipsychologistischer Position in meiner 'Philosophie der Arithmetik' ... geübt habe, brauche ich kaum zu sagen.[[62]] Bei dieser Gelegenheit sei bezüglich der ganzen Diskussionen dieser Prolegomena auf das Vorwort der späteren Schrift Freges, *Grundgesetze der Arithmetik*, I. Bd., Jena 1893, hingewiesen."

Tatsächlich ist in diesem hier abgedruckten Vorwort (fortan: *Vorw*) wie in der nicht erwähnten Rezension viel von jenen „ganzen [sic] Diskussionen" antizipiert (vgl. 1-§8). In *Ged* bekräftigte Frege dann noch einmal seine antipsychologistische Position.

Als Husserl 1936 der Bitte von Heinrich Scholz nachkam, dem Münsteraner Frege-Archiv[[63]] Briefe von Freges Hand zur Verfügung zu stellen, teilte er ihm mit: „Ich habe G. Frege nie persönlich kennengelernt u. erinnere mich nicht mehr an den Anlass dieser Correspondenz. Er galt damals allgemein als ein scharfsinniger, aber weder als Mathematiker noch als Philosoph fruchtbringender Sonderling".[64] Acht Jahre vorher hatte er sich noch recht genau an seinen Kritiker erinnert: „Husserl remarked", notiert sein Student und Übersetzer Boyce Gibson 1928 in seinem Freiburger Tagebuch, „that Frege's criticism was the only one he was really grateful for. It hit the nail on its head". Ähnliches hörte noch 1935 Andrew D. Osborn von ihm, und Roman

---

61 Husserl 1900, 169. Husserl besaß *GL* und *GG I* (Husserliana XVIII, 279). Vgl. auch den Briefwechsel Frege–Husserl in WB 94–107.
62 Husserl 1891, bes. 118–122, 129–134, 139–148, 161–169. Seine zentrale Kritik an den *GL* nahm er schon 1891 zurück: „In meinem Kapitel über Zahlendefinitionen durch Äquivalenzen habe ich ... entschieden geirrt" (Husserliana XII, 403). Anders als manche seiner heutigen Exegeten räumt Husserl selber ein, dass er eine psychologistische Vergangenheit hat: „Ich arbeite an einer größeren Schrift [sc. an den Log. Unt.], welche gegen die subjectivistisch-psychologisierende Logik unserer Zeit gerichtet ist (also gegen einen Standpunkt, den ich als Brentano-Schüler früher selbst vertreten habe" (Brief an Paul Natorp, in: Husserl 1994, Bd. 5, 43).
63 s. u. 39–40.
64 Husserl 1994, Bd. 6, 379.

Freges Leben und Werk 33

Ingarden hat erzählt, ihm gegenüber habe Husserl der Frege'schen Kritik „entscheidende" Bedeutung attestiert.[65]

Wie war es um die weitere Rezeption der *GL* in Deutschland bestellt? 1935 schreibt Heinrich Scholz in seiner Rezension des (nach einem halben Jahrhundert erfolgten) Neudrucks der *GL*: „Ich zweifle daran, dass die erste Auflage durch Ausverkauf erschöpft worden ist. Ich fürchte vielmehr, dass ein erheblicher Restbestand wegen des gänzlichen Mangels an Nachfrage eines Tages eingestampft worden ist … Ich habe feststellen müssen, dass die [*GL*] bis jetzt überhaupt nur auf fünf öffentlichen deutschen Bibliotheken, die wissenschaftlichen Zwecken dienen, vorhanden ist".[66] Für die spätere Rezeption der *GL* in der anglophonen Welt war von immenser Bedeutung, dass 1950 in Oxford eine sprachlich glanzvolle Übersetzung der *GL* erschien, die einer der bedeutendsten Oxforder Philosophen, John L. Austin, angefertigt hatte.

Der erste Band der '*Grundgesetze*' wurde 1895 von Giuseppe Peano besprochen, dem Turiner Mathematiker und Logiker. (Seine Notation der logischen und mengentheoretischen Konstanten hat sich – in diversen Varianten – gegenüber Freges zweidimensionalem Symbolismus durchgesetzt, weil Russell an ihr Gefallen fand.) Frege hatte in den Jahren 1894 bis 1896 eine intensive Diskussion mit Peano.[67] Die Anerkennung seiner Arbeit durch den führenden mathematischen Logiker Italiens war die erste bedeutsame internationale Resonanz, die ihm zuteil wurde.[68] Der französische Mathematiker,

---

[65] Belege in Føllesdal 1982, 55. Zum historischen und sachlichen Verhältnis Husserl–Frege vgl. außer Føllesdals Studien: Mays & Jones 1981; Mohanty 1982, dazu Simons 1984; Drummond 1985; McIntyre, Sokolowski u. Welton 1987; Willard 1989 u. 1994; Soldati 1994, Kap. 3; Dummett, FPM, Kap. 12 u. 1994; Ortiz Hill 1991 u. 2000; C. Parsons 2001.
[66] Nachgedruckt in der Centenar-Ausgabe der *GL*, 140–141.
[67] *1896a* und WB 175–198.
[68] Im Antrag der Philosophischen Fakultät auf Ernennung Freges zum ordentlichen Honorarprofessor wurde 1896 denn auch eigens darauf hingewiesen, dass seine logische Arbeit „in neuester Zeit durch den ausgezeichneten italienischen Mathematiker Peano Aufmunterung gefunden" habe (*Jena* 65; *Biogr* 380, 386). In Deutschland gab es keinerlei Aufmunterung. 1896 wurde *GG I* im 'Jahrb. über die Fortschritte der Math.' in einem ca. 20-zeiligen Referat als ein Buch vorgestellt, „das in seiner eigentümlichen Form manchen Leser abschrecken dürfte"; die Besprechung von *GG II* im Jahre 1905 war dann noch kürzer (beides nachzulesen in *Biogr* 269 f, 271 f). Eine

Logiker und Leibniz-Forscher Louis Couturat versuchte 1899, Frege zur Teilnahme am Internationalen Philosophie-Kongress zu bewegen, der im folgenden Jahr in Paris stattfand.[69] Im Unterschied zu Frege nahmen Peano und Russell die Einladung an. Russell nannte seine Begegnung mit Peano später „a turning point in my intellectual life".[70] Und er betonte: „it was through Peano that I first became aware of Frege's existence".[71]

Russell schrieb Frege zum ersten Mal – auf Deutsch – am 16. Juni 1902. Er drückte seine tiefe Bewunderung für Freges Arbeiten aus, die diverse seiner Resultate antizipiert hätten, und kündigte an, er wolle Freges Werk „sehr ausführlich besprechen". Diese Ankündigung machte er wahr, als er im Anhang A seines 1903 in Cambridge erschienenen Buches 'The Principles of Mathematics' die erste umfassende (wenn auch von Missverständnissen getrübte) Gesamtdarstellung der 'Logical and Arithmetical Doctrines of Frege' vorlegte:[72]

„Frege's work abounds in subtle distinctions, and avoids all the usual fallacies which beset writers on Logic. His symbolism, though unfortunately so cumbrous as to be very difficult to employ in practice, is based upon an analysis of logical notions much more profound than Peano's, and philosophically very superior to its more convenient rival."

Russells erster Brief an Frege enthielt aber auch eine sehr schlechte Nachricht:[73]

---

erwähnenswerte Reaktion eines zeitgenössischen deutschen Mathematikers auf Freges Hauptwerk war wohl nur die (Bolzano gegen Frege ausspielende) Diskussion von *GG II*, §§ 56–147 in Korselt 1908. Die zeitgenössischen deutschen Philosophen haben sich (bis auf den eben zitierten Dr. C. Th. Michaëlis) völlig in Schweigen gehüllt.

[69] WB 17–19. In seinen Briefen an Frege erwähnt Couturat Freges Aufsatz 'Le nombre entier' *(1895)*, der in der 'Revue de métaphysique et de morale' erschienen war (vgl. dazu WB 145–146), und seine Replik auf Peanos Besprechung von *GG I (1896b)*, und er erzählt Frege, dass er häufig mit Peano korrespondiere. 1899 erschien in Bd. 7 der 'Revue' Couturats Aufsatz über 'La logique mathématique de M. Peano'. All das spricht dafür, dass es Peano war, der ihn auf den Logiker Frege hingewiesen hatte.
[70] Russell 1968, 144.
[71] Zit. nach Nidditch, 109. Vgl. Beaney 2003.
[72] Russell 1903, 501.
[73] Russell 1902a, WB 211.

„Seit anderthalb Jahren kenne ich Ihre 'Grundgesetze der Arithmetik',
aber jetzt erst ist es mir möglich geworden die Zeit zu finden für das
gründliche Studium das ich Ihren Schriften zu widmen beabsichtige. Ich
finde mich in allen Hauptsachen mit Ihnen in vollem Einklang ... Nur in
einem Punkte ist mir eine Schwierigkeit begegnet."

Und dann zeigt Russell (der Sache nach), dass man sich in einen Widerspruch verwickelt, wenn man behauptet, dass für alle Begriffe gilt: Der Umfang des Begriffs Φ ist genau dann identisch mit dem Umfang des Begriffs Ψ, wenn alles und nur das, was unter den Begriff Φ fällt, auch unter den Begriff Ψ fällt. Auf diese Behauptung legt man sich aber mit dem fest, was Frege in den *GG* als Grundgesetz (V) bezeichnet, und auf dieses vermeintliche Grundgesetz ist Freges Versuch angewiesen, die Ableitbarkeit aller arithmetischen Gesetze aus logischen Axiomen darzutun. Dass dies die Achillesferse seines logizistischen Programms sein könnte, hatte er sich im Vorwort zum I. Bd. der *GG* eingestanden: „Ein Streit kann hierbei, soviel ich sehe, nur um mein Grundgesetz ... (V) entbrennen."[74] Doch nun schien der Streit entschieden zu sein, und zwar zuungunsten des Logizismus. Sechs Tage später – der II. Bd. der *GG* war bereits im Druck – antwortet Frege:[75]

Ihre Entdeckung des Widerspruchs hat mich auf's Höchste überrascht und, fast möchte ich sagen, bestürzt, weil dadurch der Grund, auf dem ich die Arithmetik sich [sic] aufzubauen dachte, in's Wanken geräth ... Jedenfalls ist Ihre Entdeckung sehr merkwürdig und wird vielleicht einen grossen Fortschritt in der Logik zur Folge haben, so unerwünscht sie auf den ersten Blick auch scheint.

Sechzig Jahre später schreibt Russell über diese Reaktion auf den Zusammenbruch eines jahrzehntelang verfolgten und scheinbar kurz vor dem Abschluss stehenden wissenschaftlichen Projekts: „there is nothing in my experience to compare with Frege's dedication to truth."[76] Freges letztes Wort über das logizistische Reduktionsprogramm lautete: „Ich habe die Meinung aufgeben müssen, dass die

---

[74] *Vorw* VII$_c$.
[75] WB 213. Im Nachwort zum II. Bd der *GG* teilt Frege seinen Lesern mit, in welche Lage ihn Russells Entdeckung gebracht hat: *GG II*, S. 253.
[76] Russell 1962, 127.

Arithmetik ein Zweig der Logik sei" (*1924/25c,* NS 298). Damit gestand er sich ein, dass sein Versuch gescheitert war, das Axiomensystem der *GG* durch eine Abschwächung des „Grundgesetzes (V)" vor Russells Antinomie zu schützen. Den Beweis dafür führte erst dreizehn Jahre nach Freges Tod einer der bedeutendsten Logiker der Lemberg-Warschauer Schule, Stanisław Leśniewski.[77]

Die Inkonsistenz des Axiomensystems der *GG* hat Leśniewski nicht daran gehindert, Freges *Opus magnum* große Vorzüge gegenüber dem von diesem Makel freien System der 'Principia Mathematica' zu bescheinigen. Er schreibt Ende der 20er Jahre (in etwas holprigem Deutsch):[78]

> „Die am meisten imponierende Verkörperung der Eroberungen [Ergebnisse?], die in der Geschichte der Begründung der Mathematik im Gebiete der Solidität [?] der deduktiven Methode erreicht worden sind, und die seit den griechischen Zeiten wertvollste Quelle dieser Eroberungen[?] – sind für mich bisher die *Grundgesetze der Arithmetik* von Gottlob Frege ... Beide Ausgaben des Systems der Herren Whitehead und Russell besitzen auffällige Mängel ..."

Und Kurt Gödel, der wohl größte Logiker des 20. Jahrhunderts, verhehlt seine Präferenz in diesem Punkt ebenfalls nicht:[79]

> „[I]t is to be regretted that the [system of Whitehead–Russell] is greatly lacking in formal precision in the foundations (contained in *1–*21 of *Principia*), so that it presents in this respect a considerable step backwards as compared with Frege."

Die *LU* sind in der uns vorliegenden Form allemal nicht affiziert vom Scheitern (der *GG*-Version) des Logizismus. Zu Recht sagt Frege:

---

[77] Erst in Sobocinski 1949 veröffentlicht, in Geach 1956, 235–237 rekonstruiert.
[78] Leśniewski 1929, 139–140. (Die ersten beiden Auflagen von Bd. 1 der 'PM', der das System der beiden Herren enthält, erschienen 1910 und 1925.) Frege selber hatte auch wenig Freude an der Lektüre der 'PM', wie er Philip Jourdain verriet: „Es wird mir sehr schwer, Russells Principia zu lesen; ich stolpere fast über jeden Satz ..." (*1914a*, WB 129).
[79] Gödel 1944, 126.

Mengenlehre erschüttert. Meine Begriffsschrift in der Hauptsache unabhängig davon. (*1906b*, NS 191; vgl. *1906c*, NS 200.)

Die Schwierigkeiten [sc. die Russell'sche Antinomie], die mit dem Gebrauch der Klassen verbunden sind, fallen weg, wenn man nur von Gegenständen, Begriffen und Beziehungen handelt, was in dem grundlegenden Theile der Logik möglich ist. (*1910*, WB 121.)

In seinen Begriffsschrift-Vorlesungen nach dem Russell-Schock präsentiert Frege denn auch eine Version des logischen Systems der *GG*, in der die „Grundgesetze" (V) und (VI), die beide implizieren, dass es Begriffsumfänge gibt, nicht mehr in Anspruch genommen werden. Dieses von Mengenlehre gereinigte Axiomensystem dürfte mit zu der Ernte seines Lebens gehören, die Frege einbringen wollte, als er anfing, die *LU* zu schreiben.[80]

Russell lud Frege im März 1912 ein, einen Vortrag auf dem Mathematiker-Kongress in Cambridge zu halten, und er musste drei Monate auf die Antwort warten. Frege lehnte schweren Herzens ab:

Ich sehe ein, dass ich gewichtige Gründe habe, nach Cambridge zu gehen, und doch fühle ich etwas wie ein unüberwindliches Hindernis. Und das macht es mir so schwer, Ihren liebenswürdigen Brief zu beantworten. Bitte, zürnen sie mir deswegen nicht! (WB 252.)

In den 44 Jahren seiner Lehrtätigkeit scheint er Thüringen fast nur verlassen zu haben, um sich (nicht selten zu Fuß) nach Mecklenburg zu begeben, wo er an der Ostsee Urlaub zu machen pflegte. Anscheinend war der einzige Kongress, an dem er jemals teilnahm, die 'Versammlung Deutscher Naturforscher und Ärzte', die 1895 in Lübeck stattfand:[81] er sprach in der Mathematischen Sektion über die Unterschiede zwischen seiner Begriffsschrift und der Peanos, und er begegnete dort David Hilbert, den er in späteren Jahren un-

---

[80] Das hat schon Gabriel in der Einleitung des Hg. (§ 2) zu *Vorl* vermutet. In den Aufzeichnungen für Darmstaedter gibt es Indizien dafür, dass Frege jedenfalls 1919 geplant haben könnte, seine Überlegungen zu einer *nicht*-logizistischen Grundlegung der Arithmetik in die *LU* zu integrieren (vgl. *1919c*, NS 276–277; und *1924/25a–c*, NS 286–302). Mit dieser Hypothese folge ich Sluga 2002, 76.

[81] Die 1822 von dem Naturphilosophen und Mediziner Lorenz Oken in Leipzig gegründete 'Gesellschaft Deutscher Naturforscher und Ärzte' besteht auch heute noch.

ermüdlich kritisierte (WB 58).[82] Die Gelegenheit, seine Abhandlung zu diesem Thema in einer Sitzung der Mathematisch-Physikalischen Klasse der Königlich Sächsischen Gesellschaft der Wissenschaften zu Leipzig selber vorzulegen, nahm er nicht wahr,– eine Leipziger Kollege legte sie vor.[83]

Philosophisch sah Frege sich in seinen letzten Jenaer Jahren zumindest in dem, was Husserl seine „antipsychologistische Position" genannt hatte, nicht mehr isoliert. Das geht aus seiner Stellungnahme zu einer damals brisanten Frage der Universitätspolitik hervor. 1912 war in Marburg der Lehrstuhl Hermann Cohens gegen den Willen des Ordinarius Paul Natorp auf Betreiben der Fakultät nicht mit einem Philosophen, sondern mit einem Experimentalpsychologen besetzt worden. Beim Protest der Marburger Philosophiestudenten gegen diese Maßnahme, die damals ganz im wissenschaftspolitischen Trend lag,[84] war Hinrich Knittermeyer federführend. Er hatte in Jena studiert, bevor er Natorps Doktorand wurde.[85] Im Auftrag eines studentischen Komitees versandte er im Oktober 1912 an zahlreiche deutsche Professoren einen „Aufruf!", in dem die Schaffung eines neuen Lehrstuhls für systematische Philosophie in Marburg gefordert wurde. Mit den Unterschriften von 49 Professoren (darunter Max Weber, Ernst Troeltsch, Gustav Radbruch und die prominentesten Badischen Neukantianer: Windelband, Rickert und Lask) erschien der Aufruf im November in der 'Marburger Akademischen Rundschau'.[86] Kein Naturwissenschaftler hatte unterschrieben –

---

[82] „Schade", schreibt ihm Hilbert 1903, „dass Sie weder in Cassel noch in Göttingen waren – vielleicht entschliessen Sie sich doch einmal ausser der Zeit zu einem Besuch in Göttingen" (WB 80).

[83] „Ich freue mich dieser Gelegenheit", schreibt ihm Adolph Mayer, „wenigstens brieflich Ihnen näher treten zu können. Noch schöner wäre es freilich, wenn Sie Ihre Leipziger Verwandten einmal persönlich besuchten!" (WB 167).

[84] Zu Vorgeschichte und weiterem Verlauf des in Vorgängen um die Cohen-Nachfolge kulminierenden Streits vgl. Kusch 1995, Kap. 6 u. 7.

[85] H. K., 1922–45 Direktor der Bremer Staatsbibliothek, versuchte in seinen zahlreichen philosophischen Schriften, „den neukantianischen Transzendentalismus zu einer christlichen Existenzphilosophie fortzuentwickeln" ('Brockhaus Enzyklopädie', 1970).

[86] Nachzulesen in Husserl 1994, Bd. 5, 23 Anm. und in Schlotter & Wehmeier 2007, 172–173. Husserl, bei dem die Studenten ebenfalls angefragt hatten (Bd. 5, 23–24), unterschrieb erst den von Rickert initiierten und 1913 in drei führenden deutschen Philosophie-Zeitschriften erschienenen Aufruf, in

und nur zwei Mathematiker. Einer von ihnen war Frege. In seiner Antwort auf Knittermeyers Schreiben ging er in einem Punkte sogar weiter als die Verfasser des Aufrufs, die „die Notwendigkeit einer Professur für Experimentalpsychologie durchaus nicht in Zweifel gezogen" hatten:[87]

> Eine Universität ohne einen Lehrstuhl für systematische Philosophie wäre keine volle Universität, während ein Lehrstuhl für Experimentalpsychologie allenfalls noch entbehrt werden kann. Es scheint mir, dass die zuletzt genannte Disziplin nur darum zur Philosophie gerechnet wird, weil sie noch nicht weit genug entwickelt ist, um als selbständige Wissenschaft zu gelten. Wenn Erkenntnistheorie und Logik auf Psychologie zu gründen wären, dann müsste allerdings der Psychologie eine sehr grosse Bedeutsamkeit für die Philosophie und für die gesammte Wissenschaft zuerkannt werden. Aber diese Meinung ist irrig und wird wohl auch immer mehr als irrig anerkannt. Darum meine ich, dass dem eigentlich philosophischen Bedürfnisse durch Psychologie wenig Befriedigung gewährt wird und dass ein Lehrstuhl der Philosophie selbst verloren geht, wenn er der systematischen Philosophie genommen wird, um ihn der Experimentalpsychologie einzuräumen. (25. 10. 1912.)

Als Frege sich um die Publikation von *Ged* bemühte, hatte er ein volles Jahrzehnt nichts mehr veröffentlicht.[88] Sein Jenaer Kollege Bruno Bauch empfahl ihm, den Aufsatz an das Organ der Deutschen Philosophischen Gesellschaft, die 'Beiträge zur Philosophie des Deutschen Idealismus' zu senden (WB 8, 81). Zu den Mitherausgebern des 1. Bandes (1918–19) der 'Beiträge' gehörten neben Bauch u. a. Nicolai Hartmann, Alexius Meinong und Heinrich Scholz. Letzterer (1884–1956) war damals noch Professor für systematische Theologie und Religionsphilosophie in Breslau. Dass Frege „einer der größten abendländischen Denker" war,[89] ist ihm frühestens Mitte

---

dem Universitäten und Landesregierungen aufgefordert wurden, in Zukunft eigene Lehrstühle für experimentelle Psychologie einzurichten, statt sich bei der Philosophie zu bedienen (ebd. 172–173).

[87] Der erst kürzlich entdeckte Brief wurde zusammen mit einer sehr instruktiven Einleitung in Wehmeier & Schlotter 2007 publiziert.

[88] Abgesehen von seinen Notizen zum Frege-Teil des Überblicksartikels Jourdain 1912, für deren Veröffentlichung er Jourdain freie Hand gelassen hatte (*1910*, WB 115).

[89] Scholz 1941, 268. Freges Adoptivsohn, Dipl. Ing. Alfred Frege über-

der zwanziger Jahre in Kiel aufgegangen – nach dem Studium der 'Principia Mathematica', in deren Vorwort Whitehead und Russell 1910 sagten: „In all questions of logical analysis, our chief debt is to Frege" (S. viii).

Bauch (1877–1942) war seit 1911 (als Nachfolger Otto Liebmanns) Ordinarius in Jena.[90] Er war als Schüler Heinrich Rickerts ein Exponent des Badischen Neukantianismus, und es wird ihm nicht entgangen sein, dass manches in *Ged* mit den Überlegungen seines Freiburger Lehrers zur Differenz zwischen Akten des wahrheitsgemäßen Urteilens und zeitlos wahren, „unwirklichen" Urteilsgehalten konvergiert.[91] Am 28.6.1911 hatte Rickert an Frege geschrieben (WB 199). Der Brief ist verschollen, aber vermutlich begleitete er wie der am selben Tag geschriebene Brief an Husserl einen Sonderdruck von Rickerts Abhandlung 'zur Logik des Zahlbegriffs'.[92] Hier

---

gab Scholz (der seit 1928 Philosophie-Professor in Münster war) 1935 den Frege'schen Nachlass. Beim Bombardement Münsters 1945 scheinen diejenigen Manuskripte Freges und diejenigen Originale der von Scholz' ausfindig gemachten Briefe von und an Frege, die in der Universitätsbibliothek deponiert waren, verbrannt zu sein. Erhalten blieben viele von Scholz' maschinenschriftlichen Abschriften sowie seine mit stichwortartigen Inhaltsangaben versehenen Verzeichnisse (a) des Briefwechsels und (b) der wissenschaftlichen Manuskripte. Die (a)-Listen sind in WB eingegangen, die letzte Fassung der (b)-Listen wurde 1976 veröffentlicht (*Katalog*).

[90] Kommission, Fakultät und Senat hatten jeweils einstimmig Husserl an erster Stelle vorgeschlagen: vgl. Euckens Briefe an H. in: Husserl 1994, Bd. 6, 85–91.

[91] Vgl. *Ged* 66d–75 mit Rickert 1909, 195–197 und 1912, 238–239 (aufgenommen in die dritte und nachfolgende Auflagen seines erkenntnistheoretischen Hauptwerks: Rickert 1915 u. 1921, 143–145, 223–224, 238–239 Anm.). Die Konvergenz betrifft nur Thesen, die Frege schon in *SuB*, *Vorw* und *Log₂* vertreten hatte und die in Rickert 1892 noch nicht vorkommen. Das Vorwort zur 3. Aufl. des Erkenntnis-Buchs, Freiburg 1915, schließt mit den Worten: „Daß der Kanonendonner von den Vogesen her an vielen Tagen die Konzentration auf die Welt des Unwirklichen schwer machte, wird man dieser Schrift hoffentlich nicht anmerken", und im Vorwort zur nächsten Aufl. heißt es: „Der Kanonendonner, der vor sechs Jahren die Arbeit an dieser Schrift erschwerte, ist verstummt. Wir haben angeblich Frieden. Was wir Deutschen durch ihn verlieren, gehört nicht an diese Stelle." Frege hat sich in jenen Jahren ebenso auf die Welt des Unwirklichen konzentriert, eine Granate kommt auch in *Ged* vor, und nach dem Verstummen des Kanonendonners war Frege nicht weniger verbittert (s. u.).

[92] Schlotter & Wehmeier 2007, 174.

erkennt Rickert in § 1 ausdrücklich Freges Kritik an empiristischen Zahlauffassungen als durchschlagend an, um sodann darzulegen, „dass die Zahl kein rein logisches Gebilde ist".[93] Was er Husserl schrieb: „Gern wüsste ich, was Sie zu der beiliegenden Abhandlung sagen. Sie haben ja viel auf diesem Gebiete gearbeitet ...",[94] stand wohl auch in seinem Brief an Frege. Bauchs Buch 'Immanuel Kant' (1917) gilt als die bedeutendste Kant-Monographie des Neukantianismus südwestdeutscher Richtung. Frege soll gesagt haben, er verdanke diesem Kollegen ein vertieftes Verständnis der Lehren Kants.[95] Bauch seinerseits hatte schon in seinem Kant-Buch auf Freges „energischen und siegreichen Kampf gegen die psychologistische Unlogik" hingewiesen,[96] und in seinem Hauptwerk 'Wahrheit, Wert und Wirklichkeit' (1923) findet man auch eine ebenso wohlwollende wie verworrene Auseinandersetzung mit einigen Thesen in *Ged*.[97]

In den 'Beiträgen' steht vor Freges erster *LU* ein Aufsatz Bauchs über Hermann Lotze (1817–1881), den auch international einflussreichsten deutschen Philosophen seiner Generation.[98] Georg Misch war 1912 wohl der erste, der behauptete, Frege sei ein „Schüler" Lotzes gewesen.[99] (Schwerlich wurde er es dadurch, dass er als

---

[93] Rickert 1911, 29. (Die Wendung „Pfefferkuchen- oder Kieselsteinarithmetik" ist ein Zitat aus *GL*, VII.)

[94] Husserl 1994, Bd. 5, 171.

[95] So Paul F. Linke (1876–1955) in seinem Nachruf auf Bauch (Linke 1942). (Von dem Jenenser Privatdozenten Linke berichtet Scholem 1975, 65 und 1994, 111 Rühmliches.) Vielleicht von Bauch angeworben, wurde Frege Anfang 1912 Mitglied der Kant-Gesellschaft (vgl. Kant-Studien 17, 188: Neuangemeldete Mitglieder für 1912).

[96] Bauch 1917, 173.

[97] Bauch 1923, 55–66, 163–174. Ein Beispiel: Auf S. 57 zitiert er *Ged* 60/61, aber auf S. 62 behauptet er, dass Frege „unter Gedanken eigentlich ausschließlich den zeitlosen *Wahrheit*sbestand versteht". [Auch aus anderen Gründen verursacht die Lektüre von Bauchs Werttheorie gelegentlich Bauchweh, so z. B. seine Ausführungen über den „an sich vielleicht gar nicht übel gemeinte[n] Import der Afrikaneger nach Amerika" (498). Den Namenskalauer verdanke ich Scholem 2000, 53.]

[98] Bauch 1918b (weitgehend übernommen in Bauch 1923, 55–80).

[99] In der Einleitung zu seiner Neuausgabe von Lotze 1880, S. XCII. Der holländische Logiker Evert Willem Beth hat diese (gelinde gesagt) irreführende Kennzeichnung übernommen („il fut le disciple de H. Lotze": 'Les Fondements Logiques des Mathématiques', Paris [^{1}1950] ^{2}1955, 119), und sie hat sogar in die Edition des Frege'schen Briefwechsels Eingang gefunden: WB 106, Hg.-Anm. 3.

Mathematik-Doktorand in Göttingen eine Vorlesung Lotzes über Religionsphilosophie besucht hat – und keine der drei Logik-Vorlesungen Lotzes, die er damals hätte hören können.[100] Hat er damals viel Lotze gelesen? Wohl kaum: wie aus den Ausleih-Verzeichnissen der Universitätsbibliothek hervorgeht, entlieh Frege während seiner 5 Göttinger Semester nur ein einziges Buch – ein Werk über Elektrodynamik.[101]) 1927 versicherte Paul Goedeke in seiner Münchener Dissertation „über die Beziehung zwischen Wahrheit und Wert in der Wertphilosophie des Badischen Neukantianismus", manche Frege'schen Termini, insbesondere 'Anerkennung' und 'Wahrheitswert', hätten einen axiologischen Klang.[102] Und seit den 80er Jahren des letzten Jahrhunderts spielt in der Frege-Literatur die These, es gebe aufschlussreiche Affinitäten Freges zur Wertphilosophie Lotzes und des südwestdeutschen Neukantianismus, eine prominente Rolle.[103] Dabei sind auch einige Gerüchte in die Welt gesetzt worden. Bauch habe seinen Aufsatz über Lotzes Logik geschrieben, so versichert ein namhafter Frege-Forscher, „as an introduction to Frege's late paper [*Ged*]. The essay, which was published in the same volume of the journal in which Frege's piece appeared, emphasized four elements of Lotze's thought as most relevant to an understanding of Frege ...".[104] Gäbe es nicht den Relativsatz, so könnte man mit Lewis Carrolls Raupe sagen: „It is wrong from beginning to end". Bauch sagt ausdrücklich, er habe den Aufsatz „fast zwei Jahre" vorher für das „Festheft der Kant-Studien zu Lotzes 100. Geburtstage"

---

[100] *Biogr* 86–93, 99–103.
[101] Michael Kienecker, 'Zum 60. Todestag d. Mathematikers u. Philos. Gottlob Frege', in 'Göttinger Tageblatt', 27./28. 07. 85 (wohl die Quelle für *Biogr* 90).
[102] Goedeke 1928, 139–140. Den Verdacht, es handle sich nur um eine akustische Halluzination, werde ich in 1-§2.1 u. 1-§6 (zu 'Wahrheitswert') und in 2-§3 (zu 'Anerkennung') zu erhärten suchen.
[103] Hans Sluga (1980, 1993b, 2001, u.ö.) und Gottfried Gabriel (1986, 2001a, u.ö.) scheinen sogar die stärkere These zu vertreten, dass Frege ein sehr stark von Lotze beeinflusster (Neu)Kantianer (badischer Ausrichtung) war. Gewichtige Einwände gegen diese Zuordnung finden sich in Dummett 1981, 496–502, 520–526, 538; Peckhaus 2000; Carl 2001 u. 2003; Glock 2003; Kienzler 2004. Ich werde in diesem Buch die stets sorgfältig belegten historischen Hinweise Gabriels und seiner Mitarbeiter, die mir für die Würdigung von *Vorw* und *LU* hilfreich erscheinen, dankbar aufnehmen und gelegentlich durch eigene Beobachtungen ergänzen.
[104] Sluga 1993b, 300.

geschrieben – eine Zeitschrift, die für ihn inzwischen als Publikationsorgan nicht mehr in Frage kam (ich werde gleich berichten, warum) –, und er habe im Haupttext „nichts geändert". Der Aufsatz feiert Lotze als den „größten Logiker seit Hegel" (und Rickert als den zweitgrößten), preist jenen wegen seiner Überwindung aller „mathematisierenden Einseitigkeiten und Überspannungen" und erwähnt „die mathematischen Werke Freges" in einem einzigen Satz als „geradezu klassischen Beleg" für die Fruchtbarkeit des „Funktionsgedankens". Freges Konzept einer Funktion hat Bauch nachweislich nie verstanden, und es kommt in Ged überhaupt nicht vor. An keiner Stelle seines Aufsatzes stellt Bauch irgendein Element des Denkens Lotzes *als* relevant für das Verständnis Freges dar.

Es ist in der Frege-Literatur m. W. nicht registriert worden, dass Karl Popper eine bislang unbemerkte nicht-kantianische Inspirationsquelle für *Ged* in Wien ausfindig gemacht zu haben glaubt: Heinrich Gomperz unterscheidet in seiner 'Weltanschauungslehre' klar zwischen „objektiven Gedanken" und „subjektiven Gedanken (Denkerlebnissen)", und dieses Buch erschien „ten years before Frege's 'Der Gedanke' ... – it is not improbable that Frege knew of Gomperz's book, which was published in Jena, where Frege was working".[105] Vielleicht kannte er es, doch es gibt in *Ged* keine einzige Idee, die sich zwar bei Gomperz, aber nicht schon in *SuB*, *GG* oder *Log$_2$* findet. – Ich werde in diesem Buch die Frage, wer Frege *beeinflusst* haben könnte, weitgehend auf sich beruhen lassen. Zu der m. E. mit Abstand interessantesten Einfluss-Frage äußere ich mich aber im ANHANG zu diesem Buch.

Im September 1918 bestätigte Bauch den Eingang von *Ged* und versicherte, sein eigener Aufsatz 'Wahrheit und Richtigkeit', den er Frege wenige Tage zuvor zugesandt habe, sei „zwar ähnlich, aber weniger umfassend".[106] Im April 1919 bat er Frege, er möge auf seinen Aufsatz in der Abhandlung 'Die Verneinung' kritisch eingehen.[107] Diese war zwar bereits im Oktober 1918 „im Rohen fertig";[108] aber die publizierte Fassung enthält Passagen, die man als (sehr kritische)

---

[105] Gomperz, Bd. II/1, 2 ff; Popper 1980, 157.
[106] Bauch 1918a.
[107] WB 9. Zum Inhalt dieses Briefes, der wie die anderen Briefe Bauchs an Frege verschollen ist, hat Scholz außerdem notiert: „Zur Negation".
[108] *BaW* 18 (unten zitiert); WB 81. Vgl. auch das Brief-Zitat am Anfang dieser EINLEITUNG.

Reaktion auf Bauchs Aufsatz verstehen kann.[109] Zum Druck gelangte *Vern* jedenfalls erst gegen Ende 1919.

Die (im Frühjahr 1918 von Bauch mitbegründete) Deutsche Philosophische Gesellschaft war eine Art Gegenorganisation zur Kant-Gesellschaft. 1917 war Bauch als Mitherausgeber der 'Kant-Studien' untragbar geworden, als er dort einen Aufsatz veröffentlichte, in dem er den deutschen Juden das Recht absprach, zur staatlichen Gemeinschaft zu gehören, und den Zionismus für die einzige Lösung der „Judenfrage" erklärte.[110] Ziel der Deutschen Philosophischen Gesellschaft, der Frege 1919 beitrat (WB 9), war – so die Formulierung des Vorstands – die „Pflege, Vertiefung und Wahrung deutscher Eigenart auf dem Gebiete der Philosophie im Sinne des von Kant begründeten und von Fichte weitergeführten deutschen Idealismus".[111] Es war der Fichte der 'Reden an die deutsche Nation', an den man dabei vor allem dachte. Die einzige Beitrittsbedingung, die in der Satzung der 'Gesellschaft' festgelegt wurde, war das „Bekenntnis" zu den „rein nationalen Zielen".[112] Der Inhalt der vier Bände der 'Beiträge' zeigt denn auch, wie Patzig trocken anmerkt, „dass der Einfluss Fichtes

---

[109] Darauf hat erstmals Schlotter 2004 aufmerksm gemacht. Details unten in 3-§1.1 u. 3-§§3–5. Auf den S. 46 und 52 von Bauch 1918a wird Frege gepriesen. Davon dass Bauch in *Vern*, und sei's auch nur implizit, gelobt wird, kann keine Rede sein. In Bauch 1923 sucht man vergebens nach Antworten auf Freges Einwände. Nur in einer von Bauch betreuten Dissertation, derzufolge die Debatte über die Negation seit Brentano und Lotze in Bauchs Beitrag kulminiert, findet man einen Passus über *Vern* (Vogelsberger 1937, 16–19): Wenn Freges Auffassung der Verneinung und der Falschheit korrekt ist, „dann", so wähnt der Autor, „gibt es kein Irren mehr, aber auch kein – Erkennen".

[110] Vgl. Schlotter 2004, 68–75; Tilitzki 2002, 473–486.

[111] 'Beiträge', Bd. I, Heft 1, Rückseite.

[112] Schlotter 2004, 81; Tilitzki 2002, 488 f. Die unverkennbar antijüdische Stoßrichtung hielt Richard Hönigswald und Georg Misch nicht vom Beitritt ab. Vor dem Hintergrund der Entstehung und Entwicklung der 'Deutschen Philosophischen Gesellschaft' ist es nicht überraschend, dass die 1933 auf ihrer Tagung in Magdeburg versammelten Philosophen gemeinsam das Horst-Wessel-Lied anstimmten: vgl. Sluga 1993a, Kap. 5 u. 7; Schlotter 2004, 194–210; Tilitzki 2002, 473–544. Der Hg. der 'Beiträge', der Erfurter Pädagogik-Professor Arthur Hoffmann (WB 81), war 1933 besonders produktiv: er publizierte in demselben Erfurter Verlag, in dem zuvor seine Berichte über die erziehungswissenschaftliche Forschung erschienen waren, 'Vom Erbgut und von der Erbgesundheit unseres Volkes' und 'Rassenhygiene, Erblehre, Familienkunde: Ein Arbeitsheft mit neuen Hilfsmitteln'.

Freges Leben und Werk 45

den Kants und dass das Deutsche den Idealismus stark überwog".[113] Letzteres wird Frege kaum gestört haben. Vor dem Krieg war er ein Bismarck-begeisterter Nationalliberaler.[114] Unter dem Eindruck des verlorenen Kriegs, der Abdankung des Kaisers und der fatalen Friedensbedingungen von Versailles wurde er – das geht aus dem Tagebuch, das er ein Jahr vor seinem Tod führte, mit deprimierender Deutlichkeit hervor – zu einem Sympathisanten der extremen politischen Rechten.[115]

§3. Gespräche mit Wittgenstein

Einer der ersten kritischen Leser des Aufsatzes 'Der Gedanke' war Ludwig Wittgenstein. Der einundvierzig Jahre jüngere Wittgenstein hatte Frege in den letzten Jahren vor dem Ersten Weltkrieg mindestens dreimal besucht.[116]

Wie wurde Wittgenstein auf Frege aufmerksam? Zwei Hypothesen sind in der Literatur zu finden: (1) durch die Lektüre des Anhangs A in Russells 'Principles'; (2) durch einen Hinweis, den ihm der Philosoph Samuel Alexander in Manchester gab.[117] Ich biete noch eine Hypothese an (*for what it's worth*): (3) durch Lektüre der Festschrift für einen großen Physiker, den er bewunderte. Wittgenstein wollte ursprünglich, das hat er Jahre später erzählt, in Wien bei Ludwig Boltzmann Physik studieren, doch 1906, im Jahr seines

---

[113] Patzig 1966a, 5, Anm.
[114] *Biogr* 528–547. Das Bebel-Beispiel in *SuB* 47–48 ist auch unter diesem Gesichtspunkt aufschlussreich. Vgl. Sundholm 2001.
[115] Gabriel & Kienzler (Hg.) 1994. „When I first read that diary", bekennt Dummett, der zuerst auf dieses fatale Dokument hingewiesen hat, „I was deeply shocked, because I had revered Frege as an absolutely rational man ... From it I learned something about human beings which I should be sorry not to know; perhaps something about Europe, also" (1973, XII). Tilitzki 2002, 516–18 arbeitet die historischen Bezüge des Tagebuchs heraus und tut entsetzte Reaktionen auf dieses Dokument als „die üblichen Affekte" ab. Kreiser hat sich in *Biogr* 592–606 fast zu einer Apologie verstiegen: vgl. die (affektfreie) Kritik in Dathe 2002.
[116] In Jena und in Brunshaupten: *BaW* 18. In dem Ostseebad, das seit 1938 ein Ortsteil von Kühlungsborn ist, verbrachte Frege seinen Urlaub. Dort besuchte ihn im Sommer 1914 auch Russells Schüler Norbert Wiener: vgl. dessen Brief in Russell 1968, 41 und WB 263.
[117] McGuinness 1988, 131–132.

Schulabschlusses, beging Boltzmann Selbstmord.[118] In der Liste derer, die ihn beeinflusst haben, erwähnt Wittgenstein 1931 u. a. Boltzmann und Frege,[119] und tatsächlich ist auch der Einfluss Boltzmanns im 'Tractatus' (bes. 6.3 ff) deutlich erkennbar. Im Jahre 1904 erschien in Leipzig eine 'Festschrift Ludwig Boltzmann gewidmet zum sechzigsten Geburtstag', und dort findet man auf den S. 656–666 Freges Aufsatz 'Was ist eine Funktion?' (*1904a*).[120] Wittgenstein besaß Boltzmanns 'Populäre Schriften', die 1905 in Leipzig im selben Verlag erschienen.[121] Könnte er nicht auch die Festschrift in die Hand bekommen haben – und zwar schon vor seiner Russell-Lektüre und vor dem Beginn seines Studiums in Manchester? Jedenfalls kannte er Freges Festschrift-Aufsatz.[122]

Wittgenstein hat Schülern und Freunden von seinem ersten Besuch bei Frege in Jena im Sommer 1911 berichtet:[123]

„I wrote to Frege, putting forward some objections to his theories, and waited anxiously for a reply. To my great pleasure, Frege wrote and asked me to come and see him … I was shown into Frege's study. Frege was a small, neat man with a pointed beard, who bounced around the room as he talked. He absolutely wiped the floor with me, and I felt very depressed; but at the end he said 'You must come again', so I cheered up. I had several discussions with him after that. Frege would never talk about anything but logic and mathematics; if I started on some other subject, he would say something polite and then plunge back into logic and mathematics.

[118] Ebd. 77, 100.
[119] Wittgenstein, VB 43.
[120] Dass Frege als Hochschullehrer regelmäßig auch mit einer Grunddisziplin der Theoretischen Physik, der Analytischen Mechanik befasst war, habe ich in §2 bereits erwähnt. 1891 publizierte er einen Aufsatz „Über das Trägheitsgesetz". Der berühmte Wiener Physiker war 1900 bis 1902 Professor in Leipzig (wo er einmal auch über „Analytische Mechanik" las). Frege dürfte sich für Boltzmanns Schriften interessiert haben, und „als im Mai 1903 Vertreter der Physik an den österreichischen Hochschulen … einen Aufruf ergehen ließen, der die Fachgenossen des In- und Auslandes zur Mitarbeit an einer Festschrift zu Ehren Ludwig Boltzmanns … aufforderte" (Vorrede der FS), sandte Frege seinen Aufsatz ein, der dann eines der nicht weniger als 117 kurzen Kapitel des stattlichen Bandes bildete.
[121] Wittgenstein 1983, Abb. 74.
[122] Geach 1977b, VII.
[123] Geach 1967, 130; vgl. Drurys Erinnerungen in: Rhees 1981, 125, und den Bericht von Wittgensteins Schwester Hermine in: McGuinness 1988, 129.

Freges Leben und Werk 47

He once showed me an obituary on a colleague, who, it was said, never used a word without knowing what it meant; he expressed astonishment that a man should be *praised* for this."

Frege empfahl Wittgenstein, in Cambridge bei Russell zu studieren. Ende 1912 schrieb Wittgenstein an Russell: „I had a long discussion with Frege about our Theory of Symbolism of which, I think, he roughly understood the general outline. He said he would think the matter over."[124] In den „4 Seiten Aufzeichnungen von Fr. über den W.'schen Standpunkt, der bei der mündlichen Unterredung zum Ausdruck gekommen ist" (WB 265), einem verschollenen Dokument aus Freges Nachlass, ging es vielleicht um jene lange Diskussion bei Wittgensteins zweitem Besuch. 1912 veröffentliche Russells Freund Philip Jourdain einen Aufsatz über Freges logische und mathematische Lehren,[125] zusammen mit Freges Anmerkungen (*1910*) zu seinem Manuskript. Jourdains Brief an Frege vom 29.03.1913 kann man entnehmen, dass er in Cambridge mit Wittgenstein über die *GG* diskutierte (WB 124–125). Am 28.11.1913 trug Wittgenstein in einem Brief an Frege „wichtige Argumente gegen Freges Wahrheitstheorie" vor, „insbesondere gegen die Bedeutungsfestsetzung von Funktion[szeich]en".[126] Er lehnte Freges Auffassung der Wahrheitswerte als Gegenstände und der Sätze als Namen ab.[127] Man hat versucht, dem 'Tractatus Logico-Philosophicus' zu entnehmen, wo-

---

[124] Wittgenstein 1980, 234.
[125] WB, Anhang, 275–301.
[126] WB 266. Wittgensteins Briefe an Frege sind heute verschollen; dank Scholz' Notizen wissen wir aber Einiges über ihren Inhalt: WB 263–268. (Ich habe mir eine kleine Emendation der oben zitierten Notiz erlaubt, da Funktionen für den Autor der *GG* keine Bedeutungen haben, sondern Bedeutungen sind.) Hunderte von Karten und Briefen an Wittgenstein wurden 1988 im Lagerraum eines Wiener Immobilienkaufmanns entdeckt, darunter auch diejenigen Freges: *BaW*. 1936 von Scholz gebeten, dem Münsteraner Frege-Archiv noch in seinem Besitz befindliche Briefe Freges zu überlassen, begründete Wittgenstein seine Weigerung mit der Versicherung, „die Karten & Briefe Freges" an ihn seien „rein persönlichen, nicht philosophischen, Inhalts" (WB 265). Wir wissen jetzt, dass das von den erhaltenen *Briefen* keineswegs gilt. Zu *BaW* vgl. Floyd (demnächst) und Künne 2009, § 2.
[127] Genau wie Russell es elf Jahre früher getan hatte: WB 233, 238 und Russell 1903b, 504. Vgl. auch Wittgenstein, NL (1913), 97, 98.

rin die Kritik in jenem Brief bestanden hat.[128] Im Dezember 1913 hatten Frege und Wittgenstein bei dessen drittem Besuch „längere Unterredungen" (*1914a*, WB 129; 266). Als Philip Jourdain Frege im Januar 1914 um die Erlaubnis bat, eine Übersetzung von Teilen der *GG* im 'Monist' zu publizieren, fügte er hinzu: „Wittgenstein has kindly offered to revise the translation." (WB 126). Frege gab seine Erlaubnis sehr gern, aber die Übersetzung der *GG*-Auszüge, deren erster Teil dann im nächsten Jahr erschien,[129] hat Wittgenstein sich wohl kaum vorher anschauen können. Er wurde im August 1914 als Kriegsfreiwilliger nach Krakau abkommandiert, von wo er Frege noch im selben Jahr mindestens dreimal schrieb (*BaW* 8–9).

Der Kontakt zwischen Frege und Wittgenstein riss auch in den folgenden Kriegsjahren nicht ab. Wittgenstein lud Frege 1916 und 1917 ein, ihn während seines Fronturlaubs in Wien zu besuchen, aber Frege sah sich außerstande, die Einladungen anzunehmen (*BaW* 11, 14). Im März 1918 überraschte er Frege dadurch, dass er von einer „großen Dankesschuld" ihm gegenüber sprach und ihn bat, ihm einen Scheck zukommen lassen zu dürfen. Frege nahm das Geschenk gerührt an (*BaW* 16). (Vielleicht konnte er sich nur deshalb den Kauf eines Hauses in Bad Kleinen leisten.[130]) So hat Wittgenstein auch noch einen unterbezahlten deutschen Honorarprofessor – ähnlich wie schon 1914 durch eine Stiftung Rilke, Trakl, Kokoschka und andere österreichische Künstler – von seinem gewaltigen Vermögen profitieren lassen, bevor er es seinen Geschwistern schenkte, um Dorfschullehrer zu werden. Im September 1918 schrieb Frege auf einer Feldpostkarte an Wittgenstein:

> [B]esonders freue ich mich über das, was Sie über Ihre Arbeit [sc. den 'Tractatus'] schreiben … Durch Uebersendung eines Exemplars würden Sie mich sehr erfreuen. Ich denke, dass von mir demnächst eine Kleinigkeit [sc. der Aufsatz 'Der Gedanke'] erscheinen wird, die ich Ihnen als Gegengabe zugehen lassen kann. Es wird vielleicht wenig Neues darin

---

[128] Verschiedene Interpreten finden in TLP 4.431 allerdings ganz verschiedene Argumente: vgl. Künne 2009, §4.3 (Lit.).
[129] Jourdain & Johann Stachelroth 1915–17. Das Vorwort zu den *GG* ist der erste der in diesem Buch herausgegebenen und kommentierten Texte, der ins Englische übersetzt wurde. Bessere *Vorw*-Übersetzungen haben Furth 1969 und Beaney 1997b vorgelegt.
[130] Vgl. die erste Fußnote zu dieser EINLEITUNG.

sein; aber doch vielleicht in neuer Weise gesagt und dadurch manchem verständlicher. (*BaW* 17–18.)

Einen Monat später:

> Ich beglückwünsche Sie zu dem Abschluss Ihrer Arbeit und bewundere Sie, dass Sie es in dieser Zeit und unter solchen Umständen fertig gebracht haben. Möchte es Ihnen vergönnt sein, die Arbeit gedruckt zu sehen, und mir, sie zu lesen! Ich hoffe Ihnen nächstens etwas von mir senden zu können. Wahrscheinlich werden Sie nicht ganz damit einverstanden sein; aber desto anregender werden wir darüber sprechen können, wenn es uns vergönnt sein sollte, uns in freundlicheren und friedlicheren Zeiten gesund wiederzusehen. Schon habe ich eine zweite kleine Abhandlung über die Verneinung im Rohen fertig, die ich dann, sobald es geht, zu veröffentlichen gedenke. Sie ist als Fortsetzung der ersten gedacht. Ich danke Ihnen für Ihr treues Gedenken und werde auch Ihrer immer in Freundschaft gedenken. Auch ich hoffe auf ein Wiedersehn. (*BaW* 18.)

Aus dem Kriegsgefangenenlager in Monte Cassino, in dem Wittgenstein einem Freund lange Passagen aus *Vorw* auswendig vortrug, um ihn von der Großartigkeit dieses Textes zu überzeugen,[131] übersandte er Frege (über seine Schwester) eine Abschrift des 'Tractatus'. Ein anderer Bekannter aus dem Lager berichtet: „Als ich den Traktat gelesen hatte und wir an die hundertmal den freien Platz unter den Baracken umkreisten, meinte Wittgenstein auf meine Begeisterung hin: 'Ja, wenn auch Frege den Traktat so aufnehmen würde!'"[132] Wittgenstein war tief betroffen, dass Frege ersichtlich wenig mit seinem Buch anfangen konnte. Frege klagte wiederholt über begriffliche Unklarheiten in der Tatsachen-Ontologie des 'Tractatus',[133] und er war auch irritiert von dem Bild des Lesers, auf den Wittgenstein hofft:

---

[131] McGuinness 1988, 417.
[132] Parak 1991, 154, Anm. (Übrigens dürfte Wittgenstein damals wohl eher 'die Abhandlung' gesagt haben, denn den spinozistisch klingenden Titel 'TLP' schlug erst Moore vor.)
[133] *BaW* 19–26. Vgl. Wittgenstein an Russell, 19. 8. 1919 u. 6. 10. 1919, in: Wittgenstein 1980, 252 u. 93. Das sachliche Gewicht einer dieser Klagen hebt er selber Jahre später hervor: Wittgenstein, Juni 1931. Vgl. Künne 2009, §2.

Was Sie mir über den Zweck des Buches schreiben, ist mir befremdlich. Danach kann er nur erreicht werden, wenn Andere die darin ausgedrückten Gedanken auch schon gedacht haben. Die Freude beim Lesen Ihres Buches kann also ... nur durch die Form erregt werden ... Dadurch wird das Buch eher eine künstlerische als eine wissenschaftliche Leistung; das, was darin gesagt wird, tritt zurück hinter das, wie es gesagt wird. Ich ging bei meinen Bemerkungen von der Annahme aus, Sie wollten einen neuen Inhalt mitteilen. Und dann wäre allerdings größte Deutlichkeit größte Schönheit.[134]

Im September 1919 dankt Wittgenstein Frege für die Zusendung von *Ged*, „macht kritische Bemerkungen dazu und bittet Frege um Verwendung für Druck seiner Arbeit in den 'Beiträgen zur Philosophie des Deutschen Idealismus'".[135] Die redaktionellen Vorschläge, die Frege ihm daraufhin macht, können ihn nicht erfreut haben.[136] Am 6. Oktober 1919 beklagte sich Wittgenstein brieflich bei Russell: „Mit Frege stehe ich in Briefwechsel. Er versteht kein Wort von meiner Arbeit und ich bin ganz erschöpft vor lauter Erklärungen."[137] Als Wittgenstein in der dritten Dezemberwoche 1919 Russell in Den Haag traf, kündigte er Frege in einem Brief einen Besuch auf seiner Rückreise nach Wien an. Daraus wurde aber nichts, weil sein Begleiter ernsthaft erkrankte.[138] Zurück in Wien, berichtete Wittgenstein Frege in einem Brief von dem Treffen in Den Haag und von Russells

---

[134] *BaW* 21. Vgl. Wittgenstein, TLP, Vorwort, 1. Satz. Frege zitiert am Ende unseres Exzerpts Lessing: „Die größte Deutlichkeit war mir immer die größte Schönheit" (Lessing 1777, 449). Freges Vater war Theologe, der Sohn könnte Lessing also schon in Wismar gelesen habe. War Lessings Polemik gegen Johann Melchior Goeze, den Hauptpastor der Hamburger Katharinenkirche, vielleicht Freges stilistisches Vorbild, als er Hermann Cäsar Hannibal Schubert, den Mathematik-Professor an der Gelehrtenschule des Johanneums in Hamburg (*1899a*) attackierte?
[135] WB 268. (Zuvor hatte sich Wittgenstein erfolglos an zwei Wiener Verlage gewandt.) Aus Scholz' Notizen über Briefe von Bauch und dem Hg. der 'Beiträge' an Frege geht hervor, dass Frege in dieser Sache aktiv geworden ist (WB 9, 81).
[136] *BaW* 23–24.
[137] Wittgenstein 1980, 93. Es sollte sich bald zeigen, dass Wittgenstein einen fast gleichlautenden Brief an Frege hätte schreiben können, in dem das 'Er' Russell bezeichnet.
[138] WB 268. So weit wir wissen, haben sich Frege und Wittgenstein nach 1913 nie wieder getroffen.

Freges Leben und Werk 51

Plan, sich für die Veröffentlichung des 'Tractatus' in England einzusetzen (WB 268). Dem letzten erhaltenen Brief Freges an Wittgenstein (April 1920) kann man entnehmen, worum es in den kritischen Bemerkungen zu *Ged* zumindest unter anderem ging:[139]

> [I]ch möchte gerne wissen, welche tiefen Gründe des Idealismus Sie meinen, die ich nicht erfasst hätte. Ich glaube verstanden zu haben, dass Sie selbst den erkenntnistheoretischen Idealismus nicht für wahr halten. Damit erkennen Sie, meine ich, an, dass es tiefere Gründe für diesen Idealismus überhaupt nicht gibt. Die Gründe dafür können dann nur Scheingründe sein … Gehen Sie, bitte, einmal meinen Aufsatz über den Gedanken durch bis zu dem ersten Satze, dem Sie nicht zustimmen, und schreiben Sie mir diesen Satz und die Gründe Ihrer Abweichung. So werde ich wohl am besten erkennen, was Sie im Auge haben. Vielleicht habe ich garnicht in dem Sinne, wie Sie es meinen, den Idealismus bekämpfen wollen. Ich habe den Ausdruck 'Idealismus' überhaupt wohl nicht gebraucht.[[140]] Nehmen Sie meine Sätze ganz, wie sie dastehen, ohne mir eine Absicht zu unterschieben, die mir vielleicht fremd gewesen ist.

Der 'Tractatus' erschien 1921 zunächst unter seinem ursprünglichen Titel 'Logisch-philosophische Abhandlung' – nicht in den 'Beiträgen', sondern als letzter Band der (von dem Chemie-Nobelpreisträger Wilhelm Ostwald herausgegebenen) 'Annalen der Naturphilosophie' – und 1922 mit einem Vorwort Russells in einer zweisprachigen Buchausgabe in London. Die Enttäuschung über den Leser Frege tat Wittgensteins Bewunderung für den Autor letztlich keinen Abbruch. „Ich [schulde]", so betont er im Vorwort zum 'Tractatus', „den großartigen Werken Freges und den Arbeiten meines Freundes Herrn Bertrand Russell einen großen Teil der Anregung zu meinen Gedanken." Wir wissen nicht, warum Freges dritte *LU* erst vier Jahre nach der zweiten erschien. Aber man kann im Text Indizien dafür finden, dass er inzwischen über einige Aspekte der Philosophischen

---

[139] *BaW* 24; vgl. 26. In TLP 5.6–5.641 versucht Wittgenstein zu erklären, worin die „tiefen Gründe des Idealismus" (in der Gestalt des Solipsismus) bestehen. Vgl. dazu Hacker 1986, 81–107.
[140] Nicht in *Ged*, das stimmt; aber in ähnlichem Zusammenhang in *Vorw* XIX, XXII, Log_2 141, 155–156 u. *1914b*, NS 250. Doch in der Passage in *Ged*, die Wittgenstein meinen muss, attackiert Frege die *skeptische* Hypothese, dass nichts, was ich weiß, ausschließt, dass nur meine Erlebnisse existieren (dazu 2-§8).

Logik im 'Tractatus' nachgedacht hat.[141] Es ist ja auch sehr unwahrscheinlich, dass Frege sich wegen der zu Recht monierten Unklarheiten in der Tatsachen-Ontologie des 'Tractatus' davon abhalten ließ, dessen Beitrag zur Philosophischen Logik, über die mit seinem Besucher zu diskutieren ihm so viel Freude bereitet hatte, auch nur zur Kenntnis zu nehmen.

Wittgenstein mochte selbst als Dorfschullehrer in Trattenbach die *GG* nicht missen.[142] 1923 schrieb ihm Frank Ramsey, von einem Besuch in Niederösterreich nach Cambridge zurückgekehrt: „I do agree that Frege is wonderful."[143] In den späten zwanziger und in den dreißiger Jahren wurde Wittgenstein (auch) durch das Nachdenken über Freges Kritik an der Formalen Arithmetik in *GG*, Bd. II, §§ 86–137 zu seiner sog. Gebrauchstheorie der Bedeutung angeregt.[144] In seinen Vorlesungen in Cambridge verwendete er 1939 für Frege ein Epitheton, mit dem er sehr sparsam umzugehen pflegte: „a great thinker".[145] Als er 1949 seinen ehemaligen Studenten Norman Malcolm in den USA besuchte, wollte er mit Malcolm und seinen Kollegen auch Freges 'Über Sinn und Bedeutung' lesen.[146] Aus demselben Grund wie bei seiner ersten Lektüre des Aufsatzes 'Der Gedanke' mochte er ihn auch am Ende seines Lebens nicht. Als seine ehemaligen Studenten Max Black und Peter Geach den ersten Sammelband mit englischen Übersetzungen aus Freges Werken vorbereiteten,[147] beriet er sie bei der Auswahl. Geach berichtet:

---

141 Siehe Kap. 4, *passim*.
142 „Bitte tun Sie mir folgenden großen Gefallen!: Sein Sie so gut, die beiden Bände Frege, *Grundgesetze der Arithmetik*, REKOMMANDIERT & EXPRESS an die folgende Adresse zu schicken: Fräulein Anna Knaur... Diese Dame wird nicht etwa Logik studieren, sondern mir das Buch ungelesen mitbringen..." (an Engelmann, Okt. 1920, in: Wittgenstein 1980, 118.)
143 Wittgenstein 1980, 129.
144 Vgl. Wittgenstein 1929–32, 103–105, 150–151; (1933); (1933–34), 4.
145 Wittgenstein 1939, 144.
146 Vgl. Reck 2002, 26 und Anm. 53. Max Blacks Übersetzung war 1948 in 'The Philosophical Review' erschienen (dazu Church 1948). Herbert Feigls Übersetzung erschien 1949 in einem einflussreichen Sammelband, den er mit Wilfried Sellars herausgab („I got through graduate school by reading Feigl and Sellars" [Davidson 1980, 261]). 1950 wurde in der 'Philos. Rev.' Blacks Übersetzung von *GG II*, §§ 86–137 veröffentlicht.
147 1952 unter dem Titel 'Translations from the Philosophical Writings of Gottlob Frege' in Oxford publiziert (dazu Church 1953). "Professor Ryle and Lord Russell", heißt es im Vorwort zu dem Sammelband, "have been

„[Wittgenstein] advised me to translate 'Die Verneinung' but not 'Der Gedanke': that, he considered, was an inferior work – it attacked idealism on its weak side, whereas a worthwhile criticism of idealism would attack it just where it was strongest. Wittgenstein told me that he made this point to Frege in correspondence: Frege could not understand – for him, idealism was the enemy he had long fought, and of course you attack your enemy on his weak side."[148]

Wittgenstein bewunderte nicht zuletzt auch den Stilisten Frege. Schon in den dreißiger Jahren hatte er betont: „Der Stil meiner Sätze ist außerordentlich stark von Frege beeinflußt. Und wenn ich wollte, so könnte ich wohl diesen Einfluß feststellen, wo ihn auf den ersten Blick keiner sähe."[149] Noch zwei Wochen vor seinem Tode im Jahre 1951 notierte er: „Freges Schreibart ist manchmal *groß.*"[150] Als Geach ihn zum letzten Mal sah, unterhielten sie sich über Freges Aufsatz 'Über Begriff und Gegenstand'. „[Wittgenstein] read for a while in silence, and then said, 'How I envy Frege! I wish I could have written like that.'"[151]

Die ersten englischen Übersetzungen der *LU* erschienen 1952 (*Vern*), 1956 (*Ged*) und 1963 (*Ggf*).[152] In dem viel benutzten 'Frege Reader' Michael Beaneys steht über der Übersetzung von *Ged* die

---

most helpful by lending works of Frege that were otherwise almost unobtainable." Russell hatte sich seine umfangreiche Sammlung von Frege'schen Aufsätzen binden lassen, und Wittgenstein wusste das. „On Wittgenstein's advice", erinnert sich Geach, „I wrote to Russell, mentioning the source of my information. Russell generously sent the volume round to my house at once. Both men retained a reverence for Frege to the end of their lifes" (Geach 1988, XIV). Zu Ryles Interesse an Frege vgl. Ryle 1970, § IV.

[148] Geach 1977b, VII, im Vorwort zur nunmehr vollständigen Übersetzung der *LU*. (Wo es mir philosophisch interessant zu sein scheint, werde ich im Komm. auf Stellen hinweisen, an denen ich die englischen Übersetzungen von *SuB*, des *Vorw* und der *LU* für verbesserungsbedürftig halte.) So wie 1919 und 1951 vorgetragen, betrifft Wittgensteins Kritik übrigens bestenfalls ein Viertel des Texts von *Ged*, die Seiten 69e bis 74a, so wie Freges briefliche Kritik am Manuskript des TLP nur dessen erste Seiten betrifft.

[149] Wittgenstein, Z § 712. Vgl. dazu Reck 2002, 24 f.

[150] Wittgenstein, VB 164.

[151] Geach 1988, XIV.

[152] Geach & Black 1952 war übrigens nicht die erste Sammlung von Übersetzungen Frege'scher Texte. Die erste erschien in Turin: Geymonat & Mangione 1948. (G. war ein Schüler Peanos.)

Bemerkung: „With 'Über Sinn und Bedeutung', it is one of Frege's two most influential and widely discussed papers."[153] Das ist zweifellos richtig. Aber in diesem Duo ist *Ged* der wirkungsgeschichtliche Nachzügler. Der Eindruck, den Saul Kripke jüngst in einer Vorlesung kundgetan hat, scheint mir vollkommen korrekt zu sein:[154]

> „Long after 'Über Sinn und Bedeutung' was well-known to philosophers, the importance of 'Der Gedanke' was not recognized. It was not included in the Geach-Black collection. [Wir wissen, wer schuld daran war. (W. K.)] ... My impression is that the contemporary philosophical community only gradually recognized the fundamental importance of this paper."

Es war insbesondere die Ende der 70er Jahre des letzten Jahrhunderts einsetzende Diskussion über Indexikalität, die für die Wiederentdeckung dieses Aufsatzes in der anglophonen Welt sorgte. Kurioserweise ist sein kurzer Titel im Lauf der Jahre immer kürzer geworden: von 'The Thought' (Quinton) über 'Thoughts' (Geach) zu 'Thought' (Geach in Beaney 1997).

1966 wurden die *LU* in Deutschland zum ersten Mal neu gedruckt. Dafür hat Günther Patzig gesorgt. Das ist einer der Gründe, warum ich ihm dieses Buch widme.

---

[153] Beaney 1997, 325.
[154] Kripke 2008, 209.

II. Texte

Vorbemerkung zur Textfassung

Diese Ausgabe kehrt zu Lautstand und Zeichensetzung der jeweiligen Erstdrucke zurück. (Das gilt auch für Frege-Zitate in Einleitung und Kommentar.) Abweichungen von den Erstdrucken sind durch eckige Klammern gekennzeichnet und ausgewiesen. Divergenzen hinsichtlich der Orthographie und der Interpunktion innerhalb eines Textes und zwischen den Texten wurden nicht beseitigt. Sperrungen sind überall durch Kursivdruck wiedergegeben. In *Vern* und *Ggf* sind die Brüche anders als in den Originalen in der *linearen* Form 'Zähler/Nenner' gedruckt. Zum Gebrauch der Klammern in *Ggf* vgl. dort die Herausgeber-Anmerkung zu S. 40c. Anmerkungen des Herausgebers haben immer die Form '[Hg.: …]'.

Vorwort.

[zu *Grundgesetze der Arithmetik.*
Begriffsschriftlich abgeleitet
I. Band, Jena 1893.[*]]

Man findet in diesem Buche Lehrsätze, auf denen die Arithmetik beruht, mit Zeichen bewiesen, deren Ganzes ich Begriffsschrift nenne.[1] [...[2]]

Die Beweise [...] stellen sich dem Auge dar als eine Reihe von Formeln [VI]. Jede dieser Formeln ist ein vollständiger Satz mit allen Bedingungen, die zu seiner Gültigkeit nothwendig sind. Diese Vollständigkeit, welche stillschweigend hinzuzudenkende Voraussetzungen nicht duldet, scheint mir für die Strenge der Beweisführung unentbehrlich zu sein.

Der Fortschritt von einem Satze zum nächsten geht nach [...] Regeln vor sich [...], und kein Uebergang geschieht, der nicht diesen Regeln gemäss wäre. Wie und nach welcher Regel die Folgerung gemacht wird, deutet das zwischen den Formeln stehende Zeichen an [...].[3] Es muss hierbei Sätze geben, die nicht aus andern abgeleitet werden. Solche sind theils [...] Grundgesetze [...], theils [...] Definitionen [...]. Die Definitionen sind nicht eigentlich schöpferisch und dürfen es, wie ich glaube, nicht sein;[4] sie führen nur abkürzende Bezeichnungen (Namen) ein, die entbehrt werden könnten, wenn

---

[*] Freges acht Fußnoten sind mit 'A'–'H' bezeichnet. Alle Eingriffe in den Text des Originaldrucks sind durch eckige Klammern kenntlich gemacht. Abkürzungen wie '1-§1' etc. verweisen auf den Kommentar in diesem Buch.

[1] [Hg.: Dazu 1-§1.]

[2] [Hg.: Die auf den S. V–VII des Originals gegebenen Hinweise auf das arithmetische Programm und den Aufbau von *GG I* sowie auf einzelne Paragraphen wurden hier weggelassen.]

[3] [Hg.: REGEL: *BS*, VII, §§ 6, 13; *BrL* 42, 44; *GL* §§ 90–91; *GG I*, §§ 14, S. 26$_L$, § 48; *GG II*, §§ 91, 104; *1906a*, II, 397; III, 424–425. Vgl. dazu 2-§1.]

[4] [Hg.: Vgl. unten, S. XIII$_c$–XIV$_a$.]

nicht sonst die Weitläufigkeit unüberwindliche äussere Schwierigkeiten machte.[5]

Das Ideal einer streng wissenschaftlichen Methode der Mathematik, das ich hier zu verwirklichen gestrebt habe, und das wohl nach Euklid benannt werden könnte, möchte ich so schildern.[6] Dass Alles bewiesen werde, kann zwar nicht verlangt werden, weil es unmöglich ist; aber man kann fordern, dass alle Sätze, die man braucht, ohne sie zu beweisen, ausdrücklich als solche ausgesprochen werden, damit man deutlich erkenne, worauf der ganze Bau beruhe. Es muss danach gestrebt werden, die Anzahl dieser Urgesetze möglichst zu verringern, indem man Alles beweist, was beweisbar ist. Ferner, und darin gehe ich über Euklid hinaus, verlange ich, dass alle Schluss- und Folgerungsweisen,[7] die zur Anwendung kommen, vorher aufgeführt werden. Sonst ist die Erfüllung jener ersten Forderung nicht sicher zu stellen. Dieses Ideal glaube ich nun im Wesentlichen erreicht zu haben. Nur in wenig[en] Punkten könnte man noch strengere Anforderungen stellen. Um [...] nicht in übermässige Breite zu verfallen, habe ich [...] die Schluss- und Folgerungsweisen nicht auf die geringste Zahl zurückgeführt. Wer mein Büchlein *Begriffsschrift* kennt, wird daraus entnehmen können, wie man auch hierin den strengsten Anforderungen genügen könnte, zugleich aber auch, dass dies eine beträchtliche Zunahme des Umfanges nach sich zöge.

Im Uebrigen, glaube ich, werden die Ausstellungen,[8] die man mit Recht [VII] bei diesem Buche machen kann, nicht die Strenge betreffen, sondern nur die Wahl des Beweisganges und der Zwischenstufen. Oft stehen mehre[9] Wege offen, einen Beweis zu führen; ich

---

[5] [Hg.: DEFINITION: *BS*, §§ 8 (S. 15), 24; *FuB* 4 u. Anm.; *BuG* 193; *GG I*, §§ 26–33; *1896b*; n.*1897a*; *1899b*; *GG II*, §§ 55–67; *1903c*, I, 319–321; *1906a*, I, 302–303; *1914b*, NS 224–229.]

[6] [Hg.: EUKLIDISCHES IDEAL: *BS*, III–IV; *GL* §§ 1–4; *GG I*, Einl. S. 1; § 66, S. 88$_L$; *GG II*, § 142; *1914b*, NS 220–223.]

[7] [Hg.: Diese Substantiv-Verbindung ist im Munde Freges ein Hendiadyoin (griech.: *Eines-durch-zwei*) wie 'Art und Weise' oder 'nie und nimmer'. Vgl. die Zusammenziehung am Ende des nächsten Absatzes. Das Hendiadyoin kehrt wieder in *GG I*, Einl. S. 1 und als Verb-Verbindung auf S. XII$_a$ (hier übersprungen). In *BS*, VII, §§ 6, 22 und *GL* §§ 90–91 ist nur von „Schlussweisen" (oder „-arten") die Rede; so auch in *GG I*, §§ 14–17, trotz der Überschrift des Abschnitts, und *1914b*, NS 219–220.]

[8] [Hg.: 'Ausstellung' ehedem auch für *Einwand, Tadel, Rüge*.]

[9] [Hg.: Ehedem üblich für *mehrere*.]

habe sie nicht alle zu betreten versucht, und so ist es möglich, ja wahrscheinlich, dass ich nicht immer den kürzesten gewählt habe. Wer in dieser Hinsicht etwas zu tadeln hat, der mache es besser. Ueber Anderes wird sich streiten lassen. Einige würden vielleicht vorgezogen haben, den Umkreis der zugelassenen Schluss- und Folgerungsweisen weiter zu ziehen und dadurch grössere Beweglichkeit und Kürze zu erzielen. Aber irgendwo muss man hier Halt machen, wenn man überhaupt mein aufgestelltes Ideal billigt, und wo man auch Halt macht, würden immer Leute sagen können: es wäre besser gewesen, noch mehr Schlussweisen zuzulassen.

Durch die Lückenlosigkeit der Schlussketten wird erreicht, dass jedes Axiom, jede Voraussetzung, Hypothese, oder wie man es sonst nennen will, auf denen ein Beweis beruht, ans Licht gezogen wird; und so gewinnt man eine Grundlage für die Beurtheilung der erkenntnisstheoretischen Natur des bewiesenen Gesetzes.[10] Es ist zwar schon vielfach ausgesprochen worden, dass die Arithmetik nur weiter entwickelte Logik sei;[11] aber das bleibt solange bestreitbar, als in den Beweisen Uebergänge vorkommen, die nicht nach anerkannten logischen Gesetzen geschehn, sondern auf einem anschauenden Erkennen zu beruhen scheinen. Erst wenn diese Uebergänge in einfache logische Schritte zerlegt sind, kann man sich überzeugen, dass nichts als Logik zu Grunde liegt. Ich habe Alles zusammengestellt, was die Beurtheilung erleichtern kann, ob die Schlussketten bündig und die Widerlager[12] fest sind. Wenn etwa jemand etwas fehlerhaft finden sollte, muss er genau angeben können, wo der Fehler seiner Meinung nach steckt: in den Grundgesetzen, in den Definitionen, in

---

[10] [Hg.: ERKENNTNISTHEORETISCHE NATUR: *BS*, III/IV; *GL* §3; *GG I*, Einl. S. 1; *1896a*, 362–363.]

[11] [Hg.: Vgl. *GL*, IX; *FuB* 15a. An wen denkt Frege? In *GL* §15 zitiert er William Stanley Jevons: „Zahl ist nur logische Unterscheidung und Algebra eine hoch entwickelte Logik"; und in *Vorw* VIII (hier weggelassener Absatz) betont er: „Auch Herr Dedekind ist der Meinung, dass die Lehre von den Zahlen ein Theil der Logik sei". Unter den deutschen Philosophen des 19. Jh. war Lotze wohl der prominenteste Anhänger der These, dass die Mathematik „ein sich für sich selbst fortentwickelnder Zweig der allgemeinen Logik" ist: „Nur eine praktisch begründete Spaltung des Unterrichts" lässt, so meint er, „die vollkommene Heimatsberechtigung der Mathematik in dem allgemeinen Reiche der Logik übersehen" (Lotze 1880, Buch 1, §§ 18, 112).]

[12] [Hg.: *techn.*: Bauteil, in dem ein Gewölbe, ein Bogen oder eine Brücke verankert ist.]

den Regeln oder ihrer Anwendung an einer bestimmten Stelle. Wenn man Alles in Ordnung findet, so kennt man damit die Grundlagen genau, auf denen jeder einzelne Lehrsatz beruht. Ein Streit kann hierbei, soviel ich sehe, nur um mein Grundgesetz der Werthverläufe (V) entbrennen, das von den Logikern vielleicht noch nicht eigens ausgesprochen ist, obwohl man danach denkt, z. B. wenn man von Begriffsumfängen redet.[13] Ich halte es für rein logisch. Jedenfalls ist hiermit die Stelle bezeichnet, wo die Entscheidung fallen muss.

Mein Zweck erfordert manche Abweichungen von dem, was in der Mathematik üblich ist. Die Anforderungen an die Strenge der Beweisführung haben eine grössere Länge zur unausweichlichen Folge. Wer dies nicht im Auge hat, wird sich in der That wundern, wie umständlich hier oft ein Satz bewiesen wird, den er in einer einzigen Erkenntnissthat unmittelbar einzusehen glaubt. [**VIII** [14]] Die Länge eines Beweises soll man nicht mit der Elle messen.[15] Man kann ja leicht einen Beweis auf dem Papiere kurz erscheinen lassen, indem man viele Zwischenglieder in der Schlusskette überspringt und manches nur andeutet. Man begnügt sich ja meistens damit, dass jeder Schritt im Beweise als richtig einleuchte, und das darf man auch, wenn man nur von der Wahrheit des zu beweisenden Satzes überzeugen will. Wenn es sich aber darum handelt, eine Einsicht in die Natur dieses Einleuchtens zu vermitteln,[16] genügt dies Verfahren nicht, sondern man muss alle Zwischenstufen hinschreiben, um das volle Licht des Bewusstseins auf sie fallen zu lassen. Den Mathematikern kommt es ja gewöhnlich nur auf den Inhalt des Satzes an, und dass er bewiesen werde. Hier ist das Neue nicht der Inhalt des Satzes, sondern wie der Beweis geführt wird, auf welche Grundlagen er sich stützt. Dass dieser wesentlich verschiedene Gesichtspunkt auch eine andere Behandlungsweise erfordert, darf nicht befremden. Wenn man einen

---

[13] [Hg.: Vgl. *GG II*, §§ 146–147.]
[14] [Hg.: Im Original folgt auf S. VII$_{c6}$–VIII$_{a16}$ ein Vergleich des Programms der *GG* mit dem in Richard Dedekind, *Was sind und was sollen die Zahlen?*, Braunschweig 1888. Vgl. oben, EINL-§2.]
[15] [Hg.: „Manche Unklarheiten in der Mathematik scheinen ja durch unnötige Sparsamkeit mit Druckerschwärze und durch eine falsche Eleganz verschuldet zu werden. Der Grundsatz, mit möglichst geringen Mitteln möglichst viel zu erreichen, ist ja, richtig verstanden, gewiß zu billigen; nur sind die Mittel nicht nach dem Verbrauch von Druckerschwärze abzuschätzen." (*1906a*, II: 392)]
[16] [Hg.: Vgl. *GL* § 90: „nach der Natur dieses Einleuchtens zu fragen".]

unserer Sätze in üblicher Weise ableitet, wird leicht ein Satz übersehen werden, der zum Beweise unnöthig zu sein scheint. Bei genauer Durchdenkung meines Beweises wird man, glaube ich, denn doch seine Unentbehrlichkeit einsehen, wenn man nicht etwa einen ganz andern Weg einschlagen will. So findet man auch vielleicht in unsern Sätzen hier und da Bedingungen, die zuerst als unnöthig auffallen, die sich aber doch als nothwendig erweisen, oder wenigstens nur mit einem eigens zu beweisenden Satze entfernt werden können.

Ich führe hiermit ein Vorhaben aus, das ich schon bei meiner *Begriffsschrift* vom Jahre 1879 im Auge gehabt und in meinen *Grundlagen der Arithmetik* vom Jahre 1884 angekündigt habe.[A] Ich will hier durch die [IX] That die Ansicht über die Anzahl bewähren, die ich in dem zuletzt genannten Buche dargelegt habe. Das Grundlegende meiner Ergebnisse sprach ich dort im § 46 so aus, dass die Zahlangabe eine Aussage von einem Begriffe enthalte; und darauf beruht hier die Darstellung. Wenn jemand anderer Ansicht ist, so versuche er es, darauf eine folgerechte und brauchbare Darstellung durch Zeichen zu gründen, und er wird sehn, dass es nicht geht. In der Sprache ist die Sachlage freilich nicht so durchsichtig; aber wenn man genau zusieht, findet man, dass auch hier bei einer Zahlangabe immer ein Begriff genannt wird, nicht eine Gruppe, ein Aggregat oder dergl., und dass, wo dies doch einmal vorkommen sollte, die Gruppe oder das Aggreg[a]t immer durch einen Begriff bestimmt ist, d.h. durch die Eigenschaften, die ein Gegenstand haben muss, um zu der Gruppe zu gehören, während das, was die Gruppe zur Gruppe, das System zum System macht, die Beziehungen der Glieder zu einander, für die Anzahl völlig gleichgültig ist.[17]

Der Grund, warum die Ausführung so spät nach der Ankündigung erscheint, liegt zum Theil in innern Umwandlungen der Begriffsschrift, die mich zur Verwerfung einer handschriftlich fast schon vollendeten Arbeit genöthigt haben.[18] Diese Fortschritte mögen hier kurz erwähnt werden. Die in meiner *Begriffsschrift* verwendeten Urzeichen kommen hier mit einer Ausnahme wieder vor. Statt der drei parallelen Striche habe ich nämlich das gewöhnliche Gleichheitszeichen gewählt, da ich mich überzeugt habe, dass es in der

---

A   Man vergleiche die Einleitung und die §§ 90 und 91 meiner *Grundlagen der Arithmetik*, Breslau, Verlag von Wilhelm Koebner, 1884.
17 [Hg.: Vgl. *GL* §§ 22–23, 28; *1919b*, NS 273.]
18 [Hg.: Nicht erhalten. Vielleicht erwähnt in *1882d*, WB 163.]

Arithmetik grade die Bedeutung hat, die auch ich bezeichnen will.[19] Ich gebrauche nämlich das Wort „gleich" in derselben Bedeutung wie „zusammenfallend mit" oder „identisch mit", und so wird das Gleichheitszeichen auch in der Arithmetik wirklich gebraucht. Der Widerspruch, der sich etwa hiergegen erhebt, wird wohl auf mangelhafter Unterscheidung von Zeichen und Bezeichnetem beruhen. Freilich ist in der Gleichung '$2^2=2+2$' das links stehende Zeichen verschieden von dem rechts stehenden; aber beide bezeichnen oder bedeuten dieselbe Zahl.[B] Zu den alten Urzeichen sind nun noch zwei hinzugekommen: der Spiritus lenis zur Bezeichnung des Werthverlaufs einer Function[20] und ein Zeichen, das den bestimmten Artikel der Sprache vertreten soll.[21] Die Einführung der Werthverläufe der Functionen ist ein wesentlicher Fortschritt, dem eine weit grössere Beweglichkeit zu verdanken ist. [...[22]] Die [X] Werthverläufe haben aber auch eine grosse grundsätzliche Wichtigkeit; definire ich doch die Anzahl selbst als einen Begriffsumfang, und Begriffsumfänge sind nach meiner Bestimmung Werthverläufe. Ohne diese wäre also gar nicht auszukommen. Die alten äusserlich unverändert wieder auftretenden Urzeichen, deren Algorithmus[23] sich auch kaum geändert hat, sind doch mit andern Erklärungen versehen worden. Der frühere Inhaltsstrich erscheint als Wagerechter wieder.[24] Das sind Folgen einer eingreifenden Entwickelung meiner logischen Ansichten. Ich hatte früher in dem, dessen äussere Form ein Behauptungssatz ist, zweierlei unterschieden 1) die Anerkennung der Wahrheit, 2) den Inhalt, der als wahr anerkannt wird. Den Inhalt nannte ich beurtheilbaren Inhalt. Dieser ist mir nun zerfallen in das, was ich Gedan-

---

[19] [Hg.: Dazu 1-§5.]
[B] Ich sage freilich auch: der Sinn des rechts stehenden Zeichens ist verschieden von dem des links stehenden; aber die Bedeutung ist dieselbe. Man vergleiche meinen Aufsatz über Sinn und Bedeutung in der *Zeitschrift f. Philos. u. philos. Kritik*, 100. Bd., S. 25. [Hg.: Dazu 1-§2.1.]
[20] [Hg.: Dazu 1-§2.4.]
[21] [Hg.: Dazu 1-§4.]
[22] [Hg.: Im Original folgen hier zwei Sätze, in denen die „größere Beweglichkeit" durch den Hinweis auf die nun mögliche Vereinfachung gewisser Definitionen in Teil III der *BS* und in *GL* §§ 72, 79 illustriert wird.]
[23] [Hg.: „d.h. ein Ganzes von Regeln, die den Übergang von einem Satze oder von zweien zu einem neuen beherrschen, so dass nichts geschieht, was nicht diesen Regeln gemäß wäre" (*1896a*, 365).]
[24] [Hg.: Dazu 1-§7.]

ken, und das, was ich Wahrheitswerth nenne.²⁵ Das ist die Folge der Unterscheidung von Sinn und Bedeutung eines Zeichens. In diesem Falle ist der Sinn des Satzes der Gedanke und seine Bedeutung der Wahrheitswerth. Dazu kommt dann noch die Anerkennung, dass der Wahrheitswerth das Wahre sei. Ich unterscheide nämlich zwei Wahrheitswerthe: das Wahre und das Falsche. Dies habe ich in meinem oben erwähnten Aufsatze über Sinn und Bedeutung eingehender begründet.²⁶ Hier mag nur erwähnt werden, dass die ungerade Rede nur so richtig aufgefasst werden kann. Der Gedanke nämlich, der sonst Sinn des Satzes ist, wird in der ungeraden Rede seine Bedeutung.²⁷ Wieviel einfacher und schärfer durch die Einführung der Wahrheitswerthe Alles wird, kann nur eine eingehende Beschäftigung mit diesem Buche lehren.²⁸ Diese Vortheile allein schon legen ein grosses Gewicht in die Wagschale zu Gunsten meiner Auffassung, die freilich auf den ersten Blick befremden mag. Auch ist das Wesen der Function im Unterschiede vom Gegenstande schärfer als in meiner *Begriffsschrift* gekennzeichnet.²⁹ Daraus ergiebt sich weiter die Unterscheidung der Functionen erster und zweiter Stufe. Wie ich in meinem Vortrage über *Function und Begriff* ᶜ ausgeführt habe, sind Begriffe und Beziehungen Functionen in der von mir erweiterten Bedeutung dieses Wortes, und so haben wir auch Begriffe erster und zweiter Stufe, gleichstufige und ungleichstufige Beziehungen zu unterscheiden.³⁰

Wie man sieht, sind die Jahre nicht vergebens seit dem Erscheinen meiner *Begriffsschrift* und meiner *Grundlagen* verflossen: sie haben das Werk gereift. Aber grade das, was ich als wesentlichen Fortschritt erkenne, steht, wie ich mir nicht verhehlen kann, der Verbreitung und der Wirksamkeit meines Buches als grosses Hemmniss im Wege. Und worin ich seinen Werth nicht zum geringsten Theile sehe, die strenge Lückenlosigkeit der Schlussketten wird ihm, wie ich fürchte, wenig Dank einbringen. Ich habe mich von den hergebrachten Auffassungsweisen weiter [XI] entfernt und dadurch mei-

---

25 [Hg.: Dazu 1-§2.2.]
26 [Hg.: Dazu 1-§6.]
27 [Hg.: Dazu 1-§5.]
28 [Hg.: Vgl. *BrL* 37: „die Fruchtbarkeit ist der Prüfstein der Begriffe …".]
29 [Hg.: Dazu 1-§2.1.]
ᶜ Jena, Verlag von Hermann Pohle, 1891. [Hg.: in *FuB* bes. 26b–27a, 28c–30b.]
30 [Hg.: Dazu 1-§2.3.]

nen Ansichten ein paradoxes Gepräge aufgedrückt. Leicht wird ein Ausdruck, der hier oder da beim flüchtigen Durchblättern aufstösst, befremdlich erscheinen und ein ungünstiges Vorurtheil erzeugen. Ich selbst kann ja das Widerstreben einigermaassen abschätzen, dem meine Neuerungen begegnen werden, weil ich selbst ein ähnliches erst in mir überwinden musste, um sie zu machen. Denn nicht aufs Gerathewohl und aus Neuerungssucht, sondern durch die Sache selbst gedrängt, bin ich dahin gelangt.

Hiermit komme ich auf den zweiten Grund der Verspätung: die Muthlosigkeit, die mich zeitweilig überkam angesichts der kühlen Aufnahme, oder besser gesagt, des Mangels an Aufnahme meiner oben genannten Schriften bei den Mathematikern[D] und der Ungunst der wissenschaftlichen Strömungen, gegen die mein Buch zu kämpfen haben wird. Schon der erste Eindruck muss abschrecken: unbekannte Zeichen, seitenlang nur fremdartige Formeln. So habe ich mich denn zu Zeiten andern Gegenständen zugewendet.[31] Aber auf die Dauer konnte ich doch die Ergebnisse meines Denkens, die mir werthvoll schienen, nicht in meinem Pulte verschliessen, und die aufgewendete Arbeit forderte immer neue Arbeit, um nicht vergeblich zu sein. So liess mich die Sache nicht los. In einem Falle wie hier, wo der Werth eines Buches durch flüchtiges Durchlesen nicht erkannt werden kann, sollte die Kritik helfend einspringen. Aber sie wird im Allgemeinen zu schlecht bezahlt. Ein Kritiker wird nie hoffen können, für die Mühe, die ein gründliches Durcharbeiten dieses Buches in Aussicht stellt, in Geld entschädigt zu werden. Mir bleibt nur übrig zu hoffen, jemand möge von vorneherein soviel Vertrauen zu der Sache schöpfen, dass er in dem innern Gewinn eine hinrei-

---

[D] In dem *Jahrb. über die Fortschritte der Math.* sucht man meine *Grundlagen der Arithm.* vergebens. Forscher auf demselben Gebiete, die Herren Dedekind, Otto Stolz, v. Helmholtz scheinen meine Arbeiten nicht zu kennen. Auch Kronecker erwähnt sie in seinem Aufsatze über den Zahlbegriff nicht. [Hg.: Zu Dedekind vgl. oben, Hg.-Anm. zu S. VIII. Was Frege im Juli 1893 nicht wissen konnte: Im selben Jahr würdigte Dedekind *GL* (vgl. oben, EINL-§2). Otto Stolz, *Vorlesungen über allgemeine Arithmetik I*, Leipzig 1885 (s. *GG II*, §§ 143–145); Hermann von Helmholtz, 'Zählen und Messen erkenntnistheoretisch betrachtet' und Leopold Kronecker, 'Ueber den Zahlbegriff', beides in: *Philosophische Aufsätze. Eduard Zeller zu seinem fünfzigjährigen Doctor-Jubiläum gewidmet*, Leipzig 1887, S. 17–52; 263–274 (s. *FuB* 3; *GG II*, § 137 Anm. 2; § 156 Anm.).]
31 [Hg.: *1891d.*]

chende Belohnung erwartet, und er werde dann das Ergebniss seiner reiflichen Prüfung der Oeffentlichkeit übergeben. [**XII** [32]]

Sonst sind die Aussichten meines Buches freilich gering. Jedenfalls müssen alle Mathematiker aufgegeben werden, die beim Aufstossen von logischen Ausdrücken, wie „Begriff", „Beziehung", „Urtheil" denken: *metaphysica sunt, non leguntur!* und ebenso die Philosophen, die beim Anblicke einer Formel ausrufen: *mathematica sunt, non leguntur!* und sehr wenige mögen das nicht sein.[33] Vielleicht ist die Zahl der Mathematiker überhaupt nicht gross, die sich um die Grundlegung ihrer Wissenschaft bemühen, und auch diese scheinen oft grosse Eile zu haben, bis sie die Anfangsgründe hinter sich haben. Und ich wage kaum zu hoffen, dass meine Gründe für die peinliche Strenge und damit verbundene Breite viele von ihnen überzeugen werden. Hat doch das einmal Hergebrachte grosse [**XIII**] Macht über die Gemüther. Wenn ich die Arithmetik mit einem Baume vergleiche, der sich oben in eine Mannichfaltigkeit von Methoden und Lehrsätzen entfaltet, während die Wurzel in die Tiefe strebt, so scheint mir der Wurzeltrieb, in Deutschland wenigstens, schwach zu sein. Selbst in einem Werke, das man dieser Richtung zuzählen möchte, der Algebra der Logik des Herrn E. Schröder,[34] gewinnt doch bald der Wipfeltrieb wieder die Oberhand, bevor noch eine grössere Tiefe erreicht ist, bewirkt ein Umbiegen nach oben und eine Entfaltung in Methoden und Lehrsätze.

---

[32] [Hg.: Auf S. XI$_b$–XII$_a$ des Originals folgen auf die Äußerung dieses (vergeblichen) Wunsches Orientierungshilfen für eine erste selektive Lektüre und das nachfolgende genauere Studium des Buches. Frege prognostiziert: „Der Leser wird erkennen, dass meine Grundsätze nirgends zu Folgerungen führen, die er nicht selbst als richtig anerkennen muss" (XII$_a$).]

[33] [Hg.: 'Das ist Met. / Math., das liest man nicht!' Frege spielt hier wie schon in *n.1887a*, NS 83 auf den sprichwörtlichen Gebrauch der Sentenz *'Graeca sunt, non leguntur* (Das ist Griechisch, das liest man nicht)' an. Im buchstäblichen Verstande war sie im Mittelalter von Glossatoren, Abschreibern und Lehrern, die des Griechischen unkundig waren, benutzt worden, wenn sie in einem Text auf eine griechische Passage stießen und sie übersprangen (vgl. 'Meyers Konversationslexikon', Leipzig & Wien ^{4}1888–1890, Bd. 7, 588). Die Redensart 'It's all Greek to me' ist vielleicht ein Echo dieser Sentenz. (Mittelalterliche Juristen befolgten die fast gleichlautende Maxime *'Graeca non leguntur'*, wenn sie griechische Passagen im *Corpus iuris civilis* nicht beachteten: vgl. H. E. Troje, 'Graeca leguntur', Köln/Wien 1971, 12.)]

[34] [Hg.: Schröder 1890, rezensiert in Frege *1895a*. Zur Schröder-Frege-Kontroverse vgl. EINL-§2 und 1-§1.]

Ungünstig für mein Buch ist auch die weit verbreitete Neigung, nur das Sinnliche als vorhanden anzuerkennen.[35] Was nicht mit den Sinnen wahrgenommen werden kann, sucht man zu leugnen oder doch zu übersehen. Nun sind die Gegenstände der Arithmetik, die Zahlen unsinnlicher Art; wie findet man sich damit ab? Sehr einfach! man erklärt die Zahlzeichen für die Zahlen. In den Zeichen hat man dann etwas Sichtbares, und das ist ja doch die Hauptsache. Freilich haben die Zeichen ganz andere Eigenschaften als die Zahlen selbst; aber was thut's? Man dichtet ihnen die gewünschten Eigenschaften durch sogenannte Definitionen einfach an. Wie freilich eine Definition statthaben kann, wo gar kein Zusammenhang zwischen Zeichen und Bezeichnetem in Frage kommt, ist ein Räthsel. Man knetet Zeichen und Bezeichnetes möglichst ununterscheidbar zusammen; jenachdem es erforderlich ist, kann man dann die Existenz mit Hinweis auf die Greifbarkeit behaupten,[E] oder die eigentlichen Zahleigenschaften hervorkehren. Zuweilen scheint man die Zahlzeichen wie Schachfiguren anzusehen und die sogenannten Definitionen als Spielregeln. Das Zeichen bezeichnet dann nichts, sondern ist die Sache selbst. Eine Kleinigkeit übersieht man freilich dabei, dass wir nämlich mit '$3^2+4^2=5^2$' einen Gedanken ausdrücken, während eine Stellung von Schachfiguren nichts besagt. Wo man sich mit solchen Oberflächlichkeiten zufrieden giebt, ist für eine tiefere Auffassung freilich kein Boden.[36]

Es kommt hier darauf an, sich klar zu machen, was Definiren ist und was dadurch erreicht werden kann. Man scheint ihm vielfach eine schöpferische Kraft zuzutrauen, während doch dabei weiter nichts geschieht, als dass etwas abgrenzend hervorgehoben und

---

[35] [Hg.: Vgl. *FuB* 3.]

[E] Vergl. E[duard] Heine [1821–1881], Die Elemente der Function[en]lehre, in Crelle's *Journal [für die reine und angewandte Mathematik]*, Bd. 74 [1872], [172–188, hier] S. 173: „Ich stelle mich bei der Definition auf den rein formalen Standpunkt, indem ich gewisse greifbare Zeichen Zahlen nenne, sodass die Existenz dieser Zahlen also nicht in Frage steht."

[36] [Hg.: FORMALISMUS-KRITIK: *GL* §§ 92–99, 109; *1885b*, 97–104; *1899a*; *GG II*, §§ 86–137; *1906a*, II: 395–396; *1906b*; *1908*. In einem intensiven (verloren gegangenen) Briefwechsel mit Frege im Jahre 1909 „gelang es" dem Mathematiker und Logiker Leopold Löwenheim, „ausgehend von [*GG II*] § 90, Frege von der Möglichkeit, die formale Arithmetik einwandfrei aufzubauen, zu überzeugen". Das berichten Scholz und Löwenheim (WB 158, 161). Vgl. aber auch *1924/25a*, NS 293; *1924/25b*, NS 295.]

mit einem Namen bezeichnet wird. Wie der Geograph kein Meer schafft, wenn er Grenzlinien zieht und sagt: den von diesen Linien begrenzten Theil der Wasserfläche will ich Gelbes Meer nennen,[37] so kann auch der Mathematiker durch sein Definiren nichts eigentlich schaffen. Man kann auch nicht einem Dinge durch blosse Definition eine Eigenschaft anzaubern, die es nun einmal nicht hat, es sei denn die eine, nun so zu heissen, wie man es etwa benannt hat. Dass aber ein [XIV] eirundes Gebilde, das man mit Tinte auf Papier hervorbringt, durch eine Definition die Eigenschaft erhalten sollte, zu Eins addirt, Eins zu ergeben, kann ich nur für einen wissenschaftlichen Aberglauben halten. Ebensogut könnte man durch blosse Definition einen faulen Schüler fleissig machen. Unklarheit entsteht hier leicht durch die mangelnde Unterscheidung von Begriff und Gegenstand.[38] Wenn man sagt: „Quadrat ist ein Rechteck, in dem zusammenstossende Seiten gleich sind", so definirt man den Begriff *Quadrat,* indem man angiebt, welche Eigenschaften etwas haben muss, um unter diesen Begriff zu fallen. Diese Eigenschaften nenne ich Merkmale des Begriffes.[39] Aber, wohl gemerkt, diese Merkmale des Begriffes sind nicht seine Eigenschaften. Der Begriff *Quadrat* ist nicht ein Rechteck, nur die Gegenstände, die etwa unter diesen Begriff fallen, sind Rechtecke, wie auch der Begriff *schwarzes Tuch* weder schwarz noch ein Tuch ist. Ob es solche Gegenstände giebt, ist durch die Definition unmittelbar noch nicht bekannt. Nun will man z. B. die Zahl Null definiren, indem man sagt: sie ist etwas, was, zu Eins addirt, Eins ergibt. Damit hat man einen Begriff definirt, indem man angegeben hat, welche Eigenschaft ein Gegenstand haben muss, um unter den Begriff zu fallen. Aber diese Eigenschaft ist nicht Eigenschaft des definirten Begriffes. Wie es scheint, bildet man sich nun vielfach ein, man habe durch die Definition etwas geschaffen, was, zu Eins addirt, Eins ergiebt. Grosse Täuschung! Weder hat der definirte Begriff diese Eigenschaft noch leistet die Definition Gewähr dafür, dass der Begriff erfüllt sei. Das bedarf erst einer Untersuchung. Erst wenn man bewiesen hat, dass es einen Gegenstand und nur einen einzigen von der verlangten Eigenschaft giebt, ist man in der Lage, diesen Gegenstand mit dem Eigennamen „Null" zu belegen. Die Null zu

---

[37] [Hg.: In *GL* § 26 dient die Nordsee statt des Meers zwischen China und Korea als Beispiel.]
[38] [Hg.: Dazu 1-§§2.1 u. 2.5.]
[39] [Hg.: Dazu 1-§2.3.]

schaffen, ist also unmöglich. Solches ist von mir schon wiederholt dargelegt worden,[40] aber, wie es scheint, ohne Erfolg.[F]

Auch bei der herrschenden Logik wird auf kein Verständniss für den Unterschied zu hoffen sein, den ich zwischen dem Merkmal eines Begriffes und der Eigenschaft eines Gegenstandes mache;[G] denn sie scheint durch und durch psychologisch verseucht zu sein. Wenn man statt der Dinge selbst nur ihre subjectiven Abbilder, die Vorstellungen betrachtet, gehen natürlich alle feinern sachlichen Unterschiede verloren, und es treten dafür andere auf, die logisch völlig werthlos sind. Und damit komme ich auf das zu sprechen, was der Wirkung meines Buches bei den Logikern im Wege steht. Es ist der verderbliche Einbruch der Psychologie in die Logik. Entscheidend für die Behandlung dieser Wissenschaft muss die Auffassung der logischen Gesetze sein, und das hängt wieder damit zusammen, wie [XV] man das Wort „wahr" versteht.[41] Dass die logischen Gesetze Richtschnuren für das Denken sein sollen zur Erreichung der Wahrheit, wird zwar vorweg allgemein zugegeben; aber es geräth nur zu leicht in Vergessenheit. Der Doppelsinn des Wortes „Gesetz" ist hier verhängnissvoll. In dem einen Sinne besagt es, was ist, in dem andern schreibt es vor, was sein soll. Nur in diesem Sinne können die logischen Gesetze Denkgesetze genannt werden, indem sie festsetzen, wie gedacht werden soll. Jedes Gesetz, das besagt, was ist, kann aufgefasst werden als vorschreibend, es solle im Einklange damit gedacht werden, und ist also in dem Sinne ein Denkgesetz. Das gilt von den geometrischen und physikalischen nicht minder als von den logischen. Diese verdienen den Namen „Denkgesetze" nur dann mit mehr Recht, wenn damit gesagt sein soll, dass sie die allgemeinsten sind, die überall da vorschreiben, wie gedacht werden soll, wo überhaupt gedacht wird. Aber das Wort „Denkgesetz" verleitet zu der Meinung, diese Gesetze regierten in derselben Weise das Denken, wie die Naturgesetze die Vorgänge in der Aussenwelt. Dann können sie nichts anderes als psychologische Gesetze sein; denn das Denken ist ein seelischer Vorgang. Und wenn die Logik mit diesen psycho-

---

[40] [Hg.: *GL* §§ 92–99, 109; *1885b*, 97–104.]

[F] Mathematiker, die sich ungerne in die Irrgänge der Philosophie begeben, werden gebeten, hier das Lesen des Vorworts abzubrechen.

[G] In der Logik des Herrn B. Erdmann finde ich keine Spur dieses wichtigen Unterschiedes.

[41] [Hg.: Zu S. XV bis XVIII$_a$: 1-§8.]

Vorwort (GG I)

logischen Gesetzen zu thun hätte, so wäre sie ein Theil der Psychologie. Und so wird sie in der That aufgefasst. Als Richtschnuren können diese Denkgesetze dann in der Weise aufgefasst werden, dass sie einen mittlern Durchschnitt angeben, ähnlich wie man sagen kann, wie die gesunde Verdauung beim Menschen vor sich geht, oder wie man grammatisch richtig spricht, oder wie man sich modern kleidet. Man kann dann nur sagen: nach diesen Gesetzen richtet sich im Durchschnitt das Fürwahrhalten der Menschen, jetzt und soweit die Menschen bekannt sind; wenn man also mit dem Durchschnitte im Einklang bleiben will, richte man sich nach ihnen. Aber, wie das, was heute modern ist, nach einiger Zeit nicht mehr modern sein wird und bei den Chinesen jetzt nicht modern ist, so kann man die psychologischen Denkgesetze auch nur mit Einschränkungen als maassgebend hinstellen. Ja, wenn es sich in der Logik um das Fürwahrgehaltenwerden handelte, und nicht vielmehr um das Wahrsein! Und das verwechseln die psychologischen Logiker. So setzt Herr B. Erdmann im ersten Bande seiner Logik[H] S. 272 bis S. 275 die Wahrheit mit [„]Allgemeing[i]ltigkeit["] gleich und gründet diese auf die [„]Allgemeingewissheit["] des Gegenstandes, von dem geurtheilt wird, und diese wieder auf die [„]allgemeine Uebereinstimmung der Ur[t]eilenden["]. So wird denn schliesslich die Wahrheit auf das Fürwahrhalten der Einzelnen zurückgeführt. Dem gegenüber kann ich nur sagen: Wahrsein ist etwas anderes als Fürwahrgehaltenwerden, sei es von Einem, sei es von Vielen, sei es von Allen, und ist in keiner Weise darauf zurückzuführen. Es ist kein Widerspruch, dass etwas **[XVI]** wahr ist, was von Allen für falsch gehalten wird. Ich verstehe unter logischen Gesetzen nicht psychologische Gesetze des Fürwahrhaltens, sondern Gesetze des Wahrseins. Wenn es wahr ist, dass ich dies am 13. Juli 1893 in meiner Stube schreibe, während draussen der Wind heult, so bleibt es wahr, auch wenn alle Menschen es später für falsch halten sollten. Wenn so das Wahrsein unabhängig davon ist, dass es von irgendeinem anerkannt wird, so sind auch die Gesetze

---

H   Halle a. S., Max Niemeyer, 1892.
[Hg.: Vgl. E^1 (=: Erdmann, Logik, ^{1}1892) 8 und E^2 (=: Erdmann, Logik, ^{2}1907) 11, 371–385. Freges Zitate aus E^1 wurden im Lautstand an das Original angeglichen und in den Anm. durch Hinweise auf eventuelle Parallel- oder Kontrastellen in E^2 ergänzt; längere Zitate wurden kleiner gesetzt und eingerückt. Da der I. Band des Werks der einzige blieb, wurde die Bd.-Nummer, die Frege den Seitengaben gelegentlich voranstellt, getilgt. Die Hervorhebungen in den Zitaten finden sich immer in Erdmanns Text.]

des Wahrseins nicht psychologische Gesetze, sondern Grenzsteine in einem ewigen Grunde befestigt, von unserm Denken überfluthbar zwar, doch nicht verrückbar. Und weil sie das sind, sind sie für unser Denken maassgebend, wenn es die Wahrheit erreichen will. Sie stehen nicht in dem Verhältnisse zum Denken, wie die grammatischen Gesetze zur Sprache, so dass sie das Wesen unseres menschlichen Denkens zum Ausdruck brächten und sich mit ihm änderten.[42] Ganz anders ist natürlich die Auffassung der logischen Gesetze bei Herrn Erdmann. Dieser bezweifelt ihre unbedingte, ewige Geltung und will sie einschränken auf unser Denken, wie es jetzt ist (S. 375 ff).[43] „Unser Denken" kann doch wohl nur heißen[:] das Denken der bis jetzt bekannten Menschheit. Danach bliebe die Möglich[k]eit offen, dass Menschen oder sonstige Wesen entdeckt würden, die unsern logischen Gesetzen widersprechende Urtheile vollziehen könnten. Wenn das nun geschähe? Herr Erdmann würde sagen: Da sehen wir, dass jene Grundsätze nicht überall gelten. Gewiss! wenn sie psychologische Gesetze sein sollen, muss ihr Wortausdruck die Gattung von Wesen kenntlich machen, deren Denken erfahrungsmässig durch sie beherrscht wird. Ich würde sagen: Es giebt also Wesen, welche gewisse Wahrheiten nicht wie wir unmittelbar erkennen, sondern vielleicht auf den langwierigern Weg der Induction angewiesen sind. Wie aber, wenn sogar Wesen gefunden würden, deren Denkgesetze den unsern geradezu widersprächen und also auch in der Anwendung vielfach zu entgegengesetzten Ergebnissen führten? Der psychologische Logiker könnte das nur einfach anerkennen und sagen: Bei denen gelten jene Gesetze, bei uns diese. Ich würde sagen: Da haben wir eine bisher unbekannte Art der Verrücktheit. Wer unter logischen Gesetzen solche versteht, die vorschreiben, wie gedacht werden soll, oder Gesetze des Wahrseins, nicht Naturgesetze des menschlichen Fürwahrhaltens, der wird fragen: wer hat Recht? wessen Gesetze des Fürwahrhaltens sind im Einklange mit den Gesetzen des Wahrseins? Der psychologische Logiker kann nicht so fragen; denn er erkennte damit Gesetze des Wahrseins an, die nicht psychologisch wären. Kann man ärger den Sinn des Wortes „wahr" fälschen, als wenn man eine Beziehung auf den Urtheilenden einschliessen will! Man wirft mir doch nicht etwa ein, dass der Satz „ich

---

[42] [Hg.: Die Formulierung nach „so dass" ist ein Echo von E¹ 378: „solange sie (sc. die logischen Grundsätze) das Wesen unseres Denkens ausdrücken".]
[43] [Hg.: Vgl. E² 527 ff.]

bin hungrig" für den Einen wahr und für den Andern falsch sein könne? Der Satz wohl, aber der Gedanke nicht; denn das Wort „ich" bedeutet in dem Munde des Andern einen andern Menschen, [**XVII**] und daher drückt auch der Satz, von dem Andern ausgesprochen, einen andern Gedanken aus.⁴⁴ Alle Bestimmungen des Orts, der Zeit u. s. w. gehören zu dem Gedanken, um dessen Wahrheit es sich handelt; das Wahrsein selbst ist ort- und zeitlos. Wie lautet nun eigentlich der Grundsatz der Identität? etwa so: „Den Menschen ist es im Jahre 1893 unmöglich, einen Gegenstand als von ihm selbst verschieden anzuerkennen" oder so: „Jeder Gegenstand ist mit sich selbst identisch"?⁴⁵ Jenes Gesetz handelt von Menschen und enthält eine Zeitbestimmung, in diesem ist weder von Menschen noch von einer Zeit die Rede. Dieses ist ein Gesetz des Wahrseins, jenes eines des menschlichen Fürwahrhaltens. Ihr Inhalt ist ganz verschieden, und sie sind von einander unabhängig, so dass keins von beiden aus dem andern gefolgert werden kann. Darum ist es sehr verwirrend, beide mit demselben Namen des Grundgesetzes der Identität zu bezeichnen. Solche Vermischungen grundverschiedener Dinge sind Schuld an der gräulichen⁴⁶ Unklarheit, die wir bei den psychologischen Logikern antreffen.

Die Frage nun, warum und mit welchem Rechte wir ein logisches Gesetz als wahr anerkennen, kann die Logik nur dadurch beantworten, dass sie es auf andere logische Gesetze zurückführt. Wo das nicht möglich ist, muss sie die Antwort schuldig bleiben. Aus der Logik heraustretend kann man sagen: wir sind durch unsere Natur und die äussern Umstände zum Urtheilen genöthigt, und wenn wir urtheilen, können wir dieses Gesetz – der Identität z. B. – nicht verwerfen, wir müssen es anerkennen, wenn wir nicht unser Denken in Verwirrung bringen und zuletzt auf jedes Urtheil verzichten wollen. Ich will diese Meinung weder bestreiten noch bestätigen und nur

---

⁴⁴ [Hg.: Dazu 2-§5.]
⁴⁵ [Hg.: Da Frege sich in diesem Teil des *Vorw* primär an Philosophen wendet, folgt er hier dem traditionellen philosophischen Sprachgebrauch. Weder in *BS* noch in *GG I* ist das Gesetz der Reflexivität der Identität, um das es sich hier handelt, *das* Identitätsgesetz: in *BS* (§ 21, Nr. 54) erscheint es als eines von zwei Grundgesetzen dessen, was er damals noch Inhaltsgleichheit nannte, in *GG I*, § 50 (Nr. IIIe) ist es eines unter vielen Theoremen der Identität.]
⁴⁶ [Hg.: Da Frege schwerlich *ins Graue spielend* meint (Beaney 1997: „murky"?), handelt es sich wohl um das Adjektiv zu 'Grauen' oder zu 'Greuel' (Jourdain & Stachelroth 1916: „awful", Furth 1964: „frightful").]

bemerken, dass wir hier keine logische Folgerung haben. Nicht ein Grund des Wahrseins wird angegeben, sondern unseres Fürwahrhaltens. Und ferner: diese Unmöglichkeit, die für uns besteht, das Gesetz zu verwerfen, hindert uns zwar nicht, Wesen anzunehmen, die es verwerfen; aber sie hindert uns, anzunehmen, dass jene Wesen darin Recht haben; sie hindert uns auch, daran zu zweifeln, ob wir oder jene Recht haben. Wenigstens gilt das von mir. Wenn Andere es wagen, in einem Athem ein Gesetz anzuerkennen und es zu bezweifeln, so erscheint mir das als ein Versuch, aus der eignen Haut zu fahren, vor dem ich nur dringend warnen kann. Wer einmal ein Gesetz des Wahrseins anerkannt hat, der hat damit auch ein Gesetz anerkannt, das vorschreibt, wie geurtheilt werden soll, wo immer, wann immer und von wem immer geurtheilt werden mag.

Ueberblicke ich das Ganze, so scheint mir die verschiedene Auffassung des Wahren als Ursprung des Streites. Für mich ist es etwas Objectives, von dem Urtheilenden Unabhängiges, für psychologische Logiker ist es das nicht. Was Herr B. Erdmann „obje[k]tive Gewissheit" nennt,[47] **[XVIII]** ist nur eine allgemeine Anerkennung der Urtheilenden, die also von diesen nicht unabhängig ist, sondern sich mit deren seelischer Natur ändern kann.

Wir können das noch allgemeiner fassen: ich erkenne ein Gebiet des Objectiven, Nichtwirklichen an, während die psychologischen Logiker das Nichtwirkliche ohne weiteres für subjectiv halten.[48] Und doch ist gar nicht einzusehen, warum das, was einen vom Urtheilenden unabhängigen Bestand hat, wirklich sein, d. h. doch wohl fähig sein müsse, unmittelbar oder mittelbar auf die Sinne zu wirken. Ein solcher Zusammenhang zwischen den Begriffen ist nicht zu entdecken. Man kann sogar Beispiele anführen, die das Gegentheil zeigen. Die Zahl Eins z. B. wird man nicht leicht für wirklich halten, wenn man nicht Anhänger von J. St. Mill ist.[49] Andrerseits ist es unmöglich, jedem Menschen seine eigne Eins zuzuweisen; denn dann müsste erst untersucht werden, wie weit die Eigenschaften dieser Einsen übereinstimmten. Und wenn der Eine sagte „einmal Eins ist Eins" und der Andere „einmal Eins ist Zwei", so könnte man nur die Verschiedenheit feststellen und sagen: deine Eins hat jene Eigenschaft, meine diese. Von einem Streite, wer Recht hätte, oder von

---

[47] [Hg.: E^1 6, 273–274; vgl. E^2 381–382.]
[48] [Hg.: Zu S. XVIII$_b$ bis XXV$_a$ insgesamt: 1-§9 und 2-§§6–11.]
[49] [Hg.: *GL*, VII, §§7–9, 23–25.]

einem Belehrungsversuche könnte nicht die Rede sein; denn dazu fehlte die Gemeinsamkeit des Gegenstandes. Offenbar ist dies dem Sinne des Wortes „Eins" und dem Sinne des Satzes „einmal Eins ist Eins" ganz zuwider. Da die Eins, als dieselbe für Alle, Allen in gleicher Weise gegenübersteht,⁵⁰ kann sie ebensowenig wie der Mond durch psychologische Beobachtung erforscht werden. Mag es immerhin Vorstellungen von der Eins in den einzelnen Seelen geben, so sind diese doch von der Eins ebenso zu unterscheiden wie die Vorstellungen des Mondes von dem Monde selbst. Weil die psychologischen Logiker die Möglichkeit des objectiven Nichtwirklichen verkennen, halten sie die Begriffe für Vorstellungen und weisen sie damit der Psychologie zu. Aber die wahre Sachlage macht sich doch zu mächtig geltend, als dass dies leicht durchzuführen wäre. Und daher kommt ein Schwanken in den Gebrauch des Wortes „Vorstellung", indem es bald etwas zu bedeuten scheint, was dem Seelenleben des Einzelnen angehört und nach psychologischen Gesetzen mit andern Vorstellungen verschmilzt, sich mit ihnen associirt, bald etwas Allen gleicherweise Gegenüberstehendes, bei dem ein Vorstellender weder genannt noch auch nur vorausgesetzt wird.⁵¹ Diese beiden Gebrauchsweisen sind unvereinbar; denn jene Associationen, Verschmelzungen gehen nur im einzelnen Vorstellenden vor sich und gehen nur an etwas vor sich, was diesem Vorstellenden ganz so eigenthümlich zugehört, wie seine Freude oder sein Schmerz es thut. Man darf nie vergessen, dass die Vorstellungen verschiedener Menschen, wie ähnlich sie auch sein mögen, was übrigens von uns nicht genau festzustellen ist, doch nicht in eine zusammenfallen, sondern zu unterscheiden sind. Jeder hat seine Vorstellungen, die nicht zugleich die eines Andern sind.⁵² Hier verstehe ich natürlich „Vorstellung" im psychologischen Sinne. Der **[XIX]** schwankende Gebrauch dieses Wortes bewirkt Unklarheit und hilft den psychologischen Logikern ihre Schwäche verbergen. Wann wird man dem endlich einmal ein Ende machen! So wird schliesslich Alles in das Bereich der Psychologie hineingezogen; die Grenze zwischen Objectivem und Subjectivem verschwindet mehr und mehr, und selbst wirkliche Gegenstände werden als Vorstellungen psychologisch be-

---

50   [Hg.: Eine Lieblingswendung Freges: Log_2 138, 145, 160; *1906e*, NS 214; *Ged* 66d; *Vern* 147c. Vgl. unten 499.]
51   [Hg.: *GL* §27 Anm.; *SuB* 29, Anm. 4; *1894a*, 318.]
52   [Hg.: Dazu 2-§6.]

handelt. Denn was ist *wirklich* anders als ein Prädicat? und was sind logische Prädicate anders als Vorstellungen? So mündet denn Alles in den Idealismus und bei grösster Folgerichtigkeit in den Solipsismus ein. Wenn jeder mit dem Namen „Mond" etwas Anderes bezeichnete, nämlich eine seiner Vorstellungen, etwa so, wie er mit dem Ausrufe „au!" seinen Schmerz äusserte, so wäre freilich die psychologische Betrachtungsweise gerechtfertigt; aber ein Streit über die Eigenschaften des Mondes wäre gegenstandslos: der Eine könnte von seinem Monde ganz gut das Gegentheil von dem behaupten, was der Andere mit demselben Rechte von seinem sagte. Wenn wir nichts erfassen könnten, als was in uns selbst ist,[53] so wäre ein Widerstreit der Meinungen, eine gegenseitige Verständigung unmöglich, weil ein gemeinsamer Boden fehlte, und ein solcher kann keine Vorstellung im Sinne der Psychologie sein. Es gäbe keine Logik, die berufen wäre, Schiedsrichterin im Streite der Meinungen zu sein.[54]

Doch, um nicht den Schein zu erwecken, als kämpfte ich gegen Windmühlen, will ich an einem bestimmten Buche das unrettbare Versinken in den Idealismus zeigen. Ich wähle dazu die oben erwähnte Logik des Herrn B. Erdmann als eins der neuesten Werke der psychologischen Richtung, dem man auch nicht jede Bedeutsamkeit wird absprechen wollen. Sehen wir uns zunächst folgenden Satz an (S. 85):[55]

„So belehrt die Psychologie mit Sicherheit, dass die Gegenstände der Erinnerung und der Einbildung sowie diejenigen des krankhaften hallucinatorischen und illusionären Vorstellens idealer Natur sind... Ideal ist ferner das ganze Gebiet der eigentlich mathematischen Vorstellungen, von der Zahlenreihe bis hinab zu den Gegenständen der Mechanik."

Welche Zusammenstellung! Die Zahl Zehn soll also auf einer Stufe mit Hallucinationen stehen! Hier wird offenbar das objective Unwirkliche mit dem Subjectiven vermengt. Einiges Objective ist wirklich, anderes nicht. *Wirklich* ist nur eines von vielen Prädicaten und geht die Logik gar nicht näher an, als etwa das Prädicat *algebraisch* von einer Curve ausgesagt. Natürlich verwickelt sich Herr Erdmann durch diese Vermengung in die Metaphysik, wie sehr er sich auch da-

---

[53] [Hg.: s. u. 507 f.]
[54] [Hg.: Zu XVIII$_b$–XIX$_a$: 2-§7.]
[55] [Hg.: Keine Parallele in E^2 143–144.]

von frei zu halten strebt. Ich halte es für ein sicheres Anzeichen eines Fehlers[?] wenn die Logik Metaphysik und Psychologie nöthig hat, Wissenschaften, die selber der logischen Grundsätze bedürfen. Wo ist denn hier der eigentliche Urboden, auf dem Alles ruht? oder ist es wie bei Münchhausen, der sich am eignen Schopfe aus dem Sumpfe zog?[56] Ich zweifle stark an der Mög-[**XX**]-lichkeit und vermuthe, dass Herr Erdmann im psychologisch-metaphysischen Sumpfe stecken bleibt.

Eine eigentliche Objectivität giebt es für Herrn Erdmann nicht; denn Alles ist Vorstellung.[57] Ueberzeugen wir uns davon an der Hand seiner eignen Aussagen! Wir lesen auf S. 187 [–188] des ersten Bandes:[58]

„Als eine Beziehung zwischen Vorgestelltem setzt das Urteil mindestens zwei Beziehungspunkte voraus, zwischen denen sie stattfindet [...]. Als *Aussage* über Vorgestelltes fordert es, dass der eine dieser Beziehungspunkte als der Gegenstand, von dem ausgesagt wird, das Subjekt ..., der zweite als der Gegenstand, der ausgesagt wird, das Prädikat ... bestimmt werde."

Wir sehen hier zunächst, dass sowohl das Subject, von dem ausgesagt wird, als auch das Prädicat als Gegenstand oder Vorgestelltes bezeichnet wird. Statt „der Gegenstand" hätte hier wohl „das Vorgestellte" gesagt werden können; wir lesen nämlich (S. 81):[59] „Denn die Gegenstände sind Vorgestelltes." Aber auch umgekehrt soll alles Vorgestellte Gegenstand sein. Auf S. 38 heisst es:

„Seinem Ursprun[g] nach zerfällt das Vorgestellte einesteils in Gegenstände der Sinneswahrnehmung und des Selbstbewusstseins, andererseits in ursprüngliche und abgeleitete."

Was aus der Sinneswahrnehmung und aus dem Selbstbewusstsein entspringt, ist doch wohl seelischer Natur.[60] Die Gegenstände, das

---

56 [Hg.: Log_2 155.]
57 [Hg.: 2-§8.]
58 [Hg.: Vgl. E^2 259–261.]
59 [Hg.: Genauso in E^2 134.]
60 [Hg.: Sinnlich wahrgenommene Objekte sowie „Gefühle und Wollungen" sind nach Erdmann „ursprüngliche" Gegenstände des Vorstellens,

Vorgestellte und damit auch Subject und Prädicat werden hierdurch der Psychologie zugewiesen. Das wird durch folgende Stelle (S. 147 [–] 148) bestätigt:[61]

„Es ist das Vorgestellte oder die Vorstellung überhaupt. Denn beide sind ein und dasselbe: das Vorgestellte ist Vorstellung, die Vorstellung Vorgestelltes."

Das Wort „Vorstellung" wird ja nun meist im psychologischen Sinne genommen; dass dies auch der Brauch des Herrn Erdmann ist, sehen wir aus den Stellen:[62]

„Bewusstsein ist demnach das Allgemeine zu Fühlen, Vorstellen [und] Wollen" (S. 35) [...]

„Das Vorstellen setzt sich zusammen aus den *Vorstellungen* ... und den *Vorstellungsverläufen*" (S. 36).

Danach dürfen wir uns nicht wundern, dass ein Gegenstand auf psychologischem Wege entsteht:[63]

„Sofern eine Perceptionsmasse ... früheren Reizen und den durch sie ausgelösten Erregungen Gleiches darbietet, *reproducirt* sie die Gedächtnisresiduen, welche jenem Gleichen der früheren Reize entstammen, und *verschmilzt* mit ihnen zu dem Gegenstande der appercipirten Vorstellung" (S. 42).

Auf S. 43 wird dann beispielsweise gezeigt, wie ohne Stahlplatte, Schwärze, Presse und Papier auf rein psychologischem Wege ein Stahlstich der sixtinischen Madonna von Raphaël zu Stande kommt. Nach dem [XXI] Allen kann kein Zweifel sein, dass der Gegenstand,

während „abgeleitete" Gegenstände des Vorstellens entweder erinnert oder imaginiert oder abstrakt sind. Vorgestelltes der einen wie der anderen Sorte hat, so Erdmann, seinen „Ursprung" letztlich in Sinnes- oder Selbstwahrnehmung. Vgl. E² 59.]
[61] [Hg.: Vgl. E² 223.]
[62] [Hg.: Vgl. E² 55 u. 254.]
[63] [Hg.: Vgl. E² 67–68 u. Anm. Das, wozu „Gedächtnisresiduen" und neue „Reize" verschmelzen, bezeichnet Erdmann in E² als bewussten „Wahrnehmungsvorgang".]

von dem ausgesagt wird, das Subject eine Vorstellung im psychologischen Sinne des Wortes nach Herrn Erdmanns Meinung sein soll, ebenso wie das Prädicat, der Gegenstand, der ausgesagt wird. Wenn das richtig wäre, so könnte von keinem Subjecte mit Wahrheit ausgesagt werden, es sei grün; denn grüne Vorstellungen giebt es nicht. Ich könnte auch von keinem Subjecte aussagen, es sei unabhängig vom Vorgestelltwerden oder von mir, dem Vorstellenden, ebensowenig, wie meine Entschlüsse von meinem Wollen und von mir, dem Wollenden, unabhängig sind, sondern mit mir vernichtet würden, wenn ich vernichtet würde. Eine eigentliche Objectivität giebt es also für Herrn Erdmann nicht, wie auch daraus hervorgeht, dass er [„]das Vorgestellte oder die Vorstellung überhaupt["], den [„]Gegenstand im allgemeinsten Sinne des Wortes["] als [„]höchste Gattung (γενικώτατον, genus summum)["] hinstellt (S. 147).⁶⁴ Er ist also Idealist. Wenn die Idealisten folgerecht dächten, so würden sie den Satz „Karl der Grosse besiegte die Sachsen" weder für wahr noch für falsch, sondern für Dichtung ausgeben, wie wir gewohnt sind, etwa den Satz „Nessus trug die Deïanira über den Fluss Euenus" aufzufassen; denn auch der Satz „Nessus trug die Deïanira nicht über den Fluss Euenus" könnte nur wahr sein, wenn der Name „Nessus" einen Träger hätte.⁶⁵ Von diesem Standpunkte wären die Idealisten wohl nicht leicht zu vertreiben. Aber das braucht man sich nicht gefallen zu lassen, dass sie den Sinn des Satzes in der Weise fälschen, als ob ich von meiner Vorstellung etwas aussagen wollte, wenn ich von Karl, dem Grossen spreche; ich will doch einen von mir und meinem Vorstellen unabhängigen Mann bezeichnen und von diesem etwas aussagen. Man kann den Idealisten zugeben, dass die Erreichung dieser Absicht nicht völlig sicher ist, dass ich vielleicht damit, ohne es zu wollen, aus der Wahrheit in die Dichtung verfalle. Damit kann aber an dem Sinne nichts geändert werden. Mit dem Satze „dieser Grashalm ist grün" sage ich nichts von meiner Vorstellung aus; ich bezeichne keine meiner Vorstellungen mit den Worten „dieser Grashalm", und wenn ich es thäte, so wäre der Satz falsch.⁶⁶ Da

---

⁶⁴ [Hg.: In E² 223 weist Erdmann (wohl im Anschluss an Trendelenburg 1846, 219) auf die stoische Herkunft dieses Begriffs hin.]
⁶⁵ [Hg.: 1-§4. Von dem Zentauren, der seinen Versuch, die Frau des Hercules zu entführen, mit dem Leben bezahlen musste, und von seiner postumen Rache erzählt Ovid in *Metamorphosen* IX, 101–272.]
⁶⁶ [Hg.: Vgl. *1914b*, NS 250; *Ged* 68b; *Vern* 146c.– Was die Formulierung

tritt nun eine zweite Fälschung ein, dass nämlich meine Vorstellung des Grünen ausgesagt werde von meiner Vorstellung dieses Grashalms. Ich wiederhole: von meinen Vorstellungen ist in diesem Satze durchaus nicht die Rede; man schiebt einen ganz andern Sinn unter. Beiläufig bemerkt, verstehe ich gar nicht, wie überhaupt eine Vorstellung von etwas ausgesagt werden könne. Ebenso wäre es eine Fälschung, wenn man sagen wollte, in dem Satze „der Mond ist unabhängig von mir und meinem Vorstellen" werde meine Vorstellung des Unabhängigseins von mir und meinem Vorstellen ausgesagt von meiner Vorstellung des Mondes. Damit wäre ja die Objectivität im eigentlichen Sinne des Wortes preisgegeben und etwas ganz anderes an die Stelle geschoben. Es ist ja möglich, dass bei der Urtheilsfällung solches Spiel [**XXII**] der Vorstellungen vorkommt; aber das ist nicht der Sinn des Satzes. Man wird auch wohl beobachten können, dass bei demselben Satze und bei demselben Sinne des Satzes das Spiel der Vorstellungen ganz verschieden sein kann. Und diese logisch gleichgültige Begleiterscheinung nehmen unsere Logiker für den eigentlichen Gegenstand ihrer Forschung.

Wie begreiflich wehrt sich die Natur der Sache gegen das Versinken in den Idealismus, und Herr Erdmann möchte nicht zugeben, dass es für ihn keine eigentliche Objectivität gebe; aber ebenso begreiflich ist die Vergeblichkeit dieses Bemühens. Denn wenn alle Subjecte und alle Prädicate Vorstellungen sind und wenn alles Denken nichts ist als Erzeugen, Verbinden, Verändern von Vorstellungen, so ist nicht einzusehen, wie jemals etwas Objectives erreicht werden könne. Ein Anzeichen dieses vergeblichen Sträubens ist schon der Gebrauch der Wörter „Vorgestelltes" und „Gegenstand", die zunächst etwas Objectives im Gegensatz zur Vorstellung bezeichnen zu wollen scheinen, aber auch nur scheinen; denn es zeigt sich, dass sie dasselbe bedeuten. Wozu nun dieser Ueberfluss von Ausdrücken? Das ist nicht schwer zu errathen. Man bemerke auch, dass von einem Gegenstande der Vorstellung die Rede ist, obwohl der Gegenstand selber Vorstellung sein soll. Das wäre also eine Vor-

---

„so wäre der Satz falsch" angeht, so wäre hier eine warnende Fußnote wie in *GG II*, §104 am Platze: 'Genauer: so wäre der Gedanke falsch, den der Satz ausdrückt'. Vgl. *GG I*, Vorw X_a, XVII_a, §§ 5, 32; *1906b*, NS 193 Anm.; *1914b*, NS 251 („Ich habe hier der Kürze wegen den Satz wahr genannt oder falsch, wiewohl richtiger wohl der in dem Satz ausgedrückte Gedanke wahr oder falsch [zu nennen] ist"); *Ggf* 47 Anm. 8; und: 2-§2.1–2.]

Vorwort (GG I)   79

stellung der Vorstellung. Welche Beziehung von Vorstellungen soll hiermit bezeichnet werden? So unklar dies auch ist, so verständlich ist es doch auch, wie durch das Gegeneinanderarbeiten der Natur der Sache und des Idealismus solche Strudel entstehen können. Wir sehen hier überall den Gegenstand, von dem ich mir eine Vorstellung mache, mit dieser Vorstellung verwechselt und dann doch wieder die Verschiedenheit hervortreten. Diesen Widerstreit erkennen wir auch in folgendem Satze:[67]

> „Denn eine Vorstellung, deren Gegenstand allgemein ist, ist deshalb als solche, als Bewusstseinsvorgang, so wenig allgemein, wie eine Vorstellung selbst real ist, weil ihr Gegenstand als real gesetzt ist, oder wie ein Gegenstand, den wir als süss ... empfinden, ... durch Vorstellungen gegeben ist, die selbst süss ... sind" (S. 86).

Hier macht sich die wahre Sachlage mit Macht geltend. Fast könnte ich dem beistimmen; aber bemerken wir, dass nach den Erdmann'schen Grundsätzen der Gegenstand einer Vorstellung und der Gegenstand, der durch Vorstellungen gegeben ist, selber Vorstellungen sind, so sehen wir, dass alles Sperren umsonst ist. Ich bitte noch die Worte „als solche" im Gedächtnisse zu behalten, die ähnlich auch auf S. 83 in folgender Stelle vorkommen:[68]

> „Wo von einem Gegenstan[d] die Wirklichkeit ausgesagt wird, ist das sachliche Subjekt dieses Urteils nicht der Gegenstand oder das Vorgestellte als solches, sondern vielmehr *das Transscendente*, das als die Seinsgrundlage dieses Vorgestellten vorausgesetzt wird, in dem Vorgestellten sich darstellt. Das Transscendente soll dabei nicht als das Uner-[**XXIII**]-kennbare ... angenommen werden, sondern seine Transscendenz soll nur in der Unabhängigkeit vom Vorgestelltwerden bestehen."

Wieder ein vergeblicher Versuch, sich aus dem Sumpfe herauszuarbeiten! Nehmen wir die Worte ernst, so ist gesagt, dass in diesem Falle das Subject keine Vorstellung ist. Wenn solches aber möglich ist, so ist nicht abzusehen, warum bei andern Prädicaten, die besondere Weisen der Wirksamkeit oder Wirklichkeit angeben, das sachliche Subject durchaus eine Vorstellung sein müsse, z. B. in dem Urtheile

---

[67] [Hg.: Vgl. E² 145.]
[68] [Hg.: Vgl. E² 140.]

„die Erde ist magnetisch". Und so kämen wir denn dahin, dass nur in wenigen Urtheilen das sachliche Subject eine Vorstellung wäre. Wenn aber einmal zugegeben ist, dass es weder für das Subject, noch für das Prädicat wesentlich ist, Vorstellung zu sein, so ist der ganzen psychologischen Logik der Boden unter den Füssen weggezogen. Alle psychologischen Betrachtungen, von denen unsere Logikbücher jetzt anschwellen, erweisen sich dann als zwecklos.

Aber wir dürfen wohl die Transscendenz bei Herrn Erdmann gar nicht so ernst nehmen. Ich brauche ihn nur an seinen Ausspruch (S. 148) zu erinnern:[69] „Der höchsten Gattung untersteht auch die *metaphysische Grenze* unseres Vorstellens, das Transscendente", und er versinkt; denn diese höchste Gattung ($\gamma\epsilon\nu\iota\kappa\dot\omega\tau\alpha\tau\text{o}\nu$, *genus summum*) ist ja nach ihm das Vorgestellte oder die Vorstellung überhaupt. Oder sollte oben das Wort „Transscendentes" in einem andern Sinne gebraucht sein als hier? In jedem Falle, sollte man denken, müsste das Transscendente der höchsten Gattung unterstehen.

Verweilen wir noch etwas bei dem Ausdrucke „als solches"! Ich setze den Fall, jemand wolle mir ein[re]den,[70] dass alle Gegenstände nichts seien als Bilder auf der Netzhaut meines Auges. Nun gut! ich antworte noch nichts. Nun behauptet er aber weiter, der Thurm sei grösser als das Fenster, durch das ich ihn zu sehen meine. Da würde ich denn doch sagen: entweder sind nicht beide, der Thurm und das Fenster, Netzhautbilder in meinem Auge, dann mag der Thurm grösser sein als das Fenster; oder der Thurm und das Fenster sind, wie du sagst, Bilder auf meiner Netzhaut; dann ist der Thurm nicht grösser, sondern kleiner als das Fenster. Nun sucht er sich mit dem „als solches" aus der Verlegenheit zu ziehen und sagt: das Netzhautbild des Thurmes als solches ist allerdings nicht grösser, als das des Fensters. Da möchte ich denn doch fast aus der Haut fahren und rufe ihm zu: nun dann ist das Netzhautbild des Thurmes überhaupt nicht grösser als das des Fensters, und wenn der Thurm das Netzhautbild des Thurmes und das Fenster das Netzhautbild des Fensters wäre, so wäre eben der Thurm nicht grösser als das Fenster, und wenn deine Logik dich anders lehrt, so taugt sie nichts. Dieses „als sol-

---

[69] [Hg.: Vgl. E² 224.]
[70] [Hg.: Im Erstdruck steht das Verbum „einbilden", das nur reflexiv gebraucht wird und die Übersetzer in Verlegenheit bringt: „wants to make me imagine" (Jourdain & Stachelroth 1916); „wishes me to imagine" (Furth 1964).]

ches" ist eine vortreffliche Erfindung für unklare Schriftsteller, die weder ja noch nein sagen wollen. Aber dieses Schweben zwischen beiden [**XXIV**] lasse ich mir nicht gefallen, sondern ich frage: wenn von einem Gegenstande die Wirklichkeit ausgesagt wird, ist dann das sachliche Subject des Urtheils die Vorstellung, ja oder nein? Wenn nicht, so ist es wohl das Transscendente, das als Seinsgrundlage dieser Vorstellung vorausgesetzt wird. Aber dies Transscendente ist selber Vorgestelltes oder Vorstellung. So werden wir weiter getrieben zu der Annahme, nicht das vorgestellte Transscendente sei Subject des Urtheils, sondern das Transscendente, das als Seinsgrundlage dieses vorgestellten Transscendenten vorausgesetzt werde. So müssten wir immer weitergehen; wie weit wir aber auch gingen, wir kämen so nie aus dem Subjectiven heraus. Dasselbe Spiel könnten wir übrigens auch beim Prädicate anfangen, und nicht nur beim Prädicate *wirklich,* sondern ebensogut etwa bei *süss.* Wir sagten dann zunächst: wenn von einem Gegenstande die Wirklichkeit oder die Süssheit ausgesagt wird, so ist das sachliche Prädicat nicht die vorgestellte Wirklichkeit oder Süssheit, sondern das Transscendente, das als Grundlage dieses Vorgestellten vorausgesetzt wird. Damit kämen wir aber nicht zur Ruhe, sondern würden rastlos weitergetrieben. Was ist hieraus zu lernen? Dass die psychologische Logik auf einem Holzwege ist, wenn sie Subject und Prädicat der Urtheile als Vorstellungen im Sinne der Psychologie auffasst, dass psychologische Betrachtungen in der Logik ebensowenig angebracht sind, wie in der Astronomie oder Geologie. Wenn wir überhaupt aus dem Subjectiven herauskommen wollen, so müssen wir das Erkennen auffassen als eine Thätigkeit, die das Erkannte nicht erzeugt, sondern das schon Vorhandene ergreift. Das Bild des Ergreifens ist recht geeignet, die Sache zu erläutern.[71] Wenn ich einen Bleistift ergreife, so geht dabei in meinem Leibe mancherlei vor: Nervenerregungen, Veränderungen der Spannung und des Druckes von Muskeln, Sehnen und Knochen, Veränderungen der Blutbewegung. Aber die Gesammtheit dieser Vorgänge ist weder der Bleistift, noch erzeugt sie ihn. Dieser besteht unabhängig von diesen Vorgängen. Und es ist wesentlich für das Ergreifen, dass etwas da ist, was ergriffen wird; die innern Veränderungen allein sind das Ergreifen nicht. So besteht auch das, was wir geistig erfassen, unabhängig von dieser Thätigkeit, von den Vorstellungen und deren Veränderungen, die zu diesem Erfassen gehören oder es begleiten, ist

---

[71] [Hg.: 2-§9.1.]

weder die Gesammtheit dieser Vorgänge, noch wird es durch sie als Theil unseres seelischen Lebens erzeugt.

Sehen wir nun noch, wie sich den psychologischen Logikern feinere sachliche Unterschiede verwischen. Bei Merkmal und Eigenschaft ist das schon erwähnt worden.[72] Hiermit hängt der von mir betonte Unterschied von Gegenstand und Begriff zusammen, sowie der von Begriffen erster und zweiter Stufe. Diese Unterschiede sind den psychologischen Logikern natürlich unerkennbar; bei ihnen ist eben Alles Vorstellung. Damit fehlt [**XXV**] ihnen auch die richtige Auffassung der Urtheile, die wir im Deutschen mit „es giebt" aussprechen. Diese Existenz wird von Herrn B. Erdmann (Logik, S. 311)[73] mit Wirklichkeit zusammengeworfen, die, wie wir sahen, auch von Objectivität nicht deutlich unterschieden wird. Von welchem Dinge behaupten wir denn eigentlich, dass es wirklich sei, wenn wir sagen, es gebe Quadratwurzeln aus Vier? Etwa von der Zwei oder von −2? aber weder die eine noch die andere wird hier in irgend einer Weise genannt. Und wenn ich sagen wollte, die Zahl Zwei wirke oder sei wirksam oder wirklich, so wäre das falsch und ganz verschieden von dem, was ich mit dem Satze „es giebt Quadratwurzeln aus Vier" sagen will. Die hier vorliegende Verwechselung ist beinahe die gröbste, die überhaupt möglich ist; denn sie geschieht nicht mit Begriffen derselben Stufe, sondern ein Begriff erster wird mit einem Begriffe zweiter Stufe vermengt.[74] Für die Stumpfheit der psychologischen Logik ist dies bezeichnend. Wenn man allgemeiner einen etwas freieren Standpunkt gewonnen haben wird, mag man sich wundern, dass ein solcher Fehler von einem Logiker von Fach begangen werden konnte; aber erst muss man freilich den Unterschied zwischen Begriffen erster und zweiter Stufe erfasst haben, ehe man die Grösse dieses Fehlers ermessen kann, und dazu wird die psychologische Logik wohl unfähig sein. Was dabei am meisten im Wege steht, ist, dass ihre Vertreter sich auf die psychologische

---

[72] [Hg.: S. XIV$_b$, Anm. G.]
[73] [Hg.: „Nun schreiben wir den Gegenständen möglicher Sinnes- oder Selbstwahrnehmung ... Wirklichkeit oder Existenz zu, sofern wir sie wirksam finden ... Das Prädikat der Wirklichkeit fällt also mit dem der Wirksamkeit in eins zusammen. 'Existiren' ist demnach eine kausale Relationsbestimmung, und als solche ... ein logisches Prädikat" (ebd.). Vgl. E^2 454: „Wirklich sind ... die Gegenstände, die wir als wirkend erschließen ... Die Existenzialurteile sind ... Kausalurteile spezifisch prädikativer Formulirung."]
[74] [Hg.: Dazu 1-§§2.3 u. 9.]

Vorwort (GG I)   83

Vertiefung Wunder was zu Gute thun, die doch nichts ist als psychologische Verfälschung der Logik. Und so kommen denn unsere dicken Logikbücher zu Stande, aufgedunsen von ungesundem psychologischen Fette, das alle feineren Formen verhüllt. So wird ein fruchtbares Zusammenwirken von Mathematikern und Logikern unmöglich gemacht. Während der Mathematiker Gegenstände, Begriffe und Beziehungen definirt, belauscht der psychologische Logiker das Werden und den Wandel der Vorstellungen, und im Grunde kann ihm das Definiren des Mathematikers nur thöricht erscheinen, weil es das Wesen der Vorstellung nicht wiedergiebt. Er schaut in seinen psychologischen Guckkasten[75] und sagt zum Mathematiker: ich sehe von dem Allen nichts, was du da definirst. Und der kann nur antworten: kein Wunder! denn wo du suchst, da ist es nicht.

Dies mag genügen, um meinen logischen Standpunkt durch den Gegensatz in helleres Licht zu setzen. Der Abstand von der psychologischen Logik scheint mir so himmelweit, dass keine Aussicht ist, jetzt schon durch mein Buch auf sie zu wirken. Es kommt mir vor, als müsste der von mir gepflanzte Baum eine ungeheure Steinlast heben, um sich Raum und Licht zu schaffen. Und doch möchte ich die Hoffnung nicht ganz aufgeben, mein Buch möchte später dazu helfen, die psychologische Logik umzustürzen. Dazu wird ihm einige Anerkennung bei den Mathematikern wohl nicht fehlen dürfen, die jene nöthigen wird, sich mit ihm abzufinden. Und ich glaube einigen Beistand von dieser Seite erwarten zu können; [XXVI] haben die Mathematiker doch im Grunde gegen die psychologischen Logiker eine gemeinsame Sache zu führen.[76] Sobald sich diese[77] nur erst herablassen werden, sich ernsthaft mit meinem Buche zu beschäftigen, wenn auch nur, um es zu widerlegen, glaube ich gewonnen zu haben. Denn der ganze Abschnitt II ist eigentlich eine Probe auf meine logischen Ueberzeugungen.[78] Es ist von vornherein unwahrscheinlich, dass ein solcher Bau sich auf einem unsichern, fehlerhaften Grunde aufführen lassen sollte. Jeder, der andere Ueberzeugungen hat, kann

---

[75] [Hg.: Ehedem eine Jahrmarktsattraktion: beim Betrachten einer Graphik durch das Guckloch erzeugen Vergrößerungsglas und Beleuchtung den Eindruck von Dreidimensionalität. (Englische Übersetzungen pflegen an dieser Stelle durch das Wort 'peep show' falsche Assoziationen heraufzubeschwören.)]
[76] [Hg.: Vgl. *GL*, VIII–IX.]
[77] [Hg.: Meint Frege nicht *jene*, sc. die Mathematiker?]
[78] [Hg.: Überschrift: „II. Beweise der Grundgesetze der Anzahl."]

ja versuchen, auf ihnen einen ähnlichen Bau zu errichten, und er wird, glaube ich, inne werden, dass es nicht geht, oder dass es wenigstens nicht so gut geht. Und nur das würde ich als Widerlegung anerkennen können, wenn jemand durch die That zeigte, dass auf andern Grundüberzeugungen ein besseres, haltbareres Gebäude errichtet werden könnte, oder wenn mir jemand nachwiese, dass meine Grundsätze zu offenbar falschen Folgesätzen führten.[79] Aber das wird keinem gelingen.[80] Und so möge denn dies Buch, wenn auch spät, zu einer Erneuerung der Logik beitragen.

Jena im Juli 1893.

G. Frege.

---

[79] [Hg.: Vgl. *Vorw* XII$_a$ (oben übersprungen): „Der Leser wird erkennen, dass meine Grundsätze nirgends zu Folgerungen führen, die er nicht selbst als richtig anerkennen muss."]
[80] [Hg.: Dazu oben, EINL-§2. Die Prognose war irrig, doch der im letzten Satz geäußerte Wunsch sollte auf triumphale Weise in Erfüllung gehen.]

Der Gedanke.

Eine logische Untersuchung.

Aus: *Beiträge zur Philosophie des Deutschen Idealismus* I, Heft 2 (1918), S. 58–77.*

Wie das Wort „schön" der Aesthetik und „gut" der Ethik, so weist „wahr" der Logik die Richtung. Zwar haben alle Wissenschaften Wahrheit als Ziel; aber die Logik beschäftigt sich noch in ganz anderer Weise mit ihr. Sie verhält sich zur Wahrheit etwa so, wie die Physik zur Schwere oder zur Wärme. Wahrheiten zu entdecken, ist Aufgabe aller Wissenschaften; der Logik kommt es zu, die Gesetze des Wahrseins zu erkennen. Man gebraucht das Wort „Gesetz" in doppeltem Sinne. Wenn wir von Sittengesetzen und Staatsgesetzen sprechen, meinen wir Vorschriften, die befolgt werden sollen, mit denen das Geschehen nicht immer im Einklange steht. Die Naturgesetze sind das Allgemeine des Naturgeschehens, dem dieses immer gemäß ist. Mehr in diesem Sinne spreche ich von Gesetzen des Wahrseins. Freilich handelt es sich hierbei nicht um ein Geschehen, sondern um ein Sein. Aus den Gesetzen des Wahrseins ergeben sich nun Vorschriften für das Fürwahrhalten, das Denken, Urteilen, Schließen. Und so spricht man wohl auch von Denkgesetzen. Aber hierbei liegt die Gefahr nahe, Verschiedenes zu vermischen. Man versteht vielleicht das Wort „Denkgesetz" ähnlich wie „Naturgesetz" und meint dabei das Allgemeine im seelischen Geschehen des Denkens. Ein Denkgesetz in diesem Sinne wäre ein psychologisches Gesetz. Und so kann man zu der Meinung kommen, es handle sich in der Logik um den seelischen Vorgang des Denkens und um die psychologischen Gesetze, nach denen es geschieht. Aber damit wäre die Aufgabe der Logik verkannt; denn hierbei erhält die Wahrheit nicht die ihr gebührende Stellung. Der Irrtum, der Aberglaube hat ebenso seine Ursachen wie die richtige Erkenntnis. Das Fürwahrhalten des Falschen **[59]** und das Fürwahrhalten des Wahren kommen beide nach psychologischen Gesetzen zustande. Eine Ablei-

---

* [Hg.: Freges sechs Anmerkungen zu *Ged* sind in dieser Ausgabe durchnummeriert.]

tung aus diesen und eine Erklärung eines seelischen Vorganges, der in ein Fürwahrhalten ausläuft, kann nie einen Beweis dessen ersetzen, auf das sich dieses Fürwahrhalten bezieht. Können bei diesem seelischen Vorgange nicht auch logische Gesetze beteiligt gewesen sein? Ich will das nicht bestreiten; aber, wenn es sich um Wahrheit handelt, kann die Möglichkeit nicht genügen. Möglich, daß auch Nichtlogisches beteiligt gewesen ist und von der Wahrheit abgelenkt hat. Erst nachdem wir die Gesetze des Wahrseins erkannt haben, können wir das entscheiden; dann aber werden wir die Ableitung und Erklärung des seelischen Vorganges wahrscheinlich entbehren können, wenn es uns darauf ankommt zu entscheiden, ob das Fürwahrhalten, in das es ausläuft, gerechtfertigt ist. Um jedes Mißverständnis auszuschließen und die Grenze zwischen Psychologie und Logik nicht verwischen zu lassen, weise ich der Logik die Aufgabe zu, die Gesetze des Wahrseins zu finden, nicht die des Fürwahrhaltens oder Denkens. In den Gesetzen des Wahrseins wird die Bedeutung des Wortes „wahr" entwickelt.

Zunächst aber will ich ganz im Rohen die Umrisse dessen zu zeichnen versuchen, was ich in diesem Zusammenhange wahr nennen will. So mögen denn Gebrauchsweisen unseres Wortes abgelehnt werden, die abseits liegen. Es soll hier nicht in dem Sinne von „wahrhaftig" oder „wahrheitsliebend" gebraucht werden, noch auch so, wie es manchmal bei der Behandlung von Kunstfragen vorkommt, wenn z. B. von Wahrheit in der Kunst die Rede ist, wenn Wahrheit als Ziel der Kunst hingestellt wird, wenn von der Wahrheit eines Kunstwerkes oder von wahrer Empfindung gesprochen wird. Man setzt auch das Wort „wahr" einem andern Worte vor, um zu sagen, daß man dieses Wort in seinem eigentlichen, unverfälschten Sinne verstanden wissen wolle. Auch diese Gebrauchsweise liegt nicht auf dem hier verfolgten Wege; sondern gemeint ist die Wahrheit, deren Erkenntnis der Wissenschaft als Ziel gesetzt ist.

Das Wort „wahr" erscheint sprachlich als Eigenschaftswort. Dabei entsteht der Wunsch, das Gebiet enger abzugrenzen, auf dem die Wahrheit ausgesagt werden, wo überhaupt Wahrheit in Frage kommen könne. Man findet die Wahrheit ausgesagt von Bildern, Vorstellungen, Sätzen und Gedanken. Es fällt auf, daß hier sichtbare und hörbare Dinge zusammen mit Sachen vorkommen, die nicht mit den Sinnen wahrgenommen werden können. Das deutet darauf hin, daß Verschiebungen des Sinnes vorgekommen sind. In der Tat! Ist denn ein Bild als bloßes sichtbares, tastbares Ding eigentlich wahr? und ein Stein, ein Blatt ist nicht wahr? Offenbar würde man das Bild nicht

Der Gedanke.

wahr nennen, wenn nicht eine Absicht dabei wäre. Das Bild soll etwas darstellen. Auch die Vorstellung wird nicht an sich wahr genannt, sondern nur im Hinblick auf eine Absicht, daß sie mit etwas übereinstimmen solle. Danach kann man vermuten, daß die Wahrheit in einer Übereinstimmung eines Bildes mit dem Abgebildeten bestehe. Eine Übereinstimmung ist eine Beziehung. Dem widerspricht aber die Gebrauchsweise des Wortes „wahr", das kein Beziehungswort ist, keinen Hinweis auf etwas Anderes enthält, mit dem etwas übereinstimmen solle. Wenn ich nicht weiß, daß ein Bild den Kölner Dom darstellen solle, weiß ich nicht, [60] womit ich das Bild vergleichen müsse, um über seine Wahrheit zu entscheiden. Auch kann eine Übereinstimmung ja nur dann vollkommen sein, wenn die übereinstimmenden Dinge zusammenfallen, also gar nicht verschiedene Dinge sind. Man soll die Echtheit einer Banknote prüfen können, indem man sie mit einer echten stereoskopisch zur Deckung zu bringen sucht. Aber der Versuch, ein Goldstück mit einem Zwanzigmarkschein stereoskopisch zur Deckung zu bringen, wäre lächerlich. Eine Vorstellung mit einem Dinge zur Deckung zu bringen, wäre nur möglich, wenn auch das Ding eine Vorstellung wäre. Und wenn dann die erste mit der zweiten vollkommen übereinstimmt, fallen sie zusammen. Aber das will man gerade nicht, wenn man die Wahrheit als Übereinstimmung einer Vorstellung mit etwas Wirklichem bestimmt. Dabei ist es gerade wesentlich, daß das Wirkliche von der Vorstellung verschieden sei. Dann aber gibt es keine vollkommene Übereinstimmung, keine vollkommene Wahrheit. Dann wäre überhaupt nichts wahr; denn was nur halb wahr ist, ist unwahr. Die Wahrheit verträgt kein Mehr oder Minder. Oder doch? Kann man nicht festsetzen, daß Wahrheit bestehe, wenn die Übereinstimmung in einer gewissen Hinsicht stattfinde? Aber in welcher? Was müßten wir dann aber tun, um zu entscheiden, ob etwas wahr wäre? Wir müßten untersuchen, ob es wahr wäre, daß – etwa eine Vorstellung und ein Wirkliches – in der festgesetzten Hinsicht übereinstimmten. Und damit ständen wir wieder vor einer Frage derselben Art, und das Spiel könnte von neuem beginnen. So scheitert dieser Versuch, die Wahrheit als eine Übereinstimmung zu erklären. So scheitert aber auch jeder andere Versuch, das Wahrsein zu definieren. Denn in einer Definition gäbe man gewisse Merkmale an. Und bei der Anwendung auf einen besonderen Fall käme es dann immer darauf an, ob es wahr wäre, daß diese Merkmale zuträfen. So drehte man sich im Kreise. Hiernach ist es wahrscheinlich, daß der Inhalt des Wortes „wahr" ganz einzigartig und undefinierbar ist.

Wenn man Wahrheit von einem Bilde aussagt, will man eigentlich keine Eigenschaft aussagen, welche diesem Bilde ganz losgelöst von anderen Dingen zukäme, sondern man hat dabei immer noch eine ganz andere Sache im Auge und man will sagen, daß jenes Bild mit dieser Sache irgendwie übereinstimme. „Meine Vorstellung stimmt mit dem Kölner Dome überein" ist ein Satz, und es handelt sich nun um die Wahrheit dieses Satzes. So wird, was man wohl mißbräuchlich Wahrheit von Bildern und Vorstellungen nennt, auf die Wahrheit von Sätzen zurückgeführt. Was nennt man einen Satz? Eine Folge von Lauten; aber nur dann, wenn sie einen Sinn hat, womit nicht gesagt sein soll, daß jede sinnvolle Folge von Lauten ein Satz sei. Und wenn wir einen Satz wahr nennen, meinen wir eigentlich seinen Sinn. Danach ergibt sich als dasjenige, bei dem das Wahrsein überhaupt in Frage kommen kann, der Sinn eines Satzes. Ist nun der Sinn eines Satzes eine Vorstellung? Jedenfalls besteht das Wahrsein nicht in der Übereinstimmung dieses Sinnes mit etwas Anderem; denn sonst wiederholte sich die Frage nach dem Wahrsein ins Unendliche.

Ohne damit eine Definition geben zu wollen, nenne ich Gedanken etwas, bei dem überhaupt Wahrheit in Frage kommen kann. Was falsch ist, rechne ich also [61] ebenso zu den Gedanken, wie das, was wahr ist.[1] Demnach kann ich sagen: der Gedanke ist der Sinn eines Satzes, ohne damit behaupten zu wollen, daß der Sinn jedes Satzes ein Gedanke sei. Der an sich unsinnliche Gedanke kleidet sich in das sinnliche Gewand des Satzes und wird uns damit faßbarer. Wir sagen, der Satz drücke einen Gedanken aus.

Der Gedanke ist etwas Unsinnliches und alle sinnlich wahrnehmbaren Dinge sind von dem Gebiete dessen auszuschließen, bei dem überhaupt Wahrheit in Frage kommen kann. Wahrheit ist nicht eine Eigenschaft, die einer besonderen Art von Sinneseindrücken ent-

---

[1] In ähnlicher Weise hat man etwa gesagt: „Ein Urteil ist etwas, was entweder wahr oder falsch ist." In der Tat gebrauche ich das Wort „Gedanke" ungefähr in dem Sinne von „Urteil" in den Schriften der Logiker. Warum ich „Gedanke" vorziehe, wird im Folgenden hoffentlich erkennbar werden. Man hat eine solche Erklärung getadelt, weil darin eine Einteilung in wahre und falsche Urteile gegeben werde, eine Einteilung, welche von allen möglichen Einteilungen der Urteile vielleicht die am wenigsten bedeutsame sei. Daß mit der Erklärung zugleich eine Einteilung gegeben werde, kann ich als logischen Mangel nicht anerkennen. Was die Bedeutsamkeit betrifft, so wird man sie doch wohl nicht gering schätzen dürfen, wenn das Wort „wahr", wie ich gesagt habe, der Logik die Richtung weist.

Der Gedanke. 91

spricht. So unterscheidet sie sich scharf von Eigenschaften, die wir mit den Wörtern „rot", „bitter", „fliederduftend" benennen. Aber sehen wir nicht, daß die Sonne aufgegangen ist? und sehen wir nicht damit auch, daß dies wahr ist? Daß die Sonne aufgegangen ist, ist kein Gegenstand, der Strahlen aussendet, die in mein Auge gelangen, ist kein sichtbares Ding wie die Sonne selbst. Daß die Sonne aufgegangen ist, wird auf Grund von Sinneseindrücken als wahr erkannt. Dennoch ist das Wahrsein keine sinnlich wahrnehmbare Eigenschaft. Auch das Magnetischsein wird auf Grund von Sinneseindrücken an einem Dinge erkannt, obwohl dieser Eigenschaft ebensowenig wie der Wahrheit eine besondere Art von Sinneseindrücken entspricht. Darin stimmen diese Eigenschaften überein. Um aber einen Körper als magnetisch zu erkennen, haben wir Sinneseindrücke nötig. Wenn ich es dagegen wahr finde, daß ich in diesem Augenblick nichts rieche, so tue ich das nicht auf Grund von Sinneseindrücken.

Immerhin gibt es zu denken, daß wir an keinem Dinge eine Eigenschaft erkennen können, ohne damit zugleich den Gedanken, daß dieses Ding diese Eigenschaft habe, wahr zu finden. So ist mit jeder Eigenschaft eines Dinges eine Eigenschaft eines Gedankens verknüpft, nämlich die der Wahrheit. Beachtenswert ist es auch, daß der Satz „ich rieche Veilchenduft" doch wohl denselben Inhalt hat wie der Satz „es ist wahr, daß ich Veilchenduft rieche". So scheint denn dem Gedanken dadurch nichts hinzugefügt zu werden, daß ich ihm die Eigenschaft der Wahrheit beilege. Und doch! ist es nicht ein großer Erfolg, wenn nach langem Schwanken und mühsamen Untersuchungen der Forscher schließlich sagen kann „was ich vermutet habe, ist wahr"? Die Bedeutung des Wortes „wahr" scheint ganz einzigartig zu sein. Sollten wir es hier mit etwas zu tun haben, was in dem sonst üblichen Sinne garnicht Eigenschaft genannt werden kann? Trotz diesem Zweifel will ich mich zunächst noch dem Sprachgebrauche folgend so **[62]** ausdrücken, als ob die Wahrheit eine Eigenschaft wäre, bis etwas Zutreffenderes gefunden sein wird.

Um das, was ich Gedanken nennen will, schärfer herauszuarbeiten, unterscheide ich Arten von Sätzen.[2] Einem Befehlssatze wird man einen Sinn nicht absprechen wollen; aber dieser Sinn ist nicht derart, daß

---

[2] Ich gebrauche das Wort „Satz" hier nicht ganz im Sinne der Grammatik, die auch Nebensätze kennt. Ein abgesonderter Nebensatz hat nicht immer einen Sinn, bei dem Wahrheit in Frage kommen kann, während das Satzgefüge, dem er angehört, einen solchen Sinn hat.

Wahrheit bei ihm in Frage kommen könnte. Darum werde ich den Sinn eines Befehlssatzes nicht Gedanken nennen. Ebenso sind Wunsch- und Bittsätze auszuschließen. In Betracht kommen können Sätze, in denen wir etwas mitteilen oder behaupten. Aber Ausrufe, in denen man seinen Gefühlen Luft macht, Stöhnen, Seufzen, Lachen rechne ich nicht dazu, es sei denn, daß sie durch besondere Verabredung dazu bestimmt sind, etwas mitzuteilen. Wie ist es aber bei den Fragesätzen? In einer Wortfrage sprechen wir einen unvollständigen Satz aus, der erst durch die Ergänzung, zu der wir auffordern, einen wahren Sinn erhalten soll. Die Wortfragen bleiben hier demnach außer Betracht. Anders ist es bei den Satzfragen. Wir erwarten „ja" zu hören, oder „nein". Die Antwort „ja" besagt dasselbe wie ein Behauptungssatz; denn durch sie wird der Gedanke als wahr hingestellt, der im Fragesatz schon vollständig enthalten ist. So kann man zu jedem Behauptungssatz eine Satzfrage bilden. Ein Ausruf ist deshalb nicht als Mitteilung anzusehen, weil keine entsprechende Satzfrage gebildet werden kann. Fragesatz und Behauptungssatz enthalten denselben Gedanken; aber der Behauptungssatz enthält noch etwas mehr, nämlich eben die Behauptung. Auch der Fragesatz enthält etwas mehr, nämlich eine Aufforderung. In einem Behauptungssatz ist also zweierlei zu unterscheiden: der Inhalt, den er mit der entsprechenden Satzfrage gemein hat[,] und die Behauptung. Jener ist der Gedanke oder enthält wenigstens den Gedanken. Es ist also möglich, einen Gedanken auszudrücken, ohne ihn als wahr hinzustellen. In einem Behauptungssatze ist beides so verbunden, daß man die Zerlegbarkeit leicht übersieht. Wir unterscheiden demnach

1. das Fassen des Gedankens – das Denken,

2. die Anerkennung der Wahrheit eines Gedankens – das Urteilen[3],

3. die Kundgebung dieses Urteils – das Behaupten.

---

[3] Mir scheint, man habe bisher nicht genug zwischen Gedanken und Urteil unterschieden. Die Sprache verleitet vielleicht dazu. Wir haben ja im Behauptungssatze keinen besonderen Satzteil, der dem Behaupten entspricht, sondern daß man etwas behaupte, liegt in der Form des Behauptungssatzes. Im Deutschen haben wir dadurch einen Vorteil, daß Hauptsatz und Nebensatz sich durch die Wortstellung unterscheiden. Dabei ist freilich zu beachten, daß auch ein Nebensatz eine Behauptung enthalten kann, und daß oft weder der Hauptsatz für sich, noch ein Nebensatz für sich, sondern erst das Satzgefüge einen vollständigen Gedanken ausdrückt.

Der Gedanke.

Indem wir eine Satzfrage bilden, haben wir die erste Tat schon vollbracht. Ein Fortschritt in der Wissenschaft geschieht gewöhnlich so, daß zuerst ein Gedanke gefaßt wird, wie er etwa in einer Satzfrage ausgedrückt werden kann, worauf dann nach angestellten Untersuchungen dieser Gedanke zuletzt als wahr erkannt wird. In der [63] Form des Behauptungssatzes sprechen wir die Anerkennung der Wahrheit aus. Wir brauchen dazu das Wort „wahr" nicht. Und selbst, wenn wir es gebrauchen, liegt die eigentlich behauptende Kraft nicht in ihm, sondern in der Form des Behauptungssatzes, und wo diese ihre behauptende Kraft verliert, kann auch das Wort „wahr" sie nicht wieder herstellen. Das geschieht, wenn wir nicht im Ernste sprechen. Wie der Theaterdonner nur Scheindonner, das Theatergefecht nur Scheingefecht ist, so ist auch die Theaterbehauptung nur Scheinbehauptung. Es ist nur Spiel, nur Dichtung. Der Schauspieler in seiner Rolle behauptet nicht, er lügt auch nicht, selbst wenn er etwas sagt, von dessen Falschheit er überzeugt ist. In der Dichtung haben wir den Fall, daß Gedanken ausgedrückt werden, ohne daß sie trotz der Form des Behauptungssatzes wirklich als wahr hingestellt werden, obwohl es dem Hörer nahegelegt werden mag, selbst ein zustimmendes Urteil zu fällen. Also auch bei dem, was sich der Form nach als Behauptungssatz darstellt, ist immer noch zu fragen, ob es wirklich eine Behauptung enthalte. Und diese Frage ist zu verneinen, wenn der dazu nötige Ernst fehlt. Ob das Wort „wahr" dabei gebraucht wird, ist unerheblich. So erklärt es sich, daß dem Gedanken dadurch nichts hinzugefügt zu werden scheint, daß man ihm die Eigenschaft der Wahrheit beilegt.

Ein Behauptungssatz enthält außer einem Gedanken und der Behauptung oft noch ein Drittes, auf das sich die Behauptung nicht erstreckt. Das soll nicht selten auf das Gefühl, die Stimmung des Hörers wirken oder seine Einbildungskraft anregen. Wörter wie „leider", „gottlob" gehören hierher. Solche Bestandteile des Satzes treten in der Dichtung stärker hervor, fehlen aber auch in der Prosa selten ganz. In mathematischen, physikalischen, chemischen Darstellungen werden sie seltener sein, als in geschichtlichen. Was man Geisteswissenschaft nennt, steht der Dichtung näher, ist darum aber auch weniger wissenschaftlich, als die strengen Wissenschaften, die umso trockner sind, je strenger sie sind; denn die strenge Wissenschaft ist auf die Wahrheit gerichtet und nur auf die Wahrheit. Alle Bestandteile des Satzes also, auf die sich die behauptende Kraft nicht erstreckt, gehören nicht zur wissenschaftlichen Darstellung, sind aber manchmal auch für den schwer zu vermeiden, der die damit verbundene Gefahr sieht. Wo es darauf ankommt, sich dem gedanklich Unfaßbaren auf dem Wege der Ahnung zu nähern, haben diese Bestandteile ihre volle Berechtigung. Je strenger wissenschaftlich eine Darstellung ist, desto weniger wird sich das Volkstum ihres Urhebers bemerkbar machen, desto leichter wird sie sich übersetzen lassen. Dagegen erschweren die Bestandteile der Sprache, auf die ich hier aufmerksam machen möchte, die Übersetzung von Dichtungen sehr, ja machen eine vollkommene Übersetzung fast immer unmöglich; denn gerade in ihnen, auf denen der dichterische Wert zu einem großen Teile beruht, unterscheiden sich die Sprachen am meisten.

Ob ich das Wort „Pferd" oder „Roß" oder „Gaul" oder „Mä[h]re"[*] gebrauche, macht keinen Unterschied im Gedanken. Die behauptende Kraft erstreckt sich nicht auf das, wodurch sich diese Wörter unterscheiden. Was man Stimmung, Duft, Beleuchtung in einer Dichtung nennen kann, was durch Tonfall und Rhythmus gemalt wird, gehört nicht zum Gedanken.

[64] Manches in der Sprache dient dazu, dem Hörer die Auffassung zu erleichtern, z. B. die Hervorhebung eines Satzgliedes durch Betonung oder Wortstellung. Man denke auch an Wörter, wie „noch" und „schon". Mit dem Satze „Alfred ist noch nicht gekommen" sagt man eigentlich „Alfred ist nicht gekommen" und deutet dabei an, daß man sein Kommen erwartet; aber man deutet es eben nur an. Man kann nicht sagen, daß der Sinn des Satzes darum falsch sei, weil Alfreds Kommen nicht erwartet werde. Das Wort „aber" unterscheidet sich von „und" dadurch, daß man mit ihm andeutet, das Folgende stehe zu dem, was nach dem Vorhergehenden zu erwarten war, in einem Gegensatze. Solche Winke in der Rede machen keinen Unterschied im Gedanken. Man kann einen Satz umformen, indem man das Verb aus dem Aktiv ins Passiv umsetzt und zugleich das Akkusativ-Objekt zum Subjekte macht. Ebenso kann man den Dativ in den Nominativ umwandeln und zugleich „geben" durch „empfangen" ersetzen. Gewiß sind solche Umformungen nicht in jeder Hinsicht gleichgültig; aber sie

---

[*] Im Original steht „Märe". Aber natürlich ist hier weder ein Märe, eine mittelalterliche Verserzählung, noch eine Mär (wie die „gute neue" in Luthers Weihnachtslied oder die unfrohe, die Mephisto für Marthe hat), eine Nachricht also, gemeint.

Der Gedanke.

berühren den Gedanken nicht, sie berühren das nicht, was wahr oder falsch ist. Wenn allgemein die Unzulässigkeit solcher Umformungen anerkannt würde, so wäre damit jede tiefere logische Untersuchung verhindert. Es ist ebenso wichtig, Unterscheidungen zu unterlassen, welche den Kern der Sache nicht berühren, wie Unterscheidungen zu machen, welche das Wesentliche betreffen. Was aber wesentlich ist, hängt von dem Zwecke ab. Dem auf das Schöne in der Sprache gerichteten Sinne kann gerade das wichtig erscheinen, was dem Logiker gleichgültig ist.

So überragt der Inhalt eines Satzes nicht selten den in ihm ausgedrückten Gedanken. Aber auch das Umgekehrte kommt oft vor, daß nämlich der bloße Wortlaut, welcher durch die Schrift oder den Phonographen festgehalten werden kann, zum Ausdruck des Gedankens nicht hinreicht. Das *Tempus Praesens* wird in zweifacher Weise gebraucht: erstens, um eine Zeitangabe zu machen, zweitens[,] um jede zeitliche Beschränkung aufzuheben, falls Zeitlosigkeit oder Ewigkeit Bestandteil des Gedankens ist. Man denke z. B. an die Gesetze der Mathematik. Welcher der beiden Fälle stattfinde, wird nicht ausgedrückt, sondern muß erraten werden. Wenn mit dem *Praesens* eine Zeitangabe gemacht werden soll, muß man wissen, wann der Satz ausgesprochen worden ist, um den Gedanken richtig aufzufassen. Dann ist also die Zeit des Sprechens Teil des Gedankenausdrucks. Wenn jemand heute dasselbe sagen will, was er gestern das Wort „heute" gebrauchend ausgedrückt hat, so wird er dieses Wort durch „gestern" ersetzen. Obwohl der Gedanke derselbe ist, muß hierbei der Wortausdruck verschieden sein, um die Änderung des Sinnes wieder auszugleichen, die sonst durch den Zeitunterschied des Sprechens bewirkt würde. Ähnlich liegt die Sache bei den Wörtern wie „hier", „da". In allen solchen Fällen ist der bloße Wortlaut, wie er schriftlich festgehalten werden kann, nicht der vollständige Ausdruck des Gedankens, sondern man bedarf zu dessen richtiger Auffassung noch der Kenntnis gewisser das Sprechen begleitender Umstände, die dabei als Mittel des Gedankenausdrucks benutzt werden. Dazu können auch Fingerzeige, Handbewegungen, Blicke gehören. Der gleiche das Wort „ich" enthaltende Wortlaut wird im Munde verschiedener Menschen verschiedene Gedanken ausdrücken, von denen einige wahr, andere falsch sein können.

[65] Das Vorkommen des Wortes „ich" in einem Satze gibt noch zu einigen Fragen Veranlassung.

Es liege folgender Fall vor. Dr. Gustav Lauben sagt: „Ich bin verwundet worden". Leo Peter hört das und erzählt nach einigen Tagen: „Dr. Gustav Lauben ist verwundet worden". Drückt nun dieser Satz denselben Gedanken aus, den Dr. Lauben selbst ausgesprochen hat? Es werde angenommen, Rudolf Lingens sei anwesend gewesen, als Dr. Lauben gesprochen[,] und höre nun das, was Leo Peter erzählt. Wenn von Dr. Lauben und von Leo Peter derselbe Gedanke ausgesprochen worden ist, so muß Rudolf Lingens, der deutschen Sprache völlig mächtig und sich an das erinnernd, was in seiner Gegenwart Dr. Lauben gesagt hat, nun bei der Erzählung Leo Peters sofort wissen, daß von derselben Sache die Rede ist. Aber mit der Kenntnis der deutschen Sprache ist es eine eigene Sache, wenn es sich um Eigennamen handelt. Es kann leicht sein, daß nur Wenige mit dem Satze „Dr. Lauben ist verwundet worden" einen bestimmten Gedanken verbinden. Zum vollen Verständnis gehört in diesem Falle die Kenntnis der Vokabel „Dr. Gustav Lauben". Wenn nun Beide, Leo Peter und Rudolf Lingens, unter „Dr. Gustav Lauben" den Arzt verstehen, der in einer ihnen Beiden bekannten Wohnung als der einzige Arzt wohnt, so verstehen Beide den Satz „Dr. Gustav Lauben ist verwundet worden" in derselben Weise, sie verbinden mit ihm denselben Gedanken. Dabei ist es aber möglich, daß Rudolf Lingens den Dr. Lauben nicht persönlich kennt und nicht weiß, daß es eben der Dr. Lauben war, der neulich sagte „ich bin verwundet worden". In diesem Falle kann Rudolf Lingens nicht wissen, daß es sich um dieselbe Sache handelt. Darum sage ich in diesem Falle: der Gedanke, den Leo Peter kundgibt, ist nicht derselbe, den Dr. Lauben ausgesprochen hat.

Es werde weiter angenommen, Herbert Garner wisse, daß Dr. Gustav Lauben am 13. September 1875 in N.N. geboren ist und daß dies auf keinen Anderen zutrifft; dagegen wisse er nicht, wo Dr. Lauben jetzt wohnt, noch sonst etwas von ihm. Andererseits wisse Leo Peter nicht, daß Dr. Gustav Lauben am 13. September 1875 in N.N. geboren ist. Dann sprechen Herbert Garner und Leo Peter, soweit der Eigenname „Dr. Gustav Lauben" in Betracht kommt[,] nicht dieselbe Sprache, obwohl sie in der Tat denselben Mann mit diesem Namen bezeichnen; denn daß sie das tun, wissen sie nicht. Herbert Garner verbindet also mit dem Satze „Dr. Gustav Lauben ist verwundet worden" nicht denselben Gedanken, den Leo Peter damit ausdrücken will. Um den Übelstand zu vermeiden, daß Herbert Garner und Leo Peter nicht dieselbe Sprache reden, nehme ich

Der Gedanke. 97

an, daß Leo Peter den Eigennamen „Dr. Lauben", Herbert Garner dagegen den Eigennamen „Gustav Lauben" gebraucht. Nun ist es möglich, daß Herbert Garner den Sinn des Satzes „Dr. Lauben ist verwundet worden" für wahr hält, während er, durch falsche Nachrichten irregeführt, den Sinn des Satzes „Gustav Lauben ist verwundet worden" für falsch hält. Unter den gemachten Annahmen sind diese Gedanken also verschieden.

Demnach kommt es bei einem Eigennamen darauf an, wie der, die oder das durch ihn Bezeichnete gegeben ist. Das kann in verschiedener Weise geschehen, und [66] jeder solchen Weise entspricht ein besonderer Sinn eines Satzes, der den Eigennamen enthält. Die verschiedenen Gedanken, die sich so aus demselben Satze ergeben, stimmen freilich in ihrem Wahrheitswerte überein, d. h. wenn einer von ihnen wahr ist, sind sie alle wahr, und wenn einer von ihnen falsch ist, sind sie alle falsch. Dennoch ist ihre Verschiedenheit anzuerkennen. Es muß also eigentlich gefordert werden, daß mit jedem Eigennamen eine einzige Weise verknüpft sei, wie der, die oder das durch ihn Bezeichnete gegeben sei. Daß diese Forderung erfüllt werde, ist oft unerheblich, aber nicht immer.

Nun ist jeder sich selbst in einer besonderen und ursprünglichen Weise gegeben, wie er keinem Andern gegeben ist. Wenn nun Dr. Lauben denkt, daß er verwundet worden ist, wird er dabei wahrscheinlich diese ursprüngliche Weise, wie er sich selbst gegeben ist, zugrunde legen. Und den so bestimmten Gedanken kann nur Dr. Lauben selbst fassen. Nun aber wollte er Andern eine Mitteilung machen. Einen Gedanken, den nur er allein fassen kann, kann er nicht mitteilen. Wenn er nun also sagt „ich bin verwundet worden", muß er das „ich" in einem Sinn gebrauchen, der auch Andern faßbar ist, etwa in dem Sinne von „derjenige, der in diesem Augenblicke zu euch spricht", wobei er die sein Sprechen begleitenden Umstände dem Gedankenausdrucke dienstbar macht.[4]

---

[4] Ich bin hier nicht in der glücklichen Lage eines Mineralogen, der seinen Zuhörern einen Bergkristall zeigt. Ich kann meinen Lesern nicht einen Gedanken in die Hände geben mit der Bitte, ihn von allen Seiten recht genau zu betrachten. Ich muß mich begnügen, den an sich unsinnlichen Gedanken in die sinnliche sprachliche Form gehüllt dem Leser darzubieten. Dabei macht die Bildlichkeit der Sprache Schwierigkeiten. Das Sinnliche drängt sich immer wieder ein und macht den Ausdruck bildlich und damit uneigentlich. So entsteht ein Kampf mit der Sprache, und ich werde genötigt, mich noch mit der Sprache zu befassen, obwohl das ja hier nicht meine eigentliche

Doch da kommt ein Bedenken. Ist das überhaupt derselbe Gedanke, den zuerst jener und nun dieser Mensch ausspricht?

Der von der Philosophie noch unberührte Mensch kennt zunächst Dinge, die er sehen, tasten, kurz[,] mit den Sinnen wahrnehmen kann, wie Bäume, Steine, Häuser[,] und er ist überzeugt, daß ein Anderer denselben Baum, denselben Stein, den er selbst sieht und tastet, gleichfalls sehn und tasten kann. Zu diesen Dingen gehört ein Gedanke offenbar nicht. Kann er nun trotzdem den Menschen als derselbe gegenüberstehn wie ein Baum?

Auch der unphilosophische Mensch sieht sich bald genötigt, eine von der Außenwelt verschiedene Innenwelt anzuerkennen, eine Welt der Sinneseindrücke, der Schöpfungen seiner Einbildungskraft, der Empfindungen, der Gefühle und Stimmungen, eine Welt der Neigungen, Wünsche und Entschlüsse. Um einen kurzen Ausdruck zu haben, will ich dies mit Ausnahme der Entschlüsse unter dem Worte „Vorstellung" zusammenfassen.

Gehören nun die Gedanken dieser Innenwelt an? Sind sie Vorstellungen? Entschlüsse sind sie offenbar nicht. [67] Wodurch unterscheiden sich die Vorstellungen von den Dingen der Außenwelt?

Zuerst: Vorstellungen können nicht gesehen oder getastet, weder gerochen, noch geschmeckt, noch gehört werden.

Ich mache mit einem Begleiter einen Spaziergang. Ich sehe eine grüne Wiese; ich habe dabei den Gesichtseindruck des Grünen. Ich habe ihn, aber ich sehe ihn nicht.

Zweitens: Vorstellungen werden gehabt. Man hat Empfindungen, Gefühle, Stimmungen, Neigungen, Wünsche. Eine Vorstellung, die jemand hat, gehört zu dem Inhalte seines Bewußtseins.

Die Wiese und die Frösche auf ihr, die Sonne, die sie bescheint, sind da, einerlei ob ich sie anschaue oder nicht; aber der Sinneseindruck des Grünen, den ich habe, besteht nur durch mich; ich bin sein Träger. Es scheint uns ungereimt, daß ein Schmerz, eine Stimmung, ein Wunsch sich ohne einen Träger selbständig in der Welt umhertreibe. Eine Empfindung ist nicht ohne einen Empfindenden möglich. Die Innenwelt hat zur Voraussetzung einen, dessen Innenwelt sie ist.

Aufgabe ist. Hoffentlich ist es mir gelungen, meinen Lesern deutlich zu machen, was ich Gedanken nennen will.

Der Gedanke.

Drittens: Vorstellungen bedürfen eines Trägers. Die Dinge der Außenwelt sind im Vergleiche damit selbständig.

Mein Begleiter und ich sind überzeugt, daß wir beide dieselbe Wiese sehen; aber jeder von uns hat einen besonderen Sinneseindruck des Grünen. Ich erblicke eine Erdbeere zwischen den grünen Erdbeerblättern. Mein Begleiter findet sie nicht; er ist farbenblind. Der Farbeneindruck, den er von der Erdbeere erhält, unterscheidet sich nicht merklich von dem, den er von dem Blatt erhält. Sieht nun mein Begleiter das grüne Blatt rot, oder sieht er die rote Beere grün? oder sieht er beide in einer Farbe, die ich gar nicht kenne? Das sind unbeantwortbare, ja eigentlich unsinnige Fragen. Denn das Wort „rot", wenn es nicht eine Eigenschaft von Dingen angeben, sondern meinem Bewußtsein angehörende Sinneseindrücke kennzeichnen soll, ist anwendbar nur im Gebiete meines Bewußtseins; denn es ist unmöglich, meinen Sinneseindruck mit dem eines Andern zu vergleichen. Dazu wäre erforderlich, einen Sinneseindruck, der einem Bewußtsein angehört[,] und einen Sinneseindruck, der einem andern Bewußtsein angehört, in einem Bewußtsein zu vereinigen. Wenn es nun auch möglich wäre, eine Vorstellung aus einem Bewußtsein verschwinden und zugleich eine Vorstellung in einem andern Bewußtsein auftauchen zu lassen, so bliebe doch immer die Frage unbeantwortbar, ob das dieselbe Vorstellung wäre. Inhalt meines Bewußtseins zu sein, gehört so zum Wesen jeder meiner Vorstellungen, daß jede Vorstellung eines Andern eben als solche von meiner verschieden ist. Wäre es aber nicht möglich, daß meine Vorstellungen, mein ganzer Bewußtseinsinhalt zugleich Inhalt eines umfassenderen, etwa göttlichen Bewußtseins wäre? Doch wohl nur, wenn ich selbst Teil des göttlichen Wesens wäre. Aber wären es dann eigentlich meine Vorstellungen? wäre ich ihr Träger? Doch das überschreitet soweit die Grenzen des menschlichen Erkennens, daß es geboten ist, diese Möglichkeit außer Betracht zu lassen. Jedenfalls ist es uns Menschen unmöglich, Vorstellungen Anderer mit unsern eigenen zu vergleichen. Ich pflücke die Erdbeere ab; ich halte **[68]** sie zwischen den Fingern. Jetzt sieht sie auch mein Begleiter, dieselbe Erdbeere; aber jeder von uns hat seine eigene Vorstellung. Kein Anderer hat meine Vorstellung; aber Viele können dasselbe Ding sehen. Kein Anderer hat meinen Schmerz. Jemand kann Mitleid mit mir haben; aber dabei gehört doch immer mein Schmerz mir und sein Mitleid ihm an. Er hat nicht meinen Schmerz und ich habe nicht sein Mitleid.

Viertens: Jede Vorstellung hat nur einen Träger; nicht zwei Menschen haben dieselbe Vorstellung.

Sonst hätte sie unabhängig von Diesem und unabhängig von Jenem Bestand. Ist jene Linde meine Vorstellung? Indem ich in dieser Frage den Ausdruck „jene Linde" gebrauche, greife ich eigentlich der Antwort schon vor; denn mit diesem Ausdrucke will ich etwas bezeichnen, was ich sehe und was auch Andere betrachten und betasten können. Nun ist zweierlei möglich. Wenn meine Absicht erreicht ist, wenn ich mit dem Ausdrucke „jene Linde" etwas bezeichne, dann ist der in dem Satze „jene Linde ist meine Vorstellung" ausgedrückte Gedanke offenbar zu verneinen. Wenn ich aber meine Absicht verfehlt habe, wenn ich nur zu sehen meine, ohne wirklich zu sehen, wenn demnach die Bezeichnung „jene Linde" leer ist, dann habe ich mich, ohne es zu wissen und zu wollen[,] in das Gebiet der Dichtung verirrt. Dann ist weder der Inhalt des Satzes „jene Linde ist meine Vorstellung", noch der Inhalt des Satzes „jene Linde ist nicht meine Vorstellung" wahr; denn in beiden Fällen habe ich dann eine Aussage, welcher der Gegenstand fehlt. Die Beantwortung der Frage kann dann nur abgelehnt werden mit der Begründung, daß der Inhalt des Satzes „jene Linde ist meine Vorstellung" Dichtung sei. Freilich habe ich dann wohl eine Vorstellung; aber diese meine ich nicht mit den Worten „jene Linde". Nun könnte jemand wirklich mit den Worten „jene Linde" eine seiner Vorstellungen bezeichnen wollen; dann wäre er Träger dessen, was er mit jenen Worten bezeichnen wollte; aber er sähe dann jene Linde nicht und kein anderer Mensch sähe sie oder wäre ihr Träger.

Ich komme nun auf die Frage zurück: Ist der Gedanke eine Vorstellung? Wenn der Gedanke, den ich im pythagoräischen Lehrsatz ausspreche, ebenso von Andern wie von mir als wahr anerkannt werden kann, dann gehört er nicht zum Inhalte meines Bewußtseins, dann bin ich nicht sein Träger und kann ihn trotzdem als wahr anerkennen. Wenn es aber gar nicht derselbe Gedanke ist, der von mir und der von Jenem als Inhalt des pythagoräischen Lehrsatzes angesehen wird, dann dürfte man eigentlich nicht sagen „der pythagoräische Lehrsatz", sondern „mein pythagoräischer Lehrsatz", „sein pythagoräischer Lehrsatz", und diese wären verschieden; denn der Sinn gehört notwendig zum Satze. Dann kann mein Gedanke Inhalt meines Bewußtseins, sein Gedanke Inhalt seines

Der Gedanke.

Bewußtseins sein. Könnte dann der Sinn meines pythagoräischen Lehrsatzes wahr, der seines falsch sein? Ich habe gesagt, das Wort „rot" sei anwendbar nur im Gebiete meines Bewußtseins, wenn es nicht eine Eigenschaft von Dingen angeben, sondern einige meiner Sinneseindrücke kennzeichnen solle. So könnten auch die Wörter „wahr" und „falsch" so, wie ich sie verstehe, anwendbar sein nur im Gebiete meines Bewußtseins, wenn sie nicht etwas [69] betreffen sollten, dessen Träger ich nicht bin, sondern bestimmt wären, Inhalte meines Bewußtseins irgendwie zu kennzeichnen. Dann wäre die Wahrheit auf den Inhalt meines Bewußtseins beschränkt, und es bliebe zweifelhaft, ob im Bewußtsein Anderer überhaupt etwas Ähnliches vorkäme.

Wenn jeder Gedanke eines Trägers bedarf, zu dessen Bewußtseinsinhalte er gehört, so ist er Gedanke nur dieses Trägers, und es gibt keine Wissenschaft, welche Vielen gemeinsam wäre, an welcher Viele arbeiten könnten; sondern ich habe vielleicht meine Wissenschaft, nämlich ein Ganzes von Gedanken, deren Träger ich bin, ein Anderer hat seine Wissenschaft. Jeder von uns beschäftigt sich mit Inhalten seines Bewußtseins. Ein Widerspruch zwischen beiden Wissenschaften ist dann nicht möglich; und es ist eigentlich müßig, sich um die Wahrheit zu streiten, ebenso müßig, ja beinahe lächerlich, wie es wäre, wenn zwei Leute sich stritten, ob ein Hundertmarkschein echt wäre, wobei jeder von Beiden denjenigen meinte, den er selber in seiner Tasche hätte, und das Wort „echt" in seinem besonderen Sinne verstände. Wenn jemand die Gedanken für Vorstellungen hält, so ist das, was er damit als wahr anerkennt, nach seiner eigenen Meinung Inhalt seines Bewußtseins und geht Andere eigentlich garnichts an. Und wenn er von mir die Meinung hörte, der Gedanke wäre nicht Vorstellung, so könnte er das nicht bestreiten; denn das ginge ihn ja nun wieder nichts an.

So scheint das Ergebnis zu sein: Die Gedanken sind weder Dinge der Außenwelt, noch Vorstellungen.

Ein drittes Reich muß anerkannt werden. Was zu diesem gehört, stimmt mit den Vorstellungen darin überein, daß es nicht mit den Sinnen wahrgenommen werden kann, mit den Dingen aber darin, daß es keines Trägers bedarf, zu dessen Bewußtseinsinhalte es gehört. So ist z. B. der Gedanke, den wir im pythagoräischen Lehrsatz aussprachen, zeitlos wahr, unabhängig davon wahr, ob irgend jemand ihn für wahr hält. Er bedarf keines Trägers. Er ist wahr nicht erst, seitdem er entdeckt worden ist, wie ein Planet, schon bevor jemand ihn gesehen hat, mit andern Planeten in Wechselwirkung gewesen ist.[5]

Aber einen seltsamen Einwurf glaube ich zu hören. Ich habe mehrfach angenommen, dasselbe Ding, das ich sehe, könne auch von einem Andern betrachtet werden. Wie aber, wenn alles nur Traum wäre? Wenn ich meinen Spaziergang in Begleitung eines Andern nur träumte, wenn ich nur träumte, daß mein Begleiter wie ich die grüne Wiese sähe, wenn das alles nur ein Schauspiel wäre, aufgeführt auf der Bühne meines Bewußtseins, so wäre es zweifelhaft, ob es überhaupt Dinge der Außenwelt gebe. Vielleicht ist das Reich der Dinge leer, und ich sehe keine Dinge, auch keine Menschen, sondern ich habe vielleicht nur Vorstellungen, deren Träger ich selbst bin. Etwas, was ebensowenig wie mein Ermüdungsgefühl unabhängig von mir bestehen kann, eine Vorstellung kann kein Mensch sein, kann nicht mit mir zusammen [70] dieselbe Wiese betrachten, kann nicht die Erdbeere sehen, die ich halte. Daß ich statt der ganzen Umwelt, in der ich mich zu bewegen, zu schaffen gemeint, eigentlich nur meine Innenwelt habe, ist doch ganz unglaublich. Und doch ist es unausweichliche Folge des Satzes, daß nur das Gegenstand meiner Betrachtung sein kann, was meine Vorstellung ist. Was würde aus diesem Satze folgen, wenn er wahr wäre? Gäbe es dann andere Menschen? Das wäre schon möglich; aber ich wüßte nichts von ihnen; denn ein Mensch kann nicht meine Vorstellung, folglich, wenn unser Satz wahr wäre, auch nicht Gegenstand meiner Betrachtung sein. Und damit wäre allen Erwägungen der Boden entzogen, bei denen ich annahm, etwas könnte einem Andern ebenso Gegenstand sein, wie mir; denn selbst, wenn es vorkäme, wüßte ich nichts davon. Dasjenige, dessen Träger ich bin, von demjenigen zu unterscheiden, dessen Träger ich nicht bin, wäre mir unmöglich. Indem ich urteilte, etwas wäre nicht meine Vorstellung, machte ich es zum Gegenstande meines Denkens und damit zu meiner Vorstellung. Gibt es bei dieser Auffassung eine grüne Wiese? Vielleicht, aber sie wäre mir nicht sichtbar. Ist nämlich eine Wiese nicht meine Vorstellung, so kann sie nach unserm Satze nicht Gegenstand meiner Betrachtung sein. Ist sie aber meine Vor-

---

[5] Man sieht ein Ding, man hat eine Vorstellung, man faßt oder denkt einen Gedanken. Wenn man einen Gedanken faßt oder denkt, so schafft man ihn nicht, sondern tritt nur zu ihm, der schon vorher bestand, in eine gewisse Beziehung, die verschieden ist von der des Sehens eines Dinges und von der des Habens einer Vorstellung.

Der Gedanke. 103

stellung, so ist sie unsichtbar; denn Vorstellungen sind nicht sichtbar. Ich kann zwar die Vorstellung einer grünen Wiese haben; aber diese ist nicht grün; denn grüne Vorstellungen gibt es nicht. Gibt es nach dieser Ansicht ein Geschoß von 100 kg Gewicht? Vielleicht; aber ich könnte nichts von ihm wissen. Wenn ein Geschoß nicht meine Vorstellung ist, so kann es nach unserm Satze nicht Gegenstand meiner Betrachtung, meines Denkens sein. Wenn ein Geschoß aber meine Vorstellung wäre, so hätte es kein Gewicht. Ich kann eine Vorstellung von einem schweren Geschosse haben. Diese enthält dann als Teilvorstellung die der Gewichtigkeit. Diese Teilvorstellung ist aber nicht Eigenschaft der Gesamtvorstellung, ebensowenig, wie Deutschland Eigenschaft Europas ist. So ergibt sich:

Entweder der Satz ist falsch, daß nur das Gegenstand meiner Betrachtung sein kann, was meine Vorstellung ist; oder all mein Wissen und Erkennen beschränkt sich auf den Bereich meiner Vorstellungen, auf die Bühne meines Bewußtseins. In diesem Falle hätte ich nur eine Innenwelt und ich wüßte nichts von andern Menschen.

Es ist wundersam, wie bei solchen Erwägungen die Gegensätze ineinander umschlagen. Da ist z. B. ein Sinnesphysiologe. Wie es sich für einen wissenschaftlichen Naturforscher ziemt, ist er zunächst weit davon entfernt, die Dinge, die zu sehen und zu tasten er überzeugt ist, für seine Vorstellungen zu halten. Im Gegenteil glaubt er in den Sinneseindrücken die sichersten Zeugnisse von Dingen zu haben, die ganz unabhängig von seinem Fühlen, Vorstellen, Denken bestehen, die sein Bewußtsein nicht nötig haben. Nervenfasern, Ganglienzellen erkennt er so wenig als Inhalt seines Bewußtseins an, daß er eher geneigt ist, umgekehrt sein Bewußtsein als abhängig von Nervenfasern und Ganglienzellen anzusehen. Er stellt fest, daß Lichtstrahlen, im Auge gebrochen, die Endigungen des Sehnerven treffen und da eine Veränderung, einen Reiz bewirken. Etwas davon wird weitergeleitet durch Nervenfasern zu Ganglienzellen. Es schließen sich daran vielleicht weitere Vorgänge im Nervensystem und es [71] entstehen Farbenempfindungen und diese verbinden sich zu dem, was wir vielleicht Vorstellung eines Baumes nennen. Zwischen den Baum und meine Vorstellung schieben sich physikalische, chemische, physiologische Vorgänge ein. Mit meinem Bewußtsein unmittelbar zusammenhängen aber, wie es scheint, nur Vorgänge in meinem Nervensystem; und jeder Beschauer des Baumes hat seine besonderen Vorgänge in seinem besonderen Nervensystem. Nun können die Lichtstrahlen, bevor sie in mein Auge dringen, von einer Spiegelfläche zurückgeworfen worden sein und sich nun so weiter verbreiten, als wären sie von Orten hinter dem Spiegel ausgegangen. Die Wirkungen auf die Sehnerven und alles Folgende wird nun gerade so vor sich gehen, wie es vor sich gehen würde, wenn die Lichtstrahlen von einem Baume hinter dem Spiegel ausgegangen wären und sich ungestört bis ans Auge fortgepflanzt hätten. So wird denn schließlich auch eine Vorstellung eines Baumes zustande kommen, wenn es einen solchen Baum auch gar nicht gibt. Auch durch Beugung des Lichtes kann durch Vermittelung des Auges und des Nervensystems eine Vorstellung entstehen, der gar nichts entspricht. Die Reizung des Sehnerven braucht aber gar nicht einmal durch Licht zu geschehen. Wenn in unserer Nähe ein Blitz niedergeht, glauben wir Flammen zu sehen, auch wenn wir den Blitz selbst nicht sehen können. Der Sehnerv wird dann etwa durch elektrische Ströme gereizt, die in unserm Leibe infolge des Blitzschlages entstehen. Wenn der Sehnerv dadurch ebenso gereizt wird, wie er durch Lichtstrahlen gereizt werden würde, die von Flammen ausgingen, so glauben wir Flammen zu sehen. Es kommt eben auf die Reizung des Sehnerven an; wie sie zustande kommt, ist gleichgültig.

Man kann noch einen Schritt weitergehen. Eigentlich ist doch diese Reizung des Sehnerven nicht unmittelbar gegeben, sondern nur Annahme. Wir glauben, daß ein von uns unabhängiges Ding einen Nerv reize und dadurch einen Sinneseindruck bewirke; aber genau genommen, erleben wir nur das Ende dieses Vorganges, das in unser Bewußtsein hereinragt. Könnte nicht dieser Sinneseindruck, diese Empfindung, die wir auf einen Nervenreiz zurückführen, auch andere Ursachen haben, wie ja auch derselbe Nervenreiz in verschiedener Weise entstehen kann? Nennen wir das in unser Bewußtsein Fallende Vorstellung, so erleben wir eigentlich nur Vorstellungen, nicht aber deren Ursachen. Und wenn der Forscher alle bloßen Annahmen fern halten will, so bleiben ihm nur Vorstellungen; alles löst sich ihm in Vorstellungen auf, auch die Lichtstrahlen, die Nervenfasern und Ganglienzellen, von denen er ausgegangen ist. So unterwühlt er schließlich die Grundlagen seines eigenen Baues. Alles ist Vorstellung? Alles bedarf eines Trägers, ohne den es keinen Bestand hat? Ich habe mich als Träger meiner Vorstellungen angesehen; aber bin ich nicht selbst eine Vorstellung? Es ist mir so, als läge ich auf einem Liegestuhle, als sähe ich ein Paar gewichster Stiefelspitzen, die Vorderseite einer Hose, eine Weste, Knöpfe, Teile eines Rockes, insbesondere Ärmel, zwei Hände, einige Barthaare,

Der Gedanke. 105

verschwommene Umrisse einer Nase. Und dieser ganze Verein von Gesichtseindrücken, diese Gesamtvorstellung bin ich selbst? Es ist mir auch so, als sähe ich dort einen Stuhl. Es ist eine Vorstellung. Eigentlich unterscheide ich mich gar nicht so sehr von dieser; [72] denn bin ich nicht selbst ebenfalls ein Verein von Sinneseindrücken, eine Vorstellung? Wo ist denn aber der Träger dieser Vorstellungen? Wie komme ich dazu, eine dieser Vorstellungen herauszugreifen und sie als Trägerin der andern hinzustellen? Warum muß das die Vorstellung sein, die ich *ich* zu nennen beliebe? Könnte ich nicht ebenso gut die dazu wählen, die ich einen Stuhl zu nennen in Versuchung bin? Doch wozu überhaupt ein Träger der Vorstellungen? Ein solcher wäre doch immer etwas von den bloß getragenen Vorstellungen wesentlich Verschiedenes, etwas Selbständiges, was keines fremden Trägers bedürfte. Wenn alles Vorstellung ist, so gibt es keinen Träger der Vorstellungen. Und so erlebe ich nun wieder einen Umschlag ins Entgegengesetzte. Wenn es keinen Träger der Vorstellungen gibt, so gibt es auch keine Vorstellungen; denn Vorstellungen bedürfen eines Trägers, ohne den sie nicht bestehen können. Wenn kein Herrscher da ist, gibt es auch keine Untertanen. Die Unselbständigkeit, die ich der Empfindung gegenüber dem Empfindenden zuzuerkennen mich bewogen fand, fällt weg, wenn kein Träger mehr da ist. Was ich Vorstellungen nannte, sind dann selbständige Gegenstände. Demjenigen Gegenstande, den ich *ich* nenne, eine besondere Stellung einzuräumen, fehlt jeder Grund.

Aber ist denn das möglich? Kann es ein Erleben geben, ohne jemanden, der es erlebt? Was wäre dieses ganze Schauspiel ohne einen Zuschauer? Kann es einen Schmerz geben, ohne jemanden, der ihn hat? Das Empfundenwerden gehört notwendig zum Schmerze, und zum Empfundenwerden gehört wieder jemand, der empfindet. Dann aber gibt es etwas, was nicht meine Vorstellung ist und doch Gegenstand meiner Betrachtung, meines Denkens sein kann, und ich bin von der Art. Oder kann ich Teil des Inhalts meines Bewußtseins sein, während ein anderer Teil vielleicht eine Mondvorstellung ist? Findet das etwa statt, wenn ich urteile, daß ich den Mond betrachte? Dann hätte dieser erste Teil ein Bewußtsein, und ein Teil des Inhalts dieses Bewußtseins wäre wiederum ich. U. s. f. Daß ich so ins Unendliche in mir eingeschachtelt wäre, ist doch wohl undenkbar; denn dann g[ä]be* es ja nicht nur ein ich,

---

* [Hg.: Im Original steht „gebe".]

sondern unendlich viele. Ich bin nicht meine eigene Vorstellung, und wenn ich etwas von mir behaupte, z. B. daß ich augenblicklich keinen Schmerz empfinde, so betrifft mein Urteil etwas, was nicht Inhalt meines Bewußtseins, nicht meine Vorstellung ist, nämlich mich selbst. Also ist das, wovon ich etwas aussage, nicht notwendig meine Vorstellung. Aber, wendet man vielleicht ein, wenn ich denke, daß ich augenblicklich keinen Schmerz habe, entspricht dann nicht doch dem Worte „ich" etwas im Inhalte meines Bewußtseins? und ist das nicht eine Vorstellung? Das mag sein. Mit der Vorstellung des Wortes „ich" mag in meinem Bewußtsein eine gewisse Vorstellung verbunden sein. Dann aber ist sie eine Vorstellung neben andern Vorstellungen, und ich bin ihr Träger wie der Träger der andern Vorstellungen. Ich habe eine Vorstellung von mir, aber ich bin nicht diese Vorstellung. Es ist scharf zu unterscheiden zwischen dem, was Inhalt meines Bewußtseins, meine Vorstellung ist, und dem, was Gegenstand meines Denkens ist. Also ist der Satz falsch, daß nur das Gegenstand meiner Betrachtung, meines Denkens sein kann, was zum Inhalte meines Bewußtseins gehört.

[73] Nun ist der Weg frei, daß ich auch einen andern Menschen anerkennen kann als selbständigen Träger von Vorstellungen. Ich habe eine Vorstellung von ihm; aber ich verwechsele sie nicht mit ihm selbst. Und wenn ich etwas von meinem Bruder aussage, so sage ich es nicht von der Vorstellung aus, die ich von meinem Bruder habe.

Der Kranke, der einen Schmerz hat, ist Träger dieses Schmerzes; aber der behandelnde Arzt, der über die Ursache dieses Schmerzes nachdenkt, ist nicht Träger des Schmerzes. Er bildet sich nicht ein, dadurch den Schmerz des Kranken stillen zu können, daß er sich selbst betäube. Zwar mag dem Schmerze des Kranken eine Vorstellung im Bewußtsein des Arztes entsprechen; aber diese ist nicht der Schmerz und nicht das, was der Arzt auszulöschen bemüht ist. Möge der Arzt einen andern Arzt zuziehen. Dann ist zu unterscheiden: erstens der Schmerz, dessen Träger der Kranke ist, zweitens die Vorstellung des ersten Arztes von diesem Schmerze, drittens die Vorstellung des zweiten Arztes von diesem Schmerze. Diese Vorstellung gehört zwar zum Inhalte des Bewußtseins des zweiten Arztes, ist aber nicht Gegenstand seines Nachdenkens, vielleicht aber Hilfsmittel beim Nachdenken, wie etwa eine Zeichnung ein solches Hilfsmittel sein kann. Beide Ärzte haben als gemeinsamen Gegenstand den Schmerz des Kranken, dessen Träger sie nicht sind. Es ist daraus

Der Gedanke.

zu ersehen, daß nicht nur ein Ding, sondern auch eine Vorstellung gemeinsamer Gegenstand des Denkens von Menschen sein kann, die diese Vorstellung nicht haben.

So, scheint mir, wird die Sache verständlich. Wenn der Mensch nicht denken und zum Gegenstande seines Denkens nicht etwas nehmen könnte, dessen Träger er nicht ist, hätte er wohl eine Innenwelt, nicht eine Umwelt. Aber kann das nicht auf einem Irrtume beruhen? Ich bin überzeugt, daß der Vorstellung, die ich mit den Worten „mein Bruder" verbinde, etwas entspricht, was nicht meine Vorstellung ist, und wovon ich etwas aussagen kann. Aber kann ich mich nicht darin irren? Solche Irrtümer kommen vor. Wir verfallen dann wider unsere Absicht in Dichtung. In der Tat! Mit dem Schritte, mit dem ich mir eine Umwelt erobere, setze ich mich der Gefahr des Irrtums aus. Und hier stoße ich auf einen weiteren Unterschied meiner Innenwelt von der Außenwelt. Daß ich den Gesichtseindruck des Grünen habe, kann mir nicht zweifelhaft sein; daß ich aber ein Lindenblatt sehe, ist nicht so sicher. So finden wir im Gegensatze zu weit verbreiteten Meinungen in der Innenwelt Sicherheit, während uns bei unsern Ausflügen in die Außenwelt der Zweifel nie ganz verläßt. Dennoch ist die Wahrscheinlichkeit auch hierbei in vielen Fällen von der Gewißheit kaum zu unterscheiden, sodaß wir es wagen können, über die Dinge der Außenwelt zu urteilen. Und wir müssen das sogar wagen auf die Gefahr des Irrtums hin, wenn wir nicht weit größeren Gefahren erliegen wollen.

Als Ergebnis der letzten Betrachtungen stelle ich Folgendes fest: Nicht alles ist Vorstellung, was Gegenstand meines Erkennens sein kann. Ich selbst bin als Träger von Vorstellungen nicht selber eine Vorstellung. Es steht nun nichts im Wege, auch andere Menschen als Träger von Vorstellungen, ähnlich mir selber anzuerkennen. Und wenn die Möglichkeit erst einmal gegeben ist, ist die Wahrscheinlichkeit [74] sehr groß, so groß, daß sie sich für meine Auffassung von der Gewißheit nicht mehr unterscheidet. Gäbe es sonst eine Geschichtswissenschaft? Würde sonst nicht jede Pflichtenlehre, nicht jedes Recht hinfällig? Was bliebe von der Religion übrig? Auch die Naturwissenschaften könnten nur noch als Dichtungen, ähnlich der Astrologie und Alchemie bewertet werden. Die Überlegungen also, die ich angestellt habe[,] voraussetzend, daß es außer mir Menschen gebe, die mit mir dasselbe zum Gegenstande ihrer Betrachtung, ihres Denkens machen können, bleiben im wesentlichen ungeschwächt in Kraft.

Nicht alles ist Vorstellung. So kann ich denn auch den Gedanken als unabhängig von mir anerkennen, den auch andere Menschen ebenso wie ich fassen können. Ich kann eine Wissenschaft anerkennen, an der Viele sich forschend betätigen können. Wir sind nicht Träger der Gedanken, wie wir Träger unserer Vorstellungen sind. Wir haben einen Gedanken, nicht, wie wir etwa einen Sinneseindruck haben; wir sehen aber auch einen Gedanken* nicht, wie wir etwa einen Stern sehen. Darum ist es anzuraten, hier einen besonderen Ausdruck zu wählen, und als solcher bietet sich uns das Wort „fassen" dar. Dem Fassen[6] der Gedanken muß ein besonderes geistiges Vermögen, die Denkkraft entsprechen. Beim Denken erzeugen wir nicht die Gedanken, sondern wir fassen sie. Denn das, was ich Gedanken genannt habe, steht ja im engsten Zusammenhange mit der Wahrheit. Was ich als wahr anerkenne, von dem urteile ich, daß es wahr sei ganz unabhängig von meiner Anerkennung seiner Wahrheit, auch unabhängig davon, ob ich daran denke. Zum Wahrsein eines Gedankens gehört nicht, daß er gedacht werde. „Tatsachen! Tatsachen! Tatsachen!" ruft der Naturforscher aus, wenn er die Notwendigkeit einer sicheren Grundlegung der Wissenschaft einschärfen will. Was ist eine Tatsache? Eine Tatsache ist ein Gedanke, der wahr ist. Als sichere Grundlage der Wissenschaft aber wird der Naturforscher sicher nicht etwas anerkennen, was von den wechselnden Bewußtseinszuständen von Menschen abhängt. Die Arbeit der Wissenschaft besteht nicht in einem Schaffen, sondern in einem Entdecken von wahren Gedanken. Der Astronom kann eine mathematische Wahrheit anwenden bei der Erforschung längst vergangener Begebenheiten, die stattfanden, als auf Erden wenigstens noch niemand jene Wahrheit erkannt hatte. Er kann dies, weil das Wahrsein eines Gedanken[s]** zeitlos ist. Also kann jene Wahrheit nicht erst mit ihrer Entdeckung entstanden sein.

Nicht alles ist Vorstellung. Sonst enthielte die Psychologie alle Wissenschaften in sich oder wäre wenigstens die oberste Richterin über alle Wissenschaften. Sonst beherrschte die Psychologie auch die

---

* [Hg.: Komma nach „Gedanken" getilgt.]
6 Der Ausdruck „Fassen" ist ebenso bildlich wie „Bewußtseinsinhalt". Das Wesen der Sprache erlaubt es eben nicht anders. Was ich in der Hand halte, kann ja als Inhalt der Hand angesehen werden, ist aber doch in ganz anderer Weise Inhalt der Hand und ihr viel fremder, als die Knochen, die Muskeln, aus denen sie besteht, und deren Spannungen.
** [Hg.: Im Original steht „Gedanken".]

Der Gedanke.

Logik und die Mathematik. Nichts hieße aber die Mathematik mehr verkennen als ihre Unterordnung unter die Psychologie. Weder die Logik noch die Mathematik hat als Aufgabe, die Seelen und den Bewußtseinsinhalt zu erforschen, dessen Träger der einzelne Mensch ist. Eher könnte man vielleicht als ihre Aufgabe die Erforschung des Geistes hinstellen, des Geistes, nicht der Geister.

[75] Das Fassen der Gedanken setzt einen Fassenden, einen Denkenden voraus. Dieser ist dann Träger des Denkens, nicht aber des Gedankens. Obgleich zum Bewußtseinsinhalte des Denkenden der Gedanke nicht gehört, muß doch in dem Bewußtsein etwas auf den Gedanken hinzielen. Dieses darf aber nicht mit dem Gedanken selbst verwechselt werden. So ist auch Algol selbst verschieden von der Vorstellung, die jemand von Algol hat.

Der Gedanke gehört weder als Vorstellung meiner Innenwelt, noch auch der Außenwelt, der Welt der sinnlich wahrnehmbaren Dinge an.

Dieses Ergebnis, wie zwingend es sich auch aus dem Dargelegten ergeben mag, wird dennoch vielleicht nicht ohne Widerstand angenommen werden. Es wird Manchem, denke ich, unmöglich scheinen, von etwas Kunde zu erlangen, was nicht seiner Innenwelt angehört, außer durch Sinneswahrnehmung. In der Tat wird die Sinneswahrnehmung oft als die sicherste, ja sogar als die einzige Erkenntnisquelle für alles angesehen, was nicht der Innenwelt angehört. Aber mit welchem Rechte? Zur Sinneswahrnehmung gehört doch wohl als notwendiger Bestandteil der Sinneseindruck und dieser ist Teil der Innenwelt. Denselben haben zwei Menschen jedenfalls nicht, wenn sie auch ähnliche Sinneseindrücke haben mögen. Diese allein eröffnen uns nicht die Außenwelt. Vielleicht gibt es ein Wesen, das nur Sinneseindrücke hat, ohne Dinge zu sehen oder zu tasten. Das Haben von Gesichtseindrücken ist noch kein Sehen von Dingen. Wie kommt es, daß ich den Baum gerade dort sehe, wo ich ihn sehe? Offenbar liegt es an den Gesichtseindrücken, die ich habe, und an der besonderen Art von solchen, die dadurch zustande kommen, daß ich mit zwei Augen sehe. Auf jeder der beiden Netzhäute entsteht, physikalisch gesprochen, ein besonderes Bild. Ein Anderer sieht den Baum an derselben Stelle. Auch er hat zwei Netzhautbilder, die aber von meinen abweichen. Wir müssen annehmen, daß diese Netzhautbilder für unsere Eindrücke bestimmend sind. Demnach haben wir nicht nur nicht dieselben, sondern merklich voneinander abweichende Gesichtseindrücke. Und doch bewegen wir uns in derselben Außenwelt. Das Haben von Gesichtseindrücken ist zwar nötig zum Sehen der Dinge, aber nicht hinreichend. Was noch hinzukommen muß, ist nichts Sinnliches. Und dieses ist es doch gerade, was uns die Außenwelt aufschließt; denn ohne dieses Nichtsinnliche bliebe jeder in seiner Innenwelt eingeschlossen. Da also die Entscheidung im Nichtsinnlichen liegt, könnte ein Nichtsinnliches auch da, wo keine Sinneseindrücke mitwirken, uns aus der Innenwelt hinausführen und uns Gedanken fassen lassen. Außer seiner Innenwelt hätte man zu unterscheiden die eigentliche Außenwelt der sinnlich wahrnehmbaren Dinge und das Reich desjenigen, was nicht sinnlich wahrnehmbar ist. Zur Anerkennung beider Reiche bedürften wir eines Unsinnlichen; aber bei der sinnlichen Wahrnehmung der Dinge hätten wir außerdem noch Sinneseindrücke nötig, und diese gehören ja ganz der Innenwelt an. So ist dasjenige, worauf der Unterschied des Gegebenseins eines Dinges von dem eines Gedankens hauptsächlich beruht, etwas, was keinem der beiden Reiche, sondern der Innenwelt zuzuweisen ist. So kann ich diesen Unterschied nicht so groß finden, daß dadurch das Gegebensein eines der Innenwelt nicht angehörenden Gedankens unmöglich werden könnte.

[76] Freilich ist der Gedanke nicht etwas, was man wirklich zu nennen gewohnt ist. Die Welt des Wirklichen ist eine Welt, in der Dieses auf Jenes wirkt, es verändert und selbst wieder Gegenwirkungen erfährt und dadurch verändert wird. Alles das ist ein Geschehen in der Zeit. Was zeitlos und unveränderlich ist, werden wir schwerlich als wirklich anerkennen. Ist nun der Gedanke veränderlich, oder ist er zeitlos? Der Gedanke, den wir im pythagoräischen Lehrsatz aussprechen, ist doch wohl zeitlos, ewig, unveränderlich. Aber gibt es nicht auch Gedanken, die heute wahr sind, nach einem halben Jahre aber falsch? Der Gedanke z. B., daß der Baum dort grün belaubt ist, ist doch wohl nach einem halben Jahre falsch? Nein; denn es ist gar nicht derselbe Gedanke. Der Wortlaut „dieser Baum ist grün belaubt" allein genügt ja nicht zum Ausdrucke, denn die Zeit des Sprechens gehört dazu. Ohne die Zeitbestimmung, die dadurch gegeben ist, haben wir keinen vollständigen Gedanken, d. h. überhaupt keinen Gedanken. Erst der durch die Zeitbestimmung ergänzte und in jeder Hinsicht vollständige Satz drückt einen Gedanken aus. Dieser ist aber, wenn er wahr ist, nicht nur heute oder morgen, sondern zeitlos wahr. Das *Praesens* in „ist wahr" deutet also nicht auf die Gegenwart des Sprechenden, sondern ist, wenn der Ausdruck erlaubt ist, ein *Tempus* der Unzeitlichkeit. Wenn wir die bloße Form des

Der Gedanke. 111

Behauptungssatzes anwenden, das Wort „wahr" vermeidend, muß doch zweierlei unterschieden werden: der Ausdruck des Gedankens und die Behauptung. Die in dem Satze etwa enthaltene Zeitbestimmung gehört allein dem Ausdrucke des Gedankens an, während die Wahrheit, deren Anerkennung in der Form des Behauptungssatzes liegt, zeitlos ist. Zwar kann derselbe Wortlaut wegen der Veränderlichkeit der Sprache mit der Zeit einen andern Sinn annehmen, einen andern Gedanken ausdrücken: aber die Veränderung betrifft dann das Sprachliche.

Und doch! Welchen Wert könnte das ewig Unveränderliche für uns haben, das Wirkungen weder erfahren, noch auf uns haben könnte? Etwas ganz und in jeder Hinsicht Unwirksames wäre auch ganz unwirklich und für uns nicht vorhanden. Selbst das Zeitlose muß irgendwie mit der Zeitlichkeit verflochten sein, wenn es uns etwas sein soll. Was wäre ein Gedanke für mich, der nie von mir gefaßt würde! Dadurch aber, daß ich einen Gedanken fasse, trete ich zu ihm in eine Beziehung und er zu mir. Es ist möglich, daß derselbe Gedanke, der heute von mir gedacht wird, gestern nicht von mir gedacht wurde. Damit ist die strenge Unzeitlichkeit des Gedankens allerdings aufgehoben. Aber man wird geneigt sein, zwischen wesentlichen und unwesentlichen Eigenschaften zu unterscheiden und etwas als zeitlos anzuerkennen, wenn die Veränderungen, die es erfährt, nur die unwesentlichen Eigenschaften betreffen. Unwesentlich wird man eine Eigenschaft eines Gedankens nennen, die darin besteht oder daraus folgt, daß er von einem Denkenden gefaßt wird.

Wie wirkt ein Gedanke? Dadurch, daß er gefaßt und für wahr gehalten wird. Das ist ein Vorgang in der Innenwelt eines Denkenden, der weitere Folgen in dieser Innenwelt haben kann, die, auf das Gebiet des Willens übergreifend, sich auch in der Außenwelt bemerkbar machen. Wenn ich z. B. den Gedanken fasse, den wir im pythagoräischen Lehrsatze aussprechen, so kann die Folge sein, daß ich ihn [77] als wahr anerkenne, und weiter, daß ich ihn anwende, einen Beschluß fassend, der Beschleunigungen von Massen bewirkt. So werden unsere Taten gewöhnlich durch Denken und Urteilen vorbereitet. Und so können Gedanken auf Massenbewegungen mittelbar Einfluß haben. Das Wirken von Mensch auf Mensch wird zumeist durch Gedanken vermittelt. Man teilt einen Gedanken mit. Wie geschieht das? Man bewirkt Veränderungen in der gemeinsamen Außenwelt, die, von dem Andern wahrgenommen, ihn veranlassen sollen, einen Gedanken zu fassen und ihn für wahr zu halten.

Die großen Begebenheiten der Weltgeschichte, konnten sie anders als durch Gedankenmitteilung zustande kommen? Und doch sind wir geneigt, die Gedanken für unwirklich zu halten, weil sie bei den Vorgängen untätig erscheinen, während das Denken, Urteilen, Aussprechen, Verstehen, alles Tun dabei Sache der Menschen ist. Wie ganz anders wirklich erscheint doch ein Hammer, verglichen mit einem Gedanken! Wie anders ist der Vorgang beim Überreichen eines Hammers, als bei der Mitteilung eines Gedankens! Der Hammer geht aus einem Machtbereich in einen andern über, er wird ergriffen, erfährt dabei einen Druck, dadurch wird seine Dichte, die Lagerung seiner Teile stellenweise geändert. Von alledem hat man beim Gedanken eigentlich nichts. Der Gedanke verläßt bei der Mitteilung das Machtgebiet des Mitteilenden nicht; denn im Grunde hat der Mensch keine Macht über ihn. Indem der Gedanke gefaßt wird, bewirkt er Veränderungen zunächst nur in der Innenwelt des Fassenden; doch bleibt er selbst im Kerne seines Wesens davon unberührt, da die Veränderungen, die er erfährt, nur unwesentliche Eigenschaften betreffen. Es fehlt hier das, was wir im Naturgeschehen überall erkennen: die Wechselwirkung. Die Gedanken sind nicht durchaus unwirklich, aber ihre Wirklichkeit ist ganz anderer Art, als die der Dinge. Und ihr Wirken wird ausgelöst durch ein Tun der Denkenden, ohne das sie wirkungslos wären, wenigstens soweit wir sehen können. Und doch schafft der Denkende sie nicht, sondern muß sie nehmen, wie sie sind. Sie können wahr sein, ohne von einem Denkenden gefasst zu werden, und sind auch dann nicht ganz unwirklich, wenigstens wenn sie gefaßt und dadurch in Wirksamkeit gesetzt werden können.

Die Verneinung.

Eine logische Untersuchung.

Aus: *Beiträge zur Philosophie des Deutschen Idealismus* I, Heft 3/4 (1919), S. 143–157.*

Eine Satzfrage enthält die Aufforderung, einen Gedanken entweder als wahr anzuerkennen, oder als falsch zu verwerfen. Damit es möglich sei, dieser Aufforderung richtig nachzukommen, muß verlangt werden, daß aus dem Wortlaute der Frage** der Gedanke, um den es sich handelt, unzweifelhaft erkennbar sei, und zweitens, daß dieser Gedanke nicht der Dichtung angehöre. Ich nehme im Folgenden diese Be-[**144**]-dingungen immer als erfüllt an. Die Antwort auf eine Frage[1] ist eine Behauptung, der ein Urteil zu Grunde liegt, und zwar sowohl, wenn die Frage bejaht, als auch wenn sie verneint wird.

Doch hier erhebt sich ein Bedenken. Wenn das Sein eines Gedankens sein Wahrsein ist, dann ist der Ausdruck „falscher Gedanke" ebenso widerspruchsvoll wie der Ausdruck „nichtseiender Gedanke"; dann ist der Ausdruck „der Gedanke, daß drei größer als fünf ist" leer, und darf deshalb in der Wissenschaft – außer zwischen Anführungszeichen – überhaupt nicht gebraucht werden; dann darf man nicht sagen „daß drei größer als fünf sei, ist falsch", weil das grammatische Subjekt leer ist.

Aber kann man nicht wenigstens fragen, ob etwas wahr sei? In einer Frage*** kann man die Aufforderung zu urteilen von dem besonderen Inhalte der Frage unterscheiden, der beurteilt werden soll. Ich will im Folgenden diesen besonderen Inhalt einfach Inhalt der Frage oder Sinn des entsprechenden Fragesatzes nennen. Hat nun der Fragesatz

---

* [Hg.: Freges fünf Anmerkungen zu *Vern* sind in dieser Ausgabe durchnummeriert.]
** [Hg.: Im Original folgt ein Komma.]
[1] Hier und im folgenden meine ich immer eine Satzfrage, wenn ich einfach „Frage" schreibe.
*** [Hg.: Im Original folgt ein Komma.]

„Ist 3 größer als 5?"

einen Sinn, wenn das Sein eines Gedankens in seinem Wahrsein besteht? Ein Gedanke kann dann nicht Inhalt der Frage sein, und man ist geneigt zu sagen, der Fragesatz habe überhaupt keinen Sinn. Aber das käme doch wohl daher, daß man sofort die Falschheit erkennt. Hat nun der Fragesatz

„Ist $(21/20)^{100}$ größer als $\sqrt[10]{10^{21}}$?"

einen Sinn? Wenn man herausgebracht hätte, daß die Frage zu bejahen wäre, könnte man den Fragesatz als sinnvoll annehmen, weil er einen Gedanken als Sinn hätte. Wie aber, wenn die Frage zu verneinen wäre? Einen Gedanken hätte man bei unserer Voraussetzung als Sinn nicht. Aber irgend einen Sinn muß der Fragesatz doch wohl haben, wenn er überhaupt eine Frage enthalten soll. Und wird nicht in der Tat in ihm nach etwas gefragt? Kann es nicht erwünscht sein, eine Antwort darauf zu erhalten? Dann hängt es also von der Antwort ab, ob als Inhalt der Frage ein Gedanke anzunehmen sei. Nun muß der Sinn des Fragesatzes aber schon vor der Beantwortung faßbar sein, weil sonst gar keine Beantwortung möglich wäre. Was also als Sinn des Fragesatzes vor der Beantwortung der Frage faßbar ist – und nur dieses kann eigentlich Sinn des Fragesatzes genannt werden – [?] kann kein Gedanke sein, wenn das Sein des Gedankens in seinem Wahrsein besteht. Aber ist es nicht eine Wahrheit, daß die Sonne größer ist als der Mond? Und besteht nicht das Sein einer Wahrheit eben in ihrem Wahrsein? Ist dann nicht doch als Sinn des Fragesatzes

„Ist die Sonne größer als der Mond?"

eine Wahrheit anzuerkennen, ein Gedanke, dessen Sein in seinem Wahrsein besteht? Nein! Zum Sinne eines Fragesatzes kann das Wahrsein nicht gehören. Das widerspräche dem Wesen der Frage. Der Inhalt der Frage ist das zu Beurteilende. **[145]** Daher kann das Wahrsein nicht zum Inhalte der Frage gerechnet werden. Wenn ich die Frage stelle, ob die Sonne größer als der Mond sei, so erkenne ich damit den Sinn des Fragesatzes

„Ist die Sonne größer als der Mond?"

an. Wäre nun dieser Sinn ein Gedanke, dessen Sein in seiner Wahrheit bestände, so erkennte ich damit zugleich das Wahrsein dieses Sinnes an. Das Fassen des Sinnes wäre zugleich ein Urteilen, und das

Die Verneinung.

Aussprechen des Fragesatzes wäre zugleich eine Behauptung, also die Beantwortung der Frage. Es darf aber im Fragesatze weder die Wahrheit, noch die Falschheit seines Sinnes behauptet werden. Darum ist der Sinn eines Fragesatzes nicht etwas, dessen Sein in seinem Wahrsein besteht. Das Wesen der Frage erfordert die Scheidung des Fassens des Sinnes vom Urteilen. Und da der Sinn eines Fragesatzes immer auch in dem Behauptungssatze steckt, in dem die Antwort auf die Frage gegeben wird, ist diese Scheidung auch im Behauptungssatze durchzuführen. Es kommt darauf an, was man unter dem Worte „Gedanke" versteht. Jedenfalls bedarf man einer kurzen Bezeichnung dessen, was Sinn eines Fragesatzes sein kann. Ich nenne es Gedanken. Bei diesem Sprachgebrauche sind nicht alle Gedanken wahr. Das Sein eines Gedankens besteht also nicht in seinem Wahrsein. Wir müssen Gedanken in diesem Sinne anerkennen, weil wir in der wissenschaftlichen Arbeit Fragen brauchen; denn der Forscher muß sich zuweilen mit der Stellung einer Frage begnügen, bis er sie beantworten kann. Indem er die Frage stellt, faßt er einen Gedanken. Ich kann also auch sagen: der Forscher muß sich zuweilen begnügen, einen Gedanken zu fassen. Das ist immerhin schon ein Schritt zum Ziele, wenn es auch noch kein Urteilen ist. Es muß also Gedanken in dem von mir angegebenen Sinne des Wortes geben. Gedanken, die sich vielleicht später als falsch herausstellen, haben ihre Berechtigung in der Wissenschaft und dürfen nicht als nicht seiend behandelt werden. Man denke an den indirekten Beweis. Hierbei vollzieht sich die Erkenntnis der Wahrheit grade durch das Fassen eines falschen Gedankens. Der Lehrer sagt: „Angenommen, *a* wäre nicht gleich *b*". Sofort denkt ein Anfänger: „Welcher Unsinn! ich sehe doch, daß *a* gleich *b* ist". Er verwechselt Sinnlosigkeit eines Satzes mit Falschheit des in ihm ausgedrückten Gedankens.

Freilich kann man aus einem falschen Gedanken nichts schließen; aber der falsche Gedanke kann Teil eines wahren Gedankens sein, aus dem etwas geschlossen werden kann. Der in dem Satze

„Wenn der Angeklagte zur Zeit der Tat in Rom gewesen ist, hat er den Mord nicht begangen"[2]

---

[2] Man muß hier annehmen, daß der bloße Wortlaut den Gedanken nicht vollständig enthält, sondern daß aus den Umständen, unter denen er ausgesprochen wird, die Ergänzung zu einem vollständigen Gedanken zu entnehmen ist.

enthaltene Gedanke kann als wahr anerkannt werden von einem, der nicht weiß, ob der Angeklagte zur Zeit der Tat in Rom gewesen ist, und ob er den Mord begangen hat. Von den beiden in dem Ganzen enthaltenen Teilgedanken wird weder die Bedingung, noch die Folge mit behauptender Kraft ausgesprochen, wenn das [**146**] Ganze als wahr hingestellt wird. Wir haben dann nur eine einzige Tat des Urteilens, aber drei Gedanken, nämlich den ganzen Gedanken und die Bedingung und die Folge. Wenn einer der Teilsätze sinnlos wäre, wäre das Ganze sinnlos. Man erkennt hieraus, welchen Unterschied es macht, ob ein Satz sinnlos ist oder ob er einen falschen Gedanken ausdrückt. Für die aus Bedingung und Folge bestehenden Gedanken gilt nun das Gesetz, daß unbeschadet der Wahrheit das Entgegengesetzte der Bedingung zur Folge und zugleich das Entgegengesetzte der Folge zur Bedingung gemacht werden darf. Die Engländer nennen diesen Uebergang *contraposition*. Nach diesem Gesetze kann man von dem Satze

„Wenn $(21/20)^{100}$ größer als $\sqrt[10]{10^{21}}$ ist,
so ist $(21/20)^{1000}$ größer als 10^{21}"

übergehen zu dem Satze

„Wenn $(21/20)^{1000}$ nicht größer als 10^{21} ist,
so ist $(21/20)^{100}$ nicht größer als $\sqrt[10]{10^{21}}$".

Und solche Uebergänge sind wichtig für die indirekten Beweise, die sonst nicht möglich wären.

Wenn nun die Bedingung des ersten zusammengesetzten Gedankens, daß nämlich $(21/20)^{100}$ größer [ist] als $\sqrt[10]{10^{21}}$, wahr ist, so ist die Folge des zweiten zusammengesetzten Gedankens, nämlich daß $(21/20)^{100}$ nicht größer als $\sqrt[10]{10^{21}}$ ist, falsch. Wer demnach die Zulässigkeit unseres Ueberganges vom *modus ponens* zum *modus tollens* zugibt, muß auch einen falschen Gedanken als seiend anerkennen; sonst bliebe ja entweder vom *modus ponens* nur die Folge oder vom *modus tollens* nur die Bedingung übrig; aber auch von diesen fiele noch eine als nicht seiend weg.

Man kann unter dem Sein eines Gedankens auch verstehen, daß der Gedanke als derselbe von verschiedenen Denkenden gefaßt werden könne. Dann würde das Nichtsein eines Gedankens darin bestehen, daß von mehreren Denkenden jeder seinen eigenen Sinn mit dem Satze verbände, der dann Inhalt seines besonderen Bewußtseins wäre, sodaß es einen gemeinsamen Sinn des Satzes, der von [M]ehre-

Die Verneinung.

ren gefaßt werden könnte, nicht gäbe. Ist nun ein falscher Gedanke ein nicht seiender Gedanke in diesem Sinne? Dann wären Forscher, die untereinander die Frage erörtert hätten, ob die Perlsucht des Rindviehs auf Menschen übertragbar wäre, und sich zuletzt darauf geeinigt hätten, daß diese Uebertragbarkeit nicht bestände, in der Lage von Leuten, die in ihrer Unterhaltung den Ausdruck „dieser Regenbogen" gebraucht hätten und nun zu der Einsicht kämen, daß sie mit diesen Worten nichts bezeichnet hätten, indem jeder von ihnen eine Erscheinung gehabt hätte, deren Träger er selbst gewesen. Jene Forscher müßten sich wie gefoppt von einem falschen Scheine vorkommen; denn die Voraussetzung, unter der allein ihr Tun und Reden vernünftig gewesen wäre, hätte sich als nicht erfüllt herausgestellt; einen ihnen gemeinsamen Sinn der von ihnen behandelten Frage hätten sie nicht gehabt.

Es muß doch möglich sein, eine Frage zu stellen, die wahrheitsgemäß zu ver-[147]-neinen ist. Der Inhalt einer solchen Frage ist nach meinem Sprachgebrauche ein Gedanke. Es muß möglich sein, daß mehrere Hörer desselben Fragesatzes denselben Sinn fassen und als falsch erkennen. Das Geschworenengericht wäre ja eine törichte Einrichtung, wenn nicht angenommen werden könnte, daß jeder der Geschworenen die vorgelegte Frage in demselben Sinne verstehen könnte. Demnach ist der Sinn eines Fragesatzes, auch wenn die Frage zu verneinen ist, etwas, was von Mehreren gefaßt werden kann.

Was würde weiter folgen, wenn das Wahrsein eines Gedankens darin bestände, daß er von Mehreren als derselbe gefaßt werden könnte, während es einen Mehreren gemeinsamen Sinn eines Satzes gar nicht gäbe, welcher etwas Falsches ausdrückt?

Wenn ein Gedanke wahr ist und aus Gedanken zusammengesetzt ist, von denen einer falsch ist, könnte zwar der ganze Gedanke von Mehreren als derselbe gefaßt werden, der falsche Teilgedanke aber nicht. Ein solcher Fall kann vorkommen. So kann z. B. vor einem Geschworenengerichte mit Recht behauptet werden: „Wenn der Angeklagte zur Zeit der Tat in Rom gewesen ist, hat er den Mord nicht begangen", und es kann falsch sein, daß der Angeklagte zur Zeit der Tat in Rom gewesen ist. Dann würden die Geschworenen beim Hören des Satzes „Wenn der Angeklagte zur Zeit der Tat in Rom gewesen ist, hat er den Mord nicht begangen" denselben Gedanken fassen können, während jeder von ihnen mit dem Bedingungssatze seinen eigenen Sinn verbände. Ist das möglich? Kann ein Bestandteil eines Gedankens, der allen Geschworenen als derselbe gegenüber steht, ihnen nicht gemeinsam sein? Wenn das Ganze keines Trägers bedarf, bedarf auch keiner seiner Teile eines Trägers.

Demnach ist ein falscher Gedanke nicht ein nicht seiender Gedanke, auch dann nicht, wenn man unter dem Sein versteht das Nichtbedürfen eines Trägers. Ein falscher Gedanke muß, wenn auch nicht als wahr, so doch zuweilen als unentbehrlich anerkannt werden: erstens als Sinn eines Fragesatzes, zweitens als Bestandteil einer hypothetischen Gedankenverbindung und drittens in der Verneinung. Es muß möglich sein, einen falschen Gedanken zu verneinen, und um das zu können, bedarf ich seiner. Was nicht ist, kann ich nicht verneinen. Und was meiner als seines Trägers bedarf, kann ich nicht durch Verneinen in etwas verwandeln, dessen Träger ich nicht bin und was von Mehreren als dasselbe gefaßt werden kann.

Ist nun das Verneinen eines Gedankens als ein Auflösen des Gedankens in seine Bestandteile aufzufassen? Die Geschworenen können durch ihr verneinendes Urteil an dem Bestande des in der ihnen vorgelegten Frage ausgedrückten Gedankens nichts ändern. Der Gedanke ist wahr oder falsch ganz unabhängig davon, ob sie richtig oder unrichtig urteilen. Und wenn er falsch ist, ist er eben auch ein Gedanke. Wenn sich, nachdem die Geschworenen geurteilt, gar kein Gedanke vorfindet, sondern nur Gedankentrümmer, so ist derselbe Bestand schon vorher gewesen; ihnen ist in der scheinbaren Frage gar kein Gedanke, sondern ihnen sind nur Gedankentrümmer vorgelegt worden; sie haben gar nichts gehabt, was sie hätten beurteilen können.

Wir können durch unser Urteilen am Bestande des Gedankens nichts ändern. Wir können nur anerkennen, was ist. Einem wahren Gedanken können wir durch **[148]** unser Urteilen nichts anhaben. Wir können in dem ihn ausdrückenden Satze ein „nicht" einfügen und dadurch einen Satz erhalten, der, wie dargelegt worden ist, keinen Ungedanken enthält, sondern als Bedingungssatz oder Folgesatz in einem hypothetischen Satzgefüge seine volle Berechtigung haben kann. Weil er falsch ist, darf er nur nicht mit behauptender Kraft ausgesprochen werden. Jener erste Gedanke aber wird durch diesen Vorgang ganz unberührt gelassen. Er bleibt wahr wie vorher.

Können wir einem falschen Gedanken durch unser Verneinen etwas anhaben? Auch nicht; denn ein falscher Gedanke bleibt immer ein Gedanke und kann als Bestandteil eines wahren Gedankens vorkommen. Fügen wir in dem ohne behauptende Kraft ausgesprochenen Satze

Die Verneinung.

„3 ist größer als 5",

dessen Sinn falsch ist, ein „nicht" ein, so erhalten wir

„3 ist nicht größer als 5",

einen Satz, der mit behauptender Kraft ausgesprochen werden darf. Hier ist nirgends von einer Auflösung des Gedankens, von der Trennung seiner Teile etwas zu merken.

Wie könnte denn ein Gedanke aufgelöst werden? Wie könnte der Zusammenhang seiner Teile zerrissen werden? Die Welt der Gedanken hat ihr Abbild in der Welt der Sätze, Ausdrücke, Wörter, Zeichen. Dem Aufbau des Gedankens entspricht die Zusammensetzung des Satzes aus Wörtern, wobei die Reihenfolge im allgemeinen nicht gleichgültig ist. Der Auflösung, der Zerstörung des Gedankens wird demgemäß eine Auseinanderreißung der Wörter entsprechen, welche etwa geschieht, wenn ein auf Papier geschriebener Satz mit der Schere zerlegt wird, sodaß auf jedem der Papierschnitzel der Ausdruck eines Gedankenteils steht. Diese Schnitzel können dann beliebig durcheinandergeworfen oder vom Winde entführt werden. Der Zusammenhang ist gelöst, die ursprüngliche Anordnung ist nicht mehr erkennbar. Geschieht das, wenn wir einen Gedanken verneinen? Nein! Der Gedanke würde ja auch diese seine Hinrichtung *in effigie* unzweifelhaft überdauern. Sondern das Wort „nicht" wird in die sonst unveränderte Anordnung der Wörter eingeschoben. Der ursprüngliche Wortlaut ist noch erkennbar; die Anordnung darf nicht willkürlich verändert werden. Ist das Auflösung, Trennung? Im Gegenteil! das Ergebnis ist ein festgefügter Bau.

Besonders deutlich läßt sich aus der Betrachtung des Gesetzes *duplex negatio affirmat* erkennen, daß das Verneinen keine trennende, auflösende Wirkung hat. Ich gehe aus von dem Satze

„Die Schneekoppe ist höher als der Brocken."

Durch Einschiebung eines „nicht" erhalte ich

„Die Schneekoppe ist nicht höher als der Brocken."

Beide Sätze sind ohne behauptende Kraft auszusprechen. Eine zweite Verneinung erbrächte etwa den Satz:

„Es ist nicht wahr, daß die Schneekoppe nicht höher als der Brocken ist."

Wir wissen schon: das erste Verneinen kann keine Auflösung des Gedankens bewirken; aber nehmen wir trotzdem einmal an, daß wir nach dem ersten Verneinen nur Ge-[149]-dankentrümmer hätten. Dann müßten wir annehmen, das zweite Verneinen könnte diese Trümmer wieder zusammenfügen. Das Verneinen gliche also einem Schwerte, das die Glieder, die es abgehauen, auch wieder anheilen könnte. Aber dabei wäre größte Vorsicht geboten. Die Gedankenteile sind ja durch das erste Verneinen ganz zusammenhanglos und beziehunglos geworden. So könnte man bei unvorsichtiger Anwendung der Heilkraft des Verneinens leicht den Satz erhalten

„Der Brocken ist höher als die Schneekoppe".

Kein Ungedanke wird durch Verneinen zum Gedanken, wie kein Gedanke durch Verneinen zum Ungedanken wird.

Auch ein Satz, der das Wort „nicht" im Prädikate enthält, kann einen Gedanken ausdrücken, der zum Inhalte einer Frage gemacht werden kann, einer Frage, welche die Entscheidung über die Antwort offen läßt, wie jede Satzfrage.

Welche Gegenstände sollen denn nun eigentlich durch das Verneinen getrennt werden? Satzteile sind es nicht; Gedankenteile ebensowenig. Dinge der Außenwelt? Diese kümmern sich um unser Verneinen gar nicht. Vorstellungen in der Innenwelt des Verneinenden? Aber woher weiß denn der Geschworene, welche seiner Vorstellungen er unter Umständen zu trennen haben würde? Die ihm vorgelegte Frage bezeichnet ihm keine. Sie mag Vorstellungen in ihm anregen. Aber die Vorstellungen, die in den Innenwelten der Geschworenen angeregt werden, sind verschieden. Und dann nähme jeder Geschworene seine eigene Trennung in seiner eigenen Innenwelt vor, und das wäre kein Urteil.

Es scheint demnach nicht möglich anzugeben, was denn eigentlich durch das Verneinen aufgelöst, zerlegt oder getrennt werde.

Mit dem Glauben an die trennende, auflösende Kraft des Verneinens hängt es zusammen, daß man einen verneinenden Gedanken für weniger brauchbar hält, als einen bejahenden. Für ganz unnütz wird man ihn doch auch nicht halten können. Man betrachte den Schluß:

„Wenn der Angeklagte zur Zeit des Mordes nicht in Berlin gewesen ist, hat er den Mord nicht begangen; nun ist der Angeklagte zur Zeit des Mordes nicht in Berlin gewesen; also hat er den Mord nicht begangen."

Die Verneinung. 121

und vergleiche ihn mit folgendem Schlusse:

„Wenn der Angeklagte zur Zeit des Mordes in Rom gewesen ist, hat er den Mord nicht begangen; nun ist der Angeklagte zur Zeit des Mordes in Rom gewesen; also hat er den Mord nicht begangen."

Beide Schlüsse gehen in derselben Form vor, und es besteht nicht der geringste sachliche Grund, in dem Ausdrucke des hierbei zu Grunde liegenden Schlußgesetzes verneinende von bejahenden Prämissen zu unterscheiden. Man spricht von bejahenden und verneinenden Urteilen. Auch Kant tut das. In meine Redeweise übersetzend, wird man bejahende von verneinenden Gedanken unterscheiden. Eine für die Logik wenigstens ganz unnötige Unterscheidung, deren Grund außerhalb der Logik zu suchen ist. Mir ist kein logisches Gesetz bekannt, bei dessen Wortausdrucke es nötig oder [150] auch nur vorteilhaft wäre, diese Bezeichnungen zu gebrauchen.[3] In jeder Wissenschaft, in der überhaupt von Gesetzmäßigkeit die Rede sein kann, ist immer zu fragen: welche Kunstausdrücke sind nötig oder wenigstens nützlich, um die Gesetze dieser Wissenschaft genau auszudrücken? Was solche Prüfung nicht besteht, ist vom Übel.°

Dazu kommt, daß es gar nicht leicht ist, anzugeben, was ein verneinendes Urteil (ein verneinender Gedanke) sei. Man betrachte die Sätze „Christus ist unsterblich", „Christus lebt ewig", „Christus ist nicht unsterblich", „Christus ist sterblich", „Christus lebt nicht ewig". Wo haben wir nun hier einen bejahenden, wo einen verneinenden Gedanken?

Wir sind gewohnt anzunehmen, das Verneinen erstrecke sich auf den ganzen Gedanken, wenn sich das „nicht" mit dem Verbum des Prädikats verbindet. Aber das Verneinungswort bildet grammatisch auch zuweilen einen Teil des Subjekts, wie in dem Satze „kein Mensch wird über hundert Jahre alt". Eine Verneinung kann irgendwo in einem Satze stecken, ohne daß der Gedanke dadurch unzwei-

---

[3] So habe ich denn auch in meinem Aufsatze: Der Gedanke (Beiträge zur Philosophie des [D]eutschen Idealismus, 1. Band, S. 58[–77]) den Ausdruck „verneinender Gedanke" nicht gebraucht. Die Unterscheidung von verneinenden und bejahenden Gedanken hätte die Sache nur verwirrt. Nirgends wäre Gelegenheit gewesen, von den bejahenden Gedanken etwas auszusagen und die verneinenden davon auszuschließen oder von den verneinenden etwas auszusagen und die bejahenden davon auszuschließen.

° [Hg.: Vgl. Matth. 5,37 in Luthers Übersetzung.]

felhaft ein verneinender würde. Man sieht, zu welchen knifflichen Fragen der Ausdruck „verneinendes Urteil" (verneinender Gedanke) führen kann. Endlose, mit größtem Scharfsinn geführte und doch im wesentlichen unfruchtbare Streite können die Folge sein. Deshalb stimme ich dafür, daß man die Unterscheidung von verneinenden und bejahenden Urteilen oder Gedanken so lange ruhen lasse, bis man ein Kennzeichen habe, [mit]* dem man in jedem Falle ein verneinendes Urteil von einem bejahenden mit Sicherheit unterscheiden könne. Wenn man ein solches Merkmal hat, wird man auch erkennen, welcher Nutzen etwa von jener Unterscheidung zu erhoffen sei. Ich bezweifle zunächst noch, daß dies gelingen werde. Der Sprache wird man dieses Merkmal nicht entnehmen können; denn die Sprachen sind in logischen Fragen unzuverlässig. Ist es doch nicht eine der geringsten Aufgaben des Logikers, auf die Fallstricke hinzuweisen, die von der Sprache dem Denkenden gelegt werden.

Nachdem man Irrtümer widerlegt hat, kann es nützlich sein, den Quellen nachzugehen, aus denen sie geflossen sind. Eine dieser Quellen scheint mir hier das Bedürfnis zu sein, Definitionen der Begriffe zu geben, die man behandeln will. Gewiß ist das Bestreben lobenswert, sich den Sinn, den man mit einem Ausdrucke verbindet, möglichst klar zu machen. Dabei ist aber nicht zu vergessen, daß sich nicht alles definieren läßt. Wenn man durchaus etwas definieren will, was seinem Wesen nach nicht definierbar ist, hängt man sich leicht an unwesentliche Nebensachen und bringt dadurch die Untersuchung gleich anfangs auf ein falsches Gleis. Und so ist es wohl manchen ergangen, die erklären wollten, was ein Urteil sei, indem sie auf [151] die Zusammengesetztheit verfielen.⁴ Das Urteil ist zusammengesetzt

---

* [Hg.:Im Original steht „von".]
4 Den Sprachgebrauch des Lebens trifft man wohl am besten, wenn man unter einem Urteile eine Tat des Urteilens versteht, wie ein Sprung eine Tat des Springens ist. Dabei bleibt freilich der Kern der Schwierigkeit ungelöst; er steckt nun in dem Worte „Urteilen". Urteilen, kann man weiter sagen, ist etwas als wahr anerkennen. Was als wahr anerkannt wird, kann nur ein Gedanke sein. Der ursprüngliche Kern scheint sich nun gespalten zu haben; ein Teil davon steckt im Worte „Gedanke", der andere im Worte „wahr". Hier wird man wohl stehen bleiben müssen. Daß man nicht ins Unendliche immer weiter definieren könne, darauf muß man sich ja von vornherein gefaßt machen.
Wenn das Urteil eine Tat ist, so geschieht es zu einer gewissen Zeit und gehört nachher der Vergangenheit an. Zu einer Tat gehört auch ein Täter, und man kennt die Tat nicht vollständig, wenn man den Täter nicht kennt. Dann

Die Verneinung.

aus Teilen, die eine gewisse Ordnung, einen Zusammenhang haben, in Beziehungen zueinander stehen. Aber bei welchem Ganzen haben wir das nicht?

Damit verbindet sich ein anderer Fehler, nämlich die Meinung, der Urteilende stifte durch sein Urteilen den Zusammenhang, die Ordnung der Teile und bringe dadurch das Urteil zu Stande. Dabei ist das Fassen eines Gedankens und die Anerkennung seiner Wahrheit nicht auseinandergehalten. In vielen Fällen freilich folgen diese Taten so unmittelbar aufeinander, daß sie in eine Tat zusammenzuschmelzen scheinen, aber nicht in allen. Jahre mühevoller Untersuchungen können zwischen dem Fassen des Gedankens und der Anerkennung seiner Wahrheit liegen. Daß durch dieses Urteilen der Gedanke, der Zusammenhang seiner Teile nicht gestiftet werde, ist offenbar; denn er bestand schon vorher. Aber auch das Fassen eines Gedankens ist nicht ein Schaffen des Gedankens, ist nicht ein Stiften der Ordnung seiner Teile; denn der Gedanke war schon vorher wahr, bestand also schon in der Ordnung seiner Teile[,] bevor er gefaßt wurde. Ebensowenig wie ein Wanderer, der ein Gebirge überschreitet, dadurch dieses Gebirge schafft, schafft der Urteilende dadurch einen Gedanken, daß er ihn als wahr anerkennt. Täte er es, so könnte nicht derselbe Gedanke gestern von jenem und heute von diesem als wahr anerkannt werden; ja nicht einmal von demselben könnte derselbe Gedanke zu verschiedenen Zeiten als wahr anerkannt werden, man müßte denn annehmen, das Sein dieses Gedankens wäre ein unterbrochenes.

Wenn man es für möglich hält, durch sein Urteilen das, was man durch sein Urteilen als wahr anerkennt, zu schaffen, indem man den Zusammenhang, die Ordnung seiner Teile stiftet, so liegt es nahe, sich auch die Fähigkeit des Zerstörens zuzutrauen. Wie das Zerstören dem Aufbauen, dem Stiften von Ordnung und Zusammenhang, entgegengesetzt ist, so scheint das Verneinen dem Urteilen gegen-

kann man von einem synthetischen Urteile in dem üblichen Sinne nicht sprechen. Wenn man dieses, daß durch zwei Punkte nur eine gerade Linie geht, ein synthetisches Urteil nennt, so versteht man unter „Urteil" nicht eine Tat, die von einem bestimmten Menschen zu einer bestimmten Zeit getan worden ist, sondern etwas, was zeitlos wahr ist, auch dann, wenn sein Wahrsein von keinem Menschen anerkannt wird. Wenn man solches eine Wahrheit nennt, kann man statt „synthetisches Urteil" vielleicht besser „synthetische Wahrheit" sagen. Zieht man trotzdem den Ausdruck „synthetisches Urteil" vor, so muß man dabei von dem Sinne des Verbums „[u]rteilen" absehen.

über zu stehen, [**152**] und man gelangt leicht zu der Annahme, daß die Zerreißung der Zusammenhänge durch das Verneinen ebenso geschehe, wie das Aufbauen durch das Urteilen. So erscheinen Urteilen und Verneinen als ein Paar entgegengesetzter Pole, die eben als Paar gleichen Ranges sind, vergleichbar etwa mit dem Oxydieren und Reduzieren in der Chemie. Wenn man aber eingesehen hat, daß durch das Urteilen kein Zusammenhang gestiftet wird, sondern daß die Ordnung der Teile des Gedankens schon vor dem Urteilen bestanden hat, erscheint alles in anderm Lichte. Es muß immer wieder darauf hingewiesen werden, daß das Fassen eines Gedankens noch kein Urteilen ist, daß man einen Gedanken in einem Satze ausdrücken kann, ohne ihn damit als wahr zu behaupten, daß im Prädikate eines Satzes ein Verneinungswort enthalten sein kann, und daß der Sinn dieses Wortes dann Bestandteil des Sinnes des Satzes, Bestandteil eines Gedankens ist, daß man durch das Einfügen eines „nicht" in das Prädikat eines ohne behauptende Kraft auszusprechenden Satzes einen Satz erhält, der wie der ursprüngliche einen Gedanken ausdrückt. Nennt man nun ein solches Übergehen von einem Gedanken zum entgegengesetzten Verneinen, so ist dieses Verneinen gar nicht gleichen Ranges mit dem Urteilen und gar nicht als entgegengesetzter Pol zum Urteilen aufzufassen; denn beim Urteilen handelt es sich immer um Wahrheit, wohingegen man von einem Gedanken zum entgegengesetzten übergehen kann, ohne nach der Wahrheit zu fragen. Um Mißverständnis auszuschließen, sei noch bemerkt, daß dieses Uebergehen in dem Bewußtsein eines Denkenden geschieht, daß aber sowohl der Gedanke, von dem übergegangen wird, als auch der Gedanke, zu dem übergegangen wird, bestanden haben, bevor dies geschieht, daß also durch diesen seelischen Vorgang an dem Bestande und an den Beziehungen der Gedanken zueinander nichts geändert wird.

Vielleicht ist dasjenige Verneinen, das als Gegenpol des Urteilens ein fragwürdiges Dasein fristet, ein chimärisches Gebilde,* zusammengewachsen aus dem Urteilen und jener Verneinung, die ich als möglichen Bestandteil des Gedankens anerkannt habe, und der in der Sprache das Wort „nicht" als Bestandteil des Prädikates entspricht, chimärisch deshalb, weil diese Teile ganz ungleichartig sind. Das Urteilen nämlich als seelischer Vorgang bedarf des Urteilenden

---

* [Hg.: „die Chímaira,... vorn ein Löwe, hinten eine Schlange und in der Mitte eine Ziege" (*Ilias* VI, 179, 181.)]

Die Verneinung.

als seines Trägers; die Verneinung aber als Bestandteil des Gedankens bedarf wie der Gedanke selbst keines Trägers, ist nicht als Bewußtseinsinhalt aufzufassen. Und doch ist es nicht ganz unverständlich, wie wenigstens der Schein eines solchen chimärischen Gebildes entstehen kann. Die Sprache hat ja kein besonderes Wort, keine besondere Silbe für die behauptende Kraft, sondern diese liegt in der Form des Behauptungssatzes, die sich besonders im Prädikate ausprägt. Andererseits steht das Wort „nicht" in engster Verbindung mit dem Prädikate, als dessen Bestandteil man es ansehen kann. So mag sich zwischen dem Worte „nicht" und der behauptenden Kraft, die ja sprachlich dem Urteilen entspricht, eine Verbindung zu bilden scheinen.

Aber es ist lästig, die beiden Arten des Verneinens zu unterscheiden. Den Gegenpol des Urteilens habe ich ja eigentlich nur eingeführt, um mich einer mir fremden Auffassung anzubequemen. Ich kehre nun zu meiner ursprünglichen Rede-[**153**]-weise zurück. Was ich vorübergehend als Gegenpol des Urteilens bezeichnet habe, will ich nun als eine zweite Art des Urteilens ansehen, ohne damit zuzugeben, daß es eine solche zweite Art gebe. Ich will also Pol und Gegenpol unter dem gemeinsamen Namen „Urteilen" zusammenfassen, was geschehen kann, weil Pol und Gegenpol ja doch zusammengehören. Dann wird die Frage so zu stellen sein:

Gibt es zwei verschiedene Weisen des Urteilens, von denen jene bei der bejahenden, diese bei der verneinenden Antwort auf eine Frage gebraucht wird? Oder ist das Urteilen in beiden Fällen dasselbe? Gehört das Verneinen zum Urteilen? Oder ist die Verneinung Teil des Gedankens, der dem Urteilen unterliegt? Ist das Urteilen auch im Falle der verneinenden Antwort auf eine Frage die Anerkennung der Wahrheit eines Gedankens? Dann wird dieser nicht der in der Frage unmittelbar enthaltene, sondern der diesem entgegengesetzte Gedanke sein.

Es laute die Frage z. B.: „Hat der Angeklagte sein Haus absichtlich in Brand gesteckt?" Wie wird die Antwort als Behauptungssatz lauten können, wenn sie verneinend ausfällt? Wenn es für das Verneinen eine besondere Urteilsweise gibt, müssen wir dem entsprechend eine besondere Behauptungsweise haben. Ich sage etwa in diesem Falle „es ist falsch, daß ..." und setze fest, daß dieses immer mit behauptender Kraft verbunden sein solle. Dann wird die Antwort etwa lauten: „Es ist falsch, daß der Angeklagte sein Haus absichtlich in Brand gesteckt habe." Wenn es dagegen nur eine einzige Weise des Urteilens gibt, wird man mit behauptender Kraft sagen: „Der Angeklagte hat sein Haus nicht absichtlich in Brand gesteckt". Und hier wird der Gedanke als wahr hingestellt, der dem in der Frage ausgedrückten entgegengesetzt ist. Das Wort „nicht" gehört hier zum Ausdrucke dieses Gedankens. Ich erinnere nun an die beiden Schlüsse, die ich vorhin miteinander verglichen habe. Dabei war die zweite Prämisse des ersten Schlusses die verneinende Antwort auf die Frage „Ist der Angeklagte zur Zeit des Mordes in Berlin gewesen?" und zwar die für den Fall gewählte, daß es nur eine Weise des Urteilens gibt. Der in dieser Prämisse enthaltene Gedanke ist in dem Bedingungssatze der ersten Prämisse, aber ohne behauptende Kraft ausgesprochen, enthalten. Die zweite Prämisse des zweiten Schlusses war die bejahende Antwort auf die Frage „Ist der Angeklagte zur Zeit des Mordes in Rom gewesen?" Diese Schlüsse gehen nach demselben Schlußgesetze vor, und das stimmt gut zu der Meinung, das Urteilen sei dasselbe im Falle einer verneinenden, wie im Falle einer bejahenden Antwort auf eine Frage. Wenn wir dagegen im Falle des Verneinens eine besondere Weise des Urteilens anerkennen müßten, der im Reiche der Worte und Sätze eine besondere Weise des Behauptens entspräche, würde die Sache anders. Die erste Prämisse des ersten Schlusses lautete wie vorhin: „Wenn der Angeklagte zur Zeit des Mordes nicht in Berlin gewesen ist, hat er den Mord nicht begangen".

Hier dürfte nicht gesagt werden „Wenn es falsch ist, daß der Angeklagte zur Zeit des Mordes in Berlin gewesen ist"; denn es ist festgesetzt worden, daß die Worte „es ist falsch" immer mit behauptender Kraft verbunden sein sollen; mit der Anerkennung der Wahrheit dieser ersten Prämisse wird aber weder die in ihr ent-[**154**]-haltene Bedingung, noch die Folge als wahr anerkannt. Dagegen muß nun die zweite Prämisse lauten: „Es ist falsch, daß der Angeklagte zur Zeit des Mordes in Berlin gewesen ist"; denn als Prämisse ist sie mit behauptender Kraft auszusprechen. Nun ist der Schluß nicht mehr wie vorhin möglich, weil der Gedanke der zweiten Prämisse nicht mehr mit dem der Bedingung der ersten Prämisse zusammenfällt, sondern der Gedanke ist, daß der Angeklagte zur Zeit des Mordes in Berlin gewesen ist. Wenn man den Schluß dennoch gelten lassen will, erkennt man damit an, daß in der zweiten Prämisse der Gedanke, daß der Angeklagte zur Zeit des Mordes nicht in Berlin gewesen ist, enthalten ist. Damit trennt man das Verneinen von dem Urteilen, nimmt es aus dem Sinne von „es ist falsch, daß ..." heraus und vereinigt die Verneinung mit dem Gedanken.

Die Verneinung. 127

So ist denn die Annahme von zwei verschiedenen Weisen des Urteilens zu verwerfen. Aber was hängt denn von dieser Entscheidung ab? Vielleicht könnte man sie für wertlos halten, wenn dadurch nicht eine Ersparung an logischen Urbestandteilen und an dem, was ihnen sprachlich entspricht, bewirkt würde. Bei der Annahme von zwei verschiedenen Weisen des Urteilens haben wir nötig:

1. die behauptende Kraft im Falle des Bejahens,

2. die behauptende Kraft im Falle des Verneinens, etwa in unlöslicher Verbindung mit dem Worte „falsch",

3. ein Verneinungswort wie „nicht" in Sätzen, die ohne behauptende Kraft ausgesprochen werden.

Nehmen wir dagegen nur eine einzige Weise des Urteilens an, haben wir dafür nur nötig

1. die behauptende Kraft,

2. ein Verneinungswort.

Eine solche Ersparung zeigt immer eine weitergetriebene Zerlegung an, und diese bewirkt eine klarere Einsicht. Damit hängt eine Ersparung eines Schlußgesetzes zusammen. Wo wir bei unserer Entscheidung mit einem solchen auskommen, brauchten wir sonst zwei. Wenn wir mit einer Art des Urteilens auskommen können, dann müssen wir es auch, und dann können wir nicht eine Art des Urteilens der Stiftung von Ordnung und Zusammenhang, eine andere der Zerstörung zuweisen.

Zu jedem Gedanken gehört demnach ein ihm widersprechender[5] Gedanke derart, daß ein Gedanke dadurch als falsch erklärt wird, daß der ihm widersprechende als wahr anerkannt wird. Der den widersprechenden Gedanken ausdrückende Satz wird mittels eines Verneinungswortes aus dem Ausdrucke des ursprünglichen Gedankens gebildet.

Das Verneinungswort oder die Verneinungssilbe scheint sich oft einem Teile des Satzes, z. B. dem Prädikate enger anzuschließen. Und daraus kann die Meinung entstehen, es werde nicht der Inhalt des

---

[5] Man könnte auch sagen „ein entgegengesetzter".

ganzen Satzes, sondern nur der dieses Satzteils verneint. Man kann einen Mann unberühmt nennen und damit den Gedanken, daß er berühmt sei, als falsch hinstellen. Man kann das als verneinende [155] Antwort auf die Frage „Ist der Mann berühmt?" auffassen, woraus zu ersehen ist, daß man damit nicht nur den Sinn eines Wortes verneint. Es ist unrichtig zu sagen „weil sich die Verneinungssilbe mit einem Satzteile verbunden hat, wird nicht der Sinn des ganzen Satzes verneint".* Vielmehr: dadurch, daß sich die Verneinungssilbe mit einem Teile des Satzes verbunden hat, wird der Inhalt des ganzen Satzes verneint. Das soll heißen: dadurch entsteht ein Satz, dessen Gedanke dem des ursprünglichen Satzes widerspricht.

Daß die Verneinung sich zuweilen nur auf einen Teil des ganzen Gedankens erstreckt, soll damit nicht bestritten werden.

Der einem Gedanken widersprechende Gedanke ist der Sinn eines Satzes, aus dem der Satz leicht herstellbar ist, der jenen ausdrückt. Demgemäß erscheint der einem Gedanken widersprechende Gedanke zusammengesetzt aus jenem und der Verneinung. Ich meine damit nicht die Tätigkeit des Verneinens. Aber die Wörter „zusammengesetzt", „bestehen", „Bestandteil", „Teil" können zu einer unrichtigen Auffassung verleiten. Wenn man hier von Teilen sprechen will, so stehen diese Teile doch nicht in derselben Selbständigkeit nebeneinander, wie man es sonst von Teilen eines Ganzen gewohnt ist. Der Gedanke nämlich bedarf zu seinem Bestande keiner Ergänzung, er ist in sich vollständig. Dagegen bedarf die Verneinung einer Ergänzung durch einen Gedanken. Die beiden Bestandteile, wenn man diesen Ausdruck gebrauchen will, sind ganz ungleichartig und tragen in ganz verschiedener Weise zur Bildung des Ganzen bei. Jener ergänzt; dieser wird ergänzt. Und durch dieses Ergänzen wird das Ganze zusammengehalten. Um die Ergänzungsbedürftigkeit auch im Sprachlichen erkennbar zu machen, kann man schreiben „die Verneinung von …". Hierbei deutet die Lücke hinter dem „von" an, wo das Ergänzende einzusetzen ist. Denn dem Ergänzen im Reiche der Gedanken und Gedankenteile entspricht etwas Aehnliches im Reiche der Sätze und Satzteile. Statt der Präposition „von" mit folgendem Substantiv kann übrigens der Genitiv des Substantivs stehen, was meist sprachgemäßer sein mag, sich aber nicht gut im Ausdrucke des ergänzungsbedürftigen Teils

---

* [Hg.: Im Original steht auch vor den schließenden Anführungszeichen ein Punkt.]

Die Verneinung.

andeuten läßt. Ein Beispiel möge noch deutlicher machen, wie ich es meine. Der dem Gedanken,

daß $(21/20)^{100}$ gleich $\sqrt[10]{10^{21}}$ ist,

widersprechende Gedanke ist der,

daß $(21/20)^{100}$ nicht gleich $\sqrt[10]{10^{21}}$ ist.

Man kann dafür auch sagen: „der Gedanke,

daß $(21/20)^{100}$ nicht gleich $\sqrt[10]{10^{21}}$ ist,

ist die Verneinung des Gedankens,

daß $(21/20)^{100}$ gleich $\sqrt[10]{10^{21}}$ ist."

[156] Dieser letzte Ausdruck nach dem vorletzten „ist" läßt die Zusammensetzung des Gedankens aus einem ergänzungsbedürftigen Teile und einem diesen ergänzenden erkennen. Ich werde hier das Wort „Verneinung" von nun an – außer etwa in Anführungszeichen – immer nur mit dem bestimmten Artikel gebrauchen. Der bestimmte Artikel „die" in dem Ausdrucke

„die Verneinung des Gedankens, daß 3 größer als 5 ist"

läßt erkennen, daß dieser Ausdruck ein bestimmtes Einzelnes bezeichnen soll. Dieses Einzelne ist hier ein Gedanke. Der bestimmte Artikel macht den ganzen Ausdruck zu einem Einzelnamen, einem Vertreter eines Eigennamens.

Die Verneinung eines Gedankens ist also selber ein Gedanke und kann wieder zur Ergänzung der Verneinung dienen. Indem ich die Verneinung des Gedankens, daß $(21/20)^{100}$ gleich $\sqrt[10]{10^{21}}$ sei, zur Ergänzung der Verneinung gebrauche, erhalte ich die Verneinung der Verneinung des Gedankens, daß $(21/20)^{100}$ gleich $\sqrt[10]{10^{21}}$ sei. Das ist wieder ein Gedanke. Bezeichnungen von so gebildeten Gedanken erhält man nach dem Muster

„die Verneinung der Verneinung von *A*",

wobei „*A*" die Bezeichnung eines Gedankens vertritt. Eine solche Bezeichnung ist zunächst zusammengesetzt zu denken aus den Teilen

„die Verneinung von ..."

und

> „die Verneinung von A".

Es ist aber auch die Auffassung möglich, daß sie gebildet ist aus den Teilen

> „die Verneinung der Verneinung von ..."

und

> „A".

Hier habe ich den mittleren Teil der Bezeichnung zunächst mit dem links davon stehenden Teil vereinigt und dann das so Gewonnene mit dem rechts stehenden Teile „A", während ursprünglich der mittlere Teil mit „A" vereinigt und die so erhaltene Bezeichnung

> „die Verneinung von A"

mit dem links stehenden

> „die Verneinung von ..."

vereinigt wurde. Den beiden verschiedenen Auffassungen der Bezeichnung entsprechen auch zwei verschiedene Auffassungen des Aufbaues des bezeichne[ten]* Gedankens.

Bei der Vergleichung der Bezeichnungen

> „die Verneinung der Verneinung davon, daß $(21/20)^{100}$ gleich $^{10}\sqrt{10^{21}}$ ist"

und

> „die Verneinung der Verneinung davon, daß 5 größer als 3 ist"

erkennt man einen gemeinsamen Bestandteil

> „die Verneinung der Verneinung von ...",

[157] der die Bezeichnung eines gemeinsamen ergänzungsbedürftigen Gedankenteils ist. Dieser wird in jedem der beiden Fälle durch einen Gedanken ergänzt, im ersten Falle durch den Gedanken, daß $(21/20)^{100}$ gleich $^{10}\sqrt{10^{21}}$ ist, im zweiten Falle durch den Gedanken, daß 5 größer als 3 ist. Das Ergebnis dieser Ergänzung

---

* [Hg.: Im Original steht „bezeichnenden".]

Die Verneinung. 131

ist in jedem der beiden Fälle ein Gedanke. Den gemeinsamen ergänzungsbedürftigen Bestandteil kann man doppelte Verneinung nennen. Dieses Beispiel zeigt, wie ein Ergänzungsbedürftiges mit einem Ergänzungsbedürftigen zu einem Ergänzungsbedürftigen verschmelzen kann. Hier liegt der sonderbare Fall vor, daß etwas – die Verneinung von ... – mit sich selbst verschmilzt. Dabei versagen allerdings die aus dem Gebiete der Körperlichkeit entnommenen Bilder; denn ein Körper kann nicht mit sich selbst verschmelzen, sodaß etwas von ihm selbst Verschiedenes entsteht. Aber Körper sind ja auch nicht ergänzungsbedürftig in dem hier gemeinten Sinne. Kongruente Körper können wir zusammensetzen und im Gebiete der Bezeichnungen haben wir auch hier Kongruenz. Kongruenten Bezeichnungen entspricht aber dasselbe im Gebiete des Bezeichneten.

Bildliche Ausdrücke, mit Vorsicht gebraucht, können immerhin etwas zur Verdeutlichung beitragen. Ich vergleiche das Ergänzungsbedürftige mit einer Hülle, die sich wie ein Rock nicht aus eigner Kraft aufrecht erhalten kann, sondern dazu eines Umhüllten bedarf. Der Umhüllte kann eine weitere Hülle – z. B. einen Mantel – anziehen. Die beiden Hüllen vereinigen sich zu einer Hülle. So ist eine zweifache Auffassung möglich. Man kann sagen, der schon mit einem Rocke Bekleidete werde nun noch von einer zweiten Hülle, einem Mantel umgeben, oder er habe eine aus zwei Hüllen – Rock und Mantel – zusammengesetzte Bekleidung. Diese Auffassungen sind durchaus gleich berechtigt. Die hinzukommende Hülle vereinigt sich immer mit der schon vorhandenen zu einer neuen. Freilich darf dabei nie vergessen werden, daß wir im Umhüllen und im Zusammensetzen Vorgänge in der Zeit haben, während das Entsprechende im Gebiete der Gedanken zeitlos ist.

Wenn A ein Gedanke ist, der nicht der Dichtung angehört, gehört auch die Verneinung von A der Dichtung nicht an. Von den beiden Gedanken A und der Verneinung von A ist dann immer einer und nur einer wahr. Ebenso ist dann von den beiden Gedanken der Verneinung von A und der Verneinung der Verneinung von A immer einer und nur einer wahr. Nun ist die Verneinung von A entweder wahr oder nicht wahr. Im erstern Falle ist weder A, noch die Verneinung der Verneinung von A wahr. Im andern Falle ist sowohl A, als auch die Verneinung der Verneinung von A wahr. Von den beiden Gedanken – A und der Verneinung der Verneinung von A – ist also entweder jeder oder keiner wahr. Ich kann das auch so ausdrücken:

die einen Gedanken bekleidende doppelte Verneinung ändert den Wahrheitswert des Gedankens nicht.

Logische Untersuchungen.
Dritter Teil: Gedankengefüge.[1]

Aus: *Beiträge zur Philosophie des Deutschen Idealismus* III, Heft 1 (1923), S. 36–51.[*]

Erstaunlich ist es, was die Sprache leistet, indem sie mit wenigen Silben unübersehbar viele Gedanken ausdrückt, daß sie sogar für einen Gedanken, den nun zum ersten Male ein Erdbürger gefaßt hat, eine Einkleidung findet, in der ihn ein Anderer erkennen kann, dem er ganz neu ist. Dies wäre nicht möglich, wenn wir in dem Gedanken nicht Teile unterscheiden könnten, denen Satzteile entsprächen, so daß der Aufbau des Satzes als Bild gelten könnte des Aufbaues des Gedankens. Freilich sprechen wir eigentlich in einem Gleichnisse, wenn wir das Verhältnis von Ganzem und Teil auf den Gedanken übertragen. Doch liegt das Gleichnis so nahe und trifft im Ganzen so zu, daß wir das hie und da vorkommende Hinken kaum als störend empfinden.

Sieht man so die Gedanken an als zusammengesetzt aus einfachen Teilen und läßt man diesen wieder einfache Satzteile entsprechen, so wird es begreiflich, daß aus wenigen Satzteilen eine große Mannigfaltigkeit von Sätzen gebildet werden kann, denen wieder eine große Mannigfaltigkeit von Gedanken entspricht. Hier liegt es nun nahe zu fragen, wie der Aufbau des Gedankens geschieht und wodurch dabei die Teile zusammengefügt werden, sodaß das Ganze etwas mehr wird, als die vereinzelten Teile. In meinem Aufsatze *Die Verneinung*[2] **[37]** habe ich den Fall betrachtet, daß ein Gedanke zusammengesetzt erscheint aus einem ergänzungsbedürftigen oder, wie man auch sagen kann, ungesättigten Teile, dem sprachlich das Verneinungswort entspricht, und einem Gedanken. Wir können nicht

---

[1] Erster Teil: Der Gedanke. (Band I, S. 58 ff) – Zweiter Teil: Die Verneinung. (Band I, S. 143 ff).

[*] [Hg.: Freges zehn Anmerkungen zu *Ggf* sind in dieser Ausgabe durchnummeriert.]

[2] Band I dieser Zeitschrift, S.143 [ff] [Hg.: Genauer, S. 155–157.]

verneinen ohne etwas, was wir verneinen, und dieses ist ein Gedanke. Dadurch, daß der Gedanke den ungesättigten Teil sättigt oder, wie man auch sagen kann, den ergänzungsbedürftigen Teil ergänzt, wird der Zusammenhalt des Ganzen bewirkt. Und die Vermutung liegt nahe, daß im Logischen überhaupt die Fügung zu einem Ganzen immer dadurch geschehe, daß ein Ungesättigtes gesättigt werde.[3]

Hier soll nun ein besonderer Fall solcher Fügung betrachtet werden, nämlich der, daß zwei Gedanken zu einem einzigen zusammengefügt werden. Im Gebiete der Sprache wird dem die Zusammenfügung von zwei Sätzen zu einem Ganzen entsprechen, das ebenfalls ein Satz ist. Dem Worte „Satzgefüge" der Grammatik bilde ich den Ausdruck „Gedankengefüge" nach, ohne damit sagen zu wollen[,] daß jedes Satzgefüge als Sinn ein Gedankengefüge habe, oder daß jedes Gedankengefüge Sinn eines Satzgefüges sei. Unter einem Gedankengefüge will ich einen Gedanken verstehen, der aus Gedanken besteht, aber nicht nur aus Gedanken. Ein Gedanke ist nämlich vollständig und gesättigt, bedarf, um bestehen zu können, keiner Ergänzung. Darum haften Gedanken nicht aneinander, wenn sie nicht durch etwas aneinander gefügt werden, was kein Gedanke ist. Wir dürfen vermuten, daß dieses Fügende ungesättigt ist. Das Gedankengefüge soll selbst ein Gedanke sein, nämlich etwas, von dem gilt: es ist entweder wahr oder falsch, ein Drittes gibt es nicht.

Nicht jeder Satz, der sprachlich aus Sätzen zusammengesetzt ist, kann uns ein brauchbares Beispiel liefern; denn die Grammatik kennt Sätze, die von der Logik nicht als eigentliche Sätze anerkannt werden können, weil sie keine Gedanken ausdrücken. Das zeigen uns die Relativsätze; denn in einem von seinem Hauptsatze getrennten Relativsatze können wir nicht erkennen, was mit dem Relativpronomen bezeichnet werden soll. Wir haben in einem solchen Satze keinen Sinn, nach dessen Wahrheit wir fragen könnten, mit andern Worten: wir haben als Sinn eines abgetrennten Relativsatzes keinen Gedanken. Wir dürfen also nicht erwarten, daß einem Satzgefüge, bestehend aus einem Hauptsatze und einem Relativsatze, als Sinn ein Gedankengefüge entspreche.

---

[3] Hier wie im folgenden ist immer fest im Auge zu behalten, daß dieses Sättigen, dieses Fügen kein Vorgang in der Zeit ist.

Gedankengefüge.

Erste Art der Gedankengefüge.

Sprachlich scheint der Fall am einfachsten zu sein, daß ein Hauptsatz mit einem Hauptsatze durch „und" verbunden ist. Doch ist die Sache nicht so einfach, wie sie zunächst scheint; denn in einem Behauptungssatze ist zweierlei zu unterscheiden: der ausgedrückte Gedanke und die Behauptung. Nur auf jenen kommt **[38]** es hier an; denn nicht Taten des Urteilens sollen verbunden werden.[4] Darum verstehe ich die mit „und" zu verbindenden Sätze so, daß sie ohne behauptende Kraft auszusprechen sind. Am leichtesten wird man die behauptende Kraft dadurch los, daß man das Ganze in eine Frage verwandelt; denn in der Frage kann man denselben Gedanken ausdrücken wie im Behauptungssatze, aber ohne Behauptung. Wenn wir zwei Sätze, von denen keiner mit behauptender Kraft ausgesprochen wird, durch „und" verbinden, so ist zu fragen, ob der Sinn des so entstehenden Ganzen ein Gedanke sei. Dann muß nicht nur jeder der beiden Teilsätze, sondern auch das Ganze einen Sinn haben, der zum Inhalte einer Frage gemacht werden kann. Wenn die Geschworenen gefragt werden „Hat der Angeklagte den Holzhaufen absichtlich in Brand gesetzt und absichtlich einen Waldbrand bewirkt?"[?] so kommt es darauf an, ob hierin zwei Fragen liegen sollen oder eine einzige. Wenn es den Geschworenen freisteht, die den Holzhaufen betreffende Frage zu bejahen, die den Waldbrand betreffende aber zu verneinen, so haben wir zwei Fragen, von denen jede einen Gedanken enthält. Ein aus diesen beiden Gedanken zusammengefügter Gedanke ist dann nicht in Frage. Wenn aber die Geschworenen nur „ja" oder „nein" antworten dürfen, ohne das Ganze in Teilfragen zu zerlegen – und das nehme ich hier an –, dann ist dieses Ganze eine einzige Frage, und diese ist nur dann zu bejahen, wenn der Angeklagte absichtlich sowohl den Holzhaufen in Brand gesetzt als auch den Waldbrand bewirkt hat. In jedem andern Falle ist die Frage zu verneinen. Wenn also ein Geschworener meint, der Angeklagte habe zwar den Holzhaufen absichtlich in Brand gesetzt, das Feuer habe sich dann aber ohne die

---

[4] Die Logiker verstehen, wie es scheint, unter „Urteil" oft etwas, was ich Gedanken nenne. Ich sage: man urteilt, indem man einen Gedanken als wahr anerkennt. Die Tat dieser Anerkennung nenne ich Urteil. Das Urteil wird kund gemacht durch einen mit behauptender Kraft ausgesprochenen Satz. Man kann aber einen Gedanken fassen und ausdrücken, ohne ihn als wahr anzuerkennen, d. h. ohne zu urteilen.

Absicht des Angeklagten weiter verbreitet und den Wald ergriffen, so muß er die Frage verneinen. Dann ist von den beiden Teilgedanken der Gedanke der ganzen Frage zu unterscheiden. Diese enthält außer den beiden Teilgedanken das, was sie zusammenfügt[,] und diesem entspricht sprachlich das „und". Dieses Wort wird hier in besonderer Weise gebraucht. Es kommt hier nur in Betracht als Bindewort zwischen eigentlichen Sätzen. Eigentlich nenne ich einen Satz, welcher einen Gedanken ausdrückt. Ein Gedanke aber ist etwas, von dem gilt: wahr oder falsch, ein Drittes gibt es nicht. Das „und", von dem hier die Rede ist, soll auch nur Sätze verbinden, welche ohne behauptende Kraft ausgesprochen werden. Hiermit soll die Urteilsfällung nicht ausgeschlossen sein, aber sie soll, wenn sie vorkommt, sich auf das ganze Gedankengefüge beziehen. Wenn wir ein Gefüge der hier betrachteten ersten Art als wahr hinstellen wollen, können wir etwa die Wendung gebrauchen „es ist wahr, daß ... und daß ..."

Ebensowenig wie Behauptungssätze soll unser „und" Fragesätze verbinden. In unserm Beispiele wird den Geschworenen nur eine einzige Frage vorgelegt. [39] Der Gedanke aber, den diese Frage zur Beurteilung stellt, ist zusammengefügt aus zwei Gedanken. Der Geschworene hat in seiner Antwort nur ein einziges Urteil abzugeben. Nun kann das freilich als eine gesuchte Überfeinheit aussehen. Ist es nicht eigentlich dasselbe, ob der Geschworene erst die Frage „Hat der Angeklagte den Holzhaufen absichtlich in Brand gesetzt?" bejaht und dann die Frage „Hat der Angeklagte absichtlich einen Waldbrand bewirkt?" bejaht, oder ob er die ganze vorgelegte Frage mit einem Schlage bejaht? Im Falle der Bejahung kann es so scheinen; der Unterschied wird deutlicher im Falle, daß die Frage verneint wird. Darum ist es nützlich, den Gedanken in einer Frage auszudrücken; denn dabei muß der Fall der Verneinung ebenso wie der der Bejahung betrachtet werden, wenn der Gedanke richtig erfaßt werden soll.

Das so in seiner Gebrauchsweise genauer bestimmte „und" erscheint zwiefach ungesättigt. Es fordert zu seiner Sättigung einen Satz, der vorhergeht, und einen Satz, der folgt. Auch was dem „und" im Gebiete des Sinnes entspricht, muß zwiefach ungesättigt sein. Indem es durch Gedanken gesättigt wird, fügt e[s]* diese Gedanken zusammen.[5] Als bloßes Ding ist die Gruppe von Buchstaben „und" freilich ebensowenig ungesättigt als irgend ein anderes Ding. Im

---

* [Hg.: Im Original steht „er".]
5 Vergl. Anm. auf S. 37. [Hg.: Hier Anm. 3.]

Gedankengefüge.

Hinblick auf seine Gebrauchsweise als Zeichen, das einen Sinn ausdrücken soll, kann man es ungesättigt nennen, indem es hier nur in der Stellung zwischen zwei Sätzen den gemeinten Sinn haben kann. Sein Zweck als Zeichen verlangt eine Ergänzung durch einen vorhergehenden und einen nachfolgenden Satz. Eigentlich kommt das Ungesättigtsein im Gebiete des Sinnes vor und wird von da aus auf das Zeichen übertragen.

Wenn „A" ein eigentlicher Satz ist, der ohne behauptende Kraft und nicht als Frage ausgesprochen wird, und wenn dasselbe von „B" gilt, so ist „A und B" gleichfalls ein eigentlicher Satz und sein Sinn ist ein Gedankengefüge erster Art. Dafür sage ich auch: „A und B" drückt ein Gedankengefüge erster Art aus.

Daß „B und A" denselben Sinn hat wie „A und B", sieht man ein ohne Beweis nur dadurch, daß man sich des Sinnes bewußt wird. Wir haben hier einen Fall, daß sprachlich verschiedenen Ausdrücken derselbe Sinn entspricht. Diese Abweichung des ausdrückenden Zeichens von dem ausgedrückten Gedanken ist eine unvermeidliche Folge der Verschiedenheit des in Raum und Zeit Erscheinenden von der Welt der Gedanken.[6]

Schließlich mag auf einen Schluß hingewiesen werden, der hier gilt.

A ist wahr;[7]

B ist wahr; also ist

(A und B) wahr.

[40]   *Zweite Art der Gedankengefüge.*

Die Verneinung eines Gefüges erster Art eines Gedankens mit einem Gedanken ist selbst ein Gefüge derselben beiden Gedanken. Ein solches will ich Gedankengefüge zweiter Art nennen. Immer wenn ein Gefüge erster Art von zwei Gedanken falsch ist, ist das

---

[6] Ein anderer Fall dieser Art ist der, daß „A und A" denselben Sinn hat wie „A".
[7] Wenn ich schreibe „A ist wahr", meine ich genauer „der in dem Satze „A" ausgedrückte Gedanke ist wahr". Ebenso in ähnlichen Fällen.

Gefüge zweiter Art dieser Gedanken wahr und umgekehrt. Ein Gefüge zweiter Art ist nur dann falsch, wenn jeder der gefügten Gedanken wahr ist. Ein Gedankengefüge zweiter Art ist immer wahr, wenn mindestens einer der gefügten Gedanken falsch ist. Hierbei ist immer vorausgesetzt, daß die Gedanken nicht der Dichtung angehören. Indem ich ein Gedankengefüge zweiter Art als wahr hinstelle, erkläre ich die gefügten Gedanken [für]* unvereinbar.

Ohne zu wissen, ob

$$(21/20)^{100} \text{ größer als } \sqrt[10]{10^{21}} \text{ sei,}^{**}$$

und ohne zu wissen, ob

$$(21/20)^{100} \text{ kleiner als } \sqrt[10]{10^{21}} \text{ sei,}$$

kann ich doch erkennen, daß das Gefüge erster Art dieser beiden Gedanken falsch ist. Demnach ist das Gefüge zweiter Art dieser Gedanken wahr. Außer den gefügten Gedanken haben wir etwas, was sie fügt. Das Fügende ist auch hier zwiefach ungesättigt. Und die Fügung kommt dadurch zustande, daß die Teilgedanken das Fügende sättigen.

Um ein Gedankengefüge dieser Art kurz auszudrücken, schreibe ich

„Nicht (A und B)",***

wobei „A" und „B" die den gefügten Gedanken entsprechenden Sätze sind. In diesem Ausdrucke tritt das Fügende deutlicher hervor; es ist der Sinn dessen, was in ihm außer den Buchstaben „A" und „B" vorhanden ist. Die beiden Lücken in dem Ausdrucke

„Nicht (und   )"***

---

* [Hg.: Im Original steht „als". Hier an 45c angepasst, im Kontrast etwa zu *Ged* 60a, unten.]
** [Hg.: Frege nimmt hier das Beispiel aus *Vern* 144c wieder auf.]
*** [Hg.: Beim Gebrauch der Klammern in *Ggf* scheint der Drucker dem Autor übel mitgespielt zu haben. Im Original werden eckige Klammern *manchmal* für denselben Zweck wie fette Klammern verwendet: um ein Klammernpaar zweiter Ordnung auszuzeichnen, aber nicht immer: hier z. B. nicht. In dieser Ausgabe werden ausschließlich eckige Klammern zu diesem Zweck gebraucht, und sie dienen (wenn sie nicht Texteingriffe markieren) stets diesem Zweck. Redundante Klammern sind getilgt. Alle Eingriffe sind in den Hg.-Anm. registriert.]

Gedankengefüge.

lassen die zwiefache Ungesättigtheit erkennen. Das Fügende ist der zwiefach ungesättigte Sinn dieses zwiefach ungesättigten Ausdrucks. Wenn wir die Lücken durch Gedankenausdrücke ausfüllen, bilden wir einen Ausdruck eines Gedankengefüges zweiter Art. Man darf aber eigentlich nicht sagen, das Gedankengefüge entstehe so; denn es ist ein Gedanke, und ein Gedanke entsteht nicht.

In einem Gedankengefüge erster Art sind die beiden Gedanken vertauschbar. Dieselbe Vertauschbarkeit muß auch in der Verneinung eines Gedankengefüges erster Art, also in einem Gedankengefüge zweiter Art bestehen. Wenn also „Nicht (A und B)"* ein Gedankengefüge ausdrückt, so drückt „Nicht (B und A)"* dasselbe Gefüge derselben Gedanken aus. Diese Vertauschbarkeit ist hier ebensowenig wie bei den Gefügen erster Art als ein Lehrsatz aufzufassen; denn im Reiche des Sinnes besteht keine Verschiedenheit. Es ist also selbstverständlich, [41] daß der Sinn des zweiten Satzgefüges wahr ist, wenn der des ersten wahr ist; denn es ist derselbe Sinn.

Auch hier mag ein Schluß angeführt werden.

Nicht (A und B) ist wahr;*

A ist wahr; also

ist B falsch.

Dritte Art der Gedankengefüge.

Das Gefüge erster Art der Verneinung eines ersten Gedankens mit der Verneinung eines zweiten Gedankens ist auch ein Gefüge des ersten Gedankens mit dem zweiten. Ich nenne es Gefüge dritter Art des ersten Gedankens mit dem zweiten. Es sei z. B. der erste Gedanke der, daß Paul lesen kann, der zweite Gedanke der, daß Paul schreiben kann. Dann ist das Gefüge dritter Art dieser beiden Gedanken der Gedanke, daß Paul weder lesen noch schreiben kann. Ein Gedankengefüge der dritten Art ist nur dann wahr, wenn jeder der beiden gefügten Gedanken falsch ist. Ein Gedankengefüge der dritten Art ist falsch, wenn mindestens einer der gefügten Gedanken wahr ist. Auch in dem Gedankengefüge dritter Art sind die beiden gefügten

* [Hg.: Eckige durch runde Klammern ersetzt.]

Gedanken vertauschbar. Wenn „A" einen Gedanken ausdrückt, so soll „nicht A" die Verneinung dieses Gedankens ausdrücken. Das Entsprechende gelte von „B". Wenn dann „A" und „B" eigentliche Sätze sind, so ist der Sinn von

„(nicht A) und (nicht B)",

wofür ich auch schreibe

„weder A, noch B",

das Gefüge dritter Art der beiden durch „A" und durch „B" ausgedrückten Gedanken.

Das Fügende ist hier der Sinn dessen, was außer den Buchstaben „A" und „B" in jenen Ausdrücken vorhanden ist. Die beiden Lücken in

„(nicht   ) und (nicht   )"

oder in

„weder   , noch   "

deuten die zwiefache Ungesättigtheit dieser Ausdrücke an, die der zwiefachen Ungesättigtheit des Fügenden entspricht. Indem dieses durch Gedanken gesättigt wird, kommt das Gefüge dritter Art dieser Gedanken zustande.

Auch hier möge ein Schluß angeführt werden.

A ist falsch;

B ist falsch; also

ist (weder A noch B) wahr.

Die Klammer soll deutlich machen, daß ihr Inhalt das Ganze ist, dessen Sinn als wahr hingestellt wird.

Vierte Art der Gedankengefüge.

Die Verneinung eines Gefüges dritter Art von zwei Gedanken ist gleichfalls ein Gefüge dieser beiden Gedanken. Ein solches möge Gedankengefüge [42] vierter Art heißen. Das Gefüge vierter Art von zwei Gedanken ist das Gefüge zweiter Art der Verneinungen

Gedankengefüge.

dieser Gedanken. Wenn man ein solches Gedankengefüge als wahr hinstellt, sagt man damit, daß mindestens einer der gefügten Gedanken wahr ist. Ein Gedankengefüge vierter Art ist nur dann falsch, wenn jeder der gefügten Gedanken falsch ist. Wenn wieder „A" und „B" eigentliche Sätze sind, so ist der Sinn vo[n]*

„nicht [(nicht A) und (nicht B)]"

ein Gedankengefüge vierter Art der durch „A" und „B" ausgedrückten Gedanken. Dasselbe gilt von

„nicht (weder A noch B)".**

Noch kürzer schreiben wir dafür

„A oder B".

Das in diesem Sinne genommene „oder" steht nur zwischen Sätzen, und zwar eigentlichen Sätzen. Indem ich ein solches Gedankengefüge als wahr anerkenne, schließe ich nicht aus, daß beide gefügte Gedanken wahr sind. Wir haben hier das nicht ausschließende „oder". Das Fügende ist Sinn*** dessen, was in „A oder B" außer „A" und „B" vorkommt, also von

„(oder)",

wo die beiden Lücken links und rechts von „oder" die zwiefache Ungesättigtheit des Fügenden andeuten. Die durch „oder" verbundenen Sätze sind nur als Gedankenausdrücke aufzufassen, also einzeln nicht mit behauptender Kraft versehen. Dagegen kann das ganze Gedankengefüge als wahr anerkannt werden. Im sprachlichen Ausdrucke tritt das nicht deutlich hervor. Wenn behauptet wird, „5 ist kleiner als 4 oder 5 ist größer als 4", hat jeder der Teilsätze die sprachliche Form, die er auch hätte, wenn er einzeln mit behauptender Kraft ausgesprochen würde, während in der Tat nur das ganze Gefüge als wahr hingestellt werden soll.

Vielleicht findet man, daß der hier angegebene Sinn des Wortes „oder" mit dem Sprachgebrauche nicht immer übereinstimmt. Hiergegen sei zunächst bemerkt, daß es bei der Festsetzung des Sinnes wissenschaftlicher Ausdrücke nicht die Aufgabe sein kann,

---

* [Hg.: Im Original steht „vor".]
** [Hg.: Eckige durch runde Klammern ersetzt.]
*** [Hg.: Fehlt vor diesem Wort der bestimmte Artikel? Vgl. 41d mit 43e.]

den Sprachgebrauch des Lebens genau zu treffen; dieser ist ja meist für wissenschaftliche Zwecke ungeeignet, wo das Bedürfnis genauerer Prägung gefühlt wird. Es muß dem Naturforscher erlaubt sein, im Gebrauche des Wortes „Ohr" von dem sonst Üblichen abzuweichen. Auf dem Gebiete der Logik können mitanklingende Nebengedanken stören. Nach dem, was über den Gebrauch von „oder" gesagt worden ist, kann wahrheitsgemäß behauptet werden: „Friedrich der Große siegte bei Roßbach, oder zwei ist größer als drei". Da meint jemand: „Sonderbar! was hat der Sieg bei Roßbach mit dem Unsinn zu tun, daß zwei größer als drei sei?" Daß zwei größer als drei sei, ist falsch, aber kein Unsinn. Ob die Falschheit eines Gedankens leicht oder schwer einzusehn ist, macht für die Logik keinen Unterschied. Man ist gewohnt, bei Sätzen, die mit „oder" verbunden sind, anzunehmen, daß der Sinn des einen mit dem des andern etwas zu tun habe, daß zwischen ihnen irgend eine Verwandtschaft bestehe; und in einem [43] gegebenen Falle wird man eine solche vielleicht auch angeben können; aber in einem andern Falle wird man eine andere haben, sodaß es unmöglich sein wird, eine Sinnverwandtschaft anzugeben, die immer mit dem „oder" verknüpft wäre und zu dem Sinn dieses Wortes gerechnet werden könnte. Aber warum fügt der Redner den zweiten Satz überhaupt an? Wenn er behaupten will, daß Friedrich der Große bei Roßbach siegte, genügte ja dazu der erste Satz; daß der Redner nicht sagen will, zwei sei größer als drei, ist doch anzunehmen. Wenn der Redner sich mit dem ersten Satze begnügt hätte, hätte er mit weniger Worten mehr gesagt. Wozu also dieser Aufwand von Worten? Auch diese Fragen führen nur auf Nebengedanken. Welche Absichten und Beweggründe der Redner habe, gerade dies zu sagen und jenes nicht, geht uns hier gar nichts an, sondern nur das, was er sagt.

Die Gedankengefüge der vier ersten Arten haben das gemein, daß die gefügten Gedanken vertauschbar sind.

Auch hier folge noch ein Schluß:

(A oder B) ist wahr;

A ist falsch; also

ist B wahr.

Fünfte Art der Gedankengefüge.

Wenn wir aus der Verneinung eines Gedankens und einem zweiten Gedanken ein Gefüge der ersten Art bilden, erhalten wir ein Gefüge fünfter Art des ersten Gedankens mit dem zweiten. Wenn „A" den ersten Gedanken, „B" den zweiten Gedanken ausdrückt, ist der Sinn von

„(nicht A) und B"

ein solches Gedankengefüge. Ein Gefüge dieser Art ist dann und nur dann wahr, wenn der erste gefügte Gedanke falsch, der zweite aber wahr ist. So ist z. B. das durch

„(nicht $3^2=2^3$) und ($2^4=4^2$)"

ausgedrückte Gedankengefüge wahr. Es ist der Gedanke, daß 3^2 nicht gleich 2^3 und 2^4 gleich 4^2 ist. Nachdem jemand erkannt hat, daß 2^4 gleich 4^2 ist, vermutet er vielleicht, daß allgemein Exponent und Basis einer Potenz vertauschbar seien. Diesen Irrtum sucht ein anderer abzuwehren, indem er sagt „2^4 ist gleich 4^2, aber 2^3 ist nicht gleich 3^2". Wenn man nun fragt, welcher Unterschied zwischen der Anfügung mit „und" und der mit „aber" bestehe, so ist zu antworten: Für das, was ich den Gedanken oder den Sinn des Satzes genannt habe, ist es ganz einerlei, ob die Wendung mit „und" oder die mit „aber" gewählt wird. Der Unterschied besteht nur in dem, was ich Beleuchtung[8] des Gedankens nenne; er gehört dem Gebiete der Logik nicht an.

Das Fügende in einem Gedankengefüge fünfter Art ist zwiefach ergänzungsbedürftiger Sinn des zwiefach ergänzungsbedürftigen Ausdrucks

„(nicht   ) und (   )".

[44] Hier sind die gefügten Gedanken nicht vertauschbar; denn

„(nicht B) und A"

drückt nicht dasselbe aus wie

„(nicht A) und B".

---

[8] Vergl. meinen Aufsatz „Der Gedanke" im ersten Band dieser Zeitschrift, S. 63. [Hg.: Genauer: S. 63b–64a.]

Die Stelle des ersten Gedankens im Gefüge ist nicht von derselben Art wie die des zweiten Gedankens. Da ich nicht wage, ein Wort neu zu bilden, bin ich genötigt, das Wort „Stelle" in übertragener Bedeutung zu gebrauchen. Vom geschriebenen Gedankenausdrucke sprechend wird man „Stelle" in der gewöhnlichen örtlichen Bedeutung nehmen. Der Stelle im Gedankenausdrucke muß etwas im Gedanken selbst entsprechen, und ich behalte hierfür das Wort „Stelle" bei. Hier können wir nicht einfach die Gedanken ihre Stellen wechseln lassen; aber wir können an die Stelle des ersten Gedankens die Verneinung des zweiten und zugleich an die Stelle des zweiten Gedankens die Verneinung des ersten setzen. Auch das muß freilich mit einem Körnchen Salz verstanden werden; denn ein Handeln in Raum und Zeit ist nicht gemeint. So erhalten wir aus

„(nicht A) und B"

„nicht (nicht B) und (nicht A)".*

Da aber „nicht (nicht B)" denselben Sinn hat wie „B", haben wir

„B und (nicht A)",

was dasselbe ausdrückt wie

„(nicht A) und B".

Sechste Art der Gedankengefüge.

Die Verneinung eines Gefüges fünfter Art eines Gedankens mit einem zweiten ist ein Gefüge sechster Art des ersten Gedankens mit dem zweiten. Man kann auch sagen: Das Gefüge zweiter Art der Verneinung des ersten Gedankens mit dem zweiten Gedanken ist ein Gefüge sechster Art des ersten Gedankens mit dem zweiten. Ein Gefüge fünfter Art eines ersten Gedankens mit einem zweiten ist dann und nur dann wahr, wenn der erste Gedanke falsch, der zweite Gedanke aber wahr ist. Daraus folgt, daß ein Gefüge sechster Art eines ersten Gedankens mit einem zweiten dann und nur dann falsch ist, wenn der erste Gedanke falsch, der zweite aber wahr ist. Ein solches Gedankengefüge ist also wahr, wenn der erste

---

* [Hg.: Redundante Klammern getilgt.]

Gedankengefüge.

Gedanke wahr ist, einerlei, ob der zweite Gedanke wahr oder falsch ist. Ein solches Gedankengefüge ist auch wahr, wenn der zweite Gedanke falsch ist, einerlei, ob der erste Gedanke wahr oder falsch ist.

Ohne zu wissen, ob*

$$[(21/20)^{100}]^2 \text{ größer als } 2^2$$

sei, und ohne zu wissen, ob

$$(21/20)^{100} \text{ größer als } 2$$

sei, kann ich doch erkennen, daß das Gefüge sechster Art des ersten Gedankens [45] mit dem zweiten wahr ist. Die Verneinung des ersten Gedankens und der zweite Gedanke schließen einander aus. Man kann das so aussprechen:

„Wenn $(21/20)^{100}$ größer als 2 ist,
so ist $[(21/20)^{100}]^2$ größer als 2^2."

Statt „Gedankengefüge sechster Art" sage ich auch „hypothetisches Gedankengefüge" und nenne den ersten Gedanken „Folge", den zweiten „Bedingung" im hypothetischen Gedankengefüge. Demnach ist ein hypothetisches Gedankengefüge wahr, wenn die Folge wahr ist. Auch ist ein hypothetisches Gedankengefüge wahr, wenn die Bedingung falsch ist; einerlei, ob die Folge wahr oder falsch ist. Doch muß die Folge immer ein Gedanke sein.

Es seien wieder „A" und „B" eigentliche Sätze, dann haben wir in

„nicht [(nicht A) und B]" **

den Ausdruck eines hypothetischen Gefüges, dessen Folge der Sinn (Gedankeninhalt) von „A" und dessen Bedingung der Sinn von „B" ist. Wir können dafür auch schreiben

„Wenn B, so A".

Freilich können hier Bedenken entstehen. Man wird vielleicht finden, daß der Sprachgebrauch hierdurch nicht getroffen sei. Demgegenüber muß immer wieder betont werden, daß es der Wissenschaft erlaubt sein muß, ihren eigenen Sprachgebrauch zu haben, daß sie

---

* [Hg.: Wie in der nächsten Zeile wurden auch auf den beiden folgenden Seiten fette durch eckige Klammern ersetzt.]
** [Hg.: Fette Klammern durch eckige ersetzt.]

sich der Sprache des Lebens nicht immer unterwerfen kann. Eben darin sehe ich die größte Schwierigkeit der Philosophie, daß sie für ihre Arbeiten ein wenig geeignetes Werkzeug vorfindet, nämlich die Sprache des Lebens, für deren Ausbildung ganz andere Bedürfnisse mitbestimmend gewesen sind, als die der Philosophie. So ist auch die Logik genötigt, aus dem, was sie vorfindet, sich erst ein brauchbares Werkzeug zurechtzufeilen. Auch für diese Arbeit findet sie zuerst nur wenig brauchbare Werkzeuge vor.

Der Satz

„Wenn 2 größer als 3 ist, so ist 4 eine Primzahl"

wird gewiß von Vielen für unsinnig erklärt werden und doch ist er nach meiner Festsetzung wahr, weil die Bedingung falsch ist. Falsch sein ist noch nicht unsinnig sein. Ohne zu wissen, ob

$^{10}\sqrt{10^{21}}$ größer als $(21/20)^{100}$

ist, kann man erkennen, daß[,] wenn

$^{10}\sqrt{10^{21}}$ größer als $(21/20)^{100}$ ist,

$(^{10}\sqrt{10^{21}})^2$ größer als $[(21/20)^{100}]^2$ ist;

und niemand wird hierin einen Unsinn sehen. Nun ist es falsch, daß

$^{10}\sqrt{10^{21}}$ größer als $(21/20)^{100}$ sei.

[46] Und ebenso ist es falsch, daß

$(^{10}\sqrt{10^{21}})^2$ größer als $[(21/20)^{100}]^2$ sei.

Wenn dies ebenso leicht eingesehen werden könnte, wie die Falschheit davon, daß 2 größer als 3 ist, würde das hypothetische Gedankengefüge in diesem Beispiele ebenso unsinnig erscheinen, wie in jenem. Ob die Falschheit eines Gedankens leichter oder schwerer einzusehen ist, macht für die logische Betrachtung nichts aus; denn der Unterschied ist ein psychologischer.

Auch der in dem Satzgefüge

„Wenn ich einen Hahn habe, der heute Eier gelegt hat,
wird morgen früh der Kölner Dom einstürzen"

ausgedrückte Gedanke ist wahr. „Aber Bedingung und Folge haben hier ja gar keinen innern Zusammenhang", wird vielleicht jemand sagen. Nun[,] ich habe keinen solchen Zusammenhang in meiner

Gedankengefüge.

Erklärung gefordert und bitte nur das unter „Wenn B[,] so A" zu verstehen, was ich gesagt und in der Form

„nicht [(nicht A) und B]"*

ausgedrückt habe. Freilich wird diese Auffassung eines hypothetischen Satzgefüges zunächst befremden. Es kommt bei meiner Erklärung nicht darauf an, den Sprachgebrauch des Lebens zu treffen, der für die Zwecke der Logik meist zu verschwommen und schwankend ist. Da drängt sich allerlei heran, z. B. das Verhältnis von Ursache und Wirkung, die Absicht, mit der ein Redender einen Satz von der Form „Wenn B, so A" ausspricht, der Grund, aus dem er seinen Inhalt für wahr hält. Der Redende gibt vielleicht Winke hinsichtlich solcher beim Hörenden etwa auftauchenden Fragen. Solche Winke gehören zum Beiwerke, das in der Sprache des Lebens den Gedanken oft umrankt. Meine Aufgabe ist es hier, durch Abscheidung des Beiwerks als logischen Kern ein Gefüge von zwei Gedanken herauszuschälen, ein Gefüge, welches ich hypothetisches Gedankengefüge genannt habe. Die Einsicht in den Bau der aus zwei Gedanken gefügten Gedanken muß die Grundlage für die Betrachtung vielfältiger gefügter Gedanken bilden.

Was ich über den Ausdruck „Wenn B, so A" gesagt habe, darf nicht so verstanden werden, daß jedes Satzgefüge dieser Form ein hypothetisches Gedankengefüge ausdrücke. Wenn „A" für sich allein kein vollständiger Ausdruck eines Gedankens, also kein eigentlicher Satz ist, oder wenn „B" für sich allein kein eigentlicher Satz ist, haben wir einen andern Fall. In dem Satzgefüge

„Wenn jemand ein Mörder ist, so ist er ein Verbrecher"

drückt weder der Bedingungssatz, noch der Folgesatz, für sich genommen einen Gedanken aus. Ob das, was in dem aus dem Zusammenhange gelösten Satze „Er ist ein Verbrecher" ohne hinzukommenden Wink ausgedrückt wird, wahr oder falsch sei, läßt sich nicht entscheiden, weil das Wort „er" kein Eigenname ist, sondern in dem aus dem Zusammenhange gelösten Satze ohne hinzukommenden Wink nichts bezeichnet. Folglich drückt unser Nachsatz keinen Gedanken aus, ist also kein eigentlicher Satz. Dasselbe gilt von unserm Bedingungssatze; denn er [47] enthält einen Bestandteil – „jemand" –, der ebenfalls nichts bezeichnet. Trotzdem kann das

---

* [Hg.: Runde Klammern eingefügt.]

Satzgefüge einen Gedanken ausdrücken. Das „jemand" und das „er" weisen aufeinander hin. Dadurch und durch das „wenn –, so –", werden die beiden Sätze so miteinander verbunden, daß sie zusammen einen Gedanken ausdrücken, während wir in einem hypothetischen Gedankengefüge drei Gedanken unterscheiden können, nämlich die Bedingung, die Folge und den aus beiden gefügten Gedanken. Nicht immer drückt also ein Satzgefüge ein Gedankengefüge aus, und es ist sehr wesentlich, die beiden Fälle zu unterscheiden, die bei einem Satzgefüge von der Form

„Wenn B, so A"

vorkommen.

Auch hier füge ich einen Schluß an[:]

(Wenn B, so A) ist wahr;[*]

B ist wahr; also

ist A wahr.

In diesem Schlusse tritt vielleicht das Eigentümliche des hypothetischen Gedankengefüges am deutlichsten hervor.

Bemerkenswert ist noch folgende Schlußweise[:][*]

(Wenn C, so B) ist wahr;

(Wenn B, so A) ist wahr; also

ist (Wenn C, so A) wahr.

Hier mag eine irreführende Redeweise erwähnt werden. Manche mathematische Schriftsteller drücken sich so aus, als ob man Folgerungen aus einem Gedanken ziehen könne, dessen Wahrheit noch zweifelhaft ist. Wenn man sagt „ich schließe A aus B" oder „ich folgere aus B die Wahrheit von A", so versteht man unter B eine der Prämissen oder die einzige Prämisse des Schlusses. Bevor man aber die Wahrheit eines Gedankens anerkannt hat, kann man ihn nicht als Prämisse eines Schlusses gebrauchen, kann man nichts aus ihm schließen oder folgern. Wenn man es doch zu tun meint, verwechselt man, wie es scheint, die Anerkennung der Wahrheit eines hy-

---

[*] [Hg.: Eckige Klammern durch runde ersetzt.]

Gedankengefüge.

pothetischen Gedankengefüges mit einem Schlusse, in dem man die Bedingung in diesem Gefüge für eine Prämisse nimmt. Nun kann ja die Anerkennung der Wahrheit des Sinnes von

„Wenn C, so A"

auf einem Schlusse beruhen, wie in dem oben gegebenen Beispiele und es kann dabei zweifelhaft sein, ob C wahr sei[9]; aber hierbei ist der in „C" ausgedrückte Gedanke garnicht Prämisse jenes Schlusses, sondern Prämisse war der Sinn des Satzes

„Wenn C, so B".

Wenn der Gedankeninhalt von „C" Prämisse des Schlusses wäre, käme er im Ergebnis des Schlusses nicht vor; denn darin besteht eben die Wirkung des Schließens.

[48] Wir haben gesehen, daß man in einem Gedankengefüge fünfter Art den ersten Gedanken durch die Verneinung des zweiten und zugleich den zweiten Gedanken durch die Verneinung des ersten ersetzen kann, ohne den Sinn des Ganzen zu ändern. Da nun ein Gedankengefüge sechster Art die Verneinung eines Gedankengefüges fünfter Art ist, gilt auch von dem Gedankengefüge sechster Art dasselbe: man kann in einem hypothetischen Gefüge, ohne den Sinn zu ändern, die Bedingung durch die Verneinung der Folge und zugleich die Folge durch die Verneinung der Bedingung ersetzen[,] – Übergang von *modus ponens* zum *modus tollens* –, Kontraposition.

Übersicht der sechs Gedankengefüge.[*]

I.   A und B;   II.   nicht (A und B);

III. (nicht A) und (nicht B);   IV. nicht [(nicht A) und (nicht B)];

V.   (nicht A) und B[;]   VI. nicht [(nicht A) und B].

Es liegt nahe hinzuzufügen

---

[9] Genauer: ob der durch „C" ausgedrückte Gedanke wahr sei.

[*] [Hg.: Auf S. 48 sind fette Klammern viermal durch eckige ersetzt.]

A und (nicht B);

aber der Sinn von

„A und (nicht B)"

ist derselbe wie der von

„(nicht B) und A",

welche eigentliche Sätze „A" und „B" auch sein mögen. Da nun

„(nicht B) und A"

dieselbe Form hat, wie

„(nicht A) und B",

erhalten wir hierin nichts Neues, sondern nur wieder den Ausdruck eines Gedankengefüges fünfter Art, und in

„nicht [A und (nicht B)]"

haben wir wieder den Ausdruck eines Gedankengefüges sechster Art. Unsere sechs Arten von Gedankengefügen bilden so ein abgeschlossenes Ganzes; und als Urbestandteile erscheinen hier die Gefüge erster Art und die Verneinung. Der Vorrang, den hiernach die Gefüge erster Art vor den andern zu haben scheinen, so annehmbar er dem Psychologen sein mag, ist logisch nicht gerechtfertigt; denn man kann irgendeine der sechs Arten der Gedankengefüge zugrunde legen und aus ihr mit Hilfe der Verneinung die andern ableiten, sodaß für die Logik alle sechs Arten gleichberechtigt sind. Geht man z. B. vom hypothetischen Gefüge

Wenn B, so C

oder

Nicht [(nicht C) und B]

aus und setzt für „C" „nicht A", so erhält man

Wenn B, so nicht A

oder

Nicht (A und B)[.]

[49] Durch Verneinung des Ganzen ergibt sich

Gedankengefüge.

>Nicht (wenn B, so nicht A)

oder

>A und B.

Demnach besagt

>[„]Nicht (wenn B, so nicht A)["],*

dasselbe wie

>[„]A und B["],*

und es ist ein Gefüge erster Art auf ein hypothetisches Gefüge und die Verneinung zurückgeführt. Und da sich aus den Gefügen erster Art und der Verneinung die übrigen Gedankengefüge ableiten lassen, so lassen sich auch alle Gedankengefüge unserer sechs Arten aus den hypothetischen Gefügen und der Verneinung ableiten. Was von den Gefügen erster und sechster Art gesagt ist, gilt von den Gedankengefügen unserer sechs Arten überhaupt, sodaß keine dieser Arten vor den andern etwas voraus hat. Jede von ihnen kann als Grundlage zur Ableitung der andern dienen. Die Wahl ist durch die logische Sachlage nicht bestimmt.

Etwas Ähnliches haben wir in der Grundlegung der Geometrie. Es lassen sich zwei verschiedene Geometrien so aufstellen, daß einige Theoreme der ersten als Axiome der zweiten und einige Theoreme der zweiten als Axiome der ersten erscheinen.

Es seien nun Fälle betrachtet, in denen nicht verschiedene Gedanken, sondern ein Gedanke mit sich selbst gefügt ist. Wenn „A" wieder ein eigentlicher Satz ist, so drückt

>„A und A"

denselben Gedanken aus wie „A". Jenes besagt nicht mehr und nicht weniger als dieses. Demnach drückt

>„nicht (A und A)"

dasselbe aus wie „nicht A".

Ebenso drückt auch

>„(nicht A) und (nicht A)"

---

* [Hg.: Die hier fehlenden Anführungszeichen setzt Frege in 49c.]

dasselbe aus wie „nicht A"[.] Folglich drückt auch

„nicht [(nicht A) und (nicht A)]"

dasselbe aus wie „nicht nicht A" oder wie „A". Nun drückt

„nicht [(nicht A) und (nicht A)]"

ein Gefüge vierter Art aus. Wir sagen dafür auch

„A oder A".

Mithin hat nicht nur

„A und A",

sondern auch

„A oder A"

denselben Sinn wie „A".

[50] Anders ist es bei dem Gefüge fünfter Art. Das durch

„(nicht A) und A"*

ausgedrückte Gedankengefüge ist falsch, weil von zwei Gedanken, von denen einer die Verneinung des andern ist, immer einer falsch ist, sodaß auch ihr Gefüge erster Art falsch ist. Demnach ist das Gefüge sechster Art eines Gedankens mit sich selbst, nämlich das durch

„nicht [(nicht A) und A]"

ausgedrückte wahr, wenn „A" ein eigentlicher Satz ist. Wir können dies Gedankengefüge sprachlich wiedergeben durch

„wenn A, so A",

z. B. „wenn die Schneekoppe höher als der Brocken ist, so ist die Schneekoppe höher als der Brocken".

In einem solchen Falle liegen die Fragen nahe: „Drückt dieser Satz einen Gedanken aus? Ist er nicht inhaltsleer? Was erfährt man denn Neues, wenn man ihn hört?["] Nun, vielleicht hat man, bevor man ihn hört, diese Wahrheit überhaupt nicht gekannt und also auch nicht anerkannt. Insofern kann man doch unter Umständen etwas dadurch erfahren, was einem neu ist. Es ist doch die Wahrheit nicht zu leugnen, daß die Schneekoppe höher als der Brocken ist, wenn die

---

* [Hg.: Redundante Klammern getilgt.]

Schneekoppe höher als der Brocken ist. Da nur Gedanken wahr sein können, muß dieses Satzgefüge einen Gedanken ausdrücken und dann ist auch die Verneinung dieses Gedankens ein Gedanke trotz ihrer scheinbaren Unsinnigkeit. Man muß sich nur immer gegenwärtig halten, daß man einen Gedanken ausdrücken kann, ohne ihn zu behaupten. Hier handelt es sich nur um den Gedanken. Der Schein der Unsinnigkeit kommt nur hinzu durch die behauptende Kraft, mit der man unwillkürlich den Satz ausgesprochen denkt. Aber wer sagt denn, daß jemand, der ihn ohne behauptende Kraft ausspricht, dieses tut, um seinen Inhalt als wahr hinzustellen? Vielleicht tut er es gerade in der umgekehrten Absicht.

Dieses läßt sich verallgemeinern. Es sei „O" ein Satz, in dem ein besonderer Fall eines logischen Gesetzes ausgedrückt[,] aber nicht als wahr hingestellt wird. Dann erscheint „nicht O" leicht als unsinnig, aber nur dadurch, daß man es mit behauptender Kraft ausgesprochen denkt. Das Behaupten eines Gedankens, der einem logischen Gesetze widerspricht, kann in der Tat, wenn nicht unsinnig, so doch widersinnig erscheinen, weil die Wahrheit eines logischen Gesetzes unmittelbar aus ihm selbst, aus dem Sinne seines Ausdrucks einleuchtet. Ausgedrückt aber darf ein Gedanke werden, der einem logischen Gesetze widerspricht, weil er verneint werden darf. „O" selbst aber scheint fast inhaltlos zu sein.

Da jedes Gedankengefüge selbst ein Gedanke ist, kann es mit andern Gedanken gefügt sein. So ist das Gefüge, das durch

„(A und B) und C"

ausgedrückt wird, gefügt aus den Gedanken, die durch

„A und B" und durch „C"

ausgedrückt werden. Wir können es aber auch auffassen als gefügt aus den durch

[51] „A", „B", „C"

ausgedrückten Gedanken. So können Gedankengefüge entstehen[10], die drei Gedanken enthalten. Andere Beispiele von Gefügen aus drei Gedanken sind in

---

[10] Dieses Entstehen ist nicht als zeitlicher Vorgang aufzufassen. [Hg.: Vgl. Anm. 3.]

„[„]nicht [(nicht A) und (B und C)]" und

„nicht {(nicht A) und [(nicht B) und (nicht C)]}"*

ausgedrückt. So wird man auch Beispiele von Gedankengefügen finden können, die vier, fünf oder mehr Gedanken enthalten.

Zur Bildung aller dieser Gefüge reichen Gedankengefüge erster Art und die Verneinung hin, wobei statt der ersten Art auch irgend eine andere unserer sechs Arten gewählt werden kann. Nun drängt sich die Frage auf, ob jedes Gedankengefüge eine solche Bildung hat. Was die Mathematik anbetrifft, bin ich überzeugt, daß in ihr Gedankengefüge anderer Bildung nicht vorkommen. Auch in der Physik, Chemie und Astronomie wird es schwerlich anders sein; aber die Finalsätze mahnen zur Vorsicht und scheinen eine genauere Untersuchung zu fordern. Diese Frage will ich hier unentschieden lassen. Immerhin scheinen Gedankengefüge, die so aus Gefügen erster Art mittels der Verneinung gebildet sind, einer besonderen Benennung wert. Sie mögen mathematische Gedankengefüge heißen. Damit soll nicht gesagt sein, daß es andere Gedankengefüge gebe. Noch in anderer Hinsicht erscheinen die mathematischen Gedankengefüge als zusammengehörig. Ersetzt man nämlich in einem solchen einen wahren Gedanken durch einen wahren Gedanken, so ist das so gebildete Gedankengefüge wahr oder falsch, jenachdem das ursprüngliche Gefüge wahr oder falsch ist. Dasselbe gilt, wenn man in einem mathematischen Gedankengefüge einen falschen Gedanken durch einen falschen ersetzt. Ich will nun sagen, zwei Gedanken haben denselben Wahrheitswert, wenn sie entweder beide wahr oder beide falsch sind. Danach sage ich, daß der durch „A" ausgedrückte Gedanke denselben Wahrheitswert habe, wie der durch „B" ausgedrückte, wenn entweder

„A und B"

oder

„(nicht A) und (nicht B)"

einen wahren Gedanken ausdrückt. Nachdem dies festgesetzt ist, kann unser Satz so ausgesprochen werden:

---

* [Hg.: Fette Klammern durch eckige und eckige Klammern durch geschweifte ersetzt. Fehlende Rechtsaußen-Klammer hinzugefügt.]

Gedankengefüge.

„Wird in einem mathematischen Gedankengefüge ein Gedanke durch einen Gedanken von demselben Wahrheitswerte ersetzt, so hat das so gewonnene Gedankengefüge denselben Wahrheitswert wie das ursprüngliche."

Logische Allgemeinheit.
Fragment, nicht vor 1923.

Aus: *Nachgelassene Schriften*, S. 278–281.[*]

In dieser Zeitschrift habe ich einen Aufsatz über Gedankengefüge veröffentlicht, in dem auch die hypothetischen Gedankengefüge eine Stelle gefunden haben.[**] Es liegt nahe, von diesen aus einen Übergang zu dem zu suchen, was in der Physik, in der Mathematik und in der Logik *Gesetz* genannt wird. Sprechen wir doch ein Gesetz sehr oft in der Form eines hypothetischen Satzgefüges aus, das aus einem oder mehreren Bedingungssätzen und einem Folgesatz besteht. Doch ist zunächst noch ein Hindernis im Wege. Die von mir behandelten hypothetischen Gedankengefüge gehören nicht zu den Gesetzen, weil ihnen die Allgemeinheit fehlt, durch die sich die Gesetze von den Einzeltatsachen unterscheiden, die wir z. B. in der Geschichte zu finden gewohnt sind. In der Tat ist der Unterschied zwischen Gesetzen und Einzeltatsachen ein tief einschneidender. Darauf beruht die Grundverschiedenheit der wissenschaftlichen Tätigkeit in Physik und Geschichte. Die erstere bemüht sich Gesetze zu finden; die Geschichte will Einzeltatsachen feststellen. Freilich will auch die Geschichte ursächlich begreifen und dazu muss sie das Bestehen einer Gesetzmässigkeit wenigstens voraussetzen.

Dies mag zunächst genügen, die genauere Betrachtung der Allgemeinheit notwendig erscheinen zu lassen.

Der Wert eines Gesetzes für unsere Erkenntnis beruht darauf, dass darin viele, ja unendlich viele Einzeltatsachen als besondere Fälle enthalten sind. Wir ziehen aus der Erkenntnis eines Gesetzes Nutzen, indem wir durch Schlüsse vom Allgemeinen zum Besonderen eine Fülle von Einzelerkenntnissen aus ihm holen, wozu freilich immer noch eine geistige Arbeit – die des Schliessens – erforderlich ist. Wer weiss, wie ein solcher Schluss geschieht, der hat auch erfasst,

---

[*] [Hg.: Die beiden Anmerkungen Freges sind in dieser Ausgabe durchnummeriert.]
[**] [Hg.: *Ggf* 44b–48a.]

was Allgemeinheit in der hier gemeinten Bedeutung des Wortes ist. Durch Schlüsse anderer Art können wir aus anerkannten Gesetzen neue ableiten.

Was ist nun das Wesen der Allgemeinheit? Da es uns hier um Gesetze zu tun ist und Gesetze Gedanken sind, kann es sich hier nur um Allgemeinheit von Gedanken handeln. Jede Wissenschaft vollzieht sich in einer Reihe als wahr anerkannter Gedanken; aber Gedanken sind dabei selten Gegenstände der Betrachtung, von denen etwas ausgesagt wird; als solche erscheinen meist [279] Dinge der sinnlichen Wahrnehmung. Indem wir von diesen etwas aussagen, geben wir Gedanken kund. So kommen gewöhnlich Gedanken auch in der Wissenschaft vor. Indem wir hier von Gedanken Allgemeinheit aussagen, machen wir sie zu Gegenständen der Betrachtung und rücken sie damit an eine Stelle, wo sonst Dinge der sinnlichen Wahrnehmung stehen. Diese, die sonst wohl, besonders in den Naturwissenschaften, Gegenstände der Forschung sind, unterscheiden sich von den Gedanken von Grund aus. Denn Gedanken sind nicht sinnlich wahrnehmbar. Zwar können Zeichen, die Gedanken ausdrücken, hörbar oder sichtbar sein, nicht aber die Gedanken selbst. Sinneseindrücke können uns zur Anerkennung der Wahrheit eines Gedankens bringen; aber wir können auch Gedanken fassen, ohne sie als wahr anzuerkennen. Auch falsche Gedanken sind Gedanken.

Wenn ein Gedanke nicht sinnlich wahrnehmbar ist, wird nicht zu erwarten sein, dass seine Allgemeinheit es sei. Ich bin nicht in der Lage, einen Gedanken vorweisen zu können wie ein Mineralog ein Mineral zeigt, auf dessen eigentümlichen Glanz er dabei aufmerksam macht.* Durch eine Definition die Allgemeinheit zu bestimmen, dürfte unmöglich sein.

Die Sprache mag einen Ausweg zu eröffnen scheinen; denn einerseits sind ihre Sätze sinnlich wahrnehmbar, und andrerseits drücken sie Gedanken aus. Als Mittel des Gedankenausdrucks muss sich die Sprache dem Gedanklichen anähneln. So können wir hoffen, sie als Brücke vom Sinnlichen zum Unsinnlichen gebrauchen zu können. Nachdem wir uns über das Sprachliche verständigt haben, mag es

---

* [Hg.: Vgl. *Ged* 66, Anm. 4. (Bei Fremdwörtern wie „M." war früher die Abwerfung des auslautenden –e im Nom. Sgl. nicht unüblich. So heißt es im Goethe-Artikel in 'Meyers Konversationslexikon', Leipzig & Wien ⁴1888–1890, Bd. 7: „Es ist zu wenig bekannt, daß G. für seine Zeit ein guter Mineralog und Geolog war.")]

Logische Allgemeinheit.

uns leichter werden, das gegenseitige Verstehen auf das Gedankliche auszudehnen, das in der Sprache sich abbildet. Nicht auf das gewöhnliche Verstehen der Sprache kommt es hier an, nicht auf das Fassen der in ihr ausgedrückten Gedanken, sondern auf das Erfassen der Eigenschaft von Gedanken, die ich logische Allgemeinheit nenne. Freilich muss dabei auf ein Entgegenkommen des Andern gerechnet werden, und diese Erwartung kann getäuscht werden. Auch erfordert der Gebrauch der Sprache Vorsicht. Wir dürfen nicht die tiefe Kluft übersehen, die doch die Gebiete des Sprachlichen und des Gedanklichen trennt, und durch die dem gegenseitigen Entsprechen beider Gebiete gewisse Schranken gesetzt sind.

In welcher Form erscheint nun die Allgemeinheit in der Sprache? Für denselben allgemeinen Gedanken haben wir verschiedene Ausdrücke:

„Alle Menschen sind sterblich",

„Jeder Mensch ist sterblich",

„Wenn etwas ein Mensch ist, ist es sterblich".

Die Unterschiede in den Ausdrücken betreffen nicht den Gedanken selbst. Für uns ist es ratsam, nur eine einzige Ausdrucksweise anzuwenden, damit nicht nebensächliche Unterschiede etwa in der Färbung des Gedankens als Unterschiede von Gedanken erscheinen. Die Ausdrücke mit „alle" und „jeder" eignen sich nicht dazu, überall angewendet zu werden, wo Allgemeinheit vorkommt, weil sich nicht jedes Gesetz in diese Form giessen lässt. In der letzten Ausdrucksweise haben wir die auch sonst kaum entbehrliche Form des hypothe-[280]-tischen Satzgefüges und die unbestimmt andeutenden Satzteile „etwas", „es"; und in diesen steckt eigentlich der Ausdruck der Allgemeinheit. Von dieser Ausdrucksweise aus können wir leicht den Übergang zum Besondern machen, indem wir die unbestimmt andeutenden Satzteile durch bestimmt bezeichnende ersetzen:

„Wenn Napoleon ein Mensch ist, ist Napoleon sterblich".

Wegen dieser Möglichkeit des Übergangs vom Allgemeinen zum Besondern sind Ausdrücke der Allgemeinheit mit unbestimmt andeutenden Satzteilen allein für uns brauchbar; aber wenn wir auf „etwas" und „es" beschränkt wären, könnten wir nur ganz einfache Fälle behandeln. Es liegt nun nahe, die Weise der Arithmetik anzunehmen, indem wir als unbestimmt andeutende Satzteile Buchstaben wählen:

„Wenn *a* ein Mensch ist, ist *a* sterblich".

Die gleichgestalteten Buchstaben weisen hier aufeinander hin. Statt der wie „*a*" gestalteten könnten wir ebenso gut wie „*b*" oder „*c*" gestaltete nehmen. Wesentlich aber ist, dass sie gleichgestaltet sind. Aber genau genommen überschreiten wir hiermit die Grenzen der gesprochenen[,] für das Gehör bestimmten Sprache und begeben uns auf das Gebiet einer für das Auge bestimmten[,] geschriebenen oder gedruckten Sprache. Ein Satz, den ein Schriftsteller hinschreibt, ist zunächst eine Anweisung zur Bildung eines gesprochenen Satzes einer Sprache, der Lautfolgen als Zeichen zum Ausdruck eines Sinnes dienen. So entsteht zunächst nur ein mittelbarer Zusammenhang zwischen geschriebenen Zeichen und einem ausgedrückten Sinne. Nachdem aber dieser Zusammenhang einmal hergestellt ist, kann man den geschriebenen oder gedruckten Satz auch unmittelbar als Ausdruck eines Gedankens, also als einen Satz im eigentlichen Sinne des Wortes ansehen. So erhält man eine auf den Gesichtssinn angewiesene Sprache, die im Notfalle auch ein Tauber lernen kann. In diese können einzelne Buchstaben als unbestimmt andeutende Satzteile aufgenommen werden. Die soeben dargelegte Sprache, die ich *Hilfssprache* nennen will, soll uns als Brücke vom Sinnlichen zum Unsinnlichen dienen. Sie enthält zwei verschiedene *Bestandteile*: *die Wortbilder und die* einzelnen *Buchstaben*. Jene entsprechen Wörtern der Lautsprache, diese sollen unbestimmt andeuten. Von dieser Hilfssprache ist die Sprache zu unterscheiden, in der sich mein Gedankengang vollzieht. Diese ist das übliche geschriebene oder gedruckte Deutsch, meine *Darlegungssprache*. Die Sätze der Hilfssprache dagegen sind Gegenstände, von denen in meiner Darlegungssprache die Rede sein soll. Deshalb muss ich sie in meiner Darlegungssprache bezeichnen können, ebenso wie in einer astronomischen Abhandlung die Planeten durch ihre Eigennamen „Venus", „Mars" bezeichnet werden. *Als solche Eigennamen* **[281]** *der Sätze der Hilfssprache benutze ich diese selbst, jedoch in Anführungszeichen eingeschlossen.* Daraus folgt weiter, dass die Sätze der Hilfssprache nie mit behauptender Kraft verbunden sind. „Wenn *a* ein Mensch ist, ist *a* sterblich" ist ein Satz der Hilfssprache, in dem* ein allgemei-

---

* [Hg. der NS: Im Manuskript steht „der".]

Logische Allgemeinheit.

ner Gedanke ausgedrückt wird. Wir gehen vom Allgemeinen zum Besondern über, indem wir unbestimmt andeutende gleichgestaltete Buchstaben durch gleichgestaltete Eigennamen ersetzen.[1] Es liegt im Wesen unserer Hilfssprache, dass gleichgestaltete Eigennamen denselben Gegenstand (Menschen) bezeichnen. Leere Zeichen (Namen) sind hier keine Eigennamen. Indem wir die unbestimmt andeutenden wie „*a*" gestalteten Buchstaben durch Eigennamen ersetzen, die wie „Napoleon" gestaltet sind, erhalten wir so:

„*Wenn Napoleon ein Mensch ist, ist Napoleon sterblich*".

Dieser Satz ist jedoch nicht als Schluss anzusehen, weil der Satz „Wenn *a* ein Mensch ist, ist *a* sterblich" nicht mit behauptender Kraft verbunden ist, der in ihm ausgedrückte Gedanke hier also nicht als wahr anerkannt erscheint; denn *nur einen als wahr anerkannten Gedanken kann man zur Prämisse eines Schlusses machen*. Es kann aber ein Schluss daraus werden, wenn man die beiden Sätze unserer Hilfssprache von den Anführungszeichen befreit, wodurch es möglich wird, sie mit behauptender Kraft hinzustellen.

Das Satzgefüge „*wenn Napoleon ein Mensch ist, ist Napoleon sterblich*" drückt ein hypothetisches Gedankengefüge aus, das aus einer Bedingung und einer Folge besteht. Jene ist in dem Satze „*Napoleon ist ein Mensch*", diese in dem Satze „*Napoleon ist sterblich*" ausgedrückt. Jedoch ist in unserem Satzgefüge genau genommen weder ein wie „*Napoleon ist ein Mensch*" noch ein wie „*Napoleon ist sterblich*" gestalteter Satz enthalten. In dieser Abweichung des Sprachlichen vom Gedanklichen offenbart sich ein Mangel unserer Hilfssprache, der noch abzustellen ist. Ich will nun den Gedanken, den ich oben in dem Satzgefüge „*wenn Napoleon ein Mensch ist, ist Napoleon sterblich*" ausgedrückt habe, in den Satz kleiden „*wenn Napoleon ist ein Mensch, so Napoleon ist sterblich*", den ich im Folgenden den zweiten Satz nennen will. In derselben Weise soll in ähnlichen Fällen verfahren werden. So will ich auch den Satz „*wenn a ein Mensch ist, ist a sterblich*" umsetzen in „*wenn a ist ein Mensch, so a ist sterblich*", den ich im Folgenden den ersten

---

[1] *Gleichgestaltet* nenne ich Eigennamen unserer Hilfssprache, die nach der Absicht des Schriftstellers gleichgestaltet und gleich gross sein sollen, wenn diese Absicht erkennbar ist, auch wenn sie nicht in aller Strenge erreicht ist. [Hg.: Diese Anm. Freges erscheint in NS als eine zum übernächsten Satz.]

Satz nennen will.² In dem ersten Satze unterscheide ich die beiden wie „*a*" gestalteten einzelnen Buchstaben von dem übrigen Teile.

[Hier bricht das Manuskript ab.]

---

² Der erste Satz drückt nicht wie der zweite ein Gedankengefüge aus, weil „*a ist ein Mensch*" ebensowenig wie „*a ist sterblich*" einen Gedanken ausdrückt. Wir haben hier eigentlich nur Satzteile, keine Sätze.

III. Kommentar

Kapitel 1

Frege 1889–1903: Das *Vorwort* im Kontext

Vorbemerkung.

Nach der Exposition des Konzepts einer Begriffsschrift, an dem Frege in allen Phasen seines Denkens seit 1879 festgehalten hat, erörtere ich in den §§2–7 dieses Kapitels Grundbegriffe und fundamentale Thesen, die für Freges Philosophische Logik spätestens seit 1889 (wie aus *Katalog* Nr. 30 hervorgeht) bis mindestens 1903 (also bis zu dem Jahr, in dem der zweite Band der *Grundgesetze* erschien) konstitutiv waren. Diese Konzepte und Positionen muss man kennen, um Teil I des *Vorworts* zu *GG* mit Gewinn studieren zu können. Die beiden letzten Paragraphen des Kapitels sind in einem direkteren Sinne ein Kommentar zu Teil II des *Vorworts*, für das ich die folgende Gliederung vorschlage:

I. Das Programm der *Grundgesetze* und ihre
   Stellung zur zeitgenössischen Mathematik[1]
   1   Das Euklidische Ideal   (Seite V)
   2   Differenzen zur *Begriffsschrift* und
       zu den *Grundlagen*   (S. IX_b)[2]
   3   Kritik an der zeitgenössischen Mathematik   (S. XI_b)

II. Der verderbliche Einbruch der Psychologie in die Logik
   4   Wahrheit und Fürwahrhalten   (S. XIV_b)
   5   Objektivität und Wirklichkeit   (S. XVIII_b)
   6   Fallstudie: Benno Erdmanns Versinken
       in den Idealismus   (S. XIX_b)
   7   Existenz und Wirklichkeit (und andere
       feine Unterschiede)   (S. XXIV_b)

III. Eine schwache Hoffnung   (S. XXV_b)

[1] Dieser (und nur dieser) Teil des *Vorworts* wurde oben gekürzt.
[2] Die Ziffern stehen für die Seitenzahlen des Originaldrucks, die man in der obigen Edition zwischen fetten eckigen Klammern im Text findet. Die tiefgestellten Buchstaben 'a', 'b', etc. stehen für: erster Absatz (in der ersten Zeile der fraglichen Seite beginnend), zweiter Absatz, etc.

§1. Was ist eine Begriffsschrift?[3]

> [L]a bonne caracteristique est une des
> plus grandes aides de l'esprit humain.
> Leibniz, N. E. IV, 7, §6 (A VI.6: 411)

Etwas ist verwirrend am Titel von Freges Hauptwerk, 'Grundgesetze der Arithmetik. Begriffsschriftlich abgeleitet'. Mit dem Obertitel kann nicht gemeint sein: Grundgesetze für die Arithmetik; denn dann passt der Untertitel nicht, – die logischen Grundgesetze werden ja nicht abgeleitet. Wenn gemeint ist: arithmetische Grundgesetze, so irritiert der Gebrauch des Substantivs,[4] denn ein Gesetz, das den Titel 'Grundgesetz' verdient, ist, wie Frege mit Leibniz sagt, „eines Beweises weder fähig noch bedürftig *(n'est point capable d'estre prouvée et n'en a point besoin)*".[5] Der erste Satz des Vorworts macht klar, worum es Frege geht: Arithmetische Axiome sollen aus logischen Grundgesetzen als Theoreme abgeleitet werden, und alle Ableitungen sollen „begriffsschriftlich" erfolgen.

Merkwürdig sind erst recht Obertitel und Untertitel von Freges erstem Buch. Das Wort 'Begriffsschrift' ist kein Frege'scher Neologismus. Frege dürfte es einem 1856 in der Berliner Akademie der Wissenschaften gehaltenen Vortrag Trendelenburgs 'Über Leibnizens Entwurf einer allgemeinen Charakteristik' entnommen haben.[6] Auch Trendelenburg hat das Wort nicht eingeführt. Schon

---

[3] VERGLEICHE: *BS,* Vorwort; *BrL; 1882a–d; Log_i; GL* §91; *1896a,* bes. 362c–365b, 370b–371a.

LITERATUR: Diamond 1984; Sluga 1987; Beaney 1996, 37–64; Majer 1996; Peckhaus 1997, Kap. 5–6; Barnes 2002; Textor 2010, Kap. 2. [TITEL 'GG']: Kienzler 1997. [TRENDELENBURG]: Dathe 1995, 247; Gabriel 2006. [HUMBOLDT; CHAMPOLLION]: Thiel 1993; Barnes 2002. [ARISTOTELES]: Weidemann 2002, 134–151. ['LINGUA CHARACTERICA']: Thiel 1965, 9; Patzig 1966b. [LEIBNIZ' SEMIOTIK]: Burkhardt 1980, 186–205 u. 111–126; Rutherford 1995.

[4] Abschnitt II von *GG I* ist überschrieben: „Beweis der Grundgesetze der Anzahl".

[5] *GL* §3; Leibniz, N. E., Buch IV, Kap. 9, §3 [A VI.6: 434]. In *GL* §§6 u. 17 (s. o.) zitiert und bespricht Frege Passagen aus IV, 7, §§9–10 dieses Werks. Er dürfte die Formulierung also seiner Leibniz-Lektüre (und nicht der Sekundärquelle Lotze 1880, Buch 2, §200) verdanken. Er hat die 'Nouveaux Essais' in J. E. Erdmanns Leibniz-Ausgabe gelesen.

[6] Trendelenburg (1856, 39=1867, 4) wurde schon von Scholz oder seinem

1824 hatte Wilhelm von Humboldt es in zwei Berliner Akademie-Abhandlungen verwendet. „Die Schrift", so sagte Humboldt, „stellt ... entweder Begriffe, oder Töne dar, ist Ideen-, oder Lautschrift", und er nannte die Ideenschrift auch „Begriffsschrift".[7] Dieses Wort ist vielleicht Humboldts Eindeutschung eines Ausdrucks, dem er in dem Schreiben begegnet war, mit dem Jean-François Champollion die Entzifferung der ägyptischen Hieroglyphen mitgeteilt hatte: Die Zeichen einer „ideographischen *(idéographique)* Schrift bilden Ideen und nicht Töne ab".[8] Was die Frage nach dem Verhältnis der hörbaren zu den sichtbaren sprachlichen Zeichen angeht, steht Humboldt in der aristotelischen Tradition:[9] „Allein das tönende Wort ist gleichsam eine Verkörperung des Gedanken, die (Buchstaben-)Schrift eine des Tons." Da die fraglichen Töne

---

Mitarbeiter Friedrich Bachmann als Quelle vermutet: BSA 115, KS 437*. Der einzige Literaturhinweis in der *BS* (S. V) bezieht sich auf Trendelenburgs Abhandlung. Vermutlich wurde Frege von seinem Kollegen Eucken, der bei Trendelenburg studiert hatte, auf sie hingewiesen; denn der nahm in Eucken 1879 (S. 6), also im selben Jahr wie Frege, auch selber auf sie Bezug. Ein Jahr nach Trendelenburgs Vortrag erschien in Prag eine Arbeit über Leibniz, in der dessen Allgemeine Charakteristik als „Begriffsschrift" bezeichnet und als abwegig verworfen wird (Kvét 1857, 34). Auf dieses Büchlein verweisen Trendelenburg 1867, 4. Anm., und Ueberweg 41874, §27.– Der *BS*-Rezensent Schröder kannte das Wort 'BS' wohl auch durch Trendelenburg (1880, 81). Vgl. auch unten, S. 726 n.

[7] Humboldt 1824a, 40–41; vgl. 1824b, 112–13.

[8] An der *BS*-Rezension des Mathematik-Historikers und Descartes-Herausgebers Paul Tannery (Revue philosophique de la France et de l'étranger 8 [1879], 108 f) befremdet u. a., dass er das Titelwort für kaum übersetzbar erklärt. Dabei bietet sich 'idéographie' doch an, und dieser Titel dürfte französischen Ansprüchen an Eleganz auch eher genügen als 'Représentation écrite des concepts'. In Peano 1895, 122 wird 'BS' mit 'ideografia' wiedergegeben, und in der italienischen Übersetzung (in Geymonat & Mangione 1965) trägt die *BS* diesen Titel. Jourdain hat 'BS' (in seinem Frege-Artikel, in den er Freges Anmerkungen zu seinem Manuskript aufgenommen hatte) vielleicht besser ins Englische übersetzt als alle Übersetzer nach ihm: '*ideography*' (Jourdain 1912, WB 275, Anm. 4, *et passim*; vgl. auch seine Einleitung zu Jourdain & Stachelroth 1915, 482).

[9] Aristoteles, *De Interpretatione* 1: 16ª3–4, 10: Inskriptionen (τὰ γραφόμενα) sind Symbole für mündliche Äußerungen (τὰ ἐν τῇ φωνῇ), und mündliche Äußerungen sind Symbole für Gedanken (νοήματα). [Frege meint freilich mit 'Gedanken' nicht wie Aristoteles „Widerfahrnisse in der Seele (παθήματα ἐν τῇ ψυχῇ)".]

selber Zeichen sind, ist die (Buchstaben-)Schrift nur „Zeichen des Zeichens".[10]

Wie will Frege den Ausdruck 'Begriffsschrift' verstanden wissen? Im Vorwort zur *BS* schreibt er:

> [Ich wollte wissen,] wie weit man in der Arithmetik durch Schlüsse allein gelangen könnte, nur gestützt auf die Gesetze des Denkens, die über allen [sic] Besonderheiten erhaben sind... Damit sich hierbei nicht unbemerkt etwas Anschauliches eindrängen könnte, musste Alles auf die Lückenlosigkeit der Schlusskette ankommen... Aus diesem Bedürfnisse ging der Gedanke der vorliegenden Begriffsschrift hervor. Sie soll also zunächst dazu dienen, die Bündigkeit einer Schlusskette auf die sicherste Weise zu prüfen... Deshalb ist auf den Ausdruck alles dessen verzichtet worden, was für die *Schlussfolge* ohne Bedeutung ist. Ich habe das, worauf allein es mir ankam, in §3 als *begrifflichen Inhalt* bezeichnet. Diese Erklärung muss daher immer im Sinne behalten werden, wenn man das Wesen meiner Formelsprache richtig auffassen will. Hieraus ergab sich auch der Name 'Begriffsschrift'. (*BS*, IV.)

Demnach bezeichnet er seine Formelsprache zumindest *auch* deshalb als eine Begriffsschrift (BS),[11] weil mit ihren Sätzen nur *begriffliche* Inhalte ausgedrückt werden können. Nach *BS* §3 haben zwei Sätze genau dann denselben begrifflichen Inhalt, wenn alles, was man aus dem einen in Verbindung mit gewissen anderen Sätzen schließen kann, auch aus dem andern in Verbindung mit jenen Sätzen geschlossen werden kann. Zwei Sätze unserer Sprache, die nach Freges Kriterium denselben *begrifflichen* Inhalt haben, brauchen nicht denselben Inhalt zu haben. Ist Letzteres der Fall, so enthält mindestens einer dieser Inhalte eine Komponente, die für die Rolle des Satzes in Deduktionen irrelevant ist. Schon hier wird deutlich, dass nicht jede BS im Humboldt'schen Verständnis auch eine im Sinne Freges ist. Die Beschränkung auf den Ausdruck des begrifflichen Inhalts soll es erleichtern, die Forderung der „Lückenlosigkeit einer Schlusskette" zu erfüllen. Diese Forderung konnte Frege in einem Buch finden, aus dem er mehrfach zitiert, in J. E. Erdmanns Ausgabe von Leibnizens *Opera Philosophica*: „Will man eine Wahrheit aus ei-

---

[10] Humboldt 1824b, 109; 111, 113. Vgl. Hegel 1830, §459.
[11] Ich verwende das Kürzel '*BS*' (kursiv) als Buchtitel und 'BS' (normal) als generellen Term, der auf gewisse Schriftsprachen zutrifft.

Kapitel 1

ner anderen ableiten, muss man auf eine gewisse Verkettung achten, die ohne Unterbrechung sein sollte *(Pour tirer une vérité d'une autre il faut garder un certain enchaînement qui soit sans interruption)*".[12]

In einer (Frege'schen) BS wird alles mit *maximaler Explizitheit* ausgedrückt: es gibt hier kein *sous-entendu*, „nichts wird dem Errathen überlassen" (*BS* §3).[13] Eine Schlusskette ist nur dann lückenlos, wenn jeder deduktive Schritt explizit durch eine Deduktionsregel gerechtfertigt ist. In dieser Hinsicht lässt die „Sprache des Lebens", lassen „Volkssprachen"[14] wie die unsere viel zu wünschen übrig:

> Ein streng abgegrenzter Kreis von Formen des Schließens ist in der Sprache ... nicht vorhanden, sodaß ein lückenloser Fortgang an der sprachlichen Form von einem Ueberspringen von Zwischengliedern nicht zu unterscheiden ist... Die logischen Verhältnisse werden durch die Sprache fast immer nur angedeutet, dem Errathen überlassen, nicht eigentlich ausgedrückt. (*1882b*, 51.)
>
> Wörter wie 'also', 'folglich' ... deuten zwar darauf hin, dass geschlossen wird, sagen aber nichts über das Gesetz, nach dem geschlossen wird, und können ohne Sprachfehler auch gebraucht werden, wo gar kein logisch gerechtfertigter Schluss vorliegt. (*1896a*, 362/363.)

Ein begriffsschriftlich notiertes 'also' signalisiert immer ein deduktives Argument, und es wird stets von der Information begleitet, welche Deduktionsregel den Übergang legitimiert.

In der Abhandlung 'Booles rechnende Logik und meine Begriffsschrift' *(BrL)*, die keine Zeitschrift drucken wollte, zeigt Frege auch

---

[12] Leibniz 1676b, 674$_L$ [A VI.3: 670].
[13] Dieselbe Wendung findet sich auch in Trendelenburg 1867, 45 und Lotze 1878, 239.
[14] „Sprache d. Lebens": *BS*, V; *Log*$_2$ 148; *1899b*, WB 63; *1906a*, I: 302; *1914b*, NS 230; *Ggf* 45b–46b; (*1924/25a*, NS 293). „Volkssprache": *1896b*, 55 (WB 183). Beides besser als die gängige Rede von 'natürlicher Sprache'; denn schließlich ist nicht nur eine 'künstliche Sprache' wie Freges Begriffsschrift, sondern auch die Sprache, in der dieses Buch geschrieben ist, Menschenwerk. Statt sich am Unterschied zwischen Kunst- und Feldblumen zu orientieren, sollte man die Differenz, um die es hier geht, lieber, wie Patzig vorschlägt, „am Bild der 'gegründeten' Stadt in ihrem Unterschied zur 'gewachsenen' Stadt zu begreifen suchen. Beide sind Menschenwerk, aber die eine ohne Plan allmählich fortgebaut, die andere nach regelhaftem Grundriß entworfen" (FBB(P), xiv).

an der Art und Weise, wie im Deutschen durch Nominalkomposita komplexe Begriffe ausgedrückt werden, dass die „Volkssprachen" dem Desiderat der maximalen Explizitheit nicht genügen:

> Der Inhalt ... soll [in einer BS] genauer als durch die Wortsprache wiedergegeben werden. Diese überlässt nämlich Manches dem wenn auch noch so leichten Erraten. Die Zusammensetzung der Wörter entspricht nur unvollkommen dem Bau der Begriffe. Die Bildung der Wörter „Berggipfel" und „Baumriese" ist gleichartig, obwohl die logische Beziehung der Bestandteile aufeinander verschieden ist. Letztere wird demnach gar nicht ausgedrückt, sondern muss erraten werden. Die [sc. Wort-]Sprache deutet ... oft nur an, was eine Begriffsschrift völlig ausdrücken soll. (*BrL* 13.)

Ein Baumriese ist ein Baum, aber ein Berggipfel ist kein Berg:– in einer BS müssten Nominalkomposita stets in derselben Reihenfolge aus Grund- und Bestimmungswort komponiert sein. Papiertaschentücher sind immer aus Papier, Papierkörbe hingegen fast nie; Juwelendiebe stehlen Juwelen, aber Taschendiebe klauen selten Taschen; Gesprächspausen sind Pausen in einem Gespräch, während Denkpausen nicht das Denken unterbrechen; Regenschirme schützen vor Regen, Bildschirme aber keineswegs vor Bildern:– in einer BS müssten die durch unsere Nominalkomposita ausgedrückten Begriffe so ausgedrückt werden, dass die Relation zwischen dem, was das Grundwort des Kompositums, und dem, was das Bestimmungswort bezeichnet, jeweils explizit angegeben ist.

Maximale Explizitheit schließt Mehrdeutigkeit aus. Dass mit gleichlautenden Worten verschiedene Gedanken ausgedrückt werden, „widerspricht dem Gebote der Eindeutigkeit, dem obersten, das von der Logik an eine Sprache oder Schrift gestellt werden muß".[15] Es „sollte in einem vollkommenen Ganzen von Zeichen jedem Ausdrucke ein bestimmter Sinn entsprechen" (*SuB* 27d). Damit will Frege zunächst einmal lexikalische und syntaktische Ambiguität verbieten. Sätze wie 'Ben hat einen Kater' ('Our mothers bore us') und 'Alte Männer und Frauen gehen im Park spazieren' („*Aio te, Aeacida, Romanos vincere posse*"[16]) darf es in einer

---

[15] *1906a*, II: 385 Anm.; vgl. *1882b*, 50.
[16] Diesen lateinischen Hexameter (in dem es zwei Kandidaten für die Rolle des Subjekts im A. c. I. gibt) legt der Dichter Ennius der delphischen Pythia

BS also nicht geben. In 'Mozart starb in Wien' ('Dr. Lescarbault suchte Vulkan') ist das letzte Wort ein singulärer Term, aber in 'Triest ist kein Wien' ('In Italien gibt es mehr als einen Vulkan') ist es ein genereller Term (*BuG* 200): eine solche Doppelrolle darf ein begriffsschriftlicher Ausdruck nicht spielen. In den drei Sätzen 'Anna und Ben sind verwandt', 'Anna und Ben sind ein Paar' und 'Anna lebt in Wismar, und Ben lebt in Jena' spielt das Wort 'und' drei ganz verschiedene Rollen:[17] In einer BS dürfen das 'und', mit dem man eine symmetrische Relation zuschreibt, das 'und', mit dem man aus Namen einen Namen bildet, und das 'und', mit dem man aus Sätzen ein Satzgefüge bildet, nicht durch ein und dasselbe Zeichen repräsentiert werden. Sigwart hat auf die „Eigenthümlichkeit der neueren deutschen Sprache" aufmerksam gemacht, „dass sie für ὅτε *(ὅταν)* und εἰ, für *quando* und *si*, für *when* und *if* nur Ein Wort hat".[18] In einer BS darf das temporale 'wenn' in 'Wenn [=: zu der Zeit, zu der] morgen früh die Sonne aufgeht, sitze ich schon im Zug' nicht durch dasselbe Zeichen wiedergegeben werden wie das konditionale 'wenn' in 'Wenn [=: falls] dieser Stab aus Kupfer besteht, ist er ein elektrischer Leiter'. Herstellung von Eindeutigkeit erfordert also *Disambiguierung*.

In einer BS muss man sich allein im Rekurs auf die syntaktische Form der Prämisse(n) und der Konklusion eines Arguments davon überzeugen können, dass ein Übergang durch eine bestimmte Deduktionsregel, beispielsweise *Modus ponendo ponens*,[19] legitimiert ist. Darf man von 'Wenn X ein Dorf mit hundert Einwohnern ist, dann gibt es in X keine Bank' und 'X ist ein Dorf mit hundert Einwohnern' zu 'Es gibt in X keine Bank' übergehen? Diese Frage kann nicht allein im Blick auf die syntaktische Form der Bausteine des

---

als Antwort auf eine Anfrage des makedonischen Königs Pyrrhus in den Mund. Ihre Worte können bedeuten *Ich sage, Nachfahre des Aiakos, dass du die Römer besiegen kannst*, aber auch *..., dass die Römer dich besiegen können*.

[17] *GL* §70; *1902b*, WB 222; *1914b*, NS 246. Vgl. 4-§4.
[18] Sigwart 1871, 45. Zu Sigwart und Frege s. u. §3 und §8.
[19] Nicht unter diesem Namen ist dies die einzige (offizielle) BS-Schlussregel in der *BS* (§6) und eine von etlichen BS-Schlussregeln in den *GG* (*I*, §14; §48, Nr. 6). Der lateinische Name der Regel erklärt sich aus ihrer traditionellen Formulierung: „*Posita conditione ponatur conditionatum* [wenn die Bedingung gesetzt ist, darf das Bedingte gesetzt werden]" (Ueberweg ¹1857–⁵1882, §122).

Arguments entschieden werden; denn 'Bank' könnte ja im Nachsatz der ersten Prämisse soviel wie 'Geldinstitut' und in der Konklusion soviel wie 'längliche Sitzgelegenheit' heißen, und dann ist der Schluss nicht gültig.

Spätestens seit den neunziger Jahren wollte Frege mit seiner Eindeutigkeitsforderung auch etwas aus einer BS verbannen, was mit lexikalischer oder syntaktischer Ambiguität nichts zu tun hat. Worum es ihm dabei geht, kann man u. a. dem folgenden Text entnehmen (in dem er die Formulierung des Explizitheitsdesiderats aus der *BS* fast *verbatim* wiederholt):

> Für ein Zeichensystem, das zum wissenschaftlichen Gebrauche dienen soll, ist das wichtigste Erfordernis das der Eindeutigkeit... Die Sätze unserer Sprache überlassen manches dem Erraten. Und das richtige Erraten wird durch die begleitenden Umstände möglich. Der Satz, den ich ausspreche, enthält nicht immer alles Erforderliche, manches muss aus der Umgebung, aus meinen Handbewegungen und Blicken ergänzt werden. Aber eine für den wissenschaftlichen Gebrauch bestimmte Sprache darf nichts dem Erraten überlassen. (*1914b*, NS 230; vgl. *Ged* 64b.)

Um zu erkennen, welchen Gedanken eine Äußerung von 'Das ist ein Bahnhof' ausdrückt, muss man wissen, auf welches Gebäude der Sprecher zeigt oder welches er anblickt. Davon ist auch abhängig, ob eine Äußerung der Form 'Das ist ein Bahnhof, und das ist ein Einkaufszentrum, also gibt es etwas, das ein Bahnhof und ein Einkaufszentrum ist' ein schlüssiges Argument ist. Herstellung von Eindeutigkeit im Sinne Freges erfordert also auch *Dekontextualisierung*: Ein Satz, den man in einer BS hinschreibt, muss *selber* alles enthalten, was für die Identifikation des ausgedrückten Gedankens erforderlich ist.

Was genau Frege in *BrL* mit 'Wortsprache' meint, wird deutlich, wenn er an der Stelle, an der ich ihn oben unterbrochen habe, fortfährt:

> In mehr äusserlicher Weise unterscheidet sich diese [eine BS] von der Wortsprache noch dadurch, dass sie aufs Auge statt aufs Ohr berechnet ist. Das ist die Wortschrift zwar auch, da sie aber die Wortsprache einfach abbildet, so kommt sie der Begriffsschrift kaum näher, ja sie entfernt sich eher noch weiter von ihr, weil sie aus Zeichen von Zeichen, nicht von Sachen besteht. Eine *lingua characterica* soll, wie Leibniz sagt, *peindre non*

pas des paroles, mais les pensées [nicht Äußerungen, sondern Gedanken abbilden]. (*BrL* 13–14.[20])

Eine Wortsprache ist ein System von „aufs Ohr berechneten" sinnvollen Zeichen (s. u. 394, 402). Die „aufs Auge berechneten" Zeichen der Begriffsschrift repräsentieren – im Unterschied zu Inskriptionen deutscher Sätze – nicht akustische Zeichen. Sie repräsentieren vielmehr unmittelbar, was Frege (verwirrend abwechslungsreich) Inhalte, Sachen oder *pensées* nennt. Wenn man annimmt, dass er damit nichts anderes als begriffliche Inhalte meint, dann ist die Pointe dieser Charakterisierung, dass begriffliche Inhalte in einer BS *nicht auf dem Umweg über die Repräsentation von akustischen Zeichen* ausgedrückt werden. Insofern ist eine BS im Frege'schen Verständnis auch eine im Sinne Humboldts: sie ist keine 'Phonographie', sondern eine 'Ideographie'.

EIN TERMINOLOGISCHER MISSGRIFF UND SEINE KORREKTUR. Die merkwürdige Nominalphrase '*lingua characterica*', deren sich Frege zuerst in *BrL* 9 und zuletzt wohl in *1910*, WB 124 bedient und die viele seiner Interpreten immer noch unbekümmert weiterverwenden, geht auf die nicht authentische Überschrift 'Historia et commendatio Linguae Charactericae Universalis …' zurück, mit der R. E. Raspe in seiner Leibniz-Edition ('Œuvres Philosophiques', 1765) Leibniz 1679 versehen hat und die J. E. Erdmann in seiner Ausgabe der 'Opera philosophica' Leibnizens (1839–40) übernommen hat.[21] Frege hat Erdmanns Ausgabe 1879 ausgeliehen (*Bibl* 25), und er zitiert wiederholt aus ihr.[22] Sie hat ihn (direkt oder *via* Trendelenburg) zu seinem Gebrauch jener Phrase verführt.[23] Leibniz verwendete sie nicht: er sprach

---

[20] Die Wendung „Zeichen von Zeichen" ist uns oben schon bei Humboldt (und Hegel) begegnet.– Das französische Dictum im letzten Satz, das auch noch bei Champollion anklingt, findet sich in Leibniz 1677a, 181 [A III.2: 229]. Dieser Text ist enthalten in einem der neun Leibniz-Bände, die Frege zumindest im Winter 1879 ausgeliehen hat (*Bibl* 25). 1881 hielt Frege einen Vortrag über den Briefwechsel, den Leibniz und Christiaan Huygens mit dem Erfinder Denis Papin führten (in BSA, 93–96). In Freges Nachlass befand sich ein 28-seitiges Heft mit Auszügen aus Leibniz, das verloren gegangen ist (*Katalog* Nr. 112; vgl. auch Nr. 37, 51b, 113). Man sollte Freges Leibniz-Kenntnisse nicht unterschätzen.
[21] Vgl. S. XLIII u. 162–164 in Erdmanns Ausgabe.
[22] *BrL* 10; *1882b*, 54; *GL* §§ 6, 17, 65.
[23] Trendelenburg 1867, 5–7, 15–18.

von einer 'universellen Sprache *(Lingua universalis)*' oder von einer *Characteristica universalis*.[24]

Schröder, dessen Leibniz-Referat weitgehend auf Trendelenburg basiert, ändert Raspes Überschrift diskret: '... linguae characteristicae ...',[25] und auch Jourdain tauscht in seiner Übersetzung von Freges Notizen 'characerica' stillschweigend gegen 'characteristica' aus.[26] Aber ist das Resultat nicht genauso problematisch? Da jede Sprache ein Zeichensystem ist, scheint Freges [Schröders, Jourdains] Rede von einer 'lingua character[ist]ica' pleonastisch zu sein. Aber ist Leibnizens Konzept eines *character* nicht enger als der Zeichenbegriff? Manchmal erklärt er *character* jedenfalls als *nota visibilis*, und im strengen Sinn sind für ihn wohl nur „geschriebene, gezeichnete oder gemeißelte Zeichen" *characteres*.[27] Das passt ja auch bestens zum Gebrauch von '$\chi\alpha\rho\alpha\kappa\tau\eta\rho$' als Bezeichnung für das Eingeritzte, Hineingekratzte, Aufgeprägte und (was für Leibnizens Sprachgebrauch mindestens ebenso wichtig ist) zur Verwendung des französischen Wortes 'caractère' im Sinn von 'Schriftzeichen'. Und wenn Frege unter einer 'lingua character[ist]ica' eine reine Schriftsprache versteht, dann steht dieser Titel in Opposition zu 'Wortsprache' in unserem Exzerpt (vgl. auch *1895c*), und er ist dann genausowenig pleonastisch wie der Ausdruck 'Zeichensprache' als Bezeichnung der Gebärdensprache, in der sich Gehörlose verständigen.

Frege hebt die in seinen Augen wichtigste Eigenschaft einer BS hervor, wenn er im Anschluss an die eben angeführte Passage fortfährt:

> Viel näher kommen die mathematischen Formelsprachen diesem Ziel, ja sie erreichen es zum Teil. Aber ... selbst die arithmetische reicht für ihr eigenes Gebiet nicht hin... [Ihr fehlt nämlich einer] der beiden Teile, aus denen jede ausgebildetere Sprache bestehen muss. Man kann nämlich den formalen Teil, der in den Wortsprachen aus Endungen, Prae- und Suffixen und Formwörtern besteht, von dem eigentlich inhaltlichen unterscheiden. Die Zeichen der Arithmetik entsprechen dem letzteren. Was noch fehlt, das ist der logische Mörtel, durch den diese Bausteine fest mit einander

---

[24] Über die Anregungen, die Leibniz für die Konzeption einer solchen Sprache aus Oxford erhielt, informiert Cohen 1954.
[25] Schröder 1890, 94.
[26] Jourdain 1912, WB 288, 290. Er tut das vielleicht deshalb, weil Russell und Couturat in ihren Leibniz-Büchern die authentische Bezeichnung 'Characteristica universalis' verwenden (Russell 1900, 169–171, 282; Couturat 1901 u. 1903, *passim*).
[27] Leibniz 1688a, 916; 1688b, 93$_L$ [G 204; A VI.4A, 919].

Kapitel 1

verbunden werden können. Diesen vertrat bisher die Wortsprache und konnte daher ... im Beweise ... nicht entbehrt werden... Es ergibt sich hieraus die Aufgabe, Zeichen für die logischen Beziehungen aufzustellen, die geeignet sind, mit der mathematischen Formelsprache zu verschmelzen und so eine für ein gewisses Gebiet wenigstens vollständige Begriffsschrift zu bilden. Das ist die Stelle, wo meine kleine Schrift ansetzt. (*BrL* 14–15; vgl. *1882a*, 4.)

Was Frege hier über die Wortsprachen sagt, kann man sich an Beispielen wie 'sitz*t*', '*un*gefährlich', 'gefahr*los*' und '*nicht* gefährlich' klarmachen: der Stamm des Verbums und das Wort, das ein Affix trägt oder vor dem 'nicht' steht, gehört zum „inhaltlichen", der Rest gehört zum „formalen Teil" unserer Sprache. Auch Satzverknüpfer wie 'und' und 'wenn ..., dann ---' sind Formwörter. In *c*.1883*b*, NS 70 nennt Frege 'alle' und 'einige' Formwörter, und in *BuG* 194 bezeichnet er die „Copula als blosses Formwort der Aussage", das „zuweilen durch die blosse Personalendung vertreten" wird. An die stoische Unterscheidung zwischen kategorematischen und der synkategorematischen Ausdrücken anküpfend, hatte schon Leibniz gesagt:[28]

„Einfache Satzteile *(vocabula)* sind entweder Terme *(voces)* oder Partikeln *(particulae)*. Die Terme konstituieren den Inhalt der Rede *(materia orationis)* und die Partikeln ihre Form *(forma orationis)*." [a].

„Die Lehre von den Partikeln *(la doctrine des particules)* ist wichtig, und ich wünschte, sie wäre detaillierter ausgearbeitet worden; denn nichts wäre geeigneter, uns die verschiedenen Verstandesformen *(les diverses formes de l'entendement)* erkennen zu lassen." [b]

Alle Satzelemente, die Frege zum „formalen Teil" unserer Sprache zählt, findet man auch in Leibnizens Liste der Partikeln.

---

[28] Leibniz [a], A VI.4A: 882 (aus einer umfangreichen Abhandlung, die fast ausschließlich von den Partikeln handelt: 881–908, vgl. auch op. cit. 646–667); [b] N.E. III, 7 („Des particules"), §3 [A VI.6: 330]. Winzige Ausschnitte der unter [a] angegebenen Texte wurden erstmals in Couturat 1903, 288–90, 291 Anm. veröffentlicht. Wie wir sehen werden, sind die logischen Operatoren für den Autor der *GG* zwar das BS-Gegenstück zu „Formwörtern", aber sie sind *keine* synkategorematischen Ausdrücke: sie bedeuten Funktionen. (Bedenken gegen die Anwendung der stoischen Terminologie auf Frege und ein Vorschlag für eine geeignetere Nomenklatur finden sich unten in §4.)

Wie man unserem letzten Exzerpt aus *BrL* entnehmen kann, ist die arithmetische Formelsprache nicht so sehr, wie der Untertitel der *BS* („eine der arithmetischen nachgebildete Formelsprache …") suggeriert, Vorbild für eine Begriffsschrift,[29] sondern sie ist ein Fragment einer für das Gebiet der Arithmetik vollständigen BS, die auch den für das Führen von Beweisen notwendigen „logischen Mörtel" enthält. Zum Lexikon einer BS, die für irgendein Gebiet Anspruch auf Vollständigkeit erheben will, müssen deshalb logische Junktoren, Quantoren und Variablen sowie der Identitätsoperator gehören:

> Die arithmetische Formelsprache ist eine Begriffsschrift, da sie ohne Vermittelung des Lautes unmittelbar die Sache ausdrückt… Es fehlen … der arithmetischen Formelsprache Ausdrücke für logische Verknüpfungen; und deshalb verdient sie den Namen einer Begriffsschrift nicht im vollen Sinne… / Ich habe nun versucht, die mathematische [genauer: die arithmetische] Formelsprache durch Zeichen für die logischen Verhältnisse zu ergänzen, sodaß daraus zunächst für das Gebiet der Mathematik [Arithmetik] eine Begriffsschrift hervorgehe, wie ich sie als wünschenswerth dargestellt habe. Die Verwendung meiner Zeichen auf andern Gebieten wird dadurch nicht ausgeschlossen. Die logischen Verhältnisse kehren überall wieder, und die Zeichen für die besondern Inhalte können so gewählt werden, daß sie sich in den Rahmen der Begriffsschrift einfügen. (*1882b*, 54; 55–56.)

Von Anfang an hatte Frege es ins Auge gefasst, das Vokabular einer BS für das Gebiet der Arithmetik zu erweitern durch Zeichen für die besonderen Inhalte der Geometrie, der Physik oder der Chemie.[30] Auf den „formalen Teil" einer jeden Sprache, die den Namen einer BS im vollen Sinne verdient, hebt Frege im Untertitel seines Buches ab:

---

[29] Im Gegensatz zu Boole und seinen Gefolgsleuten vermeidet Frege es, Zeichen, die üblicherweise für arithmetische Operationen verwendet werden, die Rolle von logischen Operatoren spielen zu lassen; „denn es geht nicht an, dass in derselben Formel beispielsweise das +Zeichen theils im logischen theils im arithmetischen Sinne vorkomme" (*1882a*, 4). Worin die „Nachbildung" bei Frege besteht, werden wir in §2.1 und in 5-§4 sehen.

[30] *BS*, VI; *1882b*, 55–56. Deshalb verwendet Frege neben arithmetischen Exempeln auch Beispiele aus der Geometrie (*BS* §8; *1879b*), der Chemie (*BS*, §9) und der Physik (*BS*, §§2, 15). Vgl. Ostwald 1908, 102, 105 über die auch von ihm so genannte „Begriffsschrift" der Chemie.

Kapitel 1

Da ich mich fürs erste auf den Ausdruck solcher Beziehungen beschränkt habe, die von der besonderen Beschaffenheit der Dinge unabhängig sind, so konnte ich auch den Ausdruck „Formelsprache des *reinen* Denkens" gebrauchen. (*BS*, IV [meine Herv.]; vgl. ebd. §23.)

„Fürs erste": – Frege betont immer wieder, dass eine BS mehr ist als eine „logische Formelsprache"; denn zu deren Lexikon gehören *nur* logische Junktoren, Quantoren und Variablen sowie der Identitätsoperator: Zeichen, die dem inhaltlichen Teil einer Wortsprache entsprechen, haben in ihr nichts zu suchen.

Ich wollte ... nicht einen blossen „*calculus ratiocinator*", sondern eine „*lingua characterica*" im leibnizischen Sinne schaffen, wobei ich jene schlussfolgernde Rechnung immerhin als einen nothwendigen Bestandtheil einer Begriffsschrift anerkenne. (*1882a*, 2; vgl. *1896a*, 371.)

Als Bestandteil einer *Allgemeinen Charakteristik* ist auch der *Ableitungskalkül*, die Formelsprache des *reinen* Denkens, eine *Sprache*: man kann in diesem Kalkül Wahres und Falsches sagen, z. B. dass alles mit sich identisch ist oder dass ein Gegenstand, x, nur dann mit einem Gegenstand, y, identisch ist, wenn alles, was von x gilt, auch von y gilt. Ihre „Formeln" (aus Freges zweidimensionaler Schreibweise in eine uns vertrautere Notation transkribiert) sind also nicht etwa Satz*schemata* wie

'a=a' und 'a=b → (Fa → Fb)',

die „nur die logische Form darstellen",[31] sondern – um bei unseren Beispielen zu bleiben – richtige *Sätze* wie

'$\forall x \, (x=x)$' und '$\forall x \, \forall y \, (x=y \rightarrow \forall f \, (fx \rightarrow fy))$'.

(Vgl. 2-§1, 5-§4, 5-§6.) Die Komponenten der Sätze der Formelsprache des *reinen* Denkens entsprechen nur denjenigen Satzelementen, die zum themenneutralen, „formalen Teil" der Wortsprachen gehören.

---

[31] *1882c*, NS 53; genauso *GL* §91 Anm.; vgl. *1896a*, 370. Frege hat dabei Booles „Darstellung der abstracten Logik" im Auge, deren Formeln „nur leere Schemata" sind (*1882a*, 7). Eine solche „abstracte Logik" nennt er manchmal auch „symbolische Logik" (*BrL* 10–14; *1910*, WB 124).

Die Weise, wie Frege in den beiden letzten Auszügen aus *BrL* und *1882b* das Verhältnis zwischen der Formelsprache des reinen Denkens und der Formelsprache der Arithmetik charakterisiert, spricht nicht dafür, dass er damals schon glaubte, Arithmetik auf Logik reduzieren zu können. Er konnte an dem, was er hier sagt, auch festhalten, nachdem er den Traum von der Reduktion für ausgeträumt erklärt hatte.

Nach der Einführung der Sinn/Bedeutung-Distinktion charakterisiert Frege eine BS so: „[In einer BS vermag man] durch geschriebene oder gedruckte Zeichen ohne Vermittlung des Lautes unmittelbar *Gedanken* auszudrücken" (*1904a*, 666, meine Herv.). Damit bleibt der Geist der ursprünglichen Charakterisierung im Vorwort zur *BS* insofern gewahrt, als ein Gedanke genau wie das, was Frege ehedem beurteilbaren begrifflichen Inhalt genannt hatte, mit dem ausgedrückten Inhalt nicht immer vollständig zusammenfällt.[32] Spätestens an dieser Stelle bekommt man nun aber den Eindruck, dass 'BS' eigentlich kein optimaler Titel ist, – der Sache nach wäre die Neuprägung (?) 'Gedankenschrift' weniger irreführend gewesen. Frege selber bestätigt diesen Eindruck, wenn er 1919 schreibt:

Das Eigenartige meiner Auffassung der Logik wird zunächst dadurch kenntlich, dass ich den Inhalt des Wortes 'Wahr' an die Spitze stelle, und dann dadurch, dass ich den Gedanken sogleich folgen lasse als dasjenige, bei dem das Wahrsein überhaupt in Frage kommen kann. Ich gehe also nicht von den Begriffen aus und setze aus ihnen den Gedanken [oder das Urteil] zusammen, sondern ich gewinne die Gedankenteile durch Zerfällung des Gedankens. Hierdurch unterscheidet sich meine Begriffsschrift von ähnlichen Schöpfungen Leibnizens und seiner Nachfolger trotz des von mir vielleicht nicht glücklich gewählten Namens. (*1919b*, NS 273.[33])

---

[32] *Ged* 63b–64a. Freilich sind seine Kriterien für (1) die Identität des beurteilbaren begrifflichen Inhalts und für (2) die Identität des Gedankens verschieden. (1) ist nach *BS* §3 bei zwei Urteilen und den Sätzen, mit denen sie kundgegeben werden können, genau dann gegeben, wenn sie dasselbe inferentielle Potential haben. Zu (2) siehe unten 2-§5.2 u. 4-§11.

[33] (Ich habe mir erlaubt, eine potentiell irreführende Wendung in eckige Klammern zu setzen: vgl. *Ged*, Anm. 1 u. 3.) Vorläufer des Prioritätsprinzips, das im vorletzten Satz formuliert ist, finden sich in *BrL* 17; *1882a*, 5; *1882d*, WB 164 – und in Kants KrV A 68–69/B 93–94: Begriffe sind „Prädicate möglicher Urtheile". Der letzte Satz ist vielleicht ein spätes Zugeständnis, dass Schröder in einem Punkte nicht ganz Unrecht hatte: Der Titel '*BS*' ist „nicht

Kapitel 1

Nachfolger Leibnizens *bezüglich seiner Ansätze zu einem Ableitungskalkül* sieht Frege in Boole, Jevons, Robert Grassmann und Schröder. Für die Beweise, die in einer BS dank ihres Reservoirs an logischen Operatoren geführt werden können, haben logische Beziehungen zwischen Zeichen, die *Gedanken* ausdrücken, systematische Priorität gegenüber den logischen Beziehungen zwischen Zeichen, die *Begriffe* (Konzepte) ausdrücken; denn Begriffe (Konzepte) sind ihrem Wesen nach Gedankenfragmente. (Man beachte, dass Frege hier unter einem Begriff den *Sinn* eines Teils eines Gedankenausdrucks versteht – und nicht dessen Bedeutung im technischen Verstande dieses Wortes [s. u., §2.2].[34] Ich signalisiere diese Verwendungsweise durch den Zusatz 'Konzept' – und gebrauche dieses Wort in diesem Buch häufig, um gegen Verwechslung mit dem vorzubeugen, was Frege offiziell unter einem Begriff versteht.)

Zusammengenommen legen Freges Äußerungen über den Terminus 'BS' die folgende Charakterisierung nahe: Eine „logisch vollkommene Sprache (Begriffsschrift)" (*SuB* 41a) ist ein System von schriftlichen Zeichen, in dem Gedanken direkt und mit maximaler Explizitheit ausgedrückt werden und in dem man lückenlose logische Beweise führen kann, für welche die Axiome und Schlussregeln der Junktorenlogik basal sind. Zum „formalen Teil" einer BS gehört kein einziger singulärer Term und nur ein einziges Prädikat erster Stufe, der Identitätsoperator. Diese „Formelsprache des reinen Denkens", die den Kern einer jeden BS bildet, kann durch die singulären Terme und Prädikate einer „strengen Wissenschaft" (*Ged* 63b) zu einer BS erweitert werden, in der die Gesetze dieser Wissenschaft formulierbar sind. Freges Konzeption einer BS wird in ihren wesentlichen Zügen von Quine rekapituliert, wenn er von seiner „canonical notation" spricht.[35]

---

correct und wäre eigentlich durch 'Urtheilsschrift' zu ersetzen" (Schröder 1880, 87, Anm., wiederholt in Schröder 1890, 95 Anm.).

[34] Auch in einem späten Text wie *Vern* 150d verwendet er 'Begriff' für den Sinn eines Ausdrucks.

[35] Quine 1960, 226–232 („A Framework for Theory") *et passim*.

§2. Grundbegriffe – 1889 ff.

§2.1. Funktion und Gegenstand.[36]

Zu den wesentlichen Ergebnissen der Arbeit Freges seit 1879, die in die *Grundgesetze* Eingang gefunden haben, gehört, dass „das Wesen der Function im Unterschiede vom Gegenstande schärfer als in [der] *Begriffsschrift* [§§ 9–10] gekennzeichnet" ist (*Vorw* X$_a$) – und erst recht schärfer als in den Schriften der Mathematiker, seit Leibniz ihr Vokabular um das Wort '*functio*' ergänzt hat. Das präzisierte Konzept einer Funktion und sein Oppositum, das Konzept eines Gegenstandes, bilden das *eine* der beiden Begriffspaare, die für das Profil der Philosophischen Logik Freges seit den neunziger Jahren charakteristisch sind. Während Frege hier klärend und verallgemeinernd an einen „Grundsatz" anknüpfen konnte, den er bereits 1884 formuliert hatte: „der Unterschied zwischen Begriff und Gegenstand ist im Auge zu behalten" (*GL*, X), hat er die Konzepte der Bedeutung und des Sinns, die das *andere* Begriffspaar bilden, erst 1890 eingeführt.

Aus den komplexen Zahlbezeichnungen in der folgenden Reihe:

'2+16'

'5+16'

'9+16'

kann man dadurch denselben „Funktionsausdruck" oder dasselbe „Funktionszeichen" (im Folgenden kurz 'Funktor' genannt[37]) er-

---

[36] VERGLEICHE: *BS* §§ 9–10; *1882b*, WB 164–165; *GL*, X, §§ 51, 66, 2.Anm.; *FuB*; *1892c*, NS 129; *BuG*; *GG I*, §§ 1–4; *1903c*, II: 371–372; *1904a*; *1910/11*, *Vorl* 11–13; *Vern* 155c–157c; *Ggf* 36b–37a.

LITERATUR: [FUNKTION VS. GEGENSTAND]: Black 1954, dazu Church 1956; Dummett 1955, FPL, Kap. 5–6 u. IFP, Kap. 8 u. 12; Furth 1968; Simons 1981b u. 1983; Martin 1983; Currie 1984; Kleemeier 1997, 204–226; Baker 2006; Textor 2010, Kap. 3. Vgl. unten 3-§8; 4-§2. [BESONDERE UNVOLLSTÄNDIGKEIT DES PRÄDIKATS?]: *nein*: Ramsey 1925, 59, 63; *ja*: Strawson 1959, 148–153; Dummett, FPL 27–33, dazu Geach 1975b, dazu Dummett, IFP 317–318; Textor 2009a. [GEGENSTAND *via* SINGULÄRER TERM?]: Dummett, FPL, Kap. 4; Künne 1983, Kap. 1, § 1; Hale 1987, Kap. 2; Kleemeier 1997, 313–323; Hale & Wright 2001, Kap. 1–2.

[37] Eine terminologische Anleihe bei Kotarbiński (Tarski 1935, Anm. 7) u. Carnap 1934, 1947.

zeugen, dass man die Ziffern, durch die sie sich unterscheiden, durch die Markierung einer Leerstelle ersetzt:

'( )+16'.

Diese Leerstelle gehört zum Funktor wie die Laffe zum Löffel: beide sind dazu da, mit etwas gefüllt zu werden. In der „Darlegung der Begriffsschrift" in *GG I* markiert Frege solche Leerstellen durch kleine griechische Konsonanten, z. B. durch ein kleines Xi:

'ξ+16'.

An der heute gängigen Praxis, Kleinbuchstaben vom Ende des Alphabets als Leerstellen-Markierer *und* als gebundene Variablen zu verwenden, hätte Frege wenig Gefallen gefunden, da dies zwei ganz verschiedene Rollen sind (*1904a*, 665).– Aus den komplexen Zahlbezeichnungen in der nächsten Reihe:

'2+2⁴'
'5+5⁴'
'9+9⁴'

kann man denselben Funktor erzeugen, indem man die Ziffern, durch die sie sich unterscheiden, jeweils an beiden Stellen ihres Vorkommens durch die Markierung einer Leerstelle ersetzt:

'( )+( )⁴' bzw. 'ξ+ξ⁴'.

Durch die Verwendung derselben Klammersorte bzw. desselben griechischen Buchstabens für die Markierung der beiden Leerstellen wird signalisiert, dass der Funktor durch Vorkommnisse *derselben* Zahlbezeichnung zu füllen ist.– Durch Löschung aller Ziffern in den komplexen Zahlbezeichnungen '2+16', '5+625' und '9+6561' erhalten wir den plus-Funktor

'( )+[ ]' bzw. 'ξ+ζ'.

Der Gebrauch verschiedener Klammersorten bzw. verschiedener Buchstaben (Xi und Zëta) für die Markierung der beiden Leerstellen zeigt an, dass dieser Funktor durch Vorkommnisse *verschiedener* Zahlbezeichnungen gefüllt werden darf. Die griechischen Buchstaben bzw. die Klammernpaare machen also nicht nur Leerstellen kenntlich, – sie enthalten auch ein 'Programm' für die Vorgehensweise bei ihrer Füllung. (Vgl. dazu etwa *1914b*, NS 259.) Von einem dritten Zweck, dem diese Zeichen dienen, wird schon bald die Rede sein.

Funktoren bezeichnen Funktionen: '$\xi+2^4$' beispielsweise bezeichnet die Funktion $\xi+2^4$. Füllt man die Leerstelle in einem solchen Funktor mit einem Zahlzeichen Z, so erhält man eine Bezeichnung des „Wertes" der Funktion für das von Z bezeichnete „Argument".[38] So ist der Wert der Funktion ($)+2^4$ für das Argument 3 die Zahl 19. Die Funktoren '($)+2^4$' und '($)+4^2$' bezeichnen dieselbe Funktion; denn die Funktion ($)+2^4$ hat für dasselbe Argument stets denselben Wert wie die Funktion ($)+4^2$, und wenn eine Funktion f für alle Argumente denselben Wert hat wie die Funktion f^*, dann handelt es sich um ein und dieselbe Funktion. – Freilich wird diese These von einer (wirklichen oder vermeintlichen) Aporie überschattet, die wir in §2.5 erörtern werden. Nur wenn X und Y *Gegenstände* sind, kann eine Feststellung der Form 'X ist mit Y identisch' korrekt sein. Nun sind Funktionen für Frege (wie wir bald sehen werden) keine Gegenstände. Also kann man über sie eigentlich nicht Feststellungen dieser Form treffen (*1892c*, NS 132). Nur der „Wertverlauf" von X kann buchstäblich derselbe sein wie der Wertverlauf von Y; denn Wertverläufe sind Gegenstände (s. u. §2.4). Das Zusammenfallen des Wertverlaufs ist eine hinreichende und notwendige Bedingung dafür, dass zwischen den Funktionen die Beziehung besteht, die der Identität bei Gegenständen entspricht.

Nicht zuletzt durch die sorgfältige Unterscheidung von Funktionsausdruck und Funktion will Frege vermeiden, was „der mathematischen Zeitkrankheit der Vermengung des Zeichens mit dem Bezeichneten Vorschub leisten könnte". Er hat für diese „Epidemie" unter seinen Kollegen sogar einen medizinischen Terminus eingeführt: „*morbus mathematicus recens*".[39]

Bislang hatten wir es nur mit Funktionen zu tun, deren Wert für ein gegebenes Argument eine Zahl ist. Diese Einschränkung hebt Frege in zwei Schritten auf. Nennen wir einen Ausdruck, der kein Satz ist und der (wenn er seine Bestimmung erfüllt) einen einzelnen Gegenstand bezeichnet, einen singulären Term.[40] Nicht nur in einem

---

[38] In einer seiner Verwendungsweisen bedeutet das lateinische Wort '*argumentum*' nicht: Argument für eine These, sondern: Gegenstand, Sujet. (Das '*argumentum orationis*' ist der Gegenstand, von dem eine Rede handelt.) Diese Verwendungsweise dürfte hinter dem (heute aus der Mode gekommenen) mathematischen Gebrauch des Wortes 'Argument' stehen.

[39] *n.1898*, NS 172–173; *1914b*, NS 241. Vgl. *GG I*, 4 (in 5-§5 mitsamt Carnaps Kommentar zitiert).

[40] Kein Frege'scher Terminus. Die Ausdrücke '(der Planet) Uranus', '(der

komplexen singulären Term, der ein *Zahlzeichen* ist, können eines oder mehrere Vorkommnisse eines oder mehrerer anderer singulärer Terme enthalten sein. Gleichgültig, was für einen Gegenstand ein derartiger Ausdruck bezeichnet, man kann aus ihm durch Tilgung mindestens eines in ihm enthaltenen Vorkommnisses eines singulären Terms einen Funktor erzeugen: so z. B. aus 'der Vater von Isaak' den Funktor 'der Vater von ( )'. Die von ihm bezeichnete Funktion *der Vater von ( )* liefert für das Argument Isaak den Wert Abraham. Für die Argumente Laban und Jakob (in dieser Reihenfolge) ist Rahel der Wert der Funktion, die der zweistellige Funktor 'die Tochter von ( ), um die [ ] freit' bezeichnet. Der dreistellige Funktor 'die Übersiedlung von ( )s Vater von [ ] nach { }' bezeichnet eine Funktion, deren Wert für die Argumente Joseph, Kanaan und Ägypten (in dieser Reihenfolge) Jakobs letzte Reise ist. *Jeder* Operator, der für singuläre Terme als Input singuläre Terme als Output liefert, wird jetzt als Funktor aufgefasst. Nun sind nicht mehr alle Funktionen *arithmetische* Funktionen.

Sehr viel kühner ist Freges zweiter Schritt. Die Funktoren, mit denen wir es bislang zu tun hatten, lieferten für singuläre Terme als Input singuläre Terme als Output. Da ihr Output kein ganzer Satz ist, können wir sie *sub-sententiale* Funktoren nennen. Nun kann man aber nicht nur in einem komplexen singulären Term, sondern auch in einem ganzen Satz mindestens ein Vorkommnis eines singulären Terms tilgen und durch die Markierung einer Leerstelle ersetzen. Auf diese Weise wird aus der Gleichung '$2^4=16$' z. B. der Ausdruck '( )$^4=16$', aus 'Der Mond ist rund' wird '( ) ist rund' und aus 'Jakob weint' wird '( ) weint'. Aus 'Jakob liebt Rahel' kann man drei Ausdrücke dieses Typs erzeugen: '( ) liebt Rahel', 'Jakob liebt [ ]' und '( ) liebt [ ]'. Sind das nicht auch Funktoren? Ja, antwortet Frege. Da derartige Ausdrücke für singuläre Terme als Input ganze Sätze als Output liefern, können wir sie als *sententiale* Funktoren bezeichnen. Frege nennt sie (ein- oder zweistellige) *Prädikate*.

Anders als beim traditionellen Verständnis von 'Prädikat' ist die Kopula also genau wie die Endung des Verbs in 'weint' ein Bestandteil dessen, was Frege Prädikat nennt. Zu jedem Prädikat gehört (mindestens) eine Leerstelle – wie der Schöpfteil zum Löffel. Im Un-

---

schottische Schriftsteller) James Macpherson' und 'die kleinste Primzahl' erfüllen ihre Bestimmung, während die Ausdrücke '(der Planet) Vulkan', '(der gälische Barde) Ossian' und 'die größte Primzahl' sie nicht erfüllen: s. u. §3.

terschied zu dem, was die Tradition unter einem Prädikat verstand, kann sich ein Frege'sches Prädikat über mehrere Sätze in einem Satzgefüge erstrecken. Wenn wir z. B. in dem Satzgefüge

[S] 13 > 1, und wenn 13 durch eine Zahl n ohne Rest teilbar ist, dann $n=13$ oder $n=1$

alle Vorkommnisse der Ziffer '13' löschen, erhalten wir das komplexe einstellige Prädikat

[P] ( ) > 1, und wenn ( ) durch eine Zahl n ohne Rest teilbar ist, dann $n=$( ) oder $n=1$,

das man durch '( ) ist eine Primzahl' abkürzen kann.

Die Rede von Leerstellen erweist sich bei näherem Hinsehen als präzisierungsbedürftig. Wenn man die Leerstelle in '… kennt Josephs Loyalität' mit 'Potiphar ver-' füllt, erhält man einen vollständigen Satz; aber das bedeutet nicht, dass das Frege'sche *Prädikat* '( ) kennt Josephs Loyalität' in 'Potiphar verkennt Josephs Loyalität' vorkommt. Die Zeichen '( )' und 'ξ' markieren nicht nur eine Lücke, sie reservieren sie zugleich für singuläre Terme. Die Leerstelle in jenem Prädikat darf also nicht durch 'Potiphar ver-' gefüllt werden – und die in 'ξ ist eine Primzahl' nicht durch '7 ist keine Primzahl, oder 7', obwohl auch hier das Resultat der Einsetzung ein Satz ist. Würden das Klammernpaar und der griechische Kleinbuchstabe nur eine Lücke markieren, so dürfte Frege nicht behaupten: „Wir erhalten durch dieses 'ξ' eine Gebrauchsanweisung für den Funktionsnamen" (*1914b*, NS 259). Wenn man statt 'ξ hasst ζ' schreibt 'ξ hasst ξ', so signalisiert man durch die Verwendung desselben Buchstabens nicht nur, dass bei der Vervollständigung zu einem Satz dasselbe *Zeichen*, sondern „dass derselbe *Eigenname* an beiden Stellen einzusetzen sei" (ebd., meine Herv.). Die griechischen Buchstaben wie die Klammernpaare haben also *drei* Aufgaben: sie sollen erstens Leerstellen kenntlich machen, zweitens die Vorgehensweise bei ihrer Füllung regeln und drittens die syntaktische Kategorie des Inputs festlegen.

Wenn Frege'sche Prädikate [fortan kurz: Prädikate] *buchstäblich* Funktoren sind, so bezeichnen auch sie Funktionen. Nennen wir sie – mit einer terminologischen Anleihe bei Russell – propositionale Funktionen.[41] Die Argumente einer propositionalen Funktion

---

[41] Im hier intendierten Sinn ist eine propositionale Funktion das, was ein sentenzialer Funktor bezeichnet. (Bei Russell weiß man nie genau, ob er er

Kapitel 1 185

(erster Stufe)[42] sind – wie die aller bislang betrachteten Funktionen – Gegenstände. Aber was sind die *Werte* propositionaler Funktionen für verschiedene Argumente? Was ist z. B. der Wert der Funktion *( ) ist rund* für den Mond als Argument, was ist ihr Wert für die Kaaba? Wenn man ein Prädikat wie '( ) ist rund' durch einen (nicht-leeren) singulären Term ergänzt, erhält man einen Satz, mit dem Wahres oder Falsches gesagt wird. Ausgehend von dieser Beobachtung stipuliert Frege:

> Ich sage nun: „der Werth unserer Function ist ein Wahrheitswerth" und unterscheide den Wahrheitswerth des Wahren von dem des Falschen. Den einen nenne ich kurz das Wahre, den andern das Falsche. (*FuB* 13.)

Das Prädikat '( ) ist rund' bezeichnet demnach diejenige Funktion, deren Wert für alle runden Gegenstände das Wahre ist und für alle anderen das Falsche. Die im letzten Satz verwendeten Adjektiv-Nominalisierungen sind Abbreviaturen, die Frege so erklärt:[43]

> das Wahre (Falsche) =*Df.* der Wahrheitswert des Wahren (Falschen).

Nun können die Adjektiv-Nominalisierungen im Definiens nicht dasselbe heißen wie im Definiendum, denn dann wäre die Erklärung gar zu offenkundig zirkulär. Sie müssen hier auf eine Weise verstanden werden, die uns längst vertraut ist.[44] Wenn man sagt, dass das Falsche in N. N.s Aufsatz das Wahre überwiegt, dann meint man, dass in dem Aufsatz mehr falsche als wahre Gedanken ausgedrückt werden. Diese Gebrauchsweise findet man auch bei Frege, etwa wenn er in *GL* §51 schreibt: „Das Wahre in dieser Ausführung ist in so schiefe und irreführende Ausdrücke gekleidet, dass eine Entwirrung und Sichtung geboten ist." Oder wenn er Hilbert empfiehlt,

---

mit der Bezeichnung „propositional function" eine Funktion oder einen Funktor meint.)
[42] Der Zusatz in Klammern wird in §2.3 erklärt.
[43] Ganz analog in *1892c*, NS 129: „…; und dazu [sc. zu dem Satz, dessen Sinn ein Gedanke ist] gehört als Bedeutung ein *Wahrheitswert*. Indem wir diesen als den *des Wahren* (als *das Wahre*) anerkennen, urteilen wir, dass …" (meine Herv.).
[44] Offenkundig muss man sich hier die Redensart 'Das ist nicht das Wahre!' aus dem Kopf schlagen; denn mit der gibt man ja zu verstehen, dass einem etwas missfällt.

„das Falsche in seiner Lehre ... abzustoßen, damit das Wahre ... desto klarer und unanfechtbarer hervortrete" (*1906a*, I: 294). An diesen Sprachgebrauch anknüpfend können wir das Definiens so ausbuchstabieren, dass der Zirkelverdacht gar nicht erst aufkommt:

das Wahre (Falsche) =*Df.* der Wahrheitswert dessen, was wahr (falsch) ist.

Geachs perfekte Übersetzung unserer Passage führt den Leser sofort hierhin: „I ... distinguish the truth-values of *what is true* and *what is false*. I call the first, for short, *the True*; and the second, *the False*."[45] (Mehr zum Definiendum unten in §6.)

Ist ein *n*-stelliges Prädikat ein Funktor, so bezeichnet ein Satz, den man aus dem Prädikat durch Einsetzung von *n* (nicht-leeren) Gegenstandsbezeichnungen erzeugt, den Wert einer propositionalen Funktion für die bezeichneten Gegenstände als Argumente. Ist nun der Wert einer solchen Funktion stets einer der beiden Wahrheitswerte, dann bezeichnen die Sätze '3+2^4=19' und 'Der Mond ist rund' (und alle anderen, mit denen Wahres gesagt wird) dasselbe.

Auf der Basis seiner zweiten Erweiterung des Konzepts einer Funktion bestimmt Frege *Begriffe*, die er manchmal auch Eigenschaften nennt,[46] und *Beziehungen* als die beiden Spezies der Gattung Propositionale Funktion. Eine Funktion, deren Wert immer ein Wahrheitswert ist, ist genau dann ein Begriff, wenn sie wie die Funktion ( ) *ist rund* genau eine Argument-Stelle hat, und sie ist genau dann eine Beziehung, wenn sie wie die Funktion ( ) *freit um* [ ] zwei Argument-Stellen hat.[47] Eigentlich ist das Wort 'Eigenschaft'

---

[45] In Geach & Black 1952. Die leserfreundliche Großschreibung des Adjektivs im Definiendum hatten bereits Black 1948 und Feigl 1949 eingeführt, und sie hat sich durchgesetzt. Man sollte mit ihr allerdings vorsichtig umgehen. In Long & White 1979, 119 (bzw. Beaney 1997, 174) wird die eben in Fußnote 43 zitierte Stelle in *1892c* durch zwei Übersetzungsfehler völlig unverständlich: „...; and this sentence has a truth-value as its [Bedeutung]. To acknowledge this [Bedeutung] as that of the True (as the True) is to judge that ...". Es müsste heißen: „To acknowledge this truth-value as the truth-value of *what is true* (as *the True*) is to judge that ...".

[46] *BuG* 201c; *Vorw* IX$_3$; *1895a*, 452.

[47] Für propositionale Funktionen mit mehr als zwei Argumenten besteht in den *GG* kein Bedarf. In *1914b*, NS 269–270 nennt Frege ( ) *liegt zwischen* [ ] *und* [ ] eine „Beziehung mit drei Fundamenten". Den Titel 'Relation' reserviert er in den *GG* für den „Umfang einer Beziehung", der genau wie der Umfang eines Begriffs selber keine Funktion, sondern ein Gegenstand ist

besser als Partner von 'Beziehung' geeignet.[48] Frege trägt dem selber Rechnung, wenn er über seine Notation für ein- und mehrstellige Prädikate sagt:

> Ein Zeichen einer *Eigenschaft* erscheint nie, ohne dass ein Ding wenigstens angedeutet wäre, dem diese Eigenschaft zukäme, die Bezeichnung einer *Beziehung* nie, ohne Andeutung der Dinge, die in ihr ständen. (*BrL* 19, meine Herv.)

Viele Philosophen würden freilich bestreiten, dass Prädikaten wie '( ) ist die Mutter des Sokrates' oder '( ) ist ein Buch des Sokrates', die nur auf einen oder auf gar keinen Gegenstand zutreffen, Eigenschaften entsprechen: zweifellos wird die Welt mit solchen Prädikaten ja nicht „an ihren Gelenken tranchiert".[49] Vielleicht zog Frege deshalb die Bezeichnung 'Begriff' vor, weil sie diesen Protest nicht provoziert. Doch das ist reine Spekulation.

Sind Begriffe Funktionen, so sind sie entsprechend grob individuiert. Nicht nur synonyme Prädikate wie 'ξ ist ein Samstag' und 'ξ ist ein Sonnabend' bezeichnen denselben Frege'schen Begriff, sondern auch solche, die nur intensional äquivalent (in jeder möglichen Welt umfangsgleich) sind wie '$\xi > 2^4$' und '$\xi > 4^2$', ja sogar solche, die bloß extensional äquivalent (in der wirklichen Welt umfangsgleich) sind wie 'ξ hat den höchsten Berg Asiens bestiegen' und 'ξ hat den höchsten Berg der Erde bestiegen'. Denn wenn eine propositionale Funktion f für alle Argumente denselben Wahrheitswert wie die propositionale Funktion f^* liefert, so handelt es sich um ein und dieselbe Funktion.– Natürlich wird auch diese These von Freges Aporie (s. u. §2.5) affiziert. Nur wenn X und Y *Gegenstände* sind, kann eine Feststellung der Form 'X ist mit Y identisch' korrekt sein. Also kann man über Begriffe strenggenommen keine Feststellungen dieser Form treffen, wenn Begriffe keine Gegenstände sind (*1892c*, NS 131–133). Buchstäblich identisch können nur der Umfang von X und der Umfang von Y sein; denn Begriffsumfänge sind Gegenstände (s. u. §2.4). „[D]as Zusammenfallen des Umfangs ist hinreichendes und notwendiges Kennzeichen dafür, dass zwischen den Begriffen

---

(*GG II*, §162 u. Anhang, S. 255). In *BrL* 18 sind 'Relation' und 'Beziehung' Synonyma.
[48] In Carnap 1947, 118 wird Freges 'Begriff' mit 'property' übersetzt.
[49] Platon, *Phaidros* 265 E.

die Beziehung stattfindet, welche der Gleichheit bei Gegenständen entspricht" (*1894a*, 320).

Wie wir gesehen haben, ist ein Satz wie 'Jakob liebt Rahel' auf mehrfache Weise zerlegbar, bei jeder dieser Zerlegungen kommt ein anderes Frege'sches Prädikat zum Vorschein, und nur eines von ihnen bezeichnet eine Beziehung. Die folgende Anekdote verdankt der *multiplen Zerlegbarkeit* einer zweistelligen Prädikation ihre Pointe: – Der Ökonom John Kenneth Galbraith wuchs auf einer Farm in Kanada auf. Eines Tages saß der junge Galbraith mit einer Freundin auf dem Zaun einer Weide dieser Farm, und sie sahen, wie ein Bulle eine Kuh bestieg. Galbraith riskierte den Kommentar: „That looks like it would be fun". Was die Freundin zu der denkwürdigen Bemerkung veranlasste: „Well ... she's *your* cow".[50] Eigentlich sollte man Witze ja nicht erklären; aber um der semantischen Botschaft willen tue ich's trotzdem: Er sprach von dem Vergnügen, zusammen mit ihr die Beziehung *ξ hat Geschlechtsverkehr mit ζ* zu instantiieren, während sie so tat, als habe er von dem Vergnügen gesprochen, den Begriff *ξ hat Geschlechtsverkehr mit dieser Kuh* zu instantiieren.

Wir haben uns bei der Rede über Funktionen (im Allgemeinen) und Begriffe (im Besonderen) stets der folgenden Schreibweise oder ihrer ξ-Variante bedient:

(S1)   Die Funktoren '( )+2^4', 'der Vater von ( )' und
       '( ) ist rund' bezeichnen die Funktionen
       ( )+2^4, der Vater von ( ) und ( ) ist rund.

Eine augenfällige Gemeinsamkeit zwischen (S1) und

(S2)   '2' bezeichnet 2, und
       'Abraham' bezeichnet Abraham

liegt in der Tilgung der Anführungszeichen nach 'bezeichnet': der Ausdruck, der zunächst erwähnt wird, wird sodann gebraucht, um auf das Bezug zu nehmen, was er bezeichnet. Die an die Stelle von Freges Sperrung (*BuG* 197) tretende Kursivierung der von den Anführungszeichen befreiten Ausdrücke in (S1) und die Apposition sollen nur signalisieren, dass die bezeichnenden Ausdrücke – anders als die Ziffer und der Patriarchenname in (S2) – keine *Gegenstände* bezeichnen.

---

[50] J. K. G., 'A Life in Our Times', Boston 1981.

Kapitel 1

Und was ist ein Gegenstand? Frege will das Wort 'Gegenstand' in einem sehr weiten Sinne verstanden wissen:

> Eine schulgemässe Definition halte ich für unmöglich, weil wir hier etwas haben, was wegen seiner Einfachheit eine logische Zerlegung nicht zulässt. Es ist nur möglich, auf das hinzudeuten, was gemeint ist. Hier kann nur kurz gesagt werden: Gegenstand ist Alles, was nicht Function ist, dessen Ausdruck also keine leere Stelle mit sich führt. (*FuB* 18b.)
>
> Zu den Gegenständen rechne ich ... Alles, was nicht Function ist... Die Namen von Gegenständen, die Eigennamen, führen also keine Argumentstellen mit sich, sie sind gesättigt wie die Gegenstände selbst. (*GG I*, §2.)

Die Erläuterungsrichtung ist eindeutig: das Konzept einer Funktion hat sozusagen die Hosen an. Im Rückgriff auf dieses Konzept beantwortet er die Frage, was ein Gegenstand ist, und die Frage, warum Bezeichnungen eines Gegenstandes keine Leerstellen aufweisen. Eigentlich war Frege nicht darauf angewiesen, das Wort 'Gegenstand' auf diese Weise kontrastiv zu erläutern. Er hätte auch sagen können: Zu den Gegenständen rechne ich alles (und nur das), was mit sich identisch ist (s. u. §2.5). Er müsste dieser Erläuterung, die natürlich ebenfalls keine „schulgemässe Definition" ist, zumindest bescheinigen, dass sie extensional adäquat ist.

Jedenfalls erläutert Frege das Wort 'Gegenstand' nicht auf die folgende Weise: Zu den Gegenständen rechne ich alles (und nur das), was in einer möglichen Erweiterung irgendeiner Sprache durch einen Eigennamen bezeichnet wird. (Als Eigennamen klassifiziert er nicht nur „eigentliche Eigennamen" wie 'Sokrates', sondern auch Kennzeichnungen wie 'der Philosoph, der den Schierlingsbecher leerte': s. u. §3). Dass Frege 'Gegenstand' nicht *via* 'Eigenname' oder 'singulärer Term' erklärt, bedauern diejenigen Philosophen (s. o. Lit.), die finden, dass man zunächst einmal ohne Rückgriff auf ontologische Konzepte klären sollte, was ein Eigenname oder ein singulärer Term ist, um auf dieser Basis dann das ontologische Konzept eines Gegenstandes einzuführen. Frege würde wohl kaum bestreiten, dass etwas genau dann ein Gegenstand ist, wenn es in einer möglichen Erweiterung irgendeiner Sprache durch einen Eigennamen bezeichnet wird (genausowenig wie er bestreiten würde, dass etwas genau dann eine Funktion ist, wenn es in einer möglichen Erweiterung irgendeiner Sprache durch einen Ausdruck, der mindestens eine Leerstelle mit sich führt, bezeichnet wird). Aber seine eigene Erklärung von 'Eigenname' setzt voraus, dass wir bereits wissen, was ein Gegenstand ist: „Eigennamen nenne ich jedes Zeichen für einen Gegenstand".[51] Und wenn er schreibt:

> Oerter, Zeitpunkte, Zeiträume sind, logisch betrachtet, Gegenstände; *mithin* ist die sprachliche Bezeichnung eines bestimmten Ortes, eines bestimmten Augenblicks oder Zeitraums als Eigenname aufzufassen. (*SuB* 42b, meine Herv.),

so argumentiert er *in concreto* genau anders herum, als jene Philosophen ihn gern argumentieren sähen. Freilich, an anderen Stellen schließt Frege selber aus der Beschaffenheit eines Ausdrucks, dass dieser, wenn er überhaupt etwas bezeichnet, einen Gegenstand bezeichnet. In *GL* argumentiert Frege oft in diesem Stil,[52] und in einem Vortrag knüpft er daran an:

> 1/2 z. B. ist als Gegenstand aufzufassen,... wie aus dem Ausdruck „die Zahl 1/2" hervorgeht und daraus, dass es [sc. das Zeichen '1/2'] auf der einen Seite des Gleichheitszeichens erscheint. (*1885b*, 103–104.)

In *FuB* liest man direkt im Anschluss an die auf S. 189 eingerückte Passage: Ein Ausdruck von der-und-der Sorte „enthält keine leere Stelle, *darum* ist seine Bedeutung [d.h. das, was er bezeichnet] als Gegenstand anzusehen" (18c, meine Herv.). Und in *BuG* argumentiert Frege ganz analog: Ein Wort von der-und-der Sorte kann „nie eigentlich Prädicat sein ...., wiewohl es einen Theil eines Prädicates bilden kann", – das, was dieses Wort bezeichnet, „kann *also* ... nur als Gegenstand" angesehen werden (194/195, meine Herv.). In der Frage der Erklärungsrichtung scheint Frege nicht mit sich im Reinen zu sein. (Vgl. unten §2.5 u. §4.)

Da in der Frage, ob ein Ausdruck ein „eigentlicher Eigenname" ist, leichter Einvernehmen zu erzielen sein dürfte als in der Frage nach einem adäquaten Kriterium für „Eigennamen" oder singuläre Terme, könnte man 'Gegenstand' auch so erläutern: Etwas ist genau dann ein Gegenstand, wenn es in einer möglichen Erweiterung irgendeiner Sprache durch einen „eigentlichen Eigennamen" bezeich-

---

[51] *BuG* 197 Anm. Vgl. *1906a*, I: 298; *1906b*, NS 194; *1906d*, NS 205; *Vern* 156a.
[52] *GL* §§ 38, 51, 57, 66 Anm., 68 Anm.

net wird. Auch hier gilt: Frege müsste dieser Erläuterung zumindest bescheinigen, dass sie extensional adäquat ist. (Die Quine'sche Erklärung, etwas sei genau dann ein Gegenstand, wenn es Wert einer Variablen in einer Quantifikation erster Stufe sein kann, ist in Freges Augen keine echte Alternative dazu, denn die fraglichen Variablen sind nach seiner Auffassung *per definitionem* Platzhalter für Eigennamen. Vgl. 5-§6.)

Jeder Funktor ist, was durch Freges Leerstellen-Notation „zur Anschauung kommt" (*1892c*, NS 131), *ergänzungsbedürftig, unvollständig* oder *ungesättigt*. (Als ungesättigt werden in der Organischen Chemie Verbindungen bezeichnet, die unbeschadet ihrer Molekülstruktur neue Atome oder Atomgruppen aufnehmen können.[53]) Singuläre Terme und Sätze bedürfen hingegen – so betont Frege – keiner Ergänzung, Vervollständigung oder Sättigung. Ein paar Jahre später charakterisiert Peirce n-stellige Prädikate, die er „relatives" nennt („polyadic relatives", wenn n>1, und „monadic relatives", wenn n=1), fast genauso wie Frege:[54]

„In a complete proposition there are no blanks... A relative [has] some number of proper names left blank... A chemical atom is quite like a relative in having a definite number of loose ends or 'unsaturated bonds', corresponding to the blanks of the relative."

Peirces Vergleich entspricht Freges Metapher.

„The great difficulty with this theory lies in understanding how one sort of [sub-sentential expression] can be *specially* incomplete", klagte Wittgensteins Freund Frank Ramsey vor langer Zeit.[55] Wieso bedürfen singuläre Terme eigentlich keiner Vervollständigung? Ist der Eigenname 'Der Mond' nicht genauso ergänzungsbedürftig wie

---

[53] Frege hat in Jena 3 Semester Chemie studiert und ein Praktikum besucht (s. o. EINL-§2). Vergleiche mit chemischen Strukturen spielen auch in *BrL* 19, 40, *BuG* 193a und *Logik*$_2$ 153 eine wichtige Rolle.

[54] Peirce 1897, §§ 465, 466, 469.

[55] Ramsey 1925, 121 (meine Herv.); vgl. 115. Er schreibt „objects"; denn er hat primär die Charakterisierung elementarer Tatsachen in Russell 1918 im Auge, die er so wiedergibt: „In every atomic fact there must be a constituent which is in its own nature incomplete ... and, as it were, holds the other constituents together. This constituent will be a universal, and the others particulars" (121). Die Inspirationsquelle für Ramseys Kritik ist eingestandenermaßen Wittgensteins TLP, vgl. etwa 2.03; 4.22–21.

das Prädikat '( ) ist rund'? Gemessen am Satz ist doch weder der Eigenname noch das Prädikat vollständig. Das ist richtig – und es ist so offenkundig, dass es Frege schwerlich entgangen sein kann. Er dürfte unter der Unvollständigkeit eines Prädikats also nicht sein Noch-kein-Satz-Sein verstehen. Vielleicht kann man seine Pointe auf den beiden folgenden Wegen erfassen. *Erstens.* Ein singulärer Term verlangt keine bestimmte Art der Ergänzung, – er kann zu Sätzen verschiedener Formen vervollständigt werden: 'Der Mond ist aufgegangen', 'Die Sonne ist größer als der Mond', 'Der Mond steht jetzt zwischen der Erde und der Sonne'. Die Selbständigkeit des singulären Terms besteht, so könnte man sagen, in seiner strukturellen Mobilität. Diese Mobilität geht dem Prädikat ab: es verlangt eine bestimmte Art der Ergänzung, es kann nur zu einem Satz einer ganz bestimmten Form ergänzt werden. Dass Frege hierin den Grund für die besondere Unvollständigkeit des Prädikats sieht, deutet er schon in seinem Brief an Stumpf an, in dem er die Metapher von der Ungesättigtheit zum ersten Mal verwendet: „[D]ie Beziehung von Subjekt und Prädikat ... gehört zum Inhalte des Prädikates, *wodurch* dieses eben ungesättigt ist".[56] (Unter 'Satz' muss in dieser Überlegung jeweils ein elementarer Behauptungssatz verstanden werden: ein junktoren- und quantorenfreier Satz, mit dem Wahres oder Falsches gesagt werden kann; denn sonst kann man gegen sie u. a. Wer-oder-was-Fragesätze und Quantifikationen wie 'Niemand ist vollkommen' ins Feld führen.)

Zweitens. Den folgenden drei Sätze ist das zweistellige Prädikat 'ξ ist verliebt in ζ' gemeinsam:[57]

(a)   Romeo ist verliebt in Julia
(b)   Narziss ist verliebt in Narziss
(c)   Felix Krull ist verliebt in Felix Krull.

Dieses Prädikat fällt nicht mit der Wortfolge 'ist verliebt in' zusammen, die in jedem der drei Sätze vorkommt: wir haben oben gesehen,

---

[56] *1882d*, WB 164, meine Hervorhebung. (Es ist in diesem Brief nicht immer klar, ob vom Funktor oder von der Funktion die Rede ist.) Eine ähnliche Stoßrichtung hat Russells Bemerkung: „To understand a name ... you do not ... have any suggestion of the form of a proposition, whereas in understanding a predicate you do. To understand 'red', for instance, is to understand ... propositions of the form '*x* is red'" (Russell 1918, 205).
[57] Tilgt man jeweils nur ein Namensvorkommnis, so erhält man sechs verschiedene einstellige Prädikate.

dass die griechischen Minuskeln Leerstellen nicht nur markieren, sondern für singuläre Terme reservieren. (Die Wortfolge kann man auch so in einen Satz verwandeln, dass man 'Kein Mann' voranstellt und 'jede Frau' folgen lässt.) Den Sätzen (b) und (c) ist außerdem ein Prädikat gemeinsam, das sie von (a) unterscheidet; denn nur in ihnen wird jemandem Selbstverliebtheit nachgesagt, – sie sind im Gegensatz zu (a) auch Einsetzungsinstanzen von 'ξ ist verliebt in ξ'. Diesem Prädikat entspricht keine Wortfolge, die in (b) und (c) vorkommt, nicht aber in (a). Nur wer dieses Prädikat in (b) und (c) erkennt, weiß, dass aus diesen Sätzen, nicht aber aus (a) folgt, dass jemand in sich verliebt ist. Hier wird unübersehbar, was man sonst leicht verkennen kann: dass ein Frege'sches Prädikat kein Satzfragment ist, sondern so etwas wie ein gemeinsamer Zug vieler Sätze. Es kann aus einem Satz nicht herausgelöst, sondern nur in ihm erkannt werden.– Oder betrachten wir die drei Konjunktionen[58]

(d)   Ann ist blond, und Ben ist schlank
(e)   Ann ist blond, und Ann ist schlank
(f)   Tom ist blond, und Tom ist schlank.

Ihnen sind zwei Prädikate gemeinsam, 'ξ ist blond' und 'ξ ist schlank'. Den Sätzen (e) und (f) ist überdies ein komplexes Prädikat gemeinsam, das sie von (d) unterscheidet; sie sind nämlich im Gegensatz zu (d) Einsetzungsinstanzen von 'ξ ist blond, und ξ ist schlank'. Diesem Prädikat entspricht keine Wortfolge, die in (e) und (f) vorkommt, nicht aber in (d). Nur wer dieses Prädikat in (e) und (f) erkennt, weiß, dass aus diesen Sätzen etwas folgt, was aus (d) nicht folgt, nämlich dass jemand sowohl blond als auch schlank ist. Auch hier springt ins Auge, dass ein Frege'sches Prädikat aus einem Satz nicht extrahierbar, sondern nur in ihm distinguierbar ist. Ein Eigenname hingegen kann in einem Satz nicht nur „unterschieden" werden, – er kann aus ihm auch „abgeschieden" werden.[59]

Nicht nur jeder Funktor ist in Freges Augen ergänzungsbedürftig, unvollständig oder ungesättigt, sondern auch die *Funktion*, die er bezeichnet. Dem entspricht, dass er nicht nur singuläre Terme und Sätze, sondern auch die Gegenstände, die durch sie bezeichnet werden, (Wahrheitswerte im Falle der Sätze), für etwas erklärt, das

---

[58] Zur Terminologie s. u. 4-§4.
[59] Freges Verben in *1903c*, II: 372 Anm., weiter unten zitiert. Vgl. Ryle 1960, 58: „distinguishable vs. detachable", „ abstractable vs. extractable".

keiner Ergänzung, Vervollständigung oder Sättigung bedarf. (Wie wir in §2.2 sehen werden, wendet Frege diese Begrifflichkeit auch noch auf einer dritten Ebene an.) In *FuB* 6–7 bedient er sich bei der Charakterisierung der Funktion nicht nur der chemischen Metapher, sondern auch des Vergleichs mit der Teilung einer Strecke AB in einem Teilungspunkt T, der nur zu einer der beiden Teilstrecken gezählt wird, so dass der T enthaltende Teil von AB abgeschlossen und der andere halboffen ist. (Das Stichwort „Die ergänzungsbedürftige Gerade" in Scholz' Inhaltsangabe zu einem verschollenen Ms. dürfte sich auf diesen Vergleich beziehen: *Katalog* Nr. 15.)

Freges ontologische Bestimmung der Funktionen ist unbefriedigend, und sie hat ihn auch nicht sehr lange befriedigt (vgl. *1892c*, NS 129 Anm.). Eine Funktion, so erfahren wir, wird durch ein Argument ergänzt, und „das, wozu sie ergänzt wird", ist ein Gegenstand, nämlich der Wert der Funktion für dieses Argument (*FuB* 8b; *GG I*, §1). Demnach ist die Zahl 19 das 'Resultat' der Ergänzung der Funktion ( )+2^4 durch die Zahl 3, der Patriarch Abraham ist das 'Resultat' der Ergänzung der Funktion *der Vater von* ( ) durch Isaak, und ein Wahrheitswert ist das 'Resultat' der Ergänzung der Funktion ( ) *ist rund* durch den Mond. Es ist nicht leicht, sich einen Reim auf diese Aussagen zu machen. Klar ist, dass die prozessuale Formulierung nicht wörtlich genommen werden darf. Funktionen sind nicht in dem Sinne unvollständig, in dem manche Kunstwerke unvollendet sind. Bei Werken wie Leonardos *St. Hieronymus*, Mozarts *Requiem*, Büchners *Lenz* oder Gaudís *Sagrada Família* ist ein Herstellungsprozess nicht zum Abschluss gekommen. Aber die Vervollständigung, Ergänzung, Sättigung einer Funktion ist natürlich nicht wie Süßmayrs Arbeit an Mozarts Partitur ein Vorgang in der Zeit.[60] Sollten die Bauarbeiten an Gaudís unvollendeter Basilika jemals zum Abschluss kommen, so wird es in dieser Gegend Barcelonas keine unvollendete Basilika mehr geben. Aber eine Funktion ist von ihrer Vervollständigung nicht auf diese Weise betroffen. Insofern ist es irreführend, wenn Frege in *BrL* 19 Anm.[**] vom Begriff als einem „Bruchstück" spricht.

Aber auch wenn man das alles berücksichtigt, bleibt die Rede von der Ergänzung etc. einer Funktion dunkel. Dass der *Ausdruck* '3+2^4' das ist, wozu der Funktor '( )+2^4' durch die Ziffer '3' ergänzt wird, leuchtet ein, und ebenso einleuchtend ist, dass der *Ausdruck* (Satz)

---

[60] Vgl. *Ggf*, Anm. 2 u. 9.

'Der Mond ist rund' das ist, wozu das Prädikat '( ) ist rund' durch den singulären Term 'der Mond' ergänzt wird. Aber wenn es um das geht, was diese Ausdrücke bezeichnen, haben die entsprechenden Thesen bizarre Konsequenzen. Besteht die Zahl 19 aus der Funktion $(\ )+2^4$ und der Zahl 3 sowie aus unendlich vielen anderen Funktionen und Zahlen, für die sie der Wert ist? Besteht der Wahrheitswert, den Frege 'das Wahre' nennt, aus dem Begriff *( ) ist rund* und dem Mond sowie aus unendlich vielen anderen Begriffen und Gegenständen, für die er der Wert ist?

1919 zeigt Frege selber an einem Beispiel, dass die These, eine Funktion ergebe zusammen mit einer ihrer Argumente ein Ganzes, abwegig ist: Würde die Funktion *die Hauptstadt von ( )* durch das Argument Schweden buchstäblich zum Wert Stockholm ergänzt, so müssten die Funktion und dieses Argument Teile von Stockholm sein. Für das Argument ist klar, dass das Umgekehrte der Fall ist, und für die Funktion ist völlig unklar, was es überhaupt heißen soll.[61]

Die folgende Charakterisierung des ontologischen Status der Begriffe soll sicher für alle Funktionen gelten:

> Der Begriff ... kann ... nicht für sich allein bestehen. (*1882d*, WB 164.[62])
>
> Es ist klar, dass wir den Begriff nicht selbständig wie einen Gegenstand hinstellen können, sondern er kann nur in Verbindung vorkommen. Man kann sagen, dass er in ihr unterschieden, aber nicht aus ihr abgeschieden werden könne. (*1903c*, II: 372 Anm.)

Diese Beschreibung ist zu unspezifisch, um wirklich weiterzuhelfen; denn auch von vielem, was Frege nicht als Funktion, sondern als Gegenstand klassifiziert wissen will, gilt, dass es nicht für sich bestehen, sondern nur in Verbindung mit etwas anderem vorkommen kann, dass es in dieser Verbindung zwar von anderem unterscheidbar, aber nicht von ihm abscheidbar ist: „Es erscheint uns ungereimt," stellt Frege in *Ged* 67c fest, „dass ein Schmerz, eine Stimmung, ein Wunsch sich ohne einen Träger selbständig in der Welt umhertreibe" (s.u. 492ff), und die Annahme, dass Achse und Äquator der Erde (*GL* §26) ohne die Erde selbständig im Universum vagabundieren, kommt uns ebenfalls absurd vor.

---

[61] *1919b*, NS 275; vgl. schon *1913, Vorl* 20; und unten, §6 Ende.
[62] Vgl. *BrL* 19 Anm.**.

In *1882d* schickt Frege der oben zitierten Formulierung der Unselbständigkeitsthese eine Begründung voraus: der Begriff könne deshalb nicht für sich alleine bestehen, weil „er etwas fordert, was unter ihn falle" (ebd.). So könnte man die Trägerbedürftigkeit mentaler Akte und Zustände gewiss nicht begründen; aber wie ist die Begründung zu verstehen? Frege kann nicht sagen wollen, dass der „Bestand" (s. u. §9) eines Begriffs davon abhängt, dass etwas unter ihn fällt. Das hat er oft genug emphatisch bestritten. Aber in welchem Sinne „fordert" dann der Begriff ξ *ist ein rundes Quadrat* „etwas, was unter ihn falle"? Einleuchtend ist Freges Feststellung:

> Bei einem Begriffe sind immer die Fragen möglich, ob etwas und was etwa unter ihn falle, Fragen, die bei einem Einzeldinge sinnlos sind. (*BrL* 20; vgl. *GL* § 51, S. 64.)
> Die Zahl 3 ist ... nicht als Begriff anzusehen, da die Frage, was darunter befasst werden könne, sinnlos ist. (*BrL* 38 Anm.)
> Als das Wesentliche für den Begriff sehe ich, dass die Frage, ob etwas unter ihn falle, einen Sinn hat. (*1882d*, WB 164.)

Aber mit demselben Recht kann man auch sagen: Bei einem Gegenstand ist immer die Frage möglich, unter welche Begriffe er falle,[63] eine Frage, die bei einem Begriff sinnlos ist (s. u. §2.3, *sub* 'Introsumption'). Auf diese Weise lässt sich keine einseitige Abhängigkeit begründen, und mindestens einmal räumt Frege auch selber eine Interdependenz ein: „Begriff und Gegenstand sind ursprünglich *aufeinander* angewiesen und in der Subsumtion [dem Fallen eines Gegenstandes unter einen Begriff] haben sie ihre ursprüngliche Verbindung" (*1906b*, NS 193, meine Herv.).

Vielleicht kann man der Besonderheit der Funktion besser als durch Freges eigene Metaphern dadurch Rechnung tragen, dass man sie als *Operation* charakterisiert, die, auf Zahlen oder andere Gegenstände als Input angewendet, Zahlen oder andere Gegenstände als

---

[63] Die Frage, *ob* ein Gegenstand überhaupt unter irgendeinen Begriff fällt, stellt sich nicht; denn ein Gegenstand, der unter keinen Begriff fällt, also ein eigenschaftsloser Gegenstand ist ein offenkundiges Unding. (Mit seinem Romantitel will Robert Musil *das* gewiss nicht bestreiten.) Außerdem sind manche Eigenschaften so, dass ein Gegenstand ihrer nicht verlustig gehen kann, ohne aufzuhören zu existieren: ein Mensch zu sein, ist in diesem Sinne eine essentielle Eigenschaft des Sokrates.

Kapitel 1 197

Output liefert. Quine beispielsweise hält dies für eine gute Antwort auf die Frage, was eine Funktion ist. Freilich mag er sich mit ihr nicht begnügen:[64]

> „Intent on further clarity, one may still reasonably ask what sort of thing *that* is. Giuseppe Peano recorded the inevitable answer only in 1911, but it is one to which I think Frege might have responded '*Natürlich!*' already in 1879. The function, Peano explained, is a relation."

Demnach ist die Quadrat-Funktion eine Beziehung, in der die 81 zur 9, die 9 zur 3 und ganz allgemein das Quadrat einer Zahl zu eben dieser Zahl steht. „And what is a relation?", fragt Quine weiter, und er antwortet: „It is a class of ordered pairs." Demnach ist die Beziehung ξ *ist Vater von* ζ die Klasse aller geordneten Paare, deren erstes Element ein Vater und deren zweites Element ein Kind dieses Vaters ist: {{Abraham; Isaak}, {Isaak; Jakob}, …}. Auch wenn diese beiden Antworten adäquat sein sollten, – Frege sollte man sie nicht in den Mund legen. Die heute übliche Strategie, Funktionen als eine besondere Art von Relationen zu definieren oder gar als eine besondere Art von Mengen geordneter Mengen, kann Frege nämlich nicht gutheißen: ersteres nicht, weil Beziehungen in seinen Augen eine besondere Art von Funktionen sind, und letzteres nicht, weil für ihn das Konzept des Wertverlaufs einer Funktion – und damit das einer Funktion – explanatorische Priorität vor dem einer Menge hat. Von seiner eigenen (metaphorischen) Erläuterung des Konzepts einer Funktion sagt Frege: „Freilich ist das keine Definition; aber eine solche ist hier auch nicht möglich" (*1904a*, 665). Das könnte er auch von der Charakterisierung der Funktion als Operation sagen. Und warum sollte er in dieser Charakterisierung nicht mehr sehen als bloß eine *vorläufige* Antwort auf die Frage nach dem Wesen der Funktion?

---

[64] Quine 1987, 72–73.

§ 2.2. *Bedeutung und Sinn*.[65]

Die „Unterscheidung von Sinn und Bedeutung eines Zeichens", durch die Frege (vielleicht eher *nolens* als *volens*) zu einem der Pioniere der analytischen Philosophie der Sprache werden sollte, hat zu „einer eingreifenden Entwickelung [seiner] logischen Ansichten" geführt (*Vorw* X_a). Der früheste Beleg für die terminologische Verwendung jenes Wortpaars findet sich in einem Brief Richard Falckenbergs vom 16.6.1890. In diesem Brief an Frege nimmt der damalige Herausgeber der 'Zeitschr. f. Philos. u. philos. Kritik' folgendermaßen auf die Ankündigung der Zusendung eines Manuskripts Bezug: „Die Logische Abhandlung über Sinn und Bedeutung nehme ich, wenn sie nicht gar zu umfangreich ausfällt, gern und mit Freuden an" (WB 48).[66] In Freges Veröffentlichungen begegnet uns die Sinn/Bedeutung-Distinktion zuerst 1891 in *FuB*, und es ist wichtig, den funktionstheoretischen Zusammenhang seiner Einführung im Auge zu behalten, der in *SuB* in den Hintergrund tritt.

In der „Logischen Abhandlung über Sinn und Bedeutung" wird der technische Gebrauch des titelspendenden Wortpaares folgendermaßen fixiert:

> Es liegt ... nahe, mit einem Zeichen ... außer dem Bezeichneten, was die Bedeutung des Zeichens heißen möge, noch das verbunden zu denken, was ich den Sinn des Zeichens nennen möchte, worin die Art des Gegebenseins enthalten ist. (*SuB* 26b.)

---

[65] VERGLEICHE: [BEDEUTUNG VS. SINN]: *FuB*; *1892c*, NS; *SuB* 25–36a; *GG I*, § 2. *1906d*, NS 208–212, *1914a*, WB 127–128. [ERKENNTNISERWEITERNDE IDENTITÄTSURTEILE]: *SuB* 25–26; *1902d*, WB 23–235; *GG II*, § 138; *1903c*, I: 320; *1904b*, WB 247; *1914a*, WB 128; *1914b*, NS 242; *1919c*, NS 275; *1920*, *BaW* 25.
LITERATUR: [BEDEUTUNG VS. SINN]: Holenstein 1983; Bell 1984; Simons 1992, § 3; Dummett 1996; Sluga 1996; Beaney 1997, 36–46; Sundholm 2001; Korte 2001, 167–171; Klement 2002, 59–65; Kienzler 2004, Kap. 5.3; Heck & May 2006, 20–34; Textor 2010, Kap. 4; u. v. a. [ERKENNTNISERWEITERNDE IDENTITÄTSURTEILE]: Wiggins 1976; Salmon 1986, bes. 77–85 (neorussellianische Kritik), Taschek 1992 (Metakritik); Beaney 1996, Kap. 6 u. 8; Textor 2004. Vgl. unten 2-§ 5.2; 4-§ 11.
[66] In der ZPpK erschienen zwischen 1882 und 1894 fünf Aufsätze Freges. Vor seinem Weggang nach Erlangen war Falckenberg von 1880 bis 1889 Freges Kollege in Jena. In Falckenberg [4]1902, S. 534 erwähnt er ihn mit seinen bis 1893 wichtigsten Werken immerhin in einer Fußnote, und sein Brief an ihn wie seine Praxis als Hg. der ZPpK zeugen von Respekt für Frege: WB 48–49.)

[Ein Zeichen] drückt aus seinen Sinn und bedeutet oder bezeichnet seine Bedeutung. Wir drücken mit einem Zeichen dessen Sinn aus und bezeichnen mit ihm dessen Bedeutung. (*SuB* 31d.[67])

Frege führt hier seine einigermaßen idiosynkratische Verwendung der Wörter 'Bedeutung' und 'bedeuten' über das Partizip 'Bezeichnetes' und das Verb 'bezeichnen' ein (Ausdrücke, deren ich mich in §2.1 ständig bedient habe):[68] Die Zahlzeichen '2⁴' und '4²' bezeichnen oder „bedeuten" dasselbe, und das von ihnen Bezeichnete, die Zahl 16, ist ihre „Bedeutung". Nun braucht aber jemand, der beide Zeichen versteht, nicht *eo ipso* zu wissen, dass sie dieselbe Zahl bezeichnen. „*Überall, wo das Zusammenfallen der Bedeutung nicht selbstverständlich ist, haben wir eine Verschiedenheit des Sinnes*" (*1902c*, WB 234/5). Also haben unsere beiden „gleichbedeutenden" Zahlzeichen nicht denselben „Sinn". Entsprechendes gilt von den beiden Kennzeichnungen 'der Verfasser der *Wahlverwandtschaften*' und 'der Mann von Christiane Vulpius': sie bezeichnen oder bedeuten denselben Mann, und der ist ihre Bedeutung. Aber sie haben „nicht denselben Sinn, und *das zeigt sich darin, dass der Sprechende* [allgemeiner: jemand, der beide singulären Terme versteht] *von der Übereinstimmung der Bedeutung nichts zu wissen braucht*" (1896c, WB 196, meine Herv.).

Umgekehrt gilt, dass jemand die beiden Bezeichnungen der Zahl 16 bzw. Goethes nicht verstünde, wenn er von ihnen nur wüsste, dass sie denselben Gegenstand bezeichnen; er würde dann nämlich nicht die besondere Weise erfassen, wie der Gegenstand durch die eine und nicht durch die andere der beiden Bezeichnungen präsentiert wird.

---

[67] Statt 'dessen' hätte Frege natürlich auch im zweiten Satz 'seinen/e' schreiben können: was eine Bedeutung hat, ist das Zeichen, nicht sein Sinn.
[68] Vgl. *FuB* 2–3, *Vorw* IX$_b$, *1896a*, 369 u. *1906a*, I: 298. (An der frühesten dieser Stellen findet man auch noch einen etwaigen Nachklang seiner älteren Begrifflichkeit, wenn Frege fragt: „Was ist nun der Inhalt, die Bedeutung von '2×2³+2'?".) – Dass Freges Bedeutung/Sinn-Distinktion durch den (von Konfusionen nicht freien) quasi-technischen Gebrauch von Adjektivpaaren auf '-sinnig' und '–deutig' in Schröder 1890 (47–79 u. 719) terminologisch angeregt worden ist, ist schon aus chronologischen Gründen sehr unwahrscheinlich; denn wie wir sahen, spricht Richard Falckenberg ja schon am 16.6.1890 von einem Frege'schen Manuskript „über Sinn und Bedeutung" (WB 48). Da blieb für Anregung nicht viel Zeit. Nach der Lektüre von Husserls Schröder-Rezension (1891b, bes. 11–14) kritisiert Frege Schröders Gebrauch dieser Adjektivpaare (*1892c*, NS 134).

Zwei Bezeichnungen desselben Gegenstandes unterscheiden sich genau dann in ihrem Sinn, wenn sie mit verschiedenen „Arten des Gegebenseins" dieses Gegenstandes verknüpft sind.[69] In *BS* § 8 sprach Frege von der „Bestimmungsweise", die mit der Bezeichnung für etwas verbunden ist, und in *1902c*, WB 236 u. *1914a*, NS 128 dient ihm dieses Wort erneut als Titel für den Sinn eines Zeichens. Frege bedient sich in diesem Zusammenhang gern einer Perspektiven-Metapher: Wenn wir eine Zahl als vierte Potenz von 2, wenn wir eine Person als den Mann von Christiane Vulpius bezeichnen, dann wird ein Gegenstand jeweils nur von einem bestimmten „Standorte" aus anvisiert (*SuB* 30b); nur eine „Seite" (*FuB* 5) des bezeichneten Gegenstandes erscheint dabei, er wird sozusagen „nur einseitig beleuchtet" (*SuB* 27c).[70] Manchmal spricht Frege vom Sinn der Bezeichnung eines Gegenstandes als von einem „Weg", auf dem man den Gegenstand erreichen kann (*n.1887a*, NS 95, vgl. *1902c*, WB 234). Es ist hier philosophisch nützlich, sich an ein wortgeschichtliches Faktum zu erinnern: das Wort 'Sinn' hieß ursprünglich soviel wie 'Richtung', 'Weg', was man unseren Adverbialen 'im (entgegen dem) Uhrzeigersinn' noch anmerkt. Bei *'senso'*, dem italienischen Gegenstück zu 'Sinn', ist diese Verwendungsweise noch gang und gäbe (*'senso unico'* heißt, wie alle Italienreisenden wissen: Einbahnstraße), und dahinter steht der ursprüngliche Gebrauch des lateinischen Verbums *'sentire'* für: *einer Richtung nachgehen*.[71] Viele Wege führen nach Rom: der Weg, den man beschreitet, wenn man die Zwei viermal mit sich selbst multipliziert, ist ein anderer als der Weg, den man beschreitet, wenn man die Vier zweimal mit sich selbst multipliziert, doch beide Wege führen zum selben Ziel. (Manche Wege – der Sinn von 'die Primzahl zwischen 24 und 28' und 'der Planet zwischen Sonne und Merkur' beispielsweise – sind „Holzwege": s. u. §§ 3–4.)

---

[69] Vgl. *GL* § 67; *SuB* 26–27a; *GG I*, § 10, Anm. S. 18; *Ged* 65d–66a (dazu 2-§5.2). Die Kantischen Obertöne der Wendung werden hörbar, wenn man *GL* § 67 mit der Anspielung auf KrV A 51/B 75 in *GL* § 89 vergleicht.

[70] Freges Metapher erinnert an Leibnizens Vergleich: Ein und dasselbe Wesen kann durch viele Definitionen ausgedrückt werden, „wie dasselbe Bauwerk oder dieselbe Stadt durch verschiedene perspektivische Zeichnungen dargestellt (*représentée*) werden können – jenachdem, von welcher Seite aus man sie betrachtet" (N. E. III, 3, § 15 [A VI.6: 294]).

[71] Nach Kluge 1957, 710. Auch in TLP 3.144 schimmert diese Verwendungsweise von 'Sinn' durch, wenngleich Wittgensteins Gebrauch dieses Wortes im TLP kaum etwas mit dem Frege'schen gemein hat: s. u. 4-§12.

Kapitel 1

Die Rede vom Enthaltensein in der eingerückten Passage aus *SuB* 26b ist rätselhaft. Sie suggeriert, dass die Art des Gegebenseins des Bezeichneten ein echter Teil des Sinns seiner Bezeichnung ist. Man fragt sich beklommen, was denn noch zu ihrem Sinn gehört, und sucht in Freges Werken vergebens nach einer Antwort. (Allemal verwendet Frege 'a enthält b' nicht immer so, dass es 'b ist ein echter Teil von a' impliziert: er sagt z. B. sehr oft, ein Satz enthalte einen Gedanken.) In §4 werde ich einen tastenden Versuch machen, das Rätsel zu lösen.

Der *Sinn* eines Zeichens – so gebraucht Frege dieses Wort – legt fest, was das Zeichen bezeichnet oder bedeutet (wenn es denn überhaupt etwas bedeutet). Das impliziert: wenn zwei Zeichen denselben Sinn haben, dann haben sie auch dieselbe Bedeutung (oder gar keine). Für die Beziehung des Sinnes eines Zeichens zu dem, was es bezeichnet, führt Frege merkwürdigerweise weder in den oben eingerückten Passagen noch anderswo ein Verbum ein, obwohl die Relation des Bezeichnens oder Bedeutens sich doch dieser Beziehung verdankt. Die senkrechten Pfeile in dem inzwischen berühmten Diagramm in Freges Brief an Husserl (*1891b*, WB 96) verwischen genau wie das Wort 'entspricht', das verbale Gegenstück dieser Pfeile in *SuB* 27d–28a, die Differenz zwischen 'drückt aus' und 'ist eine Art des Gegebenseins von', aber beide Darstellungen machen immerhin deutlich, dass die Beziehung des Zeichens zu seiner Bedeutung durch eine Beziehung des Zeichen-Sinns zu dieser Bedeutung vermittelt wird. (Manche Autoren gebrauchen das Verbum 'bedeuten' [bzw. 'denote' oder 'refer'] für beide Beziehungen, wodurch sie es systematisch mehrdeutig machen.) In Anlehnung an die englische Phrase 'mode of presentation', die Standardübersetzung von Freges 'Art des Gegebenseins', werde ich gelegentlich 'σ *präsentiert* β' als Abkürzung für 'Der Sinn σ ist eine Art des Gegebenseins der Bedeutung β' verwenden, so dass gilt: σ präsentiert genau dann β, wenn jedes Zeichen, das σ ausdrückt, β bezeichnet oder bedeutet.[72]

---

[72] In genau diesem Sinn verwendet Alonzo Church in seiner 'Logic of Sense and Denotation' (1951a, 196; 1951b–1993) das Prädikat 'ξ is a concept of ζ', das er durch das Symbol '$\Delta\,(\xi, \zeta)$' repräsentiert. Auch Linsky 1967, 30 ff, Peacocke 1994, 2 ff und Schiffer 2003, 21 ff verwenden 'concept' im Sinne von 'Art des Gegebenseins'. Sie alle tun es wie Church im Bewusstsein, dass das, was Frege unter einem Begriff versteht, gerade *keine* Art des Gegebenseins ist. Dazu unten mehr.

Wie wir oben sahen (199), betont Frege: Wenn das Zusammenfallen der Bedeutung des Ausdrucks A_1 mit der Bedeutung des Ausdrucks A_2 (sc. für jemanden, der A_1 und A_2 versteht) *nicht selbstverständlich* ist, dann haben A_1 und A_2 *nicht* denselben Sinn. Daraus folgt (gemäß Kontraposition und *Duplex negatio affirmat*): Wenn A_1 und A_2 denselben Sinn haben, dann ist das Zusammenfallen der Bedeutung von A_1 mit der Bedeutung von A_2 (sc. für jemanden, der beide Ausdrücke versteht) selbstverständlich. Die Zahlzeichen '4²' und '4×4' haben denselben Sinn. Jemand, der beide Ausdrücke versteht, weiß also *eo ipso*, dass sie dieselbe Zahl bezeichnen. Die Kennzeichnungen 'der erste Samstag *Anno Domini* 1009' und 'der erste Sonnabend im Jahre des Herrn 1009' haben denselben Sinn. Wer beide Ausdrücke versteht, weiß mithin *eo ipso*, dass sie denselben Tag bezeichnen.

Der Sinn eines Ausdrucks legt fest, welche Bedeutung er hat (falls er eine hat); aber die Bedeutung eines Ausdrucks legt nicht fest, welchen Sinn er hat. Wenn wir wissen, dass ein Zeichen Goethe bezeichnet, dann kennen wir seine Bedeutung, aber damit noch nicht seinen Sinn: es könnte der von 'der Verfasser der *Wahlverwandtschaften*' sein oder der von 'der Mann von Christiane Vulpius' oder ... Diesen Zug von Freges Semantik hat Russell so beschrieben: „there is no backward road from denotations [Bedeutungen] to meanings [Sinne]".[73]

TERMINOLOGISCHE EIGENWILLIGKEIT UND ÜBERSETZER-AGONIE. Oben habe ich Freges Verwendung des Wortes 'Bedeutung' einigermaßen idiosynkratisch genannt. Husserl hätte diesem Vorbehalt zugestimmt. Er weist auf die „festgewurzelte Gewohnheit" hin, die Wörter 'Bedeutung' und 'Sinn' „als gleichbedeutende [sic] zu gebrauchen", weshalb es ihm „nicht unbedenklich" erscheint, „ihre Bedeutungen [sic] zu differenzieren ... wie dies z. B. G. Frege vorgeschlagen hat".[74] Das Unbehagen ist nicht unberechtigt, wenn man an Freges Differenzierung denkt: Die Frage „Was bedeutet 'the capital of Sweden'?" würde man nicht mit „Stockholm" beantworten, sondern mit einer Übersetzung; denn man ist geneigt, sie als Frage nach dem Sinn der angeführten Wendung zu verstehen, und dementsprechend pflegt man unter gleichbedeutenden Ausdrücken Synonyme zu verstehen.

---

[73] Russell 1905, 50.
[74] Husserl 1901, 53. Das ist übrigens der zweite der zwei Hinweise auf Frege in Husserls *Opus magnum*.

Vor 1891 verwendet auch Frege 'Sinn' und 'Bedeutung' *promiscue*, in *1882c*, NS 55 beispielsweise und in *GL* §9, wo er erst schreibt „das ist nicht der Sinn dieses Zeichens" und ein paar Zeilen später „dies ist nicht seine Bedeutung". Selbst in *FuB*, wo er die Distinktion einführt, sagt er auf der ersten Seite: „Dieses Wort [sc. 'Funktion'] hat nicht gleich anfangs eine so weite Bedeutung gehabt, als es später erlangt hat". Und auch in viel späteren Texten setzt sich manchmal das vortheoretische Verständnis von 'Bedeutung' durch, so wenn Frege sich auf „die althergebrachte, die Euklidische Bedeutung (sc. des Wortes 'Axiom')" beruft (*1906a*, I: 296), wenn er die „übertragene Bedeutung (sc. des Wortes 'Stelle')" von seiner „gewöhnlichen Bedeutung" unterscheidet (*Ggf* 44) oder wenn er von der „Allgemeinheit in der hier gemeinten Bedeutung dieses Wortes" spricht (*Allg* 278c). – Meint Frege mit 'Sinn' etwas, was synonyme Ausdrücke (und nur sie) miteinander gemeinsam haben? Meint er etwas, was man bei der Übersetzung eines Ausdrucks zu bewahren sucht? Meint er also den konventionalen sprachlichen, den lexikalisch-grammatischen Sinn eines Ausdrucks? Wir werden im Kommentar zu den *LU* sehen, dass diese Frage aus vielen Gründen zu verneinen ist: In einer „Volkssprache" fallen der Frege'sche Sinn eines Ausdrucks, den ich (auf das griechische Wort für das Gedachte, '*νόημα*', anspielend) auch als *noëmatischen* Sinn bezeichnen werde, und sein *konventionaler sprachlicher* Sinn zwar manchmal, aber keineswegs immer zusammen. Man muss sich also nicht nur bei Freges technischem Gebrauch des Wortes 'Bedeutung' vor falschen Assoziationen hüten.
Das vorläufige Ende des Ringens der Übersetzer um die englische Wiedergabe von 'Bedeutung' ist Resignation:– In Russell 1905, Jourdain 1912, 296, Church 1948 u.1951a–b, Furth 1964 u. 1968, Kaplan 1969, §§ III–IV und Burge 2005b wird Freges 'Bedeutung' mit '*denotation*' wiedergegeben (und 'Sinn' mit '*meaning*' [Russell, Jourdain, Kaplan] bzw. '*sense*' [Church, Furth, Burge]). Der Nachteil dieser Übersetzung besteht darin, dass sie nur zu leicht die Erinnerung an Russells technischen Gebrauch dieses Terminus heraufbeschwört. In Herbert Feigls Übersetzung von *SuB* (1949) heißt der Aufsatz „On Sense and *Nominatum*", wobei Feigl anmerkt: „the terminology adopted is largely that of R. Carnap [1947, 118]." So abwegig der Griff nach einem lateinischen Wort auch ist, eines muss man dieser Übersetzung immerhin bescheinigen: sie macht deutlich, dass 'Bedeutung', hält man sich an Freges Erklärung (s. o. 198 f), nicht für eine Relation steht, – sie entspricht grammatisch dem Frege'schen Explanans, sc. dem Wort 'Bezeichnetes'. Max Blacks Übersetzung von *SuB* (1948) hatte ursprünglich den Titel "On Sense and *Reference*", in McGuinness 1984 ist daraus „On Sense and *Meaning*" geworden, und in Beaney 1997 trägt Blacks Über-

setzung den Titel „On Sense and *Bedeutung*".– Am besten geeignet wäre m. E. der Titel „On Sense and *Signification*" gewesen, der leider über keiner englischen Übersetzung von *SuB* steht. Frege schlägt im Entwurf eines Briefes an Peano vor, 'Bedeutung' mit '*significazione*' zu übersetzen (und 'Sinn' mit 'senso'): *1896c*, WB 196, und er sagt in seinen Notizen für Jourdain: „'*signify*' ... scheint dem 'bezeichnen' ... zu entsprechen": *1910*, WB 119. In Geymonat & Mangione 1948 hat *SuB* den Titel 'Senso e *significato*'. Das Wort '*significato*' entspricht grammatisch Freges Explanans für 'Bedeutung', diese Übersetzung reproduziert also, was gut ist an der Carnap-Feigl'schen, ohne deren Misslichkeit zu erben.) Gödel – das verdient in diesem Zusammenhang festgehalten zu werden – gibt Freges 'Bedeutung' mit 'signification' wieder (s. u. 330). In den englischen Übersetzungen von KS, NS und WB hat man sich ausgerechnet für 'meaning' entschieden. (In Beaney 1997, 36 Anm. werden die illustren Verantwortlichen identifiziert. Der Bedeutendste von ihnen [und von allen Frege-Forschern] verwendet in seinen monumentalen Werken über Frege aber selber 'reference'.)

Betrachten wir nun das berühmte Problem, mit dem *SuB* einsetzt und das in der Literatur als „Frege's Puzzle" bezeichnet wird. Durch den Austausch eines Vorkommnisses eines singulären Terms gegen ein Vorkommnis eines anderen singulären Terms, der genau dieselbe Bedeutung hat, wird manchmal aus etwas, was sich von selbst versteht, eine (potentiell) informative arithmetische Wahrheit:

(1a) $2^4=2^4$
(1b) $4^2=2^4$

oder eine (potentiell) informative historische Wahrheit:

(2a)   Der Vf. der *Wahlverwandtschaften* ist der Vf. der *Wahlverwandtschaften*
(2b)   Der Mann von Christiane Vulpius ist der Vf. der *Wahlverwandtschaften*.

Was für Identitätssätze mit komplexen singulären Termen („zusammengesetzten Eigennamen") gilt, das gilt nach Frege auch für Identitätssätze mit „eigentlichen Eigennamen":

(3a)   Der Mt. Everest ist der Mt. Everest
(3b)   Der Tschomolungma ist der Mt. Everest.

Stellen wir uns einen geographisch unbedarften deutschen Tibetologen vor, der sich 1870 von Norden her einem Berg nähert, über

Kapitel 1

den er sich mit den Nepalesen häufig unterhalten hat: erst jetzt, bei einem Blick auf die Karte, stellt er überrascht fest, dass der Tschomolungma der Mt. Everest ist. Im Unterschied zu (3a) ist (3b) „keineswegs ein blosser Ausfluss des Identitätsprinzips, sondern enthält [sic] eine wertvolle geographische Erkenntnis".[75] Frege fragt nun: „*Wie kann die Ersetzung eines Eigennamens durch einen anderen, der genau denselben [Gegenstand] bezeichnet, solche Veränderungen bewirken?*" *(1896c,* WB 196). Die Veränderung betrifft hier das, was Frege den „*Erkenntniswerth*" des Satzes, seinen „Werth für unsere Erkenntnis" nennt,[76] und er versucht in all diesen Fällen, den höheren Erkenntniswert der (b)-Sätze dadurch zu erklären, dass der Identitätsoperator in ihnen von singulären Termen flankiert wird, die verschiedene Arten des Gegebenseins desselben Gegenstandes ausdrücken. Warum das für die Philosophie der Arithmetik besonders wichtig ist, macht er in seiner Kritik an Thomae in *GG II*, § 138 deutlich: arithmetische Gleichungen können auch dann unsere „Erkenntnis erweitern",[77] wenn man das Gleichheitszeichen als Identitätsoperator interpretiert. Erkenntniserweiternd (oder potentiell informativ) ist ein Satz 'A' genau dann, wenn gilt: es ist wahr, dass A, und man kann 'A' verstehen, ohne *eo ipso* zu wissen, ob A.[78] (Vgl. unten, S. 625, 668.)

---

[75] *1914a,* WB 128. Das Paar (3a, 3b) ersetzt das fiktive, mit Anagrammen formulierte Berg-Beispiel Freges, und es korrigiert Quine 1960, 49 Anm. 3 u. 115.

[76] „Erkenntniswerth" heißt soviel wie „Werth für unsere Erkenntnis" (*GG II*, § 138; *1904b,* WB 247). In *SuB* 25–26, 50 u. *1904b,* WB 247 heißt es, dass die (b)-Sätze einen anderen, in *1896c,* WB 196 u. *1903c,* I: 320, dass sie einen „höheren" bzw. „größeren Erkenntniswert" als die (a)-Sätze haben. In 1902d, WB 235 heißt es, dass sie für die Erkenntnis „nicht gleichwerthig" sind, und in *GG II*, § 138, *1919c,* NS 275 u. *1920, BaW* 25, dass sie für die Erkenntnis „werthvoller" sind. Die Pointe ist jedes Mal dieselbe, und an dem axiologischen Sinn *dieses* Ausdrucks kann es keinen Zweifel geben. Er ist kein Terminus technicus der Frege'schen Theorie, und Frege hält ihn anscheinend nicht für erläuterungsbedürftig.

[77] *SuB* 25; *1914b,* 225, 242. Vor dem Hintergrund der Kant-Kritik in *GL* §§ 88 (Ende), 91 (Ende) erweist sich die Kant-Assoziation in der Hg.-Fußnote zu NS 242 als sehr irreführend. (Long & White 1979, 224 haben gut daran getan, sie nicht zu übernehmen.)

[78] Ganz entsprechend sagt schon John Locke von „propositions" wie unseren (a)-Sätzen: „[they] must necessarily be assented to, as soon as understood", „[they] bring no increase to our knowledge", während er Sätzen wie unseren (b)-Sätzen bescheinigt, sie seien „instructive" (1690, IV, 7, § 4; IV, 8, §§ 1, 3).

Manchmal bleibt die Frage, ob mit einem Satz derselben Form wie (3b) etwas Wahres gesagt wird, jahrhundertelang unbeantwortet. Oder sie beschäftigt für mehr als ein Vierteljahrhundert die Gerichte mehrerer Länder: War John Demjanjuk Iwan der Schreckliche? Wenn der US-amerikanische Automechaniker ukrainischer Herkunft J. D. tatsächlich mit dem Aufseher in Treblinka identisch ist, den die Häftlinge Iwan den Schrecklichen nannten, so sind mit diesen beiden Namen sehr verschiedene Gegebenheitsweisen desselben Mannes verbunden.

Die Sätze in unseren drei Paaren haben jeweils nicht dieselbe syntaktische Form wie ihre Partner. Aber diese Tatsache erklärt keineswegs den Unterschied im Erkenntniswert. Während der Identitätsoperator in

—: Tabeas Viola ist Tabeas Viola
—: Beethovens Neunte Symphonie ist Beethovens Neunte Symphonie
—: 9=9
—: Platon ist Platon

von Vorkommnissen desselben singulären Terms flankiert wird, ist das nicht der Fall in

—: Tabeas Viola ist Tabeas Bratsche
—: Beethovens Neunte Symphonie ist die IX. Symphonie von Beethoven
—: IX=9
—: Platon ist Plato,[79]

aber trotz dieser syntaktischen Differenz haben die Sätze der zweiten Gruppe für denjenigen, der sie versteht, keinen größeren Erkenntniswert als diejenigen der ersten Gruppe.[80] Frege kann das er-

---

[79] Im dritten Fall unterscheidet sich nur die *Inskription* unten von ihrem Pendant oben hinsichtlich ihrer syntaktischen Form (was man spätestens beim Vorlesen merkt). Beim letzten Satz ist vielleicht der Hinweis nicht überflüssig, dass deutsche Philosophiehistoriker auf den Lehrer des Aristoteles sowohl mit der lateinischen Version seines Namens Bezug nehmen als auch mit der quasi-griechischen.

[80] Frege hätte also von den sinnverschiedenen Ausdrücken 'gleichseitiges Dreieck' und 'gleichwinkliges Dreieck' besser nicht gesagt: „aus der verschiedenen Zusammensetzung ergibt sich ein verschiedener Sinn" (*1919b*, *BaW* 19). Unter anderem aus *1903c*, I: 320 geht hervor, dass er es besser

klären: die gegeneinander ausgetauschten singulären Terme haben hier jeweils nicht nur dieselbe Bedeutung, sondern auch denselben Sinn.

Oder liegt der Unterschied im Erkenntniswert zwischen (3a) und (3b) gar nicht, wie Frege annimmt, im buchstäblich Gesagten (in der „semantisch encodierten Information"), sondern im Angedeuteten (in der „pragmatisch vermittelten Information"), wie manche „Neo-Russellianer" behaupten? Zum Vergleich: das Empörungsauslösungspotential einer Äußerung von 'Ben trank eine halbe Flasche Scotch und fuhr mit dem Wagen nach Hause' ist erheblich größer als das einer Äußerung von 'Ben fuhr mit dem Wagen nach Hause und trank eine halbe Flasche Scotch'; denn die Reihenfolge der Berichtsteile deutet eine entsprechende Reihenfolge im Berichteten an. Und doch wird mit beiden Sätzen im selben Kontext – nach Freges eigener Theorie – dasselbe gesagt (vgl. 4-§4). Gemäß der „neo-russellianischen" Auffassung wird auch mit (3a) und (3b) dasselbe gesagt, aber nur mit (3b) wird indirekt zu verstehen gegeben, was der folgende Satz buchstäblich ausdrückt:

(Meta) Die Namen 'Mt. Everest' und 'Tschomolungma' bezeichnen dasselbe,

und *darauf*, so die These, beruht der größere Erkenntniswert, der (3b) vor (3a) auszeichnet. Aber artikuliert (Meta) eine *geographische* Erkenntnis? Bliebe die geographische Erkenntnis nicht ganz auf der Strecke, wenn mit (3b) buchstäblich dasselbe gesagt würde wie mit (3a)? Kann jemand, der noch gar nicht über die semantische Begrifflichkeit verfügt, die bei (Meta) ins Spiel kommt, nicht gleichwohl durch die Auskunft (3b) belehrt werden? Und findet jemand, der über diese Begrifflichkeit verfügt und sein Wissen über den Himalaya erweitern möchte, (Meta) nicht bloß deshalb aufschlussreich, weil er aus (Meta) und seinem semantischen Wissen schließen kann, dass der Mt. Everest der Tschomolungma ist?

Frege führt die Sinn/Bedeutung-Distinktion für singuläre Terme keineswegs nur deshalb ein, weil er den Unterschied zwischen *trivialen* und *nicht-trivialen* Identitätssätzen erklären will. (In den

---

weiß: aus der strukturellen Verschiedenheit von '3+1' und '4' ergibt sich keineswegs ein verschiedener Sinn.

Diskussionen über „Frege's Puzzle", die inzwischen Regale füllen, gerät das manchmal in Vergessenheit.) Die arithmetischen Sätze

(1b) $2^4=4^2$
(1c) $99-83=4^2$

sind *beide* (potentiell) informativ, und das gilt auch von

(2b) Der Vf. der *Wahlverwandtschaften* ist der Mann von Christiane Vulpius
(2c) Der Dichter des *Faust* ist der Mann von Christiane Vulpius

(3b) Der Tschomolungma ist der Mt. Everest
(3c) Der höchste Berg der Erde ist der Mt. Everest.

Obwohl die Transformation von (b) in (c) jeweils bloß darin besteht, dass ein singulärer Term durch einen anderen mit derselben Bedeutung ersetzt wird, besagen die beiden Sätze jeweils Verschiedenes. Warum ist das so? möchte Frege wissen.– Außerdem gibt es einen derartigen Erklärungsbedarf nicht nur bei *Identitäts*sätzen. Die Sätze

(4a) $2^4>14$
(4b) $99-83>14$

sind ebenfalls *beide* erkenntniserweiternd, und das gilt auch von

(5a) Der Vf. der *Wahlverwandtschaften* stammt aus Frankfurt
(5b) Der Dichter des *Faust* stammt aus Frankfurt

(6a) Der Mt. Everest wurde 1953 zum ersten Mal bestiegen
(6b) Der Tschomolungma wurde 1953 zum ersten Mal bestiegen.

Beim Übergang von (a) nach (b) geschieht jeweils nicht mehr, als dass ein singulärer Term gegen einen gleichbedeutenden anderen Term ausgetauscht wird, und doch sagt man mit diesen Sätzen nicht jeweils zweimal dasselbe. Wieso eigentlich nicht? Auch hier stellt sich die Frage: „Wie kann die Ersetzung eines Eigennamens durch einen anderen, der genau denselben [Gegenstand] bezeichnet, solche Veränderungen bewirken?" (*1896c*, s. o.). Aber diesmal sind die Veränderungen keine im Erkenntniswert. Sie bestehen vielmehr darin, dass die Sätze jeweils „ganz Verschiedenes besagen, ganz verschiedene *Gedanken* ausdrücken" (*FuB* 13c, meine Herv.). (Sätze mit verschiedenem Erkenntniswert drücken natürlich auch verschiedene Gedanken aus, aber die Umkehrung gilt nicht.)

Was Frege hier mit dem Wort '*Gedanke*' meint und was er nicht damit meint, das sagt er in *SuB*: „*Ich verstehe unter Gedanken nicht das subjective Thun des Denkens, sondern dessen objectiven Inhalt, der fähig ist, gemeinsames Eigenthum von Vielen zu sein.*"[81] Sein Konzept eines Gedankens ist demnach das Konzept eines potentiellen Gehalts gewisser kognitiver Akte und Zustände. Auch bei Frege ist es also nicht verboten, bei 'Gedanke' an *Denken* zu denken (wenn man sich vor der Akt/Gehalt-Konfusion hütet).[82] Dieses Wort ist in seinem Mund nämlich keineswegs eine Abkürzung für '(potentieller) Sinn eines Behauptungssatzes oder eines Entscheidungsfragesatzes';[83] denn er *fragt*: Ein Behauptungssatz „enthält einen Gedanken. Ist dieser Gedanke nun als dessen Sinn oder als dessen Bedeutung anzusehen?" (*SuB* 32b). In einem Argument, das wir in §6 erörtern werden, kommt er zu dem Ergebnis: Falls es bei einem Satz überhaupt so etwas wie eine Bedeutung gibt, so ist sie jedenfalls nicht mit dem Gedanken identisch, den der Satz ausdrückt; „vielmehr werden wir ihn [sc. den Gedanken] als den Sinn aufzufassen haben" (ebd.) Wenn die in der Frage formulierte Alternative erschöpfend und wenn der negative Teil des Arguments

---

[81] *SuB* 32b Anm.; vgl. *SuB* 29a. Der „Inhalt eines Urteils", heißt es in *n.1887b*, 115$_R$, ist „etwas Objektives, für alle derselbe". In *Log$_1$* 6–7 werden 'Gedanke' (lange vor der terminologischen Fixierung) und 'beurtheilbarer Inhalt' als stilistische Varianten behandelt, und das geschieht auch (lange nach der Festlegung) in *1910*, WB 120 und – mit 'Inhalt' und 'Gedanke' – in *1914a*, WB 128.

[82] Weil sie diese Konfusion fürchten, übersetzen Church, Carnap (1947, 118) und Feigl (1949, 89 *et passim*) 'Gedanke' mit 'proposition'. Church schreibt: „Black's translation of *Gedanke* as thought and Geymonat's translation of it as *pensiero* reproduce the same defect which may be seen in Frege's German terminology, namely that, in spite of the plainest disavowals, the word persistently suggests something psychological. This may be thought a good translation in faithfully reproducing the original. But ... the reviewer would suggest ... *proposition*" (Church 1948, 152–153). So lobenswert die Motivation dieser Übersetzung ist, – sie droht zu verschleiern, dass Frege'sche Gedanken ihrem Wesen nach potentielle Gehalte des *Denkens* sind.

[83] Wie manche Interpreten anzunehmen scheinen und wie er leider auch selber an Stellen wie *GG I*, §2, *1896a*, 370 u. *Vern* 145a suggeriert.

zwingend ist, dann ist damit die Korrektheit dieser Identifikation bewiesen. In jedem Fall ist aber klar, dass Frege eine These aufstellt, die er für rechtfertigungsbedürftig hält, wenn er behauptet, ein Gedanke sei der Sinn eines Satzes.

Mit Hilfe des *Differenz-Kriteriums für Gedanken*, dessen sich Frege in *FuB* 14 und *SuB* 32b bedient, kann man sich davon überzeugen, dass die Sätze in den obigen Paaren jeweils verschiedene Gedanken ausdrücken.

(DIFF) Zwei Sätze drücken verschiedene Gedanken aus, wenn jemand, der beide Sätze versteht, den einen als Ausdruck einer Wahrheit akzeptieren kann, ohne unmittelbar bereit zu sein, auch den andern als Ausdruck einer Wahrheit zu akzeptieren.

Zwei Sätze des Typs 'F(a)' und 'F(b)', in denen 'F( )' auch ein Prädikat der Form '( )=c' sein kann, drücken also verschiedene Gedanken aus, falls jemand, der beide Sätze versteht, 'F(a)' als Ausdruck einer Wahrheit akzeptieren kann, ohne unmittelbar bereit zu sein, auch 'F(b)' als Ausdruck einer Wahrheit zu akzeptieren. Diese Möglichkeit besteht immer dann, wenn „das Zusammenfallen der Bedeutung [von 'a' mit der von 'b'] nicht selbstverständlich ist" (s. o. 199).

Wenn wir uns durch Anwendung von Freges Kriterium (DIFF) davon überzeugt haben, *dass* die Sätze in den letzten sechs Satzpaaren jeweils verschiedene Gedanken ausdrücken, so bleibt immer noch die Frage, *warum* sie verschiedene Gedanken ausdrücken. Freges Antwort lautet: Weil die singulären Terme, die jeweils bei der Transformation des einen Satzes in den anderen ausgetauscht werden, zwar dieselbe Bedeutung, aber nicht denselben Sinn haben. Das ist eine befriedigende Antwort, wenn ein Gedanke, der durch einen Satz des Typs 'F(a)' ausgedrückt wird, aus dem Sinn von 'a' und dem Sinn von 'F( )' besteht. Was plausibel ist, wenn der Gedanke, den der fragliche Satz ausdrückt, nichts anderes ist als dessen Sinn. Das KOMPOSITIONSPRINZIP DES SINNS, das dieser Erklärung zugrundeliegt, sagt von allen (semantisch relevanten) Teilen eines Satzes *S*, gleichgültig ob diese Teile Satzfragmente oder selber schon Sätze sind, dass ihr Sinn eine Komponente des Sinnes von *S* ist,[84] und es identifiziert den Sinn von *S* mit dem Gedanken,

---

[84] „Zugrundeliegt": vgl. *1919c*, WB 156 („…; denn …"). „Semantisch relevante Teile eines Satzes" sind Teile, die man verstehen muss, um den Satz zu

den S ausdrückt. 1893 formuliert Frege dieses Prinzip zum ersten Mal:

> Jeder ... Name eines Wahrheitswerthes drückt einen Sinn, einen Gedanken aus ... Die einfachen oder selbst schon zusammengesetzten Namen nun, aus denen der Name eines Wahrheitswerthes besteht, tragen dazu bei, den Gedanken auszudrücken, und dieser Beitrag des einzelnen ist sein Sinn. Wenn ein Name Theil des Namens eines Wahrheitswerthes ist, so ist der Sinn jenes Namens Theil des Gedankens, den dieser ausdrückt. (*GG I* §32.)

(In den *GG* wird der Titel 'Name' für alle bedeutungsvollen Ausdrücke, also auch für Prädikate und Sätze verwendet, während der Titel 'Eigenname' für diejenigen 'Namen' reserviert bleibt, deren Bedeutungen Gegenstände sind.) Frege vertritt dieses Kompositionsprinzip des (Satz-) Sinnes auch noch nach dem Erscheinen von *Ged*:

> Der Sinn eines Satzteils ist Teil des Sinnes des Satzes, d. h. des in dem Satze ausgedrückten Gedankens. (*1919c*, WB 156; vgl. *1913, Vorl* 20.)

Eine Verallgemeinerung dieses Prinzips, in der nicht nur von Sätzen, sondern von allen semantisch komplexen Ausdrücken die Rede ist, liegt mehr als nahe. Aus dem Kompositionsprinzip des Sinns ergibt sich der Satz von der *Austauschbarkeit des Sinngleichen*: Wenn der Sinn eines Ausdrucks α in einem Satz S einer der Teile ist, aus denen der durch S ausgedrückte Gedanke besteht, dann drückt eine Variante von S, die sich nur dadurch von S unterscheidet, dass α in ihr durch einen sinngleichen Ausdruck β ersetzt wurde, denselben Gedanken aus.[85]

(An dieser Stelle mögen ein paar Ankündigungen einen der Fäden sichtbar machen, die sich durch dieses Buch ziehen. Am Ende von §5 werden wir uns fragen, ob das Kompositionsprinzip des Sinns nicht

---

verstehen: man muss das Wort 'Geige' nicht verstehen, um den Satz 'Manche Geigerzähler ticken nicht richtig' zu verstehen.

[85] Man wird wohl ganz allgemein sagen können:– Was auch immer x, y, z sein mögen, gibt es überhaupt so etwas wie *das* Ganze G, das aus x und y auf die Weise W zusammengesetzt ist, so gilt: wenn $y=z$, dann $G(x, y, W)=G(x, z, W)$.

an der *Oratio obliqua* scheitert, und am Ende von §6 werden wir überlegen, ob ein analoges Kompositionsprinzip für *Bedeutungen* plausibel ist. In 4-§1 werden wir Freges Kompositionsprinzip des Sinns kurz mit dem Kontext-Prinzip der *GL* konfrontieren und von dem Grundsatz unterscheiden, der sich heutzutage als Prinzip der 'Kompositionalität' des Sinnes breiter, wenn auch nicht universaler Zustimmung erfreut. Und in 2-§2.3 und 4-§11 werden wir ausführlich die Spannungen erörtern, die zwischen dem Kompositionsprinzip des Sinns und anderen Thesen in Freges Philosophischer Logik bestehen.) –

Auch gleichbedeutende *Funktoren* können sinnverschieden sein. So sind die sub-sententialen Funktoren '( )+2⁴' und '( )+4²' zwar gleichbedeutend, aber sie haben nicht denselben Sinn; denn wer sie versteht, braucht nicht *eo ipso* zu wissen, dass sie gleichbedeutend sind, und überall, wo dies „nicht selbstverständlich ist, haben wir eine Verschiedenheit des Sinnes" (s. o. 199). Zwei gleichbedeutende Funktoren unterscheiden sich genau dann in ihrem Sinn, wenn sie verschiedene „Arten des Gegebenseins" oder „Bestimmungsweisen" dieser Funktion ausdrücken.

Die Funktion, die das *Prädikat* (der sententiale Funktor) 'ξ ist ein deutscher Stadtstaat' bezeichnet, hat für alle Argumente denselben Wert wie die Funktion, die 'ξ ist mit Bremen, Hamburg oder Berlin identisch' bezeichnet. Diese beiden Prädikate sind also gleichbedeutend. Die Bedeutung eines einstelligen Prädikats (wenn es denn überhaupt etwas bedeutet) ist ein Begriff im technischen Frege'schen Verstande dieses Wortes.[86] Man kann nun für Prädikate eine Variation auf das Thema von „Frege's Puzzle" komponieren. Durch den Austausch eines Prädikat-Vorkommnisses gegen ein Vorkommnis eines gleichbedeutenden anderen Prädikats wird manchmal aus etwas, das sich von selbst versteht, eine informative Wahrheit:

(7a) Etwas ist genau dann ein deutscher Stadtstaat, wenn es ein deutscher Stadtstaat ist.

(7b) Etwas ist genau dann ein deutscher Stadtstaat, wenn es mit Bremen, Hamburg oder Berlin identisch ist.

---

[86] Vgl. Freges Diagramme in *1891b*, WB 96–98.

Im Unterschied zu (7a) ist (7b) „keineswegs ein blosser Ausfluss des [logischen Gesetzes, dass $\forall f \, \forall x \, (fx \leftrightarrow fx)$], sondern enthält eine wertvolle ... Erkenntnis" (s. o. 205). Die Frage drängt sich auf: „Wie kann die Ersetzung eines [Prädikats] durch [ein gleichbedeutendes] solche Veränderungen bewirken?" (s. o. 205). Wie kann man diese Differenz im *Erkenntniswert* erklären?

Auch hier besteht nicht nur dann Erklärungsbedarf, wenn der Austausch gleichbedeutender Prädikate Triviales in Informatives (oder umgekehrt) verwandelt. Die Sätze

(7b) Etwas ist genau dann ein deutscher Stadtstaat, wenn es mit Bremen, Hamburg oder Berlin identisch ist

(7c) Etwas ist genau dann ein deutscher Stadtstaat, wenn es ein Land der BRD ist, dessen Fusion mit Niedersachsen, Schleswig-Holstein oder Brandenburg häufig diskutiert wurde

sind *beide* erkenntniserweiternd. Obwohl die Transformation von (7b) in (7c) nur darin besteht, dass ein Prädikat gegen ein gleichbedeutendes anderes ausgetauscht wird, sagt man mit diesen Sätzen aber nicht zweimal dasselbe. Wieso eigentlich nicht? „Wie kann die Ersetzung eines Prädikats durch ein gleichbedeutendes, solche Veränderungen bewirken? Hier betreffen die Veränderungen nicht den Erkenntniswert, sondern sie bestehen darin, dass die Sätze jeweils verschiedene *Gedanken* ausdrücken.

Mit Hilfe des Frege'schen Differenz-Kriteriums für Gedanken, das ich oben unter (DIFF) präsentiert habe, kann man sich davon überzeugen, *dass* (7b) und (7c) verschiedene Gedanken ausdrücken. Und *warum* drücken (7b) und (7c) verschiedene Gedanken aus? Weil die ausgetauschten Prädikate zwar gleichbedeutend, aber nicht sinngleich sind, weil sie verschiedene Gegebenheits- oder Bestimmungsweisen desselben Begriffs ausdrücken. („Das zeigt sich darin, dass [jemand, der beide Prädikate versteht] von der Übereinstimmung der Bedeutung nichts zu wissen braucht" (s. o. 199).) Diese Antwort ist zufriedenstellend, wenn das Kompositionsprinzip des Sinns korrekt ist.– Wer von den Prädikaten in (7b) und (7c) nur wüsste, dass sie gleichbedeutend sind, der verstünde sie nicht; denn er würde nicht die besondere Weise erfassen, wie ihre Bedeutung durch das eine Prädikat und nicht durch das andere präsentiert wird.

Davon dass die gegeneinander ausgetauschten Prädikate gleichbedeutend sind, kann man sich in den Exempeln (7b) und (7c) nur *a posteriori* überzeugen. Aber im folgenden Fall verhält es sich anders:

> Freilich ist jedes gleichseitige Dreieck ein gleichwinkliges Dreieck und jedes gleichwinklige Dreieck ein gleichseitiges Dreieck und doch ist der Sinn des ersten Ausdrucks nicht zusammenfallend mit dem des zweiten. Es ist ein Lehrsatz, dass jedes gleichseitige Dreieck ein gleichwinkliges Dreieck ist. (*1919b, BaW* 19.)

Die Prädikate 'ξ ist ein gleichseitiges Dreieck' und 'ξ ist ein gleichwinkliges Dreieck' haben nicht denselben Sinn: wer sie versteht, braucht nicht *eo ipso* zu wissen, dass sie denselben Begriff bezeichnen, und „überall, wo das Zusammenfallen der Bedeutung nicht selbstverständlich ist, haben wir eine Verschiedenheit des Sinnes" (s. o. 199). Aber hier kann man *a priori* dartun, dass die beiden sinnverschiedenen Prädikate gleichbedeutend sind.

Freges zweite Erweiterung des Konzepts einer Funktion hat die Konsequenz, dass alle Sätze, mit denen Wahres gesagt wird, dasselbe bedeuten, und dass alle Sätze, mit denen Falsches gesagt wird, ebenfalls gleichbedeutend sind. Frege kann dem Protest „Aber die Sätze '3+2^4=19' und 'Der Mond ist rund' drücken doch ganz verschiedene Gedanken aus!" recht geben und ihm den Wind aus den Segeln nehmen: dass diese Sätze nicht denselben Gedanken ausdrücken, schließt nicht aus, dass sie dasselbe bedeuten. Um diesen schlichten Punkt zu machen, braucht man einen Gedanken nicht mit dem Sinn eines Satzes zu identifizieren. Und man braucht auch kein Differenz-*Kriterium*, um jemanden davon zu überzeugen, dass diese Sätze nicht denselben Gedanken ausdrücken.

In *Vorw* X$_a$ sagt Frege von dem, was er früher „beurtheilbaren Inhalt" genannt hatte: es „ist mir nun zerfallen in das, was ich Gedanken, und das, was ich Wahrheitswerth nenne" (ein Echo von *1891b*, WB 96), und in *BuG* 198 heißt es vom Autor der *GL*, er habe „unter dem Ausdrucke 'beurtheilbarer Inhalt' noch das zusammengefasst," was er jetzt als Gedanken und Wahrheitswert unterscheide. Das sind rätselhafte Aussprüche. Will Frege sagen, sein altes Konzept sei ein Amalgam zweier Konzepte gewesen, deren Extensionen kein einziges Element miteinander gemeinsam haben? War es also inkonsistent wie das eines hölzernen Eisens – oder zumindest leer wie das eines goldenen Bergs? Ich sehe keinen guten

Kapitel 1 215

Grund für eine solche Selbstkritik. Will Frege sagen, die Phrase 'beurteilbarer Inhalt' sei in seinem Munde mehrdeutig gewesen, – er habe sie manchmal im Sinne von 'Wahrheitswert' und manchmal im Sinne von 'Gedanke' gebraucht? Ich glaube nicht, dass er sie in seinen Schriften vor 1890 jemals im ersteren Sinne verwendet hat. Will Frege sagen, dass er früher einem einzigen Konzept Aufgaben zuwies, die nur von zwei verschiedenen Konzepten erfüllt werden können? Dass das Konzept eines beurteilbaren Inhalts früher oft Aufgaben wahrnahm, die er seit 1890 dem Konzept eines Gedankens zuweist, ist unverkennbar; aber wo hätte es die Rolle gespielt, die nunmehr das Konzept eines Wahrheitswertes spielt?[87] In der Anm. zu *GL* §67, von der Frege sich in *BuG* 199 distanziert, scheint er den beurteilbaren Inhalt einer einstelligen Prädikation so aufzufassen, dass der Gegenstand, von dem etwas prädiziert wird, und der prädizierte Begriff seine Teile sind, – so jedenfalls ausdrücklich in *n.1887b*, NS 115$_R$. Was auch immer dabei sein Identitätskriterium für Begriffe gewesen sein mag (s. u. §2.3), damit sind beurteilbare Inhalte viel gröber individuiert als Gedanken – und viel feiner als Wahrheitswerte. Jedenfalls hat Frege zu Beginn der neunziger Jahre das Konzept eines beurteilbaren Inhalts fallen gelassen und durch zwei Nachfolger-Konzepte ersetzt.

Wie verhalten sich diese beiden Nachfolger-Konzepte zueinander? Eine Konsequenz der in diesem Paragraphen (und unten in §6) dargestellten Theorie wird sich in 2-§2 als wichtig erweisen. Der Sinn eines bedeutungsvollen Zeichens ist eine Art des Gegebenseins seiner Bedeutung, jeder Satz, der etwas bedeutet, bedeutet einen Wahrheitswert, und jeder Gedanke ist der Sinn eines Satzes (in einer möglichen Erweiterung irgendeiner Sprache). Also ist jeder wahre oder falsche Gedanke eine Art des Gegebenseins eines Wahrheitswertes.

Wir haben in §2.1 gesehen, dass Frege sowohl Funktoren als auch Funktionen ergänzungsbedürftig (etc.) nennt. Diese Feststellung gilt es nun zu präzisieren und zu erweitern; denn das Sowohl-als-auch trägt erstens der explanatorischen Reihenfolge

---

[87] Vielleicht denkt Frege hier daran, dass er sich bei der Angabe der möglichen Wahrheitswert-Verteilungen für die Sätze in einem zweistelligen Satzgefüge am Anfang von *BS* §5 noch des Konzepts „bejahter" (besser: zu bejahender) und „verneinter" (zu verneinender) *beurteilbarer Inhalte* bedient hatte. (Zum Kontrast vgl. *1906d*, NS 202.)

nicht Rechnung, und es ist zweitens nicht erschöpfend. Zum ersten Punkt: Manchmal ist unter den Anwendungsfällen eines generellen Terms 'F' eine Sorte von Gegenständen dadurch vor anderen ausgezeichnet, dass nur im Rekurs auf das F-sein jener Gegenstände erklärt werden kann, worin das F-sein dieser Gegenstände besteht. So nennt man zwar sowohl Personen als auch Strandspaziergänge und Obstsäfte gesund, aber letztere sind doch nur in einem nachgeordneten Sinne gesund: weil sie dazu beitragen, dass erstere gesund bleiben oder werden.[88] Ähnliches gilt auch in unserem Fall. Funktionen sind jedenfalls nicht im primären Sinne ergänzungsbedürftig (etc.):

> Ein Funktionsname führt immer leere Stellen (mindestens eine) für das Argument mit sich... *Demgemäss ist die Funktion selbst von mir ungesättigt oder ergänzungsbedürftig genannt, weil ihr Name erst durch das Zeichen eines Arguments ergänzt werden muss*, um eine abgeschlossene Bedeutung zu erhalten. (*1892c*, NS 129, meine Herv.[89])

Aber, und das ist nun der zweite Punkt, auch das ist noch nicht Freges letztes Wort in dieser Sache. Noch auf derselben Seite schreibt er in einer Anmerkung, dass das Wort 'ungesättigt' „besser auf den Sinn als auf die Bedeutung zu passen" scheint (ebd.). Und in seiner letzten Veröffentlichung heißt es:

> Als bloßes Ding ist [ein Zeichen wie '( )>4'] freilich ebensowenig ungesättigt als irgend ein anderes Ding. Im Hinblick auf seine Gebrauchsweise als Zeichen, das einen Sinn ausdrücken soll, kann man es ungesättigt nennen... *Eigentlich kommt das Ungesättigtsein im Gebiete des Sinnes vor und wird von da aus auf das Zeichen übertragen*. (*Ggf* 39b [dort über den Konjunktor], meine Herv.).

Wenn man eine Inskription als Funktor klassifiziert, so meint man die Inskription als Träger eines bestimmten Sinns. Schließlich

---

[88] 'Gesund' ist eines der Beispiele für *zentriert mehrdeutige* Terme (πρὸς ἕν λεγόμενα), die Aristoteles in *Metaphysica* IV, 2: 1003^{a}33–1003^{b}6 anführt; vgl. auch *Met.* VII, 4: 1030^{a}27–^{b}3 und Thomas, ScG I, c. 34 u. STh Ia, q. 13, a. 5.
[89] Oft sagt Frege auch, dass der Ergänzungsbedürftigkeit (etc.) des Funktors / des Prädikats die der Funktion / des Begriffs *entspricht*: *1902b*, WB 224; *1902d*, II: 371; *1904a*, 665; *1906b*, NS 192; *1914b*, NS 246.

könnte eine Inskription ja ein Funktor sein, wenn man sie als Vorkommnis eines Ausdrucks der Sprache L_1 versteht, und kein Funktor, falls man sie als Vorkommnis eines Ausdruck der Sprache L_2 versteht. Eine Inskription ist also *nur relativ zu* einer bestimmten Interpretation ergänzungsbedürftig (etc.). Aber folgt daraus, dass *eigentlich* der Sinn, den sie in dieser Interpretation hat, ergänzungsbedürftig (etc.) ist? Und was genau soll das heißen? Der Sinn eines singulären Terms, sagt Frege, bedarf keiner Sättigung, während der Sinn eines Prädikats ungesättigt ist. Dass er damit nicht sagen will, ein Sinn der ersten Art könne auch für sich allein bestehen, wird deutlich, wenn er schreibt:

> Durch Zerlegung der singulären Gedanken erhält man Bestandteile der abgeschlossenen und der ungesättigten Art, *die freilich abgesondert nicht vorkommen*; aber jeder Bestandteil der einen Art bildet mit jedem der anderen Art einen Gedanken. (*1906d*, NS 204, meine Herv.)

Das kursivierte Prädikat soll auch auf die „abgeschlossenen" Gedankenbestandteile zutreffen. Gemessen am Gedanken ist weder der eine noch der andere Sinn vollständig. Frege versteht unter dem Ungesättigtsein eines Sinnes also nicht sein Noch-kein-Gedanke-Sein. Sondern was? Während man bei den Ausdrücken dieser Sinne einen Unterschied bezüglich der strukturellen Mobilität feststellen kann (s. o. §2.1), ist eine solche Differenz auf der Ebene des Sinnes nicht auszumachen: so wie der Sinn eines n-stelligen Prädikats nur durch die Sinne von n singulären Termen zu einem singulären Gedanken ergänzt werden kann, so kann eben auch der Sinn eines singulären Terms nur durch den Sinn eines Prädikats zu einem singulären Gedanken komplettiert werden. Besteht die Ungesättigtheit eines Sinns vielleicht doch nur darin, durch ein ungesättigtes Zeichen ausdrückbar zu sein?

Die Ergänzungsbedürftigkeit des Prädikats ist Freges Explanans für die Einheit des Satzes. Die Wortfolge 'Sokrates ist weise' ist ein Satz, während 'Sokrates' Weisheit' bloß eine Liste ist. Der Satz drückt einen Gedanken aus, die Liste nur eine Mannigfaltigkeit von Sinnen. Der Satz verdankt seine Einheit der Tatsache, dass er ein ergänzungsbedürftiges Element in Gestalt des sinnvollen Prädikats '( ) ist weise' enthält. Und was erklärt die Einheit des Gedankens? Freges Explanans ist die Ergänzungsbedürftigkeit einer Komponente des Gedankens. Der Gedanke, dass Sokrates weise ist, verdankt seine Einheit, durch die er sich von einer bloßen Sinn-Mannigfaltigkeit unterscheidet, der Tatsache, dass er ein unvollständiges Element in Gestalt des Sinns des Prädikats '( ) ist weise' enthält. Ohne ein solches Element würden die Teile des Gedankens nicht „aneinander haften", – sie würden „sich spröde zu einander verhalten" (*BuG* 205a). Vielleicht ist das die beste Rechtfertigung für Freges Charakterisierung des Prädikat-Sinns als ungesättigt (vgl. 3-§8; 4-§2).

Was nun die *Bedeutung* der Ausdrücke mit einem ergänzungsbedürftigen Sinn angeht, so beklagt Frege einen sprachlichen Notstand: „Aber es muss dem doch auch etwas bei der Bedeutung entsprechen; und ich weiß keine besseren Wörter" (*1892c*, NS 129 Anm.). Über die Anwendung des Titels 'ungesättigt' auf Sinn und Bedeutung von Prädikaten schreibt er:

> Wenn wir einen Satz zerlegen in einen Eigennamen und den übrigen Teil, so hat dieser übrige Teil als Sinn einen ungesättigten Gedankenteil. Seine Bedeutung aber nennen wir Begriff... Auch den Begriff können wir, bildlich sprechend, ungesättigt nennen... (*1906d*, NS 210.)

Zu sagen, dass wir im Falle der Prädikat-Bedeutungen „bildlich sprechen", wenn wir sie als ungesättigt bezeichnen,[90] ist allerdings nicht allzu hilfreich, da schon die Chemiker-Rede von ungesättigten Verbindungen bildlich ist. Wenn wir deren Rede (metaphorisch) als inzwischen tote Metapher bezeichnen, dann ist Freges Beschreibung eines Prädikats oder Funktors oder seines Sinns als ungesättigt eine lebendige Metapher. Ist die Anwendung dieser Metapher auf Begriffe und (andere) Funktionen dann sozusagen eine Metapher in zweiter Potenz?[91] Wir wissen eigentlich nur, dass mit ihr eine Eigenschaft zugeschrieben wird, die auf der Seite der Bedeutung eines Funktors oder Prädikats dem Unvollständig- oder Ergänzungsbedürftigsein dieser Ausdrücke und ihres Sinns entspricht.

---

[90] Vgl. *BuG* 205a; *1903c*, II: 372.
[91] Ungesättigte Kohlenwasserstoffe sind gewiss keine Funktionen, also sind sie (im Sinne der *Frege*'schen Metapher) gesättigt.

Kapitel 1 219

§2.3. Begriffsmerkmale und Begriffe verschiedener Stufen.[92]

Nicht nur unter den zeitgenössischen Mathematikern, sondern „auch bei der herrschenden Logik", so fürchtet Frege, „wird auf kein Verständnis für den Unterschied zu hoffen sein, den ich zwischen dem Merkmal eines Begriffs und der Eigenschaft eines Gegenstandes mache" (*Vorw* XIV$_b$). Merkmale (im Frege'schen Verständnis dieses Wortes) sind immer Merkmale eines Begriffs, während Eigenschaften teils Eigenschaften von Gegenständen sind (z. B. die Eigenschaft, schwarz zu sein), teils Eigenschaften von Begriffen (z. B. die Eigenschaft, mehrere Gegenstände unter sich zu fassen).

> Merkmal eines Begriffes [erster Stufe] ist eine Eigenschaft, die ein Gegenstand haben muss, wenn er unter den Begriff fallen soll. (*1903c*, II: 373; vgl. *Vorw* XIV$_a$; *GG I*, Einl. S. 3.)

Demnach ist die Eigenschaft, schwarz zu sein, ein Merkmal des Begriffs *( ) ist ein Rappe* und somit eine Eigenschaft von Bukephalos, aber natürlich keine Eigenschaft des Begriffs.

Nun beschreibt Frege die Merkmale eines Begriffs stets als Teile, aus denen der Begriff „zusammengesetzt" ist, als „Teilbegriffe",[93] und dadurch entsteht ein Problem. Bei der Einführung dieses Konzepts in *GL* verfügte er noch nicht über die Sinn/Bedeutung-Distinktion, und er hat es versäumt, seine mereologische Charakterisierung der Merkmale im Lichte dieser Unterscheidung zu überdenken. Seit 1890 versteht er unter einem Begriff (offiziell immer) die Bedeutung eines einstelligen Prädikats, und diese Bedeutung ist in seinen Augen eine Funktion. Will er gewissen Funktionen nachsagen, dass sie aus Teilen zusammengesetzt sind? Und dass diese Teile selber wiederum

---

[92] VERGLEICHE: [MERKMAL VS. EIGENSCHAFT]: *GL* §53; *BuG* 201c–202b; *Vorw* XIV$_a$; *1900*, WB 150–151; *1903c*, II: 373–374; *1919d*, WB 154. [SUBSUMTION, SUBORDINATION, 'INTROSUMTION']: *GL* §47; *1895a*; *1914b*, NS 230–231; *Allg*. [BEGRIFFE VERSCHIEDENER STUFEN]: *GL* §53; *FuB* 26b–27a, 28c–30b; *BuG* 199b–201b; *GG I*, §§21–22; *1903c*, II: 372–374; *1914b*, NS 269–270. ['a EXISTIERT']: *BuG* 200; *1903c*, II: 373; *1910/11*, *Vorl* 18.

LITERATUR: [MERKMAL VS. EIGENSCHAFT]: Künne 2001. [QUANTOREN; BEGRIFFE VERSCHIEDENER STUFEN]: Dummett, FPL, Kap. 2–3; Kap. 5. ['a EXISTIERT']: Geach 1954; Morscher 1974, 1985/6 u. 2001; Dummett 1983; Wiggins 1995a.

[93] *GL* §53; *1900*, WB 150–151; *1903c*, II: 373; *1914b*, NS 247.

Funktionen sind? Wohl kaum, und er sagt so etwas m. W. auch nie. Wenn man unter einem Begriff den *Sinn* eines einstelligen Prädikats versteht, dann ist die Rede von Teilbegriffen weniger problematisch, vielleicht sogar unproblematisch: Der Sinn von 'ξ ist schwarz' ist eine Komponente des Sinns des komplexen Prädikats 'ξ ist ein Pferd, und ξ ist schwarz' (der zusammenfällt mit dem Sinn des Prädikats 'ξ ist ein Rappe'). Aber ist der *Sinn* von 'ξ ist schwarz' eine Eigenschaft von Bukaphalos? Wenn Eigenschaften Begriffe im technischen Verstande dieses Wortes sind, dann ist der Sinn von 'ξ ist schwarz' eine Art des Gegebenseins des Begriffs *ξ ist schwarz*. (Der Sinn von 'ξ hat die Farbe der Kaaba' präsentiert diesen Begriff auf andere Weise.) Nach der Einführung der Sinn/Bedeutung-Distinktion müsste die Merkmalslehre revidiert werden. Wenn man den Sinn eines monadischen Prädikats als Konzept bezeichnet, könnte die Neufassung dann so aussehen: 'Die Merkmale eines Konzepts K sind Konzepte, die Teile von K sind und unter die etwas fallen muss, wenn es unter K fallen soll?' Nein, denn die Relation des Fallens-unter besteht zwischen Gegenständen und *Begriffen*. Die mereologische Charakterisierung müsste ganz aufgegeben werden. So wenig wie Teile eines Satzes Teile der Bedeutung des Satzes bedeuten (was Frege sich bald klargemacht hat), so wenig bedeuten Teile eines Prädikats Teile der Bedeutung des Prädikats.

Dass Frege diese Revision nicht vorgenommen hat, ist leicht erklärlich. Die Reservierung des Wortes 'Begriff' für die *Bedeutungen* monadischer Prädikate hat etwas von einem terminologischen Gewaltstreich. Er selbst hatte dieses Wort früher ganz anders gebraucht:

> Es muss ... zwischen Begriff und Ding auch dann unterschieden werden, wenn unter den Begriff nur ein einziges Ding fällt... Sonst könnte man nicht Begriffe von verschiedenem Inhalte bilden, deren Umfang sich immer auf das Einzelding Erde beschränkte". (*BrL* [1881] 19/20.)

Hier nimmt er an, dass verschiedene Begriffe denselben Umfang haben können (vgl. *GL* §68 Anm.). Diese Annahme ist mehr als naheliegend, wenn ein Begriff der *Sinn* eines Prädikats ist: die Prädikate 'ξ ist von der Sonne aus der dritte Planet im Sonnensystem' und 'ξ ist der Himmelskörper, auf dem Mozart gelebt hat' haben nicht denselben Sinn, obwohl sie beide nur auf die Erde zutreffen. Auch viele Jahre nach der Einführung der Sinn/Bedeutung-Distinktion fällt Frege gelegentlich in diesen Sprachgebrauch zurück: In *Vern* 150d bezeichnet er *en passant* „den Sinn, den man mit einem Ausdrucke verbindet," als „Begriff". Und wie wir in §1 sahen, schreibt er sogar in einem programmatischen Text: „Ich gehe ... nicht von den Begriffen aus und setze aus ihnen den Gedanken ... zusammen, sondern ich gewinne die Gedankenteile durch Zerfällung des Gedankens" (s. o. 178). Begriffe im technischen Verständnis dieses Wortes sind natürlich nicht Gedankenteile; denn jede Komponente eines Gedankens ist ein Sinn.

Die eingangs zitierte Erklärung in *1903c* kann man so paraphrasieren: Merkmale eines Begriffs (erster Stufe) sind Begriffe, von denen gilt: notwendigerweise, wenn ein Gegenstand unter jenen Begriff fällt, dann fällt er auch unter diese Begriffe. Ein auffälliger Zug dieser Erklärung ist die Präsenz eines modalen Ausdrucks, der nicht zu Freges offiziellem Vokabular gehört. Intuitiv ist die Anwesenheit des Modaloperators gut motiviert. Würde man ihn entfernen, so müsste man den Begriff ξ *gehört keinem Obdachlosen* zu den Merkmalen des Begriffs ξ *ist ein Rappe* zählen. Zum theoretischen Arsenal der *GL*, in denen Frege das Merkmalskonzept einführt, gehört nicht das Konzept der Notwendigkeit, aber das der analytischen Wahrheit. Mit seiner Hilfe könnte Frege die Erklärung des Merkmalskonzepts so formulieren: Die Merkmale eines Begriffs (erster Stufe) sind Begriffe, von denen gilt: es ist eine analytische Wahrheit, dass ein Gegenstand, wenn er unter jenen Begriff fällt, auch unter diese fällt. Beim Beweis der Wahrheit, dass Bukephalos schwarz ist, wenn er ein Rappe ist, „stößt man ... nur auf die allgemeinen logischen Gesetze und auf Definitionen"; also ist sie im Sinne von *GL* §3 analytisch.

Die Merkmale eines Begriffs erster Stufe sind Eigenschaften, die ein Gegenstand haben muss, wenn er unter diesen Begriff fallen soll, und die Merkmale eines Begriffs höherer Stufe sind Eigenschaften, die ein anderer Begriff haben muss, wenn er in diesen Begriff fallen soll. Frege unterscheidet sorgfältig zwischen *(1)* dem Fallen eines Gegenstandes unter einen Begriff, *(2)* der Unterordnung eines Begriffs unter einen anderen Begriff und *(3)* dem Fallen eines Begriffs n-ter Stufe in einen Begriff der Stufe $n+1$.

(1) Subsumtion. „Die logische Grundbeziehung ist die des Fallens eines Gegenstandes unter einen Begriff; auf sie lassen sich alle Beziehungen zwischen Begriffen zurückführen."[94] Der Satz 'Bukephalos

---

[94] *1892c*, NS 128. Vgl. *1906b*, NS 198: „das Urvorkommnis der Subsumtion".

ist ein Rappe' drückt in unserer Sprache genau dann eine Wahrheit aus, wenn der Gegenstand, den 'Bukephalos' bedeutet, unter den Begriff fällt, den '( ) ist ein Rappe' bedeutet. Ist der ausgedrückte Gedanke wahr, dann hat Bukephalos die Eigenschaften, ein Pferd zu sein und schwarz zu sein. Diese Eigenschaften sind die Merkmale dieses Begriffs erster Stufe, – eines Begriffs, unter den nur Gegenstände fallen. Bei zweistelligen Prädikationen ist das Gegenstück zum Unter-einen-Begriff-Fallen das In-einer-Beziehung-Stehen. Der Satz 'Alexander der Große reitet Bukephalos' drückt in unserer Sprache genau dann eine Wahrheit aus, wenn der Gegenstand, den 'Alexander d. Gr.' bedeutet, zu dem Gegenstand, den 'Bukephalos' bedeutet, in der Beziehung erster Stufe steht, die '( ) reitet [ ]' bedeutet, – einer Beziehung, in der nur Gegenstände zu Gegenständen stehen können (*GG* I, §4).

(2) *Subordination*. Mit 'Alle Quadrate sind Rechtecke' sagen wir genau dann etwas Wahres, wenn der Begriff (erster Stufe), den '( ) ist ein Quadrat' bedeutet, dem Begriff (erster Stufe), den '( ) ist ein Rechteck' bedeutet, untergeordnet ist: alles, was unter jenen Begriff fällt, fällt auch unter diesen (s. u. 713–16). Die Merkmale des übergeordneten Begriffs sind nicht Eigenschaften des untergeordneten Begriffs, sondern der Gegenstände, die unter letzteren fallen.

(3) '*Introsumtion*'.[95] Unser Satz 'Es gibt mindestens einen deutschen Stadtstaat' drückt genau dann eine Wahrheit aus, wenn der Begriff, den 'ξ ist ein deutscher Stadtstaat' bedeutet, *in* den Begriff fällt, den der Ausdruck 'Es gibt mindestens einen Gegenstand, von dem gilt: er ⟨ ⟩', in der heute üblichen Notation abgekürzt: '∃x (Φx)', bedeutet. Der griechische Großbuchstabe 'Φ' markiert – wie das von Frege nicht benützte Zeichen '⟨ ⟩' – eine Leerstelle, die für *Prädikate* reserviert ist. (Würden man diese Leerstelle mit einem singulären Term wie 'Hamburg' oder mit einem Satz wie 'Hamburg liegt an der Elbe' füllen, so wäre das Resultat kein wohlgeformter Satz.) Frege sagt hier nicht 'fällt unter', sondern 'fällt in', weil er die erste Wendung für eine Beziehung, in der nur Gegenstände zu Begriffen stehen, reservieren möchte. Syntaktisch ist '∃x (Φx)' ein Operator, der für Prädikate als Input Sätze als Output liefert, – ein Quantor.[96] Der Existenz-Quantor, um den es sich hier handelt, bedeutet den Begriff *erfüllter Begriff erster Stufe*. Die Merkmale dieses Begriffs zweiter

---

[95] In Ermangelung eines etablierten Terminus von mir erfunden.
[96] Kein Frege'scher Terminus. Vgl. 5-§6.

Stufe sind Eigenschaften des Begriffs *deutscher Stadtstaat* und aller anderen Begriffe, die in ihn fallen. Eine zentrale These der *GL* ist, dass in Zahlangaben etwas von einem Begriff ausgesagt wird, nämlich dass soundsoviele Gegenstände unter ihn fallen. Demnach drücken die Sätze 'Es gibt genau einen gegenwärtig amtierenden Papst' und 'Die Anzahl der gegenwärtig amtierenden Päpste = 1' genau dann eine Wahrheit aus, wenn der Begriff erster Stufe, den 'ξ ist ein gegenwärtig amtierender Papst' bedeutet, in den Begriff zweiter Stufe fällt, den '∃x [Φx & ∀y (Φy → y=x)]' bedeutet.

Der Satz 'Alles ist mit sich identisch' drückt genau dann eine Wahrheit aus, wenn der Begriff erster Stufe, den das Prädikat 'ξ ist mit sich identisch' bedeutet, *in* den Begriff zweiter Stufe fällt, den der universelle Quantor bedeutet: 'Um welchen Gegenstand auch immer es sich handeln mag, er ⟨ ⟩', in der heute üblichen Notation abgekürzt: '∀x (Φx)'. Dieser Quantor bedeutet den Begriff *allumfassender Begriff erster Stufe*. Und falls der Satz 'Alle Quadrate sind Rechtecke' soviel besagt wie 'Wenn etwas ein Quadrat ist, dann ist es ein Rechteck', so drückt er genau dann eine Wahrheit aus, wenn der Begriff, den das Prädikat 'wenn ξ ein Quadrat ist, dann ist ξ ein Rechteck' bedeutet, *in* den Begriff fällt, den der universelle Quantor bedeutet. (Vgl. 5-§3, 5-§6.)

Frege sagt von den Quantoren, sie seien „in ganz anderer Weise ungesättigt" als ein Prädikat wie 'ξ ist ein deutscher Stadtstaat' (*1903c*, II: 373): sie werden gesättigt durch Ausdrücke, die selber ungesättigt sind. Für diesen Gebrauch seiner Metaphern ist er mehr als einmal harsch kritisiert worden:[97]

> „In the case of second-level concepts ... the only way to deploy these metaphors is to characterize the application of function to argument as the completion of an incomplete thing with another incomplete thing, the saturation of an unsaturated thing with another unsaturated thing. It is a though putting one unsaturated sponge together with another would produce a saturated pair of sponges. The metaphors have gone entirely limp; they cast no light whatever."

Die Kritik an der Vervollständigungsmetapher ist völlig unplausibel. Wieso kann jemand, dessen Lineal in zwei Teile zerbrochen ist, die beiden unvollständigen Lineale nicht zu einem vollständigen

---

[97] Linsky 1992, 265; wiederholt von Gaskin 1998, 28 und MacBride 2005, 608.

zusammenfügen?⁹⁸ Die Kritik an der Sättigungsmetapher ist ebenfalls zahnlos, weil sie die Herkunft der Frege'schen Metapher aus der Chemie verkennt. Gewiss, zwei trockene Schwämme ergeben zusammen keinen vollgesaugten, aber aus zwei ungesättigten Verbindungen kann sehr wohl eine gesättigte resultieren.–

Sagen wir auch von *Ausdrücken*, die Begriffe *n*-ter Stufe bedeuten, sie seien *n*-ter Stufe, und weisen wir singulären Termen dementsprechend die Stufe 0 zu, dann können wir sagen: Ein Satz ist genau dann sinnvoll (er drückt genau dann einen Gedanken aus), wenn er so in zwei Komponenten zerlegt werden kann, dass die eine auf Stufe *n* und die andere auf Stufe *n*+1 steht. Demnach sind 'Sokrates/ist ein Athener' und 'Sokrates/ist eine Primzahl' gleichermaßen sinnvoll (im Frege'schen Verstande dieses Wortes ist der zweite Satz nicht sinnlos, sondern grotesk falsch), während 'Es gibt/Sokrates' sinnlos ist: in die Leerstelle eines Existenz-Quantors, der ein Prädikat 2. Stufe ist, kann nicht mit Sinn ein singulärer Term, der ein Ausdruck der Stufe 0 ist, eingesetzt werden (*BuG* 200; *1903c*, II: 373).

Aber kann man sich, wenn *jede* Existenz-Aussage eine 'Introsumtion' ist, einen Reim auf temporale Existenz-Sätze machen, mit denen man doch Wahres sagen kann? In einer Vorlesung räumt Frege ein, dass 'existiert' manchmal den „Begriff 1. Stufe: $\xi\,lebt$" bezeichnet (*1910/11*, 18). Das ist anwendbar auf Achills triumphierende Feststellung 'Hektor ist (existiert) nicht mehr',⁹⁹ aber nicht auf Hekubas Klage 'Troja ist (existiert) nicht mehr'. Vielleicht kann man solche Sätze nach dem folgenden Schema paraphrasieren: '$\exists x$ (*x* ist ein Zeitpunkt & *x* ist früher als der gegenwärtige Zeitpunkt & a existiert zu *x* & ¬ a existiert zum gegenwärtigen Zeitpunkt)'. In einer Äußerung eines Satzes dieser Form sagt man von einem Begriff erster Stufe (nämlich von dem Begriff, den das komplexe

---

⁹⁸ Ein eindrucksvolleres Beispiel für die Vervollständigung eines Unvollständigen durch ein anderes findet man in Platons *Symposion*, in der Rede des Aristophanes über den Eros.

⁹⁹ Achill: Homer, 'Ilias' XXII, 384; Hekuba: Euripides, 'Troerinnen', 1212: vgl. Kahn 1973, 22–23, 233–235, 240–245 über den „vital use" des Verbums '*εἶναι*'. Im Anschluss an Aristoteles, *De Anima* II, 4: 415ᵇ13 lehrt Thomas von Aquin: „*Vivere viventibus est esse* [für die Lebewesen ist Sein soviel wie Leben]" (STh Ia, q. 18, a. 2). Das berühmteste Beispiel für einen solchen Gebrauch von 'be' ist der Anfang von Hamlets Monolog: „To be, or not to be: that is the question."

Prädikat bedeutet, das man aus dem, was zwischen den Klammern steht, durch Ersetzung der Variablen durch Leerstellen-Markierungen erzeugen kann), dass er in den Begriff *erfüllter Begriff erster Stufe* fällt. Der Existenz-Quantor bedeutet diesen Begriff zweiter Stufe, während die Bedeutung des undefinierten zweistelligen Prädikats '( ) existiert zu [ ]' ein Begriff erster Stufe ist. (Auch damit wären freilich nicht alle Probleme mit singulären Existenz-Sätzen gelöst: s. u. §9.)

§2.4. Begriffsumfang und Wertverlauf.[100]

Umfangsgleichheit ist für Begriffe ein Analogon zu dem, was Identität für Gegenstände ist, denn sie legitimiert analoge Schlüsse. Bei Gegenständen: a und b sind identisch, und a fällt unter einen bestimmten Begriff, also fällt b unter ihn (s. u. §5). Bei Begriffen: $F\xi$ und $G\xi$ sind umfangsgleich, und $F\xi$ fällt in einen bestimmten höherstufigen Begriff, also fällt $G\xi$ in diesen Begriff. (Etwas ist genau dann ein deutscher Stadtstaat, wenn es ein Land der BRD ist, dessen Fusion mit Niedersachsen, Schleswig-Holstein oder Brandenburg häufig diskutiert wurde. Nun *gibt es* einen deutschen Stadtstaat. Also *gibt es* ein Land der BRD, dessen Fusion usw. usw.)

Der Umfang eines Begriffs wird in den *GG* als Sonderfall des Wertverlaufs einer Funktion bestimmt. Was versteht Frege unter dem Wertverlauf einer Funktion? Mengentheoretisch entspricht dem Wertverlauf der Funktion $\xi+2^4$, hält man sich an die Erläuterung in *FuB*, eine Menge von geordneten Paaren, deren erstes Element jeweils ein Argument dieser Funktion und deren zweites Element ihr Wert für dieses Argument ist: {{1; 17}, {2; 18}, {3; 19}, ...}. Dementsprechend ist das mengentheoretische Gegenstück zum Wertverlauf der propositionalen Funktion (des Begriffs) *ξ ist ein deutscher Stadtstaat* eine Menge von 16 geordneten Paaren, deren erstes Element jeweils ein Argument dieser Funktion ist und deren

---

[100] VERGLEICHE: *BrL* 16–17; 37; *GL* §§68, Anm., 107; *n.1887b*, NS 116^R; *BuG* 199a; *FuB* 8c–16a, 18d–19a; *GG I*, §§3, 9–10; *1895a*; *1902b*, WB 223; *GG II*, §§146–147 u. Anhang, S. 253–256; *1906b*, NS 196–199; *1910*, WB 121; *1924/25a*, NS 288–289; *1925*, WB 85–87.
LITERATUR: Furth 1964, §6; Burge 1984; Cocchiarella 1987, 76–80; Kleemeier 1997, 192–203 (Lit.); Beaney 2003, 146–152.

zweites Element einer der beiden Wahrheitswerte ist: {{Bayern; F}; {Berlin; W}; {Brandenburg; F}; {Bremen; W}; ...}.[101] Freilich kann man nur von der Menge derjenigen Argumente dieser propositionalen Funktion, die mit dem Wert W gepaart sind, also von der Menge der deutschen Stadtstaaten, mit einigem Recht sagen, dass sie mit dem zusammenfällt, was in der traditionellen Logik unter dem Umfang eines Begriffs verstanden wurde.[102] Frege bezeichnet Begriffsumfänge mit Ausdrücken wie '$\dot\varepsilon\,(\varepsilon$ ist ein deutscher Stadtstaat)', in denen auf dem ersten Vorkommnis eines kleinen griechischen Vokals der Spiritus lenis[103] steht. Das sog. Grundgesetz (V), das eine notwendige und hinreichende Identitätsbedingung für Begriffsumfänge impliziert:[104]

(Gg. V) $\quad \vdash \forall f\, \forall g[\dot\varepsilon\,(f\varepsilon) = \dot\alpha\,(g\alpha) \leftrightarrow \forall x\,(fx \leftrightarrow gx)]$,

erwies sich als der neuralgische Punkt des Frege'schen Logizismus (s. o. EINL-§2). Wäre dies ein Buch über Freges Philosophie der Mathematik, so müsste eine Untersuchung des Konzepts eines Wertverlaufs eine herausragende Rolle spielen. Für ein Buch über seine Philosophische Logik ist nur der (von den Axiomen, die von Wertverläufen handeln, gereinigte) Teil seines Systems der Junktoren- und Quantorenlogik relevant, der erwiesenermaßen genauso konsistent und (da wo deduktive Vollständigkeit möglich ist) genauso vollständig ist wie die ursprüngliche Fassung dieses Systems in der *BS*.

---

[101] Frege würde die mengentheoretische Erläuterung des Konzepts Wertverlauf allerdings missbilligen; denn in seinen Augen hat dieses Konzept Priorität gegenüber dem der Menge.
[102] Vgl. etwa die Logik von Port-Royal, i. e. Arnauld & Nicole 1662, Teil I, Kap. 6 über Umfang (*étendu, extensio*) vs. Inhalt (*compréhension, comprehensio*) eines Begriffs.
[103] Die Rolle dieses Zeichens in der BS hat platterdings nichts mit derjenigen zu tun, die der Gymnasiast Frege im Griechisch-Unterricht in Wismar kennengelernt hat. Dem Leser griechischer Texte gibt das Zeichen mit diesem Namen [lat. 'weiche Atmung'] auf einem Vokal am Anfang eines Wortes die Anweisung, diesen Vokal ohne anlautendes *h* auszusprechen.
[104] *GG I*, §§ 3, 9, 20, 47. Freges Präfix '⊢' in (Gg. V) wird unten in § 7 erklärt.

§2.5. Eine echte Aporie?[105]

Bei der Darstellung der Philosophischen Logik Freges habe ich bislang getan, was auch er zunächst ganz unbefangen getan hat (und was er nach dem Verlust der Unbefangenheit zähneknirschend weiter tut): ich habe ständig Wendungen des Typs 'der Begriff *So-und-so*' und 'ist ein Begriff' verwendet. Wenn Frege recht hat, dann ist das zutiefst problematisch.

Unermüdlich betont Frege die „prädicative Natur" des Begriffs.[106] Er unterscheidet Begriffe und Gegenstände durch ein aristotelisches Kriterium, wenn er schreibt: „Begriff ist, was ausgesagt werden kann. Gegenstand ist, was nicht ausgesagt werden kann".[107] Frege glaubt nun, der prädikativen Natur des Begriffs nur dadurch Rechnung tragen zu können, dass er darauf besteht, dass *nur Prädikate* Begriffe bedeuten, dass also *kein singulärer Term* einen Begriff bedeutet. Wenn das richtig ist, dann haben wir zwar in 'Bukephalos ist ein Pferd' und in 'Es gibt mindestens einen Gegenstand, von dem gilt: er ist ein Pferd' bzw. '∃x (x ist ein Pferd)' etwas, was den Begriff *( ) ist ein Pferd* bedeutet, aber in Sätzen wie

(S) Der Begriff ξ *ist ein Pferd* ist erfüllt
(T) Der Begriff, der in (S) erwähnt wird, ist erfüllt

---

[105] VERGLEICHE: *1892c*, NS 130–133; *BuG*; *GG I*, §4 Anm.; *1906b*, NS 192–193; *1906d*, NS 210; *1914b*, NS 257–258; 269; *1919c*, NS 275; *1924/25a*, NS 288–289, 292.
LITERATUR: Kerry 1887, 272–274; Russell 1903, §§49, 480; Dudman 1972b u. 1976a, §II; Dummett, FPL 211–218 u. 171, 182–183, 411; Geach 1976; Wright 1983, 21–24; Wiggins 1984; Burge 1984, 292–295; Cocchiarella 1987, 76–80; T. Parsons 1986; Diller 1993c; Picardi 1994; Kleemeier 1997, 226–278; Kemmerling 2004; Mendelsohn 2005, 73–83; Haverkamp 2006; Textor 2010, Kap. 7. [BEDEUTUNG$_1$ vs. BEDEUTUNG$_2$]: Wright 1998; (dagegen Noonan 2006); Künne 2006, §§I–II; Burge 2007, 593–601.
[106] *GL* §66 Anm.; *BuG* 197 u. Anm. 11, 201; *1892c*, NS 129–131; *1900*, WB 150; *1903c*, II: 372–373; *1906b*, NS 192; *1914b*, NS 231, 246.
[107] *n.1887b*, NS 109$_R$; vgl. *1900*, WB 150; *1914b*, 231: ein Begriff ist „eine mögliche Aussage", d.h. ein *praedicabile*. Für Aristoteles gehört das, was nicht „von einem Zugrundeliegenden (ὑποκείμενον) ausgesagt wird", besser: was nicht von ihm. ausgesagt werden *kann*, in eine andere Kategorie als das, was von einem Zugrundeliegenden ausgesagt werden kann (*Categoriae*, Kap. 2).

gibt es nichts mehr, was ihn bedeutet. Dass Letzteres tatsächlich der Fall ist, war Freges Überzeugung, seitdem ihm das Problem (in seiner Auseinandersetzung mit Benno Kerrys Kritik an *GL*) bewusst geworden war, und wenn man die Prämissen des folgenden Arguments akzeptiert, so muss man ihm zustimmen:

(P1)   Der Ausdruck 'der Begriff ξ *ist ein Pferd*' ist kein Prädikat.
(P2)   Nur Prädikate bedeuten Begriffe. Also:
(K)   Der Ausdruck 'der Begriff ξ *ist ein Pferd*' bedeutet keinen Begriff.

Und nun ist der Weg nicht mehr weit zu einer zumindest *prima facie* bizarren Konsequenz. Dass der bedeutungsvolle Ausdruck 'der Lehrer Platons' einen Griechen (keinen Perser) bezeichnet, impliziert, dass der Lehrer Platons ein Grieche (kein Perser) ist. Allgemein: bedeutet der Ausdruck 'der A' überhaupt etwas, so folgt daraus, dass er ein (kein) F bezeichnet, dass der A ein (kein) F ist. Aus diesem *Prinzip der Anführungstilgung* und (K) ergibt sich die Konklusion:

(K*)   Wenn der Ausdruck 'der Begriff ξ *ist ein Pferd*' überhaupt etwas bedeutet, dann ist der Begriff ξ *ist ein Pferd* kein Begriff.

Der Nachsatz scheint etwas genauso offenkundig Unwahres auszudrücken wie die Sätze 'Der Dichter Goethe ist kein Dichter' und 'Die Zahl 7 ist keine Zahl'. Frege spielt diese Kalamität in *BuG* 196b und anderswo als „unvermeidbare sprachliche Härte" herunter; aber wenn eine appositive Kennzeichnung 'der/die/das AΔ', in der 'A' die substantivische Apposition und 'Δ' der Kern ist, überhaupt etwas bezeichnet, dann bezeichnet sie ein A.

Manchmal akzeptiert Frege (K) und den Vordersatz von (K*). Wenn das grammatische Subjekt in (S), in (T) und im Nachsatz von (K*) überhaupt etwas bezeichnet, dann bezeichnet es einen *Gegenstand*; denn es ist ein singulärer Term, und jeder bedeutungsvolle singuläre Term bezeichnet einen Gegenstand. (Hier, in *BuG* 195, stellt sich wieder die Frage der Erklärungsrichtung, die wir in §2.1 erörtert haben. Diesmal räumt Frege dem Konzept des singulären Terms explanatorische Priorität ein: daraus, dass ein Ausdruck ein singulärer Term ist, wird geschlossen, dass er einen Gegenstand bezeichnet, wenn er überhaupt etwas bezeichnet.) Aus der These, dass der Ausdruck 'der Begriff ξ *ist ein Pferd*' einen Gegenstand bezeich-

Kapitel 1

net, und dem Prinzip der Anführungstilgung ergibt sich, dass der Begriff ξ *ist ein Pferd* ein Gegenstand ist. Freges Antwort auf die naheliegende Frage 'Und was für ein Gegenstand ist das?' ist ein für ihn sehr untypisches Raunen: ein Gegenstand „von ganz besonderer Art" (*BuG* 201a).[108] Jedenfalls müsste man jetzt von dem Prädikat in (S) und (T) sagen, dass es im Unterschied zu den ersten beiden Wörtern in 'Es gibt Pferde' einen Begriff *erster* Stufe bezeichnet.

Manchmal akzeptiert Frege zwar (K), aber er verwirft den Vordersatz von (K*). Dann ist seine These: Das grammatische Subjekt in (S), in (T) und im Nachsatz von (K*) bezeichnet gar nichts, da es unsinnig ist. Der Wurm stecke eigentlich schon in dem generellen Term 'Begriff':

> So ist das Wort „Begriff" selbst, genau genommen, schon fehlerhaft, indem die Worte „ist ein Begriff" einen Eigennamen als grammatisches Subjekt fordern. (*1906b*, NS 192; vgl. *1906d*, NS 210; 1919c, NS 275.)

Was nach „indem" gesagt wird, ist nicht korrekt, wenn es heißen soll, dass die Worte 'ist ein Begriff' nur durch einen singulären Term zu einem Satz vervollständigt werden können: schließlich können ja auch das Wort 'etwas' oder die Phrase 'nicht alles' als Vervollständiger dienen. Aber dass etwas (oder dass nicht alles) ein Begriff ist, kann nur dann wahr sein, wenn irgendein Satz der Form 'a ist ein (kein) Begriff' eine Wahrheit ausdrückt, in dem 'a' ein singulärer Term ist. Bedeutet kein singulärer Term einen Begriff – was aus Prämisse (P2) folgt –, so kann die Phrase 'ist ein Begriff' nicht durch einen singulären Term zu einem Satz ergänzt werden, der Wahres besagt. Klarerweise kann diese Phrase nicht durch ein *Prädikat* zu einem grammatisch wohlgeformten Satz ergänzt werden, und wenn nur ein Prädikat einen Begriff bedeutet – das war Prämisse (P2) –, dann können die Worte 'ist ein Begriff' überhaupt nicht zu einem Satz ergänzt werden, der eine Wahrheit ausdrückt.

Unsere Rede über Beziehungen fordert natürlich zu denselben Fragen heraus, und sie ist von derselben Aporie bedroht. Bezeichnet das grammatische Subjekt in 'Die Beziehung ξ *ist verschieden von*

---

[108] Vielleicht ein Begriffsumfang? Vgl. *n.1887b*, NS 116$_R$. Von einer Bemerkung Husserls angeregt, erwägt Frege in *1894a*, 322 beiläufig, man könne sagen, dass ein Prädikat „direkt" einen Begriff und „indirekt" einen Begriffsumfang bezeichnet.

ζ ist irreflexiv' eine Beziehung? So wie Frege sich genötigt sieht zu behaupten: 'Der Begriff *Pferd* ist kein Begriff', so würde er sich genötigt sehen, auf diese Frage zu antworten: 'Die Beziehung *Verschiedenheit* ist keine Beziehung' und dem grammatischen Subjekt, da es ein singulärer Term ist, entweder einen Bezug auf einen Gegenstand oder Unsinnigkeit zuzuschreiben. Und genau genommen, so würde er bei der zweiten Reaktion hinzufügen, ist das Wort 'Beziehung' selbst schon fehlerhaft.

Wenn eine Funktion, wie Frege annimmt, *nur* durch einen Funktor bezeichnet wird, ist das Problem für die Rede über propositionale Funktionen nur die Spitze eines Eisbergs. Ein singulärer Term wie 'die Funktion $\zeta+2$' oder 'die arithmetische Funktion, die im ersten Absatz von §2.1 dieses Kapitels mehrfach erwähnt wird' bezeichnet dann keine Funktion (*BuG* 198, Anm. 11, 205b). Bezeichnet er stattdessen einen Gegenstand? Und wenn ja, was für einen? Einen Gegenstand „von ganz besonderer Art", lautet Freges wenig hilfreiche Antwort, wenn er die erste Frage bejaht.[109] Doch manchmal scheint er sie zu verneinen: Solche Terme bezeichnen nichts, da sie unsinnig sind. Und genau genommen, so würde er dann hinzufügen, ist das Wort 'Funktion' selbst schon fehlerhaft.

Frege akzeptiert natürlich das Gesetz der Reflexivität der Identität, und er betont, dass „Identität ... nur bei Gegenständen ... denkbar" ist.[110] Mithin sollte er auch der Konklusion des folgenden Arguments zustimmen:

[P1]   Alles ist mit sich identisch.
[P2]   Alles, was mit etwas identisch ist, ist ein Gegenstand. Also:
[K]   Alles ist ein Gegenstand.

Damit scheint er aber seinen Gegenstand/Funktion-'Dualismus' aufzugeben, demzufolge gilt:

(DUAL)   Es gibt etwas, was *kein* Gegenstand ist, nämlich Funktionen.

Wenn der Schein trügt, dann muss zumindest an dieser *Formulierung* des 'Dualismus' etwas faul sein. Auf die Frage 'Was?' würde

[109] Vielleicht einen Wertverlauf?
[110] (P1) *GG I*, XVII$_a$, §50, IIIe; (P2): *1892c*, NS 130/131.

Frege wohl antworten:– Da es sich bei (DUAL) um eine Quantifikation *erster* Stufe, also um eine Quantifikation in die Position von *Gegenstands*bezeichnungen, handelt, kann das Prädikat 'ξ ist kein Gegenstand' schon aus syntaktischen Gründen auf nichts zutreffen. (Die Syntax fordert die Einsetzung eines singulären Terms, singuläre Terme bezeichnen, wenn sie überhaupt etwas bezeichnen, Gegenstände, also kann das Resultat dieser Einsetzung keine Wahrheit ausdrücken.) Zu allem Überfluss wird dann in der 'nämlich'-Klausel in (DUAL) auch noch ein genereller Term verwendet, der aus den oben angegebenen Gründen auf den *Index verborum prohibitorum* gehört.– Es liegt nahe, Frege nun aufzufordern, er möge den 'Dualismus' so formulieren, dass er widerspruchsfrei mit der Akzeptanz von [K] verbunden werden kann. Diese Forderung, so lautet Freges resignative Replik, ist unerfüllbar: der Gegenstand/Funktion-'Dualismus' ist zwar korrekt, er lässt sich aber wegen der „Zwangslage, in der sich hier die Sprache befindet" (*GG I*, S. 8 Anm.), leider nur so formulieren, dass er [K] zu widersprechen scheint.[111]– Handelt es sich nicht eher um eine Zwangslage, in der sich Freges *Theorie* an dieser Stelle befindet?

Wenn Begriffe keine Gegenstände sind, so erzwingt [P2] eine Modifikation von Freges ursprünglicher Auffassung des Bereichs des Zählbaren. Diese Konsequenz hat er nicht explizit hervorgehoben. In *GL* §14 hatte er betont: „das Gebiet des Zählbaren ... ist das umfassendste; denn nicht nur das Wirkliche, nicht nur das Anschauliche gehört ihm an, sondern alles Denkbare". Und er hatte sich für diese These in *GL* §24 auf Leibniz berufen: „*numerus* [*est*] *quiddam universalissimum* (die Zahl ist etwas ganz Allgemeines)", „*nihil est quod numerum non patiatur* (es giebt nichts, was nicht die Zahl zulässt)".[112] Wenn er auf die extreme Heterogenität des Zählbaren aufmerksam machen wollte, pflegte Frege nun aber auch Begriffe anzuführen:

---

[111] Auch bei Russell finden sich manchmal (in anderem Zusammenhang) ähnliche Schuldzuweisungen: „The topic is one with which language, by its very nature, is peculiarly unfitted to deal. I must beg the reader, therefore, to be indulgent if what I say is not exactly what I mean and try to see what I mean in spite of unavoidable linguistic obstacles to clear expression" (Russell 1924, 336).
[112] Leibniz 1666, 8 [A VI.1: 171]; 1679, 162 [A VI.4A: 264].

> Zählbar ist alles, nicht nur was im Raume nebeneinander ist, nicht nur das zeitlich aufeinander Folgende, nicht nur das Aeussere, sondern auch innere Vorgänge und Ereignisse der Seele, Begriffe, die weder in zeitlichen noch in räumlichen, sondern nur in logischen Beziehungen zueinander stehen. Eine Schranke für die Zählbarkeit kann man nur in der Unvollkommenheit der Begriffe finden. Die Kahlköpfigen sind z. B. solange nicht zählbar, als nicht der Begriff der Kahlköpfigkeit so genau bestimmt ist, dass bei keinem Einzelnen ein Zweifel sein kann, ob er darunter falle. (*1882d*, WB 163.[113])
>
> In der That kann man so ziemlich Alles zählen, was Gegenstand des Denkens werden kann: Ideales so gut wie Reales, Begriffe wie Dinge, Zeitliches so gut wie Räumliches, Ereignisse wie Körper, Methoden so gut wie Lehrsätze; auch die Zahlen selbst kann man wieder zählen... [J. St. Mill und Kuno Fischer vergessen ganz], dass man auch Ereignisse, Methoden, Begriffe zählen kann, aus denen sich doch keine Haufen bilden lassen. (*1885b*, 94; 96.)

Wenn Begriffe aber keine Gegenstände sind, dann müssen sie aus diesen Katalogen gestrichen werden; denn Identität und Verschiedenheit sind Beziehungen, die nur zwischen Gegenständen bestehen, und nur was in diesen Beziehungen steht, kann gezählt werden.

Auch wer den Frege'schen 'Dualismus' verwirft,[114] kann und sollte diejenigen Gegenstände, die Begriffe, Beziehungen oder [andere] Funktionen sind, scharf von allen anderen Gegenständen unterscheiden. Man kann das tun, wenn man zwei semantische Relationen auseinanderhält:

—: Bedeuten$_1$ oder *nominales* Bedeuten, kurz: *Denotieren*,
und

—: Bedeuten$_2$ oder *funktoriales* Bedeuten, kurz: *Signifizieren*.[115]

---

[113] Zur „Schranke" s. o. § 3.
[114] Das tun etwa Kerry 1887, 272 [vgl. dazu *BuG* 193–195]; Russell 1903, § 49 [vgl. dazu *1903c*, II: 372 Anm.]; Church 1941 (dem Burge 2005b, 20–21 u. Anm. 13 folgt); Strawson 1959, 146 ff (in seinem Gefolge Künne 2003a, 366–367).
[115] Diese terminologischen Vorschläge sind nicht ganz aus der Luft gegriffen: s. o. 203–4. Ich verwende die den Substantiven '*denotation*' und '*significazione*' entsprechenden Verben für zwei Nachfolger des monolithischen Konzepts *Bedeuten* (*Bezeichnen*).

Kapitel 1

Wie alle Gegenstände so werden auch Begriffe/Beziehungen von gewissen singulären Termen, z. B. von den grammatischen Subjekten in (S) und (T), denotiert (nominal bedeutet), aber *nur* Begriffe/Beziehungen werden von einstelligen/mehrstelligen Prädikaten signifiziert (funktorial, d. h. hier prädikativ bedeutet). Sagt jemand: 'Nicht nur die anderen Menschen sind sterblich, – unter diesen Begriff falle auch ich', so wird in dieser Äußerung ein und derselbe Begriff erst durch ein Prädikat signifiziert und dann durch einen singulären Term denotiert worden. Ein Ausdruck A signifiziert einen Begriff β genau dann, wenn aus A und einem nichtleeren singulären Term T ein Satz gebildet werden kann, mit dem man von dem Gegenstand, den T denotiert, sagen kann, dass er unter β fällt. In manchen Sätzen können zwei Ausdrücke, die denselben Begriff signifizieren, auch dann *salva veritate* [unbeschadet des Wahrheitswertes] gegeneinander ausgetauscht werden, wenn sie nicht denselben Sinn haben, und dasselbe gilt von zwei Ausdrücken, die denselben Begriff – oder was auch immer – denotieren. Aber ein Ausdruck, der einen Begriff *signifiziert*, kann nicht einmal *salva congruitate* [unbeschadet der grammatischen Wohlgeformtheit], geschweige denn *salva veritate* gegen einen Ausdruck ausgetauscht werden, der diesen Begriff *denotiert*: aus dem Satz 'Bukephalos ist ein Pferd' würde das Gebilde 'Bukephalos der Begriff ξ *ist ein Pferd*'. (Entsprechendes gilt *mutatis mutandis* von Ausdrücken, die Beziehungen, und von allen [anderen] Ausdrücken, die Funktionen signifizieren.) Bei dieser Auffassung kommt es nicht mehr zu der Aporie, die Frege für unausweichlich hielt; denn aus den Prämissen

(P1)   'Der Begriff ξ *ist ein Pferd*' ist kein Prädikat.
(P2*) Nur Prädikate signifizieren Begriffe.
(P3*) 'Der Begriff ξ *ist ein Pferd*' denotiert den Begriff ξ *ist ein Pferd*.

folgt nicht mehr die Konklusion (K), die in die Aporie führte. Begriffe (und Beziehungen) sind nach dieser Auffassung die einzigen Gegenstände, die von etwas ausgesagt (prädiziert) werden können. Dadurch unterscheiden sie sich kategorial von Sokrates, Bukephalos und allen anderen Ersten Substanzen,[116] von der Ermordung Cäsars, dem Untergang der Titanic und allen anderen Ereignissen,

---

[116] Aristoteles, *Cat.*, Kap. 2 und 5.

sowie wie von der Zahl 17, dem Erdäquator, dem Satz des Pythagoras und mancherlei anderem, das „objektiv, aber nicht wirklich" ist (s. u. §9). Gegenstände wie diese werden von singulären Termen denotiert, aber nicht von Prädikaten signifiziert. An die Stelle des gar nicht kohärent formulierbaren 'Dualismus' von Gegenständen und solchem, das kein Gegenstand ist, tritt so ein Duo von semantischen Beziehungen.

Was Freges eigenen, transkategorialen Gebrauch von 'bedeuten' angeht, so drängt sich allemal die Frage auf: Kann dieses Wort, das er sowohl verwendet, um einem Ausdruck eine Beziehung zu einem *Gegenstand* zuzuschreiben, als auch, um einem Ausdruck eine Beziehung zu einem *Begriff* zuzuschreiben, univok sein? Kann dieses Wort in beiden Verwendungsweisen der Zuschreibung ein und derselben Beziehung dienen? Für Frege stellt sich das Problem anders dar. Die zweite Verwendungsweise ist eigentlich unzulässig: „Man kann von einem Begriffsnamen eigentlich nicht sagen, dass er etwas bedeute; aber man kann sagen, dass er nicht bedeutungslos ist" (*1902, WB 209*). Jenes kann man eigentlich nicht sagen, weil 'ξ bedeutet ζ' auch an der zweiten Stelle die Sättigung durch einen singulären Term verlangt. Stattdessen empfiehlt Frege die Verwendung des einstelligen Prädikats 'ξ ist nicht bedeutungslos', und gegen die positive Variante 'ξ ist bedeutungsvoll' dürfte er eigentlich auch nichts einzuwenden haben. Wie dem auch sei, unterscheidet man Bedeuten$_1$ und Bedeuten$_2$, so kann sagen: Ein singulärer Term ist genau dann nicht bedeutungslos, wenn er einen Gegenstand denotiert, und ein einstelliges (mehrstelliges) Prädikat ist genau dann nicht bedeutungslos, wenn es einen Begriff (eine Beziehung) signifiziert.

Ich werde in diesem Kommentar auch weiterhin von Begriffen reden – trotz der Frege'schen Vorbehalte gegen das Wort 'Begriff', und ich weiß mich dabei in sehr guter Gesellschaft:

> Wovon wird [in Zahlangaben] etwas ausgesagt? Die Antwort konnte mir nicht zweifelhaft sein: In der Zahlangabe wird etwas von einem Begriffe ausgesagt. Dabei brauchte ich das Wort 'Begriff' *in dem Sinne, den ich auch jetzt noch damit verbinde*... Wenn ich sage, 'die Zahl der in dieser Schachtel enthaltenen Bohnen ist sechs', oder, 'in dieser Schachtel sind sechs Bohnen enthalten', von welchem Begriffe wird dabei etwas ausgesagt? Offenbar [von dem Begriff] *Bohne in dieser Schachtel*. *Wenn von einem Begriffe erster Stufe etwas ausgesagt wird, so ist dieses [sc. das Ausgesagte] ein Begriff zweiter Stufe. (*1924/25b, NS 295–296, meine Herv.*)

Kapitel 1

Man beachte das Datum dieses Rückblicks auf die 'Grundlagen der Arithmetik'.

§3. Singuläre Terme mit und ohne Bedeutung.[117]

Der bestimmte Artikel im Singular und das Demonstrativpronomen dienen in unserer Sprache manchmal dazu, einen generellen Term beliebiger Komplexität in eine *Kennzeichnung* zu transformieren: 'die Stadt, in der Sokrates gelebt hat' z. B., 'der deutsche König des Jahres 957' oder 'diese Linde'.[118] Ein Ausdruck ist ein *genereller Term*, wenn er an der 'F'-Stelle eines Prädikats der Form '( ) ist (ein) F' stehen kann. Kennzeichnungen, von Russell 'definite descriptions' genannt, heißen bei Frege „zusammengesetzte Eigennamen" (*SuB* 40). In seinen Augen haben nämlich nicht nur „einfache" oder „eigentliche Eigennamen" (*SuB* 27 Anm. 2) wie 'Athen' und 'Otto I.', sondern auch Kennzeichnungen die Aufgabe, einen bestimmten einzelnen Gegenstand zu bezeichnen.[119] Insofern „vertreten" sie

---

[117] VERGLEICHE: (I.) SINGULÄRE TERME IN DEN „VOLKSSPRACHEN": *SuB* 26b–28a, 31e, 32b–33a, 40–41a; und (II.) SINGULÄRE TERME IN EINER BS: (1. Strategie:) *SuB* 41–42 u. Anm. 9; (2. Strategie:) *GG I*, §11. ALLGEMEIN: *GL* §§51, 74 Anm.; *FuB* 5; *1892c*, NS 133, 135; *BuG* 204c; *GG I* §5, Anm. 3; *1895a*, 453, 456; *1906b*, NS 193–196; *1906d*, NS 211; *n.1906*, NS 214; *1919d*, WB 154–155. [SINN OHNE BEDEUTUNG]: *SuB* 27d–28a, 32b–33a; *1891b*, WB 126; *1892c*, NS 133–134, Vorw XXI; *Log₂* 141–142; *1902d*, WB 235; *1904b*, WB 247; *1906a*, II: 398, Anm.; *1914a*, WB 128; *1914b*, NS 243, 250; *Ged* 68b, 73c; *Vern* 143, 146c, 157c; *Ggf* 40a. Anders noch in *c.1883a*, NS 189, Nr. 10.
LITERATUR: Russell 1905; Carnap 1947, §§7–8; Geach 1950; Strawson 1950 u. 1952, Kap. 6, §III.; Kaplan 1970; Linsky 1976; Ulrich 1977; Beaney 1996, 287–289 u. 1997b, 384–385; Makin 2000, 169–173; Morscher & Simons 2001; Mendelsohn 2005, Kap. 6 u. 7.6; Pelletier & Linsky 2005. [SINN OHNE BEDEUTUNG] Evans 1982, Kap. 1 u. McDowell 1982, dazu Bell 1990; Ricketts 1986b, §§IV–V; Stepanians 1998, Kap. 4.3; Sainsbury 2002, 9–14, 205–223 u. 2005; Textor 2010, Kap. 5, §7. Vgl. unten 414 ff. [„EIGENTLICHE EIGENNAMEN"]: vgl. unten 467–75.

[118] Den Titel 'Kennzeichnung' übernehme ich von Carnap (1928, §13; 1929, §7b). Oder von Frege? Das Stichwort 'Kennzeichnung' in *Katalog* Nr. 90 (*sub* 10.XI.1889) scheint auf das Thema von *GG I*, §11 zu verweisen. 'Genereller Term' gehört jedenfalls nicht zu Freges Vokabular. Er hat aber, wie wir gleich sehen werden, einen Titel für eine Unterklasse der generellen Terme.

[119] Vgl. *1906a*, I: 298; *1906b*, NS 194; *1906d*, NS 205; *Vern* 156a. Frege unterstellt bei dieser Erläuterung, dass wir den Ausdruck 'Gegenstand' bereits

eigentliche Eigennamen (*FuB* 18a; *SuB* 27b). Ich nenne in diesem Kommentar alle und nur die *sub*-sententialen Ausdrücke, denen Frege diese Aufgabe zuschreibt, singuläre Terme. Ich zähle Sätze also nicht zu dieser Ausdrucksklasse.[120] Wenn alles gut geht, bezeichnet eine Kennzeichnung den einzigen (oder den einzigen kontextuell relevanten) Anwendungsfall des generellen Terms, den sie enthält. Um eine Kennzeichnung zu sein, muss ein Ausdruck nicht mit dem bestimmten Artikel im Singular oder dem Demonstrativpronomen beginnen; aber er muss in einen solchen Ausdruck übersetzbar sein. (Auch 'Freges erstes Buch' und 'ihr Lieblingsbuch' sind Kennzeichnungen, und auch in artikellosen Sprachen wie dem klassischen Latein oder dem Russischen gibt es Kennzeichnungen.)

Frege stellt seine Distinktion 'Eigenname'/'Begriffswort' gern in die Tradition des Kontrastes 'Nomen proprium (ὄνομα κύριον)'/'Nomen appellativum (ὄνομα προσηγορικόν)', der auf die Grammatik-Traktate des Hellenismus zurückgeht.[121] Schröder unterscheidet in seiner 'Algebra der Logik' (1890) den „Eigennamen (nomen proprium, singular term)" vom „Gemeinnamen (nomen appellativum, general term)".[122] Da Frege die lateinischen Bezeichnungen erst nach seiner Rezension dieses Buchs verwendet, darf man vermuten, dass er zum Gebrauch dieser Bezeichnun-

---

verstehen. Wer sagt: „Eigennamen nenne ich jedes Zeichen für einen Gegenstand" (*BuG* 197 Anm.), müsste sich einen Erläuterungszirkel vorwerfen lassen, wenn er fortführe: 'Gegenstand nenne ich alles, was durch einen Eigennamen bezeichnet werden kann'. Was kein Einwand gegen die plausible *These* ist, dass alles und nur das ein Gegenstand ist, was (in einer möglichen Erweiterung irgendeiner Sprache) durch einen eigentlichen Eigennamen bezeichnet wird. Siehe oben §2.1.

[120] In den *GG* verwendet Frege den Titel 'Name' für alle bedeutungsvollen Ausdrücke (also auch für Prädikate und Sätze), und er reserviert den Titel 'Eigenname' für diejenigen 'Namen', deren Bedeutungen Gegenstände sind.

[121] *GG II*, §151; *1906b*, NS 191–197; vgl. *1900*, WB 150; *1914b*, NS 230, 259; *1919d*, NS 154. Die griechische Terminologie findet man etwa in der Grammatik des Dionysios Thrax (2. Jh.v.). In der lateinischen Grammatik des Flavius Sosipater Charisius (4. Jh.n.) heißt es: „*nomina aut propria sunt aut appellativa*" (zit. nach Pohlenz 1939, 77).

[122] Schröder 1890, 56, 67. Da in 'Sokrates ist weise' ein genereller Term vorkommt, der kein Nomen appellativum ist, ist Schröders Gleichsetzung misslich. Wenn Frege vor dem Gebrauch des Titels 'Gemeinname' warnt, ist immer Schröder die Zielscheibe seiner Kritik: s.u. §4.

Kapitel 1 237

gen durch Schröder angeregt wurde. Durch diese Assimilation ist sein Gebrauch des Terminus 'Begriffswort', wie wir im nächsten Paragraphen sehen werden, schillernd geworden. Jedenfalls sind aber die Ausdrücke, die Frege als eigentliche Eigennamen klassifiziert, Nomina propria im traditionellen Sinne. Das deutsche Wort 'Eigenname' hat als Lehnübersetzung von *'nomen proprium'* ursprünglich wohl soviel wie 'eigentlicher Name' bedeutet.[123] So verstanden sollte diese Bezeichnung substantivische singuläre Terme wie 'Romeo' von substantivischen generellen Termen wie 'Rose' abheben, die als Appellativa klassifiziert wurden. Julia verwendet das Wort 'name' für Ausdrücke beider Sorten, wenn sie auf dem Balkon seufzt (II/2):

O Romeo, Romeo!... refuse thy name...
What's in a name? That which we call a rose
By any other name would smell as sweet.

Hält man sich an das ursprüngliche Verständnis von 'Eigenname', so erscheint Freges Rede von „eigentlichen Eigennamen" kurios. Aber sein „eigentlich" zielt natürlich auf einen ganz anderen Unterschied: er will damit einen singulären Term wie 'Romeo' von einem singulären Term wie 'der beste Freund Mercutios' abheben.

Nur im Vorübergehen sei hier registriert, dass es auch Ausdrücke gibt, deren Aufgabe es ist, in ein und derselben Äußerung *mehr als einen* Gegenstand zu bezeichnen (denotieren), – darunter „eigentliche Eigennamen" wie 'die Balearen' und 'die Beatles' und Kennzeichnungen wie 'die spanischen Mittelmeer-Inseln' und 'die Musiker, nach denen seit 2008 ein Platz auf der Reeperbahn benannt ist'.[124] *Pluralische* Denotation ist das Aschenputtel nicht nur der Philosophischen Logik Freges, – es erregte erst seit den 80er Jahren des letzten Jh. die Aufmerksamkeit einiger Prinzen.[125]

---

[123] So Kluge 1957, 156.
[124] Mehr als einen Gegenstand Bedeuten (Denotieren) ist etwas ganz anderes als: Auf mehr als einen Gegentand Zutreffen. Letzteres ist etwas, was manche *Prädikate* 'tun'.
[125] Vgl. Simons 1982, 164–168, 206–215; Ben-Yami 2004; Oliver & Smiley 2008 (Lit.). Auch Plural-Terme erfüllen nicht immer ihre Aufgabe: 'die Argonauten', 'die portugiesischen Mittelmeer-Inseln'.

Der bestimmte Artikel im Singular dient nicht immer dem oben angegebenen Zweck. Personenbezeichnungen wie 'ὁ Σωκράτης [der Sokrates]' und 'da Karel',[126] geographische Bezeichnungen wie 'die Donau' und 'der Harz' und astronomische Bezeichnungen wie 'der Merkur' und 'die Venus' sind keine Kennzeichnungen, sondern eigentliche Eigennamen.[127] (Auch die singulären Terme 'der Morgenstern' und 'der Abendstern' sind für Frege eigentliche Eigennamen; denn er gibt sie durch die italienischen Wörter 'Lucifero' und 'Èspero' wieder, die eigentliche Eigennamen sind.[128]) Wenn man mit 'Das Pferd ist ein Pflanzenfresser' etwas über Pferde im Allgemeinen sagen will, dann fungiert die Nominalphrase 'Das Pferd' nicht als Kennzeichnung.[129] Und bestimmt wird in 'Sie liegt auf der Lauer' kein Gegenstand bezeichnet, auf dem sie liegt.– Die Ausdrücke, aus denen ein bestimmter Artikel (oder ein Demonstrativpronomen) im Singular eine Kennzeichnung macht, sind nicht Begriffsbezeichnungen,[130] sondern Fragmente von solchen: nicht das *nomen appellativum* 'Linde' bedeutet einen Begriff, sondern das Prädikat '( ) ist eine Linde'. Zu sagen, dass „der bestimmte Artikel ... dazu dient, aus Begriffswörtern Eigennamen zu bilden" (*GG I*, § 11), ist auch deshalb irreführend, weil 'deutsche(r) König des Jahres 957' nun einmal kein Wort ist.[131] Kennzeichnungen sind als zusammengesetzte Eigennamen unzureichend charakterisiert. Auch ein eigentlicher Eigenname wie 'Wolfgang Amadeus Mozart' ist aus mehreren Wörtern zusammengesetzt. Und wenn der Satz 'Wismar liegt an der Ostsee', wie Frege annimmt, ein Eigenname des Wahren ist, dann ist

---

[126] Ein Hinweis für Leser, die bei dem zweiten Beispiel nur wie die Konsulin Buddenbrook Verständnis heucheln können: In Herrn Permaneders Dialekt ist der bestimmte Artikel vor dem Personennamen obligatorisch,– aus 'Karl ist gekommen' wird in seinem Munde so etwas wie 'Da Karel is kema'.– Im saarländischen Dialekt werden die Vornamen von Frauen (und nur die von Frauen) mit dem Artikel 'das' ver(un)ziert.

[127] Was nichts daran ändert, dass sie eine syntaktische Struktur haben. Das kann man daran erkennen, dass Adjektive zwischen Artikel und Nomen gestellt werden können: 'An der schönen blauen Donau'.

[128] *1896c*, WB 195. Vgl. unten, S. 301.

[129] *1882*, 50; *n.1887b*, 104_R; *BuG* 196. Vgl. unten, S. 695 f.

[130] Wie Frege etwa in *SuB* 41c u. *1914b*, NS 230 unterstellt.

[131] Zu Freges schwankendem Gebrauch des Terminus 'Begriffswort' s. u. §4, Anfang.

Kapitel 1   239

auch er ein zusammengesetzter Eigenname, doch er ist offenkundig keine Kennzeichnung.

So wie in der „*Sprache des Lebens*" manche eigentlichen Eigennamen ihre „Bestimmung" nicht erfüllen (*SuB* 40), 'Vulkan' z. B. (im Munde etlicher Astrononomen vor Einstein) und 'Ossian' (von Klopstock, Herder und Goethe verwendet), so tun es auch manche Kennzeichnungen nicht. Manchmal trifft der auf den Artikel folgende generelle Term auf gar keinen Gegenstand zu, so dass die Kennzeichnung nichts bedeutet (denotiert): 'der Planet zwischen der Sonne und dem Merkur' z. B. und 'der gälische Dichter des *Fingal*-Epos'. Ein Behauptungssatz, der einen bedeutungslosen singulären Term enthält, drückt nach Freges Auffassung einen Gedanken aus, der weder wahr noch falsch ist; denn „wenn ... dieser Teil keine Bedeutung hat, kann auch das Ganze nichts bedeuten" (*n.1897a*, NS 168). Gedanken, die weder wahr noch falsch sind, „gehören", so pflegt Frege zu sagen, „zur Dichtung".[132] Dieser Gebrauch des Wortes 'Dichtung' ist nicht nachahmenswert. Winkt als Trostpreis für's Misslingen des Sachbezugs der Kranz des Dichters?

Manchmal verfehlt eine Kennzeichnung in den „Volkssprachen" auch deshalb ihre Aufgabe, weil der auf den Artikel folgende generelle Term auf mehr als einen Gegenstand zutrifft ('der deutsche König des Jahres 1079'), ohne dass der Kontext der Äußerung helfen würde, den Sachbezug zu fixieren (Heinrich IV.? der Gegenkönig Rudolf von Schwaben?).

Wenn ein singulärer Term 'a', der in 'a=b' nichts bezeichnet, zwischen Anführungszeichen oder in der 'dass'-Klausel der indirekten Rede oder

---

[132] *Vorw* XXI; *Log*$_2$ 141, 156; *Ged* 68b, 73c–74a. Frege gebraucht das Wort 'Dichtung' manchmal so weit, dass es auch auf die Werke von Astrologen und Alchemisten zutrifft (*Ged* 74a), und manchmal so eng, dass es auf kein Werk in Prosa zutrifft (*Ged* 63b). Gelegentlich gesellt sich zur 'Dichtung' noch die 'Sage' (*1902d*, WB 235; *1904b*, WB 247; *1906a*, II:398 Anm.; *1906b*, NS 194; *1906d*, NS 211; *n.1906*, NS 214; *1914a*, WB 128; *1914b*, NS 250); aber meist bleibt es bei der Goethe'schen Paarung Dichtung und Wahrheit. (In *1906a*, I: 307 hält Frege einem Mathematiker eine Bemerkung des „alten Goethe" entgegen, „der zwar kein Mathematiker, aber doch nicht ohne Verstand war". Er zitiert aus dem 9. Buch von 'Dichtung und Wahrheit': „Wie sich denn alles behaupten lässt, wenn man sich erlaubt, die Worte ganz unbestimmt bald in weiterm, bald in engerm, in einem näher oder ferner verwandten Sinne zu gebrauchen und anzuwenden." ['Goethes Poetische Werke', 8. Bd., Stuttgart: Cotta, o. J., 445].)

der Zuschreibung einer propositionalen Einstellung vorkommt (Log_2 142 Anm.), scheinen sich Gegenbeispiele zu dem Prinzip zu ergeben, dass die Bedeutungslosigkeit eines (semantisch relevanten) Satzteils stets das Ganze infiziert. Wir werden in §5 sehen, wie Frege dartut, dass der Schein trügt. Aber gibt es nicht auch andere Kontexte, in denen man nicht geneigt ist, einem unter Verwendung eines leeren singulären Terms ausgedrückten Gedanken nachzusagen, er falle in die Wahrheitswert-Lücke? Für Frege hat ein adjunktives Gedankengefüge[133] nur dann einen Wahrheitswert, wenn jeder der verknüpften Gedanken einen Wahrheitswert hat. Angenommen, Ben wollte nur eine Frau heiraten, die Maria heißt: können wir dann nicht mit der Adjunktion 'Entweder ist Ben immer noch unverheiratet, oder seine Frau heißt Maria' etwas Wahres sagen, wenn das erste Adjunkt eine Wahrheit ausdrückt und infolgedessen die Kennzeichnung im zweiten Adjunkt leer ist?

Ein singulärer Term, der keinen Gegenstand bezeichnet, kann schwerlich eine Art des Gegebenseins eines Gegenstandes ausdrücken, und das scheint ihn zur Sinnlosigkeit zu verdammen. Frege lässt aber – wenige Zeilen, nachdem er „Sinn" durch „Art des Gegebenseins" erläutert hat (*SuB* 26ab) – keinen Zweifel daran, dass leere singuläre Terme wie 'Vulkan' und 'der Planet zwischen Sonne und Merkur' sinnvoll sind (*SuB* 28a, vgl. 32b). Also muss man die These, dass mit einem singulären Term in einer Äußerung ein Sinn verknüpft ist, so verstehen, dass sie auch dann korrekt sein kann, wenn es keinen Gegenstand gibt, den der Term bezeichnet. Diesem Gebot der hermeneutischen Fairness genügt die folgende Deutung: Der Sinn, den ein singulärer Term in einer Äußerung hat, ist die Bedingung, die ein Gegenstand erfüllen muss, wenn er das sein soll, was durch den singulären Term in dieser Äußerung bezeichnet wird.[134] (Frege hat sich nie darauf festgelegt, dass der Produzent der Äußerung in der Lage sein muss, diese Bedingung *expressis verbis* korrekt anzugeben.[135]) Nicht immer wird diese Bedingung von einem Gegenstand erfüllt. Immer dann und nur dann, wenn sie erfüllt ist, ist sie die Art, wie der bezeich-

---

[133] Zur Terminologie s. u. 4-§7.
[134] Im Munde Le Verriers drückte der Name 'Vulkan' wohl die Bedingung aus, derjenige Planet zu sein, der die Anomalie der Perihelbewegung des Merkur verursacht.
[135] Zweifellos tut das der in Kripke 1972 unter den Namen 'Frege' und 'Russell' kritisierte Gottrand Fressel. (Um Oscar Wilde zu zitieren, „I wish I had said that". Stephen Schiffer war's.)

Kapitel 1

nete Gegenstand der Sprecherin gegeben ist. Vielleicht kann man sich so auch die rätselhafte Rede vom „Sinn des Zeichens ..., worin die Art des Gegebenseins enthalten ist" (*SuB* 28b) verständlich machen, über die wir uns in §2.2 gewundert haben: der Sinn einer Bezeichnung ist oft, aber nicht immer eine Art des Gegebenseins des Bezeichneten. Es mag hier auch hilfreich sein, sich die Weg-Metapher ins Gedächtnis zu rufen, mit der Frege gelegentlich vom Sinn spricht (s. o. §2.2). Viele Wege führen nach Rom, aber manche Wege führen sozusagen nirgendwohin – sie enden im Unterholz oder vor einer Mauer: der Sinn von 'der Planet zwischen Sonne und Merkur' ist, metaphorisch gesprochen, so ein Weg. (Man kann diese Frege'sche Metapher auch noch weiter ausspinnen, als er es selbst getan hat. Manchmal enden mehrere Holzwege an derselben Stelle vor einer Mauer. Zwei solche „Wege" sind der Sinn von 'die Primzahl zwischen 24 und 28' und der von 'die Primzahl zwischen 12+12 und 4×7', und auch der Sinn von 'die Tochter des Vf. der *BS*' und der von 'die Tochter des Vf. der *GL*' sind zwei derartige „Wege": würden jene Wege zu einer Zahl, würden diese zu einer Person führen, dann jeweils zu ein und derselben. Eine andere Metapher für diese Situation mag ebenfalls nützlich sein: Von verschiedenen Standorten aus zielen mehrere Jäger auf ein und denselben Punkt und drücken ab, aber in diesem Punkt befindet sich nichts – jedenfalls nichts, worauf Jäger es abgesehen haben. Wenn sie überhaupt ein Stück Wild getroffen hätten, dann dasselbe.)

Nicht jeder leere Eigenname ist ein *fiktionaler* Name. 'Vulkan' war im Munde Urbain Le Verriers kein fiktionaler Eigenname. Anders als Tolstoi, der so tat, als nehme er mit 'Natasha Rostowa' auf eine Person Bezug, tat der französische Astronom nicht bloß so, als nehme er mit 'Vulkan' auf einen Himmelskörper Bezug: schließlich war der Planet Neptun, den er ebenfalls zu Erklärungszwecken postuliert hatte, von Berliner Astronomen tatsächlich gefunden worden (darauf spielt Frege in *c.1883b*, NS 73 an), und Le Verrier hatte gute Gründe für die Hoffnung, dass es seiner Vulkan-Hypothese ähnlich ergehen werde.[136] Genausowenig war 'Ossian' im Munde Klop-

---

[136] Die Unregelmäßigkeiten der Bahn des gerade erst entdeckten Planeten Uranus hatte Le Verrier durch die Annahme der Existenz eines weiteren Planeten, Neptun, dessen Schwerkraft die Uranus-Bewegung stört, zu erklären versucht. Zur Geschichte seiner Vulkan-Hypothese vgl. Richard Baum & William Sheehan, 'In Search of Planet Vulcan: The Ghost in Newton's Clockwork Universe', New York 1997, Oxford 2003.

stocks, Herders und Goethes ein fiktionaler Eigenname. Sie hielten die 'Works of Ossian', die der Schotte James Macpherson geschrieben und 1765 als seine Übersetzung von Gesängen eines gälischen Barden namens Ossian ausgegeben hatte, für authentisch. Wie ist Freges 'Odysseus'-Beispiel in *SuB* 32b–33a zu verstehen? Hat es denselben Status wie 'Nessus', 'Deïanira' und 'die Skylla'?[137] Seit der Mecklenburger Heinrich Schliemann 1873 der Öffentlichkeit verkündet hatte, er habe die Überreste Ilions in der Türkei gefunden, konnte man sich fragen, ob 'Ilion' und 'Odysseus' in Homers Epen vielleicht denselben Status haben wie 'Moskau' und 'Napoleon' in Tolstois 'Krieg und Frieden'. Wenn Frege in *SuB*, zwei Jahre nach Schliemanns Tod, den Namen 'Odysseus' als Beispiel verwendet, so präsentiert er ihn *nicht* als fiktionalen Eigennamen: er erklärt es bloß für „zweifelhaft", ob er etwas bezeichnet.[138] (Wir werden den Kulminationspunkt der Argumentation, die mit der Erörterung dieses Beispiels einsetzt, in §6 unter die Lupe nehmen.)

In einer Anmerkung erwägt Frege einmal, „Zeichen, die [keine Bedeutung, sondern] nur einen Sinn haben *sollen*," Bilder zu nennen.[139] Ein fiktionaler Eigenname wie 'Nessus' im Munde Ovids wäre demnach wohl als Bild zu bezeichnen, 'Vulkan' und 'Ossian', von Le Verrier bzw. von Herder gebraucht, hingegen nicht. Gottlob hat sich Frege dieser wenig glücklichen Terminologie nie bedient.

Jeder Gedanke, der in einer „*logisch vollkommenen Sprache (Begriffsschrift)*" ausgedrückt wird, ist „entweder wahr oder falsch, *tertium non datur*".[140] Demnach gelten für Gedanken, die in einer BS ausgedrückt werden, die Prinzipien (I) der Wertigkeit oder Valenz – jeder Gedanke hat mindestens einen Wahrheitswert, (II) der Zweiwertigkeit oder Bivalenz – es gibt genau zwei Wahrheitswerte, und

---

[137] Die ersten beiden Beispiele in *Vorw* XXI, das dritte in *Log*$_2$ 141, *GG II*, §68 u. *1914b*, NS 243.
[138] „Denken wir nun einmal, wir überzeugten uns, dass der Name 'Odysseus' in der Odyssee ... doch einen Mann bezeichnet...", fordert uns Frege in *1906d*, NS 208 auf, und mit einer entsprechenden Möglichkeit rechnet er auch, wenn er schreibt, dass „der Name 'Nausikaa' ... *wahrscheinlich* nichts bedeutet oder benennt" (*1892c*, NS 133, meine Herv.). Und das tut er wohl auch bei der Kennzeichnung 'das Haus des Priamos' in *BS* §2 Anm. Bei den Namen 'Atlantis' (in Platons *Timaios* und *Kritias*) und 'Camelot' (in Chrétiens Versromanen) streitet man sich noch heute, ob sie etwas bezeichnen.
[139] *SuB* 33a Anm. (meine Herv.).
[140] *SuB* 41a. *1906a*, II: 398; *n.1906*, NS 214; *1910*, WB 120.

(III) der Exklusivität – kein Gedanke hat mehr als einen Wahrheitswert. Prinzip (I) wird nicht von allen Gedanken, die in den „Volkssprachen" ausgedrückt werden, erfüllt.

> In der Logik muß vorausgesetzt werden, dass jeder Eigenname bedeutungsvoll sei; d.h. dass er seinen Zweck, einen Gegenstand zu bezeichnen erreiche. Denn ein Satz, in dem ein bedeutungsloser Eigenname vorkommt, ... liegt ... außerhalb des Gebietes, auf das sich die logischen Gesetze erstrecken. (*1906b*, NS 194–195; ähnlich schon *c.1883b*, NS 67, Nr. 99.)

Man muss also für eine BS besondere Vorkehrungen treffen, die verhindern, dass eine grammatisch wohlgeformte Kennzeichnung leer ist (oder keinen eindeutigen Sachbezug hat). Frege hat zwei semantische Strategien dafür angegeben, wie man diese Ziele in einer BS erreichen kann. Die eine skizziert er in *SuB*. Um begriffsschriftlich disziplinierte Kennzeichnungen von ihren „volkssprachlichen" Gegenstücken der Form 'der/die/das F' abzuheben, setze ich hinter den bestimmten Artikel jeweils einen Asterisk. Unter Verwendung dieser Notation kann man Freges erste Strategie so wiedergeben: Was auch immer 'F' für ein genereller Term sein mag,

(1) die Kennzeichnung 'das* F' bezeichnet den Gegenstand a, wenn a der einzige Gegenstand ist, der unter den Begriff *F* fällt, und
(2) in allen anderen Fällen bezeichnet sie die Zahl 0.

Demnach bezeichnen die Kennzeichnungen 'die* Tochter Kants' und 'die* Tochter Freges', bei denen jeweils kein Gegenstand unter den relevanten Begriff fällt, denselben Gegenstand, und auch 'der* Verfasser der *Xenien*' und 'der* Verfasser der *Principia Mathematica*', bei denen jeweils mehr als ein Gegenstand unter den relevanten Begriff fällt, bezeichnen denselben Gegenstand. (Anstelle der Null, für die Frege wohl deshalb optiert, weil er an arithmetische Terme in der 'F'-Position denkt, hätte in Klausel (2) natürlich auch irgendein anderer Gegenstand als Bedeutung festgesetzt werden können, – die Sonne z.B.) Wenn es kein oder mehr als ein F gibt und wenn das Prädikat in 'das* F ist G' auf die Zahl 0 zutrifft, dann wird mit dem Satz nach der *SuB*-Auffassung etwas Wahres gesagt. Aber man beachte: das impliziert nicht, dass ein *deutscher* Satz wie 'Die Tochter Kants (der Verfasser der *Xenien*) ist kleiner als 3' in Freges Augen eine Wahrheit ausdrückt: ein solcher Satz drückt vielmehr einen Gedanken aus, der in die Wahrheitswert-Lücke fällt.

In den *GG* schlägt Frege einen anderen Weg ein, um zu verhindern, dass seine BS leere oder uneindeutige Kennzeichnungen enthält: Was auch immer 'F' für ein genereller Term sein mag,

(i) die Kennzeichnung 'das* F' bezeichnet den Gegenstand *a*, wenn *a* der einzige Gegenstand ist, der unter den Begriff *F* fällt, und

(ii) in allen anderen Fällen bezeichnet sie den Umfang des Begriffs *F*.

Auch bei dieser Reglementierung bezeichnen 'die* Tochter Kants' und 'die* Tochter Freges' denselben Gegenstand, – jetzt freilich die leere Menge (statt der Zahl 0). Aber 'der* Verfasser der *Xenien*' und 'der* Verfasser der *Principia Mathematica*' bezeichnen nach der *GG*-Semantik nicht denselben Gegenstand; denn {Goethe, Schiller} ist natürlich eine andere Menge als {Russell, Whitehead}. Wenn es kein oder mehr als ein F gibt und wenn das Prädikat in 'das* F ist G' auf den Umfang des Begriffs *F* zutrifft, dann wird mit dem Satz nach der *GG*-Auffassung etwas Wahres gesagt. Wiederum gilt das in Freges Augen nicht von dem Gegenstück eines solchen Satzes in unserer Sprache.

Anstelle des Ausdrucks 'der/die/das* F' verwendet Frege in den *GG* eine Zeichenreihe, die aus dem Backslash ' \ ' und der Bezeichnung des Umfangs eines Begriffs besteht, z. B. ' \ $\acute{\varepsilon}$ (ε ist eine gerade Primzahl)'. Der Input für den Schrägstrich-Operator, für den er als Output einen singulären Term liefert, ist also selber ein singulärer Term. Das hat dieser Operator mit dem Funktor 'der Vater von ( )' gemein. Und das unterscheidet ihn von dem bestimmten Artikel im Singular in einer „volkssprachlichen" Kennzeichnung, dessen Input ein *genereller* Term ist, und vom Jota-Operator in Russells Kennzeichnungstheorie, einem formalsprachlichen Gegenstück zu 'derjenige Gegenstand, welcher', dessen Input ein *Prädikat* ist.

In 'On Denoting' hat Russell die *GG*-Strategie so kommentiert:[141]

„Frege ... provides by definition some purely conventional denotation for the cases in which otherwise there would be none. Thus 'the King of

[141] Russell 1905, 47.

France', is to denote the null class; 'the only son of Mr. So-and-so' (who has a fine family of ten), is to denote the class of all his sons; and so on. But this procedure, though it may not lead to actual logical error, is plainly artificial, and does not give an exact analysis of the matter."

Das Objekt von Freges Reglementierung sind Kennzeichnungen in einer BS, weshalb der nachvollziehbare Vorwurf der Künstlichkeit ins Leere geht. Er nimmt sich allemal im Munde Russells etwas seltsam aus, und Frege hat ihn in anderem Zusammenhang bereits zurückgewiesen:

> Denen, welche etwa meine Definitionen für unnatürlich erklären möchten, gebe ich zu bedenken, dass die Frage hier nicht ist, ob natürlich, sondern ob ... logisch einwurfsfrei. (*GL*, XI.)
> Keinen Vorwurf braucht der Logiker weniger zu scheuen als den, dass seine Aufstellungen nicht naturgemäss seien. (*Log₁* 7, ≈ *Log₂* 158.)

Wenn die Analysanda der Analyse, von der Russell spricht, Kennzeichnungen in der „Sprache des Lebens" sind, dann hat er hier nicht den einschlägigen Teil der Frege'schen Überlegungen im Visier. Im Übrigen besteht auf diesem Felde der entscheidende Dissens zwischen Frege und Russell darin, dass Kennzeichnungen in Russells Augen genausowenig wie Phrasen der Sorten 'alle F', 'einige F' und 'kein F' die Aufgabe haben, einen bestimmten einzelnen Gegenstand zu bezeichnen. Über eine Phrase wie die vor der Kopula in 'Einige Menschen sind Griechen' sagt Frege:

> Wir haben hier ein grammatisches Pseudosubject ähnlich wie „alle Menschen", „kein Mensch", „nichts", Bildungen, in denen sich die Sprache gefallen zu haben scheint, um die Logiker irre zu führen. (*1896a*, 367.[142])

Genau das würde Russell auch von der Kennzeichnung in

---

[142] Vgl. *1895a*, 447. Auch G.E. Moore macht den „Volkssprachen" den amüsanten Vorwurf, dass sie es darauf abgesehen zu haben scheinen, die Philosophen zu schikanieren. Im Blick auf das grammatische Prädikat in Sätzen wie 'Löwen sind real, Einhörner nicht': „It seems to me very curious that language ... should have grown up just as if it were expressly designed to mislead philosophers... Yet,... in ever so many instances it has" (Moore 1917, 217).

(3) Der sozialdemokratische Reichskanzler des Jahres
1892 war weise

sagen. Nach seiner Theorie drückt (3) nämlich denselben Gedanken aus wie die Konjunktion

(3a) Es gab 1892 mindestens einen sd. Rk., und
(3b) es gab 1892 höchstens einen sd. Rk., und
(3c) wenn jemand 1892 ein sd. Rk. war,
so war er weise.

In dieser Konjunktion gibt es keinen Ausdruck, dessen Bestimmung es ist, einen einzelnen Menschen zu bezeichnen.

Bei Frege findet man ein Argument, das Russells Theorie der Kennzeichnungen ein Dutzend Jahre vor ihrem Erscheinen zu widerlegen scheint (*SuB* 39d–40). Ich rekonstruiere es in einer Form, in der es direkt auf Russells Theorie anwendbar ist. Der durch (3) ausgedrückte Gedanke ist nach dieser Theorie falsch, wenn 1892 kein Sozialdemokrat Reichskanzler war,[143] oder wenn 1892 ein Sozialdemokrat (Liebknecht?) einen anderen (Bebel?) in diesem Amt ablöste oder wenn es 1892 zwar genau einen sozialdemokratischen Reichskanzler gab, aber einen, dem es an Weisheit mangelte. Demnach kann man die Verneinung des mit (3) Gesagten so formulieren:

(4) Nicht-(3a), oder nicht-(3b), oder nicht-(3c).

Dagegen richtet sich nun Freges Einwand: die Verneinung des mit (3) Gesagten wird nicht durch (4), eine Adjunktion von Negationen, ausgedrückt, sondern einfach durch

(5) Der sozialdemokratische Reichskanzler des Jahres
1892 war nicht weise.

Also ist Russells Theorie inkorrekt. Die Dinge liegen vielmehr so: „Wenn man etwas behauptet, so ist immer die Voraussetzung selbstverständlich, dass die gebrauchten einfachen oder zusammengesetzten Eigennamen eine Bedeutung haben" (*SuB* 40). Jemand, der (3) mit behauptender Kraft äußert, setzt also voraus, dass es 1892 genau einen sozialdemokratischen Reichskanzler gab, aber dieser Gedanke ist „im Sinne des Satzes [(3)] nicht enthalten" (ebd.). Ist diese Voraussetzung

---

[143] Ein Faktum, über das Frege sich bestimmt nicht ärgerte: *SuB* 47/48.

nicht erfüllt, so wird mit (3) weder Wahres noch Falsches gesagt, und dasselbe gilt von (5). Russell hält für Wahrheitsbedingungen, was in Wirklichkeit Bedingungen der Wahrheit-oder-Falschheit sind.

Christoph von Sigwart hat Freges positive These antizipiert, und vielleicht wusste Frege das auch: zum ursprünglichen Bestand des Frege-Nachlasses gehörte ein Heftchen mit 19 Seiten Auszügen aus Sigwarts 'Logik' von 1873 (*Katalog* Nr. 119).

> „[A]n und für sich ... wird über Existenz oder Nichtexistenz durch das verneinende Urtheil so wenig etwas behauptet'als durch das bejahende, 'Socrates ist nicht krank' setzt zunächst die Existenz des Socrates voraus, weil nur unter dieser Voraussetzung von seinem Kranksein die Rede sein kann... [W]er die Frage: ist Socrates krank, überhaupt mit Ja oder Nein beantwortet, [geht] nach der gewöhnlichen Redeweise damit auf die Voraussetzung ein, unter der allein die Frage möglich ist."[144]

Wenn Peter Strawson 80 Jahre nach Sigwart und 60 Jahre nach Frege dieselbe These – gegen Russell – vertritt (übrigens ohne von diesen Vorwegnahmen etwas zu ahnen), so sagt er verständlicherweise nicht 'Voraussetzung', sondern 'presupposition'. Wie zu befürchten war, reden seitdem deutsche Philosophen und Linguisten von *Präsuppositionen*.

Widerlegt der Frege'sche Einwand Russells Theorie? (5) ist nur dann die Negation von (3), wenn (5) soviel heißen soll wie

(5*) Es ist nicht der Fall, dass der sozialdemokratische Reichskanzler des Jahres 1892 weise war.

Dem muss Frege zustimmen. Könnte man nun nicht (5*) mit behauptender Kraft äußern und hinzufügen: 'denn die Sozialdemokraten haben damals gar nicht den Reichskanzler gestellt', ohne dass die gesam-

---

[144] Sigwart 1873, 123, 160. (Sigwart hat sein Beispiel aus *Cat.* 10: 13^{b}27–35 übernommen, und er bespricht an der zweiten Stelle die abweichende 'Russellianische' Auffassung, die Aristoteles dort vertritt.) Dass der Tübinger Chr. Sigwart (1830–1904) unter den nicht-mathematischen Logikern Deutschlands in der 2. Hälfte des 19. Jh. der bedeutendste war, scheint über der Husserl'schen Kritik an seinem (moderaten) Psychologismus (s. u. §8) weitgehend in Vergessenheit geraten zu sein. Wegen des Reichtums an sprachlichen Beobachtungen und logikgeschichtlichen Informationen werde ich Sigwart 1873 (und, wie schon in §1, Sigwart 1871) noch mehrfach heranziehen.

te Äußerung dadurch irgendwie inkohärent würde? Wenn ja, dann ist Frege in Schwierigkeiten; denn nach seiner Auffassung kann man (5*) nur begründen, indem man eine Absprechung von Weisheit begründet. Russell kann sich hingegen sehr leicht einen Reim auf die Kohärenz jener Äußerung machen: der Sprecher begründet (5*) durch Hinweis darauf, dass eine der *Wahrheits*bedingungen von (3) nicht erfüllt ist.

In die formale Sprache der 'Principia Mathematica' führt Russell einen Kennzeichnungsoperator (in Gestalt eines verdrehten kleinen Iotas) ein, mit dessen Hilfe man (die quantorenlogische Reformulierung von) Konjunktionen wie (3a & b & c) abkürzen kann.[145] Dieser Operator wird also mit Hilfe von Ausdrücken definiert, die in der Quantorenlogik mit Identität allemal benötigt werden, und er ist als definiertes Zeichen prinzipiell entbehrlich. Freges Kennzeichnungsoperator, der Schrägstrich, ist hingegen ein zusätzliches „Urzeichen" mit einem eigenen Grundgesetz (§ 18, Nr. VI), und sein Gebrauch ist gekoppelt an den von Bezeichnungen für Begriffsumfänge (allgemeiner: für Wertverläufe). Insofern ist Russells Theorie der Kennzeichnungen konzeptuell sparsamer. Eine ganz andere Frage ist natürlich, ob die Semantik der Kennzeichnungen in den „*Volkssprachen*" von Russell adäquater charakterisiert wird als von Frege.

§4. Prädikate mit und ohne Bedeutung.[146]

In Freges Ausführungen über die Prädikation begegnet uns der Terminus '*Begriffswort*' auf Schritt und Tritt, und er bringt uns bei der Lektüre nicht selten ins Stolpern. In den 'Grundlagen' gebraucht

---

[145] Whitehead-Russell 1910b, 30, 66–71.
[146] VERGLEICHE: *1906b*, NS 209–210. [VAGHEIT U. UNVOLLSTÄNDIGE DEFINITION]: *BS* §27, S. 64; *1882d*, WB 163; *GL* §74; *FuB* 20; *1892c*, NS 133; *1891c*, 157–160; *1896b*, 55 (WB 182–183); *n.1897a*, NS 168; *GG II*, §§ 56, 62; *1906b*, NS 193/194; *1906d*, NS 212; *1914b*, NS 248, 260, 262–263.
LITERATUR: Dudman 1972b u. 1976a, §I; Dummett, FPL 169–179, Kap. 7–8. [NICHT-NOMINALE QUANTIFIKATION IN DEN VOLKSSPRACHEN]: Strawson 1974; Wiggins 1984; Künne 2006, §V. [VAGHEIT U. UNVOLLSTÄNDIGE DEFINITION]: Dummett, FPL 646–647 u. IFP 33–34, 315–317; Künne 1982, 267–273, 278–279 (antike Zeugnisse; Hegels Deutung); van Heijenhoort 1985; Weiner 1990, T. II–III; Burge 1990; Williamson 1994, 37–46; Kemp 1996 (zu Weiner u. Burge); Beaney 1996, 200–206; Walter 2005 (Lit.); Wright 2007, bes. §2.

Kapitel 1 249

Frege ihn zum ersten Mal,[147] und er verwendet ihn auch noch in seinem letzten philosophischen Text. Was versteht er unter einem Begriffswort? Leider nicht immer dasselbe. Manchmal erläutert er diesen Terminus so:[148]

> [a] Sobald ein Wort mit dem unbestimmten Artikel oder im Plural ohne Artikel gebraucht wird, ist es ein Begriffswort. [b] Begriffswörter stehen mit dem unbest. Artikel, mit Wörtern wie 'alle', 'einige', 'viele' usw.

Wenn das eine hinreichende und notwendige Bedingung dafür sein soll, wann ein Ausdruck unserer Sprache ein Begriffswort ist, so enthalten Sätze wie 'Theaitetos sitzt' und 'Sokrates ist weise' kein Begriffswort. Und in der Tat versteht Frege diesen Titel manchmal so restriktiv, dass er nur auf Substantive zutrifft, die keine Eigennamen und keine Stoffnamen (Kontinuativa) sind. In der folgenden Passage heißen diese Ausdrücke *Nomina appellativa*:

> Die Kopula muss eigentlich zum Zeichen des Begriffes gerechnet werden. Ausser der Kopula kann ein solches Zeichen bestehen aus einem Adjektiv oder einem Nomen appellativum, das noch von Attributen begleitet sein kann und das ohne Artikel oder mit dem unbestimmten Artikel erscheint. Statt der Kopula in Verbindung mit einem Adjektiv oder einem Nomen appellativum kann auch die dritte Person des Verbums stehen. (*1919d*, WB 154.[149])

---

[147] In einem Frege bekannten Aufsatz Trendelenburgs war beiläufig von „Begriffswörtern" die Rede (1856, in: 1867, 19, 21). Eucken hatte in den 'Vorbemerkungen' zu seiner 'Geschichte der Terminologie' (1879) „Begriffswörter" von „Begriffen" unterschieden. Frege zitiert dieses Buch in *GL* §32 Anm., und implizit kritisiert er in *GL*, VII Euckens Vorhaben, später auch eine „Geschichte der [philosophischen] Begriffe" zu veröffentlichen (Eucken 1879, V): dazu 2-§10.
[148] [a] *GL* §51, 64; vgl. §38, 50. [b] *1900*, WB 150; vgl. *BuG* 198. In einem der letzten bedeutenden Werke der traditionellen Logik wird das englische Pendant zu [b] als Kriterium für „general names" angegeben: „We may take as the test or criterion of a general name, the possibility of prefixing *all* or *some* to it with any meaning" (Neville Keynes 1884, 12).
[149] Die Einschränkung auf die dritte Person des Verbums ist merkwürdig: 'Ich rauche nicht', 'Du trinkst nicht'.

Auf der nächsten Seite tritt dann 'Begriffswort' an die Stelle des lateinischen Titels. Versteht man unter einem Begriffswort ein Appellativum, so kann ein Ausdruck tatsächlich, wie Frege sagt, in einer Äußerung ein Begriffswort und in einer anderen ein Eigenname (ein Nomen proprium) sein, – 'Gott' z. B. (*1900*, WB 150) oder 'Wien' (*BuG* 200).

Frege klassifiziert nun aber keineswegs nur *Wörter* als Begriffswörter. Er bezeichnet auch die Nominalphrasen 'positive Quadratwurzel aus 2', 'Sieger von Austerlitz' und 'gerade Zahl' als Begriffswörter.[150] Wichtiger noch, er nennt auch den prädikativen Bestandteil von '2 ist eine Primzahl' *in toto* Begriffswort (*1906b*, NS 192), und das tut er auch noch am Ende seines Lebens:

> [D]as Begriffswort [ist] ungesättigt, es enthält eine Lücke, die zur Aufnahme eines Eigennamens bestimmt ist. Durch diese Sättigung oder Ergänzung entsteht ein Satz, dessen Subjekt der Eigenname und dessen Prädikat das Begriffswort ist. (*1925*, WB 86.)

Offenkundig sind Zeichenreihen wie 'Bukephalos Pferd' oder 'Zwei gerade Zahl', die aus einem Eigennamen und einem Begriffswort im ersten Sinne bestehen, keine Sätze.

Bedeutet (signifiziert) ein Begriffswort einen Begriff? Eine Nominalphrase tut das genausowenig wie ein einfaches Appellativum. Ein Prädikat hingegen *ist* in Freges Augen ein „Zeichen des Begriffs" im Sinne des vorletzten Exzerpts, und so erscheinen Begriffswörter denn auch in dem Diagramm in seinem Brief an Husserl als Ausdrücke, die Begriffe bedeuten (*1891b*, WB 96). Frege verrät ein gewisses Unbehagen gegenüber dieser Terminologie, wenn er schreibt: „ein Begriffswort oder eine zusammengesetzte Begriffsbezeichnung" (*1894a*, 321). In unserer Sprache gibt es aber selbst in elementaren Prädikationen keine Begriffsbezeichnungen, die nicht zusammengesetzt wären; denn sie enthalten stets die Kopula oder einen Kopula-Ersatz:[151]

---

[150] *1885b*, 100; *GG I*, §11; *1919d*, WB 154. Schon *GL* scheint Frege auch Nominalphrasen wie 'Begleiter der Erde' und 'edles Ross' als Begriffswörter zu behandeln.
[151] In der Sprache der Arithmetik gibt es *Beziehungs*zeichen, die nicht zusammengesetzt sind: '>', '=', und natürlich kann man in einer Begriffsschrift auch atomare Begriffszeichen einführen. Der Waagerechte ist ein solches Zeichen.

Kapitel 1 251

[D]ie Kopula [ist] die blosse Form der Aussage, ohne Inhalt. In dem Satz
„Der Himmel ist blau" ist die Aussage „ist blau", der eigentliche Inhalt
der Aussage liegt aber in dem Worte „blau". (*c.1883b*, NS 71.[152])
[In] einem Worte wie „grünt" [vertritt] die Personalendung die Stelle
der Kopula..., während der Stamm einen eigentlichen Inhalt anzeigt.
(*n.1887b*, NS 101.)
[Oft dient das Wort „ist"] als Copula, als blosses Formwort der Aussage.
Als solches kann es zuweilen durch die blosse Personalendung vertreten werden. Man vergleiche z. B. „dieses Blatt ist grün" und „dieses Blatt grünt". (*BuG* 194.)

Manchmal nennt Frege Satzfragmente wie '( ) ist grün' und '( ) grünt', die, durch einen Eigennamen ergänzt, einen Satz ergeben, *Begriffszeichen*.[153] Er hätte gut daran getan, wenn er immer nur dieses Wort auf diese Weise, also als Terminus technicus für einstellige Prädikate gebraucht hätte.

Nur an einer einzigen Stelle – in einem Brief an Husserl, in dem er kundtut, er habe dessen Schröder-Rezension „mit grossem Interesse gelesen" – verwendet Frege den Terminus '*Gemeinname*' in Klammern so, als sei er eine stilistische Variante von 'Begriffswort' (*1891b*, WB 96). Sonst warnt er vor der „Verwirrung", die „dieser unglückliche Ausdruck" zu stiften pflegt – bei Schröder wie bei Husserl.[154] Man kann diese Verwirrung in nicht-frege'scher Terminologie vielleicht so beschreiben: sie besteht in der Auffassung der Prädikation als pluralischer Denotation (s. o. §3). Während Ausdrücke wie 'die Balearen' und 'die spanischen Mittelmeer-Inseln' mehr als einen Gegenstand bedeuten (denotieren), bedeutet ein Prädikat wie '( ) ist eine spanische Mittelmeer-Insel' nicht Mehreres, sondern Eines: es signifiziert genau einen Begriff. Und während ein Ausdruck wie 'die portugiesischen Mittelmeer-Inseln' keine Bedeutung hat (nichts denotiert), hat ein Prädikat wie '( ) ist eine portugiesischen Mittelmeer-Insel'

---

[152] Vgl. ebd. 69. Dasselbe Beispiel im selben Sachzusammenhang in *GL* §57.
[153] *1914b*, NS 247–248, 253, 262/263 (an der letzten Stelle dann doch wieder in einem Atemzug mit 'Begriffswort'), u. *1919d*, WB 154, eben zitiert. In genau demselben Sinn wird in *1892c*, NS 129 und *n.1906*, NS 217 „Begriffsname" verwendet, – nicht so in *GG II*, §171, S. 169$_L$, wo ein *nomen appellativum* Begriffsname genannt wird.
[154] *1894a*, 326; vgl. *1892c*, NS 134–135;*1895*, 454.

sehr wohl eine Bedeutung: es signifiziert einen Begriff, unter den nichts fällt.

Welchen semantischen Status haben eigentlich die Kopula und die Personalendung des Verbums? Frege sagt von der Kopula, was er bestimmt auch vom Kopula-Ersatz gesagt hätte: dass sie „keinen eigenen Sinn hat und nur das Prädikat als solches kenntlich macht" (*1919d*, WB 156). Da sie keinen Sinn haben, haben sie auch keine Bedeutung. Sie sind – um eine von Frege in einem anderen Zusammenhang gebrauchte Formulierung zu verwenden – „Theile von Zeichen, die nur als Ganze eine Bedeutung" haben, sie sind Zeichen, die „nicht selbständig eine Bedeutung haben" (*GG II*, S. 255). Wir können sie in der Terminologie des Brentano-Schülers Anton Marty als *bloß mitbedeutende* oder *synsemantische* Satzteile klassifizieren: erst die Ausdrücke, die aus der Verbindung der Kopula mit einem Adjektiv oder einem Appellativum oder aus der Verbindung der Personalendung mit einem Verbstamm resultieren, bedeuten [manchmal] selber etwas, sc. einen Begriff, – in Martys Terminologie: sie sind selbstbedeutend oder autosemantisch.[155] Zwar unterscheiden sich Adjektive, Appellativa und Verbstämme darin von der Kopula und der Personalendung des Verbums, dass jene zum „inhaltlichen", diese zum „formalen Teil" unserer Sprache gehören (*BrL* 14, s. o. §1). Aber auch sie haben weder einen Sinn noch eine Bedeutung, – auch sie sind bloß mitbedeutende oder synsemantische Satzteile.[156] Erst die Prädikate, die aus ihnen und der Kopula oder der Personalendung des Verbums gebildet sind, bedeuten [manchmal] selber etwas.

Wenden wir uns nun einigen der substantiellen Fragen zu, die Freges Überlegungen zur Prädikation aufwerfen. Dass nicht nur der *konkrete* singuläre Term in 'Sokrates ist weise' etwas bedeutet (denotiert), sondern auch der *abstrakte* singuläre Term in 'Weisheit ist eine Tugend', ist zumindest auf den ersten Blick einleuchtend, wenngleich Nominalisten es bestreiten werden. Aber warum sollte man von einem *Prädikat* wie '( ) ist weise' oder '( ) ist eine Tugend'

---

[155] Vgl. Marty 1908, II. Teil, 1. Kap. Die Anleihe ist nur eine terminologische.
[156] Deshalb wäre die vertrautere Bezeichnung 'synkategorematisch' hier ganz irreführend. Die traditionelle Logik nennt die generellen Terme, die in der Position der Buchstaben in 'Alle S sind P' stehen können, kategorematisch, während sie die Kopula und das Quantitätszeichen als synkategorematisch bezeichnet. Frege zieht die Grenzen ganz anders: Quantoren und Junktoren sind selbstbedeutend, und nicht nur die Kopula, sondern auch die Terme sind bloß mitbedeutend.

Kapitel 1

annehmen, dass es nicht nur sinnvoll ist, sondern auch etwas bedeutet (signifiziert)? Frege hat diese Annahme m. W. nur an einer Stelle begründet. In einem der dort vorgetragenen Argumente ist sein Beispiel ein zweistelliges Prädikat:

> Wenn wir sagen: „Jupiter ist größer als Mars", wovon sprechen wir da? Von den Himmelskörpern selbst, von den Bedeutungen der Eigennamen „Jupiter" und „Mars". Wir sagen, dass sie in einer gewissen Beziehung zueinander stehen, und das tun wir mit den Worten „ist größer als". Diese Beziehung findet statt zwischen den Bedeutungen der Eigennamen, muss also selbst dem Reich der Bedeutungen angehören. Demnach wird man auch den Satzteil „ist größer als" als bedeutungsvoll anerkennen müssen. (*1906b*, NS 209–210.)

Nicht jeder wird Frege zugestehen, dass mit dem angeführten Satz von zwei Himmelskörpern gesagt wird, dass zwischen ihnen eine Beziehung besteht („stattfindet"); denn wenn das richtig ist, dann legt man sich mit der Behauptung, dass Jupiter größer als Mars ist, darauf fest, dass es außer den beiden Himmelskörpern noch etwas gibt, sc. eine Beziehung, und das werden Nominalisten bestreiten. Aber auch wenn wir Freges Voraussetzung akzeptieren, dass man sich mit jeder Behauptung, in der ein dyadisches (oder ein monadisches) Prädikat verwendet wird, darauf festlegt, dass es Beziehungen (oder Begriffe) gibt, bleibt fraglich, ob sein Argument zeigt, dass ein Prädikat eine Beziehung (oder einen Begriff) bedeutet. Mit dem astronomischen Satz wird genau dann etwas Wahres (Falsches) gesagt, wenn das Prädikat '( ) ist größer als [ ]' *auf die Himmelskörper*, die von 'Jupiter' und 'Mars' bezeichnet werden, in dieser Reihenfolge genommen, *zutrifft* (nicht zutrifft). Und entsprechend wird mit 'Sokrates ist weise' genau dann etwas Wahres (Falsches) gesagt, wenn das Prädikat *auf den Mann*, der von 'Sokrates' bezeichnet wird, *zutrifft* (nicht zutrifft). Warum muss diesen Prädikaten außerdem noch eine Beziehung bzw. ein Begriff zugeordnet werden? Wenn von der Bedeutung eines einstelligen Prädikats (erster Stufe) nur in Kontexten der beiden folgenden Sorten die Rede ist:

(a)   Das Prädikat P hat eine Bedeutung

(b)   Die Prädikate P_1 und P_2 haben dieselbe Bedeutung, dann könnte man (a) und (b) als Abkürzungen für

(A) Es ist für jeden Gegenstand eindeutig bestimmt, ob P auf ihn zutrifft

(B) P_1 trifft auf alles das und nur das zu, worauf auch P_2 zutrifft

verstehen. Mit 'hat eine Bedeutung' und 'haben dieselbe Bedeutung' würde Prädikaten dann genausowenig eine Relation zu etwas, das „dem Reich der Bedeutungen angehört", zugeschrieben wie mit 'ist bedeutungsvoll' und 'sind gleichbedeutend'.

Ein überzeugenderes Argument[157] für die Annahme von Prädikat-Bedeutungen klingt an, wenn Frege im Nachwort zu GG sagt: Wenn ein Zeichen für sich keine Bedeutung hat, sondern als Teil eines Zeichens anzusehen ist, das nur als Ganzes eine Bedeutung hat, wenn es also synsemantisch ist, dann „wäre es unzulässig, einen solchen unvollständigen Teil durch einen Buchstaben vertreten zu lassen" (GG II, S. 255). Vertretung durch einen Buchstaben meint hier: Ersetzung durch eine von einem Quantor gebundene Variable (vgl. 5-§4, 5-§6). Das folgende Beispiel für Quantifikationen in die Position eines singulären Terms zeigt, wie plausibel Freges Konditional ist: Den Satz '$\exists x$ (Ben liegt auf x)' kann man aus 'Ben liegt auf der Couch' deduzieren, aber nicht aus 'Ben liegt auf der Lauer'; denn das Zeichen '( ) liegt auf der Lauer' hat „nur als Ganzes eine Bedeutung". Durch Kontraposition ergibt sich aus dem, was Frege im GG-Nachwort sagt: Darf ein Zeichen durch eine gebundene Variable ersetzt werden, so hat es für sich eine Bedeutung. Wenn also in die Position eines Prädikats hineinquantifiziert werden kann und wenn Frege zeigen kann, wozu solche höherstufigen Quantifikationen gut sind, dann hat er ein starkes Argument für die Annahme von Prädikat-Bedeutungen: sie sind dann das, worüber in solchen Quantifikationen quantifiziert wird. (Entsprechendes gilt natürlich auch für die Annahme, dass Prädikate Begriffe oder Beziehungen signifizieren.) Zu zeigen, wozu höherstufige Quantifikationen gut sind, ist Frege zweifellos gelungen: Er kann die Dedekind-Peano-Axiome der Theorie der natürlichen Zahlen mit Hilfe der Quantorenlogik zweiter Stufe aus dem sogenannten Hume-Cantor-Prinzip (GL §63)

---

[157] Die beiden anderen Argumente an der angegebenen Stelle in *1906b* scheinen mir nicht stärker als das gerade erörterte zu sein.

Kapitel 1

ableiten, das besagt, dass die Zahl der F genau dann identisch mit der Zahl der G ist, wenn die F und die G einander umkehrbar eindeutig zugeordnet werden können. Da diese Ableitung nicht auf das sog. Grundgesetz (V) angewiesen ist, wird sie nicht durch Russells Paradox unterminiert.[158]

Auch in den „Volkssprachen" ist nicht jede Quantifikation eine Quantifikation in die Position eines singulären Terms. Daraus dass der Mond rund ist, folgt nicht nur, dass es etwas gibt, was rund ist, sondern auch, (1) *dass es etwas gibt, was der Mond ist* (nämlich: rund). Daraus dass Jupiter größer als Mars ist, folgt nicht nur, dass es einen Gegenstand, x, gibt, von dem gilt: x ist größer als Mars, und dass es einen Gegenstand, y gibt, von dem gilt: Jupiter ist größer als y. Es folgt auch, (2) *dass es etwas gibt, was Jupiter in Bezug auf Mars ist* (nämlich: größer). Daraus dass Jakob weint, folgt nicht nur, dass es jemanden gibt, der weint, sondern auch, (3) *dass es etwas gibt, was Jakob tut* (nämlich: weinen).[159] Freilich, die Quantifikationen in (1,2, 3) sind keine Quantifikationen in die Position eines Frege'schen *Prädikats*. Es handelt sich vielmehr, wie man am Überleben der Kopula und an den 'nämlich'-Klauseln sehen kann, um Quantifikationen in die Position desjenigen Teils eines Prädikats, den man als *generellen Term* bezeichnen kann. Im Sinne des Quantifikationskriteriums ist in einer nach Frege'schen Prinzipien aufgebauten Sprache das Prädikate „selbstbedeutend", wohingegen diese Eigenschaft in der Volkssprache Deutsch dem generellen Termen zukommt, der in dem Prädikat enthalten ist. Jene Sprache und diese konvergieren in einem Punkt: die Kopula und der Kopula-Ersatz können nicht durch eine gebundene Veriable ersetzt werden.

Es ist ein Prinzip der Frege'schen Semantik, dass ein semantisch komplexer Ausdruck nur dann eine Bedeutung hat, wenn jeder seiner (semantisch relevanten) Teile bedeutungsvoll ist (s. u. §6). Aus

---

[158] Vgl. dazu Hale & Wright 2001; B&R: 3, Introduction (Lit.) u. die Aufsätze von Wright, Boolos und Heck, ebd. Kap. 46–49.

[159] In (3) wird das Prädikat 'weint' als stilistische Variante des unschönen Ausdrucks 'tut weinen' behandelt, in dem das 'tut' als eine Art Kopula für Vollverben fungiert. Diese Kopula wird nicht nur im Ruhrgebiet verwendet: „Derweil ich dieses singen tu" (Mörike). Im Englischen ist sie in der Negation von Sätzen, deren Prädikat ein Vollverb ist, an der Satzoberfläche sichtbar ('Ben does not complain'), und sie war es ehedem auch in nicht-negierten Sätzen: „The moping owl does to the moon complain" (Thomas Gray, ‚An Elegy written in a Country Churchyard').

diesem Grundsatz folgt, dass ein Prädikat, das einen bedeutungslosen singulären Term enthält, auch selber nichts bedeutet. Demnach sind die Prädikate

—: ( ) ist ein Satellit des Vulkan
—: ( ) wurde von Ossian gedichtet

gewissermaßen *derivativ* (wegen einer ihrer Komponenten) bedeutungslos. Von dieser Quelle der Bedeutungslosigkeit eines Prädikats spricht Frege nirgendwo *expressis verbis*. Ausführlich redet er hingegen von einer Eigenschaft sehr vieler, auch atomarer Prädikate, durch die sie sozusagen *originär* (also nicht wegen einer Komponente) bedeutungslos sind.

Wie bereits angedeutet [253–4 (a/A)], hat ein monadisches Prädikat in Freges Augen (immer dann und) nur dann eine Bedeutung, wenn für jeden Gegenstand eindeutig bestimmt ist, ob es auf ihn zutrifft oder nicht. Das ist eine Konsequenz seiner Konzeption des Begriffs als einer Funktion, deren Wert für ein Argument stets entweder das Wahre oder das Falsche ist. Darf man von 'Fa' nur dann zu '$\exists f(fx)$' übergehen, wenn 'F( )' dieses Bestimmtheitsdesiderat erfüllt? Das scheint nicht der Fall zu sein. Daraus, dass der amerikanische Filmschauspieler Yul Brynner kahlköpfig war und dass ich es bald sein werde, folgt, dass es etwas gibt, was er war und was ich sein werde. Aber ist es für jeden Gegenstand eindeutig bestimmt, ob '( ) ist kahlköpfig' auf ihn zutrifft? Es handelt sich hier doch um ein vages Prädikat *par excellence*. Ein Dissens bezüglich der Frage, ob dieses Prädikat einem bestimmten Gegenstand zu Recht zu- oder abgesprochen werden kann, kann in der Praxis seiner Anwendung manifest werden, ohne dass sich diese Meinungsverschiedenheit durch zusätzliche Informationen über den fraglichen Gegenstand oder durch Rückgriff auf eine anerkanntermaßen korrekte Erklärung des Prädikats ausräumen ließe. Eine derartige Erklärung von 'ξ ist kahlköpfig' wäre wohl so etwas wie: 'ξ hat keine oder nur extrem wenige Haare auf dem Kopf'. Wenn wir durch sorgfältige Inspektion geklärt haben, dass N.N. genau 39 Kopfhaare hat, kann unser Dissens darüber, ob N.N. ein Kahlkopf ist, nicht durch Berufung auf diese Erklärung beseitigt werden. Die Frage 'Ist das wirklich schon/noch ein F?' kann, wenn es sich um ein vages Prädikat handelt, manchmal weder durch zusätzliche empirische Informationen noch durch Besinnung auf seinen Sinn behoben werden: manche würden die Frage mit Ja beantworten, andere mit Nein, und wieder andere würden zwischen Ja und Nein schwanken,

Kapitel 1

und keine 'Partei' hätte einen guten Grund, die andere eines Irrtums oder sprachlicher Inkompetenz zu zeihen. (Bei den 'Parteien' kann es sich um dieselbe Person zu verschiedenen Zeiten handeln.) Man könnte natürlich *festsetzen*: 'ξ ist kahlköpfig* $=Df.$ die Anzahl der Haare auf dem Kopf von $\xi \leq 20$'; aber das wäre die stipulative Definition eines anderen, wenngleich inhaltlich verwandten Prädikats (deshalb der Asterisk).[160] Frege macht selber auf eine Konsequenz der Vagheit von 'ξ ist kahlköpfig' aufmerksam, wenn er schreibt:

> Eine Schranke für die Zählbarkeit kann man nur in der Unvollkommenheit der Begriffe finden. Die Kahlköpfigen sind z. B. solange nicht zählbar, als nicht der Begriff der Kahlköpfigkeit so genau bestimmt ist, dass bei keinem Einzelnen ein Zweifel sein kann, ob er darunter falle. (*1882d*, WB 163.[161])

Spätestens seit den 90er Jahren geht er aber einen Schritt weiter. Er spricht nicht mehr, wie in *BS* §27 und an der gerade zitierten Stelle von einem „unbestimmten", einem „unvollkommenen Begriff", sondern er bestreitet, dass ein vages Prädikat überhaupt einen Begriff bedeutet:

> Eine Definition eines Begriffes (möglichen Prädikates) muss vollständig sein, sie muss für jeden Gegenstand unzweideutig bestimmen, ob er unter den Begriff falle (ob das Prädikat mit Wahrheit von ihm ausgesagt werden könne) oder nicht. Es darf also keinen Gegenstand geben, für den es nach der Definition zweifelhaft bliebe, ob er unter den Begriff fiele, wenn es auch für uns Menschen bei unserm mangelhaften Wissen nicht immer möglich sein mag, die Frage zu entscheiden. Man kann dies bildlich so ausdrücken: der Begriff muss scharf begrenzt sein... Einem unscharf

---

[160] Leibniz reagiert auf die unbeantwortbare Frage, „wie viele Haare man einem Mann lassen muss, damit er nicht kahlköpfig ist", mit der Bemerkung: „Man muss wählen (*il faut choisir*), um feste Grenzen (*des bornes fixes*) zu erhalten" (N.E. III, 6, §27 [A VI.6: 321]).

[161] Man kann hier eine Anspielung auf das 'Kahlkopf-Argument ($\varphi\alpha\lambda\alpha\kappa\rho\acute{o}\varsigma$)' hören [vgl. die Texte A und S3 in Künne 1982]. Und zwar in *Leibniz*ens Version, kann man vielleicht hinzufügen; denn Frege kannte die 'Nouveaux Essais': „Es gibt Leute, bei denen man zweifeln kann (*on peut douter*), ob sie kahlköpfig sind oder nicht", heißt es dort (N.E. III, 5, §9 [A VI.6: 302]), und Leibniz verweist im selben Zusammenhang auf den 'Haufen-Schluss', den Frege, wie wir gleich sehen werden, ausdrücklich erwähnt.

begrenzten Begriff würde ein Bezirk entsprechen, der nicht überall eine scharfe Grenzlinie hätte, sondern stellenweise ganz verschwimmend in die Umgebung überginge. Das wäre eigentlich gar kein Bezirk; und so wird ein unscharf definirter Begriff mit Unrecht Begriff genannt. Solche begriffsartigen Bildungen kann die Logik nicht als Begriffe anerkennen; es ist unmöglich, von ihnen genaue Gesetze aufzustellen. Das Gesetz des ausgeschlossenen Dritten ist ja eigentlich nur in anderer Form die Forderung, dass der Begriff scharf begrenzt sei. Ein beliebiger Gegenstand Δ fällt entweder unter den Begriff Φ oder er fällt nicht unter ihn: *tertium non datur*. (*GG II*, § 56.)

Betrachtet man die These, ein unscharf begrenzter Begriff werde zu Unrecht Begriff genannt, im Lichte unserer alltäglichen Verwendungsweise dieses Wortes, dann erscheint sie genauso abwegig wie die Behauptung, ein unscharfes Photo sei streng genommen gar kein Photo.[162] Doch das ist kein starker Einwand; denn das Konzept, das Frege mit dem Wort 'Begriff' verbindet, ist ein (funktions)*theoretisches* Konzept. (In der Geometrie – so kann man Frege antworten hören – nimmt man sich ja auch die Freiheit, den Titel 'Punkt' kleinen schwarzen Flecken auf einem Blatt Papier und Knoten in einem Zwirnsfaden zu verweigern: *1891c*, 158; *1896b*.) Wenn „eine Function erster Stufe mit einem Argumente immer so beschaffen sein [muss], dass sich ein Gegenstand als ihr Werth ergiebt, welchen Gegenstand man auch als ihr Argument nehmen ... möge" (*GG II*, § 63) und wenn Begriffe erster Stufe solche Funktionen sind, dann muss ein solcher Begriff immer so beschaffen sein, dass sich für jeden beliebigen Gegenstand als Argument entweder das Wahre oder das Falsche als Wert ergibt. Aber wir müssen uns fragen, ob diese theoriebestimmte Begriffskonzeption nicht einen angemessenen the-

---

[162] Vgl. Wittgensteins Überlegungen zu der exzerpierten Passage in PU § 71 (sowie in §§ 88, 99) und die Vergleiche in Wittgenstein, PG 120 u. BlB 27: Das ist so, als würde man vom Licht der Schreibtischlampe oder von der Wärme, die der Ofen verbreitet, sagen, es handle sich nicht wirklich um Licht bzw. Wärme, weil sie nicht scharf umgrenzt sind. Reflexionen zu der gleich zu erörternden Haufen-Paradoxie findet man in PG 240, 300/301. Husserl schrieb in sein Exemplar von *FuB* („Mit bestem Danke überreicht vom Verfasser") an den Rand einer Stelle auf S. 20, die dasselbe besagt wie der vorletzte Satz in unserem Exzerpt: „Aber das macht sie nicht erst zu Begriffen, sondern begrenzt ihren logischen Gebrauch" (KS, Anhang, 433).

Kapitel 1

oretischen Umgang mit dem semantischen Phänomen der Vagheit verhindert.

Dreimal spielt Frege auf eine Paradoxie an, die wohl auf den Megariker Eubulides, einen Zeitgenossen des Aristoteles zurückgeht und die wegen des verwendeten Beispiels den Spitznamen 'der Haufen-Schluss (σωρίτης sc. λόγος)' erhielt.[163] Frege verwendet die lateinische Übersetzung dieses Titels, wenn er von dem „unter dem Namen 'Acervus' bekannten Trugschluss" spricht.[164] In der zu *BS* § 27 passenden subtraktiven Form[165] kann man die Paradoxie folgendermaßen darstellen, wobei ich Freges Bohnen durch die in den antiken und heutigen Fassungen des Arguments üblichen Getreide- oder Sandkörner ersetze. Die erste Prämisse ist ein sehr plausibles Prinzip der *quantité négligeable*:

(1)   Was für eine Zahl auch immer n sein mag,
       wenn n Körner genug sind für einen Haufen,
       dann sind auch $n-1$ Körner genug.

Die zweite Prämisse dürfte über jeden Zweifel erhaben sein:

(2)   10.000 Körner sind genug für einen Haufen.

Wenn wir auf (1) die Regel für „Schlüsse vom Allgemeinen zum Besonderen" (*Allg* 278) anwenden und eine Subtraktion ausführen, erhalten wir:

(3)   Wenn 10.000 Körner genug sind für einen Haufen,
       dann sind auch 9.999 genug.

Eine Anwendung der Regel *Modus ponendo ponens* auf (2) und (3) ergibt

---

[163] Zuerst in *BS* § 27, S. 64.
[164] *1896b*, 55–56 (WB 183); vgl. n.*1897a*, NS 168. *Hinweise auf diese beiden Texte beziehen sich in diesem § stets auf die gerade angegebenen Seiten.* [Zur antiken Überlieferung der Paradoxie vgl. die Texte A u. S1-S6 in Künne 1982.] Der lateinische Name geht auf Cicero [S1] und Horaz [S2] zurück. Den einschlägigen horazischen Hexameter zitiert Leibniz bei seinem Hinweis auf die Haufen-Paradoxie: N.E. II, 5, § 9 (A VI.6, 302) könnte Freges Quelle sein.
[165] Horaz: *acervus ruens*. Die additive Version (*acervus struens*) beginnt mit den Prämissen: (1') Was für eine Zahl auch immer n sein mag, wenn n Körner nicht genug sind für einen Haufen, dann sind auch $n+1$ Körner nicht genug; (2') Ein einziges Korn ist nicht genug für einen Haufen.

(4)   9.999 Körner sind genug für einen Haufen.

Wenden wir beide Schlussregeln wieder und wieder an, so erhalten wir schließlich

(C_1)   1 Korn ist genug für einen Haufen

und sogar

(C_0)   0 Körner sind genug für einen Haufen.

Wie bei jeder Paradoxie so sind auch bei dieser vier grundverschiedene Reaktionen möglich: Wer die Konklusion absurd findet, kann [I.] mindestens eine der Prämissen verwerfen (und zeigen, warum sie wahr zu sein scheint/en) oder [II.] bestreiten, dass das Argument deduktiv korrekt ist (und zeigen, warum es schlüssig zu sein scheint) oder [III.] bestreiten, dass logische Schlussregeln auf die Prämissen überhaupt anwendbar sind (und erklären, warum sie anwendbar zu sein scheinen). Die im gegebenen Fall wohl unattraktivste Strategie besteht darin, [IV.] zu bestreiten, dass die Konklusion absurd ist (und zu zeigen, warum sie absurd zu sein scheint).

Die heutige Debatte ist ein Streit zwischen Befürwortern verschiedener Varianten der Reaktionen [I.] und [II.]. Frege favorisiert [III.]: die Paradoxie des Haufens (bzw. des Kahlkopfs) „beruht darauf, dass als Begriff etwas ... behandelt wird, was wegen seiner mangelhaften Umgrenzung von der Logik nicht als solcher anerkannt werden kann".[166] Ein Argument verdient demnach nur dann das Kompliment, es sei logisch korrekt, wenn jedes in ihm auftretende Prädikat einen scharf begrenzten Begriff, also einen *Begriff* im Frege'schen Verstande bedeutet. Offenkundig erfüllt das Haufen-Argument diese Bedingung nicht. Aber ist die Behauptung nicht schlicht falsch, dass das Argument einen Pseudo-Begriff fälschlicherweise als Begriff behandelt, also so, als sei er scharf begrenzt? Prämisse (1), das Prinzip der *quantité négligeable*, ist nach den Regeln der (klassischen, i. e. Frege'schen) Logik mit

(1*)   Es gibt keine Zahl n, von der gilt:
         n Körner sind genug für einen Haufen,
         aber $n-1$ Körner sind nicht genug,

[166] *n.1897a*; fast gleichlautend: *1896b*.

Kapitel 1 261

logisch äquivalent, und mit (1*) wird doch explizit die Annahme verworfen, dass das Prädikat '( ) ist ein Haufen' einen (sc. scharf begrenzten) Begriff bedeutet.– Dieser Einwand setzt etwas voraus, was Frege bestreiten würde: dass die Regeln der Logik auf Sätze wie (1), die ein vages Prädikat enthalten, anwendbar sind. Dass sie das nicht sind, zeigt nach seinem Dafürhalten das fatale Ergebnis des Haufen-Schlusses.

Eine Zeitlang hat Frege mit dem Gedanken gespielt, vagen Prädikaten nicht global Bedeutung abzusprechen, sondern nur lokal – in den Sätzen, in denen sie auf Grenzfälle angewendet werden. Warum konnte ihm das erwägenswert erscheinen? Die folgenden Grundsätze, an denen Frege stets festgehalten hat, scheinen dafür zu sprechen:

(BED$_1$)   Wenn man den Satz in Teile zerlegen kann, von denen jeder bedeutungsvoll ist, so hat auch der Satz eine Bedeutung. (*1906d*, NS 211.)

(BED$_2$)   [Wenn ein Satz aus *n* singulären Termen und einem *n*-stelligen Prädikat besteht, dann gilt:] Jeder dieser Teile muß ebenfalls eine Bedeutung haben, wenn der ganze Satz eine Bedeutung, einen Wahrheitswert haben soll. (*1914b*, NS 262.[167])

Die Bedeutung eines Satzes ist nach seiner Auffassung der Wahrheitswert des Satzes (s. u. §6): S hat genau dann einen Wahrheitswert, wenn S einen Gedanken ausdrückt, der wahr oder falsch ist. Wendet man nun in einer Behauptung ein vages Prädikat auf einen Gegenstand an, der weder zu den eindeutigen Zusprechungs- noch zu den eindeutigen Absprechungsfällen dieses Prädikats gehört, dann ist der Inhalt der Äußerung, so sagt Frege in *BS* §27, „unbeurtheilbar". Was wohl heißen soll, dass die Äußerung dann weder einen bestehenden noch einen nicht-bestehenden Sachverhalt konstatiert (s. u. 313). Nach der Einführung der Sinn/Bedeutung-Distinktion zu Anfang der neunziger Jahre wird daraus die These: Die Äußerung hat dann keinen Wahrheitswert, sie drückt weder einen wahren noch einen

---

[167] Der Vorspann ergibt sich aus dem Kontext der zitierten Passage. Die Aussagen, die Frege über die lateinischen Buchstaben in 'Wenn *a* > 1, dann *a* > 0' und die Pronomina in 'Wenn etwas größer als 1 ist, dann ist es größer als 0' in *1903c*, I: 320 Anm. 2, *1906a*, II: 378–379 u. *1910*, WB 117 macht, werden unten in 5-§4 diskutiert.

falschen Gedanken aus. Aus dem Prinzip (BED$_1$) folgt durch Kontraposition: Wenn ein Satz keine Bedeutung hat, kann man ihn nicht so zerlegen, dass jeder seiner Teile eine Bedeutung hat. Die Anwendung auf eine 'Grenzfall-Prädikation' ergibt, dass das Prädikat in ihr keine Bedeutung hat. Dass die Grenze zwischen zwei Ländern strittig ist, impliziert nun aber nicht, dass die Landeszugehörigkeit *jeder* Ortschaft fraglich ist. Und entsprechend scheint man doch mit den Sätzen

(Y)   Yul Brynner ist kahlköpfig

eindeutig etwas Wahres und mit

(M)   Marcello Mastroianni ist kahlköpfig

eindeutig etwas Falsches zu sagen. Und wenn das stimmt, dann ergibt die Anwendung des Prinzips (BED$_2$) auf diese Äußerungen, dass das Prädikat '( ) ist kahlköpfig' eine Bedeutung hat. Vage Prädikate scheinen also in strukturell gleichen Sätzen manchmal eine Bedeutung zu haben und manchmal nicht: „[es] hängt … von den übrigen Theilen des Satzes ab" (*1896b*), so scheint es, ob ein vages Prädikat eine Bedeutung hat.

Frege räumt ein, dass diese Abhängigkeit der Signifikanz (des Bedeutungsvollseins) des Prädikats von seiner Umgebung im Satz für die *Kommunikation* keine Katastrophe ist:

> Die Aufgabe unserer Volkssprachen ist wesentlich erfüllt, wenn die mit einander verkehrenden Menschen mit demselben Satze denselben Gedanken verbinden, oder doch annähernd denselben. Es ist dazu nicht durchaus nöthig, dass die einzelnen Wörter für sich einen Sinn und eine Bedeutung haben, wenn nur der ganze Satz eine Bedeutung hat. (*1896b*, 55–56 (WB 183).)

Hier und nur hier sagt Frege, dass ein vages Prädikat auch keinen von seiner Satzumgebung unabhängigen *Sinn* hat. Es ist schwer, sich darauf einen auch nur halbwegs plausiblen Reim zu machen. Im Blick auf stehende ('idiomatische') Redewendungen haben wir uns zwar davon überzeugt, dass in einem Satz manchmal ein Wort oder eine Phrase für sich keinen Sinn hat: die Nominalphrase 'die Lauer', die nur in den Wendungen 'auf der Lauer liegen' und 'sich auf die Lauer legen' vorkommt, hat keinen Sinn für sich, also *a fortiori* auch keine Bedeutung für sich: sie ist nicht selbstbedeutend. Aber kann man im Ernst annehmen, dass ein ganzer Satz des Typs 'N.N. ist kahlköpfig' eine stehende Redewendung ist? Er enthielte dann ja keinen semantisch relevanten Bestandteil, den er etwa mit 'N.N. ist ein Schauspieler' gemeinsam hätte. Wer den Satz 'Mindestens ein US-amerikanischer Filmstar russischer Herkunft mit mongolischen Gesichtszügen ist kahlköpfig' auf Anhieb versteht, obwohl er ihn nie zuvor gehört oder gesehen hat, der versteht ihn u.a. dank seines Verständnisses des vagen Prädikats '( ) ist kahlköpfig' – genau wie er den Satz 'Mindestens eine Zahl zwischen 123.456 und 654.321 ist eine Primzahl', mit dem er jetzt zum ersten Mal konfrontiert ist, u.a. dank seines Verständnisses des nicht-vagen Prädikats '( ) ist eine Primzahl' auf Anhieb versteht. Wenn Frege diese Art von Verständnisfundierung in den *LU* beschreibt, klammert er denn auch keineswegs Sätze aus, die vage Prädikate enthalten (vgl. 4-§1). In *n.1897a* kommt er noch einmal (und zum letzten Mal) auf das Thema der obigen Passage in *1896b* zurück, aber hier spricht er nur noch vom Fehlen einer von der satzinternen Umgebung unabhängigen *Bedeutung*. In beiden Texten zeigt sich Frege aber überzeugt davon, dass die Abhängigkeit der Signifikanz des Prädikats von seiner Umgebung im Satz für das *Schließen* fatal ist:

> Das Schliessen aus zwei Prämissen beruht sehr oft, wenn nicht immer darauf, dass ein Begriff beiden gemeinsam ist. Soll nicht ein Fehlschluss geschehen, so muss nicht nur das Begriffszeichen dasselbe sein, sondern es muss auch dasselbe bedeuten. Es muss eine Bedeutung haben unabhängig vom Zusammenhange. (*n.1897a*; fast gleichlautend in *1896b*.)

In syllogistischen Argumenten beruht das Schließen immer auf dieser Gemeinsamkeit. In *Ggf* 39e und 41e findet man Beispiele für Schlüsse, in denen es nicht darauf beruht; doch hier ist immerhin den Prämissen und der *Konklusion* mindestens ein Begriff gemeinsam.[168]

Die Annahme, vage Prädikate seien nur in den Sätzen bedeutungslos, in denen sie auf Grenzfälle angewendet werden, hat Frege nur in zwei Texten erwogen, von denen er nur einen als 'Lettera all'Editore' in Peanos Zeitschrift publiziert hat. Meistens erklärt er

---

[168] Wie wir in 3-§1.2 (zu 145b) sehen werden, ist ein deduktiv korrektes Argument der Form 'Fa & ¬ Fa, also: bRc' kein Schluss im *Frege'schen* Verständnis dieses Wortes.

vage Prädikate für schlechthin bedeutungslos, für bedeutungslos – Punkt. Er tat das schon 1891, und es lohnt sich, eine dieser Stellen *in extenso* zu zitieren:[169]

> Wenn es einem auf die Wahrheit ankommt ..., muss man Eigennamen verwerfen, welche keinen Gegenstand bezeichnen oder benennen, wiewohl sie einen Sinn haben mögen; muss man Begriffswörter verwerfen, die keine Bedeutung haben. Das sind nicht etwa solche, die Widersprechendes vereinigen – denn ein Begriff kann recht wohl leer sein – sondern solche, bei denen die Umgrenzung verschwommen ist. Es muss von jedem Gegenstand bestimmt sein, ob er unter den Begriff falle oder nicht; ein Begriffswort, welches dieser Anforderung ... nicht genügt, ist bedeutungslos. Dahin gehört auch z.B. das Wort '$\mu\tilde{\omega}\lambda\upsilon$' (Homers Od. X, 305), obwohl ja einige Merkmale angegeben sind. Darum braucht jene Stelle nicht sinnlos zu sein, ebenso wenig wie andere, in denen der Name 'Nausikaa' vorkommt, der wahrscheinlich nichts bedeutet oder benennt. Aber er tut so, als benenne er ein Mädchen, und damit sichert er sich einen Sinn. Und der Dichtung genügt der Sinn, der Gedanke auch ohne Bedeutung, ohne Wahrheitswert, aber nicht der Wissenschaft. (*1892c*, NS 133–134.)

(Lassen wir die Bemerkung über das griechische Wort noch für einen Moment auf sich beruhen.) Inkonsistente Prädikate haben mit universal applikablen Prädikaten eine logisch erfreuliche Eigenschaft gemeinsam: sie können gar nicht vage sein (*1891c*, 159). Prädikate, die keinen Begriff bedeuten, Begriffswörter zu nennen, ist eigentlich nicht ratsam. Glücklicher ist da die Formulierung, die Frege verwendet, wenn er 1903 zu der 1891 artikulierten Auffassung zurückkehrt:

> Es dürfen keine Ausdrücke geduldet werden ..., die ihrem Baue nach einen Begriff zu bedeuten scheinen, aber einen solchen nur vortäuschen, wie auch Eigennamen unzulässig sind, die nicht wirklich einen Gegenstand bezeichnen. (*GG II*, §64, S. 77.)

In diesen Texten vertritt Frege die These: Vage Prädikate haben keine Bedeutung, und ein Satz mit einem bedeutungslosen Prädikat

---

[169] Die beiden anderen finden sich in Aufsätzen, die Frege veröffentlicht hat: in *FuB* 20 u. *1891c*, 157–160.

kann zwar genau wie ein Satz mit einem bedeutungslosen singulären Term (s. u. §4) einen Gedanken ausdrücken, aber nur einen, der in die Wahrheitswert-Lücke fällt. Wenn er ein paar Seiten vorher in den *GG* schreibt:

> Hat die Frage 'Sind wir noch Christen?' eigentlich einen Sinn, wenn nicht bestimmt ist, von wem das Prädikat *Christ* mit Wahrheit ausgesagt werden kann, und wem es abgesprochen werden muss? *(GG II,* §56.),

dann klingt das zwar so, als halte er es für zweifelhaft, ob der angeführte Entscheidungsfragesatz und damit auch (vgl. 2-§3) der entsprechende Behauptungssatz überhaupt einen Sinn hat, ob er überhaupt einen Gedanken ausdrückt. Aber um Kohärenz zu maximieren, empfiehlt es sich, diese Bemerkung so zu verstehen: 'Macht es eigentlich Sinn, die Frage zu stellen, ob wir noch Christen sind, wenn …?'. In der Frage, ob eine bestimmte Aktivität sinnvoll ist, heißt das Wort 'sinnvoll' soviel wie 'zweckrational', – es drückt hier also kein semantisches Konzept aus.[170]

Der Preis für die uneingeschränkte Bedeutungslosigkeitsthese ist hoch. Wenn man mit Sätzen, die vage Prädikate enthalten, nur etwas sagen kann, was weder wahr noch falsch ist, muss das auch von unseren Sätzen über die beiden Filmstars gelten. Aber sagt man mit (Y) und (M) nicht klarerweise etwas Wahres bzw. Falsches? Und sind die folgenden Schlüsse nicht deduktiv makellos?

(A1)   Yul Brynner ist kahlköpfig, also ist nicht alles nicht kahlköpfig
(A2)   Y. B. ist kahlköpfig, und er ist ein Hollywood-Star; also ist Y. B. kahlköpfig.

Eine weitere bemerkenswerte Konsequenz jener These ist, dass viele Sätze, die allem Anschein nach in einem „Schluss vom Allgemeinen zum Besonderen" aus Sätzen deduziert werden können, die logische Gesetze formulieren, zwar einen Sinn, aber keine Bedeutung haben. Die Sätze

---

[170] Das Prädikat '( ) ist ein Christ' ist insofern vage, als es zwischen Beurteilern, die sprachlich gleichermaßen kompetent sind und die über einen Anwärter auf diesen Titel alle relevanten Informationen haben, zu einem Dissens kommen kann, wenn es um die Frage geht, ob jemand eine gewisse nicht-quantitative Eigenschaft besitzen muss, um ein Christ zu sein.

(i) $\forall f\, \forall x\, (fx \to fx)$
(ii) $\forall f\, \forall x\, \neg\, (fx\, \&\, \neg fx)$
(iii) $\forall f\, \forall x\, (fx \lor \neg fx)$

drücken in Freges Augen allesamt logische Gesetze aus. Aber man darf von ihnen jeweils nicht übergehen zu

(i*) $\forall x\, (\,x$ ist kahlköpfig $\to x$ ist kahlköpfig $)$
(ii*) $\forall x\, \neg\, (\,x$ ist kahlköpfig $\&\, \neg x$ ist kahlköpfig $)$
(iii*) $\forall x\, (\,x$ ist kahlköpfig $\lor\, \neg x$ ist kahlköpfig $)$.

Denn diese vermeintlichen Konklusionen drücken ja, wenn die Bedeutungslosigkeitsthese korrekt ist, wahrheitswertlose Gedanken aus, und ein Argument, in dem man von Wahrem zu Nicht-Wahrem übergeht, ist nicht deduktiv korrekt. Frege bezeichnet das Gesetz (iii) manchmal als *Tertium non datur* oder als *Satz vom ausgeschlossenen Dritten*,[171] und er weist wiederholt darauf hin, dass mit einem vagen Prädikat gebildete universelle Sätze des Typs (iii*) keine Wahrheiten ausdrücken. Die Vagheit von '( ) ist kahlköpfig' besteht in seinen Augen geradezu darin, dass (iii*) keine Wahrheit ausdrückt.

Ebenso interessant wie irritierend ist der Gebrauch, den Frege in unserem Exzerpt auf S. 264 von dem griechischen Beispiel für ein bedeutungsloses Prädikat macht.[172] Das Substantiv 'Môly' kommt bei Homer nur an der von Frege angegebenen Stelle vor, und ihr kann man nur Folgendes entnehmen: Wenn etwas ein Môly ist, dann ist es ein Exemplar einer Pflanze, deren Wurzeln schwarz und deren Blüten milchweiß sind und der Zauberkraft nachgesagt wird. Weil damit nur eine notwendige Anwendungsbedingung festgelegt ist, bedeutet das Prädikat '( ) ist ein Môly' (jedenfalls für die Leser einer deutschen Übersetzung der *Odyssee*) keinen Frege'schen Begriff. Frege nimmt sein Beispiel für ein bedeutungsloses Prädikat aus demselben Epos, in dem auch der singuläre Term 'Nausikaa' vorkommt, der Name eines Mädchens, das „den Unsterblichen gleich ist an Wuchs und Aussehen" (VI, 16). Er will damit verdeutlichen, dass Sätze mit bedeutungslosen Prädikaten oder Namen genau wie

---

[171] *n.1897a*; *GG II*, § 56 (oben *in extenso* zitiert); *1906d*, NS 212.
[172] Eine Erinnerung aus Wismarer Gymnasialzeiten? Ein Hinweis seines Untermieters? Frege hatte die erste Etage seines Hauses im Forstweg in Jena von 1889 bis 1913 an den Gräzisten Rudolf Hirzel und seine Frau vermietet (*Biogr* 494).

Kapitel 1 267

Homers Hexameter zwar Gedanken auszudrücken vermögen, aber keine, die man im Ernst als wahr hinstellen könnte. Dank der Farbbestimmungen, die in die partielle Erklärung des Prädikats '( ) ist ein Môly' eingehen, ist es auch vage, aber was Frege an ihm hervorhebt, ist etwas zumindest *prima facie* ganz anderes: dass es „unvollständig definiert" ist. Oder ist das vielleicht gar nichts anderes?

An seiner Reaktion auf die Haufen-Paradoxie kann man erkennen, dass Frege keinen Anlass zu haben glaubt, Vagheit von der Eigenschaft, unvollständig definiert zu sein, zu unterscheiden.[173] Diese Nicht-Unterscheidung wird besonders deutlich in seiner Kritik an Peanos Freibrief für unvollständige Definitionen in der Mathematik (z.B. des Funktors '$\xi : \zeta$' nur für Divisoren, die von 0 verschieden sind).[174] Als einfaches Modell mag uns ein brandneues arithmetisches Prädikat dienen, das (für den Bereich der ganzen Zahlen) *unvollständig* erklärt ist:

(unv) ξ ist peanesk, wenn $\xi \geq 15$, und
         ξ ist nicht peanesk, wenn $\xi \leq 11$.

Diese Definition gibt eine hinreichende Bedingung für die Anwendung des definierten Prädikats an und (indirekt) eine notwendige Bedingung, aber sie spezifiziert keine Bedingung, die sowohl hinreichend als auch notwendig ist. Die Definition (unv) ist unvollständig, weil manche ganzen Zahlen sozusagen in ihrem toten Winkel liegen. Die folgende Überlegung scheint nun dafür zu sprechen, dass die Vagheit eines Prädikats darin besteht, dass die Instruktionen, die wir für seinen Gebrauch erhalten haben, eine Lücke hinterlassen haben, die dem toten Winkel in einer Definition wie (unv) entspricht. So wie wir dank (unv) wissen, auf welche Zahlen wir 'ξ ist peanesk' anwenden dürfen, so wissen wir dank unseres sprachlichen Trainings, dass wir 'ξ ist kahlköpfig' auf Personen wie Yul anwenden dürfen. So wie wir dank (unv) wissen, auf

---

[173] Die Paragraphengruppe in den *GG*, in der (auch) Vagheit zum Thema wird (*II*, §§ 56–65) ist überschrieben: „Grundsätze des Definirens. 1. Grundsatz der Vollständigkeit." In *1896b* u. *n.1897a* wird die Haufen-Paradoxie in einem Zusammenhang erwähnt, in dem Frege seine „strengeren Grundsätze des Definierens" motiviert.
[174] In Beaney 1997, 260–261 findet man eine englische Übersetzung des langen italienischen Peano-Zitats in *GG II*, § 58. (Frege an Peano: „Ich hoffe, mich immer mehr in das Italienische hineinzulesen" [*1894b*,WB 128].)

welche Zahlen wir 'ξ ist nicht peanesk' anwenden dürfen, so wissen wir dank unseres sprachlichen Trainings, dass wir 'ξ ist nicht kahlköpfig' auf Personen wie Marcello anwenden dürfen. Und so wie uns (unv) bei manchen ganzen Zahlen im Stich lässt, so hat uns unser sprachliches Training für die Beurteilung von Grenzfällen der Kahlköpfigkeit nicht gerüstet. Kein Wunder, dass beide Prädikate gleichermaßen gegen das *Tertium non datur* verstoßen: 'ξ ist peanesk, oder ξ ist nicht peanesk' trifft auf manche ganzen Zahlen genausowenig zu, wie 'ξ ist kahlköpfig, oder ξ ist nicht kahlköpfig' auf manche Menschen zutrifft.

Zeigt das nicht, dass Frege vage Prädikate zu Recht wie unvollständig definierte Prädikate behandelt? Leider nein; denn der Vergleich ist in mindestens zwei Hinsichten schief. Hier ist die erste Hinsicht. Wenn ein Dissens über die Frage, ob 13 peanesk ist, aufträte, so könnte er umgehend im Rekurs auf die obige Erklärung beendet werden: sie macht völlig klar, dass weder 'Ja, 13 ist peanesk' noch 'Nein, 13 ist nicht peanesk' eine richtige Antwort wäre. Frege hatte die Vagheit des Prädikats 'ξ ist ein Kahlkopf' nun aber doch selber daran festgemacht, dass man sich (trotz optimaler Information über die triste Situation auf N.N.s Schädel) im „Zweifel" darüber befinden kann, ob 'ξ ist ein Kahlkopf' oder 'ξ ist kein Kahlkopf' auf N.N. zutrifft (*1882d*, s. o. 257). Es dürfe keinen Gegenstand geben, so hatte er gefordert (*GG II*, s. o. 257), für den es nach der Definition „zweifelhaft" bliebe, ob das definierte Prädikat ihm wahrheitsgemäß zu- oder abzusprechen ist.[175] Bei der Frage, ob die Zahl 13 peanesk ist, werden aber alle Zweifel durch (unv) ausgeräumt: das Prädikat kann ihr wahrheitsgemäß weder zu- noch abgesprochen werden.

Der obige Vergleich ist noch in einer zweiten Hinsicht schief. Durch (unv) ist es eindeutig bestimmt, worauf weder 'ξ ist peanesk' noch 'ξ ist nicht peanesk' zutrifft: der Weder-Noch-Bereich ist scharf abgegrenzt gegen den Bereich dessen, worauf das eine Prädikat zutrifft, und gegen den Bereich dessen, worauf das andere zutrifft. Es gibt hier nicht das, was Frege in *GG II* (s. o.) einen „verschwimmenden Übergang" nennt. Bei einem vagen Prädikat hingegen gibt es ihn: der Halbschatten (um die Metapher zu wechseln) zwischen den Regionen seiner eindeutigen Zu- und Absprechungsfälle ist gegen diese beiden Gebiete nicht scharf abgegrenzt. Es ist z. B. nicht mög-

---

[175] Auch in *1891c*, 159/160 wird die Möglichkeit des „Zweifels" als konstitutiv für Vagheit behandelt.

Kapitel 1

lich, eine Zahl n anzugeben, von der gilt: eine Ansammlung von n Körnern ist eindeutig kein Haufen, während eine Ansammlung von $n+1$ Körnern eindeutig ein *Grenzfall* eines Haufens ist. Das unterscheidet dieses vage Prädikat von dem präzisierten Prädikat 'ξ ist ein Körnerhaufen*',[176] das in (unv*) unvollständig definiert ist:

(unv*)   ξ ist ein Körnerhaufen*, wenn ξ eine Ansammlung von mehr als 100 Körnern ist, und ξ ist kein Körnerhaufen*, wenn ξ eine Ansammlung von weniger als 10 Körnern ist.

Dieses Prädikat befindet sich tatsächlich im selben Boot wie 'ξ ist peanesk'.

Eingestandenermaßen wurde das Prädikat 'ξ ist peanesk' durch (unv) nur für den Bereich der ganzen Zahlen erklärt. Frege würde dieser Definition deshalb noch einen weiteren Vorwurf machen. Er fordert nämlich, dass „eine Function erster Stufe mit einem Argumente immer so beschaffen sein [muss], dass sich ein Gegenstand als ihr Werth ergiebt, welchen Gegenstand man auch als ihr Argument nehmen – durch welchen Gegenstand man auch die Function sättigen – möge".[177] Wenn Begriffe erster Stufe solche Funktionen sind, dann muss der Begriff *ξ ist eine Primzahl* auch für die Freie und Hansestadt Hamburg als Argument einen Wert haben und der Begriff *ξ ist ein deutscher Stadtstaat* auch für die Zahl Drei. „Das Entsprechende haben wir auch von Functionen mit zwei Argumenten zu fordern." Wenn Beziehungen solche Funktionen sind, dann muss die Beziehung *ξ=12:ζ* auch für Weimar und Jena einen Wert haben und die Beziehung *ξ liegt westlich von ζ* auch für die Drei und die Vier. Wenn die Definitionen der Prädikate, deren Bedeutungen die angegebenen Funktionen sind, nicht dem Frege'schen Vorwurf der Unvollständigkeit ausgesetzt sein sollen, müssen sie uns erlauben zu sagen: 'Hamburg ist eine Primzahl' drückt genau wie 'Hamburg ist eine Kleinstadt' einen falschen Gedanken aus, und mit 'Weimar = 12 : Jena' wird genau wie mit '2=12:4' etwas Falsches gesagt. – Die Fragen, die dieser Aspekt von Freges Theorie der Funktionen, Begriffe und Beziehungen herausfordert, werden am Schluss dieses Buches, in 5-§6 erörtert.

Die Problematik der Vagheit wird in den *LU* nicht angesprochen. Aber Frege hat in diesen Aufsätzen keine Skrupel, „volkssprachlich"

---

[176] Wittgenstein hat es erfunden: PB 263.
[177] *GL II*, § 63/64 (auch für das nächste Zitat); vgl. *GG I*, §§ 1–4.

formulierte Argumente, die vage Prädikate enthalten, als Paradigmen für logisch gültige Schlüsse zu präsentieren. Das ist vielleicht ein Indiz dafür, dass er nicht mehr der Auffassung ist, die Logik könne nur scharf begrenzte Begriffe als Begriffe anerkennen. Jedenfalls werde ich im Folgenden, statt päpstlicher als der Papst zu sein, bei meinen Beispielen oft unterstellen, dass auch vage Prädikate Begriffe oder Beziehungen bedeuten.

§5. Identität, Austauschbarkeit und Bedeutungsverschiebung.[178]

Zwei Jahre nach der Publikation der *BS* bekannte Frege, dass er sein „Gleichheitszeichen ... jetzt nicht mehr als ursprüngliches Zeichen

---

[178] VERGLEICHE: *BS* §§ 8, 20–21; *BrL* 40; *GL* §§ 63, 65; *1892c*, NS 131; *SuB* 25–26a, 35b, 50c; *BuG* 194 Anm.; *GG I*, §§ 7, 20, 27, 50; *1894a*, 320; *1896b*, 54; *GG II*, S. 254; *1904a*, WB 247; *1913*, Vorl 22–25. [GLEICHHEIT IN DER ARITHMETIK]: *GL* §§ 57, 62; *Vorw* IXb; *1896c*, WB 195; *1899a*, 28–29 (mit Dedekind gegen Schubert); *GG II*, § 138 (mit D. gegen Thomae); *1906g*, 588–590. [ANFÜHRUNG]: *SuB* 28b, 36b; *GG I*, Einl. S. 4; *1896c*, WB 197 Anm.*; *n. 1898*, NS 172–173; *1902a*, WB 217–218; *GG II*, § 98, § 145; *1914a*, WB 133; *Allg* 280–281. [ORATIO OBLIQUA]: *SuB* 28c, 36b–39c, 47b–48a; Log_2 142 Anm.; *1902c*, WB 231–232; *1902d*, WB 236; *1904b*, WB 246; *1910/11*, Vorl 16; *1919c*, NS 276.

LITERATUR: Grelling 1936; Quine 1953, Kap. 8; Cartwright 1972; Dummett, FPL 542–545; Schirn 1976; May 2001; Thau & Caplan 2001, dazu Heck 2003. [GLEICHHEIT IN DER ARITHMETIK]: Tarski 1941, § 19. [IDENTITÄTSGESETZE u. LEIBNIZ]: Angelelli 1967; Curley 1971; Wiggins 1980a, Kap.1; Mates 1986, 122–136; Beaney 1996, 311 Anm. 15; Schnieder 2004. [ANFÜHRUNG]: T. Parsons 1982; Washington 1992; Harth 2002; Steinbrenner 2004; Mendelsohn 2005, Kap. 10; Kripke 2008, 192–199. Vgl. unten, 735 f. [TRANSLUZENZ]: Künne 1983, Kap. 4, § 7; Kripke 2008, 187–189. [ORATIO OBLIQUA]: Carnap 1929, §§ 43–45 u. 1947, §§ 28, 30; Linsky 1967, Kap. 3; Davidson 1965, 14–15 u. 1968, 99, 108 u. 1975, 207–208; Dummett, FPL 186–192, 264–269 u. IFP 87–102; Bell 1984; Beaney 1996, 180–184; Künne 1997a, § 3; Falkenberg 1998, 46–66, 80–86; Klement 2002, 13–24 (Lit.), 153–158; Burge 2005, Kap. 4; Mendelsohn 2005, Kap. 9 (Lit.); Kripke 2008, 183–200; Textor 2010, Kap. 5, §§ 9–10. Vgl. unten 4-§13. [NICHT-AUSTAUSCHBARKEIT VON BEDEUTUNGSGLEICHEM IN DER GEWÖHNLICHEN REDE?]: Geach 1961 u. 1962; Kiteley 1991; Saul 1997; Schiffer 2003, 92–94; Künne 2003, 140 n., 254–257; Oliver 2005. [NICHT-AUSTAUSCHBARKEIT VON SINNGLEICHEM IN DER *ORATIO OBLIQUA*?]: Mates 1950; Burge 1978 (Lit.); Szabó 2007, 21 (Lit.).

ansehe, sondern mittels anderer erklären würde", und er versprach sich von dieser Erklärung, „dass die beiden Grundgesetze der Inhaltsgleichheit [*BS* §§ 20–21] ganz entbehrt ... werden können" (*BrL* 40, 44). Mit „Gleichheitszeichen" meint er hier nicht das gleichnamige Symbol '=', das in der Arithmetik verwendet wird, sondern den Tripelstrich, den er in der *BS* als „Zeichen der Inhaltsgleichheit" eingeführt hatte. Seine Erklärung dieses Zeichens lautete:

Es bedeute nun
[Σ]   ⊢ (A ≡ B) :
das Zeichen A und das Zeichen B haben denselben begrifflichen Inhalt, sodass man überall an die Stelle von A B setzen kann und umgekehrt. (*BS* § 8, '[Σ]' von mir hinzugefügt.)

Der Tripelstrich ist in der *BS* ein „ursprüngliches Zeichen" (*BrL*), ein „Urzeichen" (*Vorw* IX$_b$), seine Erklärung kann also keine (sc. zerlegende) Definition in der BS sein. Was Frege über den Abschnitt „*1. Die Urzeichen*" in den *GG* sagt: „Ueberhaupt dürfen wir die Festsetzungen über die Urzeichen im 1. Bande nicht als Definitionen ansehen" (*GG II*, § 146 Anm.), gilt natürlich auch für den Abschnitt „*I. Erklärung der Bezeichnungen*" in der *BS*. In der zitierten Passage setzt Frege in der „Darlegungssprache" Deutsch (s. u. 5-§5) fest, was der Tripelstrich bedeuten soll, und man kann dieser Festsetzung entnehmen, was mit [Σ] behauptet wird.[179] (Der „sodass"-Satz gehört nicht mehr zu ihr, sondern er sagt etwas über die Rolle des Zeichens in begriffsschriftlichen Ableitungen.) Der Tripelstrich wird flankiert von Bezeichnungen von Zeichen, man stellt mit [Σ] also eine metasprachliche Behauptung auf. Die links und rechts erwähnten Zeichen brauchen keine singulären Terme zu sein.[180] Frege verwendet in [Σ] bewusst nicht das arithmetische Gleichheitszeichen; denn dieses gehört nach seiner damaligen Auffassung nicht zum „formalen Teil" einer BS, sondern genau wie das Additionszeichen zur Erweiterung dieses BS-Kerns durch das Vokabular der Arithmetik (s. o. §1). Für einen Gedanken wie den, dass George Eliot mit Mary Ann Evans identisch ist (Frege verwendet in *BS* § 8 ein geometrisches Exempel), bietet er in der *BS* also nur eine metasprachliche Formulierung mit Hilfe des Tripelstrichs an;

[179] Vgl. die Einführung des Negators am Anfang von *BS* § 7.
[180] In den *BS*-Formeln Nr. 69, 76, 99 und 115 steht es zwischen Sätzen.

was er bald zu Recht sehr misslich finden wird. Umgekehrt verwendet er in arithmetischen Gleichungen nie den Tripelstrich (vgl. *BS* §§ 1 u. 5; *1879b*, 30–31): anders als in [Σ] wird in '2+4=3×2' nichts von Zeichen ausgesagt.

Die einzige Stelle, an der Frege eine Erklärung des Gleichheitszeichens 'Definition' nennt, findet sich in den 'Grundlagen':

> Nun definirt Leibniz: „*Eadem sunt, quorum unum potest substitui alteri salva veritate* [Identisch ist, wovon eines für das andere unbeschadet der Wahrheit eingesetzt werden kann]".[181] Diese Erklärung eigne ich mir für die Gleichheit an. Ob man wie Leibniz 'dasselbe' sagt oder 'gleich', ist unerheblich. (*GL* § 65 [meine Übers.], vgl. § 74.)

Anders als in der *BS* vertritt Frege in den *GL* die Auffassung, an der er dann sein Leben lang festhalten wird: dass das Zeichen '=' in der Arithmetik bzw. sein wortsprachliches Gegenstück 'ist gleich' soviel heißt wie 'ist dasselbe wie', 'ist nichts Anderes als', 'ist identisch mit', 'fällt zusammen mit' und wie das Wort 'ist' in Sätzen, in denen es zwischen zwei singulären Termen steht.[182] Einem naheliegenden Einwand begegnet Frege so:

> Freilich sind Körper von gleichem Volumen nicht identisch, aber sie haben dasselbe Volumen. Die Zeichen auf beiden Seiten des Gleichheitszeichens dürfen also in diesem Falle nicht als Zeichen für die Körper, sondern [müssen] als Zeichen für deren Volumina genommen werden, oder auch für die Maasszahlen, die sich bei der Messung durch dieselbe Volum[en]einheit ergeben. (*GG II*, § 58 Anm.[183])

[181] Frege zitiert hier die '*Definitio 1*' aus Leibniz 1687, 94 [A VI.4A: 846]. In einem etwas früheren Text versucht Leibniz (noch) zu beweisen, dass der Austauschbarkeitssatz wahr ist [A VI.4A: 814–815].

[182] Das sehen Schröder (1890, 122–123) und Dedekind ('Stetigkeit und irrationale Zahlen', Braunschweig 1892, 2) genauso, wofür sie von Frege ausnahmsweise einmal gelobt werden (*BuG* 194 Anm.; *GG II*, § 138). Cohen hingegen versichert: „In der Vernachlässigung dieses Unterschiedes von Gleichheit und Identität hat die neuere Englische Logik ihre Quelle" ('Das Princip der Infinitesimal-Methode und seine Geschichte', Berlin 1883, 90). Darauf geht Frege in *1885a* nicht ein: er hat dort alle Hände voll zu tun, die Konfusionen aufzudecken, die den zentralen Thesen Cohens zugrunde liegen.

[183] Vgl. *1896c*, WB 195. Für die zweite Option, also für 'Das Volumen von a in m³ = das Volumen von b in m³', argumentiert Carnap 1929.

Husserl erklärt Leibnizens Definition in seiner 'Philosophie der Arithmetik' für einen Fall von Etikettenschwindel, und er bezieht auch Hermann Grassmann und Frege in seine Kritik ein. Und das einzige Zugeständnis, das Frege ihm in seiner Rezension dieses Buches macht, betrifft diesen Punkt:

> Gleichwohl stimme ich mit dem Verfasser darin überein, das[s] Leibnizens Erklärung „*Eadem sunt, quorum unum potest substitui alteri salva veritate*" nicht Definition zu heissen verdient, wenn auch aus andern Gründen.[184] Da jede Definition eine Gleichung ist, kann man Gleichheit selbst nicht definieren. Man könnte jene Leibnizische Erklärung [einen] Grundsatz nennen, der das Wesen der Gleichheitsbeziehung zum Ausdruck bringt, und als solche ist sie von grundlegender Wichtigkeit. (*1894a*, 320.)

Er akzeptiert Leibnizens Dictum also als Formulierung eines Prinzips und verwirft es als Definition. An dem obigen Einwand gegen jeden Versuch, Identität zu definieren, hält Frege auch in seinen Diskussionen mit Peano (*1896b*, 54, 57) und mit Russell (*1904b*, WB 247) fest. Beide waren von seinem Argument wenig beeindruckt. Peano, der Definitionen mit Hilfe des Zeichens '=Df.' (*che si legge* 'è uguale, per definizione') formulierte, betonte: *Quantunque i segni* '=' *e* '*Df.*' *siano scritti separati,... essi ... formano un simbolo solo*, und Russell zog am selben Strang.[185] (Schließlich kann man Definitionen ja mit einem Symbol notieren, das den Eindruck gar nicht erst aufkommen lässt, es enthalte den Identitätsoperator als semantisch relevante Komponente.) In den *GG* hat Frege zwar dafür gesorgt, dass seine Thesen über Definitionen für diese BS korrekt ist. In ihr wird eine Definition nämlich immer in der Form einer Gleichung notiert, vor der ein vom Waagerechten gefolgter Definitionsdoppelstrich, '⊩', steht (*GG I*, §27). Aber das zeigt natürlich nicht, dass dies die einzig korrekte Weise ist, eine Definition zu formulieren. Die Alternative, in Definitionen den Bisubjunktor '↔' zu verwenden,[186] ist in Freges Augen bloß eine Notationsvariante, da dieses Zeichen in der Logik der *GG* durch den Identitätsoperator überflüssig gemacht wird.

---

[184] Husserls Gründe findet man in Husserl 1891a, 97–98.
[185] Peano 1896, WB 187; vgl. Russell 1904b, WB 251 u. Whitehead-Russell 1910b, 11.
[186] Zur Terminologie s. u. 4-§10.

Aber das setzt voraus, dass Sätze zu Wahrheitswerten in derselben semantischen Beziehung stehen wie 'Sokrates' zu Sokrates (s. u. §6; 2-§1). Letztlich hängt das Gewicht des Frege'schen Einwandes aber nicht davon ab, wie man eine Definition *notiert*. Wenn in einer Definition die Identität des Sinns (und damit der Bedeutung) eines Ausdrucks mit dem eines anderen entweder stipuliert oder konstatiert wird,[187] dann ist Identität nicht definierbar.

Leibnizens Dictum fordert nun aber auch dann einen Einwand heraus, wenn man es als Formulierung eines Grundsatzes versteht. Merkwürdigerweise bringt Frege diesen Einwand nie vor – vielleicht, „um nicht den Vorwurf der kleinlichen Tadelsucht gegenüber einem Geiste auf [s]ich zu laden, zu dem wir nur mit dankbarer Bewunderung aufblicken können".[188] Beginnen wir mit der Frage: *Worin* findet die Ersetzung statt? Für den Frege der *GL* gibt es hier zwei Optionen. Die *erste* besteht in der Annahme, dass der Austausch *in einem „singulären beurtheilbaren Inhalt"* stattfindet, der aus einem *n*-stelligen Begriff und *n* Gegenständen besteht (§ 66 Anm., § 70). In dem (wahren) beurteilbaren Inhalt, dass George Eliot Romane geschrieben hat, G. E. durch Thomas Stearns Eliot zu ersetzen, könnte soviel heißen wie: eine Variante dieses Inhalts zu betrachten, nämlich den (falschen) Inhalt, dass T. S. Eliot Romane geschrieben hat. Soweit ist das alles einigermaßen klar. Völlig unklar ist hingegen, was es heißen soll, in dem ersten dieser beurteilbaren Inhalte George Eliot gegen Mary Ann Evans auszutauschen. Bei aller dankbaren Bewunderung: Leibnizens Rede von dem Einen (*unum*) und dem Anderen (*aliud*) scheint hier doch völlig deplaciert zu sein. Betrachtet man den Inhalt, der aus M. A. E. und der Eigenschaft, Romane geschrieben zu haben, besteht, so betrachtet man denselben Inhalt wie zuvor. Die *zweite* Option besteht in der Annahme, dass der Austausch *in einem Satz* stattfindet. Steht Leibnizens Dictum jetzt besser da? Nein. Ein Satz ist ein sprachliches Gebilde, das aus Wörtern besteht: es enthält keine Personen als Bestandteile – auch dann nicht, wenn sie Schriftstellerinnen sind. Also kann man in einem Satz auch nicht eine Person durch irgendetwas ersetzen. Und bei aller dankbaren Bewunderung ist wiederum völlig unerfindlich,

---

[187] *GG I*, § 27; *1914b*, NS 224, 227.
[188] *GL* § 89 (über Kant).

wie man einen Gegenstand gegen ihn selber sollte austauschen können.[189]

Alle diese Probleme verschwinden, wenn man annimmt, dass es um den Austausch von Gegenstands*bezeichnungen* in Sätzen geht, nicht um den Austausch dessen, was sie bezeichnen. Dann kann Leibniz wirklich mit Fug und Recht '*unum*' und '*aliud*' *s*agen; denn die Namen 'George Eliot' und 'Mary Ann Evans' sind ja wirklich verschieden. Und so ist denn auch das folgende Prinzip der *Substituierbarkeit* von den bislang beklagten Konfusionen völlig frei:

(SUBST)   Ein Satz einer Sprache L, in dem der Identitätsoperator zwischen zwei singulären Termen steht, drückt genau dann eine Wahrheit aus, wenn die beiden singulären Terme in allen L-Sätzen *salva veritate* gegeneinander ausgetauscht werden können.[190]

Das einzige Manko dieses Prinzips besteht darin, falsch zu sein. Obwohl George Eliot niemand anderes als Mary Ann Evans ist, kann man 'George Eliot' in

(1)   'George Eliot' ist das Pseudonym der Verfasserin von *Middlemarch*

nicht ohne Wahrheitsverlust durch den Taufnamen der Schriftstellerin ersetzen. Und obwohl 5271/753 gleich 7 ist,[191] empfiehlt es sich nicht, den Bruch im nächsten Satz durch die Ziffer '7' zu ersetzen:

(2)   Ben glaubt, dass 5271/753 größer als 7 ist.

(Die Frage, welches Substituierbarkeitsprinzip Frege für korrekt hält, wird uns bald beschäftigen.)

---

[189] Unter derselben Malaise leidet Hermann Grassmanns Erklärungsversuch: „Gleich heißen zwei Dinge, wenn man in jeder Aussage statt des einen das andere setzen kann" (in einem Lehrbuch aus dem Jahre 1860, auf das Frege in *GL* mehrfach eingeht; zit. nach Husserl 1891a, 96). Hinzukommt, dass *zwei* Dinge schwerlich jemals identisch sind. (Ich setze voraus, dass 'gleich' bei Grassmann wie bei Schröder und Dedekind *identisch* bedeutet.)

[190] Wittgenstein stellt eine stärkere These auf, wenn er sagt: „Wenn zwei Ausdrücke durch das Gleichheitszeichen miteinander verbunden werden, *so heißt das*, sie sind durcheinander ersetzbar" (Tractatus Logico-Philosophicus (1922), 6.23(a), meine Herv.; vgl. 4.241(a), 6.24(b)).

[191] Brüche werden in diesem Buch stets in linearer Form geschrieben: Zähler/Nenner.

Dass (SUBST) falsch ist, ist auch Leibniz nicht verborgen geblieben. Er schreibt in seinen Formulierungen des Austauschbarkeitsprinzips zwar sehr oft „überall [*ubique*] ersetzbar",[192] aber er hat selber auf Gegenbeispiele hingewiesen: Erstens. „Man spricht manchmal im materiellen Sinn (*materiellement*) von Wörtern."[193] Das tun wir in (1). Zweitens. In sog. 'reduplikativen' Sätzen der Bauart 'a, als (*quatenus*) b, ist soundso beschaffen' kann bei Substitution von 'a' für 'b' auch dann aus Wahrem Falsches werden, wenn 'a ist identisch mit b' eine Wahrheit ausdrückt:

(2ᵃ)   Der Vf der Freiburger Rektoratsrede von 1933 ist als der Vf von *Sein und Zeit* ein bedeutender Philosoph.

Leibnizens Beispiel handelt von einem anderen Sünder:

(2ᵇ)   Petrus ist als derjenige Jünger, der Christus verleugnete, ein Sünder.[194]

Man kann die Kennzeichnung nicht durch den Namen des gekennzeichneten Apostels ersetzen, ohne dass aus Wahrem Falsches wird. –

In den folgenden Sätzen über Identität spricht Frege *nicht* von einem Austausch von Ausdrücken:

[i]   Wir sagen, ein Gegenstand *a* sei gleich einem Gegenstand *b* (im Sinne des völligen Zusammenfallens), wenn *a* unter jeden Begriff fällt, unter den *b* fällt, und umgekehrt. (*1892c*, NS 131.)

[ii]   A ist *identisch* mit B, wenn alles, was von A gilt, auch von B gilt; und umgekehrt.
(*1913*, Vorl 22.[195])

---

[192] e. g. A VI.4A: 154, 275, 816, 871, 931.
[193] N. E. III, 2, § 5 [A VI.6: 287].
[194] 1683+ [A VI.4A], 552. Vgl. auch Bolzano, WL II, 222–224 über '*quatenus*'-Sätze.
[195] Was das Semikolon andeutet, macht der nächste Satz klar: „und umgekehrt" bezieht sich auf das Konditional als ganzes, nicht auf den „alles"-Satz. Und so sollte man diese Wendung auch in [i] verstehen. (Der Sache nach darf man den „alles"-Satz freilich wegen der Reflexivität der Identität getrost auch umkehren; vgl. Quine 1964, 12–13. Das Resultat ist dann Theorem Nr. (IIIh) in *GG I*, § 50, S. 67, u. S. 240.)

Kapitel 1 277

Halten wir uns zunächst an [ii]. Diesen Grundsatz kann man in Freges Quantorenlogik zweiter Stufe so formulieren:

(EADEM) $\forall x \, \forall y \, [x=y \leftrightarrow \forall f \, (fx \to fy)]$.

Das Prinzip (EADEM) impliziert das sog. Gesetz der Identität des Ununterscheidbaren (*identitas indiscernibilium*):

(IdUn) $\forall x \, \forall y \, [\forall f \, (fx \to fy) \to x=y]$,

und das sog. Gesetz der Ununterscheidbarkeit des Identischen:

(UnId) $\forall x \, \forall y \, [x=y \to \forall f \, (fx \to fy)]$.[196]

Verwirrenderweise wird *jedes* der drei Prinzipien (EADEM), (IdUn) und (UnId) in der anglophonen Literatur als 'Leibniz's Law' bezeichnet. Da dieser Titel, wie wir gleich sehen werden, außerdem auch noch historisch fragwürdig ist, schlage ich vor, ihn auf den *Index verborum prohibitorum* zu setzen.

Das Prinzip (UnId) ist das erste Grundgesetz der Identität in der *BS* (§ 20, Nr. 52), wenn man den Tripelstrich durch das Gleichheitszeichen ersetzt. Auch in *GG I*, § 20 nimmt Frege (UnId) als unmittelbar einleuchtend in Anspruch (S. 36, Z. 1–7). Für (IdUn) in Gestalt des logisch äquivalenten sog. Prinzips der Unterscheidbarkeit des Verschiedenen,

(IdUn*) $\forall x \, \forall y \, [\neg \, x=y \to \neg \forall f \, (fx \to fy)]$,

argumentiert er sodann (Z. 7–14), indem er darauf hinweist, dass es ja im Fall der Verschiedenheit der Gegenstände a und b mindestens einen Begriff gibt, unter den zwar b, aber nicht a fällt, nämlich den Begriff ( )=b. Damit ist die Wahrheit von (EADEM) dargetan (Z. 14–17).

Wenn die Quantifikation zweiter Stufe in (IdUn) im Frege'schen Sinne, also unrestringiert verstanden wird, kann dieses Prinzip nicht im Ernst bestritten werden. Was *Leibniz* mit '*identitas in-*

---

[196] (Pardon für die vielen Akronyme.) Aristoteles scheint (UnId) in *Topica* VII, 1: 152ᵇ25–29 zu unterschreiben und (IdUn) in *Sophistici Elenchi* 24: 179ᵃ37–39. Thomas von Aquin akzeptiert (UnId): „Mit dem, was identisch ist, verhält es sich so, dass alles, was von dem einen ausgesagt wird, auch von dem anderen ausgesagt wird (*Quaecumque sunt idem, ita se habent quod quidquid praedicatur de uno, praedicatur et de alio*)" (STh Ia, q. 40, a. 1, *ad* 3). Hier soll „wird ausgesagt" soviel wie 'kann zu Recht ausgesagt werden' oder 'kommt zu' heißen, und die Rede von dem „anderen" ist mit einem Körnchen Salz zu nehmen.

discernibilium' meint, *ist* hingegen eine im Ernst bestreitbare ontologische These. In seinem 'Discours de métaphysique' (§ 9) formuliert Leibniz diese These so: „Es ist nicht wahr, dass zwei Substanzen sich qualitativ gänzlich gleichen und *solo numero* [nur numerisch] verschieden sind".[197] Das ist ein Prinzip, das nicht (wie ein logischer Grundsatz) von allen Gegenständen handelt (sondern nur von Substanzen), und es ist ein Prinzip, das nicht von allen Eigenschaften, nicht von allem, was man einem Gegenstand zuschreiben kann, handelt, sondern nur von einer Unterklasse aller Eigenschaften: keine zwei Substanzen, mögen sie sich auch noch so sehr ähneln, haben – so meint Leibniz – alle *nicht-relationalen*, intrinsischen Eigenschaften gemeinsam.[198]

Eigentlich ist die gängige Rede von (Un)unterscheidbarkeit in unserem Zusammenhang irreführend. (Un)unterscheidbar sind a und b genau dann, wenn (k)ein Unterschied zwischen a und b *erkennbar* ist. In den angegebenen Prinzipien geht es aber darum, ob ein Unterschied zwischen a und b *besteht*, – ob es etwas gibt, was a ist-oder-tut, während b es nicht ist-oder-tut. Unterschiedslosigkeit ist transitiv, Ununterscheidbarkeit nicht.[199]

Das Gesetz, das [ii] und (EADEM) ausdrücken, wird durch die Nichtaustauschbarkeit gleichbedeutender singulärer Terme in (1) und (2) *nicht* widerlegt. In (1) wird etwas von dem *Namen* 'George Eliot' ausgesagt, und da der mit dem Autorennamen auf dem Titelblatt von *Silas Marner* identisch ist, trifft alles, was zu Recht von 'George Eliot' ausgesagt wird, auf den Autorennamen auf jenem Titelblatt zu. Während das Prädikat '( ) ist das Pseudonym der Vfn von *Middlemarch*' einen Begriff bedeutet (signifiziert), ist das Satzfragment 'Ben glaubt, ( ) ist größer als 7' in (2) kein solches Prädikat; denn ein Begriff, unter den das Resultat der Division von 5271 durch 753 fällt, ist auch ein Begriff, unter den die Zahl 7 fällt, da es sich um ein und dieselbe Zahl handelt. Und Entsprechendes gilt auch für Leibnizens Exempel: das Satzfragment 'Petrus ist als

---

[197] Vgl. u. a. auch N. E. II, 1, § 2; II, 27, §§ 1, 3 [A VI.6: 110, 230–231].
[198] Leibniz hat versucht, diese ontologische These aus diversen anderen Prinzipien seiner Metaphysik abzuleiten. Es ist sehr zweifelhaft, ob es ihm gelungen ist, dabei ein Prinzip als Prämisse zu mobilisieren, dass nicht mindestens ebenso heikel ist wie sein *principium identitatis indiscernibilium*.
[199] Jedenfalls gilt das von der Relation ξ *und* ζ *sind für kognitiv endliche Wesen ununterscheidbar*. Leibniz rechnet auch mit einem Wesen, das solchen Einschränkungen nicht unterliegt.

Kapitel 1 279

( ) ein Sünder' in (2ᵇ) signifiziert keinen Begriff; denn ein Begriff, unter den der Jünger, der Christus verleugnete, fällt, ist auch ein Begriff, unter den Petrus fällt, da es sich um ein und denselben Mann handelt.

In den 'Principles of Mathematics' versucht Russell, Identität mit Hilfe einer Formulierung wie [i] zu *definieren*:[200]

(†) $\xi = \zeta =Df. \forall f (f\,\xi \to f\,\zeta)$

Frege würde natürlich auch gegen (†) seinen Zirkularitätsvorwurf erheben. Als Definitionsversuch ist (†) auch noch aus einem anderen Grund dem Vorwurf der Zirkularität ausgesetzt. Gewiss kann es nur dann *wahr* sein, dass der Gegenstand a mit dem Gegenstand b identisch ist, wenn es keinen Begriff gibt, unter den zwar a fällt, nicht aber b. Aber wodurch ist in jedem Fall gewährleistet, dass es einen Begriff gibt, unter den zwar a, aber nicht b fällt, wenn es *falsch* ist, dass a und b identisch sind? Nur dadurch, dass auch der Begriff ( ) *ist identisch mit b* zu den Begriffen gehört, unter die b fällt; denn unter den fällt a natürlich nicht, wenn a und b verschieden sind. (Wie wir eben gesehen haben, hat Frege selber in *GG I*, § 20 so argumentiert). Andersherum, wieso verbürgt die Tatsache, dass b unter jeden Begriff fällt, unter den a fällt, dass b mit a identisch ist? Weil zu den Begriffen, unter die a fällt, auch dieser gehört: ( ) *ist mit a identisch*. Da bei der Rechtfertigung der Prinzipien der Unterscheidbarkeit des Verschiedenen und der Identität des Ununterscheidbaren Begriffe ins Spiel gebracht werden müssen, welche die zu definierende Beziehung der Identität involvieren,[201] besteht Anlass, der sogenannten Definition den Vorwurf verkappter Zirkularität zu machen.

Spätestens seit Anfang der neunziger Jahre behandelt Frege den Identitätsoperator wieder als „Urzeichen". Das Zeichen '=' ist in seinen Augen nun nicht mehr nur ein Baustein arithmetischer Gleichungen, sondern auch ein themenneutrales logisches Urzeichen, das die Beziehung bedeutet (signifiziert), „in der jedes Ding [zu]

---

[200] Russell 1903, 20; vgl. Whitehead-Russell 1910b, 57, 168.
[201] Dass ein Begriff B eine Relation R 'involviert', soll hier soviel heißen wie 'unter B zu fallen, ist nichts anderes als: zu einem bestimmten Gegenstand in R zu stehen'. In diesem Sinne involviert der Begriff ( ) *ist verheiratet mit Jakob* die Beziehung ( ) *ist verheiratet mit* [ ].

sich selbst, aber kein Ding [zu] einem andern steht" (*SuB* 26a).[202] Dieses Zeichen wird in den *GG* dadurch erläutert, dass die Wahrheitsbedingungen begriffsschriftlicher Identitätssätze mit Hilfe des „volkssprachlichen" Ausdrucks 'ist dasselbe wie' angegeben werden:

> Wir haben zwar das Gleichheitszeichen schon beiläufig zur Bildung von Beispielen benutzt; aber es ist nöthig, Genaueres hierüber festzusetzen. 'a = b' bedeute das Wahre, wenn a dasselbe ist wie b; in allen anderen Fällen bedeute es das Falsche. (*GG I*, §7; Symbole transkribiert)

Mit 'George Eliot ist (identisch mit) Mary Ann Evans' macht man nach dieser Interpretation genausowenig eine Aussage über Personennamen wie mit 'George Eliot hat Romane geschrieben'. Die metasprachliche Deutung, die in der *BS* für alle Identitätsbehauptungen, die keine arithmetischen Gleichungen sind, vorgesehen war, ist damit aufgegeben. Es ist ja auch unerfindlich, welchen Reim man sich bei dieser Deutung auf Sätze machen soll, in denen der Identitätsoperator auf einer oder beiden Seiten begleitet wird von einer gebundenen Variablen. Diese Situation ist in der *BS* selber etwa beim „ersten Grundgesetz der Inhaltsgleichheit" *alias* (UnId) gegeben, und an der verunglückten Paraphrase dieses Satzes in *BS* §20 kann man die Misslichkeit der metasprachlichen Deutung studieren. Aber wenn man sich von ihr verabschiedet,[203] welchen Reim kann man sich dann auf die Informativität vieler Identitätsbehauptungen machen? Tatsächlich haben ja z. B. „die beiden Sätze '((5²×211)−4)/753=7'

---

[202] Das ist Freges Antwort auf die Frage im zweiten Satz von *SuB*, vgl. *GG I*, §4. (Er hat in *SuB* merkwürdigerweise vergessen, sie explizit zu beantworten.) Kann eine Beziehung denn auf einem Bein stehen? Etwas ist in Freges Augen eine Beziehung, wenn es von einem zweistelligen Prädikat bedeutet wird, und '( ) ist identisch mit [ ]' ist offenkundig ein zweistelliges Prädikat.
[203] Wenn Frege 1903 schreibt: „Wir selbst drücken ja mit dem Gleichheitszeichen aus, dass die Bedeutung der links stehenden Zeichengruppe zusammenfalle mit der Bedeutung der rechts stehenden" (*GG II*, §105), so bekennt er sich nicht zu der metasprachlichen Deutung, sondern er wendet gegen die Anhänger der Formalen Arithmetik ein, dass man in einer Gleichung etwas *über die Bedeutungen* der das '=' flankierenden Zeichen sagt, nämlich dass sie zusammenfallen. Entsprechendes gilt von den missverständliche Formulierungen in *FuB* 3; *GG I*, §5, 2. Satz; *GG II*, §64 (S. 76, Z. 14–17), §138; *1896c*, WB 197.

und '7=7' für unsere Erkenntnis nicht denselben Werth, obwohl das Zeichen '(($5^2 \times 211$)–4) / 753' dasselbe bezeichnet wie '7'";[204] und entsprechendes gilt auch von dem Satzpaar 'George Eliot ist Mary Ann Evans' und 'George Eliot ist George Eliot'. Auf den ersten Seiten von *SuB* versucht Frege zu zeigen, dass man derartige Tatsachen mit Hilfe der Unterscheidung von Sinn und Bedeutung erklären kann (s. o. §2.2).

Wenn Frege in *SuB* erneut Leibniz zitiert, so lässt er den definitorischen Anspruch auf sich beruhen, – es geht ihm ausschließlich um ein Prinzip der Substituierbarkeit:

> [D]er Wahrheitswerth ... muß ... unverändert bleiben, wenn ein Satztheil durch einen Ausdruck von derselben Bedeutung, aber anderm Sinne ersetzt wird. Und das ist in der That der Fall. Leibniz erklärt gradezu: „*Eadem sunt, quae sibi mutuo substitui possunt, salva veritate* [Identisch ist, was wechselseitig für einander eingesetzt werden kann, unbeschadet der Wahrheit]". (*SuB* 35b [meine Übers.].[205])

Aber haben wir oben nicht gesehen, dass singuläre Terme, die dasselbe bedeuten (denotieren), nicht immer *salva veritate* ausgetauscht werden können? Frege reagiert auf dieses Problem mit der These, dass in der „Sprache des Lebens" gewisse Einbettungen eines Ausdrucks systematisch eine *Bedeutungsverschiebung* induzieren. Das geschieht u. a. bei der *Anführung* eines Ausdrucks. Bei der ersten Präsentation seiner These schreibt Frege:

---

[204] *1904b*, WB 247 (Schreibweise des Bruchs modifiziert).
[205] Die lateinische Formulierung, die sich inhaltlich nicht von der oben angeführten unterscheidet, ist bislang in keinem der Frege zugänglichen Leibniz-Texte nachgewiesen worden. (Insofern ist Patzigs Anm. zu der *SuB*-Stelle in FBB(P) u. FBB(T) immer noch nicht überholt.) Aber in Leibniz 1704, 195 findet sich eine *fast* gleichlautende Formulierung, die Frege durch Trendelenburg 1860, 382 (= 1867, 56) und 1861 kennen konnte: „*Eadem, quae sibi substitui possunt salva veritate*" [auch in Couturat 1903, 475]. Verständlicherweise entfällt „*sunt*" in einer Liste; aber es fällt schwer zu glauben, dass Frege sich die Freiheit genommen hat, „*mutuo* [wechselseitig]" hinzuzufügen. *Genau* dieselbe Formulierung wie in *SuB* ist merkwürdigerweise in Texten zu finden, die Frege 1891–92 noch gar nicht zugänglich waren, so z. B. in Leibniz n.1680, [A VI.4A] 389: „*Eadem (Diversa) sunt quae sibi mutuo substitui possunt (non possunt) salva veritate.*"

[a] Wenn man in der gewöhnlichen Weise Worte gebraucht, so ist das, wovon man sprechen will, deren Bedeutung. Es kann aber auch vorkommen, daß man von den Worten selbst oder von ihrem Sinne reden will. [b] Jenes geschieht z. B., wenn man die Worte eines Andern in gerader Rede anführt. Die eigenen Worte bedeuten dann zunächst die Worte des Andern, und erst diese haben die gewöhnliche Bedeutung. [c] Wir haben dann Zeichen von Zeichen. [d] In der Schrift schließt man in diesem Falle die Wortbilder in Anführungszeichen ein. Es darf also ein in Anführungszeichen stehendes Wortbild nicht in der gewöhnlichen Bedeutung genommen werden. (SuB 28b.[206]) ... [ω] Ein Satz bedeutet in der geraden Rede wieder einen Satz... (36b.[207]) ('[ ]' von mir hinzugefügt.)

Als paradigmatischen Fall („z. B.") von Anführung betrachtet Frege in [b] die Anführung, in der jemand zitiert wird, – die „gerade Rede" oder *Oratio recta*, die man heute als wörtliche oder direkte Rede zu bezeichnen pflegt:

(Recta)   Als Caesar sich anschickte, den Rubicon zu überschreiten, sagte er wortwörtlich: „alea iacta est".

Das Zeichen, das hier bezeichnet wird, [c], sind Caesars „Worte", [b], – es ist ein „Satz", [ω]. Und wodurch wird dieses Zeichen in (Recta) bezeichnet? Nach [ω] ist das Bezeichnende ebenfalls ein Satz. Nun ist die Zeichenreihe in (Recta), die mit Gänsefüßchen beginnt und aufhört, kurz: der Anführungsausdruck, kein Satz. Also ist das Zeichen, das in (Recta) einen Satz bezeichnet, nicht der Anführungsausdruck, sondern das, was zwischen den Gänsefüßchen steht. In

---

[206] Dass Frege in [d] von Wort*bildern* zwischen Anführungszeichen spricht, können Leser der immer wieder nachgedruckten *SuB*-Übersetzung von Max Black nicht einmal ahnen; denn dort heißt es: „words between quotationmarks" (Black 1948, Op.). Nicht nur hier hat der Österreicher Herbert Feigl besser übersetzt: „word-icons in quotes" (Feigl 1949, 87). Dem „Wortbild" in *Allg* 280 ergeht es in Long & White 1979, 260 kaum besser als bei Black: „form of words". – Das „z. B." in [b] bleibt bei Feigl unübersetzt, nicht so bei Black.

[207] Feigl übersetzt [e] richtig: „A sentence in direct discourse nominates again a sentence" (92). Black gibt in 36b „gerade oder ungerade Rede" mit „direct or indirect *quotation*" wieder, was keine gute Idee ist, und übersetzt [e] so: „In direct quotation, a sentence designates *another* sentence". Selbst wenn Frege das gemeint haben sollte: gesagt hat er es hier nicht.

jeder Sprache kann man auch in einer mündlichen Äußerung jemanden zitieren, ohne so etwas wie „quote – unquote" zu murmeln oder Gänsefüßchen in die Luft zu malen. (Erst in [d] wendet sich Frege den Gepflogenheiten in der Schriftsprache zu, und auch in einer Schriftsprache, in der es (noch) gar keine die Anführung signalisierenden Schriftzeichen gibt,[208] ist direkte Rede möglich.) Hält man sich an [a] und [ω], so wird der lateinische Satz in (Recta) gebraucht, um auf *ihn selbst* Bezug zu nehmen. Mit einem Terminus, den Carnap in seiner 'Logischen Syntax' zu diesem Zweck annektiert hat, kann man diese Auffassung so formulieren: der lateinische Satz ist im Kontext von (Recta) *autonym*.[209]

Und welche Rolle spielen die Anführungszeichen in (Recta)? Wenn (!) hier *nur* der lateinische Satz einen Satz bezeichnet, dann besteht ihre Aufgabe bloß darin, den Leser auf diese besondere Verwendungsweise aufmerksam zu machen. Sie gehören zur Interpunktion und sind oft so entbehrlich wie das Komma in 'Schnee ist weiß, und Blut ist rot'.[210] (Hundertfach wird in diesem Buch die Anführung von Sätzen oder Satzreihen nicht durch Anführungszeichen signalisiert, sondern durch Einrückung. Niemand käme auf die Idee, die Einrückung eines Zeichens als Bestandteil desselben anzusehen.)

---

[208] Sie treten in Europa anscheinend nicht vor 1450 auf, und es dauerte dann noch ein paar Jh, bis sie gang und gäbe wurden.

[209] Einen „als Bezeichnung für ihn selbst ... verwendeten Sprachausdruck nennen wir *autonym*" (Carnap 1934, 109). (Gewöhnlich versteht man unter einem Autonym [αὐτό: selbst, ὄνομα: Name] den eigenen Namen einer Person – im Kontrast etwa zu ihrem Pseudonym – oder ein Werk, das unter dem Namen des Verfassers – statt anonym oder unter seinem Pseudonym – veröffentlicht wurde.) Lektoren und Drucker halten 'autonym' meist für einen Tippfehler und ersetzen es durch das vertrautere 'autonom' (νόμος: Gesetz). Im Verlag Klostermann geschieht so etwas natürlich nicht, oder doch? Da wir schon dabei sind, Termini zu kapern, nennen wir weiter unten einen als Bezeichnung für etwas anderes (also auf die gewöhnliche Weise) verwendeten Sprachausdruck *allonym*. (Gewöhnlich versteht man unter einem Allonym [ἄλλο: anderes] einen besonderen Fall von Pseudonym: ein Autor nimmt den Namen einer prominenten historischen Figur an – wie der chilenische Dichter, der sich nach einem tschechischen Patrioten und Schriftsteller Neruda nannte.)

[210] Oft, nicht immer: In *Schmidt ist einsilbig* würden Gänsefüßchen für Eindeutigkeit sorgen, und die Zweideutigkeit von *Bring deine Frau mit oder komm allein und mach dir einen vergnügten Abend* kann durch Einfügung eines Kommas beseitigt werden.

Zur Autonymie-Konzeption der Anführung scheint nicht zu passen, was Frege im Entwurf eines Briefes an Philipp Jourdain sagt:

> Wenn ich etwas schriftlich von einem geschriebenen Zeichen aussagen will, schliesse ich es in Anführungszeichen ein und *das so entstandene zusammengesetzte Zeichen* ist dann Name eines Zeichens. (*1914a*, WB 133; meine Herv.)

Demnach enthält (Recta) einen *allo*-nymen singulären Term, einen Ausdruck, der als Bezeichnung für etwas *Anderes*, für einen Satz verwendet wird. In der vierten *LU* oszilliert Freges Formulierung zwischen der Auto- und der Allonymie-Auffassung:

> Die Sätze der Hilfssprache [i. e. einer begriffsschriftlich reglementierten Version des Deutschen] ... sind Gegenstände, von denen in meiner Darlegungssprache [sc. Deutsch] die Rede sein soll. Deshalb muss ich sie in meiner Darlegungssprache bezeichnen können, ebenso wie in einer astronomischen Abhandlung die Planeten durch ihre Eigennamen „Venus", „Mars" bezeichnet werden. *Als solche Eigennamen der Sätze der Hilfssprache benutze ich diese selbst, jedoch in Anführungszeichen eingeschlossen.* (*Allg* 280/281; s. u. 5-§5.)

Dass die singulären Terme, mit denen Frege hier die Satzbezeichnungen in der „Darlegungssprache" vergleicht, „eigentliche Eigennamen" sind, ist noch kein guter Grund, ihm zu unterstellen, er wolle den Teilen dieser Satzbezeichnungen Bedeutung absprechen. Außerdem spricht gegen diese Unterstellung, was Frege in *SuB*-[g], s. u., über die Wörter in der indirekten Rede sagt; denn offenkundig will er eine Analogie zwischen *Oratio recta* und *Oratio obliqua* hervorheben. Die Autonymie-Konzeption der Anführung schließt nicht aus, dass jedes lateinische Wort in (Recta) verwendet wird, um auf es selbst Bezug zu nehmen, und die Allonymie-Auffassung kann so weiterentwickelt werden, dass der Anführungsausdruck in (Recta) den folgenden singulären Term

—: das aus „alea", gefolgt von „iacta", gefolgt von „est" bestehende Zeichen

abkürzt.

Muss man sich eigentlich für die eine und gegen die andere Konzeption der Anführung entscheiden? Können wir nicht sagen, dass

Kapitel 1 285

in (Recta) der Anführungsausdruck als ganzer dasselbe bezeichnet wie ein Teil von ihm? (Die Phrase 'das Quadrat von 1' bezeichnet die Zahl 1, aber das tut auch der eingebettete Term.)

Eine Inskription, die von Anführungszeichen flankiert wird, nennt Frege in [d] nicht deshalb „Bild", weil er sie von ihrer sprachlichen Umgebung abheben will, sondern weil „die Wortschrift" gemäß seiner 'Aristotelischen' Konzeption (s. o. §1) „die Wortsprache einfach abbildet" (*BrL* 14): „die Wortbilder ... entsprechen Wörtern der Lautsprache" (*Allg* 280). Was in der schriftlichen Wiedergabe mündlicher Rede wiedergegeben wird, sind Worte, nicht „Wortbilder". Das schriftliche Zitat selber besteht hingegen wie *alle* Inskriptionen aus „Wortbildern".

Wenn der lateinische Satz in Zeile (Recta) verwendet wird, um auf ihn selbst Bezug zu nehmen, bezeichnet er dann das *Vorkommnis* dieses Satzes, das die Leserin dort erblickt? Dann würden die Inskriptionen in den beiden nächsten Zeilen

—: „alea iacta est"=„alea iacta est"
—: Das Prädikat „iacta est" kommt in dem Satz „alea iacta est" vor

falsche Gedanken ausdrücken, und in den beiden nächsten Zeilen

—: „alea iacta est" ist kein Satzgefüge
—: „alea iacta est" ist kein Satzgefüge

würde dann nicht zweimal dieselbe Wahrheit ausgedrückt. Das entspricht nicht unserer Anführungspraxis. Es ist kein Wunder, dass Hans Reichenbach es für ratsam hielt, für die Anführung von Ausdrucksvorkommnissen eine eigene Sorte von Anführungszeichen, die sog. *token quote-marks* einzuführen:[211] Mit der Gleichung

—: ⁾alea iacta est⁽ = ⁾alea iacta est⁽

sagt man tatsächlich etwas Falsches. Wir verstehen die Frege'sche These, dass man in (Recta) Worte gebraucht, um „von den Worten selbst" zu sprechen, also wohl besser so: In (Recta) bezeichnet ein Satzvorkommnis den (orthographisch individuierten) lateinischen Satz, von dem es ein Vorkommnis ist. (Der Zusatz 'orthographisch individuiert' soll dafür sorgen, dass wir

---

[211] Reichenbach 1947, 284 ff.

—: „One billion is 10^{12}" drückt im Britischen Englisch einen wahren und im Amerikanischen Englisch einen falschen Gedanken aus

unterschreiben können.)

Eine spätere Passage bei Frege imitierend (*SuB*-[g], s. u.), können wir die Autonymie-Auffassung der direkten Rede so charakterisieren: Sätze werden in der direkten Rede *anführend* gebraucht, – sie haben dort ihre *Anführungs*bedeutung. Die Anführungsbedeutung eines Satzvorkommnisses S ist der Satz, von dem S ein Vorkommnis ist. *Diese* Art von Bedeutung fehlt also *keinem* Satzvorkommnis. Über den Anführungs*sinn* von S sagt Frege nichts. Es ist naheliegend, ihm die These zuzuschreiben, dieser Sinn sei der Sinn der Inskription, die man aus S erzeugt, wenn man S mit Gänsefüßchen umrahmt. Man erfasst den Anführungssinn von S, wenn man S perzeptiv erkennt und weiß, dass ein Vorkommnis eines Satzes, der anführend verwendet wird, denjenigen Satz bezeichnet, von dem es ein Vorkommnis ist. (Was hier über die anführende Verwendung von Sätzen gesagt wurde, gilt – wenn es richtig ist – *mutatis mutandis* auch für den anführenden Gebrauch anderer Zeichen.)

Man hat Freges Ausführungen in *SuB*-[a] und -[b] der Inkonsistenz geziehen. Laut [b] bezieht sich jemand, der (Recta) äußert, auf eine bestimmte Äußerung Caesars – und *nicht* auf den lateinischen Satz, von dem der Zitierende selber ein Vorkommnis produziert. Also sei [b] mit [a] inkompatibel. Außerdem – so lautet der nächste Vorwurf – führe [b], verbunden mit einem Prinzip der Frege'schen Semantik, zu eklatant falschen Diagnosen. Betrachten wir die Rubicon-Story einmal genauer. Wenn wir Sueton Glauben schenken, der die Primärquelle für das Zitat ist, dann hat Caesar kurz vor dem Betreten der entmilitarisierten Zone gesagt: 'Iacta alea est'.[212] Schlimmer noch, bei Plutarch lesen wir: "[Caesar] sagte laut in griechischer Sprache zu den Anwesenden: 'Ἀνερρίφϑω κύβος [Hochgeworfen sei der Würfel!]' und führte das Heer hinüber."[213] Ist auf die eine oder andre diese Quellen Verlass, dann wird er in

---

[212] Sueton, Biographien der [ersten] zwölf Kaiser (nach 120 n. Chr.), Buch 1, *Der göttliche Julius*, §32.
[213] Plutarch, Parallel-Biographien (nach 96 n. Chr.), *Leben des Pompejus*, 60.2.9. Im *Leben des Caesar*, 32.8.4, deutet Plutarch an, dass ein Augenzeuge namens Asinius Pollio von dem Vorfall berichtet hat.

(Recta) *nicht* wortwörtlich zitiert. Gehen wir einen Schritt weiter: Vielleicht sind beide Biographen Opfer bloßer Gerüchte, – Caesar sagte bei jener Gelegenheit kein einziges Wort. Dann drückt (Recta), auch wenn wir das Adverb „wortwörtlich" entfernen, einen falschen Gedanken aus. Hält man sich nun an [b], so bezeichnet das Vorkommnis des lateinischen Satzes in (Recta) unter den gerade angegebenen Umständen nicht die Worte eines Anderen, sondern gar nichts. Nach Freges Prinzipien (s. o. 239) verurteilt die Bedeutungslosigkeit dieser Bezeichnung den Satz (Recta) ebenfalls zur Bedeutungs-, i. e. zur Wahrheitswertlosigkeit. Und das ist klarerweise eine Fehldiagnose: mit (Recta) wird in der beschriebenen Situation eindeutig etwas Falsches gesagt.

Es empfiehlt sich also, die These in [b] behutsam zu modifizieren. Mein Modifikationsvorschlag, angewendet auf (Recta), lautet: Das in (Recta) enthaltene Vorkommnis eines lateinischen Satzes bedeutet nicht das, was Äußerungen von Behauptungssätzen normalerweise bedeuten, nämlich einen Wahrheitswert (s. u. §6), sondern einen *Satz*; aber wenn Caesar diesen Satz tatsächlich geäußert hat, so bedeutet *seine* Äußerung einen Wahrheitswert.

In dem folgenden Satz wird etwas angeführt, aber niemand wird zitiert, – es handelt sich also eigentlich nicht um einen Fall von *Oratio recta*:[214]

(1)   'George Eliot' ist das Pseudonym der Verfasserin von *Middlemarch*.

Da die Bedeutung (das Denotat) des ersten Namensvokommnisses bzw. die des Anführungsausdrucks in (1) keine Person ist, sondern ein Name, kann diese Inskription in (1) nicht unter Beibehaltung des Wahrheitswerts des Gesagten durch ein Vorkommnis eines anderen Namens derselben Person ersetzt werden. Ein Ausdrucksvorkommnis, das den (orthographisch individuierten) Ausdruck bezeichnet, von dem es ein Vorkommnis ist, darf, wenn Wahrheitserhalt garantiert sein soll, nur durch Vorkommnisse ersetzt werden, die genauso buchstabiert werden. Von dieser Art ist z. B. die in

---

[214] In der anglophonen Literatur bleibt der Unterschied zwischen der Gattung Anführung und der Spezies Zitat meistens unberücksichtigt, da man 'quotation' für beides zu verwenden pflegt.

—: '*George Eliot*' ist das Pseudonym der Verfasserin von *Middlemarch*

vorgenommene Substitution. (Der Grenzfall des Buchstabierens besteht darin, ein atomares Zeichens als ein großes A, als ein kleines Alpha, als eine Eins, als eine Linksklammer, etc. zu klassifizieren.) Der Anführungsausdruck in (1) kann natürlich als ganzer *salva veritate* durch eine andere Bezeichnung des angeführten Namens ersetzt werden, etwa durch die Kennzeichnung 'der Autorenname auf dem Titelblatt von *Silas Marner*'. Die Frage, um die es gerade ging, war eine ganz andere: Welche Substitutionen *zwischen den Anführungszeichen* affizieren den Wahrheitswert des Gesagten nicht?

In (1) stehen zwei ko-denotative singuläre Terme, doch der erste zeichnet sich vor dem zweiten durch eine Eigenschaft aus, die ich Durchsichtigkeit oder *Transluzenz* nennen möchte. Eine Bezeichnung ist genau dann transluzent, wenn man sie nicht verstehen kann, ohne eben damit auch schon zu wissen, *was* sie bezeichnet. Ist 'a' eine transluzente Bezeichnung eines F, so kann sich jemand, der 'a' versteht, nicht mit Sinn fragen, *welches* F a ist. Von den folgenden Bezeichnungen ein und derselben Zahl, Farbe oder Tugend ist jeweils nur die erste transluzent: '*Sieben*', '5271 / 753', 'die Zahl der Todsünden'; '*Rot*', 'die Farbe mit der größten Wellenlänge', 'die Farbe der unteren Hälfte der russischen Flagge'; '*Tapferkeit*', 'die Tugend, von der Platons *Laches* handelt'. In diesem Sinne sind auch die Anführungsausdrücke bzw. anführend verwendeten Ausdrücke in (1) und die in

(Recta*)   „alea iacta est" ist der Cäsar zugeschriebene notorische Würfel-Spruch

transluzent, während man die ko-denotativen singulären Terme hinter dem Identitätsoperator in beiden Sätzen sehr wohl verstehen kann, ohne *eo ipso* zu wissen, welchen Namen bzw. welchen Satz sie bezeichnen. Wegen der Durchsichtigkeit der Anführungsausdrücke bereitet es auch keine Probleme, die iterierte Anwendung von Anführungszeichen zu verstehen. (Frege iteriert sie z. B. in *1902a*, WB 218.)

In *SuB*-[a] spielt Frege schon auf die zweite Anwendung seiner These an, dass in den „Volkssprachen" gewisse satzinterne Kontexte eines Ausdrucks systematisch eine Verschiebung seiner Bedeutung induzieren. Betrachten wir zur Vorbereitung aber erst einmal ein Exempel von einer Sorte, die Frege nie erörtert hat. In dem Satz

(3)   Der Sinn von „the only even prime number" ist | die einzige gerade Primzahl

bedeutet (denotiert) der singuläre Term nach dem als Lesehilfe dienenden Zäsur-Strich nicht die Zahl Zwei; denn schließlich ist kein Sinn eine Zahl, also auch nicht der Sinn der angeführten englischen Nominalphrase.[215] (Was mit dem Satz „Der Sinn von 'senseless' ist | sinnlos" gesagt wird, ist wahr, – man schreibt mit ihm also nicht absurder Weise einem Sinn Sinnlosigkeit zu. Wer auf die Frage „Was heißt 'nihil'?" antwortet: „Nichts.", der erklärt das lateinische Wort nicht für sinnlos.) Das Wort vor dem Zäsur-Strich in (3) ist nicht die Kopula, sondern der *Identitäts*operator. Die letzte Kennzeichnung in (3) bezeichnet *ihren eigenen Sinn*. Deshalb ist sie hier nicht *salva veritate* durch 'Zwei' ersetzbar. Sie kann aber ohne Wahrheitsverlust durch „der Sinn von 'die einzige gerade Primzahl'" ersetzt werden. Was bei dieser Substitution nicht erhalten bleibt, ist der Sinn von (3). Der substituierte Ausdruck ist keine transluzente Bezeichnung des Sinns von „the only even prime number". Ein monoglotter Russe kann glauben, dass 'the only even prime number' und 'die einzige gerade Primzahl' denselben Sinn haben, ohne zu glauben, was mit (3) gesagt wird. (Letzteres wäre ein Glaube, den er mit der nur fünf nicht-russische Wörter enthaltenden Übersetzung von (3) ins Russische kundtun könnte.) Ein Ausdrucksvorkommnis, das der Bezugnahme auf seinen eigenen Sinn dient, darf, wenn Wahrheitserhalt garantiert sein soll, nur durch *sinngleiche* Ausdrucksvorkommnisse ersetzt werden, – in (3) also durch 'die einzige Primzahl, die gerade ist' oder durch 'die einzige gerade Zahl, die nur durch sich selbst und 1 ohne Rest teilbar ist'.

Nach Freges Theorie fungieren nun die Nebensätze (und ihre Komponenten) in der indirekten Rede und in Zuschreibungen von propositionalen Einstellungen und Akten genauso wie die Phrase nach dem Zäsur-Strich in (3), d. h. sie *bedeuten* (denotieren) dort den Sinn, den sie normalerweise ausdrücken. Er fährt an der Stelle, an der wir ihn oben unterbrochen hatten, so fort:

---

[215] Dasselbe gilt *mutatis mutandis* von der berüchtigten Anm. 2 in *SuB*. Natürlich will Frege dort nicht sagen, dass der Sinn von 'Aristoteles' ein Schüler Platons war.

[e] Wenn man von dem Sinne eines Ausdrucks ‚A' reden will[,] so kann man dies einfach durch die Wendung „der Sinn des Ausdrucks ‚A'" [thun]. [f] In der ungeraden Rede spricht man von dem Sinne z. B. der Rede eines Andern. Es ist daraus klar, daß auch in dieser Redeweise die Worte nicht ihre gewöhnliche Bedeutung haben, sondern das bedeuten, was gewöhnlich ihr Sinn ist. [g] Um einen kurzen Ausdruck zu haben, wollen wir sagen: die Wörter werden in der ungeraden Rede *ungerade* gebraucht, oder haben ihre *ungerade* Bedeutung. [h] Wir unterscheiden demnach die *gewöhnliche* Bedeutung eines Wortes von seiner *ungeraden* und seinen *gewöhnlichen* Sinn von seinem *ungeraden* Sinne. Die ungerade Bedeutung eines Wortes ist also sein gewöhnlicher Sinn... (*SuB* 28c.) [ω] Ein Satz bedeutet ... in der ungeraden [Rede] einen Gedanken. (36b.)

Die eigentümliche Rolle der Kennzeichnung nach dem Zäsur-Strich in (3) war schon ein Beleg dafür, dass man auch anders vom Sinn eines Ausdrucks reden kann als durch eine Wendung der in [e] angegebenen Form. Die Art der Satzverwendung, die Frege nun selber erörtert, zeigt dasselbe. Als paradigmatischen Fall für die zweite Art der Bedeutungsverschiebung betrachtet er in [f] die „ungerade Rede", die *Oratio obliqua*, die man heute als indirekte Rede zu bezeichnen pflegt:

(Obliqua) Als Caesar sich anschickte, den Rubicon zu überschreiten, sagte er, dass der Würfel geworfen ist.

Bei den „Worten", die laut [f] in (Obliqua) den Sinn der Äußerung Caesars bezeichnen, handelt es sich gemäß [ω] um einen „Satz". Ist die mit 'dass' beginnende Zeichenreihe in (Obliqua), ist die Inhaltsklausel als ganze dieser Satz?[216] Nicht, wenn man [f] ernst nimmt; denn bei dieser Zeichenreihe handelt es sich *nicht* um genau die Worte, die in gewöhnlicher Rede einen Wahrheitswert bedeuten. Hält man sich an [f], so ist das Zeichen, das in (Obliqua) einen Gedanken bezeichnet, nicht der 'dass'-Satz, sondern der Satz 'Der Würfel ist geworfen'. Das

---

[216] Nicht alle Nebensätze sind in Freges Augen Sätze: „Ich gebrauche das Wort 'Satz' hier nicht ganz im Sinne der Grammatik, die auch Nebensätze kennt. Ein abgesonderter Nebensatz hat nicht immer einen Sinn, bei dem Wahrheit in Frage kommen kann, während das Satzgefüge, dem er angehört, einen solchen Sinn hat" (*Ged* Anm. 2; so schon in *n.1899*, NS 182). Aber diese Ausgrenzung ist hier nicht einschlägig: sie betrifft Satzgefüge wie 'Wo gehobelt wird, fallen Späne' (s. u. 5-§1).

einleitende 'dass' und die geänderte Wortstellung signalisieren das, was in [h] als der „ungerade Gebrauch" dieses Satzes bezeichnet wird. Darin entspricht ihre Rolle der des Zäsur-Strichs in (3).

Zu dieser Auffassung scheint nicht alles zu passen, was Frege später in *SuB* sagt. Ein „Nennsatz", so erfahren wir, sei ein Nebensatz, der einen zusammengesetzten Eigennamen bildet (41c), und ein „mit 'daß' eingeleiteter abstracter Nennsatz" (37a) könne als Eigenname eines Gedankens aufgefasst werden (39c). Demnach bezeichnet in (Obliqua) der 'dass'-Satz einen Gedanken.[217]

GRAMMATICALIA (1). Warum nennt Frege die 'dass'-Sätze „abstrakt"? Black 1948 merkt hier an (und diese Anm. ist in Beaney 1997 erhalten geblieben):

„Frege probably means clauses grammatically replaceable by an abstract noun-phrase; e.g. 'Smith denies that dragons exist'='Smith denies the existence of dragons'; or again, in this context after 'denies', 'that Brown is wise' is replaceable by 'the wisdom of Brown'".

Das scheint mir an den Haaren herbeigezogen, und es funktioniert ausgerechnet bei 'Smith says / thinks that dragons exist' nicht. Die naheliegende Frage ist doch: Was wäre denn ein *konkreter* Nennsatz? Leider gebraucht Frege diesen Titel weder in *SuB* noch andeswo, aber er gibt in *SuB* ein Beispiel für einen Nennsatz, der ihn zu verdienen scheint, nämlich den Nebensatz in (R) „Der die elliptischen Planetenbahnen entdeckte, starb im Elend" (39d, 41b). Ich finde deshalb die Deutung unserer Stelle in Church 1953, 93 viel plausibler: Der 'dass'-Satz in „Copernicus glaubte, daß die Bahnen der Planeten Kreise seien" ist ein abstrakter Nennsatz, weil er einen abstrakten *Gegenstand*, einen Gedanken bezeichnet (und der gerade erwähnte Nebensatz in (R) ist ein konkreter Nennsatz, weil er einen konkreten *Gegenstand*, nämlich Kepler bezeichnet). Die Ausdrücke 'abstrakt' und 'konkret' gehören nicht zu Freges ontologischem Vokabular. Er zögert in *GG II* aber nicht, Gegenstände, die weder „wirklich" noch „objektiv" sind, Cantors Sprachgebrauch folgend „abstracte Gegenstände" zu nennen (§ 74, S. 86).[218] Diese Interpretationshypothese wird durch das bestätigt,

---

[217] Dieselbe Position vertritt Frege auch in einem Brief an Russell: *1904b*, WB 246.
[218] Zum Vergleich: Quine klassifiziert singuläre Terme wie 'die kleinste Primzahl' ('der Entdecker der elliptischen Planetenbahnen') deshalb als abstrakt (konkret), weil sie dazu bestimmt sind, einen abstrakten (konkreten) Gegenstand zu bezeichnen: Quine 1950, § 34 / ³1974, § 39.

was man in Grammatiken des 19. Jh. unter der Überschrift *Abstrakte und Konkrete Nennsätze* findet.[219]

Was bezeichnet denn nun in (Obliqua) den Gedanken, dass der Würfel geworfen ist, – der 'dass'-Satz oder der Satz nach dem 'dass'? Die Frage, die wir im Blick auf Freges divergierende Bestimmungen des Satzbezeichners in der direkten Rede aufgeworfen haben, stellt sich auch hier: muss man sich eigentlich für die eine und gegen die andere Auffassung entscheiden? Können wir nicht sagen, dass in (Obliqua) die Inhaltsklausel als ganze dasselbe bezeichnet wie ein Teil von ihr? (Die Zahl 7 wird von dem Ausdruck '(4+3)×(2–1)' und von einer seiner Komponenten bezeichnet.)

Frege klassifiziert auch Zuschreibungen von propositionalen Einstellungen oder Akten als ungerade Rede (*SuB* 37a; *1904b*, WB 246). Damit erweitert er den Anwendungsbereich dieses Titels auf eine Weise, die auch in vielen Grammatiken zu finden ist. Auch in

(2)   Ben glaubt, dass 5271/753 größer ist als 7

hat der eingebettete Satz seine „ungerade Bedeutung", die laut [h] mit seinem „gewöhnlichen Sinn" zusammenfällt.

GRAMMATICALIA (2). Die Inhaltsklauseln der indirekten Rede und der Zuschreibungen propositionaler Zustände oder Akte sind in unserer Sprache oft mit 'dass' eingeleitete Nebensätze, aber diese Klauseln können auch uneingeleitet sein. Im einen wie im anderen Fall wird oft der Konjunktiv gebraucht, aber auch in der uneingeleiteten Inhaltsklausel ist er nicht (mehr) obligatorisch.[220] Leser, die fürchten, das *sei* kein gutes Deutsch, kann ich vielleicht durch ein Zitat aus Max Frischs *Stiller* (1954, 2. Teil, gegen Ende) beruhigen: „Gestern mittag hast du geglaubt, sie stirbt". Die Inhaltsklausel kann auch ein Hauptsatz sein: 'Wie Anna gesagt hat, ist George Eliot kein

---

[219] Z. B. in Max Wilhelm Götzinger, 'Die deutsche Sprache ...', 1. Bd., 2. Teil, 'Satzlehre', §§ 123–130, Stuttgart 1839, Nachdruck Hildesheim 1977. In diesem Buch, aber bestimmt nicht nur dort, findet man überhaupt viel von Freges grammatischer Terminologie. Da sein Vater eine Sprachlehre geschrieben hat (s. o. EINL-§2), kann man damit rechnen, dass ihm solche Grammatiken sehr früh und sehr leicht zugänglich waren.

[220] Frege selbst verwendet in seinen Beispielen für *Oratio obliqua* immer 'dass'-Sätze im Konjunktiv (*SuB* 37b–38c; *1902c*, WB 232; *1904b*, WB 246; *1910/11*, *Vorl* 16), und er scheint den Konjunktiv auch für grammatisch geboten zu halten (*SuB* 38d; *1919c*, NS 276).

Mann', und gelegentlich kann der Inhalt mit Hilfe einer Infinitivkonstruktion angegeben werden: 'Er behauptet, *Middlemarch* in zwei Tagen gelesen zu haben'.[221] In *SuB* 38c zeigt Frege, dass manchmal auch eine Nominalphrase die Rolle einer Inhaltsklausel übernimmt. Sein Beispiel ist „Columbus schloß aus der Rundung der Erde, dass er nach Westen reisend Indien erreichen könne". Ersetzt man hier die Wendung 'aus der Rundung der Erde' durch 'daraus, dass die Erde rund ist', so wird immer noch derselben Gedanke ausgedrückt. Deshalb kann der Name unseres Planeten in diesem Satz nicht *salva veritate* ausgetauscht werden gegen „der Planet, welcher von einem Monde begleitet ist, dessen Durchmesser größer als der vierte Theil seines eignen ist". Mit einem Ja/Nein-Fragesatz drückt man denselben Gedanken aus wie mit dem entsprechenden Behauptungssatz (vgl. 2-§3), und wenn man in der indirekten Rede jemandem eine Entscheidungsfrage zuschreibt, dann bezeichnet der 'ob'-Satz (der in der traditionellen Grammatik ebenfalls als „abstrakter Nennsatz" klassifiziert wird) einen Gedanken.– Im Übrigen sind 'dass'-Sätze auch keineswegs *immer* Bezeichnungen von Gedanken. Das zeigt der Anfang einer ehedem gut bekannten Geschichte: „Es begab sich aber zu der Zeit, dass ein Gebot von dem Kaiser Augustus ausging ...".

Nicht alle Kontexte, in denen ein Satz einen Gedanken bedeutet, sind Zuschreibungen von sprachlichen oder mentalen Akten oder von mentalen Zuständen. Auch in epistemologischen Klassifikationen des Typs 'Dass A, ist eine analytische (synthetische) Wahrheit', 'Dass A, ist eine Wahrheit apriori (aposteriori)' (*GL* §3) und 'Dass A, ist unmittelbar einleuchtend (erkenntniserweiternd)' bedeutet der Satz in der 'A'-Position den Gedanken, den er, für sich stehend, ausdrückt. Wenn wir für 'A' einsetzen 'Der Morgenstern ist der Morgenstern', ist jeweils die Klassifikation außerhalb der Klammern korrekt, – bei Einsetzung von 'Der Morgenstern ist der Abendstern' ist hingegen die eingeklammerte Charakterisierung richtig. Und während der Gedanke, dass 7 gleich

---

[221] 'Wie N.N. gesagt hat, A' ist nicht äquivalent mit 'N.N. hat gesagt, dass A'. Die erste Zuschreibung ist *faktiv*, – sie ist nur dann korrekt, wenn es wahr ist, dass A. Sie ist insofern im selben Boot wie die von Frege in ihrer Besonderheit erkannten Fälle 'N.N. weiß, dass A' und 'N.N. erkennt, dass A' (*SuB* 48a). Die Zuschreibung mit dem Infinitiv ist eine stilistische Variante von 'Ben behauptet, er habe *M.* in zwei Tagen gelesen', und solche Zuschreibungen werden uns in 2-§5.2 beschäftigen.

7 ist, unmittelbar einleuchtet, ist der Gedanke, dass 5271/753=7, erkenntniserweiternd.

Frege konzipiert Sinn nun so, dass gilt: *kein Sinn ist eine Art des Gegebenseins mehr als eines Gegenstandes oder mehr als einer Funktion*. Er formuliert dieses Axiom seiner Semantik in *SuB* 27d–28a für singuläre Terme. Ausdrücke, die nicht gleichbedeutend sind, haben demnach auch nicht denselben Sinn. (Der Sinn eines Ausdrucks präsentiert höchstens einen Gegenstand oder höchstens eine Funktion als dessen Bedeutung. Gehört der Ausdruck zu einer „logisch vollkommenen Sprache (Begriffsschrift)", so kann man 'höchstens' durch 'genau' ersetzen.) Mithin kann ein Satz S, der als Inhaltsklausel nicht seine „gewöhnliche Bedeutung" hat (die nach Freges Theorie ein Wahrheitswert ist), in diesem Kontext auch nicht seinen „gewöhnlichen Sinn" haben. S hat hier vielmehr seinen „ungeraden Sinn". Dieser Sinn ist der (gewöhnliche) Sinn des singulären Terms, der aus der Anwendung von 'der Gedanke, dass' auf S resultiert (*SuB* 37a). Wir können (2) so paraphrasieren:

(2*)   Ben hält den Gedanken, dass 5271/753 größer als 7 ist, für wahr.

Eingebettet in (2) hat der Satz '5271/753 ist größer als 7' denselben Sinn wie das Akkusativ-Objekt in (2*). Diesen Sinn hat er nicht, wenn er separat geäußert wird; denn mit dem Akkusativ-Objekt in (2*) sagt man nichts Wahres oder Falsches. Mit der kontextinduzierten Bedeutungsverschiebung geht also eine Sinnverschiebung einher. Die Bezeichnung des „ungeraden Sinns" in (2) bzw. (2*) ist transluzent: wer sie versteht, weiß *eo ipso*, welchen Sinn sie bezeichnet. Man erfasst den „ungeraden Sinn", den ein Satzvorkommnis S in einem Kontext κ hat, wenn man den Gedanken erfasst, den S ausdrückt, und weiß, dass S in κ eben diesen Gedanken bezeichnet.

Was von dem eingebetteten Satz gilt, das gilt auch von seinen Komponenten: sie bezeichnen in diesem Kontext den Sinn, den sie in gewöhnlicher Rede ausdrücken. In unserem *SuB*-Exzerpt spricht Frege in [g] nicht mehr wie zuvor von Worten, sondern von Wörtern.[222] Wenn er recht hat, ist in der Zuschreibung (2) nicht von Zah-

---

[222] „In ungerader ... Rede hat *jedes* Wort nicht seine gewöhnliche ... Bedeutung, sondern ... seine ungerade, die mit dem übereinstimmt, was sonst sein Sinn ist" (*1902d*, WB 236, meine Herv.). Da „word" im Englischen nur

len, sondern von deren Bestimmungs- oder Gegebenheitsweisen die Rede. Schon Leibniz hat die These vertreten, in Kontexten wie (2ᵇ) sei „nicht von der Sache, sondern von einer Weise, sie zu konzipieren, die Rede (*non de re sed modo concipiendi agitur*)".[223] Leibnizens *modus concipiendi* ist ein Vorläufer von Freges Bestimmungsweise *alias* Art des Gegebenseins (s. o. §2.2).

Die Frege'sche Theorie der *Oratio obliqua* scheint auf diese Weise auch ein anderes Problem lösen zu können. Wenn jemand sagt: 'Dr. Lescarbault hat sein Teleskop auf Vulkan gerichtet', dann drückt seine Äußerung einen Gedanken aus, der weder wahr noch falsch ist; denn der Name 'Vulkan' hat in dieser Äußerung zwar einen Sinn, aber keine Bedeutung (§3 u. S. 310f). Aber eine Äußerung von

(4) Le Verrier glaubt, dass Dr. Lescarbault sein Teleskop auf Vulkan gerichtet hat,

drückt eine historische Wahrheit aus. Woran liegt das? – Freges Antwort lautet: Weil der Name 'Vulkan' in der Inhaltsklausel dieser Glaubenszuschreibung sehr wohl etwas bedeutet (denotiert). Er bedeutet hier nämlich den Sinn, den er in einer separaten Äußerung des eingebetteten Satzes hat (*Log₂* 142 Anm.).

Über eine analoge Anwendungsmöglichkeit für seine Theorie der *Oratio obliqua* hat Frege merkwürdigerweise nie ein Wort verloren. Wie wir in §4 gesehen haben, erklärt er vage und unvollständig definierte Prädikate für bedeutungslos. Er hat nun nirgendwo die These vertreten, dass das nur für ihre Vorkommnisse in gewöhnlicher Rede gilt. Er *sagt* von solchen Prädikaten zwar nie, der Sinn, den sie in gewöhnlicher Rede haben, sei ihre Bedeutung, sobald sie in der Inhaltsklausel der Zuschreibung eines propositionalen Aktes oder Zustandes auftreten. Aber er bestreitet es auch nirgendwo, und es ist auch schwer zu sehen, wie er eine Ungleichbehandlung der beiden Quellen der Bedeutungslosigkeit sollte rechtfertigen können. Angenommen, N. N. ist hinsichtlich der Frage, ob er eine Glatze hat oder nicht, ein Grenzfall. Dann ist der Gedanke, dass N. N. eine Glatze hat, wenn Frege recht hat, weder wahr noch falsch. Dennoch könnte der komplexere Gedanke, dass manche Leute sich fragen, ob N. N. eine Glatze hat, wahr sein.

---

einen Plural hat, kann man es den Übersetzern nicht verdenken, dass sie diese Text-Nuance nicht sichtbar machen.
[223] Leibniz 1683+, 552.

Der Versuch, dies mit Hilfe der Frege'schen Theorie der indirekten Rede zu erklären, liegt nahe.

In unserer Sprache kommt es sogar vor, wie Frege in *SuB* 47b–48a zeigt, dass ein und derselbe eingebettete Satz einen Gedanken bezeichnet *und* ausdrückt. Mit einem Satz wie

(5)   Ben wähnt, dass 5271 / 753 größer als 7 ist,

der ein kontrafaktives Verbum enthält,[224] sagt man dasselbe wie mit

(5*) Ben glaubt zwar, dass 5271 / 753 größer als 7 ist;
      aber 5271 / 753 ist gar nicht größer als 7.

Nur im ersten Konjunkt kann man für den Bruch nicht *salva veritate* die Ziffer '7' einsetzen: in diesem Konjunkt *bedeutet* (denotiert) der arithmetische Satz den Gedanken, den er im Skopus des Negators im zweiten Konjunkt *ausdrückt*. (Satzgefüge wie (5*) sind für Freges Theorie übrigens keineswegs unproblematisch. Darauf werden wir in 2-§5.2 eingehen.)

Dass gleichlautende Worte verschiedene Bedeutungen haben, dass ein Wort in einer Äußerung bedeutungslos ist, während es in einer anderen eine Bedeutung hat, und dass ein Satzvorkommnis „doppelt zu nehmen ist mit verschiedenen Bedeutungen" (*SuB* 48a), das alles „widerspricht dem Gebote der Eindeutigkeit, dem obersten, das von der Logik an eine Sprache oder Schrift gestellt werden muß".[225] Eine begriffsschriftliche Wiedergabe der indirekten Rede und der Zuschreibungen von propositionalen Einstellungen und Akten hätte diesem Gebot Rechnung zu tragen:

> Eigentlich müsste man ja, um Zweideutigkeit zu vermeiden, in ungerader Rede besondere Zeichen haben, deren Zusammenhang aber mit den entsprechenden in gerader Rede leicht erkennbar wäre. (*1902c*, WB 236).

Man könnte dieser doppelten Anforderung wohl dadurch genügen, dass man festsetzt: In der BS seien alle und nur diejenigen komple-

---

[224] Wenn Wittgenstein schreibt: „Gäbe es ein Verbum mit der Bedeutung 'fälschlich glauben', so hätte das keine sinnvolle erste Person im Indikativ des Präsens" (PU, Teil II, §X), so macht er auf etwas Wichtiges aufmerksam; aber der deplacierte Irrealis zeigt, dass er seine Muttersprache in Cambridge doch ein wenig verlernt hat.
[225] *1906a*, II: 385 Anm. (s. o. §1).

xen Zeichen transluzente Bezeichnungen eines Sinns, die aus einer Linksklammer des Typs '⟦', einem sinnvollen Ausdruck und einer Rechtsklammer des Typs '⟧' – in dieser Reihenfolge – bestehen.[226] Diese komplexen Zeichen sind singuläre Terme, und sie bezeichnen den Sinn des Ausdrucks, der von den äußeren Klammern eingerahmt wird. (Wir werden gleich sehen, warum es unerlässlich ist, hier von *transluzenten* Bezeichnungen und von *äußeren* Klammern zu reden.) Die begriffsschriftliche Repräsentation von (3) und von (2) bzw. dem ersten Konjunkt in (5*) sieht dann so aus:

(3_{BS})   Der Sinn von 'the only even prime number' ist ⟦die einzige gerade Primzahl⟧

(2_{BS})   Ben glaubt ⟦5271/753 ist größer als 7⟧.

Der Sinn von '⟦die einzige gerade Primzahl⟧' ist ein anderer als der Sinn von 'die einzige gerade Primzahl'; denn dieser ist eine Art des Gegebenseins einer Zahl, während jener eine Art des Gegebenseins des Sinns einer Zahlbezeichnung ist. Und ganz entsprechend ist der Sinn des singulären Terms hinter dem Verbum in (2_{BS}) natürlich ein anderer als der Sinn des Satzes zwischen den Umrissklammern: dieser ist (nach der Theorie Freges, die wir in §6 erörtern werden) eine Gegebenheitsweise eines Wahrheitswerts, jener eine Gegebenheitsweise eines Gedankens. Wenn mit den Identitätssätzen (3_{BS}) und

(6_{BS})   Der Gedanke, den Ben eben als wahr hingestellt hat, ist ⟦5271/753 > 7⟧

Wahres gesagt wird, dann drücken die den Identitätsoperator flankierenden singulären Terme jeweils verschiedene Arten des Gegebenseins desselben Gegenstandes aus, und dieser Gegenstand ist in beiden Fällen ein Sinn. Es gibt also verschiedene Gegebenheitsweisen ein und derselben Art des Gegebenseins. Das Besondere an Termen der Bauart '⟦A⟧' ist nun, dass man sie nicht verstehen kann, ohne eben damit auch schon zu wissen, *welchen* Sinn sie bezeichnen: sie sind *transluzente* Bezeichnungen des Sinns von 'A'. Die berechtigte Klage 'Paolo hat mir gesagt, der Sinn von 'the only even prime number' sei *der Sinn von „l'unico numero primo pari"*, aber

---

[226] Diese Umrissklammern entsprechen den „meaning marks", die David Kaplan (in 1969, §IV) „in analogy to the conventional use of quotation marks" eingeführt hat.

welchen Sinn die englische Kennzeichnung hat, weiß ich dadurch leider immer noch nicht' wird unsinnig, wenn man die kursivierte Phrase durch die transluzente Sinnbezeichnung '[die einzige gerade Primzahl]' ersetzt. Und die berechtigte Klage 'Jetzt weiß ich zwar, dass der Gedanke, den Ben eben als wahr hingestellt hat, *der Gedanke ist, den Anna eben als falsch verworfen hat*, aber welchen Gedanken er als wahr hingestellt hat (was er behauptet hat), weiß ich leider immer noch nicht' wird unsinnig, wenn man die kursivierte Phrase durch eine transluzente Gedankenbezeichnung ersetzt. Wenn wir den Gedanken denken, den (2) ausdrückt, dann ist uns der Gedanke, dass 5271/753 größer als 7 ist, *luzid*, i.e. auf die durch eine transluzente Bezeichnung ausgedrückte Art und Weise, gegeben.

Diese Art des Gegebenseins dieses Gedankens scheint uns nun auch selber auf luzide Weise gegeben zu sein, wenn wir den Gedanken denken, den

(7)   Anna argwöhnt, dass Ben glaubt, 5271/753 sei größer als 7

ausdrückt. Da Einklammerung eine iterierbare Operation ist, können wir die luzide Art des Gegebenseins von [5271/753 > 7] in unserer Notation durch '[[5271/753 > 7]]' bezeichnen. Nun können wir vor (2) beliebig oft einen Sprechakt- oder 'propositional attitude'-Prolog der Form 'N.N. VERB-t, dass' schreiben, und so erhalten wir eine unendliche Hierarchie von Bedeutungen und Sinnen. Ist n die Anzahl der einrahmenden Klammernpaare (für $n > 0$), so hat der mit Hilfe dieser Klammern aufgebaute Ausdruck einen Sinn n-ten Grades und eine Bedeutung n-ten Grades, die ein Sinn des Grades $n-1$ ist. Ihnen entsprechen in der „volkssprachlichen" Zuschreibung von Behauptungen, Meinungen etc. die „ungerade" Bedeutung n-ten Grades und der „ungerade" Sinn n-ten Grades, den der vom innersten Klammernpaar eingerahmte Ausdruck im Kontext dieser Zuschreibung hat. In *1902c*, WB 236–237 spricht Frege immerhin von ungeraden Bedeutungen „ersten" und „zweiten Grades" und seufzt: „Hierdurch wird die Sache sehr verwickelt".[227] Zumindest darin stimmen ihm alle zu, die seit Carnap 1947 über die Frege'sche Bedeutungs- und Sinn-Hierarchie

---

[227] In *SuB* 28c sprach er hingegen wiederholt im Singular von *der* ungeraden Bedeutung und *dem* ungeraden Sinn eines Ausdrucks.

Kapitel 1

nachgedacht haben. Davidson hat die Verwicklung für katastrophal, Dummett hat sie für unnötig und Saul Kripke hat sie jüngst für harmlos erklärt (s. o. LIT.). Wenn auf Carnaps Mitschrift Verlass ist, dann hat Frege in einer Vorlesung dem eingebetteten Satz in 'A glaubt, dass der Morgenstern ein Planet ist' zwar eine andere Bedeutung zugeschrieben als diejenige, die er uneingebettet hat, aber keinen anderen Sinn (*1910/11*, 16). Freilich hat sich Carnap selber bei seiner Frege-Interpretation in 'Meaning and Necessity' nicht auf die Korrektheit seiner Mitschrift verlassen. Erweisen sich die Einwände gegen die Hierarchie nicht allemal als gegenstandslos, wenn man sich klarmacht, dass die Verständlichkeit jeder Sinn-Bezeichnung in der Hierarchie durch ihre Transluzenz prinzipiell gesichert ist? –

Um ein Austauschbarkeitsprinzip zu erhalten, das durch die obigen Gegenbeispiele zu (Subst) nicht falsifiziert wird und das zu Freges Theorie der kontextinduzierten Bedeutungsverschiebung passt, muss man tiefer durchatmen. Man kann sein Prinzip der *relativierten Substituierbarkeit* singulärer Terme so formulieren:

(R-SUBST) Für alle Sorten, κ, von satzinternen Kontexten gilt: zwei singuläre Terme bezeichnen in einem Kontext der Sorte κ genau dann denselben Gegenstand, wenn sie in einem solchen Kontext stets *salva veritate* gegeneinander ausgetauscht werden können.

Frege hat dabei drei Kontext-Sorten im Auge: „Gewöhnliche Rede", Anführung und *Oratio obliqua*. Ein singulärer Term 'a' unserer Sprache wird in einem Kontext des Typs *Gewöhnliche Rede* verwendet, wenn er in diesem Kontext (wenn überhaupt etwas, so) den Gegenstand a bezeichnet. In gewöhnlicher Rede bezeichnen die singulären Terme in (α–δ) denselben Gegenstand, und auch die in (ε) und (ζ) sind in dieser Art von Kontext gleichbedeutend (ko-denotativ):

(α) Platon; Platon
(β) Platon; Plato
(γ) der bedeutendste Schüler des Sokrates; Sokrates' bedeutendster Schüler
(δ) der bedeutendste Schüler des Sokrates; der bedeutendste Lehrer des Aristoteles

(ε) 4; die Zahl der Symphonien von Johannes Brahms
(ζ) 4; 2^5–28.

In *Anführungs*kontexten sind nur die Ausdrücke in (α) gleichbedeutend. In Kontexten des Typs *Oratio obliqua* bezeichnen nur die singulären Terme in (α–γ) denselben Gegenstand, nämlich – bei einfacher Einbettung – den Sinn, den sie in gewöhnlicher Rede haben.

So weit Frege. Die *Modale Rede* ist ein Kontext-Typ, an den er bei seinem Prinzip (R-SUBST) nicht gedacht hat. Im Skopus des Notwendigkeitsoperators sind die singulären Terme in (ε) nicht *salva veritate* gegeneinander austauschbar: ersetzt man die erste Ziffer in 'Notwendigerweise, 4=4' durch die Kennzeichnung in (ε), so wird aus Wahrem Falsches. Aber immerhin sind in diesem Kontext nicht nur die Terme in (α–γ), sondern auch die in (ζ) unbeschadet der Wahrheit füreinander substituierbar; denn letztere haben zwar nicht denselben Sinn, aber immerhin dieselbe Intension, i. e. dieselbe Extension in allen möglichen Welten, und man könnte sagen, dass sie hier ihre Intension bezeichnen.– Nichts von alledem sagt Frege. Erst sein Schüler Carnap hat modalen Kontexten besondere Aufmerksamkeit gewidmet.[228] Dass man bei Frege keine Ausführungen über sie findet, ist nicht verwunderlich; denn nach der in *BS* § 4 skizzierten Auffassung steuern die Modalbestimmungen in 'Notwendigerweise A' und 'Möglicherweise A' nichts zum ausgedrückten Gedanken bei, sondern sie betreffen nur das, was Frege später (vgl. 2-§4) dessen „Färbung" oder „Beleuchtung" nennen wird. Auf seine Auffassung der Modalbestimmungen werden wir in 5-§2 kurz eingehen.

Ist der Preis für die Aufrechterhaltung eines Substituierbarkeitsprinzips, dass Bedeuten als *drei*stellige Relation charakterisiert werden muss? Für die „Volkssprachen" ist diese Frage, wie wir gerade gesehen haben, mit Ja zu beantworten: ( ) bedeutet [ ] in einem satzinternen Kontext der Sorte { }. Für die Begriffsschrift der *Grundgesetze* ist sie hingegen zu verneinen. Sie soll ja dem Programm des Logizismus dienen, und für *dieses* Unternehmen braucht man *in* der BS keine Bezeichnungen, die Zeichen oder deren Sinn bedeuten (denotieren), wenngleich sie in der „Darlegungssprache" benötigt werden, in der Frege die BS exponiert (5-§5).

---

[228] Vgl. Carnap 1947, Kap. 1, §§ 5–6, 12, Kap. 5.

Kapitel 1 301

Wir haben bislang mit Frege angenommen, dass in den „Volkssprachen" gleichbedeutende singuläre Terme in der Gewöhnlichen Rede immer *salva veritate* austauschbar sind. Ein Problem für diese Annahme kann man sich anhand von Freges berühmtestem Beispiel für zwei ko-denotative singuläre Terme vergegenwärtigen. Vergil lässt Aeneas im Bericht von seiner Flucht aus Troja sagen:[229]

(Ae)   *iamque iugis summae surgebat Lucifer Idae /
ducebatque diem,* ...
Und schon erhob sich Lucifer von den Jochen des hoch aufragenden Ida / Und brachte den Tag,...

Hier wird einer der beiden lateinischen Namen des Planeten Venus verwendet. ('Luci-fer' ist genau wie sein griechisches Vorbild 'Φωσ-φόρος' aus Teilen zusammengesetzt, die soviel wie 'Licht' und 'Bringer' bedeuten.) Würde 'Lucifer' in (Ae) durch einen der beiden ko-denotativen Namen 'Hesperus' oder 'Noctifer' ersetzt,[230] so würde zwar der Rhythmus des Hexameters nicht gestört, aber das Resultat wäre kaum weniger irritierend als das Ergebnis der Substitution von 'Abendstern' in Philipp Nicolais Choral „Wie schön leuchtet der Morgenstern" (BWV 1). Daraus dass das Resultat einer solchen Ersetzung in Aeneas' Bericht irritiert, folgt aber nicht, dass dabei aus Wahrem Falsches wird. Die Irritation resultiert daraus, dass es irreführend ist, auf Venus in der morgendlichen Phase ihrer täglichen Geschichte mit einem Ausdruck Bezug zu nehmen, der an die abendliche Phase denken lässt.[231]

Aber auch wenn dieser Einwand gegen das Prinzip (R-Subst) zurückgewiesen werden kann: es gibt Daten, die zeigen, dass gleichbedeutende singuläre Terme strenggenommen nur in einer reglementierten Form der „volkssprachlichen" Gewöhnlichen Rede stets unbeschadet ihres Wahrheitswertes ersetzbar sind. Obwohl Richard Löwenherz niemand anders als der englische König Richard I. aus dem Hause Plantagenêt ist, kann man den Namen 'Richard Löwenherz' in

---

[229] Vergil, *Aeneis* II, 801–802.
[230] Bei 'Hesperus' darf man an Vesper (lat. *vespera*, 'Abend') denken, und 'Nocti-fer' ist aus Teilen zusammengesetzt, die soviel wie 'Nacht' und 'Bringer' bedeuten.
[231] Die Misslichkeit der Substitution in dem Choral resultiert daraus, dass es sich um eine christologische Metapher handelt: vgl. *Offb. Joh.* 22,16.

(8)   Richard Löwenherz heißt so
        wegen seiner Tapferkeit

nicht ohne Wahrheitsverlust durch den Namen 'Richard I.' ersetzen. Und doch bezeichnet der Name in (8) den Namensträger. Nun ist (8) aber ein verkappter Anführungskontext; denn was man mit (8) auf ökonomische Weise sagt, wird wortreicher mit

(8*)   Richard Löwenherz heißt 'Richard Löwenherz'
        wegen seiner Tapferkeit

gesagt, und hier bezeichnet das erste Namensvorkommnis eine Person (weshalb es *salva veritate* durch 'Richard I.' ersetzt werden kann), während das gleichlautende zweite der Bezugnahme auf einen Namen dient. Das grammatische Prädikat 'ξ heißt so wegen der Tapferkeit von ξ' ist wegen des anaphorischen 'so' kein logisches Prädikat. Hingegen ist „ξ heißt 'Richard Löwenherz' wegen der Tapferkeit von ξ", auch ein logisches Prädikat: es bedeutet (signifiziert) einen Begriff, unter den Richard I. fällt, gleichgültig wie man auf ihn Bezug nimmt.

Die Eigenschaft, dass das grammatische Prädikat wegen eines anaphorischen Elements kein logisches Prädikat ist (keinen Begriff signifiziert), teilt (8) mit vielen Problemfällen, bei denen keine Anführung im Spiel ist. Angenommen, der Verfasser der berüchtigten *Aasgeier*-Trilogie hat auch die *Kolibri*-Geschichten geschrieben, und er selber mag jetzt nur noch das zweite dieser Werke. Dann ist das grammatische Subjekt in

(9)   Selbst der Autor der *Aasgeier*-Trilogie mag
        sie nicht mehr

nicht *salva veritate* gegen die Kennzeichnung 'der Vf. der *Kolibri*-Geschichten' austauschbar, obwohl beide Ausdrücke in diesem Kontext der Bezugnahme auf dieselbe Person dienen. Hier handelt es sich nicht um einen verkappten Anführungskontext, aber wieder haben wir es mit einem grammatischen Prädikat zu tun, das kein logisches ist; denn wenn 'ξ mag sie nicht mehr' in (9) ein logisches Prädikat wäre, so wäre sein Zutreffen auf eine Person davon unabhängig, wie man auf diese Person Bezug nimmt. Ein logisches Prädikat finden wir hingegen in der anaphernfreien Formulierung desselben Gedankens:

Kapitel 1 303

(9*) Selbst der Autor der *Aasgeier*-Trilogie mag
die *Aasgeier*-Trilogie nicht mehr.

Es könnte also sein, dass (R-SUBST) für *reglementierte* Versionen einer „Volkssprache" gültig ist, in der es keine Anaphern gibt. Auch keine versteckten Anaphern, so muss man sogleich hinzufügen. Wir wollen aus

(10) Die Geliebte des Direktors lässt sich ihre Dienste
teuer bezahlen

auch dann nicht schließen, dass die Sekretärin des Direktors sich ihre Dienste teuer bezahlen lässt, wenn die Sekretärin seine Geliebte ist. Und aus

(11) 2/3 hat einen ungeraden Nenner

und der Wahrheit, dass 2/3=4/6, folgt ganz gewiss nicht, dass 4/6 einen ungeraden Nenner hat. Wären die grammatischen Prädikate in diesen Sätzen logische Prädikate, dann müssten diese Schlüsse aber korrekt sein. Anders als in (8) und (9) erscheinen auf der Satzoberfläche von (10) und (11) keine anaphorischen Elemente. Wir haben es hier, so denke ich, mit *impliziter* Anaphorik zu tun: explizit anaphorisch formuliert lauten (10) und (11): 'Die Geliebte des Direktors lässt sich ihre Dienste *in dieser Rolle* teuer bezahlen' und '2/3 hat *in dieser Darstellung* einen ungeraden Nenner'. Um den Gehalt von (11) anaphernfrei auszudrücken, müsste man sagen:

(11*) 2/3 hat, dargestellt als Resultat der Division
von 2 durch 3, einen ungeraden Nenner.

GRAMMATICALIA (3). Gewisse Besonderheiten der Grammatik unserer Sprache sorgen dafür, dass singuläre Terme, die dieselbe Person bezeichnen, in gewöhnlicher Rede manchmal nicht einmal unter Wahrung der grammatischen Wohlgeformtheit, also erst recht nicht *salva veritate* austauschbar sind. Neben Anaphern sind Appositionen und Flexionen die Hauptquellen dieser Malaise. Obwohl Arno May der Autor der *Aasgeier*-Trilogie ist, erzeugen wir aus (9) einen Satz mit einem antezedenslosen anaphorischen Pronomen, wenn wir den *Namen* des Autors an die Stelle seiner Kennzeichnung setzen. Im nächsten Satz steht 'Brahms' im Kontext gewöhnlicher Rede:

(12) Der in Hamburg geborene Brahms wurde
in Wien sehr bewundert.

Und doch kann dieser Name hier nicht *salva congruitate* durch die ko-denotative Kennzeichnung 'der Freund Clara Schumanns' ersetzt werden. In den Sätzen

(13) Er stellt ihr nach, und sie verabscheut ihn
(14) Ich bin W. K.

werden die singulären Terme ebenfalls in gewöhnlicher Rede gebraucht. Aber auch wenn die Pronomina in einer Äußerung von (13) der Bezugnahme auf denselben Mann und dieselbe Frau dienen, können sie nicht gegeneinander ausgetauscht werden, ohne gegen Regeln der deutschen Syntax zu verstoßen. Dasselbe gilt vom Ergebnis der Ersetzung des Pronomens durch meinen Namen in (14). Diese Probleme für (R-Subst) treten in einer *begriffsschriftlich reglementierten* Version unserer Sprache nicht mehr auf:

(12*) Brahms, der in Hamburg geboren wurde, wurde in Wien sehr bewundert
(13*) Stellt nach (er, sie), und Verabscheut (sie, er)
(14*) Ist identisch mit (ich, W. K.).

In dieser Sprache gibt es keine Anaphern mehr, Appositionen treten nur in Gestalt von Relativsätzen auf, und Flexionsdifferenzen sind nivelliert.

In *Allg* bezeichnet Frege eine begriffsschriftlich reglementierte Variante unserer Sprache als „Hilfssprache", und seine Motive für die Standardisierung sind mit den gerade beschriebenen verwandt. (Vgl. 5-§5.)

Es gibt eine Sorte von indirekter Rede und von Zuschreibungen propositionaler Einstellungen und Akte, über die sich Frege nie geäußert hat. Man kann sie als Zuschreibungen im *de re*-Stil bezeichnen (und ihnen die bislang erörterten als Zuschreibungen im *de dicto*-Stil gegenüberstellen).[232] Angenommen, Ben hat Recht, wenn er, in Abwesenheit Annas auf einen Mann zeigend, behauptet:

---

[232] Vgl. Thomas, ScG I, c. 67, Ende [in der dtsch. Übersetzung unverständlich] u. STh Ia, q. 14, a. 13, *ad* 3, über *Modal*aussagen. Ich ersetze sein theologisches Beispiel durch ein mundanes: Jeder Bundesligaverein kann in dieser Spielzeit deutscher Meister werden. Das ist wahr, wenn es als Aussage *de re* (über die Sache) verstanden wird; denn von jedem Verein gilt, dass er möglicherweise Meister wird. Aber es ist falsch, wenn es als Aussage *de dicto* (über das Gesagte) verstanden wird; denn von dem Gedanken, dass jeder Verein in dieser Spielzeit Meister wird, gilt nicht, dass er möglicherweise wahr ist. Dieselbe Art von Zweideutigkeit kann man sich an dem Satz 'Freges Mutter hätte auch keine Kinder haben können' klarmachen.

(15)   Von diesem Mann glaubt (behauptet) Anna, er sei ein Schuft.

Hier kann man die demonstrative Kennzeichnung *salva veritate* durch irgendeine andere Bezeichnung des Mannes ersetzen, auf den der Sprecher zeigt. Wir erfahren durch (15) zwar, von welchem Gegenstand (*res*) Anna was glaubt oder behauptet, aber (15) enthält keinen Satz, von dem gilt: Anna stellt das mit ihm Gesagte (*dictum*), den von ihm ausgedrückten Gedanken, als wahr hin oder hält es für wahr. (15) identifiziert keinen bestimmten Gedanken als Gehalt einer Meinung oder Behauptung Annas, weil (15) keine Angabe darüber macht, wie *ihr* der Mann, auf den gezeigt wird, gegeben ist. (Manche Glaubenszuschreibungen sind zwar genauso gebaut wie *de dicto*-Zuschreibungen, in denen der propositionale Gehalt des Glaubens identifiziert wird, aber sie sind als *de re*-Zuschreibungen zu verstehen. Wer behauptet: 'Pater Joseph glaubt, das kitschige Herz-Jesu-Bild in St. Florian sei ein Kunstwerk', will dem Pater nicht nachsagen, dass er das mit dem Inhaltssatz Gesagte für wahr hält, sondern dass er das kitschige Bild für ein Kunstwerk hält.)

Kann man eine „ungerade Rede" *de re* mit Freges begrifflichen Ressourcen charakterisieren? Was Anna der Zuschreibung (15) zufolge von dem Mann glaubt oder behauptet, auf den Ben zeigt, ist dies: dass er ein Schuft ist. Dieser 'dass'-Satz bezeichnet keinen Gedanken, sondern eine prädikative Komponente vieler Gedanken: ⟦ξ ist ein Schuft⟧. Wenn (15) korrekt ist, dann muss es etwas geben, was ⟦ξ ist ein Schuft⟧ zu einem Gedanken vervollständigt, den Anna als wahr anerkennt oder hinstellt; denn nur einen (sc. vollständigen) Gedanken kann man als (schlechthin) wahr anerkennen oder hinstellen. Diese vervollständigende Komponente ist eine Art des Gegebenseins des ominösen Mannes, – sie präsentiert ihn (s. o. 201). Frege kann also sagen, dass eine Äußerung von (15) durch einen Sprecher *a* zur Zeit *t* genau dann eine Wahrheit ausdrückt, wenn es einen Sinn σ gibt, von dem gilt: σ präsentiert den Mann, auf den *a* zu *t* zeigt, und der Gedanke, in dem ⟦ξ ist ein Schuft⟧ durch σ gesättigt ist, ist der Gehalt einer Meinung Annas. (Mehr dazu in 2-§5.2.)

Die *Oratio obliqua* scheint Munition für einen Angriff auf Freges Kompositionsprinzip des Sinns bereit zu halten, der hier nicht ignoriert werden sollte. Der sich aus jenem Prinzip ergebende Satz von der *Austauschbarkeit des Sinngleichen* lautet (s. o. 211): Wenn der Sinn eines Ausdrucks α in einem Satz S einer der Teile ist, aus denen der durch S ausgedrückte Gedanke besteht, dann drückt ein Satz S*, der sich nur dadurch von S unterscheidet, dass α in S* durch einen sinngleichen Ausdruck β ersetzt wurde, denselben Gedanken aus. Das folgende Argument lässt diesen Satz fragwürdig erscheinen:[233] – Mit dem Satz

(S) Niemand bezweifelt, dass ein Gänserich
     ein Gänserich ist

drückt man einen wahren Gedanken aus. Nun hat 'Ganter' aber denselben Sinn wie 'Gänserich'. Dem Austauschbarkeitsprinzip zufolge drückt also der Satz

(S*) Niemand bezweifelt, dass ein Ganter
     ein Gänserich ist

denselben Gedanken aus wie (S). Aber sagt man mit (S*) nicht etwas Falsches? – Wenn Frege einräumt, dass die beiden Wörter denselben Sinn haben, dann kann er versuchen, den Satz von der Austauschbarkeit des Sinngleichen folgendermaßen gegen diesen Angriff zu verteidigen: Der Schein trügt, (S*) drückt keinen falschen Gedanken aus. Was wir als falsch verwerfen, wenn wir (S*) zurückweisen, ist nicht der Gedanke, den dieser Satz ausdrückt, sondern ein durch (S*) angedeuteter Nebengedanke, der von Sprachlichem handelt: es ist der Gedanke, dass niemand bezweifelt, dass das Wort 'Ganter' Gänseriche bezeichnet. Schließlich sind die Zweifler, an die man denkt, wenn man (S*) zurückweist, Leute, die nicht wissen, wie das Wort 'Ganter' gebraucht wird.

---

[233] Dieses Argument bedroht auch das Prinzip der 'Kompositionalität', das (anders als Freges Kompositionsprinzip) nicht voraussetzt, dass der Sinn eines Teils eines komplexen Ausdrucks α ein *Teil* des Sinnes von α ist, sondern nur, dass er den Sinn von α mitbestimmt: s. u. 594.

Kapitel 1 307

§6. Wahrheitswerte.[234]

> Wenn ich statt das Wahre und das Falsche zwei chemische Elemente entdeckt hätte, wäre der Eindruck bei den Gelehrten ein grösserer gewesen. (*1906d*, NS 211.)

Das Wort 'Wahrheitswert' ist keine Frege'sche Neuprägung. Lotze hatte seine Einführung vorbereitet, als er in seiner 'Logik' von dem „Werthunterschied ... zwischen Wahrheit und Unwahrheit" sprach, der in Bezug auf gewisse „Vorstellungsverbindungen" bestehe.[235] Sein Schüler Wilhelm Windelband schrieb dann in den frühen achtziger Jahren, dass „in der [sc. Entscheidungs-]Frage ... nur eine gewisse Vorstellungsverbindung vollzogen, aber über ihren Wahrheitswert nichts ausgesprochen wird", während es sich bei „Beurteilungen" (Urteilsakten) um „Vorstellungsverbindungen, über deren Wahrheitswert ... entschieden worden ist", handelt. „Die Frage ... ist Vorstellungsverbindung ohne Entscheidung des Wahrheitswerthes,

---

[234] VERGLEICHE: *FuB* 13–14; *SuB* 32b–36a; *GG I*, §2; *1896a*, 368–370; *1902d*, WB 234–235; *1903b*, WB 240–241; *1904b*, WB 245–247; *1906d*, NS 210–211; *1910*, WB 121; *1914b*, NS 250–251, 262–263; *1919c*, NS 276.
LITERATUR: Dummett, FPL 180–186, 643–645; Baker & Hacker 1984, 278–290; Burge 1986, §I; Olson 1987, 65–82; Sullivan 1994; Beaney 1996, 155–165 u. 2007; Rumfitt 1996 u. 1997; Sundholm 2002; Ruffino 1997 u. 2003; Kemmerling 2003b; Ricketts 2003, §III; Textor 2010, Kap. 6. ['Ww.' ALS AXIOLOGISCHER TERMINUS]: Gabriel 1984, 1986, 94–96 u. 2003. [FRÜHE FREGE-KRITIK]: Russell 1902c, 233, 1903a, 238 u. 1903b, 504; Wittgenstein, NL (1913), 97, 98. [EINE UMSTRITTENE INTERPRETATION]: Tugendhat 1970; dazu Dudman 1972a, Dummett, FPL 196–203, 402–407. Tugendhat 1975; dazu Dummett, IFP, Kap. 7, Patzig 1981, 265–267, Carl 1982, 126–130. [DIE 'MODERNE ABSTRAKTIONSTHEORIE']: [Pioniere:] Weyl 1926, I. Teil, Kap. I, §2; Lorenzen 1962; [in der Frege-Forschung:] Thiel 1972, 1983 (Lit.), 1986, XXXVI–XLVI u. 2007; [Kritiker:] Künne 1983b; Angelelli 1984; Simons 1990b (Lit.); Siegwart 1993; Dummett 2007c. [DAS SOG. CÄSAR-PROBLEM]: Simons 1981a, §4; Wright 1983, 107–117; Hale & Wright 2001, Kap. 14 (Lit.). [TEILE DES WAHREN?]: Currie 1984.
[235] Lotze 1880, 4. Mit der Einleitung zu diesem Buch hat sich Frege nachweislich beschäftigt: Dummett, FOP Kap. 4, und Hovens 1997, über den Text *c.1883a*, NS 189–190.

aber mit dem Verlangen darnach."²³⁶ Im Munde der (auf Lotzes Schultern stehenden) südwestdeutschen Neukantianer ist das Wort 'Wahrheitswert' ein axiologischer Terminus, eine Bezeichnung für etwas, dessen Besitz eine Sache wertvoll macht, und es ist ein Singulare tantum (wie 'Vernunft' und 'Gesundheit'). Windelband will nicht sagen, dass der Urteilende entscheidet, welchen von mehreren Wahrheitswerten die in einer Ja-Nein-Frage „vollzogene Vorstellungsverbindung" hat, sondern dass man sich im Urteilen darauf festlegt, dass sie den Wert Wahrheit hat und daher unsere Wertschätzung verdient: sie sollte gebilligt, angenommen, anerkannt werden. Dem Wahrheitswert steht (der Sache nach, wenn auch m. W. nicht in dieser Wortprägung) der Falschheitsunwert gegenüber: kommt er einer „Vorstellungsverbindung" zu, dann sollte sie missbilligt, verworfen, abgelehnt werden.²³⁷

In *BS* §3 sagte auch Frege, dass man mit einer Inskription des Typs '— A', dem BS-Gegenstück zu einem Entscheidungsfragesatz, nicht kundtut, ob man einer „Vorstellungsverbindung ... Wahrheit zuerkenn[t]" (s. u. §7). Er schien zu meinen, dass man genau dies mit einer Inskription tut, die mit dem Urteilsstrich beginnt. Dass „Vorstellungsverbindungen" Anwärter auf die Titel 'wahr' und 'falsch' sind, hat Frege aber schon in *c.1883a*, NS 190, Nr. 6 bestritten. Aus *Katalog* Nr. 30 geht hervor, dass das Wort 'Wahrheitswert' in einem seiner nicht erhaltenen Hefte mit „Mathematischen Einfälle" auftauchte, das er selbst mit einer Überschrift versehen und datiert hat: „Kurze Darstellung der Begriffsschrift auf ihrem jetzigen (10. XI. 89) Standpunkt". Darin stellte er Überlegungen u. a. zu den folgenden Stichworten an: „Erweiterung des Begriffs Funktion. Wahrheitswerte. Wertverlauf. Funktion zweiter Stufe." Das ist genau derselbe Zusammenhang, in dem das Wort dann 1891 erstmalig in einer seiner Publikationen erscheint (*FuB* 13). Im Munde Freges ist dieses Wort offenkundig kein Singulare tantum, und es ist auch kein axiologischer Terminus: in dem funktionstheoretischen Kontext, in dem 'Wert' keinen evaluativen Klang hat (jede Abscheulich-

---

²³⁶ W. Windelband (1848–1915). 1. Zitat: 1882a, 31–32; 2. Zitat: 1884, 187.
²³⁷ Das ist auch bei seinem Schüler und Nachfolger Heinrich Rickert (1863–1936) nicht anders, der schreibt, dass „jedes ... Urtheil die Anerkennung des Wahrheitswerthes enthält" (1892, 89=1904, 230 ≈ 1921, 379). Wenn Rickert Falschheit als „negativen Wert" bezeichnet (1921, 233), klassifiziert er sie nicht als einen zweiten Wahrheitswert.

Kapitel 1

keit ist ein Wert irgendeiner Funktion für irgendein Argument), hat 'Wahrheitswert' natürlich auch keinen. Eine ganz andere Frage ist, ob Wahrheit in Freges Augen auch im evaluativen Sinn des Wortes ein Wert, ob Falschheit auch für ihn ein Unwert ist. Diese Frage ist sicher zu bejahen: „Das Ziel wissenschaftlichen Strebens ist Wahrheit" (*Log₁* 2). Erkenntnis der Wahrheit ist „der Wissenschaft als Ziel gesetzt" (*Ged* 59b). Was falsch ist, „darf ... nicht mit behauptender Kraft ausgesprochen werden" (*Vern* 148a).[238]

Freges Konzeption der Wahrheitswerte kann durch seine affirmativen Antworten auf die folgenden *vier Fragen* charakterisiert werden:

(F1) Gilt von manchen Behauptungssätzen, dass sie nicht nur einen Gedanken (Sinn) ausdrücken, sondern auch eine Bedeutung haben?

(F2) Ist die Bedeutung eines Satzes ein Wahrheitswert?

(F3) Ist ein Wahrheitswert ein Gegenstand?

(F4) Steht ein Satz zu seinem Wahrheitswert in der semantischen Beziehung, in welcher der Name 'Wismar' zu Freges Geburtsort steht, – denotiert er ihn?

Diese Fragen sind im folgenden Sinne voneinander unabhängig: wer (*F1*) bejaht, kann (*F2*) verneinen, ohne sich zu widersprechen, und das gilt auch von (*F2*) im Blick auf (*F3*) und von (*F3*) vis-à-vis (*F4*). Frege verweist auf *SuB*, wenn es um die Begründung seines vierfachen Ja geht (*GG I*, §2, Anm. 1). Betrachten wir einen entscheidenden Passus, *SuB* 33b–34a, im Detail. Im ersten Satz resümiert Frege die Begründung für seine positive Antwort auf *Frage* (*F1*):

[1] Wir haben gesehn, daß zu einem Satze immer dann eine Bedeutung zu suchen ist, wenn es auf die Bedeutung der Bestandtheile ankommt;[239]

---

[238] Vgl. auch *Ggf* 50c, vorletzter Satz.
[239] Die Übersetzung in Black 1948, Op.: „whenever the [*Bedeutung*] of its components is involved" ist schlechter als die in Feigl 1949, 91: „whenever the [*Bedeutungen*] of the sentence-components are the thing that matters".

und das ist immer und nur dann der Fall, wenn wir nach dem Wahrheitswerthe fragen. (*SuB* 33a.)

Freges Begründung setzt voraus, dass wir bereits über ein Konzept der Bedeutung singulärer Terme verfügen. 'Bedeutung' soll nämlich so verstanden werden, dass gilt:

[a]   ein Satz, der einen Gedanken ausdrückt, hat keine Bedeutung, wenn er einen zwar sinnvollen, aber „bedeutungslosen" singulären Term enthält, und

[b]   Sätze haben, auch wenn sie verschiedene Gedanken ausdrücken, dieselbe Bedeutung, falls sie durch Austausch „gleichbedeutender" (aber vielleicht sinnverschiedener) singulärer Terme ineinander transformiert werden können.

Das sind keine willkürlichen Festsetzungen. Es gibt so etwas wie einen Präzedenzfall, dessen Betrachtung [a] und [b] nahelegt, nämlich den Fall der komplexen singulären Terme. [a*] Ersetzt man den Namen in 'der größte Mond des Jupiter' durch einen Namen wie 'Vulkan', der nichts bezeichnet, so erhält man einen singulären Term, der ebenfalls nichts bezeichnet. „Wenn ... dieser Teil keine Bedeutung hat, kann auch das Ganze nichts bedeuten" (*n.1897a*, NS 168). [b*] Ersetzt man den Namen in 'der Vater von Jean Baptiste Molière' durch den gleichbedeutenden Namen 'Jean Baptiste Pocquelin', so erhält man einen singulären Term, der dasselbe bezeichnet.– Wenn wir annehmen, dass Entsprechendes nicht nur für diese und alle anderen komplexen singulären Terme gilt, sondern für *alle* semantisch komplexen Ausdrücke, also auch für Sätze, dann erhalten wir die folgenden Prinzipien: Ein semantisch komplexer Ausdruck hat nur dann eine Bedeutung, wenn jeder seiner semantisch relevanten Teile bedeutungsvoll ist; und die Bedeutung eines semantisch komplexen Ausdrucks ändert sich nicht, wenn einer seiner semantisch relevanten, bedeutungsvollen Teile durch einen anderen mit derselben Bedeutung ersetzt wird.[240]

---

[240] Semantisch relevant ist ein Teil eines Ausdrucks, wenn sein Verständnis für das des ganzen Ausdrucks relevant ist: 'Zweifel' ('Erz') ist also kein semantisch relevanter Teil von 'Zweifelderwirtschaft' ('Erzählung').

Registrieren wir im Vorübergehen, dass diese Prinzipien vor augenscheinlichen Gegenbeispielen geschützt werden müssen und dass nicht auf der Hand liegt, wie das zu bewerkstelligen ist. Betrachten wir die Kennzeichnungen [K1] 'Dr. Lescarbaults Suche nach *Vulkan*' und [K2] 'diese Karte von *Atlantis*'. Wenn Einstein und die Atlantis-Skeptiker recht haben, dann hat keiner der beiden kursivierten Namen eine Bedeutung. Dennoch denotiert [K1] etwas (sc. eine Aktivität, die im Jahre 1859 stattfand), und wenn die Sprecherin bei der Äußerung von [K2] auf eine Illustration in einem Kommentar zu Platons 'Kritias' blickt, dann wird auch hier ein Gegenstand denotiert. Aber obwohl die beiden Namen nicht Verschiedenes bedeuten, sorgt ihr Austausch in [K1] und [K2] für eine drastische Änderung der Bedeutung des Ganzen: die beiden neuen Kennzeichnungen sind bedeutungslos. Andererseits kann der Name in [K1] sehr wohl gegen 'derjenige Planet, der die Anomalie der Perihelbewegung des Merkur verursacht' *salva denotatione* (nach einer kleinen grammatischen Anpassung) ausgetauscht werden, d. h. ohne dass sich an der Bedeutung des Ganzen etwas ändern würde. Wie kommt das? Frege würde wohl annehmen, dass auch hier durch die Einbettung der kursivierten singulären Terme eine Bedeutungsverschiebung induziert wird (s. o. §5), und der Fregeaner Church nimmt es ausdrücklich an:[241] die eingebetteten Namen bedeuten (denotieren) hier ihren eigenen Sinn. Aber das ist nicht mehr als ein erster Schritt; denn wenn wir diese Namen in '[...]' einschließen und sonst alles beim Alten lassen, entsteht Nonsens: was Dr. Lescarbault zwischen Merkur und Sonne entdeckt zu haben glaubte, war bestimmt kein Sinn.

Es ist nicht sehr überraschend, dass Frege genau wie wir alle das Wort 'Bedeutung' manchmal im Sinne von 'Bedeutsamkeit' und 'Wichtigkeit', im Sinne des evaluativ verstandenen Wortes 'Wert' verwendet. Wenn er z. B. schreibt: „Kant [hat] die Bedeutung der analytischen Urteile zu gering [geachtet]" (*1882d*, WB 163), so will er genau dasselbe sagen wie an anderer Stelle mit der Bemerkung: „Kant hat den Werth der analytischen Urtheile unterschätzt" (*GL* §88).[242] Bei der Erörterung von [a] stellt Frege einen Zusammenhang her zwischen der semantischen Eigenschaft, eine Bedeutung

---

[241] Church 1940; 1951a, 199 Anm. 14; 1955, 8.
[242] Diese evaluative Verwendungsweise von 'Bedeutung' findet man etwa auch in *BS*, X; *BS*, §4; *1882b*, 49, 52; *Log₁* 6; *Vorw* XIX$_b$; *1910/11*, *Vorl* 15. In *Ged* 61a, Anm. 1 gebraucht Frege das univoke Wort „Bedeutsamkeit".

zu haben, und der axiologischen Eigenschaft, von Wert zu sein, *ohne* dass er dabei das Wort 'Bedeutung' evaluativ gebrauchen würde. Ein „Gedanke verliert für uns an [sc. wissenschaftlichem] Werth, sobald wir erkennen, dass zu einem seiner Theile die Bedeutung fehlt" (*SuB* 33a),[243] und dass ein singulärer Term in einem Satz „etwas bezeichne, ist uns ... immer dann und nur dann von Wert, wenn es uns auf die Wahrheit im wissenschaftlichen Sinne ankommt" (*1914b*, NS 251). Eine Bedeutung zu haben, ist mithin eine Eigenschaft, von der gilt: wenn es uns darum geht, dass unsere Sätze Gedanken ausdrücken, die wissenschaftlich wertvoll sind, dann muss uns daran gelegen sein, dass unsere Sätze diese Eigenschaft haben. Ein Satz hat diese Eigenschaft jedenfalls nicht, wenn er einen singulären Term enthält, der nichts bezeichnet. Frege identifiziert sie mit der Eigenschaft, einen Gedanken auszudrücken, der wahr oder falsch ist. Auch falsche Gedanken sind also wissenschaftlich wertvoll:

> Gedanken, die sich vielleicht später als falsch herausstellen, haben ihre Berechtigung in der Wissenschaft... Man denke an den indirekten Beweis. Hierbei vollzieht sich die Erkenntnis der Wahrheit grade durch das Fassen eines falschen Gedankens. (*Vern* 145a.)

Nach dem Wahrheitswert eines Satzes fragen wir genau dann, das geht aus dem Text vor [1] hervor, wenn wir die Frage stellen, ob der Satz, oder besser: ob der von ihm ausgedrückte Gedanke wahr oder falsch ist. Und worin besteht nun die Bedeutung eines Satzes? Zu Beginn des nächsten Absatzes formuliert Frege seine Antwort auf *Frage (F2)*:

> [2] So werden wir dahin gedrängt, den *Wahrheitswerth* eines Satzes als seine Bedeutung anzuerkennen. (*SuB* 34a.[244])

Frege schreibt nicht: *Also ist* der Wahrheitswert eines Satzes seine Bedeutung. Und in der Tat könnte die Bedeutung eines Satzes nach der in [1] rekapitulierten Überlegung auch so etwas wie der *Sach-*

---

[243] „Darum ist es uns in der Wissenschaft von Werth zu wissen, dass die gebrauchten Wörter eine Bedeutung haben" (*1902d*, WB 235).
[244] Zu Freges Gebrauch von 'anerkennen' vgl. 2-§3.

Kapitel 1 313

verhalt sein, den der Satz darstellt, wenn er denn überhaupt einen Sachverhalt darstellt. Mit den Sätzen

(S1)   Molière starb auf der Bühne
(S2)   Pocquelin starb auf der Bühne

konstatieren wir denselben Sachverhalt, und da wir beides zu Recht behaupten, ist dieser Sachverhalt eine Tatsache. Mit 'Vulkan ist ein kleiner Planet' oder 'Ossian ist ein gälischer Barde' gelingt es uns in Ermangelung einer 'Sache' nicht, von einer 'Sache' zu sagen, 'es verhalte sich' soundso mit ihr: wir konstatieren mit diesem Satz also keinen Sachverhalt. Frege kann zwar nichts von alledem unterschreiben; denn in seinen Augen sind Tatsachen wahre Gedanken (vgl. 523–4); weshalb er Sachverhalte wohl mit Gedanken identifiziert hätte. Aber das zeigt ja vielleicht nur, dass er eine wichtige Kategorie sozusagen arbeitslos gemacht hat.[245] Die Sätze (S1), (S2) und

(S3)   Molière ist ein Dichter
(S4)   Pocquelin ist ein Schauspieler

drücken vier verschiedene Gedanken aus, und jeder dieser Gedanken ist wahr. Aber (S1) und (S2) haben auch etwas miteinander gemeinsam, was sie von (S3) und von (S4) unterscheidet: sie stellen denselben Sachverhalt dar; denn in ihnen wird demselben Gegenstand dieselbe Eigenschaft zugeschrieben.– Aber Frege behauptet in [2] ja auch nicht, dass sich seine Antwort auf die zweite Frage aus dem Vorangegangenen zwingend ergibt, und er nennt diese Antwort im Folgenden zweimal eine „Vermuthung".[246]

---

[245] Vielleicht hat man sich die „Umstände", von denen in *BS* §9, und die „singulären beurtheilbaren Inhalte", von denen in *GL* §66 Anm. die Rede ist, als Sachverhalte zu denken. Die „Complexe", von denen Russell in *1903c*, WB 242 u. *1904b*, WB 251 spricht, enthalten (manchmal) materielle Gegenstände als Teile. Das scheint auch von den Sachverhalten im 'Tractatus' zu gelten, und es hat Freges Kritik herausgefordert: „Der Teil des Teils ist Teil des Ganzen"; wenn der Vesuv ein Bestandteil des Sachverhalts (der Tatsache) ist, dass der Vesuv bei Neapel liegt, „dann müssen, wie es scheint, auch Bestandteile des Vesuvs Bestandteile dieser Tatsache sein; die Tatsache wird also aus erstarrten Laven bestehen. Das will mir nicht recht scheinen" (*1919b*, *BaW* 20; vgl. *1904b*, WB 245 [u. Russells Replik 1904b, WB 250/51]; *1914a*, WB 127). Wenn es „nicht recht" *ist*, dann darf der Freund dieser Kategorie Sachverhalte weder mit Gedanken identifizieren noch mit Komplexen, zu denen die Sachen, die sich soundso verhalten, als Teile gehören.
[246] *SuB* 35b, 36b. In *SuB* 36b–50a erörtert Frege sodann eine lange Rei-

Frege hat sich mit [2] noch nicht auf die Bejahung von *Frage* (*F3*) festgelegt. Tritt das Wort 'Wahrheitswert' nur in Kontexten der beiden folgenden Sorten auf:

(a)   Der Satz S hat einen Wahrheitswert

(b)   Die Sätze S_1 und S_2 haben denselben Wahrheitswert,

so könnte man (a) und (b) als Abbreviaturen für

(A)   S drückt einen wahren oder falschen Gedanken aus

(B) S_1 und S_2 drücken entweder beide wahre Gedanken aus, oder sie drücken beide falsche Gedanken aus

ansehen. Der Eindruck, in (a) und (b) sei von einer Relation zwischen Sätzen und einem Gegenstand, der ein Wahrheitswert ist, die Rede, wäre dann trügerisch, und man könnte dafür sorgen, dass dieser Eindruck gar nicht erst aufkommt, indem man (a) und (b) durch 'S ist wahrheitswertig (valent)' und 'S_1 ist wahrheitswertgleich (äquivalent) mit S_2' ersetzt. Bedeutungsvoll zu sein, würde dann zwar bei einem singulären Term, nicht aber bei einem Satz implizieren, dass es einen Gegenstand gibt, der seine Bedeutung ist. Und gleichbedeutend zu sein, würde dann zwar bei zwei singulären Termen, nicht aber bei zwei Sätzen implizieren, dass es einen Gegenstand gibt, der die Bedeutung von beiden ist.

Wenn Funktionen *nur* durch Funktoren bezeichnet werden, dann sind Satzbedeutungen *alias* Wahrheitswerte keine Funktionen; denn Behauptungssätze enthalten ja keine Leerstellen. Frege unterschreibt den Vordersatz. (Das beschert ihm, wie wir in § 2.5 sahen, ein Problem mit singulären Termen wie 'der Begriff *Pferd*' und mit Prädikaten wie 'ξ ist ein Begriff', deren er sich doch ständig bedient.) In Freges Gegenstand/Funktion-'Dualismus' kommt für Wahrheitswerte nur die erste Rubrik in Frage.

In der Fortsetzung unserer Stelle versucht Frege nun aber zunächst, den dringend erläuterungsbedürftigen Ausdruck 'der Wahrheitswert von ξ' zu erläutern:

he von *prima facie* Gegenbeispielen und kommt zu dem Ergebnis, dass sie „nichts gegen unsere Ansicht beweisen, der Wahrheitswerth sei die Bedeutung des Satzes, dessen Sinn ein Gedanke ist".

[3] Ich verstehe unter dem Wahrheitswerthe eines Satzes den Umstand, daß er wahr oder daß er falsch ist. [4] Weitere Wahrheitswerthe giebt es nicht. [5] Ich nenne der Kürze halber den einen das Wahre, den andern das Falsche. (a. a. O.)

Ausgerechnet [3] ist nun aber sehr verwirrend. Frege versteht jedenfalls unter dem Wahrheitswert eines Satzes *nicht*: den Umstand, der ihn – oder besser: der den durch ihn ausgedrückten Gedanken – wahr oder der ihn falsch macht. Und das nicht nur, weil ihm das Konzept eines Wahrmachers fremd ist. Der Umstand, der den Gedanken wahr macht, der durch den Satz 'Wismar liegt an der Ostsee' ausgedrückt wird, ist doch wohl der Umstand, dass Wismar an der Ostsee liegt, und just dieser Umstand macht doch wohl auch den Gedanken falsch, der durch den Satz 'Wismar liegt an der Nordsee' ausgedrückt wird. Frege will diesen beiden Sätzen aber verschiedene Wahrheitswerte zuordnen.– Etwas größer mag die Versuchung sein, [3] zu verwechseln mit

[*]   Ich verstehe unter dem Wahrheitswert eines Satzes den Umstand, dass er [einen Gedanken ausdrückt, der] wahr oder falsch ist. (?)

Jedenfalls sind die englischen Übersetzer dieser Versuchung erlegen: „By the truth-value of a sentence I understand the circumstance that it is true or false."[247] Mit [*] würde das Prädikat 'ξ hat einen Wahrheitswert' eingeführt, wozu Frege freilich nicht so viele 'Umstände' zu machen bräuchte. Er könnte einfach sagen:[248]

[Df]   ξ hat einen Wahrheitswert =Df
[der von] ξ [ausgedrückte Gedanke] ist wahr oder falsch

Die Rede von Wahrheitswerten würde dann bloß dazu dienen, Atem und Druckerschwärze zu sparen. So wird Freges Vokabel von Whitehead–Russell und von Quine eingesetzt:

„The *truth-value* of a proposition is truth if it is true, and falsehood if it is false. (This expression is due to Frege.) Propositions are said to be equivalent when they have the same truth-value, *i.e.* when they are both true or both false." [a]

[247] Black 1948, Op; derselbe Fehler in Feigl 1949, 91.
[248] Vgl. oben den Schritt von (a) zu (A), u. *FuB* 16b.

„The peculiarity of statements which sets them apart from other linguistic forms is that they admit of truth and falsity... It is convenient to speak of truth and falsity as *truth values*; thus the truth value of a statement is said to be truth or falsity according as the statement is true or false." [b][249]

Wollte Frege nicht mehr sagen als das, was mit [Df] klarer gesagt wird, so wäre aber ganz unverständlich, warum er in [5] die Abbreviaturen 'das Wahre' und 'das Falsche' einführt, statt wie Russell, Quine und der Rest der Welt von Wahr*heit* (Falsch*heit*) zu sprechen, von der Eigenschaft, wahr (falsch) zu sein.[250] (Dazu unten 2-§2.3.)

Bevor wir uns der (hoffentlich) korrrekten Deutung von [3] zuwenden, seien die auch für sie relevanten Zusätze zwischen den Klammern in [*] und [Df] erläutert. Mit ihnen reagiere ich auf ein Schwanken in Freges Formulierungen in *SuB*. Wenn er in *SuB* 32b zum ersten Mal das Wort 'Gedanke' verwendet, sagt er von Gedanken, dass wir sie „für wahr (falsch) halten". Was wir zu Recht für wahr (falsch) halten, das *ist* wahr (falsch). Dementsprechend sind denn auch in 34b, 37b (wie schon in *FuB* 16b und wie später in den *LU*) *Gedanken* das, was wahr oder falsch ist (vgl. 2-§2.2). In [3] und an vielen anderen Stellen in *SuB* ist hingegen von wahren (falschen) *Sätzen* die Rede.– Dem entspricht eine andere Oszillation in *SuB*. Wenn Frege in 33a zum ersten Mal in *SuB* das Wort 'Wahrheitswert' verwendet, schreibt er: „Warum genügt uns der Gedanke nicht? Weil und soweit es uns auf *seinen* Wahrheitswerth ankommt" (meine Herv.). Und auch in *SuB* 35a, 35c, 50 ist (wie schon in *FuB* 16b und wie später in den *LU*) vom Wahrheitswert eines *Gedankens* die Rede. In [2] und [3] und an vielen anderen Stellen spricht Frege hingegen davon, dass *Sätze* einen Wahrheitswert haben.– Nun lässt er keinen Zweifel daran, dass in seinen Augen die Anwendung von 'wahr' ('falsch') auf Gedanken die primäre ist.[251] Formulierungen des Typs 'Der Satz S ist wahr' sind bei ihm Abkürzungen für 'Der

---

[249] [a] Whitehead-Russell 1910b, 72, genauso schon S. 7 u. Anm.*. [b] Quine 1950/³1974, §2. Vgl. auch Quine 1941, §2: „These two *properties* of statements, truth and falsity, are called truth values" (meine Herv.). Zu beachten ist freilich, dass Quines Wahrheitswert-Träger Behauptungssätze sind – und nicht das mit ihnen Gesagte.
[250] [Df] ist analog zu 'ζ hat eine Platonische Kardinaltugend =*Df*. ζ ist gerecht oder tapfer oder klug oder mäßig'. So wie Klugheit eine Kardinaltugend ist, so ist laut [Df] Falschheit ein Wahrheitswert.
[251] Vgl. 3. Hg.-Anm. zu *Vorw* XXI u. unten 2-§2.2.

Gedanke, den S ausdrückt, ist wahr'. Sagt Frege von Sätzen wie von Gedanken, sie hätten einen Wahrheitswert, so ist 'haben' systematisch mehrdeutig. Der Satz S hat$_1$ genau dann einen Wahrheitswert, wenn der durch S ausgedrückte Gedanke einen Wahrheitswert hat$_2$. Ersteres heißt soviel wie 'S bedeutet einen Wahrheitswert', und Letzteres heißt soviel wie 'Der durch S ausgedrückte Gedanke ist eine Gegebenheits- oder Bestimmungsweise eines Wahrheitswerts'.[252]

Frege will uns in [3] nicht das Prädikat 'ξ hat einen Wahrheitswert' verständlich machen, sondern den Funktor 'der Wahrheitswert von ξ'. Die 'oder'-Konstruktion in [3] ist als zusammengezogene Adjunktion von zwei offenen *Identitätssätzen* (nach dem Muster von 'Der Lieblingsonkel eines Kindes ist der Bruder seiner Mutter oder der Bruder seines Vaters') zu lesen:

(WW)   Wenn ein Behauptungssatz, s, überhaupt einen Wahrheitswert hat, so gilt: der Wahrheitswert von s ist der Umstand, dass s [einen Gedanken ausdrückt, der] wahr ist, oder der Wahrheitswert von s ist der Umstand, dass s [einen Gedanken ausdrückt, der] falsch ist.

In [4] wird dann ein Implikat von (WW) hervorgehoben. Und in [5] führt Frege den Ausdruck 'das Wahre' als Namen für das ein, was eine Kennzeichnung der Form 'der Wahrheitswert von S' genau dann bezeichnet, wenn S [einen Gedanken ausdrückt, der] wahr ist, und den Ausdruck 'das Falsche' als Namen für das, was eine Kennzeichnung der Form 'der Wahrheitswert von S' genau dann bezeichnet, wenn S [einen Gedanken ausdrückt, der] falsch ist. Die eigentliche Erläuterungslast ruht also auf den Schultern von [3] bzw. (WW). Aber macht uns Frege damit wirklich klar, was er unter dem Wahrheitswert eines Satzes versteht? Er verlässt sich (u. a.) auf unser Verständnis von singulären Termen des Typs 'der Umstand, dass A'. Solche Terme pflegen wir nun aber so zu verstehen, dass der Umstand, dass A (ein entscheidender, unvorhergesehener, glücklicher Umstand vielleicht, ein Umstand, der nicht außer acht gelassen werden darf, der unbedingt berücksichtigt werden muss, etc.), nichts anderes ist als die *Tatsache*, dass A. Und das kann Frege nicht meinen; denn dann enthalten Einsetzungsinstanzen des offenen Satzes nach dem Doppelpunkt in

---

[252] Vgl. oben §2.2; u. unten 421–2).

(WW) einen leeren singulären Term. Betrachten wir ein Beispiel: Der Wahrheitswert des Satzes S, 'Wismar liegt an der Ostsee', ist der Umstand (die Tatsache), dass S einen wahren Gedanken ausdrückt, oder der Wahrheitswert von S ist *der Umstand (die Tatsache), dass S einen falschen Gedanken ausdrückt*. Der kursivierte singuläre Term bezeichnet nichts, da S eine Wahrheit ausdrückt. Also ist das zweite Adjunkt nach (BED$_2$) wahrheitswertlos (s. o. 261). Nun infiziert die Wahrheitswertlosigkeit eines Adjunkts die ganze Adjunktion (vgl. 4-§7). Mithin wird mit keiner Einsetzungsinstanz von (WW) etwas Wahres oder Falsches gesagt. Außerdem fällt die Tatsache, dass 'Molière ist tot' wahr ist (eine Wahrheit ausdrückt), nicht mit der Tatsache zusammen, dass 'Wismar liegt an der Ostsee' wahr ist (eine Wahrheit ausdrückt); aber Frege will 'Wahrheitswert' so verstanden wissen, dass diese beiden Sätze *denselben* Wahrheitswert haben. Das Problem mit dem leeren singulären Term entfällt, wenn 'der Umstand, dass A' hier soviel heißen soll wie 'der *Sachverhalt*, dass A'. Aber der zweite Einwand bleibt auch dann bestehen, wenn wir 'Tatsache' durch 'Sachverhalt' ersetzten.– Nimmt man mit dem späten Frege an, dass Tatsachen nichts anderes sind als wahre Gedanken (s. u. 523-4) und Sachverhalte dementsprechend nichts anderes als Gedanken, so ist (WW) allemal schon deshalb abwegig, weil Wahrheitswerte bestimmt keine Gedanken sind.– Unser Verständnis von 'der Umstand, dass' hilft uns also nicht, den von Frege intendierten Sinn des Funktors 'der Wahrheitswert von ξ' zu erfassen. Und wenn 'der Umstand, dass' im Kontext von (WW) etwas anderes heißen soll als sonst, wäre die Erläuterung erst recht zu nichts nütze.[253]

Es gibt noch eine weitere, Frege-immanente Schwierigkeit mit [3] bis [5]. Die vermeintliche Erklärung der Ausdrücke 'der Wahrheitswert von ξ', 'das Wahre' und 'das Falsche' greift auf die gram-

---

[253] In *GG I*, §10 legt Frege fest, dass das Wahre und das Falsche mit den Wertverläufen zweier Begriffe identisch ist: das Wahre mit $\acute{\varepsilon}(-\varepsilon)$, also mit dem Wertverlauf des Begriffs, den das Prädikat '( ) ist das Wahre' bedeutet (signifiziert) (s. u., §7), und das Falsche mit dem Wertverlauf des Begriffs, den das Prädikat '( ) ist der Wahrheitswert davon, dass nicht alles mit sich identisch ist' bedeutet. Wie man bereits dem Titel des Paragraphen – „Genauere Bestimmung, was der Werthverlauf einer Function sein soll" (S. XXVII) – entnehmen kann, geht es Frege hier *nicht* darum zu erläutern, was *Wahrheitswerte* sind.

matischen Prädikate 'ist wahr' und 'ist falsch' zurück. Deren Verwendung hält Frege aber – wie wir in in 2-§2.3 sehen werden – für irreführend. Er verlässt sich hier also auf unser Verständnis einer in seinen Augen irreführenden Redeweise, um eine angeblich adäquatere einzuführen. Bleibt die letztere damit nicht infiziert von dem, was sie ersetzen soll?

In Satz [6] unserer Passage schließt Frege (mit zweifelhaftem Recht), dass jeder Behauptungssatz, mit dem ein wahrer oder falscher Gedanke ausgedrückt wird, genau einen der beiden Wahrheitswerte denotiert. Er hält sich also für berechtigt, *Frage* (*F4*) zu bejahen:

[6] Jeder Behauptungssatz, in dem es auf die Bedeutung der Wörter ankommt,[254] ist also als Eigenname aufzufassen, und zwar ist seine Bedeutung, falls sie vorhanden ist, entweder das Wahre oder das Falsche. (a. a. O.)

Wenn diese Antwort richtig ist, dann ist natürlich auch *Frage* (*F3*) zu bejahen. Die Umkehrung gilt nicht. Mit der affirmativen Antwort auf (*F3*) verpflichtet man sich noch nicht dazu, Frage (*F4*) zu bejahen. Wahrheitswerte könnten ja auch dann Gegenstände sein, die durch singuläre Terme des Typs 'der Wahrheitswert von S' bezeichnet werden, wenn die *Sätze*, deren Wahrheitswerte sie sind, zu ihnen nicht in der 'Wismar'-Wismar-Beziehung stehen. (Wer glaubt, dass Extensionen Gegenstände sind, die durch singuläre Terme des Typs 'die Extension des Prädikates P' denotiert werden, kann und sollte bestreiten, dass auch die *Prädikate*, deren Extensionen sie sind, zu ihnen in der Denotationsbeziehung stehen.) Vielleicht sollte man das Konzept des Bedeutens nicht nur durch zwei (s. o., 232–3), sondern durch *drei* Nachfolger-Konzepte ersetzen:

—: Bedeuten$_1$ oder *nominales* Bedeuten, kurz: *Denotieren*,

—: Bedeuten$_2$ oder *funktoriales* Bedeuten, kurz: *Signifizieren*, und

---

[254] Wieder ist die Übersetzung in Black 1948, Op.: „sentence concerned with the [*Bedeutung*] of its words" (in der man außerdem das Echo von [1] nicht mehr hören kann) schlechter als die in Feigl 1949, 91: „sentence in which what matters are the [*Bedeutungen*] of the words".

—: Bedeuten₃ oder *sententiales* Bedeuten, kurz: *Indizieren*.²⁵⁵

Wie jeder Gegenstand so wird auch ein Wahrheitswert von manchen singulären Termen denotiert, er wird von keinem Ausdruck signifiziert, und nur von Sätzen wird er *indiziert*. Zum Vorbereich von Bedeuten₁ alias Denotieren gehören nur singuläre Terme, der Vorbereich von Bedeuten₂ alias Signifizieren enthält ausschließlich Prädikate, und der Vorbereich von Bedeuten₃ alias Indizieren ist für Sätze reserviert. In manchen Satzgefügen können zwei Ausdrücke, die denselben Wahrheitswert indizieren, auch dann *salva veritate* gegeneinander ausgetauscht werden, wenn sie nicht denselben Sinn haben. Aber ein Ausdruck, der einen Wahrheitswert indiziert, kann im Deutschen nicht einmal *salva congruitate*, geschweige denn *salva veritate* gegen einen Ausdruck ausgetauscht werden, der eben diesen Wahrheitswert denotiert: aus dem Satz 'Schnee ist weiß, und Blut ist rot' würde das Gebilde 'Schnee ist weiß, und das Wahre'.

Vor vielen Jahren hat Max Black aus der Tatsache, dass eine Wortreihe wie die zuletzt angeführte kein wohlgeformter Satz in der „Sprache des Lebens" ist, die Konsequenz gezogen, dass es ein Fehler ist, *Frage (F4)* zu bejahen:²⁵⁶

„We may assume that if A and B are designations of the same thing the substitution of one for the other in any declarative sentence will never result in nonsense. This assumption would not have been questioned by Frege. Let A be the sentence 'Three is prime' and B the expression 'the True'. Now 'If three is a prime then three has no factors' is a sensible declarative sentence; substitute B for A and we get the nonsense 'If the True then three has no factors.' ... Hence, according to our assumption, A and B are not designations of the same thing – which is what we set out to prove."

Church und Dummett haben dagegen zu Recht eingewandt: daraus, dass aus der Vervollständigung von 'Wenn ( ), dann hat 3

---

²⁵⁵ Das Wort habe ich bei Russsell ausgeliehen: im Anhang A zu den 'Principles' gibt er Freges 'Bedeutung' mit 'indication' wieder (und 'Sinn' mit 'meaning' (1903b, 502). Ich reserviere das zugehörige Verbum für einen der drei Nachfolger des monolithischen Konzepts *Bedeuten*.
²⁵⁶ Black 1954, 235–236.

keinen Teiler' durch 'das Wahre' kein sinnvoller *deutscher* Satz resultiert, folgt keineswegs, dass in einer BS die entsprechende Komplettierung von '( ) → ¬(3 hat einen Teiler)' ebenfalls Unsinn ergibt.[257] Tatsächlich hat Frege den Subjunktor so erklärt, dass die Vervollständigung in diesem Fall einen *falschen* Gedanken ausdrückt. Was beide Kritiker nicht bemerkt zu haben scheinen, ist, dass Blacks "assumption" weder für das Englische noch für das Deutsche gilt und dass Frege daher gut daran täte, diese Annahme nur für reglementierte Versionen einer "Volkssprache" zu unterschreiben. Um einen der Belege aus §5 zu variieren: ersetzt man in 'Die Hansestadt Wismar liegt an der Ostsee' den Ausdruck 'Wismar' durch den Ausdruck 'der Geburtsort Freges', so ist das Resultat ungrammatisch, obwohl diese beiden singulären Terme denselben Gegenstand bezeichnen.

Halten wir uns an [6], so ist der Satz 'Wismar (Jena) liegt an der Ostsee' einer der vielen zusammengesetzten Eigennamen desjenigen Gegenstandes, den der von Frege eingeführte singuläre Term 'das Wahre' ('das Falsche') bezeichnet. [6] harmoniert aufs Schönste mit Freges 'funktionstheoretischer' Auffassung der Prädikation und kann sogar als Konsequenz dieser Auffassung dargestellt werden. Wenn Prädikate buchstäblich *Funktoren* sind, dann sind ihre Vervollständigungen durch singuläre Terme wiederum singuläre Terme. Ist ein Prädikat (erster Stufe) hingegen nur metaphorisch ein Funktor, dann können wir (in der Begrifflichkeit Carnaps und Quines) sagen, dass es buchstäblich ein *offener Satz* ist, in dem mindestens eine Position für einen singulären Term durch die Markierung einer Leerstelle freigehalten wird.[258] Durch diese Charakterisierung legt man sich nicht darauf fest, dass auch hinsichtlich des Resultats der Vervollständigung eine positive Analogie zu Funktoren besteht. Auch wenn Prädikate buchstäblich keine Funktoren sind, bleiben uns die Früchte der Frege'schen Analogie bei der logischen Zählung multipler Quantifikationen erhalten (s. u. 5-§6). Und wenn wir (*contra* Quine) auch offene Sätze zulassen, in denen die Position für ein *Prädikat* durch die Markierung einer Leerstelle freigehalten wird, kann dieses Konzept auch für Freges höherstufige Quantifikationen verwendet werden.

---

[257] Church 1956, 201–202; Dummett 1959, 1–2.
[258] Quine 1950, §17/³1974, §22.

Wer urteilt, dass Wismar an der Ostsee liegt, der erkennt – dem letzten Satz unserer Passage zufolge – nicht nur eine Stadt und ein Meer (sc. als existent) an, sondern „stillschweigend" auch zwei „nicht-wirkliche" Gegenstände (s. u. §9), das Wahre und das Falsche, und Entsprechendes gilt für jeden, der irgendein Urteil fällt:

> [7] Diese beiden Gegenstände werden von Jedem, wenn auch nur stillschweigend, anerkannt, der überhaupt urteilt, der etwas für wahr hält, also auch vom Skeptiker. (a. a. O.[259])

Der Skeptiker in [7] ist nicht der 'pyrrhonëische' Skeptiker [einer alten Legende], der sich *jeglichen* Urteils enthält, sondern ein 'cartesianischer' Skeptiker, der sich derjenigen Urteile enthält, die nur richtig sind, wenn es eine Außenwelt oder Fremdpsychisches gibt.[260] Wenn (!) man mit dem Urteil, dass Wismar an der Ostsee liegt, anerkennt, dass der Wahrheitswert des Gedankens, dass Wismar an der Ostsee liegt, mit dem Wahren identisch ist, dann legt man sich mit diesem Urteil darauf fest, dass es etwas gibt, das mit dem Wahren identisch ist. Aber wieso legt man sich damit, wie Frege in [7] behauptet, auch darauf fest, dass es etwas gibt, das mit dem Falschen identisch ist? Wer jenes Urteil fällt, der ist *eo ipso* bereit anzuerkennen, dass der Wahrheitswert des Gedankens, dass Wismar *nicht* an der Ostsee liegt, mit dem Falschen identisch ist.

Man darf davon ausgehen, dass alle Nominalisten der These, man lege sich mit jedem Urteil auf die Existenz von mindestens zwei nicht-wahrnehmbaren Gegenständen fest, energisch widersprechen würden. Frege würde diesen Einspruch wohl als eine weitere Manifestation der „jetzt sehr weit verbreitete[n] Neigung" beklagen, „nichts als Gegenstand anzuerkennen, was nicht mit den Sinnen wahrgenommen werden kann" (*FuB* 3; vgl. *Vorw* XIII$_b$).–

---

[259] Freges Gebrauch von 'anerkennen' wird uns in 2-§3 beschäftigen. Wie verhält sich der zweite Relativsatz zum ersten? Wenn er eine Paraphrase sein soll, müsste man Frege vorwerfen, er verkenne den Unterschied zwischen einem Akt und einem Zustand. Vielleicht will er diesem Unterschied aber hier Rechnung tragen: 'jeder, der ein Urteil fällt oder der etwas glaubt'. Vgl. auch dazu 2-§3. Die Kontraktion in Blacks Übersetzung (1948, Op.), „who judges something to be true", macht das Problem unsichtbar. Feigls Übersetzung ist auch hier besser: "who at all makes judgements, holds anything as true" (1949, 91).

[260] Vgl. *SuB* 31e–32a; 2-§8.

Hätte Frege nicht statt der verunglückten Erklärung des Funktors 'der Wahrheitswert von ξ' in [3] leicht eine bessere geben können, wenn er sich in diesem Zusammenhang des Verfahrens einer *Kontextdefinition* erinnert hätte, das er in *GL* in ähnlich gelagerten Fällen doch zumindest erwägenswert gefunden hatte? Ich meine seine Überlegung zu dem Operator 'die Anzahl der Gegenstände, die unter den Begriff $F\xi$ fallen' und die propädeutische Betrachtung des geometrischen Funktors 'die Richtung von ξ'. Angenommen, die Beziehung $R(\xi, \zeta)$ ist eine Äquivalenz-Relation, also eine Beziehung, die reflexiv, symmetrisch und transitiv ist:

(Refl) $\forall x\, R(x, x)$
(Symm) $\forall x\, \forall y\, (\, R(x, y) \rightarrow R(y, x)\,)$
(Trans) $\forall x\, \forall y\, \forall z\, [(\, R(x, y)\, \&\, (R(y, z)\,)\,) \rightarrow R(x, z)]$.

Dann kann man einen Funktor 'der/die/das F von ξ' einführen, von dem gilt: füllt man die Leerstelle mit der Bezeichnung eines Gegenstandes aus dem Bereich dieser Beziehung, der zu anderen aus diesem Bereich in dieser Beziehung steht, so erhält man einen *abstrakten* singulären Term. Für die abstrakten Gegenstände, die von den dadurch gewonnenen Termen bezeichnet werden, erhalten wir so ein *Identitätskriterium* der folgenden Form:

(=Krit) $\forall x\, \forall y\, [\, \Phi x\, \&\, \Phi y \rightarrow$
             (das F von x = das F von $y \leftrightarrow {}^{\sim}R(x, y))\,]$.

Das Prädikat, für das '$\Phi(\ )$' der Platzhalter ist, soll jeweils den Bereich umgrenzen, und die hochgestellte Tilde vor dem 'R' soll signalisieren, dass es sich bei der Beziehung im Bereich der Φ-Gegenstände um eine Äquivalenzrelation handelt. In *GL* §§ 64–67 erörtert Frege ein Identitätskriterium für Richtungen, das eine Einsetzungsinstanz dieses Schemas ist ('G' für 'ist eine Gerade', 'Rg.' für 'Richtung', '||' für 'ist parallel zu'):

(ℜ) $\forall x\, \forall y\, (Gx\, \&\, Gy \rightarrow$
        (die Rg. von x = die Rg. von $y \leftrightarrow x\, ||\, y))$.[261]

---

[261] Schon in der Dissertation von 1873 und (für Größengleichheit) in der Habilitationsschrift von 1874: KS 1 u. 51. (ℜ) ist ein Analogon zum (höherstufigen) Hume-Cantor-Prinzip, um das es Frege eigentlich geht: 'Die Zahl der F = die Zahl der $G \leftrightarrow$ es gibt eine Beziehung, welche die F und die G einander umkehrbar eindeutig zuordnet' (*GL* §§ 63, 71–72).

Nun ist auch das Frege'sche Identitätskriterium für Wahrheitswerte eine Einsetzungsinstanz des Kriterien-Schemas ('Ww.' für 'Wahrheitswert', 'S' für 'ist ein (Behauptungs-)Satz' und '≡' für 'ist material äquivalent mit'):

(Ww.) $\forall x \, \forall y \, (Sx \, \& \, Sy \rightarrow$
(der Ww. von x = Ww. von $y \leftrightarrow x \equiv y))$.

Zwei Sätze 'A' und 'B' sind 'materially equivalent' (Russells Phrase), wenn die sie verknüpfende Bisubjunktion 'A ↔ B' eine Wahrheit ausdrückt. (Vgl. 4-§§9–10.) Wir können also Freges Diskussion der Frage, ob man mit (ℜ) nicht auch schon über eine adäquate Erklärung des Funktors 'die Richtung von ( )' verfügt, *mutatis mutandis* auch auf (Ww.) anwenden. Wer in (ℜ) eine Erklärung jenes Funktors sieht, der akzeptiert Kontextdefinitionen; denn hier kommen ja im Definiendum neben dem zu definierenden Zeichen und einer Variablen noch andere Zeichen vor. In *GG II*, §66 wird Frege solche Definitionen grundsätzlich verbieten; aber in *GL* zögert er nicht, sie Definitionen zu nennen. Für durchschlagend erklärt er vielmehr den folgenden Einwand: Man kann mit Hilfe von (ℜ) zwar entscheiden, ob die Richtung der Geraden a identisch ist mit der Richtung der Geraden b, aber

> dies Mittel reicht nicht für alle Fälle aus. Man kann z. B. danach nicht entscheiden, ob England dasselbe sei wie die Richtung der Erdaxe. Man verzeihe dieses unsinnig erscheinende Beispiel! Natürlich wird niemand England mit der Richtung der Erdaxe verwechseln; aber dies ist nicht das Verdienst unserer Erklärung. Diese sagt nichts darüber, ob der Satz
>
> „die Richtung von a ist gleich q"
>
> zu bejahen oder zu verneinen ist, wenn nicht q selbst in der Form „die Richtung von b" gegeben ist. Es fehlt uns der Begriff der Richtung; denn hätten wir diesen, so könnten wir festsetzen: wenn q keine Richtung ist, so ist unser Satz zu verneinen; wenn q eine Richtung ist, so entscheidet unsere frühere Erklärung. (*GL* §66; vgl. §107 u. *GG I*, S. 18 Anm. 1.)

Dieses Problem (bzw. sein Analogon für den Anzahl-Operator) trägt in der anglophonen Literatur seit einem Vierteljahrhundert den Spitznamen „the (Julius) Caesar problem". Warum? Frege verwendet den „bekannten Eroberer Galliens" bei seiner ersten Andeutung des Problems als „krasses Beispiel" (*GL* §56), und der Spitzname wurde von einem Engländer eingeführt.[262] Das *England-Problem*, wie ich es wegen unseres Zitats (und aus Trotz) nennen möchte, überschattet natürlich auch den Versuch, (Ww.) als Erklärung des Funktors 'der Wahrheitswert von ξ' anzubieten. Die vermeintliche Erklärung dieses Funktors leistet keinen Beitrag zur Beantwortung der Frage, ob England mit dem Wahrheitswert des Satzes 'Schnee ist weiß' identisch ist. Frege hätte sie daher verworfen.[263] Aber vielleicht hätte er das besser nicht getan...

LORENZENS ABSTRAKTIONSTHEORIE UND DAS ENGLAND-PROBLEM. Betrachtet man das Problem aus dem Blickwinkel der (in der Schule von Paul Lorenzen) so genannten „modernen Abstraktionstheorie",[264] so scheint es sich leicht lösen zu lassen. *Ein* Baustein dieser Theorie ist das Frege'sche Identitätskriterien-Schema (=Krit), ein *anderer* ist das Konzept der gegenüber einer Äquivalenzrelation $\tilde{}R(\xi, \zeta)$ „invarianten Eigenschaften", das Hermann Weyl 1926 eingeführt hat. Invariant nennt Weyl Eigenschaften, die, sofern sie einem der in dieser Beziehung stehenden Gegenstände zukommen, auch jedem anderen dieser Gegenstände zukommen. Drückt eine Einsetzungsinstanz des Schemas

(Invar) $\quad \forall x \, \forall y \, [\, ((\tilde{}R(x, y) \, \& \, Fx) \to Fy \,]$

eine Wahrheit aus, so bedeutet das einstellige Prädikat eine Eigenschaft, die invariant ist gegenüber der Beziehung, die das zweistellige Prädikat bedeutet. Nach der „modernen Abstraktionstheorie" treffen nun auf einen abstrakten Gegenstand einer Sorte, für die es ein Identitätskriterium des Typs (=Krit) gibt, alle und nur die Prädikate zu, die gegenüber der einschlägigen Äquiva-

---

[262] s. o. LIT.: Wright 1983.
[263] Frege ersetzt die Kontextdefinition (ℜ) durch eine Explizitdefinition: 'Die Richtung der Geraden a =Df. der Umfang des Begriffs ( ) *ist parallel zur Geraden a*' (*GL* §68). Dem entspricht sein Vorgehen bei der Definition des Anzahl-Operators: an die Stelle des Hume-Cantor-Prinzips tritt 'Die Zahl der F =Df. der Umfang des Begriffs *gleichzahlig mit dem Begriff F*', was Freges Logizismus für die Russell-Antinomie anfällig machen sollte. Wenn Frege schreibt: „Ich setze voraus, dass man wisse, was der Umfang eines Begriffes sei" (§68 Anm.), so unterstellt er, dass dieses Wissen genügt, um auszuschließen, dass England ein Begriffsumfang ist.
[264] s. o. LIT. „Sind wir denn noch immer nicht aus dieser gräßlichen modernen Zeit heraus?", knurrt Frege, wenn Korselt von der „modernen Mathematik" spricht (*1906a*, I: 297 Anm.).

lenzrelation invariante Eigenschaften bedeuten.[265] Auf das *GL*-Paradigma und den uns interessierenden Fall angewandt, erhalten wir die folgenden „Übergangsregeln":

(Abstr$_R$)   F (die Richtung von a) ⇔ ∀x (x ist parallel zu a → Fx)
(Abstr$_W$)   F (der Wahrheitswert von s) ⇔
             ∀x (x ist material äquivalent mit s → Fx)

Das sind insofern Schemata des 'Abstrahierens', als in der so normierten Rede über eine Richtung bzw. einen Wahrheitswert von allen Eigenschaften einer bestimmten Linie bzw. eines bestimmten Satzes abstrahiert (abgesehen) wird, die nicht bezüglich der jeweiligen Äquivalenzrelation invariant sind. Substituiert man nun für die Schemabuchstaben in (Abstr$_R$) 'die Erdachse' und '= England', so ergibt sich (nach grammatischer Adjustierung):

(r*)   Die Richtung der Erdachse = England ⇔
       ∀x (x ist parallel zur Erdachse → x = England).

Was hier nach dem Doppelpfeil steht, ist offenkundig falsch. Und da wir das wissen, können wir dem, was vor ihm steht, mit Fug und Recht Wahrheit absprechen; denn wäre es wahr, so wäre der Übergang von der ersten zur zweiten Zeile ein Übergang von Wahrem zu Falschem, was die Regel diskreditieren würde. Um den anstößigen Identitätssatz verwerfen zu können, brauchen wir noch nicht über das Konzept einer Richtung zu verfügen. Und so wie das erste England-Problem scheint sich auch das zweite in Luft aufzulösen. Setzt man in (Abstr$_W$) eine Satzanführung und das Prädikat '= England' ein, so erhält man beispielsweise

(w*)   Der Wahrheitswert von 'Schnee ist weiß' = England ⇔
       ∀x (x ist material äquivalent mit 'Schnee ist weiß'
       → x = England).

Der angeführte Satz ist wie jeder (Behauptungs-)Satz material äquivalent mit sich, aber gewiss nicht identisch mit England. Und weil wir wissen, dass

---

[265] Ein Beispiel:– Das orthographische Wort, von dem eine Inskription ein Vorkommnis ist, ist genau dann identisch mit dem Wort, von dem eine andere Inskription ein Vorkommnis ist, wenn die eine Inskription genauso buchstabiert wird wie die andere. Was auch immer 'P' für ein genereller Term sein mag, das orthographische *type*-Wort 'sondern' ist der modernen Abstraktionstheorie zufolge genau dann P, wenn jede Inskription, die genauso buchstabiert wird wie die zwischen den Anführungszeichen, P ist. Das orthographische *type*-Wort 'sondern' ist demnach zweisilbig; denn diese Eigenschaft ist gegenüber der Äquivalenzrelation *ζ wird genauso buchstabiert wie ζ* invariant. Aber es ist kein Bindewort; denn diese Eigenschaft ist gegenüber dieser Beziehung nicht invariant: manche Inskriptionen, die genauso buchstabiert werden wie das *token* zwischen den Anführungszeichen, sind ja Verben.

falsch ist, was nach dem Doppelpfeil steht, können wir dem, was vor ihm steht, mit Fug und Recht Wahrheit absprechen. Wir brauchen dazu nicht bereits über das Konzept eines Wahrheitswerts zu verfügen. Diese (Auf-)Lösung der England-Probleme ist so gut wie die Theorie, auf der sie basiert, und mit der steht es nicht zum Besten. Kann das Prädikat auf der linken Seite der „Übergangsregeln" ($Abstr_R$) und ($Abstr_W$) überhaupt denselben Sinn haben wie das auf der rechten Seite? Wenn nicht, dann wird dem abstrakten Gegenstand auf der linken Seite gar nicht die bezüglich der relevanten Äquivalenzrelation invariante Eigenschaft zugeschrieben, die auf der rechten Seite prädiziert wird. Wenn es doch denselben Sinn hat, dann ergeben sich sehr befremdliche Konsequenzen. Hätte die Richtung der Erdachse wirklich alle bezüglich der Parallelität invarianten Eigenschaften der Erdachse, dann wäre diese Richtung eine Gerade. Und hätte jede Gerade, die parallel zur Erdachse ist, alle Eigenschaften der Richtung der Erdachse, dann wären diese Geraden allesamt Richtungen – und, obwohl voneinander verschieden, mit der Richtung der Erdachse identisch. Hätte der Wahrheitswert von 'Schnee ist weiß' wirklich alle bezüglich der materialen Äquivalenz invarianten Eigenschaften dieses Satzes, dann wäre dieser Wahrheitswert ein Satz, grammatisch wohlgeformt und aus Wörtern zusammengesetzt. Und hätte jeder Satz, der mit dem Schnee-Satz material äquivalent ist, alle Eigenschaften seines Wahrheitswertes, dann wären diese Sätze allesamt Wahrheitswerte – und, obwohl voneinander verschieden, mit dem Wahrheitswert des Schnee-Satzes identisch. Eine Theorie mit solchen Konsequenzen ist keine solide Basis für eine Lösung des England-Problems.[266]

Eine Frege-Deutung, nach der er ein Anhänger der „modernen Abstraktionstheorie" *avant la lettre* war, ist schon deshalb wenig plausibel, weil der anti-platonistische Impetus dieser Theorie einem Philosophen völlig fremd ist, der sich über „die weit verbreitete Neigung, nur das Sinnliche als vorhanden anzuerkennen" (*Vorw* XIII$_b$), mehr als einmal beklagt hat. Frege will

---

[266] Ebenso befremdliche Konsequenzen zeitigt die Theorie bei dem Wort-Beispiel aus der letzten Anm. Hätte das orthographische *type*-Wort 'sondern' wirklich alle bezüglich der Äquivalenzrelation ξ *wird genauso buchstabiert wie* ζ invarianten Eigenschaften eines gegebenen Vorkommnisses dieses Wortes, dann enthielte das *type*-Wort Buchstaben-Inskriptionen, und hätte eine gegebene Inskription jenes Wortes wirklich alle Eigenschaften des *type*-Wortes, dann müsste diese Inskription auf den Seiten dieses Buchs mehrfach vorkommen. Und auch hier fragt sich natürlich, ob 'ξ ist zweisilbig', angewendet auf das *type*-Wort, denselben Sinn hat wie bei der Anwendung auf Inskriptionen. Schließlich ist es nur im ersten Fall austauschbar gegen 'alle Vorkommnisse von ξ sind zweisilbig'.

keineswegs zeigen, dass unsere Rede über Richtungen und Wahrheitswerte bloß eine *façon de parler* ist, die jederzeit zugunsten einer Rede ausschließlich über Linien und Sätze aufgegeben werden könnte. Frege will mitnichten zeigen, dass wir mit unserer Rede über Richtungen und Wahrheitswerte kein 'ontological commitment' bezüglich abstrakter Gegenstände eingehen. Im Gegenteil, in seinen Augen sind Ausdrücke wie 'die Richtung der Geraden a' und 'der Wahrheitswert von S' bedeutungsvolle singuläre Terme. Wahrheitswerte sind das, worüber in der Frege'schen Junktorenlogik quantifiziert wird. Frege glaubt, dass man mit 'Die Richtung von a = die Richtung von b' eine ontologische Verpflichtung unübersehbar macht, die man mit 'a ist parallel zu b' bereits eingegangen ist – etwa so, wie man sich mit der Behauptung, dass es Sieger gibt, explizit auf die Existenz von etwas festlegt, was man mit der Behauptung, dass es Besiegte gibt, implizit als existent anerkannt hat. Und wie Satz [7] in unserem Text aus *SuB* zeigt, glaubt Frege, dass wir mit jedem Urteilsakt stillschweigend die beiden Gegenstände als existent anerkennen, die er 'das Wahre' und 'das Falsche' nennt. Das Motto, das über diesem Paragraphen steht, würde sich niemand zueigen machen, der findet, die Rede über Wahrheitswerte sei bloß eine *façon de parler*.

Dass die „moderne Abstraktionstheorie" keine tragfähige Basis für die Entkräftung von Freges England-Einwand ist, zeigt natürlich nicht, dass die Inanspruchnahme der Frege'schen Identitätskriterien (ℜ) und (Ww.) als Kontextdefinitionen des jeweiligen Funktors nicht gegen diesen Einwand verteidigt werden kann. Als Ausgangspunkt kann dabei eine korrekte Feststellung Freges in *GL* § 67 dienen: Eine Richtung ist uns nicht „nur auf eine einzige Weise gegeben". Das gilt von jedem Gegenstand, also auch von einem Wahrheitswert. Man kann z. B. auf die Richtung der Achse des Teleskops, das auf dem-und-dem Turm montiert ist, und auf den Wahrheitswert von 'Schnee ist weiß' nicht nur mit anderen singulären Termen, die denselben Funktor enthalten, Bezug nehmen: 'die Richtung der Achse dieses Geräts', 'der Wahrheitswert von Tarskis Lieblingssatz', – man kann auf sie auch mit singulären Termen Bezug nehmen, die gar keinen Funktor enthalten: 'NO-SW', 'das Wahre'. Aber Letzteres ändert nichts daran, dass diese Gegenstände uns *primär* als Richtungen *von* Geraden und als Wahrheitswerte *von* Sätzen gegeben sind und somit als etwas, das genau dann mit der Richtung einer anderen Geraden bzw. dem Wahrheitswert eines anderen Satzes identisch ist, wenn eine bestimmte Äquivalenzrelation zwischen den Geraden bzw. den Sätzen besteht. Wer nicht weiß, was Geraden und Sätze sind und worin Parallelität bzw. materiale Äquivalenz besteht, der weiß nicht, was unter der Richtung einer Geraden bzw. dem Wahrheitswert eines Satzes zu verstehen ist. Klarerweise sind uns Länder wie England (oder Personen wie Cäsar) nicht nur nicht primär, sondern gar nicht auf die eine oder andere dieser beiden Arten gegeben. Daraus folgt, was uns eh längst klar war: England ist weder mit irgendeiner Richtung noch mit irgendeinem Wahrheitswert identisch. Dass dem so ist, entscheiden zwar nicht die Kontextdefinitionen selber – darin ist Frege natürlich zuzustimmen –, aber eine Tatsache über diese Definitionen: sie artikulieren die primären Arten des Gegebenseins von Richtungen und Wahrheitswerten – und eben keine Gegebenheitsweisen von Ländern (oder Personen). Frege hätte den Funktor 'der Wahrheitswert von ξ' also mit Hilfe der Kontextdefinition erklären können, um die Abkürzungen 'das Wahre' und 'das Falsche' sodann, wie in *FuB* 13 (s. o. §2.1), durch

(Df.)   das Wahre (Falsche) = der Wahrheitswert dessen, was wahr (falsch) ist

explizit zu definieren.

Die Bejahung der zu Beginn dieses Paragraphen gestellten Fragen (*F1*) bis (*F4*) bringt für Semantik und Logik der *GG*, wie Frege in *Vorw* X_a ankündigt, beträchtliche technische Vorteile mit sich. Junktoren liefern für einen oder zwei Sätze als Input einen neuen Satz als Output. In der Begriffsschrift der *GG* treten sie als *supra-sententiale Funktoren* an die Seite der sub-sententialen ('ξ²', 'der Vater von ξ') und der sentenzialen ('ξ>ζ', 'ξ ist ein Planet'). Frege kann jetzt sagen, dass der monadische Junktor '¬' eine Funktion erster Stufe bezeichnet, die einem der beiden Wahrheitswerte den anderen zuordnet, und dass dyadische Junktoren wie '&' und '→' Funktionen erster Stufe bezeichnen, die Wahrheitswert-Paaren Wahrheitswerte zuordnen. Die Verknüpfung zweier Sätze durch '↔' kann jetzt als ein Spezialfall eines Identitätssatzes aufgefasst werden: sie drückt eine Wahrheit aus, wenn und nur wenn die den Junktor flankierenden Ausdrücke denselben Gegenstand bezeichnen. Ein und dieselbe Regel legitimiert jetzt beispielsweise sowohl den Schluss

⊢ $\forall x\, \forall y\, (x$ ist kleiner als $y \rightarrow y$ ist größer als $x)$

∴   ⊢ Sokrates ist kleiner als Simmias → Simmias ist größer als Sokrates als auch den Schluss

⊢ ∀p ∀q ((p & q) → q)
∴ ⊢ (Sokrates ist Philosoph & Sokrates ist Athener) →
Sokrates ist Athener.

Denn wenn Sätze Namen von Wahrheitswerten sind, dann ist die Quantifikation in den beiden Prämissen von derselben Sorte, und die Verwendung verschiedener Variablen-Stile ist eigentlich überflüssig.

In *SuB* 35c–36a vertritt Frege (nicht ohne leises Unbehagen zu verraten) die These, die Bedeutungen der Teile, in die man einen Satz zerlegen kann, seien auch Teile seiner Bedeutung, also des Wahrheitswertes des Gedankens, den er ausdrückt. Kurt Gödel fühlte sich bei dieser Stelle an Parmenides erinnert:[267]

> „Frege actually drew this conclusion [sc. dass alle wahren Sätze dieselbe Bedeutung haben]; and he meant it in an almost metaphysical sense, reminding one somewhat of the Eleatic 'One.' The True – according to Frege's view – is analysed by us in different ways in different propositions [Sätze]; 'the True' being the name for the common signification [Bedeutung] of all true propositions."

Und was – so fragt man sich beklommen – soll das Falsche sein, wenn das Wahre das eleatische ἕν καὶ πᾶν ist? Frege hat das zu metaphysischen Assoziationen Anlass gebende Kompositionsprinzip der *Bedeutung* spätestens 1913 aufgegeben: „Die *Bedeutungen* der Teile des Satzes sind nicht Teile der Bedeutung des Satzes" (*Vorl* 20). Allemal bezeichnet ja ein Ausdruck, der aus der Ergänzung eines Funktors resultiert, keineswegs immer – wie im Falle von 'die Stadt, in der (die Place de la Concorde) liegt'– ein Ganzes, von dem der durch den ergänzenden Ausdruck bezeichnete Gegenstand ein Teil ist. Um auf dem Platz in Paris zu bleiben: die Bedeutung des eingebetteten Namens in 'der Kopf von (Ludwig XVI.)' ist schließlich kein Teil der Bedeutung dieser Kennzeichnung (*1919b*, NS 275).

---

[267] Gödel 1944, 129 (meine Hinzufügungen). Eine ähnliche Monismus-Assoziation stellt sich 1970 bei Wolfgang Cramer ein, der bei Frege „Spinozismus im Felde der Logik" ausmachen zu können glaubt.

Unklar ist, wie lange Frege am Kompositionsprinzip der Bedeutung festgehalten hat. Der späteste Text, den man in diesem Sinne verstehen kann, ist wohl dieser:

> Wie [der prädikative Bestandteil des Satzes "2 ist eine Primzahl"] ungesättigt erscheint, so entspricht ihm auch im Bereiche der Bedeutungen etwas Ungesättigtes; wir nennen es Begriff. Diese Ungesättigtheit eines der Bestandteile ist notwendig, weil die Teile sonst nicht aneinander haften. (*1906b*, NS 192.)

Wovon sind die Zahl 2 und der Begriff ξ *ist eine Primzahl* Bestandteile? Frege beantwortet diese Frage hier nicht, aber die Unterstellung liegt nahe, er sei immer noch der Auffassung, das fragliche Ganze sei der Wahrheitswert dessen, was wahr ist. Schließlich hat er die Kategorie der „singulären beurtheilbaren Inhalte" seiner frühen Werke längst verabschiedet.

Von der Kritik am Kompositionsprinzip der Bedeutung bleibt das (in der Literatur irreführenderweise meist so genannte) Prinzip der 'Kompositionalität' der Bedeutung unberührt. Nach *diesem* Grundsatz wird die Bedeutung eines komplexen Ausdrucks ausschließlich durch die Bedeutungen seiner Teile und seine Struktur bestimmt (festgelegt). Damit wird nicht unterstellt, dass die Bedeutungen der Teile eines komplexen Ausdrucks *Teile* der Bedeutung dieses Ausdrucks sind. Der zu Beginn dieses Paragraphen besprochene Gedankengang Freges, der in [1], *SuB* 33a, resümiert wird, legt es zumindest sehr nahe, das Prinzip der 'Kompositionalität' der Bedeutung zu akzeptieren, und bei diesem Prinzip spricht jedenfalls nichts für die Vermutung, dass Frege es irgendwann verworfen hat.

§7. Das Präfix eines Begriffsschriftsatzes.[268]

Eine Zeichenreihe wie '⊢ 2+3=5' ist ein „Begriffsschriftsatz" (*GG I*, §5, S. 9). Auf den horizontalen Strich muss, so fordert Frege in

---

[268] VERGLEICHE: *BS* §§2–3; *BrL* 11, 3.Anm.; *1882a*, 5; *FuB* 21–22; *GG I*, §5; *Ged* 62b–63a.

LITERATUR: Hoche 1976; Heck & Lycan 1979; Burge 1986, §§II–III (mit PS 2005); 2005, §I; Simons 1996; Landini 1996, §2; Kleemeier 1997, 63–79; Stepanians 1998, 15–202 (ebd. 63–72: eine Verteidigung von *BS* §§2–3 gegen

der *BS*, immer ein Zeichen für einen in der Dimension von Wahrheit und Falschheit „beurtheilbaren Inhalt" folgen. (Die Zeichenreihe '⊢ 2' ist in der *BS* also ungrammatisch.) Der horizontale Strich heißt in der *BS* „Inhaltsstrich" und in den *GG* „der Wagerechte". Den vertikalen Strich nennt Frege in beiden Büchern „Urtheil(s)strich".[269] Das komplexe Zeichen '⊢', das bei ihm keinen eigenen Namen hat, da es nicht zu den „Urzeichen" gehört, werde ich *faute de mieux* als *Präfix* bezeichnen.[270]

In der *BS* gibt Frege miteinander unverträgliche und auch in sich unbefriedigende Erklärungen des Präfixes bzw. seiner beiden Komponenten. In *BS* §2 schlägt er vor, den horizontalen Strich zu lesen als 'der Umstand, dass'. Nun heißt 'der Umstand, dass A' entweder soviel wie 'die Tatsache, dass A' oder soviel wie 'der Sachverhalt (der

die unten vorgetragene Kritik); Smith 2000; Greimann 2003a, 162–177; Hacker 2005, 76–86; Taschek 2008, bes. §4. [DER MAGISCHE URTEILSSTRICH]: Anscombe 1959, 113; Davidson 1979, 113; Hacker 2005, 81. Vgl. unten 2-§3.

[269] Ein Kuriosum ist hier zu registrieren: wie heißt der senkrechte Strich eigentlich? In *BS* IX, §§2, 11 und in den Originaldrucken von *1879b*, *1882a* u. *FuB* heißt er „Urtheilsstrich", in *GG I* kommt seinem Namen dann das Fugen-*s* abhanden, aber im Originaldruck von *1896a* erhält er es zurück. (Bei anderen *termini technici* schwankt der Text von *GG I*: die „Verneinungs-" und der „Bedingungsstriche" von S. 23–25 [und *BS*] müssen bei ihrer Einführung auf S. 10 bzw. S. 20 mit einem Buchstaben weniger auskommen.) Falsch oder richtig – das ist hier nicht die Frage; denn was das Fugen-*s* angeht, ist unsere Sprache ja ziemlich chaotisch. (Die *Feuer*wehr bekämpft die *Feuers*brunst im *Rat*haus, und die *Rats*herren schauen zu...) Frege hat jene Bezeichnung eingeführt, und er hatte die Wahl: wie hätte er's denn gern? Die Statistik spricht für das -*s*-. (Auch der „Inhaltsstrich" muss manchmal auf ein -*s*- verzichten; aber da ich die Agonie des Lesers befürchte, werde ich das nicht auch belegen.)

[270] In den 'Principia Mathematica' wird das Präfix, das dort ein atomares Zeichen ist, als 'assertion-sign' bezeichnet (Whitehead-Russell 1910b, 8, 92). Wittgenstein nennt es in TLP 4.442 'Urteilstrich' (sic), obwohl Frege diese Bezeichnung (mit oder ohne -*s*-) ausdrücklich für den vertikalen Strich reserviert. In Carnap 1929, §4c heißt das Präfix, in Anlehnung an Russell, 'Behauptungszeichen'. Und wenn Wittgenstein in PU §22d vom „Fregeschen Behauptungszeichen" spricht, so meint er vemutlich – genau wie im TLP mit „Urteilstrich" – das Präfix als Ganzes. (Seit längerem verwenden Logiker das Präfix ganz anders, nämlich als atomares metasprachliches Prädikat. „⊢ A" heißt soviel wie „'A' ist ein in diesem Kalkül annahmenfrei ableitbares Schema", und 'A ⊢ B' heißt soviel wie „Aus dem Schema 'A' ist im diesem Kalkül das Schema 'B' ableitbar". Das so gebrauchte Präfix hat im Englischen [Amerikanischen?] den Spitznamen 'turnstile', 'Drehkreuz' erhalten.)

beurteilbare Inhalt), dass A'. Da der horizontale Strich auch vor Sätzen stehen kann, die falsche beurteilbare Inhalte ausdrücken, scheidet die erste Alternative aus: 'der Umstand (= die Tatsache), dass Schnee rot ist' wäre ein leerer singulärer Term und deshalb in einer BS unzulässig. Also kommt nur die zweite Alternative in Frage. In jedem Fall ist aber das Resultat der Anwendung eines solchen Operators auf einen Satz ein singulärer Term. Nun soll '⊢ A', wenn der Buchstabe ein Zeichen für einen beurteilbaren Inhalt abkürzt, ein Begriffsschriftsatz sein. Also müsste der vertikale Strich als *Prädikat* verstanden werden. Welches Prädikat? Da 'Umstand' hier im Sinne von 'Sachverhalt' verstanden werden muss, bietet sich 'besteht' oder 'ist eine Tatsache' an. Aber hat das Prädikat in 'Der Sachverhalt, dass A, ist eine Tatsache' wirklich so wie der vertikale Strich „nur den Zweck", den durch 'A' ausgedrückten beurteilbaren Inhalt „als Urtheil hinzustellen"? Hat es *überhaupt* diesen Zweck? Anders als ein Begriffsschriftsatz kann ein deutscher Satz dieses Typs z. B. in einer Adjunktion vorkommen, und wenn man sagt: 'Der Sachverhalt, dass A, ist eine Tatsache, oder er ist keine', stellt man keineswegs den durch 'A' ausgedrückten Inhalt als wahr hin.

In *BS* § 3 schlägt Frege hingegen vor, das Präfix zu lesen als „ist eine Thatsache". Demnach wäre der vertikale Strich (genau wie der horizontale) ein *Fragment eines syntaktisch atomaren Prädikats*. Nun wird das Präfix von Frege aber nicht als ein atomarer Ausdruck eingeführt. Also entspricht die Erklärung in § 3 nicht seinen Intentionen. Außerdem kann 'ist eine Tatsache' nicht durch einen Satz vervollständigt werden: 'Archimedes kam bei der Eroberung von Syrakus um ist eine Tatsache' ist kein wohlgeformter deutscher Satz. In § 3 transformiert Frege seinen Beispielsatz denn auch in die Nominalphrase 'Der gewaltsame Tod des Archimedes bei der Eroberung von Syrakus', um das Prädikat 'ist eine Tatsache' anwenden zu können. Das passt nun aber wieder nicht zu seiner Insistenz in der *BS*, dass der horizontale Strich nur vor dem Ausdruck eines beurteilbaren Inhalts, vor einem Satz stehen darf: ein nominalisierter Satz ist genausowenig ein Satz wie ein vermeintlicher Retter ein Retter ist. Dieser Defekt wird behoben, wenn man das Präfix nicht als Prädikat (als satzbildenden *Namen*operator) liest, sondern als Junktor (als satzbildenden *Satz*operator): 'Dass ..., ist eine Tatsache'. Aber natürlich ist auch dieser Junktor, im Gegensatz zum Präfix, ein atomares Zeichen, und außerdem führt uns diese Modifikation der Sache nach aber wieder zu der dubiosen Erklärung in § 2 zurück.

In den *GG* lässt Frege die Forderung fallen, dass auf den horizontalen Strich der Ausdruck eines beurteilbaren Inhalts folgen muss. Dadurch ist die alte Bezeichnung 'Inhaltsstrich' unpassend geworden. Seine Forderung lautet nun: Alle und nur die 'bedeutungsvollen Eigennamen' (eine Kategorie, unter die er auch alle Sätze subsumiert, die einen wahren oder falschen Gedanken ausdrücken) dürfen auf den Waagerechten folgen. Nach dieser Festsetzung ist '⊢ 2' nicht mehr ungrammatisch. Aus Freges neuer Erklärung des horizontalen Strichs geht hervor, dass man ihn als das Prädikat '( ) ist das Wahre' lesen kann. (Im Unterschied zu diesem Prädikat, das einen singulären Term enthält, ist der Waagerechte allerdings ein atomares Prädikat.) Er fasst ihn nämlich als Funktor auf, von dem gilt: seine Vervollständigung durch einen Eigennamen bezeichnet das Wahre, wenn der vervollständigende Eigenname seinerseits das Wahre bezeichnet, und seine Vervollständigung durch einen Eigennamen bezeichnet das Falsche, wenn der vervollständigende Eigenname etwas anderes als das Wahre bezeichnet.[271] Wenn Carnap richtig mitgeschrieben hat, so hat Frege in einer Vorlesung die Funktion — ξ als „Begriff des Wahren" bezeichnet (*1913*, 20). Der Waagerechte ist ein einstelliges Prädikat, mit dem die relationale Eigenschaft, mit dem Wahren identisch zu sein, prädiziert wird. In *GG I*, §6 liest uns Frege einen Begriffsschriftsatz denn auch so vor: „ ⊢-2^2=5, in Worten: 2^2=5 ist nicht das Wahre". In '— 2^2=4' wird die Eigenschaft, das Wahre zu sein, zu Recht prädiziert, in '— 2^2=5' und in '— 2' zu Unrecht.

Stellen wir die grammatischen Bedenken, die sich im Blick auf die ersten beiden Exempel aufdrängen, einen Moment zurück, und betrachten wir die Rolle, die der vertikale Strich in der Sprache der *GG* spielt:

> Der Urtheilsstrich kann nicht zur Bildung eines Functionsausdrucks gebraucht werden, weil er nicht mit anderen Zeichen zusammen zur Bezeichnung eines Gegenstandes dient. „⊢ 2+3=5" bezeichnet nichts, sondern behauptet etwas. (*FuB* 22, Anm.)

Der „Urtheilstrich ... ist ein Zeichen eigner Art", betont Frege in *GG I*, §26. Er ist ein abtrennbarer Indikator einer bestimmten illokutionären Rolle: „Der Urtheilsstrich vor dem Ganzen stellt die-

---

[271] *FuB* 21; *GG I*, §5 u. Anm. 3.

sen Satz als Behauptung hin" (*1879b*, 33);²⁷² weshalb er eigentlich besser 'Behauptungsstrich' hieße.²⁷³ Und ein von ihm eingeleiteter Begriffsschriftsatz kann niemals in eingebetteter Position auftreten. Kein Satz unserer Sprache, mit dem man Wahres oder Falsches sagen kann, erfüllt die zweite Bedingung. Also sind alle Paraphraseversuche von vornherein zum Scheitern verurteilt: Ein Zeichen wie den Urteilsstrich gibt es im Deutschen nicht.

Kritiker haben Frege oft nachgesagt, er schreibe dem Urteilsstrich eine nachgerade magische Wirksamkeit zu (s. o. LIT.): man könne ihn einer Inskription gar nicht voranstellen, ohne mit ihr eine Behauptung aufzustellen. Sie wenden dagegen ein, dass doch ein Schauspieler – sagen wir: der Darsteller des Psychiatrie-Insassen 'Wittgenstein' in der Aufführung eines Stücks von Thomas Bernhard – den Begriffsschriftsatz '⊢ Hasst (Ludwig, Gottlob)' an eine Tafel schreiben kann, ohne damit eine Behauptung aufzustellen. Letzteres ist zweifellos richtig; aber warum sollte Frege es nicht einräumen? Er betont doch selber, wie wir in 2-§3 sehen werden, dass Äußerungen „volkssprachlicher" Behauptungssätze auf der Bühne Scheinbehauptungen sind. Warum sollte er wähnen, dass das nicht mehr gilt, wenn der Behauptungssatz ein Begriffsschriftsatz ist? Worauf es Frege ankommt, ist, dass der Leser einer wissenschaftlichen Abhandlung beim Anblick einer begriffsschriftlichen Deduktion mühelos erkennen kann, ob er mit einer Inskription konfrontiert ist, die als wahr hingestellt wird: „nichts wird dem Errathen überlassen" (s. o. §1), also auch nicht der illokutionäre Status der Bausteine einer solchen Deduktion.

Die Kritik, die (der wirkliche) Wittgenstein in §22 der 'Philosophischen Untersuchungen' an Freges Konzeption des Begriffsschriftsatzes übt, ist sehr verwirrend:

---

²⁷² Allem Anschein nach angeregt durch seine Frege-Lektüre, führte Husserl 1896 in seiner Logik-Vorlesung ein nachgestelltes Ausrufungszeichen zu genau dem Zweck ein, dem Freges Urteilsstrich dient, freilich ohne dieses Zeichen dann in seiner Skizze eines Kalküls zu verwenden (Husserl 1896, 254). Frege hatte ihm ein Exemplar der *BS* zugesandt (Husserls Randnotizen sind in BSA, 117–121 abgedruckt), und 1891 erhielt er von Frege u. a. auch *1879b*, *1882a* und *FuB* (WB 98; Husserls Randnotizen zu *FuB* in KS 433–434).
²⁷³ Jourdain nennt ihn in seinem Referat von *FuB* „vertical line of assertion" (Jourdain 1912, 298), und Geach gibt „Urtheilsstrich" in seiner Übersetzung von *FuB* mit „assertion-sign" wieder.

„[1] Freges Ansicht, dass in einer Behauptung eine Annahme steckt, die dasjenige ist, was behauptet wird, basiert eigentlich auf der Möglichkeit, die es in unserer Sprache gibt, jeden Behauptungssatz in der Form zu schreiben 'Es wird behauptet, dass das und das der Fall ist.' [2] Aber 'Daß das und das der Fall ist,' ist eben in unsrer Sprache kein Satz – es ist noch kein Zug im Sprachspiel. [3] Und schreibe ich statt 'Es wird behauptet, dass ...' 'Es wird behauptet: das und das ist der Fall', dann sind hier die Worte 'Es wird behauptet' eben überflüssig." (Wittgenstein, PU §22a; Ziffern von mir eingefügt.)

Frege hat nirgendwo geschrieben (und er hat auch nichts geschrieben, was implizieren oder auch nur suggerieren würde), dass in jeder Behauptung eine *Annahme* steckt.[274] Seine Ansicht ist vielmehr: Was wir als wahr hinstellen, wenn wir behaupten, dass A, ist der *Gedanke*, dass A. Dass wir etwas annehmen, pflegen wir mit den kursivierten Wendungen in '*Gesetzt den Fall, dass* A, was folgt dann?' oder '*Angenommen*, A. Dann ist das und das der Fall' kundzutun. (Die einzige Bemerkung, die Frege darüber jemals macht, findet sich in *FuB* 21/22. Dazu 2-§3.) Was wir mit jenen Wendungen tun, das tun wir nie, wenn wir eine Behauptung aufstellen, und für Frege ist das sonnenklar.– Wittgenstein kann in [1] nicht sagen wollen, 'Es wird behauptet, dass A' sei eine angemessene Paraphrase von '⊢ A'. Denn erstens ist der Wahrheitswert des mit jenem Satz Gesagten unabhängig davon, ob es wahr ist, dass A; was von dem Begriffsschriftsatz nicht gilt. Zweitens kann man jenen Satz (wie jede andere *Oratio obliqua*) als Teilsatz in einem Konditional oder in einer Adjunktion verwenden,[275] den Begriffsschriftsatz aber nicht, und Wittgenstein

---

[274] Wittgensteins fixe Idee, 'Annahme' sei ein fundamentaler Bestandteil des Vokabulars von Freges Philosophischer Logik, erscheint zum ersten Mal am 14. 11. 1914 in seinen Tagebüchern (NB), sie kehrt in TLP 4.063a wieder, und noch 1946/47 (§ 499) schreibt er im Blick auf eine assertorische Äußerung von 'Er wird kommen': Die Worte 'dass er kommen wird' „sind recht eigentlich die Frege'sche 'Annahme'". (Ist Wittgenstein zu dieser Fehldeutung durch Russell verführt worden, der in einer Anmerkung zu Russell 1903b, § 477 seinen eigenen Gebrauch von 'assumption' irrigerweise mit dem von 'Annahme' in Freges beiläufiger Bemerkung in *FuB* identifiziert? Elizabeth Anscombe [1959, 105–106] hat das vermutet; aber passt das, was Wittgenstein in den PU über die sog. Frege'sche Annahme sagt, zu dem, was Russell 'assumption' nennt, nämlich 'the truth-value of a *Gedanke*'?)
[275] Zu dieser Begrifflichkeit vgl. unten 4-§7 u. 4-§9.

verkennt Letzteres keineswegs: „Das Fregesche Behauptungszeichen", schreibt er in § 22d, „unterscheidet die ganze Periode vom Satz *in* der Periode".[276] Und drittens: aus 'Es wird behauptet, dass die Erde sich bewegt' folgt etwas, was aus '⊢ Die Erde bewegt sich' keineswegs folgt, nämlich 'Etwas wird behauptet'. Mit der korrekten Feststellung in [2], dass eine 'dass'-Klausel kein Satz ist, rennt Wittgenstein bei Frege offene Türen ein; denn der betont doch selber, dass die Inhaltsklausel in der *Oratio obliqua* den Gedanken bedeutet, den der Satz ausdrückt, dessen Nominalisierung sie ist.– Einbettungen in ein Konditional oder eine Adjunktion sind bei der paratakischen Reformulierung, um die es in [3] geht, nicht möglich. Aber auch 'Es wird behauptet: A' ist keine adäquate Wiedergabe von '⊢ A'. Mit dem Urteilsstrich sollte man '— A', nur dann abschließen, so betont Frege, wenn der damit ausgedrückte Gedanke wahr ist. Diese Norm gilt nun ganz gewiss nicht für das Voranstellen von 'Es wird behauptet:'. Aus der Überflüssigkeit dieses Prologs folgt also nicht die Überflüssigkeit des Urteilsstrichs. *Ist* der Prolog in 'Es wird behauptet: A' wirklich überflüssig? Gewiss, um zu behaupten, dass A, braucht man ihn nicht. Aber er ist alles andere als überflüssig, wenn die Äußerung so fortgesetzt wird: 'Es wird behauptet: A; aber es ist gar nicht der Fall, dass A'.[277]– Im übernächsten Absatz schreibt Wittgenstein:

„[6] Man hat wohl das Recht, ein Behauptungszeichen zu verwenden im Gegensatz z. B. zu einem Fragezeichen; oder wenn man eine Behauptung unterscheiden will von einer Fiktion, oder einer Annahme. [7] Irrig ist es nur, wenn man meint, daß die Behauptung nun aus zwei Akten besteht, dem Erwägen und dem Behaupten (Beilegen des Wahrheitswerts, oder dergl.) und dass wir diese Akte nach de[n] Zeichen des Satzes vollziehen, ungefähr wie wir nach Noten singen." (PU, § 22c.)

[276] Vgl. Wittgenstein, Z § 684.
[277] Hätte Wittgenstein besser daran getan, in [1] eine explizit performative Formulierung zu verwenden? (Als 'explicit performative utterances' bezeichnet Austin 1956 Äußerungen, die sich selber als Vollzug einer bestimmten Handlung etikettieren, „I order you to shut the door" im Unterschied zu „Shut the door" [Austin 1970, 244].) Einige Schwierigkeiten träten dann zwar nicht mehr auf. Aber auch aus 'Hiermit behaupte ich, dass die Erde sich bewegt' folgt 'Etwas wird behauptet', was aus '⊢ Die Erde bewegt sich' nicht folgt, und die Reaktion 'Das hättest du besser nicht getan!', die bei der performativen Äußerung sinnvoll ist, wäre bei ihrem vermeintlichen Gegenstück bizarr.

Das in [6] konzedierte Recht nimmt Frege für seinen Symbolismus in Anspruch: er verwendet das Behauptungszeichen deshalb, weil er Äußerungen (Inskriptionen), die Behauptungen sind, u. a. von denen unterscheiden will, in denen man eine Annahme formuliert. Begeht er den in [7] beschriebenen Fehler? (Aus dem Annehmen in [1] ist hier ein Erwägen geworden.) Wo hätte Frege je die in der Tat irrige These aufgestellt (oder sich auf sie festgelegt), dass jemand, der behauptet, dass A, damit einen komplexen Akt vollzieht, in dem die eine Komponente ein Akt des Erwägens (Sich-Fragens), ob A, ist und die andere ein Akt, in dem für den Gedanken, dass A, Wahrheit reklamiert wird? Letzterer soll wohl nach dieser irrigen Auffassung auf ersteren folgen – das legt der abschließende Vergleich nahe. Aber gleichgültig ob simultan oder sukzessiv, die These, dass eine Behauptung aus zwei derartigen Akten zusammengesetzt sei, ist genauso abwegig, wie Wittgenstein sie findet; aber will er sie im Ernst Frege zuschreiben?

In dem eben übersprungenen Absatz will Wittgenstein die Zusammensetzungsthese durch einen Vergleich *ad absurdum* führen:

> „[4] Wir könnten sehr gut auch jede Behauptung in der Form einer Frage mit nachgesetzter Bejahung schreiben; etwa 'Regnet es? Ja!'. [5] Würde das zeigen, dass in jeder Behauptung eine Frage steckt?" (PU § 22b.)

Natürlich würde es das nicht zeigen: daraus dass eine Äußerung X eine Komponente enthält, welche die Äußerung eines Fragesatzes ist, folgt nicht, dass X eine *Frage*, einen Akt des Fragens enthält. Da Frege nie behauptet hat, in jeder Behauptung stecke eine Annahme (oder eine Erwägung), trifft ihn dieses Argument nicht. Daraus dass eine Inskription des Begriffsschriftsatzes '⊢ A' in Gestalt der Zeichenfolge '— A' eine Komponente enthält, mit der man einen Gedanken bloß (ohne behauptende Kraft) ausdrücken kann, folgt nicht, dass man beim Aufstellen einer Behauptung in der BS-Notation u. a. Folgendes tut: einen Gedanken bloß ausdrücken. (Daraus dass eine interrogative Äußerung von 'Ist es der Fall, dass 7^3=333?' in Gestalt des eingebetteten Satzes eine Komponente enthält, mit der man eine Behauptung aufstellen kann, folgt schließlich auch nicht, dass man beim Stellen der Frage u. a. Folgendes tut: etwas behaupten.)

Aber wir können den Vergleich in [4] auch gegen Wittgensteins Absicht konstruktiv verwenden. Ein Zeichen wie den Urteilsstrich gibt es im Deutschen zwar nicht, aber vielleicht können wir seine

Rolle in einer begriffsschriftlichen Variante des Deutschen imitieren. Im Bs-Deutschen sind assertorische Äußerungen stets nach dem folgenden Muster gebaut:

(S)   Ist der Mond rund? Ja!

In (S) fungiert ein abtrennbarer Teil der Äußerung ('Ja!') als Indikator dessen, was Frege „behauptende Kraft" nennt. Im Bs-Deutschen ist 'Ja!' wirklich ein Zeichen eigener Art, *toto coelo* verschieden von allen Zeichen, die in den Sätzen vorkommen, auf die es jeweils folgt. Anders als *unser* gleichlautendes Wort kann es nicht in eingebetteter Position ('Ist der Mond rund? Wenn ja, dann ...') auftreten, es ist also kein Fürsatz.²⁷⁸ Im Bs-Deutschen gibt es kein 'Nein'. Will man bestreiten, dass der Mond rund ist, so schreibt man: 'Ist der Mond nicht rund? Ja!' (Im *Deutschen* werden solche Formulierungen merkwürdigerweise nie gebraucht: die Frage 'Nicht A?' beantworten wir entweder mit 'Doch', womit wir behaupten, dass A, oder mit 'Nein', womit wir behaupten, dass nicht A (s. u. 567). Um im Bs-Deutschen eine Entscheidungsfrage zu stellen, muss man tiefer durchatmen als im Deutschen: 'Ist der Mond rund, oder ist er nicht rund? Entscheide das!' Mit einer Äußerung *dieser* Zeichenreihe pflegt man im Bs-Deutschen den Vollzug eines Akts des Erwägens, des Sich-Fragens, ob der Mond rund ist, kundzutun, während man das mit der Äußerung dessen, was in (S) vor dem „Ja!" steht, im Bs-Deutschen niemals tut.

Die Wortreihe in dem Begriffsschriftsatz

(Σ)   ⊢ Der Mond ist rund

wird zwar genauso buchstabiert wie ein deutscher Behauptungssatz. Aber diese Ähnlichkeit sollte uns nicht über einen entscheidenden Unterschied hinwegtäuschen: Was nach dem horizontalen Strich in einem Begriffsschriftsatz steht, enthält keinen Indikator einer illokutionären Rolle. Die Wortreihe in (Σ) steht also dem deutschen Behauptungssatz nicht näher als dem entsprechenden Entscheidungsfragesatz (2-§3).

---

²⁷⁸ Brentano (Sept. 1904), in Brentano 1930, 76. (Unser 'Ja' ist steht *für einen Satz*, wie das Fürwort in 'Sokrates ist weise, und er ist witzig' *für ein Wort* steht.) Wie zu befürchten war, sind im Munde deutscher Philosophen die 'prosentences' ihrer amerikanischen Kollegen zu 'Prosentenzen' geworden. (Als wäre jeder Satz eine Sentenz.)

Das Prädikat '( ) ist das Wahre' verlangt nach Ergänzung durch einen singulären Term. Wenn wir einen deutschen Satz wie 'Der Mond ist rund' in die Leerstelle setzen, ist das Resultat kein wohlgeformter Satz unserer Sprache. Die Übersetzung einer begriffsschriftlichen Zeichenreihe, die eine Wahrheit ausdrückt, in unsere Sprache kann nicht korrekt sein, wenn sie ungrammatisch ist. Setzen wir die 'dass'-Nominalisierung des 'Mond'-Satzes in die Leerstelle ein, so ist das Resultat grammatisch akzeptabel. Aber was wir mit dem resultierenden Satz sagen, ist falsch; denn kein Gedanke – auch nicht der wahre Gedanke, dass der Mond rund ist – ist mit dem Wahren identisch. Nur die folgende Satzmodifikation kommt in Frage: 'der Wahrheitswert des Gedankens, dass der Mond rund ist'.[279] Wenn wir diesen singulären Term in die Leerstelle von '( ) ist das Wahre' einsetzen, erhalten wir einen Satz, der (gemäß Freges Stipulationen) einen wahren Gedanken ausdrückt. Bei Substitution des Namens 'das Wahre' ergibt sich ein Satz, der ebenfalls eine Wahrheit ausdrückt, wenngleich eine immens triviale. Setzen wir hingegen irgendeinen nicht-leeren singulären Term ein, der nicht das Wahre bezeichnet ('der Wahrheitswert des Gedankens, dass die Kaaba rund ist' oder 'der Mond'), so wird ein falscher Gedanke ausgedrückt. Das gilt, wie gesagt, auch von singulären Termen, die wahre Gedanken bezeichnen ('das Theorem des Pythagoras', 'dass die Fläche des Hypotenusenquadrats in einem rechtwinkligen Dreieck gleich der Summe der Flächenquadrate über den Katheten ist'). Auch im Bs-Deutschen erhält man bei Einsetzung eines Behauptungssatzes in 'Ist ( ) das Wahre?' keinen wohlgeformten Satz. Aber wir können

(S*)   Ist der Wahrheitswert des Gedankens, dass der Mond rund ist, mit dem Wahren identisch? Ja!

verwenden, um (Σ) wiederzugeben.

---

[279] In *GG I* gebraucht Frege selber immer wieder die Wendung 'der Wahrheitswerth davon, dass' (vgl. etwa S. 8–10, 13, 21, 24). Wovon? Von dem Gedanken, dass es sich soundso verhält. Wir benötigen sie bereits, um eine Formulierung wie '(10<12)=(3>2)', die in Freges Begriffsschrift eine Wahrheit ausdrückt, also *a fortiori* wohlgeformt ist, durch einen grammatisch akzeptablen Identitätssatz in *unserer* Sprache zu paraphrasieren. (Nur wenn das Gleichheitszeichen zwischen Gleichungen steht, ist das Problem nicht augenfällig: '12–3=9=5+4=3^2'.)

Mit den Zeichen der Frege'schen Begriffsschrift kann man nur die folgenden sprachlichen Akte vollziehen:[280]

(a) etwas behaupten (das kann man nur mit einem Begriffsschriftsatz tun),

(b) etwas – einen Gegenstand oder eine Funktion – bezeichnen,

(c) Gegenstände oder Funktionen – „unbestimmt andeuten" (das kann man nur mit „lateinischen" oder „deutschen Buchstaben" tun) und

(d) festlegen, was ein bestimmtes atomares Zeichen bedeuten soll (das kann man nur mit einer Gleichung tun, vor welcher das Definitionspräfix '⊩' steht).

Frege kann deshalb von einer Gleichung, vor der kein senkrechter Strich steht, sagen,

> dass ich noch nichts behaupten will, wenn ich nur eine Gleichung hinschreibe, sondern dass ich nur einen Wahrheitswerth bezeichne, ebenso wie ich nichts behaupte, wenn ich nur '2²' hinschreibe, sondern nur eine Zahl bezeichne. (*GG I*, §2.)

Man beachte, dass hier wie in (b) vom Zeichen*benutzer* gesagt wird, dass er etwas bezeichnet. (Wohingegen in den *GG* nur von *Zeichen* gesagt wird, dass sie etwas bedeuten.) Was von einer Gleichung gilt, das gilt auch von der Wortfolge, die in '⊢ Der Mond ist rund' hinter dem Waagerechten steht. Und wie mit 'A' kann man auch mit '— A' nur etwas *bezeichnen*, und wenn der Buchstabe keinen singulären Term abkürzt, dann bezeichnet man jeweils dasselbe (*GG I*, §5). Wer einen Gedanken begriffsschriftlich bloß ausdrückt, der vollzieht einen Akt der Sorte (b).

---

[280] Vgl. zu (c) 5-§§4 u. 6; zu (d) *GG I*, §27.

§8. Logischer 'Antipsychologismus'.[281]
(XIV$_b$–XVIII$_a$; Ged 58–59a)

Nicht zuletzt wegen des Vorworts zu den GG gilt Frege seit langem als Erzfeind, wenn nicht gar (zusammen mit dem Husserl der 'Prolegomena zur reinen Logik' [1900]) als Überwinder des *Psychologismus*. Dieses Wort, das Frege selber (allen gegenteiligen Versicherungen in der Sekundärliteratur zum Trotz) nie verwendet, ist nun aber seit mehr als einem Jahrhundert Bestandteil des philosophischen Jargons, und so muss man damit rechnen, dass verschiedene Autoren mit ihm Verschiedenes meinen. Als Johann Eduard Erdmann, der bedeutendste Philosophiehistoriker der Hegel'schen Schule, 1870 mit Bezug auf Friedrich Eduard Beneke (1798–1854) von „Psychologismus (wie wir seine Lehre am liebsten nennen möchten)" sprach, erschien dieses Wort vielleicht zum ersten Mal im Druck. Es war im Munde Erdmanns ein Kurztitel für „das eigentlich Charakteristische und Neue in Benekes Standpunkt", welches darin bestehe, „dass er als den Anfangspunkt und das Fundament der Philosophie die Psychologie ansieht, und zwar *die* Psychologie, welche er die neue nennt, weil sie, die bisherigen Irrwege vermeidend, ganz dem Beispiel der Naturwissenschaft folgt".[282] So wie Erdmann das Wort gebraucht, ist Psychologismus eine These über die Philosophie als ganze und nur über sie, – sie betrifft also keine andere Wissenschaft,[283] und sie

---

[281] VERGLEICHE: *c.1883a*, NS 190, Nr. 11–17; *GL*, V–X, §14; *Log$_1$* 2–7; *Log$_2$* 139, 154–161; *1894a*; *1906e*, WB 101–102; *Ged* 58–59a, 74c.
LITERATUR: Husserl 1900; Palágyi 1902; Heidegger 1914; Carnap 1950, 37–42; Kitcher 1979; Resnik 1980, 47–53; Dummett, IFP 64–65, 510–511 u. FOP 133–135, 224–226; Thagard 1982, dagegen Resnik 1985; Baker & Hacker 1984, 41–45; Notturno 1985; Philipse 1987; Burge 1992, 312–316; Carl 1994, 5–52; Kusch 1995, 30–121; Gabriel 1986, 86–93 u. 1996; Picardi 1987, 1996 u. 1997; Rath 1994; Vassallo 1995; Casari 1997; K. Cramer 1999; MacFarlane 2002, 35–40; George 2003; Künne 2003, 173–174, 424–449. Vgl. unten 2-§1 u. 2-§9.1. [LOGISCHE ALIENS?]: Wittgenstein 1937–38, §§131–133, 148–153 u. 1939, 191, 201–203; Quine 1960, 57–61 u. 1970, 80–94; Putnam 1978 u. 1993; Conant 1991, 134–150; Burge 1992, 313–316; Nagel 1997, 55–69; Cerbone 2000; Taschek 2008, bes. §§2–3.

[282] J. E. Erdmann ^{4}1896, 670–671, vgl. 681 (schon in ^{2}1870, 646, noch nicht in ^{1}1866). Frege kannte den Philosophiehistoriker Erdmann vielleicht nur als den Hg. von Leibnizens 'Opera philosophica': s. o. §§1 u. 4.

[283] Nimmt man den Titel einer der ersten Schriften des Berliner Privatdozenten Beneke beim Wort, so reicht sein Anspruch noch weiter: 'Erfah-

hebt auch keine Teildisziplin der Philosophie von anderen ab. Frege ist ein Antipsychologist in Sachen Mathematik, Logik und Erkenntnistheorie. Im Folgenden wird es (fast) ausschließlich um die Logik gehen. Nicht jeder Philosoph, der Freges Antipsychologismus hinsichtlich der Mathematik und der Logik akzeptiert, unterschreibt ihn auch bezüglich der Erkenntnistheorie. Quine ist das prominenteste Beispiel. Was er von der Erkenntnistheorie behauptet: „it falls into place as a chapter of psychology",[284] würde er nicht über die Logik oder die Mathematik sagen.

Wenn die Logik ein Teil der Philosophie ist,[285] so muss Benekes Standpunkt auch in der Auffassung der Logik sichtbar werden. Die 'psychologistische' Logik-Konzeption Benekes charakterisiert Erdmann folgendermaßen:[286]

„Indem er als das Objekt der Logik das Denken bestimmt, sondert er doch die psychologische und logische Betrachtung des Denkens so von einander, dass jene bloss darstelle, was im Denken geschehe, diese auch den idealen Gesichtspunkt festhalte, zeige, was geschehen solle, und also Kunstlehre sei. Davor dass sie in der Luft schwebende Gesetze gebe, schütze sie sich durch die psychologisch-genetische Auffassung und Lösung ihrer Probleme."

In den Titeln der beiden Logik-Bücher Benekes (1832, 1842) wird die Logik denn auch, wie in der Tradition der Logik von Port Royal üblich, als „Kunstlehre des Denkens" bezeichnet.[287] Für alle Psychologisten sind logische Gesetze ihrem Wesen nach Gesetze des Den-

rungsseelenlehre als Grundlage alles Wissens' (Berlin 1820, Repr. Amsterdam 1965).
[284] Quine 1968a, 82. (Quines Wiener Kongress-Vortrag „Epistemology Naturalized, or the Case for Psychologism" verlor später seinen Untertitel.)
[285] Im Gegensatz zu Boole, für den die Logik ein Teil der Mathematik, nicht der Philosophie ist (Boole 1847, 13), scheint Frege genau wie die „psychologischen Logiker", die er angreift, den Vordersatz dieses Konditionals zu akzeptieren (*1885b*, 95; *Vorw* XIX$_a$ Anm./XIX$_b$; *1914b*, NS 219; *Ggf* 45 [?]). Jedenfalls ist der Aufbau einer BS ein Projekt, von dem nicht nur die Mathematik, sondern auch die Philosophie profitieren soll (*BS*, VI/VII), und die Bestimmung des Ziels, dem der Aufbau einer BS dienen soll, ist eine philosophische Aufgabe.
[286] J. E. Erdmann 1894, 674.
[287] Antoine Arnauld & Pierre Nicole, 'La Logique ou l'Art de penser' (^{1}1662), ^{6}1685.

kens. Wenn wir diejenigen Psychologisten, in deren Augen logische Gesetze *präskriptive* Denkgesetze sind, *moderat* nennen, dann war Beneke ein moderater Psychologist. Die Psychologie ist die Kontrollinstanz, die dafür sorgt, dass nur Vorschriften aufgestellt werden, die dem römischen Rechtssatz genügen: *Ultra posse nemo obligatur* [Über das Mögliche hinaus ist niemand zu etwas verpflichtet].[288]

Dass das „eigentliche Wesen" der Logik darin besteht, eine „Kunstlehre des Denkens" zu sein, war auch die Auffassung, die Christoph von Sigwart (1830–1904) in seiner 1873 erstmals erschienenen 'Logik' vertrat.[289] Dieses Buch, dem Husserl in seinen 'Prolegomena' nachsagte, es habe „wie kein zweites die logische Bewegung der letzten Jahrzehnte in die Bahn des Psychologismus gelenkt", hat Frege nachweislich studiert.[290] Sigwart ist ein moderater Psychologist:[291]

> [a] „[Die psychologische] Betrachtung des Denkens ... setzt sich zur Aufgabe, jedes wirkliche Denken aus den allgemeinen Gesetzen der geistigen Thätigkeit und den jeweiligen Voraussetzungen des individuellen Falles zu begreifen – in gleicher Weise also das irrthümliche ... wie das wahre ... Denken. Der Gegensatz von wahr und falsch hat ebensowenig eine Stelle in ihr, wie der Gegensatz von gut und böse im menschlichen Handeln ein psychologischer ist. [b] Die logische Betrachtung dagegen setzt das Wahrdenkenwollen voraus, und ... will ... Anweisung geben die Den-

---

[288] Jakob Friedrich Fries (1773–1843) hatte gefordert, die Philosophie auf ein anthropologisches Fundament zu stellen, und dementsprechend auch die Abhängigkeit der „demonstrativen Logik" von einer „psychologischen oder anthropologischen Untersuchung des menschlichen Denkvermögens" behauptet (Fries 1837, Nachdruck 172). Deshalb ordneten Wilhelm Windelband (1880) und Richard Falckenberg (1886), die sich in ihren weit verbreiteten Darstellungen der Geschichte der neueren Philosophie Erdmanns Verständnis des Titels 'Psychologismus' zu eigen machten, außer Beneke auch Fries in diese Rubrik ein (Windelband [5]1911, 416–428; Falckenberg [4]1902, 427–433, 541, 564). Zu Falckenbergs Verhältnis zu Frege s. o. §2.2, Anfang.
[289] Sigwart 1873, 1, 10. Sigwarts 'Logik' erlebte bis 1924 fünf Auflagen ([2]1889 wurde ins Englische übersetzt: London u. New York 1895, repr. Bristol 1995).
[290] Das Zitat ist der Prolog zur Kritik am „Anthropologismus in Sigwarts Logik" in Husserl 1900, §39. Frege hat Sigwart 1873 *in extenso* exzerpiert (*Katalog* Nr. 119): s. o. §3, wo Sigwarts 'Logik' nicht zum letzten Mal in diesem Buch gepriesen wird.
[291] Sigwart 1873, [a-b] 9–10, [c-d] 20. (In der 2. Aufl. beibehalten.)

koperationen so einzurichten, dass der Zweck [sc. Wahres zu denken] erreicht wird."

[c] „[Die Logik will] nicht eine Physik sondern eine Ethik des Denkens sein... Wir erkennen an, dass ihr dieser normative Charakter wesentlich ist; aber [d] wir läugnen dass diese Normen erkannt werden können anders als auf der Grundlage des Studiums der natürlichen Kräfte und Functionsformen, welche durch jene Normen geregelt werden sollen..."

Der These in [a] stimmt Frege bereits in seinem frühesten Logik-Entwurf zu: psychologische Gesetze „verhalten sich zum Gegensatze von wahr und falsch gleichgültig" (Log_1 2), und er präzisiert diese Feststellung in *Ged* 58/59a: „Das Fürwahrhalten des Falschen und das Fürwahrhalten des Wahren kommen beide nach psychologischen Gesetzen zustande". Inwieweit Frege sogar mit dem übereinstimmt, was Sigwart in [b] und [c] sagt, werden wir später sehen. Die These, die Sigwart in [d] bestreitet, hält Frege hingegen für goldrichtig.[292]

In manche psychologischen Fragestellungen geht ein Rekurs auf die Opposition von Wahr und Falsch ein, z. B. wenn man das Auftreten der sog. Lipp'schen Tangenten*täuschung* zu erklären versucht. Daher muss man den zweiten Satz in [a] *cum grano salis*, nämlich im Lichte des ersten, verstehen. Theodor Lipps (1851–1915), nach dem jene optische Täuschung benannt ist,[293] war in Sachen Logik ein Psychologist, und wenn wir diejenigen Anwärter auf diesen Titel, in deren Augen logische Gesetze *deskriptive* Denkgesetze, also psychologische Gesetze sind, *radikal* nennen, dann war Lipps ein radikaler Psychologist:[294]

„[Logische Gesetze] sind identisch mit den Naturgesetzen des Denkens selbst. Die Logik ist ... Physik des Denkens oder sie ist überhaupt nichts." [a]
„Die Logik ist eine psychologische Disziplin, so gewiss das Erkennen nur in der Psyche vorkommt und das Denken, das in ihm sich vollendet,

---

[292] Thagard 1982 bestreitet die These, die Beneke und Sigwart in [d] bestritten haben. Genau wie Frege erklärt Resnik 1985 sie in seiner Replik für zutreffend.
[293] Vgl. Abb. 43 in H. Schober, I. Rentschler, 'Das Bild als Schein der Wirklichkeit', München 1972, nach Theodor Lipps, 'Raumästhetik und geometrisch-optische Täuschungen', Leipzig 1897.
[294] Lipps [a] 1880, 531; [b] 1893, 1–2.

ein psychisches Geschehen ist. Dass für die Psychologie im Unterschiede von der Logik der Gegensatz von Erkenntnis und Irrtum nicht in Betracht komme, kann [nur] heißen,... dass sie beide in gleicher Weise verständlich zu machen habe." [b]

Es ist nicht sinnvoll, die Bezeichnung 'Psychologist' so zu gebrauchen, dass sie nur auf die Radikalen zutrifft; denn dann hat außer Lipps kaum jemand Anspruch auf diesen Titel[295] – nicht einmal Beneke, für den er erfunden wurde, und Sigwart natürlich auch nicht. In den 'Prolegomena zur reinen Logik', dem ersten Band seiner 'Logischen Untersuchungen' versicherte Husserl, dass er das Wort 'Psychologist' „ohne jede abschätzende 'Färbung', ähnlich wie Stumpf in [1891]" gebrauche.[296] Aber das dürfte auf die meisten Leser so gewirkt haben wie die Versicherung eines Franzosen, er verwende den Ausdruck 'Boche' ohne jede abschätzende Färbung. Jedenfalls wurde 'Psychologismus' in der durch die 'Prolegomena' ausgelösten Diskussion ein Wort, „bei dem sich mancher fromme Philosoph, wie mancher orthodoxe Katholik bei dem Namen Modernismus, als stecke der Gottseibeiuns selbst darin, bekreuzigt". (So spottete Husserls und Stumpfs Lehrer Franz Brentano 1911, ein Jahr nach der Einführung des 'Antimodernisten-Eids', den alle katholischen Kleriker ablegen mussten.[297])

Was Frege im *Vorw* attackiert, ist die psychologistische Auffassung der logischen Gesetze, und er nennt seine Gegner „psychologische Logiker". Dass er schon 1885 in seiner Ablehnung der Psychologie am falschen Ort die Neukantianer auf seiner Seite wusste,

---

[295] Der Niederländer Gerardus Heymans, der in Husserl 1900, §§ 30–31 kritisiert wird, ist ein Anwärter.
[296] Husserl 1900, 52, Anm. Stumpf, dem Husserl die 'Prolegomena' widmete, verwendete das Wort wie J. E. Erdmann: „Wir bezeichnen im folgenden ... mit dem Ausdruck 'Psychologismus' (den wohl J. E. Erdmann zuerst gebraucht hat) die Zurückführung aller philosophischen und besonders auch aller erkenntnistheoretischen Untersuchungen auf Psychologie" (Stumpf 1891, 468). Mit abschätzender Färbung wird das Wort von Georg Cantor gebraucht, wenn er 1887 in einem Brief an seinen Kritiker Benno Kerry beklagt, dass „das verhängnisvolle Gift des Psychologismus tief in Ihre Adern eingedrungen" ist (Cantor, 'Briefe', Berlin 1991, 280).
[297] Anhang XI zu Brentano 1925, 179. Dazu Heidegger 1914, 63–64, der wie Husserl in Abrede stellt, dass die Bezeichnung einer Theorie als psychologistischer einen 'Vorwurf' bedeute.

Kapitel 1 347

zeigt die einzige zustimmende Bemerkung, die sich in seinem Verriss von Hermann Cohens Buch über 'Das Prinzip der Infinitesimal-Methode' findet.[298] Die Neukantianer waren in diesem Punkt der 'Kritik der reinen Vernunft' treu geblieben: In der „allgemeinen reinen Logik", so hatte Kant dort betont, geht es um den „Gebrauch des Verstandes ... unangesehen der Verschiedenheit der Gegenstände, auf welche er gerichtet sein mag" – darin besteht ihre *Allgemeinheit* –, und sie „schöpft" im Unterschied zur „angewandten Logik" „nichts (wie man sich bisweilen überredet hat) aus der Psychologie" – darin besteht ihre *Reinheit*.[299] Damit ist freilich nicht eindeutig ausgeschlossen, dass die Gesetze der allgemeinen reinen Logik präskriptive Denkgesetze sind. In der von Jäsche kompilierten 'Logik' Kants heißt es: „Psychologische Prinzipien ... in die Logik zu bringen, ist ebenso ungereimt, als Moral vom Leben herzunehmen ... In der Logik ... ist die Frage ... nicht, wie wir denken, sondern, wie wir denken sollen".[300] Das können auch moderate Psychologisten unterschreiben.[301]

Nicht erst Frege und in seinem Gefolge Husserl, sondern schon zwei Zeitgenossen Hegels haben bestritten, dass die Gesetze der all-

---

[298] *1885a*, 329: Abschließend „will ich nur noch darin Cohen zustimmen, daß die Erkenntnis nicht als psychischer Vorgang den Gegenstand der Erkenntnistheorie bildet, und dass demnach Psychologie von Erkenntnistheorie scharf zu sondern ist". Zur Begründung der Sonderung vgl. *Log*$_1$ 2–3. Über Husserls 'Prolegomena' konnte Paul Natorp in 'Kant und die Marburger Schule' (Berlin 1912, 6) mit einigem Recht sagen, „dass [den Marburger Neukantianern] von Husserls schönen Ausführungen, die sie nur freudig begrüßen konnten, doch nicht gar viel erst zu lernen übrig blieb", – was der junge Heidegger zustimmend zitiert (1914, 5–6).
[299] KrV A 52–54/B 76–78.
[300] Kant, Logik, 6. Frege hat dieses Buch ausgeliehen (*Bibl* 25), und er zitiert aus ihm in *GL* § 12. Die Authentizität der im Auftrag Kants hergestellten Kompilation ist seit langem umstritten (vgl. Boswell 1988). Zur Zeit Freges wurde sie aber noch als Kants Logik behandelt, und dieser Praxis folge ich in diesem Kommentar.
[301] Moderate Psychologisten können eigentlich auch Lotze zustimmen, wenn er gegen Ende seiner 'Logik' schreibt: „Ich bin in meiner ganzen Darstellung nicht dieser Meinung gewesen, dass die Logik wesentlichen Nutzen aus der Erörterung der Bedingungen ziehen könne, unter denen das Denken als psychischer Vorgang verwirklicht wird. Die Bedeutung der logischen Formen besteht in dem Sinne der Verknüpfungen, in welche wir den Inhalt unserer Vorstellungswelt bringen sollen" (Lotze 1880, § 332).

gemeinen reinen Logik (präskriptive oder deskriptive) Gesetze des Denkens sind, und zumindest Husserl war sich darüber im Klaren. Johann Friedrich Herbart (1776–1841) schrieb:[302]

„In der [sc. reinen] Logik ist es notwendig, alles Psychologische zu ignorieren, weil hier lediglich diejenigen Formen der möglichen Verknüpfung des Gedachten sollen nachgewiesen werden, welche das Gedachte selbst nach seiner Beschaffenheit zulässt." [a]

„Man kann ... durch eine vollständige Induction beweisen, dass keine einzige von allen, der reinen Logik unbestreitbar angehörigen Lehren ... irgend etwas Psychologisches voraussetze. Die ganze reine Logik hat es mit *Verhältnissen des Gedachten* ... zu thun; aber ... nirgends mit der *Thätigkeit des Denkens*... Erst die angewandte Logik bedarf, gerade so wie die angewandte Sittenlehre, psychologischer Kenntnisse, in so fern nämlich, als der Stoff seiner Beschaffenheit nach erwogen sein muss, den man, den gegebenen Vorschriften gemäss, bilden will." [b]

Das eindrucksvollste Dokument einer antipsychologistischen Auffassung und kreativen Entwicklung der allgemeinen reinen Logik vor Frege sind zweifellos die beiden ersten Bände der 1837 erschienenen monumentalen 'Wissenschaftslehre' Bernard Bolzanos (1781–1848). Er führt seine Auffassung mit Hilfe eines Beispiels ein:[303]

„So behaupten wir z. B., daß der Satz des Widerspruches ein allgemeines ... Denkgesetz sey, bloß weil und in wiefern wir voraussetzen, daß dieser Satz ... eine Bedingung, der alle andere Wahrheiten gemäß seyn müssen, enthalte. [Daher] ist es offenbar eine Verschiebung des rechten Gesichtspunktes, wenn man dort von den allgemeinen Gesetzen des *Denkens* zu handeln vorgibt, wo man im Grunde die allgemeinen Bedingungen der *Wahrheit* selbst aufstellt."

Genau wie Kant und Herbart ist auch Bolzano von der Relevanz der Psychologie für die *angewandte* Logik überzeugt: psychologische Überlegungen spielen in den Bänden III und IV der 'Wissenschafts-

---

[302] Herbart [a] 1813, §34; [b] 1825, §119. Frege zitiert Herbarts Auffassung der Anzahlen zustimmend in *GL*, III. Vgl. Gabriel 2001b, 161–162.
[303] Bolzano, WL I, 65. Bolzano ist sich der Vorgängerschaft Herbarts bewusst: op. cit. WL I, 227. Zum Verhältnis Frege-Bolzano vgl. den ANHANG zu diesem Buch.

lehre', die Bolzanos Version der nicht-reinen allgemeinen Logik enthalten, eine prominente Rolle. Antipsychologisten bestreiten im Übrigen auch nicht, dass es (nicht nur innerhalb der angewandten Logik) Vorschriften für das Denken gibt, die man mit Fug und Recht als logische bezeichnen kann. Was sie bestreiten, ist, dass diese Vorschriften mit den Gesetzen der allgemeinen reinen Logik *zusammenfallen*. Wie sie sich zu ihnen verhalten, wird noch zu erörtern sein.

In der *BS* sprach Frege noch ganz unbefangen von „Gesetzen des Denkens" und „Denkgesetzen" (IV; §13), wenn er Gesetze der allgemeinen reinen Logik (fortan wieder kurz: logische Gesetze) meinte, und er tat es auch noch in *GL* §14. Kein Wunder, dass er in seiner frühen Auseinandersetzung mit Boole den Titel und das offizielle Ziel von dessen Hauptwerk mit keiner Silbe moniert.[304] Doch schon in seinem ersten Logik-Entwurf betrachtet Frege die Rede von Denkgesetzen mit Misstrauen: Wegen der Zweideutigkeit des Wortes 'Gesetz' sei die Gefahr groß, dass man die logischen Gesetze als psychologische Gesetze missversteht (*Log₁* 4). „Man gebraucht hat das Wort 'Gesetz' im doppelten Sinne" (*Ged* 58). In der Frühzeit von Philosophie und Wissenschaft war der normative Sinn von 'Gesetz' auch da bestimmend, wo es um Naturgesetze ging: „Die Sonne wird die Maße nicht überschreiten; sollte sie es dennoch tun, so werden sie die Erinnyen, die Helferinnen der Díkë [Gerechtigkeit], ausfindig machen".[305] Das klingt so, als ob die Naturgesetze die Sonne, sollte ihr Verhalten nicht mit ihnen übereinstimmen, „so zu sagen, beim Ohre nähmen und zu pflichtmässigem Wandel anhielten" (*Log₂* 149).

Frege verwirft die Theorie der *radikalen* Psychologisten. Wie können logische Gesetze deskriptive Gesetze des Denkens sein, wo doch sehr oft Nicht-Schlüssiges für schlüssig und Schlüssiges für nicht-schlüssig gehalten wird (*Log₁* 3; *Log₂* 157)? Sie sagen angeb-

---

[304] 'An Investigation of the Laws of Thought ...' (Boole 1854). Frege führt den Titel in *BrL* 11 vollständig an. Sein Ziel sei, so schrieb Boole, „to investigate the fundamental laws of those operations of the mind by which reasoning is performed ... and upon this foundation to establish the science of Logic" (Kap. 1, §1). Kap. 3 hat den Titel: „Derivation of the Laws of the Symbols of Logic from the Laws of the Operations of the Human Mind". Boole war ein moderater Psychologist: „The mathematical laws of reasoning are, properly speaking, the laws of *right* reasoning only, and their actual transgression is a perpetually recurring phenomenon" (Boole 1854, 408).
[305] Heraklit, Fr. 94, in: Diels-Kranz, 'Die Fragmente der Vorsokratiker', Bd. 1.

lich, wie Menschen *normalerweise* schließen: gelegentlich kommt es im menschlichen Schlussapparat zu Fehlfunktionen, gegen die ja auch unser Verdauungsapparat nicht gefeit ist. Mit dieser vermeintlichen Normalität ist es in Wahrheit aber nicht weit her. Ein Jahrhundert später haben voneinander unabhängig arbeitende Psychologen über Jahre hinweg in vielen Versuchsreihen gezeigt, dass ein schon von Aristoteles gebrandmarkter Trugschluss, die sog. *fallacia de consequente ad antecedens*, sich großer Beliebtheit erfreut: 63 % aller Testpersonen akzeptierten Übergänge von zwei Prämissen der Form 'Wenn A, dann B' und 'B' zu der Konklusion 'A'.[306] Anscheinend bliebe man „mit dem Durchschnitte im Einklang" (*Vorw* XV), wenn man auf diese Weise schlösse. Schlüsse nach *Modus tollendo tollens*[307] hingegen wurden von 28 % der Probanden verworfen. Wer weiß, wie lange man noch „mit dem Durchschnitte im Einklang" bleibt, wenn man nach *MTT* schließt?

Deskriptive Gesetze des Denkens braucht man für die Erklärung kognitiver Fehlleistungen genauso wie für die Erklärung des richtigen Schließens, d. h. für Frege: des deduktiv korrekten, des „logisch gerechtfertigten" Schließens (*1896a*, 363). Schließen, schrieb Frege in seinem ersten Logik-Entwurf, ist „Urteilen, indem man sich anderer Wahrheiten als Rechtfertigungsgründe bewusst ist",[308] und das Ziel der Logik ist – so drückte er sich damals aus –, „Gesetze des richtigen Schliessens aufzustellen" (*Log₁* 3).[309] Wer unter Berufung darauf, dass P, urteilt, dass C, der schließt richtig, wenn es ein logisches Gesetz gibt, aus dem folgt, dass C, falls P. (Er mag dabei dieses Gesetzes eingedenk sein, aber er muss es nicht.) Zumindest manche logischen Gesetze sind also von der Art, dass sie die Richtigkeit gewisser Schlüsse verbürgen, und das tut kein psychologisches Gesetz. Im Unterschied zu psychologischen Gesetzen dienen

---

[306] Aristoteles, *Soph. El.* 5: 167^{b}1 ff. Die statistischen Angaben entnehme ich vertrauensvoll dem Artikel 'Reasoning' in Nick Braisby & Angus Gellatly (Hg.), 'Cognitive Psychology', Oxford 2005, 427.
[307] Von einem Konditional und der Negation seines Nachsatzes darf man zur Negation des Vordersatzes übergehen.
[308] In einem Buch, das Frege nicht schätzte (*GL*, III Anm.**; *n.1887a*, NS 93 Anm.), sagt auch Kuno Fischer: „aus Gründen urtheilen heißt schließen" ('System der Logik und Metaphysik', Heidelberg ²1865, 5).
[309] Vgl. *c.1883a*, NS 190, Nr. 13–16; *1906a*, 387; *1917a*, WB 30.– Zu der naheliegenden Frage an Frege, ob man wirklich nur aus *Wahrem* richtig schließen kann, s. u. 3-§1.2.

logische *nicht* der Erklärung des gelegentlichen Zustandekommens richtiger Schlüsse, sondern dem Nachweis ihrer Richtigkeit. Freilich sind nicht alle logischen Gesetze von der Art, dass sie die Richtigkeit gewisser Schlüsse garantieren. Frege führt immer wieder das Gesetz der Reflexivität der Identität als ein logisches Gesetz an, und dieses Gesetz verbürgt die Richtigkeit von Urteilen, die *keine* Akte des Schließens sind.

Frege verwirft auch die Theorie der *moderaten* Psychologisten. Die eben zitierte, frühe Charakterisierung des Ziels der Logik könnte einen daran zweifeln lassen. Aber erstens sind Regeln des richtigen Schließens keine *Vorschriften* für das Denken. Sie sagen uns, welche Urteile wir fällen dürfen, wenn wir andere gefällt haben: sie fordern nichts, – sie erlauben etwas. Und zweitens ist eine Aussage über das Ziel der Logik nicht *eo ipso* eine über das Wesen der logischen Gesetze. Aber plädiert Frege in Log_2 nicht eindeutig für den moderaten Psychologismus? Dort heißt es:

> Für die Logik kann das Wort „wahr" dazu dienen, [einen Zielpunkt aufzustellen, der die Richtung gibt, in der man fortschreiten will], in ähnlicher Weise wie „gut" für die Ethik und „schön" für die Ästhetik.[310]
> … Wie die Ethik kann man auch die Logik eine normative Wissenschaft nennen. Wie muss ich denken, um das Ziel, die Wahrheit zu erreichen? (Log_2 139.[311])

Die beiden letzten Sätze klingen wie ein Echo des Anfangs der 'Logik' eines bedeutenden Psychologen und moderaten Psychologisten,

---

[310] Freges Interesse an der philosophischen Ethik belegt seine Bemerkung gegenüber Paul Linke: „Ob Ihnen die so sehr wünschenswerte Grundlegung der Ethik gelungen sei, ist mir freilich zweifelhaft" (*1919d*, WB 153). Seine Überlegungen zur Ästhetik sind allesamt in Log_2 enthalten: NS 137–138, 143–144; vgl. auch *SuB* 31a.

[311] Den ersten Satz nimmt Frege am Anfang von *Ged* 58 wieder auf (vgl. auch Log_1 1, 4; *1915*, NS 272). In Geach 1977c beginnt *Ged* (anders als in der älteren Übersetzung Quintons) mit dem Satz: „Just as 'beautiful' points the way for aesthetics and 'good' for ethics, so do words like 'true' for logic". Warum „words like"? Weil der Übersetzer die *Kleinen Schriften* Freges benutzt hat. Dort liest man nämlich: „Wie das Wort 'schön' der Ästhetik und 'gut' der Ethik, so weist 'wahr' usw. der Logik die Richtung" (KS, 1. Aufl., 342). Das unschöne und zu allerlei Fragen Anlass gebende „usw." steht nicht im Erstdruck; aber es ist auch in die deutsche Sekundärliteratur eingegangen.

von der wir wissen, dass Frege sie gelesen und exzerpiert hat. Wilhelm Wundt (1832–1920) schreibt:[312]

> „Die wissenschaftliche Logik hat Rechenschaft zu geben von denjenigen Gesetzen des Denkens, welche bei der Erforschung der Wahrheit wirksam sind… Während die Psychologie uns lehrt, wie sich der Verlauf unserer Gedanken wirklich vollzieht, will die Logik feststellen, wie sich derselbe vollziehen *soll*, damit er zu richtigen Erkenntnissen führe. Während die einzelnen Wissenschaften die thatsächliche Wahrheit, jede auf dem ihr zugewiesenen Gebiete, zu ermitteln bestrebt sind, sucht die Logik für die Methoden des Denkens, die bei diesen Forschungen zur Anwendung kommen, die allgemeingültigen Regeln festzustellen. Hiernach ist sie eine *normative* Wissenschaft, ähnlich der Ethik."

Windelband äußert sich ähnlich über die *Trias* Logik, Ethik und Ästhetik:[313]

> „Es gibt allgemeine Werte, und damit diese erreicht werden, muß sich der empirische Prozeß des Vorstellens, Wollens und Fühlens in denjenigen Normen bewegen, ohne welche eben die Erfüllung des Zwecks nicht denkbar ist; diese allgemeinen Werte sind die Wahrheit im Denken, die Gutheit im Wollen und Handeln und die Schönheit im Fühlen."

Aber wenn Frege sagt, dass man die Logik als normative Wissenschaft bezeichnen kann,[314] meint er nicht, dass die logischen Gesetze präskriptiv sind. Er fährt nämlich so fort:

> Die Regeln für unser Denken und Fürwahrhalten müssen wir uns als bestimmt denken durch die Gesetze des Wahrseins. Mit diesen sind jene gegeben. Wir können mithin auch sagen: die Logik ist die Wissenschaft der allgemeinsten Gesetze des Wahrseins. (*Log₂* 139.)

---

[312] Wundt 1880, 1. Umgearbeitet erschien der 1. Bd. von Wundts 'Logik' 1893 in zweiter und 1906 in dritter Auflage. Frege verweist auf die erste Auflage in *1881* und *1892c*, und dass er sich Auszüge aus Wundts 'Logik' gemacht hat, geht aus *Katalog* Nr. 114 hervor. (Der oben zitierte Aufsatz von Theodor Lipps ist die Reaktion eines radikalen Psychologisten auf Wundt 1880.)
[313] Windelband 1883, 122; vgl. 1882b, 67.
[314] So auch im Entwurf zu *Log₂*: *Katalog* Nr. 3. „Logik, Ethik und Aesthetik" wurden schon von Friedrich Ueberweg als „drei normative Wissenschaften" bezeichnet (Ueberweg ¹1857 – ⁵1882, § 6).

Kapitel 1

Wie aus dem Kontext hervorgeht, sind die „Regeln", von denen hier die Rede ist, Vorschriften, die sagen, wie man denken muss, „um das Ziel, die Wahrheit, zu erreichen". Hier erklärt Frege nun die Gesetze des Wahrseins für eines und die präskriptiven Gesetze des Fürwahrhaltens für etwas anderes, und er deutet an, dass erstere die theoretische Basis für letztere sind.[315] In derselben Abhandlung sagt er freilich auch, was er in den *GG* auf S. XV gesagt hat: Ein Gesetz des Wahrseins könne wie jedes Gesetz als präskriptives Denkgesetz „*aufgefasst*" werden (Log_2 157). Das ist verwirrend; denn es kann nicht *zu Recht* so aufgefasst werden, sondern nur in dem Sinne, in dem eine maliziöse Bemerkung als Kompliment aufgefasst werden kann. „Wer einmal ein Gesetz des Wahrseins anerkannt hat", heißt es am Ende von XVII$_b$, „der hat damit auch ein Gesetz anerkannt, das vorschreibt, wie geurtheilt werden soll". Warum? Weil das logische Gesetz mit dem präskriptiven identisch ist? Oder (um die Formulierungen in dem eingerückten Zitat aufzunehmen) weil das präskriptive Gesetz durch das logische „bestimmt", weil es mit ihm „gegeben" ist?[316] Die (sc. allgemeine reine) Logik ist nur *per accidens* eine normative Wissenschaft: ihrem Wesen nach ist sie die theoretische Wissenschaft der allgemeinsten Gesetze des Wahrseins. In *Ged* 58 bestreitet Frege eindeutig, dass logische Gesetze präskriptiv sind, aber er räumt ein, dass „sich" aus ihnen Vorschriften „ergeben". (In den beiden englischen Übersetzungen von *Ged* wird 'ergeben sich aus' mit 'follow from' wiedergegeben.[317] Das könnte etwas Falsches suggerieren, nämlich dass es ein logisches Gesetz gibt, das den Übergang von einem logischen Gesetz zur einer logischen Vorschrift legitimiert. Wäre 'From the laws of truth there arise (accrue) prescriptions' or 'The laws of truth yield prescriptions' nicht besser?) Auch im *Vorw* vertrat Frege schon die Position, dass sich aus jedem logischen Gesetz *G* genau eine konditionale Vorschrift der folgenden Art ergibt: Wenn man „die Wahrheit erreichen will" (XVI), dann sollte man „im Einklang mit" *G* urteilen.[318] Hat man die-

---

[315] So später auch Husserl 1900, Kap. 2 u. §§ 41–43. Zum Konzept eines „Gesetzes des Wahrseins" vgl. unten 2-§1.
[316] Missverständlich ist auch der Satz mit „… oder Gesetze des Wahrseins …" im unteren Drittel von *Vorw* XVI. Die Versuchung ist groß, das 'oder' für explikativ zu halten; aber das wäre nicht in Freges Sinn.
[317] Quinton 1956, 17; Geach 1977c, Op.
[318] Vgl. Windelband 1883, 111: „[D]ie Logik kann zu jedem sprechen: Du willst Wahrheit, besinne dich, du musst die Geltung dieser Normen anerkennen, wenn dieser Wunsch je in Erfüllung gehen soll."

ses Ziel (*Log*₂ 139), so sollte man z. B., wenn man zu Recht ein durch ein Konditional ausgedrücktes Gedankengefüge und den durch seinen Vordersatz ausgedrückten Gedankens als wahr anerkennt, auf keinen Fall den durch seinen Nachsatz ausgedrückten Gedankens als falsch verwerfen. (Diese Norm betrifft ein Urteilen, das ein Schließen ist.) Wenn man „die Wahrheit nicht verfehlen will" (*Log*₂ 157, 161), dann sollte man bezüglich keines Gegenstandes den Gedanken als falsch verwerfen, dass er mit sich identisch ist, und man sollte niemals einen Gedanken und seine Verneinung als wahr anerkennen. (Diese Normen betreffen ein Urteilen, dass kein Schließen ist.) Die Frage, *warum* jemand, der jenes Ziel hat, diese Vorschriften befolgen sollte, wird durch das einschlägige logische Gesetz beantwortet.

Es sieht zumindest so aus, als entspreche der normative Charakter logischer Vorschriften dem technischer Normen,[319] als seien sie im selben Boot wie die Direktiven 'Wenn man verhindern will, dass die Wände verpilzen, dann sollte man regelmäßig lüften' und 'Wenn man gut Geige spielen will, dann sollte man täglich üben'. (Wir werden später sehen, dass der Schein trügt.)

In Freges Augen ist es besser, von präskriptiven *Urteils*gesetzen statt von präskriptiven Denkgesetzen zu reden (XVII_b, letzter Satz; ausdrücklich: *Log*₂ 157). Warum ist das besser? Man sollte niemandem verbieten, den Gedanken, dass die Zahl Zwei gerade und nicht gerade ist, zu *denken*; denn man denkt ihn, wenn man zu Recht urteilt, dass es nicht der Fall ist, dass die 2 gerade und ungerade ist, oder wenn man zu Recht urteilt, dass die 2 gerade ist, wenn sie gerade und ungerade ist. Die Vorschrift, die sich aus dem *principium contradictionis* ergibt, lautet also: Wenn man die Wahrheit erreichen will, dann sollte man nur *Urteile fällen*, die im Einklang mit diesem logischen Gesetz sind.

Nun gilt aber von *jedem* Gesetz, dass sich aus ihm eine derartige konditionale Vorschrift ergibt, so z. B. von physikalischen Gesetzen (XV; *Log*₂ 157):[320] Will man die Wahrheit erreichen, dann sollte man, wenn man etwas zu Recht für ein Stück Kupfer hält, auch als wahr anerkennen, dass es ein elektrischer Leiter ist. Mehr noch, auch für die Wahrheit, dass Jena 1893 weniger Einwohner als Leipzig hatte, gilt – wie für jede Wahrheit, die nicht die Allgemeinheit eines Gesetzes hat: Will man nur Wahres für wahr halten, dann sollte man

---

[319] Im Sinne von G. H. v. Wright 1963, 9–11, vgl. 3–6.
[320] So auch Husserl 1900, § 41.

nichts glauben, was mit ihr unverträglich ist. Dass sich aus physikalischen und historischen Wahrheiten Vorschriften ergeben, dass sich diese Wahrheiten (wie Husserl sagt) „normativ wenden" lassen,[321] hat niemanden dazu verführt, sie selbst für präskriptive Denkgesetze zu erklären. Auch im Falle der logischen Gesetze sollte man dieser Versuchung widerstehen.

Frege gibt zu, dass logische Normen „den Namen 'Denkgesetze' mit mehr Recht verdienen" (XV) als normative Wendungen (allgemeiner oder singulärer) empirischer Wahrheiten, und er versucht, das zu erklären. Sätzen, die logische Normen formulieren, kann man unbeschadet der Wahrheit des Gesagten den Prolog 'Es gilt a priori, dass' voranstellen, und das trifft *nicht* auf die Normen zu, die sich aus empirischen Wahrheiten ergeben. Es trifft aber auch auf die normative Wendung der Wahrheiten zu, die durch die Sätze 'Wenn etwas überall leuchtend rot ist, dann ist es nicht überall tiefschwarz' und 'Wenn etwas farbig ist, dann ist es ausgedehnt' ausgedrückt werden, und das sind keine logischen Wahrheiten. (Frege würde sie wohl allgemeine nicht-logische Urwahrheiten nennen.[322]). Also kann man nicht im Rekurs auf jene Differenz die Frage beantworten, warum Normen, die sich aus *logischen* Gesetzen ergeben, eher als alle anderen den Titel „Denkgesetze oder besser Urteilsgesetze" verdienen. Freges Antwort lautet: Weil „sie die allgemeinsten sind, die überall da vorschreiben, wie gedacht [geurtheilt] werden soll, wo überhaupt gedacht [geurtheilt] wird" (XV).[323] Alle Begriffe (Konzepte), die in logische Gesetze eingehen, sind – im Unterschied etwa zu den Begriffen der Thermodynamik oder der Kognitionspsychologie – themenneutral: so sind die Begriffe, die der Negator und der Identitätsoperator ausdrücken, nicht für die Behandlung bestimmter Themen

---

[321] Husserl 1900, § 42, 159.
[322] Das ist jedenfalls die Rubrik in *GL* § 3, in die sie am besten passen würde. Das gilt auch für Wahrheiten wie die, dass $\forall x\, \forall y\, (x<y \rightarrow \neg\, x>y)$, von denen Frege in *1882b*, 50–51 spricht.
[323] Vgl. *BS*, IV; *1882*, 56; *GL*, III; *Log*$_2$ 139; und Kant über die Regeln der 'allgemeinen reinen Logik': KrV A 52–53/B 76–77. Die Normen, die sich aus logischen Gesetzen ergeben, sind nicht zu verwechseln mit denjenigen, die in dem Teil der Logik aufgestellt werden, den Herbart und Bolzano (im Anschluss an Kant) *angewandte Logik* nennen: vgl. Husserl 1900, § 42. Sie sollten auch nicht mit Ableitungsregeln verwechselt werden; denn die schreiben uns nichts vor, sondern erlauben uns etwas.

reserviert.[324] (Daraus folgt übrigens nicht, dass jede Wahrheit, die in themenneutralem Vokabular formulierbar ist, ein logisches Gesetz ist, und Frege hat das auch nie gesagt. Dass $\exists x\, \exists y\, \neg\, (x=y)$, ist logisch wahr, wenn die Arithmetik die Existenz von unendlich vielen Gegenständen – also *a fortiori* die von mindestens zweien – impliziert und wenn sie ein Teil der Logik ist; Letzteres kann aber nach dem Zusammenbruch des Logizismus nicht mehr im Ernst behauptet werden.)

Die Besonderheit der logischen Normen kann man sich auch so klarmachen: Vorschriften, die sich aus physikalischen Gesetzen oder historischen Wahrheiten ergeben, sind eigentlich nur Spezifikationen logischer Normen: Wer ein Gesetz als gültig anerkennt, der sollte – wenn er die Wahrheit nicht verfehlen will – auch die Einzelfälle dieses Gesetzes akzeptieren; und wer eine Wahrheit anerkennt, der sollte – wenn er die Wahrheit nicht verfehlen will – nichts für wahr halten, was mit ihr inkompatibel ist.

Frege hätte seinen Lesern die Verderblichkeit des „Einbruchs der Psychologie in die Logik" (XIV$_b$)[325] auch anhand der Logik-Bücher Sigwarts oder Wundts vor Augen führen können, die er ja auch kannte. Er wählt die 'Logik' von Benno Erdmann (1851–1921) wohl nicht zuletzt deshalb als Exempel, weil er vorführen will, wie brisant sein Versuch ist, die „Einbrecher" in die Flucht zu schlagen: Erdmanns 'Logik' war eben erst erschienen, und Frege vermutet, dass man diesem Buch „nicht jede Bedeutung wird absprechen wollen" (XIX$_b$).[326]

---

[324] Ich gebrauche das Wort 'Begriff' hier nicht wie Frege (seit 1891, meistens) für die *Bedeutung* einstelliger Prädikate, sondern für den *Sinn* beliebiger signifikanter Satzfragmente und signalisiere diese (traditionelle) Verwendungsweise durch den Zusatz 'Konzept'.
[325] Dieselbe Wendung in *1894a*, 332. Vgl. schon *GL*, VIII: „[D]a ich auch für die Philosophen die behandelten Streitfragen möglichst zum Austrag bringen wollte, war ich genöthigt, mich auf die Psychologie ein wenig einzulassen, wenn auch nur, um ihren Einbruch in die Mathematik zurückzuweisen."
[326] (Auch diese Bemerkung zeigt übrigens, dass Frege 'Bedeutung' manchmal (wie wir alle) im Sinne von 'Bedeutsamkeit', 'Wichtigkeit', 'Wert' gebraucht.) Es gibt noch drei weitere Belege für die Beschäftigung Freges mit Arbeiten Benno Erdmanns. (*I*.) In *GL* §77 (vgl. Hg.-Anm. 101) findet man ein kritisches Beiseite zu seiner Habilitationsschrift über die Riemann-Helmholtz'sche Raumtheorie (B. Erdmann 1877). (*II*.) Zum ursprünglichen Bestand von Freges Nachlass gehörten „Notizen zu Leibniz, Boole, Graßmann, Schröder, Erdmann" (*Katalog* Nr. 37). Laut Scholz sind die „Notizen" vor 1890 entstanden.

Kapitel 1

Husserl bestätigt diese Vermutung ein paar Jahre später in den 'Prolegomena', wenn er B. Erdmanns 'Logik' (zusammen mit dem Buch Sigwarts) zu den „führenden Werken der deutschen Logik" zählt und ihr (wie der 'Logik' Sigwarts) einen langen eigenen Paragraphen widmet.[327] Noch 1914 spricht Heidegger in seiner Dissertation von den „klassischen Untersuchungen Lotzes, Sigwarts und Erdmanns".[328] (Mit solchen Komplimenten war er bald weniger freigebig.) B. Erdmanns Buch trägt den Untertitel 'I. Band, Logische Elementarlehre',– ein zweiter Band folgte nie. Die 1907 erschienene „zweite, „völlig umgearbeitete Auflage" ist fast 200 Seiten länger; postum erschien 1923 noch eine dritte Auflage. B. Erdmann hat zahlreiche Arbeiten zur Psychologie des Denkens, Sprechens und Wahrnehmens verfasst, darunter eine Abhandlung über seine experimentellen Untersuchungen zur Psychologie des Lesens. Durch seine Forschungen zur Entwicklungsgeschichte Kants und die Herausgabe mehrerer Werke Kants in der Akademie-Ausgabe wurde er zu einem der Hauptbegründer der Kant-Philologie.[329]

Nach Erdmanns Version einer Konsens-Theorie der *Wahrheit* ist es genau dann wahr, dass A, wenn alle, die in der Frage, ob A, ein Urteil fällen, glauben, dass A.[330] Aber ist es eigentlich ausgeschlossen,

---

Tatsächlich werden die ersten vier Autoren alle in *1881* und *1882b* zitiert oder erwähnt. [Mit „Graßmann" ist Robert Grassmann gemeint, 'Die Begriffslehre oder Logik' (Stettin 1872) oder 'Die Denklehre' (Stettin 1875). Letztere hat Frege 1879/1880 ausgeliehen (*Bibl* 25).] In NS 52, Anm. 3 vermuten die Hg. mit guten Gründen, dass der erste Satz von *1882c* auf B. Erdmann 1882 anspielt. Dass Frege keinen Anlass sah, diesen Artikel zu erwähnen, geschweige denn zu zitieren, kann man nach der Lektüre gut verstehen. (*III.*) Zum Nachlass gehörten ursprünglich auch „Auszüge" u. a. „Zur Logik: Schuppe, Erdmann, Wundt, Schröder" (*Katalog* Nr. 114). [Mit „Schuppe" dürfte Wilhelm Schuppes 'Erkenntnistheoretische Logik' (Bonn 1878) gemeint sein, deren Nichtberücksichtigung in *GL* einer der Rezensenten beklagt hatte: vgl. *GL*-Centenarausgabe, 128.] Nichts spricht gegen die Annahme, dass es sich bei den „Auszügen" aus Erdmann um (in *Vorw* verwendete) Exzerpte aus B. Erdmann 1892 handelt.

[327] Husserl 1900, 125; § 40.
[328] Heidegger 1914, 8.
[329] KrV, Aufl. A u. B; 'Prolegomena'. Er hat auch die vierte Auflage des 'Grundrisses' seines 1892 verstorbenen Namensvetters J. E. Erdmann bearbeitet (Berlin 1896). Mit 'Erdmann' ist im Folgenden stets Benno gemeint. Einen Überblick über sein Werk gibt 1921 Stumpfs Gedächtnisrede.
[330] Das ist es, was Erdmann mit „allgemeingültig" meint. (Heutzutage verstehen Logiker unter „Allgemeingültigkeit" die Eigenschaft eines Satzschemas, bei jeder Interpretation über einem beliebigen nicht-leeren Indi-

dass alle in der heiklen Frage, ob A, Urteilsenthaltung üben, obwohl es wahr ist, dass A? Mehr noch, „es ist kein Widerspruch, dass etwas wahr ist, was von Allen für falsch gehalten wird" (XV–XVI): Wäre Kopernikus nie geboren worden, so hätten vielleicht alle Denker aller Zeiten den Gedanken, dass die Erde sich um die Sonne dreht, für falsch gehalten. In seinem umfangreichsten Logik-Manuskript geht Frege noch einen Schritt weiter: „Gedanken ... bedürfen nicht nur unserer Anerkennung nicht, um wahr zu sein, sie brauchen dazu nicht einmal von uns gedacht zu werden" (Log_2 144).[331] Es ist demnach auch kein Widerspruch, dass etwas wahr ist, was von niemandem je gedacht wird. Die richtigen Antworten auf viele entscheidbare Fragen sind wahre Gedanken von dieser Art: Wie oft kommt der Buchstabe Z in den Ausgaben der 'Bild-Zeitung' vor dem 8.8.2008 vor? Irgendein Gedanke, der durch einen Satz der Form „Der Buchstabe Z kommt in den Ausgaben der 'Bild-Zeitung' vor dem 8.8.2008 insgesamt n-mal vor" ausgedrückt wird, ist wahr; aber es ist sehr wahrscheinlich, dass ihn niemand je denkt. Ein wahrer Gedanke kann also auch nicht dadurch zeitweilig seiner Wahrheit verlustig gehen, dass er für eine gewisse Zeit von niemandem gedacht wird: „selbst, wenn alle Vernunftwesen einmal gleichzeitig in einen Winterschlaf verfallen sollten, so würde sie [sc. die Wahrheit eines wahren Gedankens] nicht etwa so lange aufgehoben sein, sondern ganz ungestört bleiben" (*GL* §77).

Dass universeller Irrtum und universelle Ignoranz bezüglich einer Frage möglich sind, schließt nicht aus, dass eine gemäßigte epistemische Wahrheitsauffassung korrekt ist, derzufolge nur das wahr ist, was unsereins gerechtfertigterweise glauben *könnte*. Aber vielleicht will Frege auch diese Auffassung ausschließen, wenn er sagt, dass das Wahrsein „in *keiner* Weise" auf das Fürwahrgehaltenwerden „zurückzuführen" ist (XV). Aber dann schuldet er uns natürlich ein Argument für diesen Ausschluss, durch den er sich eindeutig zum alethischen Realismus bekennen würde.–

> Wenn so das Wahrsein unabhängig davon ist, dass es von irgendeinem anerkannt wird, so sind auch die Gesetze des Wahrseins nicht psycholo-

viduenbereich einen wahren Satz zu ergeben. Ähnlich wird das Wort schon in Bolzano, WL II, 77–89 verwendet.)
[331] Vgl. *c.1883a*. NS 190, Nr. 11; *GL* §77, Ende; *1914b*, NS 223; *Ged* 77. So auch Husserl 1900, 151.

gische Gesetze, sondern Grenzsteine in einem ewigen Grunde befestigt, von unserm Denken überfluthbar zwar, doch nicht verrückbar. Und weil sie das sind, sind sie für unser Denken maassgebend, wenn es die Wahrheit erreichen will. (XVI;[332] vgl. *GL*, VII).

Die konditionale Vorschrift: 'Ist G ein Gesetz des Wahrseins, dann sollte man, *wenn man die Wahrheit erreichen will*, im Einklang mit G denken', kann ent-konditionalisiert werden, sofern das Denken ein Urteilen ist; denn wer urteilt, hat es *eo ipso* auf Wahrheit abgesehen. Logische Vorschriften sind also doch nicht im selben Boot wie technische Normen; denn deren Entkonditionalisierung wäre abwegig. (Kann tatsächlich nur jemand, der täglich übt, gut Geige spielen, dann sollte man, *wenn man gut Geige spielen möchte*, täglich üben. Das leuchtet ein. Doch tilgt man hier den 'wenn'-Satz, so ist das Resultat völlig unplausibel.)

In der nun folgenden Argumentation führt Frege die Konsequenzen der psychologistischen Auffassung der logischen Gesetze anhand von zwei fiktiven Szenarien vor,[333] die ich hier ein wenig ausmale:

[1] Angenommen, Ethnologen stoßen am Oberlauf des Nil auf ein „Naturvolk",[334] dessen Angehörige glauben, dass die Sonne von sich verschieden ist, oder Astronauten finden auf dem Mars denkende Wesen mit dieser Überzeugung. Oder angenommen, Forscher begegnen sog. Wilden oder Außerirdischen, die daraus, dass (A, und wenn A, dann B), manchmal schließen, dass nicht B. Was würden diese Entdeckungen in den Augen des (radikalen) Psychologisten zeigen? Sie würden in seinen Augen nicht zeigen, dass manche denkenden Wesen verblüffende Fehler begehen, sondern dass gewisse denkpsychologische Gesetzeshypothesen eingeschränkt werden müssen: nicht alle denkenden Wesen, sondern höchstens alle Angehörigen sog. „Kulturvölker"[335] oder alle irdi-

---

[332] Im nächsten Satz in *Vorw* ist das merkwürdige erste Konjunkt nach „so dass", das Wittgenstein in 1937–38, § 133 zitiert, Echo einer *Erdmann*'schen Formulierung: siehe Hg.-Fußnote z. St.

[333] XVI: [1] „Danach bliebe..."; [2] „Wie aber, wenn sogar ...".

[334] Vgl. *Log₁* 7; *Log₂* 158, 160.

[335] In *Log₂* 158 zitiert Frege kopfschüttelnd aus Thomas Achelis' Rezension des Buchs 'Naturvölker und Culturvölker' des Soziologen Alfred Vierkandt, die 1897 in einer Beilage zu „Bismarcks Hauspostille", der 'Norddeutschen Allgemeinen Zeitung' erschienen war. Vgl. *Biogr* 561/562.

schen Denker glauben, dass *kein* Gegenstand von sich verschieden ist oder dass die Überzeugung, dass (A, und wenn A, dann B), *nie* die Meinung, dass nicht B, rechtfertigt. Die vermeintlich allgemeingültige physikalische Gesetzeshypothese, dass Wasser bei 100 °C siedet, revidiert man ja auf ähnliche Weise, wenn man sie durch die Hypothese ersetzt, dass reines Wasser unter atmosphärischem Druck von 1 Bar bei 100 °C siedet.[336] Frege hingegen würde sich auf die Entdeckungen der Völkerkundler oder Raumfahrer einen ganz anderen Reim machen: „Es giebt also Wesen, welche gewisse Wahrheiten nicht wie wir unmittelbar erkennen, sondern vielleicht auf den langwierigern Weg der Induction angewiesen sind". (Da Frege uns hier *unmittelbare* Erkenntnis nachsagt, muss es in dem Gedankenexperiment um logische *Grund*gesetze gehen.) Die Angehörigen des „Naturvolks" und die Mars-Bewohner in unserem Szenario, so meint Frege, irren sich, und er versucht, ihre Irrtümer zu erklären. Wie sieht diese Erklärung aus? Nehmen wir den Fall der Verkennung des Gesetzes der Reflexivität der Identität. Freges Erklärung kann schwerlich darin bestehen, dass diese Denker nur durch enumerative Induktion die gerechtfertigte Überzeugung erwerben können, dass alles mit sich identisch ist; denn am Ende dieses Weges könnten sie ja nur in dem Glauben gerechtfertigt sein, dass *wahrscheinlich* jeder Gegenstand mit sich identisch ist. Frege stellt wohl eher eine psychologisch-genetische Hypothese auf: diese Denker kommen *de facto* erst dann zu der Erkenntnis, dass alle Gegenstände mit sich identisch sind, wenn sie sich in vielen Einzelfällen davon überzeugt haben, dass ein gegebener Gegenstand mit sich identisch ist. Entsprechendes wäre dann auch von ihrem langen und dornigen Weg zu der Einsicht zu sagen, dass es immer korrekt ist, von einem Konditional und seinem Antecedens zur Affirmation seines Consequens überzugehen.

[2] Angenommen, Ethnologen und Astronauten finden sogar denkende Wesen, die *jeden* Gegenstand für von sich verschieden halten oder die daraus, dass (A, und wenn A, dann B), *stets* schließen, dass nicht B. Wieder wird der radikale Psychologist den 'Wilden' und den Außerirdischen nicht nachsagen, dass sie einen Fehler begehen, wenn sie so urteilen oder schließen, sondern er wird den Forschern zur Entdeckung lokaler kognitionspsychologischer Regularitäten gratulieren. Frege hingegen würde angesichts ihrer Ent-

---

[336] Vgl. *Log₁* 4–5, *Log₂* 160.

deckung resigniert feststellen: „Da haben wir eine bisher unbekannte Art der Verrücktheit" (XVI).[337]

In beiden Szenarien wird vorausgesetzt, dass die fiktiven Völkerkundler und Raumfahrer gute Gründe haben könnten, den Angehörigen des „Naturvolks" und den Mars-Bewohnern gewisse eklatant 'logikwidrige' Überzeugungen und Schlüsse zuzuschreiben. Wittgenstein und Quine haben diese Voraussetzung in Frage gestellt, – jener in direkter Auseinandersetzung mit Freges *Vorw*, dieser in seiner Kritik an Lucien Lévy-Bruhls Hypothese von der „prälogischen Mentalität der Naturvölker". Basis für die Zuschreibung derartiger Überzeugungen und Schlüsse können nur die sprachlichen Äußerungen der 'Wilden' und der Außerirdischen sein. Da sie nicht Deutsch sprechen, müssen ihre Äußerungen übersetzt werden. Kann es nun aber einen stärkeren Einwand gegen die Hypothese geben, bei gewissen Satzfragmenten der fremden Sprache handle es sich um den Negations- und um den Identitätsoperator dieser Sprache, als den, dass man nach dieser Hypothese die ernsthafte assertorische Äußerung eines Satzes mit 'Die Sonne ist nicht mit sich identisch' wiedergeben müsste? Kann es einen gewichtigeren Grund geben, das Satzgefüge 'P dong Q', das man im fiktiven Süd-Sudan oder auf dem Mars zu hören bekommt, *nicht* mit 'Wenn A, dann B' zu übersetzen als den, dass diejenigen, die jenem Satzgefüge und 'P' zustimmen, sich darin gerechtfertigt sehen, 'Q' als falsch zu verwerfen? (Es sieht doch eher danach aus, als würde man gut daran tun, 'P dong Q' mit 'Dass A, schließt aus, dass B' zu übersetzen.)

Aber ist man eigentlich auf *fiktive* Szenarien angewiesen, wenn man sich radikale logische Abweichler vorstellen will? Konnte man nicht schon ein paar Jahre nach Freges Tod in Amsterdam einem Logiker begegnen, in dessen Axiomensystem das Gesetz *Duplex negatio affirmat* und das Gesetz des Ausgeschlossenen Dritten weder Axiom noch Theorem ist?[338] Konnte man nicht zu Anfang des

---

[337] Vgl. *GL* § 14. In 'Zur Analysis der Wirklichkeit' sagt Otto Liebmann von einem elementaren arithmetischen Satz: „jemand, der ihn verstünde, ohne ihn sofort ein für alle mal zu glauben, wäre für uns ein Verrückter" (Liebmann 1880, 240). Frege hat dieses Buch seines Jenaer Kollegen (*Biogr* 573–574) in der Universitätsbibliothek entliehen (*Bibl* 25). Auch bei Liebmanns Verdikt drängt sich die Frage auf, die wir gleich an Frege richten werden: kann man einen guten Grund haben, jemandem zu bescheinigen, er verstehe die Gleichung '23–3=20', wenn er sie nicht akzeptiert?
[338] Heyting 1930.

19. Jahrhunderts in Jena einem Philosophen begegnen, für den der „Satz der Identität: 'Alles ist mit sich identisch'" ein bloß „seinsollendes Gesetz der Wahrheit" war?³³⁹ Und zeigt das nicht, dass die Annahme, eine Begegnung mit radikalen logischen Abweichlern sei möglich, doch kohärent ist? Nur wenn man sich davon überzeugen kann, dass die augenscheinlichen Dissidenten in Amsterdam und Jena wirklich Dissidenten sind. Das sind sie nur, wenn sie die logischen Konstanten und das Wort 'wahr' genauso verstehen wie Frege.³⁴⁰ Halten wir uns an den Fall des Jenenser Dozenten. Hat Hegel wirklich dem Gesetz der (Reflexivität der) Identität oder seinen Instanzen Wahrheit abgesprochen? Klar ist, dass sie bei ihm eine sehr schlechte Presse haben. Warum eigentlich?

> „Wenn einer den Mund auftut und anzugeben verspricht, was Gott sei, nämlich, Gott sei — Gott, so findet sich die Erwartung getäuscht, denn sie sah einer verschiedenen Bestimmung entgegen;... es wird nichts für langweiliger und lästiger gehalten ... als solches Reden, das doch Wahrheit sein soll. Näher diese Wirkung der Langeweile bei solcher Wahrheit betrachtet, so macht der Anfang: [Gott ist —] Anstalten, etwas zu sagen, eine weitere Bestimmung vorzubringen. Indem aber nur dasselbe wiederkehrt, so ist vielmehr das Gegenteil geschehen, es ist Nichts herausgekommen... Die Identität, statt an ihr Wahrheit und absolute Wahrheit zu sein, ist daher vielmehr das Gegenteil."³⁴¹

Was hier auf jeden Fall als falsch verworfen wird, ist die Annahme, dass Einzelfälle des Gesetzes der (Reflexivität der) Identität erkenntniserweiternde Gedanken über den jeweiligen Gegenstand ausdrücken. Das ist natürlich kein Grund, Hegel für verrückt zu erklären, – schließlich ist Frege sich darin mit ihm einig (s. o. § 2.2).³⁴²

---

³³⁹ Hegel 1830, § 115.
³⁴⁰ Heyting sagt bezeichnenderweise: „[Nun] weichen die Formeln, welche die Negation enthalten, am meisten von denen der klassischen Logik ab. Deshalb wähle ich für die Negation ein neues Zeichen" (1930, Anm 3).
³⁴¹ Hegel 1831, Teil 2, 30–31. (Hegel formuliert den „Satz der Identität" zwar meist mit „A=A", führt aber nicht nur Sätze wie „Gott ist Gott", sondern auch solche wie „Ein Planet ist ein Planet" und „Eine Pflanze ist eine Pflanze" als Einzelfälle dieses Gesetzes an. Der Verdacht drängt sich auf, dass ihm der Unterschied zwischen der Kopula und dem gleichlautenden zweistelligen Prädikat nicht klar ist.)
³⁴² Man fragt sich allerdings angesichts der Emphase Hegels verwundert,

Wenn Hegel nun in der Falschheit jener Annahme einen zwingenden Grund dafür sieht, dem Gesetz oder seinen Instanzen den Titel 'wahr' abzusprechen, so muss 'X ist wahr' in seinem Munde implizieren: 'X ist erkenntniserweiternd, oder X hat erkenntniserweiternde Konsequenzen'. Dann spricht er aber dem Gesetz und seinen Instanzen nicht das ab, was Frege ihm zuspricht. Anscheinend versteht Hegel unter *Richtigkeit* das, was Frege mit 'Wahrheit' meint; denn er betont, das Gesetz der (Reflexivität der) Identität betreffe zwar die „Richtigkeit", aber „nicht die Wahrheit".[343] Es sieht also nicht so aus, als hätte man in Hegel jemanden vor sich, der diesem Gesetz oder seinen Einzelfällen Wahrheit (sc. im Frege'schen Verstande) abspricht. Auch die augenscheinlichen Dissidenten im Lager der Intuitionistischen Logik verstehen unter Wahrheit etwas anderes als Frege (nämlich so etwas wie gerechtfertigte Behauptbarkeit). Das ist bei Heytings Lehrer Brouwer deutlicher als bei seinem Schüler, und es ist unübersehbar bei Dummett, dem prominentesten Anwalt des Intuitionismus in der Philosophie der Gegenwart.

Überlegungen wie diejenigen, die wir eben in Anknüpfung an Wittgenstein und Quine angestellt haben, waren Frege übrigens keineswegs fremd. Er selber hat einmal ganz ähnlich argumentiert, nur dass er dabei kein logisches Axiom im Auge hatte, sondern eines der Euklidischen Geometrie:

Schneidet eine Gerade, die eine von zwei Parallelen schneidet, immer auch die andere? Eigentlich kann jeder diese Frage nur für sich beantworten. Ich kann nur sagen: Solange ich die Wörter „Gerade", „Parallele" und „schneiden" so verstehe, wie ich sie verstehe, muss ich das Parallelenaxiom anerkennen. Wenn jemand es nicht anerkennt, muss ich annehmen, dass er jene Wörter anders versteht. (*1914b*, NS 266.)

Statt anzunehmen, dass der Andere wirklich ein Axiom als falsch verwirft, zieht Frege hier selber vor, dem augenscheinlichen Dissidenten ein abweichendes Verständnis der Ausdrücke zuzuschreiben, mit denen das Axiom formuliert ist.

---

wen er von der Falschheit jener Annahme glaubt überzeugen zu müssen: hält nicht *jeder* „einen Menschen, der nach [dem Gesetz der Identität] zu sprechen weiß: ... die Wissenschaft ist — die Wissenschaft, *und so fort ins Unendliche*, für unerträglich"? (Hegel 1831, Teil 1, 17 (Herv. im Text)).
[343] Ebd. 18.

Gegen Erdmann betont Frege, dass das Gesetz der Reflexivität der Identität nicht aus der These

(H1) Kein Mensch kann glauben, dass ein Gegenstand von sich verschieden ist

folgt und dass (H1) nicht aus dem logischen Gesetz folgt: ein Gesetz des Wahrseins ist niemals mit einem Gedanken logisch äquivalent (geschweige denn identisch), der ein deskriptives „Gesetz des [menschlichen] Fürwahrhaltens" (XVII$_a$) ist. In einem ist sich Frege also bei der Beschreibung seiner Szenarien mit Erdmann einig: ein Satz wie (H1) drückt eine Gesetzeshypothese über die kontingenten Grenzen der menschlichen Glaubensfähigkeit aus, und wenn diese Hypothese wahr ist, dann handelt es sich um ein psychologisches Gesetz. Demnach wäre (H1) ein psychologisches Analogon zu dem Satz

(H2) Kein Mensch kann eine Eisenstange stemmen, die mehr als 500 kg wiegt,

mit dem man eine kontingente Limitation unserer Muskelkraft konstatiert. Nun wissen wir im Falle von (H2), woran wir ein Wesen erkennen könnten, dem gelingt, was selbst die besten iranischen Gewichtheber nicht schaffen, und wir können hier auch versuchen, die Gesetzeshypothese durch eigene Leistungen zu falsifizieren. Im Falle von (H1) scheint hingegen keine dieser Bedingungen erfüllt zu sein.[344] Dieser Satz dürfte also eher in der Nachbarschaft von 'Niemand kann in einem Tennis-Match ein Tor schießen' angesiedelt sein, mit dem wir ja auch nicht die Leistungsgrenzen von Tennis-Spielern beschreiben. Daraus dass Menschen etwas *jetzt* nicht können, folgt nicht, dass Menschen *niemals* imstande sein werden, es zu tun; darin sind sich Frege und Erdmann zu Recht einig. Aber die Annahme, dass in Zukunft vielleicht einmal jemand glaubt, dass ein Gegenstand von sich verschieden ist, macht schwerlich mehr Sinn als die Annahme, dass irgendwann vielleicht doch jemand in einem Tennis-Match ein Tor schießen wird.–

Im zweiten Absatz auf S. XVII insistiert Frege auf einer Unterscheidung zwischen zwei Arten von Gründen. Ein Grund dafür, einen Gedanken für wahr zu halten, ist manchmal ein Grund dafür,

---

[344] In Husserls Augen ist die Negation von (H1) „widersinnig" (Husserl 1900, 151–152).

Kapitel 1

dass der Gedanke wahr *ist*. Dass es sich nicht immer so verhält, kann man sich an dem folgenden Exempel leicht klarmachen: Dass dieses Thermometer jetzt höher steht als vor zwei Stunden, ist ein Grund dafür, den Gedanken, dass es hier jetzt wärmer ist als vor zwei Stunden, als wahr anzuerkennen, aber es ist kein Grund dafür, dass dieser Gedanke wahr ist.[345] Und auch wenn der Grund, aus dem jemand etwas glaubt, die Wahrheit des Geglaubten verbürgt, braucht es sich nicht um einen Grund des Wahrseins zu handeln: Dass (1) Hamburg ein Stadtstaat ist, ist ein Grund dafür, den Gedanken, dass (2) Hamburg ein Stadtstaat ist oder nicht ist, für wahr zu halten; aber dass (1), ist kein Grund dafür, dass der Gedanke, dass (2), wahr ist.

Im Falle derjenigen logischen Gesetze, die keine Grundgesetze sind, kann ein Grund dafür, sie für wahr zu halten, auch ein Grund dafür sein, dass sie wahr sind. Wenn der Logiker die Frage, warum wir berechtigt sind, ein solches Gesetz für wahr zu halten, damit beantwortet, dass er es „auf andere Gesetze zurückführt", so gibt er den Grund seines Wahrseins an. Damit artikuliert er eine „Einsicht in die Abhängigkeit der Wahrheiten von einander", in „die Verknüpfung und natürliche Ordnung der Wahrheiten (*la liaison et ... l'ordre naturel des vérités*)", wie Frege mit Leibniz sagt.[346]

Was logische Gesetze angeht, ist der Logiker allemal nur für diejenigen potentiellen Akzeptanzgründe zuständig, die zugleich Gründe des Wahrseins sind. Auf die Frage, was uns berechtigt, ein logisches *Grund*gesetz für wahr zu halten, „muss [der Logiker hingegen] die Antwort schuldig bleiben";[347] denn ein Grundgesetz ist, wie Frege wiederum mit Leibniz sagt, „eines Beweises weder fähig noch bedürftig".[348]

[a] Aus der Logik heraustretend kann man sagen: [b] wir sind durch unsere Natur und die äussern Umstände zum Urtheilen genöthigt, und [c] wenn wir urtheilen, können wir dieses Gesetz – der Identität z. B. – nicht verwerfen, wir müssen es anerkennen, wenn wir nicht unser Denken

---

[345] Ich verwende hier Bolzanos Lieblingsbeispiel für den Unterschied zwischen „Erkenntnisgründen" und „objektiven Gründen": Bolzano 1834, Bd. 1, 5–7; WL II, 339–344 (mit vielen Hinweisen auf die Geschichte dieser Unterscheidung).
[346] *GL* §2; §17, aus Leibniz, N.E. IV, 7, §9 [A VI.6: 412] zitierend. Vgl. *Katalog* Nr. 13: „Logische Stammbäume der Wahrheiten".
[347] c.1883a. NS 190, Nr. 13; *Logik$_1$* 6/7.
[348] Belege oben 166.

in Verwirrung bringen und zuletzt auf jedes Urtheil verzichten wollen. [d] Ich will diese Meinung weder bestreiten noch bestätigen und [e] nur bemerken, dass wir hier keine logische Folgerung haben. [f] Nicht ein Grund des Wahrseins wird angegeben, sondern unseres Fürwahrhaltens. (XVII$_b$.)

Wo tritt man ein, wenn man die Logik verlässt [a] und die Aussagen [b] und [c] macht? Man muss hier wohl differenzieren. Dass uns vollständige Urteilsenthaltung nicht möglich ist, beschreibt Frege als ein empirisches Faktum. Demnach betritt man mit [b] das Gebiet der *Psychologie*. Und welches Gebiet betritt man mit [c]? Wir erfahren in [f], dass mit [c] ein Grund dafür angegeben wird, ein logisches Grundgesetz für wahr zu halten, also etwas, was den Glauben an dieses Gesetz rechtfertigen soll.[349] Dass ein Grundgesetz nicht bewiesen werden kann, impliziert also nicht, dass wir nicht gerechtfertigt sind, es als wahr anzuerkennen. In [e] betont Frege, dass das Gesetz der Reflexivität der Identität nicht aus dem in [b] und [c] Gesagten logisch folgt: ein logisches Grundgesetz ist nicht deshalb wahr, weil die Konsequenz seiner Verwerfung Verwirrung im Denken ist. Nun ist nach Freges Auffassung die Erkenntnistheorie die Disziplin, die von Rechtfertigungen handelt, welche keine logischen Beweise sind (*Log$_1$* 3b–c), und er betont mit den Neukantianern (und gewissermaßen gegen Quine), dass „Psychologie von Erkenntnistheorie scharf zu sondern ist" (*1885a*, 329). Also betritt man mit [c] das Gebiet der *Erkenntnistheorie*. Der Gedanke, zu dem Frege in [d] eine Stellungnahme verweigert, wird durch die Konjunktion von [b] und [c] ausgedrückt. Er verweigert diese Stellungnahme aber nur als Logiker (vgl. *Logik$_1$* 6/7). Dass er von der Wahrheit dieses Gedankens überzeugt ist, geht aus *GL* § 14 hervor – und aus der Fortsetzung des oben angeführten Texts, wenn er über „die Unmöglichkeit, die für uns besteht, das Gesetz zu verwerfen" spricht. Dieser singuläre Term wäre leer, wenn es uns doch möglich wäre, ein Grundgesetz zu verwerfen, ohne die in [c] angegebenen Konsequenzen zu erleiden.[350] Dass wir dazu nicht imstande sind, hindert uns aber keineswegs daran

---

[349] In Windelband 1882, 109 findet sich die [c] ähnliche These, „dass ihre Geltung [sc. die der Axiome] unbedingt anerkannt werden muß, wenn anders gewisse Zwecke erfüllt werden sollen".
[350] Wittgensteins Interpretation unserer Stelle in 1939, 191 und 1949–51, § 494 ist mithin korrekt.

Kapitel 1 367

– so meint Frege –, die Existenz eines Wesens anzunehmen, dass ein logisches Grundgesetz als falsch verwirft (wie problematisch diese Meinung ist, haben wir oben gesehen); aber es hindert uns daran, uns bezüglich der Frage, ob dieses Wesen Recht hat, des Urteils zu enthalten oder sie im Ernst zu bejahen.

NACHSPIEL. Wie hat Erdmann auf die Kritik an seiner 'Logik' von 1892 reagiert? Er betont 1907 im Vorwort zur zweiten Auflage seines Buchs, sie sei „zum weitaus größten Teil neu ausgearbeitet", und er bedankt sich u. a. bei Husserl für die „wertvolle Förderung", die „manche kritische Erörterungen einzelner Punkte ... gebracht haben". Auf Freges Kritik an seinem Buch reagiert Erdmann nirgendwo direkt. (Bei der Lektüre der in den Hg.-Anmerkungen angegebenen Passagen in der 2. Auflage gewinnt man freilich manchmal den Eindruck, dass die Kritik Freges auf den Seiten XVIII$_b$ ff eine Neuformulierung veranlasst hat.) Anders als Freges *GG* waren Husserls 'Prolegomena' von sehr vielen Philosophen gelesen worden, und Husserl bescheinigte dem Adressaten seiner Kritik überdies, er sei ein „ausgezeichneter", ein „verdienter Forscher", ein „bedeutender Denker". Diese österreichische Verbindlichkeit liegt Frege fern: er fertigt Erdmann mit mecklenburgischer Grobheit ab.[351] Erdmann reagiert aber indirekt auf Freges Einwände gegen seine Auffassung der logischen Gesetze, wenn er zum §40 in Husserls 'Prolegomena' Stellung nimmt.[352] Husserl bespricht genau die Passagen in Erdmanns Buch, die Frege bereits in *Vorw* XV–XVI diskutiert hat. Auch er verwirft Erdmanns Konsens-Theorie der Wahrheit – mit der einigermaßen merkwürdigen Begründung: „als ob die Wahrheit bei allen und nicht vielmehr bei einigen Auserwählten zu finden wäre".[353]

[351] Husserl 1900, 143, 144, 148. Was die landsmannschaftliche Charakterisierung der Frege'schen Polemik angeht, so verstecke ich mich hinter dem Rücken Patzigs, der dabei *1899a*, *1906g* und *1908* im Blick hat (Patzig 1966a, 8). Hier sind noch ein paar Belege. „In den gelehrtesten Ausdrücken", sagt Frege von einem Weierstraß-Schüler, „können sich die kindlichsten Unklarheiten am besten bergen" (*n.1887a*, NS 86, Anm.). „Wenn ... ein Mathematiker Redeweisen gebraucht, welche eines Karlchen Miessnick nicht unwürdig scheinen, so tut dies, wie es scheint, seinem wissenschaftlichen Rufe keinen Eintrag" (*n.1898*, NS 173). [K. M., der ewige Quartaner, der auch in Fontanes 'Effi Briest', Kap. 23 erwähnt wird, war eine Witzfigur in der politischsatirischen Wochenschrift 'Kladderadatsch'.] Nachgerade vernichtend ist die Kurzrezension eines Aufsatzes aus der Feder des illustren Hermann v. Helmholtz in *GG II*, §137, Anm. 2.
[352] B. Erdmann 1907, 27–33, 531–532 u. Anm.
[353] Husserl 1900, 154.

Ausführlicher und gehaltvoller ist seine Kritik an Erdmanns Relativierung der „Geltung" der logischen Gesetze auf Spezies und Zeiten. Auch hier kommt Husserl zum selben Ergebnis wie Frege. Erdmanns Metakritik, bei der er das, was er „in dieser Kritik zutreffend finde[t], ... berücksichtigt" hat, sieht so aus:[354]

„[W]ir haben sicher kein Recht, die Ewigkeit unseres Denkens anzunehmen. Auch die Tage des Menschengeschlechts auf der Erde sind ... gezählt. Und selbst wenn wir nicht nur einer Periode ... der Entwicklung unseres Sonnensystems angehörten, würden wir die Behauptung nicht wagen dürfen, dass unser Denken unveränderlich sei. Wir könnten das nur, wenn wir in der Lage wären, das Wesen unserer Seele als einer selbständigen unveränderlichen Substanz im Sinne einer rationalen Psychologie unmittelbar zu erfassen und aus diesem die Unveränderlichkeit unseres Denkens zu deduziren. Aber wir vermögen dies nicht, so lange wir daran festhalten müssen, dass die Psychologie den Bestand und die Zusammenhänge der psychischen Lebensvorgänge nur auf den Wegen der Beobachtung feststellen kann, die für jede Wissenschaft von Tatsachen maßgebend sind."

Erdmann glaubt immer noch, dass es von der Verweildauer der Spezies *Homo sapiens* im Universum und von der Konstanz ihrer kognitiven Ausstattung abhängt, ob ein logisches Gesetz schlechthin wahr ist.

In einem Punkt gehen Frege und Husserl nicht ganz fair mit Erdmann um. Sie kritisieren ihn so, als wäre er eindeutig ein radikaler Psychologist wie Lipps. So suggeriert Frege, dass die Logik in Erdmanns Augen „ein Theil der Psychologie" ist (XV). Genau das bestreitet Erdmann aber.[355] Programmatisch ist er ein moderater Psychologist. Da er in der Durchführung aber oft wie ein radikaler Psychologist argumentiert, beschwört er die Verkennung seiner Intention selber herauf, und sein *mea culpa* in der zweiten Auflage ist nur zu berechtigt: „so bestimmt ich schon damals die Unterschiede der logischen von der psychologischen Untersuchung des Denkens ausgesprochen habe, so habe ich doch im Einzelnen diese Unterschiede nicht stets deutlich genug hervortreten lassen."[356] Erstaunlicher-

---

[354] B. Erdmann 1907, 532; vgl. ders. 1892, 377–378.
[355] B. Erdmann 1892, 18; noch nachdrücklicher dann in 1907, 30. In einer Anm. auf S. 32 distanziert sich Erdmann 1907 von Lipps 1893 – unter Berufung auf Husserls „vielfach treffende" Kritik. Für Husserl ist Erdmann 1892 ein Dokument des Psychologismus, aber er entnimmt ihm auch Thesen der „antipsychologistischen Seite": Husserl 1900, 55, 57.
[356] B. Erdmann 1907, 533 Anm.

weise zitiert er schon in der ersten Auflage Herbart mit Zustimmung.[357] Dass Herbart das Gedachte vom Akt des Denkens unterschieden wissen will und bestreitet, dass logische Gesetze Denkgesetze sind, entgeht Erdmann völlig: er hält ihn für einen moderaten Psychologisten, also für einen Bundesgenossen.

§9. Objektiv, aber nicht wirklich.[358] (XVIII$_b$-XXV$_b$)

In Erdmanns (missglücktem) Versuch, die Frege-Husserl'sche Kritik am Psychologismus zu entkräften, geht es nicht um einen Vorwurf, den nur Frege gegen die „psychologischen Logiker" erhebt und den er *in extenso* anhand von Erdmanns 'Logik' entfaltet, – um den Vorwurf, dass sie sich „in den Idealismus und bei grösster Folgerichtigkeit in den Solipsismus" verrennen (XIX$_a$).[359] In seinen nachgelassenen Manuskripten spricht Frege in diesem Zusammenhang von „erkenntnistheoretischem Idealismus".[360] (Durch den einschränkenden Zusatz will er die zu attackierende Position vielleicht von dem 'objektiven' Idealismus unterscheiden, den Rudolf Eucken in zahlreichen und viel gelesenen Schriften vertrat.[361] Der Gedanke an Hegel lag ihm bestimmt fern.) Wenn der erkenntnistheoretische oder subjektive Idealist Recht hat, dann gibt es keine Dinge der Außenwelt, und wenn der Solipsist Recht hat, dann gibt es auch nichts Fremdpsychisches. Freges Argumente gegen die skeptische Hypo-

---

[357] B. Erdmann 1892, 19; ders. 1907, 31. Ich habe dieselbe Stelle oben als Herbart [a] zitiert.

[358] VERGLEICHE: [SUBJEKTIV]: *GL* §§ 26–27, 93; *SuB* 29–30; *1894a*, 317–318; *1895b*, 74; *Log$_2$* 160; und *Ged* 66c–75c. [OBJEKTIV]: *Log$_1$* 7; *1895b*, 74; *Log$_2$* 149, 160; *n.1906*, NS 214; und *Ged* 66c–75c. [WIRKLICH]: *GL* § 85; *1895b*, 74; u. die Neubestimmung in *Ged* 76a–77.

LITERATUR: Siehe Komm. zu Teil II und III von *Ged*; ferner: C. Parsons 1982; Dummett, FOP 120–123; Kleemeier 1997, 128–132; Weiner 1995b.

[359] In *n.1887b*, NS 115$_R$ spielt Frege polemisch auf „Berkeleys Idealismus" an. In *SuB* 31–32 erörtert er einen Einwurf „von idealistischer und skeptischer Seite", der dem in *Ged* 69e–74a erörterten entspricht.

[360] *Log$_2$* 141, 155–156 u. *1914b*, NS 250.

[361] Etwa in 'Die Einheit des Geisteslebens in Bewusstsein und That der Menschheit' (1888, ²1925). Auf dieses Buch spielt Frege vielleicht an, wenn er in *Log$_1$* 6 von der „Gemeinsamkeit des Geisteslebens der Menschheit" spricht. Zu den guten Beziehungen zwischen Eucken und Frege (s. o. 26).

these, dass beide Recht haben, werde ich erst im Kommentar zu Teil II von *Ged* diskutieren.

Hat Frege gezeigt, dass Anhänger einer (moderaten oder radikalen) psychologistischen Auffassung der logischen Gesetze auf den subjektiven Idealismus oder den Solipsismus festgelegt sind? In einem Logik-Entwurf argumentiert er:

> Psychologische Behandlungen der Logik haben ihren Grund in dem Irrtume, dass der Gedanke (das Urteil, wie man zu sagen pflegt) etwas Psychologisches sei gleich der Vorstellung. Das führt dann notwendig zum erkenntnistheoretischen Idealismus; denn es müssen dann auch die Teile, die man im Gedanken unterscheidet, wie Subjekt und Prädikat ebenso der Psychologie angehören wie der Gedanke selbst. Da nun jede Erkenntnis sich in Urteilen vollzieht, so ist nun jede Brücke zum Objektiven abgebrochen. (*Log$_2$* 155.)

Wahr oder falsch sind, so meinen die „psychologischen Logiker", Urteile, und sie verstehen dabei unter Urteilen psychische Phänomene, kognitive Akte. Angenommen, Urteile sind komplexe psychische Phänomene, deren Komponenten ebenfalls psychische Phänomene sind (angenommen, in das Fällen des Urteils, dass Sokrates weise ist, gehen Akte des Sokrates- und des Weisheit-Vorstellens ein): folgt daraus wirklich, dass „jede Brücke zum Objektiven abgebrochen" ist, dass wir nur von psychischen Phänomenen etwas wissen, oder gar, dass es nur psychische Phänomene gibt?

Auch wenn das angeführte Argument nicht überzeugend ist, – es gelingt Frege jedenfalls zu zeigen, dass Erdmann (eher *nolens* als *volens*) subjektiver Idealist und Solipsist ist. Damit leugnet er, so führt Frege aus, dass irgendetwas unter den Begriff *objektiv* fällt, – er bestreitet also erst recht, dass der Begriff *objektiv und nicht wirklich* auf irgendetwas zutrifft. Was versteht Frege hier unter Objektivität, was unter Wirklichkeit?

In den *GL* ist Freges Gebrauch von 'objektiv' ziemlich diffus. In §47 u. §106 scheint er das Wort 'objektiv' so zu verwenden, dass gilt: was einer behauptet, ist genau dann objektiv, wenn er Objektivem Objektives zuschreibt. Demnach behaupte ich mit 'Dieser Juckreiz ist sehr unangenehm' wohl auch dann nichts Objektives, wenn das Behauptete wahr ist. Auch in *SuB* ist sein Gebrauch von 'objektiv' verwirrend. Laut *SuB* 32, Anm. 5 sind Gedanken objektiv, aber dem letzten Satz von *SuB* 34b zufolge sind sie es nicht: „…der

Schritt von der Stufe der Gedanken zur Stufe der Bedeutungen (des Objectiven)…".[362] Diese „von-zu"-Formulierung ist übrigens auch ohne den Zusatz in Klammern schief; denn der Gedanke, dass A, ist sowohl der Sinn des Satzes 'A' als auch die Bedeutung des singulären Terms 'der Gedanke, dass A' (und vieler anderer singulärer Terme).

Beim Übergang vom Rückblick in XVII$_c$–XVIII$_a$ zu der in XVIII$_b$ vorgenommenen Neubestimmung dessen, was zwischen Frege und den „psychologischen Logikern" strittig ist, verschiebt sich der Sinn des Wortes 'objektiv'. Mit welchem Recht sagt Frege, er schicke sich jetzt an, zuvor Konstatiertes „allgemeiner [zu] fassen"? Im Rückblick erinnert er daran, dass „das Wahre" für ihn (anders als für Erdmann) „etwas Objectives, von dem Urtheilenden Unabhängiges" ist. Im Lichte des Vorangegangenen betrachtet (und so muss man es in einem Rückblick natürlich betrachten), heißt das: Wahrsein ist unabhängig vom Fürwahrgehaltenwerden, – etwas kann auch dann wahr sein, wenn es von niemandem für wahr gehalten wird.[363] In dieser These von der *Objektivität des Wahrseins* (These 1) geht es nicht um den ontologischen Status dessen, was wahr ist. (Die Wendung „das Wahre" ist also irreführend, und sie hat Frege wohl auch in die Irre geführt.) Eine ganz andere These ist die, dass Wahrheitswert-Träger „einen vom Urtheilenden unabhängigen Bestand" haben und in diesem Sinne (anders als die psychischen Akte und Zustände der Urteilenden) zum „Gebiet des Objectiven" gehören. In dieser These von der *Objektivität der Wahrheiten* (These 2) drückt das Wort 'objektiv' ein ontologisches Konzept aus, es hat hier also nicht denselben Sinn wie in (These 1). Wenn Frege nun in XVIII$_b$ von einer „allgemeineren Fassung" dessen spricht, was ihn von den Psychologisten unterscheidet, dann scheint er zu unterstellen: Im Vorangegangenen ging es um die Frage, ob dieser Begriff auf Wahrheiten (auf „das Wahre" im Sinne von 'das, was wahr ist') zutrifft, also um die Frage, die (These 2) beantwortet, während es im Folgenden um die Frage gehen wird, was denn überhaupt unter diesen Begriff fällt. Nur die zweite Hälfte dieser Unterstellung ist korrekt: Die Frage, die fortan zur Debatte steht, ist die nach der Weite des Anwendungsbereichs

---

[362] Diese Fatalität kann nicht dadurch aus der Welt geschafft werden, dass man annimmt, 'das Objective' heiße in 34b soviel wie 'das Ziel' (Burge 1986, 105–106). Anders als 'the objective' wird der deutsche Ausdruck nämlich niemals so verwendet.
[363] Vgl. auch den Gebrauch von 'objektiv gelten' in *1891c*, 159.

des ontologischen Konzepts, das man mit dem Wort 'objektiv' verbinden kann.

Das ontologische Konzept, das Frege mit ihm verbindet, kann man mit Hilfe der folgenden Definitionen bestimmen:– (a) Etwas ist genau dann *objektiv*, wenn es nicht subjektiv ist. Und (b) etwas ist genau dann *subjektiv*, wenn gilt: es ist ein psychischer Akt, Vorgang oder Zustand, oder es besteht aus psychischen Akten, Vorgängen oder Zuständen. Ist etwas im Sinne von (b) subjektiv, so steht und fällt seine Existenz notwendigerweise mit der eines bestimmten beseelten Wesens, eines bestimmten Subjekts von psychischen Akten, Vorgängen oder Zuständen. (Die Umkehrung gilt nicht: ein Lächeln ist kein psychischer Akt etc., aber es ist etwas, dessen Existenz auf die eines bestimmten beseelten Wesens angewiesen ist.[364])

Statt 'existiert' gebraucht Frege in diesem Zusammenhang (1a) 'besteht' und (1b) 'hat Bestand' oder (2a) 'ist (da)' und (2b) 'hat Sein';[365] denn in seinen Augen ist 'a existiert' sinnlos, es sei denn, es ist im Sinne von 'a lebt' zu verstehen (s. o., § 2.3). Im *Vorw* und in den *LU* bezeichnen die vier Prädikate, die als stilistische Varianten voneinander behandelt werden, einen Begriff erster Stufe, den Frege nicht ausdrücklich als solchen anerkennt.[366] [Um gegen falsche Assoziati-

---

[364] Mit der dunklen Bemerkung, das Objektive sei nicht „unabhängig von der Vernunft" (*GL* § 26 Ende), kann Frege jedenfalls nicht sagen wollen, jeder Gegenstand, der objektiv ist, verdanke seine Existenz dem Denken irgendeines Denkers.

[365] (1): *Vorw* XVIII, XXIV, *GG I*, Einl. S. 3; Log_2 149–150; *GG II*, §§ 128, 150; *Ged* 67–72; *Vern* 147, 151–152, 155; *Ggf* 37b. (2): *Ged* 67c; *Vern* 144–147, 151. Vgl. auch *1895a*, 451–452; und *GG II*, § 120: „Unter der Zahl Null verstehen wir nicht eine gewisse rundliche Figur; sondern diese ist uns nur ein Zeichen für das, was wir meinen, und was wir als *vorhanden* anerkennen, obwohl es weder ein physischer Körper, noch eine Eigenschaft eines solchen ist" (meine Herv.).

[366] In allen englischen Frege-Übersetzungen ist dieser philosophisch signifikante Zug des Frege'schen Sprachgebrauchs unsichtbar geworden. Jourdain & Stachelroth 1916, 196, Furth 1964 und Beaney 1997b geben 'bestehen' in *Vorw* XXIV mit 'exist' wieder. Das Prädikat 'hat Bestand' in *Vorw* XVIII hat die Übersetzer besonders verwirrt: Jourdain & Stachelroth übersetzen es mit 'has a value' (187), Furth mit 'has a status' und Beaney mit 'persists', was wie 'has stability' in Quinton 1956, 32 (*Ged* 71b) an nicht-ephemere Einzeldinge denken lässt. In Black 1950 wird 'Bestand' in *GG II*, § 128 mit 'condition' wiedergegeben und 'vorhanden' in § 120 mit 'existing'. Geach übersetzt 'bestehen' ('Bestand') in 1977b stets mit 'exist(ence)', so auch Quinton,

onen Vorbeuge zu treffen, sei darauf hingewiesen, dass Freges Zeitgenosse Alexius Meinong in seiner „Gegenstandstheorie" das Wort 'bestehen' ganz anders gebraucht: „Gegenstände" sind entweder „Objekte" oder „Objektive" (Sachverhalte). Die einzigen Objekte, die „bestehen", sind zeitlos,– die kleinste Primzahl z. B. (im Unterschied zur größten), und ansonsten „bestehen" nur Objektive,– z. B. der Sachverhalt, dass Graz südlich von Jena liegt (im Unterschied zu dem Sachverhalt, dass Jena südlich von Graz liegt).[367]]

In diesem Kommentar verwende ich '( ) existiert zu [ ]' (mit einer temporal zu verstehenden Präposition) als undefiniertes zweistelliges Prädikat erster Stufe, um Freges Rede vom Bestehen oder Sein zu einer Zeit wiederzugeben. Daraus dass der Gegenstand a zu irgendeiner Zeit existiert, folgt, dass es etwas gibt, das mit a identisch ist. Die Umkehrung gilt nicht. Atemporalen Bestand oder zeitloses Sein kann man einem Gegenstand a daher mit der folgenden Konjunktion zuschreiben: es gibt etwas, das mit a identisch ist, aber es gibt keine Zeit, zu der a existiert. Beide Konjunkte enthalten Freges Existenz-Prädikat zweiter Stufe. In einer Sprache, in der leere singuläre Terme nicht zulässig sind, sagt man mit Sätzen des Typs 'Es gibt etwas, das mit a identisch ist' immer etwas Wahres. Die „Volkssprache", in der die *LU* verfasst sind, ist nicht von dieser Art. [Meinong versteht das Prädikat erster Stufe '( ) existiert' so, dass es nur auf zeitliche Gegenstände zutrifft, auf die gegenwärtige Königin von England z. B. (im Unterschied zum gegenwärtigen König von Frankreich). Es scheint in seinem Munde dieselbe Extension wie das Prädikat '( ) ist wirklich' in Freges *GL* und *GG* zu haben.]

Die Erklärung von 'objektiv' als 'nicht-subjektiv' lässt zu, dass ein Gegenstand auch dann objektiv ist, wenn gilt: es gibt zwar kein bestimmtes beseeltes Wesen, ohne das er nicht existieren kann, aber er würde nicht existieren, wenn es *überhaupt keine* beseelten Wesen gäbe.objektiv ist. Diese Erklärung erlaubt uns also, eine Partitur des 'Don Giovanni' und eine Aufführung dieser Oper als objektive En-

---

27–32 (mit der erwähnten Ausnahme); und genauso verfährt Stoothof 1977 mit *Ggf* 37b. Long & White 1979, 137–138 geben 'bestehen' und 'Bestand haben' in Log_2 149–150 mit 'obtain' wieder. Die beste Übersetzung wäre m. E. '*subsist*(ence)' für 'bestehen' ('Bestand'), und natürlich ist '*be*(ing)' für 'sein' ('Sein') in Geach 1977c optimal. (An einer Stelle wird Geach in 1977c rückfällig: *Vern* 151b.)
[367] Meinong 1904, §§ 2–4.

titäten zu klassifizieren. Das ist gewiss in Freges Sinn, denn sie sind ja „etwas Allen [Lesern bzw. Zuhörern] gleicherweise Gegenüberstehendes". (Dieser Punkt wird sich in 2-§9.1 als wichtig erweisen.)

Eine Entität x ist genau dann *wirklich*, wenn x „fähig [ist], unmittelbar oder mittelbar auf die Sinne zu wirken". Diese Begriffsbestimmung ist ein Echo der 'Kritik der reinen Vernunft':[368]

> „Was ... mit dieser (sc. der Wahrnehmung) nach empirischen Gesetzen verknüpft ist, ist wirklich, ob es gleich unmittelbar nicht wahrgenommen wird." [a].
>
> „[A]lles ist wirklich, was mit einer Wahrnehmung nach Gesetzen des empirischen Fortgangs in einem Context steht." [b].

Der Bereich dessen, was wir „unmittelbar" wahrnehmen können, wird nach Kant durch die „Beschaffenheit unserer Organen" bestimmt: wenn „unsere Sinnen feiner wären", wäre dieser Bereich umfassender.[369]

Das von den Mystikern des 13. Jh. gebildete Wort 'wirklich' wurde etwa bis zum Beginn des 18. Jh. prädikativ im Sinne von 'wirksam' verwendet.[370] (Thomas Manns Teufel scheint sich daran zu erinnern, wenn er Adrian Leverkühn rhetorisch fragt: „Ist wirklich nicht, was wirkt?"[371]) Wenn Frege auf S. XXIII$_b$ sagt, mit dem Prädikat in 'Die Erde ist magnetisch' attestiere man der Erde eine „besondere Weise ... der Wirksamkeit oder Wirklichkeit", so klingt das so, als sei ein Gegenstand genau dann wirklich, wenn er fähig ist, etwas zu bewirken (vgl. XXV$_a$).[372] Vielleicht fallen unter diesen Begriff auch Entitäten, die nicht auf unsere Sinne zu wirken vermögen. (Mehr dazu in 2-§6 u. 2-§11.)

In den *GL* und in den *GG* ist es Frege wichtig, seine Leser davon zu überzeugen, dass die Kategorie *objektiv und nicht wirklich* nicht leer ist. In *GL* §26 führt er den Äquator, die Erdachse und den

---

[368] Kant, KrV [a] A 231/B 284; [b] A 493/B 521.
[369] KrV A 226/B 273.
[370] Kluge 1957, 864 f. In der Umgangssprache pflegen wir 'wirklich' nicht prädikativ, sondern entweder attributiv oder als Satzadverb zu verwenden: 'Ben ist ein wirklicher Freund', 'Ben ist wirklich ein Freund'.
[371] 'Dr. Faustus', Kap. XXV.
[372] Vgl. auch XXV$_a$. So verwendet jedenfalls Erdmann das Wort 'wirklich': Belege in Hg.-Anm. zu Freges Verweis auf E^1 311 auf derselben Seite des *Vorw.*

Massenmittelpunkt des Sonnensystems als (von allen Kontroversen über den ontologischen Status der Zahlen unabhängige) Belege dafür an, dass manche Gegenstände zwar nicht wirklich, aber sehr wohl objektiv sind. In den GG sagt Frege:

> Wir können zwischen physischen und logischen Gegenständen unterscheiden, womit freilich keine erschöpfende Eintheilung gegeben werden soll. Jene sind im eigentlichen Sinne wirklich; diese sind es nicht, aber darum nicht minder objectiv; sie können zwar nicht auf unsere Sinne wirken, aber durch unsere logische Fähigkeit erfasst werden. (*GG II*, § 74.[373])

Nicht erschöpfend ist diese Einteilung aus mehreren Gründen. Zum einen bleibt alles Psychische unberücksichtigt. Außerdem finden nicht-wahrnehmbare, aber lokalisierbare Gegenstände wie der Äquator in der Einteilung keinen Platz. Und schließlich sind auch Orte, Zeitpunkte und Zeitspannen Gegenstände (*SuB* 42b), aber auch sie sind weder physische noch logische Gegenstände. Man könnte sie zu den Dingen der Außenwelt zählen, weil sie, obwohl selber nicht wahrnehmbar, in räumlichen und zeitlichen Beziehungen zu Wahrnehmbarem stehen: 'Die Suche nach der Oase, die wenige Kilometer nordöstlich vom *Schnittpunkt* des Äquators mit dem 20. östlichen Längengrad liegt, endete kurz vor *Mitternacht*.' Frege spricht in den *GL* manchmal so, als seien die Prädikate 'ist wahrnehmbar' und 'befindet sich irgendwo' (*GL* § 61) koextensiv. Aber in Anbetracht der gerade erwähnten nicht wahrnehmbaren, aber sehr wohl lokalisierbaren Gegenstände kann das nicht sein Ernst sein.

Was sind für den Autor der *GG* logische Gegenstände? Rückblickend auf sein Projekt vor der Konfrontation mit Russells Antinomie schreibt Frege:

> Die Gesetze der Zahlen sollten rein logisch entwickelt werden. Die Zahlen aber sind Gegenstände und in der Logik hat man zunächst nur zwei Gegenstände: die beiden Wahrheitswerthe. Da lag es nun am nächsten[,] Gegenstände aus Begriffen zu gewinnen, nämlich die Begriffsumfänge oder Klassen. Dadurch wurde ich dazu gedrängt, mein Widerstreben zu

---

[373] Vgl. *GG II*, §§ 147, 155; Anhang, S. 253, 265. Mit „durch unsere logische Fähigkeit erfass[bar]" dürfte hier wohl dasselbe gemeint sein wie in *GL* § 105 mit „der Vernunft gegeben".

überwinden und den Uebergang von den Begriffen zu ihren Umfängen zuzulassen. (*1910*, B 121.)

Logische Gegenstände sind demnach Wahrheitswerte und Begriffsumfänge (allgemeiner: Wertverläufe).

Begriffe und Beziehungen, allgemeiner: Funktionen sind für Frege natürlich keine logischen Gegenstände, weil sie in seinen Augen gar keine Gegenstände sind. Wenn er Begriffe genau wie Bäume als objektiv bezeichnet[374] oder genau wie den Äquator als nicht wahrnehmbar (nicht wirklich),[375] so sind das bestenfalls Zeugmata, – Formulierungen, in denen ein zweideutiges Wort gezwungen wird, seine beiden Rollen gleichzeitig zu spielen („Ich fror vor mich hin, denn nicht nur meine Mutter, auch der Ofen war ausgegangen", „Ich heiße Heinz Erhardt und Sie herzlich willkommen"). Ein Prädikat, das auf Begriffe zutrifft, bedeutet (signifiziert) einen Begriff zweiter Stufe, und ein Prädikat, das auf Bäume zutrifft, bedeutet einen Begriff erster Stufe. Kein univoker Ausdruck kann beide Rollen spielen (*BuG* 200–201). Auf S. XXV$_a$ unterscheidet Frege denn auch den Begriff der Wirklichkeit ausdrücklich als einen Begriff *erster* Stufe von dem der Existenz, und er müsste konsequenterweise den Begriff der Objektivität genauso von dem der Existenz abheben.

---

[374] Vgl. *GL*, VII; §§ 27 Anm., 47; *1891c*, 158; *1894a*, 331.
[375] Vgl. *GL* § 24.

Kapitel 2

Frege über *Gedanken*

I. Wahrheit, Gedanke und Satz

§1. Logische Gesetze als Gesetze des Wahrseins.[1] *(Ged 58–59a.[2])*

Logische Gesetze sind *weder* deskriptive Gesetze des Denkens *noch* normative Gesetze für das Denken, aber aus ihnen ergeben sich normative Denkgesetze. Diese Züge von Freges Charakterisierung der logischen Gesetze haben wir bereits in 1-§8 besprochen.

Die Antwort auf die Frage, was logische Normen normieren, ist strukturiert: „das Fürwahrhalten, das Denken, Urteilen, Schließen" (58). Auf die Bezeichnung eines „seelischen Zustandes" folgen drei Bezeichnungen „seelischer Vorgänge", die im Verhältnis Gattung : Art : Unterart stehen (am Ende von 59a wird dem Fürwahrhalten nur noch das Denken gegenübergestellt); denn jedes Schließen ist nach Frege ein Urteilen, bei dem „man sich anderer Wahrheiten als Rechtfertigungsgründ[e] bewusst ist" (*Log₁* 3), und jedes Urteilen ist ein Stellung nehmendes Denken (s. u. §3). Wer jetzt urteilt, dass A, glaubt eine Zeitlang, dass A, auch wenn dieses Fürwahrhalten

---

[1] VERGLEICHE: *BS*, III–IV, X, §13; *c.1883a*, NS 190, Nr. 12–17; *Log₁* 2–7; *GL*, IX–X, §§3, 14, 87; *1896*, 103–105; *Vorw* XIV–XVII; *Log₂* 133, 139, 157–161; *1906a*, 387–388, 423–425, 428; *1915*, NS 272. [ANTIPSYCHOLOGISMUS]: vgl. 1-§8; [METALOGIK]: s. u. ANHANG.

LITERATUR: Stuhlmann-Laeisz 1995, z. St. (für alle Teile der *LU* relevant und fortan nicht mehr angeführt); van Heijenoort 1967; Goldfarb 1979 u. 2001; Ricketts 1986a, §II, 1996, §I, 1998, §§I–II u. 2007; Kemp 1995; Levine 1996; Stanley 1996; Stepanians 1998, 38–49; Peacocke 1998, §9; Burge 1998, §II u. 2005, 136–149; Meixner 2001; MacFarlane 2002, bes. 29–30, 33–34; Greimann 2003a, 76–80, 126–130, 140–150; Heck 1997/2007; Weiner 2005a, dazu Greimann 2008, dazu Weiner 2008; Textor 2010, Kap. 1, §§4–5. [ANTIPSYCHOLOGISMUS]: vgl. 1-§8. [METALOGIK]: s. u. ANHANG.

[2] Die Ziffern stehen für die Seitenzahlen des Originaldrucks, die in diesem Buch zwischen fetten eckigen Klammern im Text stehen. Die Buchstaben 'a', 'b', etc. bezeichnen den ersten Absatz (in der ersten Zeile der fraglichen Seite beginnend), den zweiten Absatz, etc. Dabei wird Eingerücktes (wie auf S. 67–68) nicht als Absatz gezählt.

manchmal sehr kurzlebig ist.³ Wir haben in 1-§8 gesehen, dass es (auch in Freges Augen) besser ist, von Urteils- statt von Denkgesetzen zu sprechen. Noch besser wäre es wohl, das Normierte als *Fürwahrhalten oder Urteilen* zu bezeichnen.

Wie ist Freges *positive* Bestimmung der logischen Gesetze als „Gesetze des Wahrseins" zu verstehen? Er selbst fürchtet, dass diese Beschreibung nicht allzu erhellend ist:

> Man findet vielleicht, dass man sich nichts ganz Bestimmtes dabei denken könne. Unbeholfenheit des Schriftstellers und der Sprache mögen daran Schuld sein. Aber es handelt sich auch nur darum, ungefähr das Ziel kenntlich zu machen. Was noch fehlt, muss die Durchführung ergänzen. (*Log*₂ 139.)

Dass nichts wahr ist, was einem logischen Gesetz widerspricht, ist jedenfalls kein guter Grund, diese Gesetze als Gesetze des Wahrseins zu charakterisieren; denn von *jeder* Wahrheit (auch von der, dass Frege aus Wismar stammt) gilt, dass nichts wahr ist, was ihr widerspricht. Würden alle logischen Gesetze durch generalisierte Subjunktionen ausgedrückt,⁴ so entspräche ihnen immer eine Schlussregel, und jene Charakterisierung könnte dann bedeuten, dass logische Gesetze Prinzipien des Wahrheitserhalts, des Transfers der Wahrheit von einer oder mehreren wahren Prämissen zu einer Konklusion sind. Aber das kann nicht gemeint sein; denn beispielsweise das logische Gesetz, dass jeder Gegenstand mit sich selbst identisch ist, ist kein Prinzip von dieser Art.⁵

Wir können logische Gesetze so formulieren, dass sie den Wahrheitsbegriff essentiell enthalten. Dann lauten z. B. das Gesetz der Reflexivität der Identität (1), das sog. Prinzip der Ununterscheidbarkeit des Identischen (2) und das Gesetz *Duplex negatio affirmat* (3) so:

---

³ *Ausdrücklich* registriert Frege den Unterschied zwischen seelischen Zuständen und Vorgängen nur an einer Stelle: *Log*₂ 144.
⁴ So wie unten (2b) und (3b). Zu meiner Terminologie vgl. 4-§9 u. 5-§3, Anfang.
⁵ In *Vorw* XVII_a bezeichnet Frege es ausdrücklich als ein Gesetz des Wahrseins.

Kapitel 2

(1a) Das Schema 'a=a'

(2a) 'a=b → (Fa → Fb)'

(3a) '¬ ¬A → A'

} wird für jede Interpretation über einem beliebigen nicht-leeren Gegenstandsbereich ein wahrer Satz.

Aber so verstanden handeln logische Gesetze von Satzschemata und Sätzen, und ihre Formulierungen sind deshalb metasprachlich.[6] Das ist *nicht* Freges Konzeption. In seiner BS gibt es keine Schemata, die man verschieden interpretieren könnte, und es werden auch nicht verschiedene Gegenstandsbereiche betrachtet.[7] (Dass Wahrheit in (1a–3a) Sätzen zugesprochen wird, ist – wie wir bald sehen werden – allemal nicht in seinem Sinn; aber man könnte ja 'wahrer Satz' durch 'Satz, der eine Wahrheit ausdrückt' ersetzen.) Partiell in der heute üblichen Schreibweise notiert, läuft Freges Verständnis der obigen Gesetze (1), (2) und (3) vielmehr auf Folgendes hinaus:[8]

(1b) $\vdash \forall x \, (x=x)$

(2b) $\vdash \forall x \, \forall y \, (x=y \to \forall f \, (fx \to fy))$

---

[6] Vgl. etwa Quine 1960, 273 u. 1970, 11–12.

[7] „One could not even say that [Frege] restricts himself to *one* universe [of discourse]. His universe is *the* universe… Frege's universe consists of all that there is, and it is fixed" (van Heijenoort 1967, 325). Die heute dominierende modelltheoretische Logik-Auffassung ist in der Boole-Peirce-Schröder-Tradition verankert und auch durch Hilberts 'Grundlagen der Geometrie' (1899) angeregt. Ihr erstes bedeutendes Dokument im 20. Jh. stammt von einem Briefpartner Freges: es ist Leopold Löwenheims Aufsatz 'Über Möglichkeiten im Relativkalkül' (1915): vgl. WB 157.

[8] (1b–3b) sind „Grundgesetze" (Gg.) in der *BS*: (1b) ist „das zweite Gg. der Inhaltsgleichheit" (X, §21, Nr. 54), (2b) ist „das erste Gg. der Inhaltsgleichheit" (X, §20, Nr. 52), und (3b) ist „das zweite Gg. der Verneinung" (X, §18, Nr. 31). In den *GG* sind (1b) und (2b) Theoreme (*GG I*, §50, u. S. 239–240, Nr. IIIe, IIIa), und wenn man das 2. Gg. der Verneinung, nach der Anweisung von *BS*, VIII, zusammenzieht mit seiner Umkehrung, dem 3. Gg. der Verneinung (*BS* §19, Nr. 41), ist das Resultat wiederum ein Theorem in den *GG* (§51, u. S. 240, Nr. IVb). Zu Axiom vs. Theorem vgl. 4-§12. — Zu dem in heutigen Logik-Büchern unüblichen Präfix in (1b) ff vgl. 1-§7. Ich verzichte darauf, die logischen Operatoren im Stil Freges zu notieren, – ein Hinweis auf hilfreiche Literatur zu Freges Symbolismus findet sich auf S.6.

(3b)   ⊢ ∀p (¬ ¬p → p)

In jedem dieser drei Sätze wird über alle Gegenstände quantifiziert. (Nach Freges Auffassung trifft das nämlich auch schon auf den Satz 'Alle Menschen sind sterblich' zu: er drückt den Gedanken aus, dass von jedem Gegenstand gilt, dass er sterblich ist, falls er ein Mensch ist (vgl. 5-§3). Mit dem dritten universellen Quantor in (2b) wird in die Position eines (einstelligen) Prädikats (erster Stufe) quantifiziert: es handelt sich also um nicht-gegenständliche Quantifikation, um Quantifikation über das, was Frege manchmal 'Eigenschaften' und meist 'Begriffe' nennt und von Gegenständen strikt unterschieden wissen will. (In der natürlichen Sprache kommen wir dieser Art der Quantifikation nahe, wenn wir sagen: 'Sie war alles, was er auch gern gewesen wäre [klug, großherzig, ...]'.[9]) In (3b) wird in die Position eines Satzes quantifiziert, doch das ist für den Verfasser der *GG* eine Quantifikation vom selben Typ wie die in (1b), da er Sätze als Bezeichnungen von Wahrheitswerten und Wahrheitswerte als Gegenstände konzipiert (1-§6). In Freges Augen handeln logische Gesetze von *allem*, – von allen Gegenständen und allen Funktionen, zu denen nach seiner Auffassung Begriffe und Beziehungen gehören (1-§2.1). Man kann das eine 'universalistische' Logik-Konzeption nennen.[10] Zu dem, worüber in logischen Gesetzen auf die eine oder andere Weise quantifiziert wird, gehören alle Gegenstände und Funktionen, die durch die Eigennamen und Prädikate in den singulären und in den Gesetzesaussagen anderer Wissenschaften bezeichnet werden. Insofern könnte Frege der Bemerkung Russells zustimmen: „Logic ... is concerned with the real world, just as truly as zoology."[11] Es gibt keinen guten Grund für die Annahme, der Verfasser der *LU* habe die universalistische Auffassung der Logik aufgegeben.–

Hier ist ein schlichtes Beispiel dafür, wie so aufgefasste logische Gesetze in einem Beweis auftreten. Dabei wende ich die folgende Überlegung Freges an:[12]

[9] Genaueres in 1-§4.
[10] „Die Axiome", sagt Aristoteles, „gelten von allem Seienden und nicht bloß von einer besonderen Gattung im Unterschied zu den anderen" (*Metaphysik* IV, 3: 1005a19–23), und er erläutert diese These sodann an dem Axiom, dass ein und demselben Gegenstand nicht ein und dieselbe Eigenschaft sowohl zukommt als auch nicht zukommt, also an der prädikatenlogischen Fassung des *principium contradictionis*.
[11] Russell 1919, 169.
[12] *BrL* 31–32. „Weil Schlussweisen in Worten erklärt werden müssen, wen-

Kapitel 2 381

Ich habe es schon im Vorwort zu meiner Begriffsschrift [S. VII] ausgesprochen, dass die dort festgehaltene Beschränkung auf eine einzige Schlussweise [*BS* §6] bei spätern Anwendungen fallen solle. Dies geschieht dadurch, dass in eine Rechnungsregel verwandelt wird, was dort als Urteil in einer Formel ausgedrückt war.

Angenommen, wir wollen im Ausgang von der Feststellung, dass Novalis Friedrich von Hardenberg ist (kurz: n=h), die Behauptung rechtfertigen, dass F. v. Hardenberg ein Dichter ist, wenn Novalis es ist (Dn → Dh). Wir beginnen mit einer historischen und einer logischen Behauptung:

(1)   ⊢ n=h

(2b)   ⊢ $\forall x \, \forall y \, (x{=}y \to \forall f \, (fx \to fy))$.

Dann vollziehen wir drei „Schlüsse vom Allgemeinen zum Besonderen" (*Allg,* passim), indem wir in (2b) erst nacheinander die beiden universellen Quantoren erster Stufe beseitigen und dann den höherstufigen universellen Quantor.[13] Damit ist die Behauptung

(6)   ⊢ n=h → (Dn → Dh)

gerechtfertigt. Durch eine Anwendung der Regel *Modus ponendo ponens (MPP)* auf (1) und (6) wird schließlich die Behauptung legitimiert:

(7)   ⊢ Dn → Dh

---

dete ich [in der *BS*] nur eine einzige an, indem ich als Formel gab, was sonst auch als Schlussweise hätte aufgeführt werden können" (*BrL* 42). Tatsächlich wendet Frege in der *BS* auch noch eine Einsetzungsregel an, die er nicht ausdrücklich formuliert.

[13] Aus dem „Grundgesetz der Allgemeinheit" (*BS*, X, §22, Nr. 58; *GG I*, §20, Nr. IIa), dass etwas, was von allen *Gegenständen* gilt, auch von irgendeinem gilt, „könnte", so räumt Frege in *BS* §6 ein, „eine besondere Schlussart gemacht werden" (vgl. *BrL* 42), und bei der Erklärung des universellen Quantors erster Stufe erwähnt er diese Schlussart: *BS* §11, vgl. auch *1914b*, NS 231 und *Allg.* (Diese Regel wird heute oft als 'Universal Instantiation' bezeichnet.) Dasselbe gilt *mutatis mutandis* von dem Grundgesetz, dass etwas, was von allen *Begriffen* erster Stufe gilt, auch von irgendeinem gilt (in *GG I*, §25, Nr. IIb, für alle einstelligen Funktionen erster Stufe formuliert). Vgl. unten, S. 748.

MPP ist die Regel, von der Frege sagt, sie sei die „einzige Schlussweise", die in der *BS* zur Anwendung komme.[14] –

In Freges „Darlegung der Begriffsschrift" (Titel von *GG I*, §§ 1–52) spielen die semantischen Prädikate '( ) bedeutet das Wahre / das Falsche' und die quasi-semantischen Prädikate '( ) ist das Wahre / das Falsche' eine Schlüsselrolle. Zwischen diesen Paaren besteht ein fundamentaler Unterschied: während die beiden semantischen Prädikate auf alle und nur die Sätze zutreffen, die wahre / falsche Gedanken ausdrücken, treffen die beiden quasi-semantischen Prädikate jeweils nur auf genau einen Gegenstand zu. (Da dieser Gegenstand kein sprachlicher ist, nenne ich die Prädikate des zweiten Duos nicht semantisch.) Frege verwendet die semantischen und quasi-semantischen Prädikate *erstens*, wenn er die Bedeutung der begriffsschriftlichen „Urzeichen", die sich in der BS nicht zerlegend definieren lassen, in der „Darlegungssprache" Deutsch (vgl. 5-§5) „festsetzt".[15] Hier sind zwei Beispiele (bei denen ich Freges Notation wieder durch eine vertrautere ersetze):

'a=b' bedeute das Wahre, wenn a dasselbe ist wie b; in allen anderen Fällen bedeute es das Falsche. (*GG I*, § 7.)

[E]s bedeute '∀x (Fx)' das Wahre, wenn der Werth der Function F( ) für jedes Argument das Wahre ist, und sonst das Falsche. (*GG I*, § 8.)

---

[14] In *BrL* 42, 44 heißt sie „Die Regel des Schließens"; vgl. *GG I*, § 14, § 48, Nr. 6. Ihr heute üblicher (von Frege so nicht verwendeter) Name erklärt sich aus ihrer Formulierung „bei den älteren Logikern: *Posita conditione ponatur conditionatum* [wenn die Bedingung gesetzt ist, darf auch das Bedingte gesetzt werden]" (Ueberweg ¹1857 – ⁵1882, § 122). In Łukasiewicz 1935, 125 heißt Freges „Regel des Schließens" *Abtrennungsregel*.

[15] Will er in *GG II*, § 146, Anm. 1 von diesen Festsetzungen sagen, dass man mit ihnen auf das logisch Einfache „nur hinweist", dass man mit ihnen nur „Winke" gibt, wie es zu verstehen sei? Wenn Frege sonst davon spricht, er könne nur „Winke" geben (*BuG* 193, 195, 205; *GG I*, Einl. S. 4), nur „hindeuten" (*FuB* 18), nur „hinweisen" (*1904a*, 665), so meint er damit immer seine „Erläuterungen" definitionsresistenter Wörter der *Darlegungssprache* Deutsch – Wörter wie 'Gegenstand', 'Funktion' und 'Begriff' – in derselben Sprache. Die Festsetzungen der Bedeutung der Urzeichen der *Begriffsschrift* in der Darlegungssprache Deutsch haben sehr wenig Ähnlichkeit mit den Winken und Andeutungen, die er in solchen Erläuterungen gibt. Zu Freges Konzept einer Erläuterung s. u. 393. Vgl. auch *Vern* 150d, 157b.

Frege gebraucht diese Prädikate *zweitens* bei der Erläuterung der logischen „Grundgesetze". Die Wahrheit eines solchen Gesetzes wird nach seiner Auffassung dadurch einleuchtend, dass man sich den Sinn eines Satzes klar macht, der es ausdrückt (*Ggf* 50c, 39d). Dieses Sich-den-Sinn-Klarmachen hat in den *GG* Immer die Gestalt eines Arguments in der „Darlegungssprache", in dem der Rekurs auf das, was gewisse Zeichen bedeuten, eine Schlüsselrolle spielt. (Ein solches Argument ist natürlich kein begriffsschriftlicher Beweis; denn wäre es einer, so wäre das Gesetz kein Grundgesetz. Wir können diese Argumente als Erläuterungsargumente bezeichnen.) Beim Grundgesetz (VI), dem einzigen, in das der Kennzeichnungsoperator (vgl. 1-§3) eingeht, hat das 'Erläuterungsargument' die lakonische Form des Hinweises, dass das Gesetz „aus der Bedeutung des Functionsnamens … folgt" (*GG I*, §18, Ende). Weniger wortkarg ist Frege etwa beim Grundgesetz (I): $\forall p \, \forall q \, (p \to (q \to p))$. *Hätte* er sein Erläuterungsargument mit Hilfe *semantischer* Prädikate formuliert, dann hätte es so ausgesehen: Der Wert der Funktion, die der „Bedingungsstrich" (in unserer Notation der Subjunktor '$\to$') bedeutet, ist das Falsche, wenn der Vordersatz das Wahre bedeutet, der Nachsatz aber nicht, und er ist in allen anderen Fällen das Wahre (vgl. ebd. §12). Demnach könnte das Satzgefüge 'A $\to$ (B $\to$ A)' nur dann das Falsche bedeuten, wenn 'A' und 'B' das Wahre bedeuten, während 'A' nicht das Wahre bedeutet. Das ist aber unmöglich. Also können wir behaupten, dass $\forall p \, \forall q \, (p \to (q \to p))$. Das, was wir damit behaupten, ist das erste Grundgesetz (vgl. ebd. §18).[16] Tatsächlich formuliert Frege sein Erläuterungsargument aber mit *quasi*-semantischen Prädikaten: statt „ '__' bedeutet das Wahre (Falsche)" schreibt er in den angegebenen Paragraphen „ __ ist das Wahre (Falsche)". Warum er so verfährt, weiß ich nicht.

Semantische und quasi-semantische Prädikate spielen *drittens* eine entscheidende Rolle, wenn Frege dafür sorgen will, dass seine Leser sich klarmachen, dass bei der Befolgung einer Regel für den Übergang von einem oder mehreren Begriffsschriftsätzen zu einem Begriffsschriftsatz Wahrheit erhalten bleibt. Im Falle von *MPP* tut er das mit Hilfe eines indirekten Arguments, in dem er auf die Bedeutung des Subjunktors rekurriert. *Hätte* er sein Argument mit Hilfe *semantischer* Prädikate formuliert, dann hätte es etwa so ausgesehen: Von zwei Prämissen, in denen eine Subjunktion

---

[16] Es ist das „erste Grundgesetz der Bedingtheit" in der *BS* (X, §14, Nr. 1).

und ihr Vordersatz wahrheitsgemäß behauptet werden, darf man übergehen zur Behauptung des Nachsatzes; denn würde die Konklusion dieses Arguments nicht das Wahre bedeuten, dann müsste (dank der Bedeutung des Subjunktors) eine der beiden Prämissen das Falsche bedeuten, – wir hatten aber angenommen, dass beide das Wahre bedeuten. Tatsächlich verwendet Frege aber *quasi*-semantische Prädikate:

> Aus den Sätzen '⊢ B → A' und '⊢ B' kann geschlossen werden: '⊢ A'; denn, wäre A nicht das Wahre, so wäre, da B das Wahre ist, B → A das Falsche. (*GG I*, §14; transkribiert.[17])

(Auch das ist ein Erläuterungsargument – und kein Beweis der Korrektheit der Regel *MPP*. Wenn schon „aus der Erklärung [des Subjunktors] hervorgeht", dass diese Regel korrekt ist, wie es in *BS* §6 heißt, dann braucht man die Regelformulierung nur zu verstehen, um einzusehen, dass so geschlossen werden darf.) Wenn Frege eine allgemeine Anforderung an Ableitungsregeln formuliert, verwendet er hingegen *semantische* Prädikate:

> [D]ie Regeln ... mü[ss]en so eingerichtet werden, dass aus Formeln, welche wahre Gedanken ausdrü[ck]en, immer nur solche Formeln abgeleitet werden kö[nn]en, welche ebenfalls wahre Gedanken ausdrü[ck]en." (*GG II*, §91.)
> Der Zweck der Erkenntnis ... fordert eine solche Beschaffenheit der Regeln, dass, wenn ihnen gemäß aus wahren Sätzen* ein neuer Satz abgeleitet wird, auch dieser wahr sei.
> Anm.*) Genauer: aus Sätzen, die wahre Gedanken ausdrücken. (*GG II*, §104.)

Diese Passagen finden sich in der Kritik an den Anhängern der Formalen Arithmetik, nicht in der „Darlegung der Begriffsschrift". Das ist wohl der Grund dafür, warum das semantische Prädikat hier nicht

---

[17] Vgl. etwa auch die Erläuterung der Regel des Hypothetischen Syllogismus in *GG I*, §15. (Um die Notation in diesem Kommentar nicht inhomogen werden zu lassen, verwende ich bei der Transkription genau wie Frege in *Ggf* Großbuchstaben unseres Alphabets – statt der in der *BS* und den *GG* gebrauchten griechischen Majuskeln. Genaueres zum Gebrauch dieser Buchstaben in 4-§4.)

'( ) bedeutet das Wahre' ist, sondern genau wie in *Ged* '( ) drückt einen wahren Gedanken aus'. Zu dieser Differenz s. u. §2.3.

Die Formulierung in *GG I*, §14 (und an vielen anderen Stellen in *GG*) entspricht in einem Punkt nicht genau Freges Konzeption des Schließens:

> [E]in Schluß besteht nicht aus Zeichen. Man kann nur sagen, daß sich zuweilen in dem Übergange von Zeichengruppen zu einer neuen Zeichengruppe äußerlich ein Schluß darstellt. Ein Schluß ... ist eine Urteilsfällung, die auf Grund schon früher gefällter Urteile nach logischen Gesetzen vollzogen wird. Jede der Prämissen ist ein bestimmter als wahr anerkannter Gedanke, und im Schlußurteil wird gleichfalls ein bestimmter Gedanke als wahr anerkannt. (*1906a*, II: 387.[18])

Man könnte hier terminologisch für Entwirrung sorgen und festlegen: *Deduktions*regeln betreffen Übergänge von einem oder mehreren Sätzen (Sätzen, nicht Satz-Schemata) zu einem Satz, während *Schluss*regeln Übergänge von einem oder mehreren Gedanken zu einem Gedanken betreffen. (Als Titel für eine Deduktions- *und* eine Schlussregel verwendet, ist der Ausdruck 'Modus ponendo ponens' systematisch mehrdeutig.) Nicht jedes deduktiv korrekte Argument ist „die äußere Darstellung eines Schlusses" (*GG II*, §90); denn nach Freges Konzeption des Schließens rechtfertigt man beim Schließen ein wahrheitsgemäßes Urteil durch eines oder mehrere wahrheitsgemäße Urteile. Wahrheitsgemäß ist ein Urteil genau dann, wenn sein Gehalt ein wahrer Gedanke ist. (Dass die Gedanken, aus denen und auf die geschlossen wird, auch wahr *sein* müssen, geht aus dem eben eingerückten Zitat nicht hervor; aber in 3-§1.2 werden wir sehen, dass Frege auch das fordert.[19])

Wie auch immer man sie terminologisch fassen mag, die Unterscheidung zwischen Deduzieren und Schließen ist auch aus dem folgenden Grunde wichtig: Dass aus den Sätzen $P_1, ..., P_n$ ein Satz S

---

[18] Vgl. ebd. III: 424–425. „Eigentlich wird überhaupt nicht aus Sätzen geschlossen, sondern aus Gedanken" (*1906b*, NS 195). „Was wir beweisen, ist nicht der Satz, sondern der Gedanke" (*1914b*, NS 222).

[19] Zumindest darin konvergiert Freges Verständnis des Argumentierens mit unserem alltäglichen: Wer ernsthaft argumentiert: 'A, also B', der legt sich darauf fest, dass das mit 'A' und das mit 'B' Gesagte *wahr* ist. *Darin* unterscheidet er sich nicht von jemandem, der behauptet: 'B, weil A'.

deduzierbar ist, verbürgt, falls jene Sätze wahre Gedanken ausdrücken, dass der Schluss von den Prämissen auf die Konklusion, die durch S ausgedrückt wird, logisch korrekt ist; aber auch wenn eine solche Deduktion nicht möglich ist, könnte der Schluss logisch korrekt sein. Vielleicht gibt es ja andere Sätze $P^*_1, ..., P^*_n$, die dieselben Gedanken ausdrücken wie die ursprünglichen Ausgangssätze, und einen Satz S^*, der denselben Gedanken wie S ausdrückt, derart dass der Übergang von $P^*_1, ..., P^*_n$ zu S^* logisch korrekt ist. (Ein simples Beispiel: Keine logische Deduktionsregel legitimiert den Übergang von 'Bukephalos ist ein Hengst' zu 'Bukephalos ist ein Pferd'. Aber drückt 'B. ist ein Pferd, und B. ist männlich' denselben Gedanken wie 'B. ist ein Hengst' aus, so schließt man logisch korrekt, wenn man daraus, dass B. ein Hengst ist, schließt, dass B. ein Pferd ist.) –

Nach Freges universalistischer Logik-Auffassung wird in logischen Gesetzen auch über die Gegenstände quantifiziert, von denen die Zoologie handelt. Aber die Ausdrücke, aus denen die begriffsschriftlichen Formulierungen logischer Gesetze zusammengesetzt sind, bedeuten etwas, was zum „Eigenen" der Logik gehört:

> Wie der Geometrie der Begriff *Punkt* angehört, so hat auch die Logik ihre eigenen Begriffe und Beziehungen, und nur dadurch kann sie einen Inhalt haben. Diesem ihrem Eigenen gegenüber verhält sie sich nicht formal... Der Logik gehören z. B. an, die Verneinung, die Identität, die Subsumtion, die Unterordnung von Begriffen. Und hierbei duldet die Logik keine Vertauschung. (*1906a*, III: 428.)

Verneint, identifiziert, subsumiert und subordiniert wird in allen Wissenschaften (und natürlich nicht nur in den Wissenschaften), aber die Gesetze der Verneinung, der Identität, der Subsumtion und der Subordination werden nur in der Logik thematisch. Frege bestreitet deshalb, dass „jeder Gegenstand für die Logik so gut wie jeder andere, jeder Begriff erster Stufe so gut wie jeder andere sei und mit ihm vertauscht werden könne usw."[20] Welche Gegenstände gehören zum „Eigenen" der Logik, bei dem sie keine Vertauschung duldet? „[I]n der Logik hat man zunächst nur zwei Gegenstände: die beiden Wahrheitswerthe"; eine Deduktion, die durch junktorenlogische Regeln legitimiert ist, ist eine „Rechnung mit Wahrheitswerthen."[21]

---

[20] *1906a*, III: 427–428.
[21] *1910*, WB 121, 122. Trotz langem „Widerstreben" (WB 121) und „Sträu-

Kapitel 2 387

Welche Begriffe erster Stufe, welche Beziehungen erster Stufe gehören zum „Eigenen" der Logik, bei dem sie keine Vertauschung duldet? Wenn wir in (1b) den Identitätsoperator, der eine Beziehung erster Stufe bedeutet (signifiziert), durch das Prädikat 'ist größer als' ersetzen, das ebenfalls eine Beziehung erster Stufe bedeutet, dann drücken wir einen falschen Gedanken aus. Zum „Eigenen" der Logik gehören auch die Funktionen, die (gemäß der „Darlegung der Begriffsschrift" in *GG*) die Bedeutungen des Negators, des Subjunktors und des universellen Quantor sind. In der begriffsschriftlichen Formulierung eines logischen Gesetzes kommt stets der Waagerechte vor, der dasselbe bedeutet (signifiziert) wie das Prädikat 'ist identisch mit dem Wahren' (vgl. 1-§7). Der Waagerechte kann in keiner Formulierung irgendeines logischen Gesetzes *salva veritate* durch ein Prädikat ersetzt werden, das einen anderen Begriff bedeutet.

Nennt Frege die logischen Gesetze vielleicht deshalb Gesetze des Wahrseins, weil ihre begriffsschriftliche Formulierung immer den Waagerechten enthält? Nein, in *jedem* Begriffsschriftsatz kommt dieses Zeichen vor, aber nach Freges Konzeption einer BS muss ein BS-Satz keineswegs ein logisches Gesetz formulieren. (Er könnte auch beispielsweise ein physikalisches Gesetz ausdrücken.) Vgl. 1-§1. Dass in jedem BS-Satz etwas von dem Wahren ausgesagt wird, schließt freilich nicht aus, dass nur diejenigen BS-Sätze, die logische Gesetze ausdrücken, von diesem Gegenstand „etwa so" handeln wie Sätze, die gewisse physikalische Gesetze ausdrücken, von der Eigenschaft der Schwere (*Ged*, 2. Satz).

Drei Jahre *vor* dem Erscheinen von *Ged* äußert Frege in einem Manuskript einen Vorbehalt gegenüber seiner alten (und nicht nur 1918, sondern auch noch 1919 in seinen Aufzeichnungen für Darmstaedter wiederholten[22]) Charakterisierung der logischen Gesetze als „Gesetze des Wahrseins":

[Das Wort] „wahr" [macht] eigentlich nur einen missglückten Versuch …, auf die Logik hinzuweisen, indem das, worauf es eigentlich dabei ankommt, gar nicht in dem Worte „wahr" liegt, sondern in der behauptenden Kraft… (*1915,* NS 272.[23])

ben" (*1902b,* WB 223) in den *GG* schließlich auch Begriffsumfänge als „logische Gegenstände" akzeptiert zu haben, hat Frege später bereut.
[22] Vgl. *1919c,* NS 273.
[23] In dem eingerückten Zitat auf S. 378 deutet die Rede von der „Un-

Für letal kann Frege diesen Einwand, den er nie in einer Publikation vorgebracht hat, nicht gehalten haben; denn sonst hätte er *Ged* nicht so eingeleitet, wie er es getan hat. Es ist nicht so sehr ein Einwand gegen die These, dass logische Gesetze Gesetze des Wahrseins sind, als vielmehr eine Warnung vor Fehleinschätzungen, die das *Wort* 'wahr' nur zu leicht heraufbeschwört. Dieses Wort ist ein Eigenschaftswort, aber schreibt man einem Wahrheitskandidaten eine Eigenschaft zu, wenn man ihn als wahr hinstellt? Wahr ist etwas genau dann, wenn es das ist, als was etwas hingestellt wird, wenn es behauptet wird. [Man darf im Sinne Freges hinzufügen: Wahr ist etwas genau dann, wenn es das ist, als was etwas anerkannt wird, wenn es der Gehalt eines Urteils oder einer Meinung ist.] Aber um etwas als wahr hinzustellen, ist es gar nicht nötig, das Wort 'wahr' (oder irgendeines seiner Synonyme) zu verwenden. „Dasjenige nun, was den Hinweis auf das Wesen der Logik am deutlichsten enthält, ist die behauptende Kraft, mit der ein Gedanke ausgesprochen wird" (*1915*, NS 272): Damit will Frege natürlich nicht sagen, dass die Logik von der behauptenden Kraft handelt, dass sie eine Theorie der assertorischen Sprechakte ist, sondern dass logische Gesetze von dem handeln, als was man etwas hinstellt, wenn man es behauptet [und als was man etwas anerkennt, wenn man es glaubt]. Er kann die Formel von den Gesetzen des Wahrseins in der Einleitung von *Ged* guten Gewissens beibehalten, weil er ein paar Seiten später gegen die potentielle Irreführung Vorbeuge treffen wird (61b–63a): er wird bezweifeln, dass man mit dem Wort ‚wahr' eine Eigenschaft zuschreibt, und er wird die illokutionäre Redundanz dieses Wortes hervorheben.–

Eine interpretatorische Crux ist auch der letzte Satz in 59a. Was heißt hier „*entwickeln*"? Und wie ist die Nominalphrase „die *Bedeutung* des Wortes 'wahr'" zu verstehen?[24] Frege kann an dieser Stelle (und in 61c) eigentlich nicht voraussetzen, dass diejenigen, die ihn zum ersten Mal lesen, seine terminologisch eigenwillige Unterscheidung zwischen Sinn und Bedeutung kennen (vgl. 1-§2.2). Aber das kann

beholfenheit der Sprache" vielleicht schon (n.1897) ein ähnliches Unbehagen an.

[24] In Quinton 1956, 2 lautet die Übersetzung: „The meaning of the word 'true' is explained by the laws of truths". Geach 1977b hat „spelled out" statt „explained". (Wäre 'unfolded' nicht besser als beides?) Beide Übersetzer reservieren „sense" für „Sinn". Das gilt im Allgemeinen auch für Stoothoff 1977; nur in *Ggf* 43a wird 'Sinn' innerhalb desselben Satzes erst mit 'meaning' und dann mit 'sense' wiedergegeben.

Kapitel 2

uns nicht daran hindern zu fragen, wie dieser Satz im Lichte dieser Distinktion zu verstehen ist. Als Frege viele Jahre früher zum ersten Mal eine ähnliche Formel verwendete, verfügte er noch nicht über diese Unterscheidung, und er sprach fast im selben Atemzug vom „Inhalt des Wortes 'wahr'", der in den logischen Gesetzen „entwickelt" werde, von seiner „Bedeutung" und kurz danach von seinem „Sinn".[25] Auch in *Ged* 60a ist vom „Inhalt des Wortes 'wahr'" (als etwas Undefinierbarem) die Rede.[26] In 63b–64a wird Frege den 'Inhalt' eines Behauptungssatzes als etwas bestimmen, was manchmal mit dem Gedanken zusammenfällt, den der Satz ausdrückt. Gedanken sind nun eindeutig auf der Ebene dessen angesiedelt, was Frege seit 1890 offiziell als Sinn bezeichnet. Das spricht dafür, dass der Inhalt eines Wortes ebenfalls als etwas aufzufassen ist, was (wenn nicht „Färbung" im Spiel ist (63b–64a)) mit seinem Sinn zusammenfällt. Hätte Frege in 59a nicht Vorkehrungen treffen müssen, um das Alltagsverständnis von 'Bedeutung eines Wortes' abzuwehren, wenn es ihm um sein technisches Verständnis dieser Wendung ginge? (Ein Fußnotenhinweis auf *SuB* hätte genügt.) 'Bedeutung' könnte an unserer Stelle mithin das sein, was es in der Alltagsrede sehr oft ist: ein anderes Wort für 'Sinn'. (Wie auf S. 203 belegt, findet sich diese Verwendungsweise bei Frege auch *nach* der Einführung der Unterscheidung von Sinn und Bedeutung.[27]) Doch inwiefern wird in den logischen Gesetzen der Sinn des Wortes 'wahr' „entwickelt"? Es kann jedenfalls nicht so etwas wie die Analyse seines Sinns gemeint sein, wenn Frege am Ende von 60a zu Recht vermutet, dass der „Inhalt" dieses Wortes „undefinierbar" ist. Kant sagt von „analytischen Sätzen" (wie 'Alle Enteriche sind männlich'), die nicht „tautologisch" (wie 'Alle Enteriche sind Enteriche') sind: „sie machen das Prädikat, welches im Begriffe des Subjekts unentwickelt (implicite) lag, durch *Entwickelung* (explicatio) klar".[28] Einer *solchen* Entwicklung/Auseinanderwicklung ist ein undefinierbarer Ausdruck gerade nicht fähig. Wenn Frege in *GL* §65 sagt, dass die „Gesetze der Gleichheit" (Identität) „als analytische

---

[25] *Log₁* 3 – mit dem vorsichtigen Prolog: „Es wäre wohl nicht unrichtig zu sagen, dass"; ebd. 5.
[26] So auch *1919c*, NS 273.
[27] Auch einen anderen seiner Termini technici, 'Begriff', verwendet der späte Frege manchmal unterminologisch: in *1919c*, NS 273 (s.o. 178f, 221) und in *Vern* 150d.
[28] Kant, Logik §37 (Herv. im Text).

Wahrheiten aus dem Begriffe selbst *entwickelt* werden können" (meine Herv.), so meint er vielleicht, dass sich die Gesetze der Ununterscheidbarkeit des Identischen, der Identität des Ununterscheidbaren, der Reflexivität und der Symmetrie der Identität aus der (vermeintlichen) Leibniz'schen Definition ableiten lassen, wenn man diese „als gewöhnliches Urtheil behandelt" (*BS* §24). Was auch immer von dieser These zu halten ist:[29] der Sinn eines undefinierbaren Ausdrucks ist auch *dieser* Art von Entwicklung nicht fähig. Was ist dann gemeint?[30]

Dass Frege hier an eine 'implizite Definition' durch die Gesamtheit der logischen Gesetze denkt, ist schon deshalb unwahrscheinlich, weil er in seiner Kontroverse mit Hilbert (*1903c*) und seinem Gefolgsmann Korselt (*1906a*) immer wieder betont hat, dass er von diesem Verfahren nichts hält, und weil er nirgendwo auch nur andeutet, dass es nach seinem Dafürhalten immerhin dazu taugt, den Sinn eines Wortes zu „entwickeln". Und außerdem könnte durch die Gesamtheit der logischen Gesetze bestenfalls 'logisch wahr' implizit definiert werden – und nicht 'wahr'.

Nun insistiert Frege aber in Vorlesungen, Aufzeichnungen und Briefen 1914 und 1919 auf der Unterscheidung zwischen Sinn und Bedeutung,[31] und wie in EINL-§1 dokumentiert, spricht Einiges dafür, dass er plante, diese Differenzierung im weiteren Verlauf der *LU* einzuführen. Wenn das so ist, ist es dann nicht unwahrscheinlich, dass er das Wort 'Bedeutung' gleich zu Anfang an systematisch wichtiger Stelle als stilistische Variante von 'Sinn' verwendet? Außerdem gebraucht er das Wort 'Sinn' in *Ged* stets so, wie es seiner terminologischen Fixierung entspricht. Sollte man da nicht annehmen, dass

---

[29] Sie ist schon deshalb sehr problematisch, weil anders als in der (vermeintlichen) Definition in keinem dieser Gesetze von einer Austauschbarkeit (singulärer Terme) die Rede ist. Dieses Problem entsteht nicht bei der These, im Grundgesetz (III) der *GG* (§20) sei „alles enthalten, was sich über die Identität sagen lässt" (*1913, Vorl* 22); denn dieses Grundgesetz spricht nicht von der Austauschbarkeit singulärer Terme. Vgl. 1-§5.

[30] Überhaupt nicht einschlägig sind in diesem Zusammenhang Formulierungen Freges, in denen von einer Entwicklung aus *Wahrheiten* die Rede ist: „Dass [neue Wahrheiten] in allen [Prämissen] zusammen schon in gewisser Weise stecken, entbindet nicht von der Arbeit, sie daraus zu entwickeln" (*GL* §17); „die Gesetze der Zahlen sollten rein logisch entwickelt werden" (*1910*, WB 121), aus dem „Keime" gewisser unbeweisbarer „Urwahrheiten" ist „die ganze Mathematik ... zu entwickeln" (*1914b, N* 221).

[31] *1914a*, WB 127–129; *1914b*, NS 262, 250–251; *1919c*, NS 275–276; *1919d*, WB 156.

er es mit 'Bedeutung' genauso hält? Im Munde Freges bezeichnet 'Eigenschaft' (genau wie 'Begriff') die Bedeutung eines einstelligen Prädikats. Wenn er in 61c argwöhnt, dass die „Bedeutung des Wortes 'wahr'" vielleicht gar keine Eigenschaft ist, dann ist das die Abwehr einer naheliegenden Hypothese über die Bedeutung im technischen Verstande; denn wer käme schon auf die Idee, den *Sinn* dieses oder irgendeines anderen Eigenschaftsworts für eine Eigenschaft seiner Anwendungsfälle zu halten? Ich schlage deshalb die folgende Interpretation vor: Der „Inhalt des Wortes 'wahr'", dem Frege in 60a Einzigartigkeit und Undefinierbarkeit zuschreibt, ist der *Sinn* dieses Worts, während die „Bedeutung von 'wahr'", der in 61c ebenfalls Einzigartigkeit attestiert wird, tatsächlich eine Bedeutung im technischen Verstande ist. Vielleicht hatte Frege vor, in einer späteren *Logischen Untersuchung* nach Erläuterung der Sinn/Bedeutung-Unterscheidung auf unsere Stelle zurückzukommen, um die Formulierung als Vorgriff auf seine offizielle Terminologie zu rechtfertigen und um die Botschaft des letzten Satzes in 59a im Rückgriff auf seine Konzeption der Wahrheitswerte etwa folgendermaßen zu präzisieren: Jedem logischen Gesetz kann man eine generelle Information über die Bedeutung des Namens 'das Wahre' entnehmen, nämlich die, dass alle Gedanken einer gewissen Form Arten des Gegebenseins des Gegenstandes sind, den dieser Name bezeichnet (s. u. §2.3; 1-§6).

§2. *Quaestiones de veritate*. (59b–62a)

§2.1. Abgrenzungen.[32] (59b)

Frege erwähnt drei Verwendungsweisen von 'wahr', die ihn in den *LU* nicht beschäftigen werden. (Ihnen entsprechen manchmal Verwendungsweisen von 'Wahrheit' sowie von 'falsch' und 'Falschheit' und von 'unwahr' und 'Unwahrheit', die für das Folgende genauso wenig einschlägig sind.) Für die ersten beiden präsentiere ich literarische Beispiele, da sie in unserer sprachlichen Praxis nur noch selten auftreten. *Erstens:* „O wärst du wahr gewesen und gerade,... al-

---

[32] VERGLEICHE: *Log₂* 140. [ERLÄUTERUNG]: *1899b*, WB 63; *1906a*, I: 301–302; *1914b*, NS 224, 254.

LITERATUR [Zu *Drittens*]: Heidegger 1943, 7–9; Künne 2003a, 104–107. [ERLÄUTERUNG]: Rott 2000 (Lit.).

les stünde anders!", sagt Max Piccolomini zu seinem Vater, „Unselge Falschheit, ... Du jammerbringende, verderbest uns! Wahrhaftigkeit, die reine, hätt' uns alle ... gerettet." Philipp II. sagt von der Königin: „So ists erwiesen, sie ist falsch" und zu seinem Beichtvater Domingo: „Von Euch erwart ich Wahrheit. Redet offen mit mir".[33] Wenn wir sagen, wir hätten jemanden bei einer Unwahrheit ertappt, so meinen wir, wir hätten ihn bei einer Lüge erwischt. (Wer lügt, kann unabsichtlich etwas Wahres sagen, und natürlich lügt nicht jeder, der etwas Falsches sagt: In dieser Konjunktion haben wir 'wahr' und 'falsch' in dem Frege interessierenden Sinn verwendet.) *Zweitens:* „Alles, was [in Berlin] mystisch-romantisch war, war für, alles, was freisinnig war, war gegen das Stück ... Während [Frau von Carayon] überschwänglich mitschwärmte, fühlte sich Victoire von diesen Sentimentalitäten abgestoßen. Sie fand alles unwahr und unecht."[34] Der hier beklagte Mangel an Wahrheit ist ein Kennzeichen von Kitsch und Schwulst. *Drittens:* Wenn wir sagen, jemand habe sich in einer bestimmten Situation als ein wahrer Freund erwiesen, dann gebrauchen wir das Wort 'wahr' so, dass es auch durch 'wirklich' oder 'echt' ersetzt werden könnte: ein wahrer Freund ist jemand, der nicht nur ein Freund zu sein scheint. Diese Verwendungsweise wurde in der philosophischen Tradition unter dem Titel '*veritas in rebus* (Sachwahrheit)' erörtert. Als *oppositum* zu 'scheinbar' verwendet ist 'wahr' substantiv-hungrig: ein wahrer Freund ist nicht sowohl ein Freund als auch – wahr. Eine wahre Hypothese ist hingegen sowohl eine Hypothese als auch wahr.[35]

Frege erhebt für diese Abgrenzungen zu Recht keinen Vollständigkeitsanspruch. Sicher liegt ja z. B. auch der Gebrauch von 'wahr' in 'So wahr mir Gott helfe!' abseits. Der letzte Satz von 59b meint nicht, dass im Folgenden nur Wahrheit als Ziel der Wissenschaften zur Diskussion steht. Es geht um denjenigen Gebrauch von 'wahr', der dann vorliegt, wenn wir sagen, dass ein Wissenschaftler herausfinden möchte, ob eine bestimmte Hypothese wahr ist. Wir gebrauchen dieses Wort aber in keinem anderen Sinn, wenn wir sagen, nicht alle Geschwore-

---

[33] Schiller, 'Wallensteins Tod', II/7; 'Don Carlos', III/1 u. III/4. Orest sagt zu Iphigenie: „Ein lügenhaft Gewebe knüpf' ein Fremder dem Fremden...; zwischen uns sei Wahrheit!" (Goethe, 'Iphigenie auf Tauris', III/1).
[34] Fontane, 'Schach von Wuthenow', Kap. 10. (Das Stück ist Zacharias Werners 'Martin Luther oder die Weihe der Kraft', 1806.)
[35] Dadurch dass Quinton 1956 und Geach 1977c „wahrhaftig" mit „genuine" übersetzen, verwischen sie die Differenz zwischen *Erstens* und *Drittens*.

nen seien davon überzeugt, dass die Aussagen des Angeklagten wahr sind. Nicht alles, was „im wissenschaftlichen Sinne" wahr ist,[36] ist eine wissenschaftliche Wahrheit, und so ist denn auch fast keine der Wahrheiten, die in den *LU* als Beispiele fungieren, eine wissenschaftliche.[37]

Die Abgrenzung der intendierten Verwendungsweise eines definitionsresistenten Wortes von nicht-intendierten gehört zu dem, was Frege als eine „Erläuterung" bezeichnet, die der gegenseitigen Verständigung dient. In einem Brief an David Hilbert schreibt er:

> [Die Erläuterungssätze] sind den Definitionen ähnlich, indem es sich auch bei ihnen um die Festsetzung der Bedeutung eines Zeichens (Wortes) handelt. Auch sie enthalten also etwas, dessen Bedeutung wenigstens nicht als vollständig und unzweifelhaft bekannt vorausgesetzt werden kann, weil es etwa in der Sprache des Lebens schwankend oder vieldeutig gebraucht wird. Wenn in einem solchen Falle die beizulegende Bedeutung logisch einfach ist, so kann man keine eigentliche Definition geben, sondern muss sich darauf beschränken, [durch Winke] die im Sprachgebrauch vorkommenden, aber nicht gewollten Bedeutungen abzuwehren und auf die gewollte hinzuweisen, wobei man freilich immer auf ein entgegenkommendes erratendes Verständnis rechnen muss. (*1899b*, WB 63.)

§2.2. Was ist wahr? Was ist Wahrheit?

59c–60a.[38] Worauf kann 'wahr' in dem hier interessierenden Sinn angewendet werden? Diese Fragestellung ist sehr alt. Sextus Empiricus berichtet:[39]

---

[36] *1906d,* NS 205; *1914b,* NS 251.

[37] Beispiele aus dem Gerichtssaal sind besonders prominent: *Vern* 145b, 147c, 149e, 153cd; *Ggf* 38–39. Vgl. auch *1892c*, NS 128: „... in der Wissenschaft und überall, wo ...".

[38] VERGLEICHE: *c.1883a,* NS 189, Nr. 7; *Log_2* 139–140, 142–143, 145–146; *1910/11, Vorl* 15.

LITERATUR: Dummett, FPL 443; Carruthers 1982; Baldwin 1995; Soames 1999, 21–29; Dodd 2000, 114–123; Künne 2003a, Kap. 3, §§ 1–3, Kap. 4; Greimann 2003a, 185–213; Salerno 2001, 58–64; Stepanians 2001, 157–160 u. 2004; Pardey (ein ganzes Buch über 59b–61c); Burge 2005, 139–140; Rumfitt 2010. [TRACTATUS]: Glock 2006.

[39] Sextus Empiricus, ca. 150 n., Buch VIII, §69, vgl. §11.

„Einige Philosophen [sc. die Stoiker] lokalisisierten das Wahre und das Falsche ... im unkörperlichen Sagbaren *(λεκτόν)*, andere in der mündlichen Äußerung *(φωνή)*, wieder andere im Prozess des Denkens *(κίνημα τῆς διανοίας)*."

Frege präsentiert vier Kandidaten für die Rolle des Wahrheitswert-Trägers: Bilder, Vorstellungen, Sätze und Gedanken. (Auffällig ist, dass Urteile nicht dabei sind. Der Grund für ihre Abwesenheit dürfte die in den Fußnoten 1 und 3 von Ged beklagte Unklarheit im Sprachgebrauch der Logiker sein.) Zu beachten ist, dass Frege hier unter Sätzen akustisch wahrnehmbare Dinge versteht (vgl. 60b), also mündliche Äußerungen – und nicht abstrakte *types*.[40] Dass die angeführten Kandidaten kategorial heterogen sind, „deutet" bestenfalls „darauf hin", dass 'wahr' bei der Anwendung auf sie nicht immer denselben Sinn hat: Das Prädikat 'ist mit sich selbst identisch' trifft auf Gegenstände aller Kategorien zu, doch das ist kein guter Grund, es für vieldeutig zu erklären. Frege erörtert zunächst die beiden ersten Eintragungen in seiner Liste. Als Vorstellungen bezeichnet er in Teil I von *Ged* eine bestimmte Art von Bildern, mentale im Unterschied zu materiellen Bildern.[41] Striche im Sand sind auch dann keine korrekte Darstellung des Kölner Doms, wenn sie von einer Zeichnung im Sand, der man das zu Recht nachsagen kann, visuell ununterscheidbar sind: die Spuren einer Ameise, die stundenlang im Sand umherkriecht, könnten genauso aussehen wie die Zeichnung; aber sie sind kein Bild von irgendetwas. Und auch wenn die Striche eine Darstellungsabsicht realisieren, handelt es sich vielleicht nicht um eine richtige Darstellung des Kölner, sondern um eine falsche Darstellung des Mailänder Doms.[42] Entsprechend könnte eine Dom-

---

[40] „Der Satz ist sinnlich wahrnehmbar" (*n.1906*, NS 213); *1882b; 1906a*, 395; *1917b*, WB 33; *GG II*, §§ 98–99; *Ged* 60b; *Ggf* 39d; *Allg* 280. Vgl. 1-§1. Peirce hat seine type-token-Unterscheidung so erläutert: „There will ordinarily be about twenty *the*'s on a page, and of course they count as twenty words. In another sense of the word 'word', however, there is but one word 'the' in the English language; and it is impossible that this word should lie visibly on a page or be heard in any voice" (Peirce 1933, Bd. 4, § 537).
[41] So auch in *GL*, V–VI, X, §§ 58 (Anm.)-60; *SuB* 29–31; *Vorw* XIV$_b$ („subjective Abbilder der Dinge selbst"); *Log$_2$* 142, 151–152. Auch für Descartes waren Vorstellungen, *ideae*, „gleichsam Bilder der Dinge", *tanquam imagines rerum* (Descartes 1641, III, § 5). Vgl. unten, S. 486–91.
[42] Vgl. Wittgenstein, NB 01.11.14 [Abs. 8], 06.11.14 [3].

Vorstellung, die Anna sich macht, sich in ihren intrinsischen Eigenschaften überhaupt nicht von der Dom-Vorstellung unterscheiden, die Ben sich macht, obwohl ihre Vorstellung eine richtige vom Dom in Köln ist und seine eine falsche vom Dom in Mailand. Ein materielles oder mentales Bild kann nicht schlechthin wahr (originalgetreu, korrekt) genannt werden: es kommt ganz darauf an, was es dar- oder vorstellen soll. Ein Übereinstimmungstheoretiker kann dem Rechnung tragen, indem er 'wahr' folgendermaßen erklärt:

(ÜT$_1$) ξ ist wahr =Df.(?) ξ stimmt mit dem überein, was ξ repräsentieren soll.

In den nun folgenden Überlegungen nennt Frege die Entitäten, auf die Definiendum und Definiens in (ÜT$_1$) zutreffen sollen, abwechselnd Vorstellungen und Bilder. Der interne Zusammenhang zwischen beiden Begriffen zeigt sich darin, dass man einem Anderen manchmal dadurch klarmachen kann, wie man sich ein bestimmtes Objekt vorstellt, dass man ihm ein Bild vorlegt und sagt: *So* ☞. Vorstellungen sind jedenfalls in den Augen *mancher* Anhänger einer Übereinstimmungstheorie dasjenige, dem Wahrheit oder Falschheit zukommt, und das Womit der Übereinstimmung ist für sie „etwas Wirkliches", ein Objekt wie der Kölner Dom – und *nicht* eine Tatsache wie die, dass der Kölner Dom zwei Türme hat. (Den Grund dafür, dass Frege im Unterschied zu manchen seiner Zeitgenossen in Cambridge keine tatsachenbasierte „correspondence theory of truth" ins Auge fasst, werden wir in *Ged* 74b kennenlernen.)

Die objektbasierte Übereinstimmungstheorie, die er kritisiert, war jahrhundertelang die dominierende Wahrheitskonzeption. Im 2. Jh. v. Chr. soll Karneades, das Haupt der skeptischen Akademie, gelehrt haben, eine „Vorstellung *(φαντασία)*" sei „wahr, wenn sie mit dem Vorgestellten harmoniert *(σύμφωνος τῷ φανταστῷ)*", und sie sei „falsch, wenn sie mit ihm disharmoniert *(διάφωνος)*". Thomas von Aquin definiert Wahrheit bekanntlich als „*adaequatio intellectus et rei*". Christian Wolffs Nominaldefinition der Wahrheit, „*Est veritas consensus iudicii nostri cum objecto seu re repraesentata* [W. ist die Übereinstimmung unseres Urteils mit dem Gegenstand oder der vorgestellten Sache]" konnte Frege bei Ueberweg finden, und sicher kannte er das Kantische Echo dieser Definition: „Wahrheit [ist] die Übereinstimmung einer Erkenntnis mit ihrem Gegenstande". Kant, für den es merkwürdigerweise auch „falsche Erkenntnisse" gibt, klassifiziert Erkenntnisse als eine Unterart der Gattung „Vorstellung überhaupt (*repraesentatio*)". William James versichert: „Truth, as any dictionary will tell you, is a property of certain of our ideas. It means their 'agreement', as falsity means their disagreement, with 'reality'". Windelband sagt vom Wahrheitsbegriff des „naiven Bewußtseins", dass man ihn „als Uebereinstimmung von Vorstellung und Wirklichkeit zu definieren pflegt" und dass ihm eine „Abbildtheorie" zugrunde liegt.[43] Keinesfalls ist das, was Frege darstellt und kritisiert, „*die* Korrespondenztheorie der Wahrheit"; denn so etwas gibt es genausowenig wie *den* deutschen Stadtstaat.

Was heißt 'wirklich' in 60a? Es scheint hier noch nicht wie in 76–77 darauf anzukommen, dass Wirkliches immer wirksam ist. Es könnte sein, dass der kritisierte Übereinstimmungstheoretiker mit „etwas Wirkliches" soviel wie „etwas Äußeres" meint, etwas, das „kein Inneres, Seelisches" ist.[44] Wenn er es tut, dann denkt er nicht daran, dass manche Wahrheiten von Psychischem handeln.

Darüber, wie die Argumente zu verstehen sind, die Frege nun gegen diese Konzeption ins Feld führt, was von ihnen zu halten ist, und sogar darüber, wie viele es sind, gehen die Ansichten in der Literatur weit auseinander.– Wenn sein *erster* Einwand den Erklärungsversuch (ÜT$_1$) mit dem Hinweis zu Fall bringen soll, dass 'ist wahr' im Gegensatz zu 'stimmt überein mit' „kein Beziehungswort ist", so ist er ein Fehlschlag. Mit manchen einstelligen Prädikaten schreibt man einem Gegenstand eine relationale Eigenschaft zu, und dementsprechend kommt in ihrer Definition ein mehrstelliges Prädikat zum Vorschein, wie z. B. in 'ξ ist ein Ehemann =*Df.* ξ ist ein Mann & ∃x (ξ ist verheiratet mit x)', oder in 'ξ ist eine gerade Zahl =*Df.* ξ ist ohne Rest durch 2 teilbar'. Warum sollte Wahrheit nicht auch eine relationale Eigenschaft sein? Aber diese Kritik nimmt nur den ersten Teil des Relativsatzes in 59c („das kein ... solle.") zur Kenntnis. Der entscheidende Punkt kommt danach: Wir können normalerweise erst dann der Frage nachgehen, ob eine Abbildung originalgetreu, ob eine Vorstellung richtig ist, wenn wir wissen, was sie darstellen bzw. vorstellen soll. (Normalerweise, nicht immer, – wie man an Maurice Eschers quasi-inkonsistenten Radierungen sehen kann.) Aber wir verwenden das Wort 'wahr' so, dass gilt: normalerweise kann

---

[43] Karneades: Sextus Empiricus, VII, § 168. Thomas: ScG I, c. 59. Wolff: vgl. Ueberweg ^{1}1857–^{5}1882, § 27. Kant: KrV, A 58/B 82; „Vorstellung": A 320/B 376–377. James: 1907, 96. Windelband 1912, 7–8.
[44] *Log*$_2$ 138, 145–146.

man klären, ob etwas wahr ist, ohne jemandes Absichten ermitteln zu müssen. (Das 'normalerweise' trägt den Fällen Rechnung, in denen der Wahrheitskandidat die Zuschreibung einer Absicht ist oder impliziert.)

Der längere Teil der Argumentation in 60a (von „Auch kann ..." bis „... als eine Übereinstimmung zu erklären.") ist nicht leicht nachzuvollziehen. Frege unterstellt (stipuliert), dass ein Gegenstand nur mit sich selber „vollkommen übereinstimmen" kann. Die Übereinstimmung zwischen *zwei* Gegenständen ist maximal, wenn sie sich (wie zwei Fotokopien desselben Originals) zum Verwechseln ähnlich sind. Vollkommen kann ein Bild demnach nur mit sich selbst übereinstimmen, und seine Übereinstimmung mit einem anderen Gegenstand kann nur dann maximal sein, wenn der andere Gegenstand ebenfalls ein Bild ist. Die Übereinstimmung eines (materiellen oder mentalen) Bildes, das den Kölner Dom repräsentieren soll, mit diesem Dom ist also weder vollkommen noch so groß wie die mit einem anderen Bild.[45] Die zur Diskussion stehende Wahrheitsauffassung konzipiert Übereinstimmung nun aber von vornherein als Beziehung zwischen kategorial Verschiedenem.[46] Es scheint also, als müsste man bei der Aussage, dass ein Bild mit dem, was es repräsentieren soll, übereinstimmt, stets mit der Rückfrage rechnen: In welchem Grade? Diese Rückfrage ist aber bei der Behauptung, das-und-das sei wahr, nicht zu erwarten. (Diverse Redeweisen, die zu zeigen scheinen, dass die Wahrheit doch „ein Mehr oder Minder verträgt", zeigen es nicht wirklich: Wenn G_1 'wahrer als' G_2 ist, dann sind G_1 und G_2 beide *falsch*, doch G_1 kommt der Wahrheit näher als G_2.[47] Was 'nicht ganz wahr' ist, ist *nicht* wahr, aber es kommt der Wahrheit immerhin nahe.) Wenn etwas überhaupt wahr ist, dann ist es vollkommen wahr. Um den Verdacht auszuräumen, ihre Theorie impliziere, dass „überhaupt nichts wahr" ist, können Übereinstimmungstheoretiker nun aber „festsetzen, daß Wahrheit bestehe, wenn die Übereinstimmung in einer gewissen Hinsicht stattfinde":[48]

---

[45] Vgl. die Überlegung in Platons *Kratylos* (432 B 1 – D 4) zum Unterschied zwischen einem Bild des Kratylos und einem Doppelgänger des Kratylos.
[46] Ganz ähnlich argumentiert Heidegger in 1943, 10–11.
[47] „Wenn ... zwei Gedanken *wahr* sind, so ist der eine nicht wahrer als der andere" (*Log*₂ 143, meine Herv.).
[48] „Wenn mit dem Worte 'gleich' nicht Identität, sondern nur eine Übereinstimmung in irgendeiner Hinsicht gemeint ist, so muß angegeben werden oder aus dem Zusammenhange erkennbar sein, in welcher Hinsicht gleich..."

(ÜT$_2$) ξ ist wahr $=Df.$(?) $\exists y$ ($\xi \neq y$ &
   y ist etwas Wirkliches &
   ξ soll y repräsentieren &
   ξ stimmt mit y in der-und-der
   Hinsicht überein).

Eine maßstabgetreue Zeichnung der Fassade des Doms und ein maßstabgetreues Modell des Doms sind natürlich keine Duplikate des dargestellten Objekts. Aber „in der festgesetzten Hinsicht" stimmen sie mit dem Dargestellten so überein, dass sich die Frage 'In welchem Grade?' nicht stellt. Und dasselbe kann *mutatis mutandis* von meiner Vorstellung gelten: Gefragt, wie ich mir die Fassade des Domes vorstelle, zeige ich auf ein solches Bild. Die Repräsentationen sind wahr (korrekt): Alles, was der Gegenstand dem materiellen oder mentalen Bild zufolge ist, ist er auch wirklich.

Gegen (ÜT$_2$) richtet sich nun Freges *zweiter* Einwand. Angenommen, die Vorstellung V_1 ist der Wahrheitskandidat, das materielle Objekt W ist das Wirkliche, das V_1 repräsentieren soll, und H_1 ist die relevante Übereinstimmungshinsicht: was müssten wir tun, um zu entscheiden, ob V_1 wahr ist? Wir müssten untersuchen, so antwortet Frege,

(*)   ob es *wahr* ist, dass V_1 mit W in H_1 übereinstimmt.

Die hier gemachte Voraussetzung, man könne nicht entscheiden, ob A, ohne zu entscheiden, ob es wahr ist, dass A, ist schwächer als die These, die Frege in 61c aufstellen wird: dass 'A' und 'Es ist wahr, dass A' dasselbe besagen. (Dass man nicht entscheiden kann, ob das Glas halbvoll ist, ohne *eo ipso* zu entscheiden, ob es halbleer ist, impliziert ja auch nicht, dass die eingebetteten Sätze dasselbe besagen.) Nach der zur Diskussion stehenden Übereinstimmungstheorie wird auch in (*) nach dem Wahrheitswert einer Vorstellung gefragt,[49] – die Frage ist also,

(†)   ob die Vorstellung, dass V_1 mit W in H_1 übereinstimmt, wahr ist.

(*1906g*, 589). Vgl. Ueberweg ^{4}1874 = ^{5}1882, §3: „Uebereinstimmen heißt: gleich sein in gewissen Beziehungen."

[49] Laut *BS* §7 drückt man mit 'Nicht A' die *Vorstellung, dass* nicht A, aus, „ohne auszudrücken, ob diese Vorstellung [sic] wahr ist".

Was die Vorstellung angeht, nach deren Wahrheit in (†) gefragt wird, nennen wir sie V_2, so stehen wir wieder vor einer „Frage derselben Art", und „das Spiel" kann „von neuem beginnen". Vor was für einer Frage? Vor der Frage: „In welcher [Hinsicht]" stimmt die Vorstellung V_2, wenn sie wahr ist, mit dem überein, was sie repräsentieren soll?[50] Diese Hinsicht kann nun schwerlich die Hinsicht H_1 sein, in der V_1 (wenn korrekt) mit W übereinstimmt; denn V_2 ist ja im Unterschied zu V_1 nicht – oder jedenfalls nicht nur – eine Vorstellung des Objektes W. Es zeigt sich schon hier, dass (ÜT$_2$) gar keine Definition ist: Das vermeintliche Definiens ist kein Prädikat, sondern bloß ein Prädikat-Schema; denn die relevante Übereinstimmungshinsicht ist nicht für alle Wahrheitskandidaten dieselbe. (Mit der Hinsichtsklausel kann ja nicht gemeint sein: in *irgendeiner* Hinsicht; denn dann gäbe es überhaupt keine inkorrekten Repräsentationen: irgendetwas haben zwei Entitäten schließlich immer gemeinsam.) Was müsste man tun, um zu entscheiden, ob V_2 in H_2 mit dem übereinstimmt, was V_2 repräsentieren soll? Man müsste untersuchen, ob es wahr ist, dass diese Übereinstimmung gegeben ist, und nun stellt sich für eine weitere Vorstellung eine Frage derselben Art, usw. *ad infinitum*.

Aus seinen beiden Einwänden schließt Frege, dass der Versuch gescheitert ist, 'wahr' im Rekurs auf den Begriff der Übereinstimmung eines (mentalen oder materiellen) Bildes mit dem Objekt, das es abbilden soll, zu definieren.[51]

Hat Freges Kritik an einer bestimmten Übereinstimmungstheorie der Wahrheit eine kritische Spitze gegen die Abbildtheorie der Wahrheit, die dem jungen Wittgenstein oft zugeschrieben wird? Das kann nicht stimmen, wenn die Nachlass-Herausgeber Log_2 korrekt auf Wittgensteins 8. Lebensjahr datiert haben; denn bereits in Log_2 hat Frege die Übereinstimmungstheorie verworfen, die er in *Ged* kritisiert. Im Übrigen erklärte der Autor des 'Tractatus' unter Rückgriff auf den Begriff der Isomorphie nicht 'Wahrheit', sondern 'Sinn',

---

[50] Wenn diese Interpretation (Salerno 2001, 61–62; Pardey 2004, 77–78) angemessen ist, dann besteht ein wichtiger Unterschied zwischen unserer Passage und ihrem Vorläufer in Log_2 139–140.
[51] Die ersten beiden Einwände Freges gegen (ÜT) ziehen weder gegen Moore 1910 noch gegen Russell 1918: Aus ganz verschiedenen Gründen ist für beide Übereinstimmung mit einer *Tatsache* nichts, bei dem es ein Mehr oder Weniger geben könnte, und man kann die relevante Tatsache identifizieren, ohne Absichten ermitteln zu müssen.

und das Womit der Übereinstimmung ist kein Ding wie der Kölner Dom, sondern ein Sachverhalt. Wir werden sehen, dass Wittgensteins *Wahrheits*konzeption derjenigen, die Frege in 61c vertritt, in einem entscheidenden Punkt sehr nahe steht.

Im nächsten Schritt in 60a („So scheitert aber auch ...") präsentiert Frege ein Argument gegen jeden Versuch, 'wahr' zu definieren, und er charakterisiert diesen *globalen* Einwand ausdrücklich als *Zirkularitäts*einwand.[52] In einer Definition von 'wahr' würde man gewisse „Merkmale" (sc. des Wahrheitsbegriffs) angeben. Betrachten wir ein philosophisch unverfängliches Beispiel für das, was Frege eine „zerlegende" Definition nennt, – eine Definition, in der man mit Hilfe eines komplexen Ausdrucks den Sinn eines atomaren Ausdrucks angibt, der bereits in Gebrauch ist.[53] Wenn man sagt: 'ξ ist ein Kater =Df. ξ ist männlich & ξ ist eine Katze', so definiert man den Begriff *Kater*, indem man angibt, „welche Eigenschaften etwas haben muss, um unter diesen Begriff zu fallen." Diese Eigenschaften nennt Frege „Merkmale des Begriffs" (vgl. 1-§2.3). Um zu entscheiden, ob ein Wesen unter diesen Begriff fällt, muss man entscheiden, ob es die beiden im Definiens angegebenen Eigenschaften hat. Um die beiden Teilfragen beantworten zu können, muss man nicht bereits entscheiden können, ob etwas ein Kater ist. Angenommen, ein vorgeschlagenes Definiens für '( ) ist wahr' hat ebenfalls die Struktur '( ) ist F & ( ) ist G'. Kann man die Teilfragen beantworten, ohne entscheiden zu können, ob etwas wahr ist? Frege bestreitet das: Man kann nicht entscheiden, ob etwas F ist, ohne zu entscheiden, ob es wahr ist, dass es F ist. Da sein Argument zeigen soll, dass man bei *jeder* Definition von 'wahr' in einen solchen Anwendungszirkel gerät, darf er nun aber nicht voraussetzen, dass das Definiens die Struktur einer Konjunktion hat. Wenn es die Struktur '( ) ist F, oder ( ) ist G' hätte (wie das adjunktive Definiens von '( ) ist ein Elternteil'), so würden die Komponenten zwar keine Eigenschaften angeben, die etwas haben muss, um eine Wahrheit zu sein, – der Definitionsversuch wäre also strenggenommen kein Versuch, *Merkmale* des Begriffs der Wahrheit anzugeben.

---

[52] Ist die obige Interpretation des zweiten (lokalen) Einwandes korrekt, so hat der globale Einwand eine andere Form als sein Vorgänger, und die einleitende Wendung bedeutet nicht soviel wie '*Auf dieselbe Weise* scheitert aber auch ...'.
[53] Vgl. dazu *1914b*, NS 224–229.

Kapitel 2

Aber auch dann würde gelten: Wer das Definiens anwenden will, muss entscheiden können, ob etwas F ist, und entscheiden können, ob es G ist. Und jede dieser Entscheidungen, so würde Frege sagen, wäre wieder eine Entscheidung, ob es wahr ist, dass etwas so-und-so beschaffen ist. Das Definiens des Übereinstimmungstheoretikers, gegen den sich Freges lokaler Einwand richtete, hat offenkundig weder die Struktur einer Konjunktion noch die einer Adjunktion, und das gilt auch von den mannigfachen Definientia, die von Kohärentisten und Pragmatisten angeboten wurden. Aber welche Struktur auch immer das Definiens einer vorgeschlagenen zerlegenden Definition von '( ) ist wahr' haben mag, seine Komponenten bezeichnen Begriffe, und wer das Definiens anwenden will, muss bezüglich jedes dieser Begriffe entscheiden können, ob etwas unter ihn fällt, und das, so meint Frege, ist jeweils eine Entscheidung, ob es wahr ist, dass etwas unter ihn fällt.

Sein Einwand ist also nicht, dass jeder Kandidat für eine Wahrheitsdefinition zirkulär ist, weil das Definiendum im vermeintlichen Definiens versteckt vorkommt. (Das ist z.B. bei der Definition 'ξ rotiert =Df. ξ bewegt sich um die Achse von ξ' der Fall; denn was bedeutet 'die Achse von ξ', wenn nicht: die Linie, um die ξ sich bewegt?) Das Argument vom Anwendungszirkel ist auch von ganz anderer Art als Freges Einwand gegen jeden Versuch, Gleichheit zu definieren: „Da jede Definition eine Gleichung ist, kann man Gleichheit nicht definieren" (1-§5).

Genau wie das zweite Argument gegen einen bestimmten Definitionsversuch hängt das globale Argument gegen alle Definitionsversuche davon ab, ob Frege zu Recht behauptet, man könne nicht entscheiden, ob A, ohne zu entscheiden, ob es wahr ist, dass A. Er formuliert seine Konklusion aus dem globalen Argument jedenfalls sehr vorsichtig (60a, letzter Satz).

Hat Tarski gezeigt, dass Freges Undefinierbarkeitsverdacht haltlos ist? Tarski hat vorgeführt, wie man für jeden Satz einer gegebenen Sprache L, sofern sie sehr strengen syntaktischen und semantischen Auflagen genügt, die Bedingung 'ausrechnen' kann, unter der das Prädikat 'ist ein wahrer Satz in L' auf ihn zutrifft. Dass man damit den *Sinn* dieser Prädikate erfasst, ist umstritten, und allemal handelt es sich bei einer Tarski'schen „Wahrheitsdefinition" nicht um eine Definition des Prädikats, das in Aussagen der Form 'Der Gedanke, dass A, ist wahr' auftritt; denn dieses Prädikat ist nicht sprachrelativ.

60b.[54] Dem ersten Satz entspricht eine Passage in Wittgensteins 'Tractatus' (2.223–5):

„Um zu erkennen, ob [ein] Bild wahr oder falsch ist, müssen wir es mit der Wirklichkeit vergleichen. Aus dem Bild allein ist nicht zu erkennen, ob es wahr oder falsch ist. Ein a priori wahres Bild gibt es nicht."

Kann man nicht manchmal doch „aus dem Bild allein erkennen", dass es falsch ist? Man denke an die Radierungen Eschers... Wird 'wahr', wie Frege argwöhnt, „missbräuchlich" auf Bilder (materielle oder mentale) angewendet? Jedenfalls ist die Anwendung auf Bilder nicht die primäre, wenn er recht hat. Was leistet die „Zurückführung" von 'Das Bild X stimmt mit W überein' auf 'Der *Satz* „X stimmt mit W überein" ist wahr'? Man will doch wohl keine metasprachliche Aussage machen, wenn man von einer bildlichen Darstellung des Kölner Doms sagt, sie stimme mit dem Dom überein. Gemeint ist wohl wieder, dass man, um zu entscheiden, ob X mit W übereinstimmt, entscheiden muss, ob der Satz, dem zufolge diese Übereinstimmung vorliegt, wahr ist.

In Freges Augen ist die Anwendung von 'wahr' auf Bilder sozusagen tertiär und die auf Sätze sekundär. Sind Sätze „Folgen von Lauten", so sind sie nicht etwas, was sowohl aufgeschrieben als auch ausgesprochen werden kann, keine *types*, von denen es sichtbare und hörbare Vorkommnisse geben kann. In einer natürlichen Sprache ist eine Satz-Inskription, also eine Folge von Buchstaben „zunächst", so meint Frege, „eine Anweisung zur Bildung eines gesprochenen Satzes in einer Sprache, der Lautfolgen als Zeichen zum Ausdruck eines Sinnes dienen" (*Allg* 280). Mit dieser Priorisierung steht Frege genau wie Humboldt in der aristotelischen Tradition (vgl. 1-§1).

Dass wir eigentlich den *Sinn* eines Satzes S meinen, wenn wir S wahr nennen, ist eine These, die Frege in *Ged* nicht begründet. Aber in seinem Entwurf hat er es getan:

---

[54] VERGLEICHE: [„EIGENTLICH SEIN SINN"]: *c.1883a*, NS 189, Nr. 8–9; *Log*$_2$ 140–141; *n.1899*, NS 182–183; *1906b*, NS 193 Anm.; *1914a*, WB 130; *1914b*, NS 251; *1917a*, WB 35. [„INS UNENDLICHE"]: *Log*$_2$ 145–146, 138. [SATZ VS. GEDANKE]: *1906a*, 401–402; *1914b*, NS 222–223.
LITERATUR: Künne 2003, Kap. 5.1.

…; denn einerseits bleibt die Wahrheit bestehen, wenn wir einen Satz richtig in eine andere Sprache übersetzen, andererseits ist es wenigstens denkbar, dass dieselbe Lautfolge in der einen Sprache einen wahren, in der anderen einen falschen Sinn hat. (*Log*$_2$ 141.)

Das ist im intralingualen Fall nicht weniger einleuchtend als im interlingualen. Beim Übergang von 'Eine Viola ist größer als eine Violine' zu 'A viola is larger than a violin' oder zu 'Eine Bratsche ist größer als eine Geige' „bleibt die Wahrheit bestehen": das ist zumindest insofern zutreffend, als *Wahrheit* erhalten bleibt. Aber dass es sich um drei Formulierungen *derselben* Wahrheit handelt, ist damit noch nicht gezeigt. Die Lautfolge 'One billion is one thousand million' besagt im amerikanischen Englisch etwas Wahres und im britischen Englisch etwas Falsches. (Man kann mit einer einzigen Äußerung dieses *type*-Satzes simultan den Wunsch eines Amerikaners, man möge etwas Wahres, und den Wunsch eines Briten, man möge etwas Falsches sagen, erfüllen.) Die Inskription '10+10≠100' drückt im Dezimalsystem eine Wahrheit aus, im binären System aber nicht. Was der Satz 'In den meisten Dörfern gibt es keine einzige Bank' in der Banken-Lesart ausdrückt, mag wahr sein, wohingegen falsch sein dürfte, was er in der Bänke-Lesart ausdrückt. Aber zeigt die Tatsache, dass die Beurteilung eines Satzes in der Dimension von Wahrheit und Falschheit von seinem Sinn abhängt, dass eigentlich nicht er, sondern sein Sinn wahr ist? Sie zeigt zumindest, dass der Satz nicht schlechthin wahr ist. Die „Verschiebung des Sinns" von 'wahr', die Frege in 59c vermutete, erweist sich als ein Fall von zentrierter Mehrdeutigkeit. Ein Satz ist genau dann wahr (sc. in einer bestimmten Sprache unter einer bestimmten Lesart), wenn der Gedanke, den er in dieser Sprache unter dieser Lesart ausdrückt, wahr *tour court* ist. In Freges Augen ist die keiner Relativierung bedürftige Anwendung von 'wahr' auf Gedanken die primäre.[55] Auch die Freunde der Semantik der möglichen Welten, zu denen Frege genausowenig wie Kant gehört (s. u. 692 f), räumen ein, dass alles und nur das schlechthin wahr ist, was in Bezug auf die wirkliche Welt wahr ist.

Ist der Sinn eines Behauptungssatzes *S*, ist der durch *S* ausgedrückte Gedanke eine Vorstellung? Diese Frage, am Ende von 60b gestellt,

---

[55] Vgl. *c.1883a*, NS 189 (Nr. 8); *n.1899*, NS 182. Aristoteles' Konzeption der zentrierten Mehrdeutigkeit (*Metaphysik* IV, 2) ist hier erneut einschlägig (s. o. 216).

wird Frege in 66f–69d wieder aufnehmen – unter Zugrundelegung eines dann stipulativ erweiterten Gebrauchs von 'Vorstellung'. Nehmen wir einmal an, der Sinn einer Satzäußerung sei ein psychischer Akt, den der Sprecher mit der Äußerung kundtut, ein Akt des Denkens, und nennen wir diese Annahme *semantischen Psychologismus*.[56] In 60b wird diese These noch nicht verworfen. Frege versucht vorerst nur zu zeigen: Worin auch immer die Wahrheit eines psychischen Aktes bestehen mag, sie kann jedenfalls nicht darin bestehen, dass er in einer gewissen Übereinstimmungsrelation R zu etwas anderem steht. Das nur angedeutete Argument für diese These bezeichnet er ausdrücklich als *Regress*-Einwand. S_1 sei eine Äußerung des Satzes 'Schnee ist weiß'. Dann gibt es dem semantischen Psychologismus zufolge einen psychischen Akt, ψ_1, welcher der Sinn von S_1 ist. Bestünde die Wahrheit von ψ_1 darin, dass ψ_1 in R zu etwas anderem steht, dann müssten wir, um die Frage, ob ψ_1 wahr ist, zu beantworten, entscheiden, ob der Sinn des Satzes S_2 'ψ_1 steht in R zu etwas anderem' wahr ist. Der Sinn von S_2 ist, wenn der semantische Psychologismus korrekt ist, wiederum ein psychischer Akt, ψ_2, der gewiss von ψ_1 verschieden ist. Hätte der Übereinstimmungstheoretiker recht, so müssten wir, um die Frage, ob ψ_2 wahr ist, zu beantworten, entscheiden, ob der Sinn des Satzes 'ψ_2 steht in R zu etwas anderem' wahr ist; usw. *ad infinitum*. Dieser Regress ist fatal, denn bei der Wiederholung der Wahrheitsfrage stoßen wir jedes Mal auf einen anderen Wahrheitskandidaten.

Wenn die Wahrheit eines Denkaktes nicht darin besteht, dass er irgendwie mit etwas anderem übereinstimmt, worin könnte sie dann bestehen? Hier ist eine erwägenswerte Alternative: Jemand denkt genau dann wahrheitsgemäß oder richtig (wir können 'wahr' nicht als Adverb verwenden), wenn das, *was* er denkt, wenn der Gehalt seines Denkens wahr ist.[57] So würde die Wahrheit eines psychischen Akts in ähnlicher Weise auf die seines Gehalts zurückgeführt, wie Frege die Wahrheit des Satzes auf die Wahrheit dessen zurückführt, was er ausdrückt, und es läge nahe, das Worauf der einen Reduktion mit dem der andern zu identifizieren: Das, was ein Satz ausdrückt, mit dem jemand einen Akt des wahrheitsgemäßen oder richtigen Denkens kundtut, ist

---

[56] „The use ... of Words, is to be sensible Marks of *Ideas*; and the Ideas they stand for, are their proper and immediate Signification" (Locke 1690, Buch III, Kap. 2, §1): *wenn* Locke hier mit „Signification" Sinn meint, dann ist er ein semantischer Psychologist. Vgl. unten, S. 486f.
[57] Vgl. unten §9.1.

Kapitel 2

nichts anderes als das, was in diesem Akt gedacht wird. Man sollte dann, um Missverständnisse zu vermeiden, Bolzano und Husserl folgen und den Akt nur richtig oder wahrheitsgemäß nennen, während man den Titel 'wahr' für seinen Gehalt reserviert (s. u. §9.1).

In seinem umfangreichsten Logik-Entwurf vertrat Frege die (irrige) Ansicht, dass die Wahrheit eines psychischen Aktes „nur in einer Beziehung zu etwas Äusserem bestehen" (Log_2 138), also nur übereinstimmungstheoretisch aufgefasst werden könnte:

> Wenn der Gedanke etwas Inneres, Seelisches wäre, wie die Vorstellung, so könnte seine Wahrheit doch nur in einer Beziehung bestehen zu etwas, was kein Inneres, Seelisches wäre. Wenn man also wissen wollte, ob ein Gedanke wahr wäre, so müsste man fragen, ob diese Beziehung stattfände, mithin, ob der Gedanke wahr wäre, dass diese Beziehung bestände. Und so wären wir in der Lage eines Menschen in einer Tretmühle. Er macht einen Schritt vorwärts und aufwärts; aber die Stufe, auf die er tritt, gibt immer nach, und er sinkt auf den vorigen Stand zurück. (Log_2 145–146.)

Hier legt Frege den Schluss nach *Modus tollendo tollens* sehr nahe, dass der semantische Psychologismus inakzeptabel ist, m. a. W. dass der Gedanke (der Sinn eines Behauptungssatzes) nichts Psychisches ist. In *Ged* geht es aber erst in Teil II um die Widerlegung des semantischen Psychologismus.

60c–61a. In 59c waren Gedanken unter demjenigen aufgeführt worden, von dem Wahrheit ausgesagt wird. Erst jetzt erscheinen sie wieder auf der Bildfläche, und die Überlegungen zum Satzsinn haben diesen Auftritt vorbereitet. Das „Demnach" in 60c signalisiert ein schlüssiges Argument, dessen Prämissen in 60b und c zu finden sind:

(P1) Wenn bei etwas Wahrheit in Frage kommen kann, so ist es der Sinn eines Satzes.

(P2) Etwas ist genau dann ein Gedanke, wenn bei ihm Wahrheit in Frage kommen kann. Also:

(K) Wenn etwas ein Gedanke ist, so ist es der Sinn eines Satzes.

Eigentlich artikulieren (P1) und (K) Freges Auffassung nicht genau (s. o. 358). Wären sie wahr, so müsste von jeder Wahrheit gelten, dass sie von einem Satz ausgedrückt wird. Nun versteht Frege in unserem Text unter Sätzen wahrnehmbare Gegenstände, primär: Lautfolgen.

Es ist aber sehr wahrscheinlich, dass die Wahrheit, die eine korrekte Antwort auf die Frage 'Wieviele Haare hatte Gottlob Frege am 13. Juli 1893 um 13 Uhr auf seinem Kopf?' ausdrücken würde, faktisch niemals ausgedrückt wird. Außerdem werden in der Geschichte des Universums nur endlich viele Satzäußerungen gemacht und nur endlich viele Satzinskriptionen produziert; mithin wird bestimmt nicht jede Wahrheit ausgedrückt, die durch eine Einsetzungsinstanz des Schemas 'n ist eine natürliche Zahl' ausgedrückt werden könnte (vgl. 4-§3). Denken wir uns die Nachsätze in (P1) und (K) abgeschwächt zu '..., so *kann* es der Sinn eines Satzes sein'.

Das generalisierte Konditional (P2), das keine Definition sein soll, lässt nicht nur zu, dass manche Gedanken falsch sind, – es erlaubt auch, dass manche Gedanken weder wahr noch falsch sind. Das Prinzip der Wertigkeit oder Valenz, dem zufolge jeder Gedanke mindestens einen Wahrheitswert hat, gilt nach Frege nicht für alle Gedanken, die in den „Volkssprachen" ausgedrückt werden. Versichert jemand, dass das erste Buch des Sokrates brillant ist, so kommt Wahrheit für das, was er sagt, durchaus in Frage. Es wäre wohl auch wahr, wenn Sokrates jemals unter die Autoren gegangen wäre. Aber da er das nie tat, ist der ausgedrückte Gedanke – in Freges Augen – weder wahr noch falsch (vgl. 1-§3). –

In Fußnote 1 weist Frege darauf hin, dass sein Gebrauch von 'Gedanke' dem Gebrauch von 'Urteil' „in den Schriften der Logiker" ungefähr entspricht.[58] Das ist besonders deutlich, wenn philosophische Logiker wie Kant von einer Annahme sagen, dass sie ein „problematisches *Urteil*" ist, und vom hypothetischen Urteil, dass in ihm zwei *Urteile* in Beziehung zueinander gesetzt werden (*SuB* 43a); denn dann muss man „von dem Sinne des Verbums 'Urteilen' absehen" (*Vern* 150 Anm. 4). Manche philosophische Logiker unterscheiden denn auch das „Urteil im idealen logischen Sinne" von den mannigfachen Urteilsakten (Husserl), den „Urteilsgehalt" vom „Urteilsakt" (Rickert), das „Urteil im logischen Sinne" vom „Urteil im subjektiv-tatsächlichen Sinne" (Bauch).[59]

---

[58] Vgl. *1906d,* NS 201; *Ggf* 38 Anm. 3. Er entspricht auch seinem eigenen Gebrauch von 'Urteil' in früheren Schriften, so z. B. in *GL* §87: „Ich hoffe in dieser Schrift wahrscheinlich gemacht zu haben, dass die arithmetischen Gesetze analytische *Urtheile* und folglich a priori sind" (meine Herv.).
[59] Kant, KrV, A 74–76/B 98–100 u. Logik §30; Husserl 1901, 100; Rickert 1912, 238–9 u. 1921, 144–145; Bauch 1918a, 48 ff.

Kapitel 2

Frege weist in der Fußnote auch darauf hin, dass seine Erklärung von 'Gedanke' (die keine Definition sein soll) einer bei den Logikern häufig zu findenden Erklärung von 'Urteil' ähnelt und dass sie deshalb eine ähnliche Kritik herausfordern könnte. Da die Erklärung von 'Urteil', auf die Frege anspielt, unterstellt, dass das Prinzip der Wertigkeit korrekt ist, sind die Erklärungen tatsächlich nur ähnlich (vgl. auch *1906d*, NS 201). Das zweifache „man" in der Fußnote legt die Frage nahe, wen Frege meint. (Es gehört zu den Stilmerkmalen der *LU*, dass andere Philosophen nie namentlich angesprochen werden, mit einer einzigen Ausnahme: Kant, und auch er nur beiläufig, in *Vern* 149f.) Nach Aristoteles ist „nur derjenige Satz *(λόγος)* behauptend *(ἀποφαντικός),* von dem gilt, dass er Wahres oder Falsches sagt".[60] Bolzano verwendet Aristoteles' Erklärung von 'Behauptungssatz' zur Verständigung darüber, was ein *Satz an sich* ist, der durch einen Behauptungssatz ausgedrückt wird. Er stellt ihr die Lehre der Stoiker, das Behauptbare *(ἀξίωμα)* sei das, was wahr oder falsch ist, an die Seite und kommentiert:[61]

> „Als Mittel zur Verständigung, zu welchem Zwecke diese Erklärung von ihren Erfindern eigentlich angewandt wurde, scheint mir dieselbe so brauchbar, daß ich nichts Zweckmäßigeres kenne .... Als eine Erklärung von der Art aber, welche uns die Bestandtheile des zu erklärenden Begriffes angibt, kann sie schon wegen der Eintheilung, die in ihr vorkommt, nicht angenommen werden; denn in dem Begriffe eines Satzes [an sich] selbst kommt eine solche Eintheilung sicher nicht vor."

Bolzano ist sich also immerhin darin mit Frege einig, dass es sich hier nicht um eine zerlegende Definition handelt. (Er hält den Begriff eines Satzes an sich, nicht aber den der Wahrheit für undefinierbar.) Auch in seinen Augen ist die fragliche Einteilung keinesfalls wenig bedeutsam. Der Einteilungscharakter schließt als solcher aber nicht aus, dass es sich um eine zerlegende Definition handelt. Das kann man sich an Beispielen wie 'ξ ist ein Elternteil von ζ =*Df.* ξ ist der Vater von ζ, oder ξ ist die Mutter von ζ' klarmachen. Frege könnte sich mit dem vorletzten Satz der Anm. 1 also gegen Bolzano wenden.[62]

---

[60] Aristoteles, *De Interpretatione* 4: 17ª2–3.
[61] Bolzano, WL I, 93–94.
[62] Es gibt freilich keinen klaren Beleg dafür, dass er Bolzano gelesen hat. Vgl. den ANHANG zu diesem Buch.

Bei Trendelenburg wird aus Aristoteles' Erklärung von 'Behauptungssatz' eine Bestimmung dessen, was ein *Urteil* ist.[63] Sigwart folgt dem so verstandenen Aristoteles:[64]

> „Wir schliessen uns ... der Auffassung des Aristoteles an. *Aristoteles nennt beständig als das Merkmal, welches das Urtheil, die ἀπόφανσις, von anderen Redeformen unterscheidet, nur das, dass ihm das Wahr- oder Falschsein zukommt."

Aristoteles unterscheidet tatsächlich eine Redeform von anderen; aber da Sigwart kurz zuvor klargemacht hat, dass Urteile „Denkacte" sind, ist die Abhebung von „anderen *Rede*formen" schief. Wundt ist auf Aristoteles weniger gut zu sprechen:[65]

> „[Mit der] alten Aristotelischen Definition ..., das Urtheil sei eine Aussage, welche falsch oder wahr sein könne, [wird] nur eine Tautologie vorgebracht ..., der ausserdem die oberflächlichste aller Eintheilungen, nämlich diejenige in wahre und falsche Urtheile beigefügt wird."

Das überraschende Verdikt, es handle sich um eine Tautologie, begründet Wundt mit der nicht minder verblüffenden Behauptung, 'Aussage' und 'Urteil' seien synonym.[66] Jedenfalls dürfte Wundt der Autor sein, an den Frege denkt, wenn er sagt, „man" habe die fragliche Einteilung als „die am wenigsten bedeutsame" getadelt.[67] –

Nach Freges metaphorischer Beschreibung erscheinen Gedanken, wenn sie in sprachlichen Äußerungen ausgedrückt werden, gewissermaßen bekleidet im Lichte der Öffentlichkeit.[68] Die Bemerkung, dass sie dadurch für uns „fassbar*er*" werden (61a), suggeriert, dass sie für uns auch ohne „das sinnliche Gewand eines Satzes" fassbar sind. Aber ist das Freges Meinung? Sicher können

---

[63] Trendelenburg 1842, 1–2 zu der oben zitierten Aristoteles-Stelle: Das „Urtheil" ist „darauf gerichtet,... das Wirkliche geistig darzustellen".
[64] Sigwart 1873, 17 und Anm. (Er verweist auch auf Aristoteles, *De anima* III, 6 [430ª27–28].)
[65] Wundt 1880, 136. Frege hat Sigwarts und Wundts Logik-Bücher gelesen (s. o. 247, 352).
[66] Op. cit. 135.
[67] Verwundert über Wundts Tadel zeigt sich auch Windelband (1884, 178 Anm. 4).
[68] Vgl. *Log₁* 6; *Log₂* 154.

Kapitel 2

wir einen Gedanken nicht nur in Situationen erfassen, in denen wir eine Äußerung machen (oder vernehmen), die ihn ausdrückt: irgendwann haben wir ja alle gelernt, den Rat des Polonius „Give thy thought no tongue!" manchmal zu befolgen.[69] Aber für uns Menschen, so meint Frege, ist das Erfassen eines Gedankens davon abhängig, dass er „mit irgendeinem Satze in unserm Bewusstsein verbunden" ist:

> Wir sind uns bewusst, dass wir für denselben Gedanken verschiedene Ausdrücke haben können. Die Verbindung eines Gedankens mit einem gewissen Satze ist keine notwendige; dass aber ein uns bewusster Gedanke mit irgendeinem Satze in unserm Bewusstsein verbunden ist, ist für uns Menschen notwendig. Das liegt aber nicht an dem Wesen des Gedankens, sondern an unserem eigenen Wesen. Es ist kein Widerspruch, Wesen anzunehmen, welche denselben Gedanken wie wir fassen können, ohne dass sie ihn in eine sinnliche Form zu kleiden brauchen. Nun aber, für uns Menschen besteht diese Notwendigkeit. (*1924/25a*, NS 288.[70])

Auch in diesem Punkt ist Leibniz ein Vorläufer Freges. Die folgenden Passagen finden sich in Texten, die Frege zugänglich waren:[71]

> „B.: Ich bemerke, dass ich niemals eine Wahrheit erkenne, entdecke, beweise, ohne im Geiste Wörter oder andere Zeichen zu verwenden *(nisi vocabulis vel aliis signis in animo adhibitis)*. A.: Tatsächlich würden wir ohne Zeichen *(si characteres abessent)* niemals etwas deutlich denken oder Schlussfolgerungen ziehen." [a]
>
> „Wir haben keine abstrakten Gedanken, bei denen wir nicht auf etwas Sinnliches *(quelque chose de sensible)* angewiesen wären, und wenn es auch nur solche Zeichen *(caractères)* wie Buchstabenkonfigurationen oder Töne sind, obgleich es keine notwendige Verbindung *(connexion necessaire)* zwischen solchen willkürlichen Zeichen und solchen Gedanken gibt." [b]

Die Zeichenabhängigkeit unseres Denkens, von der Leibniz und Frege sprechen, kann auch eine Quelle von Konfusionen sein; denn „das sinnliche Gewand des Satzes" verhüllt oft logisch wichtige

---

[69] Shakespeare, 'Hamlet', I/3.
[70] Vgl. *1882b*, 48–50; Log_1 6; Log_2 154–155.
[71] Leibniz [a] 1677b, E 77$_L$ [A VI.4A: 23]; [b] N. E. I, 1, §5 [A VI.6: 77].

Eigenschaften des Gedankens, den er ausdrückt.[72] „Man erkennt hieraus den Wert der Erlernung fremder Sprachen für die logische Ausbildung" (*Log₁* 6 & *Log₂* 154) – und den Wert des Aufbaus einer Begriffsschrift, welche die logisch wichtigen Eigenschaften der Gedanken, die in ihr ausgedrückt werden, unübersehbar macht.

§2.3. Ist Wahrheit eine Eigenschaft?

61b.[73] Die Wahrheit eines Gedankens erweist sich nicht dadurch als eine „sinnlich wahrnehmbare Eigenschaft", dass wir (manchmal) auf Sinneseindrücke angewiesen sind, um zu erkennen, dass der Gedanke wahr ist: Wenn wir auf Grund visueller Eindrücke erkennen, dass der Gedanke, dass die Sonne scheint, wahr ist, so ist die Sonne für unsere Sinneseindrücke verantwortlich, nicht der Gedanke. [Das Prädikat 'sieht' ist systematisch mehrdeutig: In (1) 'Ben sieht die Sonne' kann man es durch 'erblickt' ersetzen, nicht aber in (2) 'Ben sieht, dass die Sonne scheint'. In (2) kann man es durch 'Für ... sieht es so aus, als sei es der Fall' ersetzen, nicht aber in (1).] Im Übrigen erkennen wir nicht immer auf Grund von Sinneseindrücken, dass ein Gedanke wahr ist. Auch wenn Freges eigenes Beispiel in 61b das nicht überzeugend belegen sollte, zeigen apriorische Wahrheiten wie die, dass ein Monat länger ist als eine Woche, dass er recht hat.

61c–62a.[74] Vielleicht ist Wahrheit nicht nur keine wahrnehmbare Eigenschaft, sondern überhaupt keine. Vorsichtig plädiert Frege für diese kühne These. Er betont zunächst: Wer erkennt, dass eine Sache so-und-so ist, der erkennt *eo ipso*, dass der Gedanke, sie sei so, wahr ist.[75] (Die Umkehrung dieses Konditionals ist allemal unstrittig.)

---

[72]   Vgl. etwa *GL*, VII; *1924/25a*, NS 288–289.
[73]   VERGLEICHE: *Log₂* 149.
[74]   VERGLEICHE: *SuB* 32b–36a; *GG I*, §2; *1896a*, 368–370; *Log₂* 140, 153; *1902d*, WB 234–235; *1903b*, WB 240–241; *1904b*, WB 245–247; *1906d*, NS 210–211; *1910/11, Vorl* 15; *1914b*, NS 251–252; *1915*, NS 271–272; *1919c*, NS 276.
   LITERATUR: Dummett 1959; Burge 1986, §I u. 2005, 136–149; Ruffino 1997 u. 2003; Kemmerling 2003a; Künne 2003, Kap. 2, §§1, 3, 5-§1.1; Greimann 2004 u. 2007b, §4; Rumfitt 2010. [WAHRHEITSWERT-LÜCKE]: vgl. oben 1-§§3–4.
[75]   Hume stellt eine strukturell ähnliche Behauptung auf, wenn er sagt: „Whatever we conceive, we conceive to be existent" (Hume 1739–40, Buch I, Teil 2, §6, S. 67; vgl. I, 3, §7, S. 94).

Frege will das gewiss nicht nur für Gedanken dieser Form behaupten, und vermutlich soll Entsprechendes für alle propositionalen Einstellungen und Akte gelten, für faktive und nicht-faktive gleichermaßen.[76] Anscheinend akzeptiert er alle Einsetzungsinstanzen des Schemas

(Omega)   Wenn Ω(A), dann Ω(es ist wahr, dass A), u. u.

Hier ist 'Ω' Platzhalter für beliebige einstellige satzbildende Satzoperatoren. Zu ihnen gehören etwa der Negator und der Notwendigkeitsoperator, aber auch alle Einsetzungsinstanzen von '*a* VERB-t, dass/ob ( )', in denen 'VERB-t' durch die 3. Pers. Sing. eines Verbums ersetzt ist, das (wie 'glauben' und 'sich wundern') der Zuschreibung von propositionalen Einstellungen und Akten dient oder (wie 'behaupten' und 'fragen') der von Sprechakten. Die Wahrheit einer bestimmten Einsetzungsinstanz von *Omega* hat Frege bereits in seiner Erörterung der Frage nach der Definierbarkeit von 'wahr' vorausgesetzt.

Die Sätze 'Ich rieche Veilchenduft' und 'Es ist wahr, dass ich Veilchenduft rieche' haben, so sagt Frege, „denselben Inhalt".[77] Eine Äußerung des einen Satzes durch Sprecherin X zur Zeit t drückt seiner Ansicht nach denselben Gedanken aus, den eine Äußerung des anderen Satzes durch X zu t ausgedrückt hätte. Der Sache nach wiederholt Frege damit, was er bereits in *SuB* 34b über ein Paar nicht-kontextsensitiver Sätze gesagt hat: Der Satz 'Der Gedanke, dass 5 eine Primzahl ist, ist wahr' „enthält denselben Gedanken" wie der einfache Satz '5 ist eine Primzahl'. Gleichgültig, ob der komplexere Satz mit dem Vorspann 'Es ist wahr, dass ( )' oder mit dem Satzrahmen 'Der Gedanke, dass ( ), ist wahr' gebildet ist, er drückt denselben Gedanken aus wie der eingebettete Satz.

Es ist naheliegend, dem Autor von *SuB* und *Ged* die folgende *Identitätsthese* zuzuschreiben: Mit jeder Einsetzungsinstanz von

(=)   Der Gedanke, dass A = der Gedanke, dass *es wahr ist, dass* A

---

[76] Vgl. *Ged* 61b über das propositionale Sehen und Log_2 140 über das Behaupten.
[77] Ein altgediegtes Beispiel bei Frege: „Das wohlriechende Veilchen" und „Viola odorata" klingen sehr verschieden, bezeichnen aber dieselbe Veilchenart (*FuB* 3).

sagt man etwas Wahres.[78] Die Identitätsthese ist anspruchsvoller als die *Äquivalenzthese*, derzufolge man mit jeder Einsetzungsinstanz des Schemas

(↔)   Es ist wahr, dass A, genau dann, wenn A

eine Wahrheit ausdrückt.[79] Wenn man eine Instanz von (=) akzeptiert, sollte man auch die entsprechende Instanz von (↔) unterschreiben, aber in der umgekehrten Richtung besteht keine entsprechende Verpflichtung. Wer eine Instanz von *Omega* akzeptiert, mit der eine propositionale Einstellung oder ein illokutionärer Akt zugeschrieben wird, kann das im Rekurs auf die entsprechende Instanz von (=) rechtfertigen; auf die entsprechende Instanz von (↔) könnte er sich zu diesem Zweck nicht berufen.

Eine Konsequenz der Identitätsthese springt ins Auge: Was Frege unter dem Sinn eines Satzes versteht, sein *noëmatischer* Sinn, fällt nicht immer mit seinem *konventionalen sprachlichen* Sinn zusammen. Die Sätze 'Der Gedanke, dass 5 eine Primzahl ist, ist wahr' und '5 ist eine Primzahl' haben ja gewiss nicht denselben lexikalisch-grammatischen Sinn. ('5 is a prime number' ist nur für einen von beiden eine gute Übersetzung.)

Welchen Kontrast hat Frege im Auge, wenn er in 61c sagt, dass einem Gedanken nichts „hinzugefügt" zu werden scheint, wenn man von ihm sagt, er sei wahr?[80] Fügt man einem Gegenstand denn jemals etwas hinzu, wenn man ihm eine Eigenschaft zuschreibt? Was gemeint ist, kann man sich durch einen Vergleich der Sätze 'Es ist bekannt, dass A' und 'Es ist wahr, dass A' klarmachen: Mit dem ersten drückt man *mehr* aus als bloß den Gedanken, dass A, wohingegen man das mit dem zweiten, wenn Frege recht hat, nicht tut.

Geht durch Tilgung des Vorspanns 'Es ist wahr, dass ( )' oder des Rahmens 'Der Gedanke, dass ( ), ist wahr' in einer Äußerung nichts vom Gesagten verloren, dann sind beide so überflüssig wie die kursivierten Ausdrücke in 'Ich werde das *in Zukunft* nicht wiederholen', 'Danach musste er *notwendigerweise* durchfallen' und 'Ich habe das

---

[78] Vgl. *Log*₂ 153.
[79] Bei Verwendung des Wahrheitsrahmens statt des Wahrheitsvorspanns erhält man stilistische Varianten der Schemata (=) und (↔).
[80] Wieder findet sich eine strukturell ähnliche Behauptung bei Hume: „The idea of existence…, when conjoin'd with the idea of any object, makes no *addition* to it" (Hume 1739–40, I, 2, § 6, S. 66–67).

mit meinen eigenen Augen gesehen'.⁸¹ Frege wird aber dadurch, dass er die Identitätsthese vertritt, nicht zum Anhänger einer Redundanz-Theorie der Wahrheit. Anhänger einer solchen Theorie halten nämlich dafür, dass der Wahrheitsbegriff durch die Identitätsthese erklärt wird, und das ist *nicht* Freges Auffassung: In seinen Augen ist dieses Konzept ja erklärungsresistent.

Wittgensteins Wahrheitsauffassung steht derjenigen, die Frege in 61c vertritt, in einem entscheidenden Punkt sehr nahe: „'p' ist wahr, sagt Nichts Anderes aus als p!", schrieb Wittgenstein 1914 in sein Tagebuch.⁸² Könnte ihm das nicht in Gesprächen mit Frege aufgegangen sein? In *SuB* hatte Frege ja schon 1892 (als Wittgenstein drei Jahre alt war) eine analoge Identitätsthese vertreten. Bei Wittgensteins unbekümmertem Gebrauch von Anführungszeichen ist damit zu rechnen, dass er eigentlich dieselbe These formulieren will. Er hätte dann eine größere Chance, recht zu haben; denn „'Schnee ist weiß' drückt (im Deutschen) eine Wahrheit aus" sagt sicher etwas anderes aus als 'Schnee ist weiß'. Ein monoglotter Sprecher des Englischen kann ja glauben, was mit dem kurzen Satz gesagt wird, ohne zu glauben, was mit dem längeren Satz gesagt wird.

Der Vorspann 'Es ist wahr, dass ( )' ist wie der Satzrahmen in 'Dass ( ), ist wahr' ein einstelliger Junktor: gibt man einen Satz ein, erhält man wieder einen Satz. Fortan bezeichne ich Vorspann wie Rahmen als Wahrheitsjunktor. Die Wahrheitsjunktoren haben einen Sinn; aber Frege bestreitet, dass dieser Sinn in den Gedanken eingeht, der ausgedrückt wird, wenn man sie zu einem Satz vervollständigt: „Man kann nur sagen: das Wort 'wahr' hat einen Sinn, der zum Sinne des ganzen Satzes, in dem es als Prädikat vorkommt, nichts beiträgt" (*1915*, NS 272). Eigentlich müsste es heißen: Die Satzfragmente 'Es ist wahr, dass ( )' und 'Dass ( ), ist wahr' haben einen Sinn, der zum Sinn des ganzen Satzes, in dem sie als Junktoren vorkommen, nichts beiträgt. Demnach steuert manchmal nicht jeder sinnvolle Teil eines Satzes etwas zum Sinn des ganzen Satzes

---

[81] Der letzte Satz ist das Beispiel für einen Pleonasmus in Quintilians 'Schule der Beredsamkeit' (ca. 90 n.Chr.): *'ego oculis meis vidi', satis enim* [es genügt nämlich] *'vidi'*. Er definiert *'πλεονασμός'* als *'abundans super necessitatem oratio* [eine über das Notwendige überfließende Rede]' (VIII, 3, 53; IX, 3, 46).
[82] Wittgenstein, NB (06.10.1914). Vgl. auch NB 113 (Diktat aus demselben Jahr) und PU §136. Weitere Belege in Künne 2003, 123 Anm., 227. Russell vertrat jedenfalls in 1904b, 62 die Gegenthese.

bei. In *Ggf* werden wir auf weitere Gegenbeispiele gegen das folgende (von Frege andernorts vertretene) KOMPOSITIONSPRINZIP stoßen:[83]

(KOMP$_1$) Wenn ein Sinn durch einen Teil eines Satzes ausgedrückt wird, dann ist er ein Teil des Gedankens, den der Satz ausdrückt.

Mit dem, was er über den sich selbst sozusagen aufhebenden Sinn des Wahrheitsjunktors sagt, ist nur das konverse Prinzip kompatibel: „Wie der Gedanke Sinn des ganzen Satzes ist, ist ein Teil des Gedankens Sinn eines Satzteiles,"[84] m. a. W.

(KOMP$_2$) Wenn ein Sinn ein Teil des Gedankens ist, den ein Satz ausdrückt, dann wird er durch (mindestens) einen Teil des Satzes ausgedrückt.

Dass nicht jeder sinnvolle Satzteil einen Gedankenteil ausdrückt, schließt ja nicht aus, dass jeder Gedankenteil von einem Satzteil ausgedrückt wird. (In 4-§1 werden wir sehen, welche Erklärungskraft Frege dem ersten Prinzip beimisst, und wir werden Anlass haben, beide Prinzipen in 4-§11 ausführlich zu erörtern.)

Ist die Identitätsthese mit der Überzeugung Freges kompatibel, dass manche Gedanken, die in einer nicht begriffsschriftlich disziplinierten Sprache wie der unseren ausdrückbar sind, in die Wahrheitswert-Lücke fallen (vgl. 1-§§3–4)? Wenn 'A' und 'Es ist wahr, dass A' denselben Gedanken ausdrücken, dann kann der Wahrheitswert-Status (wahr, falsch, weder-noch) des Gedankens, dass A, natürlich kein anderer sein als der des Gedankens, dass es wahr ist, dass A. Aber ist der Gedanke, es sei wahr, dass A, nicht *falsch*, wenn 'A' einen wahrheitswertlosen Gedanken ausdrückt? (Zweifellos falsch ist unter den angegebenen Umständen *der Gedanke, dass der Satz 'A' eine Wahrheit ausdrückt*. Aber *diesen* Gedanken kann auch jemand für wahr halten, der nicht glaubt, dass es wahr ist, dass A. Um ihn für wahr halten zu können, muss er ja nicht wissen, dass 'A' den Gedanken, dass A, ausdrückt.[85] Also besagt 'Es ist wahr, dass A' nicht dasselbe wie 'Der Satz "A" drückt eine Wahrheit aus'.)

---

[83] Belege auf S. 211 u. 593–4.
[84] *1906d*, NS 209; vgl. *1914b*, NS 262.
[85] Der alte Sakristan glaubt, dass Pater Cristofero mit den feierlichen Worten *'Omnia munda mundis'* etwas Wahres gesagt hat, aber daraus folgt nicht,

Kann Frege seine Überzeugung, dass ein bestimmter Gedanke in die Wahrheitswert-Lücke fällt, überhaupt formulieren, wenn die Identitätsthese korrekt ist? Drückt 'A' einen wahrheitswertlosen Gedanken aus, so drückt 'Nicht (der Gedanke, dass A, ist wahr)' nach Freges Überzeugung einen wahren Gedanken aus. Kann er *diesen* Gedanken auch ohne Verwendung von 'wahr' (oder eines sinngleichen Ausdrucks) formulieren? Er kann es jedenfalls nicht mit dem Satz 'Nicht A' tun; denn wenn der Gedanke, dass A, in die Wahrheitswert-Lücke fällt, dann fällt der Gedanke, dass nicht A, mit hinein.

Frege muss die Identitätsthese auf jeden Fall einschränken, wenn er an der Annahme der Wahrheitswert-Lücke *und* an den Regeln der Kontraposition und des Hypothetischen Syllogismus festhalten will. Dass ein Behauptungssatz einen Gedanken ausdrückt, der weder wahr noch falsch ist, ist nämlich schon dann ausgeschlossen, wenn die Äquivalenzthese uneingeschränkt gilt und wenn Deduktionen nach jenen Regeln, wie in Freges Junktorenlogik vorausgesetzt,[86] stets deduktiv korrekt sind:

(1)   Wenn A, dann ist es wahr, dass A.   (↔)

(2)   Wenn es nicht wahr ist, dass A,
        dann nicht A.   1; Kontrapos.

(3)   Wenn nicht A,
        dann ist es wahr, dass nicht A.   (↔)

(4)   Wenn es nicht wahr ist, dass A,
        dann ist es wahr, dass nicht A.   2, 3; Hyp. Syll.

Laut Konklusion (4) ist die Verneinung eines nicht-wahren Gedankens stets wahr, und das stimmt nicht, wenn manche nicht-wahren Gedanken nicht falsch sind. Wenn die Äquivalenzthese zusammen mit den beiden Regeln Wahrheitswert-Lücken ausschließt, dann tut das Freges Identitätsthese im Verein mit ihnen natürlich erst recht. Wenn Frege an der Annahme der Wahrheitswert-Lücke (und den beiden Regeln) festhalten will, muss er die Identitäts- und die Äqui-

---

dass er glaubt, dass den Reinen alles rein ist. Er versteht nämlich kein Wort Latein (Alessandro Manzoni, 'I promessi sposi', Kap. 8).
[86] Kontrapos.: *GG I*, § 15, S. 27$_R$; *Vern* 146a–b; *Ggf* 48a. Hyp. Syll.: *GG I*, § 15, S. 26/27; *Ggf* 47c.

valenzthese zumindest einschränken und sagen, dass sie nur für solche Einsetzungsinstanzen von *(=)* bzw. *(↔)* gelten, in denen für den Satzbuchstaben ein Satz substituiert ist, der einen wahren oder falschen Gedanken ausdrückt. Diese Bedingung ist in einer „logisch vollkommenen Sprache (Begriffsschrift)" erfüllt.

Wer die Elemente in Paaren des Typs {'A', 'Es ist wahr, dass A'} oder {'A', 'Dass A, ist wahr'} versteht, der kann nicht das eine Element als Ausdruck einer Wahrheit akzeptieren, ohne dieselbe Einstellung zu dem anderen Element zu haben. Das gilt auch dann, wenn A einen leeren singulären Term enthält, und es lässt zu, dass jemand, der beide Elemente versteht, zu Recht das längere für den Ausdruck eines falschen und das kürzere für den Ausdruck eines wahrheitswertlosen Gedankens hält. Es ist also mit der Falschheit der Äquivalenz- und erst recht mit der Falschheit der Identitätsthese verträglich. Es ist sogar damit verträglich, dass die Elemente in solchen Paaren *nie* denselben Gedanken ausdrücken. Auch von den Sätzen 'Wismar liegt an der Ostsee' und 'Wismar liegt an der Ostsee, und ein Tag ist länger als eine Stunde' gilt, dass jemand, der beide versteht, nicht den einen als Ausdruck einer Wahrheit akzeptieren kann, ohne dieselbe Einstellung zu dem anderen zu haben. Aber drücken diese beiden Sätze denselben Gedanken aus?

Dass nichts vom Gesagten verloren geht, wenn man den in einem Satz enthaltenen Wahrheits*junktor* tilgt, impliziert allemal nicht, dass das *Prädikat* 'ist wahr' redundant ist. Dass Letzteres nicht der Fall, illustriert Freges zweites Beispiel für eine Verwendung von 'wahr' in 61c: Wenn man in „Was ich vermutet habe, ist wahr" das Prädikat weglässt, drückt man gar keinen Gedanken mehr aus – geschweige denn denselben wie zuvor. Das gilt von allen 'nicht-expressiven' Wahrheitszuschreibungen, in denen die Gedanken nicht *ausgedrückt* werden, für die Wahrheit beansprucht wird, – von singulären wie *(S)* '*Goldbachs Vermutung ist wahr*' und von universellen wie *(U)* '*Alles, was die Partei sagt, ist wahr*'.[87] Wenn es sich so verhält, wie *(S)* sagt, dann muss irgendeine Einsetzungsinstanz des Schemas 'Goldbachs Vermutung ist, dass A; und A', eine Wahrheit ausdrücken. Aber da keiner von uns jeden deutschen Satz versteht, verstehen wir die Adjunktion

---

[87] Vgl. Tarskis Beispiele: 1935, §1, 16: (S) 'Die erste Aussage, welche im Jahre 2000 gedruckt sein wird, ist wahr'; 1944, §16: (U) 'Alles, was aus Wahrem folgt, ist wahr'.

aller Einsetzungsinstanzen dieses Schemas nicht. Das hindert uns nicht daran, den Satz *(S)* zu verstehen. Wenn es sich so verhält, wie *(U)* sagt, dann müssen alle Konditionale der Form 'Wenn die Partei sagt, dass A, dann A' Wahrheiten ausdrücken. Aber da es für jeden von uns viele unverständliche Einsetzungsinstanzen dieses Schemas gibt, verstehen wir die Konjunktion aller seiner Instanzen nicht. Doch wir haben kein Problem, *(U)* zu verstehen. Das in den nicht-expressiven Wahrheitszuschreibungen verwendete Wahrheitsprädikat scheint für uns unentbehrlich zu sein. Nun wird man daraus nicht gern schließen, dass 'wahr' in 'Goldbachs Vermutung ist wahr' einen anderen Sinn hat als in 'Es ist wahr, dass jede gerade Zahl, die größer als 2 ist, als Summe zweier Primzahlen darstellbar ist'. Wir können diese Konklusion vermeiden, wenn wir das Pronomen in dem Wahrheitsvorspann als kataphorisch konstruieren (wie die präludierenden Pronomina in 'Er war weise, der Mann, der den Schierlingsbecher ausleerte' und 'Es ist wahr, was Sokrates damals gesagt hat') und Instanzen von 'Dass A, ist wahr' genau wie ihre nicht-expressiven Gegenstücke als *Prädikationen* auffassen. Wir können dann den Eindruck, dass das folgende Argument deduktiv korrekt (formal schlüssig) ist, leicht erklären:

(P1)   Goldbachs Vermutung ist wahr.

(P2)   Dass jede gerade Zahl, die größer als 2 ist, als Summe zweier Primzahlen darstellbar ist, ist Goldbachs Vermutung. Also:

(K)   Dass jede gerade Zahl, die größer als 2 ist, als Summe zweier Primzahlen darstellbar ist, ist wahr.

Wir können nämlich sagen, dass dieses Argument eine Instanz des logisch allgemeingültigen Argumentschemas 'Fa, b=a ∴ Fb' ist.[88] Frege konstatiert zwar selber ganz allgemein:

[Ein] mit „daß" eingeleitete[r] abstracte[r] Nenn[sa]tz...[[89]] [kann] als Nennwort aufgefaßt werden, ja man könnte sagen: als Eigenname jenes

---

[88] In Freges Logik kann der Übergang zu (K) im Rückgriff auf das sog. Prinzip der Ununterscheidbarkeit des Identischen gerechtfertigt werden.
[89] Zur Terminologie s. o. 291–2.

Gedankens ..., als welcher er in den Zusammenhang des Satzgefüges eintrat. (*SuB* 37a, 39c.)

Aber er wendet diese These nur auf die indirekte Rede und auf Zuschreibungen propositionaler Akte und Einstellungen an, in denen der Satz, vor dem 'dass' steht, nicht immer *salva veritate* (unbeschadet des Wahrheitswertes des Gesagten) durch einen anderen ersetzt werden kann, der einen Gedanken mit demselben Wahrheitswert ausdrückt (s. o. 1-§5). Offenkundig sind Sätze des Typs 'Es ist wahr, dass A' oder 'Dass A, ist wahr' diesem Risiko nicht ausgesetzt: in ihnen kann der Austausch einer Wahrheit (Falschheit) gegen irgendeine andere Wahrheit (Falschheit) den Wahrheitswert des Ganzen nicht affizieren. Aber das gilt auch für Einsetzungsinstanzen von 'Man kann zu Recht behaupten, dass A' oder 'Wer glaubt, dass A, hat recht', in denen wir vom Sinn einer Rede bzw. vom Gehalt einer Einstellung sprechen. Und außerdem interagieren expressive Wahrheitszuschreibungen mit Einstellungsberichten – wie z.B. in dem Argument

> Platon glaubt, dass Sokrates weise ist, und
> es ist wahr, dass Sokrates weise ist.
> Also glaubt Platon etwas, das wahr ist.

Das sieht nach einem formal gültigen Argument aus, und es ist auch eines, wenn es das Schema '*Fa & Ga ∴ ∃x (Fx & Gx)*' instanziiert. Es gibt also gute Gründe, Freges allgemeine These über 'dass'-Sätze auch auf expressive Wahrheitszuschreibungen anzuwenden und sie damit als Prädikationen zu behandeln. Aber das wäre nicht in seinem Sinne.

Frege sagt nirgendwo etwas über die logische Form von nichtexpressiven Wahrheitszuschreibungen. Was er selber mit seinem Beispiel 'Was ich vermutet habe, ist wahr' zeigen will, ist denn auch etwas anderes:[90] Zwischen der Identitätsthese und der kognitiv wichtigen Rolle, die eine Äußerung dieses Satzes spielen kann, besteht zumindest *prima facie* eine Spannung. Er wird in 63a vor-

---

[90] Wer diesen Satz äußert, dürfte in der Lage sein, die nicht-expressive Wahrheitszuschreibung durch eine expressive zu ersetzen: Schließlich spricht er ja von seiner eigenen Vermutung. Der Punkt, den Frege machen will, könnte er auch machen, wenn er den Forscher ausrufen ließe: 'Na also, es ist *doch* wahr, dass A!'

Kapitel 2 419

führen, dass der Schein trügt. Klar ist, dass er Instanzen von 'Es ist wahr, dass A' oder 'Dass A, ist wahr' nicht als Prädikationen aufgefasst wissen will.

„Das Wort 'wahr' erscheint sprachlich als Eigenschaftswort" (59c), aber dient es der Zuschreibung einer Eigenschaft? Die *prima facie* Plausibilität der Identitätsthese lässt es Frege zweifelhaft erscheinen, dass Wahrheit eine Eigenschaft „in dem sonst üblichen Sinne" ist.[91] In 61c–62a stellt er „etwas Zutreffenderes" als die vom „Sprachgebrauch" suggerierte Auffassung der Wahrheit als Eigenschaft in Aussicht; aber er ist nicht mehr dazu gekommen, diese Ankündigung im Rahmen der *LU* wahrzumachen.[92] Vermutlich glaubt er, die adäquatere Konzeption bereits in *FuB*, *SuB* und *GG I* entwickelt zu haben (vgl. 1-§6). Seit Anfang der neunziger Jahre hatte er für die Thesen argumentiert, (i) dass Behauptungssätze nicht nur einen Sinn haben (einen Gedanken ausdrücken), sondern (oft) auch eine Bedeutung, (ii) dass diese Bedeutung jeweils einer der beiden (klassischen) Wahrheitswerte ist und (iii) dass diese Wahrheitswerte Gegenstände sind und (iv) das Behauptungssätze zu diesen Gegenständen in der semantischen Beziehung stehen, in der 'Sokrates' zu Sokrates steht. Es könnte sein, dass Frege während der Arbeit an den *LU* alle vier Thesen immer noch für richtig hielt und dass er sie erst in einem späteren Teil vortragen und begründen wollte, weil er sich darüber im Klaren war, dass zumindest (iii) und (iv) *prima facie* „befremdlich" sind.[93]

Frege wählt in *SuB* 34b anstelle der Formulierung mit dem Wahrheitsprolog die mit dem Rahmen ('Der Gedanke, dass A, ist wahr'), weil bei ihr die Versuchung besonders groß ist, 'ist wahr' für ein echtes Prädikat zu halten. Die substantivische Befügung 'Der Gedanke', die in dem Rahmen eigentlich genauso entbehrlich ist wie die Apposition in 'Die Zahl 2 ist gerade', verstärkt jene Versuchung noch. Nachgeben, so betont Frege in *SuB* 34b, sollte man ihr nicht.

---

[91] Vgl. *1914b*, NS 251–2
[92] Die Interpretationshypothese, das „Zutreffendere" sei bereits mit der Beobachtung gefunden, dass in einer Äußerung mit der „Form des Behauptungssatzes" (oft) der Anspruch verbunden ist, etwas als wahr hinzustellen, ist wenig plausibel. Wenn Frege geglaubt hätte, in 63a bereits die Frage von 62a beantwortet zu haben, was Wahrheit denn nun ist, wenn sie keine Eigenschaft ist, hätte er die Gelegenheit wohl kaum verstreichen lassen, seine Leser das wissen zu lassen. In Wirklichkeit drückt er sich in *Ged*, *Vern* und *Ggf* ständig so aus, „als ob die Wahrheit eine Eigenschaft wäre".
[93] *Vorw* X$_a$; *1896a*, 368. Vgl. *FuB* 14, Anm. 6; *SuB* 34a.

(Sein Argument dafür werden wir in §3 besprechen.) Auch in dem folgenden Passus ist keine Rede davon, dass Wahrheit vielleicht in einem unüblichen Sinn doch eine Eigenschaft ist:

> Wenn wir sagen „der Gedanke ist wahr", scheinen wir die Wahrheit als eine Eigenschaft dem Gedanken beizulegen. Wir hätten dann den Fall der Subsumtion. Der Gedanke würde als Gegenstand dem Begriffe des Wahren subsumiert. Hier täuscht uns aber die Sprache. Wir haben nicht das Verhältnis des Gegenstandes zur Eigenschaft, sondern das des Sinnes eines Zeichens zu dessen Bedeutung. (*1906d*, NS 211.)

Acht Jahre später argumentiert Frege wieder, „dass die Wahrheit nicht eine Eigenschaft ... eines Gedankens ist, wie man der Sprache folgend annehmen könnte," sondern „dass der Gedanke sich zu seinem Wahrheitswerte als Sinn zur Bedeutung desselben Zeichens verhält" (*1914b*, NS 252). Weder der Text der *LU* noch irgendeines der nachgelassenen Manuskripte Freges aus seinen letzten Lebensjahren enthält Indizien dafür, dass er diese Auffassung jemals aufgegeben hat. In den *LU* tritt die Vokabel 'Wahrheitswert' ausschließlich in Kontexten des folgenden Typs auf: 'Der Gedanke X hat denselben Wahrheitswert wie der Gedanke Y', und ihr Gebrauch in solchen Kontexten wird erklärt durch 'Entweder sind beide Gedanken wahr, oder sie sind beide falsch': *Ged* 66a, *Vern* 157c und *Ggf* 51. Diesen Stellen kann man daher nicht entnehmen, wie Frege 1918–1923 zu den Thesen (i) bis (iv) steht. Dass er nach der Publikation von *Ged* noch davon überzeugt war, dass manche Sätze eine Bedeutung haben (i) und dass ihre Bedeutung ein Wahrheitswert ist (ii), geht aber aus seinen Aufzeichnungen für Darmstaedter eindeutig hervor:

> Alle Sätze, die einen wahren Gedanken ausdrücken, haben dieselbe Bedeutung, und alle Sätze, die einen falschen Gedanken ausdrücken, haben dieselbe Bedeutung (das *Wahre* und das *Falsche*). (*1919c*, NS 276, Freges Herv.)

Am Dualismus von Gegenstand und „Funktion, also Nichtgegenstand" hat Frege nachweislich stets festgehalten (*1924/25a*, NS 292). Da das Wahre und das Falsche für ihn ganz gewiss keine Funktionen sind, ist er 1919 also auch noch der Meinung, dass Wahrheitswerte Gegenstände sind (iii). Es gibt zwar keinen Beleg dafür, dass er die Beziehung eines Behauptungssatzes zu seinem Wahrheitswert wei-

Kapitel 2

terhin mit der Beziehung eines singulären Terms zu seinem Denotat identifiziert (iv), aber es gibt auch keinen Beleg dagegen.

Wenn Wahrheit eine *bona fide* Eigenschaft ist und wenn Gedanken zerlegbare Entitäten sind, dann kann man die Frage, aus welchen Komponenten der Gedanke besteht, der durch den Satz 'Der Gedanke, dass A, ist wahr' ausgedrückt wird (in der 'A' einen Satz abkürzen möge) so beantworten: Aus dem Sinn von 'Der Gedanke, dass A' und dem Sinn von 'ist wahr'. Freges Antwort lautete schon in den neunziger Jahren: Aus denselben Komponenten wie der Sinn von 'A'. Ist Wahrheit eine *bona fide* Eigenschaft, so ist

(1)   Der Satz 'A' drückt einen wahren Gedanken aus

genau dann korrekt, wenn gilt: Der Gedanke, den 'A' ausdrückt, fällt unter den Begriff, den [hat die Eigenschaft, die] das Prädikat 'ist wahr' bedeutet. In Freges Augen trifft (1) hingegen genau dann zu, wenn gilt:

(F1)   Der Satz 'A' bedeutet das Wahre.

Das Wahre zu bezeichnen, ist eine relationale *semantische* Eigenschaft gewisser Sätze, und diese Eigenschaft wird in den Frege'schen Pendants zu Tarskis W-Äquivalenzen[94] zugeschrieben:

($\leftrightarrow_S$)   'A' bedeutet genau dann das Wahre, wenn A.

Ist die Beziehung des Satzes zu seinem Wahrheitswert nun aber keine andere als die eines Namens zum Namensträger, so trifft (F1) nach Freges Konzeption dieser Beziehung genau dann zu, wenn gilt:[95]

(F2)   Der Sinn von 'A' ist eine Art des Gegebenseins des Wahren.

(Ist 'A' der Satz 'Die Erde bewegt sich', so ist das Wahre gegeben als Wert der Funktion *( ) bewegt sich* für die Erde als Argument.) Wird in (F2) nicht doch eine echte Eigenschaft zugeschrieben, von der auch Frege zugeben müsste, dass sie allen und nur den wahren Gedanken zukommt: die relationale Eigenschaft, eine Art des Gegebenseins des Wahren zu sein? Wer akzeptiert, dass Wahrheitswerte

---

[94] Sätze der Form '*S* ist wahr genau dann, wenn *p*', in denen an der '*S*'-Stelle ein Satz erwähnt wird, dessen Übersetzung (im Grenzfall: dessen Echo) auf der rechten Seite gebraucht wird. Vgl. Tarski 1935, §3, 45/46.
[95] Vgl. 1-§2.2 u. unten §5.2.

Gegenstände sind, kann schwerlich umhin, Wahrheit mit dieser relationalen Eigenschaft zu identifizieren.

Die Gedankenausdrücke in einer BS enthalten in Gestalt des Waagerechten ein Prädikat, das die Eigenschaft, mit dem Wahren identisch zu sein, bedeutet (vgl. 1-§7). In einer Vorlesung bezeichnet Frege die Funktion — ξ denn auch als „Begriff des Wahren" (*1913*, 20). Das Wahre ist ein Gegenstand. Kein Gegenstand kann ausgesagt werden. Also kann das Wahre nicht ausgesagt werden. Aber wie jeder Begriff kann der Begriff des Wahren, also ( ) *ist mit dem Wahren identisch* ausgesagt werden. Er wird in einer BS „immer mit ausgesagt ..., wenn irgend etwas ausgesagt wird":[96] man kann in einer BS nicht von der Erde aussagen, dass sie sich bewegt, ohne von dem Wahrheitswert davon, dass die Erde sich bewegt, auszusagen, dass er mit dem Wahren identisch ist. ('Aussagen' ist bei Frege nicht eine alternative Bezeichnung für die Sprechakt-Sorte ist, die er 'Behaupten' nennt. Sein Gebrauch jenes Wortes ist vielmehr bestimmt von der schulgrammatischen Klassifikation des Prädikats als 'Satzaussage', als 'Aussageteil' eines Satzes – im Unterschied zum Subjekt als 'Satzgegenstand' [vgl. *c.1883b*, NS 71]. Er verwendet 'Aussage' und 'aussagen' primär in Kontexten des Typs 'Der Satz S enthält eine *Aussage von* (= über) X' und 'In S wird *von* X etwas *ausgesagt*' [vgl. *BuG* 193c–194]. Aussagen ist Prädizieren, und es kann ohne behauptende Kraft erfolgen.[97]) Oder steuert der Waagerechte in Freges Augen genausowenig etwas zum ausgedrückten Gedanken bei wie die Wahrheitsjunktoren in den „Volkssprachen"? Frege suggeriert das mit dem ersten Satz in der folgenden Passage:

[Mit dem Begriffsschriftsatz '⊢— 2^2=5'] behaupten wir, dass 2^2=5 nicht das Wahre ist *oder* dass 2^2 nicht 5 ist. Es ist aber auch

—⊤— 2

das Wahre, weil — 2 das Falsche ist:

⊢— 2;

d. h. 2 ist nicht das Wahre. (*FuB* 23, meine Herv.; wiederholt in *GG I*, §7.)

---

[96] *Log*$_2$ 137, 138 (in der Inhaltsangabe, aber nicht im Text), 140; vgl. *Ged* 61c.
[97] Man kann also Freges These: „Die Zahlangabe enthält eine Aussage von einem Begriffe" (*GL*, §46, Überschrift) nicht durch den Hinweis widerlegen, dass 'Gibt es in Deutschland drei Stadtstaaten?' kein Behauptungssatz ist (so Friedrich Waismann 1936, 81). Auch in 'Hat der Begriff eines deutschen Stadtstaates die Eigenschaft, drei Gegenstände unter sich zu befassen?' wird etwas von etwas ausgesagt.

Aber schon der zweite Satz zeigt, dass Frege den Waagerechten nicht für propositional redundant erklären will. Dieses Zeichen kann ja auch vor einem singulären Term stehen: Während '— 2' einen falschen Gedanken ausdrückt, drückt '2' überhaupt keinen Gedanken aus.

Halten wir fest: Wer behauptet, es sei wahr, dass die Erde sich bewegt, der behauptet nach Frege nichts anderes als dass die Erde sich bewegt: er konstatiert eine astronomische Tatsache. Wenn man hingegen behauptet, der Satz 'Die Erde bewegt sich' bedeute das Wahre, so konstatiert man eine semantische Tatsache. Und behauptet jemand, der Wahrheitswert des Gedankens, dass die Erde sich bewegt, sei mit dem Wahren identisch, dann konstatiert er – so könnte man sagen – eine quasi-semantische Tatsache. (Im strengen Sinne semantisch ist sie nicht; denn sie handelt ja nicht von Zeichen.)

§3. Form und behauptende Kraft.[98] (62b–63a)

Nicht alle Sätze besagen etwas, nach dessen Wahrheitswert man fragen könnte. Der restriktive Relativsatz (von Frege oft „Beisatz" genannt) in 'Der Philosoph, der den Schierlingsbecher leerte, hat nie ein Buch geschrieben' oder die Teilsätze in 'Wo ein Wille ist, ist auch ein Weg' und 'Wer wagt, gewinnt' drücken keine Gedanken aus.[99] Sätze, die Gedanken ausdrücken, nannte Frege 1906 „eigentliche Sätze",[100] und in *Ggf* (37c, u.ö.) und *Allg* (280) wird er es wieder tun. Auch viele selbständige Sätze unterscheiden sich dadurch von

---

[98] VERGLEICHE: *BS* §§2–3; *Log₁* 2, 7–8; *FuB* 21–22; *SuB* 34, 38–39; *GG I*, §§2, 5; *Log₂* 150; *1896a*, 377; *1902d*, WB 235; *1903c*, 371; *1906d*, NS 201; *n.1906*, NS 213–214; *1910*, WB 119–120 (*sub* [8], [9]); *1914b*, NS 251–252; *1915*, NS 271–272; *1917b*, WB 33–34; *Vern* 143–146a, Anm. 4, 151b–152b; *1919c*, NS 273; *Ggf* 37–38. [ZU ANM. 2 U. 3]: *SuB* 39–44; *1906a*, 377–379; *1906d*, NS 206–207; *n.1906*, NS 215; *1917b*, WB 34–36; *Ggf* 37, 46–47.

LITERATUR: Dummett, FPL, Kap. 10; Stepanians 1998, Kap. 3–6, 12; Carl 1994, 92–96; Harnish 2001; Künne 2003b; van der Schaar 2007. Vgl. 1-§7. [ANERKENNEN]: Ricketts 1996, bes. 131, dagegen: Stepanians 1998, 83–87, Kremer 2000. Gabriel 2003; Textor, demnächst. Vgl. oben 307–9. [LÜGEN]: Künne 2008, Kap. 4 (Lit.).

[99] *Ged* 62 Anm. 2 und 3 (Ende). Komplexe Sätze wie 'Wer wagt, gewinnt' sind Thema von *Allg*.

[100] *1906a*, II: 381, 394, III: 427, 429; *1906d*, NS 207; *1906e*, WB 103–104; *n.1906*, NS 215.

Behauptungssätzen, dass sie nichts ausdrücken, bei dem Wahrheit in Frage kommt ('Wo liegt Jena?'). An einem „Behauptungssatz" S (womit Frege etwas Wahrnehmbares, eine Äußerung oder Inskription meint[101]) kann zweierlei unterschieden werden:

(i) die „Form" von S, die indiziert, dass es sich um einen Behauptungssatz handelt, und

(ii) der „Inhalt" von S, der entweder der durch S ausgedrückte Gedanke ist oder ihn enthält.

(Das zweite Adjunkt in (ii) erklärt Frege später.) Jeder Behauptungssatz steht in einer besonders engen semantischen Beziehung zu einem bestimmten Fragesatz. Frege unterscheidet „Wort-" und „Satzfragen", d. h. Ergänzungs- und Entscheidungsfragen.[102]

Wenn er schreibt: „In einer Wortfrage sprechen wir einen unvollständigen Satz aus" (62b), so will er bestimmt nicht bestreiten, dass 'Wo liegt Jena?' (im Unterschied etwa zu 'Wo liegt' und 'liegt Jena') ein syntaktisch vollständiger Satz ist. Was will er dann sagen? Eine Äußerung des Ergänzungsfragesatzes 'Wo liegt Jena?' indiziert durch ihre Form die Aufforderung,[103] das Satzfragment 'Jena liegt ...' durch eine Ortsangabe zum Ausdruck eines wahren Gedankens zu ergänzen: das Fragewort am Anfang einer Ergänzungsfrage gibt an, welche Art von Vervollständigung gewünscht ist. Freges Charakterisierung der Wortfragen erinnert sehr an eine, die er in den 'Nouveaux Essais' gelesen haben könnte: Leibniz beschreibt sie als Fragen, „bei denen es [etwas] zu ergänzen gibt (*où il y a [quelque chose] à suppléer*)", als „Fragen, die einen Teil des Satzes unausgefüllt lassen (*questions, qui laissent une partie de la proposition en blanc*)".[104]

Eine Äußerung des Entscheidungsfragesatzes 'Liegt Jena an der Saale?' indiziert durch ihre Form die Aufforderung, den Wahrheitswert des durch den Fragesatz ausgedrückten Gedankens anzugeben.

---

101 Belege: 394, Anm. 40. Vgl. 1-§1
102 Aristoteles erörtert diesen Unterschied in *Topik* VIII, 2, 158ª14–22 u. *De Interpretatione* 11: 20ᵇ22–30. Er nennt Entscheidungsfragen „dialektische Fragen". Vgl. Weidemann 2002, 370–373. Wir werden bald sehen, dass Frege eine besondere Sorte von Entscheidungsfragen im Auge hat.
103 Auch in Aristoteles' Augen enthält ein Fragesatz eine „Aufforderung (αἴτησις)" (*De Int.* 11: 20ᵇ22–23).
104 Leibniz, N. E. IV, 2 [A VI.6, 368].

Das Form-Moment, das diese Aufforderung indiziert, kann auch die besondere Intonation einer Äußerung von 'Jena liegt an der Saale' sein. (Durch eine Äußerung von 'Ja' oder 'Nein' kommt man dieser Aufforderung auf lakonische Weise nach. Es gibt keinen Gedanken, den man nicht durch eine Äußerung des Fürsatzes 'Ja' ausdrücken kann.) Ein Fragesatz dieses Typs drückt also denselben Gedanken aus wie der entsprechende Behauptungssatz, beide haben denselben *noëmatischen*, aber gewiss nicht denselben *konventionalen sprachlichen* Sinn).

Nun kann man auch mit dem Satz 'Liegt Jena an der Saale, oder nicht?' eine Entscheidungsfrage stellen, und es scheint einerlei zu sein, ob man 'oder nicht' anhängt oder ob man es bleiben lässt. Frege scheint das auch selber so zu sehen, wenn er schreibt:

> „[B]ei der Frage schwanken wir zwischen Gegensätzen. Obwohl durch die Sprache gewöhnlich nur die eine Seite ausgedrückt wird, so ist die andere doch von selbst immer da; denn es bleibt der Sinn der Frage derselbe, wenn wir hinzufügen: „oder nicht?". [Fußnote]: Es ist hier natürlich nur von der Satzfrage, nicht von der Wortfrage die Rede. (*Log$_1$* 8.)

Aber bei einem Text wie diesem, der lange vor der Einführung der Sinn/Bedeutung-Distinktion entstanden ist, sollten wir nicht unterstellen, dass Frege mit 'Sinn' dasselbe meint wie seit 1890. Eine Äußerung der Form 'A, oder nicht (sc. A)?' drückt denselben Gedanken aus wie die Tautologie 'A oder nicht A.', also einen *anderen* Gedanken als den, der von 'A.' ausgedrückt wird. In *Ged* sagt Frege von den Satzfragen: „Wir erwarten 'ja' zu hören oder 'nein'" (62b). Diese Erwartung haben wir nicht, wenn wir fragen: 'Liegt Jena an der Saale, oder nicht?'. Hier darf man bei der Antwort nicht einsilbig sein: erwartet wird 'Ja, Jena liegt dort' oder 'Nein, Jena liegt nicht dort'. Die Satzfragen, von denen Frege in *Ged* spricht, erlauben die einsilbigen Antworten.

Solche Ja/Nein-Fragen unterscheiden sich von den entsprechenden Behauptungssätzen nur in ihrer Form: in der Anordnung der Wörter, in der Intonation. Halten wir uns an mündliche Äußerungen solcher Sätze, bei denen es keine Interpunktion gibt, so ist das Form-Moment in beiden Fällen kein abtrennbarer Teil der Äußerung. Die „Zerlegbarkeit" des Behauptungssatzes, von der Frege spricht, ist also in unserer „Volkssprache" keine Zerlegbarkeit in Bestandteile. Wäre sie es, so wäre sie nicht so „leicht zu übersehen". In seiner BS trifft Frege Vorkehrungen, um den Unterschied zwischen dem, was den Behauptungscharakter indiziert, und dem, was einen Gedanken ausdrückt, unübersehbar zu machen.[105]

Anders als viele Sprechakt-Theoretiker, die er inspiriert hat, sagt Frege nur von Ja/Nein -Fragesätzen, dass sie dieselben Gedanken ausdrücken wie die entsprechenden Behauptungssätze. Ist diese Restriktion plausibel? Betrachten wir die folgenden Sätze:

(a) Die Tür ist geschlossen.
(b) Ist die Tür geschlossen?
(c) Wäre die Tür doch geschlosssen!
(d) Schließ die Tür!

Auf die Tür X zur Zeit T Bezug nehmend, kann man mit (b) nach dem Wahrheitswert desjenigen Gedankens fragen, dessen Wahrheit im selben Kontext mit (a) behauptet werden kann. Aber in diesem Äußerungskontext kann man die Wahrheit just dieses Gedankens doch auch mit (c) für wünschenswert erklären. Warum also nicht sagen, dass Äußerungen von (a), (b) und (c) im selben Kontext denselben Gedanken ausdrücken? Es sieht so aus, als hätte Frege die Optative zu Unrecht aus der Klasse der Gedankenausdrücke ausgeschlossen. Gilt das auch für die Imperative? Der Gedanke, den eine Äußerung von (a) bei Bezugnahme auf X zu T ausdrückt, ist sicher nicht der Gedanke, für dessen Wahrheit zu sorgen man jemanden im selben Kontext durch eine Äußerung von (d) auffordert. Äußerungen von (a) und (d) im selben Kontext drücken also nicht denselben

---

[105] Siehe 1-§7. Dass „auch ein Nebensatz eine Behauptung enthalten kann" (Anm. 3), kann man sich an Beispielen wie 'Es ist wahr (der Fall, eine Tatsache), dass Caesar ermordet wurde' klarmachen. Vielleicht sieht Frege auch in faktiven Zuschreibungen propositionaler Einstellungen wie 'Marcus Antonius weiß (erkennt), dass Caesar ermordet wurde' (vgl. *SuB* 47b–48a) einen Beleg für seine These. Hier könnte man freilich auch sagen: Wer so etwas behauptet, ist zwar *eo ipso* zur Behauptung des im Nebensatz Gesagten bereit; aber er behauptet es nicht im selben Atemzug. Dann würde man solche Äußerungen so behandeln, wie Frege Konjunktionen behandelt (s. u. 4-§4). Welchen „Vorteil" wir Sprecher des Deutschen der unterschiedlichen Stellung der finiten Verbform in Haupt- und Nebensätzen verdanken, wird (mir) durch Anm. 3 nicht klar. Außerdem besteht dieser Unterschied keineswegs immer: In 'Sie geht, wenn er kommt' und in Satzgefügen mit uneingeleiteten Nebensätzen wie 'Kommt er, so geht sie' oder 'Ich dachte, er kommt' unterscheiden sich Haupt- und Nebensatz nicht durch die Position des konjugierten Verbs.

Kapitel 2

Gedanken aus. Im Übrigen gibt es auch gar nicht so etwas wie *den* Gedanken, für dessen Wahrheit zu sorgen der Adressat einer Äußerung von (d) aufgefordert wird. Der Adressat kann den Befehl ja durch Schließen von X innerhalb einer gewissen Zeitspanne nach T zu diversen Zeitpunkten befolgen, und welcher der vielen in diesem Zeitintervall durch (a) ausdrückbaren Gedanken wahr ist, weil der Befehl befolgt wurde, hängt vom Zeitpunkt der Befehlsbefolgung ab. Man versteht eine Äußerung von (d) nur, wenn man weiß, was für ein Gedanke wahr sein muss, wenn ein mit (d) gegebener Befehl befolgt wurde. Aber es gibt keinen bestimmten Gedanken, von dem man das wissen müsste. Das spricht für Freges Ausgrenzung der Imperative.

In *SuB* hat Frege seine Theorie der *Oratio obliqua* (vgl. 1-§5) auch auf indirekte Befehls- und Fragesätze angewandt. Da er an dieser Theorie auch noch nach der Veröffentlichung von *Ged* festhielt (*1919c*, NS 276), dürfen wir annehmen, dass auch der Verfasser der *LU* noch zu dieser Anwendung bereit ist.

[1] Der Nebensatz mit „daß" nach „befehlen", „bitten", „verbieten" würde in gerader Rede als Imperativ erscheinen. [2] Ein solcher hat keine Bedeutung, sondern nur einen Sinn. [3] Ein Befehl, eine Bitte sind zwar nicht Gedanken, aber sie stehn doch mit Gedanken auf derselben Stufe. [4] Daher haben in den von „befehlen", „bitten" u.s.w. abhängigen Nebensätzen die Worte ihre ungerade Bedeutung. [5] Die Bedeutung eines solchen Satzes ist also nicht ein Wahrheitswerth, sondern ein Befehl, eine Bitte u. dgl.

[6] Aehnlich ist es bei der abhängigen Frage in Wendungen wie „zweifeln, ob", „nicht wissen, was". Daß auch hier die Wörter in ihrer ungeraden Bedeutung zu nehmen sind, ist leicht zu sehn. [7][In] abhängigen Fragesätze[n] mit „wer", „was", „wo", „wann", „wie", „wodurch" u.s.w. ... haben wir ... ungerade Bedeutung der Worte, sodaß ein Eigenname nicht allgemein durch einen andern desselben Gegenstandes ersetzt werden kann.

[8] In den bisher betrachteten Fällen hatten die Worte im Nebensatze ihre ungerade Bedeutung und daraus wurde erklärlich, daß auch die Bedeutung des Nebensatzes selbst eine ungerade war; d.h. nicht ein Wahrheitswerth, sondern ein Gedanke [bei den zuvor besprochenen Inhaltsklauseln nach „behaupten", „glauben"], ein Befehl, eine Bitte, eine Frage. (*SuB* 38e–39c, '[ ]' von mir eingefügt.)

Die in [1] beschriebene Konstruktion pflegen wir selten zu gebrauchen. Statt 'Sie befiehlt (bittet, verbietet), dass der Türsteher den volltrunkenen Gast vor die Tür setzt' sagen wir eher 'Sie befiehlt (etc.) dem Türsteher, den volltrunkenen Gast vor die Tür zu setzen', und auch im Englischen wäre hier die Verwendung der satzwertigen Infinitivkonstruktion natürlicher. Aber bei beiden Formulierungen gilt: auch wenn der unerfreuliche Gast niemand anderes als der Polizeipräsident ist, riskiert man, dass aus Wahrem Falsches wird, wenn man die eine Kennzeichnung durch die andere ersetzt ([4], [7]). Worauf bezieht sich die Phrase „ein solcher" in [2]? Nicht auf den Nebensatz; denn der hat ja laut [5] sehr wohl eine Bedeutung, sondern auf den Imperativ.[106] Daraus dass Frege den Imperativen in [2] Bedeutung *tout court* abspricht, darf man schließen, dass für ihn als Satzbedeutung nur ein Wahrheitswert in Frage kommt. Wie in *Ged* schreibt Frege den Imperativen auch in [2, 3] einen Sinn zu, der kein Gedanke ist. In [3], [5] und [8] bezeichnen die Terme 'Befehl' und 'Bitte' nicht die gleichnamigen illokutionären Akte, sondern deren Gehalte; denn sonst stünde das, was sie hier bezeichnen, ja nicht „mit Gedanken auf derselben Stufe". In [6, 7] zeigt Frege, dass von den Inhaltsklauseln in indirekten Fragesätzen *mutatis mutandis* dasselbe gilt. Der Städtename in

—: Ben fragt sich, *ob* Jena an der Saale liegt
—: Ben fragt sich, *wo* Jena liegt

kann nicht *salva veritate* durch 'die Stadt, in der Schiller Professor war' ersetzt werden, wenn Ben nicht weiß, dass Schiller in Jena Professor war. Aus [8] geht hervor, dass Frege 1892 noch *nicht* der Meinung war, dass Ja/Nein-Fragesätze Gedanken ausdrücken. Er macht hier nämlich keinen Unterschied zwischen Inhaltsklauseln, die durch Interrogativpronomina oder -adverbien eingeleitet werden [7], und solchen, die mit „ob" beginnen [6]: die einen wie die anderen bedeuten keine Gedanken, sondern Fragen – etwas, was „mit Gedanken auf derselben Stufe" steht. Die Gegenstücke beider Sorten von Inhaltsklauseln in der direkten Rede drücken also nicht Gedanken aus, sondern Fragen. (Natürlich sind in [8]

---

[106] In der heute meistbenutzten englischen Übersetzung (Black 1948) wird die Phrase mit „Such a sentence" wiedergegeben, in Feigl 1947 mit „Imperatives", was der Sache nach völlig korrekt ist. Ganz irreführend ist Harnishs Übersetzung: „Such clauses" (s. o. Lit.).

auch mit dem Wort 'Fragen' nicht die gleichnamigen illokutionären Akte gemeint, sondern deren Gehalte.) 1918 hat Frege auch keinen Grund mehr, den Ja/Nein-Fragesätzen abzusprechen, was er Behauptungssätzen zuspricht, nämlich dass sie (oft) einen Wahrheitswert bedeuten.

Wenn Frege am Ende von 62b die Trias von zwei psychischen Akten und einem sprachlichen beschreibt, legt er sich mindestens auf die folgenden Thesen fest:

(α)   Wenn jmd den Gedanken, dass A, bloß fasst, denkt er [den Gedanken], dass A, bloß.

(β)   Wenn jmd den Gedanken, dass A, als wahr anerkennt, urteilt er, dass A (Log_2 150).

(γ)   Wenn jmd sein Urteil, dass A, kundgibt, behauptet er, dass A (Log_2 150).

Ob er in allen drei Fällen auch bereit wäre, ein 'und umgekehrt' anzuhängen, wird zu prüfen sein. Die Formulierung (α) macht durch 'dass A' explizit, dass es nicht um Denken-an, sondern um propositionales Denken geht. Durch das zweifache 'bloß' (=: 'im Modus des Dahingestellt-sein-Lassens', 'ohne Stellungnahme') soll sichergestellt werden, dass die Akt-Sorte Urteilen nicht eine Spezies der Akt-Sorte ist, von der in (α) die Rede ist; denn man kann ja nicht urteilen, dass A, ohne den Gedanken, dass A, zu denken (s. o. 377). Der Klammer-Zusatz soll dafür sorgen, dass 'denken' hier nicht wie in 'Er denkt, dass die Invasion ein Fehler war', also im Sinne von 'glauben' interpretiert wird.

In Fällen wie den folgenden wird der Gedanke, dass A, von einer Person gefasst, ohne von ihr als wahr anerkannt zu werden:

—:   sie liest mit Verständnis, aber ohne Stellungnahme einen Satz, der besagt, dass A;

—:   sie fragt sich, ob A;

—:   sie nimmt den Fall, dass A, bloß an, „ohne gleich über sein Eintreten zu urtheilen";[107]

---

[107] *FuB* 21–22: in Meinong 1910, 6 als der erste Ansatz zu einer Theorie der *Annahme* gepriesen; vgl. Russell 1903b, 502, Anm.

—: sie fällt das Urteil, dass (B, falls A);

—: sie fällt das Urteil, dass (A oder B).

Mit seinem Dictum „Denken ist Gedankenfassen" (NS 201, 214) unterschreibt Frege die Umkehrung von (α). Sie ist nicht unproblematisch, wenn man 'fassen' wie Frege in 74b–77 versteht (s. u. §9.1).

Wenden wir uns nun dem zweiten mentalen Akt in Freges Trias zu. Das Prädikat im Vordersatz von

(β)   Wenn jmd den Gedanken, dass A, als wahr anerkennt, urteilt er, dass A.

ist nicht faktiv: daraus, dass der Gedanke, dass A, als wahr anerkannt wird, folgt nicht, dass es der Fall ist, dass A. So wie man eine gerichtliche Entscheidung auch fälschlicherweise als rechtmäßig und eine Forderung auch fälschlicherweise als zu Recht bestehend anerkennen kann, so man kann einen Gedanken auch fälschlicherweise (zu Unrecht) als wahr anerkennen.[108] (Freges 'anerkennen' wird oft mit 'recognize' übersetzt. Ist das englische Verbum faktiv, so ist die Übersetzung schlecht, und die Wiedergabe mit 'acknowledge' ist entschieden vorzuziehen.[109]) Wenn Frege in *Vern* 152a schreibt: „Beim Urteilen handelt es sich immer um Wahrheit", so meint er, dass es demjenigen, der urteilt, um Wahrheit geht, dass er wahrheitsgemäß urteilen will. Soll (β) Licht auf den Sinn von 'urteilen, dass A' werfen, so darf 'den Gedanken, dass A, als wahr anerkennen' nicht so viel heißen wie 'urteilen, dass der Gedanke, dass A, wahr ist' (zumal Letzteres in Freges Augen [s. o. §2.3] nichts anders heißt als 'urteilen, dass A'). Gemeint ist: den Gedanken, dass A, *auf eine bestimmte Weise* denken, nämlich *thetisch*, mit Festlegung auf seine Wahrheit, mit Zustimmung.[110]

---

[108] In *1906d*, NS 201 scheint Frege das für einen Moment vergessen zu haben.
[109] In Geach 1977d, der Übersetzung von *Vern*, wird 'anerkennen' mit 'acknowledge', 'recognize', 'see' (145a), und 'admit' (147d) wiedergegeben, und mit 'recognize' wird auch 'erkennen' übersetzt (147a, 148c).
[110] Das Adverb 'thetisch (setzend)' ist eine terminologische Anleihe bei Husserl (s. u.). Gelegentlich spricht Frege vom Denken eines Gedankens mit „urteilender Kraft" (*1906b*, NS 201); aber diese Formulierung ist natürlich nicht hilfreich, wenn man sich allererst über den Sinn von 'urteilen' verständigen will.

Kapitel 2 431

Frege schreibt: „ich [verstehe] unter Urtheil die Anerkennung der Wahrheit eines Gedankens" (*GG I*, § 5), er akzeptiert also auch die Umkehrung von (β):

(β-konv)   Wenn jmd urteilt, dass A, dann erkennt er den Gedanken, dass A, als wahr an.

Während (β-konvers) unproblematisch ist, ist (β) selber es nicht. Wer den Gedanken, dass A, seit vielen Jahren als wahr anerkennt, hat schwerlich jahrelang geurteilt, dass A, also Akte des Urteilens, dass A, vollzogen.[111] Dieses Problem könnte beseitigt werden, wenn man (β) ersetzt durch

(B)   Wenn jmd den Gedanken, dass A, als wahr anerkennt, dann *glaubt* er, dass A.

Die Konjunktion von These (B) und ihrer Umkehrung findet sich der Sache nach schon bei Augustinus und Thomas von Aquin: 'Glauben ist: mit Zustimmung Denken *(credere est cum assensione cogitare)*'.[112] Mit 'Zustimmung und Billigung *(assensio atque approbatio)*' und '*assensus*' hatte Cicero den Terminus '*συγκατάθεσις*' wiedergegeben, mit dem die Stoiker die Zustimmung zu einem wahrheitswertfähigen 'Sagbaren *(λεκτόν)*' bezeichneten. Entsprechend sagt Descartes vom „Urteilsakt *(actus iudicandi)*", dass er „in nichts anderem als in der Zustimmung besteht *(non nisi in assensu ... consistit)*".[113] Kant spricht im selben Zusammenhang von *Beifall*.[114] Brentano charakterisiert das affirmative Urteil als *Anerkennen* (und das negative als Verwerfen).[115] Windelband nimmt Cice-

---

[111] Manchmal gewinnt man eine Überzeugung, wenn man urteilt (*Log*$_2$ 157), und manchmal 'aktiviert' man im Urteilsakt eine Überzeugung, die man längst hat. Wie kurzlebig unsere Überzeugungen (Ansichten, Meinungen) auch sein mögen, sie sind keine Akte. In *SuB* 34a charakterisiert Frege das Urteilen erst als *etwas für wahr halten* und dann in einer Fußnote als *etwas als wahr anerkennen*, und in *Ged* 74c gebraucht er diese beiden Wendungen ebenfalls als stilistische Varianten voneinander. Klarerweise ist Fürwahrhalten kein Akt.
[112] Vgl. Augustinus 429, Kap. 2; Thomas, QVer q. 14, a. 1.
[113] Descartes 1647, 363; vgl. 1641, I, § 2, IV, § 11. Vgl. 3-§ 6.
[114] Kant, Logik, 111, 114.
[115] „Es kommt hier [sc. beim Urteilen] zu dem Vorstellen eine zweite intentionale Beziehung zum vorgestellten Gegenstande hinzu, die des Anerkennens oder Verwerfens" (Brentano 1889, 16; vgl. 1874, 38). Wer urteilt, dass manche Philosophen Griechen sind, stellt sich Philosophen, die Griechen

ros 'approbatio' auf, wenn er das affirmative Urteil als ein *Billigen* (und das negative als ein Missbilligen) bezeichnet.[116] Rickert folgt ihm darin, spricht im selben Atemzug aber auch von *Anerkennen* (vs. Verwerfen).[117] – Wie gut sind diese Charakterisierungen? Wer urteilt oder glaubt, dass die Invasion begonnen hat, kann es sehr misslich finden, dass die Invasion begonnen hat. Der Gedanke an ein Gutheißen, ein inneres Applaudieren ist also fernzuhalten; weshalb die Rede von 'Billigung' und 'Beifall' hier sehr irreführend ist.[118] Und auch bei der Rede von 'Zustimmung' handelt es sich eigentlich um eine Übertragung; denn sie ist in Kommunikationskontexten zuhause: wir stimmen dem zu, was eine andere Person behauptet hat, oder wir stimmen ihr in dem zu, was sie behauptet hat.[119] –

Was versteht Frege unter Anerkennen? Dieser in der Literatur kontrovers diskutierten Frage wollen wir uns nun ein paar Seiten lang zuwenden. Statt in Wörterbüchern des 19. Jh. nachzuschlagen (als handelte es sich hier um ein Wort, dessen Frege'scher Gebrauch längst *passé* ist), wollen wir versuchen, uns einen Überblick über die Kontexte zu verschaffen, in denen Frege das Wort gebraucht.[120] Strukturell kann man in Freges Schriften die folgenden fünf Verwendungsweisen des Verbums 'anerkennen' (und entsprechende des Verbalsubstantivs 'Anerkennung') unterscheiden:

[I]   etwas als [ein] F anerkennen

---

sind, nicht nur vor, sondern er *erkennt* sie *an*, und wer urteilt, dass alle Philosophen sterblich sind, *verwirft* unsterbliche Philosophen: – so Brentano 1874, 56–60 (vgl. Prior 1976, 111–116). Das, was anerkannt (verworfen) wird, ist bei Brentano also etwas ganz anderes als in Freges These (2). Ein weiterer entscheidender Unterschied nicht nur zwischen Frege und *Brentano* wird uns in 3-§6 beschäftigen: für Frege ist das Als-falsch-Verwerfen keine mit dem Als-wahr-Anerkennen koordinierte zweite Urteilsqualität.

[116] Windelband 1884, 173–174, *et passim*.
[117] Rickert 1892, 57 ≈ 1904, 105–106 u. 1921, 164, 166
[118] Vgl. die Metakritik an Windelband in Brentano 1889, 46.
[119] Darauf macht Husserl 1901, 447 aufmerksam. Für Husserl unterscheidet sich der Akt des Urteilens, dass A, durch die „Qualität, setzend (thetisch) zu sein", vom Akt des Sich Fragens, ob A (Husserl 1901, 411–499).
[120] Dank maschineller Hilfe bin ich zuversichtlich, dass die folgende Liste mit fast 50 Kontexten einer vollständigen Liste zumindest sehr nahe kommt.

Kapitel 2

[II]   die F-heit von etwas anerkennen

[III]   das F-sein von etwas anerkennen

[IV]   den Gegenstand a/ein F/Fs anerkennen

[V]   anerkennen, dass A.

BELEGE FÜR [I] BIS [V]. Die *als*-Konstruktion [I] tritt bei Frege häufiger auf als [II] bis [V] zusammen. Er spricht davon, dass etwas als [1] zweifellos, [2] vorhanden, [3] seiend, [4] von sich verschieden, [5] leer, [6] unabhängig, [7] wirklich oder [8] unentbehrlich anerkannt wird,[121] und er sagt, etwas werde anerkannt als [9] Widerlegung, [10] mathematische Frage, [11] Punkt, Linie, [12] Begriff, [13] Axiom, [14] derselbe Mensch, [15] Mangel, [16] Inhalt eines Bewusstseins, [17] Träger von Vorstellungen, [18] Grundlage, [19] Bestandteil eines Gedankens oder [20] eigentlicher Satz.[122] Die folgenden Instanzen des Schemas [I] verdienen unsere besondere Aufmerksamkeit:[123] [21] 'den Wahrheitswert eines Satzes als dessen Bedeutung anerkennen', [22] 'den Wahrheitswert eines Satzes als das Wahre anerkennen' – sowie [23] 'eine Folgerung als richtig anerkennen', [24] 'ein logisches Gesetz als wahr anerkennen', und allgemeiner:

[25]   'einen Gedanken als wahr anerkennen'.

Dies ist der Kontext, in dem 'anerkennen' bei Frege am häufigsten zu finden ist.[124]

Die *nominalisierende* Konstruktion des Typs [II] findet man in den Wendungen [26] 'die Unzulässigkeit von etwas anerkennen', [27] 'die Verschiedenheit von diesem und jenem anerkennen',[125] und

[28]   'die Wahrheit eines Gedankens anerkennen'.

---

[121] [1] *1891c*, 145. [2] *Vorw* XIII$_b$. [3] *Vern* 146 b. [4] *Vorw* XVII$_a$. [5] *1906a*, II: 396. [6] *Ged* 74b. [7] *Ged* 76a. [8] *Vern* 147d; *1919c*, NS 273.

[122] [9] *Vorw* XXVI. [10] *1896a*, 362. [11] *1896b*, 55. [12] *1891c*, 158; *1896b*, 55. [13] *n.1899*, NS 183; *1906a*, III: 423. [14] *1904a*, 658. [15] *Ged* Anm. 1. [16] *Ged* 70c. [17] *Ged* 73a, d. [18] *Ged* 74b. [19] *Vern* 152b. [20] *Ggf* 37c.

[123] [21] *SuB* 34a; 1902d, WB 235. [22] *1892c*, NS 129. [23] *Vorw* XII. [24] *Vorw* XVII$_b$.

[124] [25] *Log$_1$* 2–4, 8; *Vorw* X, XVII$_b$; *Log$_2$* 150; *1904b*, WB 245; *n.1906*, NS 213–214; *1906a*, II: 387, III: 423, 425; *1914b*, WB 126; *1915*, NS 271; *1917b*, WB 33–36; *Ged* 68c, 69b, 74b; *Vern* 143, 145b, 151b, Anm. 4, 151c, 154a, 154e; *Ggf* 38a Anm. 4; *Allg* 278d, 279a, 281a; *1924/25a*, NS 286. An vielen dieser Stellen kommt [25] mehrfach vor.

[125] [26] *Ged* 64a. [27] *Ged* 66a.

Der Kontext [28] ist bei Frege ebenfalls sehr prominent.[126] – Für die *nominalisierende* Konstruktion des Typs [III] habe ich nur die folgende Instanz gefunden:[127]

[29]　　　'das Wahrsein eines Gedankens anerkennen'.

Auf Schritt und Tritt begegnet dem Frege-Leser die Konstruktion [IV], die ich hier provisorisch als *Objekt*-Konstruktion bezeichne. In Freges Schriften ist die Rede von der Anerkennung [30] logischer Gesetze, [31] des Aktual-Unendlichen, [32] der negativen, gebrochenen, irrationalen Zahlen, [33] naturloser Dinge, [34] einer logischen Urerscheinung, [35] logischer Urelemente, [36] eines Gebiets des Objectiven, Nichtwirklichen, [37] einer Innenwelt, [38] eines dritten Reichs, [39] der Außenwelt und des Reichs der Gedanken, [40] einer so-und-so beschaffenen Wissenschaft, [41] des Sinns eines bestimmten Satzes, [42] falscher Gedanken, oder [43] einer Weise des Urteilens.[128] Die folgenden Instanzen des Schemas [IV] sind für uns von besonderem Interesse:[129] [44] 'eine Bedeutung anerkennen', [45] 'eine Wahrheit anerkennen' und

[46]　　　'das Wahre und das Falsche anerkennen'.

Die *dass*-Konstruktion kommt in Freges Schriften nur sehr selten vor. Jedenfalls habe ich nur zwei Instanzen für das Schema [V] gefunden:

[47]　　　'anerkennen, dass der Wahrheitswert eines Satzes das
　　　　　Wahre ist'

und [48] 'anerkennen, dass ein Satz den-und-den Gedanken ausdrückt'.[130]

Wer geneigt ist, Freges Konzeption des Anerkennens im Fahrwasser des Badischen Neukantianismus segeln zu sehen,[131] sollte stutzig werden, wenn Frege davon spricht, er könne den adjunktiven

---

[126] [28] *Log₁* 2–3; *SuB* 34a Anm.; *Vorw* X; *GG I*, § 5; *1906a*, III: 423; *1906d*, NS 201; *n.1906*, NS 214; *1910*, WB 120; *Ged* 62b *sub* 2, 63a, *74b, 76a; *1919c*, NS 273; *Vern* *151b, 153b, *153d–154a; *Ggf* 47d, 50b; *Allg* 279a; *1924/25a*, NS 286. (Die Pointe der Sternchen erkläre ich weiter unten.)

[127] [29] *Vorw* XVI; *n.1899*, NS 183 [2mal; als stilistische Variante von [45] bezeichnet]; *Vern* 145a (in der Übersetzung Geach 1977d nicht erkennbar), 151 Anm. 4.

[128] [30] *Vorw* VII_b, XVI, XVII_b. [31] *1892d*, 269; vgl. *v.1892*, NS 77. [32] *1885b*, 107; *GG II*, § 154. [33] *1899a*, 6. [34] *1903c*, II: 371. [35] *1906a*, I: 301. [36] *Vorw* XVIII_b. [37] *Ged* 66e. [38] *Ged* 69d. [39] *Ged* 75c. [40] *Ged* 74b. [41] *Vern* 145a. [42] *Vern* 145a. [43] *1896a*, 363; *Vern* 153c.

[129] [44] *SuB* 33a. [45] *n.1899*, NS 183. [46] *SuB* 34a.

[130] [47] *Vorw* X. [48] *Vern* 154a.

[131] Vgl. die obigen Hinweise auf Windelband und Rickert sowie 1-§ 6, 1. Abs. u. LIT.

Charakter einer Erklärung nicht als Mangel anerkennen [15] oder er könne die Unzulässigkeit gewisser Umformungen nicht anerkennen [26], und wenn er dafür plädiert, auch falsche Gedanken anzuerkennen [42]: Anerkennen kann hier nichts mit Gutheißen, Billigen, Wertschätzen zu tun haben.

Betrachten wir nun die Instanzen der fünf Schemata, in denen von Wahrheit die Rede ist, in ihrer jeweiligen Umgebung. Die Wendung [29], 'das Wahrsein von G anerkennen', scheint an den wenigen Stellen, an denen sie auftritt, unter Wahrung des Sinnes gegen [28], 'die Wahrheit von G anerkennen' austauschbar zu sein. An den in der Fußnote zu [28] durch einen Asterisk markierten Stellen behandelt Frege diese *nominalisierende* Konstruktion als stilistische Variante der *als*-Konstruktion [25]. (Auch [27] kann man mit einer *als*-Konstruktion paraphrasieren.) In Freges Augen macht es offenkundig keinen Unterschied, ob man schreibt: „ich [verstehe] unter Urtheil die Anerkennung der Wahrheit eines Gedankens", wie in *GG I*, § 5 (und unter „2." in unserem Text), oder ob man schreibt: „einen Gedanken als wahr anerkennen ... nenne ich urtheilen", wie in *1904b*, WB 245. Demjenigen, der Freges Gebrauch von 'anerkennen' zumindest in [28] für faktiv hält, ist also u. a. dies entgegenzuhalten: Da [28] für Frege nichts anderes heißt als [25], kann [28] genau wie jede andere Instanz der Konstruktionen [I] bis [V] sinnvoll mit dem Adverb 'fälschlicherweise' qualifiziert werden.

Ein expositorischer Vorteil der *als*-Konstruktion vor ihrem nominalisierenden Gegenstück besteht für Frege darin, dass sie es ihm erlaubt, den sprachlichen Akt in seiner Trias, den illokutionären Akt des Behauptens, analog zum psychischen Phänomen des Urteilens oder Glaubens zu charakterisieren: Behaupten ist „einen Gedanken als wahr hinstellen".[132] (Wir werden darauf zurückkommen.) Die Formulierung 'die Wahrheit eines Gedankens hinstellen' wäre unsinnig.

Daraus, dass Frege [28] im Sinne von [25] versteht, geht hervor, dass er mit [28] keinen Sinn verbindet, der dem der gleichgebauten Wendungen 'die Wahrheit eines Gedankens bezweifeln / bestreiten' entspräche, denn die sind nicht mit einer *als*-Konstruktion paraphrasierbar. Die Wahrheit eines Gedankens bezweifeln ist: bezweifeln, *dass* er wahr ist.[133] Die Transformation von [25], [28] und

---

[132] Belege unten bei (Δ).
[133] Zum Vergleich: die kursivierte Nominalphrase in 'Lange bezweifelte er

[29] in eine *dass*-Konstruktion produziert zwar keinen Unsinn, aber sie ist für Frege, wie wir oben bereits sahen, wenig attraktiv; denn er will Licht auf den Sinn von 'urteilen, dass A' werfen: Anerkennen, dass der Gedanke, dass A, wahr ist, scheint nur eine besondere Form des Urteilens oder Glaubens, dass der Gedanke, dass A, wahr ist, zu sein. Dieses Problem wird auch nicht dadurch beseitigt, dass man die Formulierung [47] verwendet: 'anerkennen, dass der Wahrheitswert von S das Wahre ist'. (Das entwertet sie an ihrem Ort nicht als Versuch, den Leser von *GG* über die interne Struktur eines Begriffsschriftsatzes aufzuklären: vgl. 1-§7.) Und das Problem tritt nicht auf, wenn man [47] ersetzt durch [22], 'den Wahrheitswert von S als das Wahre anerkennen'. Frege kann sich auf den Standpunkt stellen, einen Gedanken *als* wahr Anerkennen sei so wenig ein Fall von Anerkennen, dass ..., wie eine doppeldeutige Zeichnung *als* Hasenkopf-Darstellung Sehen ein Fall von Sehen, dass ..., ist.

(In vielen anderen Fällen kann man 'a als F anerkennen' getrost durch so etwas wie 'glauben, dass a F ist' ersetzen. Und Frege tut das gelegentlich auch selber: die Anerkennung des Wahrheitswertes eines Satzes als seiner Bedeutung [21] in *SuB* 34a nimmt er in 35b und 36b als die „Vermuthung, daß die Bedeutung eines Satzes sein Wahrheitswerth ist" auf, und am Ende des Aufsatzes bezeichnet er jene Anerkennung als die „Ansicht, der Wahrheitswerth sei die Bedeutung des Satzes, dessen Sinn ein Gedanke ist" (49e–50a).)

Daraus, dass [28] für Frege nichts anderes heißt als [25], geht auch hervor, dass er das Akkusativobjekt in 'die Wahrheit von G anerkennen' nicht wie die Kennzeichnung in 'den Lehrer Platons bewundern (lieben, hassen, verachten, bemitleiden,...)' verstanden wissen will, also *nicht* als Bezeichnung eines Gegenstandes, der die Wahrheit von G ist. Darin unterscheidet sich [28] fundamental von den Instanzen der *Objekt*-Konstruktion. Hält Frege den Semi-Objektivisten (vgl. 3-§§1–2) entgegen, der Sinn eines bestimmten Ja/Nein-Fragesatzes sei auch dann anzuerkennen, wenn Nein die richtige Antwort ist ([41], [42]), so sind Subjekt-Terme des Typs 'der Sinn von »A?«' in seinen Augen sehr wohl Bezeichnungen von Gegenständen. Wie ist die *Objekt*-Konstruk-

---

den Zusammenbruch des Sowjet-Imperiums' und 'Schon damals begann *der Zusammenbruch des Sowjet-Imperiums*' ist nur im ersten Fall *salvo sensu* gegen den entsprechenden dass-Satz austauschbar (Vendler 1967, 122–146).

Kapitel 2

tion von 'anerkennen' zu verstehen?[134] Kann man sie vielleicht als elliptische Variante einer *als-* oder einer *dass*-Konstruktion auffassen? Der Kontext [30] steht hier abseits von allen anderen: 'ein logisches Gesetz anerkennen' könnte eine Kurzfassung von 'ein logisches Gesetz als gültig (wahr) anerkennen' sein, aber *diese* Expansion verbietet sich in allen anderen Fällen. Wird 'anerkennen' in der Konstruktion [IV] nicht mit einem singulären Term verknüpft, bietet sich jedes Mal eine *dass*-Paraphrase an: 'anerkennen, dass es ein F gibt', 'anerkennen, dass es Fs gibt'. Nichts von dem, was Frege sagen wollte, wäre verloren gegangen, wenn er statt „Ich erkenne ein Gebiet des Objectiven, Nichtwirklichen an" [36] oder „Ein drittes Reich muß anerkannt werden" [38] gesagt hätte, er erkenne an bzw. es müsse anerkannt werden, dass es ein solches Gebiet / Reich gibt. Wie könnte die Expansion bei [41] aussehen? Frege macht mit [2] und [3] selber eine Offerte: 'den Sinn von »A?«' als *vorhanden*, als *seiend* anerkennen'. Und genauso kann man die, wenn ich recht sehe, singuläre Formulierung in *SuB*, 'das Wahre / das Falsche anerkennen' [46], verstehen.[135] (Vgl. 1-§6, zu just dieser Stelle und 1-§9 über Freges Gebrauch des Prädikats erster Stufe 'ξ hat Sein / Bestand' und seiner stilistischen Varianten.) Jedenfalls sehe ich auch hier nicht, dass etwas von Freges Botschaft verloren gegangen wäre, wenn er etwas tiefer durchgeatmet hätte.–

Dem Fällen des Urteils, dass A, oder dem Haben der Meinung, dass A, geht nicht immer (wie in Freges Beschreibung des Wissenschaftlers[136]) ein Denken des Gedankens, dass A, im Modus des Dahingestellt-sein-Lassens *zeitlich voraus*. Wer das Wahrnehmungsurteil, dass A, fällt, hat den Gedanken, dass A, nur selten bereits vorher

---

[134] Brentano hält die *Objekt*-Konstruktion für fundamental: vgl. den Hinweis in einer früheren Anmerkung.
[135] Hätte Frege in Formulierung [46] den Königsweg zum angemessenen Verständnis seiner Urteilskonzeption gesehen, dann wäre sie gewiss kein *Hapax legomenon* in seinen Werken.
[136] Frege sagt im letzten Satz von *Ged* 62 „erkennen" statt „anerkennen", weil der Schritt vom bloßen Denken des *falschen* Gedankens, dass A, zum Urteilen, dass A, natürlich kein „Fortschritt in der Wissenschaft" ist. Der zweite Satz in *Vern* 151b suggeriert etwas Falsches, nämlich dass das bloße Denken dem inhaltsgleichen Urteilen stets vorausgeht.

gedacht.¹³⁷ Und manchmal ist das Denken gar nicht ohne Stellungnahme möglich. Manche Gedanken sind nämlich so, dass man sie gar nicht fassen kann, ohne sie *eo ipso* als wahr anzuerkennen: Die kontingenterweise wahren Gedanken, die man mit Äußerungen von 'Ich existiere', 'Ich bin bei Bewusstsein' oder 'Es gibt mindestens einen Denker' artikuliert, sind von dieser Art, und dasselbe gilt von trivialen notwendigen Wahrheiten wie der, dass eine Woche kürzer als ein Monat ist. Wenn Frege das Urteilen gelegentlich als „Wählen zwischen entgegengesetzten Gedanken" charakterisiert,¹³⁸ so will er sich kaum zum 'Meinungsvoluntarismus' bekennen, dem zufolge wir uns beim Urteilen entscheiden, etwas zu glauben. Er meint wohl nur, dass jemand, der urteilt, dass A, damit *in foro interno* die Frage, ob A, beantwortet.¹³⁹

Freges Beschreibung des Schritts vom bloßen Denken zu einem gehaltgleichen Urteilen erinnert an eine Passage in Sigwarts 'Logik':¹⁴⁰

> „Alle Elemente sind in der [sc. Entscheidungs-] Frage in demselben Sinne genommen und verknüpft, wie im Urtheil, wie auch die Sprache häufig nur durch die Betonung die Frage von der Behauptung unterscheidet; das Urtheil ist sozusagen fertig concipiert, und bedarf nur noch des Siegels der Bestätigung. Dieses Entwerfen und Versuchen von Urtheilen stellt die lebendige Bewegung, den Fortschritt des Denkens ... dar; man kann geradezu sagen, fragen sei denken."

Wenden wir uns nun dem sprachlichen Akt in Freges Trias zu:¹⁴¹

(γ)   Wenn jmd sein Urteil, dass A, kundgibt (äußert), behauptet er, dass A.

In 62b spricht Frege von „mitteilen oder behaupten". Ist er der Ansicht, dass jede Behauptung eine Mitteilung oder zumindest ein Mitteilungsversuch ist? In seiner Charakterisierung des Behauptens

---

[137] Wie Windelband 1884, 175–176 zu Recht betont.
[138] *1906d*, NS 201; *n.1906*, NS 214.
[139] So schon Herbart 1813 §§ 52, 54.
[140] Sigwart 1873, 118.
[141] Statt „kundgeben" sagte Frege im selben Zusammenhang (in *Log₁* 2; *1906d*, NS 201; *n.1906*, NS 214) „äußern".

unter „3." ist von keiner Kommunikationsabsicht die Rede. Und das wohl auch zu Recht nicht. Stöhnt jemand, der allein auf weiter Flur ist: 'Es ist heiß hier', so konstatiert er, dass es heiß ist, wo er sich befindet, obwohl dort niemand ist, dem er dies mit seiner Äußerung könnte mitteilen wollen.[142]

Ist (γ) korrekt? Der Agitator sagt: 'Wer meinen Vorschlag nicht gut findet, der sollte jetzt den Raum verlassen', und sie verlässt daraufhin den Raum. Sie tut damit ihre Meinung kund, dass der Vorschlag nicht gut ist, aber *behauptet* sie damit, dass er es nicht ist? Die folgende Verbesserung von (γ) bietet sich an:

(Γ)   Wenn jmd durch eine sprachliche Äußerung, die besagt, dass A, seine Meinung, dass A, kundgibt, dann behauptet er, dass A.

Ist die Umkehrung (ich unterdrücke die Adverbialphrase 'durch ...')

(Γ-konv)   Wenn jmd behauptet, dass A, dann gibt er seine Meinung, dass A, kund

korrekt? Seine Meinung kundtun, ist etwas anderes als: sich eine Meinung zuschreiben. Frege erweist (Γ-konvers) also nicht als falsch, wenn er betont: „Wenn ich etwas ... behaupte, will ich nicht von mir sprechen" (*1914a*, WB 126/127), es sei denn – so muss man natürlich hinzufügen –, ich nehme in meiner Behauptung auf mich Bezug. Frege zeigt aber, dass (Γ-konv) falsch ist, wenn er schreibt:[143]

In „A log, daß er den B gesehen habe" bedeutet der Nebensatz einen Gedanken, von dem erstens gesagt wird, daß A ihn als wahr behauptete, und zweitens, daß A von seiner Falschheit überzeugt war. [a]

---

[142] Wenn das richtig ist, dann ist die Übersetzung von 'kundgeben' mit 'communicate' in der Parallelstelle in *Log*$_2$ 150 irreführend (Long & White 1979, 139). Quinton 1956 wie Geach 1977c geben 'Kundgebung' an unserer Stelle mit 'manifestation' wieder; ganz entsprechend wird 'kundgemacht' in *Ggf* 38, Anm. 4 mit 'made manifest' übersetzt (Stoothoff 1977a). Da Frege eine Handlung meint, wäre 'intimation'/'intimated' vielleicht besser. (So übersetzt Findlay das Wort 'Kundgabe'/'kundgegeben' in Husserls 'Logischen Untersuchungen'.)

[143] [a] *SuB* 37 Anm. 8; [b] *1914b*, NS 252. Indem Frege hier von Überzeugung und von Wissen spricht, ersetzt er selber den Begriff des Urteilens durch Begriffe, unter die keine 'Taten' fallen.

Wenn jemand mit behauptender Kraft etwas sagt, wovon er weiß, daß es falsch ist, so lügt er. [b]

Man kann versuchen, der Tatsache, dass auch unaufrichtige Behauptungen Behauptungen sind, durch das folgende generalisierte Bikonditional Rechnung zu tragen, in dem der Nachsatz von (Γ-konv) adjunktiv erweitert ist:

(ΓΓ)   Jmd behauptet genau dann, dass A, wenn er durch eine sprachliche Äußerung, die besagt, dass A, *entweder* seine Meinung, dass A, kundtut *oder* vorgibt, dies zu tun.

Dabei ist 'vorgeben' so zu verstehen, dass nicht jedes *So-tun-als-ob* darunter fällt, sondern nur eines, das in der Absicht erfolgt, jemanden zu täuschen. Sonst würde (ΓΓ) durch das Tun des Schauspielers widerlegt. Der Darsteller des Hamlet tut auf der Bühne so, als äußere er die Meinung, dass etwas im Staate Dänemark faul ist, aber er *behauptet* es nicht. Das ist kein Einwand gegen (ΓΓ); denn er erfüllt ja auch nicht die Bedingung, die im zweiten Adjunkt formuliert ist: er verfolgt keine Täuschungsabsicht.

Statt das Behaupten auf die obige Weise adjunktiv zu bestimmen, kann man es auch, Frege folgend, in Analogie zu seiner Charakterisierung des Urteilens bestimmen: urteilen ist „einen Gedanken als wahr anerkennen" [20], und behaupten ist „einen Gedanken als wahr hinstellen" (63a).[144] Etwas ausführlicher:

(Δ)   Jmd behauptet genau dann, dass A, wenn er den Gedanken, dass A, durch eine sprachliche Äußerung, die ihn ausdrückt, als wahr hinstellt.

Man kann – und ich denke, man sollte – (Δ) akzeptieren, ohne (ΓΓ) zu verwerfen: mit (Δ) wird ja nicht bestritten, dass der in (ΓΓ) angegebene Zusammenhang zwischen Glaubenskundgabe und Behauptung besteht.[145]

---

[144] Die analogen Charakterisierungen des Urteilens und Behauptens findet man auch in *Log₂* 150; *1906b*, NS 192; *n.1906*, NS 214; *1910*, WB 119–120; *1917b*, WB 33–34; *Ggf* 42a.
[145] Sind Redefiguren wie Understatement und Ironie ein Problem für (Δ)? Anna eröffnet ihren Bericht darüber, wie er gestern in einem Tobsuchtsanfall das Mobiliar zertrümmert hat, indem sie sagt: „Er war gestern etwas erregt".

Kapitel 2

Blicken wir noch einmal auf Freges Bemerkungen über das Lügen zurück. In [b] wird nur eine hinreichende Bedingung des Lügens angegeben, aber man kann [a] einen Definitionsvorschlag entnehmen:

(Df. L)   Jmd *lügt* genau dann, wenn er etwas behauptet, was er für falsch hält.

Auffällig ist, dass im Definiens nicht von einem Adressaten der Lüge die Rede ist. Das ist ein Defekt; denn auch wenn nicht jede Behauptung ein Gegenüber verlangt, so doch gewiss jede unaufrichtige Behauptung. Da in (Df. L) von keinem Adressaten die Rede ist, spricht sie erst recht nicht von einer Absicht, ihn zu täuschen. Ist das nicht ein Manko? Betrachten wir unter diesem Aspekt ein Szenario, das Augustinus beschrieben hat:– Der Sprecher glaubt, dass der Weg, den die Hörerin einschlagen will, *gefährlich* ist; mehrere Reisende haben ihm nämlich berichtet, dass an diesem Weg Banditen lauern. Dem Sprecher liegt das Wohl der Hörerin am Herzen. Er möchte deshalb dafür sorgen, dass sie ihre Reiseroute ändert. Nun ist ihre Beziehung zu ihm aber leider von tiefem Misstrauen geprägt, und er weiß, dass sie ihm nicht glauben wird. Er behauptet deshalb: „Der Weg, den du einschlagen willst, ist *nicht gefährlich*".[146] – Halten wir uns an (Df. L), so müssen wir sagen, dass der Sprecher gelogen hat; denn er hat ja etwas behauptet, von dessen Falschheit er überzeugt ist. Aber er tut dies nicht, um die Hörerin glauben zu machen, es sei wahr. Wenn wir den wohlwollenden Reiseberater deshalb vom Vorwurf der Lüge freisprechen wollen, dürfen wir (Df. L) nicht akzeptieren. Wir müssen dann (mit Augustinus und Bolzano) die Täuschungsabsicht *(voluntas fallendi)* bzgl. des Themas der Behauptung zu einer notwendigen Bedingung der Lüge erklären: *a* lügt gegenüber *b* genau dann, wenn *a* gegenüber *b* etwas behauptet, was *a* für falsch hält, in der Absicht, *b* glauben zu machen, es sei wahr.

Eine Behauptungssatz-Äußerung ist *bei Abwesenheit einer Kontraindikation* eine Behauptung.[147] Für eine Gegenanzeige kann

---

Sie erzählt, wie sie von ihm schmählich im Stich gelassen wurde, und schließt ihren Bericht mit den Worten: „Er ist wirklich ein echter Freund". In beiden Fällen hat sie nicht das behauptet, was der geäußerte Satz in ihrem Munde ausdrückt,– sie hat die ausgedrückten Gedanken nicht als wahr hingestellt (und deshalb hat sie auch nicht gelogen).

[146] Augustinus (1), Sp. 489 [(4) S. 5].

[147] Es geht hier nur um *absichtliche* Äußerungen. Wer im Schlaf murmelt 'Ich schlafe', behauptet nichts, – er behauptet also *a fortiori* nicht zu Recht, dass er schläft.

der Kontext der Äußerung sorgen – der sprachliche Kontext (der Behauptungssatz erscheint eingebettet in einer Adjunktion oder einem Konditional) oder der situative Kontext (der Behauptungssatz wird z. B. als Exempel im Hörsaal, beim Übersetzen, beim Rezitieren oder auf der Bühne gebraucht). In den Äußerungen der Adjunkte in einer Adjunktion oder des Vorder- und Nachsatzes in einem Konditional werden Gedanken „bloß ausgedrückt" und nicht „als wahr hingestellt".[148] Wenn der Dozent im Logik-Kurs an die Tafel schreibt: „Jeder Matrose liebt ein Mädchen", dann erhebt er keinen Wahrheitsanspruch für das, was er anschreibt. Die Simultanübersetzerin der an haltlosen Behauptungen reichen Rede eines Ministers stellt selber keine Behauptungen auf: sie versucht nur, den Gehalt seiner Behauptungen wiederzugeben. Auch wenn der Schauspieler auf der Bühne einen Behauptungssatz äußert, wird der ausgedrückte Gedanke nicht als wahr hingestellt, aber er wird auch nicht bloß ausgedrückt: der Mime tut so, als stelle er eine Behauptung auf (ohne dabei eine Täuschungsabsicht zu haben). Wenn Frege sagt, den Äußerungen des Schauspielers auf der Bühne oder denen des Schriftstellers, der aus seinem neuesten Roman vorliest, fehle es an „Ernst", so will er damit natürlich nicht sagen, dass der Schauspieler und der Dichter dabei keinen ernsthaften Tätigkeiten nachgehen, sondern nur, dass sie keine Verpflichtung in Sachen Wahrheit eingehen.

Komische Folgen, die das Verkennen der im Theater gegebenen situativen Kontraindikation zeitigen kann, schildert Cervantes im 'Don Quixote' (XI, 8–9). Dass der Glaube, es liege eine Kontraindikation durch den situativen Kontext vor, fatale Folgen haben kann, zeigt eine Katastrophe in St. Petersburg, auf die Kierkegaard anspielt: „In einem Theater geschah es, dass die Kulissen Feuer fingen. Der Hanswurst erschien, um das Publikum davon zu unterrichten. Man glaubte, es sei ein Witz, und applaudierte; er wiederholte es; man jubelte noch mehr."[149] Und so nahm das Verhängnis unter dem Jubel des Publikums seinen Lauf.

Dass eine Behauptungssatz-Äußerung eine Behauptung ist, wird nicht dadurch garantiert, dass sie die Form 'Es ist wahr, dass A' oder 'Der Gedanke, dass A, ist wahr' hat, und umgekehrt

---

[148] *1906b*, NS 192.
[149] Sören Kierkegaard, 'Entweder-Oder' (1843), Köln u. Olten 1960, [1.Teil, I. Diapsalmata], 40, vgl. 944 f.

wäre eine Äußerung, die diese Form hatte und die eine Behauptung war, auch ohne Wahrheitsjunktor eine Behauptung gewesen. Wie verhält sich diese unbestreitbare *illokutionäre* Redundanz des Vorspanns und des Rahmens zu der von Frege zuvor behaupteten gedanklichen oder *propositionalen* Redundanz? Am Ende von 63a unterstellt Frege wie in *SuB* 34b, dass die illokutionäre Redundanz die propositionale erklärt; anderswo setzt er die explanatorische Priorität genau umgekehrt an.[150] Aber kann man nicht die These unterschreiben, dass Hinzufügung oder Tilgung eines Wahrheitsjunktors den illokutionären Status einer Äußerung nicht affiziert, und doch die These der propositionalen Redundanz des Junktors verwerfen?

Frege scheint das folgende Argument vorzuschweben: *(1)* Wenn Wahrheit eine Eigenschaft mancher Gedanken ist, dann ist: den Gedanken, dass G wahr ist, zu denken (oder auf G ein Wahrheitsprädikat anzuwenden), dasselbe wie: den Gedanken G als wahr anzuerkennen (bzw. G als wahr hinzustellen). *(2)* Nun ist jenes aber nicht dasselbe wie dieses. Also: *(3)* Wahrheit ist keine Eigenschaft mancher Gedanken.– Das Argument ist offenkundig deduktiv korrekt, und Frege hat gezeigt, dass Prämisse *(2)* wahr ist. Aber warum sollten wir *(1)* akzeptieren? Kann man einen Gedanken nicht als unter den Begriff ( ) *ist wahr* fallend denken (kann man nicht auf einen Gedanken ein Wahrheitsprädikat anwenden), ohne ihn *eo ipso* als wahr anzuerkennen (als wahr hinzustellen)? Tut man nicht genau das, wenn man sich fragt, ob der Gedanke wahr ist (wenn man jemanden fragt, ob er wahr ist)? Das grammatische Prädikat in einem Satz der Form 'Der Gedanke, dass A, ist wahr' dient in der Tat nicht dazu, etwas als wahr hinzustellen, denn man kann diesen Satz genau wie den eingebetteten äußern, ohne etwas zu behaupten. Aber es könnte dennoch ein logisches Prädikat sein, – es könnte dennoch dazu dienen, einen Gedanken unter den Begriff ( ) *ist wahr* zu subsumieren.

---

[150] *1915*, NS 271–272.

§4. Gedanklich irrelevante Inhaltsdifferenzen.[151] (63b–64a)

Mit 'Das ist ein erstes Zeichen von Hydropsie' kann derselbe Gedanke ausgedrückt werden wie mit 'Das ist ein erstes Zeichen von Wassersucht'.[152] Und doch gibt es einen inhaltlichen Unterschied zwischen diesen beiden Sätzen, einen Unterschied in dem, was Frege die „Färbung" oder „Beleuchtung" des ausgedrückten Gedankens zu nennen pflegt. Der Major a. D. Dubslav von Stechlin mag die „Färbung" nicht, die der zweite Satz dem Gedanken verleiht, den beide Sätze in seinem Mund ausdrücken:[153]

> „Nun kommen Sie, Hauptmann... [I]ch muß frische Luft haben. Vielleicht erstes Zeichen von Hydropsie. Kann eigentlich Fremdwörter nicht leiden. Aber mitunter sind sie doch ein Segen. Wenn ich so zwischen Hydropsie und Wassersucht die Wahl habe, bin ich immer für Hydropsie. Wassersucht hat so was kolossal Anschauliches."

Werfen wir zunächst einen Blick auf die Vorgeschichte der Frege'schen Rede von Färbung. In *SuB* 31a verweist er auf "die Färbungen, welche Dichtkunst und Beredsamkeit dem Sinne zu geben suchen". In der traditionellen *Theorie* der Beredsamkeit begegnen einem meist andere Verwendungsweisen von 'Farbe *(color)*': Wenn der Redner das einsetzt, was Quintilian unter Farbe versteht, so tut er es zum Zweck der Schönfärberei; und in den Rhetorik-Büchern des Mittelalters sind *colores rhetorici* Redefiguren.[154] Hinter Freges Gebrauchsweise steht die Poetik des 18. Jahrhunderts. Wieland spricht von der „Färbung" einer Dichtung, von

---

[151] VERGLEICHE: *BS* §§3, 7 Ende, 9 Ende; *Log₁* 6; *BuG* 196, Anm. 7, 199b–200; *SuB* 29a–31b, 45b–47; *Log₂* 151–155; *1906d*, NS 203, 209; *n.1906*, NS 213–214, 218; *1906e*, WB 102; *1906f*, WB 106; *Ggf* 42b–43a, 45b–46b.

LITERATUR: Karl Otto Erdmann 1900, Kap. 4; Carnap 1947, §1 („cognitive meaning"); Quine 1953, 28, 57 („cognitive synonymy"); Grice 1961, §III, 1967, 25–26, 41, 46 u. 1989, 361–362; Katz & Martin 1967; Dummett, FPL 2–3, 83–89 u. 2007b; Gabriel 1976, 70–76 u. 1989b, xvii-xviii; Boër 1979; Carl 1982, 66–72; Neale 1999, 36–38, 53–61; Williamson 2003, 261–266; Horn 2007, §3; Picardi 2007.

[152] ὕδρ-ωψ: Wassersucht.

[153] Theodor Fontane, 'Der Stechlin' (1898), Kap. 6.

[154] Quintilian ca. 90, IV 2, 88–96; XII 1, 33–34. Vgl. Kühne 1994 u. Quinn 1994.

Kapitel 2

ihrem „Colorit",[155] und Herder sagt im Kommentar zu seiner Übersetzung des 'Hohenliedes':[156]

> „Jedes Liedchen, jede Zeile sollte, so viel möglich, in ihrem Duft, in ihrer Farbe seyn,... so viel möglich, nichts seinem Ort, seiner Zeit, seinem Lande entrissen werden – und wie schwer war das!"

Auch Frege gebraucht neben der visuellen die olfaktorische Metapher, wenn er in *n.1906*, NS 213–4 und *Ged* 63c vom „poetischen Duft" spricht, und auch er weist in *SuB* 31a, *Log*$_2$ 153, *Ged* 63b darauf hin, dass diese Züge des Originals bei der Übersetzung meist nicht bewahrt werden. (Wer versucht, die oben zitierte Passage aus Fontanes Roman ins Englische zu übersetzen, hat seine liebe Not.) „Je strenger wissenschaftlich eine Darstellung ist", desto geringer ist die Rolle, die logisch irrelevante Inhaltskomponenten in ihr spielen. Aber „[w]o es darauf ankommt, sich dem gedanklich Unfaßbaren auf dem Wege der Ahnung zu nähern, haben diese Bestandteile ihre volle Berechtigung" (63b). Frege dürfte hier an die religiöse Rede von dem „göttlichen Wesen" denken dürfen, deren Thema „die Grenzen des menschlichen Erkennens" überschreitet (67d). Und natürlich weiß er auch, dass „[d]em auf das Schöne in der Sprache gerichteten Sinne ... gerade das wichtig erscheinen [kann], was dem Logiker gleichgültig ist" (64a).

(Dem auf das Schöne in der Sprache gerichteten Sinne erscheint manchmal sogar wichtig, was auch inhaltlich – also nicht nur logisch – irrelevant ist und was bei der Übersetzung ebenfalls meist verloren geht. Ein Beispiel dafür ist der „onomatopoetische" Charakter mancher Sätze (*Log*$_2$ 143, 151). Manchmal hört sich eine Äußerung so ähnlich an wie das, wovon sie berichtet: „Da pisperts und knisterts und flisterts und schwirrt ... Nun dappelts und rappelts und klapperts im Saal" (Goethe, 'Hochzeitlied'). Frege zitiert griechisch einen Vers aus der 'Odyssee' (XI, 70–71): „Dreimal (τριχθά) und viermal (τετραχθά) zerriss (διέσχισεν) ihnen die Gewalt des Windes

---

[155] Christoph Martin Wieland an Zimmermann, Mai u. Juni 1759, in: 'Wielands Briefwechsel', hg. H. B. Seiffert, Bd. 1, Berlin 1963, 446, 461 (Druckfehler nach älterer Ausgabe korrigiert).
[156] Johann Gottfried Herder, 'Lieder der Liebe. Die ältesten und schönsten aus dem Morgenlande' (1778), in: 'Werke', Bd. 3, hg. U. Gaier, Frankfurt/M 1990, 431–521, hier 489. In Knight 1961 findet man viele Belege.

die Segel". In der deutschen Übersetzung hört sich nichts mehr wie das Geräusch beim Zerreißen eines Tuches an, das beim Rezitieren des griechischen Originals durch das dreimalige Chi hörbar wird.[157])

Die Beispiele, die Frege selber in *Ged* und anderswo für Differenzen in der „Färbung" anführt, sind recht heterogen. Man kann sie folgendermaßen einteilen:

(I.) *Verschiedene Stilebenen*. Manchmal ergibt sich ein inhaltlicher Unterschied, der den ausgedrückten Gedanken nicht affiziert, aus dem, was man als Differenz der Stilebene, auf der zwei Sätze angesiedelt sind, bezeichnen könnte. Die Eintragung für 'sich vermählen' in Wahrigs Deutschem Wörterbuch lautet „gehoben für: sich verheiraten", und so kann mit den Sätzen

(1)   Sie hat sich verheiratet
(1a) Sie hat sich vermählt

derselbe Gedanke ausgedrückt werden. Wenn Dubslavs Sohn über eine Prinzessin spricht, die einen Oberförster geheiratet hat, so findet er die „Färbung" angemessen, die (1a) dem Gedanken verleiht, den auch (1) ausdrückt:[158]

„Umso großartiger, wenn einzelne der hier in Betracht kommenden Damen auf alle diese Vorrechte verzichten und ohne Rücksicht auf Ebenbürtigkeit sich aus reiner Liebe vermählen. Ich sage 'vermählen', weil 'sich verheiraten' etwas plebeje klingt."

Auch das folgende Satzpaar gehört in diese Rubrik:

(2)   Die Kutsche seiner Frau wurde von zwei Pferden gezogen
(2a) Die Kutsche seiner Gemahlin wurde von zwei Rossen gezogen.

Solche Unterschiede in der „Färbung" sind (was Frege manchmal verkennt) genausowenig „subjektiv" wie Unterschiede im ausgedrückten Gedanken: Wenn ein Engländer z.B. glaubt, 'Pferd' werde am besten mit 'steed' wiedergegeben und 'Ross' mit 'horse', so ver-

---

[157] Eine Erinnerung aus dem Griechisch-Unterricht in Wismar? Ein Hinweis des Klassischen Philologen, der für fast ein Vierteljahrhundert sein Untermieter war (s. o., S. 266, Anm.)?
[158] 'Der Stechlin', Kap. 6, weiter hinten.

kennt er ein „objektives" Charakteristikum der beiden deutschen Wörter, das im Wörterbuch durch eine Eintragung wie 'gehoben für: Pferd' registriert wird. [Das gilt natürlich erst recht, wenn 'Ross' bedeutet: edles Pferd; denn dann kann (2a) einen falschen Gedanken ausdrücken, während (2) im selben Kontext eine Wahrheit ausdrückt.] – Die Ebene der stilistischen Null-Färbung wird in der anderen Richtung, der zum Saloppen und Vulgären, verlassen, wenn man z. B. statt 'Sie schlug ihm ins Gesicht' sagt 'Sie schlug ihm in die Fresse'.

(II.) *Angedeutete Gedanken.* Manchmal gehört zum Inhalt einer Äußerung außer dem Gedanken, den sie ausdrückt, noch ein weiterer Gedanke, den sie „nur andeutet".[159] Frege bezeichnet ihn oft als „Nebengedanken".[160] (Statt 'S deutet den Nebengedanken, dass p, nur an' wird Paul Grice später sagen: 'S conventionally implicates that p'. [Lit.]) Mit Sätzen wie

(3)   Alfred ist nicht gekommen
(3a) Alfred ist leider nicht gekommen
(3b) Alfred ist noch nicht gekommen

---

[159] Dass Frege in 64a dreimal dieses Verbum verwendet, wird in beiden englischen Übersetzungen verdeckt.

[160] Jeder in einer Äußerung bloß angedeutete Gedanke ist ein Nebengedanke, aber manche Nebengedanken werden in einer Äußerung nicht bloß angedeutet. An unserer Stelle geht es nur um angedeutete Nebengedanken.

Von Nebengedanken, die in einer Äußerung mit*ausgedrückt* werden, handelt Frege in *SuB* 46d–49a (man beachte dort die Überleitung 47b: „Fälle, wo *solches* regelmäßig vorkommt"). Ein Beispiel: In *(I)* 'Anna wähnt, dass A' wird auch der Gedanke, dass nicht A, ausgedrückt [wenn er falsch ist, wird mit *(I)* Falsches gesagt], aber anders als in *(II)* 'Anna glaubt, dass A; und nicht A' ist er kein „Hauptgedanke". Das leuchtet nicht ein, wenn *(I)* und *(II)* denselben Gedanken ausdrücken. Vgl. dazu 4-§13.]

Das Wort „Nebengedanke", das Frege in *c.1883a*, NS 189, Nr. 2; *c.1883b*, NS 68; *SuB* 46a–47a; *1906f*, WB 106 u. *Ggf* 42b–43a verwendet, könnte er von Lotze übernommen haben; denn an der zuerst angeführten Stelle setzt er sich eindeutig mit der Einleitung zu Lotze 1880 auseinander (Dummett, FOP, Kap. 4; Hovens 1997). In Lotze 1878, 239 ist von „Nebenbestimmungen" des „eigentlichen Inhaltsbestands" die Rede. In Lotze 1880, §331 heißt es, dass manchmal „dieselben Formen unter verschiedenen Beleuchtungen erscheinen" und dass sich „Nebengedanken ... verstohlen an das Gedachte knüpfen und ihm sein eigenthümliches Colorit geben".

kann jeweils derselbe Gedanke ausgedrückt werden, aber in (3a) und (3b) werden Gedanken angedeutet, die (bei normalem Tonfall) nicht zum Inhalt von (3) gehören. In (3a) ist das Adverb das Vehikel der Andeutung; statt seiner könnte auch die Interjektion 'ach' oder der traurige Tonfall der Sprecherin den Nebengedanken andeuten, dass sie bedauert, dass Alfred nicht gekommen ist.

Oder drückt (3a) denselben Gedanken aus wie 'Ich bedaure, dass Alfred nicht gekommen ist' (im selben Kontext)?[161] Dann sagt man mit (3a) natürlich nicht dasselbe wie mit (3). „*Die Probe hierauf ist so zu machen*":[162] Ist der mit (3a) ausgedrückte Gedanke falsch, wenn der Sprecher es nicht bedauert (oder wenn es ihn sogar freut), dass Alfred nicht gekommen ist? Oder ist er nur dann falsch, wenn Alfred doch gekommen ist? Ist die erste Frage zu bejahen, so hat Frege unrecht; ist die zweite zu bejahen, hat er recht. (Und er hat recht: daraus dass ich bedaure, dass Alfred nicht gekommen ist, folgt, dass jemand etwas bedauert; aus dem, was ich mit (3a) sage, folgt das nicht; also drücken diese beiden Sätze in meinem Mund bestimmt nicht denselben Gedanken aus.)

In (3b) ist der Nebengedanke, dass Alfreds Ankunft erwartet wird.[163] – Mit

(4) Anna ist krank, und sie ist fröhlich
(4a) Obwohl Anna krank ist, ist sie fröhlich
(4b) Anna ist krank, und sie ist dennoch fröhlich

kann ebenfalls ein und derselbe Gedanke ausgedrückt werden, aber wenn man (3a) oder (3b) äußert, deutet man überdies an, dass Annas Fröhlichkeit angesichts ihrer Krankheit eigentlich nicht zu erwarten war.[164] – Mit

(5) Ben besitzt einen Hund
(5a) Ben besitzt einen Köter

---

[161] Wie aus *SuB* 46d–47a und *Log*$_2$ 152–153 hervorgeht, rechnet Frege mit solchen Interpretationsdifferenzen und Sinnverschiebungen.
[162] *Log*$_2$ 152; vgl. *SuB* 47a.
[163] Man darf wohl annehmen, dass Frege bei dem Beispiel 'gottlob' seines Vornamens eingedenk ist und dass er bei 'Alfred' an seinen Adoptivsohn denkt (*Biogr* 499–508, 624–630).
[164] Zur Kritik an Freges Charakterisierung des 'aber' vgl. 4-§8.

kann man denselben Gedanken ausdrücken, aber wer die pejorative Formulierung verwendet, deutet auch den Gedanken an, dass er Bens Hund nicht sonderlich schätzt. Diese These scheint die bizarre Konsequenz zu haben, dass Anna sich widerspricht, wenn sie auf (5a) mit dem Protest 'Ben besitzt keinen Köter, – er besitzt einen Hund' reagiert. Aber der Schein trügt. Der Protest zeigt *entweder*, dass in Annas Idiolekt 'Köter' nicht auf alle Hunde zutrifft. In einem Wörterbuch für ihren Idiolekt dürfte die Eintragung für 'Köter' dann nicht wie im Duden „abwertend für: Hund" lauten. (Auch in einer „Volkssprache" kann ja eine Inhaltskomponente, die erst nur die „Färbung" betraf, zur Komponente des Gedankens werden: Vielleicht stuft Frege den Gebrauch von 'Mähre' um 1918 richtig ein, und vielleicht leistet Wahrigs Deutsches Wörterbuch mit der Eintragung „Mähre: altes, schlechtes Pferd" dasselbe für den gegenwärtigen Gebrauch dieses Wortes.) *Oder* der Protest zeigt, dass Anna sich mit 'Ben besitzt keinen Köter,…' den Tonfall verbittet, mit dem in (5a) über Bens Hund in geredet wird. Dann stellt sie mit diesem Teil ihrer Äußerung nicht den Gedanken als wahr hin, der die Verneinung des Gedankens ist, dass Ben einen Köter besitzt, und wieder verflüchtigt sich der Schein eines Widerspruchs (s. u. 567f).

Auch die Ebene der evaluativen Null-Färbung kann natürlich in beiden Richtungen verlassen werden, in der zum Meliorativen und Euphemistischen genauso wie in der zum Pejorativen: Statt 'Er ist gestorben' sagen die Einen 'Er ist zur ewigen Ruhe eingegangen' und die Anderen 'Er ist krepiert'.[165]

Wenn Äußerungen der a- oder b-Varianten von (3)-(5) Behauptungen sind, erstreckt sich die behauptende Kraft nicht auf die jeweiligen Nebengedanken. In all diesen Fällen kann der ausgedrückte Gedanke auch dann wahr sein, wenn der angedeutete Gedanke falsch ist. Letzteres unterscheidet die logische Situation hier von derjenigen, die Frege in *SuB* unter dem Titel '(Existenz-)Voraussetzung'

---

[165] Eucken erinnert daran, dass „Hobbes von den Worten sagt, dass sie in der Bezeichnung der Dinge die eignen Affecte, Liebe, Haß, Zorn u. s. w. mit zum Ausdruck bringen (s. *de cive* VII, 2)" (Eucken 1880, 34; vgl. ders. 1879, 183). Bei dem Beispiel (5/5a) aus *1897* mag Frege abfällige Bemerkungen über seinen eigenen Hund im Ohr haben. „Er besaß einen kleinen Hund, den er sehr liebte, obwohl das Tier alles andere als von Rasse war", erzählt ein Kollege Freges, der sein Nachbar am Forstweg in Jena war (*Biogr* 485, vgl. 487). Gewiss zählte er diesen Hund zu den „Tieren, die mit dem Menschen zu einem gegenseitigen Verstehen gelangen können" (*1924/25a*, NS 290).

erörtert: Wenn ein Satz wie 'Der Komponist der *Eroica* stammt aus Bonn' mit behauptender Kraft geäußert wird, dann erstreckt sich die behauptende Kraft nicht auf den Gedanken, dass es jemanden gibt, der die *Eroica* komponiert hat, aber die Wahrheit dieses Gedankens (so argumentiert Frege) ist eine notwendige Bedingung dafür, dass der ausgedrückte Gedanke wahr oder falsch ist (vgl. 1-§3).

In den Sätzen (3a), (3b) und (4b) kommt jeweils ein Wort vor, das zwar einen *konventionalen sprachlichen* (lexikalischen) Sinn hat, aber zum ausgedrückten Gedanken nichts beisteuert: es kann *salvo sensu* (unter Wahrung ihres *noëmatischen* Sinns, wenngleich natürlich nicht unter Wahrung ihres *sprachlichen* Sinns) getilgt werden. Im Unterschied zum Wahrheitsjunktor scheint Frege diesen Wörtern jedoch Sinn abzusprechen,[166] und wenn der Schein nicht trügt, so räumt er damit ein, dass aus der Sinnlosigkeit einer Satzkomponente (auch dann, wenn sie nicht zwischen Anführungszeichen steht) nicht immer folgt, dass der Satz sinnlos ist. In (4a) und (5a) steuern die Wörter 'obwohl' und 'Köter' zum ausgedrückten Gedanken nur das bei, was sie inhaltlich mit 'und' bzw. 'Hund' gemeinsam haben: 'Obwohl' ist genausowenig synonym mit 'und' wie 'Köter' mit 'Hund', aber der noëmatische Sinn ist jeweils derselbe. Wer 'Hund' mit 'cur' ins Englische übersetzt, 'Köter' mit 'dog' und 'obwohl' mit 'and', verkennt den lexikalischen Sinn der deutschen Wörter, der nicht weniger „objektiv" ist als das, was Frege unter Sinn versteht. Die Inhaltsdifferenz zwischen einer abfälligen Formulierung und ihrem neutralen Gegenstück bleibt auch bei Einbettung erhalten. Wer sagt: 'Anna glaubt, dass ein Nigger Präsident wird', verrät seine rassistische Einstellung. (Er schreibt sie dem Glaubenssubjekt aber nicht zu; denn er könnte jene Äußerung ja so fortsetzen: '…, wenngleich Anna das natürlich nicht so formulieren würde'.)

Vielleicht würde Frege auch die beiden folgenden Fälle hier einordnen. (A) Im selben Kontext drücken 'Ich habe Dich vermisst' und 'Ich habe Sie vermisst' denselben Gedanken aus, aber der Nebengedanke, dass zwischen dem Sprecher und seiner Adressatin eine gewisse soziale Nähe besteht, wird nur bei einer Äußerung des ersten Satzes angedeutet. (B) Bei Bezugnahme auf dasselbe Baby drücken die verzückten Ausrufe 'È bello' und 'È bella' denselben

---

[166] In *SuB* 45b sagt er von dem ersten Wort in (4a), es habe „eigentlich keinen Sinn". Das ist wohl ein Ausrutscher; denn wenn der Junktor keinen Sinn hätte, dann würde (4a) gar kein Gedankengefüge ausdrücken.

Gedanken aus, aber der Nebengedanke, dass der Säugling männlichen Geschlechts ist, wird nur bei einer Äußerung des ersten Satzes angedeutet. Im Fall (A) sagt der Sprecher nichts Falsches, wenn die soziale Nähe nicht besteht, im Fall (B) sagt er nichts Falsches, wenn das Baby ein Mädchen ist. In beiden Fällen wird ihm der Missgriff wahrscheinlich peinlich sein; aber was er gesagt hat, mag dennoch wahr sein. Auch hier sind es „objektive" Züge der deutschen und der italienischen Sprache, sprachliche Konventionen, die bestimmen, welcher Nebengedanke angedeutet wird (oder, wie Grice es formuliert, „what is *conventionally* implicated").

(III.) *Verschiedene 'Zerlegungen' desselben Gedankens.* Wenn man den Satz (6), 'Caesar überschritt den Rubicon', äußert und dabei mal diesen und mal jenen Satzteil betont:

(6a) **Caesar** überschritt den Rubicon
(6b) Caesar überschritt den **Rubicon**
(6c) **Caesar** überschritt den **Rubicon**
(6d) Caesar **überschritt** den Rubicon,

so wird jedesmal derselbe Gedanke ausgedrückt; aber dieser eine Gedanke wird jeweils anders zerlegt. Die verschiedenen Betonungen entsprechen nämlich verschiedenen Weisen, den Satz (6) aufzubauen. (6a) könnte die Antwort auf die Ergänzungsfrage sein, wer den Rubicon überschritt, und diese Ergänzungsfrage kommt der Aufforderung gleich, das einstellige Prädikat 'ξ überschritt den Rubicon' zu einem Satz zu ergänzen, der eine Wahrheit ausdrückt. Mit (6b) könnte man die Frage beantworten, (wen oder) was Caesar überschritt, und mit dieser Frage fordert man dazu auf, 'Caesar überschritt ξ' zum Ausdruck eines wahren Gedankens zu vervollständigen. (6c) könnte die Antwort auf die Frage sein, wer was überschritt, und diese Frage kommt der Aufforderung gleich, das zweistellige Prädikat 'ξ überschritt ζ' zu einem Satz zu ergänzen, der eine Wahrheit ausdrückt. Was das Subjekt in Satz (6) ist, hängt also ganz davon ab, welches Prädikat man aus (6) herausschält; weshalb Frege die in der Tradition als absolut verstandene Subjekt-Prädikat-Unterscheidung verwirft. Mit (6d) könnte man die Frage beantworten, in welcher (kontextuell relevanten) Beziehung Caesar zum Rubicon steht, und mit dieser Frage fordert man dazu auf, 'Φ (Caesar, Rubicon)' zum Ausdruck einer (kontextuell relevanten) Wahrheit zu vervollständigen.[167]

[167] Auf die Entsprechungen zwischen der Variation der Betonung in Äu-

Die Frage, was Caesar überschritt, ist äquivalent mit der Frage, was von Caesar überschritten wurde. Man kann daher diejenige Zerlegung des Gedankens, dass Caesar den Rubicon überschritt, die durch die Betonung in (6b) markiert wird, auch durch eine *Aktiv/Passiv-Transformation* signalisieren: (6b') 'Der Rubicon wurde von Caesar überschritten'.[168] Und denselben Effekt kann die Änderung der *Wortstellung* bewirken: (6b") 'Den Rubicon überschritt Caesar'.

> Was wahr oder falsch dabei sein kann, ist eben genau dasselbe. Dennoch wird man nicht sagen können, es sei völlig einerlei, welchen dieser Sätze man gebrauche... Wenn jemand fragt [„Wer hat den Rubicon überschritten?"], so wäre die Antwort [(6b, b', b")] unnatürlich, weil der Aufmerksamkeit ein unnötiger Sprung vom [Feldherrn] zum [Fluss] zugemutet würde. Worauf die Aufmerksamkeit gerichtet ist, worauf der Nachdruck liegt, kann zwar sonst sehr wichtig sein, geht aber die Logik nichts an. (*Logik*₂ 153)

In einem Buch, das Frege kannte, schreibt Kant, ein lateinisches Lehnwort für 'Beleuchtung' verwendend:[169]

> „So wie durch die bloße *Illumination* einer Karte zu ihr selbst nichts weiter hinzukommt: so wird auch durch die bloße Aufhellung eines gegebenen Begriffs, vermittelst der Analysis seiner Merkmale, dieser Begriff selbst nicht im mindesten vermehrt."

ßerungen desselben Behauptungssatzes und bestimmten Ergänzungsfragen hat Hermann Paul, einer der bedeutendsten Sprachwissenschaftler und Germanisten unter Freges Zeitgenossen, hingewiesen ('Prinzipien der Sprachgeschichte', [Halle a/S ²1886, Kap. 16], Tübingen ⁵1920, 283 u. IV).

[168] In *BS* §3 sagt Frege von einem entsprechenden Aktiv/Passiv-Paar: „Wenn man nun auch eine geringe Verschiedenheit des Sinnes erkennen kann, so ist doch die Uebereinstimmung überwiegend. Ich nenne nun denjenigen Theil des Inhaltes, der in beiden derselbe ist, den begrifflichen Inhalt". Damals bezeichnet Frege also noch als Sinn-Differenz, was er später einen Unterschied in der Färbung nennt, und das Konzept des (beurteilbaren) begrifflichen Inhalts ist ein Vorläufer des späteren Konzepts des wahrheitswertfähigen Sinns eines Satzes.

[169] Kant, Logik 95 (meine Herv.). Auf diese Stelle hat mich Mark Textor hingewiesen.

Kapitel 2

Ersetzen wir „Begriffsanalyse" durch 'Gedankenzerlegung', so wird der Kant'sche Vergleich auch für das, was wir gerade besprochen haben, hilfreich: Sowenig bei verschiedenen Beleuchtungen einer Karte deren Informationsgehalt geändert („vermehrt") wird, sowenig ändern verschiedene Betonungen bzw. Dekompositionen eines Satzes den ausgedrückten Gedanken, – in beiden Fällen wird nur an ein und demselben Gegenstand jeweils anderes salient gemacht.

Frege hat keinen Grund zu bestreiten, dass der Wechsel der *Betonung* manchmal den Wahrheitswert und damit erst recht den Gedanken affiziert. So wird mit 'Er will das Hindernis um**fah**ren' und 'Er will das Hindernis **um**fahren' im selben Kontext Verschiedenes gesagt; aber um diese lexikonrelevante Seite der Betonung geht es Frege hier nicht. (In vielen Sprachen würde man hier zwei orthographisch verschiedene Ausdrücke verwenden, e. g. 'run over'/'investire' vs. 'drive round'/'girare intorno', und in einer „logisch vollkommenen Sprache (Begriffsschrift)" müsste man es tun.) – Auch die Tatsache, dass 'Sie ging absichtlich um Mitternacht durch die dunkle Gasse' im selben Kontext bei Betonung der Zeitangabe einen wahren und bei Betonung der Ortsangabe einen falschen Gedanken ausdrücken kann, braucht Frege nicht zu bestreiten: die Betonung signalisiert hier die Reichweite des Operators 'absichtlich'. Er kann und sollte ebenfalls akzeptiere, dass der Satz 'Sie spricht nur Deutsch' im selben Kontext bei Betonung des Verbums einen wahren und bei Betonung des Substantivs einen falschen Gedanken ausdrücken kann: hier ist es der Operator 'nur', dessen Skopus durch die Betonung kenntlich gemacht wird. – Frege kann auch gelassen einräumen, dass *Aktiv/Passiv-Transformationen* manchmal den Wahrheitswert und damit den Gedanken affizieren, z. B. beim Übergang von 'Biber bauen Dämme' zu 'Dämme werden von Bibern gebaut'.– Und er weiß natürlich auch, dass die *Wortstellung* bei 'Die Schneekoppe ist höher als der Brocken' wahrheitswertrelevant ist (*Vern* 148c, 149a).

Oben habe ich darauf hingewiesen, dass Frege manchmal verkennt, dass Inhaltsdifferenzen, die nur die „Färbung" oder „Beleuchtung" des ausgedrückten Gedankens betreffen, genauso „objektiv" sind wie Unterschiede im ausgedrückten Gedanken. Er begeht den Irrtum der Subjektivierung z. B. in *SuB* 29a–31b, und er begeht ihn erneut, wenn er eine Formulierung preist, die Wittgenstein in einem (verschollenen) Brief an ihn gebraucht hatte:

„Der Sinn jener beiden Sätze ist ein und derselbe, aber nicht die Vorstellungen, die *ich* mit ihnen verband, als ich sie schrieb". Hier stimme ich Ihnen ganz bei, dass Sie den Satz von seinem Sinne unterscheiden, die Möglichkeit offen lassend, dass zwei Sätze denselben Sinn haben und sich [dennoch] durch Vorstellungen unterscheiden, die mit ihnen verbunden werden. In dem unten genannten Aufsatze [sc. *Ged*] habe ich auf S. 63 davon gehandelt. Sie unterstreichen das Wort „ich". Auch darin sehe ich ein Zeichen der Uebereinstimmung. Der eigentliche Sinn des Satzes ist für Alle derselbe; die Vorstellungen aber, die jemand mit dem Satze verbindet, gehören ihm allein an; er ist ihr Träger. Niemand kann die Vorstellungen eines Andern haben. (*1919e, BaW* 22.)

Diese Passage ist (was auch immer Wittgenstein in seinem Brief gemeint haben mag) sehr merkwürdig. Wie wir sehen werden, vertritt Frege in 67d–68a die These, die er hier im letzten Satz formuliert: wer auch immer x und y sein mögen, eine Vorstellung, die x hat, kann nur dann mit einer Vorstellung, die y hat, identisch sein, wenn x mit y identisch ist. Aber auf der Seite, auf die er Wittgenstein hier hinweist, legt er sich (gottlob) nicht mit einer Silbe darauf fest, dass die „Färbung", die einem Gedanken in einer Äußerung gegeben wird, eine (im gerade angegebenen Sinn identitätsabhängige) Vorstellung dessen ist, der die Äußerung macht. Die „Färbung" ist vielmehr, wie Frege selber in *Log*$_2$ 152 sagt, dem „allgemeinen Gebrauch" gewisser Wörter, Konstruktionen und Intonationsweisen geschuldet.

Kapitel 2

§5. Unvollständiger Sinn und schwankender Sinn.

§5.1. Die Ergänzungsbedürftigkeit indexikalischer Sätze.[170] (64b)

> „Das Bündnis soll 100 Jahre bestehen
> und in *diesem* Jahr beginnen."
> Vertrag zwischen Elis und Heraia, 6. Jh. v. Chr. [171]

Mit einer terminologischen Anleihe bei Peirce nenne ich Sätze *indexikalisch*, wenn sie Personal-, Possessiv- oder Demonstrativpronomina wie 'ich', 'mein' und 'dies', Demonstrativ-Determinatoren wie 'dieser __', Temporal- oder Lokaladverbien wie 'heute' und 'hier', Temporal- oder Lokaladjektive wie 'heutig' und 'hiesig' oder (der Zeitangabe dienende) Tempusmorpheme enthalten. Mit einem indexikalischen Satz wird nicht immer derselbe Gedanke ausgedrückt, „weil die Worte einer Ergänzung bedürfen, um einen vollständigen Sinn zu ergeben, und ... diese Ergänzung nach den Umständen verschieden sein kann" (Log_2 146). Nimmt man Frege beim Wort, so ist bei der Äußerung eines indexikalischen Satzes das, was einen *vollständigen* Sinn ergibt, also das, was einen Gedanken ausdrückt, nicht die Satzäußerung allein, sondern die Äußerung zusammen mit gewissen Elementen der Äußerungssituation („gewissen das Sprechen begleitenden Umständen"), – ein *mixtum compositum,* bestehend aus einem sprachlichen Zeichen und einem

---

[170] VERGLEICHE: *SuB* 43b–44a; *Vorw* XVI–XVII; Log_2 146; *1910,* WB 120–121 (*sub* [14]); *1914b,* NS 230; *Ged* 76 a; *Vern* 145, Anm. 2.
LITERATUR: Dummett, FPL 366–367, 382–400, IFP 83–87 u. FOP 167–169, 318–322; Kaplan 1977 u. 1989; Perry 1977 u. 1979; Burge 1979; Evans 1981; Peacocke 1981; Künne 1982b, 1992 u. 1997a; Yourgrau 1982; Noonan 1984; McDowell 1984; Forbes 1987; Campbell 1987, 1997; Harcourt 1992, 1999; Carl 1994, 101–106; Beaney 1996, 297–213 u. 1997, 31–35; Williamson 1997; Heck 2002; Sainsbury 2002, 133–136, 137–158; Salmon 2002; Morscher 2004; May 2006b; Ruffino 2007; Textor 2008 u. 2010, Kap. 5, §2; Kripke 2008, 200–215, dazu Künne (demnächst). Vgl. unten §10.
[171] Bronze-Inschrift aus Olympia, British Museum. Hermann Bengtson (Hg.), 'Die Staatsverträge des Altertums, Bd. 2: Die Verträge der griechisch-römischen Welt von 700 bis 338 v. Chr.', München ²1975, Nr. 110.

Ausschnitt der nicht-sprachlichen Realität.[172] Nennen wir solche Gedankenausdrücke hybrid. Wenn jemand beispielsweise den Satz

(S)   Es regnet in Jena

äußert, besteht der hybride Gedankenausdruck aus der Satzäußerung und – so Frege – der „Zeit des Sprechens". Es werden dann also nicht nur Worte „als Mittel des Gedankenausdrucks benutzt". „Der Wortlaut ... allein genügt ja nicht zum Ausdrucke, denn die Zeit des Sprechens gehört dazu" (76a). In diesem Fall handelt der ausgedrückte Gedanke demnach u. a. von einem Teil seines Ausdrucks – so wie der Gedanke, der in der Inskription in Zeile [Z] ausgedrückt wird:

[Z]   Das dritte Wort in Zeile [Z] ist ein Substantiv,

einen Teil des Gedankenausdrucks zum Thema hat. Ist die Zeit des Sprechens eine andere, so ist der unter Verwendung von (S) ausgedrückte Gedanke ein anderer; denn er handelt ja von einer anderen Zeit, und er hat deshalb vielleicht auch einen anderen Wahrheitswert.[173] Der Satz (S) ändert nun aber nicht von einer Äußerung zur nächsten seinen konventionalen sprachlichen Sinn. Haben wir hier einen neuen Beleg für die Divergenz zwischen lexikalisch-grammatischem Sinn und dem, was Frege unter Sinn versteht? Nein; denn in Freges Augen drücken sukzessive Äußerungen von (S) zwar nicht denselben Gedanken, aber denselben unvollständigen Sinn aus. Wer eine Äußerung von (S) auf einem Tonband hört, ohne zu wissen, wann das Band besprochen wurde, weiß auch bei optimaler Kenntnis unserer Sprache nicht, welcher Gedanke ausgedrückt wurde; aber er erfasst einen Frege'schen Sinn. „Die blossen Worte enthalten hier nicht den *ganzen* Sinn" (*Log*$_2$ 146 (meine Herv.)), und dieser unvollständige Sinn fällt zusammen mit dem konventionalen sprachlichen Sinn von (S).

Der Gedanke, den eine Äußerung von (S) im Verein mit der Äußerungszeit t_0 ausdrückt, kann nur zu t_0 ausgedrückt und gefasst

---

[172] Die Zeit der Äußerung, ihren Ort, ihren Produzenten oder eine Zeigehandlung als begleitende *Umstände* der Äußerung zu bezeichnen (so auch *1914b*, NS 230), ist wohl wenig glücklich; denn ein Begleitumstand ist wie jeder andere ein Umstand, *dass* es sich soundso verhält. Ich spreche stattdessen von Elementen oder Faktoren der Äußerungssituation.
[173] Vgl. Moore 1927, 71 über sukzessive Äußerungen von 'Caesar was murdered'.

Kapitel 2 457

werden.[174] Das bedeutet nicht, dass er zu anderen Zeiten nicht mehr zugänglich ist. Man kann jederzeit so auf ihn Bezug nehmen, wie ich es gerade getan haben, und man nimmt auf ihn auch Bezug, wenn man berichtet: 'Zur Zeit t_0 behauptete/glaubte N. N., dass es damals in Jena regnete'. Der eingebettete Satz drückt nicht denselben Gedanken aus wie der hybride Gedankenausdruck, der aus einer Äußerung von (S) und t_0 besteht, aber im Rahmen dieser Zuschreibung bezeichnet er ihn eindeutig.

Der erste Satz in 64b und der Hauptsatz des zweiten legen die folgende Interpretation nahe: Während der Inhalt einer Äußerung von 'Leider regnet es in Jena am 18. August 1918 um 18 Uhr MEZ' über den ausgedrückten Gedanken hinausgeht, gilt von (S) das Umgekehrte: der zur angegebenen Zeit unter Verwendung von (S) ausgedrückte Gedanke geht über den Inhalt dieser Äußerung hinaus. Ganz allgemein ('>>' als Abbreviatur von 'geht hinaus über') gilt im Fall der Färbung: *Inhalt >> Gedanke*, und im Fall der Indexikalität: *Gedanke >> Inhalt*. An dieser Stelle hätte Frege das schlüpfrige Wort 'Inhalt' durch die Phrase 'lexikalisch-grammatischer Sinn' ersetzen können.[175]

Nicht immer, wenn ein Satz im grammatischen Präsens geäußert wird, ist der Gedankenausdruck hybrid. Anders als eine Äußerung von (S) bedarf eine von *(Q)* '*2 ist eine Primzahl*' keiner Ergänzung durch die Äußerungsumstände, um einen Gedanken auszudrücken, und dasselbe gilt für eine Äußerung von *(R)* '*Wenn es irgendwann blitzt, so donnert es kurz darauf*'.[176] In beiden Fällen wird mit dem grammatischen Präsens keine Zeitangabe gemacht. Deshalb muss man von einer solchen Äußerung auch nicht wissen, wann sie gemacht wurde, um den ausgedrückten Gedanken zu erfassen. Obwohl *(R)* von Ereignissen handelt, ist das Präsens hier genau wie in *(Q)* gewissermaßen „ein *Tempus* der Unzeitlichkeit" (76a), – es dient nicht dem Bezug auf die Zeit der Äußerung. Wie ist die Wendung „Zeitlosigkeit *oder* Ewigkeit" zu verstehen? Alltagssprachlich über-

---

[174] Vgl. Bolzano, WL IV, 48.
[175] Lotze deutet in 1878, 239 einen ähnlichen Kontrast an: „[D]er Sprechende" bedient sich einerseits oft gewisser Mittel, „die zu dem logischen Umriß seines Satzes kein wesentliches Glied hinzufügen", ihm aber ein gewisses „Colorit geben"; andererseits muss man der „Rede" oft Elemente „hinzufügen, die zur Vollständigkeit des Gedankens gehören, und von ihr verschwiegen werden".
[176] Zu *(R)* vgl. *SuB* 43b–44a.

wiegt wohl der (meist hyperbolische) Gebrauch von 'ewig' im Sinne von 'immerwährend'.[177] Aber 'ewig' ist an unserer Stelle anscheinend eine stilistische Variante von 'zeitlos';[178] denn wäre es Frege auf einen Kontrast zwischen Atemporalität und Omnitemporalität angekommen, so hätte er sich doch wohl nicht mit *einem* Beispiel begnügt, und er hätte dann doch wohl besser gesagt, es müsse erraten werden, welcher von *drei* Fällen bei einer Äußerung im grammatischen Präsens vorliege. Die merkwürdige Formulierung, Zeitlosigkeit sei hier „*Bestandteil* des Gedankens", ist vielleicht ein missglückter Versuch zu sagen, dass kein Sinn, der eine Zeit bestimmt, in den ausgedrückten Gedanken eingeht.

Auch wenn die folgenden Sätze geäußert werden, drücken die Worte allein nicht den ganzen Sinn aus:

(T)   Heute ist Sonntag
(U)   Gestern war Sonntag.

Wieder besteht der hybride Gedankenausdruck aus einem Vorkommnis von (T) bzw. (U) und der jeweiligen Zeit des Sprechens. Wir können das durch die folgenden Paraphrasen verdeutlichen:

(T*)   Der Tag, zu dem der jetzige Augenblick gehört, ist ein Sonntag
(U*)   Der Tag vor demjenigen, zu dem der jetzige Augenblick gehört, war ein Sonntag.

Wenn jemand den unvollständigen noëmatischen Sinn dieser Sätze kennt (den wir mit ihrem lexikalisch-grammatischen Sinn identifizieren können), so weiß er: wird an irgendeinem Tag mit (T) etwas Wahres gesagt, so wird am nächsten Tag mit (U) etwas Wahres gesagt. Frege geht einen Schritt weiter, indem er behauptet, dass an aufeinander folgenden Tagen mit (T) und (U) *derselbe* Gedanke ausgedrückt werden kann. Hat er gut daran getan, diesen Schritt zu tun? Wäre er auch bereit, für (T) und 'Vorvorgestern war Sonntag'

---

[177] Etwa wenn wir sagen: Die Ewigen Lichter in den Kirchen der Ewigen Stadt sollen die Besucher an das Ewige Leben erinnern. „Jemand fragte Galilei, ob er glaube, dass die Sonne ewig sei. Er antwortete: *eterno nò, ma ben antico* [nicht ewig, aber sehr alt]" (Leibniz, N. E. II, 26 [A VI.6, 229]).
[178] Vgl. 76a, *Vorw* XVI („ewige Geltung") u. XVII („zeitlose Wahrheit") und die merkwürdige Formulierung in *1914b*, NS 256: „Die Gesetze der Zahlen ... sind unzeitlich ewig". Eindeutig im Sinne von „immer" verwendet Frege das Adverb „ewig" in *Vern* 150b.

Kapitel 2 459

oder für (T) und 'Heute vor 28 Tagen war Sonntag' Entsprechendes zu behaupten, wenn der zweite Satz drei Tage bzw. vier Wochen nach dem ersten geäußert wird? Jedes 'Bis hierher und nicht weiter!' scheint hier doch willkürlich zu sein ... Ist einem der Tag, von dem man heute mit (T) spricht, nicht ganz anders gegeben, wenn man morgen (U) äußert? Und ergibt sich daraus nicht, dass mit (T) und (U) an aufeinander folgenden Tagen *verschiedene* Gedanken ausgedrückt werden? Wenn ja, so kann man am Montag keine Meinung haben und ausdrücken, deren Gehalt genau der Gedanke ist, der am Tag zuvor mit (T) ausdrückt werden konnte. Aber auch dann kann man diesen Tag natürlich nach wie vor für einen Sonntag halten, und man kann das durch eine Äußerung von (U) kundtun. Ist das nicht genug doxastische Konstanz?

Frege sagt zu Recht, dass morgen in einer Äußerung von (T) ein anderer Gedanke ausgedrückt wird als heute. (Höchstens einer von ihnen ist wahr.) Aber auch in sukzessiven Äußerungen von (T) am *selben* Tag wird nicht derselbe Gedanke ausgedrückt. Betrachten wir die Paraphrase von (T). Hybride Gedankenausdrücke, deren verbale Bestandteile sukzessive Äußerungen von (T*) sind, drücken niemals denselben Gedanken aus; denn sie klassifizieren ja verschiedene Augenblicke als zu einem Tag gehörig, der ein Sonntag ist. Aber wenn jemand (T*) zweimal am selben Tag äußert, dann ist der Tag, der den ausgedrückten Gedanken zufolge ein Sonntag ist, derselbe. Nun drückt ein hybrider Gedankenausdruck, der ein Vorkommnis von (T*) und eine Zeit t enthält, denselben Gedanken aus wie einer, der ein Vorkommnis von (T) und t enthält. Also wird auch in sukzessiven Äußerungen von (T) am selben Tag nicht derselbe Gedanke ausgedrückt.

Bei einer temporal-indexikalischen Äußerung muss die Hörerin den Äußerungszeitpunkt identifizieren, um zu erkennen, welcher Gedanke ausgedrückt wird. Und was muss sie bei einer Äußerung von

(V) Ich habe Blutgruppe 0

identifizieren, um zu erkennen, welcher Gedanke ausgedrückt wird? Den Sprecher. Das interpretationsrelevante nicht-sprachliche Element der Äußerungssituation ist hier also der Produzent der Äußerung: er ist die nicht-sprachliche Komponente des hybriden Gedankenausdrucks, dessen sprachlicher Teil seine Äußerung von (V) ist. Wie im Falle von (S) handelt demnach auch hier der ausgedrückte

Gedanke vom nicht-sprachlichen Teil seines Ausdrucks.[179] – Diese Überlegung liegt zwar auf der Linie von Freges Ausführungen über temporal-indexikalische Äußerungen; aber wir werden prüfen müssen, ob sie mit Freges eigenem Raisonnement über 'ich'-Äußerungen harmoniert. (Vgl. unten 475 ff.)

Und was ergänzt eine Äußerung von

(W)   Das ist eine Linde

zu einem vollständigen Gedankenausdruck? Zu den Faktoren der Äußerungssituation, die als „Mittel des Gedankenausdrucks" verwendet werden, sagt Frege, „können auch Fingerzeige, Handbewegungen, Blicke gehören". Solche Mittel pflegen Äußerungen des Demonstrativpronomens und des Personalpronomens 'du' zu ergänzen. Wird die Äußerung des Demonstrativpronomens von einer 'Demonstration' (Deixis) begleitet, dann kann man sogar bei Verwendung eines Satzes der syntaktischen Form 'a=a' Bemerkenswertes mitteilen. Anna schaut beim Telefonieren aus dem Fenster und erblickt einen Mann in der Telefonzelle auf der anderen Straßenseite. Sie unterbricht das Gespräch kurz, um dem neben ihr stehenden Ben zuzuflüstern:

(X)   Dieser Mann ist derselbe wie dieser Mann.

Dabei begleitet sie die eine Äußerung des Pronomens durch einen Hinweis auf die akustische und die andere durch einen Hinweis auf die optische Erscheinung desselben Mannes.[180]

---

[179] Frege sagt am Ende von 64b über personal-indexikalische Sätze wie (V): „Der gleiche das Wort 'ich' enthaltende Wortlaut wird im Munde verschiedener Menschen verschiedene Gedanken ausdrücken...". 'Der gleiche' bedeutet bei Frege *derselbe* (1-§5), und „der Wortlaut" ist hier (genau wie „der Satz" in *Vorw* XVI/ XVII) ein *type*-Satz. Beide englische Übersetzungen lassen Frege abwegigerweise von „the same *utterance* ... in the mouths of different men" reden (Quinton 1956, 24; Geach 1977c, Op.).

[180] Ist der interpretationsrelevante nicht-sprachliche Faktor der Äußerungssituation eine deiktische Geste, dann ist er ein Zeichen, das wie jedes andere Zeichen verstanden und missverstanden werden kann. Eine Zeit, ein Ort und eine Person sind hingegen nichts, dass einen Sinn hat. Ist diese Differenz ein guter Grund, Freges Konzept der hybriden Gedankenausdrücke nur für Fälle der ersten Sorte zu akzeptieren? Wohl kaum. Die Silbenfolge 'fidiralala' ist zweifellos ein Teil des Gedankenausdrucks „Der Refrain des Lieds von der Vogelhochzeit lautet 'fidiralala'", und doch ist sie kein sinnvolles Zeichen.

Kapitel 2

Nicht immer bedarf die Äußerung eines Satzes mit einem Demonstrativpronomen der Ergänzung durch Handbewegungen oder Blicke, damit ein Gedanke ausgedrückt wird. 'Das ist ein unerträglicher Lärm', sagt sie, ohne sich zu regen, mit geschlossenen Augen. Wenn seit einer halben Stunde Vorschlaghämmer vor dem Haus dröhnen, so hat er keine Mühe zu erkennen, worauf sie Bezug nimmt. Hier genügt die Handlung des Äußerns des Satzes, um herauszustellen, wovon der ausgedrückte Gedanke handelt. Der sprachliche Bestandteil des hybriden Gedankensausdrucks ist hier (wie immer) das von der Sprecherin produzierte Vorkommnis des Satzes, während der nicht-sprachliche Bestandteil der Akt seiner Produktion (statt einer ihn begleitenden deiktischen Handlung) ist.

Das Argument, mit dem Frege seine These, manche Gedankenausdrücke seien hybrid, an unserer Stelle begründet, ist enthymematisch:

> Wenn mit dem *Praesens* eine Zeitangabe gemacht werden soll, muß man wissen, wann der Satz ausgesprochen worden ist, um den Gedanken richtig aufzufassen. Dann ist *also* die Zeit des Sprechens Teil des Gedankenausdrucks. (meine Herv.)

(Oder: Manchmal bedarf man zur „richtigen Auffassung" des ausgedrückten Gedankens „noch der Kenntnis gewisser das Sprechen begleitender Umstände". Mithin ist der Ausdruck des Gedankens in solchen Fällen ohne diese Umstände unvollständig.) Die stillschweigend angenommene Prämisse kann man so formulieren:

(+) Wenn man ein Element der Situation, in der ein Gedanke ausgedrückt wird, erkennen muss, um den Gedanken zu erfassen, dann ist dieses Element ein Teil des Gedankenausdrucks.

Warum sollte man (+) akzeptieren? Man muss die Zusatzprämisse jedenfalls dann unterschreiben, wenn man die Relation des *Ausdrückens* mit Frege als dyadische Beziehung auffassen will. Angenommen, die Gedankenausdrücke wären in Fällen wie (S) bis (W) nicht hybrid. Dann würde man dreistellige Prädikate wie 'ξ in Verbindung mit ψ drückt ζ aus' benötigen, und wenn ein Satz mehr als eine indexikalische Komponente enthält – (X) ist ein Beispiel –, bedarf es eines mehr-als-3-stelligen Prädikats. Indem Frege das, was sonst als drittes, viertes,... Relatum in Ansatz gebracht werden müsste, zum

Gedankenausdruck zählt, bewahrt er die Relation des Ausdrückens vor solchen Relativierungen.

„Der Kürze wegen" klassifiziert Frege jeden Ausdruck als *Eigennamen*, der ein „eigentlicher Eigenname" ist oder einen solchen insofern „vertreten" kann, als auch er in einer bestimmten Äußerung „ein bestimmtes Einzelnes bezeichnen soll".[181] Im Gegensatz zu Russell ist Frege der Auffassung, dass auch Kennzeichnungen diesem Zweck dienen (s. o. 1-§3). Dass ein Eigenname der einen oder anderen Art eine Bedeutung hat, heißt – so erklärt Frege –, dass er „seinen Zweck, einen Gegenstand zu bezeichnen, auch wirklich erreicht, also nicht leer ist".[182] Um Missverständnisse zu vermeiden, bezeichne ich alle *sub*-sententialen Ausdrücke, die laut Frege diese „Bestimmung" haben, als *singuläre Terme*. Aus den folgenden Bemerkungen Freges geht klar hervor, dass in seinen Augen manche singulären Terme hybrid sind:

> In dem Satze „das ist Saturn" haben wir zwei Eigennamen für denselben Gegenstand. Das Wort „das" *zusammen mit* einer geeigneten Hinweisung muss hier nämlich als Eigenname (im logischen Sinne), d. h. als Zeichen für einen Gegenstand aufgefasst werden. (*n.1887b*, NS 100ᴿ [meine Herv.]).
> Freilich kann ich mit den Worten „dieser Mensch" in einem Falle diesen, in einem anderen Falle jenen bezeichnen. Aber in jedem einzelnen Falle will ich doch nur einen einzigen damit bezeichnen... Der Satz, den ich ausspreche, enthält nicht immer alles Erforderliche, manches muss aus der Umgebung, aus meinen Handbewegungen oder Blicken ergänzt werden... Als Eigenname ist dann ... *das Ganze* aufzufassen, das aus dem Begriffsworte,[183] dem Demonstrativpronomen *und* den begleitenden Umständen besteht. (*1914b*, NS 230 [meine Herv.].)

Ein hybrider singulärer Term bezeichnet höchstens einen Gegenstand. Was bei einer Äußerung von (V), 'Ich ...', einen Gegenstand

---

[181] *FuB* 17–18a; *SuB* 27b u. Anm. 2; *BuG,* Anm. 10; *Vern* 156a. Frege kann zugeben, dass jemand, der sagt: 'Schau mal, da macht sich *jemand (ein Ganove)* an unserem Wagen zu schaffen!', einen ganz bestimmten Ganoven *meint*, aber er muss bestreiten, dass die kursivierten Ausdrücke ein bestimmtes Einzelnes „bezeichnen"; denn er will sie gewiss nicht als Eigennamen klassifiziert wissen.
[182] *1906d*, NS 205; vgl. *1906b*, NS 194.
[183] 'Mensch' ist ein Begriffswort im ersten der beiden Sinne, die wir auf S. 249–52 unterschieden haben.

bezeichnet, ist nicht die Äußerung des Personalpronomens allein, sondern ein aus dieser Äußerung und dem Sprecher bestehender Komplex. Ein hybrider singulärer Term dieser Sorte hat daher immer eine Bedeutung. Was bei einer Äußerung von (W), 'Das ...', einen Gegenstand bezeichnet, ist nicht die Äußerung des Demonstrativpronomens allein, sondern ein aus dieser Äußerung und einer Deixis bestehender Komplex. Wenn der Sprecher von (W) halluziniert, hat der hybride singuläre Term keine Bedeutung, und der ausgedrückte Gedanke ist weder wahr noch falsch (68b). (Vgl. oben 1-§3.) Im Falle von Annas Äußerung des Identitätssatzes (X) haben die beiden hybriden singulären Terme nicht denselben Sinn; denn dass sie dasselbe bezeichnen, ist nicht selbstverständlich: sie drücken verschiedene Arten des Gegebenseins des Gegenstandes aus, den sie bezeichnen (65d–66a). (s. o. 1-§2.2.) Deshalb ist der ausgedrückte Gedanke nicht trivial wie ein Fall des Gesetzes der Reflexivität der Identität.

Vollzieht jemand, der von der Behauptung, dass alles mit sich identisch ist, zu einer assertorischen Äußerung des Satzes (X) übergeht, einen logisch gültigen Schluss, wenn er zweimal auf denselben Mann Bezug nimmt? Auch Freunde der Positiven Freien Logik[184] sollten diese Frage nur dann bejahen, wenn die Art des Gegebenseins des Mannes bei der ersten Äußerung der indexikalischen Kennzeichnung (anders als in unserem Telefon-Szenario) dieselbe ist wie bei der zweiten. Andernfalls folgt die vermeintliche Konklusion aus dem Gesetz der Reflexivität der Identität genausowenig wie aus ihm folgt, dass der Morgenstern der Abendstern ist. Oder betrachten wir das folgende Argument:

(P1)   Das ist rauh.
(P2)   Das ist rot. Also:
(K)   Es gibt etwas, das rauh und rot ist.

Vollzieht jemand, der so argumentiert und bei der Äußerung der Prämissen zweimal auf dasselbe Tuch Bezug nimmt, einen logisch gültigen Schluss? Quines Antwort ist Ja:[185]

---

[184] Eine (sc. von Existenz-Annahmen) 'freie' Logik ist 'positiv', wenn ihr zufolge Einsetzungsinstanzen von '$\xi=\xi$' auch dann Wahrheiten ausdrücken, wenn die eingesetzten singulären Terme leer sind.
[185] Quine 1950/³1974, §8. ('Interpretation' meint hier: Gegenstandsbezug.)

(Q) „[C]ircumstance of the argument as a whole ... may be expected to influence the interpretation of an ambiguous expression uniformly wherever the expression recurs in the course of the argument. This is why words of ambiguous reference such as 'I', 'you', 'here', 'Smith', and 'Elm Street' are ordinarily allowable in logical arguments without qualification; their interpretation is indifferent to the logical soundness of an argument, provided merely that it stays the same throughout the space of the argument."

(Wenn das von 'you' gilt, dann muss es auch auf 'this' zutreffen.) Aber vielleicht berührt der Sprecher, der das obige Argument vorbringt, bei der ersten 'das'-Äußerung das Tuch bei geschlossenen Augen, während er es bei der zweiten Äußerung, die Hände im Schoß, anblickt. In seinem Munde ist der Schluss nicht logisch gültig.[186] Die hybriden singulären Terme, die zum vollständigen Gedankenausdruck bei den Prämissen-Äußerungen gehören, sind dann so verschieden wie die beiden gleichbedeutenden (ko-denotativen) Namen in dem Fehlschluss: 'Voltaire war ein Kritiker des Absolutismus; François-Marie Arouet war ein Kammerherr Friedrichs II.; also gibt es jemanden, der ein Kritiker des Absolutismus und ein Kammerherr Friedrichs II. war'.[187]

In *BS* § 8 sagt Frege von dem Namen 'A' eines bestimmten geometrischen Punktes, dass er derjenigen „Bestimmungsweise" dieses Punktes „entspricht", bei welcher der Punkt „unmittelbar in der Anschauung" gegeben ist. Was er dort von dem Namen des geometrischen Punkts sagt, könnte er *mutatis mutandis* auch von den beiden hybriden singulären Termen sagen, die das Tuch denotieren: sie drücken Arten des Gegebenseins dieses Gegenstandes aus, die mit seiner visuellen bzw. seiner haptischen Wahrnehmung verbunden sind.

---

[186] Der Schluss ist unter den angegebenen Umständen genausowenig logisch gültig, wie es der Übergang von 'Some people are sick' zu 'Some people are sick' ist, wenn 'sick' erst im Sinne von 'körperlich krank' und dann im Sinne von 'seelisch krank' verwendet wird. Es würde sich bei diesem Übergang auch dann um eine *fallacia aequivocationis* handeln, wenn alle seelisch Kranken und nur sie körperlich krank wären. Vgl Strawson 1957; Gottlieb 1974.
[187] Dieser Schluss ist auch dann nicht *logisch* gültig, wenn die Wahrheit, dass Voltaire = Arouet, wie Kripke argumentiert, eine (nur a posteriori wissbare) *notwendige* Wahrheit ist.

Kapitel 2

Der Sinn eines hybriden singulären Terms fällt nicht mit dem Sinn einer nicht-indexikalischen Kennzeichnung zusammen. Auch jemand, der nicht imstande ist, die Zeit seiner Äußerung, sich selber oder das Worauf seiner Deixis mit Hilfe einer solchen Kennzeichnung zu bestimmen, kann mit unseren indexikalischen Beispielsätzen Wahres sagen, und man kann mit ihnen auch dann Wahres sagen, wenn man die Frage nach Zeit, Sprecher oder *demonstratum* mit Hilfe einer nicht-indexikalischen Kennzeichnung falsch beantwortet. Auch jemand, der nicht weiß, wer er ist, redet mit (V) über sich, und mit (V) redet auch der Verrückte, der wähnt, er sei der Erfinder der Syllogistik, über sich – und nicht über Aristoteles. Auch wer das Datum seiner Äußerung nicht deskriptiv bestimmen kann, redet mit (U) über den Tag vor seiner Äußerung. Angenommen, Rip van Winkle (der Held von Washington Irvings gleichnamiger Erzählung) erwacht am 1. 1. 1790 aus seinem zwanzigjährigen Dornröschenschlaf und sagt: 'Gestern Abend habe ich zu viel getrunken'. Dann sagt er auch dann etwas Falsches, wenn er felsenfest davon überzeugt ist, von seinem in der Tat beträchtlichen Alkoholkonsum am 31. 12. 1769 zu berichten.[188]

Freges These, dass Äußerungen eines indexikalischen Ausdrucks wie 'ich' „einer Ergänzung bedürfen, um einen vollständigen Sinn zu ergeben" (*Log*$_2$ 146), legt die Annahme nahe, dass der Sinn einer 'ich'-Äußerung in seinen Augen der Sinn der Bezeichnung einer *Funktion* ist; denn von Funktoren, von den Funktionen, die ihre Bedeutungen sind, und von ihrem Sinn pflegt er zu sagen, dass sie

---

[188] Äußerungen von 'Ich liebe dich' können auch semantisch heikel sein. Der Baron Eduard liebt nicht Charlotte, seine Frau, sondern Ottilie; und Ch. liebt nicht ihn, sondern den Hauptmann. Und doch bleibt E. eines Nachts in Ch.s Schlafzimmer. „[Er] löschte zuletzt mutwillig die Kerze aus. In der Lampendämmerung sogleich behauptete die innre Neigung, behauptete die Einbildungskraft ihre Rechte über das Wirkliche: Eduard hielt nur Ottilien in seinen Armen, Charlotten schwebte der Hauptmann näher oder ferner vor der Seele, und so verwebten, wundersam genug, sich Abwesendes und Gegenwärtiges reizend und wonnevoll durcheinander... Aber als Eduard des andern Morgens an dem Busen seiner Frau erwachte, schien ihm der Tag ahnungsvoll hereinzublicken, die Sonne schien ihm ein Verbrechen zu beleuchten; er schlich sich leise von ihrer Seite, und sie fand sich, seltsam genug, allein, als sie erwachte" (Goethe, 'Die Wahlverwandtschaften', I. Teil, 11. Kap.). Angenommen, E. hat in der Nacht des doppelten imaginativen Ehebruchs 'Ich liebe dich' geflüstert, hat er nicht auch dann Unwahres gesagt, wenn er O. *meinte*?

einer Ergänzung bedürfen (s. o. 1-§2.1; 3-§8). Aber diese Annahme hat bizarre Konsequenzen. Wäre der Sinn einer 'ich'-Äußerung auf dieselbe Weise unvollständig wie es der Sinn von 'das Quadrat von ( )' ist, dann wäre der Produzent der Äußerung erstens eine Bezeichnung eines Arguments der Funktion, die 'ich' bezeichnet, zweitens ein Argument dieser Funktion und drittens ihr Wert für dieses Argument. Dass der Wert einer Funktion mit einem Argument dieser Funktion identisch ist, kommt auch bei der Funktion *das Quadrat von ( )* vor, und bei einer Funktion wie *derjenige Gegenstand, der mit ( ) identisch ist*, fallen Argument und Wert sogar immer zusammen. Aber wenn ein Sprecher *in propria persona* den vermeintlichen Funktor 'ich' sättigen soll, dann müsste er überdies eine Bezeichnung (seiner selbst) sein, und er müsste einen Frege'schen Sinn haben. Entsprechendes müsste von der Zeit des Sprechens gelten, wenn das Tempusmorphem in (S) ein Funktor wäre. Da diese Konsequenzen abstrus sind, sollte man Frege jene Annahme nicht ohne eindeutige Belege in seinen Texten unterstellen. Solche Belege gibt es aber nicht.

Aber wenn der verbale Teil eines hybriden singulären Terms kein Funktor ist, was ist er dann? Für sich genommen hat er genausowenig eine Bedeutung wie sein nicht-verbaler Teil. Wir können hier wieder die Terminologie Martys nutzbringend einsetzen (s. o. 252), indem wir den verbalen Teil eines hybriden singulären Terms als *bloß mitbedeutenden* oder *synsemantischen* Ausdruck klassifizieren: erst das Resultat seiner Verbindung mit etwas Anderem kann ein singulärer Term sein, der selber etwas bedeutet (der selbstbedeutend oder autosemantisch ist).[189] (Das hat er mit der Kopula und dem generellen Term in 'Sokrates ist weise' gemein, die erst zusammen einen Ausdruck bildet, der selber etwas bedeutet, nämlich eine propositionale Funktion.) Nur wenn der verbale Teil eines hybriden singulären Terms ein Vorkommnis des Demonstrativpronomens oder eine mit ihm gebildete Kennzeichnung ist, ist das Andere, das ihn ergänzt, auch selber ein Zeichen.

Ist die Art des Gegebenseins eines Gegenstandes, die ein *hybrider* singulärer Term zum Ausdruck eines Gedanken beisteuert, immer 'intersubjektiv verfügbar'? Oder kann manchmal nur der Produzent einer indexikalischen Äußerung den ausgedrückten Gedanken fassen? „Das Vorkommen des Wortes 'ich' in einem Satze gibt noch zu einigen Fragen Veranlassung" (65a).

---

[189] Die Anleihe ist auch hier nur eine terminologische.

§5.2. *Sätze mit 'ich' oder mit eigentlichen Eigennamen.*[190] (65–66b)

Die Eigennamen, um die es in 65b–d geht, sind „eigentliche Eigennamen", also nicht Kennzeichnungen wie 'der Erfinder der Syllogistik' und 'die Stadt, in der Sokrates lebte', sondern Ausdrücke wie 'Aristoteles' und 'Athen' (s. o. 1-§3). Ich werde sie in diesem Paragraphen kurz *Namen* nennen. Hier ist eine schematische Darstellung der personalreichen Situation, die Frege in 65b beschreibt.[191] Angenommen,

(1)   N. N. sagt: 'Ich bin *P*',
(2)   A sagt: 'N. N. ist *P*',

der Name 'N. N.' bezeichnet im Munde von A die Person, die er die in (1) erwähnte Äußerung hat machen hören, und beide Sprecher verstehen das verwendete Prädikat auf dieselbe Weise. Sprechen N. N. und A denselben Gedanken aus? An dieser Stelle bringt Frege eine dritte Person ins Spiel. Person B hört beide Äußerungen, ver-

---

[190] VERGLEICHE: [NAMEN]: *BS* §8; *GL* §57 Ende; *n.1887a*, NS 94–95; *FuB* 13–14; *SuB* 25–27c, 32b, bes. Anm. 3; *1896c*, WB 195–197; *1906d*, NS 208–209, *1914a*, WB 127–129; *1914b*, NS 241–244; *1920*, *BaW* 25. ['ICH']: *Vorw* XVI; *Logik*$_2$ 138, 146.
LITERATUR: [NAMEN]: Kripke 1972, 1979; Dummett, FPL 110–151 u. IFP 182–195, 557–600; Evans 1982, Kap. 11; Heck 1995; Jackson 1998c u. 2005; Sainsbury 2002, 159–180, 205–223; Sullivan 2003b; Textor 2005 u. 2009d, 5-§5; Burge 1979 (mit PS 2005) u. 2005, §II; May 2006a; Ruffino 2007. ['ICH']: Castañeda 1967 u. 1968; Dummett, IFP 118–128; Evans 1982, Kap. 7; Forbes 1987; Recanati 1995; Bar-Elli 1996, 70–81; Beaney 1996, 213–215; Kemmerling 1996; Künne 1997a; Harcourt 1999; Lotter 1999; Newen 2001; Morscher 2004; May 2006b; Kripke 2008, 211–215. [ORATIO OBLIQUA]: Kaplan 1969; Forbes 1987 u. 1990; LIT. zu 1-§5.
[191] Seitdem der in NS 67 ff, 74, 189 als Beispiel fungierende Leo Sachse als Person aus Freges Bekanntenkreis identifiziert wurde (*Biogr* 53–57), liegt der Verdacht nahe, dass auch das hier verwendete Personal nicht-fiktiv ist. Vielleicht ist von dem verwundeten Dr. med. G. Lauben in einer der Feldpostkarten Freges an den Kriegsfreiwilligen Wittgenstein in Krakau die Rede (*BaW* 9, 11): „Wir hatten hier 3 Leichtverwundete im Hause; Alfred musste dazu seine Spielstube hergeben" (11.10.1914); „Von meinen Verwandten ist einer ... in Polen verwundet" (23.12.14); „Einer von [den Verwandten, die hier im Hause waren] ist nachher zum zweiten Male verwundet worden" (24.6.15). Die Klärung der Identität des Doktors und der anderen drei Herren gehört zweifellos zu den wichtigsten Aufgaben der Frege-Forschung der Zukunft. (Zur Projektion meiner Schemata auf den Text: N.N./ Lauben; *P*/ verwundet worden; A / Peter; B / Lingens; C / Garner.)

steht den Namen 'N.N.' auf dieselbe Weise wie A und das Prädikat genauso, wie N.N. und A es verstehen. Nun weiß B aber vielleicht nicht, dass der Sprecher in (1) kein anderer als die Person ist, über die A in (2) spricht. Und wenn B tatsächlich nicht weiß, dass beide Äußerungen von derselben Person handeln, so sprechen N.N. und A nicht denselben Gedanken aus.– Etwas an dieser Überlegung ist merkwürdig („Darum sage ich in *diesem* Falle ..." [meine Herv.]). Würden N.N. und A denn, litte B nicht unter jenem Wissensdefizit, denselben Gedanken aussprechen? Kann die Antwort auf die Frage, ob in den Äußerungen in (1) und (2) zweimal derselbe Gedanke ausgedrückt wird, davon abhängig sein, was ein Dritter *de facto* weiß? Ersetzen wir (2) durch

(2†)   N.N. sagt: 'N.N. ist *P*',

und nehmen wir an, dass 'N.N.' im Munde des Sprechers in (2†) den Sprecher bezeichnet. Nun weiß der arme N.N. nicht, dass seine Äußerungen (1) und (2†) von derselben Person handeln: er leidet nämlich unter einer schweren Amnesie und weiß nicht mehr, dass er N.N. ist. (Er hat in der Zeitung gelesen, N.N. sei *P*.) Nach dem auf (1) und (2) angewendeten Kriterium der Gedankendifferenz spricht N.N. nicht zweimal denselben Gedanken aus. *Spräche* er zweimal denselben Gedanken aus, wenn er nicht vergessen hätte, wie er heißt? Das würde nicht zu dem Kriterium der Gedankendifferenz passen, das Frege in seinen Aufsätzen aus den 90er Jahren verwendet hat:

> Wenn wir sagen „der Abendstern ist ein Planet, dessen Umlaufszeit kleiner ist als die der Erde", so haben wir einen anderen Gedanken ausgedrückt als in dem Satze „der Morgenstern ist ein Planet, dessen Umlaufszeit kleiner ist als die der Erde"; denn, wer nicht weiss, dass der Morgenstern der Abendstern ist, könnte den einen für wahr, den andern für falsch halten. (*FuB* 14a.[192])

Schon die *Möglichkeit* der einem Informationsdefizit geschuldeten Differenz in den kognitiven Einstellungen impliziert demnach, dass es sich um verschiedene Gedanken handelt.[193] Und entsprechend

---

[192] Vgl. *SuB* 32b; *1914a*, WB 128; und 4-§11.
[193] Das berücksichtigt Frege in Log_2 146 nicht. Ein analoger Fehler findet sich gleich auf der nächsten Seite (und in *n.1898*, NS 173–174), wo er zu unterstellen scheint, dass zu t_0 mit (S) 'Es regnet in Jena' dasselbe gesagt wird

sollten wir daraus, dass sich jemand in der kognitiven Lage von B befinden *könnte*, schließen, dass N.N. und A in (1) und (2) nicht denselben Gedanken ausdrücken. (Mit dem „könnte" will der Antipsychologist Frege bestimmt nicht sagen, dass das Einnehmen verschiedener Einstellungen durch kein *psychologisches* Gesetz ausgeschlossen ist, sondern dass es gegen keine *logische Norm* verstößt.) –
In einer „logisch vollkommenen Sprache (Begriffsschrift)" erfüllt jeder singuläre Term („Eigenname") das folgende Desiderat:

(Σ)   Der Sinn eines Eigennamens wird von jedem erfaßt, der die Sprache oder das Ganze von Bezeichnungen hinreichend kennt, der er angehört. (*SuB* 27c.)

Für jeden atomaren Ausdruck in dem „Ganze[n] von Bezeichnungen ..., das ich Begriffsschrift genannt habe",[194] wird festgesetzt, was er bedeutet (bezeichnet). Wenn man diese Stipulationen versteht, kennt man den Sinn des atomaren Ausdrucks, und wenn man außerdem die Kompositionsregeln für die Bildung komplexer Ausdrücke (z.B. von Kennzeichnungen) beherrscht, kennt man auch deren Sinn. Was für singuläre Terme in unserer Sprache erfüllen (Σ)? Nicht-indexikalische Kennzeichnungen, in denen kein Name vorkommt ('der Erfinder des Blitzableiters', 'die gerade Primzahl'), alle transluzenten Bezeichnungen von Eigenschaften, Zahlen und (anderen) Klassen ('Weisheit', 'Zwei', '{$x: x$ ist eine Philosophin}') und manche Satznominalisierungen ('dass es immer irgendwo regnet'[195]). Hybride singuläre Terme erfüllen (Σ) hingegen nicht; denn ein Interpret weiß dank seiner sprachlichen Kompetenz nur, nach welchem Element der Äußerungssituation er Ausschau halten muss. Einen vollständigen Sinn kann er erst dann erfassen, wenn er den interpretationsrelevanten Faktor identifiziert hat, der das sprachliche Zeichen zu einem hybriden singulären Term ergänzt. Das Desiderat

---

wie mit 'Es regnet in Jena zu t_0'. Frege denkt in solchen Zusammenhängen wohl nur daran, wie man einen wissenschaftlichen *Text* so formulieren kann, dass die Satzinskriptionen jeweils genau einen Gedanken ausdrücken, und dabei geraten hybride Gedankenausdrücke natürlich aus dem Blickfeld. Das begriffsschriftliche Desiderat der Dekontextualisierung (172) kann nur erfüllt werden, wenn man kontextsensitive Formulierungen der „Sprache des Lebens" durch solche ersetzt, die nicht denselben Gedanken ausdrücken. Vgl. auch *1904a*, 657–658.
[194] *FuB* 1a; vgl. *SuB* 27d.
[195] Im Kontrast beispielsweise zu 'dass es jetzt in London regnet'.

(Σ) wird auch nicht von Namen erfüllt; denn „mit der Kenntnis der deutschen Sprache ist es eine eigene Sache, wenn es sich um [eigentliche] Eigennamen handelt" (65b). Frege betrachtet in 65c eine Situation des folgenden Typs:

(3)   A sagt: 'N. N. ist P',
(4)   C sagt: 'N. N. ist P',

der Name 'N. N.' bezeichnet im Munde von A dieselbe Person wie im Munde von C, und C versteht das Prädikat genauso wie A. Drücken die in (3) und (4) zugeschriebenen Äußerungen dann denselben Gedanken aus? Wie dem Exzerpt (Q) auf S. 464 zu entnehmen ist, würde Quine auch diese Frage bejahen. Aber diese Antwort ist nur dann korrekt, wenn A und C auch den Namen 'N. N.' auf dieselbe Weise verstehen. Solche Konvergenz ist aber beim Gebrauch von Namen in den natürlichen Sprachen oft nicht gegeben. So denkt A vielleicht an N. N. als den einen und einzigen Φer, während C an ihn als diesen Ψer da denkt, und keiner von ihnen weiß, dass der Φer tatsächlich dieser Ψer da ist. Sie reden dann in (3) und (4) zwar von demselben Gegenstand, aber sie „verbinden" mit dem geäußerten Satz „nicht denselben Gedanken". Sie „sprechen" dann, was den Namen 'N. N.' angeht, „nicht dieselbe Sprache". (Legt man Freges Maßstab an, so sprechen wohl nie zwei Sprecher dieselbe Sprache; denn dann müsste ja von jedem Namen, den sie beide für denselben Gegenstand verwenden, gelten, dass sie an den Träger des Namens unter demselben Aspekt denken. Und es spricht dann wohl auch kein Sprecher längere Zeit dieselbe Sprache; denn dann müsste er ja bei Verwendung des Namens an den Namensträger immer unter demselben Aspekt denken.) Sprächen A und C eine logisch vollkommene Sprache, so würden sie gar nicht denselben Namen 'N. N.' verwenden; denn in einer Begriffsschrift „müssen den beiden Bestimmungsweisen entsprechend zwei verschiedene Namen dem dadurch Bestimmten verliehen werden".[196] Angenommen, A und C erfüllen diese Forderung und drücken die verschiedenen Aspekte, unter denen sie an N. N. denken, auch durch verschiedene Namen aus. Dann könnte C offenkundig den Gedanken als wahr anerkennen, der durch die Ergänzung von '... ist P' durch den einen Namen ausgedrückt wird, während er als falsch ver-

---

[196] *BS* § 8; vgl. *SuB* 27c–28a.

wirft, was bei Einsetzung des anderen Namens ausgedrückt wird. Also – und hier beruft sich Frege auf sein altes Kriterium der Gedankendifferenz – drücken die beiden Sätze verschiedene Gedanken aus. Solange A und C am Schlendrian der logisch unvollkommenen „Sprache des Lebens" festhalten, verschleiern sie die Differenz der ausgedrückten Gedanken durch den Gleichklang der Formulierungen.

In den folgenden Quantifikationen läuft die Variable 'n' über Namen, die in jeder Äußerung denselben Gegenstand bezeichnen, 's' über Sprecher, die den jeweiligen Namen verwenden, 't' über Zeiten im Leben von s und 'α' über Arten des Gegebenseins eines Gegenstandes (65d–66a). So wie die Dinge in den „Volkssprachen" liegen, gilt bestenfalls (I.a) und vielleicht sogar nur (I.b):

(I.a) $\forall n \, \forall s \, \exists \alpha \, \forall t$ (n wird von s zu t mit α verknüpft)

(I.b) $\forall n \, \forall s \, \forall t \, \exists \alpha$ (n wird von s zu t mit α verknüpft).

Dieser Realität stellt Frege ein Ideal gegenüber. Es sollte gelten:

(II.) $\forall n \, \exists \alpha \, \forall s \, \forall t$ (n wird von s zu t mit α verknüpft).

Der mit dem Namen 'N.N.' in einer Äußerung u verknüpfte Sinn legt nach Freges Auffassung eine Bedingung fest, die höchstens ein Gegenstand erfüllt und deren eventueller Erfüller durch 'N.N.' in u bezeichnet wird. Wenn genau ein Gegenstand diese Bedingung erfüllt, dann ist der mit 'N.N.' in u verbundene Sinn die Art des Gegebenseins des bezeichneten Gegenstandes. (Vgl. 1-§2.2, 1-§3.) Dass mit allen Vorkommnissen desselben (orthographisch individuierten) Namens „eine einzige Weise verknüpft sei, wie der oder das durch ihn Bezeichnete gegeben sei", sagt Frege in 66a, „ist oft unerheblich, aber nicht immer". Für die Zwecke der alltäglichen Verständigung reicht es, wenn die Gesprächspartner in ihren 'N.N.'-Äußerungen von demselben Gegenstand reden.

> Solange nur die Bedeutung dieselbe bleibt, lassen sich diese Schwankungen des Sinnes ertragen, wiewohl auch sie in dem Lehrgebäude einer beweisenden Wissenschaft zu vermeiden sind und in einer vollkommenen Sprache nicht vorkommen dürften. (*SuB* 27c Anm.)

Geht es aber um die Überprüfung von Schlüssen auf ihre Gültigkeit, so ist die Verknüpfung mit demselben Sinn auch dann erheblich, wenn die Vorkommnisse desselben Namens denselben Gegenstand bezeichnen. Vollzieht jemand, der von der Behauptung, dass alles mit sich identisch ist, zu einer assertorischen Äußerung des Satzes 'Paderewski ist Paderewski' übergeht, einen logisch gültigen Schluss, wenn er zweimal auf denselben Mann Bezug nimmt? Auch Freunde der Positiven Freien Logik sollten antworten: Nicht unbedingt. Vor Jahren hat Jane den Pianisten Paderewski in der Carnegie Hall erlebt. 1919 hört sie im Radio von der Ankunft des polnischen Ministerpräsidenten dieses Namens in New York, und beim Anblick eines Fotos des Politikers in der 'New York Times' ruft sie überrascht aus: 'Aber Paderewski ist ja *Paderewski*!' Sie verbindet mit den beiden Vorkommnissen desselben Namens verschiedene Arten des Gegebenseins des Namensträgers. In ihrem Munde folgt die vermeintliche Konklusion genausowenig aus dem Gesetz der Reflexivität der Identität wie aus ihm folgt, dass der Morgenstern der Abendstern ist. Betrachten wir noch ein Exempel: Ist der Übergang von den Prämissen zur Konklusion in

(P1) Paderewski ist ein bekannter Musiker.
(P2) Paderewski ist ein Staatsmann. Also:
(K) Es gibt jemanden, der ein bekannter Musiker und ein Staatsmann ist.

logisch gültig, wenn in (P1) und (P2) von demselben Mann die Rede ist? Wir haben oben unter (Q) bereits registriert, dass Quine diese Frage mit Ja beantworten würde. Aber wenn der Name in (P1) einen anderen Sinn hat als der in (P2), dann vollzieht jemand, der von der Behauptung der durch (P1) und (P2) ausgedrückten Gedanken zur Behauptung des durch (K) ausgedrückten Gedankens übergeht, keinen logisch gültigen Schluss – und zwar auch dann nicht, wenn die in den Prämissen ausgedrückten Gedanken von derselben Person handeln. Da „Schwankungen des Sinnes ... in einer vollkommenen Sprache nicht vorkommen" dürfen, ist dort ausgeschlossen, dass ein Argument von der Bauart des obigen Schlüssigkeit nur vorgaukelt.–

Die einflussreichsten Einwände gegen Freges Namenskonzeption hat Saul Kripke vorgebracht. Wenn die Eigenschaft, Φ zu sein, keine essentielle Eigenschaft von N. N. ist, so gibt es keine Lesart von *modalen* Sätzen des Typs

(M) N. N. hätte auch nicht Φ sein können,

Kapitel 2 473

unter der man mit ihnen nichts Wahres sagen würde. Wie kann das angehen, fragt Kripke,[197] wenn jemand, der (M) äußert, mit 'N.N.' die Bedingung verknüpft, der einzige Φer zu sein? Wegen Freges ostentativem Desinteresse an Modalaussagen findet man bei ihm keine Replik. Aber er könnte antworten: 'Das kann sehr wohl angehen; denn verbindet die Sprecherin diese Bedingung mit dem Namen, so drückt (M) in ihrem Munde genau dann eine Wahrheit aus, wenn gilt: *was den Φer (in unserer wirklichen Welt) angeht, so hätte er auch nicht Φ sein können.* Und *dieser* Satz hat, da Φ zu sein *per hypothesin* keine essentielle Eigenschaft ist, genausowenig wie (M) eine Lesart, unter der er keine Wahrheit ausdrückt.'[198]

Die folgenden Einwände Kripkes haben nichts mit der Semantik der Modalitäten zu tun. Frege setzt voraus, dass in einer Äußerung des Typs 'N.N. ist P' die Namensäußerung mit einer Bedingung verknüpft ist, die (wenn der ausgedrückte Gedanke wahr oder falsch ist) genau ein Gegenstand erfüllt (65b: „der einzige ..."; 65c: was „auf keinen Anderen zutrifft"). Kripke glaubt zeigen zu können, dass unser Gebrauch von Namen diese Voraussetzung nicht erfüllt.[199] Zu diesem Zweck macht er auf drei Tatsachen aufmerksam. (Ich verwende meine eigenen Beispiele.) *Erstens.* Oft kann ein Benutzer des Namens 'N.N.' die Frage, wer N.N. ist, nicht mit der Spezifikation einer individuierenden Bedingung beantworten. Er: 'Morgen hält jemand einen Vortrag über Matthias Claudius.'- Sie: 'Wer war Matthias Claudius?'- Er: 'Hm, ein Dichter, ein Physiker? Hab's vergessen.' (Vor langer Zeit hat er in der Schule etwas über Claudius und über Clausius gehört.) Dennoch entnimmt sie seiner ersten Äußerung zu Recht eine Information über den Dichter. *Zweitens.* Manchmal kann jemand die Frage, wer N.N. ist, zwar mit der Angabe einer individuierenden Bedingung beantworten, aber nur mit einer, die nicht N.N., sondern ein anderer erfüllt. Er: 'Columbus stammte aus Genua.'- Sie: 'Wer war Columbus?'- Er: 'Der Entdecker Amerikas.' Dennoch entnimmt sie seiner ersten Äußerung zu Recht eine Information über Columbus und nicht über, sagen wir, Leif Eriksson. *Drittens.* Manchmal beantwortet jemand so eine Frage mit der Angabe einer in seinen Augen individuierenden Bedingung, die in Wirklichkeit nie-

---

[197] Vgl. Kripke 1972, 1. Vorlesung.
[198] Einige Beiträge zur Diskussion über Kripkes modale Einwände gegen Frege sind in LIT. zu finden.
[199] Kripke 1972, 2. Vorlesung, bes. 80–90.

mand erfüllt. Er: 'Moses war manchmal sehr zornig.'- Sie: 'Wer war Moses?'- Er: 'Der Verfasser des Pentateuch'.[200] Dennoch entnimmt sie seiner ersten Äußerung zu Recht eine Information über Moses.

Die Tatsachen, auf die Kripke hinweist, widerlegen Frege nur dann, wenn die Antwort, die jemand auf die Frage gibt, wer N. N. sei, stets auf optimale Weise die Bedingung artikuliert, die er mit dem Namen 'N. N.' verbindet. Es gibt hier also noch viel Spielraum für eine Verteidigung Freges. Außerdem – das betrifft den ersten Punkt – sollten wir damit rechnen, dass jemand, der sagt: 'Otto Müller hat angerufen', damit keinen anderen Gedanken ausdrückt, als wenn er gesagt hätte: 'Ein gewisser Otto Müller hat angerufen', also gar keinen Gedanken, in den eine Art des Gegebenseins einer bestimmten Person involviert ist. Vielleicht meint Frege so etwas mit „ein bestimmter Gedanke", wenn er einräumt, es könne „leicht sein, daß nur Wenige mit dem [einen Namen enthaltenden] Satze einen bestimmten Gedanken verbinden" (65b). Eines hat er jedenfalls nie behauptet: dass ein Sprecher bei der Verwendung eines Namens mit diesem jeweils einen Sinn verknüpft, der durch eine reine, i. e. nicht indexikalische und namenfreie Kennzeichnung ausgedrückt werden kann. Auch in seinen Beispielen sind die assoziierten Kennzeichnungen immer unrein. Er hat sich nicht einmal darauf festgelegt, dass der Sinn eines Namens im Munde eines Sprechers stets durch irgendeine Kennzeichnung ausgedrückt werden kann. Wenn eine Sprecherin auf einen Träger des Namens 'N. N.', den sie sieht, mit diesem Namen Bezug nimmt, so vermag sie dies vielleicht deshalb, weil sie ihm bereits begegnet ist und ihn jetzt wiedererkennt. Was den Sachbezug des Namens in ihrem Munde bestimmt, ist der Komplex von wahrnehmbaren Beschaffenheiten, an denen sie N. N. erkennt. Sie braucht nicht zu wissen oder gar sagen zu können, woran sie ihn erkennt. Für manche dieser Beschaffenheiten gibt es vielleicht gar keine Bezeichnung in der

---

[200] In manchen fundamentalistischen Kreisen des Judentums und des Christentums pflegt man diese Frage auch heute noch so zu beantworten. Mit einem kleinen Abstrich: das Schlusskapitel der sog. Fünf Bücher Mosis erklärt schon der Talmud aus einem naheliegenden Grund für einen späteren Zusatz. Schon die Bibelkritik der Aufklärung hat gezeigt, dass der Pentateuch *nicht Einen* Verfasser hatte, da er aus mehreren Quellenschriften sehr verschiedenen Alters besteht. Und die überlieferungsgeschichtliche Forschung des 20. Jh. hat für diese Quellenschriften gezeigt, dass sie *keinen* Verfasser haben.

Sprache, die sie spricht. Nichts in Freges Theorie schließt aus, dass der noëmatische Sinn eines Namens manchmal eine nicht-konzeptuelle, eine perzeptive Art des Gegebenseins ist. Nicht Frege, sondern Russell hat sich auf den namenstheoretischen Deskriptivismus festgelegt: „The names that we commonly use ... are really abbreviations for [sc. definite] descriptions".[201] –

In 66b problematisiert Frege eine Voraussetzung, die der Überlegung zu (1) und (2) zugrunde lag. Angenommen,

(1)   N. N. sagt: 'Ich bin P'.

Wenn N. N. die Sprache beherrscht, deren er sich in seiner Äußerung bedient, und den ausgedrückten Gedanken als wahr anerkennt, so weiß er, dass ebenfalls eine Wahrheit ausgedrückt wird, wenn jemand (zur selben Zeit) zu ihm 'Du bist P' sagt. Hier behauptet Frege nun aber nicht wie bei dem 'Heute/Gestern'-Paar (T/U), dass bei Äußerung des Gegenstücks in der Zweiten Person Singular *derselbe* Gedanke ausgedrückt werden kann. Er fragt vielmehr, ob andere als der Sprecher den Gedanken, der bei seiner Äußerung in der Ersten Person Singular ausgedrückt wird, überhaupt fassen und ausdrücken können. Es gibt nämlich für jedes denkende Wesen d eine Art und Weise, auf die nur d an d denken kann und auf die d nur an d denken kann. Sigwart hat die Besonderheit der „Aussagen über uns selbst" ganz ähnlich charakterisiert:[202]

> „[W]as der Inhalt dessen sei, was ich mit 'Ich' bezeichne, ... ist uns auf eine mit allen andern Objecten unseres Denkens völlig unvergleichliche Weise gegeben... [D]ie Vorstellung, die ein anderer von mir hat, ist verschieden von der, die ich habe; sie betrifft dasselbe Subject, aber nicht auf dieselbe Weise."

Die für die Person N. N. reservierte kognitive Perspektive auf N. N., nennen wir sie $Ego_{N.N.}$, geht in die Gedanken ein, die N. N. mit Hilfe von 'ich'-Sätzen ausspricht – zumindest dann, so meint Frege, wenn die Äußerung von N. N. kein Mitteilungsversuch ist. Niemand kann

---

[201] Russell 1918, 200, vgl. 242–243. Stephen Schiffer hat sich zu Recht darüber mokiert, dass manche Auseinandersetzungen mit Frege und Russell von einem imaginären Philosophen namens Gottrand Fressell handeln.
[202] Sigwart 1873, 340–342.

mit 'Ich bin mit mir identisch' eine Entdeckung verkünden, und wer ein Argument der Form: 'Ich bin P, ich bin R, also gibt es jemanden, der P und R ist' vorbringt, argumentiert formal schlüssig, gleichgültig wieviel Zeit er sich für dieses Argument nimmt. Also verknüpft eine Person mit ihren Äußerungen des Personalpronomens der Ersten Person stets dieselbe Art des Gegebenseins ihrer selbst. Nehmen wir an, in (1) wird von einem Selbstgespräch N. N.s berichtet. Dann drückt seine Äußerung einen Gedanken aus, den wegen seiner Komponente $Ego_{N.N.}$ niemand außer N. N. fassen und ausdrücken kann. Dass „ein und derselbe Gedanke ... von vielen Menschen gefasst werden [kann]" und „fähig ist, gemeinsames Eigenthum von Vielen zu sein",[203] gilt also nicht von jedem Gedanken. Wie von jedem anderen Gedanken gilt aber auch von einem Ego-Gedanken, dass seine Existenz davon unabhängig ist, ob er jemals gedacht oder ausgesprochen wird. Ein Ego-Gedanke, der ungedacht und unformuliert bleibt, ähnelt dem Eingang in Kafkas Parabel 'Vor dem Gesetz': er war bestimmt für eine einzige Person, doch die stirbt, ohne ihn jemals durchschritten zu haben.[204]

Ist die Existenz eines Gedankens, der $Ego_{N.N.}$ als Komponente enthält, abhängig von der *Existenz* der Person N. N. – gleichgültig, ob sie ihn nun jemals denkt oder ausspricht oder nicht? Wer diese Frage bejaht,[205] der muss Freges These, dass Gedanken zeitlos existieren, verwerfen. Wir werden diese These in §10 erörtern. Sie impliziert natürlich weder, dass N. N.s Ego-Gedanken schon vor der Geburt N. N.s existiert haben, noch dass sie ihn überleben werden: Atemporalität ist etwas anderes als Omnitemporalität. (Freges Zeitlosigkeitsthese impliziert auch nicht, dass jeder Gedanke, der kein Ego-Gedanke ist, im Prinzip jederzeit und überall von jedermann erfasst und ausgedrückt werden kann. Aus seiner These folgt also keineswegs, dass schon Hammurabi 1760 v. Chr. in Babylon den Gedanken denken und aussprechen konnte, der am 17. 6. 1760 um 17 Uhr in Hamburg durch eine Äußerung von 'Hier regnet es jetzt' ausgedrückt wurde.)

Dass Andere N. N.s Ego-Gedanken nicht denken und ausdrücken können, schließt nicht aus, dass sie erkennen können, welchen Gedanken N. N. in (1) ausdrückt. Und wenn N. N. in der Frage, ob

---

[203] *1894a*, 317–318; *SuB* Anm. 5.
[204] Andreas Kemmerlings Vergleich.
[205] Das tun Neo-Fregeaner wie Evans, McDowell und Peacocke.

Kapitel 2 477

dieser Gedanke wahr ist, in einer epistemisch privilegierten Position sein sollte, dann muss das am *prädikativen* Bestandteil des ausgedrückten Gedankens liegen. Der Gedanke, den Dr. Lauben mit 'Ich bin verwundet worden' ausdrückt, ist offenkundig *nicht* von dieser Art. Es geht Frege an unserer Stelle um eine Beschaffenheit, welche die Gedanken, die mit 'Ich bin verwundet worden' und 'Ich wiege 150 Pfund' ausgedrückt werden, mit denen teilen, die man mit 'Ich habe Schmerzen' und *'cogito'* ausspricht. Für die in der Literatur gelegentlich aufgestellte Behauptung, dass Frege'sche *Ego*-Gedanken von einem „Cartesianischen Ich" handeln, gibt es keine Basis im Text.[206]

Im Allgemeinen wird N.N. auch dann, wenn er 'ich' sagt, kein Selbstgespräch führen, sondern Andern etwas mitzuteilen versucht. Angenommen,

(1+)   N.N. sagt zu A und B: 'Ich bin *P*'.

In einer solchen Situation, so meint Frege, liegen die Dinge ganz anders: jetzt drückt N.N. ein Surrogat des *Ego*-Gedankens aus, den nur er fassen kann, – er verwendet den 'ich'-Satz jetzt „etwa in dem Sinne von"

(S_1)   'Derjenige, der in diesem Augenblick zu euch spricht, ist *P*'.

Nun könnten aber gleichzeitig mehrere Sprecher auf A und B einreden. Dann ist die 'höchstens eins'-Bedingung für die Kennzeichnung nicht erfüllt, und (S_1) drückt im Munde von N.N. auch dann keinen wahren Gedanken aus, wenn er mit 'Ich bin *P*' etwas Wahres sagen würde. Es könnte auch sein, dass der einsame N.N. halluziniert: es ist niemand anwesend, aber er wähnt, zu jemandem zu sprechen. Dann ist die 'mindestens eins'-Bedingung für die Kennzeichnung nicht erfüllt, und (S_1) drückt in N.N.s gescheitertem Mitteilunngsversuch auch dann keinen wahren Gedanken aus, wenn er mit 'Ich bin *P*' etwas Wahres sagen. Diese Probleme treten bei dem folgenden Verbesserungsvorschlag, in dem das Pronomen äußerungsreflexiv zu verstehen ist, nicht auf:

(S_2)   'Der Produzent *dieser* Äußerung ist *P*'.

---

[206] Gegen Geach 1977b und andere. Vgl. auch unten, 492–4.

In (S_1) wie (S_2) wird der dialogische Ersatz-Sinn für 'ich' durch eine Kennzeichnung ausgedrückt, die demonstrative Elemente enthält. Das „dem Gedankenausdrucke dienstbar gemachte" Element der Äußerungssituation (65b) ist also nicht der Gegenstand, dem die Eigenschaft, P zu sein, zugeschrieben wird (s. o. 459–60). Aber ist die Suche nach einem dialogischen Ersatz-Sinn für 'ich' eigentlich gut motiviert? Können A und B die Äußerung N. N.s nicht auch dann verstehen, wenn sie ein Selbstgespräch belauschen, also eine Äußerung, in der N. N. das Wort 'ich' wohl kaum in einem für Zuhörer bestimmten Sinne verwendet? (Wenn Frege am Anfang von 65b Dr. Lauben sagen lässt: „Ich bin verwundet worden" und hinzufügt: „Leo Peter hört das", so bleibt völlig offen, ob die gehörte Äußerung ein Mitteilungsversuch war. Und doch lässt Frege keinen Zweifel daran aufkommen, dass der Hörer sie versteht.) Man muss nur dann nach einem dem Gespräch dienenden Surrogat-Sinn für 'ich' suchen, wenn die folgende Annahme über *Kommunikation* korrekt ist:

(KOM)   Der Versuch, Anderen durch eine Behauptungssatz-Äußerung etwas mitzuteilen, ist nur dann erfolgreich, wenn die Andern genau den Gedanken fassen, den der Sprecher mit ihr ausdrückt.

Die im Nachsatz von (KOM) angegebene *conditio sine qua non* ist nicht erfüllbar, wenn $Ego_{N.N.}$ in den Gedanken eingeht, den N. N. mit 'Ich bin P' ausdrückt. Wenn wir (KOM) fallen lassen, wird Dr. Laubens Kommunikationsproblem auf eine für alle Beteiligten befriedigendere Weise lösbar. Was jemand mit dem Satz 'Schnee ist weiß' sagt, das hat ein Anderer genau dann erfasst, wenn er erkennt: der Sprecher hat gesagt, dass Schnee weiß ist. Was Dr. Lauben mit 'Ich bin verwundet worden' behauptet (gleichgültig ob er dabei zu jemandem spricht oder nicht), haben Peter und Lingens genau dann erfasst, wenn sie erkennen: der Sprecher hat behauptet, dass er (selbst) verwundet worden ist. Mit dem Quasi-Indikator 'er (selbst)' schreiben sie dem Sprecher eine Behauptung zu, die dieser mit der 'ich'-Variante des eingebetteten Satzes formulieren könnte (vgl. 66b, 2. Satz). Um das tun zu können, brauchen sie nicht in der Lage zu sein, selber den Gedanken zu fassen und auszudrücken, den der Sprecher mit dem 'ich'-Satz ausdrückt. Sie werden keine Mühe haben zu verstehen, warum Dr. Lauben (auch dann, wenn er nicht weiß, wer er ist) auf *seine* Narben zeigt, um sie davon zu

Kapitel 2 479

überzeugen, dass er die Wahrheit spricht. Unter Verwendung der auf S. 297 eingeführten Umrissklammern („meaning marks") und einer Variablen, deren Werte Sinne sind, kann man sagen: Das *Oratio obliqua*-Gegenstück zu (1),

(5)   N.N. sagt, dass er (selbst) P ist,

drückt genau dann eine Wahrheit aus, wenn gilt:

(5*) $\exists \sigma$ (σ ist eine *Ego*-Gegebenheitsweise & σ präsentiert N.N. & $[\![(\ ) \text{ ist } P]\!] \oplus \sigma$ ist der Gehalt einer Äußerung N.N.s).

Der gewöhnungsbedürftige Ausdruck ' $[\![(\ ) \text{ ist } P]\!] \oplus \sigma$ ' dient hier als Abkürzung für 'derjenige Gedanke, in dem der Sinn des Prädikats '( ) ist P' durch σ gesättigt ist'.[207] Die Formulierung (5*) macht deutlich, dass N.N. nicht einfach eine Äußerung zugeschrieben wird, die einen Gedanken über N.N. ausdrückt, sondern eine, die einen *Ego*-Gedanken über N.N. ausdrückt. Dass das ein bedeutsamer Unterschied ist, kann man sich an einer Geschichte klarmachen, die Ernst Mach in 'Die Analyse der Empfindungen' erzählt:[208]

> „Man kennt sich persönlich sehr schlecht... Ich stieg einmal nach einer anstrengenden nächtlichen Eisenbahnfahrt sehr ermüdet in einen Omnibus, eben als von der anderen Seite auch ein Mann hereinkam. 'Was steigt doch da für ein herabgekommener Schulmeister ein', dachte ich. Ich war es selbst, denn mir gegenüber befand sich ein großer Spiegel."

Erst denkt Mach von dem Mann, den er im Spiegel erblickt, also *de facto* von sich, dass er heruntergekommen aussieht, und dann denkt er etwas, was er mit den Worten 'Ich sehe heruntergekommen aus' ausdrücken könnte. In unserer Notation:

Erst: $\exists \sigma$ (σ präsentiert Mach &
          $[\![(\ ) \text{ sieht heruntergekommen aus}]\!] \oplus \sigma$ ist
          der Gehalt eines Urteils Machs),

dann: $\exists \sigma$ (σ präsentiert Mach &
          σ ist eine *Ego*-Gegebenheitsweise &

---

[207] $[\![(\ ) \text{ eine Primzahl}]\!] \oplus [\![\text{der Nachfolger von 6}]\!]$ ist also identisch mit dem Gedanken, dass der Nachfolger von 6 eine Primzahl ist.
[208] Mach 1903, 3.

⟦( ) sieht heruntergekommen aus⟧ ⊕ σ ist
der Gehalt eines Urteils Machs).

Aus dem unteren Satz ist der obere deduzierbar, aber nicht umgekehrt.
Wäre Peter so impertinent, auf Dr. Laubens Versicherung mit
'Nein, Sie sind nicht verwundet worden' zu reagieren, so würde er
nicht die Verneinung des Gedankens ausdrücken, den der Doktor
ausgedrückt hat, denn auch diesen Gedanken kann nur Dr. Lauben
ausdrücken. Aber Peter spräche dem Doktor dann genau das ab, was
dieser sich zugesprochen hat. In diesem Sinne kann man jemandem
widersprechen, der einen *Ego*-Gedanken als wahr hingestellt hat.

Dass Kommunikation auch dann gelingen kann, wenn (KOM)
nicht erfüllt ist, räumt Frege selber ein, wenn er schreibt:

> Die Aufgabe unserer Volkssprachen ist wesentlich erfüllt, wenn die mit
> einander verkehrenden Menschen mit demselben Satze denselben Gedanken verbinden, oder doch annähernd denselben. (*1896b*, 55/56.)

Und was Kommunikation mit Hilfe von Namen angeht, hat er das
in 66a eigentlich auch konzediert. Verbindet der Hörer mit der Äußerung 'Napoleon war klein' den Gedanken, dass der Besiegte von
Waterloo klein war, während der Sprecher mit ihr den Gedanken
verbindet, dass der Sieger von Austerlitz klein war, dann haben beide
immerhin „annähernd denselben" Gedanken gefasst; denn sie denken ja beide von demselben Mann, dass er klein war. „Solange nur
die Bedeutung dieselbe bleibt, lassen sich diese Schwankungen des
Sinnes ertragen ..." (*SuB* 27c Anm.)

Verbindet Peter mit Dr. Laubens Äußerung von 'Ich bin verwundet worden' den Gedanken, den Peter zur selben Zeit ausgedrückt hätte, wenn er zu unserem Doktor gesagt hätte: 'Sie sind
verwundet worden' oder wenn er über ihn gesagt hätte: 'Dr. Lauben ist verwundet worden', dann hat er immerhin „annähernd
denselben" Gedanken gefasst; denn sie denken dann ja beide von
demselben Mann dasselbe. Würde Frege sich der Kategorie Sachverhalt (aufgefasst als Sorte von Entitäten, die feiner individuiert
sind als Wahrheitswerte und gröber als Gedanken) bedienen, dann
könnte er das, was drei wahrheitsgemäße gleichzeitige Äußerungen
von 'Ich bin krank', 'Du bist krank' und 'N. N. ist krank', in denen
die grammatischen Subjekte der Bezugnahme auf dieselbe Person
dienen, miteinander gemein haben, so beschreiben: sie drücken

„annähernd denselben" Gedanken aus, weil sie genau denselben Sachverhalt darstellen (s. o. 313).

Manchmal wird der propositionale Gehalt der Rede oder der propositionalen Einstellung, die man einem Anderen zuschreibt, im Inhaltssatz der Zuschreibung vollständig ausgedrückt ('Sie sagt/glaubt, dass die kleinste positive gerade Zahl eine Primzahl ist'). Enthält der Inhaltssatz einer Fremdzuschreibung aber das Wort 'ich', so bleibt der propositionale Gehalt der Rede oder Einstellung des Andern partiell unbestimmt. Wenn Dr. Lauben sagt:

(6)   Leo Peter glaubt, dass ich verwundet worden bin,

dann identifiziert er den Gehalt von Peters Meinung nicht mit dem Gedanken, den er selber mit 'Ich bin verwundet worden' ausdrückt. Er gibt nur an, von wem Peter was glaubt, und er selber denkt dabei an die Person, von der Peters Glaube handelt, auf eine Weise, auf die nur *er* an sie denken kann und auf die er nur an *sie* denken kann. Der Doktor sagt mit (6) genau dann etwas Wahres, wenn er mit

(6*)   ∃σ (σ präsentiert mich &
        [( ) ist verwundet worden] ⊕ σ ist
        der Gehalt einer Meinung Leo Peters)

etwas Wahres sagen würde. Der Zuschreiber gibt nicht an, wie Peter an ihn denkt, wenn er ihn für jemanden hält, der verwundet worden ist. Aber wenn die Zuschreibung korrekt ist, dann ist der Gehalt der zugeschriebenen Meinung „annähernd derselbe" Gedanke wie der, den der 'ich'-Satz im Munde des Zuschreibers ausdrückt: beide Gedanken sind genau dann wahr, wenn Dr. Lauben verwundet worden ist. Auch wenn Lingens unter Bezugnahme auf den Doktor sagt: 'Peter glaubt, dass *dieser Mann* verwundet worden ist', bleibt der propositionale Gehalt der zugeschriebenen Meinung unterbestimmt. Die Zuschreibung ist korrekt, wenn Peter von Dr. Lauben glaubt, dass er verwundet worden ist, wie auch immer er an den Doktor denken mag.

Betrachten wir abschließend den für Freges Theorie besonders heiklen (viele würden sagen: letalen) Fall, in dem der Zuschreiber in der Inhaltsklausel einen *Namen* verwendet. Zwei Züge seiner Theorie sind dabei gleichermaßen im Auge zu behalten:

(A) Da ein Glaubenssubjekt mit zwei Namen desselben Gegenstandes verschiedene Sinne verknüpfen kann und da es möglich ist, dass es nur mit einem der beiden Namen überhaupt einen Sinn ver-

bindet, riskiert der Zuschreiber, dass aus Wahrem Falsches wird, wenn er in der Inhaltsklausel einen dieser Namen gegen den anderen austauscht (s. o. 1-§5).

(B) Da verschiedene Personen mit ein und demselben Namen bei Bezugnahme auf ein und denselben Namensträger verschiedene Sinne verknüpfen können, dürfen wir nicht voraussetzen, dass der Name im Munde des Zuschreibers genau denselben Sinn hat wie im Munde des Glaubenssubjekts.

Wegen *(B)* bleibt der propositionale Gehalt des zugeschriebenen Glaubens in einer Zuschreibung wie

(7)   Ali glaubt, dass Ibn Sina ein Philosoph ist

unterbestimmt. Dem tragen wir dadurch Rechnung, dass wir die Wahrheitsbedingungen des mit (7) Gesagten so angeben:

(7a)   ∃σ (σ präsentiert Ibn Sina &
        〚( ) ist ein Philosoph〛 ⊕ σ ist der Gehalt einer
        Meinung Alis).

Aber damit ist *(A)* noch nicht berücksichtigt. Die in (7a) beschriebene Situation wäre auch dann gegeben, wenn Ali glauben würde, dass *Avicenna* ein Philosoph ist, und das glaubt Ali ja vielleicht gerade nicht. (7a) spezifiziert nur die Wahrheitsbedingungen einer *de re*-Glaubenszuschreibung, bei der die Art, wie die *res* dem Glaubenssubjekt gegeben ist, ganz unbestimmt bleibt: 'Was Ibn Sina angeht, so glaubt Ali, er sei ein Philosoph', m. a. W. 'Ali hält Ibn Sina für einen Philosophen'. In diesen Sätzen ist der Name 'Ibn Sina' *salva veritate* gegen einen anderen Namen desselben Mannes austauschbar. Wir müssen bei der Angabe der Wahrheitsbedingungen von (7) berücksichtigen, dass der im Gehalt der Meinung Alis involvierte, den Philosophen Ibn Sina *alias* Avicenna präsentierende Sinn für Ali mit einem bestimmten *Namen* verbunden ist. Das können wir auf die folgende Weise tun:

(7b)   ∃σ (σ präsentiert Ibn Sina &
        Ali verknüpft σ mit dem Namen 'Ibn Sina' &
        〚( ) ist ein Philosoph〛 ⊕ σ ist der Gehalt einer
        Meinung Alis).

Aber auch das ist noch nicht adäquat: während (7a) gewissermaßen zu lax war, ist (7b) zu strikt. Vielleicht ist Ali ein monoglotter Perser: dann wird der Name, mit dem er auf Ibn Sina Bezug nimmt, deutlich anders aussehen als der in (7b) angeführte. Wir brauchen hier ein Konzept, das uns erlaubt, 'München', 'Monaco' und 'Munich' (oder '*Πλάτων*', 'Plato' und 'Platon') jeweils als *Versionen desselben Namens* zu klassifizieren, ohne uns zu verpflichten, nun auch 'Burma' und 'Myanmar' (oder 'Voltaire' und 'François Marie Arouet') so zu klasssifizieren. In 'Sie glaubt, dass München die Hauptstadt von Bayern ist' und 'She believes that Munich is the capital of Bavaria' werden verschiedene Versionen derselben Namen verwendet, nicht so in 'Er glaubt, dass Burma von einer Militärjunta regiert wird' und 'He believes that Myanmar is governed by a military junta'. Warum nicht? Weil man jenen Glauben haben kann, während er diesen nicht hat. Mit Hilfe dieses Konzepts können wir die Wahrheitsbedingungen des mit (7) Gesagten so bestimmen:

(7*)   ∃σ (σ präsentiert Ibn Sina &
        Ali verknüpft σ mit einer Version des Namens
        'Ibn Sina' &
        [( ) ist ein Philosoph] ⊕ σ ist der Gehalt einer
        Meinung Alis).

Erinnern wir uns noch einmal an Paderewski. Jane hat den Pianisten dieses Namens vor Jahren im Konzertsaal erlebt, und nun erzählt sie jemandem, was sie gerade im Radio gehört hat: 'Paderewski ist vor kurzem in N. Y. angekommen. Komisch, der polnische Ministerpräsident heißt genauso wie der polnische Musiker.' Solange Jane keine Ahnung hat, dass es sich um ein und dieselbe Person handelt, könnte man von ihr sowohl zu Recht sagen (a) 'Sie glaubt, dass Paderewski ein Politiker ist' als auch (b) 'Sie glaubt, dass Paderewski kein Politiker ist' und (c) 'Es ist nicht der Fall, dass sie glaubt, dass Paderewski ein Politiker ist', und in jeder dieser Zuschreibungen wird dieselbe Version des Namens des vielseitigen Polen verwendet. ('Ignacy P.' und 'Ignaz P.' sind verschiedene Versionen seines Namens.) Aber die Überzeugungen, die Jane mit (a) und (b) zugeschrieben werden, sind nicht inkompatibel, und unsere Glaubenszuschreibungen (a) und (c) sind es auch nicht. Bevor Jane die Augen aufgehen, verwendet sie dieselbe Version des polnischen Namens auf zwei Weisen, die mit verschiedenen Arten des Gegebenseins des musikalischen Staatsmanns verbunden sind. Geben wir die Wahrheitsbedingungen von (a), (b) und (c) im Stil von (7*) an, so wird die Verträglichkeit unübersehbar.

Wie ist im Lichte dieses tastenden Vorschlags zur Weiterentwicklung der Frege'schen Theorie ein Satz wie der folgende zu verstehen:

(8)   Ali und Lisa glauben, dass Ibn Sina
        ein Philosoph ist,

in dem allem Anschein nach zwei Personen derselbe Glaube zugeschrieben wird? Die Wahrheitsbedingungen werden durch eine Konjunktion angegeben, deren erstes Konjunkt (7*) und deren zweites Konjunkt das 'Lisa'-Pendant von (7*) ist. Aus dieser Konjunktion folgt nun nicht, dass Ali und Lisa ein und denselben Gedanken als wahr anerkennen. Aber folgt das nicht aus (8)? Nun, vielleicht beruht der Eindruck, dass dieser Folgerungszusammenhang besteht, auf einer falschen Assimilation von (8) an Sätze wie 'Jules und Jim lieben Cathérine'. Aus Truffauts Wahrheit folgt, dass Jules und Jim ein und dieselbe Frau lieben. Aus der Konjunktion von (7*] und (7*$_{Lisa}$) geht nur hervor, dass der Gedanke, den Ali mit Zustimmung denkt, dem Gedanken zumindest sehr ähnelt, den Lisa mit Zustimmung denkt. Ob es sich nun um ein und denselben Gedanken handelt oder um zwei in den angegebenen Hinsichten ähnliche Gedanken: wenn die Zuschreibung korrekt ist, so kann man von Lisa und Ali zu Recht sagen, dass sie denselben Glauben haben – in dem Sinne, in dem man von ihnen zu Recht sagen kann, dass sie in diesem Augenblick dieselben Jeans tragen. Freges Theorie der *Ego*-Gedanken impliziert sogar, dass es bei manchen Zuschreibungskonjunktionen im Stil von (8) ausgeschlossen ist, dass ein und derselbe Gedanke der Gehalt der Überzeugungen beider Glaubenssubjekte ist. Wenn Dr. Lauben sagt:

(9)   Lingens und ich glauben, dass ich
        verwundet worden bin,

so kann der Gedanke, den 'Ich bin verwundet worden' im Munde des Zuschreibers ausdrückt, nicht sowohl der Gehalt einer seiner Überzeugungen als auch der Gehalt einer Überzeugung sein, die das andere Glaubenssubjekt hat.

Manche Kritiker Freges argwöhnen, dass er sich keinen theoretischen Reim auf Satzgefüge machen kann, in denen derselbe Name innerhalb *und* außerhalb der Inhaltsklausel einer Zuschreibung vorkommt, also auf Sätze wie

(10)   Ben glaubt, dass George Eliot ein Mann ist; aber
        George Eliot ist kein Mann.

Wenn Freges Theorie der *Oratio obliqua* korrekt ist, so ist im ersten Konjunkt von einem Sinn desjenigen Namens die Rede, von dessen

Träger im zweiten Konjunkt gesprochen wird. Zerreißt diese Theorie nicht das thematische Band, das beide Konjunkte verbindet?[209] Nicht, wenn wir sie so ausbuchstabieren wie hier vorgeschlagen; denn dann wird mit (10) genau dann eine Wahrheit ausgedrückt, wenn gilt:

> (10*) $\exists \sigma$ (σ präsentiert George Eliot &
> Ben verknüpft σ mit (einer Version des Namens) 'George Eliot' &
> ⟦( ) ist ein Mann⟧ $\oplus$ σ ist der Gehalt einer Meinung Bens) & $\neg$(George Eliot ist ein Mann).

Der thematische Zusammenhang zwischen den Konjunkten wird hier dadurch gewahrt, dass der Name 'George Eliot' auch im ersten Konjunkt als Name der Schriftstellerin auftritt. Der Geist der Frege'schen Theorie bleibt insofern gewahrt, als auch nach diesem Vorschlag zu ihrer Weiterentwicklung in den Inhaltsklauseln der Zuschreibungen propositionaler Akte oder Einstellungen von Arten des Gegebenseins die Rede ist.

---

[209] Für den Fall des Erwartens, dass Fa, hat Wittgenstein diesen Einwand als erster formuliert: PG § 92 u. PU § 444.

II. Sind Gedanken psychische Phänomene?

§6. Außenwelt und Innenwelten.[210] (66c–68b)

66c–f. Bislang hat Frege unterstellt, dass Äußerungen verschiedener Sprecher zumindest manchmal ein und denselben Gedanken ausdrücken. Nun stellt er diese Voraussetzung zur Diskussion: „Ist das überhaupt [jemals] derselbe Gedanke, den zuerst jener und nun dieser Mensch ausspricht?"

Der Übergang zum 2-Zeilen-Abschnitt 66c ist verwirrend. Klarerweise bezieht sich die hier gestellte Frage nicht auf 66b; denn dort wurde nicht von verschiedenen Menschen gesagt, dass sie denselben Gedanken aussprechen. Dass 66c von allem Vorangegangenen durch eine tiefe Zäsur getrennt ist, zeigt auch die an 66b angehängte vierte Fußnote, die eigentlich eine Anmerkung zum gesamten I. Teil des Aufsatzes ist. Dadurch dass Frege in ihr die Gedanken als „unsinnlich" charakterisiert, nimmt er nicht die Antwort auf die Titelfrage des II. Teils vorweg; denn nur Dinge der Außenwelt sind im Sinne der Fußnote „sinnlich". Mit der im letzten Satz der Fußnote geäußerten Hoffnung kann es so weit nicht her sein; denn die Teile II und III des Aufsatzes zeigen, dass Frege noch weiteren Bedarf an Verdeutlichung sieht.

Bei der Frage in 66c und der in 66f sollte man sich an die Verwendung des Wortes 'Gedanke' für psychische Episoden erinnern ('Seine Gedanken schweiften immer wieder ab', 'Der Gedanke blitzte in ihr auf'). Ein 'episodischer' Gedanke ist ein „seelischer Vorgang" (58–59a), ein Akt des Denkens, und „man kennt die Tat nicht vollständig, wenn man den Täter nicht kennt" (*Vern* 151a Anm.). Ist der Gedanke *(Sinn)*, der durch eine Äußerung ausgedrückt wird, identisch mit dem Gedanken *(mentalen Akt)*, der durch diese Äußerung kundgegeben/kundgetan wird? (Ich verwende die beiden letzten Verben so, dass gilt: nur Psychisches wird kundgegeben/kundge-

---

[210] VERGLEICHE: *GL* §§26–27, 58 (Anm.)-61 (2.Anm.), 87, 93; *Log₁* 3–4; *1891c*, 160; *SuB* 29–32; *Vorw* XVIII–XXIV; *1894a*, 317–318; *Log₂* 141; *1906e*, WB 101–102; *1919e*, *BaW* 22; *Vern* 149c.
LITERATUR: Wittgenstein, PU §§243–315, 398; Hacker 1972 u. 1993, Bd. I, 17–57, Bd. II, 46–52, 83–85; Baker & Hacker 1984, 46–59; Connolly 1985; Dummett, FPM 76–80 u. 1994, 84–95; Kemmerling 1991; Beaney 1996, 216–224 (zu 66c–77); Bar-Elli 1996, 55–63; Cohen 1998.

tan.²¹¹) In der Frege-Literatur ist es nicht unüblich, die Position derer, die jene Frage bejahen, als Psychologismus zu bezeichnen. Um ihre Position von dem 'logischen Psychologismus' zu unterscheiden, der in 1-§8 erörtert wurde, könnte man sie als 'semantischen Psychologismus' bezeichnen (s. o. 404). Wie auch immer die Beziehung zwischen beiden Positionen genau aussehen mag: klar ist, dass ein logischer Psychologist kein semantischer sein muss.

Ein Gedanke (Sinn) ist jedenfalls kein „Ding der Außenwelt". Zu diesen *Dingen* will Frege hier sicher auch viele Ereignisse, Vorgänge, Prozesse gezählt wissen, – also Dinge, die sich nicht wie ein Baum irgendwo befinden, sondern die wie das Wachsen und Verdorren eines Baums irgendwann stattfinden,²¹² „Vorgänge in der Außenwelt" (*Vorw* XV), „Veränderungen in der ... Außenwelt" (77). (Wir reden von Ereignissen, wenn wir sagen, dass wir 'der Dinge harren, die da kommen sollen', dass wir gewisse 'Dinge nicht haben kommen sehen' und dass wir 'den Dingen ihren Lauf lassen'.) Wenn etwas ein Ding der *Außenwelt* ist, so kann es auch zu einer Zeit existieren, in der kein seelischer Vorgang stattfindet und in der niemand sich in einem psychischen Zustand befindet. Frege kann die Umkehrung dieses Konditionals nicht akzeptieren, denn sie impliziert, dass alles, was kein seelischer Zustand oder Vorgang ist, zur Außenwelt gehört. Was ist eine notwendige *und* hinreichende Bedingung für die Zugehörigkeit zur Außenwelt?

In *GL* §87 spricht er von der „Aussenwelt" als der „Gesammtheit des Räumlichen". Da er '( ) ist räumlich' im Sinne von '( ) ist irgendwo' versteht,²¹³ gehören auch Kanten und Schatten zu dieser Gesamtheit. „Räumliche Praedicate sind auf Vorstellungen nicht anwendbar", betont er in *GL* §61. Aber sind sie nicht auf Schmerzen anwendbar, obwohl diese nicht zur Außenwelt gehören (*GL* §93)? Wir lokalisieren unsere Schmerzen zwar in unserem Körper, aber wenn der Chirurg den Patienten an der bezeichneten Stelle aufschneidet, findet er dort keine Schmerzen. „In diesem Sinne" sind

---

[211] Frege gebraucht sie oft, aber nicht immer so: 65b, Ende; *Allg* 279a.
[212] In *GL* §§23–24 verwendet er 'Ereignis' und '(äußeres) Ding' freilich als einander ausschließende Bestimmungen. In *Ged* 67–77 ist das Wort 'Ding' oft kurz für die im selben Kontext verwendete Phrase 'Ding der Außenwelt'. In *Ged* 61c scheint es dieselbe Weite wie 'Gegenstand' zu haben. So wird es jedenfalls in *SuB* 26b gebraucht: jedes Ding ist mit sich identisch.
[213] Vgl. *GL* §61 Text mit der Überschrift von §61 im Inhaltsverzeichnis.

unsere Schmerzen „nicht in uns (subcutan). Da sind Ganglienzellen, Blutkörperchen und dergl." (*GL* §61). Subcutan finden aber auch neurophysiologische Ereignisse statt. Ersichtlich ist der Autor der *GL* kein Anhänger der 'materialistischen' These, dass jedes psychische Ereignis ein neurophysiologisches ist. Er braucht deshalb nicht zu bestreiten, dass jedes psychische Ereignis eine neurophysiologische Basis hat, und in *Ged* 70c–71a tut er es auch nicht.[214]

In *Ged* nimmt Frege die Abgrenzung mit einem *epistemischen* Begriff vor: Etwas ist genau dann ein Ding der Außenwelt, wenn es sinnlich wahrnehmbar ist (75b, c).[215] Mit einem der von Frege aufgelisteten fünf Sinne wahrnehmbar sind auch manche Vorgänge, die wir an uns selber proprioseptiv wahrnehmen können: ein Erröten z. B. oder das Vorschnellen eines Unterschenkels. Zur Außenwelt gehört auch, was nur mit differenzierteren Sinnesorganen als den unseren wahrgenommen werden kann. Damit auch Helium-Atome zur Außenwelt gezählt werden können, müssen wir das Verfolgen ihrer Bahn in einer Nebelkammer als Wahrnehmung der Atome auffassen. Auch bei liberalstem Verständnis von 'wahrnehmbar' werden aber Gegenstände wie der Äquator, die Achse der Erde und der Massenmittelpunkt des Sonnensystems ausgeschlossen, die Frege in *GL* als Exempel für „Objektives", das nicht „wirklich" ist, angeführt hatte.[216] (*Wenn* die Unterscheidung zwischen Außenwelt, Innenwelten und der Welt 3, die Frege auf den nächsten Seiten herausarbeiten wird, erschöpfend sein, dann muss er den Äquator zur Welt 3 zählen.)

Das Adverb 'sinnlich' in der Phrase 'sinnlich wahrnehmbar' ist redundant, wenn kein Kontrast zu nicht-sinnlicher Wahrnehmung intendiert ist. Die Wörter 'wahrnehmbar', 'Wahrnehmen' und 'Wahrnehmung' kommen in den *LU* nun aber immer nur in Verbindung mit den Zusätzen 'sinnlich', 'mit den Sinnen' oder 'Sinnes-' vor.[217] Es ist daher unwahrscheinlich, dass 'sinnliche Wahrnehmung' (u. ä.) in Freges Mund ein Pleonasmus wie 'warme Thermalquelle'

---

214 Vgl. auch *Log*$_2$ 160 u. *Ged* 75c: „Wir müssen annehmen, daß ...".
215 In *SuB* 29, Anm. 3 (letzter Satz) scheint er zu unterstellen, dass 'räumlich' und 'sinnlich wahrnehmbar' koextensiv sind.
216 *GL* §26. Vgl. 1-§9.
217 61b, 66d, 69d, 75bc; *Allg* 279a–c). Genauso in *BS*, III Anm.; *SuB* 29a u. Anm. 3; *Vorw* XIII$_b$, XX; *n.1899*, NS 183; *1906a*, I: 305; *1924/25a*, NS 286–288, 29; *1924/25c*, NS 298–299.

Kapitel 2

ist. Aber welchen Kontrast hat er im Auge? Nichts spricht dafür, dass er die Sorte Wahrnehmung, um die es ihm geht, von paranormaler ('außersinnlicher') Wahrnehmung abheben will, von Telepathie und Hellsehen – falls es so etwas denn überhaupt gibt. Manches spricht dafür, dass er die Art Wahrnehmung, um die es ihm geht, von der *Introspektion* abheben will, wenn man darunter den nach dem Modell der Wahrnehmung eines Baumes konzipierten nichtinferentiellen Zugang einer Person zu manchen ihrer gegenwärtigen mentalen Zustände und Akte versteht. Keiner unserer fünf Sinne ist dabei involviert (und es handelt sich auch nicht um propriozeptive Wahrnehmung).[218] Wenn Frege – ähnlich wie Hume – davon spricht, dass psychische Phänomene auf der „Bühne meines Bewußtseins" auftreten (69e, 70b),[219] so suggeriert er etwas, was er später auch sagt: dass es einen „Zuschauer" (72b) gibt, der diese Auftritte wahrnimmt. Diese Metapher passt gut zur Auffassung des nicht-inferentiellen Zugangs zu psychischen Phänomenen als Introspektion. So verstanden ist der Kontrast Sinnliche Wahrnehmung / Nicht-sinnliche Wahrnehmung für Frege systematisch wichtig: er will uns ja davon überzeugen, dass Gedanken weder zur Außenwelt noch zu einer Innenwelt gehören, dass sie weder mit unseren fünf Sinnen wahrnehmbar noch introspektiv zugänglich sind.[220]

In 66e erläutert Frege mit einer offenen Liste von Beispielen, was alles zu einer „Innenwelt" gehört.[221] Stipulativ führt er dann einen

---

[218] Es ist bei ihm freilich nirgendwo die Rede von einem 'inneren Sinn' – wie bei Locke (1690, II, 1, §4, *et passim*) und bei Kant (KrV A 22/B 37, *et passim*).
[219] „The mind is a kind of theatre, where several perceptions successively make their appearance" (Hume 1739–40, I, 4, §6).
[220] Kants Inaugural-Dissertation handelte '*De mundi sensibilis atque intelligibilis forma et principiis* [Von der Form und den Prinzipien der sinnlichen und der intelligiblen Welt]' (1770). Vorstellungen⁺ sind nicht sinnlich wahrnehmbar. Es ist also verkehrt, Freges Unterscheidung der drei Welten in *Ged* als Aufnahme der (neu-)platonischen Unterscheidung des *mundus sensibilis* vom *mundus intelligibilis* zu charakterisieren, bei der die *sinnliche* Welt in Außenwelt und Innenwelten aufgeteilt wird.
[221] Anders als in 70–71 ist 'Empfindung' in dieser Liste offenkundig keine stilistische Variante von 'Sinneseindruck': Schmerzen sind in 67–68 Freges Beispiel. „Schöpfungen der Einbildungskraft" erscheinen in Log_2 156 unter dem Namen „Phantasmen". „Gefühl" muss man so verstehen, dass „Ermüdungsgefühle" (69e) zum Anwendungsbereich gehören. Bei dem Eintrag „Neigung" soll man vielleicht an die Neigung zu jemandem denken, die erwacht, zunimmt oder erlischt und die erwidert wird oder unerwidert bleibt.

so weiten Gebrauch des Wortes 'Vorstellung' ein, dass (fast) alles, was zu einer Innenwelt gehört, dass (fast) jeder Akt, Vorgang und Zustand, der zur mentalen Geschichte eines Menschen gehört, eine Vorstellung⁺ ist. (Außerhalb von Frege-Zitaten markiere ich diesen erweiterten Gebrauch durch das hochgestellte Plus.) Ähnlich weit gebraucht (oder missbraucht) werden 'cogitatio' und 'pensée' bei Descartes, 'perception' bei Hume und 'Erlebnis' bei Husserl.[222] Vorstellungen im Sinn von 59c–60b, die Wahrheitskandidaten mancher Übereinstimmungstheoretiker, bilden eine Unterklasse der Vorstellungen⁺. Den Unterschied zwischen „seelischen Zuständen" und „seelischen Vorgängen" registriert Frege meines Wissens nur ein einziges Mal.[223]

Warum will Frege die *Entschlüsse* nicht Vorstellungen⁺ genannt wissen? Was er im Folgenden von Vorstellungen⁺ sagt, gilt – wenn es denn überhaupt auf sie alle zutrifft – immer auch von Entschlüssen.[224] Dass wir Entschlüsse nicht 'haben' (67b, „Zweitens"), sondern fassen, wäre jedenfalls kein guter Grund.[225] Akte des „bloßen" Denkens und des Urteilens 'haben' wir ja auch nicht, und doch gehören sie zur Innenwelt,[226] und da sie keine Entschlüsse sind, kann Frege schwerlich umhin, sie als Vorstellungen⁺ zu klassifizieren. Räumt er den Entschlüssen deshalb einen Sonderstatus ein, weil wir manchmal von mehreren Personen sagen, dass sie 'denselben Entschluss' gefasst haben? Das wäre kein guter Grund; denn wir sagen manchmal ja auch von zwei Personen, dass sie 'denselben Pullover' tragen, ohne zu unterstellen, dass vier Arme in zwei Ärmel stecken. Anna hatte sich im Frühjahr 2008 entschlossen, im Sommer 2008 nach Italien zu fahren, und auch Ben hatte sich damals *dazu* entschlossen; aber

---

[222] Descartes 1641, III, §§ 1, 5; Hume 1739–40, I, 4, § 2, S. 207 u. § 6, S. 252–253; Husserl 1901, V. Unters. (Keiner von ihnen hat Bedenken, den jeweiligen Titel auch auf das Wollen anzuwenden.) In 72b verwendet auch Frege 'Erleben' als Oberbegriff für alle psychischen Akte, Vorgänge und Zustände. In den Übersetzungen (Quinton 1956, Geach 1977c, d) wird naheliegenderweise Lockes Wort 'idea' verwendet.
[223] In *Log₂* 144. Der Husserl der 'Logischen Untersuchungen' trägt ihm übrigens ebenfalls nicht Rechnung.
[224] Vgl. 68a, „Viertens", mit *Vorw* XXI: „..., ebensowenig, wie meine Entschlüsse von meinem Wollen und von mir, dem Wollenden, unabhängig sind, sondern mit mir vernichtet würden, wenn ich vernichtet würde".
[225] In *1906e*, WB 102 lässt Frege uns übrigens Entschlüsse 'haben'.
[226] *Ged* 76c; *1914a*, WB 126; *1919c*, NS 273.

während Anna *ihren* Entschluss in die Tat umgesetzt hat, wurde Ben daran gehindert, *seinen* Entschluss auszuführen. Also handelt es sich um verschiedene Entschlüsse, denen gemeinsam ist, Entschlüsse zu einer Italienreise im Sommer 2008 zu sein.

Vielleicht räumt Frege den Entschlüssen deshalb einen Sonderstatus ein, weil sie in seinen Augen sozusagen Psychisches an der Grenze zu Nicht-Psychischem sind: das, wozu man sich entschließt, ist oft eine Tat, die ein wahrnehmbarer Vorgang in der Außenwelt ist. Eine solche Überlegung klingt jedenfalls in *Ged* 76c–77 an.[227] (Natürlich ist das, wozu man sich entschließt, manchmal auch eine psychische Aktivität, z. B. über ein Problem nachzudenken.) Vermutlich ist Freges Gebrauch von „Entschluss" ein *pars pro toto*: alle Formen des Wollens sind gemeint. Wer sich entschlossen hat, X zu tun, hat die Absicht, es zu tun, aber die Umkehrung gilt nicht: ein Entschluss beendet den Zustand der Unentschlossenheit, aber jemand, der jetzt beabsichtigt, X zu tun, braucht sich nicht vorher gefragt zu haben, ob er es tun sollte. (Die *pars-pro-toto*-Annahme kann freilich nur dann korrekt sein, wenn Wünsche, die ja auf Freges Liste der Vorstellungen⁺ stehen, keine Formen des Wollens sind. Und das sind sie wohl auch nicht: man kann sich vieles wünschen, was gar kein möglicher 'Gegenstand' des Wollens ist, man kann den Wunsch haben, ein kalorienreiches Dessert zu vertilgen, obwohl man es nicht tun will, und man kann auf das Dessert verzichten wollen, obwohl man nicht wünscht, auf es zu verzichten.)

67–68a.[228] Vorstellungen⁺, so lautet Freges erste These, sind *nicht sinnlich wahrnehmbar*. (Man darf vermuten, dass er das auch von Entschlüssen sagen würde.) Zeigt das Phänomen der Nachbilder, dass wir manchmal doch Vorstellungen⁺ sehen? Wer einige Zeit ein grünes Quadrat mit gelbem Rand angestarrt hat und nun auf eine weiße Wandfläche blickt, ist zwar geneigt zu sagen, er sehe jetzt ein rotes Quadrat mit blauem Rand. Aber eigentlich ist ihm nur so, als sehe er ein Quadrat: er hat einen visuellen Sinneseindruck (eine Nachempfindung), und den Eindruck sieht er natürlich nicht.

Die Rede vom Gehabtwerden der Vorstellungen⁺ (unter „Zweitens") ist nicht sonderlich erhellend: was 'hat' man nicht alles, – eine

---

[227] Vgl. *Log*$_2$ 149.
[228] Meine *Absatzzählung:* 67b: „Ich mache …", 67c: „Die Wiese …", 67d: „Mein Begleiter …".

Mutter, eine Wohnung, Schulden, Laster, einen Sonnenbrand,... Die unter „Drittens" aufgestellte These von der *Trägerbedürftigkeit* der Vorstellungen⁺ (die auch auf Entschlüsse zutrifft) wirft Licht auf den intendierten Sinn von 'haben'. Von der „Träger"-Metapher macht Frege auf den nächsten Seiten (und in *Vern* 146c–147d) exzessiven Gebrauch. Er verwendet dieses Wort so, dass das folgende generalisierte Konditional gilt:

> (TRAG)   Um welche Gegenstände auch immer es sich bei *a* und *b* handeln mag:
> wenn *a* ein Träger von *b* ist, so kann *b* nicht zu einer Zeit existieren, zu der *a* nicht existiert.

Warum Frege selber in 67c–72 nicht 'existieren', sondern 'bestehen' sagt, wurde in 1-§9 erklärt. Warum heißt es im Nachsatz von (TRAG) nicht einfach '[ ] kann nicht existieren, wenn ( ) nicht existiert'? Ein Kind steht zu seinen leiblichen Eltern zwar in der Beziehung, die man mit diesem Prädikat zuschreibt; aber es steht zu ihnen nicht in der Beziehung, die im Nachsatz von (TRAG) angegeben ist: es erscheint uns ja keineswegs „ungereimt", dass ein Kind den Tod seiner leiblichen Eltern überlebt und „sich selbständig in der Welt umhertreibt" (67c). Die Beziehung, die Frege zwei Entitäten mit 'ξ ist ein Träger von ζ' zuschreiben will, dürfte mit derjenigen zusammenfallen, die ihnen in der Sprache der traditionellen Metaphysik mit den Prädikaten 'ξ subsistiert ζ', 'ζ inhäriert ξ' und 'ζ ist ein individuelles Akzidens von ξ' zugeschrieben wurde. Ob er das zweistellige Prädikat im Vordersatz von (TRAG) für definierbar hält und, wenn ja, wie er es definieren würde, kann man seinen Texten nicht entnehmen. Es empfiehlt sich jedenfalls nicht, (TRAG) zu einem generalisierten *Bi*konditional zu verstärken; denn wäre die Umkehrung von (TRAG) korrekt, so wäre jeder Gegenstand ein Träger seiner selbst, jeder essentielle Teil eines Gegenstandes (der Resonanzkörper meiner Geige z. B.) wäre ein Träger dieses Gegenstandes, und die Einer-Klasse, deren einziges Element der Planet Jupiter ist, wäre sein Träger.[229]

Ein Sonnenbrand, ein Schatten und ein Grinsen können sich nun aber genausowenig wie ein Schmerz, eine Stimmung oder ein

---

[229] Zur Kategorie der individuellen Akzidenzien und zur Frage nach der angemessenen Erklärung des Prädikats im Vordersatz von (T) vgl. Simons 1987, Kap. 7, §3 u. Kap. 8, §§3–4; Schnieder 2004, Kap. 2–6 (Lit.).

Wunsch selbständig in der Welt umhertreiben,[230] doch sie sind wahrnehmbar. Auch manche Dinge der Außenwelt erfüllen also die im Nachsatz von (TRAG) angegebene Bedingung. Die These von der Trägerbedürftigkeit aller Vorstellungen⁺ (und Entschlüsse) ist einleuchtend; aber sie beantwortet nicht die Eingangsfrage (67a): „Wodurch unterscheiden sich die Vorstellungen von den [sc. von allen] Dingen der Außenwelt?".

Auf den Seiten 67 ff verwendet Frege die Prädikate (a) 'ζ gehört der Innenwelt von ξ an', (b) 'ζ ist ein Teil der Innenwelt von ξ', (c) 'ζ gehört zu dem Inhalte des Bewusstseins von ξ' und (d) 'ζ ist ein Inhalt des Bewusstseins von ξ' anscheinend so, als seien sie äquivalent. Die Rede von „Bewusstseinsinhalten" ist dabei allemal mit Vorsicht zu genießen (74 Anm.). Meine Vorstellungen⁺ sind nicht so 'in meinem Bewusstsein' wie die Bohnen in der Kaffeedose, sondern eher so wie die Töne in einer Sequenz von Akkorden: 'mein Bewusstsein' besteht aus meinen Vorstellungen⁺ (und meinen Entschlüssen). Aber sind (c) und (d) wirklich mit (a) und (b) äquivalent? Manche unserer Neigungen, Wünsche und Überzeugungen sind uns nicht bewusst. Neigungen und Wünsche stehen auf Freges Liste, und die Aufnahme von Überzeugungen würde er bestimmt nicht verweigern. Von unbewussten Bewusstseinsinhalten zu reden, wäre Nonsens. Man kann höchstens sagen, dass alle Vorstellungen⁺ potentiell bewusst sind.[231]

Außer in einem Beiseite über das „göttliche Wesen" in 67d sagt Frege immer wieder ausdrücklich, dass *Menschen*, also wahrnehmbare Entitäten, Träger der Vorstellungen⁺ sind. Implizit verwirft er damit die 'Bündel-Theorie des Selbst', nach der jede Vorstellung⁺ zu einer *trägerlosen* Gesamtheit teils simultan, teils sukzessiv auftretender psychischer Phänomene gehört.[232] Und er verwirft damit auch die

---

[230] In Adelbert von Chamissos 'Peter Schlemihls wundersame Geschichte' (1813) und in Lewis Carrolls 'Alice's Adventures in Wonderland' (1865, Kap. 6, Ende) wird die Abhängigkeit des Schattens von dem, der ihn wirft, bzw. die des Grinsens von dem, der es grinst, fiktional dementiert. (Was im zweiten Fall den Illustrator Tenniel in große Schwierigkeiten bringen musste.)
[231] In *GL* §27 wird die Annahme erwähnt, dass es „latente oder unbewusste Vorstellungen" gibt.
[232] Eine solche Auffassung wurde von Hume (1739–40, I, 4, §6) erwogen und u. a. von Husserl (1901, 5. Unters., Kap. 1) und Mach (1903, 2, 19) vertreten. Im Anschluss an ihren Kritiker Strawson wird sie heute oft als 'no-ownership' oder 'no-subject' Konzeption des Selbst bezeichnet (Strawson 1959, Kap. 3, bes. §3).

Auffassung, dass Vorstellungen⁺ einer *Seele* inhärieren; denn was auch immer eine Seele genau sein mag, sie ist jedenfalls etwas anderes als ein Mensch.[233] In *SuB* 29a heißt es, eine Vorstellung sei immer „Theil oder Modus der Einzelseele".[234] Versteht man unter einem *Modus* ein individuelles Akzidens, so harmoniert das zweite Adjunkt nicht mit Freges These, dass der Träger der Vorstellungen⁺, die ein Mensch hat, eben dieser Mensch ist, also nicht seine Seele. Aber jede (menschliche) Vorstellung⁺ ist *Teil* einer Einzelseele, wenn man wie Frege unter einer Einzelseele die Gesamtheit der psychischen Zustände und Akte eines bestimmten Menschen versteht: was auch immer dieser Gesamtheit angehört, ist „[une] partie de son âme ou de sa conscience" (*1895b*, 74), letzteres freilich nur, wenn es nicht unbewusst ist.

Dass eine Vorstellung⁺, deren Träger Anna ist, (sc. numerisch) identisch ist mit einer Vorstellung⁺, deren Träger Ben ist, wird unter „Viertens" durch die These von der *Identitätsabhängigkeit* der Vorstellungen⁺ (und der Entschlüsse) ausgeschlossen:[235]

(IDA)   Von allen Menschen x und y gilt:
eine Vorstellung⁺, die x hat, ist nur dann mit
einer Vorstellung⁺, die y hat, identisch,
wenn x und y identisch sind.

Manchmal verknüpft Frege (IDA) mit einem wenig hilfreichen Vergleich: „[D]ie Vorstellung des Einen ist nicht die des Andern, so wenig wie die Nase des Einen die des Andern ist, und wäre sie ihr selbst congruent."[236] Die Nase eines (unverstümmelten) russischen Beamten ist im Unterschied zu seinen Vorstellungen⁺ ein *Teil* von ihm. Zwar kann eine wirkliche Nase sich wohl nicht so selbständig in St. Petersburg herumtreiben wie die in Gogols Erzählung, aber immerhin kann eine (ehemalige) Nase existieren, ohne sich in jemandes Gesicht zu befinden, und auch Transplantationen sind wohl nicht ausgeschlossen. Analoges kann einer Vorstellung⁺ sicher nicht

---

[233] Thomas von Aquin: „Die Seele des Petrus ist nicht Petrus" (STh IIaIIae, q. 83, a.11, 5). „Meine Seele – das bin nicht ich [*anima mea non est ego*]" (Kommentar zu 1. Kor. 15).
[234] Vgl. Kant, KrV, A 97 („Unsere Vorstellungen ... gehören ... als Modificationen des Gemüths zum innern Sinn, und als solche sind [sie] ... der Zeit ... unterworfen") u. A 197/B 242 („Vorstellungen, d. i. innre Bestimmungen des Gemüths in diesem oder jenem Zeitverhältnisse").
[235] So schon in *GL* §§ 27, 93 und dann immer wieder (s. o. unter VERGLEICHE).
[236] *1891c*, 160; vgl. *Log₁* 3/4.

Kapitel 2 495

widerfahren, wenn Frege (IDA) in 67d zu Recht modal verstärkt: Es „gehört zum Wesen" einer jeden Vorstellung⁺, die ein Mensch x hat, dass sie nur dann mit einer Vorstellung⁺, die ein Mensch y hat, identisch ist, wenn x und y identisch sind. Auch Strawson unterschreibt eine modale Verstärkung von (IDA), wenn er sagt:[237]

„[Mental] states, or experiences, one might say, *owe* their identity as particulars to the identity of the person whose states or experiences they are... [I]t is logically impossible that a particular state of experience in fact possessed by someone should have been possessed by anyone else. The requirements of identity rule out logical transferability of ownership."

Frege spricht unter „Viertens" ausdrücklich von den Vorstellungen⁺ zweier *Menschen*, weil er sich in 67d die Frage gestellt hat, ob alle Vorstellungen⁺, die ein bestimmter Mensch im Verlaufe seines Lebens hat, Teile des Inhalts eines „umfassenderen, etwa göttlichen Bewusstseins" sein könnten. Gustav Theodor Fechner hatte 1860 auf diese Frage geantwortet: Ja, sie *sind* es sogar.[238] Frege nimmt diese 'entheistische' Hypothese durchaus ernst.[239] Er argumentiert, dass sie wohl nur dann wahr ist, wenn Menschen Teile des göttlichen Wesens sind. Die notwendige Bedingung der Vorstellungsidentität müsste demnach abgeschwächt werden, sobald wir auch 'übermenschliche' Vorstellungssubjekte betrachten:

> *(?)* Von allen Wesen x und y gilt:
> eine Vorstellung⁺, die x hat, ist nur dann mit
> einer Vorstellung⁺, die y hat, identisch,
> wenn $x=y$ oder $x \ll y$ oder $y \ll x$.

---

[237] Strawson 1959, 97–98.
[238] Vgl. Fechner 1860 (³1907), Kap. 45. In *GL* §61, 2.Anm. findet sich ein schwaches Indiz dafür, dass Frege dieses Werk kannte. (Einer seiner Jenenser Kollegen [s. u. §8.1] war ein Anhänger der Psychophysik Fechners.)
[239] Das könnte auch etwas mit seiner Herkunft zu tun haben: seine Mutter war Tochter eines Pfarrers, sein Vater hatte Theologie studiert und schrieb ein Buch über 'Die Entwicklung des Gottesbewusstseins in der Menschheit' (vgl. EINL. Anm. 35). Er selbst diskutierte in Jena mit einem protestantischen Theologen über den Existenz-Begriff (*c.1883b*, NS 60 Anm.). – Mit der Vokabel 'Entheismus' mache ich eine terminologische Anleihe bei dem romantischen Mediziner, Maler und Naturphilosophen C. G. Carus. Der von ihm gepriesene K. C. F. Krause nannte dann seine Version des spekulativen Idealismus *Pan*entheismus.

Ob das zweite Adjunkt eine echte Option ist, „überschreitet", so meint Frege wohl zu Recht, „die Grenzen des menschlichen Erkennens". Halten wir uns also an die 'humane' Variante, an (IDA).

Im ersten Satz nach „Viertens" zeigt Frege, dass die Negation von (IDA) mit der These von der Trägerbedürftigkeit der Vorstellungen⁺ unverträglich ist. Wenn eine Vorstellung⁺ eines Menschen mit der eines anderen Menschen zusammenfiele, dann wäre keiner von beiden ihr Träger im Sinne von (TRAG); denn sie könnte dann ja zumindest den Tod eines der beiden Menschen überdauern. Manche trägerbedürftigen Entitäten sind natürlich in einem Menschenpaar fundiert. Eine solche Entität existiert z. B., wenn Anna und Ben sich streiten oder küssen. Jener Streit und dieser Kuss finden spätestens dann ein Ende, wenn der Tod Anna und Ben scheidet. Annas Kopfweh kann aber sehr wohl den Tod Bens überdauern, – sogar ihre Zuneigung zu ihm kann das.

Auf die Bemerkung „Kein Anderer hat meinen Schmerz" (*Ged* 68a) spielt vielleicht der erste Satz in Wittgensteins Angriff auf (IDA) in §§ 253–254 der 'Philosophischen Untersuchungen' an: „»Der Andre kann nicht meine Schmerzen haben.« – Welches sind *meine* Schmerzen? Was gilt hier als Kriterium der Identität? ..." Man kann bezweifeln, dass Wittgensteins Kritik an (IDA) durchschlagend ist. Gewiss kann ich so etwas sagen wie 'Anna litt heute morgen unter demselben Schmerz wie ich, einem bohrenden Kopfweh in der rechten Schläfe', aber das heißt nur, dass ihr Schmerz von derselben Art wie meiner war. Denn was ich sage, könnte wahr sein, obwohl Annas Kopfweh eine ganz andere Ursache hatte als meines und obwohl ihr Kopfweh inzwischen abgeklungen ist, während meines gegenwärtig schlimmer wird. Dass ihr Kopfweh nicht identisch mit meinem ist, folgt dann schon aus dem Gesetz, dass $\forall x\, \forall y\, (x=y \to \forall f\, (fx \to fy))$, dem sog. Gesetz der Ununterscheidbarkeit des Identischen (vgl. 1-§5). 'Welcher Kopfschmerz ist *meiner*?' Eine merkwürdige Frage; aber was spricht gegen Antworten wie diese: 'es ist derjenige, der *mich* nicht schlafen lässt; derjenige, dessen Linderung ich mir vernünftigerweise davon versprechen kann, dass *ich* eine Aspirin schlucke' usw.? Es gibt diverse Kriterien dafür, ob mein Schmerz von derselben Art ist wie der ihre, aber die Frage, woran ich erkenne, dass ihr Schmerz nicht meiner ist, ist genauso abwegig – und aus demselben Grund – wie die Frage, woran ich erkenne, dass die Erdachse nicht mit der Achse des Mondes identisch ist. Folgt aus (IDA), wie Wittgenstein behauptet,[240] dass „die besitzende Person ein Charakteristikum der [Kopf]schmerzen selbst" ist? Diese Absurdität folgt aus (IDA) genausowenig wie aus der analogen These über Körperachsen folgt, dass die Erde ein Charakteristikum ihrer Achse ist. „[W]enn du logisch ausschließt, dass ein Andrer etwas hat, dann verliert es auch seinen Sinn, zu sagen, du habest es" (PU §398). Das tut es nur dann, wenn man annimmt, dass ein Satz nur dann sinnvoll ist, wenn man mit ihm sagt, wie es sich kontingenterweise verhält. Aber warum sollte man dem Autor des 'Tractatus' in diesem idiosynkratischen Gebrauch des Wortes 'sinnvoll' folgen? (vgl. unten, S. 625f, 665–9).

Mit (IDA) wird nicht in Abrede gestellt, dass wir die Vorstellungen[+] verschiedener Menschen vergleichen können, dass wir also wissen können, wie weit sie miteinander übereinstimmen. Frege zitiert gelegentlich eine Sentenz aus einer römischen Komödie: „*Si duo idem faciunt, non est idem* [Wenn zwei dasselbe tun, ist es nicht dasselbe]"[241] und deutet sie um in einen Ausspruch über die Identitätsabhängigkeit von Taten: „Man kennt die Tat nicht vollständig, wenn man den Täter nicht kennt" (*Vern* 151a, Anm.). Freges Beispiele sind mentale Akte, aber es kann ihm nicht entgangen sein, dass jene Sentenz in seiner Deutung auch auf die *wahrnehmbaren* Taten zweier Personen zutrifft. Ihre Identitätsabhängigkeit hindert uns nun aber keineswegs daran, sie miteinander zu vergleichen. Auch die Oberflächen verschiedener Kugeln sind *eo ipso* verschiedene Oberflächen, und doch können wir wissen, wie weit zwei Kugeloberflächen miteinander übereinstimmen. Erst mit der folgenden These, die Frege zwischen „Drittens" und „Viertens" aufstellt und die aus keiner (Kombination seiner) nummerierten Thesen folgt, behauptet er die intersubjektive *Unvergleichbarkeit* der Vorstellungen[+]:

(UNV)   [Es ist] uns Menschen unmöglich, Vorstellungen Anderer mit unsern eigenen zu vergleichen. (67d.)

(Die Einschränkung auf Menschen erfolgt wieder wegen der 'entheistischen' Hypothese.) Wenn man zwei Entitäten X und Y miteinander vergleicht, dann sucht man festzustellen, ob gewisse Beschaffenheiten beiden zukommen oder nur einer von beiden. Kann jemand

---

[240] Wittgenstein, PB 91.
[241] SuB 30a (nach Terenz: *duo quum faciunt idem, non est idem*).

im Prinzip nur erkennen, ob eine solche Beschaffenheit X zukommt, so sind X und Y für ihn (in dieser Hinsicht) unvergleichbar. In genau dieser Situation befindet sich nach Frege jeder von uns bezüglich gewisser Beschaffenheiten, wenn X eine seiner Vorstellungen⁺ ist und Y eine Vorstellung⁺ einer anderen Person. Wieso? Das Argument für (Unv), das Frege zwischen „Drittens" und „Viertens" vorträgt, sieht so aus:

(P1) Von allen Vorstellungen⁺ v und $v´$ gilt:
wenn der Träger von v nicht mit dem von $v´$ identisch ist, dann sind v und $v´$ nicht Inhalte desselben menschlichen Bewusstseins.

(P2) Von allen Vorstellungen⁺ v und $v´$ gilt:
wenn v und $v´$ nicht Inhalte desselben menschlichen Bewusstseins sind, dann sind v und $v´$ für Menschen unvergleichbar. Also:

(K) Von allen Vorstellungen⁺ v und $v´$ gilt:
wenn der Träger von v nicht mit dem von $v´$ identisch ist, dann sind v und $v´$ für Menschen unvergleichbar.

Die Achilles-Ferse dieses formal schlüssigen Arguments ist die zweite Prämisse.

Die These (Unv) hat Frege schon in *GL* vertreten: Manchmal reden wir mit einem „Farbenwort" über „unsere subjective Empfindung, von der wir nicht wissen können, dass sie mit der eines Andern übereinstimmt – denn offenbar verbürgt das die gleiche Benennung keineswegs".[242] Und er hat (Unv) auch nicht erst in *Ged* unter Berufung auf (P2) zu begründen versucht.[243] Der *locus classicus* für (Unv) ist Lockes Erörterung der Möglichkeit vertauschter Farbeindrücke,[244] zu der Frege in *GL* § 26 ein geometrisches Pendant entwirft. (Unv) hatte auch im Wiener Kreis Konjunktur:[245]

---

[242] *GL* § 26 Ende; genauso in *1894a*, 317. Gelegentlich sagt Frege nur, ein „genauer" Vergleich sei nicht möglich (Log_1 4; *SuB* 30a; *Vorw* XVIII$_b$). Hinsichten, die einen 'nicht-genauen' Vergleich ermöglichen, ergeben sich aus den kausalen Antezedenzien und den behavioralen Manifestationen der Empfindungen verschiedener Personen.
[243] Vgl. die in der letzten Anm. angegebenen Stellen in *1894a*, *Log₁* und *SuB*.
[244] Locke 1690, II, 32, § 15.
[245] [a] Schlick 1926, 2–3, 5; [b] Carnap 1928, § 66.

„Es wird allgemein zugestanden, daß die Frage, ob [zwei Personen, die gleichzeitig dasselbe rote Objekt betrachten, dabei gleichartige Farbeindrücke haben], schlechthin unbeantwortbar ist ..., daß alles Qualitative und Inhaltliche an unseren Erlebnissen ewig privatim bleiben muß." [a]

„[D]as Material der individuellen Erlebnisströme [ist] völlig verschieden, vielmehr überhaupt inkomparabel ..., da eine Vergleichung zweier Empfindungen oder zweier Gefühle verschiedener Subjekte im Sinne ihrer unmittelbaren Gegebenheitsqualität widersinnig ist." [b]

Frege sieht, dass die These (UNV) eine *semantische Konsequenz* hat, – er erwähnt sie sogar zweimal:

[D]as Wort „rot", wenn es nicht eine Eigenschaft von Dingen angeben, sondern meinem Bewußtsein angehörende Sinneseindrücke kennzeichnen soll, ist anwendbar nur im Gebiete meines Bewußtseins (67d u. 68c).

Wittgenstein spielt in § 273 der 'Philosophischen Untersuchungen' auf diese semantische Konsequenz von (UNV) an, wenn er fragt:[246]

„Wie ist es nun mit dem Worte 'rot'? – soll ich sagen, dies bezeichne etwas 'uns Allen Gegenüberstehendes';... und für Jeden, außerdem, etwas nur ihm Bekanntes?"

---

[246] Die von Wittgenstein angeführte Wendung findet sich fast gleichlautend in *Vorw* XVIII$_b$ und ganz ähnlich auch in *Log$_2$* 138, 145, 160; *n.1906*, NS 214 sowie in *Ged* 66d und *Vern* 147c. Es handelt sich bei ihr nicht, wie manche anglophonen Interpreten annehmen, um ein Spiel mit dem Wort 'Gegenstand'; denn auf Vorstellungen$^+$ kann man mit singulären Termen Bezug nehmen, sie sind also im weiten Frege'schen Verstande des Wortes Gegenstände (1-§2.1); aber sie stehen uns nicht gegenüber. (Ein Philosoph, der wirklich mit dem Wort 'Gegenstand' spielt, ist Heidegger: vgl. etwa Heidegger 1943, 12.) Die Frage, mit der 66d schließt, wird in Quinton 1956 verfälscht: „Now can he, nevertheless, stand in the same relation to a person as a tree?". Was für eine dumme Frage! muss der Leser denken; denn natürlich kann „a man" in derselben Beziehung zu einer Person stehen wie ein Baum, z. B. rechts von ihr. Statt 'he' müsste es 'it' heißen, denn der Rückbezug von Freges „er" geht auf „ein Gedanke". Besser: 'Now can it, nevertheless, like a tree stand vis-à-vis various people as one and the same?' (Geach 1977c gibt „gegenüberstehen" mit 'be presented to' wieder.)

Da Sinneseindrücke keine Farben haben,[247] drückt sich Frege oben etwas umständlicher aus. Es geht wohl eigentlich um einen Kontrast zwischen '( ) ist rot' einerseits und '( ) ist ein Eindruck wie von etwas Rotem', m. a. W. '( ) ist eine Rot-Empfindung' andererseits. Das erste Prädikat trifft u. a. auf Erdbeeren zu, das zweite auf manche visuellen Eindrücke. Wenn (UNV) korrekt ist, können Andere nicht wissen, welchen Sinn das zweite Prädikat in meinem Munde hat; denn sie können nicht wissen, welche Bedingung ein Eindruck erfüllen muss, damit es auf ihn zutrifft.[248] Zumindest ein Teil des Vokabulars, mit dem ich von meinen Vorstellungen+ rede, wäre demnach im Prinzip nur mir verständlich. Wenn Wittgenstein der Nachweis gelungen ist, dass es ein solches Vokabular nicht geben kann,[249] so hat er Freges These von der intersubjektiven Unvergleichbarkeit der Vorstellungen+ durch Widerlegung der von ihr implizierten Privatsprachen-Hypothese zu Fall gebracht.

68b.[250] Dieser Passus („Ist jene Linde ..."[251]) wirft auch Licht auf Freges Auffassung der Indexikalität. Wenn man in einer Äußerung eine Kennzeichnung verwendet, in der das Demonstrativpronomen vor einem generellen Term steht, so enthält der hybride singuläre Term, dessen sprachlicher Teil diese Kennzeichnung ist, nicht den bezeichneten Gegenstand, sondern „Fingerzeige, Handbewegungen, Blicke" (64b). Sagt der verzweifelte Wanderer, der nachts am Brunnen vor dem Tore vorbeizugehen und die Zweige einer Linde rauschen zu hören glaubt: 'Unter dieser Linde habe ich einst gesessen', so drückt

---

[247] 70a; *Vorw* XXI.
[248] Entsprechendes gilt auch für den singulären Term 'diese Rot-Empfindung', wenn der Sprecher mit ihm auf einen seiner Eindrücke Bezug nimmt.
[249] Vgl. insbesondere Wittgenstein, PU §258. Der Hundertmarkschein in Freges Tasche (69b) präfiguriert den Käfer in Wittgensteins Schachtel (PU §293).
[250] VERGLEICHE u. LITERATUR: s. o. 1-§3, zu [SINN OHNE BEDEUTUNG]. 'Jene Linde' ≅ 'dieser Grashalm' (*Vorw* XXI) ≅ 'dieser Regenbogen' (*Vern* 146c).
[251] Der Sache nach gehört der Satz davor direkt zu „Viertens".– In Kreisers Versuch, „die Palette biographischer Mittel durch die Erdichtung eines Gesprächs [zu] erweitern[n]" (*Biogr* 582), schaut Frege aus seinem Arbeitszimmer im Forstweg auf eine *Linde* (589). Wenn dieses Detail nicht auch den dichterischen Ambitionen des Biographen zu verdanken ist, würde es erklären, warum Frege so gern einen Baum (66d, 71a, 75b–76a), den er zweimal als Linde identifiziert (68b, 73c), als Beispiel verwendet.

seine Äußerung auch dann einen Gedanken aus, wenn die demonstrative Kennzeichnung deshalb leer ist, weil der Sprecher halluziniert. Würde bei der Äußerung eines solchen Satzes nicht die *Deixis* (oder nicht nur sie), sondern (auch) das *Worauf* der Deixis zum hybriden Gedankenausdruck gehören, so käme im Fall der nächtlichen Halluzination nur das Fragment eines Gedankenausdrucks zustande, vergleichbar dem Satz-Torso in der nächsten Zeile:

Das Verbum ' ' ist transitiv.

Der Gedanke, der bei der Äußerung des getäuschten Wanderers ausgedrückt wird, ist genausowenig wahr wie derjenige, der im selben Kontext durch 'Unter dieser Linde habe ich *nie* gesessen' ausgedrückt wird, – er ist in Freges Augen weder wahr noch falsch. Vermutlich sähe Freges Diagnose der Situation nicht anders aus, wenn das Opfer der Halluzination gesagt hätte: 'Das da ist meine Linde'.[252] (In 68b steht, dass die Äußerung eines Satzes mit einer leeren Kennzeichnung einen „Inhalt" ausdrückt. Das ist kein Beleg für die Annahme, Frege bezweifle, dass wirklich ein Gedanke ausgedrückt wird. Aus *Vern* 143, 157c und *Ggf* 40a geht hervor, dass der Verfasser der *LU* keine Skrupel hat, den ausgedrückten Inhalt im Fall der Halluzination als *Gedanken* zu klassifizieren, „der zur Dichtung gehört".[253])

---

[252] Vgl. Wittgenstein, BlB 109: „'This is short' without the pointing gesture and without the thing we are pointing to would be meaningless". Wäre eine Äußerung dieses Satzes durch einen halluzinierenden Sprecher, der ins Leere zeigt, „meaningless"? (Lexikalisch und syntaktisch gesehen ist der Satz natürlich makellos; aber das garantiert ja vielleicht noch nicht, dass er im gegebenen Kontext einen Gedanken ausdrückt.) Freges Antwort wäre wohl, dass sie einen wahrheitswertlosen Gedanken ausdrückt. Und wie würde er, wie sollte man die folgende Situation beurteilen? Der Sprecher zeigt auf eine *Buche* und sagt: 'Unter dieser Linde habe ich einst gesessen'. Vielleicht so: der ausgedrückte Gedanke fällt in die Wahrheitswert-Lücke, aber der Hörer wird veranlasst, einen Gedanken über die Buche zu fassen, der wahr oder falsch ist.
[253] Zu Freges Gebrauch von „Aussage" hier und von „aussagen" in 72b–73a vgl. oben 422. Einen sachlich ebenso belanglosen Wechsel zwischen „Inhalt", „Sinn" und „Gedanke" wie hier findet man etwa in *Vern* 154f–155a.

§7. Die Welt 3. (68c²⁵⁴–69d)

68c–69c.²⁵⁵ In 69c erhebt Frege nicht den Anspruch, die negative Konklusion, dass Gedanken nichts Psychisches sind, bewiesen zu haben. (Man beachte das Wort „scheint".²⁵⁶) Seine Argumente sollten zeigen: *Wenn* es tatsächlich so etwas wie einen „Widerstreit der Meinungen, eine gegenseitige Verständigung" (*Vorw* XIX$_a$) gibt, dann ist ein Gedanke (Sinn) nichts Psychisches. Frege unterschreibt den Vordersatz. Er widerlegt nicht den Solipsisten, der bestreitet, dass es miteinander diskutierende Menschen gibt, und deshalb den Vordersatz verwirft, noch antwortet er dem Skeptiker, der sich im Zweifel darüber befindet, ob es miteinander diskutierende Menschen gibt, und der sich deshalb weigert, den Vordersatz zu unterschreiben. (Mit ihnen setzt sich Frege in 69e–74a auseinander.)

Die Argumentation in 68c–69a kann man wohl so rekonstruieren: Angenommen, (1), der Gedanke, den der Satz S im Munde eines Sprechers ausdrückt, ist eine seiner Vorstellungen⁺. (2) Vorstellungen⁺ sind intersubjektiv unvergleichbar. Also, (3), was ein Sprecher 'wahr' nennt, wenn er dieses Wort auf den Gedanken anwendet, den S in seinem Munde ausdrückt, ist unvergleichbar mit dem, was ein anderer Sprecher 'wahr' nennt, wenn er dieses Wort auf den Gedanken anwendet, den S in seinem Munde ausdrückt. Mithin, (4), niemand kann von einem Andern wissen, wie er dieses Wort versteht. Also, (5), wenn X und Y verschiedene Personen sind, so kann X nie einen guten Grund haben, zu behaupten oder zu bestreiten, dass Y das Wort 'wahr' zu Recht auf den Gedanken anwendet, den Y mit S ausdrückt.– Die Konklusion (5) ist falsch, wenn es gelegentlich einen Konsens oder Dissens gibt, der diesen Namen verdient. Wer überzeugt ist, dass so etwas tatsächlich vorkommt, und das Argument stringent findet, muss mindestens eine seiner Prämissen bestreiten. In Freges Augen ist die Annahme (1) der Sündenbock. Wer (1) akzeptiert, kann die Konklusion aber dadurch vermeiden, dass er (2) alias (U$_{NV}$) verwirft, und das ist wegen der Fragwürdigkeit dieser These allemal empfehlenswert.

---

²⁵⁴ Beginn: „Ich komme nun ..."
²⁵⁵ VERGLEICHE: *Vorw* XVIII$_b$-XIX$_a$; *Log*$_2$ 144–145.
  LITERATUR: Grossmann 1969, 33–41; Resnik 1980, 26–39; Baker & Hacker 1984, 46–59; Davis 2003, 312–317.
²⁵⁶ In 75c wird die negative Konklusion freilich „zwingend" genannt.

In 69b und anderswo kann man ein Argument finden, das ohne diese fragwürdige These auskommt:[257] Angenommen, (1), der Gedanke, den der Satz S im Munde eines Sprechers ausdrückt, ist eine seiner Vorstellungen⁺. (2*) Eine Vorstellung⁺, die Sprecher X hat, ist nur dann identisch mit einer Vorstellung⁺, die Sprecher Y hat, wenn X mit Y identisch ist. Also, (3*), was ein Sprecher 'wahr' nennt, wenn er dieses Wort auf den Gedanken anwendet, den S in seinem Munde ausdrückt, ist niemals identisch mit dem, was ein anderer Sprecher 'wahr' ('falsch') nennt, wenn er dieses Wort auf den Gedanken anwendet, den S in seinem Munde ausdrückt.– Wieder gilt: Die Konklusion ist falsch, wenn es gelegentlich einen Konsens oder Dissens gibt, der diesen Namen verdient. Wer überzeugt ist, dass so etwas tatsächlich vorkommt, und das Argument stringent findet, muss mindestens eine seiner Prämissen bestreiten. Und dank der Plausibilität von (2*) alias (IDA) scheint Freges Reaktion, die Verwerfung von (1), diesmal die einzig angemessene zu sein.

Angenommen, S ist wie in unserem Text 'Die Fläche des Hypotenusenquadrats ist gleich der Summe der Flächen der Kathetenquadrate', kurz: '$a^2+b^2 = c^2$'. (Mit der Bezeichnung 'der Satz des Pythagoras' kann man natürlich auf einen *Gedanken*, ein bestimmtes geometrisches Theorem Bezug nehmen. Frege aber meint mit „der pythagoräische Lehrsatz" in 68c, 69d, 76 eine *Formulierung* des Pythagoreischen Theorems.[258]) Zu Recht betont Frege: Wenn (1) korrekt wäre, so gäbe es nicht so etwas wie *das* Pythagoreische Theorem, das S-Äußerungen verschiedener Sprecher ausdrücken. Daraus folgt nun freilich nicht, dass das Theorem ein Gegenstand ist, der verschiedenen Denkern „als derselbe gegenübersteht wie ein Baum" oder wie ein Stern (66d, 75a), dass er das intentionale Objekt des Denkens ist, wenn jemand denkt, dass $a^2+b^2 = c^2$. Vielleicht verhält sich ein solcher Denkakt so ähnlich zu dem Theorem wie sich eine 'und'-Inskription zu dem deutschen Wort 'und' verhält. Vielleicht ist

---

[257] *Log₂* 145; *1914a*, WB 128.
[258] Vgl. *1914b*, NS 222–223. (Eine Bemerkung zur Orthographie: Hinter unserem Adjektiv, das aus dem Namen des angeblichen Entdeckers des Theorems gebildet ist, stehen ein griechisches und ein lateinisches Adjektiv, '*Πυθαγόρειος*' und '*Pythagoreus*'. In Anbetracht ihrer Schreibweise empfiehlt es sich nicht, Frege – und unseren österreichischen Nachbarn – buchstäblich zu folgen.)

das Pythagoreische Theorem ein *type*, von dem gilt: alle und nur die Akte des Denkens, dass $a^2+b^2 = c^2$, sind seine Vorkommnisse. Auch dann ist das Theorem aber weder ein Ding der Außenwelt noch ein Teil irgendeiner Innenwelt.

69d.[259] „Ein drittes Reich muß anerkannt werden." Die für unsere Ohren eher kakophone Bezeichnung hat der Kulturphilosoph und Soziologe Georg Simmel bereits 1910, in Anknüpfung an Hegels Konzeption des objektiven Geistes, auf ganz ähnliche Weise wie Frege verwendet. Er schreibt in seinem Buch 'Hauptprobleme der Philosophie': „Der Inhalt des Denkens ist wahr, gleichviel ob er gedacht wird oder nicht, gerade wie er gegebenenfalls falsch ist, mag er gedacht werden oder nicht"; und Inhalte des Denkens gehören weder zu den „objektiv-äußeren" (oder „physischen") noch zu den „subjektiv-seelischen" (oder „psychischen") Gegenständen, sondern bilden ein „drittes Reich".[260] Unter Berufung auf Simmel gebrauchte diesen Ausdruck dann auch Fritz Münch, ein Schüler Windelbands und Bauchs, in seiner Jenaer Dissertation, in der Frege mehrfach erwähnt wird.[261] Sie erschien 1913 in den Ergänzungsheften der 'Kant-Studien', die für Mitglieder der Kant-Gesellschaft leicht zugänglich waren. Simmels Buch erlebte 1917 in der Sammlung Göschen bereits seine vierte Auflage. Die Annahme liegt nahe, dass Frege ihm (direkt oder indirekt) eine terminologische Anregung verdankt. *Nach* Frege haben auch Rickert und Cassirer den Ausdruck 'drittes Reich' im ontologischen (also weder eschatologischen noch politischen) Sinne verwendet. Jahrzehnte später sprach Karl Popper unter Berufung auf Bolzano und Frege zunächst von der 'dritten Welt' und schließlich von der 'Welt 3', nachdem er auf den erneuten terminologischen Missgriff aufmerksam gemacht worden war. (Auch Frege spricht in *Vern* 148c und *Ggf* 49d von der *„Welt der Gedanken".*)

---

[259] VERGLEICHE: *GL* §§ 26–27; *Vorw* XVIII$_b$.
LITERATUR: Thiel 1967; Popper 1972, 1979 u. 1980; Dummett, FOP, Kap. 6; Burge 1992. Morscher 2004; Penrose 2004, 7–24. Vgl. 1-§9 u. unten § 9.1. [ZUR GESCHICHTE DER REDE VOM „DRITTEN REICH"]: Gabriel 1992, 500–501 (Bibl.) u. 2000; Schlotter 2004, 95–97 ≈ 2006, 47–48. [ONTOLOGISCHER STATUS DER GEDANKEN U. ERFOLGREICHE KOMMUNIKATION]: Dummett, IFP 53–54; Currie 1982, 164; Carruthers 1984b, 192–193, Sullivan 2003b.
[260] Simmel 1910, 94, 99, 103.
[261] Münch 1913. (Vgl. Tilitzki 495–496.)

Kapitel 2

Gehören die Gegenstände, die Frege in *GL* und *GG* als objektiv, aber nicht wirklich klassifiziert hatte (1-§9) in die Welt 3? In den *LU* vermeidet Frege das Adjektivpaar 'subjektiv/objektiv', und er versteht 'wirklich' jetzt etwas anders als früher (76–77). 'Ideale' lokalisierbare Gegenstände wie die Erdachse erfüllen die Bedingungen, die ein Gegenstand erfüllen muss, um zur Welt 3 des späten Frege zu gehören, aber er erwähnt sie in den *LU* mit keiner Silbe. Auch Wahrheitswerte, Begriffsumfänge (allgemeiner: Wertverläufe) und Zahlen, wenn sie denn Gegenstände sind, erfüllen jene Bedingungen, und so werden sie von sehr vielen Frege-Interpreten zur Welt 3 gezählt.[262] Der Text der *LU* enthält dafür aber keinen einzigen Beleg. Und in seinen Aufzeichnungen aus den Jahren 1919 und 1924–25 wird eine Spätfolge des Russell-Schocks (vgl. EINL-§2) deutlich sichtbar: er bezweifelt, dass Zahlen und dass Begriffsumfänge Gegenstände sind.[263]

Sind *Funktionen* Bürger der Welt 3? Nicht, wenn zu dieser Sphäre ausschließlich Gegenstände gehören. An unserer Stelle ist nur klar, dass kein Gegenstand zur Welt 3 gehört, der zur Außenwelt oder irgendeiner Innenwelt gehört, und dass Gedanken zu ihr gehören. Da Frege ihnen Teilbarkeit zuschreibt[264] und stets (besonders nachdrücklich gegenüber Russell) darauf insistiert hat, dass jede Komponente eines Gedankens ein Sinn ist,[265] zählt er auch die Gedankenteile, die selber keine Gedanken sind, zur Welt 3. Er spricht denn auch in *Vern* 155c vom „Reiche der Gedanken und Gedankenteile". Wir werden bei der Besprechung der folgenden *LU* Anlass haben, der Frage nachzugehen, ob Gedankenteile wie der Sinn von 'Es ist nicht der Fall, dass ...', von '... und ...' oder von '... ist rund' Gegenstände sind.–

---

[262] Eine Ausnahme: Dummett, IFP 517, FPM 225 u. 1994, 96.
[263] *1919c*, NS 277; *1924*, NS 282; *1924/25a*, NS 288–289; und der letzte überlieferte wissenschaftliche Text aus Freges Hand: *1925*, WB 85–87. Wittgenstein berichtet: „The last time I saw Frege [in 1913], as we were waiting at the station for my train, I said to him 'Don't you ever find *any* difficulty in your theory that numbers are objects?' He replied 'Sometimes I *seem* to see a difficulty – but then again I *don't* see it'" (Geach 1967, 130).
[264] Vgl. etwa 4-§§1–3.
[265] *1904b*, WB 245; *1906d*, NS 203–204; *1914a*, WB 127; *1914b*, NS 243, 250; *1919c*, NS 275.

Für keinen Gedanken *G* gibt es ein bestimmtes denkendes Wesen *D*, von dem gilt: *G* kann nur existieren, wenn *D* existiert.[266] Erklärt die Unabhängigkeit eines Gedankens von einem bestimmten Denker die Möglichkeit erfolgreicher Kommunikation? Sie tut es jedenfalls dann nicht, wenn Freges These von der intersubjektiven Unvergleichbarkeit des Seelischen, (UNV), und die in (KOM) formulierte Auffassung der Kommunikation (s. o. 478) korrekt sind. Der Versuch der Sprecherin, dem Hörer durch eine Satzäußerung *S* etwas mitzuteilen, ist nach (KOM) nur dann erfolgreich, wenn er mit *S* just „den Gedanken verbindet" (65c), den *S* ausdrückt. Zu diesem Zweck muss er erkennen, welchen Gedanken sie *denkt*. Dass ein Gedanke intersubjektiv zugänglich ist, impliziert nicht, dass auch das Denken dieses Gedankens intersubjektiv zugänglich ist. Da es sich beim Denken um einen mentalen Akt handelt, könnte, wäre (UNV) korrekt, nur das denkende Subjekt wissen, welchen Gehalt sein Denken hat.

Erinnern wir uns an die Frage, die dem zweiten Teil von *Ged* das Thema stellt: „Ist das überhaupt derselbe Gedanke, den zuerst jener und nun dieser Mensch ausspricht?" (66c). Frege räumt ein, dass man sagen könnte:

> ebensogut, wie mit demselben Worte der Eine diese, der Andere jene Vorstellung verbindet, kann auch der Eine diesen, der Andere jenen Sinn damit verknüpfen. (*SuB* 29b.)

Seiner Auffassung nach ist ja genau dies bei den Namen in den „Volkssprachen" der Fall (65b–66a). Aber er äußert nie einen Zweifel daran, dass der Interpret einer Äußerung herausfinden kann, mit welchem Sinn die Sprecherin ihre Äußerung verknüpft, – welchen Gedanken ihre Äußerung ausdrückt. Wie der Interpret das anstellt, sagt Frege nicht. Aber warum sollte er nicht antworten: Im Rekurs auf das beobachtbare (verbale und nicht-verbale) Verhalten der Sprecherin?

---

[266] Daraus folgt nicht, dass ein Gedanke auch dann existieren könnte, wenn es gar keine Denker gäbe: s. u. §9.1. Zum Thema *Zeitlosigkeit* der Wahrheit s. u. §10.

Kapitel 2 507

§8. Gibt es womöglich nur psychische Phänomene?[267]
(69e–74a)

§8.1. Ein seltsamer Einwurf

69e–70b.[268] Unter anderem bei seiner Berufung auf das, was in der *scientific community* stattfindet, hat Frege vorausgesetzt, dass es Dinge der Außenwelt, insbesondere andere Menschen gibt. Aber – so lautet der „seltsame Einwurf", mit dem er sich nun auseinandersetzt – ist diese Voraussetzung eigentlich gerechtfertigt? Sie ist es nicht, wenn die Prämissen des folgenden *skeptischen* Arguments wahr sind:

[Sk] (I) Nur meine Vorstellungen⁺ können Gegenstand (Thema) meines Denkens sein.
(II) Wenn (I), dann kann ich nur über meine Vorstellungen⁺ etwas wissen. Also:
(III) Ich kann nur über meine Vorstellungen⁺ etwas wissen. Also:
(IV) Nichts, was ich weiß, schließt aus, dass es nur meine Vorstellungen⁺ gibt.

Wer akzeptiert den „Satz, daß nur das Gegenstand meiner Betrachtung sein kann, was meine Vorstellung ist" (70a, 70b, 72b)? Manchmal setzt sich Kant dem Verdacht aus, er halte diesen „Satz", also Prämisse (I) für wahr, – etwa wenn er schreibt,[269]

„dass ... alle Gegenstände, womit wir uns beschäftigen können, insgesammt in mir, d.i. Bestimmungen meines identischen Selbst sind" [a],
„dass ... alle Gegenstände einer uns möglichen Erfahrung nichts als ... bloße Vorstellungen sind" [b].

---

[267] VERGLEICHE: *SuB* 31–32; *Vorw* XIX$_b$–XXIV$_a$; *Log*$_2$ 155–156.
LITERATUR: Perelman 1937 u. 1938 [die Diss. des 1925 nach Belgien emigrierten Polen, der später als Argumentationstheoretiker berühmt wurde, wurde in Warschau von Kotarbiński betreut]; Hacker 1972, 281–284; Currie 1982, 182–185; Carl 1994, 201–211; Kenny 1995, 190–194; Picardi 1996; McCarty 2000.
[268] Freges fünfte Fußnote ist eine Anmerkung zum Text von 66c bis 69d.
[269] Kant, [a] KrV, A 129; [b] KrV, A 490–491/B 518–519. Vieles spricht dafür, dass Kant das nicht im Ernst meinen kann: vgl. Lucy Allais, 'Kant's One World', in: British Journ. Hist. Philos. 12 (2004), bes. 660–665.

Prämisse (II) ist eine begriffliche Wahrheit. Ist Prämisse (I) ebenfalls wahr, so ist der *subjektive Idealismus*, dem zufolge es *keine Dinge der Außenwelt* gibt, verträglich mit allem, was ich weiß.[270] In diesem Sinne epistemisch möglich ist dann auch der *Solipsismus*, dem zufolge es auch *nichts Fremdpsychisches* gibt.[271]

70c–72a. Selbst Psychologen, die sich als „wissenschaftliche Naturforscher" verstehen, tendieren zu der Auffassung, so meint Frege, dass ein Subjekt strenggenommen nur von Eigenpsychischem etwas wissen kann. Die Sinnesphysiologie ist diejenige Teildisziplin der 'physiologischen Psychologie',[272] in der die kausale „Abhängigkeit" (70c) der Sinneseindrücke von „physikalischen, chemischen, physiologischen Vorgängen" (71a) untersucht wird. Frege hatte genug Gelegenheit, aus erster Hand etwas über die Sinnesphysiologie zu erfahren. Seit 1874 war er Mitglied der 'Jenaischen Gesellschaft für Medicin und Naturwissenschaft', auf deren Sitzungen er u. a. seine Aufsätze *1882a*, *1885b* und *FuB* vortrug.[273] Dort trug auch der Engländer William Thierry Preyer vor, ein Anhänger von Darwins Evolutionstheorie und von Fechners Psychophysik, der 1869–88 der erste Ordinarius für Physiologie in Jena war. Frege begegnete ihm auch in den Diskussionskreisen im

---

[270] Was das kriegerische Beispiel für ein Ding der Außenwelt angeht, das in 70a mit der grünen Wiese konkurriert, so konnten militärisch informierte Leser 1918 die Frage „Gibt es ... ein Geschoß von 100 kg Gewicht?" mit Ja beantworten: Krupps 42-cm-Mörser verschoss im Ersten Weltkrieg Granaten, die vier- bis elfmal mehr wogen. Dass Wittgenstein, der bei der k. u. k. Artillerie diente, dem Staat 1916 eine Million Kronen für den Erwerb eines 30-cm-Mörsers spendete (McGuinness 1988, 396), hätte Freges Beifall gefunden, wenn er es gewusst hätte: das geht aus *BaW* eindeutig hervor.

[271] Die Termini 'Fremdpsychisches' und 'Eigenpsychisches' übernehme ich aus Carnap 1928 (der sie bei Max Scheler ausgeborgt hat: 'Wesen und Formen der Sympathie' [1913], ²1923, 297–298).

[272] Die Hg. von NS vermuten, dass Frege mit dieser Bezeichnung in Log_2 156 auf Wundts 'Grundzüge der physiologischen Psychologie', 3 Bde, Leipzig 1873–74 (⁶1908–1911) Bezug nimmt. Genausogut könnte er den 'Leitfaden der physiologischen Psychologie' (Jena ¹1891, ¹²1924) von Theodor Ziehen im Sinn haben, der dreizehn Jahre sein Kollege in Jena war. Wie dem auch sei, der „Sinnesphysiologe", an den er in *Ged* denkt, war anscheinend (s. u.) Ernst Mach, der seine 'Analyse der Empfindungen' (Jena ⁴1903) im Vorwort als „sinnesphysiologische Versuche" beschreibt.

[273] *Biogr* 473–477.

Kapitel 2 509

Hause des Mathematikers und Physikers Carl Snell und bei dessen Schwiegersohn Ernst Abbe.[274]

Frege hielt nicht allzu viel von der zeitgenössischen Psychologie. Fünf Jahre nachdem Wilhelm Wundt 1879 in Leipzig das erste Institut für experimentelle Psychologie gegründet hatte, sprach Frege unbeeindruckt von der „noch zu unsicher tastenden Psychologie" (*GL* §27). Viele Jahre später fand er immer noch, dass die Psychologie „noch nicht weit genug entwickelt ist, um als selbständige Wissenschaft zu gelten" (*1912*).

Ein Sinnesphysiologe, der „*alle Annahmen fern halten*" will, läuft Gefahr, letzten Endes einzuräumen, dass der subjektive Idealismus epistemisch möglich ist (71b). Ernst Mach zitiert in seiner in Jena erschienenen, viel gelesenen 'Analyse der Empfindungen' den Physiologen Ewald Hering:[275]

> „Der Stoff, aus welchem die Sehdinge bestehen, sind die Gesichtsempfindungen. Die untergehende Sonne ist als Sehding ... eine kreisförmige, gelbrothe Empfindung."

Frege hätte schon die Unterstellung, dass eine Empfindung gelbrot sein könne, mit Stirnrunzeln quittiert (70a; *Vorw* XXI). Machs Kommentar lautet:[276]

> „Geht man ... von der ökonomischen Aufgabe der Wissenschaft aus, nach welcher nur der Zusammenhang des Beobachtbaren, Gegebenen für uns von Bedeutung ist, *alles Hypothetische,* Metaphysische, Müssige aber *zu eliminieren* ist, so gelangt man zu dieser Ansicht."

Mit dieser Zustimmung wie mit der These, das, worauf wir Bezug nehmen, wenn wir 'ich' sagen, sei nur ein Komplex von psychischen Phänomenen,[277] scheint sich Mach darauf festzulegen,

---

[274] *Jena* 43–48; und Frege 1905, 332: „A[bbe] hatte früher Sonntags einen offenen Abend. Ich erinnere mich, dort gesehen zu haben außer Snell ... den Physiologen Preyer...".
[275] Hering, in: Ludimar Hermann (Hg.), 'Handbuch der Physiologie', 1879–82, Bd. III, 345.
[276] Mach 1903, 22 (meine Herv.). Schon im Vorwort zu Mach 1903 wird die „*Ausscheidung aller* müßigen, durch die Erfahrung nicht kontrollierbaren *Annahmen*" (meine Herv.) propagiert.
[277] Mach 1903, 2, 19. Vgl. Carnap 1928, §§ 65, 163.

dass strenggenommen nur von Eigenpsychischem etwas gewusst werden kann. Bei Freges Schilderung der Gesichtseindrücke, die er, auf einem Liegestuhl sitzend, von seinem Körper und seiner Umgebung hat (71b), fühlten sich zeitgenössische Leser wohl an Machs berühmte Zeichnung seines monokularen Gesichtsfeldes erinnert.[278]

Gäbe es nur meine Vorstellungen⁺, so gäbe es nichts, was Träger meiner Vorstellungen⁺ ist, und somit auch nichts, was zu Recht als meine Vorstellung⁺ bezeichnet werden könnte. Wieso? Etwas kann keine Vorstellung⁺ sein, wenn es keinen Träger gibt, zu dessen Bewusstseinsinhalt es gehört.[279] Dieser Träger kann nicht selber eine Vorstellung⁺ oder ein Komplex von Vorstellungen⁺ sein, etwa die Gesamtheit der Sinneseindrücke, die einer von sich selber hat. Vorstellung(sgesamtheit)en⁺ haben nun einmal keine Vorstellungen⁺. (Dass ein Träger im Sinne von (TRAG) [s. o. 492] keines Trägers bedarf, gilt nicht allgemein: dem Immer-schriller-Werden eines Schreis subsistiert der Schrei, und diesem subsistiert ein Schreier.) Nun gibt es zwar ohne einen Träger keine Vorstellungen⁺; aber könnte es nicht dennoch die Entitäten geben, die Frege als Vorstellungen⁺ bezeichnet hat? Betrachten wir seinen Vergleich: „Wenn kein Herrscher da ist, gibt es auch keine Untertanen" (72a). Hier handelt es sich um einen Fall von *begrifflicher* Abhängigkeit:[280] Jemand, der *de facto* Untertan eines bestimmten Herrschers ist, könnte auch ohne diesen Herrscher existieren, und er könnte auch existieren, wenn es überhaupt keine Herrscher gäbe – und folglich auch keine Untertanen. Könnte es im zur Debatte stehenden Fall nicht ähnlich sein, so dass gilt: '*Wenn* es keinen Träger gibt, *dann*

---

[278] Mach 1903, 15 (Currie 1982, 195 Anm. 20; Picardi 1996, 325–329). Mach ist kein subjektiver Idealist – oder er will es zumindest nicht sein. Er plädiert in seinem Buch für den *Neutralen Monismus* (Russells Titel für Machs Lehre), der dem materialistischen wie dem idealistischen Monismus entgegengesetzt ist: „dieselben Elemente [sind] je nach dem untersuchten Zusammenhang physische oder psychische Objecte" (op. cit. 287). Mit *dieser* Position setzt sich Frege in keiner Zeile von *Ged* auseinander. Russell hat es getan (1914, § II), lange bevor er selber für einige Zeit zum Neutralen Monisten wurde.
[279] Um Kants Formulierung aufzugreifen: Vorstellungen sind „Bestimmungen eines identischen Selbst" (s. o. 507).
[280] Zu den relevanten Abhängigkeitsbegriffen vgl. Simons 1987, Kap. 8.

sind die Entitäten, die Frege Vorstellungen⁺ genannt hat, selbständige Gegenstände'?²⁸¹

§8.2. Zurückweisung des Einwurfs

72b–74a. Genau hier setzt nun Freges Zurückweisung des „seltsamen Einwurfs" (69e) an. Was der Nachsatz dieses Konditionals sagt, kann nicht stimmen. Es gibt z. B. Schmerzen, und Schmerzen gehören zu den Gegenständen, die Vorstellungen⁺ genannt wurden. Etwas, was *de facto* der Schmerz eines empfindungsfähigen Wesens ist, kann nur in einer Zeit existieren, in der dieses Wesen existiert. Der Schmerz, über den die sterbende Mrs. Gradgrind so Merkwürdiges verlauten lässt, wird sie nicht überdauern:

> „'Are you in pain, dear mother?' [asked Louisa]. 'I think there is a pain somewhere in this room,', said Mrs. Gradgrind, 'but I couldn't positively say that I have got it.' After this strange speech, she lay silent for some time."²⁸²

Die Abhängigkeit der Schmerzen von denen, die sie empfinden, ist keine bloß begriffliche, sondern eine ontische (s. o. 492). Mithin gibt es mindestens einen Gegenstand, der Thema meines Denkens sein kann, obwohl er keine Vorstellung⁺ ist, nämlich *mich*, ein Wesen, das manchmal Schmerzen hat (empfindet).

Frege verteidigt diese Konklusion sodann gegen einen Einwand (72b: „Oder kann ..."), indem er zu zeigen versucht, dass die Annahme des Opponenten, das mit 'ich' bezeichnete Worüber eines Urteils der Form 'Ich ϕ-e' sei eine Vorstellung⁺, eine absurde Konsequenz hat. Vielleicht kann man das extrem komprimierte 'Einschachtelungsargument' folgendermaßen rekonstruieren. Angenommen, die erste Prämisse von [*Sk*] (s. o. 507) ist wahr. Dann gilt:

(1)   Das, worüber ein Urteil gefällt wird, ist stets ein Teil des Bewusstseinsinhalts des Urteilenden.

---

[281] Ein Philosoph, der diese Frage gelassen bejaht, ist David Hume: „[T]he definition of a substance is *something which may exist by itself*... [A]ll our perceptions ... may exist separately, and have no need of any thing else to support their existence. They are, therefore, substances" (1739–40, I, 4, §5, S. 233, vgl. §2, S. 207 u. §6, S. 252).
[282] Charles Dickens, 'Hard Times' [1854], 2. Buch, Kap. IX.

Und angenommen, ich und nur ich fälle zu t ein Urteil, und zwar eines über mich. Dann gilt:

(2) Das, worüber zu t (von mir) geurteilt wird, ist identisch mit dem, was zu t urteilt.

Aus (1) und (2) folgt:

(3) Ein Teil (m)eines Bewusstseinsinhalts, nennen wir ihn Ich$_1$, urteilt zu t über sich.

Aus (1), (2) und (3) folgt:

(4) Ein Teil des Bewusstseinsinhalts von Ich$_1$, nennen wir ihn Ich$_2$, urteilt zu t über sich.

Aus (1), (2) und (4) folgt:

(5) Ein Teil des Bewusstseinsinhalts von Ich$_2$, nennen wir ihn Ich$_3$, urteilt zu t über sich.

Usw. *ad infinitum* ... Nun müsste gemäß (2) jedes der Ich$_n$ mit mir identisch sein. „Daß ich so ins Unendliche in mir eingeschachtelt wäre, ist doch wohl undenkbar" (72b). Prämisse (2) könnte aber sehr wohl wahr sein. Also müssen (1) und die erste Prämisse des skeptischen Arguments, aus der (1) folgt, falsch sein.– Wie auch immer man diesen Einwand gegen (1) beurteilen mag, Freges Fazit verdient unsere Zustimmung: „[W]enn ich etwas von mir behaupte, z.B. dass ich augenblicklich keinen Schmerz empfinde, so betrifft mein Urteil etwas, was nicht Inhalt meines Bewußtseins, nicht meine Vorstellung ist, nämlich mich selbst."[283]

Damit ist nicht bewiesen, dass der Solipsismus falsch ist: Freges Überlegung zeigt ja nicht, dass es auch Vorstellungen⁺ gibt, deren Träger nicht ich bin, dass es *Fremdpsychisches* gibt. Es ist auch nicht bewiesen, dass der subjektive Idealismus falsch ist: die Feststellung, dass mit 'ich' nicht auf eine Vorstellung(sgesamtheit)⁺ Bezug genommen wird, impliziert ja nicht, dass mit 'ich' auf einen Menschen

---

[283] Müsste es in 72b nicht statt „Mit der Vorstellung des Wortes 'ich' mag ..." nicht heißen: „Mit dem Worte 'ich' mag ..."? Wenn „ich denke, dass ich augenblicklich keinen Schmerz habe", dann „mag" (so scheint Frege dem Opponenten hier einräumen zu wollen) „im Inhalte meines Bewußtseins" etwas dem Wort 'ich', das ich bei einer Kundgabe dieses Aktes äußern würde, „entsprechen", nämlich „eine Vorstellung von mir".

Bezug genommen wird, also auf ein *Ding der Außenwelt*. Freges Argumentation schließt nicht aus, dass man mit diesem Wort auf einen nicht wahrnehmbaren Träger von Vorstellungen⁺, auf eine reine *res cogitans* Bezug nimmt. Immerhin, ein Hindernis für die Anerkennung der Existenz der Dinge der Außenwelt und des Fremdpsychischen ist ausgeräumt (73a).[284]

Mit der Überlegung in 73b räumt Frege ein, dass eine Vorstellung⁺, die eine Person hat, zum Gegenstand des Nachdenkens einer anderen Person werden kann (vgl. *SuB* 30b, Ende). Angenommen, Dr. Lauben hat gerade Leo Peters Weisheitszahn extrahiert. Wenn Peter auf die Frage des Arztes, ob der Schmerz, den er eben verspürt hat, erträglich war, aufrichtig mit 'Ja, der Schmerz, den ich eben verspürt habe, war erträglich' antwortet, dann erkennt er zwar nicht genau den Gedanken als wahr an, den der Doktor „bloß" gedacht hat; aber für die Zwecke der Kommunikation reicht es, dass beide in der Annahme gerechtfertigt sein können, dass die ausgedrückten Gedanken von derselben Empfindung handeln und ihr dieselbe Eigenschaft 'zuschreiben'. Dr. Laubens Frage an Peter setzt voraus, dass er sich zutraut, die unerträglichen Schmerzen, unter denen er nach seiner Verwundung litt, mit Peters Schmerzen in seiner Praxis zu vergleichen, unbeschadet der Tatsache, dass er unter letzteren nicht selber leidet. Freges These von der intersubjektiven Unvergleichbarkeit der psychischen Phänomene, (UNV), war also allemal hyperbolisch. Und sie kann ja auch nicht korrekt sein, wenn eine Vorstellung etwas ist, „was dem Seelenleben des Einzelnen angehört und nach *psychologischen Gesetzen* mit andern Vorstellungen verschmilzt, sich mit ihnen associirt" (*Vorw* XVIII$_b$), wenn es auch für das Denken als „seelischen Vorgang" so etwas gibt wie „*psychologische Gesetze, nach denen es geschieht*" (*Ged* 58).[285]

In 73c hebt Frege einen „weiteren Unterschied" zwischen der Innenwelt des Denkers und der Außenwelt hervor: Bei (empirischen) Urteilen über die Dinge der Außenwelt sind wir nie gegen das Risiko des Irrtums gefeit, bei Urteilen über Eigenpsychisches sind wir es – zumindest manchmal. Dass wir auch hier nicht *immer* infallibel sind, zeigen Urteile wie 'Ich hatte noch nie so heftige Schmerzen wie jetzt', 'Ich werde morgen wieder Schmerzen haben' und 'Ich habe Schmer-

---

[284] Der einzige Bruder Freges, der hier und in 73c als Beispiel figuriert, ist Arnold Frege (*Biogr* 2, 40–41, 567–569).
[285] Meine Herv. Vgl. auch *Log$_1$* 4–5; *Log$_2$* 160.

zen in meinem linken Bein'; aber bei Urteilen wie 'Ich habe heftige Schmerzen' gehen wir wohl kein Irrtumsrisiko ein. (Frege unterscheidet Infallibilität nicht von der Immunität gegen Risiken wie das der Unsicherheit oder des Zweifels.) Er sieht sich hier „im Gegensatze zu weit verbreiteten Meinungen". Im Gegensatz zu Descartes befindet er sich damit jedenfalls nicht.[286] Warum er glaubt, dass auch bei unseren Urteilen über die Außenwelt die Wahrscheinlichkeit oft von der Gewissheit kaum zu unterscheiden ist, sagt Frege uns nicht. Der Hinweis darauf, dass in den Wissenschaften genau wie in Religion, Moral und Recht vorausgesetzt wird, dass es mehr als einen wahrnehmbaren Träger von Vorstellungen+ gibt (73d–74a), wird den nicht beeindrucken, der nach der epistemischen Rechtfertigung dieser Voraussetzung fragt. Frege präsentiert aber in 73c ein pragmatisches Argument gegen generelle Urteilsenthaltung in diesem Bereich: Es wäre sehr unklug, sich der Urteile über die Außenwelt wegen des Irrtumsrisikos zu enthalten; denn wenn wir das täten, würden wir weit größere Risiken (für Leib und Leben, Hab und Gut) eingehen. Wir sind also zumindest prudentiell[287] gerechtfertigt, epistemisch risikofreudig zu sein.

§9. Gedanken fassen. (74b–75c)

§9.1. Die Selbständigkeit der Gedanken.[288] (74b–75b)

Frege konzipiert Gedanken als intentionale Objekte des Denkens, dass es sich soundso verhält, des propositionalen Denkens: „[Es] muss in dem Bewußtsein [des Denkenden] etwas auf den Gedan-

---

[286] Vgl. etwa Descartes 1641, II, §16. Anhänger der anti-cartesianischen Auffassung konnte Frege u.a. in der Würzburger Schule der Psychologie finden: vgl. etwa Külpe 1908, 24–26, 111–117.
[287] lat. *prudentia* (Klugheit).
[288] VERGLEICHE: *GL* §77 Ende; *Log₁* 3–4, 7; *Vorw* XXIV; *1894a*, 317–318; *Log₂* 144, 148–149, 157; *n.1906*, NS 214; *1906e*, WB 101–102; *1914b*, NS 223; *Vern* 151–152; *1919c*, NS 273; *1924/25a*, NS 288.
LITERATUR: Dummett, FPL 364–370, FOP, Kap. 12–14 u. 1994, Kap. 10; Fodor 1978; Bell 1979, Kap. III/4 u. 1987, 46–49; Carruthers 1984b; Burge 1992 u. 2005, 27–31; Willard 1994; Carl 2001, 3–10. [REICH DER SINNE VS. REICH DER BEDEUTUNGEN?]: Vgl. Thiel 1965, 146–161 u. 1967; Patzig 1981, 263–264. [UNABHÄNGIGKEITSARGUMENT]: Dummett, FPL 369–370; Carl 1982, 59–60; Iacona 2002, 36–41.

Kapitel 2

ken hinzielen", der von dem Akt so verschieden ist wie Algol im Sternbild des Perseus „verschieden [ist] von der Vorstellung, die jemand von Algol hat" (75a).[289] Dem Gebrauch von 'intentional' bei Brentano und seinen Schülern liegt die Erinnerung an Wendungen wie *tendere arcum in aliquid* [den Bogen auf etwas richten]' zugrunde.[290] Freges Insistenz auf der (eingestandenermaßen metaphorischen) Rede vom Ergreifen oder Erfassen eines Gedankens macht sein Akt-*Objekt*-Modell des propositionalen Denkens manifest.[291] Er beruft sich dabei auf sprachliche Daten wie die folgenden:

> Es mag wohl vorkommen, dass man zuweilen unter dem Worte „Gedanke" eine Denktat versteht, aber jedenfalls ist das nicht immer der Fall... Sagt man nicht, derselbe Gedanke sei von diesem und jenem erfasst, jemand habe denselben Gedanken wiederholt gedacht? (*Log$_2$* 147, 149.)

Man sagt aber auch, dass zwei Paare denselben Tanz tanzen oder dass ein Paar wiederholt denselben Tanz tanzt. Und man sagt auch, dass mehrere Menschen dieselbe Sprache sprechen oder dass einer seit Jahren dieselbe Sprache spricht.[292] Frege betont: „Denken ist

---

[289] 'Algol' bezeichnet übrigens genausowenig einen *einzelnen* Stern, wie 'Nicolas Bourbaki' einen einzelnen Mathematiker bezeichnet.

[290] „Intentio, sicut ipsum nomen sonat, significat *in aliud tendere*" (Thomas, STh Ia-IIae, q. 12, a. 1c).

[291] G. E. Moore verwendet eine ähnliche Metapher, 'apprehending a proposition' (1910, 57b–61b). Nicht-metaphorisch wird dieses Verbum in 'The policeman apprehended the suspect' gebraucht. Da die Wörter '(Er)fassen' und 'Ergreifen' (genau wie 'apprehend') Akte bezeichnen, passen sie schlecht zu demjenigen Denken, das ein Fürwahrhalten eines Gedankens, ein Glauben ist (vgl. *1904b*, WB 246), oder zur Kenntnis des Sinns eines Ausdrucks: „Der Sinn eines Eigennamens wird von jedem *erfasst*, der die Sprache ... hinreichend *kennt*, der er angehört" (*SuB* 27c, meine Herv.). Beides entspricht nicht einem in-die-Hand-Nehmen, sondern eher einem in-der-Hand-Halten. Diese Metapher klingt in Anm. 6 zu 74b an. Den Unterschied zwischen „seelischen Zuständen" und „seelischen Vorgängen" vernachlässigt Frege fast immer.

[292] Im Griechischen und Lateinischen steht hier statt unseres Akkusativobjekts eine Adverbialphrase. 'Latein sprechen' heißt: *latine loqui* (auf lateinische Weise sprechen). 'Verschiedene Sprachen sprechen' heißt: λαλεῖν ἑτέραις γλώσσαις, *variis linguis loqui* (in verschiedenen Sprachen sprechen): Apg 2, 4. Vgl. Hans-Martin Gauger, 'Was wir sagen, wenn wir reden. Glossen zur Sprache', München 2004, 42–44.

Gedankenfassen".²⁹³ Dieses Dictum kann man aber auch wie 'Twisten ist Twist tanzen' ('Schwäbeln ist Schwäbisch sprechen') verstehen. Entsprechend kann man 'Was hat Dr. Lauben eben gedacht? Dass der Krieg verloren ist.' nach dem Muster von 'Was haben sie eben getanzt? Den Kaiser-Walzer.' ('Was haben sie eben gesprochen? Schwäbisch.') verstehen. Man wird kaum sagen wollen, dass dieser Walzer den Tanzenden (dass dieser Dialekt den Sprechern) „wie ein Baum gegenübersteht" (66d). Das Akkusativ-Objekt in einem Satz der Form 'a VERB-t b' bezeichnet nicht immer das intentionale Objekt eines Aktes des VERB-ens.

Wir können die Struktur des propositionalen Denkens nun auch so charakterisieren, dass der Gedanke nicht als sein intentionales Objekt erscheint:

(I)   Die Denker d und d´ denken den Gedanken G ↔
∃ x ∃ y (x ist ein Denkakt von d &
y ist ein Denkakt von d´ &
G ist der propositionale Gehalt von x &
G ist der propositionale Gehalt von y)

(II)   d denkt den Gedanken G zur Zeit t und zu einer anderen Zeit t´ ↔
∃ x ∃ y (x ist ein Denkakt von d zu t &
y ist ein Denkakt von d zu t´ & t≠t´ &
G ist der propositionale Gehalt von x &
G ist der propositionale Gehalt von y)

Zumindest einmal gebrauchte Frege selber den Ausdruck 'objektiver Inhalt' so, wie 'propositionaler Gehalt' in *(I)* verwendet ist:

> Ich verstehe unter Gedanken nicht das subjective Thun des Denkens, sondern dessen objectiven Inhalt, der fähig ist, gemeinsames Eigenthum von Vielen zu sein.²⁹⁴

---

²⁹³ *1906d*, NS 201; *n.1906*, NS 214.
²⁹⁴ *SuB* 32b Anm.; vgl. *SuB* 29a. Der „Inhalt eines Urteils", heißt es in *n.1887b*, 115$_R$, ist „etwas Objektives, für alle derselbe". In *Log₁* 6–7 werden 'Gedanke' (lange vor der terminologischen Fixierung) und 'beurtheilbarer Inhalt' als stilistische Varianten behandelt, und das geschieht auch (lange nach der Festlegung) in *1910*, WB 120 und – mit 'Inhalt' und 'Gedanke' – in *1914a*, WB 128.

Auch im Akt-*Gehalt*-Modell wird der Akt des Denkens „nicht mit dem Gedanken selbst verwechselt" (75a). Der objektive Inhalt eines Aktes ist genausowenig wie das, was Frege mit „Inhalt eines Satzes" meint,[295] ein Bewusstseinsinhalt, eine Welle im Erlebnisstrom. (Vielleicht erfüllen nicht alle Gedanken sowohl Bedingung *(I)* als auch Bedingung *(II)*. *Ego*-Gedanken sind, wenn Frege recht hat, nicht „fähig, gemeinsames Eigenthum von Vielen zu sein", aber sie sind für das Akt-Objekt-Modell genauso problematisch. Immerhin kann aber auch ein solcher Gedanke *(II)* erfüllen. Er ist also kein mentaler Akt. Wenn der zu t_0 mit 'Es ist jetzt Mitternacht' ausgedrückte Gedanke nur zu t_0 gefasst und ausgedrückt werden kann, dann erfüllt er nicht *(II)*, aber er ist „fähig, gemeinsames Eigenthum von Vielen zu sein". Auch ein solcher *nunc*-Gedanke ist also *kein* mentaler Akt.)

Wer die Beschreibungen *(I)* und *(II)* des propositionalen Denkens für angemessener erklärt als die Rede vom Hinzielen auf einen Gedanken, bestreitet damit nicht, dass das Denken, dass A, ein intentionales Objekt hat, sondern nur, dass der Gedanke, dass A, sein intentionales Objekt ist. Der Gedanke, der durch den Satz 'Die Fläche des Hypotenusenquadrats ist gleich der Summe der Flächen der Kathetenquadrate' ausgedrückt wird, wird durch den singulären Term 'das Theorem des Pythagoras' (und durch die 'dass'-Nominalisierung jenes Satzes) bezeichnet. Gedanken sind also Gegenstände im Frege'schen Verstande dieses Wortes.[296] (Walzer übrigens auch.) Daher ist es abwegig, die Welt 3 als Reich des Sinnes von der Sphäre der Frege'schen Bedeutungen zu unterscheiden: jeder Gedanke gehört in die Sphäre der Bedeutungen, unbeschadet der Tatsache, dass kein Gedanke die Bedeutung eines *Satzes* ist.[297] Aber dass Gedanken Gegenstände sind, ist kein guter Grund für die These, dass propositionales Denken auf Gedanken als seine intentionalen Objekte gerichtet ist. In 70–74a ist mit „Gegenstand meines Denkens (meines Nachdenkens, meiner Betrachtung)" immer etwas gemeint, *worüber* ich (nach)denke, und natürlich kann auch

---

[295] Vgl. 62b, 64b, 68c; *Vern* 144c, 147a, 149b, 154f–155a; *Ggf* 38a, 45b, 46b, 50b.

[296] „Gegenstand ist Alles, was nicht Function ist, dessen Ausdruck also keine leere Stelle mit sich führt" (*FuB* 18).

[297] Wenn Frege in *SuB* 35 vom Wahrheitswert sagt, dass er „kein Sinn ist, sondern ein Gegenstand", leistet er dem gerade abgewehrten Missverständnis Vorschub. Auch in *1919c*, NS 275 redet er so, als wären das „Reich der Bedeutung" und das „Reich des Sinns" separate 'Regionen'.

ein Gedanke Thema (intentionales Objekt) meines Denkens sein. Urteile ich, dass das Theorem des Pythagoras vielen Schulkindern unbekannt ist, so ist *ein* Gedanke das Worüber meines Denkens und ein *anderer* der Gehalt meines Denkens. Und wenn ich denke, dass das Theorem, dass $a^2+b^2 = c^2$, vielen Schulkindern unbekannt ist, so ist *ein* Gedanke sowohl das Worüber meines Denkens als auch ein echter Teil des Gehalts meines Denkens, und ein *anderer* Gedanke ist dessen vollständiger Gehalt. (Wir werden auf die Frage nach der Intentionalität des Denkens am Ende von §9.2 noch einmal zurückkommen.)

Das Akt-*Gehalt*-Modell stellt sicher, dass derselbe Gedanke wiederholt und von mehr als einem Denker gedacht werden kann, aber es lässt offen, ob es so etwas wie den Gedanken, dass A, auch dann gäbe, wenn niemand jemals (in welchem Modus auch immer) irgendetwas dächte. Aber das Akt-*Objekt*-Modell als solches garantiert diese Unabhängigkeit auch nicht. Mein Exemplar der 'Grundlagen' kann von verschiedenen Menschen und von jedem mehrfach wahrgenommen werden, und doch gäbe es so etwas wie dieses Buch nicht in einer Welt ohne psychische Akte (und ohne sprachliche Handlungen). In dieser Hinsicht könnten Gedanken ja eher Büchern als Sternen ähneln.

Aus der Prämisse (1) 'Es gibt keinen Denker, von dessen Existenz[298] die des Gedankens G abhängt' folgt genausowenig die Konklusion (2) 'Die Existenz von G hängt nicht davon ab, ob es überhaupt Denker gibt', wie aus der Prämisse (1*) 'Es gibt keinen Balken, von dessen Existenz die Existenz von Bens Blockhütte abhängt' die Konklusion (2*) 'Die Existenz von Bens Blockhütte hängt nicht davon ab, ob es überhaupt Balken gibt' folgt. Ohne *individuell* von einem bestimmten Denker abhängig zu sein, könnte jeder Gedanke *generisch* von Denkern abhängen – so wie jede Blockhütte von Balken. Im Unterschied zu einem Gedanken (Sinn) ist ein Denkakt (ein episodischer Gedanke) natürlich wie jeder psychische Akt individuell abhängig von der Existenz eines bestimmten Denkers.[299] Erinnern wir uns an die Erklärung der ontologischen Konzepte Subjektiv und Objektiv in 1-§9:

---

[298] Statt 'Existenz' pflegt Frege in diesem Zusammenhang 'Bestand / Bestehen' und 'Sein' zu gebrauchen: vgl. 1-§9.
[299] Zu den relevanten Abhängigkeitsbegriffen vgl. Simons 1987, Kap. 8.

Kapitel 2 519

ξ ist subjektiv =Df. ξ ist ein psychischer Akt, Vorgang oder Zustand, oder ξ besteht aus Derartigem

ξ ist objektiv =Df. ξ ist nicht subjektiv.

Etwas kann objektiv sein, ohne unter den folgenden engeren Begriff zu fallen:

ξ ist super-objektiv =Df. Die Existenz von ξ hängt nicht davon ab, ob es psychische Akte, Vorgänge oder Zustände gibt.

Sterne und Gebirge sind super-objektiv *(sit venia verbo)*, während Bücher und Opernaufführungen zwar objektiv, aber nicht super-objektiv sind. Sind Gedanken (Sinne) vielleicht ebenfalls objektiv, ohne super-objektiv zu sein? Ist die These, sie seien super-objektiv, nicht eine Überreaktion auf die Ansicht der 'semantischen Psychologisten', sie seien subjektiv?

Dass ein Gedanke wahr ist, impliziert nicht, dass er irgendwann als wahr anerkannt (oder behauptet), nicht einmal dass er jemals gedacht (oder ausgesprochen) wird (69d, 74b, 77). Der Wahrheitswert des Gedankens, dass Wasser Sauerstoff enthält, hängt ausschließlich von der chemischen Zusammensetzung des Wassers ab, und die chemische Zusammensetzung des Wassers hängt nicht davon ab, ob jemals etwas gedacht wird. Die Prämisse von Freges *Unabhängigkeits*arguments ist also plausibel:

(Unabh) (I) Die *Wahrheit* des wahren Gedankens, dass Wasser Sauerstoff enthält, ist davon unabhängig, ob er oder irgendein anderer Gedanke jemals gedacht wird.

„Wir entnehmen hieraus, dass Gedanken ... überhaupt unabhängig von unserem Denken sind."[300] Frege leitet aus (I) also anscheinend die Konklusion ab:

(II) Die *Existenz* des wahren Gedankens, dass Wasser Sauerstoff enthält, ist davon unabhängig, ob jemals etwas gedacht wird.

(I) wird falsch, wenn wir die dort erwähnte Wahrheit durch eine ersetzen, die impliziert, dass manchmal kognitive Episoden stattfinden

[300] *Log*$_2$ 144–145; vgl. „... Denn ..." in *Ged* 74b.

(z. B. durch den wahren Gedanken, dass ein Leser dieser Zeilen jetzt gerade nachdenkt), und das Argument ist allemal nicht schlüssig. Betrachten wir zunächst eine entferntere Analogie. Ob der gemeinsame Wunsch vieler Menschen, dass morgen die Sonne scheint, *in Erfüllung geht*, ist nicht davon abhängig, ob jemals jemand etwas wünscht, sondern ausschließlich vom morgigen Wetter. Folgt daraus, dass dieser Wunsch unabhängig davon *existiert*, ob es Wesen gibt, die etwas wünschen? – Wir können Urteil(sakt)e im Anschluss an Bolzano und Husserl genau dann richtig nennen, wenn ihr propositionaler Gehalt wahr ist (s. o. 404–5). Es sei U ein Akt des Urteilens, dass Wasser Sauerstoff enthält. Die *Richtigkeit* von U hängt ausschließlich von der chemischen Zusammensetzung des Wassers ab. Doch diesmal ist die analoge Konklusion ganz offenkundig falsch: Die *Existenz* von U ist ja keineswegs davon unabhängig, ob jemals etwas gedacht wird. Warum sollte das Argument *(Unabh)* im Unterschied zu diesem Gegenstück zwingend sein? – Vielleicht hängt die Existenz der *Gedanken* tatsächlich nicht davon ab, ob jemals etwas gedacht wird; aber dass dem so ist, folgt nicht aus Freges Prämisse (I).

Für einen einzelnen Gedanken ist manchmal die Annahme nicht unplausibel, dass er auch dann existiert, wenn *er* nie gedacht wird. So ist einer der vielen Gedanken, die durch die Einsetzungsinstanzen des offenen Satzes 'Der Buchstabe A kommt im Erstdruck von Luthers Übersetzung der hebräischen Bibel genau n-mal vor' ausgedrückt werden, wahr, doch es ist möglich und sogar sehr wahrscheinlich, dass dieser wahre Gedanke, welcher auch immer es sein mag, nie gedacht (oder ausgesprochen) wird. Aber von derartigen Gedanken könnte genau wie von allen anderen gelten, dass sie nicht super-objektiv sind. –

Ein wahrer Gedanke G ist in Freges Augen *zeitlos* wahr, d. h. G ist wahr, aber es trifft kein Prädikat der Form '… ist zu t wahr' auf G zu (69d, 74b, 76a),[301] und was für 'wahr' gilt, gilt dann natürlich auch für 'falsch'. Frege braucht deshalb nicht zu bestreiten, dass man von einem type-*Satz* wie 'Heute ist ein Feiertag' oder 'Alle Erpel sind männlich' sehr wohl sagen kann, er sei (in einer bestimmten Lesart)

---

[301] Vgl. *c.1883a*, NS 190, Nr. 11; *Vorw* XVII$_a$; *Log$_2$* 140, 146–147, 160. Manchmal vergisst Frege den Unterschied zwischen 'immer wahr' und 'zeitlos wahr': *1891c*, 159 und (s. u.) *Log$_2$*. Auch die Wendung „wahr nicht erst, seitdem …" in 69d ist missverständlich, suggeriert sie doch 'sondern schon vorher'.

Kapitel 2 521

manchmal bzw. immer wahr.[302] Wenn *G* ein Gedanke ist, so enthält das Prädikat in 'G ist wahr' genausowenig eine (kontextsensitive) Zeitangabe wie das '>' in '2>1'. Ist Wahrheit zeitlos, so sind es auch logische Eigenschaften wie (In-)Konsistenz und logische Beziehungen wie (Un-)Verträglichkeit und Implikation.

In *Log*$_2$ 144 schreibt Frege, dass „die Gesetze der Natur und ebenso die mathematischen von jeher und nicht erst seit ihrer Entdeckung" wahr sind. Da die Kopula in '… ist wahr' in Freges Augen atemporal ist, hätte er besser nicht gesagt, dass Naturgesetze „von jeher" wahr sind. Martin Heidegger bestreitet sowohl, dass irgendein Gedanke jederzeit wahr ist, als auch, dass irgendein Gedanke zeitlos wahr ist. Er behauptet nämlich in *Sein und Zeit*:[303]

> „Wahrheit gibt es nur, sofern und solange Dasein ist… Die Gesetze Newtons, der Satz vom Widerspruch, jede Wahrheit überhaupt sind nur solange wahr, als Dasein ist. Vordem Dasein überhaupt nicht war, und nachdem Dasein überhaupt nicht mehr sein wird, war keine Wahrheit und wird keine sein."

Demnach war das, was jetzt wahr ist, noch nicht wahr, als es im Universum noch keine sterblichen Wesen gab, die etwas entdecken konnten, und es wird nicht mehr wahr sein, sobald es keine derartigen Wesen mehr geben wird: vor der Morgenröte des 'Daseins' und nach seiner Abenddämmerung ist nichts wahr. Sind Newtons Gesetze (wenn sie denn wahr sind) wenigstens wahr, seitdem die Lichter das 'Daseins' im Universum angingen? Nein, laut Heidegger sind sie erst seit dem 17. Jahrhundert wahr. Im selben Paragraphen von *Sein und Zeit* heißt es nämlich:

> „Bevor die Gesetze Newtons entdeckt wurden, waren sie nicht wahr; daraus folgt nicht, dass sie falsch waren… Die Gesetze Newtons waren vor ihm weder wahr noch falsch…[Sie] wurden durch Newton wahr." [304]

---

[302] Er sagt in *Vorw* XVI/XVII etwas Ähnliches von 'ich bin hungrig'.
[303] Heidegger 1927b, § 44 c), 226. [Lesehilfe: „vordem" ist hier kein Adverb, sondern wie „nachdem" eine Konjunktion.] Nächstes Zitat: ebd., 226–227. Vgl. auch Heidegger 1927a, S. 314–315.
[304] Heidegger dürfte damit Husserl (1900, 127/128) widersprechen wollen, der als absurde Konsequenz aus Sigwarts Konzeption der Wahrheit angibt: „Das Urteil, das die Gravitationsformel ausdrückt, wäre vor Newton nicht wahr gewesen". (Den konfusen nächsten Satz hat Husserl in

Das Beispiel ist, 22 Jahre nach Einsteins Spezieller Relativitätstheorie, nicht sehr glücklich gewählt; aber das ist hier nicht weiter relevant. Heidegger würde nämlich von *jedem* Naturgesetz sagen, was er hier von den Gesetzen der Klassischen Mechanik sagt: *Was wahr ist, ist nicht eher wahr, als es entdeckt wird.* Oder, um eines seiner Lieblingswörter zum Einsatz zu bringen: etwas ist zu einer bestimmten Zeit wahr, wenn und nur wenn es zu dieser Zeit „unverborgen" ist.[305] Das gilt, wenn es überhaupt gilt, natürlich nicht nur von Naturgesetzen. Vor 1498 war es demnach nicht wahr, dass man von Portugal aus, auf einem Schiff Afrika umfahrend, Indien erreichen kann. Wenn man Heidegger Glauben schenken darf, wurde diese Hypothese erst durch Vasco da Gama wahr. Und sie ist nur solange wahr, als es Wesen gibt, die etwas entdecken können: sobald die Lichter des 'Daseins' im Universum erloschen sind, fällt sie wieder der Wahrheitswertlosigkeit anheim.

Gegen Heideggers These, dass Gesetze erst mit ihrer Entdeckung wahr werden, kann man eine Überlegung Freges mobilisieren:

> Ein Astronom kann eine mathematische [oder physikalische] Wahrheit anwenden bei der Erforschung längst vergangener Begebenheiten, die stattfanden, als ... noch niemand jene Wahrheit erkannt hatte. Er kann dies, weil das Wahrsein eines Gedankens zeitlos ist (74b).[306]

Der Astronom könnte das *nicht* tun, wenn die mathematischen oder physikalischen Gesetze, die er anwendet, zur Zeit des Stattfindens jener längst vergangenen Begebenheiten noch gar nicht wahr gewesen sind. Man kann dem Frege'schen Punkt einen weiteren hinzufügen: Der Astronom kann sich auf solche Gesetze legitimerweise auch berufen, wenn er Begebenheiten *prognostiziert*, die zu einer

seinem Handexemplar gestrichen [Husserliana, Bde. XVIII, 267; XIX/2, 788].)

[305] Nur im Vorübergehen sei hier angemerkt, dass sich Heidegger damit auf die mit Abstand unplausibelste Version einer verifikationistischen Wahrheitskonzeption festlegt: seine These impliziert nämlich, dass etwas nur dann wahr ist, wenn es verifiziert ist. Plausiblere Theorien dieses Typs legen sich höchstens auf die These fest, dass etwas nur dann wahr ist, wenn es *im Prinzip* verifiziert werden *kann*.

[306] Vgl. schon *GL*, VI–VII. Mit dem im Zitat ausgeblendeten Satzfragment „auf Erden wenigstens" will Frege vielleicht den Gedanken an ein „göttliches Bewusstsein" (67d) fernhalten.

Kapitel 2 523

Zeit stattfinden, in der es kein sterbliches Wesen mehr gibt, das etwas zu entdecken vermag. Das könnte der Astronom *nicht* tun, wenn diese Gesetze (wie Heidegger behauptet) zur Zeit des vorhergesagten Ereignisses gar nicht mehr wahr sein werden.- Diese Einwände könnten nur abgewehrt werden, wenn man gute Gründe hätte zu behaupten: Zu jener früheren Zeit war es zwar noch nicht wahr, dass es sich soundso verhält, aber es verhielt sich schon damals so; und zu dieser späteren Zeit wird es zwar nicht mehr wahr sein, dass es sich soundso verhält, aber auch dann wird es sich noch so verhalten.–

„Tatsachen! Tatsachen! Tatsachen!": diese Parole, die Frege den Naturforschern in den Mund legt (74b), klingt wie ein Echo der Maxime, die Thomas Gradgrind in Charles Dickens' Roman 'Hard Times' (1854) als Schuldirektor und bei der Erziehung seiner eigenen Kinder befolgt hat. Dieses Buch wurde zwischen 1855 und 1915 mehrfach ins Deutsche übersetzt, und in einer dieser Übersetzungen findet sich die Parole zweimal mit derselben Zeichensetzung wie bei Frege.[307] Ein Zufall?[308]

Das Dictum „Eine Tatsache ist ein Gedanke, der wahr ist" macht verständlich, warum Frege in 59c–60b keine Übereinstimmungstheorie der Wahrheit erörtert hat, bei der das Womit der Übereinstimmung Tatsachen sind; denn für Übereinstimmungstheoretiker war und ist das Womit der Übereinstimmung immer etwas anderes als der Wahrheitsträger. Das Dictum impliziert, *(1)* dass jede Tatsache ein wahrer Gedanke ist. Es impliziert nicht, *(2)* dass jeder wahre Gedanke eine Tatsache ist. Aber da das Dictum als abschließende Antwort auf die sokratische Frage „Was ist eine Tatsache?" dasteht, ist die Annahme immerhin naheliegend, dass Frege auch *(2)* für richtig hält.[309] Tut er es nicht, könnte er den Titel 'Tatsache' wie in den *GL*

---

[307] Charles Dickens, 'Schwere Zeiten'. Aus dem Englischen von Adolph Banner. Hoffmann'sche Verlagsbuchhandlung, Stuttgart 1855, 1. Buch, Kap. 2, S. 7. (Im Original steht: „Fact, fact, fact!") Vgl. auch das Zitat aus demselben Roman in §8.2.
[308] Frege gebraucht freilich auch andere Ausrufe der Form „...! ...! ...!": *1906a*, 295, 297.
[309] Ein vergleichbarer Fall: In *Ggf* 51b schreibt Frege: „Ich will nun sagen, zwei Gedanken haben denselben Wahrheitswert, wenn sie entweder beide wahr oder beide falsch sind". Er will zweifellos auch sagen, dass sie *nur* dann denselben Wahrheitswert haben, wenn ... (Tarski, der es wissen muss, berichtet, dass Mathematiker, wenn sie Definitionen formulieren, 'wenn' zu sagen

für „unbeweisbare Wahrheiten ohne Allgemeinheit" reservieren.[310] Aber dagegen spricht, dass er diesen Titel schon Jahre vorher, gleich zu Beginn seiner Begriffsschriftvorlesung im WS 1910/11, auf eine beweisbare arithmetische Wahrheit angewendet hat (wenn Carnap ihn richtig verstanden hat) und dass er „unbeweisbare Wahrheiten ohne Allgemeinheit" in *Allg* 278a nicht einfach Tatsachen nennen wird, sondern „Einzeltatsachen".

Aber gibt es überhaupt etwas, das sowohl eine Tatsache als auch ein wahrer Gedanke ist? Die Niederlage Deutschlands im 2. Weltkrieg ist eine Tatsache, aber ist sie ein wahrer Gedanke? Das Theorem des Pythagoras ist wahr, aber ist es eine Tatsache? Frege müsste erklären, warum wir in diesen Kontexten die Substitution nicht akzeptieren, obwohl sie laut *(1)* bzw. *(2)* den Wahrheitswert nicht affiziert. Außerdem scheinen Tatsachen gröber individuiert zu sein als Gedanken: Der Gedanke, dass Mary Ann Evans eine Dichterin war, ist verschieden von dem Gedanken, dass George Eliot eine Dichterin war; aber handelt es sich hier nicht um ein und dieselbe Tatsache? Dass 62,5 % der Wähler zu den Wahlurnen gegangen sind, scheint keine andere Tatsache zu sein als die, dass fünf Achtel der Wähler zu den Wahlurnen gegangen sind; aber die beiden Sätze nach 'dass' drücken verschiedene Gedanken aus. Der Gedanke, dass wir beim Kochen oft etwas Kochsalz benötigen, ist nicht derselbe wie der Gedanke, dass wir beim Kochen oft etwas Natriumchlorid benötigen; aber handelt es sich nicht um eine einzige Tatsache?

Wozu könnte eine nicht-Frege'sche Tatsachenkonzeption gut sein? Anhänger einer tatsachenbasierten Übereinstimmungstheorie der Wahrheit würden natürlich sagen, dass Tatsachen das sind, womit Gedanken übereinstimmen, wenn sie wahr sind; aber das wird

---

pflegen, wenn sie *genau dann, wenn* meinen: Tarski 1941, 36.) Bei bedingten Versprechen oder Drohungen denken wir alle uns das 'wenn' in der intendierten Botschaft durch 'und nur wenn' ergänzt. 'Wenn du jetzt aufhörst zu nörgeln, gibt's Eis zum Nachtisch': – warum sollte man einen Nachtisch so wortreich versprechen, wenn man ihn allemal zu servieren gedenkt?)

[310] *GL* §§ 3, 7–9, 17, 77 u. 1. Anm., 87; vgl. *Log*$_2$ 147. Eine ähnliche Einschränkung findet sich auch bei Carnap (1947, 28), nur nimmt er sie mit einer Modalkategorie vor: Tatsachen sind Propositionen, die wahr und kontingent sind. Leibnizens Opposition von 'vérités de fait' und 'vérités de raison' (e.g. N. E. IV, 2, § 1 [A VI.6, 361, 367]) wie Humes Gegenüberstellung von 'matters of fact' und 'relations of ideas' liegt ebenfalls ein restriktiver Gebrauch von 'fait' bzw. 'fact' zugrunde.

Frege nicht beeindrucken, da er Wahrheit für undefinierbar hält. Aber man kann auch ganz andere Gründe dafür haben, wahre Gedanken nicht mit Tatsachen zu identifizieren. So z. B. den folgenden, der von Husserls Theorie der Intentionalität bestimmt ist: Der Gehalt (die „Materie") von Annas Urteil, dass es auf dem Morgenstern kein Wasser gibt, fällt nicht mit dem Gehalt von Bens Urteil zusammen, dass es auf dem Abendstern kein H_2O gibt (dem würde Frege zustimmen), aber ein und derselbe Sachverhalt ist das intentionale Objekt beider Urteilsakte, und dieser Sachverhalt ist, wenn Anna und Ben wahrheitsgemäß urteilen, eine Tatsache.

Der Opponent ist sich mit Frege darin einig, dass es so etwas wie die Tatsache, dass A, nur dann gibt, wenn es wahr ist, dass A. Im deutschen Strafrecht ist nun aber seit langem von der 'Vorspiegelung falscher Tatsachen' die Rede, und schon Sigwart hat das als begriffliche Konfusion beklagt.[311] Man kann hier auf Freispruch plädieren, wenn die Juristen 'falsche Tatsachen' so verstehen, wie wir alle 'falsche Freunde' verstehen: so wie falsche Freunde keine Freunde sind, aber Freundschaft vortäuschen, so sind falsche Tatsachen keine Tatsachen, sondern Sachverhalte, die jemand als Tatsachen ausgibt, um andere zu täuschen.

Besagt 'N. N. hat entdeckt, dass A' wirklich, dass N. N. den wahren Gedanken, dass A, entdeckt hat (74b, vgl. 69d)? Sicher wird mit jenem Satz nur dann etwas Wahres gesagt, wenn der Gedanke, dass A, wahr ist. Aber das gilt ja auch von 'N. N. nimmt wahr, dass A', und doch besagt dieser Satz ganz gewiss nicht, dass N. N. den wahren Gedanken, dass A, wahrnimmt. Dass man sehr wohl sagen kann, N. N. habe die Tatsache, dass A, entdeckt, könnte eher ein Beleg dafür sein, dass Tatsachen eben keine Gedanken sind. Entdeckungen, dass A, und Wahrnehmungen, dass A, haben einen propositionalen Gehalt, aber (so kann Freges Opponent fortfahren) nicht der Gedanke, dass A, ist ihr intentionales Objekt, sondern die Tatsache, dass A.

Wenn Frege nicht weniger als dreimal ausruft: „Nicht alles ist Vorstellung" (73d, 74b, 74c), scheint er zu vergessen, dass das dank seiner Stipulation in einem uninteressanten Sinne zutrifft: schließlich gibt es ja auch noch Entschlüsse. Wir tun also gut daran, ihn *sotto voce* „oder Entschluss" hinzufügen zu lassen oder anzunehmen, dass er „Vorstellung" jetzt als Titel für *alle* psychischen Phänomene verwendet.– Die lakonische Psychologismus-Kritik in 74c endet

---

[311] Sigwart [³1904], in ⁴1911, 23.

mit einer eher beiläufigen und tentativen Bestimmung der Aufgabe der Logik und Mathematik als „Erforschung *des* Geistes". (Bei der Wendung „nicht der Geister" sollen wir gewiss nicht an die Wesen denken, die dem Vernehmen nach zur Geisterstunde in verfallenen Schlössern umgehen, sondern an Gesamtheiten von geistigen Zuständen und Akten, die jeweils Zustände und Akte genau eines denkenden Wesens sind.) Freges „Geist"-Dictum erinnert an die auch nicht sonderlich transparente Bemerkung in *GL*, „die Vernunft" beschäftige sich in der Arithmetik mit sich selber, mit dem, was „ihr Eigenstes" ist.[312] Kein Grund, Frege nun auch noch zu einem Neuhegelianer zu erklären! Logische und arithmetische Wahrheiten, so gibt er uns mit diesen Bemerkungen etwas gnomisch zu verstehen, sind *vérités de raison*, – das auf sich gestellte „geistige Vermögen" (74b) kann sich vom Wahrsein dieser Wahrheiten überzeugen.[313]

§9.2. Ein sensualistisches Vorurteil.[314] (75c)

Wie können wir von Gedanken „Kunde erlangen", wenn sie nicht wahrnehmbar sind? Wie können uns Gedanken „gegeben" sein? (Das ist eigentlich eine sehr merkwürdige Frage: Hat jemand, der urteilt oder glaubt, dass A, oder der diesen Gedanken im Modus des Dahingestellt-sein-Lassens denkt, von ihm *Kunde erlangt*, – ist ihm der Gedanke, dass A, *gegeben*?) Freges Antwort auf jene merkwürdige Frage scheint zu sein: durch die Aktivierung einer Fähigkeit, die auch schon bei der Ding-Wahrnehmung unentbehrlich ist. Um Dinge wahrzunehmen, reicht es nämlich nicht, sinnliche Eindrücke zu haben, die von diesen Dingen auf die richtige Weise ausgelöst wurden. (Freges Überlegungen über Netzhautbilder zeigen, dass es ihm hier – anders als in 68b und 71a – nicht um den Unterschied zwischen Halluzination und Wahrnehmung geht.) Gibt es

---

[312] *GL* §105, vgl. *GL* §§26 Ende, 27 Ende; sowie *BS* §23.
[313] Wenn Frege diese These in *Ged* für die Arithmetik vertritt, so hat er aus dem Russell-Schock noch nicht die Konsequenz gezogen, die er in 1924/25b–c ziehen wird: NS 295–302.
[314] VERGLEICHE: *GL* §87, 1.Anm. [GEGEBENSEIN]: *GL* §§6, 62, 89, 105.
LITERATUR: Sluga 1980, 31–32; Dummett, IFP 60 u. 1994, 95–98; Carl 1994, 194–196; Picardi 1996; McCarty 2000; Malzkorn 2001; Rousse 2006; Sacchi 2006, §I. [GEGEBENSEIN]: Husserl 1901, I. §§31, 33–34; Willard 1994; Davis 2003, 312–317 u. Siebel 2008; Künne 2003, 258–261.

ein Wesen, das nur visuelle Eindrücke hat, ohne Dinge zu sehen? Blindgeborene, die erfolgreich operiert wurden, ziehen es manchmal für einige Zeit vor, die Augen geschlossen zu halten, um sich vor dem Ansturm verwirrender Eindrücke zu schützen – vor dem, was William James die „blooming, buzzing confusion" der ersten Sinnesempfindungen nannte.[315] Blind sind sie nicht mehr, sie können jetzt sehen; aber sie müssen erst lernen, *Dinge* zu sehen. Was ist 'das Nichtsinnliche', das zum Haben eines Sinneseindrucks, der auf die für die Wahrnehmung eines Dings erforderliche Weise ausgelöst wurde, hinzukommen muss, damit man dieses Ding wahrnimmt? Etwas „Geistiges", ein Akt des „Denkens" (74b).[316] Freges Überlegung scheint hier von Kant angeregt zu sein: Was hinzukommen muss, ist eine „Verstandestätigkeit", die Kant als begriffliche „Verarbeitung" des „rohen Stoffs sinnlicher Eindrücke" beschrieben hat.[317] Diese These impliziert nicht, dass man ein F nur dann sieht, wenn man über den Begriff (das Konzept) eines F verfügt, geschweige denn, dass man es nur dann sieht, wenn man es als F klassifiziert. Frege spricht hier nicht von Sehen, *dass* ...[318] (Ein Kind sieht eine Stereoanlage, lange bevor es den Begriff einer Stereoanlage erworben hat. Aber solange er noch nicht zum Repertoire des Kindes gehört, kann es nicht sehen, dass dort eine Stereoanlage steht.) Aber die These impliziert, dass man ein Ding nur dann sieht, wenn es sich einem als Anwendungsfall irgendeines

---

[315] James 1890, 488.
[316] Denkt Frege hier an 'unbewusste Schlüsse' im Sinne der Helmholtz'schen Wahrnehmungstheorie – an Schlüsse, deren Prämissen von Nervenerregungen und deren Konklusionen von dreidimensionalen Objekten handeln? Seine Bemerkung über das binokulare Sehen scheint mir kein hinreichend starker Beleg für diese Interpretationshypothese zu sein. In *GL* §27 wird zwar *en passant* die Annahme erwähnt (und nicht kritisiert), dass es „latente oder unbewusste Vorstellungen" gibt. Aber kann ein Philosoph, für den jedes Schließen ein Urteilen ist, bei dem „man sich anderer Wahrheiten als Rechtfertigungsgründe bewusst ist" (*Log*$_1$ 3), das Postulat 'unbewusster *Schlüsse*' kohärent finden?
[317] Kant, KrV, B 1–2.
[318] Er tat es in *Ged* 61b und in *Log*$_2$ 149. Dass man das Wort 'sehen' in einem Satz wie 'Er sieht, dass diese Blume fünf Blumenblätter hat' „nicht in dem Sinne des blossen Lichtempfindens gebraucht" *(1897)*, ist richtig, aber es suggeriert etwas Falsches, nämlich dass man es in einem Satz wie 'Er sieht die Blume' sehr wohl so gebraucht. Aus unserer Stelle geht hervor, dass Frege das 1918 nicht (mehr?) glaubt.

Begriffs darstellt. Nun ist ein Begriff (im hier einschlägigen Verständnis dieses Wortes) für Frege ein „Gedankenbaustein". Also zeigt sich bereits in der Wahrnehmung eines Dings, dass uns die Welt 3 keineswegs kognitiv unzugänglich ist. Wenn uns Verstandestätigkeit *im Zusammenspiel mit* Sinneseindrücken die Welt der wahrnehmbaren Dinge erschließt, warum sollte uns dann nicht – so lautet Freges rhetorische Frage – *reine* Verstandestätigkeit, die Aktivierung der „Denkkraft" (74b) *allein*, Zugang zur Welt der Gedanken verschaffen können?[319] Die wenig erhellende Antwort auf die (schiefe) Frage, wie wir von den Gedanken Kunde erlangen, lautet also: durch Denken. Frege postuliert jedenfalls kein *spezielles* Vermögen für den Zugang zur Welt 3.

Die an unserer Stelle sichtbare Affinität zu Kant sollte man nicht überschätzen. Von den Prämissen und Konklusionen in der folgenden berühmten Passage aus der ersten 'Kritik' finden nur die nichtkursivierten Freges Zustimmung:[320]

„*Ohne Sinnlichkeit würde uns kein Gegenstand gegeben* und ohne Verstand keiner gedacht werden. *Gedanken [Konzepte] ohne [sc. anschaulichen] Inhalt sind leer*, Anschauungen ohne Begriffe sind blind. *Daher ist es eben so nothwendig, seine Begriffe sinnlich zu machen (d. i. ihnen den Gegenstand in der Anschauung beizufügen)*, als seine Anschauungen sich verständlich zu machen (d. i. sie unter Begriffe zu bringen)."

Den (von mir) kursivierten Sätzen widerspricht Frege ausdrücklich in *GL* § 89 und am Ende von *Ged* 75c. (Er will damit „nicht leugnen, dass wir ohne sinnliche Eindrücke dumm wie ein Brett wären und weder von Zahlen noch von sonst etwas wüssten" [*GL* § 105 Anm.].) Um noch einmal mit dem bei Philosophiehistorikern ehedem beliebten Epitheton zu spielen: wie in der Philosophie der Mathematik, so ist Frege auch in der allgemeinen Erkenntnistheorie gewissermaßen ein Halbkantianer (s. o. 20). Ungeteilt ist hingegen Lotzes Zustim-

---

[319] Laut 59c, 61ab und 66b, Anm. 4 sind Gedanken etwas „Unsinnliches", – etwas, das nicht „mit den Sinnen wahrgenommen werden kann"; aber Frege kann an unserer Stelle mit „etwas Nichtsinnliches" nicht Gedanken meinen. Die These, dass *Gedanken* das sind, was uns erlaubt, Gedanken zu fassen, wäre abstrus, und die These, sie seien das, was uns erlaubt, Dinge zu sehen, wäre nur plausibel, wenn Sehen immer Sehendass wäre.

[320] KrV, A 51/B 75.

mung zu Kants Argument, wenn er (gegen den Sensualismus des philosophierenden Militärarztes Heinrich Czolbe) einwendet:[321]

„*Dagegen scheint mir doch alles Denken, wo es einmal vorkommt, gerade nur in der Hinzufügung des Uebersinnlichen zur Anschauung zu bestehen*... So oft wir ... überhaupt etwas Ding nennen, fügen wir ... zu dem Bestande der Anschauung etwas Uebersinnliches hinzu."

Frege unterschreibt in *Ged* zwar die nicht-kursivierte These, aber er verwirft die (von mir) kursivierte. (Erstaunlicherweise hat man ihm ausgerechnet unter Berufung auf diesen Text nachgesagt, er folge Lotze.[322])

Freges Wendung „das Reich desjenigen, was nicht sinnlich wahrnehmbar ist" (75c) wird in den beiden englischen Übersetzungen von *Ged* mit „the realm of the non-sensibly perceptible" bzw. mit „the realm of what is non-sensibly perceptible" wiedergegeben.[323] Beide Übersetzungen verkennen den Skopus von 'nicht'. Die Welt 3 ist in Freges Augen nicht der Bereich dessen, was nicht-sinnlich wahrnehmbar ist, sondern der Bereich dessen, was nicht sinnlich-wahrnehmbar ist (und auch nicht introspektiv zugänglich). Er will unseren Zugang zur Welt 3 keineswegs als eine besondere Art von Wahrnehmung charakterisieren.[324]

Frege kennzeichnet seinen theoretischen Gebrauch von 'fassen' ausdrücklich als „bildlich", als „Gleichnis",[325] und in *Vorw* und *Log*$_2$ gibt er auch an, worin er den Vergleichspunkt sieht: Wenn es buchstäblich wahr ist, dass Anna den Bleistift B fasst (ergreift), dann existiert B unabhängig von den Vorgängen in ihrem Leib, die zum Erfassen von B gehören oder es begleiten; und wenn es metaphorisch wahr ist, dass Anna den Gedanken G fasst, dann existiert G unabhängig von den Vorgängen in ihrem Seelenleben, die zum Fassen von G gehören oder es begleiten.

---

[321] Lotze 1855, 240–241. (Czolbe, 'Neue Darstellung des Sensualismus', 1855.)
[322] Vgl. den ersten der in LIT. angeführten Beiträge und EINL. 22.
[323] Quinton 1956, 36; Geach 1977c, Op.
[324] Vgl. die Belege in Anm. 217. Vermutlich würde Frege von den Vorstellungen⁺ eines Menschen sagen, dass sie von ihm (und nur von ihm) nichtsinnlich wahrgenommen werden können (s. o. 489).
[325] *Vorw* XXIV$_a$; *Log*$_2$ 149; *Ged* 74b, Anm. 6.

Gelegentlich erklärt Frege das Erfassen eines Gedanken für einen außerordentlich mysteriösen Vorgang:

> [Das Erfassen eines Gedankens ist] ein Vorgang, der schon an der Grenze des Seelischen liegt und der deshalb vom rein psychologischen Standpunkte aus nicht vollkommen wird verstanden werden können, weil etwas wesentlich dabei in Betracht kommt, was nicht mehr im eigentlichen Sinne seelisch ist: der Gedanke; und vielleicht ist dieser Vorgang der geheimnisvollste von allen. (Log_2 157.[326])

Beim Wahrnehmen eines Dings kommt zwar auch etwas wesentlich in Betracht, was nicht seelisch ist, nämlich das wahrgenommene Ding. Aber das ist für Frege kein Grund, das Wahrnehmen als mysteriösen Prozess zu charakterisieren. Warum nicht? Wohl deshalb, weil hier die kausale Rolle des Gegenstandes nicht geheimnisvoll ist. Vielleicht resultiert das Mysterium aber nur aus der Entscheidung für ein Akt-*Objekt*-Modell des Fassens eines Gedankens, das den Vergleich mit dem Wahrnehmen eines Dings angemessen erscheinen lässt. Gibt man es auf, so ist die Frage nicht, wie eine Denkerin von kausal isolierten Gegenständen „Kunde erlangen" kann, sondern welche Bedingung sie erfüllen muss, damit ein Gedanke der Gehalt ihres Denkens werden kann. Frege hat zwar wiederholt betont, dass wir Menschen nur dann denken können, dass es sich so-und-so verhält, wenn wir einen Satz verstehen, der diesen Gedanken ausdrückt.[327] Aber in *Ged* klingt diese These nur einmal an, im vorletzten Satz von 61a. Bei der Zurückweisung des sensualistischen Vorurteils in 75c spielt sie keine Rolle.

Ein Gedanke, der wahr oder falsch ist, ist nach Frege eine Art des Gegebenseins eines Wahrheitswertes. An dieser These könnte Frege auch dann festhalten, wenn er einräumen würde, dass uns ein Gedanke nur im Denken *über* ihn *gegeben* ist (vgl. *Allg* 278d–279a). Hält man sich an das Akt-*Gehalt*-Modell des propositionalen Denkens (s. o. 516–7), so ist uns z. B. *der Gedanke, dass Arithmetik auf Logik reduzierbar ist,* kurz: [Log], dann gegeben, wenn wir einen der Gedanken denken, die durch die Sätze

---

[326] Vgl. *1919c,* NS 273; und Popper 1972, 156.
[327] Belege oben S. 409.

(1) Der Logizismus ist umstritten
(2) Freges berühmteste These in der Philosophie der Arithmetik ist umstritten
(3) Die These, dass Arithmetik auf Logik reduzierbar ist, ist umstritten

ausgedrückt werden. Im Denken dieser drei Gedanken zielt jeweils etwas, um es mit Freges Worten in 75a zu sagen, auf [Log] hin, und [Log] ist uns dabei jeweils anders gegeben. Die grammatischen Subjekte der drei Sätze bezeichnen [Log], aber sie drücken verschiedene Arten des Gegebenseins von [Log] aus; denn dass ihre Bedeutungen (Denotate) zusammenfallen, ist nicht selbstverständlich. Auch dann, wenn jemand den Gedanken denkt, den (3) ausdrückt, ist ihm [Log] gegeben, freilich auf eine sehr besondere Weise. Die Bezeichnung von [Log], die das grammatische Subjekt von (3) ist, enthält einen Satz, der [Log] ausdrückt. Das macht sie zu einer *transluzenten* Bezeichnung dieses Gedankens (in dem auf S. 288 erläuterten Sinn). Der vollständige Gehalt eines mit (3) kundgegebenen kognitiven Akts ist zwar verschieden von [Log], aber anders als die Gehalte der beiden anderen Akte enthält er [Log] als echten Teil. Wer hingegen denkt, dass Arithmetik auf Logik reduzierbar ist, dem ist [Log] ganz und gar nicht gegeben, in seinem Denken zielt *nichts* auf diesen Gedanken hin: [Log] ist vielmehr der vollständige propositionale Gehalt seines kognitiven Akts.

Wenn wir jetzt noch die These hinzunehmen, dass der *Gehalt* eines einzelnen Akts des Denkens, dass A, diejenige *Spezies* ist, deren Exemplare alle und nur die Akte des Denkens, dass A, sind, haben wir eine Alternative zu Freges Auffassung, der Gedanke, dass A, sei das intentionale Objekt jener Akte. Diese Alternative, die im Wesentlichen der Theorie der Intentionalität propositionaler Akte in Husserls 'Logischen Untersuchungen' folgt, scheint die Schwierigkeiten der Frege'schen Auffassung zu vermeiden. Eine entsprechende Modifikation von Freges Philosophie des *Geistes* ließe seine Philosophie der *Logik* unberührt.

III. Sind Gedanken ganz unwirklich? (76a–77)

§10. Zeitlosigkeit.[328] (76a)

Wechselt der Wahrheitswert mancher Gedanken? Ersetzen wir Freges in zweifacher Hinsicht indexikalisches 'Baum'-Exempel durch eines, das nur *temporal*-indexikalisch ist:

(S)   Es regnet in Jena.

Wird S am 18. August 1918 um 18 Uhr MEZ (kurz, zu t_0) geäußert, so drückt der Wortlaut nicht allein, sondern nur zusammen mit der Zeit t_0 einen Gedanken aus, der schlechthin wahr (falsch) ist. In Kombination mit der Zeit der Äußerung steuert das *Tempus praesens*, das hier der Zeitangabe dient, eine „Zeitbestimmung" zu dem Gedanken bei, der ausgedrückt wird.[329] Ohne diese Zeitbestimmung wäre das Ausgedrückte kein (vollständiger) Gedanke. Ein Satz, mit dem zu t_0 von einem dann gegenwärtigen Ereignis berichtet wird, drückt für sich allein nur dann einen Gedanken aus, wenn er eine nicht-indexikalische Bezugnahme auf t_0 enthält. (Wenn Frege diese Zeitangabe ebenfalls „Zeitbestimmung" nennt, gebraucht er dieses Wort in einem anderen Sinn als im Satz davor.) Der Gedanke, den man zu t_0 mit dem indexikalischen Satz S ausdrückt, ist nicht derselbe wie der Gedanke, der mit seinem 'aeternalisierten' Gegenstück

(S*)   Es regnet in Jena zu t_0

ausgedrückt wird. Jemand, der beide Gedanken erfasst und den ersten als wahr anerkennt, braucht den zweiten nicht ebenfalls zu akzeptieren: es könnte ja sein, dass er nicht weiß, was Kalender und Uhr gerade anzeigen.[330] Ob die Ergänzung des Wortlauts von (S) zu einem vollständigen Gedankenausdruck nun durch die *Zeit* der Äußerung von (S) oder durch die Hinzufügung einer nicht-indexikalischen Zeit*angabe* erfolgt: in jedem Fall ist der ausgedrückte Gedanke, wenn er wahr ist, „nicht nur heute oder morgen, sondern

---

[328] VERGLEICHE: *c.1883a*, NS 190, Nr. 11; *Vorw* XVII; *Log*$_2$ 140, 146–147, 160; *1910*, WB 120–121; *Ged* 64b; *Vern* 151, Anm. 4.
  LITERATUR: Salmon 1989; Künne 2003, 261–316; Kripke 2008, 200–207. Vgl. oben §5.1.
[329] Vgl. *Vorw* XVII$_a$.
[330] Vgl. *FuB* 14, *SuB* 32, *Ged* 65c.

Kapitel 2 533

zeitlos wahr".[331] Bezeichnenderweise sagt Frege nicht: „sondern *immer* wahr". Äußert jemand (S*) mit behauptender Kraft, so stellt er den Gedanken, dass es zu t_o in Jena regnet, als (zeitlos) wahr hin, ohne dass er dafür das Wort 'wahr' benötigen würde. Er stellt keinen Gedanken als wahr-zu-t_o hin.

Eine wahrheitsgemäße Äußerung von (S) zu t_0 und eine Äußerung von (S*) drücken verschiedene Wahrheiten aus. Aber es handelt sich doch immerhin, so ist man geneigt zu sagen, um „annähernd denselben" Gedanken (und jedenfalls um ganz andere Gedanken als um die Wahrheit, dass Sokrates weise war). Würde Frege über die Kategorie Sachverhalt verfügen, aufgefasst als Sorte von Entitäten, die feiner individuiert sind als Wahrheitswerte und gröber als Gedanken (s. o. 313), dann könnte er das, was die beiden meteorologischen Äußerungen miteinander gemein haben, so beschreiben: sie stellen ein und denselben Sachverhalt dar. Aber auch ohne Rekurs auf diese Kategorie kann er ihre Gemeinsamkeit beschreiben: 't_0 wird in beiden Äußerungen als eine Zeit klassifiziert, zu der es in Jena regnet' (s. o. 480ff).

Frege sagt von Gedanken sowohl, dass sie *zeitlos wahr* (oder zeitlos falsch oder zeitlos weder wahr noch falsch) sind, als auch, dass sie *zeitlos* sind, dass sie nicht in der Zeit existieren.[332] Welches Verhältnis in seinen Augen zwischen diesen beiden Aussagen besteht, ist unklar. Klar ist, warum ihm die zweite Aussage wichtig ist. Wenn ein Gedanke ein atemporaler Gegenstand ist, so kann er seine Existenz nicht datierbaren psychischen Akten, Vorgängen oder Zuständen – und damit denen, die diese Akte vollziehen, diese Vorgänge erleben oder sich in diesen Zuständen befinden – verdanken. Täte er es nämlich, so würde er irgendwann anfangen zu existieren, und das kann ein zeitloser Gegenstand natürlich nicht.

Impliziert die atemporale Existenz eines Gedankens, dass er zeitlos wahr (falsch, wahrheitswertlos) ist? Wäre ein Gedanke, der (wie ein aristotelischer *lógos* oder ein stoisches *lektón* [Sagbares]) zu ver-

---

[331] So auch Husserl 1900, 128.
[332] Vgl. *1895b*, 74: „hors du temps (außerhalb der Zeit)". Den Unterschied zwischen 'immerwährendem' und 'zeitlosem' Existieren vergisst Frege gelegentlich: vgl. *Log*$_2$ 149 („das Gefasste ist schon da") oder auch *Ged* 69, Anm. 5; *Vern* 151–152. Dasselbe Schwanken findet sich schon bei Platon: *Keine zeitliche Bestimmung*, so heißt es im *Timaios* (37E1–36A6), ist auf das anwendbar, was „sich *immer* auf dieselbe Weise verhält".

schiedenen Zeiten verschiedene Wahrheitswerte hat, *nicht* „zeitlos, ewig, unveränderlich" (wie Frege hier zu unterstellen scheint)? Nur wenn der Wahrheitswert-Wechsel eine (intrinsische) Veränderung des Gedankens wäre. Aber der Gedanke würde sich bei einem solchen Wechsel genausowenig (intrinsisch) verändern wie die Zahl 1 es tut, wenn sie nach Benjamins Geburt nicht mehr die Zahl der Kinder Rahels ist (s. u. §11).

Impliziert zeitlose Wahrheit, wie Frege am Ende von 74b („… Also …") zu unterstellen scheint, zeitlosen Bestand? Ist das folgende *Atemporalitäts*argument schlüssig?

(Atemp) (I*) „[D]er Gedanke, den wir im pythagoräischen Lehrsatz ausspr[e]chen, [ist] zeitlos wahr." (69d)
Also (?):
(II*) „Der Gedanke, den wir im pythagoräischen Lehrsatz aussprechen, ist… zeitlos." (76a)

Wir können Urteilsakte als (un)richtig klassifizieren, wenn ihre Gehalte wahr (falsch) sind. Ist *U* ein solcher Akt, so ist es ebenfalls plausibel zu sagen, dass das Prädikat in '*U* ist (un)richtig' keine (kontextsensitive) Zeitangabe enthält: *U* ist zeitlos (un)richtig. Aber daraus folgt gewiss nicht, dass *U* zeitlos ist: *U* findet schließlich zu einer ganz bestimmten Zeit statt. Warum sollte das Argument *(Atemp)* im Unterschied zu diesem Gegenstück zwingend sein? – Vielleicht sind *Gedanken* tatsächlich zeitlos;[333] aber dass sie es sind, folgt nicht aus (I*).[334] In diesem Punkt könnte Heidegger recht haben (s. o. 521): vielleicht *gibt es* Wahrheiten – genau wie falsche und wahrheitswertlose Gedanken – nur solange, wie es denkende Wesen gibt. Das impliziert ja keineswegs, dass sie nur in dieser Epoche des Universums *wahr* sind. Ist die Kopula in '… ist wahr' zeitlos, dann ist keine einzige Wahrheit 'dann-und-dann wahr'.

Auch Sätze, die keine indexikalischen Elemente enthalten, können zu verschiedenen Zeiten verschiedene Gedanken ausdrücken (76a, Ende).[335] So konnte Luther mit den Sätzen 'Wer ein blödes Gesicht hat, hat schwache Augen' und 'Jede Schnur hat Schwiegereltern' selbstverständliche Wahrheiten ausdrücken; denn er verwendete 'blöd' und 'Gesicht' (auch) im Sinne von 'schwach' bzw. 'Gesichts-

---

[333] Vgl. Platon, *Parmenides* 141D7–E7.
[334] Vgl. Popper 1974, 148 (dtsch. 270–272).
[335] Vgl. *Log*$_2$ 147; *1914b*, NS 261.

Kapitel 2 535

sinn', und in seinem Mund hieß 'Schnur' manchmal nichts anderes als 'Schwiegertochter'. Im Munde Goethes drückte 'Wer lispelt, flüstert' eine begriffliche Wahrheit aus, und mit 'Mein munterer Schwager gehört nicht zu meiner Familie' konnte er etwas Wahres sagen; denn 'lispeln' heißt bei ihm soviel wie 'flüstern', und er verwendet 'Schwager' auch im Sinne von 'Kutscher' („An Schwager Kronos"). In keinem dieser Fälle hat ein wahrer Gedanke seine Wahrheit eingebüßt, sondern ein Satz drückt auf Grund der Verschiebung seines konventionalen sprachlichen Sinns heute einen anderen noëmatischen Sinn, einen anderen Gedanken aus als früher.[336] Freges Texte liefern selber Beispiele für dieses Phänomen. Auch er spricht noch von „blöden Augen".[337] Und er bezeichnet einen Komplex von Sinneseindrücken (71b–72a) oder ein konjunktives Gedankengefüge[338] als *Verein*, während wir so nur eine Organisation nennen, der Personen beitreten und aus der sie austreten können.[339]

„Was man Geschichte der Begriffe nennt, ist wohl entweder eine Geschichte unserer Erkenntnis der Begriffe oder der Bedeutungen der Wörter", sagt Frege in *GL*, VII,[340] und er kritisiert deshalb in seiner wohlwollenden Besprechung von Ludwig Langes 'Die ge-

---

[336] In Log_2 152–153 macht Frege auf einen anderen Effekt der Verschiebung des konventionalen sprachlichen Sinns eines Satzes S aufmerksam: Äußerungen des *type*-Satzes S drücken vielleicht heutzutage einen Gedanken aus, den frühere Äußerungen von S nur als Nebengedanken angedeutet haben: s. o. §4.
[337] *n.1887a*, NS 93 Anm. (s. u. ANHANG, vorletztes Zitat). Vgl. Fontane, 'Effie Briest' (1895), Kap. 1: „[Hulda war] langweilig und eingebildet, eine lymphatische Blondine, mit etwas vorspringenden, blöden Augen, die trotzdem beständig nach was zu suchen schienen, weshalb denn auch Klitzing von den Husaren gesagt hatte: 'Sieht sie nicht aus, als erwarte sie jeden Augenblick den Engel Gabriel?'"
[338] *n.1906*, NS 216. Dazu unten 4-§4, Anfang.
[339] Frege verwendet das Wort 'Verein' wie Schiller, wenn er Talbot zu Elisabeth sagen lässt: „England ist nicht die Welt, dein Parlament / Nicht der Verein der menschlichen Geschlechter" ('Maria Stuart", II/3). In diesem allgemeineren Sinn gebrauchen wir dieses Wort wohl nur noch innerhalb der Wendung 'im Verein mit'.
[340] Implizit wird hier Euckens Vorhaben kritisiert, nach seiner (in *GL* §32 Anm. zitierten) 'Geschichte der Terminologie' auch eine „Geschichte der [philosophischen] Begriffe" zu veröffentlichen (1879, V). Euckens Göttinger Lehrer Gustav Teichmüller hatte bereits 'Studien zur Geschichte der Begriffe' (Berlin 1874) und 'Neue Studien zur Geschichte der Begriffe' (3 Bde., Gotha 1876–79) verfasst.

schichtliche Entwicklung des Bewegungsbegriffs ...' den Titel des
Buchs, in dem es um eine Geschichte der Erfassung des Bewegungsbegriffs
geht (*1891c,* 158). (Noch weniger Freude hätte er an
der Titelseite der ersten Exemplare des neuen Nachdrucks der *GG*
[1998] gehabt: „Grundgesetze der Arithmetik. Begriffsgeschichtlich
abgeleitet".) In Abhandlungen zur sog. Begriffsgeschichte geht es
oft um die Verschiebung des konventionalen sprachlichen Sinns gewisser
Wörter, um das, was Frege in *GL* (noch) die „Geschichte der
Bedeutungen der Wörter" nennt. Genausowenig wie man mit der
Feststellung, dass die Zahl der EU-Mitgliedsländer längst nicht mehr
neun ist, etwas über die „Geschichte der Zahl 9" aussagt, sagt man
mit der Feststellung, dass 'Schnur' zu Luthers Zeiten nicht dasselbe
hieß wie heute, etwas über die „Geschichte des Begriffs (Konzepts)
einer Schnur" aus: die erste Feststellung ist ein (sehr bescheidener)
Beitrag zu einer Darstellung der Geschichte der EU, und mit der
zweiten konstatiert man, dass unsere 'Schnur'-Äußerungen nicht
mehr dasselbe Konzept ausdrücken wie diejenigen Luthers und seiner
Zeitgenossen.[341]

§11. Wirklichkeit.[342] (76b–77)

Worin besteht die Wirklichkeit des Wirklichen? Frege beantwortet
diese Frage manchmal im Geiste Kants (1-§9):

(W_1) ξ ist wirklich$_1$ =Df. ξ ist fähig, mittelbar oder unmittelbar
auf die Sinne zu wirken.

---

[341] Das 1955 von Erich Rothacker begründete 'Archiv für Begriffsgeschichte'
wirbt für sich u. a. mit dem sprachlich verunglückten Hinweis, es enthalte
auch „Beiträge ... zum Übersetzungsproblem von Begriffen" (Homepage des
'Archivs', Dezember 2007). Gemeint ist wohl: zum Problem der Übersetzung
von Begriffen; und die Verwechslung von Begriffen mit Wörtern ist
unverkennbar.

[342] VERGLEICHE: Log_2 149–150, 160. [wirklich]: *GL* §§ 14, 26, 85, 109; *Vorw*
XVIII–XIX, XXIV–XXV; *1895b,* 74; *GG II,* §74.

LITERATUR: Bell 1979, Kap. IV, §2; Currie 1980 u. 1984b; Rein 1982;
Künne 1983, Kap. 2, §3, 4-§2, 2003, 281–285 u. 2004; Dummett, IFP 387–393,
516–520, FPM 80–81, 181–183 u. FOP 116–125; Haaparanta 1985, 150–156;
Hale 1987, Kap. 4; Burge 1992. [PLATONISMUS & KAUSALTHEORIE DES WISSENS:]
Hale 1987, Kap. 4; Wiggins, demnächst.

In *Ged* unterscheidet er eine schwache Lesart von 'wirklich', die man schon bei Bolzano findet:[343]

(W_2) ξ ist wirklich$_2$ =Df. ξ ist fähig, etwas zu bewirken,

von der starken Interpretation:[344]

(W_3) ξ ist wirklich$_3$ =Df. ξ ist fähig, etwas zu bewirken *und* etwas zu erleiden.

Das Definiens in (W_3) ist eine Verstärkung der Bestimmung des Seienden in Platons 'Sophistes': ξ ist genau dann ein Seiendes ($ὄν$), wenn ξ die Fähigkeit hat, etwas zu tun *oder* etwas zu erleiden.[345] Nach dem Bericht des Sextus Empiricus spielte diese Bestimmung auch eine wichtige Rolle in den Debatten über den ontologischen Status dessen, was die Stoiker das Sagbare ($λεκτόν$) nannten:[346]

> „Einige haben die Existenz ($ὕπαρξις$) des Sagbaren bestritten, und das taten nicht nur Mitglieder anderer Schulen wie die Epikureer, sondern auch einige Stoiker... Dass es Körperliches ist, können die Stoiker nicht behaupten... Das Unkörperliche vermag ihnen zufolge aber weder etwas zu tun noch etwas zu erleiden..."

Im Sinne von (W_3) ist der leidensunfähige Gott der Philosophen[347] unwirklich; weshalb Bolzano (W_2) vorzieht. Gibt es Gegenstände, die nur das zweite Konjunkt in (W_3) erfüllen und insofern nicht „ganz unwirklich" sind? In *GL* §26 macht Frege darauf aufmerksam, dass der Äquator, die Erdachse und der Massenmittelpunkt des Sonnensystems (W_1) nicht erfüllen, und sie scheinen (W_2) und damit auch (W_3) genausowenig zu erfüllen. Aber auch wenn der Versuch, den Meridian in Greenwich zu sprengen, zum Scheitern verurteilt

---

[343] *Ged* 76a, in Übereinstimmung mit Bolzanos Verständnis von 'wirklich' im Sinne von 'wirksam': vgl. etwa Bolzano, WL I, 362, 366, III, 216, u. ö. (W_2) findet sich auch in B. Erdmann 1892, 311 (s. *Vorw* XXV$_a$, XXIII$_a$).

[344] *1895b*, 74; *Ged* 76a; übernommen in Bauch 1923, 95.

[345] op. cit. 247 D-E, 248 B-C.

[346] Sextus ca. 200, Buch VIII, §§258, 262.

[347] Von dem in Freges Publikationen außer in *Ged* 67d (und 74a) nur in Hinweisen auf das Misslingen des Ontologischen Gottesbeweises die Rede ist: *1882d*, WB 165; *GL* §53; *n.1887b*, NS 111^R; *1894b*, B 176; *GG II*, §155, Anm. 2; WB 176. Vgl. aber auch die Tagebuchaufzeichnungen (Gabriel & Kienzler 1994), 1096–1098.

ist, kann er genausowenig wie der Äquator und die Erdachse die Zerstörung der Erde überleben.[348] Solche Gegenstände erfüllen also immerhin das zweite Konjunkt von (W_3). Und wäre der Epiphänomenalismus korrekt, also die Auffassung, dass psychische Phänomene im Gewebe kausaler Relationen immer nur als Effekte, nie als Ursachen auftreten,[349] so würden auch alle psychischen Phänomene nur das zweite Konjunkt von (W_3) erfüllen.

Dass Frege (im Unterschied zu seinem Jenaer Kollegen Haeckel) kein Anhänger des Epiphänomenalismus ist, geht aus unserem Text eindeutig hervor: Akte des Urteilens sind im Sinne von (W_2) wirklich.[350] Was (W_1) erfüllt, erfüllt auch (W_2), aber gilt in Freges Augen auch die Umkehrung? Psychische Phänomene bewirken zwar etwas, aber sind sie im Sinne von (W_1) wirklich? „Wenn man wirklich nennt, was auf die Sinne wirkt, oder was wenigstens Wirkungen hat, die Sinneswahrnehmungen zur nähern oder entferntern Folge haben können" (*GL* §85), dann sind psychische Phänomene „fähig, *mittelbar* auf die Sinne zu wirken". Auch wenn Vorstellungen⁺ nicht sinnlich wahrnehmbar sind, – sie können doch sinnlich wahrnehmbare Wirkungen zeitigen: starke Schmerzen beispielsweise bringen ihr Opfer manchmal dazu, laut zu stöhnen, und manchmal bringen sie es um. Und sie erfüllen allemal (W_3), – schließlich gelingt es Ärzten manchmal, unsere Schmerzen, deren Ursachen und Wirkungen sie wahrnehmen, zu lindern und sogar zu beseitigen (73b).

Gedanken sind unfähig, intrinsische Veränderungen zu erleiden.[351] Frege ist aber bereit einzuräumen, dass sie sich manchmal

---

[348] Joseph Conrad, 'The Secret Agent' (1907)/Alfred Hitchcock, 'Sabotage' (1936). Entstehung, Bewegung und Vernichtung des Erdäquators oder der Erdachse sind, aristotelisch gesprochen, *mutationes per accidens*: es sind Prozesse, die in Entstehung, Bewegung und Vernichtung der Erde fundiert sind.

[349] Diese Auffassung wurde von zwei Zoologen vertreten, die für die rasche Verbreitung von Darwins Theorien gesorgt hatten: von Thomas H. Huxley in seinem Essay 'On the Hypothesis that Animals are Automata' (1874) und von Ernst Haeckel in seinem Bestseller 'Die Welträtsel' (1900) 195–216. Haeckel hielt in der Jenaer Gesellschaft für Medizin und Naturwissenschaft, deren Mitglied auch Frege war, mehr als 100 Vorträge (*Biogr* 475).

[350] In *Log$_1$* 4 bescheinigt er allen „seelischen Vorgängen" Wirksamkeit.

[351] Eine Wahrheit erleidet dadurch, dass jemand sie einsieht, genausowenig eine Wirkung wie der Mond dadurch, dass jemand ihn ansieht (*Log$_2$*, NS 150), – diese Überzeugung Freges hat auch Thomas von Aquin geteilt: „*videre et intelligere et huiusmodi actiones ... manent in agentibus, et non transeunt in*

verändern. Heute Morgen hat Hänschen zum ersten Mal das Theorem des Pythagoras erfasst; es steht in dieser Hinsicht also seit heute Morgen anders um diesen Gedanken als zuvor. Wenn nun daraus, dass ein Gegenstand eine Beschaffenheit erwirbt, die er zuvor nicht hatte, folgt, dass er sich verändert, dann hat sich das Theorem des Pythagoras heute Morgen verändert. Genau wie Russell[352] akzeptiert auch Frege den Vordersatz dieses Konditionals. (In diesem schwachen Sinn von Veränderung hat sich auch die Zahl 1 verändert, als sie aufhörte, die Zahl der Kinder Rahels zu sein, und auch der Nil hat sich in diesem Sinn verändert, als Joseph ihn zum ersten Mal erblickte.) Die einzigen Eigenschaften, die ein Gedanke erwerben und verlieren kann, sind *relationale* Eigenschaften. Aber nicht alle relationalen Eigenschaften eines Gedankens sind solche, die er erwerben und verlieren kann: Zu implizieren, dass etwas rund ist, ist eine relationale Beschaffenheit des Gedankens, dass der Mond rund ist, aber sie kommt ihm wie jede andere seiner logischen Beschaffenheiten atemporal zu. Eine relationale Eigenschaft, die ein Gedanke erwerben und verlieren kann, ist immer eine, „die darin besteht oder daraus folgt, daß er von einem Denkenden gefaßt wird" (76b). Kann ein Gegenstand nur solche Beschaffenheiten erwerben und verlieren, so kann er zu Recht zeitlos genannt werden. – Zu sagen, dass die Veränderungen eines Gedankens nur seine „unwesentlichen Eigenschaften" betreffen (76b, 77a), ist richtig, aber irreführend. Schließlich gilt doch von *jedem* Gegenstand, dass seine Veränderungen nur seine unwesentlichen Eigenschaften betreffen: die Beschaffenheit, F zu sein, ist ja nur dann eine wesentliche Eigenschaft eines Gegenstandes, wenn er F ist und nicht existieren kann, ohne F zu sein.

Frege versucht zu zeigen, dass Gedanken nicht „ganz unwirklich", nicht „durchaus unwirklich" sind, d. h. dass sie zwar nicht (W_3), aber immerhin (W_2) erfüllen. Da Gedanken nicht sinnlich wahrnehmbar sind, ist (W_1) für dieses Beweisziel ungeeignet. Dass Gedanken Wirkungen hervorzurufen vermögen, hat Frege schon in Log_2 erwogen, aber zweimal unter den Vorbehalt eines „vielleicht" gestellt. Er wäre

---

res passas; unde visibile et scibile non patitur aliquid, ex hoc quod intelligitur vel videtur [Sehen und Einsehen und derartige Akte ... verbleiben in den Akteuren und gehen nicht in ihre Objekte über; weshalb das Sichtbare und das Einsehbare dadurch nichts erleidet, dass es eingesehen oder gesehen wird] (Met, § 1072; vgl. STh Ia, q.14, a.4, *ad* 1 u. q.18, a.3, *ad* 1 u. q.23, a.2, *ad* 1).
[352] Vgl. Russell 1903b, § 442.

wohl besser dabei geblieben. Ein Gedanke soll einen „Vorgang in der Innenwelt eines Denkenden" bewirken, der seinerseits eine „Beschleunigung von Massen" zur Folge haben kann. Gewiss könnte die Aufmerksamkeit eines Autofahrers im Straßenverkehr dadurch, dass er im Kopf ein Theorem *ableitet*, so sehr beeinträchtigt werden, dass es zu einer Massenkarambolage kommt. Aber wäre das ein Beleg für die mittelbare Wirksamkeit eines *Theorems*? Annas *Setzen* auf die Zahl 14 verursachte den Ruin des Spielcasinos. Hat *die Zahl 14* dadurch, dass Anna auf sie gesetzt hat, indirekt ein Casino ruiniert? In Log_2 ist Freges Modell für das Fassen eines Gedankens die visuelle Wahrnehmung: So wie das Sehen einer Blume ein psychischer Vorgang ist, der eine Wirkung der Blume ist, so sei „vielleicht" auch das Fassen eines Gedankens ein psychisches Ereignis, für das der Gedanke kausal verantwortlich ist. Aber für das Modell kann Frege eine informative Antwort auf die Frage geben, wodurch die Blume eine Veränderung im Betrachter auslöst: sie „sendet Lichtwellen aus". Auf die Frage, wodurch ein Gedanke eine Veränderung im Denker auslöst, kann er nur eine nichtssagende Antwort geben: „dadurch, dass er gefasst wird" (76c). Für die Erklärung mancher Ereignisse ist der Rekurs auf mentale Zustände oder Akte, die einen propositionalen Gehalt haben, unentbehrlich, aber das ist kein guter Grund, von den Gehalten selber zu sagen, dass sie etwas bewirken.

Wie teilt man jemandem einen Gedanken mit? „Man bewirkt Veränderungen in der gemeinsamen Außenwelt, die, von dem Andern wahrgenommen, ihn veranlassen sollen, einen Gedanken zu fassen und ihn für wahr zu halten." Damit ist keine hinreichende Bedingung für Kommunikation angegeben.[353] Der Mörder drückt seinem Opfer eine Waffe in die Hand, um die Kommissarin zu veranlassen, den Gedanken, es handle sich um einen Selbstmord, zu fassen und für wahr zu halten. Er hat ihr aber nicht *mitgeteilt*, dass es sich um einen Selbstmord handelt. Frege gibt selber gelegentlich ein ganz analoges Beispiel:

> Wenn ein Befehlshaber den Feind über seine Schwäche täuscht, indem er seine Mannschaft in verschiedenen Kleidungen auftreten lässt, so lügt er doch nicht; denn er drückt gar keine Gedanken aus, obwohl seine Handlung den Zweck hat, Gedanken fassen zu lassen. (Log_2 152.)

---

[353] Vgl. Bolzano 1834, Bd. I, 80–84; Grice 1957, 218–219.

Kapitel 2 541

Frege wollte an unserer Stelle also wohl nur eine notwendige Bedingung der Kommunikation angeben. Ein paar Zeilen später kommt er der Sache allemal näher, wenn er das, was jemand bei einem Mitteilungsversuch herbeizuführen sucht, als *Verstehen* bezeichnet.

Wieso wären Gedanken „für uns nicht vorhanden" (76b), wenn sie kausal impotent wären? Sie sind doch in jedem propositionalen Akt, den wir vollziehen, in jedem propositionalen Zustand, in dem wir uns befinden, als „objectiver Inhalt" unseres Denkens präsent, und wir haben durch das Verstehen sprachlicher Äußerungen epistemischen Zugang zu ihnen als Objekten. Wenn eine Explikation des Wissensbegriffs eine Kausalbedingung einschließt, die so stark ist, dass sie ein Wissen von abstrakten Gegenständen ausschließt, dann ist sie Einwänden ausgesetzt, die nichts mit nominalistischen Skrupeln zu tun haben: sie schließt dann nämlich Wissen in diversen Bereichen aus, in denen es gar nicht um abstrakte Gegenstände geht.

Kapitel 3

Frege über *Verneinung*

I. **Einleitung.**[1] (*Vern* 143–144a)

Wer eine Entscheidungsfrage stellt, fordert den Adressaten dazu auf, den Gedanken, der ihr objektiver Inhalt ist, als wahr anzuerkennen oder als falsch zu verwerfen und diese Entscheidung durch die Antwort 'Ja' oder 'Nein' kundzutun. Man kann dieser Aufforderung nur dann „richtig nachkommen", wenn der geäußerte Fragesatz *(1.)* frei von lexikalischer und syntaktischer Mehrdeutigkeit ist und wenn er *(2.)* keinen leeren singulären Term enthält. Ist die *erste* Bedingung nicht erfüllt ('Gibt es in jedem Dorf eine Bank?', 'Sind frisches Obst und Gemüse gesund?'), so muss man manchmal mit 'Jein' antworten, – 'Ja' unter dieser Lesart, 'Nein' unter jener.[2] (Enthält der Wortlaut ein indexikalisches Element, so drückt er *allein* auch dann keinen Gedanken aus, wenn er frei von solcher Mehrdeutigkeit ist: vgl. 2-§5.1, 2-§10; *Vern* Anm. 2.) Freges Forderung, dass der Wortlaut der Frage den ausgedrückten Gedanken „unzweifelhaft" erkennen lässt (vgl. auch *1892c*, NS 135/136), ist nicht leicht zu erfüllen. Dass ein Fragesatz frei von lexikalischer und syntaktischer Mehrdeutigkeit ist und augenscheinlich keine indexikalischen Elemente und definitiv keine eigentlichen Eigennamen enthält, garantiert nicht, dass er diese Forderung erfüllt. Bei der Frage 'Ist jeder Humpen, der in einer Kneipe benutzt wird, manchmal leer?' werden Biertrinker und Chemiker (wenn sie nicht gerade Bier trinken) verschiedene Maßstäbe anlegen.– Wer weiß, dass die *zweite* Bedingung nicht erfüllt ist ('War Kants Frau blond?'), wird die Frage weder mit 'Ja' noch mit einem schlichten 'Nein' beantworten wollen, und er tut in Freges Augen gut daran; denn nach seiner Auffassung fällt der durch die Fragesatz-Äuße-

---

[1] VERGLEICHE: *Ged* 62b–63a, 68b, 73c; *Vern* 157c.
   LITERATUR: Komm. zu diesen Stellen. [UNZWEIFELHAFT ERKENNBAR?]: Sainsbury 2002, 201–203 (Lit.).
[2] Vgl. Aristoteles, *Topica* VIII, 7 und die auf S. 606 angegebenen Passagen in *Soph. El.*

rung ausgedrückte Gedanke in die Wahrheitswert-Lücke, falls die zweite Bedingung nicht erfüllt ist (vgl. 1-§3).³ – Wer eine Entscheidungsfrage bejaht oder verneint, behauptet etwas, und er tut damit (wenn er aufrichtig ist) ein Urteil kund.

Freges Opponent bestreitet in Teil II von *Vern*, dass auch falsche Antworten auf Entscheidungsfragen einen objektiven Inhalt haben, und in Teil III bestreitet er, dass man auch mit der verneinenden Antwort ein Urteil kundtut. In Teil IV untersucht Frege, ob wir mit 'Ja' und 'Nein' Urteilsakte verschiedener Arten kundtun. Die Struktur der Verneinung eines Gedankens ist Thema des letzten Teils.

II. Eine Verteidigung der Objektivität falscher Gedanken.
(144b–147d)

§1. Das erste Argument des Opponenten und seine Zurückweisung.

144b–145a.⁴ Freges Opponent ist ein Subjektivist bezüglich des Falschen: er akzeptiert den Frege'schen Objektivismus, wenn es um Wahrheiten geht, aber bei Unwahrheiten lehnt er ihn ab. Ich bestrafe ihn mit dem unschönen Titel 'Semi-Objektivist'. Wer muss sich diesen Titel gefallen lassen? Zwei Philosophen in Prag vertraten den Semi-Objektivismus – der Brentano-Schüler Anton Marty und dessen Schüler Hugo Bergmann, der Bolzanos Lehre von den „Sätzen an sich" in diesem Sinne korrigiert wissen wollte:⁵

> „[Für Bolzano] 'gibt es' *beide* Urteilsinhalte, den wahren wie den falschen. Aber ein richtiger Objektivismus wird die Bolzanosche Lehre nur halten und in ihrer ganzen Fruchtbarkeit auswerten können, wenn er sich vor dem Grundirrtum ihres Urhebers befreit und nur die *wahren* Sätze an sich als seiend annimmt."

---

³ Wenn ein Satz wegen eines vagen Prädikats einen Gedanken ausdrückt, der weder (definitiv) wahr noch (definitiv) falsch ist, pflegt Frege nicht zu sagen, der Gedanke „gehöre der Dichtung an". Vgl. 1-§§3–4.
⁴ VERGLEICHE: Log_2 150.
LITERATUR: Künne 2003b; Schlotter 2004, 97–105 u. 2006, 51–55.
⁵ Bergmann 1909, 27, und V (zu § 8), 12–13, 15. Vgl. Marty 1908, 295–296.

Kapitel 3 545

Auch unter Freges Zeitgenossen in Cambridge gab es einen Semi-Objektivisten. Russell schrieb:[6]

„[The view that there are] in the world entities, not dependent on the existence of judgements, which can be described as objective falsehoods [is] almost incredible: we feel that there could be no falsehood if there were no minds to make mistakes." [a]

„When Othello believes that Desdemona loves Cassio, he must not have before his mind a single object, ... 'that Desdemona loves Cassio', for that would require that there should be objective falsehoods, which subsist independently of any minds; and this, though not logically refutable, is a theory to be avoided if possible." [b]

„[I]t does not seem to me very plausible to say that in addition to facts there are also these curious shadowy things going about such as 'That to-day is Wednesday' when in fact it is Tuesday... I do not think that false propositions would have to be mentioned in a complete description of the world. False beliefs would, of course, false suppositions would, desires for what does not come to pass, but not false propositions all alone [i.e. [as] something not involving mind in any way]." [c]

Aber nichts spricht dafür, dass Frege in *Vern* einen dieser Philosophen als Opponenten im Auge hat. Er ist auf den Semi-Objektivismus vielmehr in Jena gestoßen, bei seinem Kollegen Bruno Bauch, der ihn gebeten hatte, in *Vern* auf einen seiner Aufsätze einzugehen (s. o. 43–4). In diesem Aufsatz las Frege:

„Eine völlig leere formalistische Abstraktion könnte ... meinen, auch in der Falschheit einen von allem tatsächlichen subjektiven Denken unabhängigen Bestand sehen zu dürfen. Die Gleichung 3+2=6 bleibe ... ebenso falsch, wie die Gleichung 3+2=5 wahr bleibe, gleichviel ob sie im tatsächlichen subjektiven Denken gedacht werde oder nicht. Das würde freilich ... eine grobe Verkennung des eigentlichen Sachverhaltes bedeuten. Die 'Gleichung' 3+2=6 bleibt überhaupt nicht und bleibt keine Gleichung. Eine falsche Gleichung ist ein Nonsens... Dem Satze 3+2=6 aber vollends irgendeinen Bestand unabhängig vom tatsächlichen Denken wirklicher Subjekte beizulegen, das wäre jedenfalls so sinnlos, wie der Satz selber als

---

[6] Russell [a] 1910a, 152; [b] 1912, Kap. 12, 72; [c] 1918, 225, 226 [225]. Zur Zeit seines Briefwechsels mit Frege, 1902–04, zweifelte Russell noch nicht an der Existenz objektiver Falschheiten.

Gleichung sinnlos ist... [U]nabhängig von seinem Gedacht- oder Ausgesprochen-Werden hat er keinen Bestand, wie ihn die Gleichung 3+2=5 durch ihre Geltung hat."[7]

Das Verdikt, '3+2=6' sei sinnlos, weist Frege am Ende von 145a (und in *Ggf* 42b, 45c–46a, 50b) als grobe Verkennung des Unterschieds zwischen offenkundiger Falschheit und Sinnlosigkeit zurück. Aber die These des Semi-Objektivisten ist von diesem Verdikt unabhängig.

Das *erste Argument*, das Frege dem Semi-Objektivisten zuschreibt, sieht so aus:

(P1)   „Das Sein eines Gedankens ist sein Wahrsein."

(P2)   Was falsch ist, ist nicht wahr. Also:

(K)   Was falsch ist, ist kein Gedanke.

In Bauchs Tonart transponiert klingt (P1) so: Der „Bestand" eines „Urteils im logischen Sinne" ist seine „Geltung".[8] Frege versucht, dieses Argument durch Widerlegung der ersten Prämisse zu entkräften.

Ist das Sein eines Gedankens sein Wahrsein – so wie das Sein eines Buches sein Geschriebensein und das Sein einer Tatsache ihr der-Fall-sein (oder, so Frege, ihr Wahrsein) ist?[9] Der Semi-Objektivist bestreitet natürlich nicht, dass es auch dann, wenn es keine Tatsache ist, dass A, oftmals denkende Wesen gibt, die fälschlicherweise glauben, dass A, oder die sich fragen, ob A. Aber so etwas wie den objektiven Gedanken, dass A, gibt es nach seinem Dafürhalten nur dann, wenn es eine Tatsache ist, dass A. So wie die Kennzeichnung 'Goethes Autobiographie' etwas bezeichne, während 'Schillers Autobiographie' nichts bezeichne, so stehe die Satznominalisierung 'dass Jena in Thüringen liegt' für etwas, nämlich eine geographische Tatsache, während der Ausdruck 'dass Jena in Sachsen liegt' ins Lee-

---

[7] Bauch 1918a, 46 f. In 1923, 75–76, also nach der Lektüre von *Vern*, wiederholt Bauch sein Räsonnement ungerührt Wort für Wort – bis auf das Sinnlosigkeitsverdikt.
[8] Auch Frege verwendet 'Geltung' manchmal eindeutig im Sinne von 'Wahrheit': *Vorw* XVI; *Log*$_2$ 144, 156; *1891c*, 159.
[9] Aus dem in 1-§2.3 u. -§9 angegebenen Grund gebrauchte Frege in (P1) nicht „Existenz", sondern „Sein" (*Vern* 144–147, 151) – und in *Vern* 147, 151–152, 155 wie in *Vorw* XXIV u. *Ged* 67–72 „Bestand".

re schieße. Gewiss, man könne zu Recht behaupten: 'Manche Wessis glauben, dass Jena in Sachsen liegt', aber warum sollte daraus folgen, dass der 'dass'-Satz etwas bezeichnet? Daraus dass man zu Recht behaupten könne: 'Jemand sucht Schillers Autobiographie', folge doch auch nicht, dass die Kennzeichnung etwas bezeichnet.– So der Semi-Objektivist.

Wenn er recht hätte, wäre die Einteilung der Gedanken in wahre und falsche genauso abwegig wie eine Einteilung der Bücher in geschriebene und ungeschriebene oder eine Einteilung der Tatsachen in bestehende und nicht-bestehende. Ein singulärer Term der Form 'dass A' dürfte, wenn es falsch ist, dass A, in einem wissenschaftlichen Text nur zwischen Anführungszeichen vorkommen – und doch wohl auch als Inhaltsklausel in der indirekten Rede oder in der Zuschreibung eines propositionalen Akts oder Zustands.

In seinem *ersten* Einwand gegen (P1) macht Frege darauf aufmerksam, dass der Akt, den eine Person vollzieht, wenn sie fragt, ob A, jedenfalls auch dann einen Inhalt hat, und dass der Fragesatz, den sie dabei verwendet, jedenfalls auch dann einen Sinn hat, wenn die Frage mit Nein zu beantworten ist (144c).[10] Das Sein dieses Inhalts/Sinns besteht also gewiss nicht in seinem Wahrsein. Und normalerweise kann man diesen Inhalt/Sinn erfassen, ohne bereits die Antwort auf die Frage zu kennen. (Der Normalfall liegt nicht vor, wenn die richtige Antwort auf eine Frage eine selbstverständliche Wahrheit ausdrückt: Wer den Sinn des Fragesatzes „Sind Gänseriche männlich?" erfasst, kennt auch bereits die Antwort. Aber auch hier ist natürlich das Stellen der Frage kein Behaupten.) Frege weist nun darauf hin, dass in seinem Munde 'Gedanke' genau das bezeichnet, was der Opponent als Inhalt einer Entscheidungsfrage bzw. als Sinn des beim Stellen der Frage verwendeten Fragesatzes bezeichnet. Bei diesem Sprachgebrauch ist klar, dass das Sein eines Gedankens nicht in seinem Wahrsein besteht. Gäbe es keine falschen Gedanken, so Freges erster Einwand gegen (P1), dann hätten viele Entscheidungsfragen keinen Inhalt und viele Fragesätze keinen Sinn.

145b–146b. Freges zweiter Angriff auf die Prämisse (P1) des Semi-Objektivisten beginnt mit einer These, mit der er auch bei verständigen Lesern auf Unverständnis gestoßen ist: Wieso, fragt man

---

[10] Da man dem zweiten arithmetischen Beispiel in 144c in *Vern* und *Ggf* wiederholt begegnet, sollte man wohl wissen, dass Ja die richtige Antwort auf die Frage ist.

sich, „kann man aus einem falschen Gedanken nichts schließen"?[11] Wir können doch im Stil des (erstmals von Gerhard Gentzen ausgearbeiteten[12]) 'Kalküls des natürlichen Schließens' beispielsweise aus einem Konditional und seinem Vordersatz – ganz unabhängig davon, ob mit ihnen Wahrheiten ausgedrückt werden – gemäß der Deduktionsregel *Modus ponendo ponens* (*MPP*) den Nachsatz des Konditionals deduzieren:

1	(1)	Wenn Sokrates ledig war, dann war er glücklich.	Annahmen-Einführung
2	(2)	Sokrates war ledig.	Annahmen-Einführung
1,2	(3)	Sokrates war glücklich.	1,2; *MPP*.

Das stimmt natürlich; aber es berücksichtigt nicht Freges Konzeption eines Schlusses. Wenn ein deduktiv korrektes Argument „äußerlich einen Schluß darstellt" (*1906a*, II: 387), dann ist es eine wahrheitsverbürgende Rechtfertigung einer Behauptung durch eine oder mehrere wahrheitsgemäße Behauptungen. Die in einem solchen Argument ausgedrückten Prämissen des Schlusses sind vom Argumentierenden als wahr anerkannte Wahrheiten. Was in der obigen Deduktion rechts von '(1)' und '(2)' steht, wird nun aber nicht behauptet, – schließlich berufen wir uns hier ja, wie rechts außen notiert, auf die Regel der *Annahmen*-Einführung. Sind wir in einer Zeile einer solchen Deduktion von einer oder mehreren Annahmen abhängig, so werden diese in der Linksaußen-Spalte angeführt, und solange dort eine Annahme angeführt wird, wird das, was rechts neben der Zeilen-Nummer steht, nicht behauptet. Eine durch die Gentzen'schen Regeln legitimierte Deduktion, deren Konklusion K noch von einer oder mehreren Annahmen $A_1, ..., A_n$ abhängig ist,

---

[11] VERGLEICHE: *c.1883a*, NS 190, Nr. 13; *Log₁* 3; *1896a*, 372; *1906a*, III: 425; *1906b*, NS 195; *1910*, WB 118–9; *1914b*, NS 263–66; *1917a*, WB 30; *1917b*, WB 34; *Ggf* 47d; *Allg* 281. [Anders noch in *BS* §2 u. *c.1883a*, NS 190, Nr. 15–16 (kompatibel mit Nr. 13?). Auch in *SuB* 38c setzt sich der nichttechnische Sprachgebrauch durch.]
LITERATUR: Meinong 1902, Kap. IV; Wittgenstein, TLP 4.023; Stoothoff 1983; Currie 1987; Stepanians 1995 u. 1998, Kap. 5; Nicholas Smith 2000; Thiel 2003.

[12] Gentzen 1934 (Göttinger Dissertation). Varianten dieses Kalküls werden in zahlreichen Logik-Lehrbüchern (z.B. denen von B. Mates, E.J. Lemmon, G. Forbes und zuletzt J. Barwise & J. Etchemendy, 'Sprache, Beweis und Logik', Paderborn 2005) präsentiert.

rechtfertigt nicht die Behauptung der Konklusion K, sondern nur die Behauptung: Wenn A_1 & ... & A_n, dann K. So rechtfertigt die obige Deduktion nicht die Behauptung, dass Sokrates glücklich war, sondern – was an der Notation links außen ja auch abgelesen werden kann – nur die Behauptung: *Wenn* (1) und (2), *dann* (3). Eine Deduktion im Stile Gentzens rechtfertigt eine Konklusion nur dann, wenn in ihren Annahmen Wahres angenommen wird.

Im ersten Satz von 145b setzt Frege voraus, dass Gedanken das sind, woraus geschlossen wird. In seinen Augen sind Prämissen ja auch strenggenommen keine Sätze, sondern Gedanken (vgl. 2-§1). Er hätte das Wort 'Schluss' (im objektiven Sinne) als Titel für das reservieren können, was durch ein Argument ausgedrückt wird (aber er tut es nicht). Ein objektiver Schluss wäre dann eine Sequenz von Gedanken, also weder ein Gedanke oder Gedankengefüge (denn er ist nicht wahrheitswertfähig) noch ein Argument (denn er ist keine Sequenz von Sätzen) noch ein Akt des Schließens (denn er ist kein kognitiver Akt). Offiziell ist das, was Frege als Schluss bezeichnet, ein solcher *Akt*, ein Stück „geistige Arbeit" (*Allg* 278); aber in 149e nennt er ein Argument einen Schluss, und dementsprechend bezeichnet er in 153c–154e Sätze als Prämissen.

Doch nun endlich zu Freges *zweitem* Einwand gegen die Prämisse (P1) des Semi-Objektivisten. Er ergibt sich aus der Betrachtung eines Arguments der folgenden Form:[13]

(i)   Wenn A, dann B. Also:
(ii)   Wenn nicht B, dann nicht A.   (i); Kontraposition

Wenn eine Einsetzungsinstanz von (i) eine Wahrheit ausdrückt, so tut es auch die entsprechende Einsetzungsinstanz von (ii). Den Übergang von einem Satzgefüge der Form (i) zu dem entsprechenden Satzgefüge der Form (ii) bezeichnen schon seit langem nicht mehr nur „die Engländer" als Kontraposition.[14] Frege selbst nennt ihn „Wendung" oder „Übergang vom *modus ponens* zum *modus*

---

[13] Beispiele aus dem Geschworenengericht haben es ihm angetan: ein Mord in Berlin (*Vern* 145b, 147c, 149e, 153cd) und zwei Fälle von Brandstiftung (*Log₂* 163, *Vern* 153c, *Ggf* 38–39). (Aus *Biogr* geht nicht hervor, ob er jemals als Geschworener tätig war.)
[14] Freges Engländer sind wohl Boole und Jevons. In der traditionellen Logik wurde der Übergang von 'Alle S sind P' zu 'Alle nicht-P sind nicht-S' als *conversio per contrapositionem* bezeichnet. Vgl. Sigwart 1873, 385.

tollens" (wobei er mit diesen Titeln natürlich nicht, wie heute üblich, Deduktionsregeln, sondern Prämisse und Konklusion eines kontraponierenden Arguments meint).[15] Den Gedanken, der durch den Vordersatz („Bedingungssatz") eines Konditionals ausgedrückt wird, bezeichnet Frege als die „Bedingung" des durch das Konditional ausgedrückten „hypothetischen Gedankengefüges", und der durch den Nachsatz („Folgesatz") ausgedrückte Gedanke heißt bei ihm die „Folge" eines solchen Gedankengefüges (vgl. 4-§9). Beim Übergang von (i) zu (ii) wird „das Entgegengesetzte der Bedingung zur Folge und zugleich das Entgegengesetzte der Folge zur Bedingung gemacht". Die Formulierung 'ist *das* Entgegengesetzte von' unterstellt Singularität (s. u. §7).

Ein Konditional kann auch dann eine Wahrheit ausdrücken, wenn durch einen oder beide Teilsätze kein wahrer Gedanke ausgedrückt wird. Ist einer der Sätze in einem Satzgefüge sinnlos, so ist es auch das ganze Satzgefüge. Ein Satzgefüge kann nun aber nur dann eine Wahrheit ausdrücken, wenn es sinnvoll ist. Mithin ist keiner der Teilsätze in einem Kontrapositionsargument, dessen Prämisse eine Wahrheit ausdrückt, sinnlos. Nun bezeichnet Frege den Sinn eines Behauptungssatzes als Gedanken. Er kann also sagen: Vom Vordersatz (Nachsatz) der Prämisse und vom Nachsatz (Vordersatz) der Konklusion eines Kontrapositionsarguments gilt, dass einer von ihnen einen falschen Gedanken ausdrückt; denn einer von zwei einander kontradiktorisch entgegengesetzten Gedanken (die nicht „der Dichtung angehören") ist falsch. Also denkt jemand, der aus einem wahren hypothetischen Gedankengefüge kontraponierend schließt, zwei falsche Gedanken. Die bizarre Konsequenz des Semi-Objektivismus bezüglich des Falschen ist, dass in einem solchen Fall etwas, das objektiven Bestand hat (sc. der in der Prämisse oder der in der Konklusion ausgedrückte wahre Gedanke) mindestens einen Teil enthält, der keinen objektiven Bestand hat (vgl. 147c).

Wären „indirekte Beweise nicht möglich", wenn man sich nicht auf die Kontrapositionsregel berufen könnte (146a, Ende)? (Frege sagt hier zwar „Gesetz", aber er meint nicht etwas, woraus, sondern

---

[15] Zum Gebrauch der lateinischen Titel vgl. Kant, Logik §26. Dem, was in *GG I*, §14, S. 27 und *1910/11, Vorl* 5 wie in *Vern* und *Ggf* 48 als Kontrapositionsregel erscheint, entspricht in der *BS* das logische Gesetz, dass $\forall p\, \forall q\, ((p \to q) \to (\neg q \to \neg p))$, als „erstes Grundgesetz der Verneinung" (X, §17, Nr. 28).

Kapitel 3 551

etwas, nach dem geschlossen wird,- eine Regel.[16]) Jedenfalls *sind* indirekte (apagogische) Beweise möglich, wenn man sich auf diese Regel berufen kann. Angenommen, wir wollen indirekt beweisen, dass nicht A ('A' und 'B' seien Abkürzungen für zwei Behauptungssätze, von denen der erste versteckt inkonsistent ist), und wir haben bereits die Behauptung, die in Zeile (1) steht, gerechtfertigt:

(1) ⊢ Wenn A, dann (B und nicht B).

Dann wenden wir die Kontrapositionsregel an und erhalten:

(2) ⊢ Wenn nicht (B und nicht B), dann nicht A.

Das *principium contradictionis* erlaubt uns die Behauptung in Zeile (3):

(3) ⊢ Nicht (B und nicht B).

Von (2) und (3) können wir nun unter Berufung auf die Regel *MPP* zu

(4) ⊢ Nicht A

übergehen.

Wenn wir uns auf die Gentzen'schen Regeln der Annahmen-Einführung und der Negator-Einführung (auch '*Reductio ad absurdum*' genannt) berufen können, sind wir auf die Kontrapositionsregel aber nicht *angewiesen*, um (4) abzuleiten.

	(1)	Wenn A, dann (B und nicht B)	(Theorem)
2*	(2*)	A	Annahmen-Einf.
2*	(3*)	B und nicht B	1, 2*; *MPP*
	(4)	Nicht A	2*, 3*; Neg.-Einf *(RAA)*.

Beim Übergang von der Kontradiktion in (3*) zu 'Nicht A' sind wir von der Hilfsannahme (2*) unabhängig geworden sind.

Für den Vergleich von *Vern* und *Ggf* sei Folgendes festgehalten: Frege setzt in 146b voraus, dass Prämisse und Konklusion eines Kontrapositionsarguments *verschiedene* Gedanken ausdrücken.[17]

---

[16] Auch in *Vern* 149f, 153c u. 154d bezeichnet Frege Schlussregeln als Schlussgesetze. (Der Sache nach unterscheidet er genau, was er terminologisch nicht eindeutig kennzeichnet.)
[17] In *n.1897a*, NS 166 findet man die vage Auskunft, beim Übergang von '$\forall x\ (Fx \to Gx)$' zu '$\forall x\ (\neg Gx \to \neg Fx)$' werde der „Sinn ... kaum berührt".

§2. Das zweite Argument des Opponenten und seine Zurückweisung.[18]

146c–147d. Dieses Argument des Semi-Objektivisten bezüglich der Falschheit erscheint in unserem Text verwirrenderweise in zwei Versionen. Zunächst sieht es so aus:

(P¹) Das „Sein eines Gedankens" besteht darin, dass er „als derselbe von verschiedenen Denkern gefasst werden" kann. (146c, erster Satz.)

(P²) Was falsch ist, kann nicht von verschiedenen Denkern gefasst werden. Also:

(K) Was falsch ist, ist kein Gedanke.

Später werden die Prämissen mit Hilfe der „Träger"-Metapher (s. o. 492) formuliert:

(P_1) Das „Sein eines Gedankens" besteht in seinem „Nichtbedürfen eines Trägers". (147d, letzter Satz.)

(P_2) Was falsch ist, bedarf eines Trägers. Also:

(K) Was falsch ist, ist kein Gedanke.

Diese beiden Argumente sind nicht bloß stilistische Varianten voneinander; denn während Prämisse (P¹) sich nicht mit Freges Konzeption der *Ego*-Gedanken verträgt, ist (P_1) mit ihr kompatibel (vgl. 2-§5.2). Im letzten Satz von 147d werden diese beiden Prämissen merkwürdigerweise kombiniert. Halten wir uns an die zweite Version des Arguments. Die vom Semi-Objektivisten in (P_1) behauptete Trägerbedürftigkeit ist die Trägerbedürftigkeit psychischer Akte und Zustände (146c). Deshalb kann man das intendierte Argument wohl so wiedergeben:

(P1) Gedanken sind nicht psychische Akte oder Zustände eines Denkers.

---

[18] VERGLEICHE: Log_2 150; *Ged* 67–69d.
LITERATUR: 2-§§ 6 u. 7.

Kapitel 3

(P2) Was falsch ist, ist ein kognitiver psychischer Akt oder Zustand. Also:

(K) Was falsch ist, ist kein Gedanke.

Frege versucht, das zweite Argument des Semi-Objektivisten zu entkräften, indem er drei Einwände gegen die zweite Prämisse vorbringt.

Erstens, 146c–147a: Viele Wissenschaftler können sich in der Akzeptanz einer Hypothese einig sein, die sich später als falsch herausstellt. (Anders als Freges Forscher in 146c annehmen, ist die „Perlsucht" des Rinds sehr wohl durch Fleisch und Milch tuberkulöser Tiere auf Menschen übertragbar.) Alle Geschworenen können den Inhalt einer Entscheidungsfrage erfassen, die sie später zu Recht verneinen. Jene Hypothese und dieser Inhalt sind nicht wie psychische Akte und Zustände identitätsabhängig (s. o. 494–7).

Zweitens, 147b–c: Manchmal ist ein Gedanke, der durch ein Konditional oder eine Adjunktion ('A oder B') ausgedrückt wird, wahr, aber mit dem einen oder anderen der verknüpften Teilsätze wird etwas Falsches gesagt. Wenn das Ganze nichts ist, dessen Identität und Existenz mit der eines bestimmten Denkers steht und fällt, wie kann dann einer seiner Teile auf diese Weise abhängig sein? Die im letzten Satz von 147c angegebene, sehr plausible Voraussetzung, dass Trägerunbedürftigkeit eine distributive Eigenschaft des Ganzen ist, schließt das aus. (Natürlich gilt nicht von *jeder* Eigenschaft eines Ganzen, dass daraus, dass das Ganze sie hat, folgt, dass seine Teile sie haben. Die Beschaffenheit, mehr als ein Kilo zu wiegen, ist offenkundig nicht in diesem Sinne distributiv. Wenn Freges Voraussetzung korrekt ist, dann ist die Eigenschaft, keines Trägers zu bedürfen, im selben Boot wie die Beschaffenheit, weniger als ein Kilo zu wiegen.)

Drittens, 147d: Das Verneinen kann nicht aus etwas, das ein psychischer Akt oder Zustand ist, etwas machen, das kein psychischer Akt oder Zustand, sondern ein wahrer Gedanke ist. (Gegen die These „Was nicht ist, kann ich nicht verneinen", kann der Opponent einwenden: Damit wird vorausgesetzt, dass sich das Verneinen in dieser Hinsicht so verhält wie beispielsweise das Finden. Aber warum sollte es nicht eher dem Suchen entsprechen? Man kann nicht nur suchen, „was ist": den Stein von Rosette z. B., das Geburtshaus Mozarts oder den Planeten zwischen Venus und Sonne, – man kann auch suchen, „was nicht ist": den Stein der

Weisen, den Mörder Mozarts oder den Planeten zwischen Sonne und Merkur.)

***

Frege hat den Semi-Objektivismus nicht erst 1919 kritisiert. Die folgende Passage aus seinem langen Logik-Manuskript hat bereits dieselbe Stoßrichtung wie Teil II unseres Aufsatzes:

> Es wäre falsch zu meinen, dass nur die wahren Gedanken einen von unserem Seelenleben unabhängigen Bestand hätten, dass die falschen dagegen wie die Vorstellungen unserem Inneren angehörten. Fast alles, was wir vom Prädikate *wahr* gesagt haben, gilt auch vom Prädikate *falsch*. Es ist im eigentlichen Sinne nur auf Gedanken anwendbar. Wenn man es von Sätzen oder Vorstellungen der Form nach aussagt, so sagt man es doch im Grunde von Gedanken aus. Was falsch ist, ist falsch an sich und unabhängig von unserer Meinung. Ein Streit um die Falschheit ist zugleich immer ein Streit um die Wahrheit. Dasjenige, um dessen Falschheit gestritten werden kann, gehört also nicht nur der einzelnen Seele an. (*Log$_2$* 150.)

III. Kritik an einer inadäquaten Konzeption des Verneinens.
(147e–153a)

§3. Ist Verneinen Trennen?[19] (147e–149d)

Im Anschluss an Aristoteles haben viele Philosophen Bejahung *(affirmatio)* als Zusprechung *(κατάφασις)* und Verneinung *(negatio)* als Absprechung *(ἀπόφασις)* aufgefasst und in der Begrifflichkeit von Verbindung *(σύνθεσις, compositio)* und Trennung *(διαίρεσις, divisio)* beschrieben.[20] Wenn wir z. B. sagen – um gleich den Fall der Verneinung ins Auge zu fassen –, dass Sokrates nicht blass ist, so sprechen wir ihm Blässe ab und erklären damit die Blässe für etwas, das von ihm getrennt ist. Sagen wir, dass einige Menschen nicht blass sind, so erklären wir die Blässe für etwas, das von einigen Menschen getrennt ist, und sagen wir, dass kein Mensch blass ist, so erklären wir sie für etwas, das von allen Menschen getrennt ist. Es ist nun

---

[19] Diese Frage erörtert Frege nur hier (anscheinend durch die Bauch-Lektüre motiviert).
[20] Aristoteles, *De Interpretatione* 1: 16^{a}12–13; 6: 17^{a}25–26; 7: 17^{a}38–18^{a}12; *Metaphysica* IX, 10: 1051^{b}1–5.

schwer zu sehen, wie man sich bei dieser Konzeption einen Reim auf verneinte Satzgefüge wie 'Es ist nicht der Fall, dass A und (B oder C)' machen soll: wem wird hier was abgesprochen, was wird hier als getrennt wovon dargestellt? Aber die Auffassung, an die diese Frage sich richtet, ist nicht die Konzeption des Verneinens, die Frege im Visier hat. Deren Anhänger – Bauch ist einer von ihnen – behaupten: Beim Verneinen wird etwas von etwas getrennt, Verneinung *ist* eine Art von „Trennung".[21] Zu bejahen und zu verneinen, bemerkt John Stuart Mill beiläufig in einem Buch, mit dem sich Frege in den *GL* auseinandergesetzt hat, sei so etwas wie „to put things together, and to put them or keep them asunder".[22] Die Frage, die Frege nun stellt, lautet: *Was* wird nach dieser Auffassung *wovon* getrennt, wenn in einer Äußerung ein Gedanke verneint wird (149c)?

Sind es Teile des verneinten Gedankens? Diese Auffassung scheint Herbart zu vertreten, wenn er schreibt:[23]

„[Das] Denken ein und desselben Begriffes [kann] vielmal wiederholt, bei sehr verschiedenen Gelegenheiten erzeugt und hervorgerufen, von unzähligen Vernunftwesen vorgenommen werden, ohne daß der Begriff hierdurch vervielfältigt würde... [Die Urteile sind] einzuteilen in bejahende und verneinende... Die Verneinung, ohne weitere Bestimmung, trennt einen Begriff von dem andern Begriff, d. h. von dessen Inhalte."

Dem Denken des Gedankens, dass nicht (2 > 3), müsste dann ein Trennen der Komponenten des Ausdrucks des Gedankens, dass 2 > 3, entsprechen; denn „[d]em Aufbau des Gedankens entspricht die Zusammensetzung des Satzes aus Wörtern [oder anderen Zeichen]" (148c). (Das ist *cum grano salis* zu verstehen: schließlich drücken ja laut *Ged* so verschieden aufgebaute Sätze wie 'Es ist leider wahr, dass Cäsar den Rubikon überschritt' und 'Der Rubikon wurde von Cäsar überschritten' denselben Gedanken aus. Vgl. 4-§1.) Frege gibt sich nun seiner Lust an der Satire hin. Dadurch dass man eine Inskription des Satzes '2 > 3' erst mit der Schere so in drei Teile zerschneidet, dass auf jedem Schnipsel etwas steht,

---

[21] Bauch 1918a, 51 (vgl. 1923, 72).
[22] Mill 1843, I, 4, §2. (Wir werden weiter unten Anlass haben, einen Vorläufer Mills in Oxford zu zitieren.)
[23] Herbart 1813, §§ 35, 54, 55. Es gibt keinen Beleg dafür, dass Frege dieses Buch gelesen hat.

was einen Teil des Gedankens, dass 2>3, ausdrückt, und sie dann vom Winde verwehen lässt, produziert man gewiss nicht einen Ausdruck der Verneinung des mit der intakten Inskription ausgedrückten Gedankens, und dieser dürfte seine „Hinrichtung *in effigie*" unversehrt überstehen. (Bei einer 'Hinrichtung *im Bildnis*' wird statt des entflohenen Verbrechers – oder des verhassten Präsidenten – beispielsweise eine Strohpuppe verbrannt, die ihn darstellt.) Was Gedankenausdrücke angeht, hat die Frege'sche Polemik hat einen illustren Vorläufer. Auf Lockes These: „[I]n affirmative or negative sentences [the signs of our ideas], made by sounds, are as it were put together or separated one from another" reagierte Leibniz nicht minder spöttisch als Frege:[24]

> „Eine Phrase, wie zum Beispiel 'weiser Mensch', ergibt noch keinen Satz. Dennoch kommt es dabei zu einer Verbindung zweier Terme. Außerdem ist Verneinung etwas anderes als Trennung (*Negation aussi est autre chose que separation*); denn erst zu sagen 'Der Mensch' und dann nach einer Pause zu äußern 'weise' ist nicht dasselbe wie: etwas zu verneinen."

Frege ist mit dem 'Separatisten' noch nicht fertig: Was, so fragt er ihn, geschieht nach dieser Konzeption eigentlich, wenn man die Verneinung eines Gedankens verneint (wodurch nach dem Gesetz der Doppelten Verneinung der ursprünglich verneinte Gedanke bejaht wird)? Werden die Gedankenteile, deren Trennung beim Denken des Gedankens, dass nicht (3>2), das mentale Gegenstück zum physischen Separieren der Inskriptionen von '3', '>' und '2' war, beim Denken des Gedankens, dass nicht (nicht (3>2)), erneut zusammengefügt? Das würde dann einem Einsammeln und Nebeneinanderlegen der verstreuten Schnipsel entsprechen. Bei diesem Nebeneinanderlegen kann nun aber ein Malheur passieren: wir erzeugen eine Inskription von '2>3'. „Das Verneinen gliche [bei dieser Konzeption] einem Schwerte, das die Glieder, die es abgehauen, auch wieder anheilen könnte. Aber dabei wäre größte Vorsicht geboten …" (149a).

---

[24] Locke 1690, IV, 5, §5/Leibniz, N.E. IV, 5, §5 [A VI.6: 396]. Lockes „as it were" deutet an, dass er mit seiner Beschreibung des Affirmierens und Negierens nicht allzu glücklich ist, und Leibniz lässt Locke-Philalèthe später sagen, er habe diese Formulierungen nur „defaut de mieux" verwendet [A VI.6: 397].

Kapitel 3 557

EINE ANSPIELUNG? Der erste der beiden gerade zititierten Sätze klingt wie eine literarische Anspielung, aber worauf eigentlich? Das Ohr des Malchus, das Petrus mit dem Schwert abgeschlagen hatte (Joh 18, 10), wurde zwar wieder angeheilt, aber nicht mit dem Schwert (Luk 22, 50 f). Gewissen Speeren wurde die Kraft zur Beseitigung des Schadens nachgesagt, der mit ihnen angerichtet worden war, und vielleicht spielt Frege hier mit diesem Motiv. Im 'Tēlephos', einer verlorenen Tragödie des Euripides, heißt es, dass die Wunde, die Achill dem Tēlephos mit dem Speer zugefügt hatte, durch eben diesen Speer auch wieder geheilt wurde – wie das Orakel angekündigt hatte: „ὁ τρώσας ἰάσεται [Der dich verwundet hat, wird dich heilen]". (Diesen Spruch konnte Frege [wie Günther Patzig, dem ich den Hinweis verdanke] aus dem Gymnasium kennen oder aus Gustav Schwabs Nacherzählung der 'Schönsten Sagen des Klassischen Altertums' [2. Teil, 1. Buch, ¹1839].) Frege könnte aber auch an den heilenden Einsatz eines ganz anderen Speers in Wagners 'Parsifal' denken. Mit der Spitze der Lanze, mit der ein römischer Soldat sich laut Joh 19, 34 davon überzeugt hatte, dass der Gekreuzigte tot war, und mit der König Amfortas verwundet wurde, berührt Parsifal die offene Wunde des Königs; denn „die Wunde schließt/der Speer nur, der sie schlug". (Aber vielleicht verdankt Frege seinen Vergleich gar keiner Quelle.)

Man beachte, wie Frege in 148d die doppelte Verneinung eines Gedankens ausdrückt: die innere Verneinung, wie in der „Volkssprache" üblich, mit dem „eingeschobenen" Wort 'nicht', das ein prädikatbildender Prädikatoperator ist (149b, 152ab),[25] und die äußere mit dem einstelligen satzbildenden Satzoperator 'Es ist nicht wahr, dass ...'. (Stotternde Äußerungen wie 'Sokrates ist nicht nicht blass' sind ungrammatisch.) Diesem satzbildenden Satzoperator oder *Junktor*, an dessen Stelle Frege auch die heute in Logik-Büchern beliebtere Variante 'Es ist nicht der Fall, dass ...' hätte verwenden können, entspricht, wenn man ihn als unzerbrechliche Einheit behandelt, das Verneinungszeichen in Freges Begriffsschrift, ein kurzer senkrechter Strich an der unteren Seite des Waagerechten (*BS* § 7;

---

[25] In manchen Sprachen wird dieser prädikatbildende Prädikatoperator in einem elementaren Behauptungssatz zwischen Kopula und generellen Term gestellt ('Ernest is not tired') oder hinter das Prädikat ('Ernst schläft nicht'), in anderen steht er vor dem Prädikat ('Ernesto non è stanco', 'Ernesto non dorme').

GG I, §6), das 'nicht ( )' in *Ggf* 40c ff und in anderen logischen Zeichensystemen

die Wellenlinie '∼' (Peano, Whitehead-Russell, Wittgenstein),
der Gedankenstrich '–' (Quine),
der Überstrich ' ‾ ' (Peirce, Hilbert, Lorenzen),
der Buchstabe 'N' (Łukasiewicz, Prior),
und der in diesem Buch verwendete Haken '¬' (Heyting, Gentzen).

Die weite Verbreitung des Titels 'Junktor' in der deutschsprachigen Logik-Literatur geht wohl auf Paul Lorenzens 'Formale Logik' von 1958 zurück. (Zur Wortgeschichte s. u. 4-§3.) Eigentlich ist die gängige Rede von einem „einstelligen (monadischen) Junktor" (oder einem „one-place connective") eine *contradictio in adjecto*. Das lateinische Verbum *'iungere'* heißt soviel wie 'verbinden', mithin sollte man von jedem Junktor erwarten, dass er (wie z. B. '..., und – -') mehrere Sätze zu einem Satzgefüge verbindet. Aber für Proteste ist es jetzt viel zu spät: Logiker haben sich und uns längst daran gewöhnt, auch einstellige satzbildende Satzoperatoren als Junktoren zu bezeichnen.

Die Entsprechung zwischen dem begriffschriftlichen Verneinungszeichen (und seinen typographischen Varianten) und dem Vorspann in 'Es ist nicht wahr, dass A' entfällt, wenn das erste Wort des Vorspanns kataphorisch gebraucht ist – so wie in '*Es* ist nicht schön, das Wetter in Hamburg'. Dann handelt es sich nämlich um eine Prädikation, 'Dass A, ist nicht wahr', in der das Verneinungszeichen wieder ein prädikatbildender Prädikatoperator ist. Der durch diese Prädikation ausgedrückte Gedanke ist als Gedanke über einen Gedanken genau das, was Bolzano als „Verneinungs- oder Berichtigungssatz" bezeichnet.[26] Und ein mit dieser Prädikation kundgegebenes Urteil könnte das sein, was in Sigwarts Augen jedes verneinende Urteil ist: „direct ein Urtheil über ein [versuchtes oder vollzogenes positives] Urtheil, erst indirect ein Urteil über das Subject dieses Urtheils".[27] Wenn die Negation eines Satzes von genau dem handelt, wovon der negierte Satz handelt, dann ist die Negation des Satzes 'Kants Frau war blond', der nach Frege einen wahrheitswertlosen Gedanken ausdrückt, ebenfalls bedeutungslos. Handelt die Negation eines Satzes aber von dem Gedanken, den

[26] Bolzano, WL II, 63.
[27] Sigwart 1873, 123, '[...]' in 1889, 154.

der negierte Satz ausdrückt, so ist das nicht der Fall: die Prädikation 'Dass Kants Frau blond war, ist nicht wahr' drückt eine Wahrheit aus.

Auch wenn wir uns die kataphorische Interpretation verbieten, ist die Entsprechung zum „Verneinungsstrich" und seinen Verwandten nicht perfekt; denn der Prolog 'Es ist nicht wahr, dass' ist natürlich keine unzerbrechliche Einheit: er hat (genau wie 'Es ist nicht der Fall, dass') eine Binnenstruktur, die es z.B. erlaubt, zwischen 'ist' und 'nicht' die Parenthese 'wie wir alle wissen' zu setzen. Würde man Gedanken immer mit Hilfe dieses Prologs verneinen, könnte im Übrigen der Eindruck entstehen, der Sinn von 'wahr' gehe in die Verneinung jedes Gedankens ein. Frege will also wohl nicht nur Druckerschwärze sparen, wenn er in *Ggf* 'nicht A' anstelle von 'Es ist nicht wahr, dass A' verwendet.[28] Man übersieht leicht, dass er sich damit über die Grammatik unserer Sprache hinwegsetzt. Im Unterschied zu 'Nicht alle Philosophen sterben im Gefängnis' ist 'Nicht es gibt Philosophen in Sparta' kein grammatisch korrekter Satz unserer Sprache,[29] doch in Freges „Hilfssprache" ist beides wohlgeformt (vgl. 5-§5). In *Ggf* 41a heißt es denn auch: „Wenn 'A' einen Gedanken ausdrückt, dann *soll* 'nicht A' die Verneinung dieses Gedankens ausdrücken" (meine Herv.).[30] Frege bestreitet nicht, dass das 'nicht' in Sätzen wie 'Sokrates ist nicht blass' und ‚Sokrates flieht nicht' (genau wie die Affixe in 'Anna ist unverheiratet' und 'Ben ist humorlos') grammatisch zum Prädikat gehört, aber er glaubt, dass die semantische Pointe dieses eingeschobenen oder nachgestellten 'nicht' (und die der Affixe in jenen Sätzen), nämlich aus dem Ausdruck eines wahren Gedankens den eines falschen und aus dem Aus-

---

[28] Frege hätte wohl unterschrieben, was Tarski in 1935, 24 in einer Fußnote sagt: "Aus stilistischen Gründen gebrauchen wir manchmal anstatt des Wortes 'nicht' den Ausdruck 'es ist nicht wahr, dass', wobei wir diesen ganzen Ausdruck als ein einzelnes Wort behandeln, ohne seinen einzelnen Teilen und insbesondere dem in ihm auftretenden Wort 'wahr' irgendwelche selbständige Bedeutung zuzuschreiben".
[29] Und eine Äußerung von 'Nicht Sokrates ist deprimiert' ist nur bei Betonung des Namens (und gefolgt von so etwas wie '..., sondern Phaidon ist es') wohlgeformt.
[30] Man darf bezweifeln, dass die Übersetzung dieser Stelle mit „If 'A' expresses a thought, then 'not A' *must* express the negation of this thought" (Stoothoff 1977) diesen stipulativen Charakter herausbringt. Wäre *'is to'* nicht besser?

druck eines falschen Gedankens den eines wahren zu machen, in einer reglementierten „Volkssprache"[31] oder in einer Begriffsschrift am besten durch einen atomaren Satzvorspann wiedergegeben wird. Ich werde ein Verneinungszeichen, das von dieser Art ist, fortan als *Negator* bezeichnen und einen Satz, der mit einem Negator beginnt, als *Negation* des Satzes, der auf ihn folgt.[32] (In diesem Kommentar stehen logische Termini des quasi-lateinischen Typs '–tor' und '–tion' immer für *sprachliche* Gebilde.)

Der Negator akzeptiert als Input auch Prädikate und liefert dann als Output ein komplexeres Prädikat, aber das Verständnis dieses Prädikats ist im Verständnis der Negation eines Satzes fundiert: Ein Prädikat des Typs 'nicht F ( )' trifft genau dann auf den Gegenstand zu, den der singuläre Term 'a' bezeichnet, wenn der Satz 'nicht Fa' eine Wahrheit ausdrückt.

Welche Optionen bleiben bei der Frage nach den Opfern des als Trennungsoperation konzipierten Verneinens (149c)? Schwerlich können ein Gegenstand und eine Eigenschaft das sein, was im Fall elementarer Verneinungen getrennt wird: Wer urteilt, dass Sokrates nicht blass ist, trennt nicht die Blässe von dem Mann, – das könnte ihm eher gelingen, wenn er den Mann ins Solarium schickt. Gehören die im Verneinen vermeintlich getrennten Entitäten vielleicht zur Innenwelt dessen, der etwas verneint? Locke schreibt: „[In mental propositions] the ideas in our understanding are ... put together, or separated by the mind",[33] und Christian Wolff vertritt zwei Jahrzehnte später dieselbe Auffassung:[34]

„Einen Begrif nenne ich eine jede Vorstellung einer Sache in unseren Gedancken... Wir urtheilen, wenn wir uns gedencken, dass einer Sache etwas zukomme, oder nicht...Derowegen wenn wir urtheilen, verknüpfen wir zwey Begriffe mit einander, oder trennen sie von einander, nemlich den Begrif des Dinges, von welchem wir urtheilen, und den Begrif dessen, was ihm zukommen, oder nicht zukommen soll."

---

[31] Mit dem Adjektiv mache ich eine terminologische Anleihe bei Quine (1960, Kap. 5: „Regimentation").
[32] Der Negator erlaubt auch eine Paraphrase von Sätzen wie 'Niemand (nichts) ist vollkommen', 'Sie bleibt nirgendwo lange', 'Er ging, ohne sich zu verabschieden', die kein 'streichbares' Verneinungszeichen enthalten.
[33] Locke 1690, IV, 5, §5.
[34] Wolff 1713, 123, 156. (Ich will natürlich nicht suggerieren, Frege habe Wolff gelesen.)

Bejahe ich den Gedanken, dass Sokrates blass ist, wenn ich mir Sokrates blass vorstelle? Ich habe dann eine Vorstellung von Sokrates mit einer Vorstellung von Blässe verknüpft. Aber ich kann mir Sokrates blass vorstellen, ohne zu glauben, dass er blass ist, während ich nicht urteilen kann, dass er blass ist, ohne zu glauben, dass er es ist (vgl. Leibnizens Kritik an Locke). Verneine ich den Gedanken, dass Sokrates blass ist, wenn ich zwischen dem Denken an Sokrates ohne jeden Gedanken an Blässe und dem Denken an Blässe ein paar Stunden verstreichen lasse? Ich habe dann zwar meine Sokrates-Vorstellung von meiner Blässe-Vorstellung separiert; aber ich habe damit ganz bestimmt nicht das Urteil gefällt, dass Sokrates nicht blass ist.

§4. Eine dubiose Einteilung der Gedanken.[35] (149e–150c)

Einer der Philosophen, die „einen verneinenden Gedanken für weniger brauchbar [halten] als einen bejahenden" (149e), ist Bruno Bauch. Er behauptet (unter Berufung auf Sigwart): Meine Auskunft, dass ich jetzt nicht nach Hause gehe, „sagt keinem Menschen etwas", teilt nichts Bestimmtes mit, weil sie offen lässt, ob ich mich überhaupt jemals oder ob ich mich später auf den Weg nach Hause machen werde, ob ich mich jetzt, wenngleich nicht zu Fuß, nach Hause oder ob ich mich jetzt zu Fuß woandershin als nach Hause begeben werde.[36] Dass meine Auskunft keine dieser Fragen beantwortet, stimmt natürlich; aber sie beantwortet immerhin die Frage, ob ich jetzt nach Hause gehen werde, und diese Information ist ja auch nicht zu verachten. (Sigwart macht darauf aufmerksam, dass meine Auskunft durch verschiedene Betonungen auch Antworten auf manche der anderen Fragen nahelegen kann. Auf diese Beobachtung kann sich Frege mit Hilfe seines Konzepts der variablen „Färbung" eines Gedankens einen theoretischen Reim machen (s. o. 2-§4, *sub* III). In einer assertorischen Äußerung von 'Es ist nicht der Fall, dass Ben mir eine CD zum Geburtstag geschenkt hat' kann die Sprecherin durch Betonung von 'Ben', 'mir', etc. andeuten, welchen Grund sie für ihre Behauptung hat.) Im Übrigen bleiben ja auch viele

---

[35] VERGLEICHE: *Log$_2$* 162; *1919c*, NS 274.
 LITERATUR: Dummett, FPL 325–326; Quine 1987, 142–144; Horn 1989, Kap. 6; Carston 2002, Kap. 4; Napoli 2006.
[36] Bauch 1918a, 53 (≈1923, 74); vgl. Sigwart 1873, 125.

Fragen offen, wenn ich sage, dass ich jetzt nach Hause gehe: Allein oder in Begleitung? In welchem Tempo? Auf welchem Weg?

Aber gibt es in der Logik überhaupt Anlass, 'verneinende Gedanken' von anderen zu unterscheiden, und ist eine solche Unterscheidung durchführbar? Frege vergleicht zwei Argumente:[37]

	(1)	⊢ ¬A → ¬B	
	(2)	⊢ ¬A	
∴	(3)	⊢ ¬B	1, 2; *MPP*

	(1*)	⊢ C → ¬B	
	(2*)	⊢ C	
∴	(3)	⊢ ¬B	1*, 2*; *MPP*.

Beide Argumente werden durch dieselbe Deduktionsregel legitimiert. Frege würde die Regel so formulieren: Aus einem Satz, der ein wahres hypothetisches Ggf ausdrückt, und einem Satz, der eine Wahrheit ausdrückt, welche die „Bedingung" dieses Ggf ist, kann man einen Satz ableiten, der die „Folge" dieses Ggf ausdrückt.[38] Es gibt keinen guten Grund, hier mit zwei Regeln zu arbeiten, je nachdem ob die „Bedingung" durch einen Satz ausgedrückt wird, der mit dem Negator beginnt oder nicht. Warum also 'verneinende Gedanken' von anderen unterscheiden?

Man könnte nun meinen, dass Argumente nach *Modus tollendo tollens* (*MTT*)[39] Freges Generalisierung als voreilig erweisen:

	(i)	⊢ A → B	
	(ii)	⊢ ¬B	
∴	(iii)	⊢ ¬A	i, ii; *MTT*.

Eine Frege-konforme Formulierung der hier in Anspruch genommenen Deduktionsregel sähe doch wohl so aus: Aus einem Satz, der ein wahres hypothetisches Ggf ausdrückt, und einem Satz, der eine Wahrheit ausdrückt, welche die Verneinung der „Folge" die-

---

[37] Ich schreibe die Konditionale auf den nächsten Seiten als Subjunktionen (zur Terminologie s. u. 4-§9) und transkribiere dabei Freges BS-Notation in eine vertrautere.

[38] *MPP* ist die einzige offizielle Regel in der *BS* (vgl. 2-§1).

[39] Der lateinische Name der Regel erklärt sich aus ihrer traditionellen Formulierung: „*Sublato conditionato tollatur conditio* [wenn das Bedingte aufgehoben ist, darf die Bedingung aufgehoben werden]" (Ueberweg ¹1857–⁵1882, § 122).

ses Ggf ist, kann man einen Satz ableiten, der die Verneinung der „Bedingung" dieses Ggf ausdrückt. Hier ist es doch essentiell, von der Verneinung eines Gedankens zu reden. Und gilt das nicht auch (um an Freges eigenes Beispiel zu erinnern) für die Regel der Kontraposition? In der Tat. Aber Freges These ist *nicht*, dass man in der Logik ohne das *zweistellige* Prädikat '( ) ist die Verneinung von [ ]' auskommen kann, in dem die Leerstellen durch Bezeichnungen von Gedanken zu sättigen sind. Ein verwandtes zweistelliges Prädikat hat er ja selber in 146a–b gebraucht: '( ) ist das Entgegengesetzte von [ ]'. Freges These ist, dass das *einstellige* Prädikat '( ) ist ein verneinender Gedanke' in der Logik überflüssig ist. Man kann feststellen, dass ein Gedanke die Verneinung eines anderen ist, ohne sich mit der Frage beschäftigen zu müssen, welcher von beiden ein 'verneinender Gedanke' ist. G_2 ist genau dann die Verneinung von G_1, wenn gilt: G_2 ist derjenige Gedanke, in dem der Sinn des Negators durch G_1 zu einem vollständigen Gedanken ergänzt ist (s. u. §9).

Ein Verneinungszeichen kann in verschiedenen Gestalten und an verschiedenen Stellen in einem Satz auftreten:

(a) Die Zahl 7 ist *un*gerade ([lat., span., etc.:] *im*par; [poln.:] *nie*parzysty),

(b) Christus ist *nicht* sterblich,

(c) Yul hat *kein* einziges Haar auf dem Kopf,

(d) *Kein* anderer Berg im Riesengebirge ist so hoch wie oder höher als die Schneekoppe.

Kann man im Rekurs auf die An- oder Abwesenheit eines solchen Zeichens im Gedankenausdruck 'verneinende Gedanken' von 'bejahenden' unterscheiden (150b)? Aber wie sollte man das anstellen, wenn die Sätze

(a*) The number 7 is odd ([schwed.:] udda; [tschech.:] lichý),[40]

---

[40] In diesen und vielen anderen Sprachen wird das Antonym zur jeweiligen Bezeichnung für gerade Zahlen (*engl.* 'even', *schwed.* 'jämt', *tschech.* 'sudý') nicht mit einem Negationsaffix gebildet – anders als z. B. im Dtsch., im Lat. (Ital., Span., Port., Frz., Rum.) oder im Poln., wo 'parzysty' unserem 'gerade' entspricht.

(b*)   Christus lebt ewig,

(c*)   Yul ist völlig kahl,

(d*)   Die Schneekoppe ist der höchste Berg im
       Riesengebirge⁴¹

denselben Gedanken wie ihre Gegenstücke ausdrücken? (Sie tun es, falls Freges partielles Kriterium der Gedanken-Identität korrekt ist, das ich in 4-§11 vorstellen und erörtern werde.) Dabei ist das a-Paar vielleicht noch relativ unproblematisch. Bei arithmetischen Prädikaten gibt es nämlich so etwas wie eine Hierarchie der Definitionen: (1.) 'ξ ist gerade =Df. ξ ist eine ganze Zahl, die ohne Rest durch 2 teilbar ist', und (2.) 'ξ ist ungerade =Df. ξ ist *nicht* gerade'. Unter Berufung auf die zweite Definition können wir sagen, dass (a) und (a*) einen Gedanken ausdrücken, der den Sinn des Negators enthält.⁴² Aber wie steht es um die b-, c- und d-Paare? Wenn ihre Glieder jeweils denselben Gedanken ausdrücken, drängt sich die Frage auf: Enthält dieser Gedanke den Sinn des Negators, oder enthält er ihn nicht? Frege stellt mit Erleichterung fest, dass die Logik nicht auf eine Einteilung der Gedanken in 'bejahende' und 'verneinende' angewiesen ist, bei der so unklar ist, was wohin gehört. Aber macht seine Konzeption des Gedankens jene Frage nicht unabweisbar?

Sie könnte wohl nur dann abgewiesen werden, wenn Gedanken nicht an und für sich, sondern immer nur relativ zu einer bestimmten sprachlichen Artikulation eine bestimmte Struktur hätten. Zwei Sätze, die nicht dieselbe logische Form haben, aber denselben Gedanken ausdrücken, würden gewissermaßen verschiedene Strukturen auf die Projektionsfläche des ausgedrückten Gedankens projizieren:

---

⁴¹ Da uns in den *LU* der Brocken und die Schneekoppe, über deren Gipfel heute die Staatsgrenze zwischen Polen und Tschechien verläuft, wiederholt begegnen (*Vern* 148d–149a, *Ggf* 50ab), kann es vielleicht nicht schaden zu wissen, dass der erste in 148d angeführte Satz mit behauptender Kraft ausgesprochen werden darf: sie ist ca. 1.600 m hoch, er ca. 1.140 m.

⁴² Vgl. die analoge Überlegung Bolzanos zu den Sätzen (1) '*a* ist ein rechter Winkel' und (2) '*a* ist ein schiefer Winkel' (Bolzano, WL I, 419–420). *Per definitionem* ist ein rechter Winkel ein Winkel, der mit seinem Nebenwinkel kongruent ist, und ein schiefer Winkel einer, der kein rechter ist. Also enthält der „Satz an sich", der durch (2) ausgedrückt wird, den Sinn von 'nicht', und der durch (1) ausgedrückte Gedanke enthält ihn nicht (oder jedenfalls einmal weniger, wenn das Definiens von 'kongruent' ein 'nicht' enthält).

der eine, so könnte man dann sagen, „drückt zwar denselben Sinn aus" wie der andere, „aber in anderer Weise" (*FuB* 11).⁴³ Die logische Form von (b) ist eine andere als die von (b*), denn nur die korrekte Paraphrase von (b) in einem begriffsschriftlich reglementierten Deutsch beginnt mit dem Negator. Beide Sätze drücken *(per hypothesin)* denselben Gedanken aus, aber nur (b) artikuliert diesen Gedanken als verneinenden. Entsprechendes würde von den c- und d-Paaren gelten.

Frege vertritt in *GL* §107 eine analoge Hypothese, wenn er sagt, wir seien manchmal gerechtfertigt, den Inhalt eines Satzes, der nicht die Form eines Identitätssatzes hat, „als den eines Wiedererkennungsurteils aufzufassen", – falls er dabei mit „Inhalt" meint, was er später als Gedanken bezeichnen wird. Den *GL* zufolge können wir den Inhalt von 'Jupiter hat vier Monde' als den des Identitätssatzes 'Die Zahl der Jupiter-Monde ist Vier' auffassen, den Inhalt von 'Die Fernrohrachse und die Erdachse (die Bluse und der Rock) sind parallel (gleichfarbig)' als den des Identitätssatzes 'Die Richtung der Fernrohrachse (die Farbe der Bluse) ist identisch mit der Richtung der Erdachse (der Farbe des Rocks)' und den Inhalt von 'Es liegen genauso viele Messer wie Gabeln auf dem Tisch' als den des Identitätssatzes 'Die Zahl der Messer auf dem Tisch ist dieselbe wie die Zahl der Gabeln auf dem Tisch' (*GL* §§ 57, 64, 70). Der „Inhalt", der jeweils nur von einem der beiden Sätze „als Inhalt eines Wiedererkennungsurteils aufgefasst" wird, ist *(per hypothesin)* ein und derselbe Gedanke, der durch Sätze, die nicht dieselbe logische Form haben, auf verschiedene Weise artikuliert wird, der an und für sich aber *amorph* ist.– Aber würde Frege nicht auch vom Formulieren eines Gedankens sagen, was er vom „Fassen eines Gedankens" sagt: dass es „nicht ein Stiften der Ordnung seiner Teile" ist (151b)? (Vgl. 4-§11.)

Die Fälle, die Frege in *BuG* 199–200, in *1906b*, NS 203 und in *n.1906*, NS 218 bespricht, sind von ganz anderer Art. Bei verschiedener Dekomposition *eines* Satzes kann ein und derselbe Gedanke als singulärer und als partikulärer erscheinen: Wenn man den Satz (S) 'Es gibt etwas, das ein Berg und höher als der Brocken ist' in den Eigennamen und den Rest zerlegt, dann erscheint der von (S) ausge-

---

⁴³ Das Beispielpaar, von dem Frege das in *FuB* sagt, ist allerdings fatal; denn die beiden Sätze instantiieren die beiden Seiten des sog. Grundgesetzes (V) der *GG*.

drückte Gedanke als ein singulärer, demzufolge der Brocken die Eigenschaft hat, von einem anderen Berg überragt zu werden. Zerlegt man (S) hingegen in den sententialen Funktor zweiter Stufe 'Es gibt einen Gegenstand, von dem gilt: er ...' und den sententialen Funktor erster Stufe '( ) ist ein Berg, und ( ) ist höher als der Brocken', so erscheint derselbe Gedanke als ein partikulärer, demzufolge der Begriff eines Berges, der höher als der Brocken ist, die Eigenschaft hat, nicht leer zu sein. Von der multiplen Zerlegbarkeit eines Satzes kann man sich schon anhand von Sätzen wie 'Caesar überschritt den Rubicon' überzeugen (s. o. 451–2), und in *Vern* 156bc wird Frege sie an der doppelten Negation eines Satzes demonstrieren. Dass ein Gedankenausdruck multipel zerlegbar ist, spricht nicht dafür, dass der ausgedrückte Gedanke amorph ist, sondern dafür, dass er *polymorph* ist.–

Dass die Sprachen „in logischen Fragen unzuverlässig" sind (150c), und zwar gerade beim Gebrauch von 'nicht' und 'un-', macht Frege in *1897*, NS 162 an partikulären und universellen Sätzen klar: Mit 'Sokrates ist nicht dumm' drücken wir die Verneinung des Gedankens aus, dass Sokrates dumm ist; aber mit 'Einige Philosophen sind nicht dumm' keineswegs die Verneinung des Gedankens, dass einige Philosophen dumm sind. Mit '8 ist nicht ungerade' drücken wir die doppelte Verneinung des Gedankens aus, dass 8 gerade ist, aber mit 'Nicht alle Zahlen sind ungerade' keineswegs die doppelte Verneinung des Gedankens, dass alle Zahlen gerade sind.[44] Aber auch in Sätzen ohne quantifizierende Ausdrücke sind schon „Fallstricke gelegt". Was das Präfix 'un-' angeht, macht Frege darauf aufmerksam, dass 'a ist un-F' nicht immer die Verneinung des Gedankens, dass a F ist, ausdrückt (*1897*, NS 162). Wir sagen etwa: 'Sie war in jenem Sommer nicht glücklich, aber unglücklich war sie auch nicht', oder: 'Was nicht moralisch ist, ist nicht immer unmora-

---

[44] Im Übrigen ist nicht alles, was in einer natürlichen Sprache wie eine doppelte Negation aussieht, auch wirklich eine. Ein Volkslied besingt die „heimliche Liebe, von der niemand nichts weiß", in Goethes Posse 'Das Jahrmarktsfest zu Plundersweilern' klagt ein persischer Höfling: „Mit unsern Weibern auch ist es ein übel Spiel;/Sie haben nie kein Geld und brauchen immer viel", und noch heute sagt ein Bayer mit 'I hab koan Huad ned', dass er keinen Hut hat. Russell weist darauf hin, dass die des Diebstahls bezichtigte Haushälterin mit ihrem empörten Ausruf „I ain't never done no harm to no one" wohl kaum sagen will, dass sie jedem irgendwann Schaden zugefügt hat (Russell 1956, 243).

lisch'. Als Bezeichnung für das, was moralisch weder Lob noch Tadel verdient, ist der griechisch-lateinische Wechselbalg 'amoralisch' in Umlauf gekommen. (Im Übrigen heißt 'F' in 'a ist un-F' gar nicht immer dasselbe wie in 'a ist F', so z. B. in 'Das ist unheimlich', und manchmal ist die 'un'-lose Variante sinnlos, so bei 'Er ist unbeholfen' und 'Sie ist unpässlich'.) – In den beiden folgenden Fällen wird durch Einfügung von 'nicht' kontradiktorisch Entgegengesetztes ausgedrückt, aber (normalerweise) konträr Entgegengesetztes zu verstehen gegeben. Sagt er zu ihr: 'Bacons Bilder gefallen mir nicht', so will er ihr wahrscheinlich zu verstehen geben, dass ihm Bacons Bilder *miss*fallen (was keineswegs die Verneinung des Gedankens ist, dass sie ihm gefallen). Sagt sie zu ihm: 'Ich glaube nicht, dass es heute Nacht geschneit hat', so will sie ihm wohl zu verstehen geben, sie glaube, dass es in der fraglichen Nacht *nicht* geschneit hat (was keineswegs die Verneinung des Gedankens ist, dass sie glaubt, es habe geschneit).– Man kann sich nicht einmal darauf verlassen, dass die Antwort 'Nein' auf die Frage, ob A, immer die Verneinung des Gedankens, dass A, ausdrückt. Beantwortet sie seine Frage 'Hat es heute Nacht nicht geschneit?' mit 'Nein.', so drückt ihre Antwort keineswegs die Verneinung des Gedankens aus, der durch seine Frage ausgedrückt wird, also des Gedankens, dass es heute Nacht *nicht* geschneit hat. (Hätte sie diesen Gedanken verneinen wollen, so hätte sie 'Doch.' gesagt.)

Manchmal stellt man mit Hilfe des 'nicht' in der assertorischen Äußerung eines einfachen Behauptungssatzes gar nicht die Verneinung des Gehalts seines 'nicht'-losen Gegenstücks als wahr hin. Das belegen die folgenden drei Mini-Dialoge. (1) SIE: 'Diese Pizza ist groß.' ER: 'Sie ist nicht groß, – sie ist *riesig.*' Mit dem ersten Satz will er bestimmt nicht die Verneinung des Gedankens, dass die Pizza groß ist, behaupten; denn dann würde er ja etwas offenkundig Inkonsistentes als wahr hinstellen. Er widerspricht ihr nicht, sondern er kritisiert ihre Behauptung als zu schwach. ('*X* ist riesig' impliziert '*X* ist groß', aber die Umkehrung gilt nicht.) (2) ER: 'Anna besitzt einen Köter.' SIE: 'Anna besitzt nicht einen Köter, – sie besitzt einen *Hund.*' Mit dem ersten Satz widerspricht sie nicht dem Gedanken, den er ausgedrückt hat, sondern sie verwahrt sich mit ihm gegen die „Färbung", die er diesem Gedanken hat angedeihen lassen (vgl. 2-§4). (3) SIE: 'Diese Nachricht hat Ben sehr erschrocken.' ER: 'Die Nachricht hat Ben nicht erschrocken, – sie hat ihn *erschreckt.*' Der erste Satz in seiner Äußerung kann schon deshalb nicht die Verneinung des Gedankens ausdrücken, den ihre Äußerung ausgedrückt hat, weil die Äußerung eines grammatisch defekten Satzes gar keinen Gedanken ausdrückt. (Wie man an seiner Reaktion sehen kann, ist es ihr dennoch gelungen, ihm etwas zu verstehen zu geben.) Mit dem ersten Satz verwirft er ihre Formulierung als sprachlich misslungen, und er behebt diesen Defekt in seinem zweiten Satz. (Er stellt mit dem zweiten Satz also wohl auch keine Behauptung auf.)

§5. Quelle der Fehlkonzeption.[45] (150d–153a)

Frege vermutet, dass die von ihm verworfene Konzeption des Verneinens nicht zuletzt auf überzogene definitorische Ambitionen ihrer Anhänger zurückzuführen ist.[46] Sie wollen einen Begriff – den des Urteils – durch eine „zerlegende Definition" erklären, der womöglich gegen eine derartige Erklärung resistent ist. Wenn sie sagen, ein Urteil sei etwas Zusammengesetztes, dessen Teile in gewissen Beziehungen zueinander stehen, so geben sie nur etwas an, was ein Urteil mit jedem Ganzen gemeinsam hat. Frege bestreitet nicht, dass man in Urteilsakten Teile unterscheiden kann (151a), und er behauptet, dass man in Gedanken Teile unterscheiden kann. Doch was sind im ersten Fall die Komponenten? Die traditionelle Antwort lautet: Akte des Vorstellens, des nicht-propositionalen Denkens. Die Befürworter dieser Antwort pflegen sich auf eine Aristotelische These zu berufen: was im Seelischen wahr oder falsch ist, ist eine „σύνϑεσις νοημάτων (eine Verbindung von Gedanken, von Vorstellungen)".[47] Vielleicht klingt diese Antwort einmal auch bei Frege an, wenn er in *BS* §2 sagt, dass mit '— A' kein Urteil, sondern eine „bloße Vorstellungsverbindung" ausgedrückt wird.[48] Wenn 'ausdrücken' hier soviel wie 'kundgeben' heißt, dann könnte gemeint sein, dass man in einem Urteilsakt *mehr* tut als Akte des Vorstellens miteinander zu verbinden. Mit Satz Nr. 3 in seinem 'Anti-Lotze' (*c.1883a*, NS 189) bestreitet Frege dann, dass Denken,

---

[45] VERGLEICHE: *Ged* Anm. 1 u. 3, 62b–63a; *Ggf* Anm. 3.
[46] In 150a verwendet Frege das Wort 'Begriff' für den *Sinn* eines zu definierenden Ausdrucks.
[47] Aristoteles, *De anima* III, 6: 430ª27–28. Auf diese Stelle verweist Sigwart 1873, 57.
[48] Vgl. oben S. 308.

also doch wohl auch: dass Urteilen ein Verbinden von Vorstellungen ist. Das ist einleuchtend; denn auch wenn man im Modus des Dahingestellt-sein-Lassens denkt, dass manche Philosophen konfus sind, tut man etwas anderes als wenn man sich einen Philosophen, der konfus ist, vorstellt: vgl. oben in §3 die Kritik Leibnizens an Locke. (Die positive These, das Denken sei ein Verknüpfen von „Dingen, Eigenschaften,…", ist sehr unplausibel: Stellt man eine Verbindung zwischen dem Badewasser und der Hitze her, wenn man denkt, dass das Badewasser heiß ist? Bedient man sich zu diesem Zweck nicht besser der Armaturen?)

Bei dem Wort 'Urteil' muss man genau wie bei 'Behauptung' und 'Gedanke' vor einer *Akt/Gehalt*-Zweideutigkeit auf der Hut sein: Ist das Geurteilte (Behauptete, Gedachte) gemeint oder der Akt des Urteilens (Behauptens, Denkens)? Manche Philosophen meinen mit 'Urteil' (manchmal) das in einem Urteilsakt Geurteilte (s. o. 406). Frege hingegen versteht „unter einem Urteile eine Tat des Urteilens, wie ein Sprung eine Tat des Springens ist" (*Vern* Anm 4). Damit ist zugleich geklärt, dass ein Urteil sich nicht so zum Urteilen verhält wie sich eine Unterschrift zum Unterschreiben und ein Gemälde zum Malen verhalten: Urteile sind nicht Produkte von Urteilsakten. Das schließt noch nicht aus, dass Urteils*gehalte* ihre Existenz Urteilsakten verdanken; aber diese These hat Frege ja bereits zurückgewiesen. Er wiederholt die Erklärung aus *Ged*, wenn er sagt, Urteilen sei: einen Gedanken als wahr Anerkennen (s. o. 2-§3). Ist das nun in seinen Augen eine zerlegende Definition? Wenn es zu verstehen ist im Sinne von 'Urteilen, dass A, ist: den Gedanken, dass A, thetisch Denken', dann ist es in dem Sinne eine Definition, in dem 'Rennen ist: schnell Laufen' eine ist. (In *SuB* 35c hatte Frege den Begriff des Urteilens für undefinierbar erklärt: „Das Urtheilen ist eben etwas ganz Eigenartiges und Unvergleichliches.") Er beansprucht jedenfalls nicht, im nächsten Schritt den Begriff eines Gedankens zerlegend definieren zu können (*Ged* 60c), und er bestreitet, dass der Wahrheitsbegriff durch eine zerlegende Definition erklärt werden kann (*Ged* 60a). Meinen traditionelle Logiker mit 'Urteil' (gelegentlich) das, was Frege 'Gedanke' nennt, so ist *dieser* Urteilsbegriff vielleicht auch dann analyse-resistent, wenn der Begriff des Urteil*ens* es nicht ist.

Der Gegner, mit dem sich Frege auseinandersetzt, sagt nicht (wie die Philosophen in der aristotelischen Tradition), dass in bejahenden Urteile etwas als mit etwas verbunden gedacht wird. Er sagt vielmehr, dass *alle* Urteile (Urteilsakte) Akte des Verbindens *sind*.[49] So behauptet Bauch: „[I]n der Verneinung kommt es ... zu keiner subjektiv-tatsächlichen Synthese, während das Urteil ... im tatsächlich-subjektiven Sinne Synthese, Verbindung ist."[50] Wenn das stimmt, gibt es gar keine verneinenden Urteile im subjektiv-tatsächlichen Sinne: die sog. negativen Urteile sind dann gar keine *Urteile*, und das Verneinen wird als Trennen zum „Gegenpol des Urteilens" (151c–152a).

Die Annahme, Urteilsakte seien Akte des Verbindens, in denen sich ein als wahr anerkannter Gedanke konstituiert, hat bizarre Konsequenzen (151b). Sie schließt aus, dass manchmal ein und derselbe Gedanke zunächst (bloß) gefasst, also im Modus des Dahingestelltsein-Lassens gedacht und erst viel später als wahr anerkannt wird; denn angeblich wird ja erst durch den Urteilsakt der Zusammenhang der Teile des Gedankens gestiftet. Ferner könnte ein Gedanke, der früher einmal von mir als wahr anerkannt und dadurch konstituiert wurde, nur dann mit einem Gedanken identisch sein, der jetzt von mir als wahr anerkannt und dadurch konstituiert wird, wenn es möglich ist, dass ein und derselbe Gedanken zweimal zu existieren anfangen kann. Aber ist so etwas möglich? – Frege scheint dem Opponenten die Auffassung zu unterstellen, dass der Gedanke den Akt des Konstituierens genauso wenig überdauert wie eine mündliche Äußerung den Akt des Sprechens oder ein in die Luft gezeichnetes Dreieck den Akt des simulierten Zeichnens. Warum sollte der Opponent das akzeptieren? Außerdem könnte er auf das zweite Argument erwidern, es sei keineswegs grundsätzlich ausgeschlossen, dass „das Sein eines Gegenstandes ein unterbrochenes ist", – schließlich könne ein Hampelmann zu Reparatur- oder Verschönerungszwecken in seine Bestandteile zerlegt und dann wieder zusammengesetzt werden.[51] Was Frege für ausgeschlossen erklärt, ist im zur Debatte stehenden Fall aber tatsächlich ausgeschlossen, wenn Gedanken *atemporal* existieren (vgl. 2-§10). Freilich dürfte er dann an unserer Stelle eigentlich nicht sagen, ein Gedanke habe „schon vor" gewissen kognitiven Akten bestanden.

Spätestens auf S. 152 wird deutlich, dass 'Verneinung' und 'verneinen' in unserem Text systematisch mehrdeutig sind. In keiner

---

[49] Auch dafür gibt es freilich eine Anregung bei Aristoteles: vgl. Anm 47.
[50] Bauch 1918a, 52/53 (vgl. 1923, 74).
[51] Vgl. Locke 1690, II, 27, §1, und Simons 1987, Kap. 5.4.

Kapitel 3 571

dieser Verwendungsweisen ist eine Verneinung oder das Verneinte ein sprachliches Gebilde. Eine Verneinung$_1$ ist ein *Urteilsakt*, den man kundtut, wenn man die Negation eines Satzes 'A', die natürlich ein sprachliches Gebilde ist, (aufrichtig und) mit behauptender Kraft äußert. (Eine solche Äußerung kann die „verneinende Antwort" auf die Frage, ob A, sein.) Eine Verneinung$_2$ ist ein *Akt des 'bloßen' Denkens*, den man kundtut, wenn man die Negation eines Satzes ohne behauptende Kraft äußert (152a). Was verneint$_1$ oder verneint$_2$ wird, ist immer ein Gedanke.– In den beiden anderen Verwendungsweisen bezeichnet das Wort 'Verneinung' einen Sinn. Die Verneinung$_3$ des Gedankens, der durch einen Satz 'A' ausgedrückt wird, ist der *Gedanke*, der durch die Negation von 'A' ausgedrückt wird. Die Verneinung$_4$ schließlich ist ein *Sinn, der kein Gedanke ist*, nämlich der Sinn, den der Negator zu dem Gedanken beisteuert, den die Negation eines Satzes ausdrückt. Diese Verwendungsweise des Ausdrucks 'die Verneinung' findet man in 152b zum ersten Mal. In 155c wird eine andere Bezeichnung des Sinns des Negators eingeführt, die der „Unvollständigkeit" dieses Sinns besser Rechnung trägt, der Ausdruck 'die Verneinung von ( )'.

IV. §6. Gibt es zwei Weisen des Behauptens und des Urteilens?[52] (153b–154d)

Nennen wir diejenigen, die diese Frage(n) bejahen, unter Anspielung auf die traditionelle Rede von den Urteilsqualitäten *Qualitätsdualisten*. Sie halten es für notwendig, die Einteilung in *Ged* 62b zu verfeinern. Nach der Auffassung des Dualismus, (D), sind zwei Arten des Urteilens und des Behauptens zu unterscheiden:

(D) *urteilen*

    1. affirmativ urteilen   — etwas als wahr anerkennen
    2. negativ urteilen (verneinen$_1$)   — etwas als falsch verwerfen

behaupten

    1. etwas bejahen   — ein affirmatives Urteilen kundtun
    2. etwas bestreiten[53]   — ein negatives Urteilen kundtun.

Wenn man die Urteilsweisen so wie hier charakterisiert (statt in der Begrifflichkeit von Zu- und Absprechen), ist das Urteil, dass es nicht der Fall ist, dass A und (B oder C), nicht problematischer als das Urteil, dass Sokrates nicht blass ist. Die dualistische Auffassung hat eine imposante Geschichte. Wenn Platon das Denken als ein Gespräch der Seele mit sich beschreibt, setzt er voraus, dass Urteilsakte und Behauptungen gleichermaßen entweder affirmativ oder negativ sind; in den Augen der Stoiker ist jedes Urteilen entweder ein Zu-

---

[52] VERGLEICHE: *BS* §§ 4, 7; *1882a*, 5; *Log$_1$* 8; *FuB* 22–23; *GG I*, § 6; *Log$_2$* 161; *1906d*, NS 201; *n.1906*, NS 214; *1919c*, NS 274.
LITERATUR: [QUALITÄTSMONISTEN]: Bolzano, WL (1837), Bd. I, 94, II, 63; Husserl 1901, 457, 599 u. 1904, 246–247, 256–257; Geach 1965, 260–261; Dummett, FPL 316–317. [QUALITÄTSDUALISTEN]: Platon, *Theaitetos* 189E–190A u. *Sophistes* 263E–264B; usw.; Descartes 1647, 363; usw.; Kant, KrV A 70/B 95; Herbart 1813, § 54; Brentano 1874, Kap. 7; Marty 1884, 56–62 (der auf Freges *BS* eingeht); Windelband 1884; Russell 1904a, 41; Smiley 1996; Rumfitt 2000 u. demnächst.
[53] Ich verwende 'bestreiten' statt 'verneinen', weil Frege 'verneinen' für *mentale* Akte reserviert.

Kapitel 3 573

stimmen (*συγκατάθεσις*) oder ein Ablehnen (*ἀνάνευσις*); für Descartes „besteht der Urteilsakt im Affirmieren oder Negieren *(actu[s] iudicandi ... in affirmatione vel negatione consistit)*"; und in Kants Urteilstafel kehrt die Distinktion wieder.[54]

Frege hat schon in *BS* §4 den Qualitätsmonismus, (M), befürwortet.[55] Er streicht die Tabelle (D) auf der psychischen wie auf der sprachlichen Ebene zusammen:

(M)   *urteilen*   — etwas als wahr anerkennen

　　　behaupten — ein Urteilen kundtun.

Der vertikale Urteilsstrich signalisiert den illokutionären Akt des schriftlichen Behauptens:

(M)-I   ⊢ Die Erde ruht

Einen Gedanken als falsch Verwerfen ist nichts anders als seine Verneinung als wahr Anzuerkennen, und zu bestreiten, dass A, ist nichts anderes als zu behaupten, dass nicht A:

(M)-II   ⊢ ¬ (Die Erde ruht)

Wenn Kardinal Bellarmin (M)-I hinschreibt, so präsentiert er sich als jemand, der einen bestimmten Gedanken als wahr anerkennt. Aber auch Galilei, wenn er (M)-II hinschreibt, präsemtiert sich als jemand, der einen bestimmten Gedanken als wahr anerkennt. Weder auf der Ebene der illokutionären Rolle noch auf der Ebene des psychischen Modus besteht ein Unterschied. Der Unterschied besteht nur auf der Seite des gedanklichen oder propositionalen Gehalts. Die Christen bezeichnen die Moslems, und die Moslems bezeichnen die Christen als Ungläubige. Es wäre abwegig zu fragen, welche Seite denn nun wirklich glaubt. Der Gegensatz besteht einfach darin, dass die für wahr gehaltenen Dogmen (teilweise) miteinander unverträglich sind.

---

[54] Stellengaben: s. o. LIT.
[55] Dem widerspricht nicht der Anfang von *BS* §5; denn hier gebraucht Frege die Prädikate 'wird bejaht' und 'wird verneint' (abwegigerweise) so, als bedeuteten sie soviel wie die Prädikate 'ist zu bejahen' bzw. 'ist zu verneinen', durch die er sie kurz darauf ersetzt. (Andernfalls müsste man ihm vorwerfen, er übersehe, dass bezüglich eines beurteilbaren Inhalts ja auch die Möglichkeit besteht, ihn auch dann weder zu bejahen noch zu verneinen, wenn er wahrheitswertdefinit ist.) In *1906d*, NS 202 (zit. in 4-§4) und *1910/11*, *Vorl* 1 treten 'ist wahr' und 'ist falsch' an die Stelle jener irreführenden Prädikate.

Nun pflegt man im Deutschen mit der Antwort 'Nein.' auf die Entscheidungsfrage, ob es sich so-und-so verhält, (im Allgemeinen) zu bestreiten, dass es sich so verhält. (Wie oben bereits registriert, gilt das merkwürdigerweise nicht, wenn die Entscheidungsfrage das interrogative Pendant der Negation eines Behauptungssatzes ist: Wer die Frage 'Ruht die Erde *nicht*?' mit 'Nein' beantwortet, bestreitet keineswegs, dass die Erde nicht ruht, – er bestreitet vielmehr, dass sie es tut.) In den Augen des Qualitätsdualisten ist das Bestreiten ein Sprechakt, der mit dem des Bejahens koordiniert ist, – wer eine Behauptung aufstellt, der bejaht oder bestreitet etwas:

(D)-1   Ruht die Erde? Ja.

(D)-2   Ruht die Erde? Nein.[56]

Die durch (D)-1 und (D)-2 wiedergegebenen Behauptungen haben denselben Gehalt. Der Unterschied besteht auf der Ebene der illokutionären Rolle (und auf der Ebene des psychischen Modus, der Qualität des kundgegebenen Urteilsaktes). In einer Frege'schen Begriffsschrift ist der Urteilsstrich das *einzige* Zeichen, mit dem sich der Schreiber hinsichtlich des Wahrheitswerts des ausgedrückten Gedankens festlegt. Der Qualitätsdualist sollte den Urteilsstrich durch zwei Zeichen ersetzen, die dem 'Ja.' und dem Nein.' in (D)-1 und (D)-2 entsprechen.[57] Lassen wir ihn zwei Pfeile verwenden, die an die Gesten 👍 und 👎 erinnern sollen: Der Pfeil nach oben dient als Indikator des illokutionären Akts des Bejahens, der Pfeil nach unten indiziert den des Bestreitens. Mit (D)-I wird bejaht, dass die Erde ruht, und mit (D)-II wird eben dies bestritten:

(D)-I   ↑— Die Erde ruht

(D)-II   ↓— Die Erde ruht

Frege lässt den Dualisten stipulieren, der Operator 'Es ist falsch, dass' möge als Bestreitungspfeil verstanden werden (153c–154b). Diese Festsetzung steht unter keinem besseren Stern als Humpty-

---

[56] Das entspricht weitgehend Rickerts Explikation des Qualitätsdualismus: 1892, 52–53 ≈ 1904, 95–99 ≈ 1921, 153–156; vgl. 1909, 182–183.
[57] In der *begriffsschriftlichen Variante* des Deutschen in 1-§7 konkurrierte das 'Ja!' nicht mit einem 'Nein!'.

Kapitel 3 575

Dumptys Stipulation für 'glory'.[58] Außerdem setzt Frege ja für seine Begriffsschrift auch nicht fest, 'Es ist wahr, dass' möge als Urteilsstrich funktionieren. Beide Ausdrücke sind nun einmal keine Indikatoren illokutionärer Rollen, und niemand hat das klarer gesehen als Frege.[59] Der Qualitätsdualist benötigt ein Zeichen, das genauso wenig wie Freges Urteilsstrich vor einem eingebetteten Satz stehen oder iteriert werden kann. Der Bestreitungspfeil erfüllt diese Bedingung. (Und der Bejahungspfeil tut es auch.)

Freges Kritik am Qualitätsdualismus besteht aus einem Widerlegungsversuch und der Berufung auf (eine Variante von) Ockhams Sparsamkeitsdevise. Der Widerlegungsversuch rekurriert auf die beiden Schlüsse in 149e (s. o. §4):

(M1) $\vdash \neg A \to \neg B$
(M2) $\vdash \neg A$
∴ (M3) $\vdash \neg B$ M1, M2; *MPP*

und '(1*), (2*), also (3)', in denen aus zwei Prämissen gemäß derselben Regel dieselbe Konklusion erreicht wird. Kann der Qualitätsdualist ein Argument wie das folgende legitimieren?

(D1) $\uparrow\!\!-\; \neg A \to \neg B$
(D2) $\downarrow\!\!-\; A$
∴ (D3) $\downarrow\!\!-\; B$ D1, D2; …?…

Man beachte: In (D1) wird nichts bestritten. Anders als der Bestreitungspfeil in (D2) und (D3) ist der *Negator* im Vorder- und Nachsatz der Subjunktion in (D1) *nicht* Indikator einer illokutionären Rolle, er hat vielmehr einen Sinn, der in den propositionalen Gehalt der Äußerung eingeht. Der Bestreitungspfeil macht den Negator schon deshalb nicht überflüssig, weil dieser im Gegensatz zu jenem auch vor eingebetteten Sätzen stehen kann. Wie nun die verlegene Eintragung in (D3) rechts zeigt, kann man sich beim Übergang zu dieser Zeile nicht einfach auf die Regel *MPP* berufen. Schließlich steht in

---

[58] Lewis Carroll, 'Through the Looking-Glass, and What Alice Found There' (1871), Kap. 6.
[59] Der Bestreitungspfeil hat genausowenig einen Frege'schen Sinn wie der Urteilsstrich. Frege suggeriert im letzten Satz von 154a versehentlich, der stipulativ in die Rolle des Bestreitungspfeil gezwängte Ausdruck 'Es ist falsch, dass' habe einen Sinn.

(D2) ja nicht der Vordersatz der Subjunktion in (D1).[60] Es sieht so aus, als sei der Schluss nur dann schlüssig, wenn man (D1–3) als bloße Notationsvariante von (M1–3) versteht, m. a. W. wenn man das Bestreiten eines Gedankens mit dem Behaupten seiner Verneinung identifiziert (154a). Damit wäre der Qualitätsdualismus natürlich aufgegeben. (Das ist der erste Teil von Freges Kritik.)

Aber kann man den Übergang von der Bejahung in (D1) und der Bestreitung in (D2) zur Bestreitung in (D3) wirklich nur dann als schlüssig ausweisen, wenn man die monistische Auffassung übernimmt? Der Qualitätsdualist könnte doch zusätzliche Regeln für den *Illokutionswechsel* mobilisieren, bei deren Befolgung Wahrheitserhalt garantiert ist:

$\uparrow$-Negator-Einführung: Vom Bestreiten des mit einem Satz S Gesagten darf man übergehen zum *Bejahen* des mit der *Negation* von S Gesagten.

$\uparrow$-Negator-Beseitigung: Vom *Bejahen* des mit der *Negation* von S Gesagten darf man übergehen zum Bestreiten des mit S Gesagten.[61]

Unser Dualist stimmt Frege in einem entscheidenden Punkt zu: Der Negator ist auch als Hauptoperator in einer Äußerung *nicht* Indikator ihres illokutionären Status, sondern er trägt zum Sinn der Äußerung bei. Den von Frege geforderten Nachweis, dass (D3) aus (D1) und (D2) folgt, kann der Dualist jetzt so erbringen:

(D1) $\uparrow\!\!-\neg A \to \neg B$
(D2) $\downarrow\!\!- A$

---

[60] Strenggenommen steht in einem deutschen MPP-Argument nie genau derselbe Satz erst als Vordersatz in einem Konditional und dann für sich, – unsere Wortstellungsregeln verhindern das. In *Allg* 181b trägt Frege dem Rechnung. Hier würde es nur von dem wesentlichen Punkt in der Debatte mit dem Dualisten ablenken.

[61] Um das klassische Verständnis der Negation einzufangen, brauchen wir noch zwei weitere Regeln, $\downarrow$-Neg.-*Einf.*: Vom Bejahen des mit S Gesagten darf man übergehen zum *Bestreiten* des mit der *Negation* von S Gesagten, und $\downarrow$-Neg.-*Bes.*: Vom *Bestreiten* des mit der *Negation* von S Gesagten darf man übergehen zum Bejahen des mit S Gesagten. Vgl. Rumfitt 2000, S. 802–3, 814–5. Intuitionistische Logiker akzeptieren $\downarrow$-Neg-Beseitigung nicht.

Kapitel 3 577

(D_m) ↑— ¬A   (D2); ↑-Neg.-Einf.
(D_n) ↑— ¬B   (D1), (D_m); *MPP*
(D3) ↓— B   (D_n); ↑-Neg.-Bes.

Offensichtlich beruft sich der Qualitätsdualist hier auf mehr Regeln als der Monist, ohne dass dies der Abkürzung der Deduktion dienen würde, und deshalb setzt Frege nun (das ist der zweite Teil seiner Kritik) seine Version von Ockhams Rasiermesser an. Die Ockham zugeschriebene Maxime lautete: Man sollte nicht mehr Gegenstände annehmen als nötig *(entia non sunt multiplicanda praeter necessitatem)*. Freges Maxime ist: Man sollte nicht mehr Deduktionsregeln annehmen als nötig, – es sei denn, sie dienen der Abkürzung deduktiver Argumente.[62] In den *GG* formuliert Frege die Maxime und ihre praktische Einschränkung so:

> [*Modus ponendo ponens*] ist die einzige Schlussweise, die ich in meiner Begriffsschrift angewendet habe, und man kann mit ihr auch auskommen. Das Gebot der wissenschaftlichen Sparsamkeit würde nun eigentlich verlangen, es zu thun;[63] aber dem treten praktische Gründe entgegen, denen ich hier, wo ich lange Schlussketten bilden will, etwas nachgeben muss. Es würde sich nämlich eine zu grosse Weitschweifigkeit ergeben, wenn ich nicht noch einige andere Schlussweisen zulassen wollte, was ich schon in dem Vorworte jenes meines Werkchens [S. VII] in Aussicht genommen habe. (*GG I*, §14; vgl. *GL* §91, 3. Anm.)

Wir können die intuitive Schlüssigkeit des Arguments '(D1), (D2), also (D3)' im Rekurs auf weniger Schlussregeln erklären, wenn wir es als stilistische Variante des *direkten MPP*-Arguments '(M1), (M2), also (M3)' auffassen, und das Argument wird keineswegs weniger „weitschweifig", wenn wir die zusätzlichen Regeln des Dualisten ins

---

[62] „es sei denn ...": In einem Kalkül des natürlichen Schließens à la Gentzen benötigen wir außer der Regel der Annahmen-Einführung nur eine Einführungs- und eine Beseitigungsregel für jeden Operator. Wenn wir außerdem erlauben, sich bei einer Deduktion beispielsweise auf die Regel *Modus tollendo tollens* zu berufen, so wird unser Weg von 'A → B' und '¬B' zu '¬A' deutlich kürzer. (Diese praktische Art von Ökonomie ist verwandt mit derjenigen, für die Aristoteles in *Analytica Posteriora* I, 25: 86ª33–36 plädiert.)
[63] Vgl. *BS* §6, S. 9: „Da es sonach möglich ist, mit einer einzigen Schlussweise auszukommen, so ist es ein Gebot der Uebersichtlichkeit, dies auch zu thun."

Spiel bringen. Die Überlegenheit des Frege'schen Qualitätsmonismus kann solange als erwiesen gelten, als keine Probleme präsentiert werden, die man nur mit Hilfe der traditionellen Unterscheidung *zweier* Weisen des Urteilens und Behauptens angemessen lösen kann.[64]

V. Die Struktur der Verneinung eines Gedankens. (154e–157c)

§7. Die Reichweite des Verneinungszeichens.[65] (154e–155b)

Die Formulierung 'G_1 ist *der* dem Gedanken G_2 widersprechende (entgegengesetzte) Gedanke' unterstellt Singularität (vgl. 146a, 152a).[66] Sie hat daher nicht denselben Sinn wie 'G_1 ist G_2 kontradiktorisch entgegengesetzt', wenn man dieses Prädikat im Sinne der traditionellen Logik versteht, also im Sinne von '[a] es ist (begrifflich) unmöglich, dass G_1 und G_2 beide wahr sind, und [b] es ist (begrifflich) notwendig, dass G_1 oder G_2 wahr ist'. Zwei Gedanken, die nur Bedingung [a] erfüllen, nennt die traditionelle Logik konträr, und solche, die nur Bedingung [b] erfüllen, nennt sie subkonträr.[67] Dem notwendigerweise wahren Gedanken, dass alle Rosen Rosen sind, ist nicht nur der Gedanke, dass nicht alle Rosen Rosen sind, kontradiktorisch entgegengesetzt, sondern *jeder* notwendigerweise falsche Gedanke, also auch der, dass manche Erpel weiblich sind. Und welche Sätze auch immer 'A' und 'B' abkürzen, dem Gedanken, dass ((A oder nicht A) und B), ist nicht nur der Gedanke, dass nicht ((A oder nicht A) und B), kontradiktorisch entgegengesetzt, sondern

---

[64] Smiley 1996, §3 argumentiert, dass die 'monistischen' Einführungs- und Beseitigungsregeln einen wichtigen Aspekt des Sinns des Negators nicht erfassen, und Rumfitt 2000 versucht zu zeigen, dass Michael Dummetts intuitionistische Kritik an der klassischen Logik hinfällig wird, wenn man am Qualitätsdualismus festhält.

[65] LITERATUR: [*DAS KONTRADIKTORISCH ENTGEGENGESETZTE?*]: Cresswell 2008.

[66] In den Phrasen 'der Satz' und 'der Ausdruck' in 154e nimmt man den Singular besser nicht beim Wort.

[67] Aristoteles bezeichnet ein Paar kontradiktorisch entgegengesetzter Aussagen als ἀντίφασις (*De Int.* 6: 17^{a}33), und konträr entgegengesetzte Aussagen nennt er ἐναντία (*De Int.* 7: 17^{b}8). Für subkonträr entgegengesetzte Aussagen hat er keinen eigenen Terminus. Vgl. Weidemann 2002, 200–209.

auch der Gedanke, dass ((A und nicht A) oder nicht B). Nur wenn logisch äquivalente Gedanken zusammenfielen, gäbe es zu jedem Gedanken genau einen, der ihm (im traditionellen Verständnis dieses Wortes) kontradiktorisch entgegengesetzt ist. In Freges Augen verbürgt logische Äquivalenz aber keineswegs Gedanken-Identität (4-§11). Wir können *den* Gedanken G_2, der G_1 (im von Frege intendierten Verständnis) widerspricht, dadurch identifizieren, dass wir sagen: G_2 ist derjenige Gedanke, in dem der Sinn des Negators durch G_1 zu einem vollständigen Gedanken ergänzt ist (s. u. §9).

Auch wenn das Verneinungszeichen als Affix oder Wort Bestandteil des Prädikats ist, wird mit ihm die Verneinung desjenigen Gedankens ausgedrückt, den der Satz ohne dieses Zeichen ausdrückt. Es besteht demnach auch dann kein Unterschied im propositionalen Gehalt zwischen 'a ist nicht soundso beschaffen' und 'Es ist nicht der Fall, dass a soundso beschaffen ist', wenn 'a' ein „zusammengesetzter Eigenname", eine Kennzeichnung ist. Ein Satz wie

(S)   Kants Frau war nicht blond

hat also in Freges Augen keine Lesart, unter der er einen anderen Gedanken ausdrückt als

(S*)   Es ist nicht der Fall, dass Kants Frau blond war.

Da die Kennzeichnung nichts bezeichnet, fällt der Gedanke, der durch diese beiden Sätze ausgedrückt wird, genau wie der Gedanke, dessen Verneinung er ist, nach Freges Auffassung in die Wahrheitswert-Lücke, – er „gehört der Dichtung an" (143, 157c). Wer (S) oder (S*) mit behauptender Kraft äußert, macht laut Frege genau dieselbe Voraussetzung wie derjenige, der das negatorfreie Gegenstück dieser beiden Sätze mit behauptender Kraft äußert: er setzt voraus, dass die verwendete Kennzeichnung nicht leer ist. Demnach kann man mit dem Kommentar 'Kant war nämlich gar nicht verheiratet' nicht rechtfertigen, was man zuvor mit (S) oder (S*) gesagt hat; denn man würde mit dem Kommentar ja eine Voraussetzung des zuvor Gesagten dementieren. Philosophen, denen das nicht einleuchtet, pflegen Russells Theorie der Kennzeichnungen für alltagssprachliche Sätze mit (leeren) Kennzeichnungen attraktiver zu finden als die Theorie Freges. Das *begriffsschriftliche* Gegenstück zu (S) und (S*) drückt hingegen sowohl nach dem Vorschlag in *SuB* als auch nach der Theorie in den *GG* eine Wahrheit aus; denn weder die Zahl 0 noch die leere Menge ist blond (vgl. 1-§3).

§8. Ergänzungsbedürftige Gedanken- und Satzteile.[68]
(155c–156a)

Welchen (Behauptungs-)Satz auch immer 'A' abkürzen mag, der singuläre Term 'der Gedanke, dass A' bezeichnet den Gedanken, den der Satz 'A' ausdrückt. Entsprechend bezeichnet der singuläre Term 'die Verneinung von (der Gedanke, dass A)' den Gedanken, den der Satz 'Es ist nicht der Fall, dass A' ausdrückt. (Der Gebrauch der Präposition 'von' mit dem falschen Kasus ist unschön, aber strukturell erhellend.) Der Operator 'die Verneinung von ( )', der aus der Bezeichnung eines Gedankens die Bezeichnung eines anderen Gedankens bildet, *bezeichnet* den Sinn, den der satzbildende Satzoperator '¬ ⟨ ⟩' *ausdrückt*. Der Gedanke, dass es nicht der Fall ist, dass A, *besteht aus* dem Sinn des Negators und dem Sinn des Satzes 'A'. Diese Redeweise droht einen wichtigen Unterschied zu verwischen. Die Teile dieses Gedankens „stehen nicht in derselben Selbständigkeit nebeneinander" wie z. B. die Teile eines Puzzles, die „zu ihrem Bestande keiner Ergänzung bedürfen" (was man merkt, wenn man einen von ihnen unter dem Sofa findet). Der Sinn des Negators ist ein „ergänzungsbedürftiger" („ungesättigter") Teil des Gedankens, dass nicht A, während der Sinn des Satzes 'A' „in sich vollständig" („gesättigt", „abgeschlossen") ist. Ein Ganzes, das ein Gedanke ist, enthält immer, so wird Frege in Ggf 37a sagen, einen Teil, der nicht in sich vollständig ist; denn ein Sinn und noch einer ergeben nur dann zusammen einen Gedanken und nicht bloß eine Sinn-Kollektion, wenn (mindestens) einer von beiden ergänzungsbedürftig ist.

Entsprechendes gilt nun auch auf der sprachlichen Ebene, und es gilt nach Ggf 39b für Ausdrücke, *weil* es auf der Ebene des ausgedrückten Sinns gilt. Ein Ausdruck und noch einer ergeben nur

---

[68] VERGLEICHE: *BrL* 18–19; *1882d*, WB 164; *FuB* 6–7, 17–18; *1892c*, NS 129 u. 2.Anm.; *BuG* 197, Anm. 11, 205; *GG I*, §1; *1903c*, II: 371–373 u. Anm. 5; *1904a*, 663–665; *1906b*, NS 192–193; *1906d*, NS 201–212; *n.1906*, NS 217–218; *1910/11*, Vorl 11–15; *1913*, Vorl 20; *1914b*, NS 246, 262–263; *1919c*, NS 274–275; *Ggf* 36b–37c; *1924/25*, NS 292.
LITERATUR: Dummett, FPL 293–294; dagegen: Geach 1975a, 444–445 u. 1975b, 149–150; dazu: Dummett, IFP 249–253. Baker&Hacker 1984, 322–332; dagegen Dummett, FOP 190–192. Ferner: Curry 1984, 1985; Simons 1981, 1983; Diller 1993ab; Levine 2002; Klement 2002, 65–76 (Lit.). Vgl. 1-§2.1; 4-§§2–3.

dann zusammen einen Behauptungssatz und nicht bloß eine Aneinanderreihung von Ausdrücken, wenn (mindestens) einer von beiden ergänzungsbedürftig ist. Um die ungesättigte Komponente des singulären Terms 'die Verneinung von (der Gedanke, dass A)' erkennbar zu machen, notiert Frege sie hier so: 'die Verneinung von ...'. Ich markiere die Leerstelle für einen singulären Term, Freges früherer Praxis folgend, durch '( )' statt durch Pünktchen. Und im *Ausdruck* des so bezeichneten Gedankens markere ich die Leerstelle für einen Satz durch ein Paar spitzer Klammern: '¬⟨ ⟩'.

Frege behauptet nicht, dass der Bestand eines Gedankens unabhängig vom Bestand anderer Entitäten ist, und er darf es auch nicht behaupten, da die Existenz des Gedankens, dass sich die Erde bewegt, in seinen Augen von der Existenz des Sinns von 'die Erde' und des Sinns von '( ) bewegt sich' abhängt. Er behauptet vielmehr, dass ein Gedanke zu seinem Bestande keiner *Ergänzung* bedarf. Worin besteht nun die Ergänzungsbedürftigkeit des Sinns des Negators? Darin, so lautet Freges Antwort, dass das Verneinen eines Verneinbaren bedarf: „Wir können nicht verneinen ohne etwas, das wir verneinen, und dieses ist ein Gedanke" (*Ggf* 37a; vgl. *Vern* 147d).

Wenn alles das eine Funktion ist, dessen Bezeichnung mindestens eine „leere Stelle mit sich führt" (s. o. 189), dann ist das, was der Ausdruck 'die Verneinung von ( )' bezeichnet, eine Funktion. Der Wert dieser Funktion für den Gedanken, dass A, als Argument ist dann der Gedanke, dass nicht A. Und von einer solchen Funktion, die für einen Sinn als Argument einen Sinn als Wert liefert, würde gelten, dass Funktion und Argument („ganz ungleichartige") Teile des Werts sind. Es ist freilich bemerkenswert, dass Frege zwar die leitenden Metaphern seiner Funktionstheorie auf Bewohner der Welt 3 anwendet, aber dabei das Wort 'Funktion' geflissentlich vermeidet. Und das, obwohl aus einem seiner letzten Texte, *1924/25a*, NS 290–292, klar hervorgeht, dass er auch in seinen letzten Lebensjahren von der Wichtigkeit des Konzepts einer Funktion überzeugt war. Bemerkenswert ist auch, dass er nicht sagt, dass wir durch den singulären Term „der Sinn des Prädikats '( ) ist ein Pferd'" (oder auch durch „der Sinn des Negators") etwas zum Gegenstand stempeln, was kein Gegenstand ist. Er sagt es auch dann nicht, wenn er genau das im selben Text von dem Term „die *Bedeutung* des Prädikats '( ) ist ein Pferd'" sagt.[69] Müsste er jene Feststellung nicht min-

[69] Vgl. *BuG, 1906d* und *1914b*. Vielleicht ist *1919c*, NS 275, letzter Ab-

destens ebenso wichtig finden wie diese, wenn nicht nur die Bedeutung, sondern auch der Sinn eines Prädikats (oder eines Junktors) in seinen Augen eine Funktion wäre? Schließlich beklagt er noch in einem seiner letzten Texte „die verhängnisvolle Neigung der Sprache, scheinbare Eigennamen zu bilden" (*1924/25a*, NS 289).

Nicht jeder Ausdruck, der aus der Ergänzung eines Funktors resultiert, bezeichnet ein Ganzes, von dem der durch den ergänzenden Ausdruck bezeichnete Gegenstand ein Teil ist. Schließlich ist die Bedeutung des Namens 'Schweden' kein Teil der Bedeutung der Kennzeichnung 'die Hauptstadt von Schweden' (s. o. 195, 330). Dennoch könnten der *Sinn* des Namens 'Schweden' und der Sinn des Funktors 'die Hauptstadt von ( )' Teile des Sinns dieser Kennzeichnung sein, und genau das ist nach Frege auch der Fall.[70] Entsprechendes behauptet er von den Behauptungssätzen und ihren Teilen:

> Die *Bedeutungen* der Teile des Satzes sind nicht Teile der Bedeutung des Satzes. Aber der Sinn eines Teiles des Satzes ist Teil des Sinnes des Satzes. (*1913*, *Vorl* 20.)

Die Bedeutung des Funktors 'die Hauptstadt von ( )' ist eine Funktion, sein Sinn ist unvollständig, aber ist sein Sinn ebenfalls eine Funktion? Die Bedeutung des Prädikats '( ) ist ein Pferd' ist, so meint Frege, eine Funktion, und das soll auch vom Negator gelten; der Sinn des Prädikats und der des Junktors sind unvollständig, aber sind sie auch Funktionen? Wenn beispielsweise der Sinn des Negators eine Funktion wäre, deren Wert für den Sinn von 'Die Erde bewegt sich' als Argument der Gedanke ist, dass die Erde sich nicht bewegt, dann müsste diese Funktion ein Teil ihres Wertes sein; denn der Sinn des Negators ist in Freges Augen ein Teil dieses Gedankens. Aber kann eine Funktion ein *Teil* eines ihrer Werte sein?

---

satz, eine Ausnahme; aber müsste hier nicht statt „sein Sinn" stehen: „seine Bedeutung"?
[70] So wie „der Sinn von '3', der Sinn von '+' und der Sinn von '5' Theile des Sinnes von '3+5'" sind (*1902c,* WB 291), verhält es sich auch hier: *1919c*, NS 275.

§9. Multiple Zerlegbarkeit und doppelte Verneinung.[71]
(156b–157c)

Wir können Freges Ausführungen über multiple Zerlegbarkeit mit Hilfe der folgenden Abkürzungen

'V( )' für: 'die Verneinung von ( )', in welchem Kasus auch immer,
'⟦A⟧' für: 'der Gedanke, dass A', in welchem Kasus auch immer,[72]
'¬¬A' für: 'Es ist nicht der Fall, dass es nicht der Fall ist, dass A',

so festhalten: Der Gedanke, den der singuläre Term 'V(V(⟦A⟧))' bezeichnet und den der Satz '¬¬A' ausdrückt, kann verschieden zerlegt werden, und diesen Zerlegungen entsprechen verschiedene Zerlegungen seiner Bezeichnung bzw. des Satzes, der ihn ausdrückt. Dieser Gedanke kann *erstens* als Vervollständigung dessen, was 'V(V( ))' bezeichnet, durch ⟦A⟧ aufgefasst werden bzw. als Vervollständigung dessen, was '¬¬⟨ ⟩' ausdrückt, durch den Sinn von 'A'. Er kann *zweitens* als Vervollständigung dessen, was 'V( )' bezeichnet, durch den Gedanken, den 'V(⟦A⟧)' bezeichnet, aufgefasst werden bzw. als Vervollständigung dessen, was '¬⟨ ⟩' ausdrückt, durch den Sinn von '¬A'. Der durch den Satz '¬¬A' ausgedrückte Gedanke ist also gewissermaßen polymorph: er hat die eine Struktur hinsichtlich der einen Zerlegung dieses Satzes, und er hat die andere Struktur hinsichtlich der anderen Zerlegung.

Was Frege von dem singulären Term 'V(V(⟦A⟧))' sagt, gilt von jeder Kennzeichnung dieser Bauart, also auch von der folgenden Bezeichnung Isaaks: 'the father of (the father of (Joseph))'. (Ich verwende den englischen Ausdruck, um die logisch irrelevanten Kasus-Variationen im Deutschen zu vermeiden.) Der Sinn dieser Kennzeichnung kann *erstens* aufgefasst werden als Vervollständigung des Sinns von 'the father of (the father of ( ))', der zusammenfällt mit

---

[71] VERGLEICHE: [MULTIPLE ZERLEGBARKEIT]: *BS* § 9; *BuG* 199–200; *1906b*, NS 203; *n.1906*, NS 218. [VERSCHMELZUNG MIT SICH]: *Ggf* 49c–50a. [DOPPELTE VERNEINUNG]: *BS*, VIII, §§ 18–19; *GG I*, § 51, Nr. IVb; *Log₂* 161; *Vern* 148d.

LITERATUR: [MULTIPLE ZERLEGBARKEIT]: Dummett, IFP, Kap. 15 u. FOP, Kap. 14; Hodes 1982; Bell 1987 u. 1996; Kemmerling 1990; Levine 2002; Künne 2007. [VERSCHMELZUNG MIT SICH]: Künne 1997b, 223–226; dazu Dummett 1997, 244–247; dazu Künne 2001, 278–281.

[72] Die Umrissklammern, die Kaplans „meaning marks" entsprechen, wurden auf S. 297 eingeführt.

dem Sinn von 'the paternal grandfather of ( )', durch den Sinn von 'Joseph', und er kann *zweitens* als Vervollständigung des Sinns von 'the father of ( )' durch den Sinn von 'the father of (Joseph)' aufgefasst werden.

Das, was 'V(V( ))' bezeichnet und '¬¬⟨ ⟩' ausdrückt, nennt Frege *die doppelte Verneinung*. In der doppelten Verneinung verschmilzt „ein Ergänzungsbedürftiges mit einem Ergänzungsbedürftigen zu einem Ergänzungsbedürftigen" (157b). Das ist nun aber auch bei 'the negation of (the necessitation of ( ))' bzw. '¬ □⟨ ⟩'[73] und bei 'the father of (the mother of ( ))' der Fall. Bei der doppelten Verneinung liegt wie bei 'the father of (the father of ( ))' der Sonderfall vor, dass „etwas *mit sich selbst* verschmilzt". Und hier entsteht ein Problem für die Rede von den *Teilen* eines Sinnes, das Frege registriert und das Bolzano lange vor ihm bemerkt hat. Zunächst meint er wie Frege:[74]

> „[D]er Begriff der Verneinung [ist] einer Verbindung mit sich selbst fähig." [a] „So kommt z. B. der Begriff der Gleichheit in dem Begriffe eines Rhombus, als einer Figur von gleichen Seiten, aber ungleichen Winkeln, gewiß 2mal vor." [b$_1$]

Doch dann wendet er ein:

> „Eine und dieselbe Vorstellung [sc. an sich] kann nur einmal sein *ex principio identitatis indiscernibilium*. Es kann nicht mehrere gleiche Vorstellungen [an sich] geben, weil sie durch nichts zu unterscheiden wären." [b$_2$]
> „Es ist offenbar unmöglich, daß irgendein Ding mit sich selbst ... zu einem neuen von ihm verschiedenen Gegenstande vereiniget werde." [c]

Auch Frege kann bei der Unterstellung, ein und derselbe Gegenstand könne wiederholt vorkommen, nicht wohl sein. Schließlich wendet er doch gegen Karl Weierstraß spöttisch ein, der Konflikt zwischen seiner Lehre und den Anforderungen der Arithmetik erzeuge

> das Wunder der wiederholt vorkommenden Gegenstände, das übrigens auch bei andern mathematischen Schriftstellern beobachtet werden kann. Wenn doch diese Herren erst einmal selber versuchen wollten, wiederholt

---

[73] '□' steht für 'Es ist notwendig, dass'.
[74] Bolzano, [a] WL 1, 355; [b] BGA Reihe 2A, Bd. 12/2, 148 f; [c] Reihe 2A, Bd. 7, 105. Vgl. auch WL II, 309 ff; Bd. 3, 16.

vorzukommen! Hat schon jemand von ihnen ein wiederholt vorkommendes Sandkorn gesehen? (*GG II*, §152.[75])

Warum sollte, was bei Herrn Weierstraß und bei einem Sandkorn nicht statthaben kann, bei einem Sinn möglich sein?
Vielleicht kann man eine Lösung für dieses Problem im Anschluss an den letzten Satz von 157a finden. Die Rede von den Teilen eines Ganzen hat einen klaren Sinn bei räumlich oder zeitlich ausgedehnten Gegenständen. Es ist deshalb unproblematisch, von den Teilen einer Inskription oder einer mündlichen Äußerung zu reden. So enthält die folgende Inskription:

$$V(V(\ ))$$

mehrere Teile, die in der Beziehung *wird genauso buchstabiert wie* stehen, darunter zwei Vorkommnisse des Ausdrucks(typs) 'V( )'. Frege nennt solche Teile *kongruent*. Wenn die erste Forderung in der Einleitung *Vern* 143 und das Desiderat der Nicht-Kontextsensitivität erfüllt sind, so gilt: „Kongruenten Bezeichnungen entspricht ... dasselbe im Gebiete des Bezeichneten." (Erinnern wir uns daran: das Bezeichnete ist bei Ausdrücken wie 'V( )' ein *Sinn*, nämlich der Sinn von '¬⟨ ⟩'.) Damit ein Sinn σ mehrfach in einem komplexeren Sinn Σ vorkommt, müssen nun aber in einem Zeichenvorkommnis, das Σ ausdrückt, nicht mehrere *kongruente* Zeichenvorkommnisse enthalten sein, die σ ausdrücken: In dem Gedanken, den der Satz 'In manchen Violinsonaten Mozarts ist die Geige das Begleitinstrument' ausdrückt, kommt – so ist man geneigt zu sagen – *ein* Wort-Sinn zweimal vor; und der Sinn von 'nicht' ist sozusagen zweimal in dem Gedanken enthalten, den 'Nicht alle Primzahlen sind ungerade' ausdrückt. In manchen Fällen wird σ mehrfach in Σ benötigt, obwohl in einem Ausdrucksvorkommnis mit dem Sinn Σ *nur ein* Ausdrucksvorkommnis mit dem Sinn σ enthalten ist: In dem Gedanken, den 'Anna hat Ben gesucht und gefunden' ausdrückt, wird der Sinn von 'Anna' wie der von 'Ben' zweimal benötigt. Und manchmal kommt σ sozusagen mehrfach in Σ vor, obwohl in einem Zeichenvorkommnis mit dem Sinn Σ *kein einziges* Zeichenvorkommnis mit dem Sinn

---

[75] Dieselbe Stoßrichtung hat die Kritik an Weierstraß auch in *1914b*, NS 236, 238, 245: wie sollen Gegenstände wie „der Präsident Wilson", „der Güterwagen Nr. 1061 des Eisenbahndirektionsbezirks Erfurt" oder "die Bohne α" es bloß anstellen, „wiederholt vorzukommen"?

σ enthalten ist: Im Sinn von 'Nicht jeder Bruder eines Junggesellen ist selber unverheiratet' kommt der Sinn von 'männlich' sozusagen zweimal vor, obwohl der Satz überhaupt kein Vorkommnis dieses Adjektivs enthält.

Die folgende Erläuterung dieser erklärungsbedürftigen Rede bietet sich an: Der Sinn σ kommt genau dann n-mal im Sinn Σ vor, wenn gilt: Σ wird nur dann durch ein Zeichenvorkommnis z ausgedrückt, wenn z entweder selbst n Teile enthält, die σ ausdrücken, oder wenn z unter Wahrung seines Sinnes *(salvo sensu)* durch ein Zeichenvorkommnis paraphrasiert werden kann, das n Teile enthält, die σ ausdrücken. Ein analoger Zug unserer Rede von sprachlichen *type*-Ausdrücken kann auf analoge Weise erläutert werden: In der deutschen Nominalphrase 'der Vater von Jakobs Vater', von der die Leserin soeben ein Vorkommnis erblickt hat, ist das *type*-Wort 'Vater' – so ist man geneigt zu sagen – zweimal enthalten. Was soll das heißen, wenn nicht, dass jedes mündliche oder schriftliche Vorkommnis jener Nominalphrase zwei Vorkommnisse dieses Wortes (nicht bloß sozusagen:) enthält?

Eine andere Möglichkeit, das Problem des 'wiederholt vorkommenden' Sinnes zu lösen, besteht darin, das mathematische Konzept einer n-gliedrigen *Folge* (eines n-Tupels) zu mobilisieren. Während die Menge {Abraham, Isaak, Jakob} mit der Menge {Jakob, Isaak, Abraham} identisch ist, gilt Entsprechendes nicht von der Folge {Abraham; Isaak; Jakob}; denn in einer Folge kommt es auf die Reihenfolge der Glieder an. Während ein Gegenstand in einer Menge nicht mehrfach auftreten kann, ist das in einer n-gliedrigen Folge sehr wohl möglich: in {Abraham; Isaak; Joseph; Abraham} ist derselbe Patriarch das erste und das vierte Glied. Der Lösungsvorschlag lautet daher: Der Sinn eines semantisch komplexen Ausdrucks ist eine Folge von Sinnen: der Sinn von 'der Vater von Jakobs Vater' ist die Folge {[[der Vater von ( )]; [der Vater von ( )]; [Jakob]]}, und der Sinn von '¬ ¬ A' ist die Folge {[¬⟨ ⟩]; [¬⟨ ⟩]; [A]}.

Dass für alle Gedanken, x, welche die zweite Forderung der Einleitung von *Vern* erfüllen, gilt, dass die doppelte Verneinung von x denselben Wahrheitswert wie x hat, versucht Frege abschließend in 157c zu beweisen. Der Beweis kann so ausbuchstabiert werden, wobei '...a...' dasselbe besagt wie '$\forall x\,(...x...)$':[76]

---

[76] Zu „wobei...": s. u. 5-§6. Bei der Wiedergabe des Textes durch (1) und (2) mache ich mir die von Frege in *BS* §7 konstatierte logische Äquivalenz

(1) ⊢ Wenn V(a) wahr ist, dann ist a nicht wahr, und
wenn V(a) nicht wahr ist, dann ist a wahr.

(2) ⊢ Wenn V(a) wahr ist, dann ist V(V(a)) nicht wahr, und
wenn V(a) nicht wahr ist, dann ist V(V(a)) wahr.

(3) ⊢ Entweder V(a) ist wahr, oder V(a) ist nicht wahr.

(4) ⊢ Wenn V(a) wahr ist, dann ist a nicht wahr, und
wenn V(a) wahr ist, dann ist V(V(a)) nicht wahr.
                                                  Aus 1, 2

(5) ⊢ Wenn V(a) nicht wahr ist, dann ist a wahr, und
wenn V(a) nicht wahr ist, dann ist V(V(a)) wahr.
                                                  Aus 1, 2

(6) ⊢ a und V(V(a)) sind beide wahr oder beide nicht wahr.
                                                  Aus 3, 4, 5

Für Gedanken, die nicht in die Wahrheitswert-Lücke fallen, ist (6) äquivalent mit dem, was zu beweisen war: dass a und V(V(a)) beide wahr oder beide *falsch* sind. Prämisse (3) folgt aus der Konjunktion der logischen Prinzipien vom ausgeschlossenen Dritten und vom verbotenen Widerspruch, nach der alle Einsetzungsinstanzen von 'Entweder A oder nicht A' Wahrheiten ausdrücken. (1) und (2) hingegen sind Prinzipien, die den Sinn von 'wahr' und 'V( )' betreffen: Von einem Gedanken (der nicht in die Wahrheitswert-Lücke fällt) und seiner Verneinung gilt stets, dass genau einer von beiden wahr ist, und just das gilt (unter derselben Bedingung) auch immer von der Verneinung eines Gedankens und seiner doppelten Verneinung.[77]

Für den Vergleich von *Vern* und *Ggf* sei abschließend noch eines festgehalten: Die Umhüllungsmetaphorik in 157b (und in *1906b*, NS 201) suggeriert, dass ein Gedanke und seine doppelte Verneinung

---

von 'Entweder A oder B' mit 'Wenn A, dann nicht B, und wenn nicht A, dann B' zunutze.

[77] Frege beginge bei seinem Beweisversuch eine *petitio principii*, gäbe man den Text, den ich mit (1) paraphrasiere, so wieder:

(1*)   Wenn a wahr ist, dann ist V(a) nicht wahr, und
            wenn a nicht wahr ist, dann ist V(a) wahr.

Denn dann müsste man bei der Deduktion der ersten Konjunkte von (4) und (5) aus (1) voraussetzen, dass ein Gedanke und seine doppelte Verneinung stets logisch äquivalent sind. Das vorauszusetzen wäre aber bei Freges Beweisziel eine *petitio*.

verschiedene Gedanken sind: Wer über der Jacke noch einen Mantel anzieht, entkleidet sich schließlich nicht. Außerdem spricht Frege in 157c von den „beiden Gedanken" [A] und [¬¬A]. Dass es sich bei einem Gedanken und seiner doppelten Verneinung um zwei Gedanken handelt, ist aber inkompatibel mit der These Freges, dass die Relation, die das Prädikat '( ) ist die Verneinung von [ ]' bezeichnet, eine „umkehrbare Beziehung" ist (Log_2 161). [A] ist nur dann *die* Verneinung von [¬A], wenn [A]=[¬¬A]. Besteht diese Identität nicht, so ist [A] nur logisch äquivalent mit der Verneinung von [¬A]. Es war also nur konsequent, dass Frege in Log_2 fortfuhr: „Und es ergibt sich so, dass die doppelte Verneinung sich aufhebt. Das Entgegengesetzte des Entgegengesetzen ist das Ursprüngliche". Und er wird diese Identitätsthese in *Ggf* erneut vertreten. Die Fragen, die sich dann stellen, wenn ein Satz und seine doppelte Negation nicht, wie Freges Formulierungen in *Vern* (vielleicht versehentlich) suggerieren, sinnverschieden sind, werden wir in 4-§11 erörtern.

Kapitel 4

Frege über *Gedankengefüge*

I. Einleitung.

§1. Satz- und Gedankenaufbau.[1] (Ggf 36a)

In diesem wohl meistzitierten Absatz der *LU* verknüpft Frege zwei Überlegungen zu dem, was man seit Chomsky gern als 'Kreativität' oder 'Produktivität' der Sprache bezeichnet. Er scheint diese Überlegungen 1914 zum ersten Mal zu Papier gebracht zu haben. Die eine betrifft u. a. das Ausdrücken von nie zuvor gedachten oder ausgedrückten Gedanken:

(I) Die Leistungen der Sprache sind wunderbar. Mittels weniger Laute und Lautverbindungen ist sie imstande, ungeheuer viele Gedanken auszudrücken und zwar auch solche, die noch nie vorher von einem Menschen gefasst und ausgedrückt worden sind. Wodurch werden diese Leistungen möglich? Dadurch, dass die Gedanken aus Gedankenbausteinen aufgebaut werden. Und diese Bausteine entsprechen Lautgruppen, aus denen der Satz aufgebaut wird, der den Gedanken ausdrückt, sodass dem Aufbau des Satzes aus Satzteilen der Aufbau des Gedankens aus Gedankenteilen entspricht. Und den Gedankenteil kann man den Sinn des entsprechenden Satzteiles nennen, so wie man den Gedanken als Sinn des Satzes auffassen wird. (*1914b*, NS 243; vgl. 262.[2])

---

[1] LITERATUR: Dummett, FPL 3–5; IFP 74–82, 547; Baker & Hacker 1984, 380–386, dazu Dummett, FOP 165–169; Beaney 1996, 333 Anm. 20; Pelletier 2001; Sainsbury 2002, 192–204; Szabó 2007 (Lit.). [KONTEXT-PRINZIP]: Resnik 1967, 1976; Kleemeier 1997 (Lit. bis 1990); Dummett 1993; Pelletier 2001 (Lit.); Klement 2002, 76–83 (Lit.).
[2] Wilhelm von Humboldt schreibt: „[Die Sprache] steht ganz eigentlich einem unendlichen und wahrhaft gränzenlosen Gebiete, dem Inbegriff alles Denkbaren, gegenüber. Sie muß daher von endlichen Mitteln einen unendlichen Gebrauch machen, und vermag dies durch die Identität der Gedanken und Sprachen erzeugenden Kraft" (1830–35), 99). Auf diese Stelle (gekürzt um den letzten Teilsatz) berufen sich Noam Chomsky und viele andere,

Die andere Überlegung betrifft das Verstehen von nie zuvor gehörten Sätzen:

(II) Die Möglichkeit für uns, Sätze zu verstehen, die wir noch nie gehört haben, beruht offenbar darauf, dass wir den Sinn eines Satzes aufbauen aus Teilen, die den Wörtern entsprechen... Ohne dies wäre eine Sprache im eigentlichen Sinne unmöglich. Wir könnten zwar übereinkommen, dass gewisse Zeichen gewisse Gedanken ausdrücken sollten; wie die Signale bei der Eisenbahn (Strecke frei); aber auf diese Weise wären wir immer auf ein sehr enges Gebiet beschränkt und wir könnten nicht einen ganz neuen Satz bilden, der von einem Andern verstanden wird, obwohl ein besonderes Uebereinkommen für diesen Fall nicht vorhergegangen ist. (*1914a*, WB 127.)

Die beste Erklärung dafür, dass wir nie zuvor gedachte Gedanken ausdrücken können, fällt demnach zusammen mit der besten Erklärung dafür, dass wir nie zuvor vernommene Gedankenausdrücke verstehen können.

Die Thematik von (I), (II) und *Ggf* 36a dürfte in den Gesprächen eine Rolle gespielt haben, die Frege in den drei Jahren vor dem Beginn des Ersten Weltkriegs mit Wittgenstein führte.[3] (Davon wurde in E<small>INL</small>-§3 berichtet.) Im 'Tractatus' heißt es:

„[Wir verstehen] den Sinn des Satzzeichens ..., ohne daß er uns erklärt wurde... Die Bedeutungen der einfachen Zeichen, der Wörter, müssen uns erklärt werden, daß wir sie verstehen. Mit den Sätzen aber verständigen wir uns... Es liegt im Wesen des Satzes, daß er uns einen neuen Sinn mitteilen kann. Ein Satz muß mit alten Ausdrücken einen neuen Sinn mitteilen." (4.02–026–027–03.)

Und schon 1913 hatte Wittgenstein notiert: „We must be able to understand propositions which we have never heard before."[4]

---

wenn sie Humboldt nachsagen, er habe die Frege'sche Erklärung der Ausdrückbarkeit „ungeheuer vieler Gedanken" in einer Sprache mit finitem Vokabular antizipiert. Der letzte Teilsatz zeigt aber, dass Humboldt eine ganz andere Erklärung vorschwebt: sein (sehr explanationsbedürftiges) Explanans ist die Eine Kraft, die sowohl Sprachen als auch Gedanken erzeugt.
[3] In *1896b*, WB 183 (s. o. 262) scheint Frege noch nicht zu berücksichtigen, was er in (I), (II) und *Ggf* 36a betont.
[4] Wittgenstein, NL 98.

Kapitel 4

Wie gelingt es uns, einen Gedanken auszudrücken, den vielleicht niemand je gedacht, geschweige denn ausgedrückt hat? Es gelingt uns laut (I) und 36a dadurch, dass wir alte Satzbausteine nach alten Satzbauplänen ganz neu zusammensetzen, also dadurch dass wir eine Satzäußerung machen, in der erstmalig Vorkommnisse von bekannten Wörtern nach einem bekannten syntaktischen Muster so kombiniert sind, dass der bislang unbekannte Gedanke ausgedrückt wird. Das setzt voraus, dass der Sinn eines Bestandteils des Ausdrucks eines bestimmten Gedankens der spezifische Beitrag ist, den dieser Bestandteil dazu leistet, dass just dieser Gedanke ausgedrückt wird. (Durch die Einschränkung auf „Menschen" (I), auf „Erd[en]bürger" (36a) wird die Überlegung von der Entscheidung der Frage unabhängig, ob es für jeden Gedanken, den unsereins fasst, ein außer- oder überirdisches Wesen gibt, das ihn bereits gefasst hat.)

Da wir Satzäußerungen, die auf keinem Tonträger konserviert sind, immer nur einmal hören, Gedanken aber durch Satz*äußerungen* ausgedrückt werden, durch etwas „in Raum und Zeit Erscheinendes" (*Ggf* 39d), geht es in (II) eigentlich um Äußerungen, die mit keiner anderen, die wir je gehört haben, gleichlautend sind. Warum gelingt es uns oft, eine solche Äußerung zu verstehen, ohne dass sie uns eigens erklärt werden müsste? Warum gelingt es uns oft, ohne Erklärung der Äußerung zu erkennen, welcher Gedanke ausgedrückt wird? Weil sie aus uns verständlichen Komponenten auf eine uns verständliche Weise aufgebaut ist. Diese Komponenten sind Vorkommnisse von Ausdrücken, denen wir in der zu verstehenden Äußerung nicht zum ersten Mal begegnen. Die (im Vergleich mit der Menge der in einer Sprache ausdrückbaren Gedanken) „wenigen Laute und Lautverbindungen", die „wenigen Silben", von denen in (I) und 36a die Rede ist, heißen in (II) „Wörter": es sind jedenfalls *type*-Ausdrücke, die in einer Unzahl von Äußerungen in oft 'unerhörten' Kombinationen vorkommen. Indem wir diejenigen Teile einer Satzäußerung verstehen, deren Verständnis es uns ermöglicht, die Äußerung ohne Erklärung zu verstehen, erfassen wir, was diese Teile dazu beitragen, dass ein ganz bestimmter Gedanke ausgedrückt wird. Nicht alle Teile einer Satzäußerung sind von dieser Art. Die Lautfolgen 'stab', 'tab', 'table' und 'able' kommen alle in dem Satz 'Heracles had to cleanse the stable of Augias' vor, aber ihr Verständnis ist ganz unnütz, wenn es zu erkennen gilt, welchen Gedanken eine Äußerung dieses Satzes ausdrückt. Und auch wenn eine Lautfolge als Wort in einer Satzäußerung vorkommt, hilft uns die Vertrautheit mit diesem Wort manchmal kaum oder gar nicht, die Äußerung zu verstehen. So ist das Vorkommnis von 'Hund' ('bucket') in einer Äußerung von 'Er ist sehr auf den Hund gekommen' ('He will soon kick the bucket') keine verständnisrelevante Äußerungskomponente. Anders als 'mit dem Hund spazierengehen' bedarf die stehende Redewendung (das Idiom) 'auf den Hund kommen' einer eigenen Eintragung im sog. Wörterbuch. Nehmen wir einmal an, dass es gelingt, die irrelevanten Satzteile auszugrenzen, ohne dass dadurch der Vorschlag zur Erklärung der Explananda in (I), (II) und *Ggf* 36a zirkulär wird. Implizit restriktive Verwendungen von 'Teil' sind uns ja auch aus anderen Zusammenhängen vertraut: Anna ist Teil einer glücklichen Familie, aber von ihrem rechten Fuß pflegt man das nicht zu sagen (vgl. *1906b*, NS 196/197).

Garantiert das Verständnis der verständnisrelevanten Komponenten eines Gedankenausdrucks und seiner Komposition immer, dass wir erkennen, welcher Gedanke ausgedrückt wird? Das hängt davon ab, was man unter Verstehen versteht. Wir können *die Äußerung U von 'Das ist dein Buch'* auch dann verstehen, wenn wir vorher noch nie mit einer Äußerung dieses Satzes konfrontiert waren. Nach Freges eigener Auffassung besteht der Gedankenausdruck hier nicht nur aus *U*: er enthält auch deiktische Komponenten („Fingerzeige, Handbewegungen, Blicke"), durch die der Sprecher signalisiert, von welchem Objekt und zu welcher Person er spricht. Der Gedankenausdruck ist also hybrid (vgl. 2-§5.1). Das Verstehen, dessen Möglichkeit erklärt werden soll, ist das Erfassen eines *Gedankens*, und dazu ist bei indexikalischen Äußerungen wie *U* mehr erforderlich als die Kenntnis des konventionalen sprachlichen Sinns des geäußerten Satzes. Der noëmatische Sinn eines hybriden Gedankenausdrucks ist unterbestimmt durch den lexikalischen Sinn seiner verbalen Komponenten und die Art ihrer Zusammenfügung. Frege weiß das, aber die Formulierungen in (I), (II) und 37a tragen dem nicht Rechnung.

Die Äußerung *U* gibt noch zu einer weiteren Frage Anlass. Angenommen, wir wissen, auf was der Produzent von *U* zeigt und wen er anredet, und wir verstehen '( ) ist das Buch von [ ]': erfassen wir dann den ausgedrückten Gedanken? Auch das hängt davon ab, was man unter Verstehen versteht. Um den in *U* ausgedrückten Gedanken zu erfassen, müssen wir wissen, ob es um ein Buch geht, das der angeredeten Person gehört, oder um eines, das sie geschrieben hat, oder um eines, das sie gerade liest,... Bezeichnenderweise kann man

Kapitel 4 593

sagen: 'Das ist in mehr als *einem* Sinne dein Buch'. Der Produzent von *U* hat aber nichts Dergleichen gesagt. Wir erkennen erst dann, was der hybride singuläre Term, dessen sprachliche Komponente die Äußerung von 'dein Buch' in *U* ist, zu dem ausgedrückten Gedanken beisteuert, wenn wir erkennen, wie die Possessiv-Konstruktion in *U* zu verstehen ist. Wenn es darum geht, eine Äußerung so zu verstehen, dass man den ausgedrückten Gedanken erfasst, dann kann für's Verständnis einer grammatischen Konstruktion in einer Äußerung mehr erforderlich sein als das Beherrschen der Grammatik der Sprache des geäußerten Satzes. – Darf die Sprache einer exakten Wissenschaft „nichts dem Erraten überlassen" (*1914b,* NS 230), so darf sie Possessiv-Konstruktionen nur dann enthalten, wenn es ein für alle Äußerungen so konstruierter Ausdrücke gleichermaßen einschlägiges Verständnis der Konstruktion gibt, von dem gilt: wer über es verfügt und die verknüpften Ausdrücke versteht, der erfasst (sofern er auch den Rest der Äußerung versteht) den ausgedrückten Gedanken.[5]

Wenn Frege in (I), (II) und *Ggf* 38b die 'Kreativität' der Sprache zu erklären versucht, sagt er, dass Gedanken „aufgebaut", dass sie „zusammengefügt werden", dass „wir den Sinn eines Satzes aufbauen". Nun werden Frege'sche Gedanken nicht wie ein Gebäude errichtet (*Ggf* Anm. 2, 9), – die Rede von den „Gedankenbausteinen" ist also allemal mit einem Körnchen Salz zu verstehen. Aber Frege unterstellt, dass Gedanken aus Teilen bestehen. So ganz wohl scheint ihm dabei nicht zu sein, denn er betont, dass es sich um ein „Gleichnis" handelt (38a). Schon in *Vern* 155c hatte er ja gewarnt: „die Wörter 'zusammengesetzt', 'bestehen', 'Bestandteil', 'Teil' können zu einer unrichtigen Auffassung verleiten." Bei seinem Hinweis auf das gelegentliche „Hinken" der mereologischen Rede über Gedanken tut man gut daran, sich auch an das Problem des 'wiederholt vorkommenden' Sinnes aus *Vern* 157a zu erinnern, zumal es in *Ggf* 49c wieder auftauchen wird. An einer Schlüsselstelle der *Grundgesetze* (in denen alle bedeutungsvollen Ausdrücke 'Namen' heißen) schreibt Frege, was wir schon einmal zu zitieren Anlass hatten:

> Jeder ... Name eines Wahrheitswerthes drückt einen Sinn, einen Gedanken aus... Die einfachen oder selbst schon zusammengesetzten Namen

---

[5] Vgl. oben, S. 170, über Freges Überlegungen zu den Nominal-Komposita in unserer Sprache.

nun, aus denen der Name eines Wahrheitswerthes besteht, tragen dazu bei, den Gedanken auszudrücken, und dieser Beitrag des einzelnen ist sein Sinn... (*GG I*, §32.)

Mit dieser Feststellung legt man sich noch nicht auf die Idee der „Gedankenbausteine" fest. Der Beitrag, den eine Komponente eines Gedankenausdrucks dazu leistet, dass er den-und-den Gedanken ausdrückt, ist der Sinn dieser Komponente: das impliziert nicht, dass dieser Sinn ein Bestandteil des ausgedrückten Gedankens ist.[6] Genau das sagt Frege aber im nächsten Satz in den *GG*:

> Wenn ein Name Theil des Namens eines Wahrheitswerthes ist, so ist der Sinn jenes Namens Theil des Gedankens, den dieser ausdrückt.

Er wiederholt es in 1913 in einer Vorlesung (20), und auch nach dem Erscheinen von *Ged* bekräftigt er es noch einmal: „Der Sinn eines Satzteils ist Teil des Sinnes des Satzes, d. h. des in dem Satze ausgedrückten Gedankens" (*1919d*, WB 156). Freges Explanans für die 'Kreativität' der Sprache ist also das folgende KOMPOSITIONSPRINZIP DES SINNS (s. o. 414):

(KOMP₁)   Wenn ein Sinn durch einen Teil eines Satzes ausgedrückt wird, dann ist er ein Teil des Gedankens, den der Satz ausdrückt.

Die Ähnlichkeit des Titels sollte uns nicht dazu verführen, dieses Prinzip mit dem der '*Kompositionalität*' des Sinns gleichzusetzen, unter dem in der Literatur meist Folgendes verstanden wird: Der konventionale sprachliche Sinn eines komplexen Ausdrucks wird ausschließlich durch den lexikalischen Sinn seiner Teile und seine grammatische Struktur bestimmt (festgelegt). *Dieses* Prinzip handelt vom konventionalen sprachlichen Sinn, und es impliziert nicht, dass der Sinn eines Teils eines komplexen Ausdrucks ein *Teil* des Sinns dieses Ausdrucks ist. Wir haben mehr als einmal gesehen, dass Frege'scher Sinn, noëmatischer Sinn, nicht mit konventionalem sprachlichem Sinn gleichgesetzt werden darf.

---

[6] Vielleicht war der Beitrag, den ein Industriemagnat dazu geleistet hat, dass der 'Ring' in Bayreuth neu inszeniert wurde, eine Spende von 10.000 Euro; aber sein Geld war bestimmt kein *Bestandteil* des neu inszenierten Bühnenfestspiels.

Kapitel 4 595

Nur mit spitzen Fingern sei hier die Frage angefasst, wie sich das Kompositionsprinzip des Sinnes zum sog. *Kontext-Prinzip* verhält, von dem sich Frege bei seiner Untersuchung in den *Grundlagen* leiten ließ: „Nur im Zusammenhange eines Satzes bedeuten die Wörter etwas".[7] Über dieses Prinzip sind in der Frege-Literatur Ströme von Tinte vergossen worden. (Es gibt inzwischen wohl noch mehr Interpretationen als Interpreten, die sich zu ihm geäußert haben, denn manche Ausleger haben ihre ursprüngliche Einschätzung des Prinzips später durch eine andere ersetzt.) Unumstritten ist wohl nur dies: dass das Kontext-Prinzip in den *GL* der Beantwortung der Kant-inspirierten Frage dient, wie uns Zahlen trotz ihrer „Unwirklichkeit" gegeben sein können. Die durch das Prinzip gestützte Antwort lautet: Dadurch dass wir Sätze verstehen, in denen Zahlbezeichnungen vorkommen. Da Frege noch nicht über die Sinn/Bedeutung-Distinktion verfügte, als er das Kontext-Prinzip formulierte, ist es zweideutig. Nach 1884 hat er sich nie wieder *expressis verbis* auf ein Kontext-Prinzip berufen, sei es nun eines für Sinn oder eines für Bedeutung. Wer die in diesem Kommentar unter „Vergleiche:" angegebenen Passagen liest, kann sich davon überzeugen, wie oft Frege wiederholt hat, was ihm wichtig war: er sah sich dazu gezwungen, weil seine Einsichten kaum zur Kenntnis genommen wurden. Ist es da nicht sehr unwahrscheinlich, dass das Kontext-Prinzip, in welcher Lesart auch immer, zu Recht als „Centre of Frege's Philosophy" bezeichnet werden kann? Ich habe mich jedenfalls nicht davon überzeugen können, dass es in den Texten eine Rolle spielt, die in diesem Buch kommentiert werden. Wenn es in einer Lesart mit dem Kompositionsprinzip des Sinns inkompatibel ist, dann verbietet die Maxime des hermeneutischen Wohlwollens die Unterstellung, Frege habe das Prinzip in dieser Lesart nach 1893 stillschweigend akzeptiert.

Zurück zu unserem Text. Mit der Aussage, dass der Aufbau des Satzes den des Gedankens „abbildet" (und der entsprechenden Aussage in *Vern* 148c), kann Frege schon deshalb keine Isomorphie-These aufstellen wollen, weil nach seinen Theorien der Wahrheit (vgl. 2-§2.3) und der „Färbung" (2-§4) manche Sätze Wörter oder Phrasen enthalten, zu denen es keine Gegenstücke in den ausgedrückten Gedanken gibt: 'Es ist leider wahr, dass Cäsar den Rubikon über-

---

[7] *GL* §62; vgl. X u. §§46, 60, 106. Die verschiedenen Formulierungen sind nicht logisch äquivalent.

schritten hat'. Grund genug für die vorsichtige Formulierung: „[*I*] *m allgemeinen* [wird] eine Gruppe von Zeichen, die in einem Satz vorkommt, einen Sinn haben, der Teil des Gedankens ist" (*1914b*, NS 224, meine Herv.). (Frege kann bei dieser Einschränkung nicht an Fälle wie das Vorkommen von 'stab', 'tab' usw. und von 'sta', 'ta' etc. in 'Heracles had to cleanse the stable of Augias' meinen; denn dann würde ja von den meisten Gruppen von Zeichen, die in einen Satz vorkommen, gelten, dass sie entweder überhaupt keinen Sinn [in der Sprache des Satzes] haben oder jedenfalls keinen, der Teil des ausgedrückten Gedankens ist.) Gelegentlich behauptet Frege denn auch nur eine Entsprechung „im Großen und Ganzen" (*1919c*, NS 275), und er betont:

> Wir dürfen nicht die tiefe Kluft übersehen, die doch die Gebiete des Sprachlichen und des Gedanklichen trennt, und durch die dem gegenseitigen Entsprechen beider Gebiete gewisse Schranken gesetzt sind. (*Allg* 279c.)

§2. Ergänzungsbedürftige Gedankenteile.[8] (36b–37a)

Die Behauptung, „einfachen" Gedankenteilen seien „einfache Satzteile" zugeordnet, ist ebenso problematisch wie entbehrlich: entspricht dem einfachen Prädikat erster Stufe in 'Es gibt Erpel' wirklich ein einfacher Gedankenteil, wenn 'Erpel' soviel heißt wie 'männliche Ente'? – Da (zumindest) einer der Bestandteile eines Gedankens ergänzungsbedürftig ist, ist ein Gedanke etwas, das, wie Aristoteles sagt,[9]

> „von Natur aus [ein Ganzes mit einer bestimmten Gestalt und Form] ist und nicht durch Gewalt wie alles, was durch Leim, Nägel oder ein Band (σύνδεσμος) zusammengehalten wird, sondern den Grund seines Zusammenhängens (τὸ αἴτιον τοῦ συνεχές εἶναι) in sich selber hat".

---

[8] VERGLEICHE: *BuG* 205; *1906d*, NS 203–204; *1914b*, NS 262–263; *1919c*, NS 274–275; *Vern* 155c–156a.
  LITERATUR: s. o. 1-§2.1 u. 3-§8; Ricketts 2003, §I; Ryle 1960.
[9] *Metaphysica* X, 1: 1052^{a}23–25.

Wenn die Annahme korrekt ist, „daß im Logischen überhaupt die Fügung zu einem Ganzen immer dadurch geschieht, daß ein Ungesättigtes gesättigt werde",[10] dann gilt das auch für Gedanken, die durch Sätze ausgedrückt werden, die keine Satzgefüge sind. Der ergänzungsbedürftige Teil des Gedankens, dass sich die Erde bewegt, ist in Freges Augen der Sinn des ergänzungsbedürftigen Satzteils '( ) bewegt sich'. Die These in *BuG*, dass der Sinn eines singulären Terms im Unterschied zu dem eines Prädikats „abgeschlossen", nicht ergänzungsbedürftig ist, ist weniger plausibel als die These in *Vern* und *Ggf*, dass der Sinn eines Satzes im Unterschied zu dem eines (ein- oder zweistelligen) satzbildenden Satzoperators abgeschlossen ist (s. o. 216 ff). Wenn Frege die *LU* vollendet hätte, dann hätte er die erste These höchstwahrscheinlich in der Abhandlung über die Allgemeinheit präsentiert. Machen wir uns kurz klar, was für diese Lokalisierung spricht. Wir haben noch keinen Anlass, „einen Satz in Teile zu zerlegen, von denen keiner selbst wieder ein Satz ist", wenn wir einen junktorenlogisch gültigen Schluss ziehen, also bspw. von der Prämisse 'Sokrates ist hässlich, und Alkibiades ist schön' zu der Konklusion 'Sokrates ist hässlich' übergehen. Beim „Schluss vom Allgemeinen zum Besonderen" (vgl. 5-§§3 ff) ist das anders. „Hier", so Freges These, „werden wir zuerst veranlasst, einen Satz in Teile zu zerlegen, von denen keiner selbst wieder ein Satz ist".[11] Gehen wir von der Prämisse

Wenn etwas ein Mensch ist, dann ist es sterblich

zu Konklusionen wie diesen über:

Wenn Sokrates ein Mensch ist, dann ist Sokrates sterblich
Wenn Napoleon ein Mensch ist, dann ist Napoleon sterblich,

so erkennen wir, dass der Prämisse und den Konklusionen das komplexe Prädikat

Wenn ( ) ein Mensch ist, dann ist ( ) sterblich

---

[10] So auch *1919c*, NS 274, und Wittgenstein, TLP 5.47: „Wo Zusammengesetztheit ist, da ist Argument und Funktion".
[11] > *1906*, NS 217. Entsprechend über Gedanken: *1906d*, NS 203; *1919c*, NS 274.

gemeinsam ist. Aber werden wir wirklich *erst* bei solchen Schlüssen zu einer Zerlegung von Sätzen in Nicht-Sätze veranlasst? Das folgende Argument ist schlüssig:

Sokrates ist kleiner als Simmias,
Simmias ist kleiner als Phaidon, also:
Sokrates ist kleiner als Phaidon.

Und bei diesem Übergang erkennen wir doch ebenfalls, dass den Prämissen und der Konklusion ein Prädikat gemeinsam ist: '( ) ist kleiner als [ ]'. Das ist richtig. Aber die Schlüssigkeit dieses Schlusses ist nicht junktoren- oder quantorenlogisch ausweisbar. (Sie verdankt sich dem Sinn eines Ausdrucks, der kein logischer ist.) Der Einwand lässt daher eine Reformulierung der Frege'schen These geraten erscheinen: Im Bereich der *logisch* gültigen Schlüsse werden wir zuerst bei den quantorenlogisch gültigen zu einer derartigen Zerlegung veranlasst.

In 37a versucht Frege, die „Unselbständigkeit" des Sinns des Negators durch den Hinweis verständlich zu machen, dass in einem Akt des Verneinens (vgl. 3-§5, Ende) immer *etwas* verneint wird.[12] Das, was verneint wird, ist immer ein Gedanke. Im vollständigen Gehalt des Akts ist also der Sinn des Negators durch den Sinn eines Satzes vervollständigt. (Die „Selbständigkeit" dessen, was den Sinn des Negators ergänzt, kann so jedenfalls nicht dargetan werden. Bei einer Suche wird ja auch immer *etwas* gesucht, aber daraus folgt nicht, dass es bei jeder Suche einen Gegenstand gibt, der gesucht wird. Vgl. oben, S. 553.)

Ein phonetisches Analogon, das schon Platon gute Dienste geleistet und das Ryle ausbuchstabiert hat, mag auch hier hilfreich sein. Ein ergänzungsbedürftiger Sinn verhält sich so zum Sinn eines singulären Terms oder eines Satzes wie sich eine Muta (ein Verschlusslaut) zu einem Vokal oder einem Wort verhält. Wie der Konsonant /d/ im Unterschied zu einem Vokal zwar nicht für sich, sehr wohl aber *am Anfang* einer Äußerung des Wortes 'da' erklingen kann, so kann der Sinn des Negators, anders als ein Gedanke, zwar nicht für sich bestehen, sehr wohl aber als 'Einleitung' eines Gedankens. Wie ein /d/ nicht für sich, sehr wohl aber *innerhalb* einer Äußerung des Wortes 'ade' erklingen kann, so kann der Sinn von 'und' nicht für

---

[12] Dass Frege hier von einem *Akt* spricht, ist in der englischen Übersetzung (Stoothoff 1977) nicht mehr zu erkennen.

sich, sehr wohl aber innerhalb eines Gedankengefüges bestehen. Ein /d/ kann im Unterschied sowohl zum Vokal /a/ als auch zum Wort 'da' nicht für sich erklingen; entsprechend kann der Sinn von '( ) bewegt sich', anders als der Sinn von 'Die Erde' und der von 'Die Erde bewegt sich', nicht für sich bestehen. Freilich, was 'kann für sich erklingen' heißt, ist klar, – weniger klar ist, was 'kann für sich bestehen' bei einem Sinn heißen soll.

§3. Verbindung zweier Gedanken zu Einem. (37b–c)

Das Wort 'Gedankengefüge' (fortan in allen grammatischen Formen durch 'Ggf' abgekürzt) ist vielleicht ein Frege'scher Neologismus.[13] Es scheint erst 1919 ein Bestandteil seines theoretischen Vokabulars geworden zu sein.[14] Den Sinn eines dyadischen Junktors, eines zweistelligen satzbildenden Satzoperators, bezeichnet Frege in *Ggf* als „das Fügende".[15] Da der Sinn eines Junktors ungesättigt ist, ist er nicht etwas, das die gefügten Gedanken – wie Aristoteles sagen würde – gewaltsam wie Leim oder ein Band zusammenhält. (Darüber sollte die Tatsache nicht hinwegtäuschen, dass 'Junktor' genau wie das englische 'connective' keine schlechte Übersetzung des griechischen Wortes für Band, '*σύνδεσμος*', im Munde der antiken Logiker, Grammatiker und Rhetoriker ist.[16]) Die „Besonderheit"

---

[13] Die Übersetzung 'Compound Thoughts' (Stoothoff 1977) ist nicht unmissverständlich, denn in Freges Augen ist ja jeder Gedanke ein 'compound', d. h. 'sth. made up of two or more combined parts'. Man tut also gut daran, sich an die Nominalphrase 'compound words' zu erinnern, mit der ja Wörter, die aus *Wörtern* bestehen, gemeint sind. Die Eindeutigkeit des Originals würde durch 'Compounds of Thoughts' gewahrt.

[14] *Katalog* Nr. 13. Hypothetische Ggf heißen in *SuB* 43a, *GG II*, §130 und *1906d*, NS 205 „hypothetische *Gedanken*". In *n.1906*, NS 216, in *1910*, WB 119 und auch noch in *Vern* 147c heißen sie „hypothetische Gedanken*verbindungen*".

[15] In Stoothoff 1977 stets mit „the connective" wiedergegeben, wobei der Leser sich durch die gängige Verwendung dieses Ausdrucks als Bezeichnung für die Junktoren selber statt für ihren Sinn nicht beirren lassen darf. Könnte man nicht versuchen, in der Übersetzung den morphologischen Zusammenhang in dem Trio 'ein Gefüge – fügen – das Fügende' zu reproduzieren? Warum nicht so: 'a compound – to compound – what serves to compound'?

[16] Aristoteles verwendet für die griechischen Gegenstücke zu 'zwar ..., aber - -' und '...; denn - -' die Bezeichnung '*σύνδεσμος*' (*Rhetorica* III, 5:

der Ggf, die Frege im Folgenden betrachtet, besteht darin, dass in ihnen nicht mehr als *zwei* Gedanken enthalten sind. Wenn der Erlkönig dem Knaben zuraunt: „Meine Töchter führen den nächtlichen Reihn/Und wiegen und tanzen und singen dich ein",[17] so drückt er ein Ggf aus, das aus vier Gedanken besteht. In 50d–51a wird Frege die Einschränkung aufheben.

Warum er nicht sagen will, dass das, was in der Grammatik als Satzgefüge bezeichnet wird ('Wo gehobelt wird, fallen Späne'), immer als Sinn ein Ggf habe, erklärt Frege in 37c, 46c–47a und in *Allg*. Warum er nicht sagen will, „daß jedes Gedankengefüge Sinn eines Satzgefüges sei", erklärt er nicht. Wenn Satzgefüge wahrnehmbare Zeichen, mündliche Äußerungen oder Inskriptionen sind, ist die Erklärung leicht: Kein mündliches oder schriftliches Satzgefüge drückt das konjunktive Ggf aus, das jeden Gedanken enthält, der durch eine Behauptungssatz-Inskription in einem Buch der Preußischen Staatsbibliothek ausgedrückt wird; denn die Herstellung einer derart monströsen Konjunktion wäre viel zu zeitraubend. Da es nur endlich viele Äußerungen in der Geschichte des Universums gibt, kann nicht jede Wahrheit, die durch eine Einsetzungsinstanz des Schemas '*n* ist eine natürliche Zahl' ausgedrückt werden könnte, auch wirklich ausgedrückt werden; *a fortiori* wird natürlich auch nicht jedes Ggf ausgedrückt, das eine solche Wahrheit als Komponente enthält. (Im letzten Satz von 37b wird genau wie gegen Ende von 38a unterstellt, jeder Gedanke habe einen Wahrheitswert. Davon dass Frege das auch 1923 nicht glaubt, kann man sich ein paar Seiten später, in 40a überzeugen. Und schon in 37c heißt es, jeder Gedanke sei ein Sinn, nach dessen Wahrheit man fragen kann. Das lässt wie die Formulierung in *Ged* 60c wahrheitswertlose Gedanken zu.)

1407^a19–31; 12: 1413^b31–1414^a1). Quintilian registriert mit Unbehagen, dass sich dafür die Latinisierung '*coniunctio*' eingebürgert hat, statt der von ihm favorisierten Wiedergabe durch '*convinctio*' (ca. 90 n., I.4, § 18). Echos der Bezeichnung '*coniunctio*' gebrauchen Grammatiker auch heute noch gern, wenn sie von Junktoren sprechen. Welche Ausdrücke in der antiken Logik und Grammatik als Verknüpfer klassifiziert wurden und warum, wird in Barnes 2007, 168–263 erklärt.

[17] In der traditionellen Rhetorik bezeichnet man Satzgefüge, die denselben Junktor mehr als einmal enthalten, als Polysyndeta: vgl. Quintilian IX.3, § 50.

Kapitel 4

II. Aufbau von sechs Gedankengefügen mit UND und NICHT.

(37d–48a)

Wenn wir 'Ggf$_n$ (A, B)' als Abkürzung für „Gedankengefüge *n*-ter Art, das aus den Gedanken gefügt ist, die durch die Sätze 'A' und 'B' ausgedrückt werden" verwenden, können wir Freges Bestimmung der sechs Ggf so zusammenfassen:

(Df. 1) ξ ist ein Ggf$_1$ (A, B) ↔: ξ ist wahr, wenn 'A' und 'B' wahre Gedanken ausdrücken, und in allen anderen Fällen falsch

(Df. 2) ξ ist ein Ggf$_2$ (A, B) ↔: ξ ist die Verneinung eines Ggf$_1$ (A, B)

(Df. 3) ξ ist ein Ggf$_3$ (A, B) ↔: ξ ist ein Ggf$_1$ (nicht A, nicht B)

(Df. 4) ξ ist ein Ggf$_4$ (A, B) ↔: ξ ist die Verneinung eines Ggf$_3$ (A, B)

(Df. 5) ξ ist ein Ggf$_5$ (A, B) ↔: ξ ist ein Ggf$_1$ (nicht A, B)

(Df. 6) ξ ist ein Ggf$_6$ (A, B) ↔: ξ ist die Verneinung eines Ggf$_5$ (A, B)
↔: ξ ist ein Ggf$_2$ (nicht A, B).

Wenn Frege sagt, dass jedes dieser Ggf aus den durch 'A' und 'B' ausgedrückten Gedanken gefügt ist, will er damit natürlich nicht bestreiten, dass jedes der Ggf$_{2-6}$ mindestens einen komplexeren Gedanken enthält.

§4. Konjunktive Gedankengefüge.[18] (37d–39e)

Weder für die Satzgefüge, die in deutschen Logik-Büchern nun schon seit langem Konjunktionen heißen, noch für die durch sie aus-

---

[18] VERGLEICHE: *BS* §7; *GL* §§ 38 Ende, 70 u. Anm.; *Log$_2$* 162–163; *1902b*, WB 222; *1906a*, III: 423 („Gruppe"); *1906d*, NS 204–5, 208 („Kondukt"); *n.1906*, NS 216 („Verein"); *1914b*, NS 246.
LITERATUR: Strawson 1952, 79–82; Geach 1963, 13–20; Grice 1967, 8, 68,

gedrückten Gedanken, die ich hier konjunktive Ggf nenne, hat Frege eine feste Bezeichnung. Letztere nennt er gelegentlich „Gruppen", „Kondukte"[19] oder „Vereine"[20] von Gedanken.

In Grammatiken pflegte man den Terminus 'Konjunktion' damals wie heute meist für gewisse Satzbestandteile zu verwenden, nämlich für alle „Fügewörter" (*SuB* 42b) oder „Bindewörter" (*Ggf* 38), mit deren Hilfe man aus Sätzen ein (manchmal kontrahiertes) Satzgefüge bildet. Schon die Stoiker bezeichneten aber nur (kontrahierte) Verbindungen von zwei oder mehr Sätzen (beliebiger logischer Form) durch '*και ... και ...*' bzw. '*et ... et ...*' als Konjunktionen:

> „Was bei den Griechen συμπεπλεγμένον [Zusammengeflochtenes] heißt, das nennen wir *conjunctum* [Verbundenes] oder *copulatum* [Zusammengebundenes]. Zum Beispiel: 'P. Scipio, Sohn des Paulus, war zweimal Konsul und hielt einen Triumphzug und war Zensor und war in der Zensur Kollege des L. Mummius'."[21]

Nicht immer steht das Wort 'und' zwischen „eigentlichen" Sätzen, also solchen, die Gedanken ausdrücken. (a) 'Anna und Ben sind verwandt' heißt nichts anderes als 'Anna ist mit Ben verwandt'. (Frege macht in *GL* §70 darauf aufmerksam, dass die 'und'-Paraphrase

---

70; Dummett, FPL 336–337; Cohen 1971, §1; Walker 1975, 136–141; Posner 1979, §§7–9; Sainsbury 1991, 62–65, 77–81; Neale 1999, 59; Carston 2002, Kap. 3; Edgington 2006, §5. [BUCHSTABEN IN DER (ANTIKEN) LOGIK]: Barnes 2007, 307–359.

[19] Von '*conductum* (das Zusammengeführte)'. Den Gedanke an 'Kondukt' im Sinne von 'Leichenzug' hält man besser fern.

[20] Vgl. dazu die wortgeschichtlichen Bemerkungen auf S. 535.

[21] Gellius ca. 170 n., Buch XVI.8, §10. Sigwart unterscheidet terminologisch zwei Arten von (kontrahierten) Konjunktionen singulärer Urteile: solche der Form 'S$_1$ und S$_2$ und ... S$_n$ sind P' nennt er „copulativ", solche der Form 'S ist P$_1$ und P$_2$ ... und P$_n$' heißen bei ihm „conjunctiv" (Sigwart 1873, 167). In der Logik von Port-Royal hießen die einen wie die anderen sowie 'S$_1$ und S$_2$ und ... S$_n$ sind P$_1$ und P$_2$ ... und P$_n$' *propositions copulatives* (Arnauld & Nicole 1685, II.9). Unter dem Titel „konjunktive Satzverknüpfung", ohne irgendeine Restriktion bezüglich der Form der verknüpften Behauptungssätze, wird die Konjunktion in Husserl 1896, 135–138 erörtert. In Whitehead-Russell 1910b, 6 (und daran anschließend in Wittgensteins TLP) wird die 'und'-Verbindung zweier Sätze als *logisches Produkt* bezeichnet; in Russell 1919, 147, bei Carnap, Łukasiewicz und in Hilbert†-Ackermann 1958 heißt sie dann 'Konjunktion'.

einer zweistelligen Prädikation nur dann möglich ist, wenn die bezeichnete Relation symmetrisch ist.) In (b) 'Anna und Ben sind ein Paar' fungiert das 'und' als zweistelliger sub-sententialer Funktor, der aus den Namen zweier Gegenstände den Namen eines dritten Gegenstandes bildet, der aus den beiden anderen zusammengesetzt ist. In (c) 'Wie heißt du, und wie alt bist du?' steht es zwischen Sätzen, die keine Gedanken ausdrücken, und in (d) 'Augen zu und durch!' steht es gar nicht zwischen Sätzen. Auch in (e) 'Anna und Ben leben in New York' steht das 'und' nicht zwischen eigentlichen Sätzen, aber (e) ist im Unterschied zu (a-d) die „Zusammenziehung" einer kanonischen *Konjunktion*: (E) 'Anna lebt in NY, und Ben lebt in NY'.[22] Das 'und' ist in (e) verkappt, was es in (E) auf der Satzoberfläche ist: ein *Konjunktor*.[23]

In ihrem Gebrauch als (nicht-verkappter) Konjunktor verlangt die Lautfolge /und/ die Vervollständigung durch zwei Sätze. „Als bloßes Ding" ist sie „ebensowenig ungesättigt als irgend ein anderes Ding" (39b). Wenn es als Konjunktor gebraucht wird, ist dieses Ding ergänzungsbedürftig, weil sein Sinn es ist. „Eigentlich kommt das Ungesättigtsein im Gebiete des Sinnes vor ..." (s. o. 216f).

Freges Junktor 'und' akzeptiert als Input auch Prädikate und liefert dann als Output ein komplexeres Prädikat, aber das Verständnis eines solchen Prädikats ist im Verständnis der entsprechenden Satzgefüge fundiert: Ein Prädikat des Typs 'F( ) und G( )' trifft genau dann auf den Gegenstand zu, den der singuläre Term 'a' bezeichnet, wenn die Konjunktion 'Fa und Ga' eine Wahrheit ausdrückt, und ein Prädikat des Typs 'F( ) und G[ ]' trifft genau dann auf die Gegenstände zu, welche die singulären Terme 'a' und 'b' (in dieser Reihenfolge) bezeichnen, wenn die Konjunktion 'Fa

---

[22] Auch bei Sätzen wie 'Er war Konsul und hielt einen Triumphzug', 'Er spricht zu laut und zu schnell', 'Man applaudierte vor und nach seinem Auftritt', 'Sie tanzt, sobald und solange sie Lust dazu hat', in denen das 'und' zwischen Prädikaten, Adverbien, Präpositionen und Satzverknüpfern steht, handelt es sich um Kontraktionen von Satzgefügen.

[23] Manchmal fungiert das 'und' als verkappter Konjunktor, obwohl der Satz nicht nach dem simplen Muster des Schritts von (e) zu (E) paraphrasiert werden kann: 'Anna und Ben waren die einzigen Gäste' heißt soviel wie die dreigliedrige Konjunktion 'Anna war Gast, und Ben war Gast, und sonst niemand (i. e. und kein Gast war sowohl von Anna als auch von Ben verschieden)'.– Zur Erinnerung: In diesem Kommentar stehen logische Termini des quasi-lateinischen Typs '–tor' und '–tion' immer für *sprachliche* Gebilde.

und Gb' eine Wahrheit ausdrückt. Der Satz 'Niemand ist verheiratet und ledig' ist keine Kontraktion des Satzgefüges 'Niemand ist verheiratet, und niemand ist ledig'; denn mit dem sagt man ja etwas Falsches. Der Satz enthält das komplexe Prädikat '( ) ist verheiratet und ( ) ist ledig', und das trifft auf keinen Gegenstand zu, da keine Konjunktion der Form 'a ist verheiratet, und a ist ledig' eine Wahrheit ausdrückt.

Es gibt einen syntaktischen Unterschied zwischen dem „volkssprachlichen" Satz verknüpfer 'und' und dem gleichlautenden Junktor, von dem Frege spricht. Dieser steht (wie alle Junktoren der Klassischen Logik) immer nur zwischen *zwei* Sätzen, die selber komplexe Satzgefüge sein mögen. Jener kann hingegen zwischen beliebig vielen Sätzen stehen, wobei aus stilistischen Gründen meist alle seine Vorkommnisse bis auf das letzte durch Kommata ersetzt werden. In einer BS ist ein Gebilde der Form 'A und B und C' nicht wohlgeformt: es muss durch '(A und B) und C' oder durch 'A und (B und C)' ersetzt werden (vgl. 50d). Aber die so geformten Satzgefüge drücken jeweils denselben Gedanken aus.[24]

Dass eine Konjunktion *ein* Satz ist, *einen* Gedanken ausdrückt und der Kundgabe *eines* Urteilsaktes dienen kann, ist nicht so selbstverständlich, wie es uns erscheinen mag. So schrieb John Stuart Mill:[25]

„[W]hat is called a complex (or compound) proposition is often not a proposition at all... Such, for example, is this: Caesar is dead, and Brutus is alive ... There are here two distinct assertions; and we might as well call a street a complex house, as these two propositions a complex proposition."

Und auch bei Sigwart konnte Frege lesen:[26]

---

[24] Entsprechendess gilt von den volksprachlichen Satzverknüpfern 'weder ... noch - -' (s. u. §6) und 'entweder ... oder - -' (s. u. §7) einerseits und ihren BS-Pendants andererseits.
[25] Mill 1843, I, 4, §3. (Mit 'propositions' meint Mill Sätze.)
[26] Sigwart 1873, 235; vgl. 166–167. Im Vorwort führt er J. St. Mill an als einen der vier „Männer, deren Werke ich am meisten vor mir gehabt habe". (Wenn Sigwart von einer „Folge in dem dargestellten Objecte" spricht, denkt er an (Kontraktionen von) Konjunktionen der Bauart 'S ist P_1, und S ist P_2' und an ihre Rolle in „erzählenden" Äußerungen wie 'Napoleon siegte in Jena und verlor in Waterloo'. Auf die Andeutung einer zeitlichen Abfolge werden wir noch zurückkommen.)

Kapitel 4

„Dass die Partikel 'und', wie alle ihr gleichwerthigen Ausdrücke, nichts zu leisten vermag, als zu sagen[,] dass der Redende jetzt eben beide Urtheile in seinem Bewusstsein zusammenfasst, haben wir schon … gesehen; und da dieses subjective Factum schon durch die Thatsache constatiert ist, dass derselbe beide Sätze ausspricht, so kommt an und für sich diesen bloss anreihenden Partikeln eine objective Bedeutung nicht zu, wenn sie auch die Function übernehmen können, eine entsprechende Folge in dem dargestellten Objecte anzudeuten (also z. B. die Zeitfolge in der Erzählung); sie haben also nicht den Werth eines Urtheils."

Ist es nicht tatsächlich logisch vollkommen gleichgültig, ob wir 'Es schneit, und es ist windig' sagen oder 'Es schneit. Es ist windig.'?[27] Die Peano-Russell-Schreibweise für Konjunktionen, sc. '$p \cdot q$', leistet dieser Auffassung unbeabsichtigt Vorschub.

Dass es nicht gleichgültig ist, hätte Frege durch einen Einbettungstest zeigen können: In die Leerstelle in '…, oder aber der gestrige Wetterbericht war unzuverlässig' können wir zwar die Konjunktion, nicht aber die Satzreihe einbetten, und in diesem Rahmen sind die Äußerungen der Konjunkte ganz gewiss keine Behauptungen.[28] Frege widerlegt Mill und Sigwart (wie schon in Log_2 163) durch eine Überlegung zu Entscheidungsfragen. Ist 'Schneit es, und ist es windig?' *ein* Fragesatz, der *einen* Gedanken ausdrückt? Wenn es sich hier bloß um eine Aneinanderreihung von Fragen handelt, dann ist: fragen, ob (A und B), dasselbe wie: sowohl fragen, ob A, als auch fragen, ob B, und man könnte die interrogative Äußerung in einer Begriffsschrift, die um das voranzustellende 'spanische' Fragezeichen als Indikator der illokutionären Rolle erweitert ist, so notieren:

(1)   ¿— A
            ¿— B

Wenn es sich aber um einen einzigen Fragesatz handelt, könnte man ihn so schreiben:

---

[27] Die Schriftsprache unterscheidet noch (a) die Aneinanderreihung von durch Punkte getrennten Sätzen und (b) die Satzreihe, die aus durch Kommata getrennten Hauptsätzen besteht. Uns interessiert hier nur, was das mit 'und' gebildete Satzgefüge sowohl von (a) als auch von (b) unterscheidet.
[28] Mit einem Einbettungstest begründet Husserl (1896, 136) seinen Einspruch gegen Mill und Sigwart.

(2)   ¿— A und B

Frege charakterisiert zunächst (38a: „Wenn es ..." bis „... ist *dann* nicht in Frage.") die Position, für die (1) die adäquate Notation wäre. Diese Auffassung scheint Aristoteles im 'Organon' zu vertreten:[29] Werde man gefragt: 'Sind Kallias und Themistokles gebildet?' [vgl. 603, (e)], so solle man auch dann nicht mit 'Ja' antworten, wenn sie beide gebildet sind, und auch dann nicht mit 'Nein', wenn keiner von ihnen es ist. Die Adressatin der Frage befinde sich hier, so scheint Aristoteles zu unterstellen, in einer ähnlichen Situation wie dann, wenn der Fragesteller einen mehrdeutigen Ausdruck verwendet. Auf eine Frage wie 'Besitzen Sie ein Schloss?' sollte man auch dann nicht mit 'Ja' antworten, wenn man einen Palast mit diversen Schließvorrichtungen besitzt, und auch wer weder einen Palast noch eine Schließvorrichtung sein eigen nennt, sollte nicht mit 'Nein' antworten. In beiden Fällen mache sich der Sprecher nämlich des „Zusammenziehens mehrerer Fragen zu einer einzigen" schuldig. Nur wenn die Frage „unzweideutig (σαφές) und einfach (ἁπλοῦν)" sei, solle man die Antwort 'Ja' oder 'Nein' geben.– Aber sind diese beiden Fälle wirklich analog? Bei der zweideutigen Frageformulierung ist eine Rückfrage am Platze, 'Wie soll ich das verstehen?', wenn der Kontext nicht für eine Disambiguierung sorgt. Schließlich ist es ganz unwahrscheinlich, dass der Fragesteller beide Lesarten intendiert. Doch bei der Doppelfrage besteht zu einer Rückfrage kein Anlass. Wer mit 'Ja' antwortet, hat genau dann recht, wenn die durch 'A' und 'B' ausgedrückten Gedanken beide wahr sind, und wer mit 'Nein' antwortet, hat genau dann recht, wenn mindestens einer dieser Gedanken falsch ist. Aus der zweiten Antwort zu schließen, dass diese Gedanken beide falsch sind, ist logisch abwegig. Die Frage, ob (A und B), zu verneinen, ist etwas anderes als: sowohl die Frage, ob A, als auch die Frage, ob B, zu verneinen.

Genau das ist die Position, die Frege anschließend beschreibt (38a: „Wenn aber ..." bis „*Dann* ist ...") und die er sich zu eigen macht. Wer fragt, ob (A und B), stellt eine einzige Frage, für die (2) die adäquate Notation wäre. Und ganz allgemein ist '¿—' das Präfix

---

[29] Vgl. zum Folgenden: Aristoteles, *Sophistici Elenchi* 166ᵇ27, 167ᵇ38–168ᵃ1, 175ᵇ8–14, 175ᵇ39–176ᵃ18; 181ᵃ36–ᵇ8; *Topica* 160ᵃ33–34; *De Interpretatione* 20ᵇ12–26.

für jeweils eine einzige Frage, gleichgültig wie komplex der Satz ist, dem es vorangestellt ist.

Entsprechend will Frege nun auch eine assertorische Äußerung der Konjunktion verstanden wissen. Sie ist begriffsschriftlich also nicht so zu notieren:

(3)   ⊢ A
        ⊢ B

sondern etwa so:[30]

(4)   ⊢ A und B

Wer eine Konjunktion behauptet, der ist bereit, jedes der Konjunkte zu behaupten; aber er tut es (noch) nicht.[31] (Wer hingegen ernsthaft argumentiert 'A, also B', behauptet sowohl, dass A, als auch, dass B.) Wiederum ist '⊢' ganz allgemein das Präfix für jeweils eine einzige Behauptung, gleichgültig wie komplex der Satz ist, dem es vorangestellt ist.

Was verspricht sich Frege von der am Ende von 38a vorgeschlagenen Formulierung? Nach seinen eigenen Überlegungen zur illokutionären Redundanz des Wahrheitsjunktors (vgl. 2-§2.3) ist der Satz

(4*)   Es ist wahr, dass A und dass B

kein brauchbarer Ersatz für (4); denn (4*) kann – etwa als Vordersatz in einem Konditional – verwendet werden, ohne dass der Sprecher das konjunktive Ggf als wahr hinstellen würde, und um das durch 'A und B' ausgedrückte Gedankengefüge als wahr hinzustellen, braucht man (4*) nicht: das kann man ja auch mit 'A und B' tun. (Es handelt sich hier um das Gegenstück zu der unglücklichen Empfehlung an die Adresse der Qualitätsdualisten in *Vern* 153c, 'Es ist falsch, dass' als Indikator der illokutionären Rolle des Bestreitens zu gebrauchen.)

Die „Fragesätze" und „Behauptungssätze", von denen in 38b die Rede ist, sind interrogative und assertorische Äußerungen. Der Konjunktor verknüpft nicht zwei Äußerungen mit fragender oder behauptender Kraft. In Zeile (2) steht vielmehr genau eine interroga-

---

[30] In *BS* §7 wird sie mit einer geschweiften Linksklammer notiert, die '— A' oben rechts mit '— B' unten rechts verbindet.
[31] In *SuB* 44d–45a sah Frege das noch anders.

tive und in (4) genau eine assertorische Äußerung, – fragende und behauptende Kraft erstrecken sich jeweils auf die ganze Konjunktion. Dass die Konjunktion kommutativ ist, ist in Freges Augen kein „Lehrsatz" (39d, 40d–41a). Die korrekte Deduktion

(1)   ⊢ A und B
(2)   ⊢ A   1;   Konjunktor-Beseitigung
(3)   ⊢ B   1;   Konjunktor-Beseitigung
(4)   ⊢ B und A   3, 2; Konjunktor-Einführung

ergibt also zusammen mit ihrem Gegenstück für die umgekehrte Richtung keinen *Beweis* der Kommutativität der Konjunktion. Ein solche Deduktion kann aus Freges Sicht nicht der Rechtfertigung der These dienen, dass (A und B), genau dann, wenn (B und A). Wer das eine Satzgefüge versteht, weiß nämlich *eo ipso*, so Frege, dass es denselben Sinn hat wie das andere (vgl. 40d–41a). Jene These ist demnach „eines Beweises weder bedürftig noch fähig".[32] Entsprechend sind auch die Deduktionen von 'A oder B' und 'B oder A' auseinander keine *Beweise* der Kommutativität der Adjunktion (43b).

Dass wir die Teilsätze einer Konjunktion (Adjunktion) nacheinander äußern und dass wir sie an separaten Orten inskribieren (39d), ist ein kontingenter Zug unseres Sprechens und Schreibens.[33] Angenommen,[34] es gelänge uns, die Konjunkte (Adjunkte) gleichzeitig aus dem rechten und dem linken Mundwinkel erklingen zu lassen oder sie in verschiedenen Farben auf dieselbe Stelle einer Leinwand zu projizieren, ohne dass das der Hör- bzw. Lesbarkeit der einzelnen Teilsätze schaden würde, und angenommen ferner, es gäbe eine Konvention, nach der Unterschiede in der Intonation bzw. der Schriftart des Ganzen darüber entscheiden, ob es sich um eine Konjunktion oder um eine Adjunktion handelt. Dann wäre der Unterschied zwischen einer Konjunktion (Adjunktion) und ihrer Umkehrung verschwunden.

---

[32] Zu Freges Gebrauch dieser Leibniz'schen Formel s. o. 166. Auf Anm. 5 zur Idempotenz des Konjunktors werde ich unten in §11 zurückkommen.
[33] „Freilich giebt auch sie [die BS], wie es bei einem äussern Darstellungsmittel wohl nicht anders möglich ist, den Gedanken nicht rein wieder; aber [man kann] diese Abweichungen auf das Unvermeidliche und Unschädliche beschränken." (*BS*, VII)
[34] Ausbuchstabierung einer Idee in Dummett, IFP 332.

Aber würden so geäußerte oder inskribierte Konjunktionen wirklich die Ggf ausdrücken, die in der „Sprache des Lebens" durch 'und'-Satzgefüge ausgedrückt werden? Ist es nicht möglich, mit 'A und B' etwas Wahres zu sagen, wenn man mit 'B und A' etwas Falsches sagen würde? Wenn ja, so sind diese beiden Formulierungen nicht einmal logisch äquivalent, geschweige denn Ausdruck desselben Gedankens. Und es scheint leicht zu sein, diese Möglichkeit darzutun: 'A' sei der Satz 'Ben fuhr mit seinem Wagen nach Hause', und 'B' sei der Satz 'Ben trank eine halbe Flasche Scotch'. Frege könnte dagegenhalten: Durch die Reihenfolge der Konjunkte im Bericht wird der Gedanke der entsprechenden Reihenfolge im Berichteten nur als Nebengedanke angedeutet,[35] und für die Andeutung ist allemal nicht die Präsenz des Konjunktors verantwortlich. Schließlich macht man sich keiner Inkonsistenz schuldig, wenn man sagt: 'Ben trank eine halbe Flasche Scotch, und Ben fuhr mit dem Wagen nach Hause, so viel steht fest, – ich hoffe nur, dass er es nicht in dieser Reihenfolge tat'. Und auch wenn man erst vom Trinken und dann vom Fahren berichtet, ohne die beiden Sätze durch 'und' zu verbinden, wird der Hörer geneigt sein, ein entsprechendes Nacheinander im Berichteten anzunehmen. Also ist nicht der Konjunktor für seine Neigung verantwortlich. (Wenn wir lesen: „Laß den Gesang vor unserm Ohr / Im Saale widerhallen! / *Der König sprachs, der Page lief; / Der Knabe kam, der König rief:* / Laßt mir herein den Alten!", nehmen wir an, dass die vier Vorgänge in der Reihenfolge stattfinden, in der von ihnen berichtet wird.[36]) Außerdem geben wir mit Konjunktionen manchmal Simultaneität zu verstehen: 'Sie ging auf und ab und dachte fieberhaft nach', und oft stellt sich die Frage nach einer zeitlichen Relation überhaupt nicht: 'Sie war Schriftstellerin, und er war Komponist', 'Mallorca ist größer als Ibiza, und Ibiza ist größer als Formentera'. Dem Satzverknüpfer nachzusagen, er sei mindestens dreideutig, ist keine attraktive Option, wenn es eine plausible Erklärung gibt, die keine Sinn-Vermehrung erforderlich macht.[37]

---

[35] Vgl. Sigwarts Formulierung in dem Zitat zu Beginn dieses Paragraphen. Zum Terminus „Nebengedanke" 2-§4.
[36] Goethe, 'Der Sänger'. Wenn Cäsar sich in einem Brief mit den Worten „*veni, vidi, vici*" auf die Schulter klopft, geht der Leser zu Recht davon aus, dass die Ankunft des Feldherrn am Ort der Schlacht seinem Sieg voranging. Vgl. Aristoteles, *Rhet.* 1413^{b}31–1414^{a}1 über Asyndeta und Quintilian, IX.3, §50 über *dissolutio*.
[37] Als „Modified Occam's Razor" bezeichnet Grice die Maxime: „*Senses*

Doch damit sind noch nicht alle Schwierigkeiten beseitigt. Eine Konjunktion kann im Skopus eines Negators stehen oder als Vordersatz in einem Konditional. Drücken 'A und B' und 'B und A' denselben Gedanken aus, müsste man dann nicht jemanden, der sagt:

(N) Es ist nicht so, dass Ben heiratete und Vater wurde, – er wurde Vater und heiratete,

der Inkonsistenz zeihen? Aber so würde man doch nicht auf (N) reagieren. Wenn eine Konjunktion und ihre Umkehrung denselben Sinn haben, müssten dann nicht auch die Konditionale 'Wenn A und B, dann C' und 'Wenn B und A, dann C' denselben Gedanken ausdrücken? Aber tun sie das immer? Aus Wahrem wird doch anscheinend Falsches, wenn man in Konditionalen wie

(W_1) Wenn Ben eine halbe Flasche Scotch trank und mit dem Wagen nach Hause fuhr, hat er moralisch verwerflich gehandelt

(W_2) Wenn du den Drucker anstellst und dieses Zeichen anklickst, wird der Text gedruckt

die Reihenfolge der Konjunkte ändert. Aber wie kann das sein, wenn beide Konjunktionen denselben Gedanken ausdrücken?[38] Der Satz von der Austauschbarkeit des Sinngleichen (s. o. 211, 306) schließt das doch aus.

Den ersten Problemfall könnte Frege leicht entschärfen. Der Gedanke, den (N) ausdrückt, ist inkonsistent, aber das ist kein Grund, den Sprecher zu tadeln. Erinnern wir uns an den folgenden Fall (s. o. 567). Der Gedanke, den 'Diese Pizza ist nicht groß, sondern riesig' ausdrückt, kann unmöglich wahr sein; denn was riesig ist, ist erst recht groß. Aber wer so etwas sagt, kann dennoch recht haben: er deutet mit dem ersten Satz in seiner Äußerung an, dass die Behauptung, die Pizza sei groß, zu schwach wäre, und das stimmt ja, wenn die Pizza riesig ist. Der Sprecher distanziert sich mit seinem ersten Satz von einer bestimmten Formulierung eines Gedankens, den er für wahr hält. Entsprechend, so könnte Frege sagen, drückt

---

are not to be multiplied beyond necessity", m. a. W. man sollte nicht mehr *lexikalisch-grammatische Sinne* als nötig annehmen (Grice 1967, 47–49). Für eine Variante vgl. oben, S. 577.

[38] Frege erörtert ein nicht unähnliches Problem in *SuB* 46d–47a.

(N) einen Gedanken aus, der inkonsistent ist, und doch könnte die Sprecherin recht haben. Sie deutet mit dem ersten Satz in ihrer Äußerung nämlich an, dass es missverständlich wäre, zu sagen, dass Ben Vater wurde und heiratete. Sie verwirft eine bestimmte *Formulierung* des Gedankens, dass Ben sowohl heiratete als auch Vater wurde, weil mit ihr eine *suggestio falsi* verbunden ist. Sie ersetzt sie deshalb im zweiten Teil ihrer Äußerung durch eine andere Formulierung desselben Gedankens, die frei ist von jener *suggestio falsi*. Was die Sprecherin dem Adressaten zu verstehen gibt (nämlich dass Ben nicht erst heiratete und dann Vater wurde, sondern erst Vater wurde und dann heiratete), könnte wahr sein, obwohl der Gedanke, den ihre Äußerung ausdrückt, grell falsch ist.– Die Problemfälle (W_1) und (W_2) kann man anscheinend nur so entschärfen, dass man einräumt: Der Beitrag, den eine Konjunktion als Vordersatz in einem Konditional dazu leistet, dass es ein ganz bestimmtes „hypothetisches Ggf" ausdrückt, ist nicht nur der Sinn dieser Konjunktion, sondern ihr vollständiger Inhalt (vgl. *Ged* 64b, 1. Satz). *Wenn* der Schein nicht trügt, so handelt es sich hier um ein Gegenbeispiel zum Satz von der Austauschbarkeit des Sinngleichen.

Wir können natürlich ein Zeichen einführen, '&', für das wir stipulieren, es sei genau so zu gebrauchen, dass es die in Freges Erklärung der Ggf_1 angegebenen Bedingungen erfüllt.[39] Für Gedanken, die nicht in die Wahrheitswert-Lücke fallen, gilt, wie Frege sagt:

Wenn man zwei Gedanken hat, so sind nur vier Fälle möglich:

1.   der erste ist wahr und desgleichen der zweite;

2.   der erste ist wahr, der zweite falsch;

3.   der erste ist falsch, der zweite ist wahr;

4.   beide sind falsch. (*1906d*, NS 202; vgl. *1910/11*, Vorl 1.)

Auf S. 38 gibt Frege die Wahrheitsbedingungen des konjunktiven Ggf, dass (A & B), so an: die Frage, ob (A & B), ist zu bejahen, wenn

---

[39] Der Gebrauch des Firmen-Und für diesen Zweck geht auf Hilbert-Ackermann 1928 zurück. Statt 'A & B' schreiben Peano, Whitehead-Russell und Wittgenstein 'p . q', Heyting und Lorenzen 'p ∧ q', Łukasiewicz und Prior 'Kpq', und Quine verwendet die Juxtaposition 'pq'.

der erste Fall gegeben ist, und in den anderen drei Fällen ist diese Frage zu verneinen.[40] Die folgende Wahrheitswert-Tabelle (Matrix) hält das fest:

A	B	A & B
W	W	W
W	F	F
F	W	F
F	F	F

Die Äußerung einer 'und'-Verbindung inhaltlich zusammenhangsloser Sätze wie '17 ist eine Primzahl, und Freges Vater stammte aus Hamburg' würde wohl als bizarr empfunden werden. Aber das ist kein guter Grund, das Bestehen eines wie auch immer gearteten Zusammenhangs zwischen den gefügten Gedanken als notwendige Bedingung für die Wahrheit des ausgedrückten Ggf anzusehen und eine Sinndifferenz zwischen dem Junktor 'und' in der „Sprache des Lebens" und seinem begriffsschriftlichen Gegenstück '&' zu behaupten.

> Man ist gewohnt, bei Sätzen, die mit ['und'] verbunden sind, anzunehmen, daß der Sinn des einen mit dem des andern etwas zu tun habe, daß zwischen ihnen irgend eine Verwandtschaft bestehe; und in einem gegebenen Falle wird man eine solche vielleicht auch angeben können; aber in einem andern Falle wird man eine andere haben, sodaß es unmöglich sein wird, eine Sinnverwandtschaft anzugeben, die immer mit dem ['und'] verknüpft wäre und zu dem Sinn des Wortes gerechnet werden könnte. (42b–43a, über 'oder'.)

[40] Vgl. den Gebrauch von 'ist zu bejahen (verneinen)' in *BS* §5 (3-§6, Anm. 4). Schon die Stoiker haben die Wahrheitsbedingungen konjunktiver Ggf genauso angegeben: „Das συμπεπλεγμένον [Verknüpfte] ist genau dann gesund (ὑγιές), wenn es in sich nur Wahres enthält,... und falsch, wenn es etwas Falsches enthält" (Sextus Empiricus ca. 150 n., VIII, §125). „In jeder *conjunctio* wird, falls eines [der verbundenen Glieder] falsch ist, das Ganze auch dann falsch genannt, wenn die übrigen [Glieder] wahr sind" (Gellius ca. 170 n., XVI.8, §11).

Außerdem würde eine Äußerung, in der die biographische Feststellung auf die arithmetische folgt, auch dann Verwunderung auslösen, wenn die geäußerten Sätze nicht durch einen Junktor verknüpft sind. Eine Situation, in welcher der eine der beiden Gedanken wert ist, ausgedrückt zu werden, ist eben (normalerweise) keine, in der das auch von dem anderen Gedanken gelten würde. Also ist die Verwunderung nicht auf den Gebrauch von 'und' zurückzuführen.

Auch jemand, der wegen der oben skizzierten Einbettungsprobleme bezweifelt, dass der Sinn des alltagssprachlichen Junktors 'und' (wie Frege annimmt) mit dem von '&' zusammenfällt, sollte einräumen, dass 'A & B' denselben Sinn hat wie 'Beides ist der Fall: dass A und dass B' und 'Es ist sowohl der Fall, dass A, als auch, dass B'. Bei diesen Formulierungen treten die geschilderten Probleme nicht mehr auf: Wenn man die Konjunktionen in (N), (W_1) und (W_2) in diesem Stil umformuliert, wird (N) widersprüchlich, und der Wahrheitswert des mit (W_1) oder (W_2) Gesagten ändert sich bei der Umkehrung der neu formulierten Konjunktionen nicht.

In 39c sagt Frege zum ersten Mal, was er dann Seite für Seite wiederholen wird: „Wenn 'A' und 'B' eigentliche Sätze sind, so ...". Hier kann man einen Leser protestieren hören: „Aber man kann von Buchstaben doch genausowenig im Ernst annehmen, sie seien Sätze, wie man von Zahnstochern im Ernst annehmen kann, sie seien Kirchtürme!" Es ist an der Zeit, dass wir über Freges Gebrauch der Buchstaben 'A', 'B', etc. in *Ggf* nachdenken. [Er fällt nicht zusammen mit dem in *Vern* 156b–157c: dort vertritt „*A*" (kursiv) nicht einen Satz (Gedankenausdruck), sondern, wie Frege ausdrücklich sagt, die *Bezeichnung* eines Gedankens.] Vielleicht hilft es uns, seine Verwendung der Großbuchstaben im Jahre 1923 zu verstehen, wenn wir seine wortkargen Erklärungen in der *BS* und in den *GG* heranziehen. In der *BS* sagt Frege:

[*1879*] Ich bediene mich der grossen griechischen Buchstaben als Abkürzungen, denen der Leser einen passenden Sinn unterlegen möge, wenn ich sie nicht besonders erkläre. (*BS* §2, 1. Anm.)

In Haupttext der *BS* merkt man übrigens erst dann, dass 'A' und 'B' *griechische* Majuskeln sind, wenn der nächste Großbuchstabe seinen ersten Auftritt hat. Wie in [*1879*] angekündigt, verwendet Frege diese Buchstaben in der Erklärung der Zeichen seiner Junktorenlogik entweder als Abkürzungen von zuvor angeführten Sätzen (von Ausdrücken mit einem beurteilbaren Inhalt), oder er überlässt es seinen Lesern, diese Buchstaben als Abkürzungen von Sätzen ihrer Wahl aufzufassen. Nur wenn man die Buchstaben in '— A' und '— ¬(A & ¬B)' als Abkürzungen von Sätzen versteht, sind diese Zeichenreihen grammatisch wohlgeformt; denn auf den Inhaltsstrich darf gemäß der Syntax der *BS* nur ein Ausdruck eines beurteilbaren Inhalts folgen (vgl. 1-§7). Die Buchstaben sind also keine Schemata im heute üblichen Verständnis dieses Terminus. Quine beispielsweise schreibt über die von ihm verwendeten Satzbuchstaben 'p', 'q', etc. und die Formeln, die man aus ihnen mit Hilfe von '&' und '¬' bilden kann:[41]

„[S]tatement letters ..., together with all expressions thence constructible by conjunction and denial, will be called ... schemata... No meaning is to be attached to such expressions: they serve only in the manner of diagrams, in general discussions of ... structure."

Das Schema '¬(p & ¬q)' beispielsweise stellt die Struktur dar, die den Satzgefügen '¬(Die Erde bewegt sich & ¬(Wo Rauch ist, da ist Feuer))' und '¬(Niemand ist vollkommen & ¬(Sokrates ist ein Philosoph))' gemeinsam ist, aber im Unterschied zu diesen Satzgefügen hat das komplexe Schema keinen wahrheitswertfähigen Sinn, und anders als die gefügten Sätze haben die Buchstaben weder Sinn noch Bedeutung. *Abkürzungen* sinn- und bedeutungsvoller Ausdrücke haben natürlich den Sinn und die Bedeutung dessen, was sie abkürzen. Manche gängigen Abkürzungen sind zweideutig: 'A' heißt im Munde des Musikers nicht dasselbe wie im Munde des Elektrikers. Will Frege in [*1879*] sagen, dass ein auf einen Inhaltsstrich folgendes 'A' in seiner Erläuterung der Junktoren in *BS* §§2–7, falls es nicht einen zuvor angeführten Satz vertritt, so viele Sinne hat, wie es sinnverschiedene Behauptungssätze im Deutschen gibt? Nein, denn dann verstünde ja niemand dieses Zeichen. Ein bestimmtes 'A'-Vorkommnis drückt in jenen Paragraphen entweder just den beurteilbaren Inhalt aus, den Frege an Ort und Stelle angibt, oder die Leserin kann sich aussuchen, als Ausdruck welches beurteilbaren Inhalts sie es lesen möchte. Sie versteht die Funktion dieses Zeichenvorkommnisses richtig, wenn ihr klar ist, dass sie es auch als Ausdruck eines ganz anderen beurteilbaren Inhalts hätte auffassen können.

---

[41] Quine (1941) 1965, 36.

Kapitel 4

In den *GG* bedient sich Frege nur noch solcher griechischen Majuskeln, die sich in der Form von denen unseres Alphabets unterscheiden. Er kommentiert ihren Gebrauch wieder nur in einer Anmerkung:

> [*1893*] Ich gebrauche hier die grossen griechischen Buchstaben als Namen so, als ob sie etwas bedeuteten, ohne dass ich die Bedeutung angebe. In den Begriffsschriftentwicklungen selbst werden sie nicht vorkommen. (*GG I*, §5, Anm. 3.)

In den *GG* werden Sätze als eine besondere Sorte von Namen aufgefasst, und nach dem Waagerechten kann jetzt nicht mehr nur ein Satz, sondern auch ein singulärer Term stehen (vgl. 1-§7). Was der zweite Satz in [*1893*] ankündigt, gilt auch schon von der *BS*: auch dort werden diese Buchstaben nie innerhalb von Ableitungen verwendet. Aber hilft uns der erste Satz, den Gebrauch der griechischen Großbuchstaben zu verstehen? Wenn Frege sie in der Exposition der Begriffsschrift „als Namen gebraucht", wie er hier zunächst zu sagen scheint, so müssen sie etwas bedeuten; denn in einer „logisch vollkommenen Sprache" sind ja nur Namen zulässig, die eine Bedeutung (und mithin auch einen Sinn) haben (vgl. 1-§3). Aber dagegen spricht der Irrealis in der Fortsetzung des Satzes. Tut Frege also nur so, als ob diese Buchstaben bedeutungsvolle Zeichen wären, ohne seinen Lesern zu verraten, was sie vorgeblich bedeuten? Zugegeben, derartige Verhaltensweisen kommen vor: N.N. tut so, als ob er in seiner Jugend etwas Großartiges geleistet hätte, ohne jemandem zu verraten, worin diese angebliche Leistung bestand. Aber wirft die analoge Beschreibung wirklich Licht auf den Gebrauch der griechischen Großbuchstaben? Tilgt man die Wendung „so, als ob sie etwas bedeuteten" in [*1893*], so wird Freges Erklärung verständlicher: implizit wird an den Leser appelliert, er möge sich an der Stelle einer griechischen Majuskel jeweils ein Zeichen mit einer passenden Bedeutung denken. Gemäß der Syntax der *GG* muss das bei '— A' ein Zeichen sein, das einen Gegenstand (etwa einen Wahrheitswert oder eine Zahl) bedeutet. Wenn das vom Leser gewählte Zeichen eine Bedeutung hat, dann muss es auch einen Sinn haben.

Dreißig Jahre später, in *Ggf*, verwendet Frege in der Position von Sätzen Großbuchstaben vom Anfang *unseres* Alphabets (was spätestens beim Auftritt der dritten Majuskel in 47b klar wird). Diese Notation habe ich in diesem Buch übernommen. Dem Protest gegen seine Formulierung: „Wenn 'A' und 'B' eigentliche Sätze sind, so ..." (39c, u. ö.), von dem wir eben ausgingen, kann man dadurch den Wind aus den Segeln nehmen, dass man den Wortlaut mit Hilfe von [*1879*] modifiziert: „Wenn 'A' und 'B' eigentliche Sätze *abkürzen*, so ...". (Frege möchte ja bestimmt nicht, dass das, was er mit dem langen ersten Satz in 39c [und seinen Echos an späteren Stellen] sagt, deshalb wahr ist, weil der Vordersatz dieses Konditionals etwas Falsches ausdrückt.) Dieselbe Pointe wie unsere Umformulierung hat die Ausdrucksweise, deren sich Frege in einem Brief an Husserl bedient: „[Wenn] 'A' und 'B' eigentliche Sätze *vertreten*".[42]

Die Majuskeln vom Anfang unseres Alphabets stehen in *Ggf* nur in der Position von Sätzen, aber nicht nur in der Position von „*eigentlichen* Sätzen", von Gedankenausdrücken (46c–47a). Dass und warum sich die Verwendung dieser Buchstaben für uneigentliche Sätze (etwa für das, was in 'Wenn jemand ein Mensch ist, dann ist er sterblich' hinter den beiden Teilen des Junktors steht) auch in Freges Augen nicht empfiehlt, werden wir in 5-§1 sehen.

Könnte man Freges Majuskeln in Satzposition nicht als von impliziten universellen Quantoren gebunden denken? Handelt es sich nicht einfach um Satzvariablen in der „Darlegungssprache" (5-§5)? Wenn Frege in 39 c sagt: „[das Satzgefüge] 'A und B' drückt ein Gedankengefüge erster Art aus", so würde das nach dieser Interpretation so viel heißen wie „$\forall x\, \forall y$ (wenn x und y Sätze sind, dann drückt das Gefüge, das aus x, gefolgt von 'und', gefolgt von y besteht, ein Ggf_1 aus)". So weit, so gut. Aber leider nicht gut genug. Frege verwendet seine Großbuchstaben in *Ggf* nämlich immer wieder auch bei der Repräsentation von Schlüssen, also von Gebilden, die zwar aus Sätzen bestehen, aber keine Sätze (Satzgefüge) sind. Quantoren können aber nicht über Satzgrenzen hinweg Variablen binden.

Der in 39e präsentierte Schluss müsste gemäß Freges Hinweis in Anm. 6 eigentlich so ausbuchstabiert werden:

---

[42] *1906e*, WB 103 (meine Herv.). (Die Formulierungen auf der nächsten Seite kann man als Abbreviaturen im Sinne von *Ggf* 39, Anm. 7 auffassen.) Manchmal platziert Frege die Großbuchstaben in der Position eines *singulären Terms*, der einen Satz bezeichnet: so in *1906f*, WB 105–106 und in *n.1906*, NS 213, einer Passage, die wir in §11 unter die Lupe nehmen werden. Und manchmal findet man sie auch in der Position eines singulären Terms, der einen *Gedanken* bezeichnet: so in *1906a*, III: 423–428 (s. u., ANHANG); *n.1906*, NS 215–216; *1914b*, NS 264; und (wie oben bereits registriert) in *Vern* 156b–157c.

Kapitel 4 617

(SEM)(1) Der Gedanke, den der Satz 'A' ausdrückt, ist wahr.
  (2) Der Gedanke, den der Satz 'B' ausdrückt, ist wahr.
  Also:
  (3) Der Gedanke, den das Satzgefüge ausdrückt, das aus dem Satz 'A', dem Wort 'und' und dem Satz 'B' (in dieser Reihenfolge) besteht, ist wahr.

'A' und 'B' sollten dabei Behauptungssätze unserer Sprache sein, damit das in (3) beschriebene Satzgefüge kein Sprachsalat ist. Der Schluss in 39e wäre demnach ein Schluss von semantischen Prämissen auf eine semantische Konklusion. Er wäre kein Schluss nach der Regel der Konjunktor-Einführung:

(*) (1*) $\vdash A$
  (2*) $\vdash B$
  (3*) $\vdash A \& B$ 1, 2; Konj.-Einf.

Anders als in (SEM) wird hier eine Konjunktion abgeleitet, nicht ein Satz über eine Konjunktion. Der Satz 'A' in (1*) drückt nicht denselben Gedanken aus wie der Satz über einen Satz in (1). Jemand, der glaubt, dass der durch 'A' ausgedrückte Gedanke wahr ist, braucht keineswegs zu glauben, dass A. Vielleicht weiß er ja nicht, dass 'A' besagt, dass A. In (1–3) ist 'wahr' Bestandteil eines Prädikats und *nicht redundant*. Was den Übergang von den Prämissen (1) und (2) des semantischen Schlusses zu seiner Konklusion (3) legitimiert, ist die erste Zeile in der Wahrheitswert-Tabelle der Konjunktion.

Aber sowohl Freges Vorschlag in 39a, den Wahrheitsjunktor im Sinne des *Urteilsstrichs* zu verwenden (s. o. 607), als auch sein Kommentar zu dem Schluss in 41e (s. u.) sprechen dafür, dass der in 39e präsentierte Schluss nicht (SEM), sondern (*) sein soll. Hält man sich an die Stipulation, so ist 'Es ist wahr, dass A' eine stilistische Variante von (1*), und dasselbe gilt *mutatis mutandis* für (2*) und (3*). Die Anm. 6 ist dann natürlich sehr irreführend; denn sie führt zu (SEM).

§5. Exklusive Gedankengefüge. (40a–41b)

Negationen von Konjunktionen (von Satzgefügen der „ersten Art") heißen in den Logik-Büchern manchmal Exklusionen,[43] weshalb man die durch sie ausgedrückten Gedanken exklusive Ggf nennen kann. Wir können den Operator 'nicht (... und - -)' durch den Exklusor '|' abkürzen[44] und Freges Angabe der Wahrheitsbedingungen der Ggf_2 (A, B) in der folgenden Matrix zusammenfassen:

A	B	A | B
W	W	F
W	F	W
F	W	W
F	F	W

Dass ein exklusives Ggf „immer wahr [ist], wenn mindestens einer der gefügten Gedanken falsch ist" (40a), stimmt nicht, wenn manche Gedanken keinen Wahrheitswert haben und wenn Bedeutungslosigkeit eine ansteckende Krankheit ist (s. o. 310). Die Voraussetzung der Wertigkeit[45] betont Frege gleich im nächsten Satz. Angenommen, der durch 'A' ausgedrückte Gedanke ist falsch, während 'B' einen Gedanken ausdrückt, der in die Wahrheitswert-Lücke fällt. Dann ist der durch 'A | B' ausgedrückte Gedanke ebenfalls weder wahr noch falsch, *sofern* Bedeutungslosigkeit eine ansteckende Krankheit ist. (Wer Letzteres nicht akzeptiert, kann

---

[43] Bei Quine heißt die Exklusion *alternative denial*, bei Lorenzen *Negatadjunktion* – wegen ihrer Äquivalenz mit '¬A ∨ ¬B'.

[44] Jean Nicod hat die Exklusion mit diesem Symbol notiert (Nicod 1917). Man nennt es merkwürdigerweise oft *Sheffer*-Strich (stroke), obwohl es in Sheffer 1913 ganz anders verwendet wird. Statt 'A | B' schreiben Łukasiewicz und Prior 'Dpq'.

[45] Das Prinzip der Wertigkeit (Valenz) besagt, dass jeder Gedanke mindestens einen Wahrheitswert hat, und nach dem Prinzip der Zweiwertigkeit (Bivalenz) gibt es genau zwei Wahrheitswerte.

freilich sagen, dass die Falschheit des einen Teilgedankens das Gefüge wahr macht, gleichgültig welchen Status der andere Teilgedanke hat.)

Wenn Frege von exklusiven Ggf sagt, die in ihnen gefügten Gedanken seien „unvereinbar", so meint er damit nicht (wie die letzte Silbe und das anschließende Beispiel suggerieren), dass die gefügten Gedanken nicht beide wahr sein *können*, sondern nur, dass sie nicht beide wahr *sind*.[46] Dem entspricht Freges Gebrauch von „einander ausschließen" in 45a – und die übliche Verwendung des Titels 'Exklusion' für 'A | B'.

Ist der Schluss in 41b kein semantischer Schluss, den die zweite Zeile in der Wahrheitswert-Tabelle der Exklusion legitimiert, so ist der Übergang von '⊢ A | B' und '⊢ A' zu '⊢ ¬B' gemeint. 'B ist falsch' kürzt dann ab: 'Es ist wahr, dass nicht B' (im Sinne der Stipulation verstanden). Vgl. oben S. 617.

§6. Rejektive Gedankengefüge. (41c–41e)

Konjunktionen von zwei Negationen heißen in den Logik-Büchern manchmal Rejektionen,[47] was die obige Bezeichnung der durch sie ausgedrückten Gedanken nahelegt. Wenn wir die Formulierung '(nicht A) und (nicht B)', „wofür wir auch 'weder A noch B'

---

[46] Das gilt auch vom Gebrauch dieses Wortes in Bolzano, WL I, 440 und in Carnap 1929, §3c sowie von Nicods und Russells Gebrauch von 'incompatible' (Russell 1918, 210–211; Whitehead-Russell (1910b) ²1925, Introduction, xvi). – Die korrekte englische Übersetzung von 'unvereinbar' ist 'incompatible'. Freges Übersetzer versucht, verbessernd einzugreifen. Eine besonders glückliche Hand hat er dabei nicht. Indem ich ein exklusives Ggf als wahr hinstelle, „I declare the compounded thoughts to be *unconjoinable*" (*Ggf* 40a in Stoothoff 1977).

[47] So nannte Henry Maurice Sheffer die (mit der Konjunktion von zwei Negationen äquivalente) Negation einer Adjunktion: Sheffer 1913, 487. Aus Gründen der historischen Gerechtigkeit wird sie manchmal auch als *Peirce-Funktion* bezeichnet (Peirce 1880). Bei Quine heißt sie *joint denial*, bei Lorenzen *Negatkonjunktion*. (Die Notation findet man u. a. in v. Kutschera 1967, 46.) Urteile, die durch Sätze der Form 'S ist weder P_1 noch P_2' (Spezialfälle von 'Weder A noch B') artikuliert werden, pflegten traditionelle Logiker als *remotiv* zu bezeichnen: vgl. Lotze 1880, §69.

schreiben können" (41c), mit Hilfe des Rejektors '†' abkürzen, können wir Freges Spezifikation der Wahrheitsbedingungen der Ggf₃ (A, B) durch die folgende Matrix wiedergeben:

A	B	A † B
W	W	F
W	F	F
F	W	F
F	F	W

Dass in der Konklusion des Schlusses, den Frege in 41e präsentiert, das rejektive Ggf „als wahr hingestellt" wird, stimmt nur dann, wenn man stipuliert, dass der Gebrauch von 'wahr' die Pointe des *Urteilsstrichs* haben soll. Andernfalls ist der Schluss in 41e ein semantischer Schluss, der durch die vierte Zeile der Wahrheitswert-Tabelle der Rejektion legitimiert wird. Vgl. oben S. 619, 617.

§7. Adjunktive Gedankengefüge.[48] (41f–43c)

Wenn wir die Formulierung 'nicht ((nicht A) und (nicht B))', „wofür wir auch 'A oder B' schreiben können" (42a), mit Hilfe des Symbols '∨' (≈ lateinisch *'vel'*) abkürzen, können wir Freges Angabe der Wahrheitsbedingungen der Ggf₄ (A, B) so festhalten:

---

[48] VERGLEICHE: *BS* §7; *BrL* 41; *1882a*, 7; *1882c*, NS 54–58; *GG I*, §12; *1910/11, Vorl* 2.
LITERATUR: Tarski 1941, §7; Quine 1941 (1965), §5 u. 1950/³1974, §1; Strawson 1952, 90–93; Grice 1967, 44–47, 68–74; Cohen 1971, §4; Walker 1975; Pelletier 1977; Sainsbury 1991, 65–68; Guenther 2005.

Kapitel 4

A	B	A ∨ B
W	W	W
W	F	W
F	W	W
F	F	F

Nennt man den Satzverknüpfer '∨' Adjunktor und die mit ihm gebildeten Satzgefüge Adjunktionen,[49] so kann man die durch sie ausgedrückten Gedanken als adjunktive Ggf bezeichnen. In *BS* §7 unterscheidet Frege zunächst zwei Gebrauchsweisen der „volkssprachlichen" Junktoren '..., oder - -' und 'entweder ... oder - -', und wie in 42a bezeichnet er ihren durch die obige Wahrheitswert-Tabelle charakterisierten Gebrauch als den „nicht ausschließenden". Ihr „ausschließender" Gebrauch – 'mindestens eins von beiden, aber nicht beides' – ist durch die Matrix für die *Disjunktion* 'A ∇ B' (≈ lat. '*aut* A *aut* B') charakterisiert, in der nur in der zweiten und der dritten Zeile rechts ein 'W' steht.[50] Der Disjunktor kann offenkundig mit Hilfe des Adjunktors, des Konjunktors und des Negators definiert werden.[51] (Ich folge in meiner Verwendung des Titels 'Disjunktion' dem traditionellen Sprachgebrauch, der viel besser als der heute lehrbuchnotorische zum Sinn von '*disiungo*'

---

[49] Lorenzen 1958; auch: *logische Summe* (Whitehead-Russell 1910b, 6, 93; Wittgenstein, TLP); *Disjunktion* (Husserl 1896; Russell 1904b, WB 250, 1918, 209–210 u. 1919, 147; Whitehead-Russell 1910b, 6, 93; Carnap, Hilbert†-Ackermann 1958, u. v.a.); *Alternative* (Schröder 1890, 338 Anm. u. 341; Łukasiewicz); *alternation* (Quine). Die Adjunktion ist das einzige Satzgefüge, das fast alle Logiker mit demselben Symbol notieren. Nicht alle, – statt 'A ∨ B' schreiben Łukasiewicz und Prior 'Apq'.

[50] In Ermangelung eines etablierten Symbols für den Disjunktor verwende ich das Zeichen '∇' wegen seiner mnemotechnischen Vorteile. Statt 'A ∇ B' schreiben Łukasiewicz und Prior 'Jpq'. Manche Logiker bezeichnen die Disjunktion als *Kontravalenz*.

[51] Frege lobt Jevons und Schröder dafür, dass sie das Symbol, das Boole in 1854, 31–32 als Disjunktor versteht, nach dem Vorbild von Leibniz im Sinne des „inhaltsärmeren" Adjunktors interpretieren (*BrL* 11, 2.Anm.; *1882c*, NS 54–56).

bzw. 'διαζεύγνυμι' [trennen] passt: für die Stoiker wie für Kant und Bolzano ist 'nicht-ausschließende Disjunktion' ein Oxymoron wie 'unverheiratete Ehefrau'.[52])

Frege scheint sich in der *BS* nicht sicher zu sein, dass der *ein*wortige Junktor 'oder' in der „Volkssprache" überhaupt jemals im ausschließenden Sinne gebraucht wird; denn er gibt zu bedenken:

> Vielleicht ist es angemessen zwischen „oder" und „entweder – oder" den Unterschied zu machen, dass nur das Letztere die Nebenbedeutung des sich gegenseitig Ausschliessens hat. Man kann dann [„ A ∨ B "] übersetzen durch „ A oder B". (*BS* §7.)

Viele Autoren sind der Auffassung, der *zwei*wortige Junktor werde *nur* als Disjunktor gebraucht, – er bedeute dasselbe wie der Disjunktor. Stimmt das?[53] Angenommen, sie hat zu ihm gesagt: 'Du brauchst am Flughafen kein Taxi zu nehme: entweder hole ich dich mit dem Wagen ab, oder mein Sohn holt dich ab'. Widerlegt sie dann das Gesagte, wenn sie zusammen mit ihrem Sohn zum Flughafen fährt? Wohl kaum.

Freges Hypothese in *BS* §7 hat nicht viele Anhänger. Die Verfasser von Logik-Lehrbüchern versichern fast unisono, das Wort 'oder' werde in der „Sprache des Lebens" manchmal nicht als Adjunktor, sondern als Disjunktor verwendet. Aber ist die Mehrheitsmeinung korrekt? Wahr ist, dass man bei manchen Äußerungen der Form 'A oder B' (oder ihrer kontrahierten Varianten[54]) nicht mit der Möglich-

---

[52] Die Stoiker bezeichneten eine (kontrahierte) Verbindung von zwei oder mehr Sätzen (beliebiger logischer Form) durch 'ἤτοι ... ἤ ...' bzw. 'aut ... aut ...' als διεζευγμένον (Getrenntes) bzw. *disjunctum*: „... Von allen Sätzen, die darin getrennt werden, muss genau einer wahr sein und die übrigen falsch" (Gellius, XVI.8, §§ 12–13). Genauso verwenden den Terminus 'Disjunktion' Kant (KrV A 73/B 99 u. Logik §§ 27–29) und Bolzano (WL II, 164–165, 204–205, 276–278, 301–302); vgl. auch: Sigwart 1873, 252–253 und Łukasiewicz 1935, 117. Husserl hingegen hat keine Skrupel, von einer „inklusiven Disjunktion" zu sprechen (1896, 138–139).

[53] Bolzano verneint diese Frage: WL II, 204, 228.

[54] Die kanonische Form einer Adjunktion ist ein Satzgefüge. Aber wie Konjunktionen so können auch Adjunktionen in unserer Sprache zu Sätzen zusammengezogen werden, die keine Satzgefüge sind: 'Anna oder Ben wird heute kommen', 'Ben ist faul oder krank', 'Anna wird morgen oder übermorgen abfahren', etc. (Und genau wie mit 'und' wird manchmal auch mit 'oder' kein [kontrahiertes] Gefüge „eigentlicher Sätze" gebildet: 'Schließ die Tür oder das Fenster!')

keit, dass A und B, rechnet. Aber diese Tatsache können wir ohne die Annahme der Mehrdeutigkeit von 'oder' genauso gut wie mit ihr erklären. In Fällen wie 'Anna ist im Garten oder im Bad' und 'Anna ist im Bad, oder sie ist nicht im Bad' sorgt, so können wir sagen, der Sinn der Teilsätze für die Exklusivität, und in einem Dialog wie: 'Leihst du mir die CD und das Buch?'– 'Nein, aber du kannst gern die CD oder das Buch mitnehmen' sorgt der Kontext der 'oder'-Äußerung für die Exklusivität. Wir brauchen für das 'oder' in solchen Äußerungen keinen Sinn zu postulieren, der von demjenigen abweicht, den dieses Wort hat, wenn wir an der Eintrittskasse den freundlichen Hinweis erhalten: 'Wenn Sie Student oder Rentner sind, brauchen Sie nur die Hälfte zu zahlen'.

Aber nehmen wir an, Anna äußert den folgenden Satz mit den durch Fettdruck signalisierten Betonungen:

(N)   Ben ist nicht faul **oder** krank, –
        er ist faul **und** krank.

Könnte Anna damit nicht recht haben? Und zeigt das nicht, dass das 'oder' manchmal eben doch ausschließend ist? Nein, man kann Anna zustimmen, und doch an der These festhalten, dass der Junktor 'oder' immer im Sinne von '∨' zu verstehen ist. Annas Satz ist ein naher Verwandter eines alten Bekannten. Der mit dem ersten Satz in 'Diese Pizza ist nicht groß, – sie ist riesig' ausgedrückte Gedanke kann nicht wahr sein, wenn der zweite Satz eine Wahrheit ausdrückt. Und doch gibt der Sprecher mit dem ersten Satz etwas Wahres zu verstehen: er deutet mit ihm an, dass es ein Understatement wäre, zu sagen, dass die Pizza groß ist. Womit er ins Schwarze trifft, wenn sie riesig ist. Entsprechend kann man den obigen Einwand entkräften. Der mit dem ersten Satz in *(N)* ausgedrückte Gedanke ist inkompatibel mit dem, den der zweite ausdrückt. Und doch könnte die Sprecherin recht haben: sie deutet im ersten Teil ihrer Äußerung nämlich an, dass es eine zu schwache Behauptung wäre, zu sagen, dass Ben faul oder krank ist, und das ist ja goldrichtig, wenn der zweite Teil ihrer Äußerung eine Wahrheit ausdrückt. Durch die Betonung signalisiert die Sprecherin, dass sie gegen eine *Formulierung* Einspruch einlegt.

Ist die Wahrheitswert-Tabelle für '∨' in der zweiten Zeile auch für den Junktor 'oder' korrekt, dann drücken befremdliche Äußerungen wie

(S) Schiller war Professor in Jena, oder es ist immer Dienstag

Wahrheiten aus. Schließlich fordert Freges Bestimmung der adjunktiven Ggf nicht, dass ein inhaltlicher Zusammenhang zwischen den gefügten Gedanken besteht. Selbst wenn das Befremden, das (S) und seinesgleichen auslösen, einem Unwahrheitsverdikt gleich zu achten wäre, spräche das in Freges Augen nicht gegen den Segen, den ihnen der Logiker erteilt. Wenn es für die Theoriebildung nützlich ist, pflegen Naturwissenschaftler sich die Freiheit zu nehmen, vom üblichen Gebrauch gewisser Prädikate abzuweichen, indem sie ihren Applikationsbereich einschränken oder erweitern. Zoologen tun ersteres, wenn sie Walen und Delphinen den Titel 'Fisch' vorenthalten,[55] und sie tun letzteres (so ist Freges Beispiel wohl zu verstehen), wenn sie das Wort 'Ohr' auch auf das an den Vorderbeinen der Grille oder an den Fühlern der Mücke befindliche Tympanalorgan anwenden. Eine entsprechende Freiheit nimmt Frege auch für den Logiker in Anspruch, wenn es um den Gebrauch der alltagssprachlichen Junktoren geht. Es ist also kein Einwand gegen den Logiker, wenn er einer 'oder'-Verknüpfung von Äußerungen auch dann nachsagt, dass sie einen wahren Gedanken ausdrückt, wenn man im Allgemeinen mit Kopfschütteln auf sie reagieren würde.

Die zoologische Neubestimmung des Sinnes von 'Fisch' ist Carnaps Beispiel für die revisionistische Erklärung eines Begriffs (Konzepts), die er als „explication" bezeichnet.[56] Die Carnap'sche Explikation, deren Explikandum immer ein klassifikatorisches, komparatives oder metrisches Konzept ist, ist ein Spezialfall von Freges „genauerer Prägung" (42b).[57] So wie Carnap den Zoologen zur Vermeidung von Konfusionen vorschlägt, ein anderes Wort für das explizierte Konzept zu verwenden ('piscis'), so könnte der Logiker neue Symbole für die von ihm explizierten logischen Konzepte einführen ('&', '∨', etc.), was Frege in der

---

[55] Das Beispiel für einen universell-affirmativen Satz in *GL* §47 ist „Alle Wallfische sind Säugethiere".
[56] Carnap 1950, Kap. 1, §3 u. 1947, §2; vgl. Quine 1960, 257–266.
[57] Freges Münz-Metapher ist in Stoothoff 1977 verschwunden: „a more precise definition". Wie wär's mit „a more clear-cut coining" oder „a sharper coining"?

BS und den *GG* ja auch getan hat. Frege nennt die Zeichen, die der Logiker für die von ihm explizierten Konzepte verwendet, auch dann „Kunstausdrücke", wenn es sich um Wörter handelt, die schon in der „Sprache des Lebens" in Gebrauch sind (*Log$_1$* 5; *Log$_2$* 148).

Es ist nun aber alles andere als klar, dass man dem Gedanken, den (S) ausdrückt, mit der irritierten Reaktion auf (S) Wahrheit aberkennt. Das zweite Adjunkt in (S) ist, so betont Frege, nicht sinnlos, sondern offenkundig falsch (42b, vgl. 45c); denn „[w]enn einer der Teilsätze sinnlos wäre, wäre das Ganze sinnlos" (*Vern* 146a). Wer gute Gründe hat, (S) zu behaupten, muss gute Gründe haben, das erste Adjunkt zu behaupten. Deshalb fragt sich die Hörerin irritiert, warum der Sprecher dann das zweite Adjunkt überhaupt äußert. (Vielleicht will er auf diese Weise besonders nachdrücklich behaupten, dass Schiller Professor in Jena war: '..., oder ich fresse einen Besen'.) Aber „welche Absichten und Beweggründe der Redner habe, gerade dies zu sagen und jenes nicht, geht uns hier gar nichts an, sondern nur das, was er sagt" (43a).

Mit Bezug auf Sätze wie das zweite Adjunkt in (S) besteht *prima facie* ein schroffer Dissens zwischen Frege und dem Autor des 'Tractatus'. Sinnvoll ist ein Satz in Wittgensteins Augen nur dann, wenn er uns über einen kontingenten Zug der Wirklichkeit (richtig oder falsch) informiert; strenggenommen verdient er sogar nur dann den Titel 'Satz' (4.021). Schon 1913 hatte Wittgenstein notiert: „We must be able to understand a proposition without knowing if it is true or false", und im 'Tractatus' kehrt diese These wieder.[58] An unserer Stelle kann man Frege entgegnen hören: Jeder, der den Satz 'Es ist immer Dienstag' versteht, weiß *eo ipso*, dass mit ihm etwas Falsches gesagt wird, und wenn mit ihm etwas Falsches gesagt wird, dann muss er einen Sinn haben (einen Gedanken ausdrücken). Mit dieser Entgegnung dürfte Frege dem Zusammenhang zwischen Verstehen und Sinn besser Rechnung tragen als der junge Wittgenstein.

Dieser vertrat die Auffassung: „Das logische Produkt einer Tautologie und eines Satzes", d.h. eine *Kon*junktion, deren Glieder eine Einsetzungsinstanz eines junktorenlogisch allgemeingültigen Schemas und z.B. unser Satz über Schiller sind, „sagt nicht mehr und nicht weniger aus als dieser allein" (s.u. §12). Wittgenstein würde auch behaupten: Die logische Summe einer „Kontradiktion" und

---

[58] Wittgenstein, NL 98, vgl. 103; NM 112; TLP 4.024.

eines „Satzes", d. h. eine *Ad*junktion, deren Glieder eine Einsetzungsinstanz eines allgemein*ung*ültigen Schemas und beispielsweise unser 'Schiller'-Satz sind, sagt nicht mehr und nicht weniger aus als dieser allein. (Klarerweise hätte das zweite Adjunkt in (S) oder in Freges eigenem Exempel auch 'Die Sonne ist genau dann größer als der Mond, wenn sie nicht größer als er ist' sein können, ohne dass das an Freges Argumentation einen Deut ändern würde.) Für Sinn im Wittgenstein'schen Verständnis dieses Wortes gilt also offenkundig nicht: Wenn ein Satz in einem Satzgefüge sinnlos ist, so ist das ganze Satzgefüge sinnlos.– Dass diese Fragen in den Gesprächen Freges mit Wittgenstein keine Rolle gespielt haben sollten, ist recht unwahrscheinlich.

Anders als Wittgenstein gebraucht Frege 'sinnlos' und 'unsinnig' *promiscue*.[59] Nur wenn er – lange vor seinen Diskussionen mit Wittgenstein – Sätze der Bauart 'a ist eine Funktion (ein Begriff, eine Beziehung)' als Unsinn bezeichnet (*1906b*, NS 192), verwendet er dieses Wort ungefähr so wie Wittgenstein im 'Tractatus'.[60] Was Frege der Sache nach zurückweist, ist Wittgensteins Klassifikation von „Kontradiktionen" (und „Tautologien") als sinnlos. (Um „Tautologien" wird es in 50b–c gehen.) Eine gewisse Unklarheit besteht bezüglich der Frage, was in Freges Augen zu Unrecht der Sinnlosigkeit geziehen wird: sind es gewisse Gedanken (42b, 45c–46a, 50b), Akte des Behauptens (50c) oder Sätze (*Vern* 145a; *Ggf* 50b)? Ersteres kann Frege nicht im Ernst meinen; denn wie sollte ein Sinn sinnlos (oder auch sinnvoll) sein können?

Zum ersten Adjunkt in dem Beispiel, dass in 42b–43a die Rolle unseres (S) spielt, sei angemerkt, dass der preußische Sieg über die Franzosen (1757) Frege schon in *Log*₂, NS 153 als Beispiel diente.[61] Noch einen Sieg über die Franzosen, diesmal einen englisch-preußischen, verwendet er an prominenter Stelle als Exempel: die Schlacht bei Waterloo (1815), die er – wie in der preußisch-deutschen Geschichtsschreibung damals üblich – als Schlacht bei Belle-Alliance bezeichnet: *SuB* 38b. (Französische Siege über Preußen kommen nicht vor.)

---

[59] Vgl. 42b, 45c mit *Vern* 145a (Ende), 146a.
[60] Ungefähr so:– laut TLP 4.1272 sind nämlich auch Sätze des Typs 'a ist ein Gegenstand' unsinnig, die für Frege semantisch vollkommen kosher sind.
[61] Goethe erinnert sich daran, damals in Frankfurt „fritzisch gesinnt" gewesen zu sein: *Dichtung und Wahrheit*, 1. Teil, Anfang des 2. Buchs.

Kapitel 4 627

Von den konjunktiven, exklusiven, rejektiven und adjunktiven Ggf sagt Frege, sie hätten miteinander „gemein, dass die gefügten Gedanken vertauschbar sind" (43b).[62] Aber wenn hier jeweils gilt: „im Reiche des Sinnes besteht keine Verschiedenheit" (40d), so ist schwer zu verstehen, worin in diesem Reich die Austausch-Operation bestehen soll. Frege will diese Redeweise „mit einem Körnchen Salz verstanden" wissen (44b). Mit derselben Wendung hatte er drei Jahrzehnte vorher um das „wohlwollende Entgegenkommen des Lesers" geworben, als er mit seiner Rede über Begriffe in Schwierigkeiten geriet.[63] An unserer Stelle hilft semantischer Aufstieg (und nur er): Ein Satzgefüge der Bauart 'A©B' drückt denselben Gedanken aus wie seine Umkehrung 'B©A', wenn in der ©-Position der Konjunktor, der Exklusor, der Rejektor oder der Adjunktor steht. Die Austausch-Operation findet im Reich der *Sätze* statt: im Ausdruck des Ggf wechselt jeweils der Ausdruck des einen Teilgedankens mit dem des anderen die Stelle.

Der Schluss in 43c ist ein Schluss nach der Regel *Modus tollendo ponens* [die durch Aufheben (sc. des einen Adjunkts das andere) setzende Schlussweise], ein sog. 'Disjunktiver' Syllogismus, in dem mithilfe von 'wahr' die Pointe des Urteilsstrichs reproduziert werden soll. Oder er ist ein semantischer Schluss, der durch die dritte Zeile der Matrix der Adjunktion legitimiert wird. Vgl. oben S. 619f, 617.

§8. Subtraktive Gedankengefüge. (43d–44a)

Satzgefüge der Bauart '¬A & B' heißen in den Logik-Büchern manchmal Subtraktionen, was die obige Bezeichnung der durch sie ausgedrückten Gedanken nahelegt. Kürzt man derartige Satzgefüge mit Hilfe des Symbols '⏋' ab (die Richtung des oberen Strichs soll andeuten, wo sich das Negat befindet), so kann man Freges Spezifikation der Wahrheitsbedingungen der Ggf$_5$ (A, B) durch die folgende Wahrheitswert-Tabelle wiedergeben:

---

[62] Vgl. 39d, 40d–41a, 41c.
[63] *BuG* 204; vgl. 1-§ 2.5.

A	B	A ⌐ B
W	W	F
W	F	F
F	W	W
F	F	F

Frege sagt in 43d nicht zum ersten Mal in seinen Schriften, dass mit 'B, *aber* nicht A' derselbe Gedanke wie mit 'B, *und* nicht A' ausgedrückt wird: die inhaltliche Differenz sei logisch irrelevant, da sie nur die „Färbung" oder „Beleuchtung" betreffe.[64] (Die Differenz ist als Unterschied des lexikalischen Sinns gewiss nichts Subjektives: Wer sagt: 'Anna ist besonnen, aber intelligent' und die Prädikate versteht, missbraucht das Wort 'aber'.) Freges Beschreibung des Gebrauchs von 'aber' in der *BS* und in *Ged* ist inadäquat. Wer auf den Vorschlag, den brillanten Professor N.N. zu einem Vortrag nach Hamburg einzuladen, mit dem Hinweis reagiert: 'N.N. ist in der Tat brillant, aber er ist gegenwärtig in Amerika', der deutet nicht an, dass N.N.s Amerika-Aufenthalt „in einem Gegensatze zu dem steht, was" angesichts seiner Brillanz „zu erwarten war". Sigwarts Charakterisierung des Gebrauchs von 'aber' ist wohl treffender: „alle Adversativpartikeln [kommen] darin überein ..., dass sie eine auf Grund des Ausgesprochenen erwartete oder wenigstens als möglich gedachte Folgerung abweisen".[65] Wer 'A, aber B' mit behauptender Kraft äußert, der tut mehr als nur: behaupten, dass A und B, – er versucht, seine Zuhörer durch die auf 'aber' folgende Äußerung davor zu bewahren, aus dem zuvor Gesagten vorschnell Konsequenzen zu ziehen. Darum gibt man einem Ratsuchenden mit [1] 'Das

---

[64] VERGLEICHE: *BS* §7 Ende; *SuB* 45 mit Anm. 12; *Ged* 64a.
   LITERATUR: Locke 1690 u. Leibniz N.E.: III, 7, §§5–6 (über die mannigfachen Verwendungsweisen von 'but', 'mais', 'aber', ...). Anti-These zu Frege: Arnauld & Nicole 1685, II.9 (über *propositions discretives*) u. Marty 1895, 307. Strawson 1952, 48; Grice 1961, §III, u. 1989, 361–362; Dummett, FPL 2, 85–88; Sainsbury 1991, 94. Vgl. oben 2-§4.
[65] Sigwart 1871, 51/52; vgl. 1873, 235–236.

Hotel ist teuer, aber sehr gut' etwas anderes zu verstehen als mit [2] 'Das Hotel ist sehr gut, aber teuer'. Der mit 'A, aber B' angedeutete Nebengedanke ist der Gedanke, dass Ersteres im gegebenen Kontext an Gewicht einbüßt, wenn man Letzteres berücksichtigt. An dieser Stelle entsteht nun erneut ein Einbettungsproblem. Wenn 'A, aber B' denselben Gedanken wie 'A und B' ausdrückt, wie kann man dann erklären, dass aus der Einbettung des Hotel-Satzes [2] in 'Dass ..., spricht dagegen, es zu buchen' ein Satz resultiert, der eine Wahrheit ausdrückt, hingegen nicht aus der Einbettung von [1]? Der Beitrag, den 'A, aber B' als Vordersatz in einem Konditional dazu leistet, dass es ein ganz bestimmtes „hypothetisches Ggf" ausdrückt, scheint nicht nur der Sinn dieser adversativen Satzverknüpfung zu sein, sondern ihr vollständiger Inhalt (vgl. *Ged* 64b, 1. Satz). *Wenn* der Schein nicht trügt, so liegt hier wieder ein Gegenbeispiel zum Satz von der Austauschbarkeit des Sinngleichen vor (s. o. 611).

Am Ende unseres Abschnitts behauptet Frege *en passant* eine Identität, wo er am Ende von *Vern* noch eine Differenz suggeriert hatte: Der Gedanke, dass ¬¬A, fällt mit dem Gedanken, dass A, zusammen. Einen Vorteil dieser Position haben wir bereits auf S. 588 dargestellt. Weitere Konsequenzen werden unten in §11 zur Sprache kommen.

§9. Hypothetische Gedankengefüge.[66] (44b–48b)

Ein Satzgefüge der sechsten Art ist die Negation einer Subtraktion. Die durch sie ausgedrückten Gedanken nennt Frege *hypothetische* Ggf;[67] denn für 'nicht ((nicht A) und B)' „können wir auch schreiben 'Wenn B, so A'" (45a, b, 50a). Satzgefüge, deren Hauptjunktor eine

---

[66] VERGLEICHE: *BS* §5; *BrL* 12 Anm., 58–59; *1882a*, 6; *1882c*, NS 58–59; *FuB* 28b; *GG I*, §12; *n.1897a*, NS 165; *1906d*, NS 201–203; *n.1906*, NS 214–216; *1906e*, WB 103–104; *1910/11*, Vorl 1; *Vern* 145b–146b, 147c.

LITERATUR: Russell 1910b, 7; Tarski 1941, §8; Quine (1941) 1965, §7 u. 1950/³1974, §3; Strawson 1952, 35–40, 82–90, 1986 u. 1997, 13–16; Grice 1967, 58–85; Cohen 1971, §3; Walker 1975; Gabriel 1976, §3; Sainsbury 1991, 68–91, 103–132. [HABEN KONDITIONALE EINEN WAHRHEITSWERT?]: NEIN: Edgington 1995; JA: Lycan 2001, Kap. 4; NEIN: Bennett 2003, Kap. 6–7; ...

[67] In Anlehnung an Kant, KrV A 73/B 98–99 u. Logik §§25–26, unter sorgfältiger Vermeidung des irreführenden Titels 'Urteil', dessen er sich in der *BS* und begleitenden Schriften (wie wir gleich sehen werden) noch bedient.

„Übersetzung" von 'nicht ((nicht ...) und - -)' ist (*BrL* 58), nennt er hypothetische Satzgefüge. In den Logik-Büchern heißen sie oft Subjunktionen,[68] und ihr Hauptjunktor, den Frege in *Ggf* (aber nicht in der *BS* und in den *GG*) mit 'Wenn ..., so - -' notiert, heißt Subjunktor. Diese Terminologie übernehme ich hier.

Um Verwirrung zu vermeiden, reserviere ich im Folgenden das Wort '*Konditional*' für gewisse Satzgefüge unserer Sprache und ihre Übersetzungen in andere „Volkssprachen". Ob der „volkssprachliche" Hauptjunktor in einem Konditional denselben Sinn hat wie der Subjunktor in einer Subjunktion, ist auch dann eine substantielle Frage, wenn man den Subjunktor so schreibt, wie Frege es in *Ggf* tut.

Frege bezeichnet den Vordersatz (gr. die πρότασις, lat. das *Antecedens*) einer Subjunktion als „Bedingungssatz", ihren Nachsatz (die ἀπόδοσις, das *Consequens*) als „Folgesatz", und die von den Teilsätzen ausgedrückten Gedanken nennt er „Bedingung" bzw. „Folge".[69] Diese Terminologie ist nicht besonders glücklich. (Sie erinnert teils an die Begrifflichkeit der Grammatiker, die damals wie heute bestimmte Nebensätze als „*Bedingungs-*" oder „Konditionalsätze" bezeichnen, teils an die Terminologie Kants und Sigwarts, die von „Grund" und „*Folge*" sprechen.[70]) Der Gedanke, dass (B → A), kann [1.] auch dann wahr sein, wenn dass-B *keine* Bedingung für dass-A ist, sondern umgekehrt dass-A eine für dass-B. ('B' sei 'Murr ist ein Kater', 'A' sei 'Murr ist männlich'.) Wir pflegen unter einer Bedingung nämlich eine *conditio sine qua non* zu verstehen.[71] Jener Gedanke kann [2.] auch dann wahr sein, wenn dass-A *keine* Folge (kein Resultat) von dass-B ist, sondern das Umgekehrte gilt. ('B' sei 'Ben ist jetzt speiübel', 'A' sei 'Ben hat vor kurzem zu viel Alkohol

---

[68] Seit Lorenzen 1958; auch: *material implication* (Whitehead-Russell 1910b, 7; Wittgenstein, TLP); *Implikation* (Łukasiewicz; Hilbert†-Ackermann 1958); *(Einzel-)Implikation* (Carnap 1929); *material conditional* (Quine). Die Stoiker bezeichneten eine Verbindung von zwei Sätzen (beliebiger logischer Form) durch 'εἰ ..., --' bzw. '*si* ..., --' als συνημμένον (Zusammenhängendes): „Was die Griechen [so] bezeichnen, das nennen einige der Unseren *adjunctum* [Angebundenes], während es bei anderen [wie z. B. bei Cicero] *conexum* [Zusammengeknüpftes] heißt. Zum Beispiel: 'Wenn Plato spazierengeht, dann bewegt er sich'" (Gellius, XVI.8, § 9).
[69] Vgl. *Vern* 145b–146b.
[70] Kant, s. o. Anm. 67; Sigwart 1873, 241.
[71] Bolzano 1834, Bd. I, 47, 75, 175 u. WL II, 209–210; Sigwart 1873, 243.

Kapitel 4 631

getrunken'.) Jener Gedanke kann [3.] auch dann wahr sein, wenn daraus, dass B, *nicht* folgt, dass A. ('B' sei 'X ist eine Tasse aus meinem Schrank', 'A' sei 'X hat einen Sprung'.[72]

Verwenden wir das Zeichen '→' als Subjunktor,[73] so können wir Freges Angabe der Wahrheitsbedingungen der Ggf$_6$ (A, B) in der folgenden Matrix zusammenfassen:

B	A	B → A
W	W	W
W	F	F
F	W	W
F	F	W

Um dicht an Freges eigenen Formulierungen bleiben zu können, weiche ich in dieser Wahrheitswert-Tabelle von der üblichen Anordnung der Buchstaben in der Subjunktion ab. In seiner Begriffsschrift wird eine (nicht- behauptete) Subjunktion nämlich so notiert:

$$\begin{array}{l} \rule{1em}{0.5pt}\text{A} \\ \rule{1em}{0.5pt}\text{B} \end{array}$$

Der Nachsatz der Subjunktion steht neben dem oberen Waagerechten, der Vordersatz neben dem unteren. Der senkrechte Strich, der beide verbindet, das Gegenstück zu unserem Pfeil, heißt „Bedingungsstrich". Und es ist der *Nachsatz*, der, weil er oben steht, durch

---

[72] In Stoothoff 1977 werden „Bedingung" und „Folge" mit „antecedent" und „consequent" wiedergegeben. Optimal ist diese Terminologie auch nicht; denn so pflegt man ja Vorder- und Nachsatz einer Subjunktion und eines Konditionals zu bezeichnen – und nicht deren Sinn. Aber nehmen wir einmal an, sie wäre optimal: sollten in einer Übersetzung nicht auch die suboptimalen Züge des Originals erkennbar sein? Warum also nicht „condition" und „consequence"?
[73] Der Gebrauch des Pfeils für diesen Zweck geht auf Hilbert-Ackermann 1928 zurück. Statt 'B → A' schreiben Peano, Russell und Wittgenstein 'p ⊃ q'; Łukasiewicz und Prior verwenden 'Cpq'.

den im Alphabet früheren Buchstaben vertreten wird. Übrigens wollte Lorenzen mit seiner Terminologie Frege seine Reverenz erweisen: „Da bei Frege [der Vordersatz] *unter* [dem Nachsatz] steht, sei für ['B → A'] als neuer Terminus 'Subjunktion' vorgeschlagen".[74]

45b–46b. Wie verhält sich das 'Wenn ..., so - -' unserer Sprache[75] zum Subjunktor, den Frege hier genauso schreibt? Daraus, dass (wenn B, so A), folgt, dass B → A. So viel ist (unter denen, die daran festhalten, dass mit Konditionalen Wahrheitswertfähiges gesagt wird) unumstritten. Aber gilt auch die Umkehrung? Haben beide Sätze sogar denselben Sinn?

Frege betrachtet in *Ggf* keine Satzgefüge wie 'Wenn Ben gesund wäre, so wäre er jetzt hier', in denen die Teilsätze im Konjunktiv stehen. Er könnte sich darauf berufen, dass die Teilsätze in solchen 'counterfactuals' keine Gedanken ausdrücken: 'Ist es wahr, dass Ben gesund wäre?' ist kein sinnvoller Fragesatz. Formuliert man ein solches Konditional so: 'Wenn es der Fall wäre, dass (Ben ist gesund), dann wäre es der Fall, dass (Ben ist jetzt hier)', drücken die eingebetteten Sätze in einem gegebenen Kontext natürlich Gedanken aus; aber nun ist der Satzverknüpfer nicht mehr 'Wenn ( ), so ( )'. Satzgefüge, die Ggf$_6$ ausdrücken, stehen im Indikativ. Präzisieren wir unsere Frage also: Haben indikativische Konditionale denselben Sinn wie ihre mit dem Subjunktor gebildeten Gegenstücke?

Freges Position in dieser Frage war nicht konstant. In *BS* § 5 war seine Auffassung, dass von den folgenden Subjunktionen nur die dritte in ein Konditional „übersetzt" werden kann:

(S1) Die Sonne scheint → 3×7=21

(S2) Ein Perpetuum mobile ist möglich → die Welt ist unendlich

(S3) Der Mond steht in Quadratur → der Mond erscheint als Halbkreis.

Die Wahrheit des mit (S1) Gesagten wird schon durch die Wahrheit der „Folge" verbürgt, die des mit (S2) Gesagten schon durch die

---

[74] Lorenzen 1958, 48.
[75] Stilistische Varianten (mehrwortig: 'Wenn ..., *dann* - -'; einwortig: 'Wenn ..., - -'; nullwortig: 'Sollte er seinen Job verlieren, wird sie ihn verlassen') sind immer mitgemeint.

Falschheit der „Bedingung", gleichgültig ob mit dem jeweils anderen Teilsatz Wahres oder Falsches gesagt wird. Anders als bei Satz (S3), der ebenfalls einen wahren Gedanken ausdrückt,[76] besteht hier jeweils kein „ursächlicher Zusammenhang zwischen beiden Inhalten". Deshalb, so scheint Frege zu meinen, kommen uns die (S1) und (S2) entsprechenden Konditionale abwegig vor.

> Die ursächliche Verknüpfung, die in dem Worte „wenn" liegt, wird ... durch unsere Zeichen nicht ausgedrückt, obgleich ein Urtheil dieser Art [sc. eines, das durch ein Konditional formuliert werden kann] nur auf Grund einer solchen gefällt werden kann. Denn diese Verknüpfung ist etwas Allgemeines, dieses aber kommt hier noch nicht zum Ausdrucke. (*BS* § 5; Vorverweis auf § 12, S. 23.)

Auch die im Falle von (S3) akzeptable „Übersetzung" in ein Konditional,

(K3) Wenn der Mond in Quadratur steht, so erscheint er als Halbkreis,

ist demnach keine sinnerhaltende Paraphrase, aber bei ihr bleibt Wahrheit erhalten. Will Frege sagen, dass (K3) eine akzeptable „Übersetzung" ist, weil (S3) im Unterschied zu (S1) und (S2) einen allgemeinen Gedanken ausdrückt? Dann wäre (S3) etwa folgendermaßen auszubuchstabieren (vgl. *SuB* 43b–44a):[77]

(3^a) Für alle Zeiten t,
der Mond steht zu t in Quadratur $\rightarrow$ der Mond erscheint zu t als Halbkreis.

Für diese Deutung sprechen die folgenden Bemerkungen Freges über seine Begriffsschrift:

---

[76] Als Quadratur zweier Himmelskörper wird eine Konstellation bezeichnet, bei welcher der Winkelabstand dieser Himmelskörper, von der Erde aus betrachtet, 90 Grad beträgt. In einer solchen Konstellation von Sonne und Mond erscheint dieser, wie Frege sagt, als Halbkreis.

[77] Ich sage „etwa", weil Freges universeller Quantor nicht auf einen Gegenstandbereich eingeschränkt ist (5-§6). Die Restriktion erlaubt uns hier eine knappere Formulierung.– Bei seiner Erörterung des Gebrauchs von 'wenn' zwecks temporaler Verallgemeinerung macht Sigwart 1871, 45 darauf aufmerksam, dass im Griechischen und Lateinischen '*ὅτανπερ*' und '*quandocumque*' nur zu diesem Zweck verwendet werden.

Ein eigentlich hypothetisches Urteil entsteht dadurch [sc. durch die Bildung der Subjunktion 'B → A'] allein freilich noch nicht, sondern erst, wenn A und B einen gemeinsamen unbestimmten Bestandteil haben, durch den die Sache Allgemeinheit gewinnt. (*1882c*, 59.[78])

[D]as hypothetische Urtheil [ist] die Form für alle Naturgesetze, für alle ursächlichen Zusammenhänge überhaupt. Freilich ist die Wiedergabe durch „wenn" nicht in allen Fällen dem Sprachgebrauche angemessen, sondern nur, wenn ein unbestimmter Bestandtheil ... dem Ganzen Allgemeinheit verleiht. (*1882a*, 6.)

(Frege denkt hier an den Gebrauch von „unbestimmt andeutenden" Buchstaben in einem Satz wie 'Wenn $a > 2$, dann $a^2 > 2$', die „dem Ganzen Allgemeinheit verleihen": dazu 5-§4, 5-§6.) Nun ist (3ª) aber gar keine Subjunktion; denn der Subjunktor steht hier nicht zwischen eigentlichen Sätzen (vgl. 5-§1). Aber (S3) sollte ein Beispiel für eine Subjunktion sein. Und das ist es auch, wenn wir das *Tempus praesens* in Äußerungen von (S3) wie von (K3) als Hinweis auf die Zeit der Äußerung verstehen. Wir verstehen das erste Wort in (K3) dann nicht im Sinne von 'immer (jedes Mal), wenn' und 'whenever', einem Sinn, der „dem Ganzen Allgemeinheit verleiht", sondern im Sinne von 'falls' und 'if'.[79]) Freges Selbstkritik ist also berechtigt: „[E]s kommen doch wohl Fälle vor, wo auch in der [Volks]Sprache die Form des hypothetischen Satzes ('wenn ..., so - -') gebraucht wird, ohne dass der Inhalt allgemein ist" (*n.1897a*, NS 165). Es könnte aber immerhin gelten, dass eine Subjunktion nur dann in ein Konditional „übersetzt" werden darf, wenn sie einen Gedanken ausdrückt, der ein Kausalgesetz instantiiert. Aber die Unterstellung, dass der „Zusammenhang zwischen den Inhalten" ein *ursächlicher* sein muss, ist wenig plausibel. Frege wäre doch wohl auch bereit,

(S4)   Kant war Junggeselle → Kant war ledig

---

[78] Die Hg. von NS weisen hier auf die Affinität dieser Konzeption zu Bolzanos Auffassung der hypothetischen 'Urteile' in WL II, 198–200 hin.
[79] In seiner *BS*-Rezension scheint Schröder diese Differenz vorzuschweben (1880, 88). Zur Sache s. u. 661–3. – Einsetzungsinstanzen von 'Wenn ..., so - -' kann man m. E. nie als temporale Generalisierungen interpretieren. Freges Beispiel für einen so interpretierbaren Satz in *SuB* 43b enthält denn auch den einwortigen Junktor 'Wenn ..., - -'.

in ein Konditional zu „übersetzen", obwohl der inhaltliche Zusammenhang hier kein kausaler, sondern ein konzeptueller ist. In der *BS* bestimmt er die [von (S3), nicht aber von (S1) und (S2) erfüllte] Voraussetzung für die „Übersetzbarkeit" einer Subjunktion durch ein Konditional zunächst nämlich so allgemein, dass nicht zu sehen ist, dass der Zusammenhang ein kausaler sein muss: „Man kann das Urtheil A → B fällen, ohne zu wissen, ob A und B zu bejahen oder zu verneinen ist" (*BS* § 5, S. 6, transkribiert). Was wohl besser so ausgedrückt würde: Man kann den durch eine Subjunktion ausgedrückten Gedanken [sc. mit Fug und Recht] als wahr anerkennen, ohne zu wissen, welchen Wahrheitswert die durch Vorder- und Nachsatz ausgedrückten Gedanken haben (45c). *Dieser* Anforderung genügt (S4) genauso gut wie (S3). Es könnte immer noch gelten, dass eine Subjunktion nur dann durch ein Konditional „wiedergegeben" werden darf, wenn sie einen Gedanken ausdrückt, der ein Spezialfall eines allgemeinen Gedankens ist, – bei (S3) ist es ein astronomisches Gesetz, bei (S4) der allgemeine Gedanke, dass alle Junggesellen ledig sind. In solchen Fällen gibt uns unser allgemeines Wissen, unsere 'Gesetzeskenntnis' das Recht, den durch die Subjunktion ausgedrückten Gedanken als wahr anzuerkennen.

Noch 1896 sagt Frege von einer Subjunktion, in der beide Teilsätze offenkundig Falsches ausdrücken, dass man mit ihrer Wiedergabe durch ein Konditional „kaum einen Sinn verbinden wird" (*1896a*, 373). In *Ggf* scheint Frege aber nicht mehr zu glauben, dass man sich eines Missbrauchs des deutschen Junktors 'wenn ..., so - -' schuldig macht, wenn man nicht nur (S3), sondern auch (S1) und (S2) in Konditionale „übersetzt". Das Gegenstück zu (S2) in 45c ist

(S5)   2 ist größer als 3 → 4 ist eine Primzahl.

Auch hier wird die Wahrheit des Gesagten schon durch die Falschheit der „Bedingung" garantiert, doch diesmal ist sie aus begrifflichen Gründen falsch. Deshalb drückt auch das Resultat der modalen Verstärkung von (S5) durch ein vorangestelltes 'Es ist notwendigerweise der Fall, dass' eine Wahrheit aus.[80] Und doch scheint Frege jetzt zu meinen, dass

---

[80] In seiner Diskussion der Auffassung der Konditionale in Husserl 1904, 255 verkennt Frege – so hätte Husserl replizieren können – den Unterschied zwischen 'B → A' und '□ (B → A)' (*1906e*, WB 103–104). Das ist auch kein Wunder; denn während der Notwendigkeitsoperator '□' einen Beitrag zum

(K5) Wenn 2 größer als 3 ist, so ist 4 eine Primzahl

genau denselben Gedanken wie (S5) ausdrückt – nur dass dieser Gedanke, wird er mit (K5) ausgedrückt, mit „Nebengedanken" verbunden ist, durch die er nicht „gefärbt" wird, wenn man ihn durch (S5) ausdrückt. („Der Satz" (K5), schreibt Frege, „wird gewiß von Vielen für unsinnig erklärt werden, und doch ist er nach meiner Festsetzung wahr, weil die Bedingung falsch ist". Diese Formulierung ist verbesserungsbedürftig. Es ist in der Tat der *Satz* [und nicht, wie es ein paar Zeilen später heißt, der durch ihn ausgedrückte Gedanke], der dem Verdacht der Unsinnigkeit ausgesetzt ist; aber nicht der Satz, sondern der *Gedanke* ist das, was Frege für wahr erklärt. Eine Selbstkorrektur wie die in 47d, Anm. 8 wäre schon hier am Platze gewesen.) Das Gegenstück zu (S2) in 46b ist

(S6) Mein Hahn hat heute Eier gelegt → morgen wird der Kölner Dom einstürzen.

Wieder verbürgt schon die Falschheit der „Bedingung" die Wahrheit des Gesagten, und wie bei (S5) ist die „Bedingung" auch hier aus begrifflichen Gründen falsch. Und auch hier sagt Frege von dem entsprechenden Konditional,

(K6) Wenn mein Hahn heute Eier gelegt hat, wird morgen der Kölner Dom einstürzen,

es drücke denselben Gedanken aus.

Den Opponenten, mit dem sich Frege nun auseinandersetzt, könnte man als *Konnexionisten* bezeichnen; denn er wendet gegen (K6) ein: „Aber Bedingung und Folge haben hier ja gar keinen inneren Zusammenhang." (Der Konnexionist nimmt den Einwand des frühen Frege gegen die „Übersetzung" von (S1) und (S2) in Konditionale auf, er ist aber erfreulicherweise frei von dessen Obsession mit „ursächlichen" Zusammenhängen. Mindestens einen Konnexionisten hat Frege nachweislich gelesen. Sigwart ist der Auffassung, dass „das Wesen des hypothetischen Urtheils darin besteht, den Zusammenhang zwischen der Gültigkeit des Vordersatzes und der des Nachsatzes als einen nothwendigen zu

---

Sinn des Satzes leistet, tut es sein Gegenstück in der „Sprache des Lebens", *wenn* Frege recht hat, gerade nicht: s. u. 5-§2.

behaupten".[81]) Frege fertigt den Konnexionisten mit der Replik ab: „Nun, ich habe keinen solchen Zusammenhang in meiner Erklärung gefordert." Das stimmt, aber der Konnexionist fragt, ob Freges Erklärung den Sinn des 'wenn' in der „Sprache des Lebens" trifft, ob wir wirklich für 'B → A' auch schreiben können 'Wenn B, so A'. Frege will ja nicht bloß durch Stipulation festlegen, wie ein bestimmter Junktor in einer reglementierten „Volkssprache" oder in einer Begriffsschrift verstanden werden soll. Ihm geht es um eine *Reinigung*: Ein Ausdruck ('Köter', 'wenn') wird durch einen *per hypothesin* sinngleichen ('Hund', '→') ersetzt, mit dessen Gebrauch gewisse Nebengedanken nicht mehr verknüpft sind. Frege glaubt, dass die Befremdlichkeit von Satzgefügen wie (K6) aus der offenkundigen Falschheit der angedeuteten Nebengedanken resultiert und mit der Wahrheit der ausgedrückten Ggf kompatibel ist. Der bei der assertorischen Äußerung eines Konditionals angedeutete Nebengedanke ist wohl der, dass das mit dem Vordersatz Gesagte, wenn es denn wahr sein sollte, ein zumindest *prima facie* guter Grund wäre, das mit dem Nachsatz Gesagte zu glauben.[82] Dieser Nebengedanke ist in Fällen wie (K6), (K5) und den K-Varianten von (S1) und (S2) offenkundig falsch. Da der Sprecher in diesen Fällen keinen Grund haben kann, den Nebengedanken für wahr zu halten, kann er nur deshalb glauben, was er mit diesen Konditionalen sagt, weil er von mindestens einem der Teilgedanken zu wissen glaubt, welchen Wahrheitswert er hat. Warum äußert er dann das weniger informative Konditional, statt uns an diesem (vermeintlichen oder wirklichen) Wissen partizipieren zu lassen? Solche Konditionale „erscheinen abgeschmackt" (*SuB* 45/46), weil unerfindlich bleibt,

---

[81] Sigwart 1871, 50; vgl. 1873, 241–243.

[82] Das dürfte es sein, was heterogenen Beispielen wie den folgenden gemeinsam ist: 'Wenn heute Dienstag ist, so war gestern Montag', 'Wenn es eben geregnet hat, dann ist der Rasen jetzt nass', 'Wenn sie solche Flecken im Gesicht hat, dann hat sie Masern', 'Wenn er nicht tut, was er ihr versprochen hat, so wird sie ihn tadeln'. Vgl. auch die Konditionale in *Vern* 145b, 149e, das arithmetische Exempel in *Ggf* 45c sowie oben (K3) und die K-Variante von (S4). Manche Grammatiker unterscheiden „Bindewörter des 'möglichen Grundes', Konditionalsätze einleitend" von „Bindewörtern des 'wirklichen Grundes', Kausalsätze einleitend" (Johannes Erben, 'Abriß der deutschen Grammatik', Berlin [8]1965, 185–186). Das ist eine konnexionistische Charakterisierung des Unterschiedes zwischen 'wenn' und 'weil'.

warum jemand sie im Ernst äußern sollte; was nichts daran ändert, so meint Frege, dass mit ihnen Wahres gesagt wird.

Der Konnexionist wird sich mit dieser Abschiebung des von ihm geforderten Zusammenhangs von „Bedingung" und „Folge" ins bloß Angedeutete nicht zufrieden geben. Wenn der Vordersatz einer Subjunktion einen falschen Gedanken ausdrückt, dann wird mit der Subjunktion eine Wahrheit formuliert, gleichgültig wie der Nachsatz lautet. Da Kant kein Katholik war, verdienen die Subjunktionen

(S7)   Kant war Katholik → ¬(Kant war Protestant)
(S8)   Kant war Katholik → Kant war Protestant

beide unsere Zustimmung. Besagt eine Subjunktion dasselbe wie das entsprechende Konditional, dann müssten auch

(K7)   Wenn Kant Katholik war, so war Kant kein Protestant
(K8)   Wenn Kant Katholik war, so war Kant Protestant

gleichermaßen zustimmungswürdig sein. Aber sollte nicht jeder, der beide Sätze versteht, (K8) unter Berufung auf (K7) ablehnen? 'In der Tat,' sagt der Konnexionist, 'und ich kann das auch erklären. Das mit dem Vordersatz von (K7) Gesagte ist, wenn es denn wahr sein sollte, ein konzeptuell zwingender Grund, das mit dem Nachsatz von (K7) Gesagte als wahr anzuerkennen – und eben damit das mit dem Nachsatz von (K8) Gesagte als falsch zu verwerfen. Die Wahrheit des Gedankens, den (K7) ausdrückt, schließt deshalb aus, dass der Gedanke, den (K8) ausdrückt, ebenfalls wahr ist.'

Nach der Frege'schen Auffassung läuft die Negation des Konditionals 'Wenn B, so A' auf dasselbe hinaus wie die Subtraktion '¬A & B'. Aber, so wendet der Konnexionist ein, man legt sich doch mit der Antwort in

(K9)   Wird sich die Lage bessern, wenn der Minister zurücktritt? – Nein.

nicht darauf fest, dass der Minister zurücktreten und die Lage sich nicht bessern wird. Man behauptet vielmehr, ein eventueller Rücktritt des Ministers brauche keineswegs eine Besserung der Lage zur Folge zu haben. Was verneint wird, scheint also nicht der vermeintlich ausgedrückte Gedanke zu sein, sondern der angebliche Nebengedanke. (Das war auch Sigwarts Auffassung, der sich dabei auf

Boëthius berief: Verneine man 'Wenn *A* der Fall ist, dann ist *B* der Fall', so behaupte man, dass *A* sehr wohl der Fall sein könne, wenn *B* nicht der Fall ist.[83])

Drückt der Satz 'Wenn B, so A' denselben Gedanken wie 'B → A' aus, warum finden wir dann, so fragt der Konnexionist, ein Argument wie das folgende so abwegig?

(K10)   Wenn wir jetzt noch etwas Salz in die Suppe geben (B), wird sie sehr gut schmecken (A). Also: wenn wir jetzt noch etwas Salz und Waschpulver in die Suppe geben (B & C), wird sie sehr gut schmecken (A).

Das Argument 'B → A, also: ((B & C) → A)' ist deduktiv korrekt. Trotzdem ist in (K10) der Gedanke, den die Konklusion nach Freges Auffassung ausdrückt, sc. der Gedanke, dass ¬(¬A & (B & C)), selber falsch – und nicht bloß ein angedeuteter Nebengedanke. Der Konnexionist kann sich auf die Unschlüssigkeit von (K10) den folgenden Reim machen: Das mit dem Vordersatz der Prämisse Gesagte wäre, wenn es denn wahr sein sollte, ein zumindest *prima facie* guter Grund, das mit dem Nachsatz Gesagte als wahr anzuerkennen; aber das gilt nicht von dem mit der Konklusion Gesagten. Daraus dass eine bestimmte Wahrheit ein guter Grund dafür ist, den Gedanken G für wahr zu halten, folgt eben nicht, dass die Konjunktion jener Wahrheit mit einer anderen ebenfalls ein guter Grund dafür ist, G zu akzeptieren. (Vergleiche: Dass Ben ein erfolgreicher Radsportler ist, ist ein *prima facie* guter Grund, ihm Komplimente zu machen; dass Ben ein erfolgreicher Radsportler ist, der bei den Wettkämpfen stets gedopt war, ist ganz und gar kein guter Grund, ihm Komplimente zu machen.)

Das folgende Datum scheint nicht nur Frege, sondern auch den Konnexionisten in Schwierigkeiten zu bringen. Niemand würde argumentieren:

(K11)   Wenn er größer als sie ist (B), dann ist er nicht viel größer als sie (nicht A). Also: wenn er viel größer als sie ist, dann ist er nicht größer als sie;

---

[83] Sigwart 1871, 17 (Lob für Boëthius' Theorie der Konditionale: 22), 51, 56 u. Sigwart 1873, 251.

denn während die Prämisse vielleicht eine Wahrheit ausdrückt, sagt man mit der Konklusion etwas offenkundig Falsches. Das Argument 'B → ¬A, also: A → ¬B' ist aber deduktiv korrekt. Nach Freges Auffassung in *Ggf* 44b u. 48a (s. u.) drücken Prämisse und Konklusion hier ja sogar ein und denselben Gedanken aus. Das ist nun aber kein Wasser auf die Mühlen des Konnexionisten; denn von der Prämisse in (K11) gilt nicht, dass das mit ihrem Vordersatz Gesagte, wenn es denn wahr sein sollte, ein zumindest *prima facie* guter Grund wäre, das mit dem Nachsatz Gesagte als wahr anzuerkennen. Aber der Konnexionist könnte just aus dieser Tatsache den Schluss ziehen, dass die Prämisse in (K11) in Wahrheit gar kein hypothetisches Gedankengefüge ausdrückt. Wäre das bloß ein *ad hoc* Manöver? Nun, es gibt zweifellos so etwas wie Pseudo-Konditionale. Äußert der platonische Sokrates ein echtes hypothetisches Urteil, wenn er sagt: „Wenn diese Wahrnehmungen [sc. die mit Augen und Ohren] nicht ... zuverlässig sind, dann sind es die anderen erst recht nicht"?[84] Austin macht 1956 darauf aufmerksam, dass bei dem Junktor in 'There are biscuits on the sideboard, if you want them' oder in 'I paid you yesterday, if you remember' nicht um das „ *if* of condition" handelt.[85]

Die Debatte über das adäquate Verständnis der indikativischen Konditionale begann im 4. Jh. v. Chr., als Philon von Megara (fast) dieselbe Auffassung wie Frege vertrat: „Das συνημμένον [das mit einem indikativischen Konditional Gesagte] ist genau dann wahr, wenn es nicht mit Wahrem beginnt und mit Falschem endet", und damit viele Kritiker auf den Plan rief.[86] Und sie ist auch heute (2009) nicht abgeschlossen. Nicht einmal darüber besteht mehr Einverneh-

---

[84] Platon, *Phaidon* 65 B 4–5; Sigwart 1871, 49.
[85] Austin 1970 ('Ifs and Cans'), 210–213. Lycan 2001, 183 zitiert aus dem Film „Verdammt in alle Ewigkeit" (1953) einen Dialog zwischen der gelangweilten Offiziersgattin und dem Sergeanten: Sie: „Wenn Sie den Captain suchen, er ist nicht hier." Er: „Und wenn ich den Captain nicht suche?". Sie: „Auch dann ist er nicht hier." (Und alsbald spülten die Wellen des Ozeans über Deborah Kerr und Burt Lancaster hin.)
[86] Sextus Empiricus, VIII, § 113. (Der Unterschied besteht darin, dass für Philon wie für seine Gegner etwas, das wahr ist, falsch werden kann, u. u.) Derart heftig war damals der Streit über die Deutung der Konditionale – so spottete Kallimachos in einem Epigramm –, dass selbst die Raben auf den Dächern krächzend darüber diskutierten, welche Auffassung richtig ist (Sextus, I, § 309).

men, dass mit indikativischen Konditionalen Wahrheitswertfähiges gesagt wird.[87]

46c–47a. Dazu unten, 5-§1.

47b–48a. Ist der Schluss in 47b kein semantischer, der durch die erste Zeile der Matrix der Subjunktion legitimiert ist, so ist er ein Schluss nach der Regel *Modus ponendo ponens*,[88] in dem der Gebrauch von 'wahr' dieselbe Pointe wie der Urteilsstrich haben soll (s. o. 627, 619f, 617). Dass Frege den Schluss in 47c als „Schlussweise" bezeichnet, ist merkwürdig; denn er pflegt mit diesem Wort Regeln zu bezeichnen, – was in 47c steht, ist aber keine Regel. Ist dieser Schluss kein semantischer, so ist er ein Hypothetischer Syllogismus *alias* Kettenschluss. In *GG I*, §15, S. 26/27 zeigt Frege (unter Verwendung quasi-semantischer Prädikate), dass die Konklusion eines Arguments nach der Regel des Hypothetischen Syllogismus nicht einen falschen Gedanken ausdrücken kann, wenn beide Prämissen Wahrheiten ausdrücken (s. o. 383–4).

Im ersten Satz von *Vern* 145b hatte Frege bestritten, dass man aus einem falschen Gedanken etwas schließen kann.[89] Jetzt bestreitet er, dass „man Folgerungen aus einem Gedanken ziehen könne, dessen Wahrheit noch zweifelhaft ist" (47d). Er fordert damit von den Prämissen eines Schlusses nicht, dass sie unbezweifel*bar* sind. In der Fortsetzung heißt es nur, ein Gedanke, der nicht als wahr anerkannt wird, könne nicht als Prämisse eines Schlusses gebraucht werden. Mit „noch zweifelhaft" ist also nur gemeint: noch nicht anerkannt. Selbst ein Axiom braucht nicht unbezweifel*bar* zu sein, wenngleich wir „keinen Gedanken als Axiom anerkennen können, dessen Wahrheit uns zweifelhaft ist" (*1914b*, NS 221). Wer ein Axiom, das diesen Namen verdient, bezweifelt, hat es noch nicht klar erfasst (s. u. §12).

Die Regel der Kontraposition („Wendung") erlaubt den Übergang von dem Satzgefüge 'B → A' zu dem Satzgefüge '¬A → ¬B' (s. o. 549ff). Wer einen solchen Übergang vollzieht, der geht in seinem Denken nicht von einem *Gedanken*gefüge zu einem anderen über; denn nach 48a drücken die beiden Sätze ein und denselben

---

[87] S. O. LITERATUR.
[88] Vgl. oben S. 171 Anm. 19, S. 380 Anm. 12, S. 577.
[89] Hinweise auf andere einschlägige Frege-Texte und die Literatur zu seinem Schluss-Konzept auf S. 547–9.

Gedanken aus. In *Vern* 146b hatte Frege noch vorausgesetzt, dass es sich um zwei Gedanken handelt.

III. Abschließende Betrachtungen. (48b–51c.)

§10. Funktionale Vollständigkeit einer Junktoren-Menge.[90]
(48b–49b)

Zu Recht sagt Frege: „Man kann irgendeine der sechs Arten der Gedankengefüge zugrunde legen und aus ihr mit Hilfe der Verneinung die andern ableiten, sodaß für die Logik alle sechs Arten gleichberechtigt sind."[91] So ist z. B. 'A & B' logisch äquivalent mit '¬(A | B)', mit '¬A † ¬B', mit '¬(¬A ∨ ¬B)', mit '¬A ⏋ B' und (wie Frege an unserer Stelle vorführt) mit '¬(B → ¬A)'. Umgekehrt kann man z. B. mit Hilfe '¬' und '→' (wie Frege in der *BS* vorgeführt hat) logische Äquivalente der Konjunktion wie der anderen fünf Satzgefüge formulieren. 'A | B' ist logisch äquivalent mit 'B → ¬A', 'A † B' mit '¬(¬B → A)', 'A ∨ B' mit '¬B → A und 'A ⏋ B' mit '¬(B → A)'.[92]

Frege sagt in 49a von '¬(B → ¬A)' und 'A & B' nicht (nur), dass sie logisch äquivalent sind, sondern dass sie „dasselbe besagen", also denselben Gedanken ausdrücken. Nimmt er an, dass wechselseitige Ableitbarkeit Sinn-Identität verbürgt? In §11 werden wir sehen, dass diese Frage zu verneinen ist.[93] In seinem Argument für die Identitätsthese setzt er seine Erklärung des Subjunktors (45b, 46b) voraus sowie die Annahme, dass die Negation der Negation eines Satzes denselben Sinn hat wie der Satz (44a), und die Annahme, dass von Sätzen, die dasselbe besagen, gilt, dass auch ihre Negationen dasselbe besagen. Beide Annahmen werden durch Freges (partielles) Kriterium der Gedanken-Identität gedeckt, das in §11 im Mit-

---

[90] LITERATUR: Patzig 1966a, 24–32; von Kutschera 1967, 38–48; Stuhlmann-Laeisz 1995, 169–177.
[91] In Stoothoff 1977 wird „sind gleichberechtigt" mit „have equal justification" übersetzt, was Freges Bemerkung unsinnig erscheinen lässt. Ein Kampf um Gleichberechtigung ist kein Kampf um „equal justification", sondern ein Kampf um „equal rights".
[92] Vgl. *BS* §7; *1882c*, NS 57–58; *1882b*, 6; *GG I*, §12; *1906d*, NS 204–205; n.1906, NS 216; 1910/11, Vorl 2.
[93] Für den Frege der *BS* (§3) haben zwei Sätze genau dann denselben „begrifflichen Inhalt", wenn sie dasselbe inferentielle Potential haben.

telpunkt unserer Aufmerksamkeit stehen wird. Das Argument für die Identitätsthese ist kein Beweis dieser These, wenn die Tatsache, dass zwei Sätze denselben Sinn haben, niemandem verborgen sein kann, der beide Sätze versteht. (Vgl. 2-§1 über nicht-demonstrative 'Erläuterungsargumente'.)

Mit welchem Recht behauptet Frege, dass die Ggf I–VI „ein abgeschlossenes Ganzes" bilden? Betrachten wir das vollständige System der zweistelligen Satzoperatoren der Klassischen Logik. In der Eintragung für die Subjunktion weiche ich jetzt, wie heute üblich, von Freges Anordnung der Satzbuchstaben ab.

A	W	W	F	F	im Komm. verwendeter Name des Satzgefüges (Freges Zählung)	symbolische Notation im Komm.
B	W	F	W	F		
A[1]B	W	W	W	W	„Tautologie"	
A[2]B	W	W	W	F	*Adjunktion* (IV)	A ∨ B
A[3]B	W	W	F	W	konverse Subjunktion	
A[4]B	W	W	F	F		
A[5]B	W	F	W	W	*Subjunktion (VI)*	A → B
A[6]B	W	F	W	F		
A[7]B	W	F	F	W	Bisubjunktion	A ↔ B
A[8]B	W	F	F	F	*Konjunktion* (I)	A & B
A[9]B	F	W	W	W	*Exklusion* (II)	A | B
A[10]B	F	W	W	F	Disjunktion	A ∇ B
A[11]B	F	W	F	W		
A[12]B	F	W	F	F	konverse Subtraktion	
A[13]B	F	F	W	W		
A[14]B	F	F	W	F	*Subtraktion* (V)	A ⌐ B
A[15]B	F	F	F	W	*Rejektion* (III)	A † B
A[16]B	F	F	F	F	„Kontradiktion"	

Eine ganz ähnliche Tabelle konnte Frege in Wittgensteins 'Tractatus' (5.101) finden,[94] und die Namen für A[1]B und A[16]B sind natürlich von dort übernommen. Jeder der 16 Junktoren kann mit Hilfe des Negators und des Konjunktors definiert werden, das junktorenlogische Vokabular der *LU* ist in diesem Sinne funktional vollständig. Auch die Paare {Negator, Subjunktor} der *BS* und {Negator, Adjunktor} der 'Principia Mathematica' von Russell und Whitehead bilden ein funktional vollständiges junktorenlogisches Vokabular. Nun können Negator und Konjunktor sowohl durch den Exklusor definiert werden:

¬ A =*Df.* A | A   A & B =*Df.* (A | B) | (A | B)

als auch durch den Rejektor:

¬ A =*Df.* A†A   A & B =*Df.* (A†A)†(B†B).

Mithin ist auch ein junktorenlogisches Vokabular, das nur den Exklusor oder nur den Rejektor enthält, funktional vollständig.[95]

Warum hat Frege nur die Satzgefüge I–VI erörtert? Nur in zwei Fällen sind wir hier nicht auf Spekulationen angewiesen. Warum er 'A[12]B' (konverse Subtraktion) und 'A[3]B' (konverse Subjunktion) nicht aufgenommen hat, sagt Frege nämlich in 48b. Dabei setzt er voraus, dass zwei Gefüge aus den Sätzen 'A' und 'B' genau dann dieselbe Form haben, wenn sie durch Vertauschung von 'A' und 'B' ineinander transformiert werden können. Demnach sind 'A ∧ B' und 'B ∧ A' formgleich, und 'B → A' und 'A → B' sind es auch. Daraus dass zwei Satzgefüge (Sgf) in diesem Sinne formgleich sind, schließt Frege, dass sie ein Ggf derselben Art ausdrücken. Aber warum sollte die Formgleichheit zweier Sgf das verbürgen? Man könnte fordern,

---

[94] Die Differenzen erklären sich daraus, dass die möglichen Wahrheitswert-Verteilungen in TLP 4.442 anders angeordnet sind als oben links in unserer Tabelle (und in *BS* §5; *1906d*, NS 202; *n.1906*, NS 215; *1906e*, WB 104; *1910/11, Vorl* 1). Zur Notation ist zu beachten, dass Wittgenstein hier (vgl. auch 5.1311) das Zeichen '|' im Sinne von '†' verwendet, während er es 1913 noch so wie in unserer Tabelle gebrauchte (NL 103).

[95] Das wurde in Peirce 1880 und Sheffer 1913, §2 gezeigt. Nicod wies 1916 nach, dass man mit Hilfe des Exklusors bzw. des Rejektors alle junktorenlogischen Axiome auf ein einziges reduzieren kann (in Nicod 1917–20), und Łukasiewicz verbesserte diesen Nachweis 1929 (Quine 1950/³1974, 272). Zur Geschichte dieser Einsichten vgl. Kneale 1962, 423, 526; zu Nicods System vgl. Quine 1950/³1974, §13.

Kapitel 4 645

dass Ersetzungen, die aus dem einen Sgf den Ausdruck eines wahren (falschen) Ggf machen, immer auch aus dem anderen Sgf den Ausdruck eines wahren (falschen) Ggf machen. Diese Bedingung erfüllen eine Subtraktion und ihr konverses Gegenstück natürlich genauso wenig wie eine Subjunktion und ihr konverses Pendant (vgl. 44).

Die Satzgefüge 'A[1]B' und 'A[16]B' sind Grenzfälle: sie drücken bei jeder möglichen Wahrheitswert-Verteilung etwas Wahres bzw. etwas Falsches aus. (Für 'A[16]B' könnte ein Junktor eingeführt werden, mit dem man die Konjunktion von 'A[8]B' und 'A[9]B' abkürzt, und für 'A[1]B' einer, der die Negation dieser Konjunktion abkürzt.) Vielleicht hat Frege Tautologien und Kontradiktionen deshalb nicht erörtert, weil er nur Satzgefüge besprechen wollte, mit denen man auch kontingenterweise Wahres bzw. Falsches sagen kann.

In vier Fällen ist der Wahrheitswert des Ggf ausschließlich vom Wahrheitswert *eines* der verbundenen Gedanken abhängig. Die von den Partnern in den folgenden Satzpaaren ausgedrückten Gedanken sind nämlich jeweils logisch äquivalent: {'A[4]B', 'A'}, {'A[6]B', 'B'}, {'A[13]B', ¬A'} und {'A[11]B', ¬B'}. Es handelt sich hier insofern um degenerierte Fälle von Satz*gefügen*. Vielleicht hat Frege sie deshalb nicht erörtert.

Weshalb bleiben 'A[7]B' (Bisubjunktion) und 'A[10]B' (Disjunktion) unerörtert? Es könnte sein, dass Frege die Disjunktion deshalb nicht aufgenommen hat, weil der durch 'A[10]B' ausgedrückte Gedanke mit demjenigen, der durch die Konjunktion von 'A[2]B' und 'A[9]B' ausgedrückt wird, zusammenfällt und somit die durch 'A' und 'B' ausgedrückten Gedanken gewissermaßen zweimal enthält (vgl. 3-§9). Und vielleicht hat Frege die Bisubjunktion aus einem analogen Grund nicht aufgenommen: Der durch 'A[10]B' ausgedrückte Gedanke fällt ja mit demjenigen zusammen, der durch die Konjunktion von 'A[3]B' und 'A[5]B' ausgedrückt wird, und deshalb enthält auch er die durch 'A' und 'B' ausgedrückten Gedanken sozusagen zweimal. Man kann aber bezweifeln, dass das ein guter Grund für die Nichtbefassung wäre. Schließlich werden die ausgedrückten Ggf dadurch nicht zu vierstelligen. Dass in einem *Satz*gefüge vier Positionen von Sätzen eingenommen werden, schließt nicht aus, dass dem ausgedrückten Ggf der Titel „Ggf *n*-ter Art, das aus den Gedanken gefügt ist, die durch die zwei Sätze 'A' und 'B' ausgedrückt werden" gebührt.

Oder bleiben Bisubjunktionen vielleicht deshalb unerörtert, weil in der Logik der *GG* kein Bedarf an einem Bisubjunktor besteht?

Der Verfasser der *GG* würde beispielsweise in unserer Formulierung (in 1-§2.4) der notwendigen und hinreichenden Identitätsbedingung für Begriffsumfänge, auf die man sich mit dem sog. Grundgesetz (V) festlegt, die beiden Bisubjunktoren durch Gleichheitszeichen ersetzen:[96]

(Gg. V) $\vdash \forall \varphi \forall \psi ((\grave{\epsilon}(\varphi\epsilon)=\grave{\alpha}(\psi\alpha))=\forall x\, (\varphi x=\psi y))$.

Sätze bezeichnen in seinen Augen Wahrheitswerte, daher kann man Bisubjunktionen mit dem Identitätsoperator notieren. Dieses Argument für Nichtbefassung ist bestenfalls so stark wie seine Prämisse. Außerdem kann man dem Text von *Ggf* nicht entnehmen, ob Frege Sätze auch 1923 noch als Namen von Wahrheitswerten konzipiert.

§11. Gedanken-Identität.[97] (49c–50a)

Die Problematik der Rede, dass in den Gedanken, die 'A & A' und 'A ∨ A' ausdrücken, ein Sinn (Gedanke) „mit sich selbst gefügt" ist, hat uns bereits in 3-§9 beschäftigt.[98] Auch hier scheint es zwei Möglichkeiten zu geben, das Problem des 'wiederholt vorkommenden' Sinnes zu lösen. (1) Der Gedanke *g* kommt genau dann *n*-mal in dem Ggf *G* vor, wenn gilt: *G* wird nur dann durch ein Satzvorkommnis *s*

---

[96] *GG I*, §§ 20, 47.
[97] VERGLEICHE: *GG I*, § 32; *1906d*, NS 209; *n.1906*, NS 213–214; *1906f*, WB 105–106; *1913*, Vorl 20; *1914b*, NS 225/226, 228, 234, 240, 262; *1919d*, WB 156.
LITERATUR: Heijenoort 1977; Dummett, IFP, Kap. 15, FOP, Kap. 14 u. 1997; Evans 1982, 18–19; Curry 1985; Perry 1986 [zu (5.)]; Bell 1987 u. 1996; Burge 1990; Kemmerling 1990 u. 2003b; Taschek 1992; Rumfitt 1994, § 2; Sundholm 1994, bes. 303–307; Beaney 1996, 56–64, 225–234; Künne 1997b, 2003a, 42–52, 2007 u. 2009, § 3.2; Bermúdez 2001; Klement 2002, 89–93; Levine 2002; Penco 2003; Textor 2010, Kap. 10, §§ 4–5. Vgl. oben 1-§2.2; 2-§2.3 u. -§5.2; 3-§9. [GIBT ES „UNMITTELBAR ALS WAHR ANZUERKENNENDES"?]: Williamson 2006; dazu Künne 2007, 104–105 u. Nimtz 2009.
[98] Die Aussage, dass das Resultat der konjunktiven oder adjunktiven Fügung eines Gedankens mit sich selbst mit diesem Gedanken zusammenfällt, erinnert an das „*Axioma 1*" in Leibniz 1687, 95 (A VI.4A: 848): „*Si idem secum ipso sumatur, nihil constituitur novum, seu* A+A ∞ A [Wenn etwas mit sich selbst zusammengenommen wird, entsteht nichts Neues, oder: A zusammengenommen mit A koinzidiert mit A]". (In den *GL* zitiert Frege die „*definitio 1*" aus derselben Abhandlung: s. o. 272.)

ausgedrückt, wenn *s* entweder selbst *n* Teile enthält, die *g* ausdrücken, oder wenn *s* unter Wahrung seines Sinnes durch ein Satzvorkommnis paraphrasiert werden kann, das *n* Teile enthält, die *g* ausdrücken. (2) Der Sinn eines semantisch komplexen Ausdrucks ist eine *n*-gliedrige Folge (ein *n*-Tupel) von Sinnen: der Sinn von 'A & A' ist die Folge {[[A]]; [[... & --]]; [[A]]}.[99] Wir werden uns bald fragen müssen, ob Freges Rede von der Fügung eines Sinnes mit sich, gleichgültig ob man sie sich durch (1) oder (2) verständlich zu machen versucht, mit jeder seiner Thesen zur Gedanken-Identität harmoniert.

Deduktionen von 'A ↔ (A & A)' und 'A ↔ (A ∨ A)' können nicht der Rechtfertigung der ausgedrückten Gedanken dienen; denn wer die beiden Seiten dieser Bisubjunktionen versteht, weiß *eo ipso*, dass der auf der einen Seite ausgedrückte Gedanke keinen anderen Wahrheitswert hat als der Gedanke, der auf der anderen Seite ausgedrückt wird. Die Gesetze der Idempotenz der Konjunktion und der Adjunktion sind also „eines *Beweises* weder bedürftig noch fähig". Schon „dadurch, daß man sich des Sinnes bewußt wird" (39d), sieht man ein, dass die Bisubjunktionen 'A ↔ (A & A)' und 'A ↔ (A ∨ A)' Wahrheiten ausdrücken. Frege stellt eine stärkere These auf: 'A & A' und 'A ∨ A' haben denselben Sinn wie 'A'. Und er scheint anzunehmen, dass man (auch) das „ohne Beweis nur dadurch, daß man sich des Sinnes bewußt wird", einsieht (39d u. Anm. 5). Ist Freges stärkere These korrekt? Um eine solche Frage beantworten zu können, benötigen wir ein Kriterium der Sinngleichheit.

In seinem Manuskript 'Kurze Übersicht meiner logischen Lehren' gibt Frege eine *hinreichende Bedingung* für Gedanken-Identität an: Der Gedanke ist „derselbe in äquipollenten Sätzen der oben angegebenen Art" (NS 214). Gattung [i] und Art [ii] hatte er zuvor so bestimmt:

(*HB*) [i] Zwei Sätze *A* und *B* können nun in der Beziehung zueinander stehen, dass jeder, der den Inhalt von *A* als wahr anerkennt, auch den von *B* ohne weiteres als wahr anerkennen muss, und dass auch umgekehrt jeder, der den Inhalt von *B* [sc. als wahr] anerkennt, auch den von *A* unmittelbar [sc. als wahr] anerkennen muss (Äquipollenz), wobei vorausgesetzt ist, dass die Auffassung der Inhalte von *A* und *B* keine Schwierigkeit macht... [ii] Ich nehme von jedem der beiden äquipollenten Sätze *A* und *B* an,

---

[99] Die Umrissklammern („meaning marks") wurden auf S. 297 eingeführt.

dass in seinem Inhalte nichts ist, was von jedem, der es richtig erfasst
hat, sofort unmittelbar als wahr anerkannt werden müsste. (*n.1906*,
NS 213.[100])

Es ist wohl besser, die in Klausel [i] erklärte Beziehung zwischen
Sätzen als *kognitive Gleichwertigkeit* zu bezeichnen. Unter Äquipollenz[101] wird nämlich oft logische Äquivalenz verstanden, aber
offenkundig besteht zwischen logisch äquivalenten Sätzen nicht
immer das angegebene Verhältnis. Die in der Literatur gelegentlich
zu findende These, für Frege sei logische Äquivalenz eine hinreichende Bedingung der Gedanken-Identität, ist sehr unplausibel.
Wäre sie korrekt, müsste er glauben, dass es nur ein einziges logisches Gesetz gibt. Manchmal beruft man sich bei dieser Zuschreibung auf einen Brief Freges an Husserl (*1906f*, WB 105–106).[102]
Aber auch dort bringt Frege eine *Evidenzausschluss*-Klausel wie
(ii) in Ansatz: er behauptet, dass logische Äquivalenz Gedanken-Identität verbürgt, *wenn* die Bedingung des Evidenzausschlusses
erfüllt ist. Auch diese These ist allerdings befremdlich. Sie hat erstens die Konsequenz, dass es nicht mehr als ein nicht-evidentes
logisches Gesetz gibt, und das ist definitiv nicht Freges Auffassung.
Es ist schließlich kein Versehen, wenn er in der Überschrift des Abschnitts I.3 von *GG I* den Plural verwendet: „Abgeleitete Gesetze".
Und zweitens hat die These in jenem Brief Konsequenzen, die sich
nicht mit Freges Theorie der *Oratio obliqua* (vgl. 1-§5) vertragen.
Betrachten wir zwei empirische Sätze: 'A' stehe für 'Albanien war

---

[100] Die beiden kursivierten Großbuchstaben vom Anfang des Alphabets
sind (anders als ihre nicht-kursivierten Gegenstücke in *Ggf* und in meinem
Kommentar) nicht Platzhalter für Sätze, sondern für Bezeichnungen von Sätzen. Wenn ich bei der Diskussion der Klauseln [i] und [ii] dieser Praxis folge,
hat sie dieselbe Pointe.

[101] Das Wort '*aequi-pollens*' ist die Latinisierung von 'ἰσο-δύναμος' und
bedeutet *gleich-mächtig*; aber leider verraten uns die antiken Autoren nicht,
wann zwischen zwei Sätzen die Beziehung der Gleichmächtigkeit besteht
(Barnes 2007, 317).

[102] So z.B. die Hg. der NS, wenn sie behaupten, „dass der Sinn eines Satzes
durch rein logische Umformungen nach der [sic] Meinung Freges nicht geändert wird" (NS 166, Anm. 2). Sie behandeln in der Anm. Freges unscharfe
These, „der Sinn" einer Subjunktion werde durch die Kontraposition „kaum
berührt", als sei sie präzise, um sie sodann kühn zu generalisieren. (Sind Hg.-
Anm. zum Text einer Erst-Edition eigentlich der richtige Ort für kontroverse
Interpretationshypothesen?)

ein kommunistischer Staat' und 'B' für 'Bolzano starb 1848'. 'A' ist logisch äquivalent mit '$\neg A \to \neg(A \to \neg B)$', und mit keinem dieser Sätze wird etwas Evidentes ausgedrückt oder mitausgedrückt; jenem Brief zufolge drücken sie also denselben Gedanken aus. Aber wenn sie denselben Sinn hätten, dann dürfte gemäß Freges Theorie der *Oratio obliqua* kein Risiko bestehen, dass aus Wahrem Falsches wird, wenn man in 'N. N. glaubt, dass A' den einfachen Satz gegen die komplexe Subjunktion austauscht. Doch offenkundig besteht dieses Risiko.[103]

Mit dem zweifachen „muss" in [i] will der Antipsychologist Frege bestimmt nicht sagen, dass unter den angegebenen Umständen aus der einen Anerkennung nach einem psychologischen Gesetz unmittelbar die andere resultiert. Das „muss" ist normativ zu verstehen: es wäre unter diesen Umständen irrational, nach der einen Anerkennung die andere zu verweigern.

Die in [i] angegebene Bedingung ist eine notwendige Bedingung dafür, dass zwei Sätze denselben Gedanken ausdrücken. Wie wir in Kap. 1 sahen, hat Frege bereits 1902 in einem Brief an Russell festgestellt: Nur wenn das Zusammenfallen der Bedeutung eines Ausdrucks mit der Bedeutung eines anderen Ausdrucks (sc. für jemanden, der beide versteht) „selbstverständlich" ist, haben diese Ausdrücke denselben Sinn (WB 234/5, s. o. 199). Angewendet auf Sätze heißt das: Nur wenn das Zusammenfallen des Wahrheitswertes des Satzes *A* mit dem des Satzes *B* (sc. für jemanden, der beide Sätze versteht) selbstverständlich ist, drücken sie denselben Gedanken aus. Daraus folgt: Wenn *A* und *B*

---

[103] In welcher zeitlichen Relation steht die 'Kurze Übersicht', die *(HB)* enthält, zum Brief an Husserl vom 9.12.1906? Die Hg. der NS datieren das Ms. auf 1906, und sie vermuten, es sei „kurze Zeit" nach der von Frege selber auf August 1906 datierten 'Einleitung in die Logik' (*1906d*) entstanden. Die korrekte Feststellung, dass der Text der 'Übersicht' stellenweise bis in den Wortlaut mit dem der 'Einleitung' übereinstimmt, ist keine überzeugende Begründung für diese Datierung. Der erste Teil der 'Übersicht' mit dem Titel „Der Gedanke", dem *(HB)* entstammt, hat kein Gegenstück in *1906d*. Laut *Katalog* Nr. 6 ist ein als Entwurf zur 'Übersicht' bezeichnetes (inzwischen verschollenes) Ms., in dem dieser Passus auch schon vorkam, „nach 1906" entstanden. Wenn das (wie ich glaube) korrekt ist, dann ist die 'Übersicht' nicht schon 1906 entstanden, und man kann die exzerpierte Passage als Selbstkorrektur verstehen, als die allfällige Verwerfung der mit Freges 'kognitiver' Sinn-Konzeption unvereinbaren These in dem Brief an Husserl.

denselben Gedanken ausdrücken, dann ist das Zusammenfallen des Wahrheitswertes von A mit dem von B (sc. für jemanden, der beide Sätze versteht) selbstverständlich. Die Sätze '4²=16' ('Mindestens eine Nonne starb am ersten Samstag *Anno Domini* 1009') und '4×4=16' ('Mindestens eine Nonne starb am ersten Sonnabend im Jahre des Herrn 1009') drücken denselben Gedanken aus. Wer beide Sätze versteht, weiß mithin *eo ipso*, dass sie denselben Wahrheitswert haben.

Wir sollten uns davor hüten, die in [i] angegebene Bedingung zu trivialisieren. Natürlich, wenn der von A ausgedrückte Gedanke mit dem von B ausgedrückten Gedanken identisch ist, dann ist es nicht möglich, dass dieser die Beschaffenheit hat, von N.N. als wahr anerkannt zu werden, jener aber nicht. Das ergibt sich ja aus dem sog. Prinzip der Ununterscheidbarkeit des Identischen (s. o. 277–9). Um diese Trivialisierung zu vermeiden, ist es ratsam, bei der Erklärung der kognitiven Gleichwertigkeit das Verstehen der Sätze A und B deutlicher ins Spiel zu bringen:

[i*] Jeder, der erkennt, welchen Gedanken A ausdrückt und welchen Gedanken B ausdrückt, und der A (als Ausdruck einer Wahrheit) akzeptiert, muss unmittelbar bereit sein, auch B zu akzeptieren, *et vice versa*.

In dieser Formulierung soll der erste Relativsatz die am Ende von [i] gemachte „Voraussetzung" festhalten. Wenn jemand (aus welchen Gründen auch immer) B nicht versteht, wird er trotz seiner Zustimmung zu A nicht ohne weiteres bereit sein, auch B zuzustimmen. Das schließt natürlich nicht aus, dass B denselben Gedanken wie A ausdrückt. Da es Engländer und Deutsche gibt, die monoglott sind, muss man mit dieser Möglichkeit auch bei dem Paar 'Seventeen is a prime number' und 'Siebzehn ist eine Primzahl' rechnen.[104]

Zusammengenommen sollen die beiden Bedingungen hinreichend dafür sein, dass zwei Sätze denselben Gedanken ausdrücken. Wäre kognitive Gleichwertigkeit *allein* hinreichend für Gedanken-Identität, dann gäbe es nur einen einzigen „unmittelbar einleuchten-

---

[104] Es empfiehlt sich m. E. nicht, das „Vorausgesetzte" in [i] und das „richtige Erfassen" in [ii] im Anschluss an *1914b*, NS 240 auszulegen; denn wenn die Schwierigkeit des richtigen Erfassens des Sinns eines Ausdrucks auch bei seinen kompetenten Benützern vorliegen kann, wird Freges Kriterium nutzlos.

Kapitel 4 651

den" Gedanken.[105] Es gäbe dann natürlich auch nicht mehrere logische Grundgesetze, wenn Frege zu Recht sagt, dass „die Wahrheit eines logischen [sc. Grund-]Gesetzes unmittelbar aus ihm selbst, aus dem Sinne seines Ausdrucks einleuchtet" (50c).[106] Kognitive Gleichwertigkeit ist nur eine notwendige Bedingung der Sinngleichheit, und Frege beruft sich denn auch stets auf [i], wenn er dartun will, dass zwei Sätze *nicht* denselben Sinn haben.[107] Durch die Evidenzausschluss-Klausel [ii] sorgt er dafür, dass wir von den kognitiv gleichwertigen Sätzen

(1a)   Es ist nicht immer Dienstag
(1b)   Eine Rose ist eine Rose
(1c)   Bismarck ist Bismarck
(1d)   Bebel ist Bebel

nicht sagen müssen, dass sie denselben Gedanken ausdrücken, und diese Klausel erspart uns das auch bei Paaren wie

(2a)   Wismar liegt an der Ostsee
(2b)   Wismar liegt an der Ostsee, und es ist nicht immer Dienstag.

Nun möchte man aber genausowenig von (2a) und

(2c)   Wismar liegt an der Ostsee, oder es ist immer Dienstag

sagen, dass sie denselben Gedanken ausdrücken. Daher empfiehlt es sich, die Evidenzausschluss-Klausel adjunktiv zu erweitern:

[ii*] In dem Gedanken, den A ausdrückt, und in dem Gedanken, den B ausdrückt, ist nichts, was man nicht erfassen kann, ohne es unmittelbar als wahr anzuerkennen oder als nicht wahr zu verwerfen.

Warum nicht '… oder als falsch zu verwerfen'? Weil nach Frege manche „volkssprachlichen" Behauptungssätze Gedanken ausdrücken, die weder wahr noch falsch sind (vgl. 1-§3, 1-§4). Er muss daher

---

[105] Was in *1914b*, NS 227, 242 „unmittelbar einleuchtend" heißt, wird in *1906f*, WB 105–106 „logisch evident" genannt.
[106] Zu „sc." siehe oben 365–7 u. unten §13.
[107] *FuB* 14; *SuB* 32b; *1914a*, WB 128. Vgl. 1-§2.2; 2-§5.2.

auch damit rechnen, dass ein Satz einen Gedanken ausdrückt, der evidentermaßen nicht wahr ist, ohne doch falsch zu sein. Hier ist ein Kandidat: 'Die ganze Zahl zwischen 7 und 8 ist größer als 6'.

Strenggenommen bedarf auch Klausel [ii*] noch einer Änderung, um Gleichsetzungen zu vermeiden, die ebenso unwillkommen sein sollten wie diejenigen, die [ii] motivieren – und aus ganz ähnlichen Gründen. Hier ist eine Variante des Trios (2a–c):

(3a) In Pisa gibt es einen Campanile, der schief ist
(3b) In Pisa gibt es einen Campanile, der schief und mit sich identisch ist
(3c) In Pisa gibt es einen Campanile, der schief oder von sich verschieden ist.

Satz (3a) scheint nicht denselben Gedanken auszudrücken wie die beiden anderen Sätze, aber weder (3b) noch (3c) enthält einen Teilsatz, der durch [ii*] ausgeschlossen wird. Aber sie enthalten Teile, deren Eigenschaften denen des zweiten Konjunkts in (2b) bzw. des zweiten Adjunkts in (2c) entsprechen. Von den Prädikaten '( ) ist mit sich identisch' und '( ) ist von sich verschieden' gilt: wer ihren Sinn erfasst, weiß *eo ipso*, dass sie auf alles bzw. auf nichts zutreffen. Denken wir uns [ii] also noch einmal erweitert, um auch die Präsenz von derartigen ungesättigten Konjunkten oder Adjunkten auszuschließen.

Frege gibt keine Bedingung der Gedanken-Identität an, die hinreichend *und* notwendig ist. Aber das ist vielleicht kein allzu fatales Defizit. Oder brauchen wir ein Kriterium, um uns davon zu überzeugen, dass man beispielsweise denken kann, dass nicht immer Dienstag ist, ohne eben damit zu denken, dass Bebel mit Bebel identisch ist?

Wir haben vorausgesetzt, dass (die modifizierte Version von) [ii] den Titel 'Evidenzausschluss-Klausel' verdient, aber gibt es das überhaupt, was sie ausschließen soll? Betrachten wir ein Beispiel von derselben Sorte wie das, mit dem man neuerdings die Antwort Nein zu begründen versucht hat (s.o. LIT.). Von dem Gedanken, den der Satz

(Z) Alle schwarzen Schwäne sind schwarze Schwäne

in seinem Munde ausdrückt, hätte Frege gesagt – wie wir in Kap. 5 sehen werden –, er müsse von jedem, der ihn richtig erfasst hat, sofort unmittelbar als wahr anerkannt werden. Aber, so hat man eingewandt, könnte nicht jemand, der unsere Sprache genauso gut wie

Frege beherrscht, einer Äußerung von (Z) seine Zustimmung verweigern, weil er glaubt, dass es keine schwarzen Schwäne gibt, und weil er der Ansicht ist, dass mit Sätzen der Form 'Alle S sind P' nur dann etwas Wahres gesagt wird, wenn es Gegenstände gibt, auf die der Subjekt-Term zutrifft? Nun, das ist nicht nur möglich: Wenn Bolzano der Meinung gewesen sein sollte, dass alle Schwäne weiß sind, dann trifft diese Beschreibung auf ihn zu, und dasselbe gilt, *mutatis mutandis*, für Aristoteles und Strawson (vgl. 5-§3). In Freges Augen hingegen ist die Frage, ob es Exoten unter den Schwänen gibt, für den Wahrheitswert des mit (Z) Gesagten irrelevant; denn er versteht (Z) so, dass damit dasselbe wie mit dem Satz

(Z*) Wenn etwas ein schwarzer Schwan ist, so ist es ein schwarzer Schwan

gesagt wird. Und einer Äußerung von (Z*) würden natürlich auch Bolzano und (wenn sie Deutsch gelernt haben) Aristoteles und Strawson instantan zustimmen.

Einwände wie der gerade referierte sind keine Stützen für den Verdacht, dass der Begriff eines „unmittelbar einleuchtenden" Gedankens leer ist. Sie zeigen nur, dass zwei Sprecher, die sich in einer „Volkssprache" fließend unterhalten können, auch mit Sätzen dieser Sprache, die nicht kontextsensitiv und *prima facie* auch nicht äquivok sind, verschiedene Gedanken ausdrücken können. (Einwände, die darauf angewiesen sind, die Weigerung, einen Evidenz-Kandidaten zu akzeptieren, durch die Präferenz für eine unorthodoxe *Logik* zu motivieren, können allemal nicht zeigen, dass der Begriff der Evidenz leer ist. Die Sätze 'Niemand ist sein eigener Vater' und 'Nichts ist sowohl rot als auch farblos' drücken keine logischen Wahrheiten aus, und sie können auch nicht durch Substitution von Synonyma in Formulierungen logischer Wahrheiten transformiert werden. Aber kann man die Gedanken, die sie ausdrücken, denken, ohne sie unmittelbar als wahr anzuerkennen?)

Wenn die Kombination von [i] und (der modifizierten Version von) [ii] eine hinreichende Bedingung der Gedanken-Identität ergibt, dann drücken die folgenden Sätze

(1) Wismar liegt an der Ostsee
(2) Es ist wahr, dass Wismar an der Ostsee liegt
(3) Es ist nicht der Fall, dass Wismar nicht an der Ostsee liegt

(4)   Wismar liegt an der Ostsee, und Wismar liegt an
        der Ostsee
(5)   Wismar liegt an der Ostsee, oder Wismar liegt an
        der Ostsee

allesamt, genau wie Frege in *Ged* und *Ggf* behauptet,[108] ein und denselben Gedanken aus. Was in (2 ff) mit dem Sinn von (1) 'geschieht', entspricht in seinen Augen dem, was mit einer Zahl 'geschieht', wenn sie mit 1 multipliziert wird. Wir können Freges IDENTITÄTSTHESEN so zusammenfassen:[109]

(EADEM)   [1]=[2]=[3]=[4]=[5].

Diese Formulierung macht eine Konsequenz der Behauptung, dass [1] sowohl derselbe Gedanke wie [4] als auch derselbe Gedanke wie [5] ist, augenfällig: wegen der Symmetrie und der Transitivität der Identität folgt aus ihr, dass [4] und [5] identisch sind. Ist das nicht eine *Reductio ad absurdum*? Die Sätze (4) und (5) unterscheiden sich doch nur durch die Junktoren. Müsste 'und' nicht denselben Sinn haben wie 'oder', wenn (4) und (5) denselben Sinn hätten? Nein: dass zwei Sätze, die *(HB)* zufolge sinngleich sind, sich nur in einer Position unterscheiden, impliziert nicht, dass die Ausdrücke in dieser Position denselben Sinn haben. 'Cato tötet sich' und 'Cato tötet Cato' drücken, hält man sich an *(HB)*, denselben Gedanken aus (vgl. *BS*, S. 16). Haben 'sich' und 'Cato' denselben Sinn? Wenn ja, dann müssten auch die Prädikate 'ξ tötet Cato' und 'ξ tötet sich' denselben Sinn haben. Dabei haben sie nicht einmal dieselbe Extension!

Freges Konzeption des Satzsinnes wird inkonsistent, wenn er die Identitätsthesen (Eadem) mit dem folgenden KOMPOSITIONSPRINZIP verknüpft (s. o. 414):

(KOMP$_1$)   Wenn ein Sinn durch einen Teil eines Satzes ausgedrückt wird, dann ist er ein Teil des Gedankens, den der Satz ausdrückt.

Wie wir in §1 sahen, legt sich Frege auf dieses Prinzip 1893, 1913 und 1919 fest. (Es geht in ihm natürlich nur um die Teile des Satzes, die

---

[108] [1]=[2]: *Ged* 61c; [1]=[3]: *Ggf* 44; [1]=[4]: *Ggf* 39d, Anm. 5, 49c; [1]=[5]: *Ggf* 49c.
[109] Zur Notation: '[n]' bezeichnet den Gedanken, den der Satz mit der Nummer '(n)' ausdrückt.

man verstehen muss, um den Satz zu verstehen.) Worin besteht die Spannung zwischen (Komp$_1$) und (Eadem)? Betrachten wir das Paar

(1) Wismar liegt an der Ostsee
(5) Wismar liegt an der Ostsee, oder Wismar liegt an der Ostsee.

Die folgenden zwei Argumente machen den Konflikt sichtbar. Erstens. Der Sinn von (1) ist kein echter Teil des Sinnes von (1), da die Beziehung ξ *ist ein echter Teil von* ζ irreflexiv ist; aber der Sinn von (1) ist – gemäß (Komp$_1$) – ein echter Teil des Sinnes von (5); also hat (1) einen anderen Sinn als (5), was (Eadem) widerspricht. (Der Gedanke [1] ist in [5] „mit sich selbst gefügt", aber nicht in [1]; also: [1] ≠ [5].) Zweitens. Der Sinn von (1) enthält nicht den Sinn von 'oder'. (Enthielte er ihn einmal, dann enthielte er ihn so oft, wie man 'oder Wismar liegt an der Ostsee' an (1) anhängen kann, was den Sinn von (1) unbegrenzt anschwellen ließe.) Gemäß (Komp$_1$) enthält der Sinn von (5) nun aber den Sinn von 'oder'. Mithin hat (1) einen anderen Sinn als (5) – im Widerspruch zu (Eadem).

Man kann sich den Konflikt zwischen (Komp$_1$) und (Eadem) auch an dem folgenden Paar vor Augen führen:

(1) Wismar liegt an der Ostsee
(3) Es ist nicht der Fall, dass Wismar nicht an der Ostsee liegt.

Enthielte der Sinn von (1) den Sinn des Negationsoperators zweimal, dann enthielte er ihn n-mal für jede gerade Zahl n, was den Sinn von (1) sozusagen grenzenlos fett machen würde. Enthält er ihn nicht und ist (Eadem) korrekt, dann hat der Ausdruck der doppelten Verneinung einen Sinn, der zu dem Gedanken, der durch das Resultat der Anwendung dieses Ausdrucks auf einen Satz ausgedrückt wird, nichts beisteuert. Genau das gilt ja, wenn Frege recht hat, auch vom Sinn der Wahrheitsjunktoren (vgl. 2-§2.3) – kein Wunder, dass Davidson die Redundanz-Theorie der Wahrheit als „double-negation theory of truth" bezeichnet hat.[110] Die Annahme, dass der Sinn des Ausdrucks der doppelten Verneinung kein Teil des Gedankens ist, den (3) ausdrückt, ist natürlich mit (Komp$_1$) genauso unverträglich wie die Annahme, dass der Sinn des Wahrheitsjunktors kein Teil des Gedankens ist, den (2) ausdrückt. Derselbe Konflikt tritt auf,

---

[110] Davidson 1969, 38.

wenn man das Konzept eines sich selbst aufhebenden Sinns auch auf (4) und (5) anwendet und sagt: Für alle *type*-Sätze *s* gilt, dass der Sinn des Ausdrucks, der aus einem Vorkommnis von 'und' (bzw. 'oder') gefolgt von einem Vorkommnis von *s* besteht, sich selbst aufhebt, wenn dieser Ausdruck an ein anderes Vorkommnis von *s* angehängt wird.

Werfen wir an dieser Stelle wieder einmal einen Seitenblick auf Freges Gesprächspartner Wittgenstein (vgl. EINL-§3). Dass 'A' und '¬¬A' stets denselben Gedanken ausdrücken, ist ein Punkt, in dem sich Frege in *Ggf* mit Wittgenstein einig ist.[111] Im Blick auf solche Satzpaare ringt Wittgenstein 1913 mit einem ähnlichen Problem wie dem gerade dargestellten:

> „Wenn man z. B. eine Bejahung durch doppelte Verneinung erzeugen kann, ist dann die Verneinung – in irgend einem Sinn – in der Bejahung enthalten? Verneint '~ ~ p' ~ p, oder bejaht es p; oder beides?" (TLP 5.44, aus NL 103.)

und er antwortet:

> „In regard to notation, it is important to note that not every feature of a symbol symbolizes... In 'not-not-p', 'not-p' does not occur; for 'not-not-p' is the same as 'p', and therefore, if 'not-p' occurred in 'not-not-p', it would occur in 'p'." (NL 99.)

In einer adäquateren logischen Notation, so meint Wittgenstein, müssten ein Satz und seine doppelte Negation durch dasselbe Symbol wiedergegeben werden:

> „If p = not-not p etc., this shows that the traditional method of symbolism is wrong, since it allows a plurality of symbols with the same sense."[112]

In (einer leicht modifizierten Variante von) Wittgensteins reformiertem Symbolismus werden 'A', '¬¬A', '¬¬¬¬A', usw. allesamt durch 'WF-(A)' repräsentiert und '¬(A & ¬B)', 'A → B', '¬A ∨ B' und alle anderen mit ihnen logisch äquivalenten Satzgefüge durch

---

[111] Vgl. Wittgenstein, NL 100, 102; NB, 17. 11. u. 04. 12. 1914; TLP 4.0621, 5.254, 5.43–44, 5.512.
[112] NL 102.

'WFWW-(A, B)'. (Vor den Klammern stehen – in der konventionellen Reihenfolge – die Resultate der Auswertung des komplexen Satzes für alle möglichen Wahrheitswert-Verteilungen.) Schon lange vor seiner ersten Begegnung mit Wittgenstein erwog Frege in Briefen an Husserl eine ganz ähnliche Idee: „Man brauchte für jedes System von äquipollenten Sätzen nur einen einzigen Normalsatz zu haben und könnte sich mit diesen Normalsätzen jeden Gedanken mitteilen" (*1906e*, WB 102). *Hier* versteht er unter Äquipollenz logische Äquivalenz (vgl. *1906f*, WB 105–106), aber er klammert Sätze aus, die logisch evidente Gedanken ausdrücken. Manche von ihnen sind Tautologien im Sinne Wittgensteins. In dessen reformiertem Symbolismus werden alle Tautologien, die zwei Sätze 'A' und 'B' involvieren, auf dieselbe Weise repräsentiert: durch das Symbol 'WWWW-(A, B)'. Was ganz in Ordnung ist, *wenn* alle Tautologien dasselbe sagen, nämlich nichts. Doch das ist ganz sicher nicht Freges Auffassung (s. u. §13).

Dass es so etwas wie *die* Verneinung des durch 'A' ausgedrückten Gedankens gibt, stellt Frege dadurch sicher, dass er mit dem Sinn von '¬A' nicht nur den Sinn von '¬¬¬A' usw. *(ad infinitum)* identifiziert, sondern auch den von '¬A & ¬A' usw. und den von '¬A ∨ ¬A' usw. (44a, 49c). Just diesen Punkt macht auch Wittgenstein im 'Tractatus' (5.512).

Wie auch immer es um die Konsistenz der Position des jungen Wittgenstein bestellt sein mag, wegen der Unverträglichkeit der Identitätsthesen (Eadem) mit dem Kompositionsprinzip (Komp$_1$) ist klar: Frege muss entweder (Eadem) und das partielle Identitätskriterium *(HB)* aufgeben, das diese Thesen legitimiert, oder er muss (Komp$_1$) fallenlassen. Vor derselben Alternative steht er auch dann, wenn er nicht „volkssprachliche" Sätze betrachtet, sondern Sätze einer Begriffsschrift. Davon kann man sich leicht überzeugen, wenn man (1) durch eine arithmetische Gleichung ersetzt und (2)-(5) entsprechend variiert. Doch ehe wir darüber nachdenken, *was* Frege aufgeben sollte, wollen wir das zu (Komp$_1$) konverse Prinzip betrachten.

Frege legt sich *nicht* auf (Komp$_1$) fest, wenn er schreibt: „Wie der Gedanke Sinn des ganzen Satzes ist, ist ein Teil des Gedankens Sinn eines Satzteiles."[113] Das ist nämlich das zu (Komp$_1$) konverse Prinzip

---

[113] *1906d*, NS 209; vgl. *1914b*, NS 262; und 2-§2.3.

(KOMP₂)   Wenn ein Sinn ein Teil des Gedankens ist, den ein Satz ausdrückt, dann wird er durch (mindestens) einen Teil des Satzes ausgedrückt.

Dieses Kompositionsprinzip ist mit den Identitätsthesen sehr wohl verträglich. Einige Erläuterungen sind jedoch erforderlich, um es vor naheliegenden Einwänden zu schützen.

Erstens. Wenn der Sinn von 'ist männlich' ein Teil des Gedankens ist, den 'Murr ist ein Kater' ausdrückt, dann müssen wir das Prädikat im Nachsatz von (Komp₂) als Abbreviatur von 'wird ausgedrückt oder mitausgedrückt' verstehen, wobei 'Der Ausdruck α drückt ξ mit aus' heißen soll, dass ξ ein echter Teil des Sinns von α ist.

Zweitens. Der Zusatz 'mindestens' in (Komp₂) soll der Tatsache Rechnung tragen, dass ein und derselbe Sinn durch verschiedene Teile desselben Satzes (die verschiedene Vorkommnisse desselben Ausdrucks sein mögen oder auch nicht) ausgedrückt werden kann – wie in 'Salomon war weise, und Solon war weise', 'Salomon war weise, und Solon war es auch' und 'Kim spielt die Bratsche in der Sinfonia concertante für Violine, Viola und Orchester'.

Drittens. Damit ein Sinn durch einen Teil eines Gedankenausdrucks ausgedrückt werden kann, muss der Gedankenausdruck (verständnisrelevante) Teile *haben*. Aber kann der Gedanke, dass alle Menschen glücklich sein wollen, nicht mit einem einzigen Wort ausgedrückt werden, mit 'Ja.' z. B. oder mit 'Glücklich.', wenn eine entsprechende Frage vorangegangen ist? In der Exposition des Problems zeichnet sich bereits seine Lösung ab. Was den Gedanken ausdrückt, ist im ersten Fall der Satz, für den der Fürsatz im gegebenen Kontext ein anaphorisches Substitut ist, und es ist im zweiten Fall der Satz, zu dem das Adjektiv das in der Ergänzungsfrage enthaltene Satzfragment 'Alle Menschen wollen __ sein' ergänzt.

Viertens. Eine dunkle Bemerkung Freges zu einer Rezension der 'Introduction to the Science of Language' (1880) des Oxforder Assyriologen Archibald H. Sayce bringt uns in die Nähe eines echten Problems für (Komp₂):

> Es ist mir in dieser Hinsicht bemerkenswert, dass einige Sprachforscher in neuerer Zeit das „Satzwort" (sentence[-]word), ein Wort, in dem ein ganzes Urteil ausgesprochen wird, als die Urform der Rede ansehen und

Kapitel 4 659

der Wurzel als bloßer Abstraction kein selbständiges Bestehen zuerkennen. (*BrL* 19, Anm.[114])

In *welcher* Hinsicht findet er die Ansicht, die Sayce und sein Rezensent vertreten, „bemerkenswert"[115]? Frege hat gerade ausgeführt, ein Prädikat sei „nichts Vollständiges", es sei nur ein „Bruchstück" (sc. eines Satzes). Die Position von Sayce weiterentwickelnd, sagt der Rezensent über die „Wurzel", die nach Ansicht anderer Sprachforscher ursprünglich ein selbständiges Wort war, genau das, was Frege über das Prädikat sagt: dass ihr kein „selbständiges Bestehen" zukommt. Vielleicht ist diese Konvergenz das, was Frege bemerkenswert findet.

Nun schreibt Sayce: „And this complex of sound and gesture – a complex in which the sound had no meaning apart from the gesture – was the earliest sentence".[116] Dabei denkt er an die Äußerung eines einzigen Wortes, bei welcher die Sprecherin auf ein Objekt zeigt: sie zeigt auf ihn, der gerade eingeschlafen ist, oder auf sich – und sagt: 'Müde.' Sayce'sche „Ursätze" scheinen (Komp$_2$) zu widerlegen. Um das Prinzip vor dieser Falsifikation zu schützen, müsste Frege entweder sagen: „Ursätze" drücken zwar Gedanken aus, aber sie sind noch keine Sätze. Oder er müsste von der Zeigegeste sagen, dass sie (als Begleiterin einer Wort-Äußerung) eine Art des Gegebenseins des

---

[114] Frege nimmt hier auf Fick 1881, 425, 443, 445 Bezug. (Das von Frege auf den Tag genau angegebene Erscheinungsdatum der Sayce-Rezension des Göttinger Professors für Vergleichende Sprachwissenschaft in den 'Göttingischen Gelehrten Anzeigen' wird weder von den Hg. von NS noch in Beaney u. Thiel 2006 bei der Datierung von *BrL* berücksichtigt.) Den Hinweis auf die Rezension könnte Frege von dem großen Indogermanisten Berthold Delbrück erhalten haben, der von 1870 bis zu seiner Emeritierung 1913 Professor in Jena war. Er war wie Frege Mitglied der Jenaischen Gesellschaft für Medizin und Naturwissenschaft (und wie Frege Mitglied der Nationalliberalen Partei, für die beide 1898 einen Wahlaufruf unterzeichneten (*Biogr* 528–529)). Der Göttinger Rezensent zitiert (S. 429) Delbrücks 'Einleitung in das Sprachstudium', Leipzig ^{1}1880 (^{6}1919).
[115] Was mit 'noteworthy' wohl besser übersetzt wäre als mit 'extraordinary' (so Long & White 1979).
[116] Zitiert nach Fick 1881, 427, der diese Komplexe „Ursätze" nennt (437). Man fühlt sich an Wittgensteins Maurer am Anfang der PU erinnert – und an Freges These, dass auch die Äußerung eines *mehrwortigen* Satzes mit einem Demonstrativpronomen nur zusammen mit einer begleitenden Geste einen Gedanken ausdrückt.

gezeigten Objekts ausdrückt. Wir haben in 2-§5.1 gesehen, was für die zweite Option spricht.

TEILLOSE SÄTZE? Zweimal unterstellt Frege, *en passant* und ohne Erklärung, es gebe auch Sätze (Satzvorkommnisse), die nicht aus Lauten oder Schriftzeichen zusammengesetzt sind: „Mit dem Wort 'Satz' benenne ich ein Zeichen, das *in der Regel* zusammengesetzt ist, einerlei ob die Teile Laute oder Schriftzeichen sind... [D]er Satz [ist] *im allgemeinen* ein zusammengesetztes Zeichen" (*1914b*, NS 222, 224, meine Herv.). Wäre die Ziffer '4' als schriftliche Antwort auf die Frage, was 17 minus 13 ist, ein Beispiel? Dann unterscheidet sich der Fall nicht auf interessante Weise von der Antwort 'Glücklich' auf die Frage, was alle Menschen sein wollen. Oder denkt Frege daran, dass Stipulationen wie die folgende möglich sind: „Wenn Du auf meiner nächsten Postkarte nichts anderes liest als 'ω', so heißt das, dass mein Buch fertig ist"? Aber wird dieses Zeichen durch diese Stipulation zu einem Satz? (Würde es zu einem Roman, wenn Gert Westphal seiner Lesung der 'Buddenbrooks' den Prolog: „'ω' möge soviel wie Folgendes heißen:" vorangestellt hätte?) Oder denkt Frege daran, dass man durch Nicken die Entscheidungsfrage, ob A, und durch eine Handbewegung die Ergänzungsfrage, wo Raum 1052 ist, beantworten kann? Im entsprechenden Kontext leistet das Nicken dasselbe wie eine assertorische Äußerung des Satzes 'A' und die Handbewegung dasselbe wie 'Raum 1052 ist dort'. Aber sind sie deshalb *Sätze*? Merkwürdigerweise rechnet Frege in *Ged* 62b „Stöhnen, Seufzen, Lachen", wenn sie „durch besondere Verabredung dazu bestimmt sind, etwas mitzuteilen", zu den „*Sätze[n]*, in denen wir etwas mitteilen".

Manche Äußerungen sind deshalb Gegenbeispiele zu (Komp₂), weil nicht alles, was für die Identität des ausgedrückten Gedankens wesentlich ist, durch einen Bestandteil der Äußerung ausgedrückt wird. Ich meine damit *nicht* Äußerungen von Satz*fragmenten*, die in der Terminologie der traditionellen Rhetorik als Fälle von [a] Ellipse (Auslassung) oder [b] Aposiopese (*reticentia*, Verstummen) klassifiziert werden. [a] Beantwortet jemand die Frage „Was wollen alle Menschen sein?" mit „Glücklich.", so kann man das geäußerte Satzfragment aus dem Kontext leicht zu dem Satz ergänzen, der den Gedanken ausdrückt, den die Antwort ausdrücken soll. Sagt Karl Moor zu Spiegelberg: „Verflucht seist du, daß du mich dran erinnerst! Verflucht ich, daß ich es sagte!",[117] so ist klar, wie der frag-

---

[117] Friedrich Schiller, 'Die Räuber', I/2.

mentarische zweite Satz aus dem Kontext zu vervollständigen ist. [b] Wenn Karl Moor ausruft: „Der Sohn hat seinen eigenen Vater –",[118] dann gibt es keinen Gedanken, von dem die Räuber mit Fug und Recht sagen könnten, dass er und kein anderer in Karls Äußerung ausgedrückt wird. Weder der sprachliche noch der situative Kontext gibt einen guten Grund, eine der folgenden Ergänzungen den anderen vorzuziehen: „in ein Gewölbe gesperrt", „in dieses Gewölbe gesperrt", „hier eingesperrt", „lebendig begraben", usw.– Denken wir uns ($Komp_2$) eingeschränkt auf Äußerungen grammatisch vollständiger Sätze.

Nun ist 'Es wird dunkel' zweifellos ein grammatisch vollständiger Satz. Aber wenn jemand ihn jetzt in Jena äußert, so wird der für die Identität des ausgedrückten Gedankens mitentscheidende Ort der Äußerung weder rein verbal ('in Jena') noch durch ein hybrides Zeichen ('hier' im Verein mit dem Ort der Äußerung) bezeichnet. Frege registriert dieses Phänomen beiläufig in *SuB* 45c. Da gleichzeitige Äußerungen jenes Satzes in Jena und Ghana verschiedene Gedanken ausdrücken, muss nach Freges Konzeption jeder dieser Gedanken eine Art des Gegebenseins des Ortes der Äußerung enthalten. Da diesem Gedankenteil kein Teil des Gedankenausdrucks entspricht, bedarf ($Komp_2$) einer Einschränkung auf Äußerungen, in denen jeder interpretationsrelevante Kontextfaktor durch einen Teil der Äußerung repräsentiert ist. Aber vielleicht will Frege ($Komp_2$) allemal nur auf die Sätze einer Begriffsschrift angewendet wissen, die der Forderung der Dekontextualisierung genügen (s. o. 172). Dann entsteht natürlich auch das Problem mit den Sayce'schen „Ursätzen" nicht.

Fünftens. Nicht immer ist Kontextsensitivität dafür verantwortlich, dass etwas, das für die Identität des in der Äußerung eines grammatisch vollständigen Satzes ausgedrückten Gedankens essentiell ist, durch keinen Bestandteil der Äußerung ausgedrückt wird. Einem Satz wie 'Wenn etwas aus Eisen besteht, so dehnt es sich bei Erhitzung aus' „verleiht", so pflegt Frege zu sagen, das Zusammenspiel der Satzkomponenten 'etwas' und 'es' „Allgemeinheit des Inhalts". Frege weist darauf hin, dass manche Satzäußerungen allgemeine Gedanken ausdrücken, obwohl es keinen Äußerungsbestandteil gibt, der Allgemeinheit ausdrückt (*1906d*, NS 207; *n.1906*, NS 217). Betrachten wir zwei Beispiele. Mit

---

[118] 'Die Räuber', IV/5.

(a1)   Wo Rauch ist, da ist Feuer

wird ein allgemeiner Gedanke ausgedrückt, während

(s1)   Wo 1909 die Hamburger Hauptsynagoge stand, da ist 2009 ein leerer Platz

einen singulären Gedanken ausdrückt; und ganz entsprechend drückt

(a2)   Wer Pech angreift, besudelt sich

einen allgemeinen Gedanken aus,[119] während

(s2)   Wer hier gleich vor allen anderen ankommt, kann sich glücklich schätzen

das nicht tut. *Das* zeigt nun freilich noch nicht, dass die Allgemeinheit des Inhalts durch keinen Bestandteil der (a)-Sätze ausgedrückt wird. Das jeweils erste Wort tut dies, und der Vergleich mit den (s)-Sätzen lehrt, dass dieses Wort mehr als einen Sinn hat: in (a1) hat 'wo' den generalisierenden Sinn von 'an jedem Ort, an dem',[120] in (s1) den identifizierenden von 'an demjenigen Ort, an dem'; in (a2) hat 'wer' den generalisierenden Sinn von 'jeder Mensch, der', in (s2) den identifizierenden von 'derjenige Mensch, der'. In einer BS wird Allgemeinheit stets unmissverständlich durch Satzkomponenten ausgedrückt: entweder durch „lateinische Buchstaben" oder durch einen universellen Quantor und die von ihm gebundene Variable. (Das wird in 5-§4 u. 5-§6 unser Thema sein.) *Aber* bei dieser Betrachtung haben wir etwas übersehen. (a1) und (a2) sind nicht nur in lokaler bzw. personaler Hinsicht allgemein, sie sind es auch in temporaler Hinsicht: Wenn es *irgendwann* irgendwo raucht, dann brennt es dort; wenn jemand *irgendwann* Pech angreift, dann besudelt er sich. Kein Bestandteil einer Äußerung von (a1) oder (a2) verleiht dem ausgedrückten Gedanken temporale Allgemeinheit.[121] Darum gibt es

---

[119] Freges Beispiel in *SuB* 44b (aus *Jesus Sirach* 13, 1).
[120] Vgl. *SuB* 44b und Sigwart 1871, 47 u. 1873, 238–239, der auch auf die Unzweideutigkeit bspw. der lateinischen Übersetzung des 'wo' in (a1) aufmerksam macht: '*ubicumque*'.
[121] Fehlt nicht auch ein 'irgendwie'-Quantor? Nein. Mit 'Es raucht (brennt)' wird zu einer bestimmten Zeit an einem bestimmten Ort ein wahrer Gedanke ausgedrückt, wenn es zu dieser Zeit an diesem Ort raucht (brennt). Damit sind die Wahrheitsbedingungen vollständig angegeben. Also sind auch für die Verallgemeinerung nur Zeiten und Orte relevant.

Kapitel 4 663

hier doch ein Problem für (Komp$_2$). Aber wiederum gilt, dass es in einer BS nicht auftritt: sie genügt in diesem Punkt dadurch der Forderung der maximalen Explizitheit (vgl. 1-§1), dass die begriffsschriftlichen Pendants von (a1) und (a2) *zwei* (type-verschiedene) „lateinische Buchstaben" enthalten oder *zwei* universelle Quantoren.

Kehren wir zu Freges erstem Kompositionsprinzip zurück. (Komp$_1$) ist, wie wir gesehen haben, mit seinen Identitätsthesen (Eadem) und der sie legitimierenden hinreichenden Bedingung der Gedanken-Identität *(HB)* inkompatibel. Was sollte er aufgeben? Die folgende Annahme erscheint mir immens plausibel: Zwei Sätze drücken *nur dann* denselben Gedanken aus, wenn es nicht der Fall ist, dass man für das Verständnis des einen eine begriffliche Kompetenz benötigt, die nicht erforderlich ist, um den andern zu verstehen. Wenn diese Forderung *konzeptueller Balance* angemessen ist, dann ist *(HB)* nicht akzeptabel. Nehmen wir das Paar (1) und (5), kurz: 'A' und 'A oder A'. Man muss das Konzept, das durch den Adjunktor ausgedrückt wird, nicht beherrschen, um den einfachen Satz verstehen zu können. Frege braucht natürlich nicht zu bestreiten, dass man, um das Satzgefüge zu verstehen, also um zu erfassen, *welchen Gedanken es ausdrückt,* über dieses Konzept verfügen muss. Aber das muss man nicht, so würde er sagen, um den *Gedanken* zu denken, den das Satzgefüge ausdrückt, – dafür reicht die begriffliche Kompetenz, die man für das Verständnis des einfachen Satzes benötigt. Ist das wirklich einleuchtend? Und ist es mit Freges Theorie der *Oratio obliqua* verträglich, derzufolge die Inhaltsklausel in einer Glaubenszuschreibung (erster Stufe) stets *salva veritate* durch eine sinngleiche andere Inhaltsklausel ersetzt werden kann? Kann man die Inhaltsklausel in 'Hänschen meint, dass Mutter weint' *salva veritate* durch 'Mutter weint oder weint' ersetzen? Vielleicht ist Hänschen ja *so* klein, dass er das Konzept noch nicht erworben hat, das der Adjunktor ausdrückt. Da wir repetitive Adjunktionen nicht als Inhaltsklauseln zu verwenden pflegen, haben wir hier keine allzu stabilen Intuitionen. Lösen wir uns also für einen Moment vom Bann der Beispiele in (Eadem). Man braucht keine Ahnung von der Mengenlehre zu haben, um den Satz 'Myanmar ist Burma' zu verstehen; aber wenn *(HB)* eine hinreichende Bedingung der Gedanken-Identität ist, dann drückt dieser Satz denselben Gedanken aus wie der Satz 'Die Menge, deren einziges Element Myanmar ist, ist identisch mit der Menge, deren einziges Element Burma ist', für dessen Verständnis offenkundig die Vertrautheit mit gewissen mengentheoretischen Konzepten unerlässlich ist. Aber kann nicht jemand, der mit diesen Konzepten nicht vertraut ist, eben deshalb sehr wohl glauben, was mit dem ersten Satz gesagt wird, *ohne* zu glauben, was mit dem zweiten gesagt wird? Sind mengentheoretische Konzepte Teil des Sinns von 'Myanmar ist Burma'? Den Satz 'Auf irgendeiner Schultafel ist irgendwann eine *Figur* zu sehen, die quadratisch ist' kann auch jemand verstehen, der keine Ahnung hat, was ein Parallelogramm ist; aber wenn *(HB)* eine hinreichende Bedingung der Gedanken-Identität ist, so drückt dieser Satz denselben Gedanken aus wie 'Auf irgendeiner Schultafel ist irgendwann ein *Parallelogramm* zu sehen, das quadratisch ist'. Aber muss man für wahr halten, was der zweiten Satz besagt, wenn man akzeptiert, was der erste besagt? Ist der Sinn von 'ξ ist ein Parallelogramm' eine Komponente des Gedankens, den der erste Satz ausdrückt?

Zwei der Identitätsthesen in (Eadem) genügen der Forderung der konzeptuellen Balance nicht. Diese Forderung kann aber nicht ohne weiteres gegen Freges These ausgespielt werden, dass 'A' und 'Es ist wahr, dass A' denselben Gedanken ausdrücken; denn es liegt zumindest nicht auf der Hand, dass man einen Behauptungssatz verstehen kann, ohne über das Konzept der Wahrheit zu verfügen. Entsprechendes gilt *mutatis mutandis* für die Gleichsetzung der durch 'A' und '¬¬A' ausgedrückten Gedanken. Könnte Frege auch ohne diese Identifikation daran festhalten, dass es so etwas wie die eine und einzige Verneinung eines Gedankens gibt? Nun, er kann zweifellos daran festhalten, dass *die Negation des Satzes S* das Resultat der einmaligen Anwendung des Negationsoperators auf S ist, und dementsprechend *die Verneinung des Gedankens G* als denjenigen Gedanken bestimmen, in dem der Sinn des Negators durch G gesättigt ist.

Konzeptuelle Balance ist (genau wie Freges kognitive Gleichwertigkeit) nur eine notwendige Bedingung der Gedanken-Identität: das kann man sich an den Sätzen 'Kain erschlug Abel' und 'Abel erschlug Kain' leicht klarmachen, zwischen denen konzeptuelle Balance besteht (aber natürlich keine kognitive Gleichwertigkeit). Aber sind die kognitive Gleichwertigkeit zweier Sätze und ihre konzeptuelle Balance nicht einzeln notwendig und zusammen hinreichend dafür, dass sie denselben Gedanken ausdrücken? Das wäre jedenfalls ein Identitätskriterium, dass mit den Frege'schen Kompositionsprinzipien verträglich ist.

§12. Inhaltslosigkeit und Evidenz.[122] (50b–c)

Im traditionellen, auf die antike Rhetorik zurückgehenden Verständnis des Wortes 'Tautologie' sind alle Sätze der Formen 'a ist a', 'Alle F sind F' und 'Wenn A, so A' Tautologien,[123] also auch Freges Beispiel

(1) Wenn die Schneekoppe höher als der Brocken ist, so ist die Schneekoppe höher als der Brocken.

Für Kant bilden die „tautologischen Sätze" diejenige Teilklasse der "analytischen", die nur universelle Sätze von derselben Form wie 'Alle Ganter sind Ganter' enthält. Solche Sätze sind „virtualiter leer oder folgeleer; denn sie sind ohne Nutzen und Gebrauch". (Als Kant das behauptete, hatte Leibniz in seinen Überlegungen zur Syllogistik längst gezeigt, dass Sätze dieser Form [„identiques"], „die vollkommen nutzlos erscheinen, von beträchtlichem Nutzen in abstrakten und generellen Fragen sind; und das kann uns lehren, dass man keine Wahrheit verachten sollte."[124]) Nicht-tautologische analytische Sätzen wie 'Alle Ganter sind männlich' sind hingegen „nicht folge- oder fruchtleer; denn sie machen das Prädikat, welches im Begriffe des Subjekts unentwickelt (implicite) lag, durch *Entwickelung* (explicatio) klar".[125] Einen Satz wie 'Gott ist Gott'

---

[122] VERGLEICHE: [SINNLOS?]: *Ggf* 42b–43a. [GRUNDGESETZE, AXIOME; EVIDENZ]: *BS* §13; *BrL* 42–44; *GL* §§1–5, 90; *Log*₁ 6/7; *Vorw* XVII$_b$; *1896a*, 362–363; *1899b*, WB 62–63; *n.1899*, NS 183; *1903c*, I: 319–321; *1906a*, I: 296, II: 398, III: 424; *1914b*, NS 220–222, 226–227, 242, 263, 266–267; *Ggf* 39d, 44d–41a, 49b.

LITERATUR: [TAUTOLOGISCH]: Dreben & Floyd 1991; Künne 2009, §3.3. [GRUNDGESETZE, AXIOME; EVIDENZ]: Burge 1998 u. 2005b, 59–65; Jeshion 2001, dazu Weiner 2004, dazu Jeshion 2004; Heck 2007, §1; Künne 2009, §4.1. Vgl. oben, S. 365 ff.

[123] Quintilian (ca. 90 n., VIII.3, §50) versucht eine Definition: „ταυτολογία, *id est eiusdem verbi aut sermonis iteratio* [eine Wiederholung desselben Wortes oder derselben Wortfolge (sc. innerhalb desselben Satzes)]". Würde er auch 'Wenn Anna kommt, dann kommt auch Ben' und 'Nicht alle Menschen hassen alle Menschen' als Tautologien klassifizieren wollen?

[124] Leibniz, N. E. IV, 2, §3 1 [A VI.6: 364–367].

[125] Kant, Logik §37. Kant lässt sich durch eine inadäquate Charakterisierung des Tautologischen à la Quintilian in die Irre führen, wenn er von dem Satz 'Einige Menschen sind Menschen' sagt, er sei „ein tautologischer Satz" (Logik §44, Anm. 2), obwohl er doch genausowenig analytisch ist wie der logisch äquivalente Satz 'Es gibt Menschen'.

oder wie 'Eine Pflanze ist eine Pflanze' bezeichnet auch Hegel als „Ausdruck der leeren Tautologie", mit dem „Nichts gesagt ist".[126] Für Bolzano bilden die Tautologien eine echte Teilklasse der „logisch analytischen Wahrheiten".[127] Frege gebraucht das Wort 'Tautologie' ganz selten.[128] In seinen Augen ist auch 'Alle Ganter sind männliche Gänse' eine Tautologie. Er sagt nämlich: Geht man von einer Definition zu einer Behauptung mit demselben Gehalt über, so „enthält [der Satz] eigentlich nur eine Tautologie, die unsere Erkenntnis nicht erweitert" (*1914b*, NS 224/5). Doch meist formuliert er das so: Der Gedanke, den der aus der Definition gewonnene Satz ausdrückt, ist „selbstverständlich".[129] (Was keineswegs impliziert, dass er „nutzlos" ist.)

Wittgenstein weitet den Anwendungsbereich der Prädikate '( ) ist eine Tautologie' und 'Mit ( ) ist nichts gesagt' auf alle Einsetzungsinstanzen junktorenlogisch allgemeingültiger Schemata aus, gleichgültig wie komplex diese Schemata auch sein mögen. Auch nach seinen Diskussionen mit Wittgenstein verwendet Frege das Wort 'Tautologie' nie im 'Tractatus'-Sinn. Aber als Einsetzungsinstanz eines junktorenlogisch allgemeingültigen Schemas ist (1) auch eine Tautologie im Sinne Wittgensteins. Die Fragen, die „in einem solchen Falle nahe liegen", klingen wie ein Echo von Fragen, die Frege in seinen Gesprächen mit Wittgenstein gehört haben könnte. Wittgenstein sagt solchen Sätzen nach, sie seien „inhaltsleer". 1913 schreibt er: „If I know that this rose is red or not red, I know nothing."[130] (Den Eindruck der Inkonsistenz kann man zerstreuen, wenn man sich das erste 'know' als von warnenden Anführungszeichen flankiert denkt.) Zugegeben, ich weiß dann nicht, welche Farbe die Rose hat, aber weiß ich nichts? Im 'Tractatus' heißt es: „Ich weiß ... nichts über das Wetter, wenn ich weiß, daß es regnet oder nicht regnet" (4.461). Jetzt ist nicht mehr so klar, dass die These ist, es handle sich gar nicht um ein Wissen. Aber Wittgenstein ist nach wie vor der Auffassung, dass Tautologien „nichts sagen", dass sie „sinnlos" sind.[131] Und er

---

126 Hegel 1831, Teil 2, 28, 30.
127 Bolzano, WL II, 84.
128 *GL* §73; *n.1887a*, NS 88; und die im nächsten Satz zitierte Stelle.
129 *1899b*, WB 62; *1903c*, I: 320; *1906a*, I: 302.
130 Wittgenstein, NL 104; vgl. NB, 21. 11. 1914.
131 Wittgenstein, NL 94, 104; NB, 03.10.1914, 05.06.1915; TLP 4.461, 5.142.

meint, das Resultat der Einsetzung einer Tautologie in die Leerstelle von 'Anna weiß, dass ...' sei selber „sinnlos". Doch was soll das heißen? Im Entwurf zum 'Tractatus' steht an dieser Stelle „tautologisch" statt „sinnlos".[132] Nun sind Glaubenszuschreibungen gewiss keine Einsetzungsinstanzen von logisch allgemeingültigen, geschweige denn von junktorenlogisch allgemeingültigen Schemata. Also sind sie keine Tautologien. (Und da sie auch keine logisch allgemein*un*gültigen Schemata instantiieren, sind sie natürlich auch keine „Kontradiktionen".) Somit bleibt die Pointe des Sinnlosigkeitsverdikts, gemessen an Wittgensteins offiziellem Verständnis von 'sinnlos', völlig unklar. Jedenfalls ist der Status unserer Zuschreibung nach Wittgenstein immer derselbe, gleichgültig welche Tautologie wir einsetzen; denn: „Alle Tautologien besagen dasselbe. (Nämlich nichts.)"[133] Aber kann Anna nicht wissen, dass es regnet oder nicht regnet, ohne zu wissen, dass Neutrinos Tachyonen sind, falls Neutrinos Tachyonen sind? Vielleicht versteht sie die Terminologie der Teilchenphysik nicht, und solange sie nicht über die in ihr ausgedrückten Konzepte verfügt, kann sie auch kein Wissen haben, das diese Konzepte involviert. Man sagt also anscheinend doch etwas Informatives über Anna, man scheint ihr doch ein bestimmtes Wissen zuzuschreiben, wenn man jene statt dieser Tautologie in 'Anna weiß, dass ...' einbettet. Und auch wenn Anna längst über die Konzepte verfügt, die man braucht, um den durch (1) ausgedrückten Gedanken denken zu können, so denkt sie ihn doch vielleicht zum ersten Mal, wenn sie eine Äußerung von (1) hört. Erwirbt sie dabei nicht ein neues Wissen? Dass dabei ihr *geographischer* Wissensstand nicht erweitert wird, steht auf einem anderen Blatt. (Entsprechendes gilt auch für den Gedanken, dass der Morgenstern der Morgenstern ist.)

Wie wir sahen, sorgt Frege dafür, dass man von den Sätzen

(2a)   Es ist nicht immer Dienstag
(2b)   Eine Rose ist eine Rose

nicht sagen muss, dass sie denselben Gedanken ausdrücken. Der junge Wittgenstein versichert hingegen, dass alle Tautologien dasselbe besagen. (Der Widerspruch ist nicht direkt; aber wir hätten ja statt

---

[132] Wittgenstein TLP 5.1362 *vs.* 1917, 5.04441.
[133] Wittgenstein, NB, 10.06.1915; vgl. TLP 5.43.

(2a) und (2b) auch Beispiele wie (1) oder 'Diese Rose ist rot oder nicht rot' verwenden können, die im Wittgenstein'schen Sinne des Wortes Tautologien sind.) Frege sorgt dafür, dass wir von

(3a)   Wismar liegt an der Ostsee
(3b)   Wismar liegt an der Ostsee, und es ist nicht immer Dienstag

nicht sagen müssen, dass sie denselben Gedanken ausdrücken. Wie, Der junge Wittgenstein hingegen – wir haben das in §7 bereits registriert – betont: „Das logische Produkt einer Tautologie und eines Satzes", d. h. eine Konjunktion, deren Glieder eine Tautologie und ein Satz wie (3a) sind, „sagt nicht mehr noch weniger aus als dieser allein".[134] Wittgenstein verwendet 'Sinn' und 'sagt etwas aus' so, dass gilt: ein Satz sagt nur dann etwas aus (hat nur dann einen Sinn), wenn mit ihm etwas gesagt wird, was ebensogut der Fall sein wie nicht der Fall sein könnte. Und wenn aus der Wahrheit, die ein Satz S_1 ausdrückt, eine andere folgt, die S_2 ausdrückt, aber nicht umgekehrt, dann hat S_1 im Wittgenstein'schen Verständnis dieses Wortes „mehr Sinn" als S_2, weil mit jener Wahrheit etwas ausgeschlossen wird, was bei dieser offen bleibt.[135] Demnach hat

[S1]   Cathérine liebt Jules

mehr Sinn als

[S2]   Cathérine liebt Jules oder Jim.

Wie wir in §7 sahen, verwendet Wittgenstein 'verstehen' so, dass gilt: Man muss einen Satz verstehen können, ohne zu wissen, ob mit ihm Wahres oder Falsches gesagt wird. Allem Anschein nach heißt 'Sinn' hier etwa soviel wie 'Gehalt an (korrekter oder inkorrekter) Information darüber, wie es kontingenterweise um die Dinge steht', und mit 'einen Satz verstehen' scheint das Erfassen eines solchen Gehalts gemeint zu sein. Folgt man *Freges* Sprachgebrauch, der in dieser Hinsicht entschieden weniger idiosynkratisch ist, so kann man zu Recht sagen:– Manche Sätze sind von der Art, dass man sie nicht verstehen kann, ohne zu wissen, welchen

---

[134] Wittgenstein, NB, 03.10.1914; vgl. NB, 12.12.1914, 25.05.1915; TLP 4.465, 5.513c.
[135] Vgl. Wittgenstein NB, 03.06.1915 u. 10.06.1915; TLP 5.122, 5.14; WWK 85.

Wahrheitswert das mit ihnen Gesagte hat. Da man auch sie verstehen kann, haben sie einen Sinn. Und der Sinn von [S1] ist ein echter Teil des Sinns von [S2].– Jedenfalls zeigt Wittgenstein nicht, dass Frege sich in irgendeinem dieser Punkte irrt. (Jemand, der mit 'Nicht in allen Dörfern gibt es eine Bank' etwas Richtiges über die Verbreitung von Banken sagt, widerlegt nicht denjenigen, der mit 'In jedem Dorf gibt es eine Bank' etwas über die Verbreitung von Bänken sagt.)

Was ist ein „besonderer Fall eines logischen Gesetzes" (50c)? Wie wir in 1-§2.2 gesehen haben, motiviert Frege seine Sinn/Bedeutung-Distinktion oft mit dem Hinweis, dass ein Satz wie

(4)   Der Mt. Everest ist der Mt. Everest

im Unterschied zu 'Der Mt. Everest ist der Tschomolungma' keine „wertvolle geographische Erkenntnis" enthält, sondern „ein blosser Ausfluss des Identitätsprinzips" ist. Der durch (4) ausgedrückte Gedanke ist ein besonderer Fall des Gesetzes der Reflexivität der Identität, der aus ihm unter Berufung auf die Regel des Übergangs vom Allgemeinen zum Besondern abgeleitet werden kann. Und entsprechend kann man aus dem durch '$\forall p\ (p \to p)$' ausgedrückten Grundgesetz der Bedingtheit (*GG I* §§ 18, 47), den Gedanken ableiten, den die Subjunktion 'Die Schneekoppe ist höher als der Brocken → die Schneekoppe ist höher als der Brocken' ausdrückt.[136]

Die Negation von (4) drückt genau wie die von Freges „Brocken"-Tautologie (1) einen Gedanken aus, der einem logischen Gesetz widerspricht, und ihre assertorische Äußerung „erscheint widersinnig". Das „leicht" im dritten Satz von 50c und das „kann" im vierten sprechen dafür, dass es in Freges Augen *nicht immer* widersinnig ist, die Verneinung eines besonderen Falles eines logischen Gesetzes als wahr hinzustellen. Er könnte dabei an logische Gesetze denken, von deren Wahrheit man sich nur durch eine Ableitung in mehreren Schritten überzeugen kann. Solche Gesetze sind keine Axiome; denn sie erfüllen nur die erste der beiden folgenden Bedingungen:

[A1]   [E]in Axiom ist eine Wahrheit.

---

[136] Vgl. 2-§1; 5-§2.

[A2] Weiter gehört es zum Begriffe des Axioms, dass man zur Anerkennung seines Wahrseins nicht anderer Wahrheiten bedarf. (*1899+*, NS 183.[137])

Unter einer Wahrheit versteht Frege einen wahren Gedanken (ebd.). Mit [A1] insistiert er auf dem, was er immer wieder den altüberlieferten oder Euklidischen Sinn von 'Axiom' nennt.[138] Dass von Axiomen jahrhundertlang Wahrheit gefordert wurde, ist zweifellos richtig;[139] eine andere Frage ist, ob unter Axiomen traditionell Gedanken verstanden wurden. Weil man sich bei der Rede von Grundsätzen und Lehrsätzen kaum des Eindrucks erwehren kann, es gehe um sprachliche Gebilde, verwendet Frege lieber die griechischen Titel 'Axiom' und 'Theorem'.[140]

So etwas wie Bedingung [A2] hat Frege auch in 50c im Blick, wenn er sagt, dass „die Wahrheit eines logischen [sc. Grund-]Gesetzes unmittelbar aus ihm selbst, aus dem Sinne seines Ausdrucks einleuchtet". Freilich ist 'Axiom' für ihn ein Fragment des *zweistelligen* Prädikats '( ) ist ein Axiom in [ ]', das auf einen Gedanken G und

---

[137] Vgl. *1914b*, NS 221.

[138] Belege im ANHANG. Eigentlich ist der alte Sinn ein *Aristotelischer*: vgl. *Top.* I, 1: 100^{b}18 f. („Die Ersten Wahrheiten verdanken ihre Glaubwürdigkeit sich selbst und nicht anderen Wahrheiten") u. *Analytica Posteriora* I, 2: 71^{b}19–72^{a}24, 3: 72^{b}18–21. Aristoteles hatte die Konzeption einer Wissenschaft entwickelt, für die dann Euklids *Elemente* für viele Jhe *das* Paradigma wurden. (Scholz 1930 ist eine klassische Deutung dieser Konzeption.) Im überlieferten Text der *Elemente* heißen die Axiome gar nicht 'ἀξιώματα', sondern 'κοιναὶ ἔννοιαι [allgemein Eingesehenes]', aber unter Berufung auf Aristoteles verwendet Proklos dieses Wort – fast 800 Jahre später – in seinem Euklid-Kommentar. In der zu Freges Zeiten verbreitetsten Übersetzung der *Elemente* von Johann Friedrich Lorenz (Halle a/S ^{1}1781, zahlreiche Auflagen) heißen die Axiome „Grundsätze". Frege war auf keine Übersetzung angewiesen: vgl. *GL* §28 Anm.

[139] Man vergleiche Lessings Dictum: „Wer weiß nicht, dass Axiomata Sätze sind, deren Worte man nur gehörig verstehen darf, um an ihrer Wahrheit nicht zu zweifeln?" (Lessing 1778, 55). Man kann Frege auf diese damals noch rhetorische Frage antworten hören: 'Hilbert & Co. wissen es nicht mehr'.

[140] In den beiden (verschollenen) Entwürfen zu *Ggf*, die in *Katalog* Nr. 12 u. 13 zusammengefasst sind, plädiert Frege aus dem angegebenen Grund für die Verwendung dieser Terminologie in der Geometrie, in *Ggf* 49b bedient er sich ihrer ohne Kommentar. In der Diskussion mit Hilbert reserviert er den Titel 'Axiom' für geometrische Grundgesetze (*1899b*, WB 63). Dazu *1903c*, I: 319.

ein Gedankensystem S genau dann zutrifft, wenn G in S als Axiom fungiert, also als unbewiesene Wahrheit, aus der andere Wahrheiten abgeleitet werden (*1914b*, NS 221–222; *Ggf* 49b). Jedes Axiom ist ein Grundgesetz,[141] aber nicht jedes ist ein *logisches* Grundgesetz. Von den Axiomen der Euklidischen Geometrie glaubt Frege, dass sie die einzigen geometrischen Axiome sind, die diesen Titel in seinem traditionellen Sinne verdienen, und dass ihr Einleuchten räumliche Anschauung involviert (vgl. *GL* § 13). Was genau er unter räumlicher Anschauung versteht, wird nicht so recht klar. Jedenfalls leuchtet ein geometrisches Axiom nach seiner Auffassung *nicht* allein aus ihm selbst, aus dem Sinne seines Ausdrucks ein: „die Natur dieses Einleuchtens" (*GL* § 90; *Vorw* VIII) ist im Fall der Geometrie von besonderer Art.

Nicht alles, was unmittelbar einleuchtet, ist ein Grundgesetz. Eine *Schluss*regel, MPP beispielsweise, ist genau dann unmittelbar einleuchtend (*GL* § 90), wenn der Gedanke, der durch die entsprechende universell-quantifizierte Subjunktion, also z. B. durch '$\forall p \, \forall q \, (((p \rightarrow q) \,\&\, p) \rightarrow q)$' ausgedrückt wird, unmittelbar einleuchtend ist. Die Gedanken, die von (1) und von (4) ausgedrückt werden, sind unmittelbar einleuchtend (*1914b*, NS 242); aber aus mehreren Gründen sind sie keine Grundgesetze.[142] Da sie nicht allgemein sind, sind sie nicht einmal Gesetze, geschweige denn Grundgesetze. Außerdem: ein Grundgesetz ist „eines Beweises weder fähig noch bedürftig" (s. o. 166, 365 ff), aber jene Gedanken können, wenngleich sie keines Beweises bedürfen, sehr wohl bewiesen werden. Und schließlich: es gibt so viele Wahrheiten der Sorte (4), wie es Gegenstände gibt, und noch mehr Wahrheiten vom Typ (1), doch es „widerstreitet ... dem Bedürfnisse der Vernunft nach Übersichtlichkeit der ersten Grundlagen", eine unüberschaubar große Menge von „Urwahrheiten" anzunehmen (*GL* § 5). Ein Grundgesetz muss in einem System die Rolle eines Axioms spielen können:

---

[141] Frege nennt Grundgesetze auch „Urgesetze" (*BrL* 42–43; *GL* §§ 3, 2.Anm., 14; *1896a*, 363) und „Urwahrheiten" (*GL* §§ 2–5; *1914b*, NS 221).
[142] Vgl. Locke 1690, IV, 7, § 3: „[S]everal other truths, not allowed to be axioms, partake equally with them in this self-evidence". Dazu Leibniz, N. E. IV, 7, § 2 [A VI.6: 408]: „Das ist wahr, und ich habe ja auch schon darauf hingewiesen [IV, 2], dass es genauso evident *(evident)* ist, unter Bezugnahme auf ein bestimmtes Beispiel zu sagen, A *est* A, wie es evident ist, ganz allgemein zu sagen, *on est ce qu'on est.*"

[W]enn man auch allenfalls das Identitätsgesetz selbst ein Axiom nennen kann,[143] so wird man doch nicht jedem einzelnen Falle dieses Gesetzes, jedem Beispiele den Rang eines Axioms geben wollen. Dazu verlangt man doch einen größeren Erkenntniswert. (*1903c*, I: 320.)

In seiner Kritik am Anfang von Wittgensteins 'Tractatus' beklagt Frege 1919, der Status eines Dictums wie 'Was der Fall ist, ist eine Tatsache' werde nicht klar: Eine (zerlegende) Definition scheint es genausowenig wie 'Was eine Violine ist, ist eine Geige' zu sein. Ein Theorem scheint es auch nicht auszudrücken; und

> auch als Axiom möchte ich es nicht gelten lassen; denn irgendeine Erkenntnis scheint mir darin nicht zu liegen. (*BaW* 19.)

Daraus dass ein Grundgesetz (Axiom) unmittelbar einleuchtend ist, folgt also nicht, dass sein Erkenntniswert nicht größer ist als derjenige der Gedanken, die von Sätzen (1), (4) oder 'Was der Fall ist, ist eine Tatsache' ausgedrückt werden. Der Erkenntniswert eines Grundgesetzes (Axioms) besteht wohl in seinem inferentiellen Potential als Basis eines Systems von Wahrheiten.

Was meint Frege mit „unmittelbar einleuchtend", „unmittelbar klar" oder „selbstverständlich"?[144] Er sagt in unserem Aufsatz zweimal:

> Ob die Falschheit eines Gedankens leichter oder schwerer einzusehen ist, macht für die logische Betrachtung nichts aus; denn der Unterschied ist ein psychologischer. (*Ggf* 46a; vgl. 42b.)

---

[143] Hinter dem „allenfalls" steht, wie wir gleich sehen werden, eine Differenz zwischen der *BS* und den *GG*.

[144] Die beiden ersten Wendungen sind in *GL* § 5 stilistische Varianten voneinander. Ich sehe keinen guten Grund für die Annahme, Frege verbinde (etwa in *Ggf* 40d / 41a) mit 'selbstverständlich' ein anderes Konzept als (etwa in 50c) mit 'unmittelbar einleuchtend'. (In 'Mind' 2001, S. 948 wird die verblüffende These aufgestellt, eine konzeptuelle Differenz könne daran festgemacht werden, dass 'selbstverstandlich' [sic] buchstäblich mit 'self-standing' zu übersetzen ist. Hier wird 'selbstverständlich' mit 'selbständig' verwechselt. Why not occasionally ask a native speaker?) Dass in den englischen Übersetzungen 'selbstverständlich' und 'unmittelbar einleuchtend' beide durch 'self-evident' wiedergegeben werden, ist schade, aber es ist der Sache nach nicht irreführend.

Das Prinzip der wohlwollenden Interpretation gebietet es daher, ihm nicht zu unterstellen, er wolle logische Grundgesetze im selben Aufsatz durch eine psychologische Beschaffenheit charakterisieren. Ich schlage die folgende Erklärung des von Frege intendierten Konzepts vor:

> *(Evidenz)* Ein Gedanke G ist genau dann (im objektiven Sinne) unmittelbar einleuchtend, wenn gilt:
> wer G klar erfasst, erkennt eben damit, dass G wahr ist.

„Erkennen' ist faktiv; was objektiv evident ist, ist nach dieser Erklärung also wahr. Damit trage ich der Rede vom Müssen in der Evidenzausschluss-Klausel in Freges hinreichender Bedingung der Gedanken-Identität Rechnung (s. o. 648, [ii]): man *muss* einen Inhalt, den man richtig erfasst hat, nur dann unmittelbar als wahr anerkennen, wenn er *wahr* ist. Ein Gedanke, der (objektiv) unmittelbar einleuchtend ist, bedarf nach unserer Erklärung keines Beweises. Ein Grundgesetz ist er nur dann, wenn er auch nicht bewiesen werden *kann*. Ist ein Axiom in System S ein Theorem in System S*, so ist seine Ableitung aus den Axiomen in S* kein *Beweis*. Ein Beispiel: Der Gedanke, dass alles mit sich identisch ist, ist in der *BS* als „zweites Grundgesetz der Inhaltsgleichheit" ein Axiom, während er in den *GG* ein Theorem ist.[145]

Wer etwas unmittelbar einleuchtend *findet*, hat damit einen *prima facie* guten Grund für die Annahme, dass es (objektiv) einleuchtend *ist*. Aber dass einem etwas unmittelbar einleuchtend *vorkommt*, impliziert nicht, dass es (objektiv) einleuchtend *ist*, also auch nicht, dass es wahr ist. Das lehrt zum einen, so betont Frege, die Geschichte der Mathematik: „Für Vieles wird jetzt ein Beweis gefordert, was früher für selbstverständlich galt" (*GL* §1). „In der Mathematik darf man sich nicht damit begnügen, dass etwas einleuchtet" (*1914b, NS* 221). Und auch bei Anwärtern auf den Titel eines *logischen* Grundgesetzes sind wir nicht gegen das Risiko des Irrtums gefeit:

> Wenn etwa jemand etwas fehlerhaft finden sollte, muss er genau angeben können, wo der Fehler seiner Meinung nach steckt: in den Grundgeset-

---

[145] *BS* X, §21, Nr. 54; *GG I*, §50, Nr. IIIe. Die *identitas indiscernibilium* und das *duplex negatio affirmat* sind in der *BS* Axiome (§20, Nr. 52; §18, Nr. 31) und in den *GG* Theoreme *(I,* §§50–51, Nr. IIIa, IVb). Vgl. 2-§1.

zen, in den Definitionen, in den Regeln oder ihrer Anwendung an einer bestimmten Stelle. (*Vorw* VII$_b$.)
[N]ur das würde ich als Widerlegung anerkennen können, wenn jemand durch die That zeigte, dass auf andern Grundüberzeugungen ein besseres, haltbareres Gebäude errichtet werden könnte, oder wenn mir jemand nachwiese, dass meine Grundsätze zu offenbar falschen Folgesätzen führten. (*Vorw* XXVI.)

Frege war von Anfang an nicht sicher, ob der als 'Grundgesetz (V)' bezeichnete Gedanke (objektiv) einleuchtend ist.[146] Nicht dass er ihn nicht einleuchtend gefunden hätte! Eingedenk seiner ausdrücklichen Forderung, „dass jede nicht ganz selbstverständliche Behauptung wirklich bewiesen werde" (*GG II*, §60), hätte er dann ja versuchen müssen, ihn zu beweisen. Aber Frege muss der Ansicht gewesen sein, dass er das sog. Grundgesetz (V) noch nicht klar erfasst habe und dass er, sobald ihm das gelungen sei, erkennen werde, dass es seinen Titel verdient, also wahr ist. Das Mittel zu seiner klaren Erfassung, zur Vertreibung des „Nebels" (*1914b*, NS 228, 234), ist das Durchdenken der Beweise, in die es als Prämisse eingeht: „der ganze Abschnitt II [Beweise der Grundgesetze der Anzahl] ist eigentlich eine Probe auf meine logischen Ueberzeugungen" (*Vorw* XXVI). Auf diese Weise erhält man einen weiteren Grund, den als 'Grundgesetz (V)' bezeichneten Gedanken für wahr zu halten, wenngleich nicht einen Grund seines Wahrseins; denn einen solchen kann es ja nicht geben, wenn dieser Gedanke nicht bewiesen werden kann.

Schon angesichts dieser Züge der Frege'schen Auffassung der Grundgesetze (Axiome) sind Zweifel daran erlaubt, dass die Kritik des jungen Wittgenstein angemessen ist:[147]

---

[146] So *GG II*, Nachwort, S. 253; vgl. *1906b*, NS 198. Die Bemerkung in *Vorw* VII$_b$ klingt eher so, als habe Frege zunächst „nur" einen Streit darüber für möglich gehalten, ob (V) ein *logisches* Grundgesetz ist. Eine negative Antwort auf diese Frage wäre ja auch schon fatal für das Projekt des Logizismus.
[147] [a] TLP 5.1363; [b] TLP 6.1271. „What is the criterion for a proposition being a proposition of logic? One claimed criterion is self-evidence", soll Wittgenstein 1934/5 in einer Vorlesung gesagt haben, um sodann über Frege zu reden (1932–35, 135).

„Wenn daraus, dass ein Satz uns einleuchtet, nicht *folgt*, dass er wahr ist, so ist das Einleuchten auch keine Rechtfertigung für unseren Glauben an seine Wahrheit." [a]

„[E]s ist merkwürdig, dass ein so exakter Denker wie Frege sich auf den Grad des Einleuchtens als Kriterium des logischen Satzes berufen hat." [b]

Warum muss etwas, das unser Fürwahrhalten rechtfertigt, immer die Wahrheit des Fürwahrgehaltenen garantieren? Dass „uns" etwas einleuchtet, impliziert in Freges Augen nicht, dass es (objektiv) einleuchtend ist, aber es ist ein *prima facie* guter Grund für den Glauben, dass es das ist. (Objektiv) einleuchtend zu sein, ist keine hinreichende Bedingung dafür, dass etwas ein „logischer Satz" ist; denn auch die Wahrheit, dass nicht immer Dienstag ist, hat diese Eigenschaft, und hätte Frege in Sachen Euklidische Geometrie recht, so käme sie auch *geometrischen* Axiomen zu. (Objektiv) einleuchtend zu sein, ist auch keine notwendige Bedingung dafür, dass etwas ein „logischer Satz" ist, weil logische Gesetze, die keine Grundgesetze sind, diese Eigenschaft nicht haben.

Ein Gedanke kann auch dann (objektiv) einleuchtend sein, wenn wir ihn nicht einleuchtend finden, ja auch dann, wenn ihn niemand je einleuchtend findet. Dass uns etwas nicht unmittelbar einleuchtend vorkommt, impliziert also nicht, dass es nicht (objektiv) einleuchtend ist. In den *GL* räumt Frege ein, dass seine explizite Definition des Begriffs einer Anzahl „zunächst *wenig* einleuchtend" ist (§ 69, meine Herv.). Im 'Nachwort' zu *GG II* sagt er über das sog. Grundgesetz (V): „Ich habe mir nie verhehlt, dass es *nicht so* einleuchtend ist, *wie* die andern, und wie es eigentlich von einem logischen Gesetze verlangt werden muss." (S. 253, meine Herv.). Beim (objektiven) Einleuchtendsein gibt es nun aber kein Mehr oder Minder. Frege meint also im ersten Fall, dass wir jene Definition zunächst wenig einleuchtend *finden*. Sie ist aber (nach seiner Ansicht) objektiv einleuchtend, – wer sie klar erfasst, erkennt ihre Wahrheit. Und Frege will im zweiten Fall sagen, er habe es sich nie verhehlt, dass einem der Gedanke, den er 'Grundgesetz (V)' nennt, nicht so einleuchtend *vorkommt* wie die anderen Träger des Titels 'Grundgesetz' in den *GG*. Und doch war er vor dem Russell-Schock davon überzeugt, dass jener Gedanke (objektiv) einleuchtend ist.

§13. Wahrheitswertfunktionalität.[148] (50d–51c.)

Wenn ein Satz, gleichgültig von welcher Komplexität, einen Gedanken ausdrückt, dann drückt auch das Resultat der Anwendung des Negators auf ihn einen Gedanken aus; und wenn zwei Sätze, wie komplex auch immer sie sein mögen, Gedanken ausdrücken, dann drückt auch das Resultat ihrer Verknüpfung durch den Konjunktor einen Gedanken aus. Auf dieser Basis kann man Ausdrücke von n-stelligen Ggf für jede endliche Zahl n erzeugen. Damit ist die Einschränkung aufgehoben, die Frege in 37b vorgenommen hatte (s. o. §3). In der Begriffsschrift des Aufsatzes Ggf hat der Junktor '&' eine feste Stelligkeit: er ist (wie der Konjunktor 'K' bei Łukasiewicz und Prior) zweistellig. Also ist eine Zeichenreihe wie 'A & B & C' (anders als ihr syntaktisches Gegenstück in den Systemen von Russell und von Hilbert-Ackermann) nicht wohlgeformt. Sie ist vielmehr genauso ungrammatisch wie im polnischen System die Zeichenreihe 'Kpqr'. In dieser Notation ist hingegen der Ausdruck 'KKpqr' wohlgeformt; denn hier formt das zweite 'K' aus den Sätzen 'p' und 'q' eine Konjunktion, und das erste 'K' formt sodann aus dieser Konjunktion und 'r' eine Konjunktion. Und ganz entsprechend ist in Freges System der Ausdruck '(A & B) & C' grammatisch makellos.

Ggf, die mit Satzgefügen ausgedrückt werden können, die ausschließlich mit Hilfe der Junktoren der Klassischen Logik aufgebaut sind, nennt Frege „mathematische Gedankengefüge", da er davon überzeugt ist, dass mathematische Theorien nur solche Ggf enthalten. „Damit soll nicht gesagt sein, dass es andere Gedankengefüge gebe" (51b). Wenn G ein „mathematisches" Ggf ist, dann haben alle Varianten von G, die sich nur dadurch von G unterscheiden, dass ein Gedanke in G durch einen anderen Gedanken

---

[148] VERGLEICHE: *SuB* 28b–c, 36b–50a.
LITERATUR: [*ORATIO OBLIQUA* UND BEDEUTUNGSVERSCHIEBUNG]: vgl. 1-§5. [KONJUNKTIVISCHE KONDITIONALE]: Quine (1941) 1965, §8 u. 1950/³1974 §3; Kneale 1950; Sainsbury 1991, 229–235; u. LIT. zu *Ggf* 44b–48b. ['WEIL'-SÄTZE]: Quine (1941) 1965, §9; Sainsbury 1991, 92–95; Neale 1999, 49–51. [DEDUKTIV-NOMOLOGISCHE VS. INDUKTIV-STATISTISCHE ERKLÄRUNG]: Hempel 1965: Kap. 9 (1942), 10 (1948) u. 12 (1965), bes. 335–347, 352–353, 381–393; Schurz 2006, Kap. 6 (Lit.). ['EXTENSIONALISTISCHE' PROGRAMME]: Wittgenstein, TLP 5, 5.54; Carnap 1928, §§43–45; Quine 2001.

mit demselben Wahrheitswert ersetzt ist, denselben Wahrheitswert wie G.[149]

Es ist nützlich, an dieser Stelle ein etwas weiteres Konzept einzuführen. Als Ausgangspunkt kann eine gängige Charakterisierung gewisser Operatoren dienen: Ein n-stelliger satzbildender Satzoperator ist genau dann *wahrheitswertfunktional*, wenn der Wahrheitswert eines Gedankens, der durch das Resultat einer Anwendung dieses Operators auf n Sätze ausgedrückt wird, ausschließlich von den Wahrheitswerten der Gedanken abhängt, die von den n Teilsätzen ausgedrückt werden. Im übertragenen Sinne möge ein *Gedanke* genau dann wahrheitswertfunktional heißen, wenn er durch einen Satz ausgedrückt werden kann, der durch Anwendung eines n-stelligen, buchstäblich wahrheitswertfunktionalen Satzoperators auf n Sätze erzeugt wurde. In diesem Sinne ist nicht nur jedes der Gedanken*gefüge*, die Frege „mathematische" nennt, wahrheitswertfunktional, sondern auch jeder Gedanke, der durch die Negation eines Satzes ausgedrückt wird; denn natürlich ist auch der Negator, ein *ein*stelliger satzbildender Satzoperator, im buchstäblichen Verstande wahrheitswertfunktional.

Sind eigentlich nur die Junktoren der Klassischen Logik wahrheitswertfunktional? Es sieht nicht so aus. Die folgenden einstelligen satzbildenden Satzoperatoren

—: Der Gedanke, dass ( ), ist mit jeder Wahrheit verträglich
—: Gäbe es ein allwissendes Wesen, so wüsste es, dass ( )
—: Würde jemand glauben, dass ( ), so würde er es zu Recht glauben

sind wahrheitswertfunktional; denn der Wahrheitswert des Gedankens, der durch das Resultat der Anwendung eines dieser Operatoren auf einen Satz ausgedrückt wird, hängt ausschließlich vom Wahrheitswert des Gedankens ab, der durch den Input-Satz ausgedrückt wird.[150] Aber die Klassische Logik kennt nur einen einzigen monadischen satzbildenden Satzoperator, den Negator. Wie die drei

---

[149] In der Zusammenfassung eines der (verschollenen) Entwürfe Freges zu *Ggf* wird dies als „Satz von der Ersetzung" bezeichnet (*Katalog* Nr. 12).
[150] Aus naheliegenden Gründen unterscheidet sich das Ergebnis einer Anwendung dieser Operatoren in seinem Wahrheitswert nie von dem des Resultats einer Applikation von 'Es ist wahr, dass ( )'. Aber *diesen* Operator erklärt Frege ja für redundant.

Außenseiter, so liefert auch '¬ ¬( )' für wahren (falschen) Input stets wahren (falschen) Output; aber daraus dass die vier Operatoren dieselbe Wahrheitswert-Tabelle haben, folgt keineswegs, dass sie alle denselben Sinn haben. (Es müsste aber folgen, würden die Wahrheitswert-Tabellen, wie oft behauptet wird, den *Sinn* der Junktoren festlegen.)

Frege vermutet, dass auch die Satzgefüge der Physik, der Chemie und der Astronomie nur wahrheitswertfunktionale Ggf ausdrücken. „Aber die Finalsätze mahnen zur Vorsicht." (Vielleicht nimmt er deshalb die Biologie nicht in seine Liste auf; denn dort sind ja teleologische Erklärungen – 'damit'-Antworten auf 'Warum'-Fragen – zumindest heuristisch relevant.) In *SuB* 38d deutet er an, dass Satzgefüge, die mit 'damit' (oder bei identischem Subjekt mit 'um zu'+Infinitiv) gebildet werden, seine These belegen, dass gewisse Einbettungen eines Ausdrucks systematisch eine Bedeutungsverschiebung induzieren (vgl. 1-§5). Der Satzverknüpfer in 'A, damit B' sorgt demnach dafür, dass der Satz 'B' in diesem Rahmen nicht einen Wahrheitswert bedeutet, sondern den Gedanken, den er ausdrückt, wenn er uneingebettet geäußert wird. Er kann in diesem Rahmen deshalb nur durch einen Satz, der denselben Sinn wie 'B' hat, wahrheitswerterhaltend ersetzt werden. (Eine Bemerkung in *1919c*, NS 276 legt die Vermutung nahe, dass Frege in einer späteren *LU* seine Theorie der systematisch induzierten Bedeutungsverschiebung vorstellen wollte. Vielleicht platziert er hier nur einen Hinweis, um später an ihn anknüpfen zu können.)

Aber „mahnen" Konditionale im Konjunktiv und Satzgefüge, die mit den Verknüpfern 'weil', 'so dass' oder 'dadurch dass' ('indem') gebildet sind, nicht genauso „zur Vorsicht" wie die Finalsätze? Über Konsekutiv- und Instrumentalsätze hat sich Frege m. W. nie geäußert. Konjunktivische Konditionale und mit 'weil' gebildete Satzgefüge erörtert er in *SuB* 48b–49a. Beginnen wir mit den *Konditionalen im Konjunktiv*. Der Satz (1), seine wortreiche stilistische Variante [1] und deren Abkürzung {1}

(1)   Wenn Eisen spezifisch leichter als Wasser wäre,
        so würde Eisen auf dem Wasser schwimmen

[1]   Wenn es der Fall wäre, dass Eisen spezifisch
        leichter als Wasser ist, so wäre es der Fall,
        dass Eisen auf dem Wasser schwimmt

Kapitel 4

{1} Eisen ist spezifisch leichter als Wasser □→
     Eisen schwimmt auf dem Wasser

drücken andere Ggf aus als die entsprechende Subjunktion; denn sonst würde schon die Falschheit des mit dem Vordersatz von {1} Gesagten die Wahrheit des ausgedrückten Ggf verbürgen. (Jemand, der bestreitet, dass es der Bevölkerung Afghanistans besser ginge, wenn dort keine ausländischen Truppen stationiert wären, kann nicht durch Hinweis auf die Tatsache, dass in Afghanistan ausländische Truppen stationiert sind, eines Besseren belehrt werden.) Der Vordersatz von {1} kann nicht *salva veritate* gegen einen beliebigen anderen Satz ausgetauscht werden, der ebenfalls etwas Falsches ausdrückt. Warum nicht? Freges Antwort sieht so aus (*SuB* 48c–49a): Der Sinn des Prädikats 'ist spezifisch leichter als Wasser' im Vordersatz von {1} ist Teil von zwei Gedanken, die von unserem konjunktivischen Konditional mit-ausgedrückt werden:

(1a) Nicht (Eisen ist spezifisch leichter als Wasser)
(1b) Wenn etwas spezifisch leichter als Wasser ist,
      so schwimmt es auf dem Wasser.

Wenn man nun den ersten der beiden durch '□→' verknüpften Sätze durch einen anderen mit demselben Wahrheitswert ersetzt, könnte dessen Prädikat einen anderen Sinn haben. Dadurch wird auch der mit-ausgedrückte allgemeine Gedanke in Mitleidenschaft gezogen, und es könnte sein, dass dieser Gedanke falsch ist – und somit auch der Gedanke, den das neue Satzgefüge ausdrückt.

Ist das durch unser konjunktivisches Konditional formulierte Gedankengefüge genau dann wahr, wenn die durch (1a) und (1b) ausgedrückten Gedanken wahr sind, so ist es naheliegend zu sagen, es handle sich um ein konjunktives Ggf, dessen zweites Glied ein allgemeiner Gedanke, ein Gesetz ist. Frege sagt das freilich nicht; denn dann wäre der durch (1b) ausgedrückte Gedanke kein *Neben*gedanke, und es sieht so aus, als müsste er das nach der Exposition in *SuB* sein.[151] Aber Frege hat kein Argument gegen die Hypothese vorgebracht, dass die Konjunktion von (1a) und (1b) denselben Gedanken ausdrückt wie (1). Der Wahrheitswert eines konjunktiven Ggf wird natürlich nicht affiziert, wenn wir in ihm Wahres durch Wahres ersetzen.– Dieser Hoffnungsschimmer für die These, die durch konjunktivische Kon-

---

[151] Man betrachte *SuB* 47b, Satz 1, im Lichte von 46d–47a.

ditionale ausgedrückten Ggf seien in Wirklichkeit doch wahrheitswertfunktional, wird durch ein Projektionsproblem vertrieben. Die leitende Idee ist in dieser Form nämlich nicht auf alle Konditionale im Konjunktiv anwendbar. Mit dem Satz

(I) Wenn Mozart 40 Jahre alt geworden wäre,
 so hätte er selber das *Requiem* (KV 626) vollendet

kann man etwas Wahres sagen. Aber zu welchem Satz steht (I) in der Beziehung, in der (1) zu (1b) steht? (I) impliziert doch bestimmt nicht die Absurdität (IB): 'Wenn jemand 40 Jahre alt geworden ist, hat er selber das *Requiem* (KV 626) vollendet'. Außerdem ist es mehr als zweifelhaft, dass ein konjunktivisches Konditional nur dann eine Wahrheit ausdrückt, wenn das, was das indikativische Gegenstück seines Vordersatzes besagt, falsch ist. Ist der Gedanke, dass Anna ihre Aktien noch heute abstoßen würde (gestern abgestoßen hätte), wenn sie klug wäre (gewesen wäre), nicht wahr, falls sich herausstellt, dass Anna so klug war, ihre Aktien heute Morgen (gestern) abzustoßen?

Betrachten wir nun mit *'weil'* gebildete Satzgefüge. Klar ist, dass sie nur dann Wahrheiten ausdrücken, wenn die entsprechenden Konjunktionen es tun. Ersetzt man nun aber in

(2) Weil Eis spezifisch leichter als Wasser ist,
 schwimmt Eis auf dem Wasser

einen der beiden Sätze (oder beide) durch einen anderen, der ebenfalls eine Wahrheit ausdrückt, so riskiert man, dass das neue Satzgefüge etwas Falsches besagt. In (2) werden nach Freges Dafürhalten die folgenden Gedanken

(2a) Eis ist spezifisch leichter als Wasser
(2b) Wenn etwas spezifisch leichter als Wasser ist,
 so schwimmt es auf dem Wasser
(2c) Eis schwimmt auf dem Wasser

mit-ausgedrückt.[152] Eigentlich braucht „der dritte Gedanke ... nicht ausdrücklich aufgeführt zu werden", da er „in den ersten beiden enthalten" ist (*SuB* 48b). Wobei man wohl hinzufügen sollte: „wie die Pflanze im Samen, nicht wie der Balken im Hause" (*GL* § 88). Jedenfalls ist das Argument '(2a), (2b), also (2c)' deduktiv korrekt. Diese

---

[152] Man kann hierin eine verbesserte Version der These in *BS* §§ 5, 12 sehen.

Kapitel 4

Formulierung des Arguments lässt in Freges Augen zwar Einiges zu wünschen übrig:

> Wörter wie 'also', 'folglich, 'weil' deuten zwar darauf hin, dass geschlossen wird, sagen aber nichts über das Gesetz, nach dem geschlossen wird. (*1896a*, 362/363.)

Aber man kann das Argument ja in einer Begriffsschrift unter expliziter Berufung auf die Deduktionsregeln des Übergangs vom Allgemeinen zum Besonderen und *MPP* ausbuchstabieren. (Ich unterstelle, dass man in diesem Zusammenhang das Wort 'Eis' als singulären Term behandeln kann.[153]) Interessanterweise nennt Frege den Junktor in (2), mit dem man Satzgefüge, also Sätze bildet, in einem Atemzug mit den Wörtern 'also' und 'folglich', mit denen man Argumente formuliert, die keine Sätze, sondern Sequenzen von Sätzen sind.

Davon, dass Argumente keine Satzgefüge sind, kann man sich durch einen Einbettungstest überzeugen: setzt man 'A$_1$,..., A$_n$; also B' in die Leerstelle von 'Nicht ( )' oder von 'Wenn ( ), dann C' ein, so erhält man keinen wohlgeformten Satz. Wenn ein Argument ein Beweis ist, kann das 'also' durch die indexikalische Phrase 'aus diesem Grund' ersetzt werden: das Wort ist genausowenig wie die Phrase ein Junktor. Beide sind Mittel, mit denen man in einem Satz, der zu einer Sequenz von Sätzen gehört, auf das zurückverweist, was mit seinem(n) Vorgänger(n) in dieser Folge gesagt wurde.

Aber es besteht ein enger Zusammenhang zwischen dem Satz (2), der einen wahren Gedanken ausdrückt, und dem Argument '(2a), (2b), also (2c)', das einen gültigen Schluss ausdrückt: beide können als Erklärungen der Tatsache, dass Eis auf dem Wasser schwimmt, bezeichnet werden. Die Wissenschaftstheoretiker scheinen nicht bemerkt zu haben, dass Frege 1892 *en passant* den Grundgedanken des Modells der deduktiv-nomologischen Erklärung von Carl Gustav Hempel (1942) antizipiert hat. In einer solchen Erklärung wird (im einfachsten Fall) aus einer Einzeltatsache und einem (strikt universellen) Gesetz die zu erklärende Einzeltatsache abgeleitet.

Freges Diagnose der Nichtaustauschbarkeit von Wahrheitswertgleichem im Kontext von (2) sieht so aus: Der Sinn des Prädikats 'ist spezifisch leichter als Wasser' im Nebensatz von (2) ist Teil von

---

[153] Wen das stört, der mag Freges Beispiel durch 'Dieser Stab leitet Strom, weil er aus Metall besteht' ersetzen.

zwei Gedanken, die beide von (2) mit-ausgedrückt werden: er ist ein Teil des Sinns von (2a) und ein Teil des Sinnes von (2b). Wenn man nun den mit 'weil' eingeleiteten Satz durch einen anderen mit demselben Wahrheitswert ersetzt, könnte dessen Prädikat einen anderen Sinn haben. Dadurch wird auch der mit-ausgedrückte allgemeine Gedanke in Mitleidenschaft gezogen, und es könnte sein, dass dieser Gedanke falsch ist – und somit auch der Gedanke, den das neue 'weil'-Satzgefüge ausdrückt.

Ist der in (2) ausgedrückte Gedanke genau dann wahr, wenn die durch (2a) und (2b) ausgedrückten Gedanken wahr sind, so ist es naheliegend zu sagen, es handle sich bei jenem komplexen Gedanken um ein konjunktives Ggf, dessen zweites Glied ein allgemeiner Gedanke, ein Gesetz ist. (Wieder ist festzuhalten: Frege sagt das anscheinend deshalb nicht, weil der durch (2b) ausgedrückte Gedanke dann kein *Neben*gedanke wäre. Aber wo ist sein Argument gegen die Hypothese, dass die Konjunktion denselben Gedanken ausdrückt wie (2)?) Der Wahrheitswert eines konjunktiven Ggf wird natürlich nicht affiziert, wenn wir in ihm Wahres durch Wahres ersetzen.

Dieser Hoffnungsschimmer für die These, die durch 'weil'-Satzgefüge ausgedrückten Ggf seien in Wirklichkeit doch wahrheitswertfunktional, wird *zum einen* wieder durch ein Projektionsproblem vertrieben: Freges Modell ist in der vorliegenden Form nicht auf alle Erklärungen von Einzeltatsachen anwendbar. Mit dem Satz

(II)   Weil Ben gegen sein Kopfweh eine Aspirin genommen hat, ist sein Kopfweh verschwunden

kann man etwas Wahres sagen. Aber zu welchem Satz steht (II) in der Beziehung, in der (2) zu (2b) steht? Gewiss impliziert (II) nicht (IIB): 'Wenn jemand gegen sein Kopfweh eine Aspirin nimmt, verschwindet sein Kopfweh'. Manche Erklärungen rekurrieren eben nicht auf strikt universelle, sondern auf statistische Gesetze. Aus Freges Bemerkungen über die „Induction als Schlussweise" (*GL*, XI, §3, 2. Anm.) ergibt sich kein klares Bild darüber, welchen Reim er sich auf induktivstatistische Erklärungen machen würde. *Zum anderen* kann ein Argument von derselben Form wie der Schluss von (2a) und (2b) auf (2c) wahre Prämissen haben, obwohl die 'weil'-Verknüpfung der ersten Prämisse mit der Konklusion keinen wahren Gedanken ausdrückt:

(3a)   Der Stern X emittiert Lichtwellen mit abnehmender Frequenz.

(3b) Wenn etwas Lichtwellen mit abnehmender Frequenz emittiert, entfernt es sich. Also:
(3c) Der Stern X entfernt sich.

Das Argument ist schlüssig, aber X entfernt sich nicht, weil sein Licht rotverschoben ist: umgekehrt, so ist man geneigt zu sagen, wird ein Schuh draus.

Frege dürfte zu denjenigen Wissenschaften, die auf nicht-wahrheitswertfunktionale Junktoren angewiesen sind, um ihre Theorien zu formulieren, dieselbe wissenschaftstheoretische Einstellung haben wie Quine: „The rigor and precision of a science is ... measured, in part, by the extent that its formulations are free from compounds of non-truth-functional kinds."[154] Auch aus diesem Grunde würde Frege wohl sagen, was er in *Ged* 63b gesagt hat: Die „Geisteswissenschaften" sind „weniger wissenschaftlich als die strengen Wissenschaften," will sagen: als „die Mathematik und die mathematischen Naturwissenschaften" (*1924/25a,* NS 286).

Wie hält es der Autor der *Logischen Untersuchungen* mit den beiden folgenden Fragen, die er in den neunziger Jahren bejaht hatte (s. o. 309)?

(F3) Sind Wahrheitswerte Gegenstände?

(F4) Steht der Ausdruck eines Gedankens zu dessen Wahrheitswert in der semantischen Beziehung, in der 'Sokrates' zu Platons Lehrer steht?

Die Kontexte, in denen das Wort 'Wahrheitswert' in den *LU* auftaucht (*Ged* 66a, Schluss-Satz von *Vern* und *Ggf* 51), sind immer von der folgenden Art: der Gedanke G_1 hat denselben Wahrheitswert wie der Gedanke G_2. Damit legt sich Frege nicht darauf fest, dass *(F3)* zu bejahen ist. Vielleicht sagt man mit solchen Behauptungen zwei Gedanken nicht eine Beziehung zu etwas Drittem nach, – vielleicht ist das in ihnen enthaltene Prädikat semantisch atomar: '( ) ist-wahrheitswertgleich-mit [ ]', und es dient als Abkürzung von '( ) und [ ] sind beide wahr oder beide falsch'. Jedenfalls wird es in den *LU* mit Hilfe dieser Wendung erläutert. Es könnte also sein, dass Frege „den Wahrheitswert" jetzt nicht mehr „als Gegenstand anerkennen" will, was er mit diesen Worten noch in seinem Vor-

---

[154] Quine 1941 (1965), 24.

lesungsmanuskript 'Logik in der Mathematik' getan hatte *(1914b,* NS 263). Aber der Ankündigungscharakter von *Ged* 61c–62a (vgl. 2-§2.3) macht es wahrscheinlich, dass er *(F3)* auch in den *LU,* hätte er sie vollenden können, bejaht hätte. Dafür spricht auch eine Passage in seinen 'Aufzeichnungen für Darmstaedter':

> Alle Sätze, die einen wahren Gedanken ausdrücken, haben dieselbe Bedeutung, und alle Sätze, die einen falschen Gedanken ausdrücken, haben dieselbe Bedeutung (das *Wahre* und das *Falsche*). *(1919c,* NS 276, Freges Herv.)

Frege hat am Dualismus von Gegenstand und „Funktion, also Nichtgegenstand" stets festgehalten *(1924/25a,* NS 292). Da das Wahre und das Falsche für ihn ganz gewiss keine Funktionen sind, ist er 1919 also noch der Meinung, dass Wahrheitswerte Gegenstände sind.

Damit hätte er sich noch nicht dazu verpflichtet, auch Frage *(F4)* zu bejahen. Wahrheitswerte könnten ja auch dann Gegenstände sein, die durch singuläre Terme des Typs 'der Wahrheitswert von G' und durch die Namen 'das Wahre' und 'das Falsche' bezeichnet werden, wenn die Beziehung eines *Gedankenausdrucks* zu einem Wahrheitswert nicht die Beziehung ist, in der solche singulären Terme zu Wahrheitswerten stehen (s. o. 320). Vielleicht fand Frege Wittgensteins Kritik an dieser Auffassung überzeugend, vielleicht auch nicht:[155] *ignoramus et ignorabimus.*

---

[155] Wittgenstein, NL (1913) 97, 98 u. TLP 3.143, 4.431. Siehe oben, EINL-§3. Das Plädoyer für die Verneinung von (F2) in Russell 1902c, 233, 1903a, 238 u. 1903b, 504 hat Frege jedenfalls nicht überzeugt, bestand es doch nur in der Berufung auf „direct inspection". Wie genau *Wittgensteins Argument* für die Verneinung von (F2) aussah, wissen wir leider nicht (vgl. Künne 2009, §4.3 u. die dort angegebene Lit.).

Kapitel 5

Frege über *Allgemeinheit*

§1. Einleitung: Gesetz und Einzeltatsache.[1] (*Allg* 278a–b.)

Frege unterstellt, dass 'Gesetz' im Munde von Physikern, Mathematikern und Logikern denselben Sinn hat. Er kehrt jetzt nicht nur zu einem Thema zurück, dass in *Ggf* 46c–47a berührt wurde, sondern zu einem, dass ganz am Anfang der *LU* stand. Was er in *Allg* Einzeltatsachen nennt, hatte er in *GL* §3 als Tatsachen bezeichnet, als „unbeweisbare Wahrheiten ohne Allgemeinheit, die Aussagen von bestimmten Gegenständen enthalten". Da er sich inzwischen dazu durchgerungen hat, *alle* Wahrheiten als Tatsachen zu bezeichnen (*Ged* 74b), also auch alle Gesetze, bedarf es jetzt des einschränkenden Zusatzes 'Einzel-'.

In der wissenschaftstheoretischen Überlegung am Ende von 278a nimmt Frege die Klassifikation der Erfahrungswissenschaften auf, die Wilhelm Windelband 1894 in seiner berühmten Straßburger Rektoratsrede vorgenommen hatte:[2]

„Die einen suchen allgemeine Gesetze, die anderen besondere geschichtliche Tatsachen… [D]ie Erfahrungswissenschaften suchen in der Erkenntnis des Wirklichen entweder das Allgemeine in der Form des Naturgesetzes oder das Einzelne in der geschichtlich bestimmten Gestalt… Das wissenschaftliche Denken ist – wenn man neue Kunstausdrücke bilden darf – in dem einen Falle *nomothetisch*, in dem anderen *idiographisch*…" [a]

---

[1] VERGLEICHE: [TATSACHEN]: *GL* §§3, 77, 1.Anm.; *Logik*$_2$ 142; *Ged* 74b. [HYPOTHETISCHE GGF VS. ALLG. GEDANKEN]: *BS* §§5, 12; *1882a*, 6; *1906a*, II: 377–381; *1906d*, NS 203–208; *n.1906*, NS 215–218; *1906e*, WB 103–105.

[2] Windelband 1894, [a] 144–145, [b] 156–157. Wie Windelband in [b] spricht übrigens auch Frege in *Ged* 58 von „Naturgesetzen" des „seelischen Geschehens". (Wegen der wortgeschichtlichen Ausführungen zu 'Begriffsschrift/idéographie' in 1-§1 ist es vielleicht nicht ganz überflüssig, des Griechischen unkundige Leser vor dem Beinahe-Gleichklang zu warnen: 'ideographisch' ist von 'idéa' abgeleitet, 'idiographisch' hingegen von 'ídios [eigentümlich]'.)

"Andererseits bedürfen nun aber die idiographischen Wissenschaften auf Schritt und Tritt der allgemeinen Gesetze... Jede Kausalerklärung irgendeines geschichtlichen Vorganges setzt allgemeine Vorstellungen vom Verlauf der Dinge überhaupt voraus; und wenn man historische Beweise auf ihre rein logische Form bringen will, so erhalten sie stets als oberste Prämissen Naturgesetze des Geschehens, insbesondere des seelischen Geschehens." [b]

Man kann sich des Eindrucks kaum erwehren, dass Frege zumindest diesen Text von Windelband gelesen hat.[3]

Drückt ein hypothetisches Satzgefüge ein hypothetisches Gedankengefüge (Ggf) aus, so ist es ein Konditional. In 278a verwendet Frege den Titel 'hypothetisches Satzgefüge' so, dass nicht nur Konditionale unter ihn fallen, sondern auch Sätze wie

(S1)   Wenn etwas ein Stück Kupferdraht ist,
       dann ist es ein elektrischer Leiter,

die keine hypothetischen Ggf, sondern allgemeine Gedanken ausdrücken, also die Art von Gedanken, um die es in der vierten *Untersuchung* geht. Es ist nun an der Zeit, eine Passage in *Ggf* zu betrachten, die wir im letzten Kapitel übersprungen haben und die hier einschlägig ist:

Ggf 46c–47a. In einem Satzgefüge wie (S2) werden keine „eigentlichen Sätze"" miteinander verknüpft, es drückt also kein Ggf aus:

(S2)   Wenn jemand ein Mörder ist,
       so ist er ein Verbrecher.

Von diesem Satz zu sagen, er habe die Form 'Wenn B, so A (oder er sei ein hypothetisches Satzgefüge) ist potentiell irreführend:

Wenn die Buchstaben 'A' und 'B' uneigentliche Sätze vertreten, so schreiben wir besser für 'A' und 'B' '$\Phi(a)$' und '$\Psi(a)$', wo 'a' der andeutende Bestandteil ist. Der Satz 'Wenn $\Phi(a)$, so $\Psi(a)$' hat nun Allgemeinheit des Inhalts. (*1906e*, WB 104.)

---

[3] Gespräche mit dem Repräsentanten des Badischen Neukantianismus in Jena mögen ihn dazu angeregt haben (s. o. EINL-§2). Bauch 1923, 390 ff ist freilich mehr an den hier einschlägigen Schriften seines Lehrers Rickert orientiert.

(Die beiden griechischen Großbuchstaben in der verbesserten Formulierung können wir uns durch die Prädikate 'ist ein Mörder' und 'ist ein Verbrecher' ersetzt denken. Die Rolle des kursivierten Buchstabens wird uns in §4 beschäftigen.) Die in *Ggf* gegebene *Begründung* dafür, dass Vorder- und Nachsatz in (S2) „uneigentliche Sätze", also keine Gedankenausdrücke sind, vermag nicht zu überzeugen. *Erstens.* Dass der aus dem Zusammenhang gelöste Satz 'Er ist ein Verbrecher' nur bei deiktischer Verwendung des Pronomens (die hier nicht vorliegt) einen Gedanken ausdrückt, ist zwar wahr, aber das Satzgefüge

(S3) Wenn Brutus ein Mörder ist,
 so ist er ein Verbrecher,

das diese Wortfolge ebenfalls enthält, drückt dennoch ein hypothetisches Ggf aus. Der entscheidende Punkt ist, dass das 'er' in (S2) nicht wie in (S3) *salvo sensu* [unter Wahrung des Sinnes] durch sein grammatisches Antezedens ersetzt werden kann. *Zweitens.* Dass das Satzfragment 'jemand' nichts bezeichnet, gilt auch für die 'jemand'-Vorkommnisse in dem uneingebetteten Satz

(S4) Jemand ist ein Mörder

und in dem Satzgefüge

(S5) Wenn jemand ein Mörder ist, so ist jemand ein Verbrecher,

und doch drückt (S4) einen Gedanken aus und (S5) ein hypothetisches Ggf. Der entscheidende Punkt ist, dass das 'jemand' in (S2) ein nachfolgendes Pronomen bindet. All das weiß Frege, und wir wissen es durch ihn. Wir werden in §4 sehen, wie er es in *Allg* ausführt. Vorerst mag es genügen, Freges Lieblingsvergleich anzuführen und zu erklären: Das Zusammenspiel von 'etwas' und 'es'[4] in (S1) und das von 'jemand' und 'er' in (S2) entspricht dem Zusammenspiel der

---

4   Nicht immer folgt auf das 'etwas' in einem generalisierten Konditional ein 'es', wie man an Freges Beispiel in *GG I*, §13 sehen kann: „Wenn etwas größer als 2 ist, so ist auch sein Quadrat größer als 2". Unsere Grammatik lässt nun einmal 'das Quadrat von es' nicht zu. Und natürlich folgt aus grammatischen Gründen auch auf das 'jemand' in einem generalisierten Konditional nicht immer ein 'er': 'Wenn *jemand* aggressiv ist, dann mag Anna *ihn* nicht'.

lateinischen Korrelativa '*tot*' und '*quot*'.⁵ Heute würde Frege wohl nicht mehr glauben, er könne sich eine Erklärung dieses Wortpaars schenken. Betrachten wir ein Beispiel für seine Verwendung. Warum in die Ferne schweifen? ruft Ovid dem erotisch unternehmungslustigen Leser in Rom zu, um mit einem leichten Overstatement fortzufahren:⁶

—: *Quot caelum stellas, tot habet tua Roma puellas.*
Dein Rom hat *so viele* Mädchen, *wie* der Himmel Sterne hat.

Offenkundig sagt man mit 'wie der Himmel Sterne hat' nichts Wahrheitswertfähiges, und in diesem Zusammenhang tut man es auch mit 'Dein Rom hat so viele Mädchen' nicht. Ovids Hexameter drückt nur als ganzer einen Gedanken aus.

Sätze wie (S1) und (S2) nenne ich fortan *generalisierte Konditionale*. Wenn Vorder- und Nachsatz eines Konditionals Gedankenausdrücke sein müssen, dann ist ein generalisiertes Konditional genausowenig ein Konditional wie eine Plastikente eine Ente ist; aber wir erhalten (S2) aus dem Konditional (S3*) 'Wenn Brutus ein Mörder ist, so ist Brutus ein Verbrecher', indem wir das erste Vorkommnis des Eigennamens durch 'jemand' und das zweite durch 'er' ersetzen. Diese Transformation nennt Frege gelegentlich „Allgemeinigung", nicht ohne eine Bitte hinterherzuschicken: „*sit venia verbo*" (*1906d*, NS 208).

§2. Allgemeinheit und Gesetz.⁷ (278c–279c.)

In dem Gesetz, dass die Multiplikation rechtsdistributiv über der Addition ist, sind in den Augen des mathematischen 'Platonisten' „unendlich viele Einzeltatsachen als besondere Fälle enthalten": dass $(1+2)\times3=1\times3+2\times3$, usw. Die Rede vom Enthaltensein (auch

---

⁵ *1906a*, II: 378; *1906d*, NS 207; *n.1906*, NS 217; *1906e*, WB 103.
⁶ Ovid, *Ars amatoria*, I, 59. (Im Deutschen stehen Vorder- und Nachsatz des Originals in umgekehrter Reihenfolge.)
⁷ VERGLEICHE: (Im Text.)
LITERATUR: [NOMISCHE VS. AKZIDENTELLE ALLGEMEINHEIT]: Goodman 1946; Hempel 1948 (in 1965) 264–270, 1965, 338–343 u. 1974, 78–83, 107–110; Kneale 1950 u. 1961; Armstrong 1983; Schurz 2006, 93–96, 237–239 (Lit.).

Kapitel 5   689

in *1917b*, WB 35–36) ist missverständlich. In dem Gedanken, dass Schnee weiß und Gras grün ist, ist der Gedanke, dass Schnee weiß ist, enthalten, doch in *diesem* Sinne ist die gerade angegebene arithmetische Einzeltatsache *nicht* in dem arithmetischen Gesetz enthalten, und auch der Gedanke, dass der Abendstern mit sich identisch ist, ist nicht auf diese Weise in dem Gedanken enthalten, dass alles mit sich identisch ist. Das betont Frege selber, wie wir in §3 sehen werden. Die Gemeinsamkeit besteht nur darin, dass in beiden Fällen der eine Gedanke aus dem anderen folgt. Dass aus einem Gesetz unendlich viele Einzeltatsachen ableitbar sind, ist bei Freges Tatsachen-Konzeption auch dann wahr, wenn es zwar nur endlich viele Gegenstände gibt, die keine Tatsachen sind, aber zu jedem dieser Gegenstände unendlich viele Sinne, die Arten seines Gegebenseins sind. Ist die Tatsache, dass der Sieger von Jena sterblich ist, wenn er ein Mensch ist, ein „besonderer Fall" des Gesetzes, dass jeder Mensch sterblich ist, so ist auch die Tatsache, dass der Besiegte von Waterloo sterblich ist, wenn er ein Mensch ist, ein „besonderer Fall" desselben Gesetzes, und das ist nach Freges Tatsachen-Konzeption eine andere Tatsache, da die beiden Bezeichnungen Napoleons sinnverschieden sind.

Auch ein evidentes „logisches Gesetz" wie das Prinzip, dass alles mit sich identisch ist, hat nach Frege einen „Wert für unsere Erkenntnis", weil aus ihm unendlich viele Einzeltatsachen wie die, dass der Morgenstern mit sich identisch ist, folgen. Dass diese Einzeltatsachen selber keinen Wert für unsere Erkenntnis haben, steht auf einem anderen Blatt.[8] Am Gesetz der Reflexivität der Identität wie an dem eingangs erwähnten arithmetischen Gesetz sieht man übrigens, dass nicht jeder allgemeine Gedanke die Form hat, die Frege in *Allg* beschäftigt.[9]

Wer gelernt hat, vom Allgemeinen aufs Besondere zu schließen, der hat erfasst, „was Allgemeinheit in der hier gemeinten Bedeutung des Wortes ist". (In dieser Bemerkung ist 'Bedeutung' wohl nicht Freges *terminus technicus*.[10]) Mit „Besonderes" meint Frege hier *Einzelnes*.[11] Das ist eine auffällige Abweichung von einem spätestens seit Kant etablierten philosophischen Sprachgebrauch. Unter dem Gesichtspunkt „Quantität" unterscheidet Kant „allgemeine", „be-

---
[8] s. o. 672.
[9] *n.1906*, NS 217. Vgl. auch *1906a* II: 379, 381 über '$a^2-1=(a-1)\times(a+1)$'.
[10] s. o. 202–3 über Husserls terminologisches Bedenken.
[11] Vgl. den Gebrauch von „besondere Sätze" u. „besondere Fälle" in *n.1897a*, NS 167; *n.1898*, NS 176.

sondere" und „einzelne Urteile", und wenn er sagt: „Vom Allgemeinen gilt der Schluß auf das Besondere (*ab universali ad particulare valet consequentia*)", so meint er den (in Freges Begriffsschrift, wie wir in §3 sehen werden, ungültigen) Übergang von 'Alle S sind P' zu '*Einige* S sind P'.[12] Genauso versteht auch Bolzano einen gehaltgleichen lateinischen „Kanon".[13] Bezeichnenderweise lässt Frege in *BS* §4 das mittlere Glied in Kants Quantitäten-Trio weg. Er führt in seiner Begriffsschrift für die partikulären Urteile der traditionellen Logik keinen besonderen Quantor ein (nicht einmal als Abbreviatur); denn statt 'Einige S sind P' kann man ja immer auch sagen 'Nicht (alle S sind nicht P)', wenn man dabei berücksichtigt: „Das Wort 'einige' ist hier immer so zu verstehen, dass es den Fall 'ein' mit umfasst. Weitläufiger würde man sagen: 'einige oder mindestens doch ein'" (*BS* §12, Ende; vgl. *GG I*, §13).

„Durch Schlüsse anderer Art können wir aus anerkannten Gesetzen neue ableiten" (278c). Das geschieht etwa, wenn man aus logischen (oder arithmetischen) Axiomen Theoreme ableitet. Geschieht so etwas auch bei Naturgesetzen? Natürlich kann man aus dem konjunktiven Ggf, das aus den drei Kepler'schen Gesetzen gefügt ist und das man ebenfalls als Gesetz bezeichnen kann, beispielsweise das erste dieser Gesetze ableiten, aber das ist trivial. Interessanter wäre es, wenn man etwa aus den Gesetzen der Newton'schen Mechanik und Gravitationstheorie die Kepler'schen Gesetze ableiten könnte. Aber was aus ihnen ableitbar ist, sind nur Approximationen zu den Gesetzen Keplers. Heißt das nicht, dass diese eigentlich den Titel 'Gesetz' nicht verdienen, wenn die Newton'schen Gesetze ihn verdienen? Ein Gedanke, der nur approximativ wahr ist, ist nun einmal nicht wahr, und nur ein wahrer Gedanke kann ein Gesetz sein.

Was wäre eine der Verwendungsweisen von 'Allgemeinheit', um die es in Freges Text *nicht* geht (278d)? Offenkundig handelt er nicht vom Gebrauch dieses Wortes im Sinne von 'Öffentlichkeit' ('Tagebücher, die nicht für die Allgemeinheit bestimmt waren, werden postum manchmal dennoch der Allgemeinheit zugänglich gemacht'). Aber auch die in der traditionellen Logik übliche Rede von der Allgemeinheit als einer Eigenschaft mancher Begriffe, die darin besteht, dass mehrere Gegenstände unter sie fallen, ist nicht

---

[12] Kant, KrV A 70/B 95; Logik §46.
[13] Bolzano, WL II, 260: „*A propositione universali valet conclusio* [consequentia?] *ad particularem*".

Thema unseres Textes. Insofern ist das Adjektiv im Titel von *Allg* nicht sehr hilfreich, – es tritt sonst nur noch in 279c auf.[14] In erster Annäherung kann man sagen: es geht Frege ausschließlich um Allgemeinheit als eine Eigenschaft mancher Gedanken. Sein Thema ist also Allgemeinheit in dem Sinn, in dem die traditionellen Logiker (etwas irreführend) von einem allgemeinen Urteil sprechen. „Man sollte eigentlich sagen: 'ein Urtheil von allgemeinem Inhalte'…"; denn diese Eigenschaft kommt „dem Inhalte auch zu, wenn er *nicht* als Urtheil hingestellt wird" (*BS* §4). Frege hält 'allgemein' in dem Sinne, in dem es hier verwendet wird, nicht für definierbar (279b).

Wir gehen vom Allgemeinen zum Besonderen (im Frege'schen Verstande dieses Wortes) über, wenn wir argumentieren:

(i) Alles ist mit sich identisch. Also:
(ii) Der Morgenstern ist mit sich identisch,

oder wenn wir schließen:

(iii) Wenn etwas aus Eisen ist, so dehnt es sich bei Erwärmung aus. Also:
(iv) Wenn der Rost des Heiligen Laurentius aus Eisen ist, so dehnt sich der Rost des Heiligen Laurentius bei Erwärmung aus.

Aus dem „Grundgesetz der Allgemeinheit", dass etwas, was von allen Gegenständen gilt, auch von irgendeinem gilt,[15] kann – so schreibt Frege – „eine besondere Schlussart gemacht werden", und bei der Erklärung seines universellen Quantors (erster Stufe) erwähnt er diese Schlussweise.[16] Auch wenn wir argumentieren:

(v) Wenn Sokrates etwas ist oder tut, dann ist oder tut er es. Also:
(vi) Wenn Sokrates weise ist (lacht), dann ist er weise (lacht er),

schließen wir von Allgemeinem auf Besonderes. Aus dem Grundgesetz, dass etwas, was von allen Begriffen (erster Stufe) gilt, auch von

---

[14] Die *Allg* entsprechenden Teile in *1906d*, NS 203 ff und *n.1906*, NS 216 ff sind einfach mit „(Die) Allgemeinheit" überschrieben.
[15] *BS* X, §22; *GG I*, §20, (IIa).
[16] Zitat: *BS* §6; vgl. *BrL* 42. Erwähnt in *BS* §11; *1914b*, NS 231. ('Quantor' ist kein Frege'scher Terminus. Vgl. dazu unten §4.)

irgendeinem gilt,[17] kann ja ebenfalls „eine besondere Schlussart gemacht werden". Generalisierte Konditionale mit Quantoren zweiter Stufe spielen im letzten Teil der *BS* und in den *GG* eine große Rolle. In unserem Fragment thematisiert Frege sie nicht.

Sind alle wahren Gedanken Tatsachen, so sind einige Tatsachen logisch notwendige Wahrheiten. An (ii) sehen wir, dass auch manche Einzeltatsachen logisch notwendige Wahrheiten sind, und (iii) ist wie alle anderen Naturgesetze ein Gesetz, das keine logisch notwendige Wahrheit ist. Frege selber verwendet den Begriff der logischen Notwendigkeit nie.[18] Er scheint auch in seinen allerletzten Arbeiten an der Auffassung der Modalbestimmungen festzuhalten, die er in seinem ersten Buch vertreten hatte:

> Das apodiktische Urtheil unterscheidet sich vom assertorischen dadurch, dass das Bestehen allgemeiner Urtheile angedeutet wird, aus denen der Satz geschlossen werden kann, während bei dem assertorischen eine solche Andeutung fehlt. Wenn ich einen Satz als nothwendig bezeichne, so gebe ich dadurch einen Wink über meine Urtheilsgründe. *Da aber hierdurch der begriffliche Inhalt des Urtheils nicht berührt wird, so hat die Form des apodiktischen Urtheils für uns keine Bedeutung.* (*BS* §4.[19])

Damit übernimmt Frege den negativen, und er präzisiert den positiven Teil der These Kants, dass „die Modalität der Urtheile ... das Unterscheidende an sich hat, dass sie nichts zum Inhalte des Urtheils beiträgt, sondern nur den Werth der Copula in Beziehung auf das Denken überhaupt angeht".[20] Aus einem Satz der Form 'Alle S sind P' kann ein singulärer Satz des Typs 'Wenn N. N. ein S ist, dann ist er P' deduziert werden. Behauptet jemand: 'Wenn N. N. ein S ist, dann *muss*

---

[17] In *GG I*, §25, (IIb) für alle einstelligen Funktionen erster Stufe formuliert
[18] Nur wenn er Leibniz referiert, spricht er einmal von „nothwendigen Wahrheiten": *GL* §15.
[19] Wenn Frege ein generalisiertes Konditional gelegentlich (wie in *BrL* 20–21) mit 'Wenn ..., so *muss* ...' formuliert, obwohl er es als generalisierte Subjunktion verstanden wissen will, so sollte man sich an diese Stelle erinnern. [Auch Russell erklärt Notwendigkeit im Rekurs auf Allgemeinheit: in seinen Augen ist etwas genau dann notwendig, wenn es ein offener Satz („propositional function") ist, dessen Einsetzungsinstanzen alle wahr sind. Nach dieser sehr eigenwilligen Auffassung ist '*x* ist ein Buch Freges → (*x=BS* ∨ *x=GL* ∨ *x=GG*)' notwendig. Vgl. Russell 1918, 231 u. 1919, 165–166.]
[20] Kant, KrV A 74/B 99–100.

er P sein', so behauptet er nach Frege nichts anderes, als wenn er gesagt hätte: 'Wenn N. N. ein S ist, dann *ist* er P', aber er deutet überdies an, dass dieser Gedanke aus einer allgemeinen Wahrheit ableitbar ist. Welchen Status diese allgemeine Wahrheit selber hat, ist demnach für das Verständnis des modalen Ausdrucks irrelevant: im Fall von 'Wenn Ben ein lediger Mann ist, dann muss er ledig sein'[21] ist diese allgemeine Wahrheit logisch notwendig, im Fall von 'Wenn dieser Rost aus Eisen ist, dann muss er sich bei Erwärmung ausdehnen' ist sie ein Naturgesetz, und im Fall von 'Wenn Anna bei diesem Professor *summa cum laude* bekommen hat, muss sie sehr tüchtig sein' ist die angedeutete allgemeine Wahrheit weder logisch notwendig noch ein Naturgesetz. (Sagt jemand: 'Ben muss den Verstand verloren haben', so folgt das Gesagte natürlich nicht allein aus einem allgemeinen Gedanken. Der Nebengedanke müsste hier einer sein, der durch eine Konjunktion des Typs 'Jeder, der sich so-und-so verhält, hat den Verstand verloren, und Ben hat sich so verhalten' ausgedrückt wird.)

Freges Bemerkungen über das apodiktische Urteil werfen kein Licht auf Sätze wie 'Wenn ein Tier ein Erpel ist, dann muss es männlich sein', 'Notwendigerweise ist alles mit sich identisch' oder 'Es ist naturgesetzlich notwendig, dass etwas, das aus Eisen besteht, sich bei Erwärmung ausdehnt', in denen ein *nicht-epistemisches*, absolutes oder relatives Konzept von Notwendigkeit in Anspruch genommen wird – Wahrheit in jeder möglichen Welt bzw. Wahrheit in jeder möglichen Welt, in der unsere Naturgesetze gelten. Im Vorwort der *BS* hatte Frege noch von der Physik als einer Wissenschaft gesprochen, „wo neben der Denknothwendigkeit die Naturnothwendigkeit sich geltend macht" (VI). Ersetzen wir das irreführende erste Substantiv durch 'logische oder begriffliche Notwendigkeit', so erhalten wir ein Paar von Konzepten, die eine Erklärung verdienen, welche die Bemerkungen über das apodiktische Urteil im Haupttext der *BS* nicht liefern.

---

[21] Wir dürfen uns hier durch die Platzierung des 'muss' nicht in die Irre führen lassen. Die gemeinte Notwendigkeit ist keine *necessitas consequentis*, keine des im Consequens, im Nachsatz des Konditionals ausgedrückten Gedankens (denn natürlich könnte Ben heiraten), sondern eine *necessitas consequentiae*, eine Notwendigkeit des durch das ganze Konditional ausgedrückten Gedankens: 'Notwendigerweise (wenn B ein lediger Mann ist, dann ist B ledig)'. Thomas arbeitet diesen Unterschied an dem Beispiel 'Wenn man jemanden sitzen sieht, dann sitzt er notwendigerweise' sehr klar heraus: ScG I, c. 67 (Ende). Die deutsche Übersetzung hat ihm die Klarheit ausgetrieben.

„Die Naturgesetze", heißt es in *Ged* 58, „sind das Allgemeine des Naturgeschehens, dem dieses immer gemäß ist". Ist das eine hinreichende Charakterisierung der Naturgesetze? Angenommen, die Zoologen haben recht, wenn sie sagen: Der Dodo ist im 17. Jahrhundert ausgestorben, Dodos haben immer nur auf Inseln im Indischen Ozean gelebt, und jeder dieser Vögel hatte ein blaugraues Gefieder. Ist es dann ein *Naturgesetz*, dass alle Dodos blaugraues Gefieder haben? Es scheint bloß eine 'akzidentelle' allgemeine Wahrheit zu sein; denn hätten nicht auf einer Insel im Pazifik Dodos leben können, deren Gefieder aufgrund der dortigen Lebensbedingungen *dunkel*blau gewesen wäre? Angenommen, in der Geschichte des Universums gibt es zu keiner Zeit einen Körper aus purem Gold, der eine Masse von 100.000 oder mehr Kilogramm hat: ist es dann ein *Naturgesetz*, dass alle Körper, die aus purem Gold bestehen, eine Masse von weniger als 100.000 kg haben? Es scheint bloß eine 'akzidentelle' allgemeine Wahrheit zu sein; denn die gegenwärtig akzeptierten naturwissenschaftlichen Theorien schließen die Verschmelzung von mehreren Körpern aus reinem Gold zu einem, der eine Masse von mehr als 100.000 kg hat, nicht aus. Wie gering Freges Interesse daran ist, einen Unterschied zwischen 'akzidentellen' und 'nomischen' allgemeinen Wahrheiten zu fixieren, kann man daran sehen, dass er sich manchmal sogar so ausdrückt, als bestünde der manchen Wahrheiten zukommende „Charakter eines Gesetzes" in nichts anderem als in der „Allgemeinheit des Inhalts" (*1906e*, WB 103).

Gegen eine solche Gleichsetzung haben sich Kant und im Anschluss an ihn Sigwart und Lotze verwahrt (in Büchern, die Frege kannte). Kant unterscheidet die „comparative" oder „empirische" von der „strengen Allgemeinheit", bei der „gar keine Ausnahme als möglich verstattet wird".[22] Ein „Urtheil mit 'Alle'", so betont Sigwart, sei entweder „empirisch allgemein" (sein Beispiel: 'Alle eingeladenen Gäste sind eingetroffen') oder „unbedingt allgemein". Im zweiten Fall werde es besser so ausgedrückt: „Wenn etwas A ist, ist es B"; was für den Konnexionisten Sigwart besagt, dass etwas nicht A sein *kann*, ohne B zu sein.[23] Der „adäquate Ausdruck" des unbedingt allgemeinen Urteils sei aber, so meint Sigwart: „A ist B, der

---

[22] KrV, Einl. B 3–4.
[23] Sigwart 1871, 41–42 u. 1873, 171, 247–248. Vgl. 4-§9.

Kapitel 5 695

Mensch ist sterblich, das Quadrat ist gleichseitig u. s. w.".[24]–Wenn Lotze schreibt: „In voller logischer Form ist Gesetz ein *allgemeines hypothetisches Urtheil*",[25] so klingt das zwar wie eine These Freges (s. u. §3). Aber Lotzes Gesetzeskonzept ist enger als dasjenige, um das es Frege in *Allg* geht, weil Lotzes Ausführungen nicht auf mathematische oder logische Gesetze anwendbar sind, und es ist weiter, weil Lotze (genau wie Frege am Anfang von *Ged*) in einem Atemzug von „Naturgesetzen" und „sittlichen und rechtlichen Gesetzen" spricht. Außerdem will er ein Gesetz zu Recht von einer „blos allgemeinen Thatsache" unterschieden wissen. Er unterscheidet das „universale Urtheil: alle Menschen sind sterblich" von dem „generellen Urtheil: der Mensch ist sterblich".[26] Von letzterem sagt er, dass es „eigentlich ein im Ausdrucke verkürztes hypothetisches ist; es muß vollständig heißen: ... wenn irgend ein S ein Mensch ist, so ist dieses S sterblich".[27] Aber auch Lotze ist ein Konnexionist: er will dieses hypothetische Urteil verstanden wissen als eines, das den Grund seiner „nothwendigen Geltung hindurchscheinen" lässt.

Zu den *generischen* Sätzen, die für Sigwart der „adäquate Ausdruck" unbedingt allgemeiner Urteile sind, die Lotze als (Formulierungen) „generelle(r) Urteile" bezeichnet und die bei Husserl „generelle Aussagen" heißen, äußert sich Frege nur *en passant* (und vorsichtig): 'Das Pferd ist ein pflanzenfressendes Tier' heiße soviel wie 'Alle Pferde sind pflanzenfressende Tiere' (*1887b*+, NS 104^R),[28] und 'Das Pferd ist ein Vierbeiner' besage „wohl" nichts anderes als 'Alle wohlausgebildeten Pferde sind Vierbeiner' (*BuG* 196). Streicht man in der Paraphrase des zweiten Beispiels das Adjektiv, das hier im Sinne von 'nicht verkrüppelt' zu verstehen ist, so besagt der zweite Satz etwas Falsches. Will man beide Sätze auf dieselbe Weise paraphrasieren, bietet sich eine Formulierung mit dem artikellosen Plural an: 'Pferde sind

---

[24] Sigwart 1873, 174. Auf S. 248 führt er ein Beispiel aus Schillers 'Wilhelm Tell'(I, 1) an: „Der brave Mann denkt an sich selbst zuletzt".
[25] Lotze 1880, §265. (Vgl. Gabriel 1976, §3 zu anderen Texten Lotzes.)
[26] Auch Husserl meint, wenn er von „generellen Aussagen" spricht, Sätze des Typs 'Der/die/das S ist P', in denen das grammatische Subjekt nicht ein einzelnes S bezeichnet (1896, 197–207).
[27] Lotze 1880, §68. In §102 paraphrasiert er es mit 'Jedes S ist als solches P'.
[28] In *1882b*, 50 sagt Frege über denselben Satz, sein grammatisches Subjekt bezeichne nicht (wie in einer Äußerung von 'Das Pferd müsste heute mal wieder gestriegelt werden') ein „Einzelwesen", sondern „die Art". Das ist wenig plausibel: frisst die Art *Equus ferus caballus* Pflanzen?

P'. Jede dieser Paraphrasen erlaubt es, dem grammatischen Subjekt in den angeführten Sätzen den Status eines singulären Terms abzusprechen, und das ist es, worauf es Frege im Kontext seiner Bemerkungen ankommt. (Sätze des Typs 'Der/die/das S ist P', deren grammatisches Subjekt kein einzelnes S bezeichnet, können nicht immer nach einem dieser Muster paraphrasiert werden, und Frege behauptet das auch nicht. Mit 'Der Dinosaurier ist vor langer Zeit ausgestorben' sagen wir etwas Wahres, obwohl das Prädikat '( ) ist *aus*gestorben' auf keinen Dinosaurier zutrifft. Fungiert das grammatische Subjekt hier nicht als ein singulärer Term, der eine Spezies bezeichnet? Frege sagt etwas Ähnliches über den Satz „Der Türke belagerte Wien": in ihm sei das grammatische Subjekt „Eigenname eines Volkes" (*BuG* 196). Sehr plausibel ist das hier freilich nicht: hat ein Volk Wien belagert? wäre dann nicht selbst der Prinz Eugen überfordert gewesen?)

Das Naturgesetz, dass alles, was aus Wachs besteht, bei einer Temperatur von über 60 °C schmilzt, stützt die Hypothese, dass diese Wachskerze in einem Kessel mit über 60 °C warmem Wasser schmelzen würde. Die Wahrheit, dass alle Steine in dieser Schubkarre eisenhaltig sind, stützt hingegen nicht die Hypothese, dass der Stein in meiner Hand, läge er in dieser Schubkarre, eisenhaltig wäre. Darum ist die Wahrheit, die eine Äußerung des Satzes

(S)   Alle Steine in dieser Schubkarre sind eisenhaltig

ausdrückt, kein Naturgesetz. Ist die Tatsache, dass (S) die Bezeichnung eines raumzeitlich lokalisierbaren Gegenstandes enthält, ebenfalls ein guter Grund für diese These? Dann müsste man sagen, dass das sog. Erste Kepler'sche Gesetz, dem zufolge die Umlaufbahnen aller Planeten Ellipsen sind, von denen ein Brennpunkt in der Sonne liegt, kein Gesetz ist. Dass das nicht mit dem Sprachgebrauch der Physiker harmoniert,[29] scheint Frege zu verkennen oder für irrelevant zu halten, wenn er behauptet, „dass die Bezugnahme auf bestimmte Körper wider das Wesen eines Naturgesetzes streitet, welches Allgemeinheit verlangt" (*1891c*, 147).

Ist Allgemeinheit in dem Sinne eine Eigenschaft mancher Gedanken, in dem Viereckigkeit eine Eigenschaft mancher geometrischen Figuren ist? Betrachten wir noch einmal den Gedanken, den eine wahrheitsgemäße Äußerung des Satzes (S) ausdrückt. Ist das

---

[29] Noch mit Freges eigenem: in *Log*$_2$ 159 spricht er selber von den „Keplerschen Gesetzen der Planetenbewegung".

ein allgemeiner Gedanke? Oder handelt es sich um einen singulären Gedanken? In der fraglichen Äußerung von (S) sagt man schließlich von der bezeichneten Schubkarre, dass in ihr nur eisenhaltige Steine liegen, so wie man mit 'Sokrates ist weise' von Sokrates sagt, dass er weise ist. Betrachten wir (S) im Lichte von Freges Prinzip der multiplen Dekomponierbarkeit, so sehen wir, dass sich die vermeintlichen Alternativen nicht ausschließen.[30] Je nach der Zerlegung des Satzes erscheint der ausgedrückte Gedanke als allgemeiner oder als singulärer. Er erscheint als allgemeiner, wenn wir den Satz zerlegen in 'Alle ... sind --', 'Steine in dieser Schubkarre' und 'eisenhaltig'; und er erscheint als singulärer, wenn wir den Satz zerlegen in den singulären Term 'diese Schubkarre' und den Rest. Frege schreibt:

> Übrigens kommt die Singularität einem Gedanken eigentlich nicht an sich zu, sondern nur hinsichtlich einer Weise der möglichen Zerlegung. (*1906b*, NS 203; vgl. *n.1906*, NS 218.)

Und das gilt natürlich auch von der Allgemeinheit. So wird eine Notiz verständlich, die sich in Scholz' Inhaltsangabe zu einem nicht mehr erhaltenen Entwurf zu *Allg* findet: „Allgemeinheit ist nicht Eigenschaft" (*Katalog* Nr. 16). Gemeint ist wohl dies: Allgemeinheit ist keine *absolute* Eigenschaft, sondern eine relationale. Auf einen Gedanken angewendet, ist 'ξ ist allgemein' eine Abbreviatur für 'ξ ist allgemein hinsichtlich einer möglichen Zerlegung' – etwa so wie 'ξ ist verheiratet' eine Abkürzung von 'ξ ist mit jemandem verheiratet' ist (s. o. 565 f). Die Bezugnahme auf ein Einzelding widerstreitet nur dann der Allgemeinheit des ausgedrückten Gedankens (*1891c*, s. o.), wenn Allgemeinheit hinsichtlich jeder möglichen Zerlegung gemeint ist.

Frege sagt in *Allg* zwar, dass „es uns hier um Gesetze zu tun ist" (278d), aber *de facto* ist das, was ihn auf den wenigen Seiten des Manuskripts beschäftigt, ein Zug, der den 'allgemeinen Urteilen' der beiden Arten, die Kant, Sigwart und Lotze genau wie die Wissenschaftstheoretiker des 20. Jh. unterschieden wissen wollen, gemeinsam ist. Wie wir sehen werden, sind nach Frege *alle* 'allgemeinen Urteile', also auch die nicht-nomischen, als generalisierte Subjunktionen formulierbar. *Allg* ist ein Fragment,– vielleicht wollte Frege auf den ungeschriebenen Seiten auch das Besondere der nomischen allgemeinen Gedanken thematisieren.

---

[30] Dasselbe gilt *mutatis mutandis* von Beispiel (v) oben.

§3. Umgangssprachliche Darstellungen der Allgemeinheit.[31]
(279d.)

Wie verhalten sich die in der traditionellen Logik als *allgemein bejahend* (oder universell-affirmativ) bezeichneten Sätze

(D1$_a$)   Alle Menschen sind sterblich

(D1$_b$)   Jeder Mensch ist sterblich

und das entsprechende *generalisierte Konditional*

(D2)   Wenn etwas ein Mensch ist, dann ist es sterblich

zueinander? Und wie verhalten sich zu diesen Sätzen der „Volkssprache" Deutsch (deshalb: 'D') die *generalisierten Subjunktionen*

(B1) a ist ein Mensch → a ist sterblich

(B2) $\forall x$ (x ist ein Mensch → x ist sterblich)

in der Begriffsschrift (darum 'B'), und wie verhalten sich letztere zueinander? Sie sind allesamt „Übersetzungen" voneinander, lautet Freges Antwort in *BS* §12 (S. 23), und er scheint an dieser Antwort festzuhalten, wenn er in *BuG* 197/198 und *GG I*, §13 schreibt, man könne „für" das eine jeweils immer auch das andere „sagen". In diesem Paragraphen geht es nur um die „volkssprachlichen" Formulierungen. In §4 werden wir uns mit (B1) beschäftigen und in §6 dann endlich auch mit Formulierung (B2) und ihrem Verhältnis zu (B1).

Ich unterstelle mit Frege, dass (D1$_a$) und (D1$_b$) in der „Sprache des Lebens" nur stilistische Varianten voneinander sind (und nehme fortan oft mit '(D1)' auf beide Bezug). Zwischen (D1$_{ab}$) und (D2) besteht ein erheblicher grammatischer Unterschied: die Nominalphrasen, mit denen (D1$_{ab}$) beginnen, sind in (D2) verschwunden, und der substantivische Teil jener Phrasen erscheint in (D2) als Komponente

---

[31]   VERGLEICHE: (Im Text.) LITERATUR: Quine 1950, §§ 12, 16 / ³1974, §§ 14, 21; Strawson 1952, 173–179, 195–202, dazu Church 1965 u. Smiley 1967; Vendler 1967, 70–76; Morscher 1969 u. 1970; Prior 1976, 51–53, 106–127; Dummett, FPL 512–541 u. IFP 443–444; Gabriel 1989a, xv-xx; Sainsbury 1992, 141–144; M. Wolff 1995, 281–295; Beaney 1996, Kap.1–2, bes. 49–56; Künne 1997, §6; Ben-Yami 2006. ['DIE MEISTEN' vs. 'ALLE']: Wiggins 1980b, bes. §§ viii-xiii; Sainsbury 1992, 192–197; Bar-Elli 1996, 188–194.

eines von zwei logischen Prädikaten. *Hat* (D2) *dennoch denselben Sinn wie* (D1$_{ab}$)?

Ja, lautet Freges Antwort: „Die Unterscheidung der Urtheile in kategorische [und] hypothetische ... scheint mir nur grammatische Bedeutung zu haben" (*BS* §4). Was er nicht wusste, ist, dass Franz Brentano schon ein paar Jahre vorher dieselbe Antwort gegeben hatte:

> „Der Satz 'wenn ein Mensch schlecht handelt, schädigt er sich selbst' ist ein hypothetischer Satz. Er ist aber dem Sinne nach derselbe wie der kategorische Satz 'alle schlechthandelnden Menschen schädigen sich selbst'. Und dieser wiederum hat keine andere Bedeutung als der Existentialsatz ... 'es gibt keinen sich selbst nicht schädigenden schlechthandelnden Menschen.'"[32]

Damit distanziert sich Brentano von dem Philosophen, den er mehr als jeden anderen bewundert. Nach der traditionellen, auf Aristoteles zurückgehenden Deutung der allgemein bejahenden Sätze muss unsere Frage nämlich verneint werden. Die Anhänger dieser Deutung argumentieren:»Mit einem Satz des Typs 'Alle S sind P' sagt man etwas Falsches, wenn es (wie bei 'Alle Planeten innerhalb der Bahn des Merkur sind Himmelskörper') kein S gibt; das entsprechende generalisierte Konditional kann dann aber sehr wohl eine Wahrheit ausdrücken (wie z.B. 'Wenn etwas ein Planet innerhalb der Merkur-Bahn ist, so ist es ein Himmelskörper'); also drücken universell-affirmative Sätze

---

[32] Brentano 1874, 59–60. Der Titel 'Psychologie vom empirischen Standpunkt' kann den Mathematiker, der seine BS aufbaute, kaum zur Lektüre des Buchs verlockt haben. In einem Brief an Frege erwähnt Stumpf 1882, dass er in diesem Punkt mit seinem Lehrer Brentano einig ist (WB 257). Die Geschichte der 'existenzfreien' Interpretation der universell-affirmativen Sätze beginnt in Deutschland auch nicht erst mit Brentano. Jakob Friedrich Fries *Fries* hatte für diese Deutung 1811 in seinem 'System der Logik' plädiert (S. 321 im Nachdruck d. 3. Aufl., vgl. dort auch S. 291). (Fries unterrichtete mit Metternich-bedingten Unterbrechungen von 1816 bis 1843 in *Jena*. Es gibt keinen Beleg dafür, dass Frege jemals Fries gelesen hat. Zum Verhältnis Leonard Nelsons und der Neuen Fries'schen Schule zu Frege: vgl. Peckhaus 2000 u. *Biogr* 477 Anm.) Und schon *Leibniz* hatte (in einer kritischen Anm. zu dem von ihm hrsg. u. eingel. Buch von Mario Nizolio) erklärt: 'Alle Menschen sind Lebewesen' besagt dasselbe wie das generalisierte Konditional „Wenn jemand ein Mensch ist, so ist er ein Lebewesen *(Si quis est homo, ille est animal)*, ... mithin ist zur Wahrheit dieses Satzes nicht erforderlich, dass es einen Menschen gibt *(ideo ad veritatem hujus propositionis non requiritur ut sit aliquis homo)*" (Leibniz 1670, A VI.2, 472, Anm. 86).

nicht denselben Gedanken aus wie die entsprechenden generalisierten Konditionale.«[33] Hält man sich an die graphische Repräsentation aristotelischer Lehren im 'Logischen Quadrat' des Boëthius,[34]

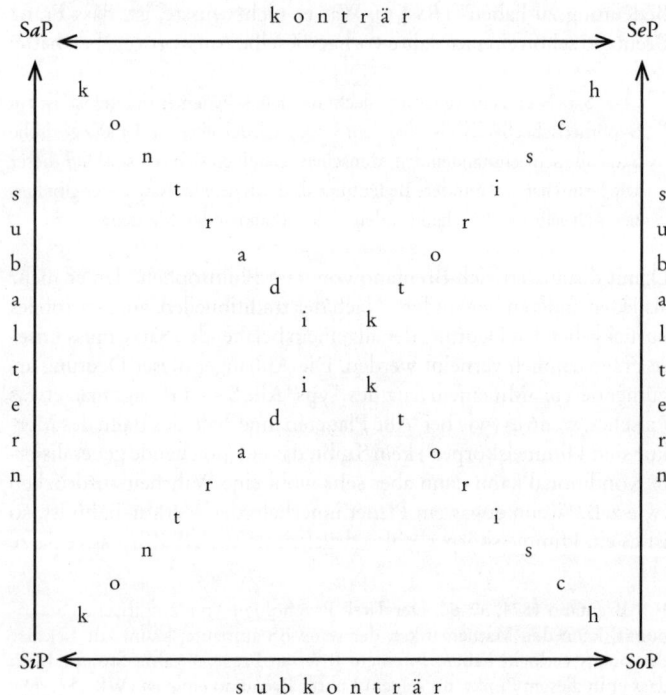

so folgt aus [S*a*P] 'Alle S sind P' der partikulär bejahende Satz [S*i*P] 'Einige S sind P'. (Das ist eine der beiden im Quadrat abgebildeten

---

[33] So auch Bolzano, der in diesem Punkt Aristoteliker ist (WL II, 330, 404–405). 'Alle S sind P' wird, so meint er, strenggenommen „mißbraucht", wenn man damit sagen will, was 'Wenn etwas S ist, so ist es P' ausdrückt. (Er wendet sich an der zweiten Stelle gegen Fries.) Vgl. auch Husserl 1896, 183–186.

[34] Hinter dieser Darstellung steht Aristoteles, *De Interpretatione* 7: 17ᵇ16–26; dazu Weidemann 2002, 202–217. '*a*' steht traditionell für '*affirmo universaliter* (ich bejahe ganz allgemein)', '*i*' für '*affirmo partialiter* (ich bejahe teilweise)', '*e*' für '*nego universaliter* (ich verneine ganz allgemein)' und '*o*' für '*nego partialiter*' (ich verneine teilweise)'.

Kapitel 5

'*conclusiones ad subalternatam propositionem* [Schlüsse auf den untergeordneten Satz]'. Die andere ist der Schluss von einem allgemein verneinenden Satz [S*e*P] 'Kein S ist P' auf den partikulär verneinenden [S*o*P] 'Einige S sind nicht P'.[35]) Nun kann es nicht wahr sein, dass einige S P sind, wenn es nicht mindestens ein S gibt. Also ist dieses Lehrstück der traditionellen Logik ebenfalls mit der These unverträglich, dass (D2) denselben Gedanken ausdrückt wie (D1). Merkwürdigerweise hat sich Frege bei seiner Präsentation des Quadrats, das er „Tafel der logischen Gegensätze" nennt (*BS* § 12, S. 24), über diese und andere Divergenzen ausgeschwiegen.[36] In einer Begriffsschrift-Vorlesung registriert er, dass bei der 'existenzfreien' Deutung der universell-affirmativen und der universell-negativen Sätze die Schlüsse auf den subalternen Satz als ungültig zu verwerfen sind;[37] aber er versäumt auch hier, darauf hinzuweisen, dass bei seiner Interpretation dieser Sätze die konträre und die subkonträre Opposition im Logischen Quadrat ebenfalls über Bord gehen:[38] von

---

[35] Auch in Bolzanos Logik sind beide Übergänge gültig (vgl. in WL II zu 'S*a*P, also S*i*P': 105, 114, 399–405, und zu 'S*e*P, also S*o*P': 400–401, 526–527). Lotze akzeptiert sie ebenfalls: „Die Rechtmäßigkeit der ... Folgerung leuchtet sofort ... ein" (1880, § 75). (Bei Aristoteles lautet 'S*o*P' freilich so: 'Nicht alle S sind P', und das ist ein brisanter Unterschied; denn mit diesem Satz kann man genau wie mit 'Nicht (wenn etwas S ist, so ist es P)' auch dann etwas Wahres sagen, wenn es kein S gibt.)

[36] Freges Bezeichnung des Logischen Quadrats ist genauso irreführend wie der in der anglophonen Literatur übliche Titel 'Square of Opposition', da die a/i- und die e/o-Beziehungen keine Oppositionen sind. Woher kannte Frege das Quadrat? Wir wissen, dass er Ueberweg gelesen hat, der das Quadrat in [1]1857, § 73 (in allen Auflagen) wiedergibt. (Aus *Katalog*, Nr. 51 = Nr. 113 geht hervor, dass Frege sich unter der Überschrift „Sinn der Zahlaussage" Auszüge aus Ueberweg gemacht hat – vielleicht angeregt durch Cantors Rezension der *GL*, der vermutet, Frege sei „einer Andeutung Ueberwegs in dessen 'System der Logik' § 53 gefolgt" [*GL*, Centenar-Ausgabe, 117]. Die Andeutung lautet: Die Zahl „ursprünglich (als *Anzahl*) die Determination der Vielheit der Individuen des Umfangs [sc. einer Vorstellung] durch die Einheit" [Ueberweg [4]1874 u. [5]1882].) Aber dieser Beleg für die Ueberweg-Lektüre verweist auf die Zeit *nach* der Publikation von *GL*, und außerdem bezeichnet Ueberweg die Opposition i/o im Unterschied zu Frege korrekt als *sub*konträr. Also zurück zu unserer Frage: Woher ...?

[37] *1910/11, Vorl* 14–15. Russell registriert diesen Konflikt ebenfalls: 1919, 164.

[38] Die Vorlesungsnachschrift zeigt hier auch, dass die wohlmeinende Hg.-Anm. auf S. 24 von BSA deplaziert ist. (Frege hatte Wichtigeres zu tun, als

allen im Quadrat dargestellten Beziehungen bleiben nur die beiden kontradiktorischen Oppositionen erhalten.

Die dort unterschiedenen sechs Beziehungen bestehen aber allesamt auch in Freges Logik, wenn man 'SaP' durch '∀x (Fx)' ersetzt, 'SiP' durch '∃x (Fx)', 'SeP' durch '∀x ¬(Fx)' und 'SoP' durch '∃x ¬(Fx)'. Deshalb kann man in Freges Logik aus '∀x (x ist ein Mensch → x ist sterblich)' sehr wohl deduzieren: '∃x (x ist ein Mensch → x ist sterblich)'.[39] Letzteres ist jedoch im Unterschied zu seinem '&'-Gegenstück auch dann wahr, wenn es keine Menschen gibt.

Die Ausdrücke 'partikulärer Satz' und 'Existentialsatz' verwendet Frege so, dass Folgendes gilt:[40] Jeder partikuläre Satz ist ein Existentialsatz; denn er kann begriffsschriftlich (in unserer Transkription) durch '∃x (Fx & Gx)' oder '∃x (Fx & ¬Gx)' repräsentiert werden. Aber nicht jeder Existentialsatz ist ein partikulärer; denn manche Existentialsätze können in einer BS durch die konjunktorfreien Formulierungen '∃x (Fx)' oder '∃x (¬Fx)' repräsentiert werden. 'Es gibt etwas, das mit sich identisch ist' ist also ein Existentialsatz, aber kein partikulärer Satz. Zwar könnte man ihn auch durch '∃x (x ist ein Gegenstand & x=x)' oder durch '∃x (x ist ein Seiendes & x=x)' wiedergeben; aber diese Formulierungen sind pleonastisch: man sagt mit ihnen nichts anderes als mit '∃x (x=x)'.

Auch diverse Syllogismen, denen die Aristotelische Logik deduktive Korrektheit bescheinigt, büßen diese Eigenschaft in der 'existenzfreien' Lesart der universell-affirmativen (und der universell-negativen) Sätze ein. Das ist immer dann der Fall, wenn in einem Syllogismus, der in der Aristotelischen Interpretation gültig ist, nur die Konklusion ein partikulärer Satz ist – wie z.B. in Argumenten der Form, die im Merkvers der Mönche *Darapti* heißt: 'Alle M sind P, alle M sind S, also: einige S sind P'.[41]

---

sich mit der Terminologie der traditionellen Logik, die er aus guten Gründen für obsolet hielt, genauer vertraut zu machen.)

[39] Frege würde statt '∃x' natürlich schreiben, was in unserer Transkription so aussieht: '¬∀x ¬'.

[40] *BS* §12; *BrL* 15/16, 22–23; *1882d*, WB 165; *c.1883b*, NS 70–71; *GG I*, §§ 8, 13; *1896a*, 367; *1910/11*, Vorl 13–15.

[41] Die Hinweise Freges auf den Logiker Aristoteles lassen sich an den Fingern einer Hand abzählen: *BS* §§ 6, 12 (implizit), 22 (Nr. 59, 62, 65); *BrL* 16; *1882a* 5. Die Modi der Aristotelischen Syllogismen sind in seinen Augen weder Schemata für deduktiv korrekte Argumente noch Schemata für logisch wahre Konditionale, sondern Deduktionsregeln.

Russell war (wie vor ihm Brentano) der Meinung, dass man sich von der Unrichtigkeit der Aristotelischen und der Richtigkeit der 'existenzfreien' Deutung der allgemein bejahenden Sätze anhand von Argumenten überzeugen kann, die just dieses syllogistische Argument-Schema instantiieren und wahre Prämissen, aber eine falsche Konklusion haben:

> „This notion ... of general propositions not involving existence is one which is not in the traditional doctrine of the syllogism,... and this produced fallacies. For instance,
>
> [P₁]   All chimeras are animals, and
> [P₂]   all chimeras breathe flame, therefore
> [C]   some animals breathe flame.
>
> This is a syllogism in *Darapti*, but that mood of syllogism is fallacious, as this instance shows."[42]

Hier gibt es aber noch Spielraum für den Aristoteliker. Buchstäblich verstanden, ist die Konklusion [C] falsch, da es keine Feuer speienden Lebewesen gibt. Aber sind die Prämissen, buchstäblich verstanden, wirklich wahr? Sind [P₁] und [P₂] nicht vielmehr elliptische Formulierungen der Gedanken, die wir mit Russell wahr zu nennen geneigt sind? Lautet ein Ausdruck dieser Gedanken, der „nichts dem Erraten überlässt" (Frege), nicht vielmehr so: '*Dem griechischen Mythos zufolge ist es der Fall, dass* alle Chimären Lebewesen sind (alle Chimären Feuer speien)'? Aber wenn wir diesen Prolog nun auch vor die Konklusion stellen, erhalten wir hier ebenfalls den Ausdruck eines *wahren* Gedankens. Schreibt man Prämissen und Konklusion so aus, dann handelt es sich gar nicht um allgemein bejahende Sätze. (Frege sähe in ihnen einen Anwendungsfall für seine Theorie der indirekten Rede: s. o. 1-§5.) Die Prämissen drücken zwar auch dann Wahrheiten aus, wenn man sie als nicht-elliptische generalisierte Konditionale versteht und wenn man den Sinn solcher Sätze mit dem der entsprechenden generalisierten Subjunktionen identifiziert. Aber bei dieser Deutung drücken auch die den Kenner der griechi-

---

[42] Russell 1918, 229; '[...]' von mir eingefügt. Vgl. Brentano 1874, 80, 287–288. Russells Exempel variiert ein Beispiel seines Paten: Mill 1843, Buch I, Kap. viii, § 5, und auch Brentano scheint sich hier seine Munition hergeholt zu haben (vgl. op. cit., 60–63, Anm.)

schen Mythologie zum Widerspruch reizenden Prämissen in dem formgleichen Argument

[P₁*]   Alle Chimären sind Haustiere,
[P₂*]   alle Chimären sind zutraulich, also:
[C*]   einige Haustiere sind zutraulich

Wahrheiten aus – genau wie die sich allgemeiner Zustimmung erfreuende Konklusion. Russells Argument widerlegt die Aristoteliker also nicht. Aus analogen Gründen tut das auch die folgende Überlegung nicht: „I do not know whether there are any winged horses,... but nevertheless I can know that all winged horses are horses".[43] Hält man sich an die 'existenzfreie' Deutung des All-Satzes, so kann Russell auch wissen, dass alle geflügelten Pferde flügellos sind. Aber kann man *das* wirklich wissen?

Russell glaubt überdies zeigen zu können, dass die 'existenzfreie' Auffassung der allgemein bejahenden Sätze in manchen Fällen obligatorisch ist. Ich ersetze sein (von Bradley übernommenes) Beispiel[44] durch ein heute beliebteres, dessen physikalische Korrektheit um des Arguments willen zugestanden sein möge. Mit

---

[43] Russell 1956, 67.
[44] 'As Mr. [Francis H.] Bradley has pointed out in the second chapter of his *Principles of Logic* [(1883), Buch I, Kap. ii, § 6], "[All] trespassers will be prosecuted" may be true even if no one trespasses, since it means merely that, *if* any one trespasses, he will be prosecuted'(Russell 1918, 237; cf. 1905, 43). Schon Bolzano erörtert ein ganz ähnliches Beispiel: „Wer sich um diese Stunde an diesem Orte erblicken lässt, soll als verdächtig eingezogen werden", aber er sieht in ihm einen nur scheinbaren Beleg für die Richtigkeit der 'existenzfreien' Deutung (WL II, 330). Die von Bolzano und Bradley angeführten Sätze werden verwendet, um eine Warnung oder Drohung auszusprechen. Das schließt zwar nicht aus, dass mit ihnen Wahrheiten ausgedrückt werden ('Auf dem Feld dort liegen Tellerminen'), aber ich ziehe ein Exempel vor, mit dem man klarerweise eine Behauptung aufstellen kann.
Fries hatte den Satz „Jeder Greif ist ein Vogel" verwendet, um zu zeigen, dass man mit universell-affirmativen Sätzen nicht „das Daseyn der Gegenstände in der Sphäre des Subjects" fordert (Fries 1837, Nachdruck 291). (Bolzano zeigt, dass Fries inkonsequent ist, weil er dennoch am Logischen Quadrat festhält.) Ich ziehe ein Exempel vor, das nicht – wie Husserl 1896, 183–185 vorführt – auf dieselbe Weise wie [P₁] und [P₂] neutralisiert werden kann.

(a)   Alle bewegten Körper, auf die keine äußeren
       Kräfte wirken, bewegen sich geradlinig

wird eine Wahrheit ausgedrückt, obwohl es wegen des allgemeinen Gravitationsgesetzes gar keine bewegten Körper gibt, auf die keine äußeren Kräfte wirken. Das ist unproblematisch, wenn (a) so viel heißt wie

(k)   Wenn etwas ein bewegter Körper ist, auf den
       keine äußeren Kräfte wirken, so bewegt es sich
       geradlinig.

Der Aristoteliker hingegen muss das mit (a) Gesagte als falsch verwerfen.[45]– Für den Anhänger der Frege'schen Auffassung ist dieses Argument ein zweischneidiges Schwert. Hat (k) denselben Sinn wie die entsprechende generalisierte Subjunktion, so ist die Tatsache, dass es keine bewegten Körper gibt, auf die keine äußeren Kräfte wirken, eine hinreichende Bedingung dafür, dass das mit (a) Gesagte wahr ist. Dann sagt man aber auch mit

(a*)   Alle bewegten Körper, auf die keine äußeren
       Kräfte wirken, bewegen sich auf elliptischen
       Bahnen

etwas Wahres. Tut man das wirklich?

Nun scheint es fast, als würde Russell mit seiner Überlegung unfreiwillig Wasser auf die Mühlen der *Gegner* der Frege'schen Deutung von (a) leiten. Doch deren Befürworter können dagegenhalten: Wer (a) billigt und (a*) ablehnt, der nimmt nicht zu den ausgedrückten Gedanken Stellung, die beide wahr sind, sondern zu etwas, was in Äußerungen dieser Sätze zu verstehen gegeben werden kann und was mit den folgenden generalisierten Konditionalen im Konjunktiv (s. o. 4-§13) buchstäblich ausgedrückt wird:

(κ)   Wenn etwas ein bewegter Körper wäre, auf den
       keine äußeren Kräfte wirken, so würde es sich
       geradlinig bewegen.

---

[45] Eine analoge Überlegung könnte man auch im Blick auf den Satz 'Jeder moralisch vollkommene Mensch ist glücklich' anstellen. Wahrscheinlich gibt es ja keinen moralisch vollkommenen Menschen; aber ist der mit diesem Satz ausgedrückte Gedanke *deshalb* nicht wahr?

(κ*)   Wenn etwas ein bewegter Körper wäre, auf den
        keine äußeren Kräfte wirken, so würde es sich auf
        einer elliptischen Bahn bewegen.

Mit (κ), aber nicht mit (κ*) wird etwas Wahres gesagt, da man vor (a), aber nicht vor (a*) *salva veritate* den Prolog 'Es ist ein Naturgesetz, dass' stellen kann.

Frege verdient jedenfalls Lob dafür, dass er auf keine der Russell'schen Karten gesetzt hat. Kehren wir zu seinen Ausführungen zurück. Allgemein bejahende Sätze unterscheiden sich von den entsprechenden generalisierten Konditionalen, so sagt er, nur durch die „Färbung", die der Gedanke erfährt (279d). Im Blick auf den Satz 'Alle Quadratwurzeln aus 1 sind vierte Wurzeln aus 1' hat er das in den *GG* ausgeführt:

> Man verbindet hiermit leicht den Nebengedanken, dass es etwas gebe, was Quadratwurzel aus 1 sei. Dieser muss hier ganz ferngehalten werden. Ebenso ist hier der Nebengedanke abzuwehren, dass es mehr als eine Quadratwurzel aus 1 gebe.[46]

Ein Gedanke, den ein Satz ausdrückt, kann auch dann wahr sein, wenn ein mit ihm angedeuteter Nebengedanke falsch ist (s. o. 2-§4). Demnach ist die logische Situation hier eine andere als bei Äußerungen einfacher Behauptungssätze, die eine Kennzeichnung enthalten: Wer den Satz Der Maler der *Mona Lisa* wurde in der Nähe von Vinci geboren mit behauptender Kraft äußert, der setzt voraus, dass es (genau) einen gibt, der die *Mona Lisa* gemalt hat, und was er sagt, ist *weder wahr noch falsch*, wenn die Voraussetzung der Existenz (oder die der Einzigkeit) falsch ist: darin steht Frege auf der Seite Strawsons gegen Russell (s. o. 1-§3). Aber wer einen Satz der Form 'Alle S sind P' mit behauptender Kraft äußert, der setzt nicht voraus, dass es (mehr als) einen Gegenstand gibt, der S ist (*1906b*, WB106): der ausgedrückte Gedanke fällt *nicht* in die Wahrheitswert-Lücke, wenn es kein (oder nur ein einziges) S gibt. Ein Blick auf die Matrix

---

[46] *GG I*, §13, Anm. 1. Was Sigwart über („empirisch allgemeine Urtheile" der Form) 'Alle S sind P' schreibt, kann hier als Folie dienen: „Dass es viele S gibt, ist in dem Plural impliciert; dass es überhaupt S gibt, welche P sind, ist gleichfalls implicite mitgesetzt" (Sigwart 1873, 172, Schemabuchstaben ausgetauscht).

des Subjunktors (s. o. 4-§9) zeigt: versteht man generalisierte Konditionale als generalisierte Subjunktionen, so ist der ausgedrückte Gedanke *wahr*, wenn der offene Vordersatz auf nichts zutrifft. Darin ist sich Frege mit Russell (gegen Strawson) einig.

Mit seiner These, dass der Gedanke, es gebe ein S, nur ein Nebengedanke ist, der bei einer Äußerung von 'Alle S sind P' angedeutet wird, widerlegt Frege den Aristoteliker natürlich nicht, – er widerspricht ihm nur. Eigentlich erhebt er auch gar nicht den Anspruch, die These von der Existenz-Implikation (oder die von der Existenz-Voraussetzung, die ihm bei Husserl begegnete) zu widerlegen:

> Ich gebrauche nun die Wendung mit ‚Alle' so, dass ich die Existenz weder mitmeine [wie bei der Aristotelischen Deutung], noch als zugestanden voraussetze [wie bei der Strawson'schen Auffassung]... Der Grund für meine Festsetzung ist die Einfachheit. Es ist untunlich, eine Ausdrucksform, wie die mit ‚Alle', die man als Grundform in der logischen Betrachtung verwenden will, so zu gebrauchen, dass damit zwei unterscheidbare Gedanken zugleich ausgedrückt werden in einem Satze, der nicht aus zwei durch „und" verbundenen Sätzen besteht. Man muss ja immer danach streben, auf die Elemente, auf das Einfache zurückzugehen. (*1906f*, WB 106; meine Hinzufügungen.[47])

Frege kann den Gedanken, den die Aristoteliker durch einen universell-affirmativen Satz ausgedrückt sehen, durch eine Konjunktion wiedergeben, deren Konjunkte die entsprechende generalisierte Subjunktion und '$\exists x(x$ ist ein Mensch)' bzw. '$\neg \forall x \neg (x$ ist ein Mensch)' sind. [Wenn Frege in seiner Junktoren-Logik den Ausdruck 'oder' „als Grundform in der logischen Betrachtung verwendet" hätte, so hätte er die Entscheidung gegen die Disjunktor- und für die Adjunktor-Deutung ganz analog begründen können (s.o. 4-§7): der Gedanke, den 'A v B' ausdrückt, kann durch eine Konjunktion wiedergegeben werden, deren Konjunkte 'A v B' und '$\neg$(A & B)' sind.]

Was Frege glaubt *widerlegen* zu können, ist die Annahme, dass die „grammatischen Subjekte" der Sätze

(D1$_a$)   *Alle Menschen* sind sterblich
(D1$_b$)   *Jeder Mensch* ist sterblich,

---

[47] Vgl. Russell 1919, 164.

auch ihre „logischen Subjecte" (*BuG* 198) sind, dass sie für etwas stehen, wovon in Äußerungen dieser Sätze die Rede ist. (Als *grammatisches Subjekt* eines allgemein bejahenden Satzes, bezeichne ich im Anschluss an Frege die Nominalphrase, die aus dem Quantitätszeichen 'alle' oder 'jede(r/s)' und einem generellen Term beliebiger Komplexität besteht.[48] Hingegen ist das, was die traditionelle Logik als *Subjekt*(-Term) eines solchen Satzes bezeichnet, nur das, was auf das Quantitätszeichen folgt.[49]) Wofür könnten die grammatischen Subjekte in (D1) stehen? *Prima facie* gibt es hier zwei Optionen – wie bei der Phrase 'Katia und Marielle Labèque'. In

(α)   Katia und Marielle Labèque sind ein Klavierduo

ist das grammatische Subjekt (wie Bolzano sagen würde) kollektiv zu verstehen: es bedeutet (denotiert) ein berühmtes Geschwisterpaar.[50] In

(β)   Katia und Marielle Labèque sind Französinnen

hingegen ist das grammatische Subjekt (wie Bolzano sagen würde) distributiv zu verstehen. Und Frege würde hinzufügen: (β) ist die komprimierte Fassung einer Konjunktion, – wir drücken mit (β) ein konjunktives Ggf aus, und die grammatischen Subjekte der Konjunkte bezeichnen jeweils eine der Schwestern.[51] Angenommen, die grammatischen Subjekte in (D1) stehen überhaupt für etwas: stehen sie *kollektiv* für die Gesamtheit aller Menschen, so wie das grammatische Subjekt von (α) kollektiv für ein Geschwisterpaar steht? Nein, denn die Gesamtheit aller Menschen, die Menschheit ist nicht sterblich, – sterben können nur die einzelnen Menschen. Und wenn

---

[48] *1895a*, 454 [unten zitiert]; *1906b*, NS 192.
[49] So beispielsweise in der Logik von Port-Royal (Arnauld & Nicole 1685, II.3–4) und in Kants 'Logik', §21. Nicht dass die traditionellen Logiker grammatisches Subjekt und Subjekt-Term immer konsequent unterschieden hätten: John Neville Keynes bspw. (der Vater des berühmten Nationalökonomen) bezeichnet auf einer Seite die Nominalphrase „All lovers of virtue" als Subjekt des Satzes „All lovers of virtue are lovers of angling", und auf einer anderen beschreibt er „All S are P" als eine „proposition having S for its subject" ('Studies and Exercises in Formal Logic', London ¹1884, zit. nach Prior (Lit.), der noch andere Exempel für diese Konfusion anführt).
[50] Bolzano, WL II, 39. Frege registriert diese Verwendungsweise in *1902b*, WB 222 u. *1914b*, NS 246.
[51] Vgl. dieselben Stellen bei Bolzano und Frege; und 4-§4.

Kapitel 5

es wahr ist, dass sich alle bewegten Körper, auf die keine äußeren Kräfte wirken, geradlinig bewegen, obwohl es solche Körper nicht gibt, so kann ein Satz der Form 'Alle S sind P' auch dann eine Wahrheit ausdrücken, wenn der singuläre Term 'die Gesamtheit der S' keine Bedeutung hat.

Es verdient hier aber festgehalten zu werden, was Bolzano gesehen hat:[52] dass 'Alle S sind P' nicht immer durch 'Jedes S ist P' paraphrasiert werden kann. Der Satz 'Alle Schüler des Johanneums haben sich auf dem Schulhof versammelt' heißt nicht dasselbe wie (¿) 'Jeder Schüler des Johanneums hat sich auf dem Schulhof versammelt', denn (¿) ist Nonsens. (Er heißt nach Bolzanos Deutung soviel wie 'Die Gesamtheit der Schüler des Johanneums hat sich auf dem Schulhof versammelt'.) Während 'alle' manchmal kollektiv verwendet wird ('alle zusammen'), kann 'jede(r/s)' nur distributiv gebraucht werden; denn 'jedes S' heißt immer soviel wie 'jedes *einzelne* S'. Widerlegt diese Beobachtung nicht die These, dass $(D1_a)$ und $(D1_b)$ denselben Gedanken ausdrücken? Nein. Dass nicht *jedes* Vorkommnis von 'alle' in einem Satz denselben Sinn hat wie ein Vorkommnis von 'jede(r/s)', schließt ja nicht aus, dass das Vorkommnis jenes Ausdrucks *in $(D1_a)$* denselben Sinn hat wie jedes Vorkommnis dieses Ausdrucks. Das Quantitätszeichen 'alle' hat eben mehr als einen Sinn, und der 'kollektivistische' beschäftigt Frege genausowenig wie der Gebrauch von 'und' als Operator, der wie in (α) für zwei singuläre Terme als Input einen singulären Term als Output liefert.

Sind die Phrasen 'Alle Menschen' und 'Jeder Mensch' in (D1) nach dem Modell von (β) distributiv zu verstehen? Dann wären $(D1_a)$ und $(D1_b)$ komprimierte Fassungen einer Konjunktion: 'Adam ist ein sterblicher Mensch, und Eva ist ein sterblicher Mensch,... und Ultimus ist ein sterblicher Mensch, und Ultima ist ein sterblicher Mensch'. Aber, so wendet Frege gegen diese *Zusammenfassungsthese* ein:

> Es ist doch klar, dass jemand mit dem Satze „alle Menschen sind sterblich" nichts von einem gewissen Häuptling Akpanya aussagen will, von dem er vielleicht nie gehört hat. (*1894*, 327; mit Rückverweis auf *GL* §47.)
> Wenn ich einen Satz ausspreche mit dem grammatischen Subjekte „alle Menschen", so will ich damit durchaus nichts von einem mir ganz unbekannten Häuptlinge im Innern Afrikas aussagen. Es ist also ganz falsch, dass ich mit dem Worte „Mensch" diesen Häuptling irgendwie bezeichne,

---

[52] Bolzano, WL I, 248, 407–408; II, 28, 39, 544.

dass dieser Häuptling in irgend einer Weise zur Bedeutung des Wortes „Mensch" gehöre. (*1895a*, 454; vgl. *1914b*, NS 230–231.)

KOLONIALGESCHICHTLICHES INTERMEZZO. Man kann von Akpanya etwas gehört haben, und ich glaube, Frege hat etwas von ihm gehört. In den 'Mitteilungen der Geographischen Gesellschaft ... zu *Jena*', Bd. 4 (1886), 15–39 erschien ein (von J. G. Christaller vorgelegter) Bericht des afrikanischen Missionars David Asante, der Anfang 1884 im Auftrag der Basler Missionsgesellschaft 'Eine Reise nach Sálaga und Oboóso' (im heutigen Ghana) unternommen hatte. Der Prediger und seine Begleiter durchquerten auf dieser Reise auch die Region Boëm, „ein fruchtbares Land mit ... 20.–30.000 Einwohnern" (19). „Wir ... schickten einen Boten voraus in die Hauptstadt Borada zu König Akpanya... Sie empfingen uns in öffentlicher Versammlung, hörten uns in erfreulicher Weise an und versprachen, wenn wir uns bei ihnen niederlassen würden, uns aufs beste aufzunehmen. Wir beschenkten den König und er erwiderte es mit Jams [Yamswurzeln] und einem Schafe... Boëm hat die Obmacht der Stämme des benachbarten Berglandes, und man schwört bei dem König von Boëm bis nach Akpóso [im Osten]" (23–24). Im Verlauf des Jahres 1884 wurde 'Togoland' eine deutsche Kolonie – zur Freude des Nationalliberalen Frege, so darf man annehmen, und Akpanyas Hauptdorf Borada lag im Südwesten dieser Kolonie. (Heute liegt es in Ghana.) Vermutlich nimmt Frege 1894 auf diesen Akpanya Bezug. Vielleicht war von ihm auch in Zeitungsberichten aus der sog. 'Musterkolonie' die Rede. Als „Häuptling Apanya" [sic] von „Buëm" [sic] wird er in der ethnographischen Dissertation eines Leutnants erwähnt, der 1895–97 Chef einer Station in Togo war,[53] und ein paar Jahre später scheint er auch photographiert worden zu sein: In einem Bericht von einer 'Baumwoll-Expedition nach Togo' im Jahre 1901 findet sich ein Bild, auf dem laut Legende neben deutschen Kolonialbeamten und Baumwoll-Experten aus Alabama auch „Akpanya von Boëm, Oberhäuptling" zu sehen ist.[54]

Ist Freges Argument überzeugend? Es gibt zunächst einmal ein Reichweite-Problem. Wenn die Gesamtheit der S überschaubar ist, so

---

[53] Rudolph Plehn, 'Beiträge zur Völkerkunde des Togo-Gebietes', Halle a/S 1898, 13–14.
[54] 'Beihefte zum *Tropenpflanzer*, Organ des Kolonial-Wirtschaftlichen Komitees' [1902], Heft 2, 81. (Bei der Literaturrecherche habe ich davon profitiert, dass die Keimzelle meiner Universität das 1908 gegründete und 1918 aus naheliegenden Gründen geschlossene Hamburgische Kolonialinstitut war.)

ist es manchmal keineswegs unplausibel anzunehmen, dass jemand, der 'Alle S sind P' mit behauptender Kraft äußert, dabei von jedem einzelnen S etwas aussagen will: 'Alle Hamburger Philosophie-ProfessorInnen sind zu der Sitzung erschienen'. Außerdem kommt es vor, dass man in einer Äußerung etwas von einem Gegenstand aussagt, von dem man nichts aussagen will: Mit einer Äußerung von 'Heute war mein härtester Arbeitstag in dieser Woche' am Samstag um 0:01 Uhr will die Sprecherin bestimmt etwas über den Freitag sagen, aber sie hat etwas über den sehr jungen Samstag gesagt. Und schließlich ist nicht einzusehen, wieso uns Freges Auffassung der allgemein bejahenden Sätze die Konsequenz erspart, dass man mit 'Alle Menschen sind sterblich' auch etwas über Akpanya aussagt, gleichgültig ob man es will oder nicht. Mit (B1) und

(B2) $\forall x$ (x ist ein Mensch $\to x$ ist sterblich)

sagt man doch über jeden Gegenstand etwas aus, nämlich dass er sterblich ist, falls er ein Mensch ist. Über jeden Gegenstand, also auch über einen westafrikanischen Häuptling und das Schaf, das er einem schwarzen Missionar geschenkt hat. Frege würde dagegen wohl einwenden: „Ueberhaupt ist es unmöglich, von einem Gegenstande zu sprechen, ohne ihn irgendwie zu bezeichnen oder zu benennen" (*GL* §47). Aber dieser Einwand steht auf wackeligen Füßen. Man kann sogar etwas von einem bestimmten Gegenstand aussagen *wollen*, ohne einen Ausdruck zu verwenden, der ihn (oder irgendetwas anderes) denotiert. Etwa wenn Ben auf dem Weg zum Parkplatz zu Anna sagt: 'Schau mal, da macht sich jemand an unserem Wagen zu schaffen'. Gewiss ist 'jemand' ('ein Mensch') keine Bezeichnung oder Benennung des Ganoven, von dem die Rede ist.[55]

Aber in der Nachbarschaft des missglückten Häuptlingsarguments gibt es einen schlagenden Einwand gegen die Zusammenfassungsthese. Die 'Adam-Ultima'-Konjunktion. kann nur verstehen,

---

[55] Von 'referring to x' gilt wohl Ähnliches wie von 'über x etwas aussagen wollen': „Consider the following anecdote (strictly fictional). In a crowded room at a party one of the guests is heard to remark, 'Somebody in this room has been talking about me behind my back.' Then this provokes in response the inquiry, 'Who(m) are you referring to?' – The point of the anecdote is of course simply that one may refer to someone without naming him (or her)" (Church 1995, 69). (Falls das eine Spitze gegen Strawson sein soll, so verfehlt sie seit 1964 ihr Ziel; denn seitdem pflegt Strawson von '*identifying* reference' zu sprechen.)

wer jeden der in ihr enthaltenen Namen, also auch 'Akpanya' versteht. Es ist klar, dass keiner von uns diese Bedingung erfüllt, obwohl wir (D1) verstehen. Es ist also abwegig anzunehmen, „dass in dem Satz 'Alle Menschen sind sterblich' der Satz '[Akpanya] ist sterblich' seinem Sinne nach enthalten sei, sodass, indem ich jenen ausspreche, ich den Gedankeninhalt dieses zugleich ausgedrückt hätte" (*1914b*, NS 231). Mit anderen Worten, die These ist „ganz falsch, dass in einem solchen Satze viele Urteile ... zusammengefasst werden" (*1895a*, 454).[56] Der Einwand ist davon unabhängig, dass die Gesamtheit aller Menschen für uns unüberschaubar ist. Auch wenn sie es nicht wäre, müsste man nicht jedes der Konjunkte verstehen, um (D1) zu verstehen. Den Gedanken, den der Satz 'Alle Besucher von Freges Begriffsschrift-Vorlesung im SS 1913 interessieren sich für Logik' ausdrückt, kann man erfassen, ohne eine der Wahres besagenden Einsetzungsinstanzen von '( ) ist ein Besucher von Freges Begriffsschrift-Vorlesung im SS 1913, und ( ) interessiert sich für Logik' zu verstehen.[57]

In *GL* §47 und *1914b*, NS 231 argumentiert Frege auch folgendermaßen gegen die Zusammenfassungsthese. In der 'Adam-Ultima'-Konjunktion wird der Gedanke, dass Akpanya sterblich ist, mit ausgedrückt: man braucht keine weitere Prämisse, um aus der Konjunktion den diesen Gedanken ausdrückenden Satz zu deduzieren. Hingegen kann man ihn nicht aus (D1) allein deduzieren, – man benötigt die Zusatzprämisse, dass Akpanya ein Mensch ist. Und wieder gilt Entsprechendes auch von dem Satzpaar 'Jeder Besucher jener Vorlesung interessiert sich für Logik' und 'Carnap interessiert sich für Logik'. – Dieses Argument trägt nicht weit genug. Unter der in Freges Begriffsschrift erfüllten Voraussetzung, dass jeder zu ihrem Vokabular gehörende Eigenname etwas bezeichnet, kann man aus 'Alles ist mit sich identisch' *ohne* Zusatzprämisse ableiten '17=17', und doch hat auch dieser All-Satz nicht denselben Sinn wie die Konjunktion aller seiner Einzelfälle.

Jedenfalls ist Frege im Ergebnis zuzustimmen: Logisch gesehen, ist das grammatische Subjekt in (D1) ein „Pseudosubject" (*1896a*,

---

[56] Was Frege hier als Einwand gegen Schröder vorbringt, hätte er auch gegen Lotze wenden können, der behauptet: „Das universale Urtheil ist nur eine Sammlung vieler Einzelurtheile" (1880, §68).
[57] Aus Carnaps Bericht wissen wir, dass die Gesamtheit der Besucher recht gut überschaubar war: s. o. EINL-§2.

367), ein „Scheineigenname" (*1895a*, 447), genau wie die grammatischen Subjekte in den anderen Sätzen des Logischen Quadrats. Wie fatal es sein kann, wenn man 'niemand' ('kein Mensch') für ein logisches Subjekt hält, hat Homer an Polyphem vorgeführt.[58] –

In *BuG* und *GG I*, § 13 fügt Frege der These, dass (D1) und (D2) gehaltgleich sind, eine weitere hinzu, die er ebenfalls bereits in *GL* § 47 vertreten hatte (und die wir in1-§2.3 vorgestellt haben): „Wir sprechen in den allgemein ... bejahenden ... Sätzen Beziehungen zwischen Begriffen aus" (*BuG* 198). Will Frege damit sagen, dass

(D3)   Der Begriff *Mensch* ist dem Begriff *sterblich* untergeordnet

denselben Gedanken wie (D1) ausdrückt? Jedenfalls dient ihm (D3) auch dazu, dass Häuptlingsargument positiv zu wenden: Wenn (D1) weder von der Menschheit als Gesamtheit noch unter anderem von Akpanya handelt, wovon ist in diesem Satz denn dann die Rede?

> Man muss nicht denken, dass ich von einem mir ganz unbekannten Häuptlinge im Innern Afrikas etwas aussagen will, wenn ich sage „Alle Menschen sind sterblich". Ich sage weder von diesem etwas noch von jenem; sondern ich ordne den Begriff Mensch dem Begriff des Sterblichen unter. In dem Satze „Cato ist sterblich" habe ich eine Subsumption, in dem Satze „Alle Menschen sind sterblich" habe ich eine Subordination. Von einem Begriffe ist hier die Rede, nicht von einem Einzeldinge. (*1914b*, NS 230–231.[59])

Diese Überlegung erlaubt es Frege, auch von einem Satz wie 'Alle Planeten innerhalb der Bahn des Merkur sind stark zerklüftet' zu sagen, in ihm sei von etwas Bestimmtem die Rede. In Ermangelung von Planeten innerhalb der Merkur-Bahn kann hier weder kollektiv von einer Planeten-Gesamtheit die Rede sein noch distributiv von Planeten. Wovon dann? Von Begriffen, lautet Freges Antwort: von dem leeren Begriff *Planet innerhalb der Bahn des Merkur* und von dem erfüllten Begriff *stark zerklüftet*. Demnach sagt man mit dem angeführten Satz von jenem leeren Begriff zu Recht, was von *jedem* leeren Begriff gilt: dass er einem erfüllten Begriff untergeordnet ist. Verbürgt die Tatsache, dass der Begriff *S* dem Begriff *P* untergeord-

---

[58] *Odyssee*, IX, 361 ff. Vgl. die Schröder-Kritik in *1895a*, 447.
[59] Vgl. *c.1883b*, NS 61, Nr. 23.

net ist, die Wahrheit des Gedankens, dass alle S P sind, so haben universell-affirmative Sätze keine Existenz-Implikation.

Man kann dem zustimmen und dennoch bestreiten, dass (D3) denselben Gedanken ausdrückt wie (D1). Mit dem Satz 'Der Morgenstern ist erheblich kleiner als der Jupiter' wird etwas über den Abendstern und über den Planeten, der nach dem Gatten Junos benannt ist, ausgesagt; aber dieser Satz hat nicht denselben Sinn wie 'Der Abendstern ist erheblich kleiner als der Planet, der nach dem Gatten Junos benannt ist'. Mit (D1) sagt man nach Freges Semantik genau dann etwas Wahres, wenn der Begriff, den 'ξ ist ein Mensch' bedeutet (signifiziert), dem Begriff, den 'ξ ist sterblich' bedeutet, untergeordnet ist. Aber die Konzepte dieses semantischen Kommentars zu (D1) gehen nicht in den Gehalt von (D1) ein. Man kann in einer Äußerung von (D1) einen Begriff einem anderen unterordnen, ohne zu tun, was man mit (D3) tut: sagen, dass einem Begriff ein anderer untergeordnet ist.[60]

Mit 'Akpanya ist sterblich' sagt man nach Freges Semantik genau dann etwas Wahres, wenn der Gegenstand, den 'Akpanya' bedeutet (denotiert), unter den Begriff fällt, den 'ξ ist sterblich' bedeutet (signifiziert). Die Negation dieses singulären Satzes ist 'Akpanya ist nicht sterblich'. Wäre die Phrase 'alle Menschen' nicht nur das grammatische, sondern auch das „logische Subjekt" von (D1), so wie 'Akpanya' das logische Subjekt des singulären Satzes ist (*BuG* 198), so wäre 'Alle Menschen sind nicht sterblich' die Negation von (D1). Dieser Satz hat aber eine Lesart (die nur durch Betonung von 'alle' ausgeschlossen werden kann), unter der er soviel heißt wie 'Alle Menschen sind unsterblich', und so verstanden sagt man mit ihm genau dann etwas Wahres, wenn der Begriff, den 'ξ ist ein Mensch' bedeutet (signifiziert), dem Begriff, den 'nicht (ξ ist sterblich)' bedeutet, untergeordnet ist. Dann aber drückt dieser Satz nicht die Verneinung des Gedankens aus, den (D1) ausdrückt; denn es könnte ja sein, dass manche Menschen sterblich und manche unsterblich sind. Sagt man mit (D1) genau dann etwas Wahres, wenn der Begriff, den 'ξ ist ein Mensch' bedeutet, dem Begriff, den 'ξ ist sterblich' bedeutet, untergeordnet ist, so sagt man mit der Negation von (D1) genau dann etwas Wahres, wenn jener Begriff diesem Begriff nicht unter-

---

[60] Damit widerspreche ich indirekt der folgenden Behauptung Freges in *1914b*, NS 231: „Wenn ich sage 'Plato ist ein Mensch',… sage [ich], dass Plato unter den Begriff *Mensch* falle".

geordnet ist. Die Negation von (D1) ist also 'Nicht (alle Menschen sind sterblich)'.[61]

Die Angabe der Wahrheitsbedingungen von universell-affirmativen Sätzen durch Sätze, in denen Begriffen derselben Stufe die Beziehung *( ) ist [ ] subordiniert* zugeschrieben wird, hat in Anbetracht des Reichtums der natürlichen Sprachen an Quantitätszeichen – 'alle', 'die meisten', 'viele', 'wenige', etc. – einen systematischen Vorteil, den Frege wohl noch nicht gesehen hat. Wir können zwar Sätze des Typs 'Alle S sind P' so verstehen, dass ihnen zufolge ein komplexes, mit einem wahrheitswertfunktionalen Junktor gebildetes, einstelliges Prädikat auf alle Gegenstände zutrifft; aber wir können Sätze der Form 'Die *meisten* S sind P' nicht so verstehen, dass ihnen zufolge ein derartiges Prädikat auf die meisten Gegenstände zutrifft. Weder mit dem Subjunktor noch mit dem Konjunktor kann man ein Prädikat bilden, das für diese Rolle taugt. Nicht mit dem *Subjunktor*: Es ist falsch, dass die meisten Pferde dreibeinig sind. Aber 'Für die meisten Gegenstände x gilt: x ist ein Pferd → x ist dreibeinig' drückt eine Wahrheit aus; denn da die meisten Gegenstände keine Pferde sind, hat fast jeder Gegenstand erst recht die Eigenschaft, nicht sowohl ein Pferd als auch nicht dreibeinig zu sein, und diese Eigenschaft haben alle und nur die Gegenstände, auf die das komplexe Prädikat nach dem Quantor zutrifft. Und auch nicht mit dem *Konjunktor*: Es ist wahr, dass die meisten Pferde vierbeinig sind. Aber 'Für die meisten Gegenstände x gilt: x ist ein Pferd & x ist vierbeinig' drückt offenkundig einen falschen Gedanken aus; denn da die meisten Gegenstände keine Pferde sind, trifft auf sie erst recht nicht das komplexe Prädikat nach dem Quantor zu. *Kein* wahrheitswertfunktionaler Junktor macht aus 'Für die meisten Gegenstände x gilt: x ist ein S Ⓒ x ist (ein) P' eine adäquate Wiedergabe von 'Die meisten S sind P'. Wir können die Wahrheitsbedingungen eines Gedankens, der durch einen Satz dieser Form ausgedrückt wird, aber durch eine modifizierte Subordinationsaussage angeben: Der Begriff *ξ ist ein S* ist dem Begriff *ξ ist (ein) P* fast vollständig untergeordnet. Diese Angabe der Wahrheitsbedingungen treibt keinen Keil zwischen 'alle' und 'die meisten'. Sie sieht in Freges '[sc. vollständig] untergeordnet' den Extremfall, von dem man sich mit 'fast vollständig untergeordnet' ('die meisten'), 'zu einem großen Teil untergeordnet'

[61] *1892c*, NS 130; *BuG* 198; *1895a*, 441 Anm. 3, 447. Vgl. 3-§§3–4 u. 3-§7.

('viele'), 'zu einem ganz geringen Teil untergeordnet' ('wenige') immer mehr entfernt.

Die Formulierung (D3) tritt in *Allg* nicht auf, doch daraus sollte man nicht schließen, Frege glaube nun nicht mehr, dass in Sätzen, die allgemeine Gedanken ausdrücken, ein Begriff einem Begriff subordiniert wird. Zwar findet auch der alte Frege die Verwendung von singulären Termen wie 'der Begriff *Mensch*' als Bezeichnung von solchem, dessen Wesen in seinem Prädizierbarsein besteht, systematisch irreführend.[62] (Wir haben dieses Problem in 1-§2.5 besprochen.) Aber er hält an der These fest, dass in einem generalisierten Konditional „eine Beziehung zwischen Begriffen, und zwar die der Unterordnung" ausgesagt wird (*1919c*, NS 274). –

Manchmal bietet Frege noch eine weitere Paraphrase der allgemein bejahenden Sätze an:

(D4)   Was ein Mensch ist, ist sterblich.

Auch Sigwart weist wiederholt darauf hin, dass Sätze dieses Typs genau denselben Sinn wie die entsprechenden universell-affirmativen Sätze der Standardform (D1) haben.[63] In (D4) ist das grammatische Subjekt ein Relativsatz ohne Bezugselement – wie in 'Wer wagt, gewinnt', und so wie dieser Satz eine Kontraktion von 'Jeder, der wagt, gewinnt' ist, so ist (D4) eine Zusammenziehung von 'Alles, was ein Mensch ist, ist sterblich'. Der Aristoteliker wird also konsequenterweise behaupten, dass man mit 'Was ein S ist, ist P' nur dann etwas Wahres sagt, wenn es mindestens ein S gibt, und Strawson wird ihm zustimmen. Aber (D4) hat bereits einen Zug mit 'Wenn etwas ein Mensch ist, dann ist es sterblich' gemeinsam, der Frege wichtig ist. Der Subjekt-Term aus (D1) erscheint in (D4) als Bestandteil des logischen Prädikats 'ist ein Mensch'. Mithin macht (D4) „die prädicative Natur des Begriffs" auch dort sichtbar, wo sein Ausdruck noch innerhalb eines grammatischen Subjekts auftritt.

---

[62] *1919c*, NS 275; *1924/25a*, NS 288–289, 292.
[63] *BuG* 198; *n.1887b*, NS 99^R; *1906a*, II: 378. Vgl. Sigwart 1871, 41; 1873, 174, 238, 247.

§4. Eine begriffsschriftliche Darstellung der Allgemeinheit.[64]
(280.)

Es ist allseits unumstritten, dass das folgende Argument schlüssig ist:

(D1)   Alle Menschen sind sterblich. Also:
(S)   Wenn Napoleon ein Mensch ist,
       dann ist Napoleon sterblich.

Nun tritt der generelle Term 'Mensch' in der Konklusion nicht wie in der Prämisse als Fragment eines grammatischen Subjekts auf, sondern als Teil eines der beiden logischen Prädikate eines Konditionals. Ersetzen wir (D1) durch das generalisierte Konditional

(D2)   Wenn etwas ein Mensch ist, dann ist es sterblich,

so können wir jene strukturellen Merkmale unserer Konklusion in der Prämisse wiederfinden und den Übergang zu (S) formal charakterisieren: als Ersetzung zweier aufeinander verweisender „unbestimmt andeutender" Satzteile durch gleichgestaltete Bezeichnungen desselben Gegenstandes (280, Z. 2–7; *1906a*, II: 381).[65] Im WS 1910/11 nimmt Frege diese Überlegung zum Anlass für ein denkwürdiges Statement:

> Wenn wir sagen: „Alle Quadratwurzeln aus 4 sind 4. Wurzeln aus 16", so ist „Quadratwurzel aus 4" scheinbar nicht prädikativ; aber nur scheinbar, denn eigentlich heißt es: „Wenn etwas Quadratwurzel aus 4 ist, so ist es 4. Quadratwurzel aus 16." Wir dürfen deshalb die Logik nicht zu sehr an die Sprache anklammern; die Logik ist nicht nur trans-arisch, sondern sogar transhuman. (*Vorl* 13.)

Ob er sich bei den letzten Worten nicht doch einmal von der Tafel ab- und seinen wenigen Zuhörern zugewandt hat (s. o. EINL-§2)?

Es ist wichtig, die Rolle des Fürworts 'es' in (D2) von seinem Gebrauch als „pronoun of laziness" (Geach) zu unterscheiden. Manchmal ersparen wir uns durch dieses Wörtchen eine unschöne

---

[64] VERGLEICHE: *BS* §§ 4, 11–12; *BrL* 15–22; *1882a*, 8–10; *GG I*, §§ 8, 13, 17; *1906d*, NS 203–208; *n.1906*, NS 215–218.
    LITERATUR: Quine (1941), 1965, §§ 8, 34–37; Dummett, FPL Kap. 2 u. 15; [FREGE VS. BOOLE]: Dudman 1976b; Beaney 1996, 41–46; Peckhaus 2004, § 5. [UNEIGENTLICHE SÄTZE]: Stepanians 1998, 165–170.
[65] In Davidson 1970, 138 ist ein Echo dieser Überlegung zu vernehmen.

Wiederholung, so z. B. in 'Nicht alle, die das monumentale Hauptwerk Robert Musils preisen, haben es ganz gelesen': weit entfernt davon, bloß „unbestimmt andeutend" zu sein, bedeutet (denotiert) das Pronomen hier genau den Gegenstand, den sein grammatisches Antecedens, die Kennzeichnung bedeutet. Würde man das Fürwort durch diese Kennzeichnung ersetzen, würde man denselben Gedanken ausdrücken. In (D2) spielt das Wörtchen 'es' hingegen eine ganz andere Rolle. Hier kann es nicht *salvo sensu* durch sein grammatisches Antecedens ersetzt werden; denn im Unterschied zu (D2) drückt

(Z)   Wenn etwas ein Mensch ist,
       dann ist etwas sterblich

einen Gedanken aus, der auch dann wahr sein könnte, wenn kein Mensch sterblich ist. (Wenn etwas ein Messer ist, dann ist etwas eine Klinge; aber kein Messer ist eine Klinge.) Anders als (D2) drückt (Z) ein hypothetisches Ggf aus; denn (Z) besteht aus „eigentlichen Sätzen". Für sich und im Rahmen von (Z) drückt 'etwas ist ein Mensch' den Gedanken aus, dass es mindestens einen Menschen gibt (*1906a*, II: 377). Im Rahmen von (D2) drückt dieselbe Wortfolge gar keinen Gedanken aus, aber ihr erstes Wort sorgt zusammen mit dem nachfolgenden Pronomen dafür, dass (D2) als ganzes einen allgemeinen Gedanken ausdrückt.

„Wenn wir auf 'etwas' und 'es' beschränkt wären, könnten wir nur ganz einfache Fälle behandeln" (280). Um diese Beschränkung aufzuheben, macht Frege sich einen Zug der Sprache der Arithmetik zunutze, und an der Arithmetik kann man sich auch die Grenzen der Anwendbarkeit der 'etwas/es'-Konstruktion klarmachen. Hier dienen Buchstaben meist dazu, einem Satz „Allgemeinheit des Inhalts zu verleihen".[66] (Ausnahmen wie 'e' als Bezeichnung der Euler'schen, 'π' als Bezeichnung der Ludolph'schen Zahl und 'i' als Name der imaginären Einheit bestätigen die Regel.[67]) Statt 'Wenn etwas größer als 2 ist, so ist auch sein Quadrat größer als

---

[66]   *1906a*, I: 296, 307–308, II: 378–381; *1906d*, NS 204, 206–207, 211 Anm.; *n.1906*, NS 215; *1908*, 54; *1910*, WB 116–117; ähnlich schon in *BrL* 12 Anm.; *1882a*, 6. Wegen der Konfusionen im Gebrauch von 'Variable' und 'Veränderliche' bei den zeitgenössischen Mathematikern vermeidet Frege diese Ausdrücke geflissentlich: vgl. *n.1898*; *1904a*; *1910*, WB 116; *1913*, *Vorl* 40–41; *1914a*, WB 129; *1914b*, NS 254.
[67]   *n.1898*, NS 176; *1904a*, 660.

2' schreibt der Mathematiker, dabei auch das mehrwortige Prädikat durch ein atomares Symbol ersetzend: 'Wenn $a>2$, dann $a^2>2$'. Welche Buchstaben man gebraucht, ist gleichgültig: wichtig ist nur, dass der Buchstabe nach 'wenn' und der Buchstabe nach 'dann' gleichgestaltet sind. „Gleichgestaltet" sind diese Inskriptionen, so Frege, wenn die Absicht ihres Produzenten, Buchstaben von derselben Form hinzuschreiben, erkennbar ist.[68] (Seine These ist nicht, dass die Absicht genügt.) Wollte man nun den allgemeinen Gedanken, den 'Wenn $a>b$ und $b>c$, dann $a>c$' ausdrückt, mit 'etwas/es' formulieren, so geriete man in arge Schwierigkeiten. Und es dürfte auch schwer fallen, mit dieser Konstruktion das Gesetz, dass die Multiplikation rechtsdistributiv über die Addition ist, auszudrücken, was mit Buchstaben ganz leicht zu bewerkstelligen ist: '$(a+b)\times c=a\times c+b\times c$'. Wenn wir das generalisierte Konditional (D2) *more arithmetico* umformulieren, erhalten wir:

(B*)   Wenn a ein Mensch ist, dann ist a sterblich.

Das ist kein Satz der "Volkssprache" Deutsch: ein Lexikon und eine Grammatik unserer Sprache sind nicht deshalb unzureichend, weil sie den Gebrauch von 'a' in (B*) nicht erklären. Wegen des Gebrauchs von Buchstaben, um allgemeine Gedanken auszudrücken, und fast *nur* deswegen, sagte Frege im Untertitel seines ersten Buchs von seiner Begriffsschrift, sie sei „der arithmetischen nachgebildet" (*BS*, IV). (Fast nur; denn er übernimmt von den Mathematikern ja auch den Terminus 'Funktion' – nicht ohne seinen Gebrauch von Konfusionen zu reinigen und erheblich zu erweitern.)

Auch Formulierung (B*) ist in Freges Augen noch verbesserungsbedürftig. Betrachten wir General Kutusows intuitiv schlüssigen Syllogismus

---

[68] *Allg* 281, 1. Anm.; *GG II*, § 99; *1917b*, WB 35. Die Anm. in *Allg* ist etwas verwirrend, weil man nicht erfährt, warum auch *Größen*gleichheit intendiert sein muss. Vielleicht will Frege auf den Unterschied zwischen Majuskeln und Minuskeln hinaus ('Das hier soll ein *kleines* C sein'). Der dritte Großbuchstabe und der dritte Kleinbuchstabe unseres Alphabets haben (in vielen Schriften) dieselbe Gestalt; aber 'die erste Fuge in C im Wohltemperierten Klavier' bezeichnet eine andere Komposition als 'die erste Fuge in c im Wohltemperierten Klavier', und in einer formalen Sprache könnten 'C'-Inskriptionen eine ganz andere Funktion haben als 'c'-Inskriptionen.

[K]   Alle Menschen sind sterblich,
         Napoleon ist ein Mensch, also:
         Napoleon ist sterblich.

Wir ersetzen den Obersatz durch (B*), wenden auf diesen Satz die Regel der Deduktion des Besonderen aus dem Allgemeinen an und erhalten

(S)   Wenn Napoleon ein Mensch ist,
         dann ist Napoleon sterblich.

Und nun ist man geneigt zu sagen: Bei Anwendung der junktorenlogischen Regel *MPP* auf (S) und den Untersatz von [K] erhalten wir die Konklusion von [K]. Aber wenn wir nun so genau hinschauen, wie Frege es tut, so sehen wir, dass im Untersatz nicht genau das steht, was in (S) auf 'wenn' folgt, und dass in der Konklusion nicht genau das steht, was in (S) auf 'dann' folgt. Die Gedanken, die Untersatz und Konklusion in [K] ausdrücken, kommen auch in dem Gedankengefüge vor, das (S) ausdrückt; aber die Formulierung (S) spiegelt das nicht exakt wieder (281b). Diesem Mangel kann man durch die folgende Umformulierung abhelfen:

(S†)   Wenn Napoleon ist ein Mensch,
         dann Napoleon ist sterblich.

Das ist kein grammatisch wohlgeformter Satz unserer Sprache (obwohl man angesichts des traurigen Schicksals der 'weil'-Sätze wohl darauf gefasst sein muss, dass es bald einer sein wird). Aber es ist ein makelloser Satz im begriffsschriftlich reglementierten Deutsch. Jetzt ist natürlich auch eine entsprechende Umformulierung von (B*) geboten:

(B†)   Wenn *a* ist ein Mensch, dann *a* ist sterblich.

Das ist aus einem lexikalischen und aus einem syntaktischen Grund kein Satz unserer Sprache. Ersetzen wir jetzt noch den „volkssprachlichen" Satzverknüpfer in (B) durch sein begriffsschriftliches Gegenstück, den Subjunktor (in der heute üblichen Notation), so erhalten wir

(B1)   *a* ist ein Mensch → *a* ist sterblich.

(Dieser Schritt erfolgt in dem Fragment *Allg* noch nicht.) Dem Ausdruck der Allgemeinheit dienende kursivierte Kleinbuchstaben unserer Antiqua-Schrift nennt Frege in den *GG* wie schon in der *BS* „lateinische" Buchstaben.[69] –

Wir können uns an dieser Stelle schon eine, wenn nicht die entscheidende Differenz zwischen Booles und Freges Logik klarmachen (s. o. EINL-§2). Boole nennt Sätze wie die in Kutusows Syllogismus [K] und alle anderen Behauptungsssätze, die nicht aus eigentlichen Sätzen bestehen, „primary propositions". Sie sind Thema des ersten Teils seiner Logik. (Aus der Boole'schen Klassenalgebra kann man alle Gesetze der monadischen[70] Quantorenlogik gewinnen, u. u.) Sätze, die wie (S) bzw. (S†) wahrheitswertfunktionale Gedankengefüge ausdrücken, heißen bei Boole „secondary propositions". Sie sind Thema des zweiten Teils seiner Logik. (Aus der Boole'schen Klassenalgebra kann man auch alle Gesetze der Junktorenlogik gewinnen, und wenn man noch die Identitätsgesetze hinzunimmt, gilt auch die Umkehrung.) In Schröders 'Operationskreis des Logikkalkuls' (1877) erscheint Booles Dualismus als der von „Urtheilen der ersten Klasse" und „Urtheilen der zweiten Klasse". In seiner Metakritik an Schröders Rezension der *BS* schreibt Frege:

> Der wahre Unterschied [zwischen Booles Logik und meiner BS, den Schröder völlig verkennt] ist der, dass ich ein solches Zerfallen in zwei Teile vermeide und das Ganze aus einem Gusse herstelle. Bei Boole laufen die beiden Teile nebeneinander her, sodass der eine gleichwie ein Spiegelbild des anderen ist, eben deswegen aber in keiner organischen Verbindung[71] mit ihm steht. (*BrL* 15.) Jeder Uebergang von der einen Art der Urtheile zu der andern, der im wirklichen Denken doch oft vorkommt, ist abgeschnitten. (*1882a*, 4.)

---

[69] *BS* §11, S. 21; *GG I*, §17, S. 31. 'Lateinische Schrift' war eine gängige Bezeichnung für die Antiqua-Schriften, die in Deutschland erst im Verlauf des 19. Jh. verstärkt genutzt wurden und die heute dominieren. In den englischen Übersetzungen heißen Freges lateinische Buchstaben 'Roman' oder 'italic letters'. Anders als in der *BS* verwendet Frege in den *GG* Buchstaben vom *Ende* des Alphabets zum Ausdruck der Allgemeinheit. Da ich 'x' usw. in diesem Kommentar als von einem Quantor gebundene Variablen gebrauche, verwende ich hier die Buchstaben vom Anfang des Alphabets – genau wie Frege es in der *BS* getan hatte und in *Allg* wieder tut.
[70] Dass das eine erhebliche Einschränkung ist, werden wir später sehen.
[71] Vgl. ebd. 19; *1882a*, 9.

Der Schritt von (D1) zu (S), den Frege in *Allg* als Schritt von (B†) zu (S†) darstellt, ist ein solcher Übergang. Boole weist darauf hin, dass in Satzpaaren wie

(i) Alle Fächer der Fakultät 1 sind Rechts- oder Sozialwissenschaften
(ii) Alle Fächer der Fakultät 1 sind Rechtswissenschaften, oder alle Fächer der Fakultät 1 sind Sozialwissenschaften

(i) eine „primary proposition" ist und (ii) eine „secondary proposition".[72] Aber er kann das deduktiv korrekte Argument '(ii), also (i)' in seinem Symbolismus nicht darstellen. In Freges Begriffsschrift kann man diesen Übergang hingegen mühelos formulieren und legitimieren.–

In seiner zweiten Aufsatzserie 'Über die Grundlagen der Geometrie' betont Frege wiederholt, dass die beiden „uneigentlichen Sätze" in

(L) Wenn $a>1$, so $a>0$

nicht nur keine Gedanken ausdrücken, sondern „sinnlos" sind.[73] Die „größten noch bedeutungsvollen [also *a fortiori* sinnvollen] Teile" der Teilsätze in (L) seien die Prädikate '( )>1' und '( )>0', deren Bedeutungen Funktionen (Begriffe) sind (*1906a*, II: 400). Die beiden uneigentlichen Sätze bedeuten (signifizieren) natürlich keine Funktionen, denn wenn sie es täten, wäre (L) gar kein „eigentlicher Satz", kein Gedankenausdruck, sondern ein komplexes Prädikat. Gegenstände können sie auch nicht bedeuten; denn das könnten ja bestenfalls Wahrheitswerte sein, aber nur ein eigentlicher Satz wie (L) als ganzer kann einen Wahrheitswert bedeuten (indizieren). Sind die uneigentlichen Sätze in (L) nun aber sinnlos, so kann der Sinn von (L) natürlich nicht aus ihrem Sinn und dem des Junktors bestehen. Woraus aber dann? Der längste noch bedeutungsvolle, also erst recht sinnvolle Ausdruck, der sowohl in (L) als auch in

(M) Wenn $3>1$, so $3>0$

vorkommt, ist das komplexe Prädikat 'Wenn ( )>1, dann ( )>0'. In (M) wird der Sinn dieses Prädikats durch den der Ziffer '3' gesättigt. Nun betont Frege, dass die „lateinischen" Buchstaben keinen Sinn

---

[72] Boole 1847, 58–59.
[73] *1906a*, II: 377, 379, 395, 400; vgl. *1906a*, I: 307–308;

Kapitel 5 723

(also *a fortiori* keine Bedeutung) haben, sondern nur „andeuten".[74] Aber wenn diese Buchstaben in (L) keinen Sinn haben, wodurch wird dann der Sinn des komplexen Prädikats in (L) gesättigt? Freges Sinnlosigkeitsverdikt sollte nicht so interpretiert werden, dass diese Frage unbeantwortbar wird. Der „lateinische" Buchstabe im ersten uneigentlichen Satz in (L) hat keinen Sinn, der im zweiten auch nicht, aber *beide zusammengenommen* haben einen Sinn. Eine entfernte Analogie kann hier hilfreich sein: In einer mit 'sowohl ... als auch ---' formulierten Konjunktion hat weder die erste Hälfte dieses Junktors einen Sinn noch die zweite; aber beide zusammen haben einen Sinn. Mehr als bloß eine entfernte Analogie finden wir in Freges eigenem Vergleich des Zusammenspiels der beiden „lateinischen" Buchstaben in (L) mit dem Zusammenspiel der lateinischen Korrelativa '*tot*' und '*quot*' – etwa in dem Hexameter Ovids, den ich oben in §1 zitiert habe. Jetzt können wir die obige Frage so beantworten: Was den Sinn des komplexen Prädikats in (L) zu dem Gedanken ergänzt, den (L) ausdrückt, ist der Sinn des Satzfragments '*a ... a ...*'. Ausführungen, die Frege im August 1906 über einen Beispielsatz wie (L) macht, weisen in dieselbe Richtung (und vielleicht will er hier sogar die Formulierungen, die ich den bereits in den Juni- und Juli-Heften des Jg. 1906 einer mathematischen Zeitschrift erschienenen Geometrie-Aufsätzen entnommen habe, vor einem Missverständnis schützen):

> [Der Teilsatz '$a > 1$' in 'Wenn $a > 1$, so $a > 0$'] drückt keinen Gedanken mehr aus, ..., weil „a" weder als Eigenname einen Gegenstand bezeichnen soll noch diesem Teile Allgemeinheit des Inhalts verleihen soll, hinsichtlich dieses Teiles überhaupt keinen Zweck hat, nichts dazu beizutragen hat, diesem Teile etwa einen Sinn zu verleihen. Dasselbe gilt von dem anderen [Teilsatz]. Das „a" in dem einen Teile weist auf das „a" in dem anderen Teile hin, und eben deswegen können die Teile nicht getrennt werden; denn eben damit fiele *das, was „a" zum Sinne des ganzen beizutragen hat*, ganz weg, und damit ginge der Zweck des „a" verloren. (*1906d* [8. VIII.], NS 208–209; Beispiel geändert, meine Herv.)

Eine Zeichenreihe, die aus einem „lateinischen" Buchstaben und einem Prädikat besteht, ist auch nicht immer ein uneigentlicher Satz. Schließlich sagt man ja mit

---

[74] *GG I*, §17, S. 31/32; *1906a*, II: 378–379; *1910*, WB 117.

(N)   *a* ist ein Gegenstand

etwas Wahres, nämlich dass alles ein Gegenstand ist. Wodurch wird der Sinn des einfachen Prädikats in (N) zu diesem Gedanken vervollständigt? Die Antwort kann doch wohl nur lauten: durch denselben Sinn, der den Sinn dieses Prädikats in 'Alles ist ein Gegenstand' zu diesem Gedanken ergänzt (vgl. *1906d*, NS 204). Mithin kann auch *ein* Vorkommnis eines „lateinischen" Buchstabens einem Satz Allgemeinheit des Inhalts verleihen. Wenn Frege konstatiert, dass das erste '*a*' in (L) nicht dem ersten Teilsatz Allgemeinheit verleihen soll, bestreitet er ja eigentlich auch nicht, dass das '*a*' in einer *separaten* Äußerung von '*a*>1' deren Inhalt Allgemeinheit verliehe, so dass diese Äußerung den offenkundig falschen Gedanken, dass alles größer als 1 ist, ausdrücken würde.–

In der durch "lateinische" Buchstaben (und den Subjunktor) ergänzten und syntaktisch standardisierten Variante des Deutschen sollen Argumente, in denen vom Allgemeinen zum Besonderen übergegangen wird, stets gültig sein. Ist das Argument '*a*=*a*; also: Vulkan = Vulkan' gültig? In Freges Augen ist es ungültig; denn da 'Vulkan' nichts bezeichnet, drückt der zweite Satz einen Gedanken aus, der nicht wahr (und auch nicht falsch) ist.[75] Also dürfen zum Vokabular des begriffsschriftlich reglementierten Deutsch keine singulären Terme gehören, die nichts bezeichnen (281a). Ist das Argument 'Wenn *a* stammt aus Korsika, dann *a* stammt aus Korsika; also: wenn Napoleon stammt aus Korsika, dann Napoleon stammt aus Korsika' gültig? Nicht, wenn das erste 'Napoleon'-Vorkommnis den Sieger von Austerlitz und das zweite den Besiegten von Sedan bezeichnet. Also dürfen zum Vokabular des begriffsschriftlich reglementierten Deutsch keine gleichgestalteten singulären Terme gehören, die verschiedene Gegenstände bezeichnen (281a). Auf singuläre Terme angewandt, gilt hier wirklich der Slogan „*unum nomen, unum nominatum*".

---

[75] Anhänger der 'Positiven Freien Logik' sehen das anders. Eine (sc. von Existenz-Annahmen) 'freie' Logik ist 'positiv', wenn ihr zufolge Einsetzungsinstanzen von '*x*=*x*' auch dann Wahrheiten ausdrücken, wenn die substituierten singulären Terme leer sind.

§5. Die Unterscheidung von Hilfs- und Darlegungssprache.[76]
(280–281.)

Warum nennt Frege die Sprache, die er durch schrittweise Reglementierung der "Volkssprache" Deutsch aufbaut und die bei Abschluss der Reglementierung eine Begriffsschrift ist, *Hilfssprache*? Diese Bezeichnung ist kein Neologismus. Frege begegnete ihrem französischen Gegenstück in zwei Briefen des Logikers und Leibniz-Forschers Louis Couturat (s. o. EINL-§2). Dieser verwendete den Briefkopf der 1901 von ihm mitgegründeten Kommission für den Aufbau einer „*langue auxiliaire* internationale" (WB 21, 23), und er bat Frege um Befürwortung dieses Projekts.[77] Freges Briefe an Couturat sind nicht erhalten, aber man kann Couturats Reaktion entnehmen, dass Frege das Projekt jedenfalls nicht für abwegig erklärt hat,[78] sondern nur Unbehagen angesichts der „unvermeidlichen Wortneuschöpfungen" und des notwendigen „Mangels an Sprachgefühl" bei der Verwendung einer solchen Sprache geäußert hat (WB 23). – Das italienische Pendant zum Wort 'Hilfssprache' hätte Frege im Titel eines Aufsatzes eines seiner wichtigsten Briefpartner finden können. Auch Giuseppe Peano (s. o. EINL-§2) arbeitete an einem ähnlichen Projekt wie Couturat, mit dem er auch korrespondierte und den er 1900 in

---

[76] VERGLEICHE: (Im Text.)
LITERATUR: [HILFSSPRACHE]: Trendelenburg 1856; Carnap 1963, 67–71; Rutherford 1995; Beaney 1996, 38–41, 299. [OBJEKT- UND METASPRACHE]: Tarski 1933/35, §2: 19–28 u. 1944, §9; Carnap 1934, §§1, 41–42; Künne 2003, 175–225.

[77] Er realisierte es 1907 in Gestalt einer verbesserten Version des Esperanto, der er den Namen 'Ido' gab (was vielleicht eine Abk. für 'Idioma Di Omni' sein sollte).

[78] Da erging es Carnap, der schon als Gymnasiast Esperanto gelernt hat, mit Wittgenstein ganz anders: „At our very first meeting with Wittgenstein [in 1927], Schlick unfortunately mentioned that I was interested in the problem of an international language like Esperanto. As I had expected, Wittgenstein was definitely opposed to the idea. But I was surprised by the vehemence of his emotions. A language which had not 'grown organically' seemed to him not only useless but despicable" (Carnap 1963, 26). Noch zwanzig Jahre später reagierte Wittgenstein auf künstliche Sprachen wie auf künstliche Blumen: „Esperanto. Das Gefühl des Ekels, wenn wir ein *erfundenes* Wort mit erfundenen Ableitungssilben aussprechen. Das Wort ist kalt, hat keine Assoziationen und spielt doch 'Sprache'. Ein bloß geschriebenes Zeichensystem würde uns nicht so anekeln" (VB 101).

Paris traf. Peano erfand ein Latein ohne Deklination und Konjugation, das er in seinem Artikel 'De Latino sine Flexione, *Lingua Auxiliare* Internationale' (1903) vorstellte.[79] Er berief sich bei der Konstruktion dieser Sprache auf Leibniz.– Das deutsche Wort selber hätte Frege in einem 1908 erschienenen Reclam-Bändchen Wilhelm Ostwalds finden können, in dem der Verfasser zufrieden feststellte, dass „die auf Einführung einer allgemeinen *Hilfssprache* gerichteten Bemühungen gerade in jüngster Zeit sehr erhebliche Fortschritte gemacht haben".[80]

Aber auch wenn Frege das Wort 'Hilfssprache' der Erinnerung an diese Bemühungen verdankt: das Konzept, das er mit ihm verbindet, ist doch ein ganz anderes. Die folgenden Zeilen in Schröders Hauptwerk müssten eigentlich seine Zustimmung gefunden haben:

„[Ein] grosser Unterschied ... besteht zwischen dem *logischen* Ideal einer 'Pasigraphie' und dem linguistischen einer 'Weltsprache', wie es heutzutage die Volapükisten anstreben [Sie bezwecken] blos, eine Verständigung zu erzielen zwischen Solchen, die in der Sprache einander fremd sind. Durch die Beseitigung aller Unregelmässigkeiten vereinfachen sie zwar erheblich die Grammatik, übernehmen aber ohne weiteres fast alle sonstigen Unvollkommenheiten unsrer faktischen Kultursprachen."[81]

Carnap schreibt über den Unterschied zwischen dem Problem des Aufbaus einer Begriffsschrift (womit er den „formalen Teil" einer

---

[79] Repr. in Peano, 'Opere scelte', Bd. II, Rom 1958, 439–447.

[80] Ostwald 1908, 110, vgl. 193. Als Ostwald 1909 den Chemie-Nobelpreis erhalten hatte, spendete er sein Preisgeld für Couturats 'Ido'-Projekt. Zusammen mit Couturat und dem berühmten dänischen Linguisten Otto Jespersen publizierte er das Buch 'International Language and Science', London 1910.

[81] Schröder 1895, 94 Anm. Das Wort, mit dem Schröder das *logische* Ideal bezeichnet [griech. 'Für-Alle-Schrift'], verwendet er in seiner *BS*-Rezension in einem Atemzug mit 'Begriffsschrift' und 'characteristica universalis'(1880, 81). Er gebraucht es auch in 1890, 94–95 und 1899 als Aufsatztitel. Wilhelm Ostwald spricht später ebenfalls von „Begriffsschrift oder Pasigraphie" (1908, 103).– Das Volapük hatte ein katholischer Dorfpfarrer im Großherzogtum Baden, in dessen Hauptstadt Schröder lebte und lehrte, ersonnen: Schleyer 1879. Dieser Plansprache lief aber sehr bald das Esperanto den Rang ab, das ein polnisch-jüdischer Augenarzt konstruiert hatte: Zamenhof 1887.

Sprache meint, die Anspruch auf diesen Titel hat [s. o. 1-§1]) und dem Problem der Konstruktion einer internationalen Sprache:[82]

> „Leibniz was the first to recognize the importance of both problems, to see their connection but also their difference. Throughout his life, he envisaged the idea of a *characteristica universalis*, a kind of logical symbolism or *Begriffsschrift* in Frege's sense. He also thought about the possibility of constructing a universal language as a means of international communication. Leibniz intended to base this language on Latin, but he planned to give it a simple and regular grammatical structure. Leibniz's second aim has been fulfilled in our time by the various forms of an international language."

Bei der Konstruktion des Esperanto (um bei diesem Beispiel zu bleiben) ging es darum, ein leicht erlernbares Vehikel für die Kommunikation zwischen Angehörigen verschiedener Sprachgemeinschaften zu schaffen; deshalb gibt es für die Konjugation der Verben und die Deklination der Substantive jeweils nur *ein* Schema, alle Substantive enden auf -o, alle Adjektive auf -a, usw. Die Hilfssprache, die Frege aufbaut, ist eine reine Schriftsprache, und sie soll „logisch vollkommen" sein. Im Blick auf die „Begriffsschrift des Herrn Peano" (also nicht auf dessen damals noch gar nicht konstruiertes Latino sine Flexione) vermutet Frege, hier sei „die Absicht mehr auf Internationalität als auf logische Vollkommenheit [gerichtet]" (*1896a*, 365/366). Er insistiert damit auf der Unterscheidung der Maßstäbe, die beim Aufbau der Sprache jeweils anzulegen sind.

Warum Frege die Bezeichnung 'Hilfssprache' auch für sein Projekt passend erschien, kann man sich wohl am Besten durch die beiden *analogiae proportionalitatis* verständlich machen, deren er sich schon früh bedient hat, nämlich *Sprache des Lebens : Begriffsschrift :: Auge : Mikroskop,* und *Sprache des Lebens : Begriffsschrift :: Hand : künstliche Hand.*

---

[82] Carnap 1963, 70–71. (Seine Kenntnis der einschlägigen Leibniz-Texte dürfte Carnap den Büchern Couturats (1901, 1903) verdanken.) Was das zweite Projekt angeht, so erklärte Leibniz in Texten aus den Jahren 1666 und 1714, die schon in Erdmanns Ausgabe abgedruckt sind, den Aufbau einer „*scriptura universalis*" (Leibniz, E, 27_L [A VI.1, 201]) oder „*écriture universelle*" (E, 701_L), also einer Schriftsprache, die für Leser mit den verschiedensten Muttersprachen gleichermaßen verständlich ist, für erstrebenswert.

Das Verhältnis meiner Begriffsschrift zu der Sprache des Lebens glaube ich am deutlichsten machen zu können, wenn ich es mit dem des Mikroskops zum Auge vergleiche. Das Letztere hat durch den Umfang seiner Anwendbarkeit, durch die Beweglichkeit, mit der es sich den verschiedensten Umständen anzuschmiegen weiss, eine große Ueberlegenheit vor dem Mikroskop... Sobald aber wissenschaftliche Zwecke grosse Anforderungen an die Schärfe der Unterscheidung stellen, zeigt sich das Auge als ungenügend. Das Mikroskop ist hingegen gerade solchen Zwecken auf das vollkommenste angepasst, aber eben dadurch für alle andern unbrauchbar. So ist diese Begriffsschrift ein für bestimmte wissenschaftliche Zwecke ersonnenes *Hilfsmittel*, das man nicht deswegen verurtheilen darf, weil es für andere nicht taugt. (*BS*, V, meine Herv.[83])

Die hervorgehobenen Mängel [sc. der Sprache des Lebens] haben ihren Grund in einer gewissen Weichheit und Veränderlichkeit der Sprache, die andrerseits Bedingung ihrer Entwickelungsfähigkeit und vielseitigen Tauglichkeit ist. Die Sprache kann in dieser Hinsicht mit der Hand verglichen werden, die uns trotz ihrer Fähigkeit, sich den verschiedenen Aufgaben anzupassen, nicht genügt. Wir schaffen uns künstliche Hände, Werkzeuge für besondere Zwecke, die so genau arbeiten, wie die Hand es nicht vermöchte. Und wodurch wird diese Genauigkeit möglich? Durch eben die Starrheit, die Unveränderlichkeit der Theile, deren Mangel die Hand so vielseitig geschickt macht. So genügt auch die Wortsprache nicht. Wir bedürfen eines Ganzen von Zeichen, aus dem jede Vieldeutigkeit verbannt ist, dessen strenger logischer Form der Inhalt nicht entschlüpfen kann. (*1882b*, 52.)

In der 'Einleitung' zu *GG I* nennt Frege die Begriffsschrift ein „*Hilfsmittel*", mit dem man „den Anforderungen genügen" kann, „die wir hier an die Beweisführung stellen müssen" (S. 3, meine Herv.), in *1896a*, 363 bezeichnet er sie als ein „ganz neues *Hülfsmittel* des Gedankenausdrucks" (meine Herv.), und in *Ggf* 45b wird die BS,

---

[83] Vielleicht ist diese Passage durch Leibnizens Vergleich der *characteristica universalis* mit Fernrohr und Mikroskop angeregt, den Frege aus zwei Quellen kennen konnte: aus einem in Trendelenburg 1867 abgedruckten Brief (Leibniz 1676a, 36–37 [A II.1: 241]) und aus einem in Erdmanns Ausgabe abgedruckten programmatischen Text (Leibniz 1679, 164$_L$ [A VI.4A: 268]), dessen nicht authentischer Überschrift Frege die unglückliche Phrase 'lingua characterica' „verdankt" (1-§1). Vgl. auch Leibniz, A II.1: 557.– Im Jena von Carl Zeiss und Ernst Abbe ist ein solcher Vergleich natürlich allemal naheliegend. Man denke auch an die Teleskop-Analogie in *SuB* 30b.

Kapitel 5 729

wenngleich nicht unter diesem Namen, als „Werkzeug" bezeichnet. Als Vehikel der (schriftlichen) Kommunikation ist sie den Nationalsprachen gerade nicht überlegen.

So wie man mit dem Mikroskop sehen kann, was man mit dem bloßen Auge kaum oder gar nicht zu sehen vermag, so kann man mit einer BS Gedanken ausdrücken, die in der Sprache des Lebens nur sehr umständlich oder gar nicht formuliert werden können. Frege gibt in der *BS* ein Beispiel, wenn er anlässlich seiner Definition des Folgens in einer Reihe sagt: „Man sieht übrigens, dass die Wiedergabe in Worten schwierig und selbst unmöglich werden kann, wenn an die Stellen von F und f sehr verwickelte Functionen treten" (§ 24, S. 58). Die Hilfssprache, sagt Frege in *Allg* 280, „soll uns als Brücke vom Sinnlichen zum Unsinnlichen dienen", also als Brücke vom Wahrnehmbaren zum Gedanken. Diese Leistung hatte er eine Seite vorher ganz allgemein der „Sprache" (279c) zugeschrieben und schon viele Jahre früher – genau wie Leibniz[84] – allen Zeichensystemen, in denen man Gedanken ausdrücken kann: „So erschließt uns das Sinnliche die Welt des Unsinnlichen" (*1882b*, 50).[85] Die Überlegenheit der (*idealiter* zu einer BS entwickelten) Hilfssprache gegenüber den „Volkssprachen" sieht Frege in unserem Zusammenhang wohl primär darin, dass in ihr allgemeine Gedanken beliebiger Komplexität so ausgedrückt werden können, dass ihre Beziehungen zueinander und zu singulären Gedanken logisch transparent sind.

Warum nennt Frege die Sprache, in der er über die Hilfssprache schreibt, *Darlegungssprache*? Die §§ 1–52 von *GG I* tragen die Überschrift „Darlegung der Begriffsschrift" (vgl. ebd. S. 3; *FuB* 1): In unserer Sprache werden dort die „Urzeichen" der BS, die begriffsschriftlichen Formulierungen der logischen „Grundgesetze" und die Schlussregeln erläutert und Prinzipien des Definierens angegeben. Erst in den letzten vier Paragraphen werden einige Gesetze *in* der Begriffsschrift *bewiesen*, – Gesetze, „die wir später [sc. in den „Beweisen der Grundgesetze der Anzahl" in Teil II] gebrauchen werden, um dabei zugleich die Art des Rechnens zu zeigen" (S. 60/62). Beiläufig werden Darlegung und Beweis in der Vorrede zur 2. Auflage

---

[84] Leibniz, N.E. I, 1, § 5 (A VI.6, 77): „Etwas Sinnliches *(quelque chose de sensible)* ... wie die Buchstaben oder Töne" ermöglicht es uns, „abstrakte Gedanken *(des pensées abstraites)*" zu fassen.
[85] In *Ged* 75c haben wir gelesen, dass etwas „Nichtsinnliches" uns die Außenwelt „aufschließt" (s. o. 2-§ 9.2).

der KrV unterschieden, wenn Kant von der Logik sagt, „daß sie eine Wissenschaft ist, welche nichts als die formalen Regeln alles Denkens ... ausführlich darlegt und strenge beweiset" (B VIII/IX).

Eine Darlegungssprache zu sein, ist eine relationale Eigenschaft, die eine Sprache mit Bezug auf eine Hilfssprache hat, die *idealiter* eine Begriffsschrift ist. Diese Eigenschaft kann nur eine Sprache haben, die über die Ressourcen verfügt, die man braucht, um auf die Sätze (und Satzbausteine) der Hilfssprache Bezug zu nehmen. In Freges Darlegungssprache dienen „als Eigennamen der Sätze der Hilfssprache diese selbst, jedoch in Anführungszeichen eingeschlossen" (281a). *Prima facie* gibt es vier Möglichkeiten, das zu verstehen: (1.) Was in der nächsten Zeile steht:

'Napoleon ist sterblich'

bezeichnet *als ganzes* (1.1.) das Satzvorkommnis zwischen den Anführungszeichen oder (1.2.) den Satz, von dem dieses ein Vorkommnis ist. (2.) Nicht das Ganze, was dort eingerückt zu sehen ist, sondern das von Anführungszeichen flankierte *Satzvorkommnis* bezeichnet (2.1) sich selber oder (2.2) den Satz, von dem es ein Vorkommnis ist. Ich habe mich in der Analyse der einschlägigen Passage in *SuB* auf S. 282–5 einen eirenischen Interpretationsvorschlag gemacht..

Den ersten Absatz auf S. 281 („Daraus folgt ... hinzustellen.") hätte Frege vor der Publikation sicher revidiert. Wie die Hg. von NS bemerkt haben, ist schon der erste Satz konfus: Natürlich können die Sätze der Hilfssprache mit behauptender Kraft verbunden sein. Und das ist nicht die einzige Verwirrung in diesem Absatz. Was soll „Dieser Satz ist nicht als Schluss anzusehen" heißen? Entweder muss man „Dieser Übergang" lesen oder „als Konklusion". Vielleicht kann man die intendierte Botschaft folgendermaßen rekonstruieren:– Wer von der Satzanführung

(α)   'Wenn *a* ist ein Mensch, dann *a* ist sterblich'

zu der Satzanführung

(β)   'Wenn Napoleon ist ein Mensch,
          dann Napoleon ist sterblich'

übergeht, der artikuliert keinen Schluss; denn mit Äußerungen von *(α)* und *(β)* kann man nicht die wahren Gedanken als wahr hinstellen, die durch die angeführten Sätze ausgedrückt werden. Man kann die Bezeichnung eines Satzes genausowenig mit behauptender Kraft äußern wie die Bezeichnung eines Planeten, – Anführungszeichen machen einen Satz illokutionär impotent. (In *GG I*, S. 144 Anm. sagt Frege von einem Satz, er werde „nicht als wahr behauptet, da er in Anführungszeichen steht".) Wenn man die Anführungszeichen in *(α)* und *(β)* tilgt, erhält man sprachliche Ausdrücke, die zur Darstellung eines Schlusses taugen.

Einen Satz anzuführen, ist gewiss etwas Anderes als: den mit ihm ausgedrückten Gedanken als wahr hinzustellen. Aber können wir nicht in ein und derselben Äußerung beides tun: einen Satz S anführen *und* den mit S ausgedrückten Gedanken als wahr hinstellen? Wir können doch mit behauptender Kraft sagen: „Was S ausdrückt, ist wahr", und hier scheint uns das Wahrheitsprädikat zu erlauben, den von S ausgedrückten Gedanken als wahr hinzustellen, ohne S „von den Anführungssätzen zu befreien". Aber vielleicht trügt der Schein. Wer mit behauptender Kraft sagt: „Was der Satz 'La terra si muove attorno al sole' ausdrückt, ist wahr", nimmt auf den Gedanken, dass die Erde sich um die Sonne bewegt, Bezug, ohne dass dieser Gedanke in der Äußerung ausgedrückt wird. Die verwendete Bezeichnung dieses Gedankens ist nicht transluzent (s. o. 1-§5), – die Sprecherin weiß vielleicht gar nicht, dass der angeführte italienische Satz diesen Gedanken ausdrückt. Deshalb könnte ihre Behauptung aufrichtig sein, obwohl sie nicht glaubt, dass die Erde sich um die Sonne bewegt. Wir können die Wendung „als wahr hinstellen" so verstehen (und Frege will sie vielleicht auch so verstanden wissen), dass ein Gedanke nicht als wahr hingestellt werden kann, ohne ausgedrückt zu werden.–

Die Frege'sche Unterscheidung von Hilfs- und Darlegungssprache erinnert an Alfred Tarskis Unterscheidung zwischen Objekt- und Metasprache.[86] Aber wie groß ist die Ähnlichkeit? Immer wenn

---

[86] In der Hg.-Anm. zu NS 280 findet man die stärkere These, Freges Unterscheidung nehme die Tarskis vorweg. Die englischen Übersetzer von NS berufen sich auf diese Anm., wenn sie [1] *'Hilfssprache'* u. [2] *'Darlegungssprache'* mit (1) 'object-language' u. (2) 'metalanguage' wiedergeben (Long & White 1979, 260–261). Ihre apologetische Anmerkung bemäntelt nur die Tatsache, dass ihnen keine brauchbare Übersetzung eingefallen ist. Ich plädiere für (1*) *'auxiliary language'* und (2*) *'language of exposition'*. Furth 1964 gibt 'Darlegung' in den *GG* vortrefflich mit 'exposition' wieder, und die seit 1924 existierende 'International Auxiliary Language Association' versucht, Bestrebungen zu koordinieren, die Frege (wie wir gesehen haben) kannte und denen er vermutlich sogar das Wort 'Hilfssprache' verdankt.– In dem einzigen Tarski-Text, den die Hg. von NS anführen, in der Monogra-

über eine Sprache gesprochen (oder geschrieben) wird, kann man die Sprache, die dabei verwendet wird, als Metasprache und die Sprache, die das Thema (Objekt) der Erörterung ist, als Objektsprache bezeichnen. Redet man französisch über das Deutsche, so unterscheidet sich die Meta- von der Objektsprache; redet man deutsch über das Deutsche, so dient ein und dieselbe Sprache als Objekt- und als Metasprache. Offenkundig ist die Sprache, die Frege Hilfssprache nennt, das Objekt, das er in der Darlegungssprache erörtert. In dieser Erörterung ist jene Sprache also die Objektsprache und diese die Metasprache, und hier handelt es sich ersichtlich um verschiedene Sprachen. Für das Projekt, um dessentwillen Tarski die Konzepte *Objekt-* und *Metasprache* bemüht, ist diese Verschiedenheit in seinen Augen geradezu lebenswichtig. Erst wenn man sich die Frage stellt, warum er das so sieht, wird der Vergleich seines Gebrauchs dieser Konzepte mit der Frege'schen Distinktion philosophisch interessant. Tarski schreibt:[87]

„Since we have agreed not to employ semantically closed languages, we have to use two different languages in discussing the problem of the definition of truth and, more generally, any problems in the field of semantics. The first of these languages is the language which is 'talked about' and which is the subject-matter of the whole discussion; the definition of truth which we are seeking applies to the sentences of this language. The second is the language in which we 'talk about' the first language, and in terms of which we wish, in particular, to construct the definition of truth for the first language. We shall refer to the first language as 'the object-language,' and to the second as 'the meta-language' ..."

Eine entscheidende Differenz zwischen Freges und Tarskis Unterscheidung besteht in der Motivation. Tarski will für semantische Prädikate wie '( ) ist wahr' oder '( ) denotiert [ ]' angeben, unter welchen Bedingungen sie auf die Sätze einer gegebenen Sprache L zutreffen bzw. auf geordnete Paare, die aus einem singulären Term in L und ei-

---

phie 'Der Wahrheitsbegriff in den Sprachen der formalisierten Wissenschaften'(1933/35), kommt die *Bezeichnung* 'Objektsprache' übrigens noch gar nicht vor. Tarski scheint sie von Carnap übernommen zu haben, der stipuliert: die „Sprache, die das Objekt unserer Darstellung bildet", wollen wir „die Objektsprache nennen" (Carnap 1934, 4).
[87] Tarski 1944, §9.

nem Gegenstand bestehen. Dass Frege kein solches Projekt für '( ) ist wahr' verfolgt, haben wir uns in 2-§2.2–3 bereits klargemacht. Wenn dieses Prädikat in 'Der Gedanke, dass Schnee weiß ist, ist wahr' überhaupt vorkommt, dann wird es jedenfalls nicht auf einen *Satz* dieser oder jener Sprache angewendet, – es ist also gar kein semantisches Prädikat. Und außerdem bezweifelt Frege, dass mit 'wahr' überhaupt einem Gegenstand eine Eigenschaft zugeschrieben wird. In der „Darlegung der Begriffsschrift" verwendet aber auch er semantische Prädikate, auf die man Tarskis Fragestellung beziehen kann: das einstellige Prädikat '( ) bedeutet das Wahre' und das zweistellige Prädikat '( ) bedeutet [ ]'. In *Allg* ist aber nicht zu erkennen, dass Freges Unterscheidung von Hilfs- und Darlegungssprache dem Projekt der Definition solcher Prädikate dienen soll. Was leistet sie für dieses Vorhaben? Tarski hat gezeigt, dass in einer Sprache L die sog. Lügner-Antinomie auftritt, wenn gilt: (a) es gibt in L zu jedem Behauptungssatz einen anderen, der ihm Wahrheit zuschreibt, (b) ein Satz ist genau dann wahr, wenn es sich so verhält, wie er sagt, und (c) die Prinzipien der klassischen Logik sind gültig.[88] Tarski schützt seine Definitionen von Wahrheitsprädikaten dadurch vor der Lügner-Antinomie, dass er (a) aufgibt und diese Prädikate nur für Sprachen definiert, die im Unterschied zu den „Volkssprachen" nicht „*universalistisch*" oder „*semantisch geschlossen*" sind, die also keine auf ihre eigenen Sätze und Satzbestandteile anwendbaren semantischen Prädikate enthalten. Dann kann die jeweilige Objektsprache, die Sprache, auf deren Sätze das zu definierende Wahrheitsprädikat anwendbar ist, nicht zusammenfallen mit der Sprache, *in* der es gebraucht und definiert wird, – mit der Metasprache dieses Definitionsprojekts. Da Frege die Brisanz der Lügner-Antinomie verkannt hat (er erwähnt sie nur einmal beiläufig in *Logik$_2$* 144), entfällt diese Motivation für seine Unterscheidung.– Tarski fährt an der oben zitierten Stelle fort:

> „It should be noticed that these terms 'object-language' and 'meta-language' have only a relative sense. If, for instance, we become interested in the notion of truth applying to sentences, not of our original object-language, but of its meta-language, the latter becomes automatically the object language of our discussion; and in order to define truth for this language, we have to go ... to a meta-language of a higher level. In this way we arrive at a whole hierarchy of languages."

[88] Tarski 1933/35, 10–11, 18–19, 132–133; 1944, §§7–8; 1969, 407–409.

Die Idee einer solchen Hierarchie macht bei Freges Unterscheidung keinen Sinn. Darlegungssprache ist eine "Volkssprache" D, in Freges Texten Deutsch, mit deren Hilfe eine Hilfssprache eingeführt wird, *idealiter* eine Begriffsschrift, die außer dem Vokabular der Junktoren- und Quantorenlogik die Prädikate dieser oder jener Wissenschaft enthält. Natürlich kann man auch über D reden – in einer anderen Sprache oder, was Frege in *Allg* tut, in D selber –, aber dadurch wird D nicht zu einer Hilfssprache. In Tarskis Hierarchie kann eine Metasprache im Übrigen auch nicht eine "Volkssprache" wie Polnisch, Deutsch oder Englisch sein; denn als potentielle Objektsprache darf auch sie nicht semantisch geschlossen sein.

Tarskis Kriterium dafür, dass eine Definition von '( ) ist wahr' für die Objektsprache L „inhaltlich angemessen (materially adequate)" ist, besteht darin, dass die Definition für jeden Behauptungssatz in L ein metasprachliches Bikonditional des folgenden Typs

(W)   S ist genau dann wahr, wenn *p*

als „Folgerung nach sich zieht", wobei der auf der linken Seite erwähnte L-Satz entweder identisch ist mit dem auf der rechten Seite gebrauchten (dann ist die Objektsprache ein echter Teil der Metasprache) oder eine Übersetzung dieses Satzes in die Metasprache ist (dann sind Objekt- und Metasprache separat).[89] Aus diesem Kriterium ergeben sich *Anforderungen an die Metasprache*: Eine Sprache, *in* der das Prädikat '( ) ist wahr' definiert werden soll, muss

[I]   jeden Satz der Objektsprache oder eine Übersetzung für jeden Satz der Objektsprache,
[II]   den Junktor in (W) und all die logischen Ausdrücke, die benötigt werden, um aus der Definition Einsetzungsinstanzen des Schemas (W) zu deduzieren, und
[III]   Ressourcen für die Bildung einer Bezeichnung für jeden Satz der Objektsprache

enthalten.

Frege arbeitet nicht mit Tarskis Kriterium, in dem die (W)-Bikonditionale eine Schlüsselrolle spielen. (Bikonditionalen, die das folgende Schema instantiieren:

---

[89] Tarski 1933/35, 45–46: „Konvention W".

Kapitel 5

(W*)　　S bezeichnet genau dann das Wahre, wenn p,

würde Frege natürlich zustimmen, wenn der links erwähnte Satz einen wahren oder falschen Gedanken ausdrückt – und zwar denselben wie der rechts gebrauchte Satz.) Gilt trotzdem, dass seine Darlegungssprache D den Desideraten genügt, die sich für Tarski aus (W) ergeben? Klarerweise trifft auf sie nicht die erste Alternative unter [I] zu; denn diverse Sätze der Hilfssprache sind in D schlicht ungrammatisch, und andere verwenden überdies Ausdrücke, die in D nicht vorkommen. Das schließt nicht aus, dass jeder Satz der Hilfssprache so in D übersetzt werden kann wie 'Wenn a ist ein Mensch, dann a ist sterblich' in 'Wenn etwas ein Mensch ist, dann ist es sterblich'. Ob eine Darlegungssprache über den logischen Apparat verfügen muss, von dem in Tarskis Anforderung [II] die Rede ist, kann man wegen des Fragment-Charakters von *Allg* nicht entscheiden.

Tarskis Desiderat [III] finden wir auch in *Allg* als Anforderung an die Darlegungssprache: eine solche Forderung ergibt sich ja schon daraus, dass man in D über jeden Satz der Hilfssprache reden können will. Sprachliche Zeichen können auf sehr verschiedene Weisen bezeichnet werden: *erstens* durch Kennzeichnungen wie „der letzte Satz in Goethes Faust", „der dem Moses offenbarte Gottesname" und „der erste Buchstabe des griechischen Alphabets", *zweitens* durch (eigentliche) Eigennamen wie „das Tetragramm" und „Alpha", *drittens* durch Anführungsterme wie „Das Ewigweibliche zieht uns hinan", „J$_a$HW$_e$H" und „α", und *viertens* durch buchstabierende Kennzeichnungen wie „der Satz, der mit einem großen Deh beginnt, gefolgt von einem kleinen Ah, einem kleinen Ess und einer Leerstelle, … und der mit einem kleinen Enn endet". Frege verwendet Bezeichnungen der dritten Sorte, auch Tarski tut das sehr oft, aber in der technischen Durchführung seines Definitionsprojekts zieht er solche der vierten Sorte vor.[90] Beide, Anführungsterme wie buchstabierende Kennzeichnungen, unterscheiden sich von den Bezeichnungen der ersten und zweiten Art dadurch, dass sie die Gestalt des bezeichneten Zeichens offenbaren, und Anführungsterme sind überdies transluzent (s. o. 1-§5): indem man sie versteht, weiß man auch schon, welchen Ausdruck sie bezeichnen.

---

[90] Er nennt sie „strukturell-deskriptive Namen" (Tarski 1933/35, 9–10), und er will sie in den Einsetzungsinstanzen des (W)-Schemas verwendet wissen (ebd., 45–46),

Die sorgfältige Berücksichtigung der Differenz zwischen Gebrauch und Erwähnung eines Ausdrucks in Freges *Opus magnum* ließ seinen ehemaligen Studenten Rudolf Carnap, der inzwischen Professor in Prag war, in seiner 'Logischen Syntax der Sprache' (1934) das folgende Loblied auf seinen Lehrer anstimmen:[91]

„Frege hat mit besonderem Nachdruck die Unterscheidung zwischen einem ... Zeichen und seiner Bezeichnung gefordert (auch in der witzigen, aber sehr ernst zu nehmenden Satire [*1899a*]). Er selbst hat in den ausführlichen Erläuterungen über seine Symbolik und über die Arithmetik diese Unterscheidung stets [[92]] streng durchgeführt."

Carnap zitiert dann aus den *Grundgesetzen*:

Man wird sich vielleicht über den häufigen Gebrauch der Anführungszeichen wundern; ich unterscheide damit die Fälle, wo ich vom Zeichen selbst spreche, von denen, wo ich von seiner Bedeutung spreche. So pedantisch dies auch erscheinen mag, ich halte es doch für nothwendig. Es ist merkwürdig, wie eine ungenaue Rede- und Schreibweise, die ursprünglich vielleicht nur aus Bequemlichkeit und der Kürze halber, aber mit vollem Bewusstsein ihrer Ungenauigkeit gebraucht wurde, zuletzt das Denken verwirren kann, nachdem jenes Bewusstsein geschwunden ist. (*GG I*, S. 4.[93])

Die dann folgende Kritik an anderen Logikern belegt Carnap durch Beispiele aus Whitehead-Russell 1910,[94] Hilbert-Ackermann 1928 und – Carnap 1929:

„Die von Frege vor 40 Jahren erhobene Forderung geriet für lange Zeit in Vergessenheit... Der Textteil fast aller logischen Schriften nach Frege lässt die Korrektheit von Freges Vorbild vermissen... Freges Forderung der Unterscheidung zwischen Bezeichnung und bezeichnetem Ausdruck ist, soviel ich sehe, nur in den Schriften der Warschauer Schule (Łukasiewicz,

---

[91] Carnap 1934, 111–112.
[92] Stets? Etwa seit 1891 tut Frege das. Die *BS* verdient *dieses* Lob noch nicht.
[93] Vgl. auch *n.1898*, NS 172–173 und (im Ms. einer Vorlesung, die Carnap gehört hat) *1914b*, NS 241.
[94] Carnap konnte nicht wissen, dass Frege diese Kritik an den 'Principia' in einem Brief an Jourdain vorweggenommen hatte: *1914a*, WB 129–133.

Lešniewski, Tarski und deren Schüler), die sich Frege bewußt zum Vorbild genommen hat, streng erfüllt."

Womit wir wieder bei unserem Vergleich wären. Wie verhalten sich die *Anforderungen an die Objektsprachen* in Tarskis Definitionsprojekt, die er als „Sprachen der formalisierten Wissenschaften" oder der „deduktiven Wissenschaften" bezeichnet, zu Freges Anforderungen an eine zu einer Begriffsschrift entwickelten Hilfssprache?

Eine Sprache, *für* die ein Wahrheitsprädikat definiert werden soll, darf keine semantischen Prädikate enthalten, die auf Sätze oder andere Ausdrücke dieser Sprache anwendbar ist. Die Begriffsschrift der *GG* enthält kein semantisches Prädikat. (Das Prädikat '( ) ist mit dem Wahren identisch', das mit dem Inhaltsstrich, der in jedem Satz dieser Sprache vorkommt, extensional äquivalent ist, ist kein semantisches Prädikat.) Aber Frege war sich noch nicht der Notwendigkeit bewusst, gegen semantische Antinomien Vorbeuge treffen zu müssen.

Von der jeweiligen Objektsprache fordert Tarski außerdem:[95]

„[In ihr] ist der Sinn jedes Ausdrucks eindeutig durch seine Gestalt bestimmt". [a]
„the meaning of an expression should depend exclusively on its form... It should never happen ... that a sentence can be asserted in one context while a sentence of the same form can be denied in another. (Hence it follows, in particular, that demonstrative pronouns and adverbs such as 'this' and 'here' should not occur in the vocabulary of the language.)" [b]

Eine begriffsschriftliche Hilfssprache darf ebenfalls keine Sätze enthalten, die lexikalisch oder syntaktisch mehrdeutig oder kontextsensitiv sind (s. o. 1-§1).

Für die Satzgefüge der jeweiligen Objektsprache sind ferner

„sämtliche Operationen anzugeben, mit deren Hilfe einfachere Aussagen zu komplexeren vereinigt werden, und festzustellen, in welcher Weise die Wahrheit bzw. Falschheit der zusammengesetzteren Aussagen von der Wahrheit bzw. Falschheit der in ihnen enthaltenen einfacheren Aussagen abhängt". [c]

---

[95] Tarski [a] 1933/35, 19–20; [b] 1969, 412; [c] 1933/35, 47.

Wenn alle mit satzbildenden Satzoperatoren gebildeten komplexen Sätze einer Begriffsschrift ein „mathematisches Gedankengefüge" im Sinne von *Ggf* 51b–c ausdrücken oder die Verneinung eines Gedankens, dann erfüllt diese Hilfssprache Tarskis Desiderat. Eine Sprache mit Sätzen wie 'Gottlob behauptet (glaubt), dass der Morgenstern ein Planet ist' erfüllt sie nicht. Aber Frege hat sich nicht darauf festgelegt, dass eine Begriffsschrift nur komplexe Sätze jener beiden Arten enthalten darf. In einem Brief an Russell schreibt er: „Ich habe in der Begriffsschrift die ungerade Rede noch nicht eingeführt, weil ich noch keine Veranlassung dazu hatte" (*1902c*, WB 232). Das zweifache „noch" zeigt, dass Frege diese Konstruktion keineswegs prinzipiell aus einer BS verbannt wissen will. Die Begriffsschrift der *GG* soll dem Programm des Logizismus dienen, und für den Versuch, die Arithmetik auf Logik zu reduzieren, braucht man weder indirekte Rede noch Zuschreibungen propositionaler Einstellungen oder Akte. Will man hingegen die Wissenschaft, die nach Frege u. a. Gesetze des Fürwahrhaltens zu ermitteln sucht, begriffsschriftlich darstellen, so hat man Veranlassung, Prädikate des Typs '*x* glaubt, dass A' einzuführen. (Vgl. 1-§5.)

§6. Eine weitere begriffsschriftliche Darstellung der Allgemeinheit.[96]

Kehren wir noch einmal zum ersten Schritt in Freges Einführung einer begriffsschriftlichen Darstellung der Allgemeinheit zurück:

---

[96] VERGLEICHE: s. o. zu §4; weitere Hinweise im Text. [VOLLSTÄNDIGE DEFINITION UND UNIVERSALER GEGENSTANDSBEREICH]: *GL* §74; *1892c*, NS 133; *FuB* 19–20; *GG I*, §22, S. 39 Anm. u. §23 Anm.; *1896a*, 374–375; *1896b*, 55–56 (WB 182–183); *1896c*, WB 194; n.*1897a*, NS 167–168; *GG II*, §§56–65; *1906d*, NS 206, 212; *1914b*, NS 248, 260–263.
LITERATUR: [ALLGEMEINHEIT IN DER BS]: s. o. zu §4. [ZWEI NOTATIONEN FÜR ALLGEMEINHEIT]: Heck 1997, §3; Klement 2002, 32–42; Macbeth 2005, Kap. 1–3, dazu Shieh 2005. [ONTISCHE VS. SUBSTITUTIONELLE QUANTIFIKATION]: Marcus 1962; Quine 1968b, 104–108 u. 1970, 91–93; Stevenson 1973; Kripke 1976, bes. §3; Evans 1977, §II. [VOLLSTÄNDIGE DEFINITION U. UNIVERSALER GEGENSTANDSBEREICH]: Quine 1940, 69 u. 1953, 81; Geach 1961, 147–148; Dummett, FPL 169–170, 476, 529–531, 567–569, 645–646 u. IFP 229, 385–386; Bell 1979, 44–47; Ricketts 1986b, §II; van Heijenoort 1986; Cartwright 1994 (gegen Dummett).

(D2) Wenn etwas ein Mensch ist, dann ist es sterblich.

Dem Zusammenspiel von 'etwas' und 'es' in (D2) entspricht in der folgenden Paraphrase von (D2) das Zusammenspiel des Vorspanns mit den beiden nachfolgenden Pronomina:

(D5) Um welchen Gegenstand auch immer es sich handeln mag:
wenn er ein Mensch ist, so ist er sterblich.

An dieser Formulierung kann man auch sehen, dass das Indefinitpronomen 'etwas' in (D2) zwei Rollen spielt, die in (D5) auf den Vorspann und das erste 'er' verteilt ist. In (D5) sind die beiden Vorkommnisse von 'er' „unbestimmt andeutend", – sie sind Platzhalter für gleichlautende Ausdrücke, die denselben Gegenstand bedeuten (denotieren): „Sie stehen an der Stelle von Eigennamen, sind aber keine (Pronomina)" (*n.1898*, NS 176). Der Vorspann hingegen steht nicht in der Position eines singulären Terms, er bindet vielmehr die beiden Pronomen-Vorkommnisse.– In dem Beispiel in *Ggf* 46c–47a, das wir oben in §1 besprochen haben: 'Wenn *jemand* ein Mörder ist, so ist er ein Verbrecher', gebraucht Frege ein Indefinitpronomen, das den Bereich der Gegenstände auf Personen einschränkt. Wir können diesen Satz im Stil von (D5) so paraphrasieren: 'Um welche Person auch immer es sich handeln mag: wenn sie ein Mörder ist, so ist sie ein Verbrecher'. In seiner Begriffsschrift verwendet Frege aber nur Formulierungen, bei denen der Bereich der Gegenstände nicht beschränkt ist. Wir werden sehen, dass das nicht unproblematisch ist.

Mit (D5) kommt man der zweiten Weise, wie in Freges Begriffsschrift allgemeine Gedanken ausgedrückt werden, näher als mit (D2). Ignorieren wir zunächst einmal die Komplexität des Prädikats 'Wenn ( ) ist ein Mensch, dann ( ) ist sterblich', indem wir (D5) so abkürzen: $\forall x\, (Fx)$. Das Pendant dazu in Freges eigener Notation sieht so aus:

$$\;\underline{\quad\overset{\mathfrak{a}}{\smile}\quad}\; \Phi(\mathfrak{a})$$

Die von Frege so genannte „Höhlung" entspricht dem universellen Quantor '$\forall$'.[97] Das „über der Höhlung stehende" Vorkommnis des

---

[97] 'Quantor' ist kein Frege'scher Terminus. Peirce hat die Bezeichnungen 'quantification'(1885, §393) und 'quantifier'(1896, §447; 1897, §501) einge-

kleinen Fraktur-Buchstabens, der bei Frege „deutscher Buchstabe" heißt,[98] entspricht dem ersten 'x' und das zweite Vorkommnis des Fraktur-Buchstabens dem zweiten 'x'.[99] Ich gebrauche in diesem Buch die kursivierten Kleinbuchstaben vom Ende des Alphabet so, wie Frege die Fraktur-Buchstaben verwendet wissen will: nur als Begleiter eines Quantors oder von einem Quantor gebunden (*GG I*, § 8, S. 13). Sätze des Typs 'Es gibt mindestens einen Gegenstand, von dem gilt: er ist soundso beschaffen/tut das-und-das', die er Existentialsätze nennt, gibt Frege dadurch wieder, dass er an dem Waagerechten vor und nach der „Höhlung" einen Verneinungsstrich anbringt,[100] was in unserer Transkription so aussieht: '$\neg \forall x \neg (Fx)$' und mit Hilfe des Existenz-Quantors abgekürzt werden kann: '$\exists x (Fx)$'. Frege führt keine derartige Abbreviatur ein.

führt. Die Übersetzung 'Quantifikator', die etwa Łukasiewicz verwendete, ist (spätestens) 1958 in der 4. Aufl. von Hilbert(†)-Ackermann zu dem heute üblichen 'Quantor' zusammengeschrumpft. (Nur gut, dass aus 'Quantifikation' nicht auch noch 'Quantion' geworden ist!) In Anlehnung an Quines 'universal/existential quantifier' heißen die beiden Quantoren dort 'universeller/existentieller Quantor'. Da sich die zweite Bezeichnung wegen der Heidegger-Sartre'schen Obertöne nicht empfiehlt, verwende ich (was der Leser längst gemerkt haben wird) die Titel 'universeller Quantor' und 'Existenz-Quantor'.

[98] 'Deutsche Schrift' war eine gängige Bezeichnung für die Fraktur-Schrift, die von der Mitte des 15. bis zum Anfang des 20. Jh. die meistgebrauchte Druckschrift im deutschsprachigen Raum war (und die von den Nazis für 'undeutsch' erklärt wurde). Nur wenige der Werke Freges wurden übrigens in Fraktur-Schrift gedruckt: vier Aufsätze, die zwischen 1882 und 1892 in der 'Zeitschr. f. Philos. u. philos. Kritik' erschienen, und die *LU*. Schröder nennt Freges deutsche Buchstaben mit zweifelhaftem Recht „gothische Buchstaben" (1880, 92), in den englischen Übersetzungen werden sie korrekt als 'Gothic letters' bezeichnet. (Man muss sich bei dem Terminus der englischen Typographie vor falschen Assoziationen hüten: er bezeichnet weder die Buchstaben des frühmittelalterlichen gotischen Alphabets noch die Buchstaben der Druckschrift, die man im *Deutschen* gotische Schrift nennt ('Duden. Satz- und Korrekturanweisungen', Mannheim ⁵1986).)

[99] In der Frege'schen Notation wie in der heute üblichen steht das Prädikat einer elementaren einstelligen Prädikation *vor* dem singulären Term, und Frege setzt diesen Term zwischen Klammern. Er repräsentiert das Trio '2 ist gerade', '4 ist gerade' und '2 ist prim' durch '$\Phi(\Gamma)$', '$\Phi(\Delta)$' und '$\Psi(\Gamma)$'. In meiner Transkription wird daraus: 'Fa', 'Fb' und 'Ga'. Dass die Minuskeln hier nicht kursiviert (keine „lateinischen" Buchstaben) sind, ist logisch relevant; denn im Unterschied zu 'Fa' besagt 'F*a*', dass alles F ist.

[100] *BS* § 12, S. 23; *BrL* 16, 22; *FuB* 25–26; *GG I*, § 8, S. 12.

Kapitel 5

Wenn wir jetzt der Binnenstruktur des komplexen Prädikats in (D5) Rechnung tragen, so erhalten wir als begriffsschriftliche Paraphrase von (D5), in der heute üblichen Notation,

(B2) $\forall x$ (x ist ein Mensch → x ist sterblich).[101]

Nicht nur (B2), sondern auch

(B1) a ist ein Mensch → a ist sterblich

ist eine generalisierte Subjunktion.[102] Wir können den Unterschied terminologisch markieren, indem wir Subjunktionen im Stil von (B2) wegen der Verwendung des Quantors Q-*generalisiert* nennen und solche im Stil von (B1) wegen der Verwendung der "lateinischen" Buchstaben L-*generalisiert*. Hier stellt sich nun ausgerechnet in der Begriffsschrift ein gewisser *embarras de richesse* ein. Benötigt sie wirklich *sowohl* L-generalisierte *als auch* Q-generalisierte Subjunktionen, um den allgemeinen Gedanken, dass alle Menschen sterblich sind, auszudrücken?

Nur mit Hilfe der Quantoren-Notation kann *jeder* allgemeine Gedanke unzweideutig ausgedrückt werden. Deshalb hat sie für den Frege der *BS* wie der *GG* systematische Priorität vor der Formulierung mit "lateinischen" Buchstaben. Seine Erklärung der universellen Quantifikation '$\forall x$ (Fx)' in den *GG* lautet:

[QNT] [E]s bedeute '$\forall x$ (Fx)' das Wahre, wenn der Werth der Function F( ) für jedes Argument das Wahre ist, und sonst das Falsche. (*GG I*, §8, S. 12; transkribiert.)

---

[101] In Logik-Kursen und -Lehrbüchern wird (B2), statt mit (D5), fast immer mit dem grammatisch inkohärenten Gebilde 'Für mindestens ein x, wenn x ein Mensch ist, dann ist x sterblich' wiedergegeben. Hier ist das 'x' *nach* dem Vorspann eine Variable, während es *im* Vorspann ein (kurioser) genereller Term ist. (Den Ausdruck 'ein x' gibt es in unserer Sprache nur in leicht veränderter Schreibweise als Bestandteil der Redensart 'jemandem ein X für ein U vormachen'.)

[102] Die generalisierte Subjunktion heißt in der Literatur auch *formal implication* (Whitehead-Russell 1910b, 20), *generelle Implikation* (Carnap 1929) und *general[ized] conditional* (Quine). (Ich erinnere daran, dass ich den Titel 'Konditional' für „volkssprachliche" Sätze reserviere.) Aus demselben Grund, aus dem generalisierte Konditionale keine Konditionale sind, sind generalisierte Subjunktionen keine Subjunktionen.

Eine Seite vorher hatte Frege die Alternative erwogen, Allgemeinheit stets mit Hilfe „lateinischer" Buchstaben auszudrücken:

> [LAT] Um einen Ausdruck für die Allgemeinheit zu erhalten, könnte man auf den Gedanken kommen, zu definieren: „Unter 'Fa' werde das Wahre verstanden, wenn der Werth der Function $F(\ )$ für jedes Argument das Wahre ist; sonst bedeute es das Falsche." ... Aber bei dieser Festsetzung wäre das Gebiet der Allgemeinheit nicht genügend begrenzt. (*GG I*, § 8, S. 11; transkribiert.)

Er verdeutlicht dieses Ungenügen an einem Beispiel. Wie ist der Satz

(S) $\neg\,[2+(3\times a)=5\times a]$

zu verstehen, hält man sich an die Festsetzung in [LAT]? Wenn (S) einen *allgemeinen Gedanken* ausdrücken soll, ist der ausgedrückte Gedanke falsch; denn für das Argument 1 ist der Wert der Funktion $2+(3\times(\ ))=5\times(\ )$ das Wahre. Soll (S) hingegen *die Verneinung eines allgemeinen Gedankens* ausdrücken, so ist der ausgedrückte Gedanke wahr. Wenn wir uns der in [QNT] erklärten Darstellungsweise bedienen, ist der Unterschied unübersehbar:

(Q1) $\forall x\,\neg\,[2+(3\times x)=5\times x]$

(Q2) $\neg\,\forall x\,[2+(3\times x)=5\times x]$

In (Q1) ist „das Gebiet der Allgemeinheit" der gaze Satz, nicht so in (Q2). Anders gesagt, in (Q1) hat der universelle Quantor einen weiteren Skopus als der Negator, in (Q2) ist es genau umgekehrt. Von Anfang an hat Frege darin die besondere Leistung der Quantoren-Notation gesehen:

> Ich sehe in dieser Bezeichnungsweise einen der wichtigsten Bestandttheile meiner Begriffsschrift... [Der] Kern der Sache [ist] die Abgrenzung des Gebietes, auf das sich die Allgemeinheit erstreckt... (*1882a*, 9, vgl. *1894b*, B 176.)

Hätte er *Allg* vollenden können, dann hätte er dieses Licht seiner Begriffsschrift wohl kaum unter dem Scheffel stehen lassen, unter dem es sich in dem Fragment befindet. Er hätte es schon deshalb leuchten lassen, um einmal mehr zu zeigen, wie sich mit Hilfe seiner „Bezeichnungsweise" auch das deduktive Potential *multipler* Quantifikationen bestimmen lässt. Solange sich die Logik am Paradigma der Aristotelischen Syllogistik orientierte, war sie auf deduktive Argumente zugeschnitten, in deren Prämissen und Konklusionen jeweils nur ein einziges Quantitätszeichen ('alle' oder 'einige') auftritt. Das galt auch noch für Booles Logik. Gerade in der Mathematik enthalten nun aber viele Sätze mehrere Quantitätszeichen ('Zu *jeder* Primzahl gibt es *mindestens eine*, die größer ist als sie'). Deshalb war es für Freges Logizismus-Programm essentiell, sich einen logischen Reim auf solche multiplen Quantifikationen zu machen. Betrachten wir ein nicht-mathematisches Beispiel. Sätze wie

(T)   Mindestens ein Buch liest jede(r) Studierende

sind syntaktisch zweideutig: bei der einen Lesart, nennen wir sie (T1), ist es sehr naheliegend, auf eine Äußerung von (T) mit der Frage 'Welches denn?' zu reagieren, nicht so bei der anderen Lesart, (T2). Freges Quantoren-Notation macht die strukturelle Differenz zwischen beiden Deutungen vollkommen transparent. (Ich lasse ihn seine Sparsamkeit aufgeben und '$\neg\forall\neg$' durch den Existenz-Quantor '$\exists$' abkürzen.[103])

(T1) $\exists x \, (Bx \,\&\, \forall y \, (Sy \to L(y, x)))$

(T2) $\forall y \, (Sy \to \exists x \, (Bx \,\&\, L(y, x)))$

In (T1) hat der Existenz-Quantor, in (T2) hat der universelle Quantor die größere Reichweite. Aus (T1) ist nach Freges Regeln (T2) deduzierbar, aber die Umkehrung gilt nicht: Der Gedanke, dass von mindestens einem Buch gilt, dass jede(r) Studierende es liest, kann nicht wahr sein, ohne dass es wahr wäre, dass von jedem (jeder) Studierenden gilt, dass er (sie) mindestens ein Buch liest, aber in der anderen Richtung besteht keine derartige Wahrheitsabhängigkeit.

Doch zurück zu den "lateinischen" Buchstaben. Indem Frege [Lat] zugunsten von [Qnt] verwirft, will er beileibe nicht dem Gebrauch lateinischer Buchstaben eine Absage erteilen (um ihn dann in *Allg* befremdlicherweise zu reaktivieren). Im Gegenteil, wie in der *BS* so formuliert er auch in den *GG* alle seine Grundgesetze und viele seiner Theoreme in dieser Notation. Um zu erklären, welchen Gebrauch er von ihr in beiden Fassungen seiner

---

[103] Die Großbuchstaben stehen für '( ) ist ein Buch', '( ) studiert' und '( ) liest [ ]'.

Begriffsschrift macht, müssen wir noch einmal über das in *Allg* Gesagte hinausgehen und ein weiteres Element der BS-Notation in Erinnerung rufen, nämlich das aus Urteilsstrich und Waagerechtem bestehende Präfix (s. o. 1-§7). Frege spielt auf [Lat] an, wenn er schreibt:[104]

> Wir versuchten schon früher, die Allgemeinheit mittels eines lateinischen Buchstaben ... auszudrücken, kamen aber davon wieder ab, weil wir bemerkten, dass das Gebiet der Allgemeinheit nicht genügend abgegrenzt wäre. Wir begegnen diesem Bedenken nun durch die Festsetzung, dass bei einem lateinischen Buchstaben das Gebiet Alles umfassen sollte, was in dem Satze ausser dem Urtheilstriche vorhanden ist.*
> [Anm.*] Hiermit ist der Gebrauch der lateinischen Buchstaben nur für den Fall erklärt, dass ein Urtheilstrich vorhanden ist. Das ist aber in einer reinen Begriffsentwickelung immer der Fall; denn wir schreiben dabei immer von Satz zu Satz fort. (*GG I*, §17, S. 31.[105])

Die Sätze, von denen am Ende der Anm.* die Rede ist, sind Begriffsschriftsätze: „Die begriffsschriftliche Darstellung eines Urtheils mittelst des Zeichens '⊢' nenne ich *Begriffsschriftsatz* oder kurz *Satz*" (*GG I*, §5, S. 9). Im Lichte der Stipulation in §17 betrachtet, ist (S) gar nicht wohlgeformt. Der Gedanke, den (Q2) ausdrückt, kann nicht durch einen Satz mit "lateinischen" Buchstaben ausgedrückt werden, sehr wohl aber der Gedanke, den (Q1) ausdrückt:

(L1) $\vdash \neg\, [2+(3 \cdot a)=5 \cdot a]$

Will man diesen Gedanken freilich in Freges BS formulieren, ohne ihn als wahr hinzustellen, ist man auch hier auf (Q1) angewiesen (*1910/11, Vorl* 13). Die Festsetzung in §17 legt dem Leser die folgende Revision von [Lat] nahe:

---

[104] Vgl. schon *BS* §11, S. 21 und: *1886a*, 377–378; *1906d*, NS 211–212 Anm.
[105] Die Wendung „reine Begriffsentwickelung" im letzten Satz ist merkwürdig. Der Sache nach dürfte dasselbe wie mit „begriffsschriftliche Entwickelung" (S. 6 Anm.) und „Begriffsschriftentwickelung" (S. 9 Anm.) gemeint sein, nämlich *begriffsschriftliche Ableitung*. (Ich sehe nachträglich, dass Thiel ebenfalls über diese Stelle gestolpert ist und in seiner Corrigenda-Liste zum 1998er Reprint der *GG* vorschlägt, „reine Begriffsschriftentwickelung" zu lesen.)

[Lat*] Im Kontext '⊢ F*a*' werde unter 'F*a*' das Wahre verstanden, wenn der Wert der Funktion F ( ) für jedes Argument das Wahre ist; sonst bedeute es das Falsche.

Nun sind die Sätze '∀x (Fx)' und 'F*a*', die nach [Qnt] und [Lat*] denselben Gedanken ausdrücken, nicht isomorph. Auch innerhalb der Begriffsschrift tritt also der Fall auf, dass zwei nicht-isomorphe Sätze ein und denselben Gedanken als wahr hinstellen.

Ist die Formulierung mit „lateinischen" Buchstaben nur eine in bestimmten Kontexten zulässige „Abkürzung" für ihr Gegenstück in der Quantoren-Schreibweise, wie es in *BS* §11 heißt? In den *GG* verneint Frege diese Frage gleich im Anschluss an die eben zitierte Stelle. Er weist darauf hin, dass seine Festsetzung den Skopus der „lateinischen" Buchstaben nur insoweit festlegt, dass er *mindestens* all das einschließt, was auf den Urteilsstrich folgt.

> Es bleibt also erlaubt, ein solches Gebiet auf mehrere Sätze auszudehnen, und das macht die lateinischen Buchstaben geeignet, beim Schliessen Dienste zu leisten, welche die deutschen bei der strengen Abgeschlossenheit ihres Gebietes nicht leisten können. (*GG I*, §17, S. 31.)

Frege erläutert das an einem arithmetischen Argument im *Modus Barbara* der Aristotelischen Syllogistik, wobei er voraussetzt, dass generalisierte Subjunktionen den Gehalt der entsprechenden universell-affirmativen Sätze wiedergeben. (Ich tausche seine [von etlichen Druckfehlern verunstalteten] arithmetischen Prädikate gegen die der traditionellen Exempel für solche Argumente aus.) Welchen Vorteil hat es, ein syllogistisches Argument der Form *Barbara* mit L-generalisierten Subjunktionen

[A$_{\text{Lat}}$] ⊢ *a* ist ein Grieche → *a* ist ein Mensch
  ⊢ *a* ist ein Mensch → *a* ist sterblich
∴ ⊢ *a* ist ein Grieche → *a* ist sterblich

statt mit Q-generalisierten Subjunktionen

[A$_{\text{Qnt}}$] ⊢ ∀x (x ist ein Grieche → x ist ein Mensch)
  ⊢ ∀x (x ist ein Mensch → x ist sterblich)
∴ ⊢ ∀x (x ist ein Grieche → x ist sterblich)

darzustellen? Freges Antwort lautet: „Wenn wir die Prämissen so schreiben [wie in A_{QNT}],... können wir unsere Schlussweisen nicht anwenden, wohl aber wenn wir sie so schreiben [wie in A_{LAT}]" (ebd.). Die relevante Schlussweise ist hier die Regel für Kettenschlüsse (*alias* Hypothetische Syllogismen): sie erlaubt uns, von zwei Prämissen der Form '⊢ A → B' und '⊢ B → C' zu einer Konklusion der Form '⊢ A → C' überzugehen. Offenkundig hat das Argument [A_{QNT}] nicht die syntaktische Form, die eine *direkte* Anwendung *dieser* Regel gestatten würde.[106]

Aber wieso kann sie eigentlich auf [A_{LAT}] direkt angewendet werden? Freges 'Erläuterungsargument' (s. o. 2-§1) für diese Regel in *GG I*, §15, S. 26/27 setzt doch voraus, dass Prämissen und Konklusion etwas ausdrücken, was Anwärter auf den Titel 'bedeutet das Wahre' ist, und diese Bedingung erfüllen die uneigentlichen Sätze, zwischen denen die Subjunktoren in [A_{LAT}] steht, natürlich nicht. Nun ist aber niemand so sehr wie Frege über den Verdacht erhaben, man müsse ihm das klarmachen. Wie ist sein Plädoyer für die Darstellung des Arguments mit L-generalisierten Subjunktionen dann zu verstehen?

Prädikate sind für Frege ihrem Wesen nach Satzfragmente. Das komplexe Prädikat '( ) ist ein Mensch → ( ) ist sterblich' beispielsweise ist nicht mit Hilfe eines zweistelligen prädikatbildenden Prädikatoperators gebildet, also eines Operators, der für zwei Prädikate als Input ein neues Prädikat als Output liefert. Wenn es so wäre, dann könnte die Erklärung dieses Operators nicht die des Subjunktors sein, denn der wurde in der *BS* wie in *Ggf* als satzbildender Satzoperator erklärt.[107] Unser komplexes Prädikat ist vielmehr das Resultat der Tilgung zweier Vorkommnisse desselben singulären Terms in einem Satz, z. B. in dem Satz 'Napoleon ist ein Mensch → Napoleon ist sterblich' (vgl. *1906d*, NS 204). Dieses Prädikat hat nun die

---

[106] Ein weiteres Beispiel kann wohl nicht schaden (vgl. *GG II*, §65, S. 78). Die Regel der Kontraposition oder „Wendung" (*GG I*, §15, S. 27) kann *direkt* angewendet werden auf

'⊢ *a* ist ein Mensch → *a* ist sterblich, ergo:

⊢ ¬ *a* ist sterblich → ¬ *a* ist ein Mensch',

nicht hingegen auf '⊢ ∀*x* (M*x* → S*x*), ergo: ⊢ ∀*x* (¬ S*x* → ¬ M*x*)'.

[107] Vgl. 4-§9. Auch in *GG I*, §12, wo er als Funktor definiert wird, der für Eigennamen (Sätze und singuläre Terme) als Input Eigennamen von Wahrheitswerten als Output liefert, wird er nicht als prädikatbildender Prädikatoperator aufgefasst.

Kapitel 5

Eigenschaft, dass die Einsetzung zweier Vorkommnisse desselben nicht-leeren singulären Terms in seine Leerstellen jedes Mal einen Satz ergibt, der eine Wahrheit ausdrückt. Wir können von dem Prädikat zu Recht sagen, dass es auf jeden Gegenstand zutrifft, *weil* wir von Sätzen, die aus seiner Sättigung durch beliebige bedeutungsvolle singuläre Terme resultieren, zu Recht sagen können, dass sie allesamt wahre Gedanken ausdrücken.[108] Und dass sie das allesamt tun, können wir mit Hilfe der entsprechenden L-generalisierten Subjunktion konstatieren. Bei der Anwendung der Kettenschluss-Regel auf das *Modus Barbara*-Argument [A_{LAT}] denken wir uns alle Vorkommnisse des „lateinischen" Buchstabens ersetzt durch Vorkommnisse ein und desselben beliebigen singulären Terms aus dem Vokabular irgendeiner Erweiterung der Sprache, in der die Sätze in [A_{LAT}] formuliert sind. (Dass alle Ersetzungen in einem gegebenen Vokabular von Wahrem zu Wahrem führen, könnte ja daran liegen, dass dessen Ressourcen zu dürftig sind, um Gegeninstanzen zu formulieren.[109])

An einigen (wenigen) Stellen gibt Frege die Wahrheitsbedingungen der Gedanken, die durch Sätze mit „lateinischen" Buchstaben ausgedrückt werden, anders als in [LAT*] im Rekurs auf eine Ersetzungsoperation an, so in Satz [1] des folgenden Texts:[110]

[1] Ein mit dem Urteilsstrich abgeschlossener Satz, der lateinische Gegenstandsbuchstaben enthält, besagt, dass sein Inhalt wahr sei, welche bedeutungsvollen Eigennamen man auch für jene Buchstaben einsetzen möge, wenn man nur einen und denselben Buchstaben überall, wo er im Satze vorkommt, durch denselben Eigennamen ersetzt. [2] Da Eigennamen Zeichen sind, die einen einzelnen bestimmten Gegenstand bedeuten, so kann man dies allenfalls auch so ausdrücken: [3] ein solcher Satz besagt, dass sein Inhalt wahr sei, was man auch unter den darin vorkommenden Gegenstandsbuchstaben verstehen möge. (*n.1897a*, NS 166/167; '[…]' von mir hinzugefügt.)

Eine Erläuterung vorweg: Die „lateinischen" Buchstaben, die wir oben verwendet haben, waren allesamt (genau wie die in *Allg* und

---

[108] Bei Tarski hat umgekehrt der Begriff der Erfüllung (der zum Zutreffen-auf konversen Relation) Priorität vor dem Begriff der Wahrheit.
[109] Zu den technische Details vgl. Heck (s. o. LIT.) und die dort angegebene Literatur.
[110] Ähnlich in *BrL* 12 Anm. und in *n.1898*, NS 176/177.

in den herangezogenen Passagen aus *GG*) „lateinische" *Gegenstands*buchstaben. Frege gebrauchte in [1] und [3] diesen Titel, weil er ausdrücklich Sätze aus der Betrachtung ausklammern will, deren Inhalt durch „lateinische" *Funktions*buchstaben Allgemeinheit verliehen wird (*GG I*, §19). Werfen wir wenigstens einen flüchtigen Blick auf solche Sätze, ehe wir uns den Thesen in unserem Exzerpt zuwenden. Wenn wir kursivierte Großbuchstaben als „lateinische" Funktionsbuchstaben verwenden, so ist der folgende Satz, in dem dieser Buchstabe ein *Begriffs*buchstabe ist, ein Beispiel:

(L^2) ⊢ Avicenna = Ibn Sina → (F (Avicenna) → F (Ibn Sina))

Mit diesem Satz sagt man, dass Ibn Sina all das ist und tut, was Avicenna ist und tut, wenn er mit ihm identisch ist. Auch hier geht man vom Allgemeinen zum Besonderen über, wenn man den Begriffsbuchstaben an allen Stellen seines Vorkommens durch dasselbe Prädikat ersetzt:

(M) ⊢ Avicenna = Ibn Sina → (Avicenna ist Perser → Ibn Sina ist Perser).

Das Q-generalisierte Gegenstücke zu (L^2),

(Q^2) ⊢ Avicenna = Ibn Sina → $\forall f$ (f (Avicenna) → f (Ibn Sina)),

drückt genau denselben Gedanken aus.[111] Sätze mit „lateinischen" Funktionsbuchstaben und universellen Quantoren zweiter Stufe spielen in Freges Versuch, die Arithmetik auf Logik zu reduzieren, eine prominente Rolle.

Ist ein L-generalisierter Satz, wenn man ihn gemäß [1] in unserem Exzerpt versteht, äquivalent mit der entsprechenden *Einsetzungsquantifikation* ('substitutional quantification')? Es genügt hier, den einfachsten Fall zu betrachten, in dem der L-generalisierte Satz nur einen einzigen „lateinischen" Gegenstandsbuchstaben und die Quantifikation dementsprechend nur eine Variable enthält. Eine (im Symbolismus Kripkes notierte) universelle Einsetzungsquantifikation der Form

(E)   Πx (Fx)

---

[111] (Q^2) folgt aus dem Satz von der Ununterscheidbarkeit des Identischen: s. o. 1-§5.

drückt genau dann eine Wahrheit aus, wenn alle Sätze Wahrheiten ausdrücken, die aus (E) resultieren, wenn man den Quantor tilgt und einen singulären Terme aus dem Vokabular der Sprache, zu der 'F' gehört, für die substitutionelle Variable *einsetzt*. Ein Unterschied springt sofort ins Auge: Anders als in [1] wird in dieser Bestimmung der Wahrheitsbedingungen von (E) nicht gefordert, dass die eingesetzten singulären Terme „bedeutungsvoll" sind. Während der Satz 'Πx (x ist identisch mit x)' nur dann eine Wahrheit ausdrückt, wenn auch 'Vulkan ist identisch mit Vulkan' es tut, ist die Wahrheit des mit '⊢ a ist identisch mit a' Behaupteten davon unabhängig. (Wie wir wissen, würde Frege bestreiten, dass 'Vulkan ist identisch mit Vulkan' eine Wahrheit ausdrückt.) Diese Divergenz würde natürlich beseitigt, nähme man Freges Forderung in die Bestimmung der Wahrheitsbedingungen von (E) auf.

In Satz [2] unseres Exzerpts versichert Frege, dass man die Wahrheitsbedingungen jedenfalls auch ohne Rekurs auf die Ersetzungsprozedur bestimmen kann,[112] nämlich so wie in [3]. Die dort angebotene Formulierung ist nicht allzu transparent, aber sie soll doch wohl so verstanden werden, dass sie mit [Lat*] äquivalent ist: Im Kontext '⊢ F*a*' drückt 'F*a*' genau dann eine Wahrheit aus, wenn jeder Gegenstand unter den Begriff F fällt. Die Herausgeber von NS, die [3] anscheinend genauso verstehen, wenden gegen [2] ein: „Dies (sc. [3]) besagt allerdings nur dann dasselbe (sc. wie [1]), wenn gesichert ist, dass jeder Gegenstand einen Namen hat" (NS 167 Anm.). Zweifellos hat nicht jedes Körnchen Wüstensand, ja nicht einmal jeder Löwe einen Namen, wenn das heißen soll: einen „eigentlichen Eigennamen", und daraus scheint sich in der Tat ein Problem für Freges Äquivalenzunterstellung in [2] zu ergeben. Betrachten wir die L-generalisierte Subjunktion

(S)   ⊢ L*a* → (C*a* ∨ Z*a*),

in der die Großbuchstaben die Prädikate 'ist ein Löwe', 'ist ein Circus-Löwe' und 'lebt in einem Zoo' abkürzen. Angenommen,

---

[112] Mit „allenfalls" in [2] kann nicht gemeint sein: *höchstens, zur Not* ('Er weiß, wie weit er allenfalls gehen kann'). Was gemeint ist, kann man Wahrigs Deutschem Wörterbuch, Neuausgabe 1994, entnehmen: „veraltet für: *auf alle Fälle, jedenfalls*". In Long & White 1979, 154 wird das Problem dadurch 'gelöst', dass das heikle Wort unübersetzt bleibt.

alle (sc. wirklichen) Löwen, die Träger eines Eigennamens sind, leben in einem Circus oder einem Zoo. Dann gilt: jede Sättigung von 'Lξ → (Cξ ∨ Zξ)' durch den Eigennamen eines Löwen ergibt eine Subjunktion, die eine Wahrheit ausdrückt. Nun erhält man bei der Sättigung von 'Lξ → (Cξ ∨ Zξ)' durch einen Namen, der *keinen* Löwen bezeichnet, allemal stets eine Subjunktion, die eine Wahrheit ausdrückt, weil ihr Vordersatz einen falschen Gedanken ausdrückt. Also wird – unter der angegebenen Voraussetzung – mit (S) Wahres gesagt, wenn man (S) im Sinne von [1] versteht, obwohl doch – auch unter jener Voraussetzung – keineswegs jeder Gegenstand unter den Begriff *Lξ → (Cξ ∨ Zξ)* fällt. Womit die (von den Hg. der NS geargwöhnte) Divergenz von [1] und [3] erwiesen zu sein scheint. Aber ist das wirklich eine Deutung von (S) im Sinne von [1]? Erstens gilt von jedem Löwen und jedem Sandkorn, dass man ihm einen eigentlichen Eigennamen *geben* könnte. Und zweitens ist die Namenlosigkeit fast aller Sandkörner und vieler Löwen für Frege allemal unproblematisch, da er auch Kennzeichnungen zu den Eigennamen zählt. Von jedem raumzeitlich lokalisierbaren Gegenstand gilt, dass eine Kennzeichnung für ihn gebildet werden kann: eine rein verbale wie 'dasjenige S, das sich zur Zeit t am Ort p befindet' oder eine hybride wie 'dieses S da' im Verein mit einer Zeigegeste. Ein genereller Term, der für die Bildung einer solchen Kennzeichnung benötigt wird, mag nicht zum Vokabular einer bestimmten Sprache gehören ('Quasar', 'Neutrino'), aber dieses Vokabular kann ja erweitert werden. Frege unterstellt nur, dass für jeden Gegenstand die *Möglichkeit* besteht, durch einen singulären Term bezeichnet zu werden: „Wir können kurz sagen, indem wir ... 'Subject' im sprachlichen Sinne verstehen: ... Gegenstand ist, was ... Bedeutung eines Subjects sein *kann*" (*BuG* 198 [meine Herv.]). Er könnte annehmen: Für jeden Gegenstand gilt, dass es in einer möglichen Erweiterung einer gegebenen Sprache einen singulären Term gibt, der ihn bezeichnet. (Er braucht deshalb nicht anzunehmen, es gebe in irgendeiner möglichen Erweiterung einer gegebenen Sprache für jeden Gegenstand einen singulären Term, der ihn bezeichnet.)

Frege hätte einen Existenz-Quantor '∃' nicht nur als Abkürzung für '¬∀¬' in sein System einführen können (selbst das hat er unterlassen), er hätte ihn auch als „Urzeichen" im Stil von *GG I*, § 8 erklären können, um dann '∀' durch '¬∃¬' definieren. Diese Erklärung hätte so ausgesehen:

Kapitel 5 751

[Q_{NT}⁺] Es bedeute '∃x (Fx)' das Wahre, wenn der Wert
der Funktion F ( ) für mindestens ein Argument
das Wahre ist, und sonst das Falsche.

Vergleichen wir diesen Frege-konformen Existenz-Quantor mit seinem substitutionellen Gegenstück. Eine (im Stil Kripkes notierte) Einsetzungsquantifikation der Form

(e)   Σx (Fx),

drückt genau dann eine Wahrheit aus, wenn mindestens ein Satz eine Wahrheit ausdrückt, der aus (e) resultiert, wenn man den Quantor tilgt und einen singulären Term aus dem Vokabular der Sprache, zu der 'F' gehört, für die substitutionelle Variable einsetzt. Wer, vor der Venus von Milo stehend, konstatiert: 'Diese Statue stellt Aphrodite dar', darf auch behaupten: 'Σx (Diese Statue stellt x dar)'; aber er würde mit '∃x (Diese Statue stellt x dar)' etwas Falsches sagen. (Frege würde wohl bestreiten, dass der nicht-quantifizierte Satz ein Prädikat enthält, das eine Beziehung bedeutet; denn wenn er ein solches Prädikat enthielte, dann müsste man daraus, dass jene Statue Aphrodite darstellt, schließen können, dass es einen Gegenstand gibt, den sie darstellt. Es bleibt aber unklar, wie man begriffsschriftlich den doch zweifellos wahren Gedanken formulieren könnte, dass jene Statue etwas darstellt – und nicht nichts.) Auch das folgende Argument ist deduktiv korrekt:

(i)   Richard Löwenherz heißt so wegen seiner Tapferkeit; also
(ii)   Σx (x heißt so wegen seiner Tapferkeit).

Man darf von (i) aber keineswegs zu dem Existentialsatz

(iii)   ∃x (x heißt so wegen seiner Tapferkeit)

übergehen. Würde '( ) heißt so wegen seiner Tapferkeit' einen Begriff bedeuten (signifizieren), so könnte Richard Löwenherz nicht unter ihn fallen, ohne dass Richard I. unter ihn fällt Aus Wahrem wird aber Falsches, wenn wir den Namensaustausch in (i) vornehmen. Gemäß der Erklärung von (e) ist auch das folgende Argument deduktiv korrekt:

(iv)   Ben glaubt, dass George Eliot ein Mann ist; also
(v)   Σx (Ben glaubt, dass x ein Mann ist).

Doch von (iv) darf man nicht übergehen zu

(vi) $\exists x$ (Ben glaubt, dass x ein Mann ist).

Würde 'Ben glaubt, dass ( ) ein Mann ist' einen Begriff bedeuten, so könnte George Eliot nicht unter ihn fallen, ohne dass Mary Ann Evans unter ihn fällt. Aus Wahrem wird aber Falsches, wenn wir den Namensaustausch in (iv) vornehmen. (Vgl. 1-§5.) Befindet sich die von einem Quantor gebundene Variable in der Position eines singulären Terms, so steht Frege auf der Seite derer, welche diese Quantifikation als *Gegenstands*quantifikation – in der anglophonen Literatur abwechselnd 'objectual', 'ontic' und 'referential quantification' genannt – auffassen.[113] In der Erklärung des universellen Quantors in der Passage [QNT] war ja auch von keiner Einsetzungsoperation die Rede, und dasselbe gilt von der analogen Erklärung des Existenz-Quantors in [QNT⁺]. Freilich, wenn bestimmte Bedingungen erfüllt sind, sagt man mit '$\forall x$ (Fx)' bzw. '$\exists x$ (Fx)' genau dann etwas Wahres, wenn man es auch mit 'Σx (Fx)' bzw. 'Πx (Fx)' tut. Erste Bedingung:- es sind auch singuläre Terme als Substitute zugelassen, die erst im Vokabular einer Erweiterung der Sprache, zu der 'F' gehört, enthalten sind. Zweite Bedingung:- nur bedeutungsvolle singuläre Terme sind als Substitute zugelassen. Dritte Bedingung:- der Ausdruck in der 'F'-Position ist transparent, d. h. ob das Resultat seiner Vervollständigung durch einen Namen eine Wahrheit ausdrückt oder nicht, hängt ausschließlich von der („geraden") Bedeutung dieses Namens ab. (Man kann sagen, dass der Ausdruck in der 'F'-Position nur dann ein Frege'sches Prädikat ist, also ein Ausdruck, der einen Begriff bedeutet, wenn er in diesem Sinne transparent ist.)

Es gibt im übrigen einen gravierenden Unterschied zwischen Freges Auffassung der Quantifikation erster Stufe und demjenigen Verständnis der Gegenstandsquantifikation, in dem sich die meisten Logiker anscheinend einig waren, als Dummett schrieb: „hardly any modern logician believes in ... wholly unrestricted quantification".[114]

---

[113] Ganz im Gegensatz zum jungen Wittgenstein, wenn dieser sich in einer Tagebuch-Eintragung ermahnt: „Nicht vergessen, dass '∃x(Fx)' nicht heißt: es gibt ein x, so dass Fx, sondern: es gibt einen wahren Satz 'Fx'" (NB, 09.07.1916).
[114] Dummett, FPL (2. Aufl. 1981), 567. (In der 1. Aufl. hieß es statt „hardly any" noch „no", wodurch Quine [s. o. Lɪᴛ.] der Vormoderne zugeordnet wurde.)

Frege will eine begriffsschriftliche Quantifikation erster Stufe immer als eine Behauptung über *alle* Gegenstände verstanden wissen, weshalb er die „lateinischen" Gegenstandsbuchstaben und die von einem universellen Quantor erster Stufe gebundenen Variablen stets „Gegenstände überhaupt andeuten lässt", also nicht „nur die eines fest begrenzten Gebietes" (*GG II*, §65, S. 78).[115] Zu Freges Universum aller Gegenstände gehören jedenfalls alle „objektiven" Gegenstände, die „wirklichen" wie die „nicht wirklichen" (s. o. 1-§9). („Subjektive" Gegenstände, psychische Akte, Vorgänge und Zustände, müssten eigentlich auch dazu gehören. *De facto* begegnen uns unter den Exempeln, mit denen Frege seine Überlegungen zur Semantik begriffsschriftlicher Quantifikationen illustriert, zwar Zahlen und Himmelskörper, aber niemals Schmerzen oder Farbempfindungen.)

Wenn man nun, Freges Verständnis der Quantifikation voraussetzend, das Kommutativitätsgesetz der Addition so formuliert:

(U_L)   ⊢ $a+b=b+a$

(U_Q)   ⊢ $\forall x \, \forall y \, (x+y=y+x)$,

dann besagt das Gesetz, dass „die Summe eines ersten und eines zweiten Gegenstandes" (*GG II*, §64) mit der Summe des zweiten und des ersten Gegenstandes identisch ist, um welche Gegenstände auch immer es sich dabei handeln mag. Die Sättigung des Prädikats 'ξ+ζ=ζ+ξ' durch zwei nicht-leere singuläre Terme drückt demnach in jedem Fall eine Wahrheit aus – auc^h dann, wenn wir die Namen zweier Himmelskörper einsetzen (oder die Ziffer '12' und die Kennzeichnung 'der Untergang der Titanic'). Ist das Additionszeichen nur für Zahlen erklärt, so wird mit

[Ω]   Die Sonne+der Mond = der Mond+die Sonne

kein Gedanke ausgedrückt, der wahr oder falsch ist; denn dann lässt die Definition die Ausdrücke, die hier das Gleichheitszeichen flankieren, ohne Bedeutung. Aber in einer BS darf es keine leeren singulären Terme geben: jeder Gedanke, der in ihr ausdrückbar ist, soll wahr oder falsch sein, *tertium non datur*.

---

[115] In *n.1897a*, NS 165/166, 167 spricht Frege vom unbeschränkten „Spielraum" der „lateinischen" Gegenstandsbuchstaben.

Es ist also nöthig, Festsetzungen zu machen, aus denen hervorgeht, was z. B.

'⊙+1'

bedeutet, wenn '⊙' die Sonne bedeuten soll.[116] Wie diese Festsetzungen geschehen, ist verhältnissmässig gleichgültig; wesentlich ist aber, dass sie gemacht werden, dass 'a+b' immer eine Bedeutung erhalte, welche Zeichen bestimmter Gegenstände auch für 'a' und 'b' eingesetzt werden mögen. (*FuB* 19–20.[117])

Ganz gleichgültig ist es tatsächlich nicht, was man dabei stipuliert. Legt man z. B. mit Geach fest: 'wenn nicht beide Zeichen Zahlen bedeuten (denotieren), dann möge der ganze Ausdruck immer das bedeuten, was der Ausdruck *vor* dem Additionszeichen bedeutet', so ist die Addition nicht kommutativ; denn bei dieser Stipulation drückt '⊙+1=1+⊙' keinen wahren Gedanken aus. Besser, man stipuliert: wenn nur einer der nicht-leeren singulären Terme 'a' und 'b' einen Gegenstand denotiert, der keine Zahl ist, dann soll 'a+b' diesen Gegenstand denotieren, und wenn sie beide keine Zahlen denotieren, dann soll 'a+b' denjenigen Gegenstand, bezeichnen, der aus den Denotaten von 'a' und 'b' besteht. (Soll diese Festlegung funktionieren, so muss es transkategoriale *mixta composita* geben,– andernfalls würde ja ein Ausdruck wie 'Platons Nase+Goldbachs Vermutung' nichts bezeichnen.[118])

---

[116] Frege verwendet hier und in *1896a*, 374 das traditionelle astronomische Zeichen für die Sonne – so wie er in *1914b*, NS 245 vier der Planetenzeichen verwendet, die seit dem späten Mittelalter in Gebrauch sind (und bei heutigen Lesern deplacierte Horoskop-Assoziationen hervorzurufen pflegen). Vgl. auch *n.1898*, NS 173; *GG II*, §72, S. 84.

[117] Für Frege ergibt sich das aus einer Forderung, die nach seinem Dafürhalten jede Funktion erfüllen muss: Eine „Function erster Stufe mit einem Argumente [muss] immer so beschaffen sein, dass sich ein Gegenstand als ihr Werth ergiebt, welchen Gegenstand man auch als ihr Argument nehme – durch welchen Gegenstand man auch die Function sättigen – möge". (Mithin muss die Funktion $\xi+1$ auch für die Sonne einen Wert haben – und *die Hauptstadt von* ξ auch für die Zahl Elf und für die Elbe.) „Das Entsprechende haben wir auch von Functionen mit zwei Argumenten zu fordern", z. B. von $\xi+\zeta$ (*GL II*, §63/64; vgl. *GG I*, §§1–4).

[118] Das ist das „Binary Sum Principle" der Klassischen Extensionalen Mereologie: vgl. Simons 1987, 34.

Frege scheint vorauszusetzen, dass die Zeichenreihe 'die Sonne+der Mond' in *unserer* Sprache zwar bedeutungslos, aber immerhin sinnvoll ist. Denn wenn dieser Ausdruck sinnlos ist, wird mit [Ω] ja gar kein Gedanke ausgedrückt, also *a fortiori* keiner, der in die Wahrheitswertlücke fällt. Der Zweck der Stipulation ist, in der BS gegen die drohende Lücke Vorbeuge zu treffen, und das ist eine überflüssige Veranstaltung, wenn [Ω] sinnlos ist. Die Ausdrücke, die das Gleichheitszeichen in [Ω] flankieren, scheinen zwar im Unterschied etwa zu der Zeichenreihe 'oder+rund' nicht ungrammatisch zu sein; aber verbürgt das schon, dass sie sinnvoll sind? Frege war selber nicht sicher, dass diese Frage mit Ja zu beantworten ist, als er schrieb:

> *Vielleicht* kann man zugeben, daß ein grammatisch richtig gebildeter Ausdruck, der für einen Eigennamen steht, immer einen Sinn habe. Aber ob dem Sinne nun auch eine Bedeutung entspreche, ist damit nicht gesagt. (*SuB* 28a, meine Herv.)

Aber würde das vorher sinnlose Zeichen nicht durch die Festsetzung, es möge (sagen wir) eine bestimmte „mereologische Summe" denotieren, einen Sinn *erhalten*? Dass ein zuvor sinnloses Zeichen durch eine stipulative Definition einen Sinn bekommt, ist nur dann unproblematisch, wenn das Zeichen semantisch atomar ist;[119] aber im hier gegebenen Fall ist es semantisch komplex, und die Namen der Himmelskörper haben in ihm ihren alten Sinn (und mithin auch ihre alte Bedeutung).

Könnte man sich die Festsetzung ersparen, wenn man bei der Formulierung des Kommutativitätsgesetzes der Addition tiefer durchatmet?

(V_L)   ⊢   (a ist eine Zahl & b ist eine Zahl) → $a+b=b+a$

(V_Q)   ⊢ $\forall x \, \forall y \, [(x$ ist eine Zahl & y ist eine Zahl) → $x+y=y+x]$

„Dazu gehört dann aber", so merkt Frege an, „eine vollständige Erklärung des Wortes 'Zahl', und daran fehlt es meist" (*GG II*, §62). Wenn das ein Einwand sein soll, dann fällt er auf die Strategie der

---

[119] Vgl. *GG I*, §33, *sub* 3; *II*, §66: „Grundsatz der Einfachheit des erklärten Ausdrucks".

Festsetzung zurück. Bei der Stipulation wird ja vorausgesetzt, dass man weiß, dass '☉' keine Zahl bedeutet (denotiert), und wie sollte man das wissen, wenn man nicht weiß, dass das angeführte Zeichen die Sonne bedeutet und dass die Sonne keine Zahl ist? Durch die Formulierungen (V_L) und (V_Q) ist der Allgemeinheitsanspruch nun keineswegs auf den Bereich der Zahlen eingeschränkt; denn man kann sie ja so verstehen: 'Um welche Gegenstände auch immer es sich handeln mag, wenn der erste eine Zahl ist und der zweite auch, so ...' Bei dieser Auslegung müssen Bezeichnungen wie 'die Sonne+der Mond' und 'der Mond+die Sonne' durch Stipulation sinnvolle singuläre Term geworden sein; denn nur dann kann man sagen: die Subjunktion, die wir bei Einsetzung der beiden Himmelskörper-Bezeichnungen aus dem maximalen Prädikat in (V_L) und (V_Q) erzeugen, drückt dank der Falschheit ihres Vordersatzes eine Wahrheit aus. (Eine Subjunktion mit einem sinnlosen Nachsatz drückt gar keinen Gedanken aus.)

Wir könnten uns die Festsetzungen wirklich ersparen, wenn wir die Quantifikation in (U) nicht mehr als unbeschränkte verstehen. Frege glaubt aber, diesen Weg mit dem folgenden Argument als Holzweg erweisen zu können:

> Nehmen wir einmal an, der Begriff *Zahl* sei scharf definirt, und es sei festgesetzt, dass die lateinischen Buchstaben nur Zahlen andeuten sollen, und nur für Zahlen sei das Additionszeichen erklärt. Dann haben wir in dem Satze
>
> „$a+b=b+a$"
>
> die Bedingungen hinzuzudenken, dass *a* und *b* Zahlen seien; und diese werden, weil nicht ausgesprochen, leicht in Vergessenheit gerathen. Aber nehmen wir uns einmal vor, diese Bedingungen nicht zu vergessen! Nach einem bekannten Gesetze der Logik[120] können wir den Satz
>
> [V] „wenn *a* eine Zahl ist, und wenn *b* eine Zahl ist, so ist $a+b=b+a$"
>
> umwandeln in den Satz
>
> „wenn $a+b$ nicht gleich $b+a$ ist, und wenn *a* eine Zahl ist, so ist *b* keine Zahl";

---

120 Das Gesetz, dass $\forall p \, \forall q \, \forall r \, [\, (\, (p \,\&\, q) \to r \,) \to (\, (\neg r \,\&\, p) \to \neg q \,) \,]$.

und hier ist es unmöglich, die Beschränkung auf's Gebiet der Zahlen aufrecht zu erhalten. Der Zwang der Sachlage arbeitet unwiderstehlich auf die Durchbrechung solcher Schranken hin. (*GG II*, §65, S. 78, '[V]' von mir hinzugefügt.)

Das ist kein schlagendes Argument. Sollen die 'wenn'-Sätze in [V] „die Beschränkung auf's Gebiet der Zahlen" unvergesslich machen? Das wäre nicht einleuchtend; denn wie wir eben sahen, kann man (V_L) sehr wohl als unbeschränkte Quantifikation verstehen. Außerdem könnte man annehmen, dass die „lateinischen" Buchstaben in [V] zwar nur Gegenstände aus einem beschränkten Bereich „andeuten", dass zu diesem Bereich aber nicht *nur* Gegenstände gehören, auf die das Prädikat '( ) ist eine Zahl' zutrifft. Und schließlich kann man auch ganz anders dafür Sorge tragen, dass die Beschränkung auf das Gebiet der Zahlen nicht in Vergessenheit gerät. Man kann einen besonderen Variablen-Stil verwenden, wenn zum Quantifikationsbereich nur Zahlen gehören sollen, und das Kommutativitätsgesetz beispielsweise so notieren:

(U_Q^*)   ⊢ ∀*m* ∀*n* (*m*+*n*=*n*+*m*).

(In Worten: Um was für *Zahlen* auch immer es sich handeln mag, die Summe der ersten und der zweiten ist gleich der Summe der zweiten und der ersten.) Jetzt kommt Freges kontraponierendes Argument gar nicht erst in Gang.

Dass ein Prädikat nur in einem beschränkten Bereich mit Sinn zu- und abgesprochen werden kann, schließt nicht aus, dass von jedem Gegenstand in diesem Bereich gilt: es kann ihm entweder wahrheitsgemäß zu- oder wahrheitsgemäß abgesprochen werden, *tertium non datur*. Zweifellos ist das Prädikat '( )+1=12' für den Bereich der Zahlen ein solches Prädikat. Und wenn der Gegenstand a außerhalb des Gebietes liegt, in dem ein Prädikat 'F( )' mit Sinn zu- und abgesprochen werden kann, dann drücken die Sätze 'Fa' und '¬Fa' eben auch keinen Gedanken aus, der in die Wahrheitswert-Lücke fällt. Alle Vervollständigungen von 'F( )', die einen Gedanken ausdrücken, könnten also Freges Forderung erfüllen, dass jeder in der BS formulierbare Gedanke entweder wahr oder falsch ist, *tertium non datur*. Die Ansicht, dass vage Prädikate diese Forderung nicht erfüllen, ist nicht unplausibel (s. o. 1-§4). Aber man erklärt das Prädikat '( )+1=12' nicht für vage, wenn man behauptet, dass mit 'Die Sonne+1=12' deshalb weder Wahres noch Falsches gesagt wird, weil damit gar nichts gesagt wird.

Die vorangegangenen Überlegungen zeigen nicht, dass es keine allgemeinen Sätze gibt, in denen die „lateinischen" Gegenstandsbuchstaben und die von einem universellen Quantor erster Stufe gebundenen Variablen „Gegenstände überhaupt andeuten" und nicht „nur die eines fest begrenzten Gebietes". Auch wer findet, dass manche Prädikate erster Stufe nur in einem beschränkten Bereich mit Sinn anwendbar sind, sollte einräumen, dass das nicht für alle Prädikate erster Stufe gilt. Schließlich gilt von *absolut jedem* Gegenstand,[121] dass er mit sich identisch ist, dass er im Prinzip durch einen Eigennamen bezeichnet werden könnte, dass er keine Hexe ist, dass er sterblich ist, falls er ein Mensch ist – und dass er mit mir nicht identisch ist, wenn er nicht gerne Frege liest.

---

[121] Der Zusatz 'absolut' soll kontextinduzierte Beschränkungen der Allgemeinheit ausschließen: Wenn der unglückliche Hausbesitzer klagt: „Alles ist verbrannt", so berichtet er nicht von einer *kosmischen* Katastrophe.

Anhang

Frege über metalogische Fragen (und seine Nähe zu Bolzano).[122]

Die *Begriffsschrift* enthält in ihrem II. Teil ein deduktiv vollständiges und konsistentes axiomatisches System der Junktorenlogik. Dass Russells Version dieses Systems deduktiv vollständig ist, hat erst der polnisch-amerikanische Logiker und Mathematiker Emil Leon Post 1920 bewiesen.[123] Und erst Łukasiewicz hat 1929 den Beweis für Freges eigenes System geführt. Er spricht dem Axiomensystem der Frege'schen Junktorenlogik *„beinahe* höchste Vollkommenheit" zu (s. o. EINL-§1); denn er hat 1929 auch als erster nachgewiesen, dass dieses System abundant (oder, wie die Logiker sagen, nicht unabhängig) ist: das „dritte Grundgesetz der Bedingtheit" (*BS* § 16, Nr. 8) kann aus den beiden vorangegangenen (§ 14, Nr. 1, 2) abgeleitet werden.[124] Die *BS* enthält in ihrem II. Teil ferner ein deduktiv vollständiges und konsistentes axiomatisches System der Quantorenlogik erster Stufe mit Identität. Den Beweis dafür, dass Russells Version dieses Systems deduktiv vollständig ist, hat erst Kurt Gödel 1929 vorgelegt.[125] Die *BS* enthält in ihrem III. Teil schließlich auch ein konsistentes System der Quantorenlogik zweiter Stufe. Vollständig ist es nicht, da kein solches System vollständig sein kann: Gödel kündigte sein Theorem „über formal unentscheidbare Sätze der Principia Mathematica und verwandter Systeme" (1931) als Beweis dafür an, dass die Quantorenlogik 2. Stufe deduktiv unvollständig ist.[126]– Eliminiert man die

---

[122] LITERATUR: van Heijenoort 1967; Resnick 1974 u. 1980, 105–119; Kambartel 1975; Boos 1985; Dummett, FOP, Kap. 1; Demopoulos 1994; Blanchette 1996; Ricketts 1998; Tappenden 1997 u. 2000; Antonelli & May 2000; Weiner 2005a, § 8. [FREGE, KORSELT & BOLZANO]: Sundholm 2000, dazu Künne 2008, Kap. 9, §§ 6 u. 15.

[123] In seiner Dissertation (Columbia, N. Y.).

[124] Łukasiewicz rekapituliert den Beweis in 1935, 126–127.

[125] In seiner Wiener Dissertation, abgedruckt in Berka & Kreiser 1986, 283–294.

[126] Angekündigt 1930 in der Königsberger 'Diskussion zur Grundlegung der Mathematik', in: 'Erkenntnis' 2, 1931–32, 147–148. Gekürzter Nachdruck des Aufsatzes von 1931 in Berka & Kreiser 1986, 321–325.

sog. Grundgesetze (V) und (VI), so ist auch das Axiomensystem der Junktoren- und Quantorenlogik der *Grundgesetze der Arithmetik* konsistent und (wo das möglich ist) deduktiv vollständig, und es ist überdies frei von Abundanz. Konsistenzbeweise für verschiedene Teile des logischen Systems der *GG* findet man in T. Parsons 1987, Boolos 1993 und R. Heck 1996.

Wie steht Frege selber zu der Idee eines Beweises der Vollständigkeit, der Konsistenz und der Nicht-Abundanz eines Axiomensystems? Die folgenden Passagen sind m. W. die einzigen, in denen er die Frage nach der *Vollständigkeit* eines Axiomensystems stellt:

[a] Da man bei der unübersehbaren Menge der aufstellbaren Gesetze nicht alle aufzählen kann, so ist die Vollständigkeit nicht anders als durch Aufsuchung derer zu erreichen, die *der Kraft nach* alle in sich schliessen. (*BS* §13.)

[b] [D]ie wissenschaftliche Arbeitsstätte ist das eigentliche Beobachtungsfeld der Logik [M]eine Absicht [w]ar, den Nachweis zu führen, dass ich mit meinen Urgesetzen überall auskomme. Hier konnte freilich nur eine Wahrscheinlichkeit dadurch erreicht werden, dass ich in vielen Fällen damit auskam. Es war aber nicht gleichgültig, an welchem Beispiel ich das zeige. [*Frege führt sodann einen Satz der allgemeinen Reihenlehre, der ihm für die Arithmetik unentbehrlich zu sein scheint, als Beispiel an und fährt fort:*] Ich bewies diesen Satz [in *BS*, Teil III] aus den Begriffsbestimmungen des Folgens in einer Reihe und der Eindeutigkeit mittels meiner Urgesetze. (*BrL* 42–43.)

[c] Will man erproben, ob ein Verzeichniss von Axiomen vollständig sei, so muss man versuchen, aus ihnen alle Beweise des Zweiges der Wissenschaft zu führen, um den es sich handelt. Und hierbei muss man genau darauf achten, die Schlüsse nur nach rein logischen Gesetzen zu ziehen; denn sonst würde sich unmerklich etwas einmischen, was als Axiom hätte aufgestellt werden müssen Es sind demnach die Schlüsse in ihre einfachen Bestandtheile aufzulösen. So wird man wenige Schlussweisen auffinden, mit denen man dann überall durchzukommen suchen muss. Gelingt dies an einer Stelle nicht, so wird man zu fragen haben, ob man hier eine Wahrheit angetroffen habe, die aus einer nichtlogischen Erkenntnisquelle fliesse, oder ob man eine neue Schlussweise anerkennen müsse, oder ob vielleicht der beabsichtigte Schritt überhaupt nicht gethan werden dürfe. (*1896a*, 362.)

In [a] und [b] geht es um die Axiome der Frege'schen Junktoren- und Quantorenlogik, in [c] um die der Euklidischen Geometrie. Diese Passagen zeigen, dass Frege die Idee eines Vollständigkeits*beweises* noch fremd ist. Seine Einstellung zur Frage nach der Vollständigkeit ist eine experimentelle: man versucht, bei den Beweisen, die man in einer bestimmten Wissenschaft führen möchte, mit einer bestimmten Gruppe von Axiomen auszukommen, und fragt im Fall des Misslingens, was dafür verantwortlich ist.

Wie steht Frege zur Idee eines Konsistenzbeweises? Ist aus gewissen Prämissen (Sätzen) $P_1, ..., P_n$ eine Konjunktion deduzierbar, deren Konjunkte ein Satz S und seine Negation sind, so sind die von den Prämissen ausgedrückten Gedanken miteinander unverträglich. Aber dass aus jenen Sätzen keine Kontradiktion deduzierbar ist, garantiert nicht, dass sie kompatible Gedanken ausdrücken: es könnte ja andere Sätze $P^*_1, ..., P^*_n$ geben, die dieselben Gedanken ausdrücken wie die ursprünglichen Prämissen, und einen Satz S^*, der denselben Gedanken wie S ausdrückt, derart dass aus $P^*_1, ..., P^*_n$ eine Konjunktion deduzierbar ist, deren Konjunkte S^* und seine Negation sind. (Um wieder einmal Alexanders Streitross zu bemühen: Aus [1] 'Bukephalos ist ein Hengst' und [2] 'Bukephalos ist nicht männlich' ist keine Kontradiktion deduzierbar, sehr wohl aber aus [1*] 'B. ist ein Pferd & B. ist männlich' und [2].) Dass ein *Begriff* widerspruchsfrei ist, kann man beweisen – und zwar „durch den Nachweis ..., dass etwas unter ihn falle", und nur durch ihn.[127] Die Konsistenz eines *Axiomen*systems beweisen zu wollen, muss Frege abwegig erscheinen. Er wird nicht müde zu betonen, dass Axiome wahre Gedanken sind. Er insistiert damit auf dem, was er immer wieder den altüberlieferten Sinn von 'Axiom' nennt.[128] Gegenüber Hilbert und Korselt tut er es mit steigender Ungeduld: „Ein falsches Axiom – das Wort 'Axiom' im eigentlichen Sinne verstanden – ist wert, neben einem schiefen rechten Winkel in Kastans Panoptikum ausgestellt zu werden" (*1906a*, III: 424).[129] Nun sind Wahrheiten

---

[127] *GL* § 95. Vgl. *1885b*, 103; *1900a*, WB 70–71, 75; *GG II*, § 143; *1906b*, NS 194.

[128] *n.1899*, NS 183; *1903c*, I: 319, 321; *1906a*, I: 295, II: 398, 400, 402–403, III: 430; *1910*, WB 119; *1914b*, NS 221, 263, 266; *1924/25a*, NS 292/293. Vgl. oben S. 669f.

[129] Das einstmals berühmte Wachsfiguren- und Kuriositäten-Kabinett dieses Namens war 1873 im Herzen Berlins eröffnet worden. Karl Kraus kündigte den Wienern 1908 an, demnächst werde wohl auch die Kapuzinergruft

stets miteinander kompatibel. „Aus der Wahrheit der Axiome folgt von selbst, dass sie einander nicht widersprechen. Das bedarf also keines Beweises" (*1899b*, WB 63; *1903*, I: 321). Die Lektion des Russell-Schocks ist *nicht*, dass für Axiome, die diesen Titel verdienen, doch ein Konsistenzbeweis geführt werden muss, sondern dass bei der Vergabe des Titels 'Axiom' manchmal äußerste Vorsicht geboten ist: was wir unmittelbar einleuchtend finden, ist nicht immer (objektiv) einleuchtend (s. o. 4-§13). Und nun könnte man Hilberts Ziel so formulieren: Es ist hinsichtlich der Anwärter auf den Titel 'Axiom' zu zeigen, dass das, was wir unmittelbar einleuchtend finden, auch (objektiv) einleuchtend ist.

Wie steht Frege zur Idee eines Unabhängigkeitsbeweises, die in den Debatten über das Parallelen-Axiom der Euklidischen Geometrie schon seit langem eine prominente Rolle spielte? Auf seine Kritik am verwirrenden und verworrenen Gebrauch des Wortes 'Axiom' in Hilberts 'Grundlagen der Geometrie' hatte Alwin Korselt geantwortet.[130] Ein Zwischenergebnis der Frege'schen Erwiderung auf Korselt ist, „dass die Hilbertschen Unabhängigkeitsbeweise die eigentlichen Axiome, die Axiome im Euklidischen Sinne gar nicht betreffen; denn diese sind doch wohl [sc. wahre] Gedanken" (*1906a*, II: 402). Im dritten Teil seiner Erwiderung stellt Frege dann aber zum ersten und zum letzten Mal in seinen Publikationen die Frage, „ob man nicht von dem Hilbertschen Ergebnisse aus zum Nachweise der Unabhängigkeit der eigentlichen Axiome gelangen kann" (*1906a*, III: 423).[131] Dieser Text zeigt, dass Frege durch seine universalistische Logik-Auffassung (s. o. 2-§1) keineswegs prinzipiell daran gehindert ist, metalogische Betrachtungen anzustellen.

Frege erklärt zunächst, was er unter „Abhängigkeit im Gebiete der Gedanken" (ebd.) versteht. Er führt den Ausdruck „Gruppe von Gedanken" als Bezeichnung eines komplexen Gedankens ein, der durch eine Konjunktion von Aussagesätzen ausgedrückt wird, und präsentiert dann seine Erklärung:

---

in Kastans Panoptikum ausgestellt ('Girardi', in: Kraus, 'Die chinesische Mauer', Frankfurt/M 1967, 78).

[130] *1903c*; Korselt 1903. Nicht zum letzten Mal in seiner Debatte mit Frege schwenkt Korselt hier die Fahne der *WL* Bolzanos, der in seinen Augen „seit Leibniz der erste philosophische Mathematiker und mathematische Philosoph" ist (op. cit. 405).

[131] Im Folgenden beziehen sich Seitenangaben in Klammern immer auf diesen Aufsatz.

Es sei nun Ω eine Gruppe von wahren Gedanken. Aus einem oder einigen Gedanken dieser Gruppe möge durch einen logischen Schluß ein Gedanke G folgen, sodaß dabei außer logischen Gesetzen kein nicht zur Gruppe Ω gehörender Satz [eigentlich: Gedanke (WK)] gebraucht wird. Wir bilden nun eine neue Gruppe von Gedanken, indem wir der Gruppe Ω den Gedanken G hinzufügen. Was wir so getan haben, mag ein logischer Schritt heißen. Wenn wir nun durch eine Folge von solchen Schritten, bei der jeder Schritt das Ergebnis des vorangehenden zum Ausgang nimmt, eine Gruppe von Gedanken erreichen können, die den Gedanken A enthält, so nennen wir A *abhängig* von der Gruppe Ω. Wenn dies nicht möglich ist, so nennen wir A *unabhängig* von der Gruppe Ω. Dies wird immer stattfinden, wenn A falsch ist. (423/424, meine Herv.)

Ein wahrer Gedanke A ist demnach genau dann abhängig von einer Gruppe Ω von wahren Gedanken, wenn eine „Schlußkette" (428) von Ω zu A führt. (In diesem Sinne ist das sog. „dritte Grundgesetz der Bedingtheit" in der *BS* von den anderen Grundgesetzen abhängig.) Daraus dass es uns nicht gelingt, eine Schlusskette zu bilden, die von Ω zu A führt, folgt nicht, dass A von Ω unabhängig ist. Womit wir wieder bei der Frage wären:

Wie kann man die Unabhängigkeit eines Gedankens von einer Gruppe von Gedanken beweisen? Zunächst mag bemerkt werden, dass wir uns mit dieser Frage auf ein Gebiet begeben, das der Mathematik *sonst* fremd ist. Denn wenn sich auch die Mathematik wie alle Wissenschaften in Gedanken vollzieht, so sind doch *sonst* Gedanken nicht Gegenstände ihrer Betrachtung. Auch die Unabhängigkeit eines Gedankens von einer Gruppe von Gedanken ist ganz verschieden von den Beziehungen, die *sonst* in der Mathematik untersucht werden. Wir dürfen nun vermuten, dass dies neue Gebiet seine *ihm eigentümlichen* Grundwahrheiten hat, die zu den in ihm zu führenden Beweisen so notwendig sind wie die geometrischen Axiome für die Beweise der Geometrie. (425/426, meine Herv.)

Mit dem dreimaligen „sonst" deutet Frege an, dass er das „neue Gebiet" nicht aus der *Mathematik* ausschließen will. Aber indem er von den „ihm [dem Reich der Gedanken] eigentümlichen Grundwahrheiten" spricht, schließt er diese Wahrheiten aus dem Bereich der *logischen* Grundgesetze aus; denn anders als die Axiome der Geometrie sind logische Axiome ja nach seiner universalistischen Logik-Konzeption keinem besonderen Gebiet eigentümlich. Ein

Philosoph, der jene Grundwahrheiten zur Logik zählen würde, ist Husserl, der in dieser Hinsicht auf Bolzanos Schultern steht. Husserl versteht unter den „idealen Einheiten, die wir hier Bedeutungen nennen," (etwas ganz Ähnliches wie) Frege'sche Sinne, wenn er sagt:[132]

> „Die reine Logik [muss nach dem] richtigen Verständnis der Objekte, die ihr eigenstes Forschungsgebiet ausmachen, ... Wissenschaft von den Bedeutungen als solchen, von ihren wesentlichen Arten und Unterschieden sowie von den rein in ihnen gründenden (also idealen) Gesetzen sein."

Frege versucht nun, das metalogische „Grundgesetz" zu formulieren, das man für einen Unabhängigkeitsbeweis benötigt. Der Gedanke G und die Gedanken in Ω seien in einer "logisch vollkommenen Sprache" formuliert, nennen wir sie, wie Frege selber das sonst auch tut, Begriffsschrift. Jedem nicht-logischen BS-Ausdruck sei umkehrbar eindeutig ein anderer nicht-logischer BS-Ausdruck „von verschiedenem Sinne", aber „gleicher grammatischer Funktion" zugeordnet: einem Eigennamen ein anderer Eigenname, einem monadischen Prädikat erster Stufe ein anderes Prädikat just dieses Typs, usw.,[133] und jedem logischen BS-Ausdruck sei er selbst zugeordnet (426–427). Das Resultat der schriftlichen Fixierung einer solchen Zuordnung bezeichnet Frege als "Vokabular", vielleicht weil er sich die Ausdruckspaare in die Spalten eines Vokabelhefts eingetragen denkt. Mit Hilfe dieser Begrifflichkeit formuliert er das *metalogische* Grundgesetz:

(META) Es handele sich nun darum, ob ein Gedanke G von einer Gruppe Ω von Gedanken abhängig sei. Wir können diese Frage verneinen, wenn mittels unseres Vokabulars den Gedanken der Gruppe Ω die Gedanken einer Gruppe Ω' entsprechen, die wahr sind, während dem Gedanken G ein Gedanke G' entspricht, der falsch ist; denn wenn G von Ω abhängig wäre, so müßte, da die Gedanken von Ω' wahr sind, auch G' von Ω' abhängig sein, und dann wäre G' wahr. (428)

Man könnte (META), so sagt Frege, "einen Ausfluß der formalen Natur der logischen Gesetze nennen" (426), in denen nur logische Konzepte essentiell vorkommen. Anders als die logischen Gesetze (s. o.

---

[132] Husserl 1901, I. LU, §29, 91–92. Zu Husserls Einstellung zu Freges eigenwilligem Gebrauch der Termini 'Sinn' und 'Bedeutung' s. o. 1-§2.2.
[133] Darf es nicht manchmal auch derselbe Ausdruck sein?

2-§1) handelt dieses metalogische Gesetz von Gedanken und von ihrer Eigenschaft, wahr (falsch) zu sein. Die in (META) angegebene hinreichende Bedingung dafür, dass ein Gedanke von einer Gruppe von Gedanken unabhängig ist, kann auch von falschen Gedanken erfüllt werden. Sie erinnert sehr an Bolzanos notwendige und hinreichende Bedingung dafür, dass zwischen den „Sätzen an sich" A, B, C,... einerseits und M, N, O,... andererseits das Verhältnis der (wechselseitigen) Unabhängigkeit besteht:[134]

> „[Es gibt] zwar Vorstellungen [sc. an sich], die an der Stelle der i, j,... die sämmtlichen [sc. Sätze an sich] A, B, C,... und M, N, O,... wahr machen, aber auch andere, die nur die sämmtlichen A, B, C, ..., ohne die sämmtlichen M, N, O,..., ingleichen andere, die nur die sämmtlichen M, N, O,... ohne die sämmtlichen A, B, C,... wahr machen."

(Die Verträglichkeitsklausel, die der „zwar"-Satz enthält, können wir hier vernachlässigen. Sätze an sich, die im Sinn Bolzanos [wechselseitig] unabhängig sind, sind nicht in seinem Sinne auseinander „ableitbar"; aber sie erfüllen immerhin eine notwendige Bedingung der Ableitbarkeit, nämlich „Verträglichkeit".[135]) Das Gegenstück zu den „Vorstellungen an sich" i, j,... und ihren Varianten sind bei Frege die Sinne der nicht-logischen Ausdrücke, die sich im „Vokabular" gegenüberstehen.

Wenn wir die Regeln der Kontraposition und der Doppelten Negation auf (META) anwenden, erhalten wir eine notwendige Bedingung der Abhängigkeit: dass es keine Permutation des nichtlogischen BS-Vokabulars gibt, bei der die Varianten der Gedanken der Gruppe Ω allesamt wahr und die entsprechende Variante von G falsch ist. Hinreichend ist diese Bedingung in Freges Augen nicht; denn die ihn interessierende Abhängigkeit ist ja eine Beziehung, die

---

[134] Bolzano, WL II, 143–144. Die „Vorstellungen an sich" i, j,... sind subpropositionale Komponenten der Propositionen A, B, C,...
[135] Die Sätze an sich, (1) dass kein Skandinavier Protestant ist und (2) dass kein Schwede Protestant ist, sind bezüglich des Konzepts [Protestant] „verträglich", weil es ein anderes Konzept gibt (z. B. [Kanzler der BRD]), durch dessen Substitution für [Protestant] wahre Varianten von (1) und (2) erzeugt werden. Und (2) ist aus (1) bezüglich [Protestant] „ableitbar", weil sie bezüglich dieses Konzepts „verträglich" sind und weil jede Substitution für dieses Konzept, die (1) in eine Wahrheit überführt, auch (2) in eine Wahrheit überführt. Vgl. Bolzano, WL II, 113–114.

nur zwischen Wahrheiten besteht. Auch die Relation, die Bolzano „Abfolge" nennt, besteht nur zwischen Wahrheiten,[136] und es ist eine besondere Art der Abfolge, die das Bolzano'sche Analogon zu Freges Beziehung der einseitigen Abhängigkeit zwischen Gedanken darstellt: Abfolge bei gleichzeitiger Ableitbarkeit bezüglich aller nicht-logischen Komponenten.[137]

Frege erklärt seine Formulierung des metalogischen Grundgesetzes (MET) ausdrücklich für präzisierungsbedürftig und stellt dann zwei Fragen:

> Man wird so ungefähr den Weg erkennen, auf dem es vielleicht gelingen wird, die Unabhängigkeit eines eigentlichen Axioms von andern zu beweisen. Freilich fehlt noch viel an einer genaueren Durchführung. Insbesondere wird man finden, daß dies letzte Grundgesetz, das ich mit jenem Vokabular zu erläutern versucht habe, noch der genaueren Formulierung bedarf, und daß diese nicht leicht sein wird. Ferner wird festzusetzen sein, was ein logischer Schluß ist, und was der Logik eigentümlich angehört... Man sieht wohl, dass diese Fragen nicht kurz abgetan werden können, und ich will deshalb nicht versuchen, diese Untersuchungen hier weiterzuführen. (429)

Hielte Frege die genauere Durchführung für *unmöglich* und die Fragen für *unbeantwortbar* (wie ihm manche Interpreten unterstellen), dann hätte er sich hier sehr irreführend ausgedrückt.

Korselts Metakritik erschien 1908. Anscheinend glaubt er, dass die Fragen, die in dem gerade zitierten Textstück gestellt werden, doch ziemlich kurz abgetan werden können:[138]

---

[136] Bolzano, *WL* II 191–193, 207, 339–341, 352–356. Die Wahrheiten, (1) dass im August der Thermometerstand in Palermo höher ist als in Trondheim, und (2) dass es im August in Palermo wärmer ist als in Trondheim, sind bezüglich der Komponenten [Palermo] und [Trondheim] auseinander „ableitbar"; aber (1) steht in der Abfolge-Beziehung zu (2) – und nicht umgekehrt: dass (2), ist der Grund dafür, dass (1), – und nicht umgekehrt.

[137] Daraus (1) dass manche Kurienkardinäle Protestanten sind, ist logisch „ableitbar", (2) dass manche Protestanten Kurienkardinäle sind; denn (2) ist aus (1) *bezüglich jeder der nicht-logischen Komponenten* in (1) und (2) „ableitbar". Vgl. Bolzano, *WL* II, 392. Die Wahrheit, dass A und B, steht in der Beziehung der Abfolge zu den Wahrheiten, dass A und dass B: letztere sind der objektive Grund für erstere, und erstere ist bezüglich aller nicht logischen Komponenten aus letzteren ableitbar (u. u.).

[138] Korselt 1908, 124.

„Die Fragen Herrn Freges, was ein logischer Schluß sei, und was der Logik eigentümlich ist, hat Bolzano in seiner *Wissenschaftslehre* (§ 14, 15, 155, 164) beantwortet. Ein Schluß ist ein Satz, welcher sagt, daß aus einem gewissen Inbegriffe von Sätzen ein anderer Inbegriff von Sätzen ableitbar ist (in dem in § 1 erklärten Sinne).[139] Vorstellungen [an sich], die in allen oder mehreren Sonderwissenschaften vorkommen, gehören der Logik an."

Die Antwort auf die erste Frage ist unbefriedigend. Daraus, (1) dass die Kaaba schwarz ist, ist hinsichtlich des Konzepts [Kaaba] in Bolzanos Sinn „ableitbar", (2) dass die Kaaba ausgedehnt ist, denn (1) und (2) sind wie alle Wahrheiten „verträglich", und jede Ersetzung des Subjektbegriffs, bei welcher (1) wieder in eine Wahrheit transformiert wird, verwandelt auch (2) in eine Wahrheit. Aber der Übergang von (1) zu (2) ist schon deshalb kein *logischer* Schluss, weil keine Ableitbarkeit bezüglich aller nicht-logischen Komponenten vorliegt. Die Antwort auf die zweite Frage ist einerseits naiv; denn bestimmt gehören nicht alle Begriffe, die, sagen wir: in der Geschichtswissenschaft, der Soziologie und der Jurisprudenz, also in mehreren Sonderwissenschaften vorkommen, der Logik an. (Andernfalls wäre der Begriff Handlung ein logischer Begriff.) Zum andern verkennt diese Antwort, dass Bolzano sich bereits mit demselben Problem konfrontiert sah: Bolzano betont, dass „das Gebiet der Begriffe, die in die Logik gehören, nicht so scharf begrenzt ist, daß sich darüber niemals einiger Streit erheben ließe".[140] Dem entspricht, was Alfred Tarski 1936 über die Differenz zwischen logischen und außerlogischen Ausdrücken sagt:[141]

„[Mir sind] keine objektiven Gründe bekannt, die eine scharfe Grenze zwischen beiden Gruppen von Termini zu ziehen gestatten: es scheint mir möglich zu sein, zu den logischen auch solche Termini zu rechnen, die von den Logikern gewöhnlich als außerlogisch betrachtet werden, ohne dabei auf Konsequenzen zu stoßen, die mit dem üblichen Sprachgebrauch in starkem Kontrast stehen würden."

---

[139] In der Erklärung auf S. 108 fällt Bolzanos Verträglichkeitsforderung kommentarlos unter den Tisch.
[140] Bolzano, *WL* II 84.
[141] Tarski 1936, 10.

In einem postum veröffentlichten Aufsatz versucht Tarski schließlich doch, die Frage zu beantworten, die Frege gestellt hatte: „was der Logik eigentümlich angehört".[142]

Frege besaß einen Sonderdruck von Korselt 1908, und er hat sich dazu im selben Jahr erst eine Seite Notizen gemacht und dann eine 13-seitige Erwiderung geschrieben (*Katalog* Nr. 86 u. 87). Es ist ein Jammer, dass diese Replik verschollen ist; denn es ist anzunehmen, dass Frege in ihr weitere metalogische Überlegungen anstellte. Eines halte ich aber für sicher: auf Bolzano selber hat er sich in dieser Erwiderung nicht *expressis verbis* eingelassen; denn das hätte der Bolzano-Bewunderer Scholz in seinem Katalog bestimmt vermerkt.[143]

Die metalogischen Überlegungen, die Frege nur im dritten seiner Geometrie-Aufsätze von 1906 publik gemacht hat, könnten durch Lektüre des zweiten Bandes der *WL* Bolzanos angeregt sein, und Korselt könnte Frege zu dieser Lektüre „verführt" haben. Dass nur eine solche Lektüre erklärt, oder dass sie am besten erklärt, warum Frege 1906 solche Überlegungen anstellt, ist eine kühnere These. Warum sollte Freges eigene Erklärung nicht korrekt sein, die er im ersten Satz des Textes formuliert: er wolle der Frage nachgehen, „ob man nicht *von den Hilbertschen Ergebnissen aus* zum Nachweis der Unabhängigkeit der eigentlichen Axiome gelangen kann" (423, meine Herv.).

Anhänger der These, dass Frege Bolzano gelesen hat, müssen sich allemal fragen, warum er mit keiner Silbe erwähnt, dass er in dieser oder jener Hinsicht mit Bolzano übereinstimmt. Man hat gesagt, dass liege an seinem Charakter: Frege betone immer nur einen Dissens mit anderen Philosophen oder Mathematikern, nie einen Konsens. Selbst wenn das für Freges Zeitgenossen gelten sollte, – generell gilt es nicht. Frege schreibt:

> Es zeugt von den Hindernissen, mit denen der allgemeine Fortschritt zu kämpfen hat, dass Schriftsteller unserer Zeit ... so tun, als ob die Menschheit in Bezug auf diese Fragen bisher geschlafen hätte und sich eben erst die blöden Augen riebe,[[144]] nachdem Denker von anerkannter Bedeu-

---

[142] Tarski 1986b.
[143] So wie in seiner Notiz zu einem Brief Husserls vom 10.11.1906 an Frege: WB 105 (in der englischen Übersetzung ist Husserls Hinweis auf Bolzano leider weggefallen).
[144] 'Blöd' im ursprgl. Sinn von 'schwach' (s. o. 534 f).

tung wie Spinoza schon längst lichtvolle Gedanken über die Zahl ausgesprochen haben. Aber wer schlüge über eine so kinderleichte Sache bei Spinoza nach! *(n.1887a,* NS 93 Anm.)

In *GL* §49 heißt es dementsprechend: „Wir finden für unsere Ansicht eine Bestätigung bei Spinoza, der sagt ...".[145] Und ein Philosoph muss nicht schon so lange tot sein wie Spinoza, um bei Frege Anerkennung zu finden. Er kann auch ein Zeitgenosse Bolzanos sein:

> [Man begnügt sich] noch immer mit einer rohen Auffassung ..., obwohl schon Herbart eine richtigere gelehrt hat. [*Zitat in der Fußnote.*] Es ist betrübend und entmuthigend, dass in dieser Weise eine Erkenntnis immer wieder verloren zu gehen droht, die schon errungen war. (*GL*, III.)

Bestimmt hätte Frege dem 'böhmischen Leibniz', der ihm philosophisch viel näher stand und der auch als Mathematiker kreativ war, einen entsprechenden Tribut gezollt, wenn er ihn gelesen hätte.

---

[145] Hand auf's Herz: Frege hat nicht wirklich bei *Spinoza* nachgeschlagen, sondern in J. J. Baumanns kommentierter Textsammlung 'Die Lehren von Raum, Zeit und Mathematik...', Bd. 1, Berlin 1868, 169 (vgl. *GL*-Centenarausgabe, 163/164).

Bibliographie

I. Schriften Freges (Siglen)

Die Schriften Gottlob Freges werden wie folgt zitiert:*

BaW	Briefe an Ludwig Wittgenstein, hg. v. A. Janik, red. u. komm. v. Ch. P. Berger, in: Grazer Philos. Studien 33/34 (1989), S. 1–33
BSA	*Begriffsschrift und andere Aufsätze*, mit E. Husserls u. H. Scholz' Anmerkungen, hg. v. I. Angelelli, 6. Nachdruck von ²1964, Hildesheim 2007
FBB(P)	*Funktion – Begriff – Bedeutung*, hg. v. G. Patzig, Göttingen 1962, ⁸2008
FBB(T)	*Funktion – Begriff – Bedeutung*, hg. u. komm. v. M. Textor, Göttingen 2002
KS	*Kleine Schriften*, hg. v. I. Angelelli, Darmstadt 1967, ²1990
LU(P)	*Logische Untersuchungen*, hg. v. G. Patzig, Göttingen 1966, ⁵2003

---

* Verzeichnet sind alle und nur die Texte Freges, die in diesem Buch herangezogen werden. – Zum 'System' der Siglen: Nur in den Siglen für *Buch*titel werden ausschließlich *Groß*buchstaben verwendet und nur für die Titel der Bücher, die *Frege* für den Druck vorbereitet hat, *kursivierte* Großbuchstaben. Auf die in diesem Buch edierten Texte und einige vielzitierte *Aufsätze* wird mit (aus *Groß- und Klein*buchstaben bestehenden) Abkürzungen, auf die meisten Aufsätze wird mit den *Jahreszahlen* der Publikation bzw. der (mutmaßlichen) Entstehung verwiesen. Ein vor der Jahreszahl stehendes '*v.*' bedeutet *vor*, '*c.*' bedeutet *circa*, und '*n.*' bedeutet *nach*. Mit 'Op.' ist die *Originalpaginierung* gemeint: so gekennzeichnete Schriften werden jeweils nach der Op. zitiert. Bei den Texten, die nur in KS wiederabgedruckt sind, soll der Hinweis in Klammern die Auffindung erleichtern.

Eckige Klammern um einen Titel signalisieren (wie in NS), dass die Überschrift nicht von Frege stammt. *Doppelte eckige Klammern um einen Titel* signalisieren, dass ich eine andere Überschrift verwende als die Hg. von NS. (In einem Fall findet sich die Begründung in Kap. 4 von Dummetts FOP.) Zu den gelegentlich von NS abweichenden *Datierungen in der Linksaußenspalte* vgl. (sofern sie nicht im Text begründet werden) Simons 1992a, 757, Hovens 1997, Sundholm 2001, Kienzler [2004] und Thiel & Beaney 2005. In den Fußnoten im Kommentar werden die Texte Freges unter '**Vergleiche:**' immer in der (mutmaßlichen) Reihenfolge ihrer Entstehung bzw. Publikation angeführt.

NS	*Nachgelassene Schriften*, hg. v. H. Hermes, F. Kambartel & F. Kaulbach, Hamburg 1969, ²1983
Vorl	Vorlesungen über Begriffsschrift. Nach der Mitschrift von Rudolf Carnap, hg. v. G. Gabriel, in: History & Philos. of Logic 17 (1996), S. 1–48
WB	*Wissenschaftlicher Briefwechsel*, hg. v. G. Gabriel, H. Hermes, F. Kambartel, C. Thiel & A. Veraart, Hamburg 1976

1879a	*Begriffsschrift, eine der arithmetischen nachgebildete Formelsprache des reinen Denkens*, in: BSA (Op.), ohne Teil III in: Berka & Kreiser 1986 (Op.)	[***BS***]
1879b	Anwendungen der Begriffsschrift (Vortrag: 24.01.), in: BSA, Op. 29–33	
1881	Booles rechnende Logik und die Begriffsschrift, in: NS, S. 9–52	[***BrL***]
1882a	Ueber den Zweck der Begriffsschrift (Vortrag: 27.01.), in: BSA, Op. 1–10	
1882b	Ueber die wissenschaftliche Berechtigung einer Begriffsschrift, in: BSA u. FBB, Op. 48–56	
1882c	Booles logische Formelsprache und meine Begriffsschrift, in: NS, S. 53–59	
1882d	Brief an [Carl Stumpf], in: WB, S. 163–165	
c.1883a	[[Überlegungen zur 'Einleitung' von Lotzes 'Logik']], in: NS, S. 189–190	
c.1883b	[Dialog mit Pünjer über Existenz], in: NS, S. 60–75	
c.1883c	Logik, in: NS, S. 1–8	[***Log₁***]
1884	*Die Grundlagen der Arithmetik. Eine logisch mathematische Untersuchung über den Begriff der Zahl.* Centenarausgabe, hg. v. Ch. Thiel, Hamburg 1986 (Op.)	[***GL***]
1885a	[Rezension von] H. Cohen, Das Princip der Infinitesimal-Methode und seine Geschichte (1883), in: KS (99 ff), Op. 324–329	
1885b	Ueber formale Theorien der Arithmetik (Vortrag: 17.07.), in: KS (103 ff), Op. 94–104	
n.1887a	[[Über den Begriff der Zahl]], in: NS, S. 81–95	
n.1887b	[[Entwurf zu *BuG*]], in: NS, S. 96–127	
1891a	Function und Begriff (Vortrag: 09.01.), in: KS u. FBB, Op. 1–31	[***FuB***]
1891b	Brief an Edmund Husserl (24.05.), in: WB, S. 94–98	

1891c	Über das Trägheitsgesetz, in: KS (113 ff), Op. 145–161
v.1892	[Entwurf zu *1892d*], in: NS, S. 76–80
1892a	Über Sinn und Bedeutung, in: KS u. FBB, Op. 25–50 [*SuB*]
1892b	Ueber Begriff und Gegenstand, in: KS u. FBB, Op. 192–205 [*BuG*]
1892c	[Ausführungen über Sinn und Bedeutung], in: NS, S. 128–136
1892d	[Rezension von] Georg Cantor: Zur Lehre vom Transfiniten (1890), in: KS (163 ff), Op. 269–272
1893	*Grundgesetze der Arithmetik. Begriffsschriftlich abgeleitet.* I. Band. Repr. Hildesheim/Zürich/New York 1998, zusammen mit (1903a) (Op.), mit Ergänzungen zum Nachdruck, hg. v. Ch. Thiel [*GG I*]
	Vorwort (zu 1893). [hier abgedruckt] [*Vorw*]
1894a	[Rezension von] Dr. E. G. Husserl: Philosophie der Arithmetik. Psychologische und logische Untersuchung. 1. [u. einziger] Bd. (1891), in: KS (179 ff), Op. 313–332
1894b	Brief an Giuseppe Peano (undatierter Entwurf), in: WB, S. 176–177
1895a	Kritische Beleuchtung einiger Punkte in E. Schröders Vorlesungen über die Algebra der Logik, in: KS u. LU(P), Op. 433–456
1895b	Le nombre entier, in: KS (211 ff), Op. 73–78
1895c	Brief an David Hilbert (01.10.), in: WB, S. 58–59
1896a	Ueber die Begriffsschrift des Herrn Peano und meine eigene (Vortrag: 06.07), in: KS (220 ff), Op. 361–378
1896b	Lettera del sig. G. Frege all'Editore [della Rivista di matematica, G. Peano] (29.09.), in: KS (234 ff), Op. 53–59, u. ohne Op. in: WB, S. 181–186
1896c	Brief an Giuseppe Peano (undatierter Entwurf), in: WB, S. 194–198
n.1897	Logik, in: NS, S. 137–163 [*Log₂*]
n.1897a	Begründung meiner strengeren Grundsätze des Definierens, in: NS, S. 164–170
n.1898	Logische Mängel in der Mathematik, in: NS, S. 171–181
1899a	Ueber die Zahlen des Herrn H. Schubert, in: KS u. LU(P), Op. III–VI, 1–32
1899b	Brief an David Hilbert (27.12.), in: WB, S, 60–64
n.1899	Über Euklidische Geometrie, in: NS, S. 182–185

1900	Brief an Heinrich Liebmann (25.08.), in: WB, S. 149–151
1902a	Brief an Bertrand Russell (29.06.), in: WB, S. 217–219
1902b	Brief an Bertrand Russell (28.07.), in: WB, S. 222–224
1902c	Brief an Bertrand Russell (20.10.), in: WB, S. 231–233
1902d	Brief an Bertrand Russell (28.12.), in: WB, S. 234–237
1903a	*Grundgesetze der Arithmetik. Begriffsschriftlich abgeleitet.* II. Band. Repr. Hildesheim/Zürich/New York 1998, zusammen mit (1893) (Op.), mit Ergänzungen zum Nachdruck hg. v. Ch. Thiel **[GG II]**
1903b	Brief an Bertrand Russell (21.05.), in: WB, S. 239–241
1903c	Über die Grundlagen der Geometrie [1. Aufsatz-Reihe], in: KS (262 ff, 267 ff), Op. (I) 319–324, (II) 368–375
1904a	Was ist eine Funktion? (FS-Beitrag, eingegangen 28.09.03), in: KS u. FBB, Op. 656–666
1904b	Brief an Bertrand Russell (13. 11.), in: WB, S. 243–248
1905	Brief an Siegfried Czapski (14.01.), in: Flitner & Wittig, S. 332–333
1906a	Über die Grundlagen der Geometrie [2. Aufsatz-Reihe], in: KS (281 ff, 295 ff, 317 ff), Op. (I) 293–309, (II) 377–403, (III) 423–430
1906b	Über Schoenflies: Die logischen Paradoxien der Mengenlehre, in: NS, S. 191–199
1906c	Was kann ich als Ergebnis meiner Arbeit ansehen? (August), in: NS, S. 200
1906d	Einleitung in die Logik (August), in: NS, S. 201–212
1906e	Brief an Edmund Husserl (30.10.), in: WB, S. 101–105
1906f	Brief an Edmund Husserl (09.12.), in: WB, S. 105–106
1906g	Antwort auf die Ferienplauderei des Herrn Thomae, in: KS (324 ff), Op. 586–590
n.1906	Kurze Übersicht meiner logischen Lehren, in: NS, S. 213–218
1908	Die Unmöglichkeit der Thomaeschen formalen Arithmetik aufs Neue nachgewiesen, in: KS (329 ff), Op. 52–55
1910	Notizen für Philip Jourdain (undatiert), in: WB, S. 114–124
1910/11	(Wintersemester.) Vorlesung über Begriffsschrift, in: Vorl, S. 1–19
1912	Brief an Hinrich Knittermeyer (25.10.), in: Schlotter & Wehmeier, S. 176
1913	(Sommersemester.) Vorlesung über Begriffsschrift, in: Vorl, S. 20–41
1914a	Briefe an Philip Jourdain (Jan.), in: WB, S. 126–129, 129–133

1914b	Logik in der Mathematik, in: NS, S. 219–270
1915	Meine grundlegenden logischen Einsichten, in: NS, S. 271–272
1917a	Brief an Hugo Dingler (31.01.), in: WB, S. 29–30
1917b	Brief an Hugo Dingler (06.02.), in: WB, S. 33–36
1918	Der Gedanke. [hier abgedruckt] [**Ged**]
1919a	Die Verneinung. [hier abgedruckt] [**Vern**]
1919b	Brief an Ludwig Wittgenstein (28. 06.), in: BaW, S. 19–20
1919c	[Aufzeichnungen für Ludwig Darmstaedter (26. 07.)], in: NS, S. 273–277
1919d	Brief an Paul F. Linke (24.08.), in: WB, S. 153–156
1919e	Brief an Ludwig Wittgenstein (16.09.), in: BaW, S. 21–22
1920	Brief an Ludwig Wittgenstein (03.04.), in: BaW, S. 24–26
1923	Gedankengefüge. [hier abgedruckt] [**Ggf**]
n.1923	Logische Allgemeinheit. [hier abgedruckt] [**Allg**]
1924	[Tagebucheintragungen über den Begriff der Zahl (23.–25.03.)], in: NS, S. 282–283, u. Gabriel & Kienzler 1994, S. 1073–1074
1924/25a	Erkenntnisquellen der Mathematik und der mathematischen Naturwissenschaften, in: NS, S. 286–294
1924/25b	Zahlen und Arithmetik, in: NS, S. 295–297
1924/25c	Neuer Versuch der Grundlegung der Arithmetik, in: NS, S. 298–302
1925	Brief an Richard Hönigswald (26.04. – 04.05.), in: WB, S. 85–87

II. Werke anderer Autoren[1]

1. Hilfsmittel und biographisches Material

(Bibl)   Liste der von Frege in der Jenaer Universitätsbibliothek 1873–1884 ausgeliehenen Bücher, in: Kreiser 1984, S. 21 u. S. 25

(Biogr)   Lothar Kreiser: Gottlob Frege, Leben – Werk – Zeit, Hamburg 2001

(Katalog)   Heinrich Scholz' Katalog des ursprünglichen Bestands von Freges Nachlass, in: Veraart 1976, S. 85–103

(Jena)   Werner Stelzner: Gottlob Frege – Jena und die Geburt der modernen Logik, Stadtroda 1996

Barnes, Jonathan: (Rez. *Biogr*), in: Dialectica 56 (2002), S. 178–184

Beaney, Michael: (Rez. *Biogr*), in: British Journ. for the History of Philos. 12 (2004), S. 159–168

Dathe, Uwe: Einige Ergänzungen zu (*Biogr*), in: Zeitschr. f. Thüringische Geschichte 56 (2002), S. 417–421

Gabriel, Gottfried & Kienzler, Wolfgang (Hg.):
Freges politisches Tagebuch, in: Deutsche Zeitschr. f. Philos. 42 (1994), S. 1057–1098

—: Frege in Jena – Beiträge zur Spurensicherung, Würzburg 1997

Kratzsch, Irmgard: Material zu Leben und Wirken Freges aus dem Besitz der Universitätsbibliothek Jena, in: Jenaer Frege-Konferenz '79, Jena 1979, S. 534–546

Sundholm, Göran: Frege, August Bebel and the Return of Alsace-Lorraine: the Dating of the Distinction between *Sinn* and *Bedeutung*, in: History & Philos. of Logic 22 (2001), S. 57–73

Thiel, Christian & Beaney, Michael:
Frege's Life and Work (2005), in: *B & R:* 1, S. 23–39

Wehmeier, Kai F. & Schmidt am Busch, Hans-Christoph:
Auf der Suche nach Freges Nachlaß, in: Gabriel & Dathe 2000, S. 267–281 (< *B & R:* 1)

---

[1] Die Angaben '(< *B&R:* n)', '(< *H&H*)', '(< *K*)', '(< *Sch:* n)', '(< *Sl:* n)' und '(< *W*)' besagen: *auch enthalten in* (Bd. n von) Beaney & Reck (Hg.) 2005, Haaparanta & Hintikka (Hg.) 1986, Klemke (Hg.) 1968; Schirn (Hg.) 1976, Sluga (Hg.) 1993 bzw. Wright (Hg.) 1984.

2. Einführende Literatur (*), Anthologien und Bücher über Freges Gesamtwerk

Baker, Gordon & Hacker, Peter: Frege – Logical Excavations, Oxford 1984
Beaney, Michael: Frege – Making Sense, London 1996
* —: Introduction (1997a), in: ders. (Hg.), The Frege Reader, Oxford 1997b, S. 1–46
—: & Reck, Erich (Hg.): Gottlob Frege – Critical Assessments, 4 Bde, London 2005 [=: *B & R*]
* Bell, David: The Logical Analysis of Language, in: Th. Baldwin (Hg.), The Cambridge History of Philosophy 1870–1945, Cambridge 2003, S. 174–192
* Benmakhlouf, Ali: Gottlob Frege logicien philosophe, Paris 1997
* Burge, Tyler: Frege (1991), in: ders. 2005a, S. 69–73
—: Truth, Thought, Reason – Essays on Frege, Oxford 2005a

* Currie, Gregory: Frege – An Introduction to His Philosophy, Sussex 1982

* Dummett, Michael: Frege's Philosophy (1967), in: ders. Truth and Other Enigmas, London 1978, S. 87–115 (<*Sl*: 1)
—: Frege – Philosophy of Language, London (1973), ²1981 [FPL]
—: The Interpretation of Frege's Philosophy, London 1981 [IFP]
—: Frege – Philosophy of Mathematics, London 1991 [FPM]
—: Frege and Other Philosophers, Oxford 1991 [FOP]
* —: Frege, in: A. Martinich & D. Sosa (Hg.), A Companion to Analytic Philosophy, Oxford 2001, S. 6–21

* Geach, Peter: Frege, in: E. Anscombe & P. Geach, Three Philosophers, Oxford 1961, S. 127–162 (<*Sl*: 1)

Haaparanta, Leila (Hg.): Mind, Meaning and Mathematics. Essays on the Philosophical Views of Husserl and Frege, Dordrecht 1994
—: & Hintikka, Jaako (Hg.): Frege Synthesized, Dordrecht 1986 [=: *H & H*]
* Heck, Richard G. & George, Alexander: Frege, in: E. Craig (Hg.), Routledge Encyclopedia of Philosophy, London 1998, Bd. 3, S. 765–778

* Kenny, Anthony: Frege, London 1995
Kienzler, Wolfgang: Begriff und Gegenstand – Eine historische und systematische Studie zur Entwicklung von Gottlob Freges Denken [Habilitationsschr., Jena 2004] Frankfurt/M. 2009

Klemke, Elmer W. (Hg.): Essays on Frege, Urbana 1968 [=: *K*]
* Kneale, William C.: Gottlob Frege and Mathematical Logic, in: G. Ryle (Hg.), The Revolution in Philosophy, London-New York 1957, S. 26–40
* —: Frege's General Logic, in: Kneale & Kneale 1962, S. 478–512
* Künne, Wolfgang: Gottlob Frege, in: T. Borsche (Hg.), Klassiker der Sprachphilosophie, München 1996, ²2001, S. 325–374
* Kutschera, Franz von: Gottlob Frege. Eine Einführung in sein Werk, Berlin-New York, 1989

Largeault, Jean: Logique et philosophie chez Frege, Paris 1970

* Mariani, Mauro: Introduzione a Frege, Bari 1999
Marion, Mathieu & Voizard, Alain (Hg.), Frege – Logique et philosophie, Montréal 1998
Max, Ingolf & Stelzner, Werner (Hg.): Logik und Mathematik – Frege-Kolloquium Jena 1993. Berlin-N. Y. 1995
* Mayer, Verena: Gottlob Frege, München 1996
Mendelsohn, Richard L.: The Philosophy of Gottlob Frege, Cambridge 2005
Mind 101 (1992), Sonderheft zum 100. Jahrestags des Erscheinens von *SuB*, S. 633–816
Modern Logic 3 (1993), Sonderheft zum 100. Jahrestags des Erscheinens von *GG I*, S. 326–400

Newen, Albert *et al.* (Hg.): Building on Frege, Stanford 2001
* —: Gottlob Frege, in: A. Newen & E. v. Savigny, Einführung in die Analytische Philosophie, München 1996, S. 17–44
* Noonan, Harold: Frege, Cambridge 2001

* Patzig, Günther: Vorwort (1962) zu FBB(P) ⁸2008, S. VII–XX
* —: Gottlob Frege und die logische Analyse der Sprache, in: ders. Sprache und Logik, Göttingen 1970, S. 77–100
* —: Frege, in: O. Höffe (Hg.), Klassiker der Philosophie, Bd. II, München 1981, ²1986, S. 251–273

Ricketts, Thomas (Hg.): The Cambridge Companion to Frege, Cambridge [eternally forthcoming]
* Rosado Haddock, Guillermo E.: A Critical Introduction to the Philosophy of Gottlob Frege, Aldershot 2006

* Salerno, Joseph: On Frege, Belmont 2001

Schirn, Matthias (Hg.): Studien zu Frege, Bd. I–III, Stuttgart/Bad Cannstatt
 1976 [=: *Sch*]
—: (Hg.): Frege. Importance and Legacy, Berlin 1996
* —: Gottlob Frege (1848–1925), in: M. Dascal *et al.* (Hg.), Sprachphilosophie – Ein internationales Handbuch, Bd. 1, Berlin-New York 1996,
 S. 467–494
* Scholz, Heinrich: Gottlob Frege (1941), in: ders. Mathesis Universalis,
 Basel ²1969, S. 268–278
Sluga, Hans: Gottlob Frege, London 1980
—: (Hg.): The Philosophy of Frege, 4 Bde., New York 1993 [=: *Sl*]
Stelzner, Werner (Hg.): Philosophie und Logik – Frege-Kolloquien Jena
 1989/1991, Berlin-N. Y. 1993
* Stepanians, Markus: Gottlob Frege – zur Einführung, Hamburg 2001

Tichy, Pavel: The Foundations of Frege's Logic, Berlin 1988

Vassallo, Nicla (Hg.), La filosofia di Gottlob Frege, Mailand 2003

* Wedberg, Anders: Logic and Arithmetic – Gottlob Frege, in:
 ders. A History of Philosophy, Vol. 3, From Bolzano to Wittgenstein,
 Oxford 1984, S. 89–124
Weiner, Joan: Frege in Perspective, Ithaca, New York, 1990
* —: Frege, Oxford 1999
—: Frege Explained. From Arithmetic to Analytic Philosophy, Chicago 2004
Wright, Crispin (Hg.): Frege – Tradition and Influence, Oxford 1984 [=: *W*]

* Zalta, Edward N.: Gottlob Frege, in: Standford Encyclopedia of Philosophy, 2005

3. Historische Quellen und spezielle Abhandlungen zu den Texten und Themen dieses Buches

Angelelli, Ignacio: Studies on Gottlob Frege and Traditional Philosophy,
 Dordrecht 1967a
—: On Identity and Interchangeability in Leibniz and Frege, in: Notre
 Dame Journ. of Formal Logic 8 (1967b), S. 94–100
—: Frege and Abstraction, in: Philosophia Naturalis 21 (1984), S. 453–471
—: Critical Remarks on Michael Dummett's *FOP*, in: Modern Logic 3
 (1993), 387–400

—: The Troubled History of Abstraction, in: Philosophiegeschichte und logische Analyse 8 (2005), S. 157–175
Anscombe, Elizabeth: An Introduction to Wittgenstein's Tractatus, London (^{1}1959), ^{3}1967
Aristoteles: Opera, hg. v. I. Bekker, Berlin 1831 ff
Armstrong, David: What is a Law of Nature?, Cambridge 1983
Arnauld, Antoine & Nicole, Pierre: La logique ou L'art de penser (^{1}1662), ^{6}1685, Stuttgart 1965, dt. Darmstadt ^{2}1994
Augustinus, Aurelius: De mendacio (395), in: Opera omnia, J. P. Migne (Hg.), Patrologiae cursus completus, series latina, Paris 1841–1849, Bd. 40, deutsch in: ders. Die Lüge und Gegen die Lüge, Würzburg 1953
—: De praedestinatione sanctorum (429), in: Opera omnia, Bd. 44
Austin, John L.: Philosophical Papers, Oxford ^{2}1970
Auxier, R. E. & Hahn, L. E. (Hg.): The Philosophy of Michael Dummett, La Salle 2007

Baker, Gordon: Logical Operators in *Begriffsschrift* (2006), in: *B & R:* 2, S. 69–84
Baldwin, Thomas: Three Puzzles in Frege's Theory of Truth (1995), in: Biro & Kotatko, S. 1–14
Barnes, Jonathan: What is a Begriffsschrift?, in: Dialectica 56 (2002), S. 65–80
—: Truth, etc. Six Lectures on Ancient Logic, Oxford 2007
Bartlett, James D.: Funktion und Gegenstand – Eine Untersuchung in der Logik Gottlob Freges, Dissertation: München 1961
—: On Questioning the Validity of Frege's Concept of Function, in: Journ. of Philos. 61 (1974), S. 203 [zu Wells] (< *K*)
Bauch, Bruno: Immanuel Kant, Berlin u. Leipzig 1917 (^{2}1921, ^{3}1923)
—: Wahrheit und Richtigkeit (Ein Beitrag zur Erkenntnislehre), in: FS f. Joh. Volkelt, München 1918a, S. 40–57, wieder abgedruckt in: Flach & Holzhey (Op.).
—: Lotzes Logik und ihre Bedeutung im deutschen Idealismus, in: Beiträge zur Philos. d. Deutschen Idealismus, Bd. I (1918b), S. 45–57
—: Wahrheit, Wert und Wirklichkeit, Leipzig 1923
Beaney, Michael: Russell and Frege, in: N. Griffin (Hg.), The Cambridge Companion to Bertrand Russell, Cambridge 2003, S. 128–170 (rev. < *B & R:* 1)
—: Sinn, Bedeutung and the Paradox of Analysis (2005), in: *B & R:* 4, S. 288–307
—: Frege's Use of Function-Argument Analysis and his Introduction of Truth-Values as Objects (2007), in: Greimann 2007b, S. 93–124
Bell, David: Frege's Theory of Judgement, Oxford 1979

—: Reference and Sense: An Epitome, in: Philos. Quarterly 34 (1984), S. 369–376 (< *W*; < *Sl–*4)

—: Thoughts, in: Notre Dame Journ. of Formal Logic 28 (1987), S. 36–50 (< *Sl:* 3, < *B & R:* 4)

—: How 'Russellian' was Frege?, in: Mind 99 (1990), S. 267–277 (< *B & R:* 4)

—: The Formation of Concepts and the Structure of Thoughts, in: Philos. & Phenomenological Research 56 (1996), S. 583–596

Beneke, Friedrich Eduard: Lehrbuch der Logik als Kunstlehre des Denkens, Berlin 1832

—: System der Logik als Kunstlehre des Denkens, 2 Bde., Berlin 1842

Bennett, Jonathan: A Philosophical Guide to Conditionals, Oxford 2003

Ben-Yami, Hanoch: Logic & Natural Language: On Plural Reference and Its Semantic and Logical Significance, Aldershot 2004

—: A Critique of Frege on Common Nouns, in: Ratio 19 (2006), S. 148–155

Bergmann, Hugo: Das philosophische Werk Bernard Bolzanos, Halle/S. 1909

Berka, Karel & Kreiser, Lothar: Logik-Texte. Kommentierte Auswahl zur Geschichte der modernen Logik, Berlin 1986

Bermudez, José Luis: Frege on Thoughts and their Structure, in: Philosophiegeschichte und logische Analyse 4 (2001), S. 87–105

Biro, John & Kotatko, Petr (Hg.): Frege – Sense and Reference One Hundred Years Later, Dordrecht 1995

Black, Max (Übers.): On Sense and Reference [*SuB*] (1948), in: Geach & Black 1952; mit Freges Op. in: McGuinness 1984 (On Sense and Meaning) u. in: Beaney 1997 (On Sense and *Bedeutung*)

—: (Übers.) Frege Against the Formalists [*GG II*, §§ 86–137] (1950), in: Geach & Black 1952, S. 162–213

—: Frege on Functions, in: ders. Problems of Analysis, Ithaca 1954, S. 229–254, 297–298 (< *K*)

Blanchette, Patricia: Frege and Hilbert on Consistency, in: Journ. of Philos. 3 (1996), S. 317–336 *(< B & R:* 2)

Boër, Steven: Meaning and Contrastive Stress, in: Philos. Rev. 88 (1979), S. 263–298

Bolzano, Bernard: Lehrbuch der Religionswissenschaft (1834), 4 Bde.; in BGA (Op.)

—: Wissenschaftslehre (1837), 4 Bde., Nachdruck Aalen 1981; u. in BGA (Op.) [WL]

—: Bernard Bolzano Gesamtausgabe (BGA), Stuttgart-Bad Cannstatt 1969 ff

Boole, George: The Mathematical Analysis of Logic, being an essay towards a calculus of deductive reasoning, Cambridge 1847, Nachdr. Oxford 1951

—: An Investigation of the Laws of Thought, on which are founded the mathematical theories of logic and probabilities, London 1854, Nachdr. New York 1958

Boolos, George: Reading the Begriffsschrift, in: Mind 94 (1985), S. 331–344

—: Whence the Contradiction?, in: Proc. Aristot. Soc., SV 67 (1993), S. 213–233

Boos, William: 'The True' in Frege's 'Über die Grundlagen der Geometrie', in: Archive for History of Exact Sciences 34 (1985), S. 141–192

Boswell, Terry: On the Textual Authenticity of Kant's Logic, in: History & Philos. of Logic 9 (1988), S. 193–203

Brandom, Robert: Frege's Technical Concepts: Some recent developments (1986), in: *H & H*, S. 253–295

Brentano, Franz: Psychologie vom empirischen Standpunkt (1874), Bd. 2, ²1911, Hamburg 1925

—: Vom Ursprung sittlicher Erkenntnis (1889), Hamburg 1955

—: Wahrheit und Evidenz, Leipzig 1930

Burge, Tyler: Belief and Synonymy, in: Journ. of Philos. 75 (1978), S. 119–138

—: Sinning against Frege (1979), mit Nachwort in: ders. 2005a, Kap. 5

—: Frege on Extensions of Concepts (1984a), in: ders. 2005a, Kap. 7

—: (Rez. Dummett 1981), in: Philos. Rev. 93 (1984b), S. 454–458

—: Frege on Truth (1986), mit neuem Nachwort in: ders. 2005a, Kap. 3 (< *H & H*, < *Sl:* 3)

—: Frege on Sense and Linguistic Meaning (1990), in: ders. 2005a, Kap. 6 (< *B & R:* 4)

—: Frege on Knowing the Third Realm (1992), in: ders. 2005a, Kap. 8

—: Frege on Knowing the Foundation (1998), in: ders. 2005a, Kap. 9 (< *B & R:* 2)

—: Frege on Apriority (2000), mit Nachwort in: ders. 2005a, Kap. 10

—: Introduction (2005b), zu ders. 2005a, S. 1–68

—: Predication and Truth [Rez. Davidson 2005], in: Journ. of Philos. 104 (2007), S. 580–608

Burkhardt, Hans: Logik und Semiotik in der Philosophie von Leibniz, München 1980

Campbell, John: Is Sense Transparent?, in: Proc. Aristot. Soc. 88 (1987), S. 273–292

—: Reply to Williamson, in: Philos. & Phenomenological Research 57 (1997), S. 664–669

Carl, Wolfgang: Sinn und Bedeutung. Studien zu Frege und Wittgenstein, Meisenheim 1982

—: Frege's Theory of Sense and Reference, Cambridge 1994
—: Frege – A Platonist or a Neo-Kantian?, in: Newen 2001, S. 3–18 (< *B & R:* 1)
—: Neukantianer vs. Frege, in: R. Alexy *et al.* (Hg.), Neukantianismus und Rechtsphilosophie, Baden-Baden 2003, S. 515–521
Carnap, Rudolf: Physikalische Begriffsbildung, Karlsruhe 1926
—: Der logische Aufbau der Welt (1928), Frankfurt/M. – Berlin – Wien 1979
—: Abriss der Logistik, Wien 1929
—: Logische Syntax der Sprache, Wien 1934
—: Meaning and Necessity, Chicago 1947
—: Logical Foundations of Probability, Chicago 1950
—: Intellectual Autobiography, in: P. A. Schilpp (Hg.), The Philosophy of Rudolf Carnap, La Salle 1963, S. 3–84
Carruthers, Peter: Frege's Regress, in: Proc. Aristot. Soc. 82 (1982), S. 17–32
—: On Concept and Object, in: Theoria 2 (1984a), S. 49–86
—: Eternal Thoughts, in: Philos. Quarterly 34 (1984b), S. 186–204 (< *W*; < *Sl:* 3)
Carston, Robyn: Thoughts and Utterances: the Pragmatics of Explicit Communication, Oxford 2002
Cartwright, Richard: Identity and Substitutivity (1972), in: ders. Philosophical Essays, Cambridge/Mass., 1987, S. 135–147
—: Speaking of Everything, in: Noûs 28 (1994), S. 1–20
Casari, Ettore: La critica dello psicologismo, in: P. Rossi & C. A. Viano (Hg.), Storia della Filosofia, Vol. 5, Rom-Bari 1997, S. 533–552.
Castañeda, Hector-Neri: 'He' – A Study in the Logic of Self-Consciousness, in: Ratio 8 (1966), S. 130–157
—: On the Phenomeno-Logic of the I, in: Proc. of the 14th International Congress of Philos., Wien 1968, S. 260–266
Cavallaro, Rita: Conversando con Frege o della vaghezza del linguaggio scientifico, Acireale 1997
Cerbone, David R.: How to Do Things with Wood – Wittgenstein, Frege and the Problem of Illogical Thought, in: A. Crary & R. Read (Hg.), The New Wittgenstein, London 2000, S. 293–314
Chihara, Charles S.: The Rationalist Conception of Mathematics of Frege and Bolzano, in: Revue d'Histoire des Sciences 52 (1999), S. 343–361
—: Ramsey's Theory of Types: Suggestions for a Return to Fregean Sources, in: H. Mellor (Hg.), Prospects for Pragmatism: Essays in Memory of F. P. Ramsey, Cambridge 1980, S. 21–47
Church, Alonzo: (Rez.), in: Journ. of Symbolic Logic 5 (1940), S. 162–163

—: The Calculi of Lambda-Conversion, Princeton 1941
—: (Rez. Black 1948, Geymonat 1948), in: Journ. of Symbolic Logic 13 (1948), S. 152–153
—: The Need for Abstract Entities in Semantic Analysis (1951a), in: I. M. Copi & J. A. Gould (Hg.), Contemporary Readings in Logical Theory, New York-London 1967, S. 194–203
—: A Formulation of the Logic of Sense and Denotation, in: P. Henle *et al.* (Hg.), Structure, Method and Meaning, New York 1951b, S. 3–24; Abstract in: Journ. of Symbolic Logic 11 (1946), S. 31
—: (Rez. Geach & Black 1952), in: Journ. of Symbolic Logic 18 (1953), S. 92–93
—: Introduction to Mathematical Logic, Princeton 1955
—: (Rez. Black 1954), in: Journ. of Symbolic Logic 21 (1956), S. 201–202
—: The History of the Question of Existential Import of Categorical Propositions, in: Y. Bar-Hillel (Hg.), Logic, Methodology, and Philosophy of Science, Amsterdam 1965, S. 417–427
—: Outline of a Revised Formulation of the Logic of Sense and Denotation, in: Noûs 7 (1973), S. 24–33; 8 (1974), S. 135–156; 27 (1993), S. 141–157
—: A Theory of the Meaning of Names, in: Poznan Studies in the Philos. of the Sciences and the Humanities 40 (1995), S. 69–74

Cocchiarella, Nino: Logical Studies in Early Analytic Philosophy, Columbus 1987

Cohen, Jonathan: Frege and Psychologism, in: Philos. Papers 27 (1998), S. 45–67

Cohen, L. Jonathan: On the Project of a Universal Character, in: Mind 63 (1954), S. 49–63
—: Some Remarks on Grice's Views about the Logical Particles of Natural Languages, in: Y. Bar-Hillel (Hg.), Pragmatics of Natural Languages, Dordrecht 1971, S. 50–68; dt. in: Meggle
—: Can the Conversationalist Hypothesis be Defended?, in: Philos. Studies 31 (1977), S. 81–90

Conant, James: The Search for Logically Alien Thought: Descartes, Kant, Frege, and the Tractatus, in: Philosophical Topics 20 (1991), S. 115–180

Connolly. John M.: Frege, Sense, and Privacy, in: Akten des 9. Internationalen Wittgenstein-Symposiums, Wien 1985, S. 594–596

Couturat, Louis: La Logique de Leibniz, Paris 1901
—: Opuscules et fragments inédits de Leibniz, Paris 1903

Cramer, Konrad: Europäische Philosophie des fin de siècle, in: U. Mölk (Hg.), Europäische Jahrhundertwende, Göttingen 1999, S. 309–325

Cramer, Wolfgang: Über die Grundlagen von Gottlob Freges Begriff des Logischen, in: R. Bubner *et al.* (Hg.), Hermeneutik und Dialektik, Bd. 2, Tübingen 1970, S. 55–77
Curley, Edwin M.: Did Leibniz State "Leibniz's Law"?, in: Philos. Rev. 80 (1971), S. 497–501
Currie, Gregory: Frege on Thoughts, in: Mind 89 (1980), S. 234–248 (< *Sl:* 3)
—: Frege's Metaphysical Argument, in: Philos. Quarterly 34 (1984a), S. 329–342 (< *W*)
—: Frege on Thoughts – A Reply, in: Mind 93 (1984b), S. 256–258
—: The Analysis of Thoughts, in: Australasian Journ. of Philos. 63 (1985), S. 283–298
—: Remarks on Frege's Conception of Inference, in: Notre Dame Journ. of Formal Logic 28 (1987), S. 55–68
Dathe, Uwe: Gottlob Frege und Rudolf Eucken, in: History & Philos. of Logic 16 (1995), S. 245–255
Davidson, Donald: Theories of Meaning and Learnable Languages (1965), in: ders. 1984, S. 3–15
—: On Saying That (1968), in: ders. 1984, S. 93–108
—: True to the Facts (1969), in: ders. 1984, S. 37–54
—: Reply to Cargile [Davidson's Notion of Logical Form] (1970), in: ders. Essays on Actions and Events, New York 1980, S. 137–146
—: The Method of Truth in Metaphysics (1977), in: ders. 1984, S. 199–214
—: Moods and Performances (1979), in: ders. 1984, S. 109–121
—: Inquiries into Truth and Interpretation, New York 1984
—: Truth and Predication, Cambridge/Mass. 2005
Davis, Wayne A.: Meaning, Expression, and Thought, Cambridge 2003
Demopoulos, William: Frege, Hilbert, and the Conceptual Structure of Model Theory, in: History & Philos. of Logic 15 (1994), S. 211–225
Descartes, René: Meditationes de prima philosophia (1641), dreisprachige Ausgabe, Göttingen 2004
—: Notae in programma quoddam (1647), in: Œuvres de Descartes, hg. v. Ch. Adam & P. Tannery, Paris 1905, Bd. VIII–B, S. 335–369
De Pierris, Graciela: Frege and Kant on A Priori Knowledge, in: Synthese 77 (1988), S. 285–319
Diamond, Cora: Frege and Nonsense (1978), in: dies. 1991
—: What does a Concept Script do? (1983), in: dies. 1991 (< *W*)
—: Frege Against Fuzz (1984), in: dies. 1991
—: The Realistic Spirit, Cambridge/Mass. 1991
Diller, Antoni: On the Interpretation of Incomplete Expressions, in: Logique et Analyse 36 (1993a), S. 75–104

—: On the Sense of Unsaturated Expressions, in: Philos. Papers 22 (1993b), S. 71–79
—: Is the Concept Horse an Object?, in: Modern Logic 4 (1993c), S. 345–366
Dodd, Julian: An Identity Theory of Truth, London 2000
Dreben, Burton & Floyd, Juliet: Tautology – how not to use a word, in: Synthese 87 (1991), S. 23–49
Drummond, John J.: Frege and Husserl – Another Look at the Issue of Influence, in: Husserl Studies 2 (1985), S. 245–265
Dudman, Victor H.: 'Bedeutung' in Frege: A Reply, in: Analysis 33 (1972)a, S. 21–27
—: The Concept *Horse*, in: Australasian Journ. of Philos. 50 (1972) b, S. 67–75
—: *Bedeutung* for Predicates (1976a), in: *Sch:* 3, S. 71–84 (< *Sl:* 4)
—: From Boole to Frege (1976b), in: *Sch:* 1, S. 109–138
Dummett, Michael: Frege on Functions: A Reply (1955), mit Postskript 1956 in: ders. 1978, S. 74–86 (< *K*)
—: Truth (1959), in: ders. 1978, S. 1–24
—: Frege's Distinction between Sense and Reference (1975), in: ders. 1978, S. 116–144
—: Truth and Other Enigmas, London 1978
—: Existence (1983), in: ders. The Seas of Language, Oxford 1993, S. 277–307
—: The Context Principle: Centre of Frege's Philosophy (1993), in: Max & Stelzner 1995, S. 3–19 (< *B & R:* 4)
—: Origins of Analytical Philosophy, Cambridge/Mass. 1994
—: Sense and Reference, in: M. Dascal *et al.* (Hg.), Sprachphilosophie – Ein internationales Handbuch, Bd. 1, Berlin-New York 1996, S. 1188–1197
—: Comments on Künne, in: Grazer Philos. Studien 53 (1997), S. 241–248 (< *B & R:* 1)
—: Reply to Jan Dejnozka (2007a), in: Auxier & Hahn 2007, S. 114–126
—: Reply to Eva Picardi (2007b), ebd. S. 521–530
—: Reply to Christian Thiel (2007c), ebd. S. 634–638

Edgington, Dorothy: On Conditionals, in: Mind 104 (1995), S. 235–329
—: The Pragmatics of the Logical Constants, in: E. Lepore, B. C. Smith (Hg.), The Oxford Handbook of Philosophy of Language, Oxford 2006, S. 768–793
Egidi, Rosaria: Ontologia e conoscenza matematica. Un saggio su Gottlob Frege, Florenz 1963

Erdmann, Benno: Die Axiome der Geometrie, Leipzig 1877
—: Logische Studien, Erster Artikel, in: Vierteljahrsschr. f. wissenschaftliche Philos. 6 (1882), 28–61
—: Logische Studien, Zweiter [und letzter] Artikel, in: Vierteljahrsschr. f. wissenschaftliche Philos. 7 (1883), 184–204
—: Logik, 1. [einziger] Bd., Logische Elementarlehre, Halle/S. (1892), Zweite, völlig umgearbeitete Auflage 1907 (^{3}1923)
Erdmann, Johann Eduard: Die deutsche Philosophie seit Hegel's Tode, Anhang zu: Grundriss der Geschichte der Philosophie, Bd. 2 (1866), Berlin ^{2}1870, ^{4}1896; Nachdruck d. Anhangs (^{4}1896), mit einer Einl. v. H. Lübbe, Stuttgart-Bad Cannstatt 1964
Erdmann, Karl Otto: Die Bedeutung des Wortes, Leipzig ^{1}1900 (Berlin ^{4}1925)
Eucken, Rudolf: Geschichte der philosophischen Terminologie. Im Umriss dargestellt, Leipzig 1879, Nachdruck Hildesheim 1964
—: Ueber Bilder und Gleichnisse in der Philosophie, Leipzig 1880
Evans, Gareth: Pronouns, Quantifiers, and Relative Clauses (I) (1977), in: ders. 1985, S. 76–152
—: Understanding Demonstratives (1981), in: ders. 1985, S. 291–321
—: The Varieties of Reference, Oxford 1982
—: Collected Papers, Oxford 1985

Falckenberg, Richard: Geschichte der neueren Philosophie von Nikolaus von Kues bis zur Gegenwart (1886), Leipzig ^{4}1902, ^{7}1913.
Falkenberg, Gabriel: Sinn, Bedeutung, Intensionalität: Der Fregesche Weg, Tübingen 1998
Fechner, Gustav Theodor: Elemente der Psychophysik, Leipzig 1860, ^{3}1907
Feigl, Herbert (Übers.): On Sense and Nominatum [SuB], in: H. Feigl & W. Sellars (Hg.), Readings in Philosophical Analysis, N. Y. 1949, S. 85–102; auch in: Garfield & Kiteley 1991
Ferreirós Dominguez, José Manuel: Labyrinth of Thought: A History of Set Theory and its Role in Modern Mathematics, Basel-Boston ^{2}2007
Fick, August: [Rezension von A. H. Sayce, Introduction to the Science of Language, 2 Bde., London 1880], in: Göttingische Gelehrte Anzeigen 1881, Stück 14, S. 422–445
Flach, Werner & Holzhey, Helmut (Hg.): Erkenntnistheorie und Logik im Neukantianismus, Hildesheim 1980
Flitner, Andreas & Wittig, Joachim (Hg.): Siegfried Czapski, Weggefährte und Nachfolger Ernst Abbes. Briefe, Schriften, Dokumente, Jena 2000.
Flitner, Wilhelm: Erinnerungen 1889–1945, Paderborn 1986

Floyd, Juliet: Frege, Semantics, and the Double Definition Stroke, in: A. Biletzki & A. Matar (Hg.), The Story of Analytic Philosophy: Plot and Heroes, London 1998, S. 141–166

—: The Frege-Wittgenstein Correspondence: Some Interpretive Themes, in: E. de Pellegrin (Hg.), Successor and Friend: Georg Henrik von Wright und Ludwig Wittgenstein, Berlin – New York, demnächst

Floyd, J. & Shieh, Sanford (Hg.): Future Pasts – The Analytic Tradition in Twentieth-Century Philosophy, New York 2001

Fodor, Jerrold: Propositional Attitudes, in: Monist 61 (1978), S. 501–523

Føllesdal, Dagfinn: Husserl und Frege, Oslo 1958; englisch in: Haaparanta 1994, S. 3–47

—: Husserl's Notion of a Noema, in: Journ. of Philos. 66 (1969), S. 680–687

— Response [to Mohanty], in: H. L. Dreyfus (Hg.), Husserl, Intentionality and Cognitive Science, Cambridge/Mass. 1982, S. 52–56

—: Bolzano, Frege and Husserl on Reference and Object (2001), in: Floyd & Shieh, S. 67–80

Forbes, Graeme: Indexicals and Intensionality – A Fregean Perspective, in: Philos. Rev. 96 (1987), S. 3–31

—: The Indispensability of *Sinn*, in: Philos. Rev. 99 (1990), S. 535–563

Fries, Jakob Friedrich: System der Logik (1811), ³1837, wiederabgedruckt in: Fries, Sämtliche Schriften, Bd. 7, Aalen 1971

Furth, Montgomery: Editor's Introduction (1964a), in: ders. 1964b, S. V–LX

—: (Übers.): Gottlob Frege, The Basic Laws of Arithmetic [Auszüge aus *GG I* und *GG II*], Berkeley 1964b

—: Two Types of Denotation, in: N. Rescher (Hg.), Studies in Logical Theory, American Philos. Monograph Series, Oxford 1968, S. 9–45

Gabriel, Gottfried: Einige Einseitigkeiten des fregeschen Logikbegriffs (1976), in: *Sch:* 2, S. 67–86

—: Fregean Connection – Bedeutung, Value and Truth-Value, in: Philos. Quarterly 84 (1984), S. 372–376 (< W)

—: Frege als Neukantianer, in: Kant-Studien 77 (1986), S. 84–101

—: Lotze und die Entstehung der modernen Logik (1989a), Einleitung des Hg. zu Lotze 1989, Bd. 1, S. XI–XXXV

—: Objektivität: Logik und Erkenntnistheorie bei Lotze und Frege (1989b), Einl. zu Lotze 1989, Bd. 3, S. IX–XXVII

—: Reich, drittes, in: J. Ritter *et al.*, Historisches Wörterbuch der Philosophie, Bd. 8, Basel 1992, Sp. 496–502

—: Fictional Objects? A Fregean" – Response to Terence Parsons, in: Modern Logic 3 (1993), 367–375

—: Frege's 'Epistemology in Disguise', in: Schirn 1996, S. 330–346
—: & Dathe, Uwe (Hg.): Gottlob Frege – Werk und Wirkung, Paderborn 2000
—: Logik und Metaphysik in Freges Philosophie der Mathematik, in: Gabriel & Dathe, S. 25–37
—: Frege, Lotze, and the Continental Roots of Early Analytic Philosophy (2001a), in: Newen, S. 19–33 (< *B & R:* 1)
—. Existenz- und Zahlaussagen. Herbart und Frege (2001b), in: A. Hoeschen, L. Schneider (Hg.), Herbarts Kultursystem, Würzburg 2001, S. 149–162
—: Wahrheit, Wert und Wahrheitswert. Freges Anerkennungstheorie der Wahrheit und ihre Vorgeschichte (2003), in: Greimann 2003b, S. 15–28
—: Wie formal ist die formale Logik? Friedrich Adolf Trendelenburg und Gottlob Frege, in: G. Hartung, K. Chr. Köhnke (Hg.), Friedrich Adolf Trendelburgs Wirkung, Eutiner Landesbibliothek 2006, S. 123–141
Garavaso, Pieranno: Frege and the Analysis of Thoughts, in: History & Philos. of Logic 12 (1991), S. 195–210
Gaskin, Richard: The Unity of the Declarative Sentence, in: Philosophy 73 (1998), S. 21–45
Garfield, Jay L. & Kiteley, Murray (Hg.): Meaning and Truth, N. Y. 1991
Geach, Peter: Russell's Theory of Descriptions, in: Analysis 10 (1950), S. 84–88
—: Frege's *Grundlagen* (1951), in: ders. 1972, S. 212–222
—: & Black, Max (Hg.): Translations from the Philosophical Writings of G. Frege (1952), Oxford ³1980
—: Form and Existence (1954), in: ders. God and the Soul, London 1969, 42–64
—: On Frege's Way Out (1956), in: ders. 1972, S. 235–237
—: Namely-Riders (1961 & 1962), in: ders. 1972, S. 88–95
—: Aristotle on Conjunctive Propositions (1963), in: ders. 1972, S. 13–27
—: Assertion (1965), in: ders. 1972, S. 254–269
—: Logic Matters, Oxford 1972
—: Critical Notice (Dummett 1973), in: Mind 85 (1975a), S. 436–449
—: Names and Identity, in: S. Guttenplan (Hg.), Mind and Language, Oxford 1975b, S. 139–158
—: Saying and Showing in Frege and Wittgenstein, in: J. Hintkka (Hg.), Essays on Wittgenstein, Amsterdam 1976, S. 54–70 (< *Sl:* 2)
—: (Hg.): Gottlob Frege, Logical Investigations, Oxford 1977a
—: Preface (1977b), in: ders. 1977a, S. VII–IX
—: (Übers.) Thoughts [*Ged*] (1977c), in: ders. 1977a, mit Freges Op. in: McGuinness (Hg.) 1984 u. in: Beaney (Hg.) 1997

—: (Übers.) Negation [*Vern*] (1977d), in: ders. 1977a, mit Freges Op. in: McGuinness (Hg.) 1984 u. in: Beaney (Hg.) 1997

—: Editor's Preface, in: Wittgenstein's Lectures on Philosophical Psychology 1946–47, London 1988, S. XI–XV.

Gellius, Aulus: Noctes Atticae (ca. 170 n.), dt. Die attischen Nächte, Bd. 2 (1876), Nachdruck Darmstadt 1981; engl. The Attic Nights of Aulus Gellius, übers. v. J. C. Rolfe, Bd. 3, Cambridge/Mass 1952

Gentzen, Gerhard: Untersuchungen über das logische Schließen (1934), in: Mathematische Zeitschrift 39, S. 176–210, 405–431, mit Op. in: Berka & Kreiser

George, Rolf: Psychologism in Logic – Bacon to Bolzano, in: D. Jacquette (Hg.), Philosophy, Psychology, and Psychologism, Dordrecht 2003, S. 21–49

Geymonat, Ludovico & Mangione, Corrado (Übers.): Gottlob Frege – Aritmetica e logica, Turin 1948 (erheblich erweitert: Logica e aritmetica, Turin 1965)

Glock, Hans-Johann: Neukantianismus und analytische Philosophie, in: R. Alexy *et al.* (Hg.), Neukantianismus und Rechtsphilosophie, Baden-Baden 2003, S. 499–514

—: Sense and Meaning in Frege and the Tractatus, in: G. Oliveti (Hg.), From the Tractatus to the Tractatus, Frankfurt/M. 2001, S. 53–68

—: Truth in the Tractatus, in: Synthese 148 (2006), S. 345–368

Gödel, Kurt: Russell's Mathematical Logic, in: P. A. Schilpp (Hg.), The Philosophy of Bertrand Russell, Evanston/Ill. 1944, S. 125–153

Goedeke, Paul: Wahrheit und Wert. Eine logisch-erkenntnistheoretische Untersuchung über die Beziehung zwischen Wahrheit und Wert in der Wertphilosophie des Badischen Neukantianismus (Diss. München), Köln 1928

Goldfarb, Warren: Logic in the Twenties: The Nature of the Quantifier, in: Journ. of Symbolic Logic 44 (1979), S. 351–368

—: Frege's Conception of Logic (2001), in: Floyd & Shieh, S. 25–41 (< *B & R:* 2)

González, Orestes J.: Frege and the Aristotelian-Thomistic Tradition, in: The New Scholasticism 61 (1987), S. 162–183

Goodman, Nelson: The Problem of Counterfactual Conditionals (1946), in: ders. Fact, Fiction, and Forecast, Indianapolis ²1965, Kap. 1

Gottlieb, Dale: Foundations of Logical Theory, in: American Philos. Quarterly 11 (1974), S. 337–343

Greimann, Dirk: Freges Konzeption der Wahrheit, Hildesheim 2003a

—: (Hg.): Das Wahre und das Falsche. Studien zu Freges Auffassung von der Wahrheit, Hildesheim 2003b

—: Frege's Puzzle about the Cognitive Function of Truth, in: Inquiry 47 (2004), S. 425–442
—: Did Frege Really Consider Truth as an Object? (2007a), in: ders. 2007b, S. 125–148
—: (Hg.): Essays on Frege's Conception of Truth, Grazer Philos. Studien 75 (2007b)
—: Does Frege Use a Truth-Predicate in his 'Justification' of the Laws of Logic? A Comment on Weiner [2005], in: Mind 117 (2008), S. 403–425
Grelling, Kurt: Identitas indiscernibilium, in: Erkenntnis 6 (1936), S. 252–259
Grice, Paul: Meaning (1957), in: ders. 1989, S. 213–223, dt. in: Meggle.
—: The Causal Theory of Perception, in: Proc. Aristot. Soc., SV 35 (1961), S. 121–152.
—: Logic and Conversation (1967), in: ders. 1989, S. 1–143; dt. (teilweise) in: Meggle
—: Studies in the Way of Words, Cambridge/Mass. 1989
Grossmann, Reinhardt: Reflections on Frege's Philosophy, Evanston 1969
Guenther, Matthias: Einschließend oder ausschließend, das ist hier die Frage – Zur Bedeutung von 'oder', in: Grazer Philos. Studien 70 (2005), S. 127–145
Haaparanta, Leila: Frege's Doctrine of Being, in: Acta Philos. Fennica 39 (1985), S. 1–182
—: Frege on Existence (1986), in: *H & H*, S. 155–174
Hacker, P.: Frege and the Private Language Argument, in: Idealistic Studies 2 (1972), S. 265–287
—: Insight and Illusion, rev. 2. Aufl., Oxford 1986
—: Wittgenstein – Meaning and Mind, 2 Bde, Oxford 1993
—: Frege and the Early Wittgenstein; Frege and the Later Wittgenstein, beides in: ders. Wittgenstein – Connections and Controversies, Oxford 2001, S. 191–218; 219–241
—: & G. P. Baker: Wittgenstein – Understanding and Meaning, von Hacker rev. 2. Aufl., Bd. 2, Oxford 2005
Hale, Bob: Abstract Objects, Oxford 1987
—: & Wright, Crispin: The Reason's Proper Study, Oxford 2001
Harcourt, Edward: Are Hybrid Proper Names the Solution to the Completion Problem?, in: Mind 102 (1993), S. 301–313
—: Frege on 'I', 'Now', 'Today' and Some Other Linguistic Devices, in: Synthese 121 (1999), S. 329–356 (< *B & R:* 4)
Harnish, Robert: Frege on Mood and Force, in: I. Kenesei & R. Harnish (Hg.), Perspectives on Semantics, Pragmatics and Discourse, Philadelphia 2001, S. 203–228

Harth, Manfred: Anführung. Ein nicht-sprachliches Mittel der Sprache, Paderborn 2002
Haverkamp, Nick: Ein Paradox in Freges Begriffstheorie?, unveröffentlichte MA-Arbeit, Hamburg 2006
Hawkins, Jr., Benjamin S.: Peirce and Frege, a Question Unanswered, in: Modern Logic 3 (1993), 376–383
Heck, Richard G.: The Sense of Communication, in: Mind 104 (1995), S. 79–106
—: The Consistency of Predicative Fragments of Frege's *GG*, in: History & Philos. of Logic 17 (1996), S. 209–220
—: Frege and Semantics (1997), in: Greimann 2007b, S. 27–63
—: Do Demonstratives Have Senses?, in: Philosophers' Imprint 2 (2002), S. 1–33
—: Frege on Identity and Identity Statements: A Reply to Thau and Caplan, in: Canadian Journ. of Philos. 33 (2003), S. 83–102
—: & Robert May: Frege's Contribution to Philosophy of Language, in: E. Lepore & B. C. Smith (Hg.), The Oxford Handbook of Philosophy of Language, Oxford 2006, S. 3–39
Heck, William & Lycan, William: Frege's Horizontal, in: Canadian Journ. of Philos. 9 (1979), S. 479–492
Hegel, Georg Wilhelm Friedrich: Encyclopädie der philosophischen Wissenschaften im Grundrisse, Berlin ³1830, 3 Bde.
—: Wissenschaft der Logik (²1831), 2 Teile, Hamburg 1963
Heidegger, Martin: Die Lehre vom Urteil im Psychologismus (Diss. Freiburg 1914), in: Frühe Schriften, Frankfurt/M. 1972, S. 1–129
—: Die Grundprobleme der Phänomenologie, Vorlesung (1927a), in: Gesamtausgabe, II. Abt., Bd. 24, Frankfrut/M 1975
—: Sein und Zeit (1927b), Tübingen ¹⁹2006
—: Vom Wesen der Wahrheit (1943), Frankfurt/M ⁸1997
Heijenoort, Jean van:[2] Frege on Sense Identity, in: Journ. of Philos. Logic 6 (1977), S. 103–108
—: Frege and Vagueness (1986), in: *H & H*, S. 31–45
Held, Carsten: Frege und das Grundproblem der Semantik, Paderborn 2005
Helme, Mark: Frege's 'Beurtheilbarer Inhalt', in: Analysis 43 (1983), S. 70–72

---

[2] Der bedeutende Logik-Historiker hat wohl das ungewöhnlichste *Curriculum Vitae* aller Frege-Forscher: von 1932 bis 1939 war er Leo Trotzkis Privatsekretär, 1986 wurde er wie Trotzki in Mexico City ermordet, und welche Rolle er im Leben der mexikanischen Malerin Frida Kahlo spielte, konnte man dank Selma Hayek 2002 sogar im Kino erfahren.

Hempel, Carl Gustav: Aspects of Scientific Explanation, New York – London 1965
—: Philosophie der Naturwissenschaften, München 1974
Herbart, Johann Friedrich: Lehrbuch zur Einleitung in die Philosophie (1813), Ausgabe letzter Hand (^{5}1837), hg. W. Henckmann, Hamburg 1993
—: Psychologie als Wissenschaft, neu gegründet auf Erfahrung, Metaphysik und Mathematik. Zweiter, analytischer Theil (1825), hg. G. Hartenstein, Hamburg u. Leipzig 1888
Heyting, Arend: Die formalen Regeln der intuitionistischen Logik, in: Sitzungsberichte d. Preußischen Akad. Wiss., phys.-math. Klasse, 1930, 42–71, 158–169, mit Op. (gekürzt) in: Berka & Kreiser
Hilbert, David & Ackermann, Wilhelm: Grundzüge der theoretischen Logik, Berlin ^{1}1928, (Hilbert† & Ackermann) ^{4}1958
Hinst, Peter: Syntaktische und semantische Untersuchungen über Freges 'Grundgesetze der Arithmetik', Dissertation: München 1965
Hintikka, Jaako: Frege's Hidden Semantics, in: Revue Internationale de Philos. 33 (1979), S. 716–722
—: A Hundred Years Later: The Rise and Fall of Frege's Influence in Language Theory, in: Synthèse 59 (1984), S. 27–50
—: & Sandu, G.: Uses and Misuses of Frege's Ideas, in: The Monist 77 (1994), S. 278–293
Hoche, Hans-Ulrich: Vom 'Inhaltsstrich' zum 'Waagerechten'. Ein Beitrag zur Entwicklung der Fregeschen Urteilslehre (1976), in: *Sch:* 2, S. 87–101
Hodes, Harold T.: The Composition of Fregean Thoughts, in: Philos. Studies 41 (1982), S. 161–178
Holenstein, Elmar: Die Bedeutung von 'Bedeutung' bei Frege. Ein philologischer Essay, in: Conceptus 17 (1983), S. 65–74
Horn, Laurence A.: A Natural History of Negation, Chicago 1989
—: Toward a Fregean Pragmatics: Voraussetzung, Nebengedanke, Andeutung. In: I. Kecskes & L. Horn (Hg.), Explorations in Pragmatics, Berlin-New York 2007, S. 39–69
Horty, John: Frege on Definitions. A Case Study of Semantic Content, Oxford 2008
Hovens, Frans: Lotze and Frege – The Dating of the 'Kernsätze', in: History & Philos. of Logic 18 (1997), S. 17–31.
Hugly, Philip: The Ineffability of Frege's Logic, in: Philos. Studies 24 (1973), S. 227–244
Humboldt, Wilhelm von: Über den Zusammenhang der Schrift mit der Sprache (1824a, gedruckt 1838), in: Gesammelte Schriften, hg. A. Leitzmann, Bd. 5, Berlin 1906, 31–106

—: Über die Buchstabenschrift und ihren Zusammenhang mit dem Sprachbau (1824b, gedruckt 1826), in: Schriften, Bd. 5, 1906, 161–188
—: Über die Verschiedenheit des menschlichen Sprachbaues und ihren Einfluß auf die geistige Entwickelung des Menschengeschlechts (1830–35, gedruckt 1836), Schriften, Bd. 7/1
Hume, David: A Treatise of Human Nature (1739–40), hg. v. P. H. Nidditch, Oxford 1978
Husserl, Edmund: Philosophie der Arithmetik – Psychologische und logische Untersuchungen, 1. [einziger] Bd. (1891a), in: Husserliana Bd. XII, Den Haag 1970
—: [Besprechung von] Ernst Schröder, Vorlesungen über die Algebra der Logik (1891b), in: Aufsätze und Rezensionen (1890–1910), Husserliana Bd. XXII, Den Haag 1979, S. 3–43
—: Logik. Vorlesung 1896, Husserliana/Materialienbände, Bd. I, Dordrecht 2001
—: Logische Untersuchungen, Prolegomena zur reinen Logik, Halle/S. (1900), in: Husserliana Bd. XVIII, Den Haag 1975 (Op.)
—: Logische Untersuchungen, Untersuchungen zur Phänomenologie und Theorie der Erkenntnis, Halle/S. (1901), in: Husserliana Bd. XIX/1 u. XIX/2, Den Haag 1984 (Op. A)
—: Bericht über deutsche Schriften zur Logik in den Jahren 1895–99, 5. Artikel (1904), in: Aufsätze und Rezensionen (1890–1910), Husserliana Bd. XXII, 1979, S. 236–258
—: Briefwechsel, Dordrecht 1994

Iacona, Andrea: Propositions, Genova 2002
Imbert, Claude: Pour une histoire de la logique: un héritage platonicien, Paris 1999
—: & Bontea, Adriana: Gottlob Frege, One More Time, in: Hypatia 15 (2000), S. 156–173

Jackson, Frank: Reference and Descriptions Revisited, in: Philos. Perspectives 12 (1998), S. 201–218
—: What are Proper Names For?, in: M. E. Reicher et al. (Hg.), Experience and Analysis, Wien 2005, S. 102–114
Jackson, Howard: Frege on Sense-Functions, in: Analysis 23 (1962), S. 84–87 (< K)
James, William: Principles of Psychology, Bd. 1, New York 1890
—: Pragmatism: A New Name for Some Old Ways of Thinking (1909), Boston 1975

Janssen, Theo M. V.: Frege, Contextuality and Compositionality, in: Journ. of Logic, Language, and Information 10 (2001), S. 115–136
Jeshion, Robin: Frege's Notion of Self-Evidence, in: Mind 110 (2001), S. 937–976 (< *B & R:* 2)
—: Evidence for Self-Evidence (zu Weiner 2004), in: Mind 113 (2004), S. 313–318 (< *B & R:* 2)
Jourdain, Philip E. B.: Gottlob Frege, in: ders. The Development of the Theories of Mathematical Logic and the Principles of Mathematics, Teil 2 [Mac-Coll, Frege & Peano] (1912), wiederabgedruckt in: Frege, WB 275–301.
—: & Stachelroth, Johann (Übers.): Gottlob Frege, The Fundamental Laws of Arithmetic [*Vorw*, Einl. u. §§ 1–7 von *GG I*], 1. Teil, in: Monist 25 (1915), S. 481–494, mit einer Einleitung von Jourdain; 2. Teil ('Psychological Logic'), in: Monist 26 (1916), S. 182–199; 3. Teil ('Class, Function, Concept, Relation'), in: Monist 27 (1917) S. 114–127. Auszüge daraus in: Geach & Black 1952, S. 117–138

Kahn, Charles: The Verb *Be* in Ancient Greek, Dordrecht, 1973
Kambartel, Friedrich: Frege und die axiomatische Methode, in: Chr. Thiel (Hg.), Frege und die moderne Grundlagenforschung, Meisenheim 1975, S. 77–89 (< *Sch:* 1)
Kant, Immanuel: Kritik der reinen Vernunft, Riga, ^{1}1781, ^{2}1787 [KrV ^{1}A, ^{2}B]
—: Immanuel Kants Logik, ein Handbuch zu Vorlesungen, hg. v. G. B. Jäsche, Königsberg 1800 [Logik]
Kaplan, David: Quantifying In, in: D. Davidson & J. Hintikka (Hg.), Words and Objections: Essays on the Work of W. V. O. Quine, Dordrecht 1969, S. 206–242
—: What is Russell's Theory of Descriptions? (1970), in: D. Pears (Hg.), Bertrand Russell – A Collection of Critical Essays, New York 1972, S. 227–244
—: Demonstratives (1977), und: Afterthoughts (1989), in: J. Almog *et al.* (Hg.), Themes from Kaplan, New York 1989, S. 481–563; S. 565–614
Katz, Jerrold & Martin, Edwin: The Synonymy of Actives and Passives, in: Philos. Rev. 76 (1967), S. 476–491
Kemmerling, Andreas: Gedanken und ihre Teile, in: Grazer Philos. Studien 37 (1990), S. 1–30
—: The Visual Room [PU §398], in: R. Arrington, H.-J. Glock (Hg.), Wittgenstein's Philosophical Investigations, Text and Context, London 1991, S. 150–174
—: Frege über den Sinn des Wortes 'ich', in: Grazer Philos. Studien 51 (1996), S. 1–22

—: Frege und die Redundanztheorie der Wahrheit (2003a), in: Greimann 2003b, S. 29–38
—: Das Wahre und seine Teile (2003b), in: Greimann 2003b, S. 141–153
—: Freges Begriffslehre, ohne ihr angebliches Paradox, in: Siebel & Textor 2004, S. 39–62
Kemp, Gary: Truth in Frege's 'Laws of Truth', in: Synthese 105 (1995), S. 31–51
—: Frege's Sharpness Requirement, in: Philos. Quarterly 46 (1996), S. 168–184 (< *B & R:* 4)
Kerry, Benno: Ueber Anschauung und ihre psychische Verarbeitung. Vierter Artikel, in: Vierteljahrsschr. f. wissenschaftliche Philos. 11 (1887), S. 249–307
Keynes, John Neville: Formal Logic (¹1884), London 1928
Kienzler, Wolfgang: Was sind die Grundgesetze der Arithmetik?, in: Gabriel & Kienzler 1997, S. 129–138
Kitcher, Philip: Frege's Epistemology, in: Philos. Rev. 88 (1979), S. 235–262
Kiteley, Murray: Subjectivity's Bailiwick, in: Garfield & Kiteley 1991, S. 372–395
Kleemeier, Ulrike: Gottlob Frege. Kontext-Prinzip und Ontologie, München 1997
Klement, Kevin C.: Frege and the Logic of Sense and Reference, London 2002
Kluge, Eike-Henner W.: Leibniz, Frege *et alii,* in: Studia Leibnitiana 9 (1977), S. 266–274
—: The Metaphysics of Gottlob Frege. An Essay in Ontological Reconstruction, The Hague – Boston – London 1980
Kluge, Friedrich: Etymologisches Wörterbuch der deutschen Sprache (¹1881–83), Berlin ¹⁷1957
Kneale, William C.: Natural Laws and Contrary to Fact Conditionals, in: Analysis 10 (1950), S. 121–125
—: Universality and Necessity, in: British Journ. for the Philos. of Science 12 (1961), S. 89–102
—: & Kneale, Martha: The Development of Logic, Oxford 1962
Knight, Dorothy: The Development of the Imagery of Colour in German Literary Criticism from Gottsched to Herder, in: Modern Language Rev. 56 (1961), S. 354–372
Korselt, Alwin: Über die Grundlagen der Geometrie, in: Jahresbericht der Deutschen Mathematiker-Vereinigung 12 (1903), S. 402–407
—: Über die Grundlagen der Mathematik, in: Jber. d. DMV 14 (1905), S. 365–389
—: Über die Logik der Geometrie, in: Jber. d. DMV 17 (1908), S. 98–124
Korte, Tapio: Frege and his Epigones, (Reports from the Department of Philos., Vol. 7), University of Turku, 2001

Kreiser, Lothar: G. Freges 'Die Grundlagen der Arithmetik' – Werk und Geschichte, in: G. Wechsung (Hg.), Frege Conference [Schwerin] 1984, Berlin 1984, S. 13–27

Kremer, Michael: Judgement and Truth in Frege, in: Journ. of the History of Philos. 38 (2000), S. 549–581 (< *B & R:* 1)

Kripke, Saul: Naming and Necessity (1972), Oxford 1980

—: Is There a Problem About Substitutional Quantification?, in: G. Evans & J. McDowell (Hg.), Truth and Meaning, Oxford 1976, S. 325–419

—: A Puzzle About Belief, in: A. Margalit (Hg.), Meaning and Use, Dordrecht 1979, S. 239–283

—: Frege's Theory of Sense and Reference: Some Exegetical Notes, in: Theoria 74 (2008), S. 181–218

Kühne, U.: Colores rhetorici, in: G. Ueding (Hg.), Historisches Wörterbuch der Rhetorik, Bd. 2, Darmstadt 1994

Külpe, Oswald: Die Philosophie der Gegenwart in Deutschland (^{1}1902, ^{6}1914), Leipzig ^{4}1908

Künne, Wolfgang: Megarische Aporien für Freges Semantik, in: Zeitschr. f. Semiotik 4 (1982) a, S. 267–290

—: Indexikalität, Sinn und propositionaler Gehalt, in: Grazer Philos. Studien 18 (1982) b, S. 41–74

—: Abstrakte Gegenstände. Frankfurt/M. 1983a, ^{2}2007

—: Abstrakte Gegenstände *via* Abstraktion? (1983b), in: K. Prätor (Hg.), Aspekte der Abstraktionstheorie, Aachen 1988, S. 19–24

—: Vom Sinn der Eigennamen, in: E.-M. Alves (Hg.), Namenzauber, Frankfurt/M. 1986, S. 64–89

—: Hybrid Proper Names, in: Mind 101 (1992), S. 721–731

—: Prolegomenon zu einer Fregeanischen Theorie der Fiktion, in: J. Brandl *et al.* (Hg.), Metaphysik. Neue Zugänge zu alten Fragen, Sankt Augustin 1995, S. 141–161; wiederabgedruckt in: M. E. Reicher (Hg.), Fiktion, Wahrheit, Wirklichkeit, Paderborn 2007, S. 54–71

—: First Person Propositions, in: W. Künne *et al.* (Hg), Direct Reference, Indexicality, and Propositional Attitudes, Stanford 1997a, S. 49–68

—: Propositions in Bolzano and Frege, in: Grazer Philos. Studien 53 (1997b), S. 203–240, nachgedr. in Künne 2008 (< *B & R:*1)

—: Constituents of Concepts – Bolzano vs. Frege, in: Newen 2001, S. 267–286, nachgedr. in Künne 2008

—: Conceptions of Truth, Oxford University Press 2003a

—: Are Questions Propositions?, in: Revue internationale de philos. 57 (2003b), S. 157–168; und in: D. Fisette (Hg.), Husserl's 'Logical Inves-

tigations' Revisited, Dordrecht 2003b, S. 83–94, nachgedr. in Künne 2008
—: Die 'Gigantomachie' in Platons Sophistes, in: Archiv f. Geschichte d. Philos. 86 (2004), S. 307–321
—: Properties in Abundance, in: P.F. Strawson & A. Chakrabarti (Hg.), Universals, Concepts and Qualities, Ashgate 2006, S. 249–300
—: A Dilemma in Frege's Philosophy of Thought and Language, in: Saggi in onore di Diego Marconi, Rivista di estetica 34 (2007), S. 95–120
—: Versuche über Bolzano / Essays on Bolzano, St.Augustin 2008
—: Wittgenstein and Frege's 'Logical Investigations', in: J. Hyman & H.-J. Glock (Hg.), Wittgenstein and Twentieth-Century Analytic Philosophy, Oxford 2009, S. 26–62
—: Sense, Reference and Hybrid Thought-Expressions – Notes on Kripke's Recent Reading of Frege (demnächst)
Kusch, Martin: Psychologism – A Case Study in the Sociology of Knowledge, London 1995
Kutschera, Franz von: Elementare Logik, Wien – New York 1967
Kvét, Frantisek Boleslav: Leibnitz'ens Logik. Nach den Quellen dargestellt, Prag 1857

Landini, Gregory: Decomposition and Analysis in Frege's Grundgesetze, in: History & Philos. of Logic 17 (1996), S. 121–139 (< *B & R:* 4)
Leibniz, Gottfried Wilhelm: Dissertatio de arte combinatoria (1666), in: E, S. 6–44 [& in: A VI.1, N. 8.]
—: Marii Nizolii de veris principiis [...] philosophandi libri IV (1670), Teildruck in: E, S. 55–71, vollständig in: A VI.2, N. 54
—: Brief an Heinrich Oldenburg (1676a), in: Trendelenburg 1867, S. 32–37 [& in: A II.1, N. 117.]
—: De la sagesse (1676b), in: E, S. 673–675 [& in: G, S. 82–85; A VI.3, N. 89_6.]
—: Brief an Jean Gallois (1677a), in: Die mathematischen Schriften, hg. v. C. I. Gerhardt, Bd. 1, Berlin 1849, S. 178–182 [& in: A III.2, N. 79.]
—: Dialogus de connexione inter res et verba (1677b), in: E, S. 76–78 [& in: G (1890), S. 190–193; A VI.4A, N. 8.]
—: De numeris characteristicis ad linguam universalem constituendam (1679), in: E, S. 162–164 [& in: G, S. 184–189; A VI.4A, N. 66.]
—: Enumeratio terminorum simpliciorum (zw. 1680 u. 1684/85), in: A VI.4A, N. 97
—: Notationes generales (zw. 1683 u. 1685), in: A VI.4A, N. 131
—: Non inelegans specimen demonstrandi in abstractis (1687), in: E, S. 94–97 [& in: G, S. 228–235; A VI.4A, N. 178]

—: De characteribus et de arte characteristica (1688a), in: A VI.4A, N. 190
—: Fundamenta calculi ratiocinationis (1688b), in: E, S. 92–94 [& in: G, S. 204–207; A VI.4A, N. 192]
—: [Tabula definitionum] (1704), in: Trendelenburg 1861, S. 171–219 [ausführlicher in: Couturat 1903, 437–510]
—: Nouveaux essais sur l'entendement humain (1704), in: E, S. 194–418 [& in: A VI.6, N. 2]   [N.E.]
—: [E] Opera philosophica, hg. v. J. E. Erdmann, 2 Teile, Berlin, Tl.1, 1840, Tl.2, 1839, Nachdruck Aalen 1974
—: [G] Die philosophischen Schriften, hg. v. C. I. Gerhardt, Bd. 7, Berlin 1890, Nachdruck Hildesheim 1965
—: [A] Preußische, später: Deutsche, inzwischen: Berlin-Brandenburgische & Göttinger Akad. Wiss. (Hg.): Leibniz, Sämtliche Schriften und Briefe, Darmstadt-Leipzig-Berlin 1923 ff (zit. nach Reihe u. Bd.)
Leśniewski, Stanislaw: Grundzüge eines neuen Systems der Grundlagen der Mathematik (1929), Auszüge in: D. Pearce & J. Wolenski (Hg.), Logischer Rationalismus – Philosophische Schriften der Lemberg-Warschauer Schule, Frankfurt/M. 1988, S. 136–146
Lessing, Gotthold Ephraim: Das Testament Johannis (1777), in: Werke und Briefe, Bd. 8, hg. v. A. Schilson, Frankfurt/M. 1989, S. 447–454
—: Axiomata, wenn es deren in dergleichen Dingen gibt (1778), in: Werke und Briefe, Bd. 9, hg. v. K. Bohnen & A. Schilson, 1993, S. 53–89
Levine, James: Logic and Truth in Frege (II), in: Proc. Aristot. Soc., SV 70 (1996), S. 141–175 (< *B & R:* 2)
—: Analysis and Decomposition in Frege and Russell, in: Philos. Quarterly 52 (2002), S. 195–216 (< *B & R:* 4)
Liebmann, Otto: Zur Analysis der Wirklichkeit (1876), Straßburg ²1880
Linke, Paul F.: Bruno Bauch, in: Forschungen und Fortschritte 18 (1942), S. 143–144
—: Gottlob Frege als Philosoph, in: Zeitschr. f. philos. Forschung 1 (1946), S. 75–99
Linsky, Leonard: Referring, London 1967
—: Frege and Russell on Vacuous Singular Terms (1976), in: *Sch:* 3, S. 97–115, und in: ders. Names and Descriptions, Chicago 1977, Kap. 2
—: The Unity of the Proposition, in: Journ. of the History of Philos. 30 (1992), S. 243–273
Lipps, Theodor: Die Aufgabe der Erkenntnistheorie und die Wundt'sche Logik, in: Philos. Monatshefte 16 (1880), S. 529–539, 17 (1881), S. 28–58, 198–226, 427–445
—: Grundzüge der Logik, Hamburg u. Leipzig 1893 (³1923)

Locke, John: An Essay Concerning Human Understanding (1690), Harmondsworth 1997

Long, Peter & White, Roger (Übers.): G. Frege, Posthumous Writings [NS], Oxford 1979

Lorenzen, Paul: Gleichheit und Abstraktion, in: Ratio 4 (1962), S. 77–81, und in: ders. Konstruktive Wissenschaftstheorie, Frankfurt/M 1974

—: Formale Logik (1958), Berlin ³1967

Lotter, Dorothea: Private Gedanken und Subjektivität – Ein Beitrag zu Freges Philosophie des Geistes, in: Philos. Jahrbuch 106 (1999), S. 379–404

Lotze, Rudolf Hermann: Recension von Heinrich Czolbe, Neue Darstellung des Sensualismus – Ein Entwurf (1855), wiederabgedruckt in: ders. Kleine Schriften, Bd. 3, Leipzig 1891, S. 238–250

—: Logik: Drei Bücher vom Denken, vom Untersuchen und vom Erkennen (1874), Leipzig ²1880, Neudruck, hg. u. eingeleitet v. G. Misch, Leipzig 1912; 1. u. 3. Buch von ²1880, neu hg. u. eingeleitet v. G. Gabriel, Hamburg 1989

—: Die Sprache und das Denken, in: ders. Mikrokosmus [sic], Ideen zur Geschichte und Naturgeschichte der Menschheit, Bd. II, Leipzig ³1878, S. 219–262

Łukasiewicz, Jan: Elementy logiki matematycznej, Warschau 1929 (Übers.: Elements of Mathematical Logic, Oxford 1963 & New York 1964)

—: Zur Geschichte der Aussagenlogik, in: Erkenntnis (1935), S. 111–131

Luntley, Michael: The Sense of a Name, in: Philos. Quarterly 34 (1984), S. 265–282 (< W; < Sl: 4)

Lycan, William G.: Real Conditionals, Oxford 2001

Macbeth, Danielle: Frege's Logic, Cambridge/Mass. 2005

MacBride, Fraser: The Particular-Universal Distinction, in: Mind 114 (2005). S. 565–614

MacFarlane, John: Frege, Kant and the Logic in Logicism, in: Philos. Rev. 111 (2002), S. 25–69 (< B & R: 1)

Mach, Ernst: Die Analyse der Empfindungen und das Verhältnis des Physischen zum Psychischen (1886, ⁹1922), Jena ⁴1903

Majer, Ulrich: Ist die Sprache der Chemie eine Begriffsschrift in Freges Sinne?, in: P. Janich & N. Psarros (Hg.), Die Sprache der Chemie, Würzburg 1996, S. 91–100

Makin, Gideon: The Metaphysicians of Meaning – Russell and Frege on Sense and Denotation, London 2000

Malzkorn, Wolfgang: How Do We 'Grasp' a Thought?, in: Newen 2001, S. 35–52

Marcus, Ruth Barcan: Interpreting Quantification, in: Inquiry 51 (1962), S. 252–259
Marshall, William: Frege's Theory of Functions and Objects, in: Philos. Rev. 62 (1953), S. 374–390 (< K)
—: Sense and Reference – A Reply, in: Philos. Rev. 65 (1956), S. 342–361 (< K)
Martin, Jr., Edwin: Fregean Incompleteness, in: Philosophia [Israel] 13 (1983), S. 247–253
Marty, Anton: Über subjektlose Sätze und das Verhältnis der Grammatik zu Logik und Psychologie, 2. Artikel (1884) und 6. Art. (1895), in: ders. Gesammelte Schriften, Bd. II/1, Halle/S. 1918, S. 20–62, 301–308
—: Untersuchungen zur Grundlegung der allgemeinen Grammatik und Sprachphilosophie, Halle/S. 1908
Mates, Benson: Synonymity (1950), in: L. Linsky (Hg.), Semantics and the Philos. of Language, Champaign 1952, S. 111–136
—: The Philosophy of Leibniz: Metaphysics and Language, Oxford 1986
Max, Ingolf: Freges „selbstverständliche Voraussetzung" und die Behandlung von Existenzpräsuppositionen durch die Free Logic, in: Schweriner Frege-Konferenz '84, Berlin 1984, S. 240–245
May, Robert: Frege on Identity Statements, in: C. Cecchetto *et al.* (Hg.), Semantic Interfaces, Stanford 2001, S. 1–50
—: The Invariance of Sense, in: Journ. of Philos. 103 (2006a), S. 111–144
—: Frege on Indexicals, in: Philos. Rev. 115 (2006b), S. 487–516
Mays, Wolfe & Jones, Barry: Was Husserl a Fregean? In: Journ. of the British Soc. for Phenomenology 12 (1981), S. 76–80
McCarty, David: Optics of Thought – Logic and Vision in Müller, Helmholtz and Frege, in: Notre Dame Journ. of Formal Logic 41 (2000), S. 365–378
McDowell, John: On the Sense and Reference of Proper Names (1977), in: ders. 1998, S. 171–198
—: Truth-Value Gaps (1982), in: ders. 1998, S. 199–213
—: *De re* Senses (1984), in: ders. 1998, S. 214–227 (< W)
—: Meaning, Knowledge, Reality, Cambridge/Mass. 1998
McGuinness, Brian: Wittgensteins frühe Jahre, Frankfurt/M. 1988
—: (Hg.) & Hans Kaal (Übers.): G. Frege, Philosophical and Mathematical Correspondence [Auswahl aus WB], Oxford 1980
—: (Hg.) & Max Black u. v.a. (Übers.): G. Frege, Collected Papers on Mathematics, Logic, and Philosophy [KS], Oxford 1984
McIntyre, Ronald: Husserl and Frege, in: Journ. of Philos. 84 (1987), S. 528–535
Meggle, Georg (Hg.): Handlung, Kommunikation, Bedeutung, Frankfurt/M. 1979

Meinong, Alexius: Über Annahmen, Leipzig ¹1902, ²1910, in: ders. 1968–78, Bd. IV (Op.)
—: Über Gegenstandstheorie (1904), in: ders. 1968–78, Bd. II (Op.)
—: Gesamtausgabe, Graz 1968–78
Meixner, Uwe: Is Logic the Science of the Laws of Truth? (2001), in: Newen, S. 329–344
Menzler-Trott, Eckart: „Ich wünsche die Wahrheit und nichts als die Wahrheit…". Das politische Testament des deutschen Mathematikers und Logikers Gottlob Frege, in: Forum (Wien) 36. Jg., Nr. 432 (20.12.1989), S. 68–79
Mill, John Stuart: A System of Logic, Ratiocinative and Inductive (1843), Ausgabe letzter Hand: London ⁸1872; von Jacob Schiel übersetzt als: System der deductiven und inductiven Logik, 2 Bde, Braunschweig ³1868
Mohanty, Jitendra Nath: Husserl and Frege, Bloomington 1982
Moore, George Edward: Some Main Problems of Philosophy (1910), London 1953
—: The Conception of Reality (1917), in: ders. Philosophical Studies, London 1922, S. 197–219
—: A Defence of Common Sense (1925), in: ders. Philosophical Papers, London 1959, S. 32–59
—: Facts and Propositions (1927), in: ders. Philosophical Papers, S. 60–88
Morscher, Edgar: Was heißt es, dass ein logisches System „Existential Import" besitzt? (1969), in: ders. 2007, S. 121–123
—: Zur Frage der Existenzvoraussetzungen in der Logik (1970), in: ders. 2007, S. 125–134
—: Von Bolzano zu Meinong – Zur Geschichte des logischen Realismus, in: R. Haller (Hg.), Jenseits von Sein und Nichtsein, Graz 1972, S. 69–102
—: Ist Existenz ein Prädikat? (1974), in: ders. 2007, S. 135–147
—: Was Existence Ever a Predicate?, in: Grazer Philos. Studien 25/6 (1985/6), S. 269–284
—: How can '*a* exists' be false? (2001), in: Newen, S. 231–250
—: Kann es in der Welt 3 Indexikalität geben?, in: Siebel & Textor 2004, S. 355–385
—: Studien zur Logik Bolzanos, St. Augustin 2007
—: & Simons, P.: Free Logic – A Fifty-Year Past and Open Future, in: E. Morscher & A. Hieke (Hg.): New Essays in Free Logic, Dordrecht 2001, S. 1–34
Münch, Fritz: Erlebnis und Geltung, in: Kant-Studien, Ergänzungshefte Nr. 30, Berlin 1913

Nagel, Thomas: Logic, in: ders. The Last Word, Oxford 1997, Kap. 4
Napoli, Ernesto: Negation, in: Grazer Philos. Studien 72 (2006), S. 233–252
Neale, Stephen: Coloring and Composition, in: K. Murasugi & R. Stainton (Hg.), Philosophy and Linguistics, Boulder 1999, S. 35–81
Newen, Albert: Fregean Senses and the Semantics of Singular Terms, in: Newen 2001, S. 113–140
Nicod, Jean: A Reduction of the Number of Primitive Propositions of Logic, in: Proc. Cambridge Philos. Soc. 19 (1917–20), S. 32–41
Nidditch, Peter: Peano and the Recognition of Frege, in: Mind 72 (1963), S. 103–110
Nimtz, Christian: Conceptual Truth Defended, in: N. Kompa *et al.* (Hg.), The A Priori and Its Role in Philosophy, Paderborn 2009
Noonan, Harold: Fregean Thoughts, in: Philos. Quarterly 34 (1984), S. 207–224 (< *W*; < *Sl:* 3)
—: The Concept Horse, in: P. F. Strawson, A. Chakrabarti (Hg.), Universals, Concepts and Qualities, Aldershot 2006, S. 155–176
Notturno, Mark A.: Objectivity, Rationality and the Third Realm – Justification and the Grounds of Psychologism. A Study of Frege and Popper, Dordrecht 1985

Oliva Córdoba, Michael: Sinn und Unvollständigkeit: Aspekte der Semantik von Kennzeichnungen, Paderborn 2002
Oliver, Alex: The Reference Principle, in: Analysis 65 (2005), S. 177–187
—: & Smiley, Timothy: Is Plural Denotation Collective?, in: Analysis 68 (2008), S. 22–34
Olson, Kenneth Russell: An Essay on Facts, Stanfod 1987
Ortiz Hill, Claire: Word and Object in Husserl, Frege and Russell, Athens/Ohio 1991
—: & Rosado Haddock, Guillermo E.: Husserl or Frege? Meaning, Objectivity, and Mathematics, Chicago 2000
Ostwald, Wilhelm: Grundriß der Naturphilosophie, Leipzig 1908

Palágyi, Melchior: Der Streit der Psychologisten und Formalisten in der modernen Logik, Leipzig 1902
Parak, Franz: Wittgenstein in Monte Cassino, in: L. Wittgenstein, Geheime Tagebücher 1914–16, Wien 1991, S. 145–158
Pardey, Ulrich: Freges Kritik an der Korrespondenztheorie der Wahrheit, Paderborn 2004
Parsons, Charles: Objects and Logic, in: Monist 65 (1982), S. 491–516
—: Husserl and the Linguistic Turn (2001), in: Floyd & Shieh, S. 123–141

Parsons, Terence: Frege's Hierarchies of Indirect Sense and the Paradox of Analysis, in: Midwest Studies in Philos. 6 (1981), S. 37–57.
—: Fregean Theories of Fictional Objects, in: Topoi 1 (1982), S. 81–87
—: What Do Quotation Marks Name? Frege's Theories of Quotations and That-Clauses, in: Philos. Studies 42 (1982), S. 315–328
—: Why Frege should not have said 'The Concept Horse is not a Concept', in: History of Philosophy Quarterly 3 (1986), S. 449–465
—: On the Consistency of the First-Order Portion of Frege's Logical System, in: Notre Dame Journal of Formal Logic 28 (1987a), S. 161–168
—: Fiktion: Frege vs. Meinong, in: Zeitschr. f. Semiotik 9 (1987b), S. 51–66
—: The Logic of Sense and Denotation, in: C. Anthony Anderson & Michael Zelazny (Hg.), Logic, Meaning and Computation: Essays in Memory of Alonzo Church, Dordrecht 2001, S. 507–543
Patzig, Günther: Einleitung (1966a) zu: LU(P) ^{5}2003, S. 5–33
—: Leibniz, Frege und die sogenannte 'lingua characteristica universalis' (1966b), in: Studia Leibnitiana, Suppl., Bd. 3 (1969), S. 103–112
Peacocke, Christopher: Demonstrative Thought and Psychological Explanation, in: Synthese 49 (1981), S. 187–217
—: A Study of Concepts, Cambridge/Mass. 1994
—: Implicit Conceptions, Understanding and Rationality, in: Philos. Issues 9 (1998), S. 43–88
Peckhaus, Volker: Logik, Mathesis universalis und allgemeine Wissenschaft. Leibniz und die Wiederentdeckung der formalen Logik im 19. Jahrhundert, Berlin 1997
—: Kantianer oder Neukantianer? (2000), in: Gabriel & Dathe, S. 191–209
—: Calculus Ratiocinator versus Characteristica Universalis? The two traditions in logic, revisited, in: History & Philos. of Logic 25 (2004), S. 3–14 (< B & R: 1)
Peano, Giuseppe: Rezension von *GG I*, in: Rivista di matematica 5 (1895), S. 122–128, englische Übersetzung in: V. H. Dudman, Peano's Review of Frege's *Grundgesetze*, in: Southern Journ. of Philos. 9 (1971), S. 25–37, hier S. 27–31
—: Risposta (ad una lettera di G. Frege [*1896b*]), in: Rivista di matematica 6 (1896–1899), S. 60–61; nachgedruckt in: WB, S. 186–188
—: Über mathematische Logik, Anhang I des Hg., in: Angelo Genocchi, Differentialrechnung und Grundzüge der Integralrechnung, hg. v. G. Peano, Leipzig 1899, S. 336–352
Peirce, Charles Sanders: A Boolean Algebra with One Constant (1880), Erstveröffentl. in: ders. 1933, (Bd.) 4. (§§) 12–20

—: (Hg.): Studies in Logic by the Members of the Johns Hopkins University, Boston 1883a
—: Note B – The Logic of Relatives (1883b), in: ders. 1883a & 1933, 3. 328–358
—: On the Algebra of Logic: A Contribution to the Philosophy of Notation (1885), in: ders. 1933, 3. 359–403
—: The Regenerated Logic (1896), in: 1933, 3. 425–455
—: The Logic of Relatives (1897), in: 1933, 3. 456–552
—: Collected Papers, Bde. 3–4, Cambridge/Mass. 1933 (zit. nach Bd.- u. §-Nr.)

Pelletier, Francis Jeffry: Or, in: Theoretical Linguistics 4 (1977), S. 61–74
—: Did Frege Believe Frege's Principle?, in: Journ. of Logic, Language, and Information 10 (2001), S. 87–114

Pelletier, F. J. & Linsky, Bernard: What is Frege's Theory of Descriptions? In: G. Imaguire & B. Linsky (Hg.), On Denoting 1905–2005, München 2006, S. 195–250

Penco, Carlo: Vie della scrittura – Frege e la svolta linguistica in filosofia, Mailand 1994, ²2002
—: Frege – Two Theses, Two Senses, in: History & Philos. of Logic 24 (2003), S. 87–109

Penrose, Roger: The Road to Reality, London 2004

Perelman, Chaïm: Metafizyka Fregego [Freges Metaphysik], in: Kwartalnik Filozoficzny 14 (1937), S. 119–142 (frz. Zusammenfassung: 137–142)
—: Étude sur Frege, Université Libre de Bruxelles, Thèse de doctorat, 1938 (Zusammenfassung in: Revue de l' Université de Bruxelles 44 (1938/39), S. 224–227)

Perry, John: Frege on Demonstratives (1977), in: ders. 1993, S. 1–26 (< *Sl:* 4)
—: The Problem of the Essential Indexical (1979), in: ders. 1993, S. 27–44; auch in: Garfield & Kiteley 1991
—: Thought Without Representation (1986), in: ders. 1993, S. 171–188
—: The Problem of the Essential Indexical, and Other Essays, Oxford 1993

Philipse, Herman: Psychologism and the Prescriptive Function of Logic, in: Grazer Philos. Studien 29 (1987), S. 13–33

Picardi, Eva: The Logics of Frege's Contemporaries, in: D. Buzzetti & M. Ferriani (Hg.), Speculative Grammar, Universal Grammar and Philosophical Analysis of Language, Amsterdam 1987, S. 173–204
—: A Note on Dummett and Frege on Sense-Identity, in: European Journ. of Philos. 1 (1993), S. 69–80
—: Kerry und Frege über Begriff und Gegenstand, in: History & Philos. of Logic 15 (1994), S. 9–32

—: La chimica dei concetti: linguaggio, logica, psicologia 1879–1927, Bologna 1994
—: Frege's Anti-Psychologism, in: Schirn 1996, S. 307–328 (< *B & R:* 1)
—: Sigwart, Husserl and Frege on Truth and Logic, in: European Journ. of Philos. 5 (1997), S. 162–182
—: On Sense, Tone, and Accompanying Thoughts, in: Auxier & Hahn 2007, S. 491–520
—: Frege and Davidson on Predication, in: A. Amoretti, N. Vassallo (Hg.), Knowledge, Language and Interpretation. On the Philosophy of Donald Davidson, Frankfurt/M 2008, S. 49–79
Platon: Opera, hg. v. J. Burnet, Oxford 1899 ff
Pohlenz, Max: Die Begründung der abendländischen Sprachlehre durch die Stoa (1939), in: ders. Kleine Schriften, Bd. I, Hildesheim 1965, S. 39–86
Popper, Karl: Objective Knowledge – An Evolutionary Approach, Oxford 1972 (dt. Hamburg 1979)
—: World 3, in: P. A. Schilpp (Hg.), The Philosophy of Karl Popper, La Salle 1974, S. 143–149 (dt. in: ders. Ausgangspunkte, Hamburg 1979, S. 263–272)
—: Three Worlds, in: The Tanner Lectures on Human Values, Vol. 1, Salt Lake City & Cambridge 1980, S. 141–167
Posner, Roland: Bedeutung und Gebrauch der Satzverknüpfer in den natürlichen Sprachen, in: G. Grewendorf (Hg.), Sprechakttheorie und Semantik, Frankfurt/M. 1979, S. 345–385
Prior, Arthur Norman: Formal Logic, Oxford ^{2}1962
—: The Doctrine of Propositions and Terms, London 1976
Putnam, Hilary: There is at least one a priori truth (1978), in: ders. Realism and Reason, Cambridge 1983, S. 98–114
—: Peirce the Logician (1982), in: ders. Realism with a Human Face, Cambridge/Mass. 1990, S. 252–260
—: Rethinking Mathematical Necessity (1993), in: ders. Words and Life, Cambridge/Mass. 2004, S. 245–263

Quine, Willard Van Orman: Mathematical Logic (1940), rev. Ausg., Cambridge/Mass. 1951
—: Elementary Logic (1941), rev. Ausg. New York 1965
—: Methods of Logic (1950), rev. Ausg, London ^{2}1966, ^{3}1974
—: From a Logical Point of View (1953), New York ^{2}1961
—: Word and Object, Cambridge/Mass. 1960
—: Set Theory and Its Logic, Cambridge/Mass. 1964
—: Epistemology Naturalized (1968a), in: ders. 1969, S. 69–90

—: Existence and Quantification (1968b), in: ders. 1969, S. 91–112
—: Ontological Relativity and Other Essays, New York 1969
—: Philosophy of Logic, Englewood Cliffs, N.J., 1970
—: MacHale on Boole (1985), in: ders. Selected Logic Papers, erw. Ausg., Cambridge/Mass. 1995, S. 251–257
—: Quiddities – An Intermittently Philosophical Dictionary, Cambridge/Mass. 1987
—: Confessions of a Confirmed Extensionalist (2001), in: Floyd & Shieh. S. 215–221
Quinn, A.: Color, in: G. Ueding (Hg.), Hist. Wörterbuch der Rhetorik, Bd. 2, Darmstadt 1994
Quintilianus, Marcus Fabius: Institutiones oratoriae libri XII (ca. 90), zweisprachige Ausgabe, Bd. 2, Darmstadt 1972
Quinton, Anthony M. & Marcelle (Übers.): G. Frege, The Thought [*Ged*] (1956), in: P. F. Strawson (Hg.), Philosophical Logic, Oxford 1967, S. 17–38

Ramsey, Frank P.: Universals (1925), wieder abgedruckt in: ders. The Foundations of Mathematics, and other Logical Essays, Cambridge 1931, S. 112–134
Rath, Matthias: Der Psychologismusstreit in der deutschen Philosophie, Freiburg-München 1994
Recanati, Francois: The Communication of First Person Thoughts (1995), in: Biro & Kotatko, S. 95–102
Reck, Erich H.: Wittgenstein's 'Great Debt' to Frege, in: Reck (Hg.), From Frege to Wittgenstein, Oxford 2002, S. 3–38
—: & Awodey, Steve (Hg.): Frege's Lectures on Logic: Carnap's Student Notes 1910–14, Chicago 2004
Reichenbach, Hans: Elements of Symbolic Logic, New York 1947
Rein, Andrew: A Note on Frege's Notion of *Wirklichkeit*, in: Mind 91 (1982), S. 599–602
Resnik, Michael D.: Frege's Theory of Incomplete Entities, in: Philos. of Science 32 (1965) 329–341
—: The Role of the Context Principle in Frege's Philosophy, in: Philos. & Phenomenological Research 27 (1967), S. 356–365
—: The Frege-Hilbert Controversy, in: Philos. & Phenomemenological Research 34 (1974), S. 386–403
—: Frege's Context Principle revisited (1976), in *Sch:* 3, S. 35–49
—: Frege and the Philosophy of Mathematics, Ithaca N. Y. 1980
—: Frege and Analytic Philosophy: Facts and Speculations, in: Midwest Studies 6 (1981), S. 83–103 (*Sl*–1)

—: Logic: Normative or Descriptive? In: Philos. of Science 52 (1985), S. 221–238

Rhees, Rush (Hg.): Ludwig Wittgenstein – Personal Recollections, Oxford 1981

Rickert, Heinrich: Der Gegenstand der Erkenntnis, Freiburg ¹1892, [„verbessert und erweitert":] Tübingen ²1904, ³1915, ⁴&⁵1921

—: Zwei Wege der Erkenntnistheorie, in: Kant-Studien 14 (1909), S. 169–228, wieder abgedruckt in: Flach & Holzhey (Op.)

—: Das Eine, die Einheit und die Eins. Bemerkungen zur Logik des Zahlbegriffs, in: Logos 2 (1911/12), S. 26–78

—: Urteil und Urteilen, in: Logos 3 (1912), S. 230–245, wieder abgedruckt in: Flach & Holzhey (Op.)

Ricketts, Thomas: Objectivity and Objecthood – Frege's Metaphysics of Judgement (1986a), in: *HH*, S. 65–95 (< *Sl:* 3; < *B & R:*1)

—: Generality, Meaning [*Bedeutung*], and Sense in Frege, in: Pacific Philosophical Quarterly 67 (1986b), S. 172–195 (< *B & R:*4)

—: Logic and Truth in Frege (I), in: Proc. Aristot. Soc., SV 70 (1996), S. 121–140 (< *B & R:* 2)

—: Frege's 1906 Foray into Metalogic, in: Philos. Topics 25 (1998), S. 169–188 (< *B & R:* 2)

—: Quantification, Sentences, and Truth-Values, in: Manuscrito – Revista Internacional de Filosofia [Brasilien] 26 (2003), S. 389–424

—: Urteil, Logik und Sprache, in: R. Bubner & G. Hindrichs (Hg.), Von der Logik zur Sprache [Hegel-Kongress 2005], Stuttgart 2007, 286–295

Rijk, M. C.: Husserls Missverständnis betreffs Freges Identitätsauffassung, in: Jenaer Frege-Konferenz '79, Jena 1979, S. 341–357

Rivetti Barbò, Contessa Francesca: Il 'Senso e significato' di Frege, in: FS F. Olgiati, Mailand 1962, S. 420–483

—: Sense, Denotation and the Context of Sentences, in: A.-T. Tymieniecka (Hg.), FS I. M. Bochenski, Amsterdam 1965, S. 208–242

Rott, Hans: Words in Context – Fregean Elucidations, in: Linguistics and Philos. 23 (2000), S. 621–641

Rouilhan, Philippe de: Frege – Les Paradoxes de la Représentation, Paris 1988

Rousse, B Scot: Demythologizing the Third Realm: Frege on Grasping Thoughts, 2006 (http://www.philosophy.ox.ac.uk/gradconf/papers/Rousse-Frege-final-pdf)

Ruffino, Marco Antonio: Wahrheitswerte als Gegenstände und die Unterscheidung zwischen Sinn und Bedeutung, in: Gabriel & Kienzler 1997, S. 139–148

—: Wahrheit als Wert und als Gegenstand in der Logik Freges, in: Greimann 2003b, S. 203–221
—: Fregean Propositions, Belief Preservation and Cognitive Value, in: Grazer Philos. Studien 75 (2007), S. 217–236
Rumfitt, Ian: Frege's Theory of Predication – An Elaboration and Defence, in: Philos. Rev. 103 (1994), S. 599–637 (< *B & R:* 4)
—: Sentences, Names and Semantic Values, in: Philos. Quarterly 46 (1996), S. 66–72
—: "Yes" and "No", in: Mind 109 (2000), S. 781–823
—: Truth and the Determination of Content: Variations on Themes from Frege's *LU*, in: Grazer Philos. Studien, demnächst
Rusnock, Paul: Remarks on the Frege-Hilbert Dispute, in: Max & Stelzner 1995, S. 150–161
Russell, Bertrand: A Critical Exposition of the Philosophy of Leibniz, London 1900
—: Brief an Frege, 16.06.1902a, in: WB, S. 211–212
—: Brief an Frege, 12.12.1902b, in: WB, S. 233–234
—: Brief an Frege, 20.02.1903a, in: WB, S. 237–238
—: The Principles of Mathematics, Cambridge 1903b
—: Brief an Frege, 24.05.1903c, in: WB, S. 241–242
—: Meinong's Theory of Complexes and Assumptions (1904a), in: ders. Essays in Analysis, hg. v. D. Lackey, London 1973, S. 21–76
—: Brief an Frege, 12.12.1904b, in: WB, S. 248–251
—: On Denoting (1905), in: ders. 1956, S. 41–56; auch in: Garfield 1991
—: On the Nature of Truth and Falsehood, in: ders. Philosophical Essays (1910a), London 1984
—: & A. N. Whitehead: Principia Mathematica, Bd. 1, Cambridge 1910b, ^{2}1925
—: The Problems of Philosophy (1912), Oxford 1971
—: On the Nature of Acquaintance (1914), in: ders. 1956, S. 127–174
—: The Philosophy of Logical Atomism (1918), in: ders. 1956, S. 177–281
—: Introduction to Mathematical Philosophy, London 1919
—: Logical Atomism (1924), in: ders. 1956, S. 323–343
—: History of Western Philosophy, London 1946
—: Logic and Knowledge, hg. v. R. C. Marsh, London 1956
—: My Philosophical Development, London 1959
—: Letter to the Editor [23.11.1962], in: Jean van Heijenoort (Hg.), From Frege to Gödel, Cambridge/Mass. 1967
—: The Autobiography of Bertrand Russell, 1872–1914, London 1968
Rutherford, Donald: Philosophy and Language in Leibniz, in: Nicholas Jolley (Hg.), The Cambridge Companion to Leibniz, 1995, S. 224–269

Ryle, Gilbert: Letters and Syllables in Plato (1960), in: ders. Collected Papers, Bd. 1, London 1971, S. 54–71
—: Autobiographical, in: O. P. Wood, G. Picher (Hg.), Ryle, London 1970, S. 1–15

Sacchi, Elizabetta: Fregean Propositions and Their Graspability, in: Grazer Philos. Studien 23 (2006), S. 73–94
Sainsbury, Mark: Logical Form. An Introduction to Philosophical Logic, Oxford 1991
—: & Williamson, Timothy: Sorites, in: B. Hale & C. Wright (Hg.), A Companion to the Philosophy of Language, Oxford 1997, S. 458–484
—: Departing from Frege, London 2002
—: Reference without Referents, Oxford 2005
Salmon, Nathan: Frege's Puzzle, Cambridge/Mass. 1986
—: Tense and Singular Propositions, in: J. Almog *et al.* (Hg.), Themes from Kaplan, New York 1989, S. 331–392.
—: Demonstrating and Necessity, in: Philos. Rev. 111 (2002), S, 497–538
Saul, Jennifer: Substitution and Simple Sentences, in: Analysis 57 (1997), S. 102–108
Schiffer, Stephen: The Things We Mean, Oxford 2003
Schirn, Matthias: Identität und Identitätsaussage bei Frege (1976), in *Sch:* 2, S. 181–215
Schlick, Moritz: Leben, Erkennen, Metaphysik (1926), in: ders. Gesammelte Aufsätze, Wien 1938, S. 2–17
Schlotter, Sven: Die Totalität der Kultur – Philosophisches Denken und politisches Handeln bei Bruno Bauch, Würzburg 2004
—: Frege's Anonymous Opponent in 'Die Verneinung', in: History & Philos. of Logic 27 (2006), S. 43–58
—: & Wehmeier, Kai: Ein unbekannter Brief Freges, in: P. Bernhard & V. Peckhaus (Hg.), Methodisches Denken im Kontext, FS f. Christian Thiel, Paderborn 2007, S. 171–176
Scholz, Heinrich: Die Axiomatik der Alten (1930), in: ders. Mathesis Universalis, Basel ²1969, S. 27–44
Schmit, Roger: Allgemeinheit und Existenz. Zur Analyse des kategorischen Urteils bei Herbart, Sigwart, Brentano und Frege, in: Grazer Philos. Studien 23 (1985), S. 59–78
—: Gebrauchssprache und Logik – Eine philosophiehistorische Notiz zu Frege und Lotze, in: History & Philos. of Logic 11 (1990), S. 5–17
Schnieder, Benjamin: Substanzen und (ihre) Eigenschaften, Berlin 2004
—: „Nach *Leibniz' Gesetz* ergibt sich…", Über einen verbreiteten Fehlschluss, in: Siebel & Textor (Hg.) 2004, S. 223–248

Scholem, Gershom: Walter Benjamin – die Geschichte einer Freundschaft, Frankfurt/M. 1975
—: Von Berlin nach Jerusalem – Jugenderinnerungen (Erweiterte Ausgabe), Frankfurt/M. 1994
—: Briefe, Bd. III, hg. von J. Shedletzky, München 1999
—: Tagebücher, 2. Halbband 1917–1923, Frankfurt/M. 2000
Schorr, Karl Eberhard: Der Begriff bei Kant und Frege, in: Kant-Studien 58 (1967), S. 227–246
Schröder, Ernst: Der Operationskreis des Logikkalkuls, Leipzig 1877, Nachdr. Darmstadt 1966
—: [Rezension von Freges *BS*], in: Zeitschr. f. Mathematik u. Physik 25 (1880), S. 81–94
—: Vorlesungen über die Algebra der Logik (Exacte Logik), 1. Bd. Leipzig 1890 (Bd. 2.1, 1891; Bd. 3, 1895; Bd. 2.2, 1905), Nachdr. New York 1966
—: On Pasigraphy. Its Present State and the Parsigraphic Movement in Italy, in: The Monist 9 (1898), S. 44–62, Corrigenda S. 320.
Schurz, Gerhard: Einführung in die Wissenschaftstheorie, Darmstadt 2006
Sextus Empiricus, Adversus mathematicos (ca. 150 n.), Bücher I–VI, griech. u. engl. in: Sextus Empiricus, übers. v. R. G. Bury, Bd. 4, Cambridge/Mass. 1964; dt.: Gegen die Wissenschaftler/Adv. math. libri 1–6, übers. v. F. Jürß, Würzburg 2001
—: Bücher VII–VIII, griech. u. engl. in: op. cit., Bd. 2, 1997; dt.: Gegen die Dogmatiker/Adv. math. libri 7–11, übers. v. H. Flückiger, St. Augustin 1994
Sheffer, Henry Maurice: A Set of Five Independent Postulates for Boolean Algebras, with Application to Logical Constants, in: Transactions of the American Mathematical Soc. 14 (1913), S. 481–488
Shieh, Sanford: (Rez. Macbeth 2005), in: Notre Dame Philos. Rev. 2005.11.07
Shwayder, David: On the Determination of Reference by Sense (1976), in: *Sch:* 3, S. 85–95 (< *Sl:* 4)
Siebel, Mark: The Ontology of Meanings, in: Philos. Studies 137 (2008), S. 417–426
—: & M. Textor (Hg.): Semantik und Ontologie, Frankfurt/M. 2004
Siegwart, Geo: Zur Inkonsistenz der konstruktivistischen Abstraktionslehre, in: Zeitschr. f. philos. Forschung 47 (1993), S. 246–260
Sigwart, Christoph: Beiträge zur Lehre vom hypothetischen Urtheile, Tübingen 1871
—: Logik, 1. Bd. Die Lehre vom Urtheil, vom Begriff und vom Schluss. Tübingen 1873 (^{2}1889, ^{3}1904, ^{4}1911/Neudruck 1921, ^{5}1924)
Simmel, Georg: Hauptprobleme der Philosophie (1910, ^{6}1927), in: G. S.-Gesamtausgabe, Bd. 14, Frankfurt/M. 1996, S. 7–157

Simons, Peter: Abstraction and Abstract Objects, in: E. Morscher *et al.* (Hg.), Philosophie als Wissenschaft, Bad Reichenhall 1981a, S. 355–370
—: Unsaturatedness, in: Grazer Philos. Studien 14 (1981b), S. 73–96
—: Three Essays in Formal Ontology, in: B. Smith (Hg.), Parts and Moments, München 1982, S. 111–260
—: Function and Predicate, in: Conceptus 17 (1983), S. 75–89
—: (Rez. Mohanty), in: Philos. Quarterly 34 (1984), S. 420–422
—: Parts, Oxford 1987
—: Functional Operations in Frege's 'Begriffsschrift', in: History & Philos. of Logic 9 (1988), S. 35–42
—: Frege and Wittgenstein, Truth and Negation, in: Akten des 14. Internationalen Wittgenstein-Symposiums, Wien 1990a, S. 119–129
—: What is Abstraction & What is it Good For?, in: Irvine, A. D. (Hg.), Physicalism in Mathematics, Dordrecht 1990b, S. 17–40
—: Why Is There So Little Sense in 'Grundgesetze'?, in: Mind 101 (1992a), S. 753–766
—: (Rez. von Kutschera), in: Erkenntnis 37 (1992), S. 145–149
—: The Next Best Thing to Sense in 'Begriffsschrift' (1995), in: Biro & Kotatko, S. 129–140
—: The Horizontal, in: Schirn 1996, S. 280–300
—: (Rez. Kusch), in: British Journ. for the Philos. of Science 48 (1997), S. 439–443
Sisti, Nicola: Il programma logicista di Frege e il tema delle definizioni, Mailand 2005
Sluga, Hans: Semantic Content and Cognitive Sense (1986), in: *H & H*, S. 47–64
—: Frege against the Booleans, in: Notre Dame Journ. of Formal Logic 28 (1987), S. 80–98 (< *Sl:* 1)
—: Frege: the Early Years (1993a), in: *Sl:* 1, S. 287–356
—: Heidegger's Crisis – Philosophy and Politics in Nazi Germany, Cambridge/Mass. 1993b
—: Frege on Meaning, in: Ratio [New Series] 9 (1996), S. 209–226 (< *B & R:* 4)
—: Frege on the Indefinability of Truth, in: Reck 2002, S. 75–95 (< *B & R:* 2; dt. in Greimann 2003b)
Smiley, Timothy: Mr. Strawson on the Traditional Logic, in: Mind 76 (1967), S. 118–120
—: Rejection, in: Analysis 56 (1996), S. 1–9
Smith, Nicholas: Frege's Judgement Stroke, in: Australasian Journ. of Philos. 78 (2000), S. 153–175
Soames, Scott: Understanding Truth, Oxford 1999

Sobocinski, Boleslaw: L'analyse de l'antinomie russellienne par Leśniewski, IV. La correction de Frege, in: Methodos 1 (1949), S. 220–228

Sokolowski, Robert: Husserl and Frege, in: Journ. of Philos. 84 (1987), S. 521–528

Soldati, Gianfranco: Bedeutung und psychischer Gehalt, Paderborn 1994

Stanley, Jason: Truth and Meta-Theory in Frege, in: Pacific Philos. Quarterly 11 (1996), S. 45–70 (< *B & R:* 2)

Steinbrenner, Jakob: Zeichen über Zeichen, Heidelberg 2004

Stepanians, Markus: Russells Kritik an Meinongs Begriff des Annahmeschlusses, in: Grazer Philos. Studien 50 (1995), S. 415–432

—: Frege und Husserl über Urteilen und Denken, Paderborn 1998

—: Künnes Kritik an Freges 'Tretmühle', in: Siebel & Textor 2004, S. 131–152

Stevenson, Leslie: Frege's Two Definitions of Quantification, in: Philos. Quarterly 23 (1973), S. 207–223 (< *Sch:* 2)

Stoothoff, Robert H.: Note on a Doctrine of Frege, in: Mind 72 (1963), S. 406–408

—: (Übers.) Compound Thoughts [*Ggf*] (1963), revidiert in: Geach (Hg.) 1977a, u., mit Freges Op., in: McGuinness (Hg.) 1984

Strawson, Peter F.: On Referring (1950), in: ders. 1971, S. 1–27; auch in: Garfield & Kiteley 1991

—: Introduction to Logical Theory, London 1952

—: Propositions, Concepts and Logical Truths (1957), in: ders. 1971, S. 116–129

—: Identifying Reference and Truth-Values (1964), in: ders. 1971, S. 75–95

—: Individuals, London 1959

—: Logico-Linguistic Papers, London 1971

—: Positions for Quantifiers (1974), in ders. 1997, S. 64–84 (u. 4–6)

—: 'If' and '⊃' (1986), in: in ders. 1997, S. S. 162–178 (u. 13–16)

—: Entity and Identity, and Other Essays, Oxford 1997

Stuhlmann-Laeisz, Rainer: Gottlob Freges 'Logische Untersuchungen' – Darstellung und Interpretation, Darmstadt 1995

Stumpf, Carl: Über die Grundsätze der Mathematik (1870), Göttinger Habilitationsschrift, hg. v. W. Ewen, Würzburg 2008

—: Psychologie und Erkenntnistheorie, in: Abhandlungen der philos.-philol. Classe der Bayerischen Akad. Wiss., Bd. 19/2, 1891, S. 466–516

—: Gedächtnisrede auf Benno Erdmann, in: Sitzungsberichte der Preußischen Akad. Wiss., Berlin 1921, S. 497–508

Sullivan, Arthur: Shareability and Objectivity, in: Ratio 16 (2003a), S. 251–271

—: 'Paging Dr. Lauben! Dr. Gustav Lauben!' – Some Questions about Individualism and Competence, in: Philos. Studies 115 (2003b), S. 201–224

Sullivan, Peter: The Sense of 'a Name of a Truth-value', in: Philos. Quarterly 44 (1994), S. 476- 481
Sundholm, Göran: Proof-Theoretical Semantics and Fregean Identity-Criteria for Propositions, in: The Monist 77 (1994), S. 294–314
—: When, and why, did Frege read Bolzano?, in: The Logica Yearbook 1999, Prag 2000, S. 164–174
—: A Century of Inference: 1837–1936, in: J. Wolenski *et al.* (Hg.), Logic, Methodology and Philosophy of Science, Proceedings, Vol. 11, Dordrecht 2002, S. 565–580
Szabó, Zoltán G.: Compositionality, in: Stanford Encyclopedia of Philosophy, 2007

Tappenden, Jamie: Metatheory and Mathematical Practice in Frege, in: Philos. Topics 25 (1997), S. 213–264, (rev. < *B & R:* 2)
—: Frege on Axioms, Indirect Proof, & Independence Arguments in Geometry, in: Notre Dame Journ. of Formal Logic 41 (2000), S. 271–315
Tarski, Alfred: Der Wahrheitsbegriff in den formalisierten Sprachen (poln. 1933, dt.1935), in: ders. 1986a, Bd. 2, S. 51–198, u. mit Op. in: Berka & Kreiser
—: Über den Begriff der logischen Folgerung (1936), in: ders. 1986a, Bd. 2, S. 269–281, u. mit Op. (leicht gekürzt) in: Berka & Kreiser
—: Introduction to Logic and to the Methodology of the Deductive Sciences (^{1}1941) Oxford ^{4}1994, dt. Göttingen ^{5}1977
—: The Semantic Conception of Truth and the Foundations of Semantics (1944), in: ders. 1986a, Bd. 2, S. 661–699, zit. nach §-Nr.; auch in: Garfield & Kiteley 1991
—: Truth and Proof (1969), in: ders. 1986a, Bd. 4, S. 399–423, dt. in (1941) ^{5}1977
—: Collected Papers, 4 Bde., Basel – Boston – Stuttgart 1986a
—: What Are Logical Notions?, in: History & Philos. of Logic 7 (1986b), S. 143–154
Taschek, William: Frege's Puzzle, Sense, and Information Content, in: Mind 101 (1992), S. 767–791 (< *B & R:* 4)
—: Truth, Assertion, and the Horizontal. Frege on 'The Essence of Logic', in: Mind 117 (2008), S. 375–401
Textor, Mark: (Hg.) Neue Theorien der Referenz, Paderborn 2004a
—: Gottlob Frege – Das Problem der Gleichheit, in: A. Beckermann & D. Perler (Hg.), Klassiker der Philosophie heute, Stuttgart 2004b, S. 561–580
—: Über Sinn und Bedeutung von Eigennamen, Paderborn 2005
—: Frege's Theory of Hybrid Proper Names Developed and Defended, in: Mind 116 (2007), S. 947–981

—: Logical Unity: Wittgenstein's Challenge, Frege's Answer, in: Proc. Aristot. Soc. 109 (2009a), S. 61–82
—: A Repair of Frege's Theory of Thoughts. Synthese 167 (2009b), S. 105–123
—: Frege's Concept Paradox and the Mirroring Principle, in: The Philos. Quarterly 59 (2009c)
—: Frege on Sense and Reference – A Routledge Guide Book, London 2010
—: Frege's Acknowlegdement Theory of Judgement, demnächst
Thagard, Paul: From the Descriptive to the Normative in Psychology and Logic, in: Philos. of Science 49 (1982), S. 24–42
Thau, Max & Caplan, Ben: What's Puzzling Gottlob Frege?, in: Canadian Journ. of Philos. 31 (2001), S. 159–200
Thiel, Christian: Sinn und Bedeutung in der Logik Gottlob Freges, Meisenheim/Glan 1965
—: Entitätentafel, in: FS f. R. Zocher, Stuttgart 1967, S. 263–282
—: Gottlob Frege – Die Abstraktion, in: J. Speck (Hg.), Grundprobleme der großen Philosophen, Die Philosophie der Gegenwart I, Göttingen 1972 (^{3}1985), S. 9–44 (< *Sch:* 1)
—: Zu Begriff und Geschichte der Abstraktion (1983), in: K. Prätor (Hg.), Aspekte der Abstraktionstheorie, Aachen 1988, S. 36–48
—: Einleitung des Herausgebers, zu: *GL*-Centenarausgabe, Hamburg 1986, S. XXI–LXIII
—: Zum Verhältnis von Syntax und Semantik bei Frege, in: Stelzner 1993, S. 3–15.
—: „Nicht aufs Gerathewohl und aus Neuerungssucht", in: Max & Stelzner 1995, S., S. 20–37
—: On the Structure of Frege's System of Logic, in: Schirn 1996, S. 261–279.
—: Frege als Methodologe, in: Gabriel & Dathe 2000, S. 137–149
—: Die außer Kraft gesetzte Behauptung, in: Greimann 2003b, S. 293–303
—: The Operation Called Abstraction, in: Auxier & Hahn 2007, S. 623–633
Thomas von Aquin:
Quaestiones disputatae de veritate (ca. 1256–9), Turin 1949 [Ver]
—: Summa contra gentiles (ca. 1259–65), Turin 1934, Darmstadt 1974 ff [ScG]
—: Summa theologiae (ca. 1266–8), Turin 1950, Salzburg 1933 ff [STh]
—: In Libros Metaphysicorum Aristotelis (ca. 1269), Turin 1950 [Met]
Tilitzki, Christian: Die deutsche Universitätsphilosophie in der Weimarer Republik und im Dritten Reich, 2 Bde., Berlin 2002
Trendelenburg, Adolf: Erläuterungen zu den Elementen der aristotelischen Logik. Zunächst für den Unterricht in Gymnasien, Berlin ^{1}1842 (^{3}1876)
—: Geschichte der Kategorienlehre. Zwei Abhandlungen (=: Historische Beiträge zur Philosophie, 1. Bd.), Berlin 1846

—: Ueber Leibnizens Entwurf einer allgemeinen Charakteristik, in: Philologische und historische Abhandlungen der Königl. Akad. Wiss. zu Berlin, Berlin 1856, S. 37–69; wieder abgedruckt in: ders. 1867, S. 1–47

—: Ueber das Element der Definition in Leibnizens Philosophie, in: Monatsberichte der Königl. Akad. Wiss. zu Berlin. Aus dem Jahre 1860. Berlin 1861, S. 374–386; wieder abgedruckt in: ders. 1867, S. 48–63

—: Die im Nachlasse Leibnizens auf der Bibliothek zu Hannover aufbewahrte Tafel der Definitionen [= Leibniz 1704], in: Monatsberichte der Königl. Akad. Wiss. zu Berlin. Aus dem Jahre 1861. Berlin 1862, S. 170–219

—: Historische Beiträge zur Philosophie, 3. Bd., Vermischte Abhandlungen, Berlin 1867

Tugendhat, Ernst: The Meaning of 'Bedeutung' in Frege, in: Analysis 30 (1970), S. 177–189, dt. mit Postkript (1975) in: *Sch*–3, S. 51–69, und in: ders. Philosophische Aufsätze, Frankfurt/M. 1992, S. 230–250

Ueberweg, Friedrich: System der Logik und Geschichte der logischen Lehren, Bonn ^{1}1857, ^{2}1865, ^{3}1868, ^{4}1874, ^{5}1882

Ulrich, William: Redundancy and Frege's Chosen Object Theory, in: Philos. Studies 32 (1977), S. 313–319

Van der Schaar, Maria: The assertion-candidate and the meaning of mood, in: Synthèse 159 (2007), S. 61–82

Vassallo, Nicla: La depsicologizzazione della logica. Un confronto tra Boole e Frege, Mailand 1995

Vendler, Zeno: Linguistics in Philosophy, Ithaca, N. Y. 1967

Veraart, Albert: Geschichte des wissenschaftlichen Nachlasses Gottlob Freges und seiner Edition (1976), in: *Sch:* 1, S. 49–106

Vogelsberger, Paul: Hauptprobleme der Negation in der logischen Untersuchung der Gegenwart (Diss. Jena), Borna-Leipzig 1937

Vuillemin, Jules: Sur le jugement de récognition (Wiedererkennungsurteil) chez Frege, in: Archiv f. Geschichte d. Philos. 46 (1964), S. 310 – 325

Waismann, Friedrich: Einführung in das mathematische Denken, Wien 1936

Walker, Jeremy D. B.: A Study of Frege, Oxford 1965

Walker, Ralph C.: Conversational Implicatures, in: S. Blackburn (Hg.), Meaning, Reference and Necessity, Cambridge 1975, S. 133–181; dt. in: Meggle

Walter, Sven (Hg.): Vagheit, Paderborn 2005

Washington, Corey: The Identity Theory of Quotation, in: Journ. of Philos. 89 (1992), S. 582–605

Wehmeier, Kai F.: Aspekte der Frege-Hilbert-Korrespondenz, in: History & Philos. of Logic 18 (1997), S. 201–209

Weidemann, Hermann: Zum Problem der Wahrheit bei Frege, in: P. Baumanns (Hg.), Realität und Begriff, Würzburg 1993, S. 257–270

—: Aristoteles, 'Peri hermeneias', übersetzt u. erläutert v. H. W., Berlin ²2002

Weiner, Joan: Realism *bei* Frege: Reply to Burge, in: Synthese 102 (1995a), S. 363–382

—: Burge's Literal Interpretation of Frege, in: Mind 104 (1995b), S. 585–597

—: Has Frege a Philosophy of Language?, in: W. W. Tait (Hg.), Early Analytic Philosophy, Chicago 1997, S. 249–272 (< *B & R:* 4)

—: What was Frege Trying to Prove? A Response to Jeshion [2001], in: Mind 113 (2004), S. 115–129 (< *B & R:* 2)

—: Semantic Descent, in: Mind 114 (2005a), S. 321–354

—: On Fregean Elucidation (2005b), in: *B & R:* 4, S. 197–214

—: How Tarskian is Frege? [zu Greimann 2008], in: Mind 117 (2008), S. 427–450

Wells, Rulon S.: Is Frege's Concept of Function Valid?, in: Journ. of Philos. 60 (1963), S. 719–730, (< *K*)

Welton, Donn: Frege and Husserl on Sense, in: Journ. of Philos. 84 (1987), S. 535–36

Weyl, Hermann: Philosophie der Mathematik und Naturwissenschaft, München 1926 (⁴1976)

Wiggins, David: Frege's Problem of the Morning Star and the Evening Star (1976), in: *Sch:* 2, S. 221–255

—: Sameness and Substance, Oxford 1980a

—: 'Most' and 'all', in: M. Platts (Hg.), Reference, Truth and Reality, London 1980b, S. 318–346

—: The Sense and Reference of Predicates, in: Philos. Quarterly 34 (1984), S. 311–328 (< *W;* < *Sl:* 4)

—: Meaning, Truth-Conditions, Propositions: Frege's Doctrine of Sense Retrieved, Resumed and Redeployed in the Light of Recent Criticism, in: Dialectica 46 (1992), S. 61–90

—: The Kant-Frege-Russell View of Existence: Toward the Rehabilitation of the Second-Level View, in: W. Sinnott-Armstrong *et al.* (Hg.), Modality, Morality, and Belief, Cambridge 1995a, S. 93–113

—: Putnam's Doctrine of Natural Kind Words and Frege's Doctrines of Sense, Reference and Extension: Can They Cohere? In: Biro & Kotatko 1995b, S. 59–74

—: Platonism and the Argument from Causality, in: Grazer Philos. Studien, demnächst
Willard, Dallas: On Discovering the Difference between Husserl and Frege, in: Analecta Hussderliana 26 (1989), S. 393–397
—: The Integrity of the Mental Act: Husserlian Reflections on a Fregean Problem, in: Haaparanta 1994, S. 235–262
Williamson, Timothy: Vagueness, London 1994
—: Sense, Validity and Context, in: Philos. & Phenomenological Research 57 (1997), S. 649–654
—: Understanding and Inference, in: Proc. Aristot. Soc., SV 77 (2003), S. 249–293
—: Conceptual Truth, in: Proc. Aristot. Soc., SV 80 (2006), S. 1–41
Windelband, Wilhelm: Die Geschichte der neueren Philosophie, Bd. 2 (1880), Leipzig ⁵1911
—: Was ist Philosophie? (1882a), in: ders. 1915, Bd. 1, S. 1–54
—: Normen und Naturgesetze (1882b), in: ders. 1915, Bd. 2, S. 59–98
—: Kritische oder genetische Methode? (1883), in: ders. 1915, Bd. 2, S. 99–135
—: Beiträge zur Lehre vom negativen Urtheil, in: Straßburger Abhandlungen zur Philos., Tübingen 1884, S. 167–195
—: Geschichte und Naturwissenschaft (1894), in: ders. 1915, Bd. 2, S. 136–160
—: Präludien, Aufsätze und Reden zur Philosophie und ihrer Geschichte, Tübingen ⁵1915
—: Die Prinzipien der Logik, in: Encyclopädie der philosophischen Wissenschaften, hg. v. A. Ruge, Bd. 1, Tübingen 1912, S. 1–60, wiederabgedruckt in: Flach & Holzhey (Op.)
Wittgenstein, Ludwig: Notes on Logic (1913), in: NB, S. 93–107   [NL]
—: Notes dictated to Moore (1914), in: NB, S. 108–119   [NM]
—: Notebooks 1914–16, rev. 2. Aufl., Oxford 1979   [NB]
—: Proto-Tractatus (1917), in: ders. 1989, S. 181–255
—: Tractatus Logico-Philosophicus (1922), in: ders. 1989, S. 1–179   [TLP]
—: Wittgenstein und der Wiener Kreis (1929–32), Oxford 1967   [WWK]
—: Philosophische Bemerkungen (1930–31), Frankfurt/M. 1964   [PB]
—: Komplex und Tatsache (Juni 1931), in: PB, S. 301–303 & in: PG, S. 199–201
—: Die Mathematik mit einem Spiel verglichen (1933), in: PG, S. 289–295
—: Philosophische Grammatik (1932–34), Frankfurt/M. 1969   [PG]
—: The Blue Book (1933–34), in: ders. The Blue and Brown Books, Oxford 1958   [BlB]

—: Wittgenstein's Lectures, Cambridge 1932–35, Oxford 1979
—: Bemerkungen über die Grundlagen der Mathematik, Teil I (1937–38), in: ders. Schriften 6, Frankfurt/M. 1974, S. 35–101 [BGM]
—: Wittgenstein's Lectures on the Foundations of Mathematics (1939), Ithaca 1976
—: Philosophische Untersuchungen (1945/46), Frankfurt/M. 1967 [PU]
—: Vermischte Bemerkungen (1914–1951), Frankfurt/M. 1977 [VB]
—: Zettel (1929–48), in: ders. Schriften 5, Frankfurt/M. 1970 [Z]
—: Bemerkungen über die Philosophie der Psychologie, Bd. 1 (1946/47), in: ders. Schriften 8, Frankfurt/M. 1982
—: Briefe, Frankfurt/M. 1980
—: Ludwig Wittgenstein – Sein Leben in Bildern und Texten, Frankfurt/M. 1983
—: Logisch-philosophische Abhandlung. Tractatus logico-philosophicus, Kritische Edition, Frankfurt/M. 1989
Wolenski, Jan: The Reception of Frege in Poland, in: History & Philos. of Logic 25 (2004), S. 37–51 (< *B & R:* 1)
Wolff, Christian: Vernünftige Gedancken von den Kräften des menschlichen Verstandes und ihrem richtigen Gebrauche in Erkäntniss der Wahrheit (1713), in: ders. Gesammelte Werke, 1. Abt., Bd. 1, hg. v. H. W. Arndt, Hildesheim 1965
Wolff, Michael: Die Vollständigkeit der kantischen Urteilstafel. Mit einem Essay über Freges 'Begriffsschrift', Frankfurt/M. 1995
Wright, Crispin: Frege's Conception of Numbers as Objects, Aberdeen 1983
—: Why Frege Did Not Deserve His *Granum Salis*. A Note on the Paradox of 'The Concept *Horse*' and the Ascription of *Bedeutungen* to Predicates, in: Grazer Philos. Studien 55 (1988), S. 239–263; wieder abgedruckt in Hale & Wright 2001, Kap. 3 (< *B & R:* 4)
—: 'Wang's Paradox', in: Auxier & Hahn 2007, S. 415–444
Wright, Georg Henrik von: Norm and Action, London 1963
Wundt, Wilhelm: Logik. Eine Untersuchung der Principien der Erkenntnis und der Methoden wissenschaftlicher Forschung, 1. Bd. Erkenntnislehre, Stuttgart ^{1}1880 (^{2}1893, ^{3}1906)

Yourgrau, Palle: Frege, Perry, and Demonstratives, in: Canadian Journ. of Philos. 12 (1982), S. 725–752

Personenregister[1]

Abbe, E. 25, 509, *728*
Akpanya 709–14
Alexander, S. 45
Anscombe, G. E. M. *332, 336*
Aristoteles 16, *167*, 206, *216*, 224, 227, *233*, *247*, 259, 277, *289*, 299, 350, *380*, *403*, 407 f, *424*, 465, *543*, 554, *568*, *570*, *577 f*, 596, 599, 606, *609*, 653, *670*, 699, *700 ff*
Arnauld, A. & Nicole, P. *226*, *343*, *602*, *708*
Augustinus, A. 431, 441
Austin, J. L. 33, *337*, 640

Barnes, J. *600*, *648*
Bauch, B. *28*, 29, 39–44, *50*, 406, 504, *537*, 545 f, *554*, 555, 561, 570, *686*
Beaney, M. 6, 7, *20*, *34*, 48, 53 f, *71*, *186*, 203 f, *267*, 291, *372*, *659*
Beneke, F. E. 342–6
Bergmann, H. 544
Beth, E. W. *41*
Black, M. 52, *53*, 54, *186*, 203, *209*, *282*, 291, *309*, *315*, *319*, 320 f, *322*, *372*, *428*
Boëthius 639, *639*, 700
Boltzmann, L. 45 f
Bolzano, B. *17*, *20*, *34*, 276, 348 f, *355*, *358*, *365*, 405, 407, 441, *457*, 504, 520, 537, *540*, 544, 558, *564*, *572*, 584, *619*, 622, *630*, *634*, 653, 666, 690, *700 f*, *704*, 708 f, *759*, *762*, 764–9
Boole, G. *17*, 30, *176 f*, 179, *343*, 349, *356*, *379*, *549*, *621*, 721 f, 743
Boolos, G. 6, *255*, 760
Bradley, F. H. 704
Brentano, F. 18, 20, *21*, 31, *32*, *44*, 252, *339*, 346, 431, *432*, *437*, 515, 544, 699, 703
Brouwer, L. E. J. 363
Burge, T. 203, *232*, *371*

Carl, W. *42*
Cantor, G. 31, 254, 291, *323*, *325*, *346*, *701*
Carnap, R. 22, 26, *27*, *28*, *180*, *182*, *187*, 203 f, *209*, *235*, *272*, 283, 298 ff, 321, *332*, 334, *498*, *508 f*, 524, *602*, *619*, *621*, 624, *630*, *712*, *725*, *726*, *727*, *732*, *736*, *741*
Carus, C. G. *495*
Carroll, L. 42, *493*, *575*
Cervantes, M. de 442
Chamisso, A. v. *493*
Champollion, J.-F. 167, *173*
Chomsky, N. 589
Church, A. 6, *22*, *52*, *201*, 203, *209*, *232*, 291, 311, 320, *321*, *711*
Cicero 259, 431, *630*
Cohen, H. 38, *272*, 347

---

[1] Seitenangaben, die sich auf die hier herausgegebenen **Frege-Texte** beziehen, sind durch Fettdruck hervorgehoben und durch Semikola von den anderen abgegrenzt. Namen, die nur in den LITERATUR-Anmerkungen vorkommen, sind nicht registriert. Kursivierte Seitenangaben verweisen auf Vorkommnisse in den Fußnoten.

Cohen, L. J. *174*
Couturat, L. *17*, 34, *174f*, *281*, 725, *726f*
Cramer, W. *330*
Currie, G. *510*
Czolbe, H. 529

Darmstaedter, L. *23*
Dathe, U. *26, 45*
Davidson, D. *19*, *52*, 299, *332*, 655, *717*
Dedekind, R. 31; **59f, 64;** 254, *270*, *272*, *275*
Delbrück, B. *659*
Descartes, R. *167*, *394*, 431, 490, 514, 573
Dickens, Ch. *511*, 523
Dummett, Michael *19*, *20*, *31*, *33*, *42*, *45*, 299, *307*, 320, *321*, 363, *447*, *505*, *578*, *608*, 752, 771

Eisenbart, Dr. *25f*
Erben, J. *637*
Erdmann, B. **68, 69f, 72, 74–80, 82;** 165, 356f, *359*, 364, 367–71, *374*, *537*
Erdmann, J. E. *20*, *166*, 168, 173, 342 f, *344*, *346*, *727*, *728*
Escher, M. 396, 402
Eubulides 259
Eucken, R. 26, 28 f, *40*, *167*, *249*, 369, *449*, *535*
Euklid **58;** 165, 203, 363, 670 f, 675, 761 f
Evans, G. *476*

Falckenberg, R. 198, *199*, *344*
Fechner, G. Th. 495, 508
Feigl, H. *52*, *186*, 203 f, *209*, *282*, *309*, *315*, *319*, *322*, *428*

Fick, A. *659*
Fischer, K. 25, 232, *350*
Flitner, W. *28*
Floyd, J. *47n*
Føllesdal, D. *33*
Fontane, Th. *367*, *392*, *444*, *445*, *535*
Forbes, G. *548*
Frege, Alexander (Gottlobs Vater) 24, *50*, *292*, *495*
—, Alfred (G.s Adoptivsohn) *15*, *39*; **94;** *448*; *467*
—, Arnold (G.s Bruder) *513*
—, Auguste (G.s Mutter) 24
—, Margarete (G.s Frau) *15*
Fries, J. F. *20*, *344*, *699*, *700*, *704*
Frisch, M. 292
Furth, M. *48*, *71*, *80*, 203, *372*, *731*

Gabriel, G. *24*, *25*, *26*, *28*, *37*, *42*, *45*, *348*, *537*, *695*
Galbraith, J. K. 188
Gaskin, R. *223*
Gauger, H.-M. *515*
Geach, P. Th. *15*, *36*, *46*, *52* ff, *186*, *335*, *351*, *353*, *372*, *373*, *388*, *392*, *430*, *434*, *439*, *460*, *477*, *490*, *499*, *505*, *529*, *572*, *717*, *754*
Gellius, A. *602*, *612*, *622*, *630*
Gentzen, G. 6, 548 f, 551, 558, *577*
Geymonat, L. & Mangione, C. *53*, *167*, *204*, *209*
Glock, H.-J. *42*
Goedeke, P. *42*
Gödel, K. 36, 204, 330, 759
Goethe, J. W. *158*, 199, 202, 239, 242, *392*, *445*, 535, *566*, *609*, *626*
Gogol, N. 494
Götzinger, M. W. 292

Personenregister

Gomperz, H. 43
Gottlieb, D. *464*
Grassmann, H. 273, *275*
Grassmann, R. 179, *357*
Gray, Th. *255*
Grice, P. H. *19*, 447, 451, *540*, *609*, *610*

Hacker, P, M. S. *51*
Haeckel, E. 24, *28*, 538
Hale, B. *255*
Harnish, R. *428*
Heck, R. *255*, *747*, 760
Hegel, G. W. F. 43, *168*, *173*, 342, 347, 362 f, 369, 504, 666
Heidegger, M. *346f*, 357, *397*, *499*, 521 ff, 534, *740*
Heijenoort, J. van *379, 792*
Heine, E. **66**
Helmholtz, H. v. **64**; *356*, *367*, *527*
Hempel, C. G. 681
Heraklit *349*
Herbart, J. F. 348, *355*, 369, *438*, 555, 769
Herder, J. G. 239, 242, 445
Hering, E. 509
Heyting, A. *361f*, 363, 558, *611*
Hilbert, D. 6, 37, *38*, 185, *379*, 390, 393, 558, *602*, *611*, *621*, *630f*, *670*, 676, 736, *740*, 761 f, 768
Hirzel, R. *266*, *446*
Hobbes, Thomas *449*
Hönigswald, R. *44*
Hoffmann, A. *44*
Homer *224*, 242, 264, 266 f, 713
Humboldt, W. v. 167 f, 173, 402, *589f*
Hume, D. 254, *323*, *325*, *410*, *412*, 489 f, *493*, *511*, *524*
Husserl, E. *16*, *30*, 31–33, *38*, 40 f, *199*, 201 f, *229*, 247, 250 f, *258*, 273, *275*, *335*, 342, 344, 346 ff, *353 f*, 355, 357, *358*, *364*, 367 ff, 405 f, *430*, *432*, *439*, 490, *493*, 520, *521*, *522*, 525, 531, *533*, *602*, *605*, 616, *621f*, *635*, 648, *649*, 657, *689*, 695, *700*, *704*, 707, 764, *768*
Huygens, C. *173*

Irving, W. 465

James, W 396, 527
Jevons, W. S. 30, *59*, 179, *549*, *621*
Jourdain, Ph. E.B. *36*, *39*, 47 f, *71*, *80*, *167*, 174, 203 f, 284, *335*, *372*, *736*

Kafka, F. 476
Kahn, Ch. *224*
Kallimachos *640*
Kant, I. 20, *25*, 29, 41; **121**; *178*, 200, *205*, 243 f, *274*, 311, 346 ff, *355*, 357, 374, 389, 395, *396*, 403, 406 f, 431, 452 f, *489*, *494*, 504, 507, *510*, 527 ff, 536, *550*, 573, 595. 622, *629*, 630, 665, *666*, *686*, 689 f, 692, 694, 697, *708*, 730
Kaplan, D. 203, *297*, *583*
Karneades 395, *396*
Kastan, I. 761, *762*
Kemmerling, A. *476*
Kerry, B. 31, 228, *232*, *346*
Keynes, J. N. *249*, *708*
Kienzler, W. *24f*, *42*, *45*, *537*
Kierkegaard, S. 442
Klopstock, F. G. 239
Kluge, F. *200*, *237*, *374*
Kneale, W. *22*, *30*, *644*
Knight, D. *445*
Knittermeyer, H. 38 f

Korselt, A. *34*, *325*, 390, 761 f, 766, 768
Kotarbiński, T. *180*, *507*
Kraus, K. *761 f*
Kreiser, L. *45*, *500*, *759*
Kripke, S. 54, *240*, 299, *464*, 472 ff, 748, 751
Kronecker, L. **64**
Külpe, O. *514*
Kusch, M. *38*
Kutschera, F. v. 22, *30*, *619*
Kvét, F. B. *167*

Lauben, G. *467*
Leibniz, G. W. 29 f, 34, 166, *167*, 168, *169*, 172 f, 174 f, 177 ff, 200, 231, 232, *257*, *259*, 272–8, 281, 295, *342*, *356*, 365, 390, 409, 424, *458*, *524*, 556, 561, 569, *608*, *621*, *646*, 665, *671*, *692*, *699*, 725 ff, *728*, 729, 769
Leśniewski, S. 36, 737
Lessing, G. E. *50*, *670*
Le Verrier, U. *240*, 241 f
Liebmann, O. 40, *361*
Linke, P. F. *31*, *41*, *351*
Linsky, L. *201*, 223
Lipps, Th. 345 f, *352*, 368
Locke, J. *205*, *404*, *489*, *490*, 498, 556, 560 f, 569, *570*, *671*
Löwenheim, L. *66*, *379*
Long, P. & White, R. *186*, *205*, *282*, *373*, *439*, *659*, *731*, *749*
Lorenzen, P. 325–8, *558*, *611*, *618 f*, *621*, *630*, 632
Lotze, R. H. *25*, *29*, 41 ff, *44*, *59*, *166*, *169*, 307 f, *347*, 357, *447*, *457*, 528 f, 568, *619*, 694 f, 697, 701, 712
Łukasiewicz, J. 16 f, *382*, 558, *602*, *611*, *618*, *621 f*, *630 f*, *644*, 676, 736, *740*, 759

Luther, M. 24, *94*, *121*, 534, 536
Lycan, W. *640*

MacBride, F. *223*
Mach, E. 479 f, *493*, *508*, 509 f
Mann, Th. *18*, 374
Manzoni, A. *415*
Marty, A. 31, 252, 466, 544
Mates, B. *548*
McDowell, J. *476*
McGuinness, B. *45 f*, *49*, 203, *508*
Meinong, A. v. 39, 373, *429*
Mill, J. St. *72*; 232, 555, 604 f, *703*
Miessnick, K. *367*
Misch, G. 41, *44*
Mörike, E. *255*
Moore, G. E. *49*, *245*, *399*, *456*, *515*
Münch, F. 504
Münchhausen, Baron v. **75**

Natorp, P. *32*, 38, *347*
Nicod, J. *618 f*, *644*
Nelson, L. *699*

Ockham, W. 575, 577
Ossian (Macpherson, J.) *183*, 239, 241 f
Ostwald, W. 51, *176*, 726
Ovid *77*, 242, 688, 723

Papin, D. *173*
Pardey, U. *399*
Parsons, Ch. *33*
Parsons, T. 760
Patzig, G. 9, *26*, *28*, *30*, 44, *45*, 54, *169*, *281*, *367*, 557
Paul, H. *452*
Peacocke, Ch. *201*, *476*
Peckhaus, V. *30*, *42*, *699*

Peano, G. 33f, 37, *53*, *167*, 197, 204, 254, 263, 267, 273, *274*, 558, 605, *611*, *631*, 725ff
Peirce, Ch. S. 17, *30*, 191, *379*, *394*, 455, 558, *619*, *644*, *739*
Perelman, Ch. *507*
Philon 640
Picardi, E. *510*
Platon *187*, 224, 228, 242, 288, *289*, 311, *316*, 327, *397*, 489, *533f*, 537, 572, 598, 640, 688
Plutarch 286
Pohlenz, M. *236*
Popper, K. 43, 504, *530*, *534*
Post, E. L. 759
Preyer, W. Th. 508, *509*
Prior, A. N. *423*, 558, *611*, *618*, *621*, *631*, 676, *708*
Proklos *670*
Putnam, H. *17*

Quine, W. V. O. 16f, 179, 191, 197, *205*, *276*, *291*, 315f, 321, 343, 361, 363, 366, *379*, 463, 470, 472, 558, *560*, *611*, 614, *618f*, *621*, *624*, *630*, *644*, 683, *740f*, *752*
Quintilian *413*, 444, *600*, *609*, *665*
Quinton, A. & M. 54, *351*, *353*, *372*, *388*, *392*, *439*, *460*, *490*, *499*, *529*

Ramsey, F. P. 52, 191
Reck, E. *27*, *52f*
Reichenbach, H. 285
Resnik, M. D. *345*
Rickert, H. 38, 40f, 43, *308*, 406, *432*, *434*, 504, *574*, *686*
Ritter, H. *20*
Rumfitt, I. *576*, *578*
Russell, B. 19, *22f*, 27, 29, 33–37, 40, 45ff, *49*, 50f, *52f*, *174*, 184, *191f*, 202f, 207, *231f*, 235, *240*, 244–8, 255, 273, 279, *291*, *313*, 315f, 324, *325*, *332*, *336*, 375, 380, *399*, 413, *429*, 462, 475, 505, *510*, *526*, 539, 545, 558, *566*, 579, *602*, 605, *611*, *619*, *621*, *630f*, 644, 649, 675f, *684*, *692*, *701*, 703–7, 736, 738, *741*, 759, 762
Ryle, G. *52f*, *193*, 598

Salerno, J. *399*
Sayce, A. H. 658f, 661
Scheler, M. *508*
Schiffer, St. *201*, *240*, *475*
Schiller, F. 392, *535*, *660*, *695*
Schlick, M. *498*, *725*
Schliemann, H. 242
Schlotter, S. *25*, *28*, *38ff*, *44*
Scholz, H. *23*, 32f, 39, *40*, *43*, *47*, *50*, *66*, *166*, 194, *356*, *670*, *697*, *768*
Schnieder, B. *492*
Scholem, G. 28, *29*, *41*
Schröder, E. *17*, 29f; **65;** *167*, 174, *178*, 179, *199*, 236f, 251, *272*, *275*, *356*, *379*, *621*, *634*, *712f*, 721, 726, *740*
Schubert, H. *50*
Sextus Empiricus 393, *396*, 537, *612*, *640*
Shakespeare, W. 237, *409*
Sheffer, H. M. *618*, *619*, *644*
Sigwart, Ch. 171, 247, 344ff, 356f, 408, 438, 475, *521*, 525, *549*, 558, *559*, 561, *568*, *602*, 604f, *609*, *622*, 628, 630, *633*, 636, *637*, 638, *639f*, *662*, 694f, *697*, *706*, 716
Simmel, G. 504
Simons, P. M. *33*, *237*, *492*, *510*, *518*, *570*, *754*

Sluga, H. *37*, *42*, *44*
Smiley, T. *19*, *237*, *578*
Snell, C. 25, 509
Sobocinski, B. *36*
Spinoza 769
Stoiker 77, *175*, 394, 407, 431, 533,
    537, 572, 602, *612*, 622, *630*
Stolz, O. *64*
Stoothoff, R. H. *388*, *439*, *559*,
    598f, *619*, *624*, *631*, *642*
Strawson, P. F. *19*, *232*, 247, *464*,
    493, 495, 653, 706f, *711*, 716
Stumpf, C. 18, *19*, *21*, 192, 346,
    357, 699
Sueton 286
Sundholm, G. *45*

Tannery, P. *167*
Tarski, A. *180*, 401, *416*, 421, *524*,
    559, 731–5, 737f, *747*, 767f
Teichmüller, G. *535*
Terenz *497*
Textor, M. *452*
Thagard, P. *345*
Thiel, Ch. 325–8, *659*, *744*
Thomae, J. 25, 205
Thomas v. Aquin 216, 224, 277,
    304, 395, *396*, 431, *494*, *515*,
    538, *693*
Tilitzki, Ch. *44f*, *504*
Tolstoi, L. 241 f
Trendelenburg, A. *16*, *30*, 77, 166,
    167, *169*, 173 f, *249*, *281*, 408, *728*

Ueberweg, F. *167*, *171*, *352*, *382*,
    395, *396*, *398*, *562*, *701*

Vendler, Z. *436*
Vergil 301
Vogelsberger, P. *44*

Waismann, F. *422*
Wehmeier, K. 25, 28, *38*, *39*, *40*
Weidemann, H. *424*, *578*, *700*
Weierstraß, K. *367*, 584 f
Weyl, H. 325
Whitehead, A. N. 36, 40, *248*, *273*,
    279, 315, *316*, *332*, 558, *602*, *611*,
    619, *621*, *630*, 644, 736, *741*
Wieland, Ch. M. 444, *445*
Wiener, N. *45*
Windelband, W. 38, 307f, *344*, 352,
    353, *366*, 396, *408*, 431, *432*, *434*,
    438, 504, *568*, 685 f
Wittgenstein, L. *15*, 45–53, *73*,
    191, *200*, *258*, *269*, *275*, 296,
    332, 335–8, *359*, 361, 363, *366*,
    394, 399f, 402, 413, 453f, *467*,
    485, 496, *497*, 499f, *501*, *505*,
    508, 558, 590, *597*, *602*, *611*,
    621, 625f, *630f*, 644, 656f, *659*,
    666–9, 672, 674, 684, *725*, *752*
Wolff, Ch. 395, *396*, 560
Wright, C. *255*, *325*
Wright, G. H. v. *354*
Wundt, W. 352, 356, *357*, 408,
    508, 509

Ziehen, Th. *508*

Sachregister[1]

Abbild **68, 119, 159;** 172f, 285, *394*, 396, 399, 595
„aber" **94, 143;** *448*, 628f
abhängig, Abhängigkeit **103;** 196, 365, *493*, 508, 510f, 518, 520, 762ff
- begriffliche 510
- individuelle/generische 518
ableitbar, ableiten, Ableitung **61, 88, 150f, 158;** 166, 169, *332*, 355, 384, 642, 673, 690, *744*, 765ff
Abstraktionstheorie, moderne 325–8
Adjunktion, Adjunktor 622–7
Akt-Gehalt-Modell 517f
Akt-Objekt-Modell 515
Aktiv/Passiv **94;** 452f
alethischer Realismus 358
Algol **109;** 515
allgemeingültig, A.keit **69;** 352, *357*, 417, 625, 666f
allgemein, A.heit **87, 157–62;** 347ff, 352–5, *381*, 524, 633f, 661f, 685–758
- akzidentelle *688*, 694
- nomische *688*, 694, 697
allonym 283f
Allquantor — s. Quantor
„also" *385*, 681
amorph 565f
analytisch 221, 293, 311, 389f, *406*, 665f

andeuten, Andeutung **94, 129, 141, 159, 160f;** 341, 447f, 561, 604f, 609, 634, 686, 692, 718, 723, 739, 753, 756, 758
- unbestimmt **159, 160f;** 341, 634, 718, 739
anerkennen, Anerkennung **42; 59, 62f,** *65,* **69–72, 83f,** *90,* **92f, 95, 100f, 106, 108, 110f, 115f, 118, 122–7, 134f, 141, 148f, 152, 158, 161;** 177, *185*, 253, 258, 260, 270, 308, 312, 322, 353f, 356, 358, 363, 365, *366, 372,* 385, 388, *423,* 429–37, 440, 504, 519, 548, 569f, 572f, 641, 647ff, 670, 674, 690, 760
Anführungstilgung, Prinzip d. 228f
Anführungszeichen — s. *Oratio recta*
Annahme, annehmen **81, 97, 104, 124, 127;** *332*, 336ff, 429, *429*, 509, 548f, 551, *577*
Anzahl **21f; 58, 61f;** 223, 323f, *325*, *348*, 674f, *701*
apodiktisch 692f
Aposiopese 600
a posteriori 214, 293, *464*
a priori 214, 293, 355, 402, *406*, 410
äquipollent, Äquipollenz 647, 657
Äquivalenzrelation 323, 325ff
Äquivalenzthese, wahrheitstheoretische 412, 415

---

[1] Seitenangaben, die sich auf die hier herausgegebenen **Frege-Texte** beziehen, sind durch Fettdruck hervorgehoben und durch Semikola von den anderen abgegrenzt. Kursivierte Seitenangaben verweisen auf Vorkommnisse in den Fußnoten.

Argument (einer Funktion)
182, *182*
Argument (für eine These) 385,
385, 464, 548 f, 607, 681
Arithmetik, arithmetisch 20 ff; **57,
59, 61 f, 65 f, 160;** 166, 168, 174,
176, *176*, 178, 183, 204 f, 208, 271 f,
356, *361*, *406*, 526, 718 f, 760
Art des Gegebenseins **97;** 198, 201,
205, 212, 215, 220, 240 f, 295,
297 f, 305, 329, 391, 421, 463 f,
466, 471, 474 ff, 483, 531, 659 ff
assertorisch 692 (s. a. behauptende
Kraft)
Ästhetik **87;** 351, *351*
Astronomie **81, 108, 154, 160;**
522 f, 678
astronomische Zeichen *754*
atemporal — s. zeitlos
Atemporalitätsargument 534
auffassen, Auffassung **63, 66, 68,
70, 81 f, 95, 102, 107, 125, 128,
130 f, 147, 153;** 168, 178, 461,
565, 589, 769
ausdrücken, Ausdruck eines Sinns/
Gedankens **66, *78*, 92, 95 ff,
110 f, 116 ff, 120 ff, 124, 126 f,
133–45, 147 f, 150, 153 f, 158 ff**
Aussage, aussagen **61, 74 f, 77 ff, 81,
88, 90, 100, 106, 158;** 175, 223,
227, 233 f, 257, 265, 422
Außenwelt **68, 98 f, 101 f, 107, 109 ff,
120;** 322, 375, 434, 486–9, 491,
493, 504 f, 507 f, 513 f, 540
Austauschbarkeit 211 ff, 270–306,
310 f, 482, 751 f
- des Sinngleichen 211, 306,
610 f, 629, 681
- *salva congruitate* 233, 304, 320
- *salva denotatione* 311

- *salva veritate* 233, 272, 275,
281, 293, 296, 299–303, 305,
320, 387, 418, 428, 663, 679, 706
- *salvo sensu* 436, 586, 687, 718
autonym 283, *283*, 284, 286
Axiom 16 f, 20 ff, 35 ff; **59, 151;** 166,
179, 203, 226, 254, 361, 363, *366*,
379, *380*, 433, 641, *644*, 646, *665*,
669–75, 690, 759–63, 766, 768

bedeuten, Bedeutung 21, 23; **62 f,
71, 73, 78, 88, 91, 144, 158;**
198–331, 388–91, *et passim*
- des Wortes „wahr" **88, 91**
- Bedeutungsverschiebung,
kontextinduzierte 270, 281,
290. 294, 299, 311, 678
- nominal, — s. denotieren
- funktorial, — s. signifizieren
- sentential, — s. indizieren
bedeutsam, Bedeutsamkeit 74, *90*;
311 f, *356*, 407 f
Bedingung(ssatz) **57, 61, 116 ff, 126,
145–9, 157, 161;** 630 f
Befehl(ssatz), befehlen **91 f;** 427 f
Begriff **61, 63, 65, 67 f, 72 f, 82, 122;**
178 f, *179*, 186 ff, 195 f, *201*, 212 f,
218–35, 249–70, *et passim*
„Begriff *Pferd*"-Aporie 227–35
Begriffsgeschichte *249n*, 535 f, *535 f*
Begriffsschrift, begriffsschriftlich
57, 61, 63; 166–79, *et passim*
Begriffsumfang 35, 37; **60, 62;** 186 f,
220, 225 f, *229*, 244, 248, *325*,
375, 387, 505, 646, *701*
behaupten, Behauptung **92 f, 106,
111, 113, 115, 117, 124 ff, 135,
141 f, 153;** 246 f, 334–41, 423–43,
505, 572–8, *et passim*
-, Scheinbehauptung 93

Sachregister

behauptende Kraft **93, 116, 118 f,
124–7, 135 ff, 141, 153, 160 f;**
246, 309, 338 f, 423–43, 572–8

Behauptungssatz **62, 92 f, 111, 115,
125, 135 f;** 209, 309, 339, 415,
423–43, 580 f

Behauptungsweise **125**

Beleuchtung — s. Färbung

Beschluss — s. Entschluss

Bestand, bestehen **72, 81, 98, 100,**
102, **103 ff, 118, 123 f, 128, 134;**
372–3 (s. a. Sein)

Bestimmungsweise 200, 212, 295,
317, 464, 470

Betonung **94;** 451 ff, 561

Beweis, beweisen **57–61, 88, 137;**
166, 175 f, 179, 221, 348, 365 f,
383 f, *385,* 390, 608, 647, 671,
673 f, 681, 728 ff, 759–64

-, indirekter B. **115 f;** 312, 550 f

bewusst, Bewusstsein 60, **98–109,
116, 124–5, 137;** 350, 377, 409,
489, 493 f, 499, 514, 522*n*, 527*n*,
605, 647, 736

- -sinhalt **98 f, 101, 108 f, 125;**
493, 498, 510 ff, 517

- -szustand **108**

bezeichnen **62, 77, 96, 100, 130,
160 f;** 199, *et passim*

Bezeichnetes **62, 66, 97, 131;** 198,
et passim

Bezeichnung **57, 62, 100, 121,
129 ff;** *et passim*

Beziehung **61, 63, 65, 83, 89, 102,
111, 120, 123 f;** 186, *186,* 188,
197, 229 f, 396 f, *et passim*

Bild **80 f, 88 ff, 131, 133;** 394–9, 402

bildlich **97, 108, 131;** 218, 257, 529

Bitte, bitten 427 f

Bivalenz 242, 618

bloß mitbedeutend (synsemantisch)
252, 466

calculus ratiocinator 30, 177

Chemie, Chemiker, chemisch *25;*
93, 103, 124, 154; 176, *176,* 191,
191, 218, *218,* 224, 307

„damit" **160;** 271, 284, 300, 382,
382, 383, 616, 729–35

Deduktion, deduzieren 168 f, 385 f,
548 ff, 608, 647

-, Deduktionsregel 169, 385 f,
562, 577, *702*

deduktiv-nomologische Erklärung
676, 681

Definition **57 ff, 66 f, 89 f, 122, 158;**
189, 197, 221, 244 f, 257, 267 ff,
271–4, 341, *382,* 393, 400 f, *523,*
568 f, 666, 672, 674, 755

-, Kontextdefinition 323–9

Dekontextualisierung 172, *469,* 661

Demonstrativpronomen 235 f,
460 ff, 500 f, *659*

Denken **68, 70 f, 87 f, 92, 102 f, 105–9,
111 f, 122, 124;** 168, 177, 209, 377,
394, 404, 429 ff, 437 f, 443, 470,
486, 503 f, 513, 514–20, 527 f, 572

Denkgesetz **68 ff, 87;** 348 f

- deskriptives 345, 349 f, 377
- präskriptives (normatives)
344, 353 f, 377

Denotation, Denotieren (nominales
Bedeuten) 201 ff, 232 ff, 309, 319

de re / de dicto 295, 304 f, 482

„deutsche" Buchstaben 341, 740,
740, 745

Dichtung **77, 93 f, 100, 107, 113,
131, 138;** 239, *239,* 264, 501,
544, 550, 579

Differenz-Kriterium für Gedanken
210 , 213 f, 468 f, 471
Ding **67 f, 88–91, 98 f, 101–4, 107,
109 f, 112, 120, 136, 158;** 220,
232, 369, 487
Disambiguierung 170–1
Disjunktion, Disjunktor 621 f, 707
distributiv 553, 708 f, 713
drittes Reich **101;** 437, 504 f
Dualismus Gegenstand/Funktion
230–4, 314, 420, 684
duplex negatio affirmat 202, 361,
378, 673

Ego-Gedanken, -Gegebenheitsweise
475–85, 517, 552
Eigenname **67, 96 f, 129, 147, 160 f;**
184, 189–93, 204 f, 208, 211, 218,
229, 235–48, 467–75, 481–5,
et passim
- eigentlicher 189 f, 204 f,
235–9, 284, 462, 467–75,
481–5, 543, 735, 749 f
- Scheineigenname 713
Eigenschaft **61, 66 ff, 72, 74, 88, 90 f,
93, 99, 101, 103, 111, 159;** 186 f,
196, 219–23, 278, 388, 391, 410–23,
521, 697, 733
- *bona fide* 421
- essentielle 472 f, 539
- invariante 325 ff
- relationale 396, 421 f, 539,
697, 730
Eindeutigkeit, Gebot der 170 f, 543
Einzelname **129**
Ellipse (rhet.) 660
England-Problem 324–9
entgegengesetzt **70, 105, 116,
123–7;** 438, 550, 563, 578
- konträr 567, 578 f, 700 ff

- kontradiktorisch 550, 567,
578 f, 700 ff
- subkonträr 578 f, 700 ff
Entscheidungsfrage — s. Frage
Entschluss **77, 98;** 490–4, 525
entheistisch 495, 497
entwickeln, Entwicklung **59, 62,
88;** 388 ff, 615, 665, 728, 744, *744*
Epiphänomenalismus 538
Ergänzung **92, 115, 128 ff, 134, 137**
ergänzungsbedürftig, E.keit
128–31, 133 ff, 143; 191–4,
215–8, 340, 455 ff, 461, 465 f,
532, 580 ff, 584, 596–9, 603
Ergänzungsfrage — s. Frage
Erkenntnis **88, 115, 157;** *347*, 360,
370, 384, 535, 769
erkenntniserweiternd 205, 208, 213,
293 f, 362 f, 666
Erkenntnisquelle **109;** 760
erkenntnistheoretisch, Erkenntnistheorie **39; 51, 59;** 343, *346*, 366,
369 f, 528
Erkenntniswert 205–9, 213, 281,
672, 689
erläutern, Erläuterung **81;** *382,
391,* 393
Erläuterungsargument 383 f, 643, 746
erraten, **95;** 170, 172, 393, 458,
593, 703
Ethik **87;** 351 f, *351 f*
- des Denkens 345
evident, Evidenz 653, 657, 665,
665, 671, 671–4, 689 (s. a. selbstverständlich; unmittelbar einleuchtend)
-, Evidenzausschluss-Klausel
648–52
ewig **70, 95, 110 f, 121;** 359, 368,
457 f, *458,* 534

Sachregister

Existentialsatz 702, 740
Existenz **66, 82;** 224 f, 372 f, *495*, 537
Existenz-Implikation 699–707, 714
Existenzquantor — s. Quantor
Existenz-Voraussetzung 246 f,
    449, 706 f
Exklusivität, Prinzip der 243
Exklusion, Exklusor 618 f, 644
explication 624 f

faktiv, kontrafaktiv *293*, 296, 411,
    426, 430, 435, 673
fallacia aequivocationis 464
*fallacia de consequente ad
    antecedens* 350
falsch 71, 77 f, 82, 84, 87, 90, 93 ff,
    101, 103, 106, 110, 113–9, 122,
    125–8, 134, 136–47, 152, 154, 158
das Falsche 63
Falschheit **93, 114 f, 146**
Färbung (Beleuchtung) **94, 143,
    159;** 300, 346, 444–54, 457, 561,
    567, 595, 628, 706
Fassen (Erfassen, Auffassen) **74,
    81, 95**
Fassen des Gedankens **92, 95, 97,**
    108, **108–12, 115, 117, 123 f, 135,
    158 f;** 409, 430, 438, 457, 469,
    475–8, 514–20, 529–30, 540, 565,
    647 f, *650*
Fassen des Sinnes **114 f, 117**
Fiktion, fiktional 241 f, 337, *493*
Finalsatz **154;** 678
Folge(satz) **84, 116, 118, 126,
    145–9, 157, 161;** 630 f
Formale Arithmetik 52; *66; 280*
Form des Behauptungssatzes **92,
    93, 110 f;** *419*, 425 f
Formelsprache 6, 21 f, 30,
    168, 174–9

Formwort **174 f, 251**
Frage(satz) 265, 293, 307 f, 338 f,
    424, 424 ff, 427 ff, 436, 438, 451 f,
    543–7, 553, 567, 574, 658, 660
-, Satzfrage (Entscheidungsfrage)
    92 f, *113*, **113 ff, 115, 117 f, 120,
    125 f, 128, 134–7.**
-, Wortfrage (Ergänzungsfrage) **92**
Frege's Puzzle 204–14
Freie Logik 463, *463*, 472, *724*
Fügen **134,** *134*
-, das Fügende **134, 138 f, 140 f,
    143;** 599, *599*
Fürwahrhalten **69–72, 87 f, 97, 101,
    111;** 345, 352, 358, 364, 366, 371,
    377 f, *431*, *515*, 675
Funktion **62 f;** 180–235, 581 ff,
    et passim
Funktor, Funktionsausdruck,
    F.szeichen 180
- sentential 183 f, 329, 566
- sub-sentential 183, 191, 212,
    329, 603
- supra-sentential 329

Gebiet der Allgemeinheit:
    742–5, 752–8
Gedanke **63, 66, 71, 78, 87–162;**
    209, *et passim*
- amorpher 565 f
- bejahender/verneinender
    120 ff; 561–5
- falscher **158, 113, 117 f**
- polymorpher 583
- vollständiger **92, 110, 115**
- widersprechender **127 ff**
- zusammengesetzter **116 f,
    128, 131, 133**
Gedankenausdruck **66, 95 f, 97,
    110–1, 118, 120, 126 f, 134 f,**

139 ff, 144 f, 147 f, 150, 153, 158 ff;
455–62, 478, 501, 532, 661
Gedankengefüge **133–55**; 589–684
- mathematisches **154 f**;
676 ff, 738
Gedanken-Identität 646–64
Gedankeninhalt 145, 149; 712
Gedankenschrift 178
Gedankenteil (Bestandteil, Teil
eines G.s) **95, 115 ff, 118 ff, 123 ff,
128–31, 133 f, 136, 138**; 178, 210 ff,
217 f, 221, 370, 414, 555 f, 565, 568,
570, 582, 584 ff, 590, 593–7, 619,
627, 637, 647, 654 f, 657 f, 661, 663,
669, 679, 681 f
Gedankentrümmer **118**
gegeben **97, 110**
gegenüberstehen **73, 98, 117 f**;
499, *499*
Gegenstand **61, 63, 67 ff, 71–9, 81 f,
100, 102–7, 161**; 180–97, 227–48,
319–30, *499*, *et passim*
Geist, geistig **81, 108 f, 157**; 409,
504, 526 f, 549
Geisteswissenschaft **93**; 683
Gemeinname 236
genereller Term 171, 216, 229, 231,
235, 235 ff, 239, 243 f, *252*, 255,
266, 500, *557*, 708, 717, 750
generisch 695 f
Geometrie **20; 68; 151**; 176, 363, 386,
464, 498, *670*, 670 f, 675, 761 ff
gerade(r) Bedeutung (Sinn)
— s. ungerade
Gesamtvorstellung — s. Vorstellung
Geschichte, g.lich, G.swissenschaft
93, 107, 112, 157; 686 f
Gesetz **57–60, 68–73, 83, 87 f**, 95,
116, 119, 121, 127, 153, **157 ff**;
685–97

- deskriptives (psychologisches)
68 ff, 73, 87; 345–51, 364, 377
- logisches **59, 68–71, 87, 116,
119, 121, 127, 153, 157**
- normatives (präskriptives) **87**;
344 f, 351–5, 377
-, Naturgesetz **87**; 349, 686,
694–7
- des Wahrseins **69–72, 87 f**;
352 f, 358 f, 364 f, 378–87
- des Führwahrhaltens
70 f, 87 f
gewöhnliche Rede 290, 294 f, 299,
301–4
Glaubenszuschreibung 275,
292–300, 304 ff, 479–85, 663
gleichgestaltet **160–1**, *161*; 719, 724
Gleichheit — s. Identität
Gleichheitszeichen **62**; 205, 270 f,
279 f, *340*, 646
Gott, göttlich *24*; **99**; 445, 493, 495,
522, 537, *537*
Grundgesetz **57, 59 f, 71, 83**; 166,
360, 365 ff, 383, *665*, 670–5,
763 f, 766
Grundgesetz V **60**; 226, 255, 565,
646, 674 f, 760
Gruppe **61, 136**; *280*, 385, 589, 596,
601, 602, 762–5

Halbkantianer 20, 528
Haufen-Paradoxie (Sorites) *257*,
259 ff, 267 ff
Hierarchie der Bedeutungen/Sinne
298 f
Hilfssprache **160 f**; 284, 304, 559,
725–38
Hume-Cantor-Prinzip 254 f, *323*, *325*
hybrider Gedankenausdruck
456–62, 469, 501, 592

Sachregister

hybrider singulärer Term 462–9, 500, 593, 661
hypothetisches Gedankengefüge 118, 144–9, 150f, 157, 161; 550, 562, *599*, 611, 629–42
-, Satzgefüge 118, 146ff, 153, 157, 159, 161; 634, 686
- -r Syllogismus *384*, 415, 641, 746

„ich" 70f, 95ff, 104ff; *467*, 475–81, 484, 509–12
Idealismus, erkenntnistheoretischer: 51, 53; 74, 78f; 369f, 508f, 512
Identität, identisch 62, 71; 176–9, 182, 187, 189, 204–8, 230, 232, 270–81, 323–9, 362f, 386f, *390*, *397*, 565
- des Ununterscheidbaren 277–9, 378f, 390, 496, 584, 650
- Gesetz der (Reflexivität der) Identität 71, *71*; 230, 276, 351, 360, 362ff, 366, 378f, 390, 463, 472, 669, 689
Identitätsabhängigkeit 494–7, 503, 553
Identitätsthese, wahrheitstheoretische 411–9
Identitätsthesen (*Eadem*) 588, 642f, 654–7, 663f
Identitätszeichen, Identitätsoperator — s. Gleichheitszeichen
idéographique, idéographie 167, 173, *685*
idiographisch *685*, 685f
Inbegriff 767
indexikalisch 455–66, 475–84, 532f, 543, 592
index verborum prohibitorum 231, 277

indirekter Beweis — s. Beweis
Indizieren (sententiales Bedeuten) 320, 722
Inhalt, inhaltlich 170, 173–7, *126*, 251f, 386, 528, 612, *621*, 624, 635, 661f, 666, 686, 691, 694, 718, 723f, 728
- begrifflicher 168, 173, 178, *178*, 271, *452*, 692
- beurteilbarer 178, 215, *215*, 274, 333f, *573*, 614
- des Bewusstseins 99, 100f, 103, 105f, 108f, 116, 125; 493, 495, 498f, 510ff, 517
- des Denkens 209, 516f, 541, 543f, 547
- eines Satzes 60, 62, 71, 100, 113f, 117, 120, 127f, 135, 140, 145, 147, 149, 152f; 261, 411, 444–54, 457, 501, *501*, 517, 547, 553, 565, 611, 633f, 647f, 747
- des Wortes „wahr" 89, 91f, 95; 389ff
Inhaltsstrich (Waagerechter) 62; *250*, 273, 332, 334, 341, 387, 423, 614f, 737
Innenwelt(en) 98, 102f, 107, 109–12, 120; 488ff, 493, 504f, 540, 560
Introspektion 489, 529
Introsumtion 221–5

Junktor — s. Satzverknüpfer

Kahlkopf-Paradoxie — s. Haufen
Kalkül 29f, 177, 179, *332*, *335*, 548, *548*, 577
Kennzeichnung 199, 202, 228, 235–48, 579, *et passim*

Kennzeichnungsoperator 244, 248, 383
kognitive Gleichwertigkeit 648–52, 664
Kommunikation — s. Mitteilung
Kompositionsprinzip der Bedeutung 212, 330 f
Kompositionsprinzipien des Sinnes 21 ff, 305, 414, 594 f, 654–64
Kompositionalität 212, *306*, 331, 594
Konditional
- generalisiertes 685–758, *et passim*
- indikativisches 629–42, *et passim*
- konjunktivisches 678 ff
kongruent, Kongruenz **131**; 585
Konjunktion, Konjunktor 601–18, *et passim*
Konnexionist 636–41
Konsens-Theorie der Wahrheit 357 f, 367
Konsistenzbeweis 759–62
Kontext-Prinzip *589*, 595
Kontraposition *(contraposition)* **116, 149**; 549 ff, 641, *648*, 746
konzeptuelle Balance 663 ff
Kopula 175, 183, 249–52, 255, *255*, 362, 466, *557*, 692
kundgeben, Kundgebung **92, 96**; 429, 438 ff, 486 f, *487*, 574
Kunst **88**

„lateinische" Buchstaben *261, 721*, 721–4, 741–8, 756 ff
Lehrsatz (Theorem) 60, 100 f, 110 f, 139, 151; 166; 214, 503, 608, 670
lingua characteri(sti)ca 166, 172 ff, 177, *728*

Logik **59 f, 65, 68–71, 74 f, 80–4, 87 f, 90, 95, 109, 121 f, 134, 142, 146 f, 150, 157**
- Philosophische 19 f
logisches Gesetz — s. Gesetz
logisches Produkt *602*, 625, 668
Logisches Quadrat 700 ff, *704*, 713
logische Summe 621, 625
Logizismus, logizistisch 20 ff, 35 ff, 226, 300, *325*, 356, *674*, 738, 743
Lückenlosigkeit einer Schlusskette **59, 63**; 168 ff, 179
Lüge **93**; 392, *392, 423*, 439 ff, 540

Mathematik **59 f, 60, 64 f, 67, 68, 83, 95, 109, 154, 157**
mathematisches Gedankengefüge — s. Gedankengefüge
maximale Explizitheit 169 f, 172, 179, 663
meaning marks 297, 479, *583*, 647
mereologisch 219 f, 593, 755
Merkmal **67 f, 82, 89, 122**; 219–22, 264, 400 f
metalogische Fragen: 16 ff, 759–70
Metasprache *725*, 731–4
Mikroskop 25, 727 f, *728*
mitteilen, Mitteilung (Kommunikation) **50, 92, 97, 112**; 262, 438 f, 475, 477 f, 480, 506, 513, 540 f, 590, 657, 660
modal 221, 300, *304*, 472 f, 495, *524*, 635, 692 f
Modus Barbara 745 ff
Modus Darapti 702 ff
modus (ponendo) ponens **116, 149**; 171, *171*, 384 f, 548–50, 577, 641
modus tollendo ponens
— s. disjunktiver Syllogismus

modus (tollendo) tollens **116, 149**;
350, *350*, 549f, 562f, *577*
Môly 264, 266f
multiple Zerlegbarkeit (Dekomposition) 188, 453, 565f, 583, 697

Naturgesetz — s. Gesetz
Nebengedanke **142**; 306, 447–52, *535*, 609, 629, 636–9, 682, 693, 706
Nebensatz *91, 92*; 289–92, *426*, 427f, 439
necessitas consequentis/consequentiae 693
Negation, Negator 560, *et passim*
Nennsatz
 - abstrakter 291ff
 - konkreter 291, 293
Nervenreiz 104
Netzhaut **80, 109**; 526
Neukantianismus 38–45, 307–8, 346–7, 366, 434
nomen appellativum 236ff, 249f, 252
nomen proprium 236f, 250
Nominalkomposita 170
nomothetisch 685

objektiv, Objektivität **72–5, 77f, 82**; 209, *209*, 234, 291, 369–76, 488, 504f, 516–20, 543–54
Objektsprache 732–4, 737
Ockhams Rasiermesser 575, 577, *609*
Omnitemporalität 458, 476
onomatopoetisch 445f
Oratio recta 282–8
Oratio obliqua 270, 289–306, 337, 427f, 479–85, 663
Ort 190, *460*, 661, *662*
partikulärer Satz 565f, 690, 700–2
Pasigraphie 725, *725*

Perspektiven-Metapher 200
Philosophie, philosophisch
 68, 98, 146
Physik, physikalisch **68, 87, 93, 103, 109, 154, 157**
 - des Denkens 345
Platonismus 327, *536*, 688
pluralische Denotation 237, 251
polnische Notation 676
polymorph 566, 583
Polysyndeta *600*
Possessiv-Konstruktion 592f
Prädikat 183f, 250, *et passim*
Präfix eines Begriffsschriftsatzes 331–41, 607, 744f
präsentieren 201, 220, 294, 305, 479–85
Präsupposition — s. Voraussetzung
primary/secondary propositions 721f
principium contradictionis 348, 354, *380*, 521, 587, 551
Privatsprache 499f
proposition 209
propositionaler Gehalt 481f, 516f, 520, 525, 530f, 540f, 573, 575, 579
Psychologie, psychologisch 39; **68ff, 73–6, 80f, 83, 87f, 108f, 146**; 342–69, 370, 469, 508f, 513, *514*, 530, 649, 672f
-, physiologische 508
psychologische Logik(er) **69, 72, 80–3**
Psychologismus (Anti-) 12, 31f, 38f, 41, 342–69, 370f, 525
 - erkenntnistheoretischer 343, *346, 347*, 366
 - logischer 487
 - moderater *247*, 344
 - radikaler 345
 - semantischer 404f

Qualitätsdualismus, .-monismus
572–8
quasi-semantisch 382 ff, 423, 641
Quantifikation: 685–758
- Einsetzungs-, substitutionelle
748–52
- Gegenstands-, ontische,
referentielle 752 f
- multiple 17, 321, 742 f
- unbeschränkte 753–8
- zweiter Stufe 16 f, 254 f, 277,
321, 748, 759
Quantor 739 f, *739 f, et passim*
Quasi-Indikator 478 f

Raum, räumlich **137, 144;** 232,
375, 487
Redundanz von ‚wahr' 416, *677*
- illokutionäre 388, 443, 607
- propositionale 423, 443
Redundanztheorie der Wahrheit
413, 655
Regel **57, 60, 62, 66;** 351–3, 381–6,
551, 575 ff, 617, 641, 671, 674
Reich **101 f, 110, 126, 128, 139**
Rejektion, Rejektor 619 f, 627, 644
Relation *186*
res cogitans 513
Russells Antinomie 35 ff, 505, 526,
675, 762

Sachverhalt 261, 312 f, 318, 332 f,
373, 480 f, 524 f, 533
Sachwahrheit (*veritas in rebus*) 392
Satz **57, 60 f, 70 f, 74, 77 f,** *78,*
90 ff, *91,* 94 ff, 102 f, 106, 110,
116, 118 ff, 124, **126 ff, 134–7,**
141 f, **146 ff, 150–4,** 158, **160 f;**
217 f, *290,* 309, 320, 394, *394,*
589 f, 660

- (un)eigentlicher **136 f, 147,**
151 f, 160; 616, 686 f, 722 f, 746
- offener 321, *692*
- teilloser 660
- (un)vollständiger **57, 92, 110;**
424, 661
Satzbuchstaben in *BS, GG* und *Ggf*
613–6
Satzfrage — s. Frage
Satzgefüge 118, 134, **146 ff, 153,**
161; 600, 681
Satzteil *92,* 120, 128, 133, 159 f
Satzverknüpfer (Binde-, Fügewort,
Junktor) **136;** 175, 333, 558, 599,
599, 600, 602, 643 f
schaffen 67 f, *102,* 108, 112, 123
Scheinbehauptung — s. Behauptung
Scheineigenname — s. Eigenname
Schließen 87, 115, **148 f, 157;** 169,
263, 350, *350,* 385, 548 f, *577,*
641, 745
Schluss **120 f, 126, 137, 139 f,**
142, 148 f, 157, 161; *263,* 385 f,
548 f, 617
- Schlussgesetz **121, 127**
- Schlusskette **59 f, 63;** 168 f,
577, 763
- Schlussregel 21, 179, 378, *382,*
551, 577, 617, 671
- Schlussweise 20; **58 f, 148;**
380 ff, 577, 682
schön **87;** 351
Seele, Seelenleben **73, 109;** 494, *494,*
513, 554
Sein, Dasein 35, 98, **114 ff, 118,**
123 f; 372 f (s. a. Bestand)
selbstbedeutend (autosemantisch)
252, 466
selbständig, Selbständigkeit
98; 195, 492 ff

Sachregister

selbstverständlich **139**; 199, 202, 204, 210, 212, 214, 463, 531, 534, 547, 649 f, 666, *672*, 673 f (s. a. evident; unmittelbar einleuchtend)
Semi-Objektivismus 544–54
Signifizieren (funktoriales Bedeuten) 232 ff, 250–3, 278 f, 302, 318 ff, 376, 387, 714, 722
Singularität, singulär 217, 274, 331, 565 f, 662, 697
singulärer Term 182, 235–48, *et passim*
Sinn 21, 23; **62**, **63**, **68**, **70**, **73 f**, **76 ff**, **80**, **87 f**, **90**, **90 ff**, **94 f**, **97**, **100 f**, **111**, **113–9**, **122–6**, **128**, **131**, **134–45**, **149 f**, **152 f**, **160**; 198–219, 388–91, 402 f, 444–85, *et passim*
-, konventionaler sprachlicher — s. lexikalisch-grammatischer
-, lexikalisch(-grammatisch)er 203, 412, 450, 456 ff, 501, 592, 594, *610*, 628
-, noëmatischer 203, 412, 425, 450, 458, 466, 475, 592, 594
-, (un)vollständiger 456, 458, 571, 582
- Änderung des Sinnes **95**
- Fassen des Sinnes — s. d.
- Wahrheit / Falschheit des Sinnes — s. d.
Sinneseindruck **90 f**, **98 f**, **101**, **103 ff**, **108 ff**, **158**; 410, 491, 499 f, 508, 510, 526 ff
Sinnesphysiologie **103**; 508 f
Sinneswahrnehmung **75**, **90 f**, **109 f**, **158**; 374 f, 410, 488 f, 491, 493, 497, 513 f, 526–30, 538 f
sinngleich, -verschieden
— s. Austauschbarkeit des Sinn-

gleichen; Differenz-Kriterium; Gedanken-Identität
sinnlich / unsinnlich **66**, **90**, **97**, **110**, **158**, **160**; 327, 408 f, 486
- Nichtsinnliches 110; 527 ff, 729
sinnlos, S.igkeit **115 f**; 224, 264, 450, 546, 550, 625 f, 666 f, 722 f, 755 f
Sinnverwandtschaft **142**; 612
Skeptiker, Skeptizismus 51; 322, 369, 502, 507 f
Solipsist, Solipsismus **74**; 369 f, 502, 508, 512
Sorites — s. Haufen
Sprache **61 f**, **70**, **92**, **94–7**, **97**, *108*, **111**, **122**, **124 f**, **133 f**, **146 f**, **158 ff**
- des Lebens **146 f**; 169*n*, *et passim*
- formaler Teil 174–9
- inhaltlicher Teil 174, 177
Sprachgebrauch **91**, **115**, **117**, *122*, **141 f**, **145**, **147**
stehende Redewendungen 238, 254, 262 f, 592
Stilebenen 446 f
Stufe eines Begriffs, einer Funktion **82**; 219–25, 229, 234, 258, 269, 329, 373, 376, *381*, 386 f, 437, 566, 715, *754*, 758
(s.a. Quantifikation 2. Stufe)
Subjekt **75**; 192, 250, 451, 750
- grammatisches **113**; 228 f, 370, 422, 696, 708, *708*, 712 f
- logisches 708, 714
- Subjekt-Term 708
subjektiv **72 ff**, **81**; 209, 369 f, 372 f, 505, 516, 519, 753
Subjunktion, Subjunktor 630–41, *et passim*
- generalisierte 741, *741*, *et passim*

- L- vs. Q-generalisierte 741–8
Subordination (Unterordnung) 221f, 713–6
Substituierbarkeit, Prinzip d. 275f
(s. a. Austauschbarkeit *salva veritate*)
  - relativiertes 299f
Subsumption 196, 221f, 420, 443, 713
Subtraktion, Subtraktor 627ff
super-objektiv 519f
Syllogismus (Syllogistik) 263, 665, 702ff
  - hypothetischer (Kettenschluss) *384*, 415, 641, 746
  - disjunktiver 627
synkategorematisch 175, 252
synonym 187, 203, 450, 653
synthetisch 123; 293
System 61

Tatsache **108, 157**; 313, 317f, 332f, 395, *399*, 523ff, 546f, 672, 685, 688f, 692
Tautologie 389, 626, 645, 657, *665*, 665–9
Teil **99, 105, 109, 121, 130**
  -. eines Gedankens **115, 125, 128, 133f**
  - eines Satzes — s. Satzteil
  - eines Urteilsakts 568
Teilgedanke — s. Gedanke
Teilvorstellung — s. Vorstellung
Teleskop *728*
Tempus Praesens **95, 110**; 455, 457, 532, 634
tertium non datur 258, 266, 268, 753, 757
Theorem — s. Lehrsatz
tot ... quot ... 688, 723

Träger (einer Vorstellung) **98–102, 104–9, 117f, 125**
Trägerbedürftigkeit 196, 492f, 496, 511, 552
transluzent, Transluzenz 288f, 294, 297ff, 469, 531, 731, 735
transparent 752
Tripelstrich 271f, 277

Übereinstimmungstheorie(n) der Wahrheit 395f, 398, 524
Umfang eines Begriffs — s. Begriff
Umstand 315, 317f, 332f, *456*
Umwelt **102, 107**
unabhängig **69, 71f, 77f, 81, 100–4, 108, 118**
Unabhängigkeitsargument 519
Unabhängigkeitsbeweis, metalogischer 759f, 762–6
undefinierbar, Undefinierbarkeit 89; 389ff, 401, 407, 525, 569
uneigentlich 97
Ungedanke **118, 120**
ungerade(r) Bedeutung (Sinn) 290, 292, 427 (s. a. Hierarchie)
ungerade Rede 63. (s. a. *Oratio obliqua*)
ungesättigt **133f, 136–41**; 191–4, 216ff, 223f, 250, 331, 466, 580f, 603
universalistische Logik-Auffassung *379*, 380, 386, 763
universe of discourse 379
unmittelbar einleuchtend **153**; 293f, 648, 650f, 653, 670–3, 675, 762 (s. a. evident; selbstverständlich)
Unsinn, unsinnig, U.keit **99, 115, 142, 146, 153**; 229f, 324, 626, 636 (s. a. sinnlos)
unveränderlich **110f**; 534

Sachregister

unvergleichbar, U.keit **99**; 497–500, 502, 506, 513
unvollständig definiert 267 ff
unzeitlich — s. zeitlos
Urbestandteil **127, 150**
Urgesetz **58**; 760
Urteil, urteilen **65, 69–72, 78–82, 87, 90, 92, 92 f, 102, 105–8, 111–5, *122 f*, 120–7, *135*, 135 f**; 429–32, *431*, 437 f, 569, 572–8
-, bejahendes **121 f**
-, synthetisches *123*
-, verneinendes **121 f**
Urteilsgesetz 354 f
Urteilsstrich 308, *332*, 332–41, 573 ff, 744 f, 747
Urteilsweisen, Weisen des U. **125, 127**; 572–8
Urzeichen **61 f**; 271, 279, *382*

vag, Vagheit 256–70, 295 f, *544*, 757 f
Valenz 242, 406
Variable 181, *718*, *741*, et passim
Veränderung **81, 103, 111 f**; 534, 538 ff
Verein 105, 535, *535*
verneinen, Verneinung 112–32; 543–88
- doppelte V. **131 f, 144**; 557, 566, 583–8, 629, 655 ff
- Mehrdeutigkeit von 'V.' 571
Verneinungszeichen 557–60
Vernunft *372*, *375*, 526, 671
verschmilzt mit sich (ist mit sich selbst gefügt) **131, 151**; 584–7, 593, 646 f
verstehen 68 ff, 73, 78, 87, 96, 101, 112, 115–8, *122*, *123*, 134 f, *135*, 147 f, 159; 202, 205 f, 209–14, 217, 263, 288, 294, 297, *361*, 362 f, *372*, 384, 416 f, *449*, 530, 541, 590–3, 625, 649 f, 663 f, 668, 735
vertauschbar, V.keit **139 f, 142 f**; 386 f, 627
vertreten; Vertreter **62, 129**; 175, 235 f, 254, 462, 616, 686
Volkssprache *169*, et passim
Vollständigkeit, deduktive; Vollständigkeitsbeweis 16 f, 226, 759–61
Vollständigkeit, funktionale 642 ff
vorstellen, Vorstellung **73–83, 88 ff, 98–109, 120**; 370, *394*, 394–6, 398 f, 403 ff, 454, 490–514, 525, 538, 554, 568 f
- Gesamtvorstellung **103, 105**
- Teilvorstellung **103**
- -sverbindung 307 f, 568 f
Voraussetzung **59, 98, 107, 114, 117, 157**; 246 f, 449, 706 f

Waagerechter — s. Inhaltsstrich
wahr, Wahrheit **60, 62, 68–72, 77 f, 87–93, 95, 97, 101 f, 108, 110, 112–9, *122*, 122–7, 131, 134–49, 152 ff, 158, 161**; 391–423, 442 f, et passim
-, analytische — s. analytisch
-, logische 355, 653
-, kontingente 438, *524*, 645
-, notwendige 438, *464*, 578, 692
-, synthetische — s. synthetisch
- eines logischen Gesetzes **71**; 368
- des Sinnes **90, 115**; 402 f
Wahre (Falsche), das **63**; 185 f, 315, 317–22, et passim
Wahrheitsbedingung 247 f, 611 f, 618, 620, 627, 631

Wahrheitsjunktor 413f, 416, 422, 443, 450, 607, 655
Wahrheitsprädikat 416ff, 443, 731–8
Wahrheitswert 42; **63**, **97**, **132**, **154f**; 185f, 307–31, *et passim*
Wahrheitswert-Lücke 239f, 244, 265, 295, 406, 414ff, 501, *501*, 521, 543f, 579, 587, 611, 618, 651, 706, 757
Wahrheitswertfunktionalität 676–83
Wahrheitszuschreibung, (nicht-) expressive 416ff
Wahrnehmung — s. Sinneswahrnehmung
Wahrsein **69, 71, 89ff, 108, 113ff, 117, 123**
 - Grund des –s **72**; 364ff
 - Gesetz des –s — s. Gesetz
„weil" *676*, 680–3
Welt 3 502–6, 517, 528f, 581
Wendung — s. Kontraposition
Wert, wertvoll, -los **63f, 68, 94, 111, 127, 157**; 205, 307–9, 311–12
Wert (einer Funktion) 180–98, *et passim*
Wertverlauf *41*, **42**; **60, 62**; 182, 197, 225f, *230*, 308, *318*
Wesen (das Wesentliche, w. Eigenschaft) **83, 95, 99, 108, 114f, 122, 158**; 539
widersprechend — s. Gedanke
Wink **94, 147**; 692
Wirken, Wirkung **83, 93, 104, 111, 119, 149**; 374f, 536–41
wirklich, Wirklichkeit **72, 74, 79, 81f, 89, 110, 112**; 231, 234, 374ff, 396, 536–41

wirksam, Wirksamkeit **79, 82, 112**; 374, 396
Wissenschaft **65, 68, 88, 93, 108, 113, 115, 121, 145, 158**
Wortbild 282, *282*, 285
Wortfrage — s. Frage
Wortsprache 170, 172–5, 177, 285, 287

Zahl **20**, 22; **66f, 72, 74, 82**; 231f, 254f, *323*, *325*, 375, 505, 595
Zahlangabe **61**; 223, 234, *422*
Zahlzeichen, Ziffer **66**
zählbar 231f
Zeichen **57, 61–4, 66, 137, 158, 160f**; 167–79, 182, 198f, 282, 341, 409
Zeit **71, 95, 110f,** *122f*, **131**, *134*, **137, 144**; 373, 456–61, 465f, 532ff, 634
zeitlos **40**; **71, 101, 108, 110f,** *123*, **131**; 373, 457f, 476, 520ff, 532ff, 539
zentriert mehrdeutig 216, *216*, 403
zerlegen, Zerlegung 189, 271, 382, 401f, 407, 568f, 672
 - des Satzes — s. multiple Zerlegbarkeit
 - des Gedankens 217, 421, 451f, 565f, 583, 697
Zusammenfassungsthese 709–13